Wissen aus erster Hand

Immer gut informiert

News, Service, Updates unter:

www.microsoft-press.de
www.twitter.com/mspress_de

Steffen Reister, Peter Hirschkorn

Microsoft Project 2010 – Das Handbuch

Steffen Reister, Peter Hirschkorn

Microsoft Project 2010 – Das Handbuch

Microsoft Press

Steffen Reister, Peter Hirschkorn Microsoft Project 2010 – Das Handbuch

Kommentare und Fragen können Sie gerne an uns richten:

Microsoft Press Deutschland
Konrad-Zuse-Straße 1
85716 Unterschleißheim
E-Mail: *mspressde@oreilly.de*

15 14 13 12 11 10 9 8 7 6 5 4 3 2
13

Druck-ISBN 978-3-86645-147-6, PDF-eBook-ISBN 978-3-86645-754-6

Fachlektorat: Georg Weiherer, Münzenberg
Korrektorat: Judith Klein, Dorothee Klein, Siegen
Layout und Satz: Gerhard Alfes, mediaService, Siegen (www.media-service.tv)
Umschlaggestaltung: Hommer Design GmbH, Haar (www.HommerDesign.com)
Gesamtherstellung: Kösel, Krugzell (www.KoeselBuch.de)

Übersicht

Inhaltsverzeichnis

Vorwort

In diesem Kapitel:

Vorstellung

Mit diesem Buchprojekt hat Sisyphos für uns ein Gesicht bekommen! Nach unendlich erscheinender Zeit und vielen Klippen, die umschifft werden mussten, hat dieses Projekt die Bergspitze erreicht.

Es hat sich ein hohes Ziel gesteckt: Es soll praxisgerecht, anwenderorientiert, lösungsnah und umfassend sein.

Wir geben in diesem Buch Erfahrungen aus unserer täglichen Projektarbeit weiter. Dabei berücksichtigen wir ebenso Anregungen und Tipps der Seminarteilnehmer und Kunden wie auch Probleme, die bei den Anwendern bei der Arbeit mit Microsoft Project auftreten.

Es liegt Ihnen hier ein Buch vor, das neben seinem Anspruch, ein umfassendes Nachschlagewerk für alle Anwendungsbereiche zu sein, auch ergänzende Themen berücksichtigt und viele Lösungen liefert, die Ihnen bei der effizienten Anwendung von Microsoft Project 2010 helfen sollen.

Wie ist dieses Buch aufgebaut?

Ob Sie im kaufmännischen oder technischen Bereich mit dem Computer arbeiten – Microsoft Project hat sich als Planungssoftware etabliert.

Die Methoden des Project Management Institute (PMI) finden in der Struktur des Buchs Berücksichtigung und spiegeln sich im Aufbau wieder. Es ist geplant, in folgenden Versionen diesen Weg konsequent weiterzugehen und das Buch inhaltlich noch stärker am PMBoK (Project Management Body of Knowledge) des PMI zu orientieren.

Ab dem ersten Kapitel definieren wir zum jeweiligen Thema Fragestellungen, wie sie in der Praxis nach unserer Erfahrung häufig vorkommen und zeigen unmittelbar danach den Lösungsweg auf. Anschließend folgen weitere Tipps und zusätzliche Hinweise zum Thema. Schließlich findet sich in den Ausführungen – wenn sinnvoll und geboten – das Erarbeiten eines Praxisbeispiels.

Dieses Buch enthält eine Marginalspalte, in der Sie folgende Texte immer wieder finden:

Marginalspalte	Beschreibung
Hinweis	*Bietet wissenswerte Zusatzhinweise zum Thema*
Wichtig	*Enthält Hinweise, mit deren Hilfe Sie Fehler vermeiden*
Tipp	*Verrät Tipps und Tricks*

Das vorliegende Buch ist anwenderorientiert aufgebaut. Aufgrund unserer jahrelangen Erfahrung aus Trainings und Vorträgen wissen wir, wo »der Schuh drückt«. Wir wollen unser Wissen nun konsequent an die Leser dieses Buchs weitergeben.

Das Buch ist in Abschnitte unterteilt, welche in den Teilen A bis E die Prozessgruppen des PMBok wiederspiegeln:

Teil A – Projektinitiierung

Wenn Sie bisher noch keine Erfahrung mit Project haben oder von einer älteren Version auf Project 2010 umsteigen, sollten Sie diese Seiten unbedingt durcharbeiten.

In diesem Teil geht es zunächst um die Grundlagen des Projektmanagements sowie den Zusammenhang zwischen Methodik und Softwareanwendung. Sie lernen den Einstieg in die Oberfläche von

Project kennen und eignen sich an, wie Sie Project starten und schließen bzw. wie Sie mit dem Menüband, den verschiedenen Ansichten und Bildschirmaufteilungen arbeiten. Ferner wird der Zugriff auf die Onlinehilfe erklärt und auf deren Neuheiten eingegangen.

Zielsetzung dieses Teils ist es, einen schnellen Überblick über die Funktionalität von Project zu gewinnen, ohne sich gleich mit jeder Feinheit beschäftigen zu müssen. Sie erstellen eine Projektdatei und es gibt vor der ersten richtigen Projektplanung einige Einstellungen zu beachten, die die spätere Detailplanung von Terminen, Ressourcen und Kosten wesentlich erleichtern und Ihnen viel Mühe und Nerven bei der Arbeit mit Project ersparen.

Teil B – Projektplanung

In Teil B erlernen Sie die Eingabe von Vorgangsdauern und Verknüpfungen von Vorgängen und deren Auswirkungen auf mögliche Terminplankonflikte. In einem weiteren Schritt erfahren Sie durch einen detaillierten Einstieg in die Welt des Ressourcenmanagements mit Project mehr über den Zusammenhang zwischen Dauer, Arbeit und prozentualer Zuordnung von Ressourceneinheiten. Die Analyse und Optimierung von Ressourcenüberlastungen runden den Buchteil ab. Sie erfahren mehr über den Vergleich von geplanten mit aktuellen Vorgangsterminen sowie über den Aufwand von Ressourcen und deren Kosten.

Teil C – Projektausführung

Eine häufige Vernachlässigung ist die Fortschreibung der Termine und deren Verfolgung im Vergleich zur ursprünglichen Planung. Dieser Teil beschäftigt sich mit dem Thema, wie Sie Ihren Projektplan immer auf dem aktuellsten Stand halten können – sei es mithilfe des prozentualen Fortschritts oder einer Rückmeldung zum Status.

Teil D – Projektsteuerung

Der Fokus dieses Teils ist die Analyse von Projektplänen. Sie erlernen, wie Sie gezielt Filtertechniken zur Analyse von Vorgangsverschiebungen und Ressourcenengpässen wie auch zur Analyse des kritischen Wegs einsetzen können.

Das Berichtswesen ist ein weiteres Thema in diesem Teil. Hier zeigen wir Ihnen verschiedene Wege auf, mit welchen Berichten Sie sinnvoll die Termin-, Ressourcen- und Kostenplanungen darstellen können. Außerdem gewinnen Sie einen Einblick in die Ertragswertmethode (Earned Value), um den Projekterfolg zu messen.

Teil E – Projektabschluss

Zum Abschluss dieser Prozesskette gibt es noch diesen kleinen Teil, in welchem Sie lernen, wie Sie ein Projekt sinnvoll abschließen können, um die Ergebnisse als Erfahrungsschatz für künftige ähnliche Vorhaben aufbewahren zu können.

Teil F – Praxistipps für den Projektalltag

Sobald mehrere Benutzer die gleichen Projektpläne benutzen, ist es unabdingbar, dass alle mit den gleichen Grundeinstellungen arbeiten. Da diese Grundeinstellungen normalerweise lokal in der globalen Vorlagendatei *Global.MPT* gespeichert werden, wird in diesem Teil besprochen, wie eine Vorlagendatei für alle Benutzer zugänglich gemacht und gesichert wird.

In einem weiteren Kapitel wird besprochen, wie sich mehrere Projektpläne miteinander verknüpfen lassen, wie ein gemeinsamer Ressourcenpool erstellt wird und worauf hierbei unbedingt zu achten ist.

Teil G – Project und die Office-Familie

Als Project-Anwender sollten Sie auch das Zusammenspiel von Project mit den Office-Anwendungen Outlook, Excel, Word, PowerPoint und Visio kennen.

In diesem Teil wird der Datenaustausch zwischen Project und Visio erläutert, wie Sie ein Balkendiagramm (Gantt) von Project nach Word oder PowerPoint exportieren und wie Sie Aufgabenlisten von Outlook nach Project importieren.

Anhang

Nicht alles kann man in Texten abhandeln und doch freut sich jeder, wenn es irgendwo »schwarz auf weiß« abgedruckt ist. Bestimmte Fragen bewegen viele Benutzer von Project:

- Welche Felder gibt es und wozu dienen sie?
- Welche Tastenkombinationen gibt es überhaupt?
- Welche Funktion hat welche Syntax beim Berechnen benutzerdefinierter Felder?
- Wie sind bestimmte Ausdrücke und Begriffe zu verstehen?

All diese Fragen werden im Anhang zu diesem Buch beantwortet und – quasi als »Bonbon« – ergänzt durch Tipps und Tricks aus dem Arbeitsalltag der Autoren.

Zu guter Letzt

Ein ganz besonderes Augenmerk möchten wir auf ein Element dieses Buchs lenken. In verschiedenen Kapiteln haben wir Ihnen einige Regeln mit auf den Weg gegeben, die Ihnen das Leben und Arbeiten mit Project vereinfachen sollen. Diese »10 Goldenen Regeln« sind nicht dogmatisch zu sehen. Sie sind aber aus unserer langjährigen Erfahrung mit Project entstanden und haben sich auch in den allermeisten Fällen bewährt.

Kapitel 3:

- Goldene Regel 1: Projektstart über Projektinfo festlegen

Kapitel 4:

- Goldene Regel 2: Legen Sie eine Vorgangsart fest!

Kapitel 6:

- Goldene Regel 3: Das Black-Box-Prinzip
- Goldene Regel 4: Für spezielle Termine Meilensteine verwenden
- Goldene Regel 5: Die Spalten *Anfang* und *Ende* nicht editieren
- Goldene Regel 6: Statt Termineinschränkungen Stichtag verwenden
- Goldene Regel 7: Vermeiden Sie offene Enden auf Sammelvorgänge der obersten Ebene

Kapitel 8:

- Goldene Regel 8: »Highlander« – Ein Vorgang, eine Ressource
- Goldene Regel 9: Keine Ressourcen auf Sammelvorgänge zuweisen

Kapitel 12

- Goldene Regel 10: Aktualisieren des Projekts zum Statusdatum

Die Beispieldateien zum Buch

Die in den einzelnen Kapitel erwähnten Beispieldateien finden Sie auf dem Begleitmedium, das diesem Buch beigefügt ist.

Falls Sie dieses Buch als eBook erworben haben, können Sie die Begleitdateien bei Microsoft Press unter der folgenden Webadresse herunterladen:

www.microsoft-press.de/support.asp?s110=147

Was ist neu in Project 2010?

Die wohl herausragendste Änderung gegenüber den vorhergehenden Versionen ist die Einführung der neuen Benutzeroberfläche, das »Fluent User Interface«. Diese Technologie wurde bereits mit Office 2007 erfolgreich eingeführt und in Office 2010 weiter verbessert. Es steigert die Bedienbarkeit von Project 2010 erheblich. Ein Excel-ähnliches Arbeiten kombiniert mit der Terminplanungssoftware ermöglicht Ihnen nun ein angenehmeres und intuitives Vorgehen bei der Arbeit mit Project.

Das Menüband

Neue grafische Menüs zeigen Ihnen übersichtlich die Funktionen, die Sie benötigen, um Ihr Projekt zu planen und zu managen. Aufgabenorientierte Registerkarten, aufgeteilt in übersichtliche Befehlsgruppen erleichtern das Auffinden der notwendigen Bearbeitungsfunktionen. Die übersichtliche Anordnung der meisten benötigten Tools, reichhaltige Formatierungsmöglichkeiten und Auswahllisten vereinfachen Ihnen die tägliche Arbeit erheblich. Gestalten Sie die Multifunktionsleisten und Menübefehle nach Ihren Anforderungen. Viele »Ein-Klick-Funktionen« wie *Seitenansicht*, *Drucken*, *Speichern als PDF-Datei* bekommen Sie über die neue Backstage-Ansicht von Office zur Verfügung gestellt.

Abbildg. V.1 Das neue Menüband in Project 2010

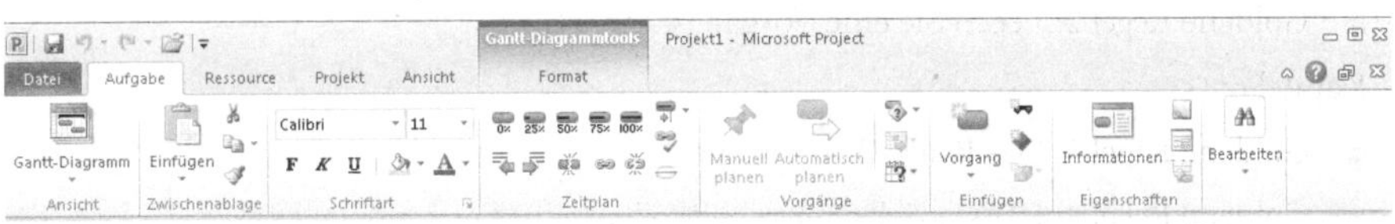

Feel It Like Excel

Nutzen Sie das verbesserte Kopieren und Einfügen zu und von anderen Office-Anwendungen unter Beibehaltung der Formatierungen. Project erzeugt aufgrund Ihrer Eingabe in eine neue Spalte automatisch eine Felddefinition, die entsprechend des Datentyps korrekt angelegt wird. Die vereinfachte Dateneingabe mit automatischem Ergänzen des fehlenden Texts aufgrund vorhergehender Einträge wird nun auch von Project unterstützt. Geben Sie die Texte ein, ohne sich um die Spaltenbreite zu kümmern, Project erzeugt die Zeilenumbrüche nun automatisch und passt die Zeilenhöhe an. Alle Spaltenköpfe stellen AutoFilter bereit, sodass Sie einen schnellen Zugriff auf die gewünschten Daten in vorbereiteten Gruppierungen erhalten.

Abbildg. V.2 Arbeiten mit Project, wie man es von Excel kennt

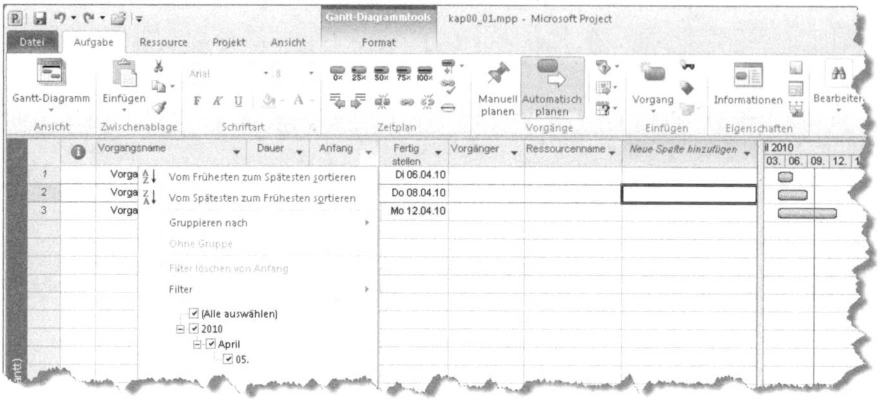

Kontrolle der Berechnungsart des Terminplans

Definieren Sie beliebige Vorgänge als »manuell geplant«, wird Project die Termine nicht mehr automatisch berechnen, Sie behalten die vollständige Kontrolle: Sie bestimmen selbst, ob und wie die Terminplanberechnung durchgeführt werden soll. Lassen Sie sich von Project visuell benachrichtigen, wenn Ungereimtheiten oder Terminprobleme in den Vorgängen vermutet werden. Der Vorgangsinspektor zeigt Ihnen sämtliche Parameter, die ein Problem im Vorgang verursachen können. Auch das Anlegen von Sammelvorgängen und Meilensteinen ist jetzt einfacher. Vorgänge können nun inaktiv geschaltet werden, um einen Einfluss auf den Terminplan zu verhindern (Was-wäre-wenn-Analyse).

Abbildg. V.3 Verschiedene Vorgangsmodi zur Kontrolle der Berechnung

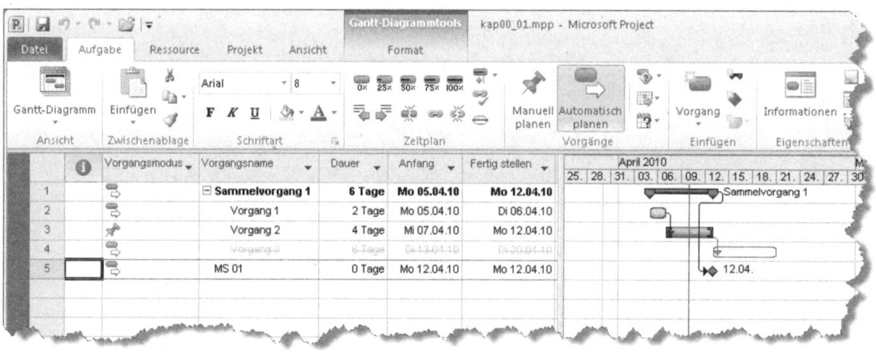

Die Ansicht der Zeitachse

Wichtige Punkte in einem eigenen Zeitachsenbereich werden grafisch dargestellt. Zusätzlich stehen Ihnen individuelle Gestaltungsmöglichkeiten zur Verfügung, ob und welche Vorgänge in der Zeitachse angezeigt werden. Das Kopieren der Zeitachse in eine E-Mail, ein Word-Dokument eine Excel-Tabelle oder eine beliebige andere Office-Anwendung geschieht ganz einfach per Mausklick.

Abbildg. V.4 Ein neue grafische Darstellung des Projekts in Form eines Zeitstrahls

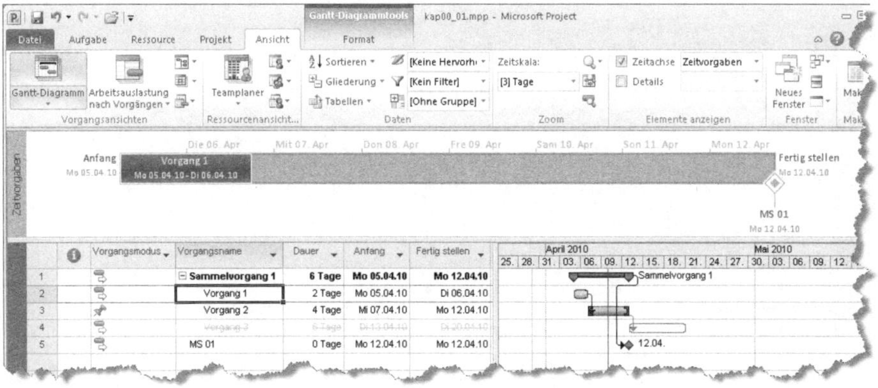

Teamplanung

Im Rahmen der Terminplanung weist Project 2010 folgende Neuerungen auf:

- Einfache und intuitive Erkennung von Ressourcenproblemen
- Grafische Neuzuordnung der Ressourcen zu Vorgängen
- Schnelles Auffinden nicht zugeordneter Mitarbeiter
- Visuelle Darstellung überlasteter Ressourcen und anderer Probleme
- Automatischer Ressourcenabgleich mithilfe des Vorgangsinspektors

Abbildg. 0.1 Verschieben von Arbeit per Drag & Drop

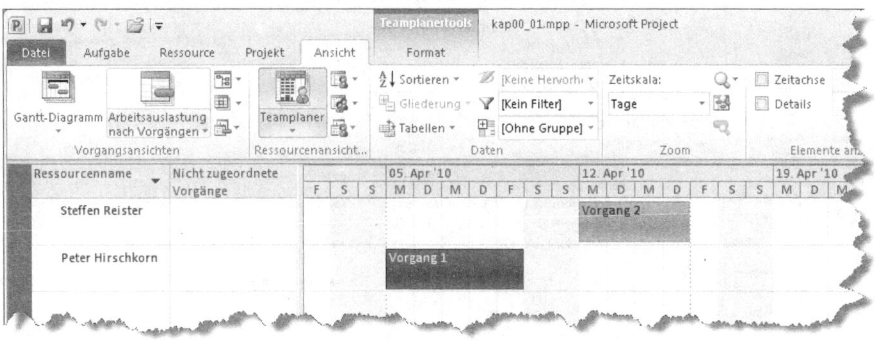

Erweiterte Zusammenarbeitsmöglichkeiten

Mit den folgenden neuen Funktionen wird die Zusammenarbeit im Team noch einfacher:

- Einfaches Drucken, Speichern und Veröffentlichen über die Backstage-Ansicht
- Kommunikationszentrale zu Project Server 2010
- Datenaustausch mit SharePoint 2010

Abbildg. 0.2 Die neue Backstage-Ansicht für alle Dateioperationen

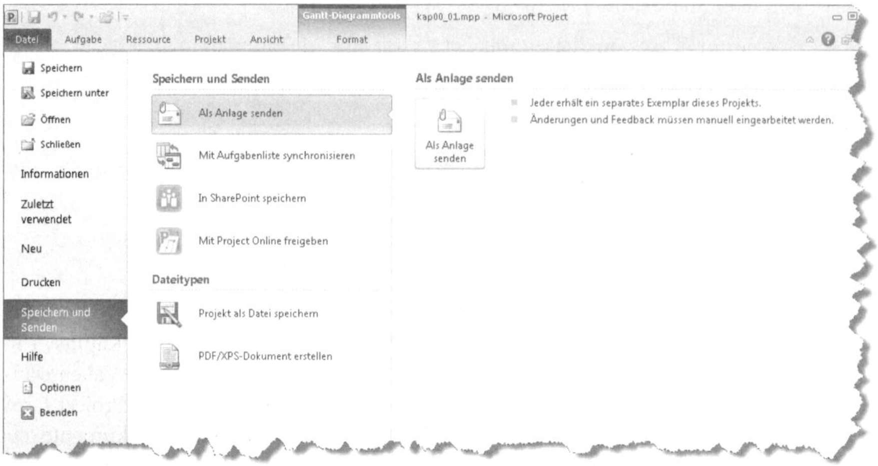

Neue Vorgangsoptionen

Project 2010 weist u.a. folgende Neuerungen zur Vorgangsplanung auf:

- Alternative Planung mithilfe von »inaktiv« schaltbaren Vorgängen
- Manuell geplante Vorgänge ohne Benutzung des Berechnungsmodus der Terminplanung

Abbildg. 0.3 Erweiterte Planungsmöglichkeiten durch neue Vorgangstypen

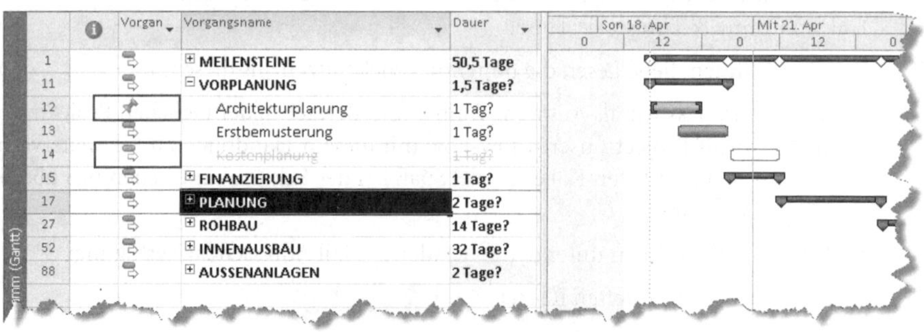

Versionsvergleich Standard/Professional

Folgende Features finden Sie nur in Microsoft Project 2010 Professional:

- Inaktive und aktive Vorgänge für »Was wäre wenn«-Szenarios
- Visualisierte Teamplanung per Drag & Drop
- Schnelles Auffinden nicht zugeordneter und nicht terminlich festgelegter Arbeit

- Veröffentlichen des Terminplans als SharePoint-Listen und Empfangen von Vorgangsänderungen über SharePoint-Listen
- Synchronisation von SharePoint-Listen mit dem Terminplan in Project
- Project Server 2010-Anbindung

Danksagung

Eine ganze Reihe von Kollegen haben uns tatkräftig während der Autorenarbeit, sei es in der aktuellen oder in vorherigen Versionen, unterstützt:

Die Kollegen von der Firma The Project Group aus München, Lars Raue (Autor des Kapitels zu Ertragswertanalyse in der Version 2007), Ralf Götze (Überarbeitung des Kapitels 1 in 2007), Martin Hespe, Martin Gösse, Peter Nixdorf, Marcus Berger und Matthias Jäger. Vielen Dank auch an Stavros Georgantzis und Johann Strasser, den Geschäftsführern von The Project Group. Die beiden Autoren von Inside Project haben freundlicherweise die kompletten Dokumente dieser Veröffentlichungen aus der Vergangenheit zur Verfügung gestellt, welches ein sehr hilfreicher zusätzlicher Informationsfundus für uns war.

Die Lektoratsarbeit wurde von Georg Weiherer äußerst kompetent durchgeführt und ist ein wichtiger Bestandteil für die Qualität dieses Buchs gewesen. Des Weiteren möchten wir dem Verlag Microsoft Press und stellvertretend hier Sylvia Hasselbach dafür danken, dass sie uns als Autoren dieses Buchs das Vertrauen geschenkt haben. Für ihren Einsatz, die Geduld und das Engagement bei der Erstellung dieses Buchs möchten wir allen an dieser Stelle herzlich danken.

Last but not least möchten wir unsere Familien erwähnen und ihnen für ihre tatkräftige Unterstützung und insbesondere dafür danken, dass sie diesen Dauerstress mit uns ausgehalten und es toleriert haben, dass wir so viel kostbare Freizeit für die Erstellung des Buchs genutzt haben. Vielen Dank an Conny & Tim sowie Timo!

Danke auch Ihnen, liebe Leser, die hoffentlich viel Nutzen aus diesem Buch ziehen werden.

Wir freuen uns, dass wir als Autoren, Trainer und Berater in der täglichen Projektmanagement-Praxis mit Microsoft Project unser Know-how mit diesem Handbuch an Sie weitervermitteln dürfen, wünschen Ihnen und Ihren Kollegen viel Spaß bei der Lektüre und freuen uns über jedes Feedback oder Fragen von Ihnen.

Die Autoren stehen Ihnen unter den folgenden E-Mail Adressen zu Verfügung:

- *steffen@reister.biz* (Steffen Reister)
- *peter@reister.biz* (Peter Hirschkorn)

Wir können Ihnen versprechen, dass wir bei jeder Art von Fragen und Schwierigkeiten immer per E-Mail für Sie erreichbar sind. Auch wenn Sie Feedback haben, sei es positiver oder negativer Natur, zu den Inhalten dieses Buchs, freuen wir uns über jede E-Mail, die uns erreicht. Denn nur durch offen geäußerte Kritik sind wir in der Lage, die Qualität dieses Buchs in Zukunft weiter zu verbessern.

Steffen Reister & Peter Hirschkorn

Teil A

Projektinitiierung

Kapitel 1

Was Sie vorher wissen sollten

In diesem Kapitel:

Viele Projektverantwortliche nähern sich der Software Microsoft Project 2010 zu Beginn mit der unterschwelligen Hoffnung, nun endlich ein Instrument in die Hand zu bekommen, mit dem sich Projekte fast von selbst verwalten. Eine weitere Gruppe möchte sogar die unternehmenspolitischen Probleme gelöst bekommen, bei denen diese selber versagen müssen. Die ersten Erfahrungen sind dann meist eher ernüchternd. Der Umgang mit der Software stellt sich komplexer dar als erwartet.

Microsoft Project 2010, im weiteren Verlauf dieses Buchs der Einfachheit halber als »Project« oder auch »Project 2010« bezeichnet, ist ein leistungsfähiges Programm, das die erfolgreiche Durchführung von Projekten unterstützt. Aber das eigentliche Projektmanagement müssen immer noch Sie leisten. Die Software kann Sie dabei unterstützen, Projekte besser zu überblicken und zu steuern, aber von allein managt sich das Projekt deshalb noch lange nicht.

Projektmanagement beginnt im Kopf

Trotz oder auch gerade beim Einsatz einer Software gilt der Grundsatz: Projektmanagement beginnt im Kopf, Projektmanagement ist Denken. Die Ergebnisse dieser Denkprozesse lassen sich in dem Programm Project umsetzen. Sie müssen aber – und das ist die zu Beginn ernüchternde Erfahrung – die wesentlichen Vorarbeiten nach wie vor selbst leisten. Project unterstützt sie bei der Abbildung Ihrer Ergebnisse und stellt eine breite Datenbasis zur Verfügung, damit Sie mittels Project besser argumentieren und auch besser den unternehmenspolitischen Bestrebungen in Ihrem Projekt entgegentreten können.

Aus der praktischen Erfahrung in einer Vielzahl von Projekten, aus Seminaren und Coachings zum Thema Projektmanagement und zu Project selbst lassen sich einige Schlüsse ziehen, welche Faktoren dafür verantwortlich sind, dass zu Beginn der Arbeit mit Project oft die erhofften Ergebnisse nicht eintreten:

- Die Leistungsfähigkeit der Software oder besser die Automatisierung von Teilen des Projektmanagements durch die Software wird überschätzt
- Der Eingabe- und der Pflegeaufwand, den die Abbildung eines Projekts mithilfe einer Software erfordert, wird unterschätzt
- Mögliche Automatisierungen im Bereich der Rückmeldungen (E-Mail/Web Access) sind nicht bekannt oder dürfen nicht in die vorhandene IT-Umgebung integriert werden
- Die Projektplanungssoftware wird oftmals zu spät im Projekt eingeführt. Sie begleitet das Projekt nicht von Beginn an und wird erst dann eingesetzt, wenn sich zeigt, dass das Projekt sehr komplex wird.
- Die Anforderungen der Software Project an die klar strukturierte Abbildung eines Projekts zeigen Fehler im bisherigen Vorgehen der Projektplanung auf, die ohne externe Hilfe nicht behoben werden können. Es gelingt oftmals schlicht nicht, eine korrekte Struktur des Projekts abzubilden.
- Die Funktionalität der Projektplanungssoftware ist nicht trivial und erfordert eine genaue Kenntnis. Somit werden erforderliche Trainingsmaßnahmen vielfach nicht konsequent und verspätet durchgeführt.
- Das erste Projekt, das mithilfe der Projektplanungssoftware realisiert wird, ist oft komplex. Dies erschwert die Einarbeitung in das Programm.

- Da Eingaben in der Software in vielen Fällen einen direkten Handlungsbedarf aufzeigen, müssen auch unmittelbar Entscheidungen getroffen werden. Die Entscheidungswege sind aber oft zu lang oder zu hierarchisch. Unternehmenspolitische Meinungsverschiedenheiten erschweren zusätzlich die Wege.
- Die Projektplanungssoftware wird nicht von allen am Projekt Beteiligten genutzt. Damit stehen notwendige Daten nicht zur Verfügung.
- Die Software wird in verschiedenen Bereichen mit Projekten, die sich überlappen, in unterschiedlicher Weise eingesetzt

HINWEIS Der Umfang dieser Liste macht deutlich, dass eine Vielzahl von Voraussetzungen zu schaffen sind, damit die Projektplanungssoftware erfolgreich genutzt werden kann. Diese Voraussetzungen lassen sich in drei Punkten zusammenfassen:

- Die organisatorischen Strukturen für das Projektmanagement und die Nutzung der Projektplanungssoftware im Unternehmen müssen klar definiert werden. Diese Strukturen widersprechen gelegentlich den unternehmenspolitischen Interessen einiger weniger. Dies kann je nach Machtverhältnissen in den Unternehmen bis zur Inkompatibilität mit Project führen.
- Es muss allen Beteiligten klar sein, dass die Projektplanungssoftware keine *Lösung*, sondern ein *Werkzeug* ist. Projektmanagement findet weiterhin zunächst im Kopf der Verantwortlichen statt. Sie müssen die Methodik des Projektmanagements *und* die Handhabung sowie Logik der Software beherrschen.
- Der Einsatz einer Projektplanungssoftware führt üblicherweise nicht zu einem messbar geringeren Aufwand für das Projektmanagement, sondern »nur« zu früherer Fehlererkennung sowie besserer Strukturierung und Dokumentation des Projekts. Ziel ist also das bessere Projektmanagement, nicht die reine Reduzierung des Aufwands für das Projektmanagement.

Projektmanagement, ein Allheilmittel?

Um beurteilen zu können, wann Project sinnvoll eingesetzt werden kann und wann es andere Werkzeuge oder Lösungswege gibt, ist es hilfreich, sich zunächst einmal den Begriff des Projektmanagements zu vergegenwärtigen.

Projektmanagement – Eine Definition

Auch wenn Normen die Praxis nicht immer sinnvoll beschreiben, stellt die DIN-Norm 69 901 doch einen guten Ausgangspunkt dar, um die erforderliche Klarheit zumindest über den Begriff *Projekt* zu erreichen.

Projekt gemäß DIN (Deutsches Institut für Normung)

Die Norm definiert ein Projekt als ein Vorhaben, das im Wesentlichen durch seine Einmaligkeit der Bedingungen in ihrer Gesamtheit gekennzeichnet ist. Die Norm nennt als solche Bedingungen unter anderem:

- Zielvorgabe
- Zeitliche, finanzielle, personelle und andere Bedingungen

- Abgrenzung gegenüber anderen Vorhaben
- Projektspezifische Organisation

Abbildg. 1.1 Definition des Projektmanagements

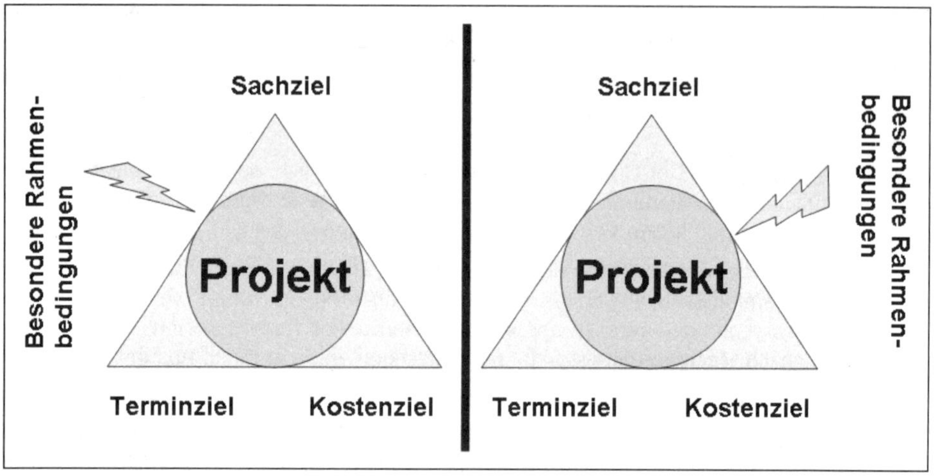

Wichtig bei der Definition ist die Abgrenzung zwischen Projekten und Routineaufgaben. Projekte unterscheiden sich von Routinearbeiten dadurch, dass neue oder in dieser Kombination noch unbekannte Anforderungen und Teilaufgaben auftreten. Die Einmaligkeit der Bedingungen ist ein sehr wesentliches Element eines Projekts. Ein weiteres Element ist die Abgeschlossenheit: Es handelt sich um ein einziges Vorhaben, nicht um eine endlose Reihe von Vorhaben. Gerade für eine Projektplanungssoftware wie Project ist es wichtig, eine solche Abgeschlossenheit klar zu definieren: Das Programm kann nur richtig rechnen, wenn das Projekt einen Anfang und ein Ende hat.

Verwendet man die Definition des Begriffs »Projekt« aus der Norm, zeigt sich, dass es Bereiche gibt, in denen sehr viele Projekte abgewickelt werden, während in anderen nur selten Projekte eine Rolle spielen.

Interessant ist, dass in der Definition der DIN-Norm seit 1980 die *Komplexität* nicht mehr enthalten ist. Diese wurde im Sinne der Projektgröße verstanden. Im Lauf der Zeit hat sich aber mehr und mehr gezeigt, dass sich die Methoden des Projektmanagements auch bei relativ kleinen Projekten sinnvoll nutzen lassen.

Denn auch solche Projekte erreichen schnell eine Komplexität, bei der klar definierte Methoden und Werkzeuge zur Unterstützung unbedingt sinnvoll sind. Wenn man beispielsweise Marketing-Aktionen, Messestände, die Einführung von Netzwerken oder anderer Software oder auch schon kleinere Softwareentwicklungsprojekte betrachtet, sind diese nicht unbedingt durch ihre Komplexität im Sinne von Größe, vielen beteiligten Mitarbeitern und langer Dauer gekennzeichnet.

Sie sind aber dennoch komplex, weil es eine Vielzahl von Einflussfaktoren gibt, die bei der Durchführung solcher Projekte beachtet werden müssen. Wer sich einmal mit solchen Projekten beschäftigt hat, weiß, wie schnell aus einem vermeintlich kleinen, überschaubaren Projekt dann doch eine relativ komplexe Angelegenheit mit Termin- und Ressourcenkonflikten werden kann. Genau dann macht der Einsatz von Projektmanagementwerkzeugen und Methoden des Projektmanagements Sinn.

Damit weicht das Verständnis des Projektmanagements heute auch deutlich von dem früheren Ansatz ab, als nur sehr große Vorhaben als Projekt betrachtet wurden: beispielsweise militärische Projekte im zweiten Weltkrieg und in der Frühphase des Kalten Krieges. Projektmanagement spielte daher zunächst auch bei Vorhaben der Luft- und Raumfahrt und im militärischen Bereich eine Rolle.

Drei klassische Bereiche des Projektmanagements sind heute:

- Bauprojekte
- Softwareentwicklung
- Forschung und Entwicklung

In allen drei Fällen handelt es sich um Bereiche, in denen kaum wiederkehrende Problemstellungen zu lösen sind. Selbst der Bau von Einfamilienhäusern wird kaum zur Routineaufgabe, bedenkt man die wechselnden Geländegegebenheiten, die Wünsche der jeweiligen Bauherren und die unterschiedlich beteiligten Partner (Banken, Handwerker usw.).

Das Management

Als zweites Element in dem Begriff Projektmanagement ist das Wort *Management* enthalten. Der Duden definiert *Management* als *Leitung eines Unternehmens, Betriebsführung*. Für das Verb *managen* gibt es die Vorschläge *leiten, zustande bringen, geschickt bewerkstelligen* und *organisieren.*

Für das Projektmanagement ist es wichtig, den Begriff mit *leiten* zu übersetzen. Beim Projektmanagement geht es um mehr als nur das Verwalten der Durchführung einer komplexen Aufgabe. Es geht auch um mehr als die unreflektierte Umsetzung vordefinierter Schemata und die Nutzung festgelegter Methoden. Projektmanagement bedeutet die Leitung der Projekte und die Lösung der dabei entstehenden Konflikte.

Abbildg. 1.2 Elemente der Projektarbeit

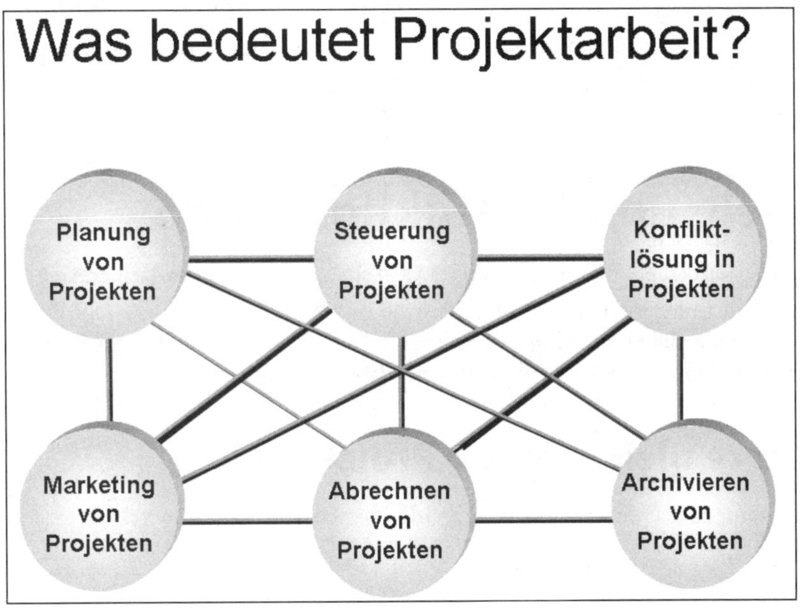

Dieses Verständnis ist von elementarer Bedeutung für den Projekterfolg. Der Projektmanager muss Regelungskompetenzen besitzen, um schnell reagieren zu können. Er muss in der Lage sein, Konflikte ohne endlose – und gar zu oft auch fruchtlose – Konsultationen anderer Instanzen der Organisation zu lösen. Für jeden Projekterfolg ist es unerlässlich, dass leidiges Kompetenzgerangel und Profilierungsstreben soweit wie möglich ausgeschlossen werden und der Projektmanager den nötigen Spielraum hat.

Die Bereiche *Archivieren* und *Marketing von Projekten* werden häufig aus Kostengründen beschnitten oder gestrichen. In diesem Zusammenhang ist es sehr interessant, dass bei der Möglichkeit von Mehrfachnennungen von Gründen für das Scheitern von Projekten sehr häufig der Widerstand der Betroffenen angegeben wird.

Die Dokumentation von Projekten ist eine Interessante Basis für die Projektaufwandsschätzung. Leider wird diese aus Kostengründen häufig nicht genutzt.

Das Projektmanagement

Projektmanagement ist also die Leitung eines durch seine Einmaligkeit definierten Vorhabens. Damit ist Projektmanagement eine Herausforderung für die durchführenden Kräfte. Nicht umsonst ist es heute in vielen Unternehmen so, dass die erfolgreiche Realisierung eines bedeutsamen Projekts ein Sprungbrett für die weitere Karriere ist.

Die entscheidende Herausforderung beim Projektmanagement ist die Arbeit mit und in Projektgruppen, die Lösung von Problemen zwischen den Projektbeteiligten und mit den Zulieferern. Das Projektplanungswerkzeug Project ist dabei insoweit eine Unterstützung, als es:

- hilft, Kosten -, Ressourcen- und Terminprobleme im Projekt zu erkennen,
- erlaubt, eine schnelle Analyse von Handlungsalternativen mit ihren Auswirkungen auf den weiteren Projektverlauf vorzunehmen,
- ermöglicht, Fakten zum Status eines Projekts und zu Folgen von Planabweichungen darzustellen und damit eine wichtige Argumentationsgrundlage zu liefern.

Die entscheidende Vorraussetzung dafür ist, dass Project nicht nur in der Planungsphase benutzt wird, sondern auch nach Möglichkeit die Rückmeldeprozesse mittels Outlook/Web Access von Project Server verwendet werden. Eine aufwändigere manuelle Eingabe ist auch möglich.

Projektziele und Konfliktlösungen

Jedes Projekt verfolgt ein bestimmtes Ziel und soll einen bestimmten Nutzen erbringen. Dazu müssen realistische Projektziele gesteckt werden. Bereits damit werden die Weichen für den gesamten Verlauf des Projekts und auch für den Projekterfolg gestellt. Das Ziel muss messbar sein, um den Erfolg oder Nichterfolg eines Projekts genau bestimmen zu können.

Mehrere gleichzeitige Projektziele

In der Literatur zum Projektmanagement werden zumeist drei Ziele unterschieden:

- Sachziel
- Terminziel

- Kostenziel

Sie werden es leichter haben, genaue Projektziele zu stecken, wenn Sie sich über diese drei Zielarten im Klaren sind.

Hier zur Verdeutlichung die Fragen, welche die drei genannten Zielarten aufwerfen:

Tabelle 1.1 Projektziele

Ziele	Fragen
Sachziel	Welches Produkt, welche Dienstleistung soll entstehen? Welchen Zweck verfolgt das Projekt? Welche Qualitätsmerkmale werden angestrebt? Sind andere Systeme involviert?
Terminziel	Bis wann soll das Projekt fertiggestellt sein?
Kostenziel	Wie hoch ist das Budget?

Abbildg. 1.3 Zielkonflikte beim Projektmanagement sind unvermeidlich

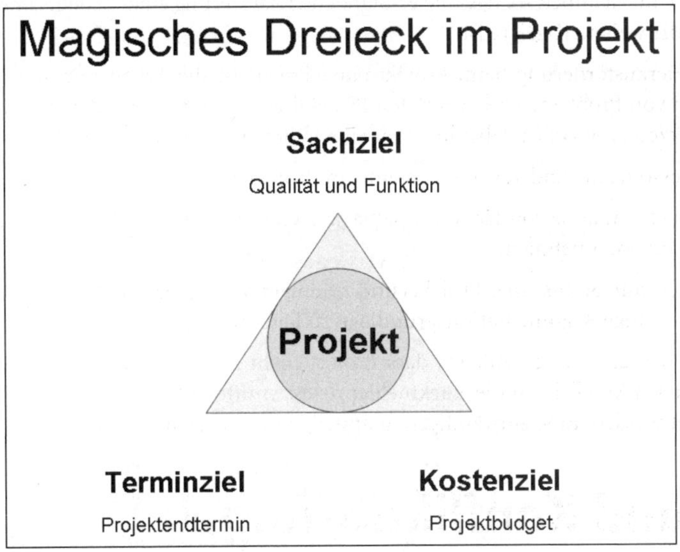

Definition des Sachziels

Das bestimmende Ziel ist zweifellos das Sachziel. Dieses gibt vor, welche Leistung in dem Projekt erreicht werden soll. Das Sachziel muss, wie jedes andere Ziel auch, messbar sein. Nur bei messbaren Zielen kann überprüft werden, ob das Projekt erfolgreich war oder nicht. Nur messbare Ziele können also die Messlatte für den Projekterfolg sein.

Das Sachziel eines Projekts besteht darin, die Aufgabe in der geforderten Form zu lösen. Bei der Erstellung beispielsweise einer Firmenpräsentation im Internet muss die Funktionalität, die im Pflichtenheft dokumentiert ist, realisiert werden.

Im Gegensatz zu den beiden anderen im Mittelpunkt der Betrachtung stehenden Zielen ist die Messbarkeit beim Sachziel in vielen Fällen nur schwer zu erreichen. Wie misst man beispielsweise die

Sachzielerreichung bei Forschungs- und Entwicklungsprojekten? Daher wird bei sehr vielen Projekten mit Pflichtenheften gearbeitet. Ob diese explizit diese Bezeichnung tragen oder implizit Gegenstand beispielsweise einer öffentlichen Ausschreibung sind, ist sekundär. Entscheidend ist, dass ein korrekt erstelltes Pflichtenheft eine vollständige Beschreibung der sachlichen Leistungen, die ein Projekt erbringen soll, beinhaltet. Es ist der Rahmen, an dem der Projekterfolg nachher gemessen werden kann.

Das Sachziel ist also die Aufgabe, die es im Projekt zu lösen gilt. Die besondere Bedeutung des Sachziels in einem Projekt ergibt sich schlicht daraus, dass seine Erreichung der ureigene Zweck des Projekts ist. Wenn das Sachziel nicht erreicht wird, dafür aber Kosten- und Terminziele eingehalten werden, ist der Sinn des Projekts typischerweise verfehlt worden. Änderungen am Sachziel können im Verlauf eines Projekts zwar vorkommen, sollten aber nicht die Regel sein.

Bei der Definition des Sachziels kann Project den Projektleiter nicht unterstützen. Die Berücksichtigung eines Know-how-Profils von einem Projektmitarbeiter sowie die Aufwandsschätzung liegt beim Projektleiter. Die Folgen dieser Überlegung, die Dauer und die Kosten kann Project visualisieren. Lesen Sie hierzu mehr im Teil B »Projektplanung« in diesem Buch.

Definition des Kostenziels

Das Kostenziel ist das zweite wichtige Ziel. Es gilt, die Kosten in einem definierten Rahmen zu halten. Das Kostenziel hat je nach Struktur des Projekts sehr unterschiedliche Bedeutung. Bei manchen Projekten wirken sich die Kosten entscheidend auf den weiteren Erfolg oder Misserfolg eines Unternehmens aus. Andererseits gibt es genügend Beispiele für interne Projekte, bei denen es darum geht, Organisationsstrukturen anzupassen oder Konzepte zu entwickeln. Bei dieser Art von Projekten spielen die Kosten nur eine untergeordnete Rolle.

Kosten lassen sich bei allen Projekten erfassen. In vielen Fällen sind bereits Verrechnungskosten, beispielsweise für Personal, definiert. Diese können verwendet werden, um die im Projekt entstehenden Kosten einigermaßen genau zu erfassen. Auch wenn es zu keinen direkten Mittelabflüssen kommt und auch wenn die meisten entstehenden Kosten Gemeinkosten sind, lässt sich so doch eine einigermaßen genaue Betrachtung erreichen.

Das aber hilft für eine ganze Reihe von Punkten:

- Durch die Einbeziehung der Kosten in das Projektmanagement kann ein Kostenziel definiert und überwacht werden. Damit lässt sich erkennen, ob und bis zu welchem Punkt die Durchführung eines Projekts unter dem Aspekt der Kosten überhaupt vertretbar ist.
- Die Betrachtung von Kosten in Projekten kann die Kostendisziplin in Projekten wesentlich erhöhen
- Die Information über Kosten von Projekten stellt einen wesentlichen Baustein bei einer zwischenzeitlichen oder abschließenden Kosten/Nutzen-Betrachtung dar und liefert damit auch wichtige Informationen über den Projekterfolg und darüber, was bei zukünftigen Projekten des gleichen Typs zu beachten ist. Sie kann auch die Basis für die Preiskalkulation bei zukünftigen Angeboten im gleichen Bereich bilden.

Wenn Sie als Projektleiter sorgfältig in Project einschließlich Ressourcen geplant haben, erhalten Sie ohne weiteren Aufwand die Möglichkeit, Projektgesamtkosten, Ressourcenkosten oder Vorgangskosten abzurufen.

Definition des Terminziels

Das Terminziel als drittes Ziel hat in den meisten Projekten eine wesentlich größere, explizite Bedeutung als das Kostenziel. Das Projekt soll zu einem definierten Zeitpunkt zu Ende gebracht werden und ganz typisch für eine Vielzahl von Projekten ist, dass es gerade beim Endtermin keinen Spielraum gibt.

Das Terminziel drückt aus, dass das Projekt zu einem vorgegebenen Zeitpunkt zu einem erfolgreichen Ende gebracht werden muss. Auch dieses Ziel ist von großer, manchmal sogar entscheidender Bedeutung. Oft ist es noch wichtiger als das Kostenziel.

Es gibt kaum ein Projekt, bei dem kein explizites Terminziel festgelegt ist. Termine sind, verglichen mit Kosten, aber auch mit dem Sachziel, einfach zu definieren und zu überwachen. Wichtig bei der Definition des Terminziels ist, das Ziel realistisch so zu definieren, dass es auch erreicht werden kann.

Die Erfahrung aus vielen Projekten zeigt, dass hier allzu oft Führungskräfte Termine versprechen, die bei genauerer Analyse des Projekts nicht zu halten sind. Dabei spielen oftmals »politische« Gründe eine Rolle: Die Leistungsfähigkeit des eigenen Bereichs soll bewiesen werden, ein anderer Bereich soll damit ausgestochen werden oder ein Vertriebsmitarbeiter hat mit der Terminzusage beim Kunden zuviel versprochen.

So muss es auch nicht verwundern, dass Terminziele sehr häufig verschoben werden. Dies ist beispielsweise bei Forschungs- und Entwicklungsprojekten durchaus typisch und oft zwingend, da sich der Verlauf eines solchen Projekts nicht immer exakt terminieren lässt. Auf der anderen Seite zeigt sich aber auch, dass Projekte eben nicht gründlich genug analysiert und geplant wurden – vor allem, wenn solche Terminverschiebungen erst spät im Projekt auftreten.

Auch ein gutes und softwaregestütztes Projektmanagement wird das nicht verhindern können. Gutes Projektmanagement kann aber Terminverschiebungen frühzeitig erkennen und damit früher reagieren. Project unterstützt die Visualisierung der Probleme und kann dadurch beim Lösungsprozess unterstützen. Gegen unerwartete Einflüsse ist man auch dann nicht gefeit. Die über längere Zeit absehbaren Verschiebungen werden aber frühzeitig deutlich.

Ein guter Projektmanager wird diese auch frühzeitig signalisieren, selbst wenn er damit auf »politische« Widerstände in seiner Organisation stößt. Wenn aber deutlich gemacht wird, welche Probleme es gibt und wie diese gelöst werden können, ist das zu einem frühen Zeitpunkt für das Standing des Projektmanagers allemal besser als sehr spät einzugestehen, dass das Ziel nicht zu halten ist.

Das magische Zieldreieck in Project

Die Problematik der Zielerreichung und der ständigen Modifikation der Ziele ist in Project abbildbar. Besonders hilfreich ist in diesem Falle die Leistungssteuerung (Umverteilung der Arbeit auf die Ressourcen), die es dem Projektleiter ermöglicht, an einem der drei Ziele – Sachziel, Kostenziel und dem Terminziel – Veränderungen vorzunehmen und die Folgen direkt im Gantt-Chart betrachten zu können. Insofern kann man das magische Dreieck mit dem Dreieck der Leistungsteuerung kombinieren. Besonders interessant ist an dieser Stelle, dass der Projektleiter mittels einer Einstellung *Feste Arbeit*, *Feste Dauer* und *Feste Einheiten* seine Zielorientierung abbilden kann. Die praktische Herangehensweise hierzu finden Sie in Kapitel 7, in dem auf das Ressourcenmanagement näher eingegangen wird.

Abbildg. 1.4 Die Projektziele und deren Beeinflussung durch Einstellungen in Project

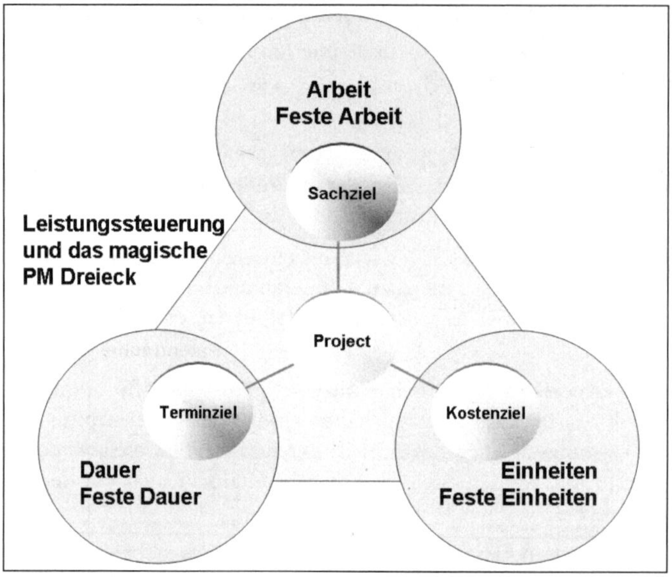

Nebenziele

Neben den drei genannten Zielen gibt es bei jedem Projekt auch noch Nebenbedingungen. Dazu gehören die Verfügbarkeit von Ressourcen, gesetzliche Rahmen, Genehmigungsverfahren und dergleichen mehr. Alle diese Nebenbedingungen können den Verlauf des Projekts durchaus entscheidend beeinflussen.

HINWEIS Aus diesem Grund ist es ausgesprochen wichtig, die Neben- oder auch Rahmenbedingungen in einem Projekt frühzeitig zu analysieren und entsprechend zu berücksichtigen. Während sich das mit klar definierten Rahmenbedingungen wie beispielsweise gesetzlichen Regelungen relativ einfach bewerkstelligen lässt, wird diese Planung im personellen Bereich schon schwieriger.

Hier noch einmal wichtige Nebenbedingungen, die zu berücksichtigen sind:

- Gesetzliche Bestimmungen (z.B. die Abschreibungsproblematik)
- Patentrechtliche Festlegungen
- Umweltbestimmungen
- Personelle Bedingungen

Gerade der letzte Punkt verdient besondere Aufmerksamkeit. Die zwar erfolgreiche Beendigung eines Projekts, die letztlich aber dazu führt, dass anschließend gute Mitarbeiter das Haus verlassen, weil sie mit dem Führungsstil des Projektleiters nicht zufrieden waren, ist ebenso wenig sinnvoll wie die Umsetzung eines Projekts mit einem anschließend erheblich gestörten Verhältnis zu den Lieferanten.

Wird mit zusätzlichen Zielen oder Nebenbedingungen gearbeitet, entstehen weitere Zielkonflikte, die sich in den meisten Fällen wieder auf die drei Hauptziele auswirken können.

Abbildg. 1.5 Wirkung von Nebenzielen

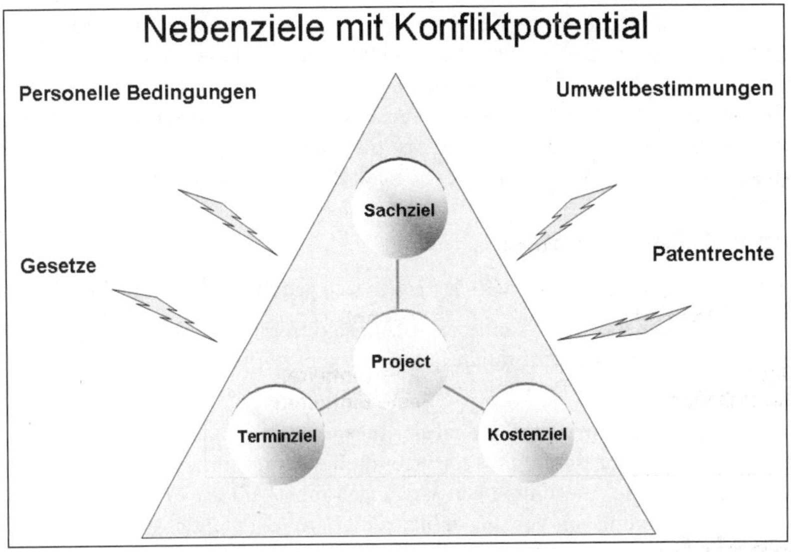

Welche Ziele im konkreten Fall Vorrang haben, hängt von der jeweiligen Aufgabenstellung ab. In den meisten Fällen muss das Sachziel erreicht werden. Es gibt aber auch Projekte, bei denen das Terminziel wichtiger ist – beispielsweise im Bereich Marketing/Werbung.

Zielkonflikte

Zielkonflikte in Projekten sind zwangsläufig, da die Ziele des Projektmanagements interdependent sind. Abweichungen bei einem der Ziele haben damit zwangsläufig Einfluss auf die Erreichung der beiden anderen Ziele.

Dazu kurz einige Beispiele: Bei vielen Vorhaben steht die Frage, ob die Qualität Priorität hat und ob Kosten und Zeit lediglich eine untergeordnete Rolle spielen. Vielleicht muss aber der Termin unbedingt eingehalten werden, zum Beispiel bei der Organisation einer Messe. Dann werden Mehrkosten durch verstärkten Arbeitseinsatz entstehen, aber auch die Qualität des Projekts wird unter dem Termindruck zu leiden haben.

Wenn hingegen das Budget auf keinen Fall überschritten werden darf, kann der Termin vielleicht gehalten werden, aber an der Qualität werden in diesem Fall Abstriche gemacht werden müssen.

Hausgemachte Konflikte

Die Behandlung der Konflikte, die zwischen den verschiedenen Zielen entstehen können, ist eine der Hauptaufgaben des Projektmanagers. Viele der Konflikte sind aber hausgemacht und können durch ein konsequentes Projektmanagement unter Umständen vermieden werden.

Die Erreichung des Kostenziels wird häufig deshalb gefährdet, weil nachträglich weitere Anforderungen gestellt werden: Das Sachziel wird verändert.

Ein Projektmanager muss sich darüber im Klaren sein, was genau das Sachziel ist – die Anforderungen müssen also genau definiert werden. Nur dann ist es für ihn möglich, geänderte Anforderungen sofort zu erkennen und Maßnahmen zu ergreifen. Wenn der Projektmanager erkennt, dass weitere Anforderungen an das Sachziel des Projekts gestellt werden, kann er die Personen, die diese Anforderungen stellen, auf die daraus resultierenden Konsequenzen hinweisen. Für diese Gespräche kann es sehr hilfreich sein, wenn Probleme für Gespräche vorab mittels Project-Berichten visualisiert werden. Wenn es sich dabei um Kunden handelt, ist hier häufig bereits eine Überwälzung der höheren entstehenden Kosten möglich – oder ein Verzicht auf die Änderung der Anforderungen.

Umgang mit Zielkonflikten

Konflikte zwischen den verschiedenen Zielen lassen sich grundsätzlich auf mehrere Arten lösen:

- **Ziele werden angepasst** Das kann beispielsweise durch eine Verschiebung von Endterminen und damit typischerweise auch durch höhere Kosten geschehen. Aber auch das Sachziel kann modifiziert werden, wenn die Art des Projekts so etwas zulässt.
- **Innerhalb des Projekts werden Rationalisierungspotentiale analysiert** So können häufig Terminprobleme nicht nur durch die Verschiebung des Endtermins gelöst werden, sondern auch durch eine effizientere Anordnung von Vorgängen innerhalb des Projekts. Die Parallelisierung, aber auch die Zerlegung von Vorgängen bieten hier großes Potential.
- **Das Projekt wird abgebrochen** Das bietet sich gerade in frühen Projektphasen an, in denen noch nicht allzu viel Arbeit und Geld investiert wurde. Ein guter Projektmanager ist in der Lage, ein Projekt zu beenden, wenn es Sinn macht. Das ist kein Zeichen von Schwäche, sondern eines von Stärke. Es kostet sehr viel mehr Rückgrat, ein Projekt zu beenden, als es gegen die Wand zu fahren. Diese Situation lässt sich gut mit dem Bergsteigen vergleichen: Ein guter Bergsteiger kehrt um, wenn die Situation nicht erwarten lässt, dass er den Gipfel erreichen und wieder sicher zur Hütte zurückkehren kann. Wer das nicht macht und in Schwierigkeiten gerät, ist ein schlechter Bergsteiger. Rechtzeitiges Umkehren ist eine der größten Herausforderungen beim Bergsteigen.

Welche Ziele verändert werden, ist in hohem Maße von der Art des Projekts abhängig, ebenso auch die Häufigkeit solcher Zielkonflikte. Dazu sollen einmal exemplarisch zwei wichtige Einsatzbereiche des Projektmanagements – die Softwareentwicklung und der Baubereich – betrachtet werden.

Bei der Softwareentwicklung treten Zielkonflikte sehr häufig auf. Ursächlich dafür ist, dass es sich eben um eine Entwicklung handelt. Die Projekte weichen häufig stark von bisherigen Entwicklungsprojekten ab, sodass sich schwer abschätzen lässt, wie viel Zeit und Geld benötigt wird, um das Ziel zu erreichen. Oftmals steht zu Beginn des Projekts noch nicht einmal die genaue Form des Sachziels fest. Gerade bei Softwareentwicklungsprojekten ist daher eine exakte Zieldefinition in Form eines umfangreichen Pflichtenhefts unerlässlich. Sie bildet die Basis für den Projekterfolg.

Wenn Zielkonflikte auftreten, stellt sich – falls das Projekt nicht abgebrochen wird – die Frage, an welcher Schraube gedreht werden soll. Bei internen Softwareentwicklungsprojekten ist dabei ein Blick auf das Sachziel durchaus sinnvoll. Wenn daran Abstriche vorgenommen werden können, bedeutet das den geringsten Einfluss auf Termin- und Kostenziel.

Bei Projekten, die ein marktfähiges Produkt zum Ziel haben, ist dies deutlich schwieriger. Die meisten Softwarehersteller fahren hier eine Kompromissschiene, bei der Produkte später fertig werden, mit höheren Kosten entwickelt werden und gegenüber den ersten Ankündigungen funktional eingeschränkt sind. Funktionen werden auf spätere Versionen verschoben, indem ein Teil-Sachziel definiert wird. Das Projekt wird hier letztlich aufgeteilt.

Bei Produkten, die individuell für einen Kunden entwickelt werden, gibt es in der Regel wenig Alternativen. Das Sachziel ist typischerweise festgeschrieben, ebenso wie das Terminziel. Das bedeutet, dass nur durch höheren Aufwand, beispielsweise in Form von Überstunden, und damit höhere Kosten reagiert werden kann.

Nimmt man im Gegensatz dazu den Baubereich, bietet sich hier ein ganz anderes Bild. Bei Bauprojekten hängt es sehr stark von der Struktur des Projekts ab, wie groß das Risiko eklatanter Planabweichungen ist. Nach der Planung lassen sich die Kosten relativ genau schätzen, da die Erfahrungswerte in Form umfangreicher Aufstellungen allgemein verfügbar sind. Eine genaue Kosten- und Aufwandsschätzung wird dadurch erleichtert.

Schwieriger wird dies bei neuartigen oder technisch sehr anspruchsvollen Projekten wie dem Kanaltunnel und bei Renovierungen. Hier treten wesentlich mehr Zusatzeinflüsse auf.

Je nach Struktur des Projekts gibt es auch hier wieder die oben beschriebenen Handlungsalternativen. Inwieweit das Sachziel verändert werden kann, ist auch wiederum eine Frage des jeweiligen Projekts. Bei privaten Bauprojekten wird oftmals so entschieden, dass das Sachziel reduziert wird, indem an der Ausstattung gespart wird oder Maßnahmen aus dem Projekt herausgenommen werden und beispielsweise der Dachausbau erst später erfolgt.

Bei öffentlichen Großprojekten wird dagegen meist zugunsten des Sachziels und zu Lasten vor allem des Kostenziels entschieden. Allerdings sind die Spielräume hier bei kleineren Projekten mittlerweile auch deutlich eingeschränkt worden.

Das richtige Handeln bei Zielkonflikten

So gehen Sie sinnvoll mit Zielkonflikten um:

- Der Projektmanager muss sich im Klaren über die Ziele sein. Nur genau definierte Ziele können verfehlt und verändert werden. Nur bei klar definierten Zielen können Abweichungen erkannt und darauf reagiert werden.
- Der Projektmanager muss alle Handlungsalternativen einbeziehen. Mithilfe von Project ist es möglich, verschiedene Versionen für die Entscheidungsfindung miteinander zu vergleichen.
- Managen Sie Ihre Projekte, indem Sie Ihre Risiken in den Zielkonflikten managen!

Phasen im Projektmanagement

Projekte werden in Phasen gegliedert. Doch sind diese Phasen beim Projektmanagement wirklich zwingend? Kaum ein Lehrbuch zum Projektmanagement kommt ohne Phasenkonzept aus. Die Frage, ob Phasenkonzepte erforderlich sind, muss eindeutig bejaht werden. Solche Konzepte sind Hilfsmittel für die Strukturierung eines Projekts. Denn Phasen definieren Anfangs- und Endpunkte. Sie beinhalten Überprüfungen des Projektstatus. Phasen schaffen zeitliche und qualitative Abschnitte im Projekt. Diese Abschnitte sind unter anderem wichtig für die Motivation von Projektmitarbeitern und für den Aufbau eines gesunden Arbeitsdrucks.

Welches Modell letztlich gewählt wird, ist sekundär. Wichtig ist die klare Strukturierung des Projekts. Viele Unternehmen haben schon ein Regelwerk verfasst, ein Projekthandbuch, welches Modell in welchem Umfang in den entsprechenden Unternehmen zu verwenden ist.

Phasenmodell und Projektstrukturierung

Unabhängig vom jeweils gewählten Phasenkonzept sind folgende Elemente in allen Modellen stets enthalten:

- Beschreibung der Inhalte und Aufgaben in den Phasen
- Definition von Kontrollpunkten und Reviews oder Audits
- Aufteilung des Projekts in überschaubare Blöcke

Der Zyklus eines Projekts unterteilt sich mindestens in vier Phasen:

- Definition und Planung
- Realisierung
- Einführung und Nutzung
- Abschluss

Je nach Art des Projekts können noch weitere Phasen hinzukommen, zum Beispiel eine Pilotphase.

Abbildg. 1.6 Ein mögliches Phasenmodell

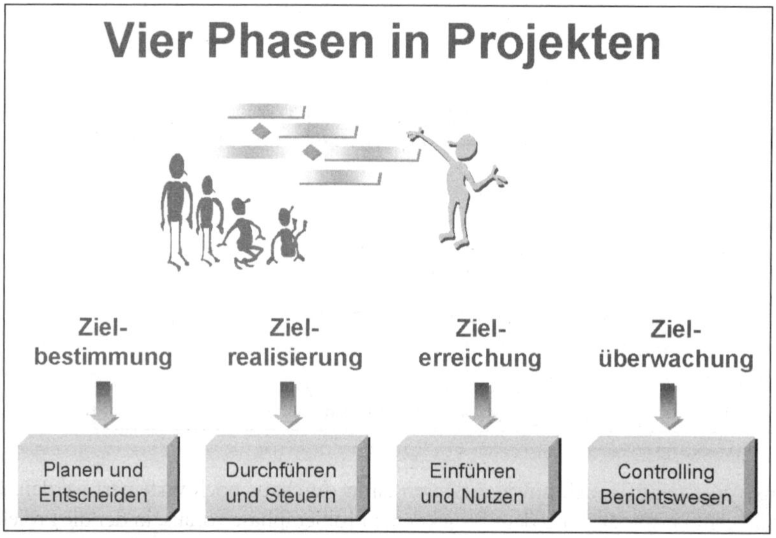

Die Definitions- und Planungsphase

Ohne Definitionsphase gibt es keinen Projektstart. Projektleiter klären in dieser Phase die Ziele mit dem Auftraggeber. Das Projekt wird auf Wirtschaftlichkeit und Machbarkeit hin überprüft. Als Ergebnis wird der Projektauftrag verabschiedet. In dieser Phase werden Details geklärt, zum Beispiel die Tätigkeiten der einzelnen Projektteilnehmer und die Zeitlinie. Erst nach Abschluss dieser Phase tritt das Projekt in die Realisierungsphase ein.

Die Realisierungsphase

Nun ist das Projekt reif für die schrittweise Umsetzung. Die Realisierungsphase beinhaltet allerdings mehr als nur diese, denn der Projektfortschritt muss kontinuierlich überprüft werden. Über jede Zielabweichung muss umgehend eine Entscheidung getroffen werden.

Die Einführungsphase

In dieser Phase kommt es darauf an, den Nutzen des Projekts zu zeigen und die angestrebten Projektfortschritte nun in konkrete Veränderungen umzusetzen.

Die Abschlussphase

Die Abschlussphase beginnt mit der Abnahme des Projektergebnisses durch den Auftraggeber. Sehr wichtig ist hier die Dokumentation des erworbenen Wissens und die Reintegration der Projektbeteiligten.

Abbildg. 1.7 Möglicher Ablauf eines Projekts

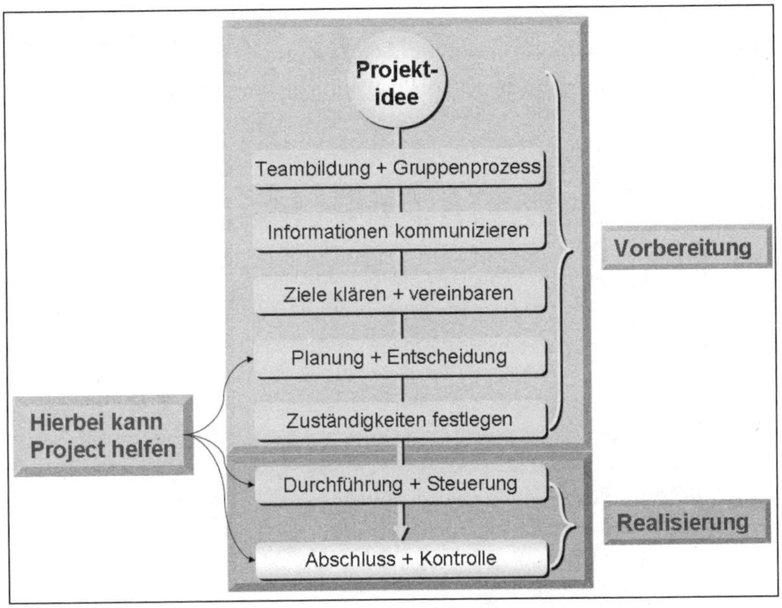

Das bereits vorgestellte Modell mit vier Phasen kann durchaus noch verfeinert werden. Dazu einige Beispiele: So geht beispielsweise jedem Projekt eine Problemphase voraus, in der die Projektidee geboren wird. In Tabelle 1.2 wird ein solches erweitertes Phasenmodell dargestellt. Die Abbildung 1.8 wiederum zeigt den in der Tabelle vorgestellten sequentiellen Ablauf eines Projekts in sieben Stufen.

Tabelle 1.2 Erweitertes Modell für Projektphasen

Phase	Inhalt
Problemphase	Problemerkennung, grobe Zieldefinition, Initialisierung des Projekts
Konzeptphase	Zielverfeinerung, Machbarkeitsstudie, Alternativensuche, Bewertungskriterien, Grobplanung, abschließend Definition eines Pflichtenhefts
Definitionsphase	Schnittstellen, Abhängigkeiten, Feinplanung auf Basis der entwickelten Definitionen
Entwicklungsphase	Detailentwicklung, Pläne für Produktion und Test, Detaillierung der Planung
Fertigungsphase	Produktion und Test

Tabelle 1.2 Erweitertes Modell für Projektphasen *(Fortsetzung)*

Phase	Inhalt
Installationsphase	Auslieferung und Inbetriebnahme
Betriebsphase	Betrieb und Wartung

Parallel dazu lassen sich auch Phasen unterscheiden, welche die wesentlichen Aufgaben des Projektmanagers aufzeigen (siehe auch Abbildung 1.9):

Tabelle 1.3 Aufgaben in verschiedenen Phasen des Projektmanagements – Revolvierender Ablauf des Projektmanagements

Phase	Aufgabe
Problemphase	Zieldefinition
Konzeptphase	Machbarkeitstudie, Grobgliederung, Messbarkeit der Ziele
Planungsphase	Feingliederung, Planung
Überwachungsphase	Überwachung
Abschlussphase	Projektnachrechnung (Kontrolle), gegebenenfalls Initialisierung eines neuen Projekts für Weiterentwicklung

Abbildg. 1.8 Sequentieller Ablauf eines Projekts

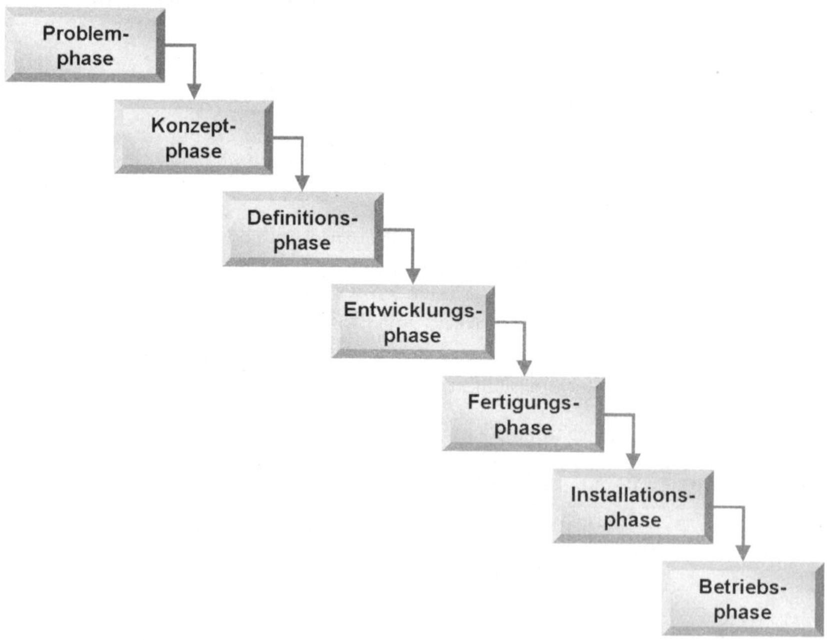

Abbildg. 1.9 Revolvierender Ablauf des Projektmanagements

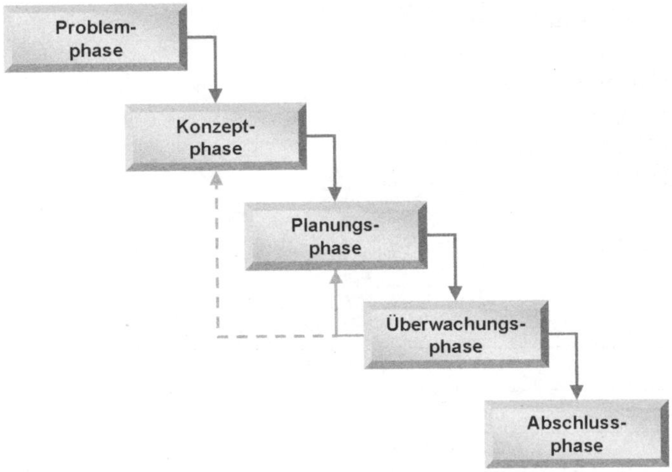

Die Phasen des Projektmanagements verlaufen in weiten Bereichen nicht sequentiell. Das wird besonders an zwei Beispielen deutlich:

- Wenn es innerhalb eines Projekts zu Abweichungen kommt, muss die Planung verändert werden. Aus der Überwachungsphase wird also wieder zurück in die Planungsphase gewechselt. Unter Umständen muss sogar bis in die Konzeptphase zurückgegangen werden, wenn Änderungen an den Zielen erforderlich sind.
- Innerhalb eines Projekts können keineswegs alle Teile bereits zu Beginn differenziert geplant werden. So kann die Feingliederung der technischen Entwicklungsphase erst nach der technischen Definitionsphase erfolgen. Die Fertigungsphase kann erst abschließend geplant werden, wenn die Ergebnisse der Entwicklung vorliegen. Ein Projekt wird also fortwährend weiter differenziert.

In jeder Phase wird folgender Prozess durchlaufen. Anschließend wird jeweils geprüft, ob das Projekt beendet wird, ob es gestoppt wird oder ob die nächste Phase gestartet wird.

Abbildg. 1.10 Prozesse in jeder Projektphase

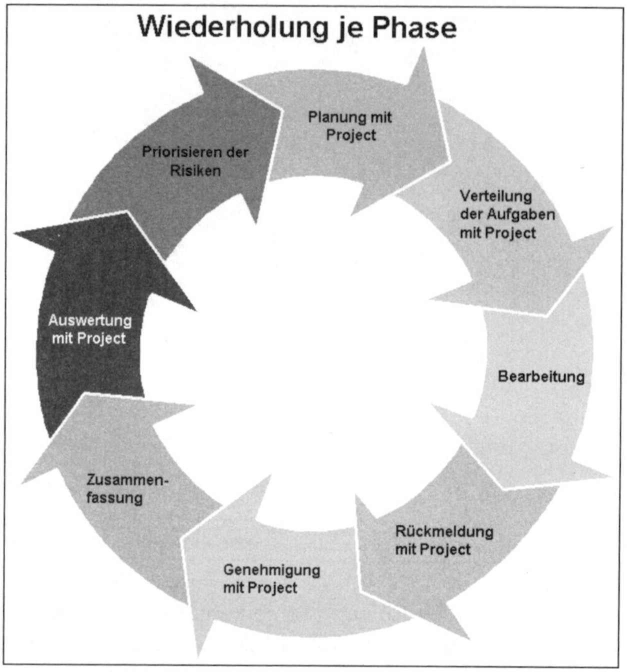

Projektmanagement ist also kein Prozess, bei dem zu Beginn das gesamte Projekt einmal geplant und dann schematisch abgearbeitet wird. Typisch ist vielmehr ein Prozess, bei dem zunächst eine Grobstruktur entwickelt wird. Für diese bilden die Phasenmodelle eine gute Basis. Im weiteren Verlauf werden die verschiedenen Phasen dann immer weiter differenziert, wobei teilweise eine Planung erst erfolgt, wenn andere Phasen bereits abgeschlossen oder in der Überwachung sind.

Microsoft-Produkte in den Phasen

Bereits zu Beginn dieses Kapitels wurde festgestellt, dass Project kein Allheilmittel ist. Microsoft bietet über die Microsoft Office-Produktfamilie Softwareunterstützung, wo diese sinnvoll sein kann.

Es stellt sich nun die Frage, in welchen dieser Phasen sich Software einsetzen lässt und welche Funktionen der Produkte genutzt werden können.

Tabelle 1.4 Einsatzbereich von Microsoft Office im Projekt

Aufgabe	Microsoft Office-Produktfamilie	Microsoft Project
Zieldefinition	Word, Outlook, PowerPoint, Excel Sinnvoll ist in diese Phase auch der Einsatz von MindMapping-Tools	Project kann Informationen aus schon durchgeführten Projekten für die Verifikation der Zielsetzung liefern. Überwiegend werden in dieser Phase aber andere Methoden verwendet, die nicht unbedingt DV-gestützt sein müssen.

Tabelle 1.4 Einsatzbereich von Microsoft Office im Projekt *(Fortsetzung)*

Aufgabe	Microsoft Office-Produktfamilie	Microsoft Project
Machbarkeitsstudie	Word, Outlook, PowerPoint, Excel	Project kann Informationen aus schon durchgeführten Projekten über die Machbarkeit liefern. Überwiegend werden aber auch hier andere Methoden eingesetzt. Allerdings können die Vergangenheits-Informationen hier bedeutsam sein. Sie stehen bei konsequentem Einsatz von Projektplanungswerkzeugen in differenzierter Form zur Verfügung.
Grobgliederung	Word, Outlook, PowerPoint, Excel	Project liefert aus bisherigen Projekten die Informationen darüber, wie man es machen soll und wie nicht
Messbarkeit der Ziele	Zur Unterstützung können hier vorab schon Excel, Access oder die SQL Analysis Services herangezogen werden	Hier kann eine erste Planung in Project mit Kosten- und grober Ressourcenzuordnung bereits wichtige Informationen liefern. Der Rückgriff auf bereits durchgeführte Projekte mit Project liefert ebenfalls Informationen und erleichtert insbesondere die Aufwandsschätzung.
Feingliederung		In dieser Phase werden wieder überwiegend andere Methoden eingesetzt. Die Ergebnisse können in Project übernommen werden.
Planung	Zur Unterstützung können hier vorab schon Excel, Access oder die SQL Analysis Services herangezogen werden	Dieser Bereich ist eine Domäne von Project. Terminplanung und Ressourcenplanung können mittels Project differenziert erfolgen.
Initialisierung	PowerPoint für den Veranstaltungsrahmen, Word für die Aufgabenbeschreibung,	Kick-off-Veranstaltungen
Überwachung	Excel, Access oder SQL Analysis Services	Auch diese Phase gehört zum Kerneinsatzbereich von Project. Dazu gehören als wichtige Funktionen Alternativensuche, Vergleich von Alternativen, Projektcontrolling, Planänderungen und das Reporting, die alle mit Werkzeugunterstützung erfolgen können.
Nachrechnung	Excel, Access, oder die SQL Analysis Services	In diesem Bereich kann Project ebenfalls sinnvoll eingesetzt werden. Hier erfolgt eine Analyse des Projekts mithilfe der gesammelten Informationen. Häufig wird Project dabei durch andere Werkzeuge wie beispielsweise Excel oder Project Server durch die SQL Analysis Services ergänzt.
Projekt-Dokumentation	SharePoint Team Services schon während des gesamten Projekts	
Projektfeier	Ohne Microsoft-Produkte	

Project kann in fast in jeder Phase des Projekts eingesetzt werden. Besonders dann, wenn regelmäßig Projekte mit dieser Software geplant und durchgeführt werden, findet sich dort eine Fülle von wertvollen Informationen für jedes neue Projekt. Die Projekte werden dokumentiert, das Lernen über Projekte erfolgt mithilfe von Project. Das Produkt Project Server aus der Microsoft Office-Familie mit den anderen Desktop- und Serverprodukten bietet die Möglichkeit einer Full House-Lösung.

Dies ist eine der wichtigsten Funktionen von Projektmanagementsoftware. Da die Informationen über das Projekt konsequent gesammelt werden, sind auch Erfahrungswerte dokumentiert. Somit ist eine klar fassbare Basis auch für die Planung weiterer Projekte gegeben.

Der Einsatz solcher Komplettlösungen fordert aber auch notwendigen Anpassungsaufwand, der nicht unerheblich ist. Zusätzlich wird die Einführung nicht immer von allen Beteiligten aus unternehmenspolitischer bzw. abteilungspolitischer Sicht befürwortet. Entsprechend langwierig können sich solche sinnvollen Einführungen gestalten.

Die Struktur des Projektmanagements

Neben der reinen Technik der Projektarbeit bedarf das Projektmanagement einer Reihe weiterer Voraussetzungen:

- Das Projektmanagement muss in die Organisationsstruktur des Unternehmens integriert werden
- Mitarbeiter im Projekt und insbesondere Projektmanager müssen eine ausreichende Qualifizierung erhalten
- Projekte müssen effizient verwaltet werden

Nur so lässt sich eine erfolgreiche Umsetzung von Projekten sicherstellen.

Nachfolgend werden sowohl mögliche Organisationsformen für das Projektmanagement wie auch Einbindungsmöglichkeiten des Projektmanagements in Organisationen vorgestellt. Es wird auf die Anforderungen an Mitarbeiter, die benötigten Qualifikationen und die Position des Projektleiters eingegangen. Und es wird diskutiert, wie in einem Projekt effizient gearbeitet werden kann.

Für die Projektorganisation sind zwei Aspekte zu unterscheiden:

- Die Organisation im Projekt
- Die Einbindung des Projekts in die Unternehmensorganisation

Diese beiden Aspekte sind eng miteinander verbunden, da die Projektorganisation in hohem Maße vom Stellenwert des Projektmanagements im Unternehmen abhängt. Die Strukturen innerhalb des Projekts können sich nur an dem Rahmen orientieren, der für das Projektmanagement im Unternehmen insgesamt gesetzt ist. So werden beispielsweise die personellen Handlungsspielräume von Projektmanagern durch die Projektkultur des Unternehmens als Ganzes wesentlich beeinflusst.

Der Auftraggeber

Eine zentrale Stellung im Projekt nimmt der Auftraggeber ein. Dabei kann es sich um die Geschäftsleitung oder einen im Unternehmen an entsprechend hoher hierarchischer Stelle angesiedelten Mitarbeiter handeln. Dieser Auftraggeber besitzt für das Projekt vor allem deshalb eine herausragende Bedeutung, weil er es nicht nur initiiert, sondern auch der Sponsor des Projekts ist.

In vielen Unternehmen gibt es Projekt- oder Führungskreise, deren Aufgabe es ist, neben der offiziellen Auftragserteilung insbesondere das Sponsoring des Projekts, die Rückendeckung für das Projekt, sicherzustellen. Ohne einen Auftraggeber oder Sponsor lässt sich ein Projekt kaum erfolgreich durchführen. Denn dieser gibt dem Projektmanager die Rückendeckung bei Problemen im Projekt und bei Konflikten mit anderen Bereichen des Unternehmens.

Sich die erforderliche Unterstützung zu sichern, ist eine der wichtigsten Voraussetzungen für erfolgreiches Projektmanagement. Viele Projekte lassen sich sinnvoll nur dann realisieren, wenn diese Unterstützung gegeben ist. Das gilt beispielsweise für IT-Projekte, bei denen massiv in andere Aufgabenbereiche eingegriffen wird oder bei denen viele Bereiche kooperieren müssen. Wenn hier nicht von oberster Stelle im Unternehmen Unterstützung gegeben wird, ist der Erfolg eines solchen Projekts mehr als fraglich.

Die wesentlichen Aufgaben des Auftraggebers sind:

- Formulierung des Projektauftrags. Dazu gehört ein Grobziel und gegebenenfalls die Festlegung erster Randbedingungen und Auflagen für die Durchführung des Projekts. Der Auftraggeber wird diesen Auftrag zumindest formal definieren und steht dafür ein.
- Ernennung des Projektleiters und gegebenenfalls weiterer Projektmitarbeiter. Inwieweit dies erfolgt, ist in hohem Maße eine Frage der Projektorganisation im Unternehmen. Der Projektleiter muss auf jeden Fall die Unterstützung durch den Auftraggeber besitzen. Falls die Projektmitarbeiter durch den Projektleiter ausgesucht werden, besteht die Aufgabe des Auftraggebers in der Bestätigung der Personalentscheidungen seines Projektleiters und der Unterstützung des Projektleiters, falls für das Projekt benötigte Mitarbeiter nicht in ausreichendem Umfang von ihren Linienaufgaben freigestellt werden.
- Eine wichtige Aufgabe ist die Kompetenzregelung zwischen Projektleiter, Projektmitarbeitern und Linienbereichen, falls diese nicht bereits auf Unternehmensebene erfolgt ist. In jedem Fall gehört dazu aber bei Streitigkeiten eine Unterstützung des Projektleiters – falls dieser im Recht ist. Daraus resultiert aber auch eine »erzieherische« Aufgabe gegenüber dem Projektleiter, falls dieser sich verrennt. Der Auftraggeber ist auch für die Qualität des Projektleiters verantwortlich und muss reagieren, falls er dort eine Fehlbesetzung vorgenommen hat.
- Der Auftraggeber muss bei der Definition von Meilensteinen mitarbeiten und sich bei der Festlegung von Prioritäten im Projekt einbringen, soweit es dabei Unklarheiten gibt. In jedem Fall ist er eine Kontrollinstanz, die sicherstellen muss, dass beispielsweise Meilensteine gesetzt sind und an diesen Meilensteinen auch etwas geschieht.

Der Auftraggeber beziehungsweise Sponsor ist derjenige, der sicherstellt, dass ein Projekt in einem Unternehmen auch wirklich durchgeführt werden kann. Er ist vor allem dann von großer Bedeutung, wenn der Projektleiter nicht die erforderliche hierarchische Position hat. Und das ist meistens der Fall, da die eigentliche Projektleitung praktisch immer delegiert wird. Er ist damit eben letztlich auch die Person, die für den Projektleiter verantwortlich und der der Projektleiter rechenschaftspflichtig ist.

Die Bedeutung des Sponsors wächst mit der Problematik und Komplexität des Projekts. Bei Projekten, die gravierende Änderungen für das gesamte Unternehmen, einzelne Unternehmensbereiche oder auch nur für wenige Mitarbeiter zur Folge haben können, ist er in besonderem Maße gefordert, um das Projekt nicht bereits in einer frühen Phase an Widerständen innerhalb des Unternehmens scheitern zu lassen. Denn es ist erstaunlich, wie kreativ Mitarbeiter sein können, wenn es darum geht, Änderungen zu verhindern.

Organisation des Projekts

Nur in der Sondersituation, bei der ein Projekt allein von einer Person geplant, verwaltet und durchgeführt wird, kann auf eine explizite oder implizite Festlegung einer Aufbau- und Ablauforganisation im Projekt verzichtet werden. In allen anderen Fällen ist es erforderlich, sich damit rechtzeitig vor dem Start eines Projekts auseinander zusetzen.

Ob diese Überlegungen mit einer formalen Fixierung in Gestalt eines Projekthandbuchs enden oder eine offenere Form annehmen, hängt sowohl von der Art des Projekts als auch von Umgebungsbedingungen ab.

Aufbauorganisation in Projekten

Die Aufgaben einer Aufbauorganisation für ein Projekt sind:

- Festlegung einer Funktionsstruktur, um eine ergebnis- und sachbezogene Arbeit sicherzustellen
- Zuordnung von Aufgaben, Verantwortung und Kompetenzen
- Definition einer klaren Struktur, um bei Änderungen von Zielen und Randbedingungen des Projekts schnell reagieren zu können

HINWEIS Hier wird schnell wieder deutlich, dass die Zuordnung von Kompetenzen alleine nichts bringt. Die Mitarbeiter müssen auch bereit sein, die Kompetenzen zu nutzen und Verantwortung zu tragen. Das erreicht man nicht durch formalisierte Strukturen, sondern durch Personalentwicklung und durch die Auswahl der richtigen Mitarbeiter.

Das wichtigste Element in einem Projekt ist das Projektteam. Dieses setzt sich zusammen aus:

- Projektleiter
- Mitarbeitern aus Fachabteilungen
- Mitarbeitern aus den beauftragenden Bereichen

In vielen Fällen kommen noch externe Berater hinzu. Jedes Projektteam sollte eine flache Hierarchie aufweisen, in der nur der Projektleiter eine exponierte Stellung besitzt. Nur in sehr großen Projekten kann über komplexere Strukturen nachgedacht werden. Aber auch dann bietet sich eine eher teamorientierte, flache Struktur an, bei der es Teams mit Teamleitern und darüber noch eine koordinierende Instanz gibt.

Die Kernaufgaben des Teamleiters sind:

- Koordination
- Kommunikation und Reporting mit anderen Stellen
- Leitung der Projektplanung
- Steuerung und Überwachung des Projekts

Die Position des Projektmanagers ist keine Vorgesetztenposition im eigentlichen Sinn. Es handelt sich vielmehr um einen Fachvorgesetzten für einen speziellen Bereich. Ein starker Projektmanager gewinnt seine Autorität durch seine Person und nicht durch die formale Stellung.

Sein Anliegen muss es sein, den Sachverstand der Projektmitarbeiter gewinnbringend einzusetzen. Eine gut geführte Gruppe wird immer ein besseres Ergebnis als das beste Mitglied innerhalb einer

Gruppe liefern. Der Projektmanager muss vor allem dafür sorgen, dass das Projektteam funktioniert und die Möglichkeiten der Gruppe optimal genutzt werden.

Kontroll- und Abstimmungsinstanzen

Neben den Mitarbeitern im Projektteam und dem Auftraggeber gibt es die Kontroll- und Abstimmungsinstanzen, die nicht in die regelmäßige Projektarbeit eingebunden sind, die aber unter Umständen entscheidend für die Weiterführung und damit den Erfolg des Projekts sein können.

Dazu gehören unter anderem:

- Spätere Nutzer des Projektergebnisses (die externen oder internen Kunden)
- Datenschutzbeauftragter
- Revision/Wirtschaftsprüfer
- Betriebsrat

Stellung des Projektmanagements im Unternehmen

Bei der Einordnung von Projekten in die Gesamtorganisation eines Unternehmens lässt sich eine Fülle unterschiedlicher Formen unterscheiden. Auch heute ist in vielen Unternehmen und Behörden die Projektarbeit schlicht noch nicht explizit vorgesehen. Sie findet einfach statt und wird in der Regel auch toleriert, häufig sogar gefördert. Klare Regelungen für ihre Integration in die Unternehmensorganisation und damit der Aufbau einer Projektorganisation und die Förderung einer Projektkultur fehlen aber.

Wenn das Projektmanagement dagegen bewusst in die Unternehmensorganisation eingebunden wird, lassen sich insbesondere die folgenden Formen unterscheiden:

- Reine Projektorganisation
- Einfluss-Projektorganisation
- Matrix-Projektorganisation

In Unternehmen, in denen die Projektarbeit einen hohen Stellenwert besitzt, bzw. wenn es ein unternehmensweites Projekt mit einem oder mehreren externen Dienstleistern ist, wird häufig ein Lenkungsausschuss eingesetzt. Der Lenkungsausschuss ist gleichbedeutend mit einer Institutionalisierung des Sponsorings für Projekte. Je nach Zusammensetzung sitzen dort Führungskräfte von externen Dienstleistern, um in diesem Gremium Entscheidungen treffen zu können.

HINWEIS Der Lenkungsausschuss hat allerdings einen kleinen Nachteil: Es besteht die Gefahr, dass Projekte bereits daran scheitern, weil in diesem Gremium keine Mehrheit gefunden wird. Die starre Form kann also dazu führen, dass Veränderungen langsam oder gar nicht erfolgen. Dies ist insbesondere dann der Fall, wenn Entscheidungen im Lenkungsausschuss, wie es zum Teil in der Literatur gefordert wird, einstimmig erfolgen müssen.

Abbildg. 1.11 Die Arbeit mit einem Lenkungsausschuss

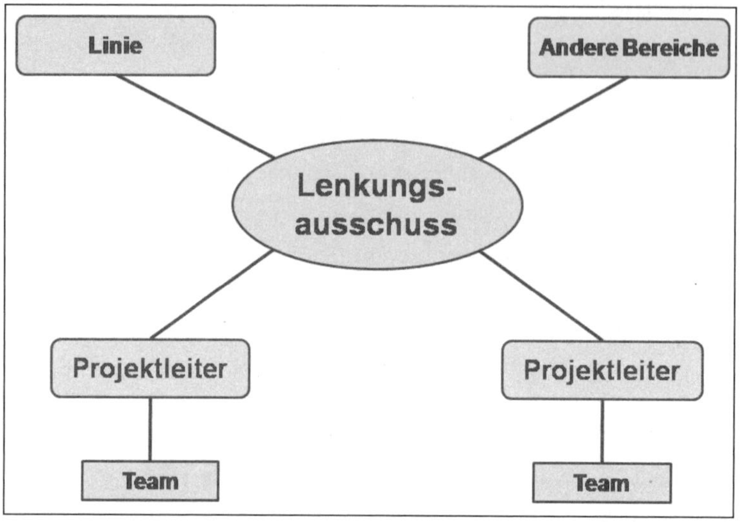

Bei größeren Unternehmen kann es sinnvoll sein, für Projekte in unterschiedlichen Bereichen darüber hinaus Fachausschüsse zu bilden, die sich um Projekte zu ihren jeweiligen Themenbereichen kümmern. Diese stehen dann auch dem Lenkungsausschuss beratend zur Verfügung.

Mitarbeiter im Projektmanagement

Mitarbeiter in Projekten befinden sich zumindest dann, wenn das Projekt neben ihrer Linienfunktion abläuft, in einem Spannungsfeld. Dieses Spannungsfeld entsteht generell in zwei Situationen:

- Die Projektarbeit ist zeitlich beschränkt
- Die Projektarbeit läuft parallel zu den Linienaufgaben

Selbst bei großen Projekten erfolgt zumindest in deutschen Unternehmen in der Regel nur eine zeitweilige Delegation in das Projekt. Dies hat eine relativ geringe Beweglichkeit der Mitarbeiter zur Folge. Grund dafür ist der Wunsch der Mitarbeiter, anschließend wieder in eine gleiche oder bessere Linienfunktion zurückzukehren. Aus dieser Situation resultierende Unsicherheiten sind in ihren Folgen für das Engagement der Mitarbeiter in einem Projekt und für die Bereitschaft, in Projekten mitzuarbeiten, nicht zu unterschätzen.

Eine wesentliche Anforderung für den Erfolg des Projekts ist, dass die Mitarbeiter sich mit den Projektzielen identifizieren. Projektarbeit bedeutet fast zwangsläufig einen erhöhten Einsatz. Sie erfordert neben dem zeitlichen Einsatz vor allem Engagement und Kreativität

Diese werden erbracht, wenn die Motivation der Mitarbeiter stimmt. Diese Motivation wird bereits bei der Zusammenstellung der Projektgruppe beeinflusst und hängt in hohem Maße von der Arbeit in der Projektgruppe ab.

Für die Auswahl der Mitarbeiter bedeutet dies zunächst, dass versucht werden sollte, interessierte, aktive Mitarbeiter zu gewinnen. Es bedeutet aber auch, dass der Projektmanager sich während des Projekts intensiv um das Klima in der Gruppe kümmern muss.

Die wesentliche Aufgabe des Auftraggebers beziehungsweise Sponsors liegt darin, den Projektmitarbeitern den Rücken gegenüber der Linienfunktion freizuhalten. Dazu gehören:

- Sicherung einer ausreichenden Entlastung von Linienaufgaben für die Dauer des Projekts
- Sicherung einer ausreichenden zeitlichen Freistellung für das Projekt
- Verhinderung von Nachteilen bei der Weiterentwicklung in der Linienfunktion nach Abschluss des Projekts (Karrieresicherung)

Nur in dieser Situation ist es überhaupt möglich, dass die Mitarbeiter den für eine erfolgreiche Projektarbeit erforderlichen Freiraum haben. Die Problematik besteht nur dann nicht, wenn das eigentliche Tagesgeschäft der Mitarbeiter in der Projektarbeit besteht.

Qualifikationen von Mitarbeitern im Projekt

Erfolgreiche Projektarbeit setzt geeignete und damit ausreichend qualifizierte Mitarbeiter voraus. Vor dem Beginn der Projektarbeit müssen daher sowohl Projektleiter als auch Projektmitarbeiter auf ihre neuen Aufgaben vorbereitet werden. Die benötigten Kenntnisse umfassen:

- Projektmanagement-Methodik
- Umgang mit Projektmanagement-Werkzeugen
- Training im Bereich Teamarbeit und Teamfähigkeit

HINWEIS Projekte können nicht durchgeführt werden, wenn nicht alle Mitarbeiter die erforderlichen Kenntnisse über das Projektmanagement besitzen.

Aufgaben des Projektmanagers

Für die Projektmanager sind darüber hinaus profunde Kenntnisse in

- Führungstechnik,
- Motivation und
- Moderation

von besonderer Bedeutung, um ein Projekt erfolgreich führen zu können. Wie oben bereits ausgeführt wurde, muss das Hauptaugenmerk in diesem Zusammenhang der Entwicklung eines offenen, kooperativen Führungsverhaltens gelten.

Daneben liegen die Aufgaben insbesondere in

- der Steuerung der Projektorganisation,
- der Sicherstellung von regelmäßigen Projekt-Reviews,
- der Organisation von Projektsitzungen,
- der Lösung von Problemen und
- der Kommunikation mit anderen am Projekt beteiligten bzw. interessierten Gruppen.

Sein Aufgabenbereich liegt also sowohl in der Projektmanagement-Methodik als auch darin, sein Team zu führen. Diese Führungsfunktion ist insbesondere deshalb anspruchsvoll, weil es sich um eine fachliche Führung handelt, die sich weder auf hierarchische Macht stützen kann (zumindest nicht immer) noch sich darauf stützen sollte. Projektmanagement sollte als Teamarbeit verstanden werden – und auch der Projektleiter ist Mitglied dieses Teams.

Während auf die mit der Projektmanagement-Methodik verbundenen Aufgaben des Projektmanagers in diesem Buch noch mehrfach eingegangen wird, hier einige Worte zum Aspekt der Motivation.

Betrachtet man die Durchführung von Projekten in verschiedenen Unternehmenskulturen, werden dort große Unterschiede deutlich. Während gerade in großen deutschen Unternehmen die Projektarbeit häufig sehr nüchtern erfolgt, wird auf den Teamgeist in manchen amerikanischen (aber nicht nur diesen) Unternehmen sehr viel mehr Wert gelegt.

Auch wenn man über die Auswüchse einer T-Shirt-Kultur – zu jedem Projekt gehört mindestens eines – oder den Spitznamen »Mom« für den Projektleiter lächeln mag – der Teamgeist ist da. Möglich gemacht wird vieles durch die Bereitstellung von kleinen Budgets für Incentives innerhalb des Projekts, vor allem aber durch das Verständnis, dass der Erfolg des Projekts nicht der Erfolg eines Einzelnen ist.

Projektmanager müssen daher versuchen, einen kooperativen Führungsstil zu entwickeln. Dieser lässt sich trainieren. Voraussetzung ist allerdings auch, dass die Mitarbeiter im Projekt ebenfalls mit der Einstellung arbeiten, das Projekt vor ihren persönlichen Erfolg zu stellen.

Bei den organisatorischen Anforderungen, die hier an einen Projektleiter gestellt werden, ist beim Einsatz von mehreren Projektleitern in mehreren Projekten die Verwendung von Project und Project Server in Verbindung mit der Microsoft Office-Familie empfehlenswert. Dabei geht es insbesondere darum, den Projektleiter durch Zeiteinsparungen in den Bereichen der Projektmitarbeiterinformation und im Bereich der Rückmeldungen zu entlasten, damit er diese Zeit für die eingangs erwähnte notwendige Denkarbeit verwenden kann.

Die zehn wichtigsten Regeln für erfolgreiches Projektmanagement

Erfolgreiches Projektmanagement ist nicht nur die Anwendung von Regeln. Erfolgreiches Projektmanagement setzt sowohl das richtige Verständnis für das Projekt als auch den sinnvollen Umgang mit den Werkzeugen voraus. Die zehn wichtigsten Regeln für ein erfolgreiches Projektmanagement finden Sie auf den nächsten Seiten.

Regel 1 – Lernen Sie aus der Systemtheorie

Unter einem System versteht man:

- eine gegenüber der Umwelt abgegrenzte Ganzheit,
- die aus einzelnen Elementen besteht,
- zwischen denen festgelegte Beziehungen existieren
- und die bestimmte Funktionen erfüllen.

Ausgangspunkt jeder Systembetrachtung ist das Erfassen, Verstehen und Ordnen der in einem System bestehenden Beziehungen. Dazu wird das System soweit in seine Teilbereiche zerlegt, bis alle Einzelelemente voneinander abgegrenzt und die Beziehungen zwischen den Elementen sichtbar sind.

Dieser Vorgang wird *Strukturierung* genannt. Strukturiertes Vorgehen macht komplexe Aufgaben transparenter und damit leichter handhabbar. Das gilt für die Systembetrachtung ebenso wie für das Projektmanagement. Strukturieren und das Verstehen komplexer Systemen können Sie aus der Systemtheorie lernen. Aber vermeiden Sie unnötige und künstliche Grenzen innerhalb des Systems und über das System hinaus. Grenzen können schnell einmal auch zu unüberwindlichen Hürden werden.

Abbildg. 1.12 Systemtheorie, angewandt auf das Projektmanagement

Um aber das Gesamtziel nicht aus den Augen zu verlieren, sind die Einzelaspekte nicht für sich allein, sondern als Bestandteil eines umfassenden Ganzen zu betrachten. Es gilt, den berühmten Blick über den Tellerrand zu wagen.

Durch das Denken in Zusammenhängen über die Grenzen des eigenen Fachbereichs und der eigenen wissenschaftlichen Spezialisierung hinaus lassen sich Insellösungen vermeiden. Auch das ist etwas, was für das Projektmanagement wichtig ist. Projektmanagement bedeutet, sich mit Neuem zu beschäftigen. Und dazu müssen komplexe Zusammenhänge erfasst und Neues gedacht werden.

Regel 2 – Auflösung von Komplexität

Je größer die Komplexität eines Systems ist, umso wichtiger ist die Analyse. Nehmen Sie sich gerade am Anfang ausreichend Zeit, die Zusammenhänge aufzudecken. Sprechen Sie Ihr Vorhaben nicht nur mit den Planern eines Projekts ab, sondern holen Sie ebenso die Realisierer mit in das Boot – diejenigen, die das Projekt schließlich umsetzen müssen.

Sie werden sehen, dass das Projektmanagement eine Aufgabe ist, die erlernt werden muss. Das erste Projekt, das Sie mit den Methoden des Projektmanagements durchführen, wird sie sehr viel Zeit und Kraft kosten. Sie werden aber bereits beim ersten Projekt feststellen, dass Sie auf einmal sehr viel mehr über Ihre Arbeit wissen. Nehmen Sie sich also wirklich die Zeit.

Durch Übung lässt sich die Komplexität reduzieren. Methoden zur Reduktion der Komplexität sind zu Beginn ebenfalls komplex. Im Laufe der Zeit wird das Verständnis komplexer Systeme und Zusammenhänge im Projekt aber durch die konsequente Nutzung der Methodik erleichtert.

Ein wichtiger Faktor ist in diesem Zusammenhang auch die Strukturierung von Projekten. Strukturierung bedeutet eine Verminderung der Komplexität.

Ein bewährtes Mittel dafür sind beispielsweise Projekt-Strukturpläne (Abbildung 1.13).

Abbildg. 1.13 Komplexe Sachverhalte auflösen mithilfe eines Projekt-Strukturplans

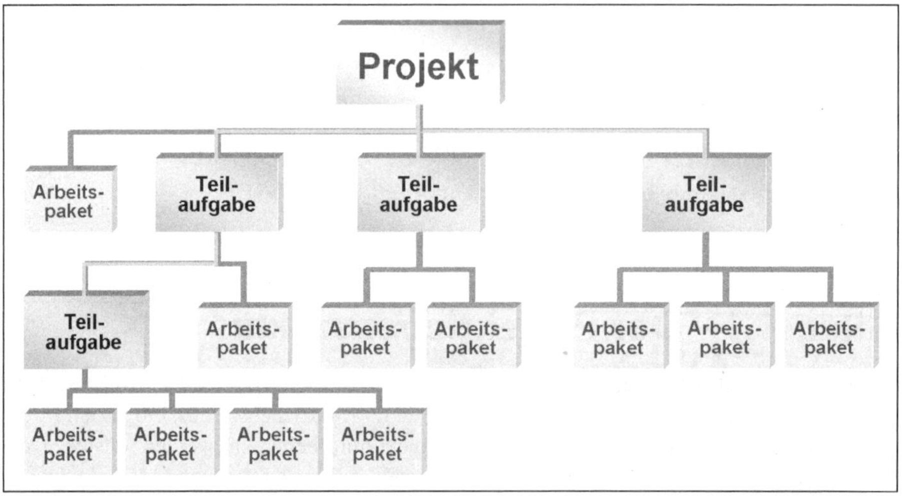

Abbildg. 1.14 Zwei Beispiele für Projekt-Strukturpläne

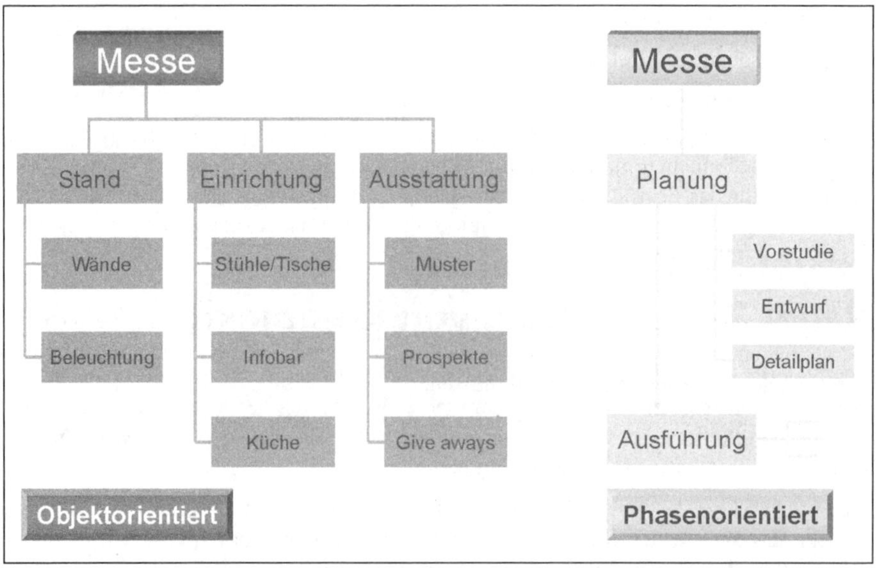

Regel 3 – Ganzheitliches Projektmanagement

Projekte können als Systeme betrachtet werden. Sie sind Teile eines Ganzen, bestehen aber auch ihrerseits aus zahlreichen Einzelelementen. Die formalisierten Abläufe und Verfahren, die Sie kennenlernen werden und die die Zielgrößen aus dem magischen Dreieck erfassen, sind nur die eine Seite der Medaille.

Im Alltag eines Projekts spielen auch die nicht formalisierbaren »Soft-Faktoren« eine Rolle. Das heißt, Kommunikationsprobleme, Ängste von Mitarbeitern, Status- und Prestigedenken, fehlende Teamregeln und so weiter behindern oft die Projektarbeit und stellen den Gesamtprojekterfolg in Frage.

Mit einem ganzheitlichen Projektmanagement integrieren Sie die eingesetzten Systeme, Verfahren und Methoden mit den psychosozialen Prozessen der Projektarbeit. Sie berücksichtigen gleichzeitig

- die strukturellen Voraussetzungen der Organisation,
- die Fachkenntnisse der Projektbeteiligten,
- die richtige Anwendung der Methoden sowie
- die Kenntnisse um Verhaltensaspekte der Teammitglieder.

Regel 4 – Der Projektlebenszyklus

Die Laufzeit eines Projekts kann je nach Größe und Komplexität unterschiedlich sein. Im Kern folgt aber jedes Projekt einem bestimmten Zyklus, dem Projektlebenszyklus. Ob Sie ein Haus bauen, eine Feier organisieren oder an einem Industrieprojekt mitarbeiten, Sie werden feststellen, dass sich jedes Projekt, ähnlich wie in der Natur, in Stufen beziehungsweise Lebensphasen entwickelt.

Aufgrund ihrer Komplexität und Neuartigkeit sind Projekte nach einer systematischen Vorgehensweise abzuwickeln. Dieser Vorgehensweg wird durch drei Grundprinzipien bestimmt:

- Strukturierung in Phasen
- Vom Groben zum Detail
- Problemlösungszyklus

Die Strukturierung eines Projekts ist die Basis für den Projekterfolg. Nur bei klar strukturierten Projekten können Sie die Komplexität des Gesamtsystems überblicken.

Regel 5 – Organisation ist alles

In der Ressourcenplanung liegt permanent die Gefahr, dass diejenigen, die ohnehin schon viel Arbeit haben, noch mehr bekommen. Das Problem liegt darin, dass viele Entscheidungen vom Projektmanager selbst getroffen werden müssen.

Aber auch Entscheidungen, die das Projekt als Ganzes betreffen, müssen von Auftraggebern oder Lenkungsausschüssen getroffen werden, die typischerweise mit Personen besetzt sind, die zwar über die Kompetenz für diesen Entscheidungsbereich verfügen, aber mit vielen anderen Fragen belastet sind.

Abhilfe kann hier nur eine klare Aufteilung von Zuständigkeiten schaffen, die allerdings auch Vertrauen erfordert. Delegation kann aber ohne Vertrauen nicht funktionieren. Damit Projekte effizient verwaltet werden können, muss dieses Vertrauen vorhanden sein. Dann können Projekte so organisiert und Aufgaben so verteilt werden, dass nur die wirklich kritischen Fragen bei den stark belasteten Entscheidungsträgern anlangen.

Damit dies funktioniert, ist neben klaren Regeln auch ein klares Berichtswesen innerhalb eines Projekts erforderlich. Informationen über kritische Vorgänge müssen sicher bei Entscheidungsträgern ankommen. Unkritische Aspekte müssen ebenso sicher gefiltert werden.

Project bietet interessante Möglichkeiten für den Projektleiter, mithilfe von Berichten und Exportfunktionen das Berichtswesen weniger aufwändig zu gestalten. Lesen Sie hierzu auch die Kapitel 13, 14 und 15 sowie den Teil G in diesem Buch.

Regel 6 – Projektmanagement durch Risikomanagement

Managen Sie Ihre Projekte, indem Sie akribisch ihre Risiken abschätzen und jede Veränderung beobachten. Versuchen Sie frühzeitig gegenzusteuern, falls Ihre Aufwandschätzung von der Realität abweicht. Warten Sie nicht erst, bis der Vorgang zu Ende sein soll, um dann zu erfahren, dass dieser sich um 60 % verlängert. Betrachten Sie vorab das Risiko und die Auswirkungen und agieren Sie frühzeitig. Die Visualisierungsmöglichkeiten von Zielkonflikten in Project, den Plan mit dem Ist und dem Basisplan zu vergleichen, sind dabei sehr hilfreich (siehe Kapitel 9).

Regel 7 – Halten Sie das System flexibel

Häufig wird der Versuch unternommen, in Excel oder in anderen Tabellenkalkulationsprogrammen eine Projektbuchhaltung aufzubauen. Dies soll dann meist auch noch als Export/Import-Schnittstelle zu Terminplanungssystemen dienen.

Dieser Ansatz ist prinzipiell nicht falsch. Jedoch wird meist übersehen, dass bereits Buchhaltungen existieren, ebenso wie Betriebsdatenerfassungssysteme. Eine Projektbuchhaltung ist ein Überwachungsinstrument für die Projektkostenkontrolle. Kostenvoranschlägen und -nachträgen steht ein Pool von Rechnungen gegenüber, die meist unter anderen Gesichtspunkten durch die Projektleiter gegliedert werden müssen.

Beachten Sie: In einem Projekt ändern sich Daten sehr häufig infolge technischer und terminlicher Anpassungen. Das System muss flexibel bleiben und die Projektstruktur abbilden. Die Buchhaltung hat meist andere Strukturen. Sie kann zwar Informationen übernehmen, für die Projektplanung sollten Sie aber das richtige System mit dem richtigen Grad an Genauigkeit der Informationen verwenden.

Die Möglichkeiten von Project in Verbindung mit den Exportmöglichkeiten unterstützen die Projektkostenkontrolle.

Regel 8 – Die Belegung der Ressourcen

Eines der größten Probleme in einem Projekt ist die Abschätzung der Zeit und damit die Belegung der Ressourcen. Während die Geschäftsführer und Vorgesetzten meist geringere Fristen schätzen, liegen die Schätzungen der Betroffenen meist höher.

Die Diskrepanz besteht in der Regel darin, dass durch Vorgesetzte und Geschäftsleitung Randarbeiten wie Dokumentation, Auswertungen abgeschlossener Projekte und Projektteile viel zu gering oder gar nicht beachtet werden. Meist fehlt auch der Einblick in die konkreten Probleme. Andererseits wird jeder, der seinen Aufwand abschätzen muss, insgeheim einen Puffer hinzurechnen.

Ein Ausweg aus diesem Dilemma ist die Nutzung der Auftragssummen und anderer Kennwerte. Diese werden in Stunden umgerechnet und bieten eine gute Ausgangsposition. Die Erfahrungen vergangener Projekte können ebenfalls eine wichtige Hilfestellung bieten.

Nicht zu unterschätzen ist schließlich auch noch der Einfluss der Projektkultur. Wenn akzeptiert wird, dass Schätzungen – und das impliziert der Begriff – falsch sein können und Änderungen daran vorgenommen werden müssen, wird die Bereitschaft zu realistischen Aussagen steigen. Wenn aus jeder Fehleinschätzung ein Drama gemacht wird, werden dagegen mehr und mehr Puffer einkalkuliert werden.

Regel 9 – Die Ressourcenplanung

Das erste Kriterium, das die Ressourcenplanung scheitern lässt, ist meist der Aufwand, der getrieben werden muss. Wie oben schon beschrieben, ist derjenige, der die Ressourcenplanung eigentlich machen müsste – der Projektleiter, oft in Verbindung mit Führungskräften in den Linienbereichen – ohnehin schon stark belastet.

Ändern sich die Daten sehr häufig und werden sie nicht korrekt und laufend nachgeführt, ist die Ressourcenplanung ohnehin nicht genau und kann gleich beendet werden. Hier hilft nur eine radikale Reduzierung der Datenmengen. Eine nach einheitlichen Regeln mit einem definierten Grad an Unschärfe durchgeführte Ressourcenplanung ist mehr wert als der zum Scheitern verurteilte Versuch, die Realität exakt im Projektplanungssystem abzubilden.

Besonders im Bereich der Ressourcenbelastung und der Ressourcenplanung zeigt Project seine Stärken. In Verbindung mit dem Project Server können Sie bequem einen Mitarbeiterpool verwalten und verhindern ohne übermäßige Kommunikation die unbeabsichtigte Überlastung von Ressourcen.

Regel 10 – Die Datenpflege

Der Pflegeaufwand für die Daten hat interessanterweise eine U-Form. Es scheint eine optimale Menge an Projekttätigkeiten pro Projekt zu geben, bei der der Ressourcenplanungsaufwand das optimale Maß erreicht. Sind die Projekte sehr kurz, sind die Änderungen darin sofort von Bedeutung für die Ressourcenplanung.

Dauern Projekte sehr lange und sind damit sehr umfangreich, ist die Übersicht eingeschränkt und es kommt zu vielen Änderungen in der Logik und zu fehlenden Tätigkeiten, die eine erneute Überarbeitung erzwingen. Damit verbunden sind auch völlig andere Ressourcenauslastungen und erneute Belastungen.

Die Kunst des richtigen Detaillierungsgrads muss erlernt werden. Erst durch eigene Erfahrung kann man sagen, wann ein Projekt in welchem Maße gegliedert werden muss.

Wer aber konsequent vom Groben zum Feinen plant, wird dabei feststellen, dass sich dieses Gespür schnell einstellt. Immer dann, wenn Sie das Gefühl haben, der Differenzierungsgrad der im Projektplanungssystem enthaltenen Informationen reicht nicht aus, müssen Sie das Projekt weiter differenzieren.

Die wichtigsten Begriffe im Projektmanagement

Bevor Sie nun daran gehen, Ihre Projekte mithilfe von Project zu verwalten, sollen noch einige Grundbegriffe, die im Projektmanagement eine wichtige Rolle spielen, erläutert werden. Auf die verschiedenen Begriffe und noch manch weiteren Begriff wird im weiteren Verlauf des Buchs noch intensiv eingegangen. Hier werden nur die wichtigsten Begriffe kurz und zusammenfassend erläutert.

Tabelle 1.5 Die wichtigsten Begriffe des Projektmanagements

Begriff	Bedeutung
Vorgänge	Vorgänge oder auch Aktivitäten bilden das Projekt. Ein Projekt wird in Vorgänge gegliedert. Die Vorgänge sind das Ergebnis der Strukturierung eines Projekts. Sie beschreiben, welche Aktivitäten erforderlich sind, um das Sachziel des Projekts zu erreichen. Vorgänge stellen die unterste Ebene der »Top-down«-Planung dar und haben als zeitliche Komponenten einen Anfangs-, Endtermin und eine Dauer.
Ressourcen	Ressourcen sind die Mittel, die zur Bearbeitung eines Projekts eingesetzt werden. Ressourcen sind üblicherweise knapp und kosten Geld. Es ist also sowohl zur Einhaltung der Termine als auch aus Kostengründen wichtig, diese Ressourcen bei der Planung zu berücksichtigen.
Meilensteine	Meilensteine stellen Fixpunkte in einem Projekt dar. Sie definieren besonders wichtige Zwischenergebnisse im Projekt, werden typischerweise für Überprüfungen im Projekt verwendet und stellen Ereignisse mit besonderer Bedeutung dar. In Project werden Meilensteine mit der Dauer *Null* gesetzt.
Der kritische Pfad	Stellt man sich die Vorgänge bildlich vor, hat man ein ganzes Geflecht an Vorgängen vor sich. Vom ersten zum letzten Vorgang gibt es dabei viele Wege. Der kritische Pfad ist der längste Weg vom Anfang bis zum Ende des Projekts. Alle Vorgänge im kritischen Pfad sind ohne zeitliche Puffer voneinander abhängig. Bei Verzögerungen eines Vorgangs im kritischen Pfad verlängert sich damit die Gesamtdauer des Projekts. Das kann bei der Kalkulation Verschiebungen des Anfangs- oder Endtermins zur Folge haben. Durch Verzögerungen im kritischen Pfad kann sich auch ein neuer kritischer Pfad ergeben. Das Modell des kritischen Pfads bildet die Grundlage der heute üblicherweise verwendeten Projektplanungstechniken. Man spricht hier von CPM (Critical Path Method).
PERT-Diagramm *(Netzplan)*	PERT-Diagramme stellen die einzelnen Vorgänge mit den zwischen ihnen bestehenden Beziehungen dar. Dabei wird auch der kritische Pfad besonders deutlich sichtbar.
Gantt-Diagramm *(Balkendiagramm)*	Gantt-Diagramme sind Balkendiagramme, die jeden Vorgang als Balken darstellen. Die X-Achse der Diagramme ist die Zeit, sodass die Länge eines Balkens die Dauer des Vorgangs angibt. Werden mehrere Vorgänge parallel ausgeführt, stehen die Balken direkt übereinander. Gantt-Diagramme ermöglichen einen schnellen Überblick über den zeitlichen Ablauf eines Projekts.

Zusammenfassung

Dieses Kapitel hat Ihnen einen Einblick in die Komplexität des Projektmanagements gegeben und aufgezeigt, an welcher Stelle Project 2010 für Sie ein nutzbringendes Werkzeug sein kann.

Kapitel 2

Die Oberfläche von Microsoft Project 2010

In diesem Kapitel:

Bevor Sie mit Microsoft Project 2010 arbeiten können, muss das Produkt zunächst installiert werden. Neben der Installation der Software ist zusätzlich nach 30 Tagen eine Aktivierung des Produkts bei Microsoft erforderlich. Diese Aktivierung kann über das Internet oder per Telefon durchgeführt werden.

Project 2010 installieren und aktivieren

Zur Installation von Microsoft Project 2010 verwenden Sie das Ihnen vorliegende Installationsmedium.

Die Installation

Nachdem Sie den Product Key eingegeben und die Lizenzbestimmungen akzeptiert haben, können Sie über die Schaltfläche *Jetzt installieren* den Installationsvorgang starten. Mit *Anpassen* wählen Sie die benutzerdefinierte Installation.

HINWEIS Nach dem Starten erscheint bei der Installation unter Windows Vista, Windows 7 oder Windows 2008 Server ein Warnhinweis, der der Sicherheit dient, damit keine unerwünschten Programme installiert werden. Diesen Hinweis können Sie mit der Schaltfläche *Ja* bestätigen, um die Installation von Project 2010 fortzusetzen.

Sollte bereits eine Vorgängerversion auf Ihrem Rechner installiert sein, empfiehlt das Setupprogramm die Aktualisierung der installierten Version. Auf diese Weise werden Ihre Einstellungen aus der bereits installierten Version beibehalten. Bei einer Neuinstallation wird Project 2010 mit den am häufigsten verwendeten Komponenten installiert.

Produktaktivierung

Microsoft möchte den Schutz vor Raubkopien verbessern. Deshalb lässt sich Project nach der Installation nur 30 Tage ohne Aktivierung verwenden. Es muss spätestens nach diesen 30 Tagen per Internet oder Telefon aktiviert werden. Bei jedem Start von Project wird eine entsprechende Aufforderung zur Aktivierung eingeblendet. Der Ablauf der Microsoft-Produktaktivierung ist einfach und kann völlig anonym erfolgen, da es sich um eine Aktivierung und nicht um eine Registrierung bei Microsoft handelt. Sie können im Rahmen der Aktivierung zusätzlich Ihr Produkt freiwillig registrieren lassen.

Aktivierung per Internet

Bei der Microsoft-Produktaktivierung über das Internet erkennt der Aktivierungs-Assistent, welche Hardwarekomponenten in einem System zum Zeitpunkt der Softwareinstallation konfiguriert sind. Dabei werden weder auf Ihrer Festplatte gespeicherte Daten durchsucht, noch persönliche Informationen registriert. Auch Bauart, Modelltyp oder Hersteller von PC und Hardwarekomponenten werden nicht festgestellt. Der Vorgang über das Internet dauert nur wenige Sekunden und verläuft absolut anonym, es sei denn, Sie lassen sich gleichzeitig registrieren. Der Installationscode, der an Microsoft übermittelt wird, ist ein verschlüsselter Zeichenkettenwert aus der Product-ID und einem

Hardwarecode, der sich aus allgemeinen Komponenten des PCs zusammensetzt. Diese Komponenten enthalten keine persönlich identifizierbaren Informationen und der Hardwarecode selbst wird ausschließlich zu Aktivierungszwecken verwendet. Er lässt sich nicht wieder aufschlüsseln, um Informationen über Ihren PC zu liefern. Der Hardwarecode stellt sicher, dass nicht ein und dieselbe Lizenz zur gleichzeitigen Installation auf verschiedenen PCs genutzt wird.

HINWEIS Grundsätzlich ist es möglich und erlaubt, die Software zusätzlich auf einem tragbaren Gerät zu installieren, wobei gewährleistet sein muss, dass das Programm nicht zeitgleich benutzt wird.

Zitat aus dem Endbenutzer-Lizenzvertrag:

2. RECHTE ZUR INSTALLATION UND NUTZUNG.

a. *Eine Kopie pro Gerät. Sie sind berechtigt, eine Kopie der Software auf einem Gerät zu installieren. Dieses Gerät ist das „lizenzierte Gerät".*

b. *Lizenziertes Gerät. Sie dürfen nur jeweils eine Kopie der Software auf dem lizenzierten Gerät nutzen.*

c. *Tragbares Gerät. Sie sind berechtigt, eine weitere Kopie der Software auf einem tragbaren Gerät zur Verwendung durch den einzigen Hauptnutzer des lizenzierten Geräts zu installieren.*

Telefonische Aktivierung

Sie können die Software auch telefonisch aktivieren. Wählen Sie im Aktivierungs-Assistenten, ob Sie die Aktivierung per Internet oder telefonisch durchführen möchten. Im Fall der telefonischen Variante müssen Sie eine Servicenummer von Microsoft anrufen, die im Aktivierungs-Assistenten angegeben wird. Ein Computer leitet Sie dann telefonisch durch den Aktivierungsprozess. In diesem Prozess wird zunächst ein Code erstellt, den Sie per Telefontastatur übermitteln können. Auf Basis dieses Codes bekommen Sie dann einen Freigabecode diktiert, den Sie in einem dafür vorgesehenen Feld eingeben. Innerhalb dieses Prozesses werden weder Ihr Name noch irgendwelche anderen persönlichen Informationen von Ihnen verlangt. Sie müssen lediglich den Product Key angeben.

Project 2010 starten

Das Starten des Programms kann auf verschiedene Wege erfolgen: den klassischen Weg über das Startmenü oder erstellen Sie sich eine Verknüpfung auf dem Desktop.

Project 2010 über das Startmenü aufrufen

Beginnen Sie Ihre Projektarbeit, indem Sie Project starten. Sie können dazu unter den folgenden drei Möglichkeiten wählen:

- Programmstart über das Windows-Startmenü: *Start/Alle Programme/Microsoft Office/Microsoft Project 2010*

- Aufruf des Programms durch Öffnen einer bereits vorhandenen und kürzlich verwendeten Project-Datei. Dazu wählen Sie im Startmenü unter *Dokumente Zuletzt besucht* (Windows 7) bzw. *Zuletzt verwendet* (Windows Vista) die betreffende Project-Datei aus.
- Doppelklick auf das Programm-Symbol von Project auf dem Desktop, sofern vorhanden

Verknüpfung auf dem Desktop erstellen

Einen schnellen Zugriff erhalten Sie auch über das Project-Symbol auf dem Windows-Desktop. Mit einem Doppelklick auf dieses Symbol startet das Programm. Eine entsprechende Verknüpfung auf dem Desktop erstellen Sie folgendermaßen:

1. Klicken Sie im Menü *Start/Alle Programme/Microsoft Office/Microsoft Project 2010* mit der rechten Maustaste auf das Project-Symbol.
2. Ziehen Sie es bei gedrückt gehaltener rechter Maustaste auf Ihren Desktop und lassen Sie dort die Maustaste wieder los.
3. Klicken Sie im erscheinenden Kontextmenü auf den Eintrag *Hierher kopieren.*

Sollte kein Project-Symbol im Startmenü vorhanden sein, können Sie alternativ folgendermaßen vorgehen (siehe dazu auch Abbildung 2.1):

1. Klicken Sie mit der rechten Maustaste auf den Desktop.
2. Wählen Sie im Kontextmenü den Eintrag *Neu* und im zugehörigen Untermenü den Eintrag *Verknüpfung.*
3. Klicken Sie im Dialogfeld *Verknüpfung erstellen* auf die Schaltfläche *Durchsuchen.*

Abbildg. 2.1 Verknüpfung auf dem Desktop erstellen

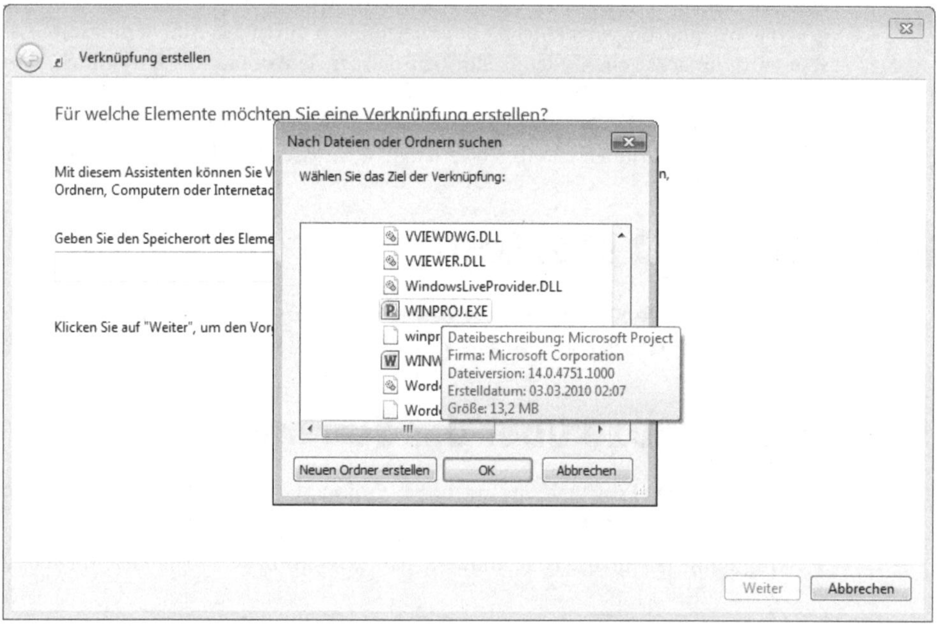

4. Bei einer Standardinstallation wählen Sie den Pfad *C:\Programme\Microsoft Office\Office14* und dann das Programmsymbol von *WINPROJ.EXE.*
5. Klicken Sie auf die Schaltfläche *OK* und dann auf die Schaltfläche *Weiter.*
6. Nach Angabe der Symbolbeschriftung (z.B. *Microsoft Project 2010*) bestätigen Sie mit der Schaltfläche *Fertig stellen.*

Das Arbeitsfenster

Nachdem Sie Project gestartet haben, sehen Sie das Project-Arbeitsfenster auf Ihrem Bildschirm. Im folgenden Abschnitt erfahren Sie, wie Sie die einzelnen Elemente Ihrer Project-Umgebung leicht bedienen können.

Abbildg. 2.2 Die Arbeitsoberfläche von Project 2010

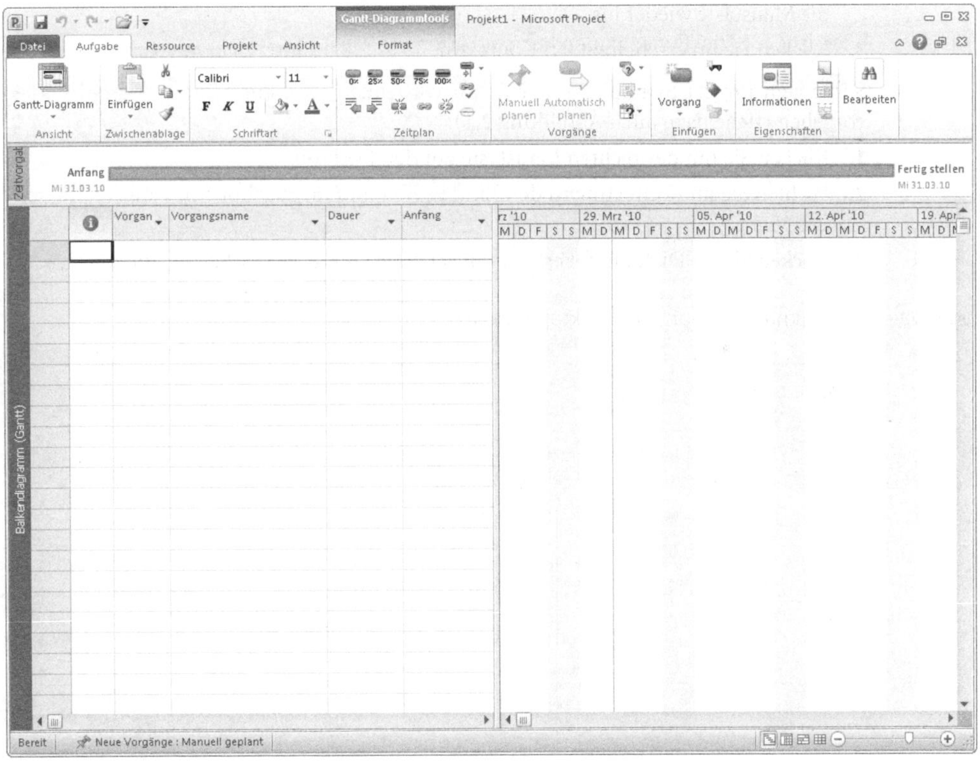

Das Menüband

Das Menüband (in Project 2007 als Multifunktionsleiste bezeichnet) befindet sich im oberen Bereich des Programmfensters und beinhaltet die wichtigsten Befehle für den direkten Zugriff.

Sie besteht aus drei Bereichen:

- Registerkarten

- Gruppen
- Befehle, Unterbefehle

Abbildg. 2.3 Die Registerkarte *Aufgabe* im Menüband

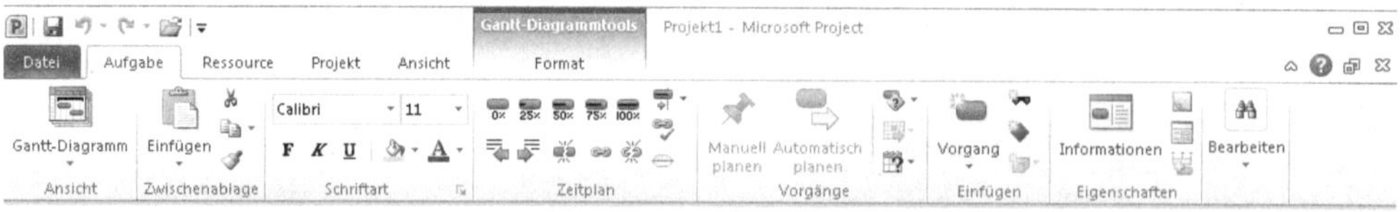

Die Registerkarten beziehen sich auf die jeweils zu bearbeitenden Themenbereiche in Project und erlauben einen schnellen Zugriff auf die benötigten Befehle und Funktionen.

Die Registerkarten sind in Gruppen untergliedert, in denen wiederum alle zusammengehörigen Aktionen zusammengefasst sind.

Tabelle 2.1 Übersicht der Funktionen in den Registerkarten des Menübands

Registerkarte	Beschreibung
Datei	Auf dieser auch als Backstage-Ansicht bezeichneten Registerkarte finden Sie alle übergreifenden Funktionen für die Arbeit mit einer Project-Datei, zum Drucken und den Grundeinstellungen von Project. Diese Kategorie wird auch als *Backstage-Ansicht* bezeichnet.
Aufgabe	Vorgangsspezifische Funktionen, die zum Anlegen, Bearbeiten und Darstellen der Vorgänge notwendig sind
Ressource	Teamplaner, Ressourcenzuweisungen, Ressourcenabgleich und Ressourcenpooloperationen
Projekt	Einfügen von Teilprojekten, Verändern der Projektinformationen, benutzerdefinierte Felder, Bearbeitung der Kalender, Basisplanspeicherung und Berichte
Ansicht	Hierunter finden Sie alles, was mit dem Aussehen und der Hervorhebung wichtiger Projektinformationen zu tun hat: Einstellen unterschiedlicher Ansichten, Filtern, Gruppieren, Definition der Zeitskala, Erzeugen neuer Fenster und alles, was Sie im Zusammenhang mit dem Thema Makroprogrammierung benötigen
Add-Ins	Diese Registerkarte dient zum Aufruf zusätzlicher installierter Tools von Drittanbietern und erscheint nur dann, wenn solche Add-Ins installiert sind. Zum Beispiel das Add-In *Set Holidays*, mit dessen Hilfe Feiertage aus den Bundesländern automatisch in die Projektkalender importiert werden können. Das Add-In steht kostenlos auf der Homepage der Projectgroup (*www.theprojectgroup.de*) zur Verfügung.
Format	Formatieren von Textarten, Balkenarten, Darstellung von Pufferzeiten, des kritischen Pfads und Einfügen zusätzlicher Elemente wie Zeichnungen und Malen. Diese Registerkarte beinhaltet unterschiedliche Funktionen, je nachdem welche Ansicht sie gerade im Inhaltsfenster aktiviert haben. Haben Sie eine Gantt-Ansicht aktiviert, finden Sie auf der Registerkarte *Format* Funktionen zur Bearbeitung des Gantt-Charts. Wenn Sie die Zeitachse aktiviert haben, finden Sie Werkzeuge zur weiteren Bearbeitung der Zeitachsenansicht.

Die einzelnen Einträge in den Registerkarten führen entweder eine bestimmte Aktion aus oder ermöglichen die Auswahl eines bestimmten Befehls über eine weitere Auswahlliste (beispielsweise die Farbänderung von Text in Abbildung 2.4).

Abbildg. 2.4 Textfarbe anpassen

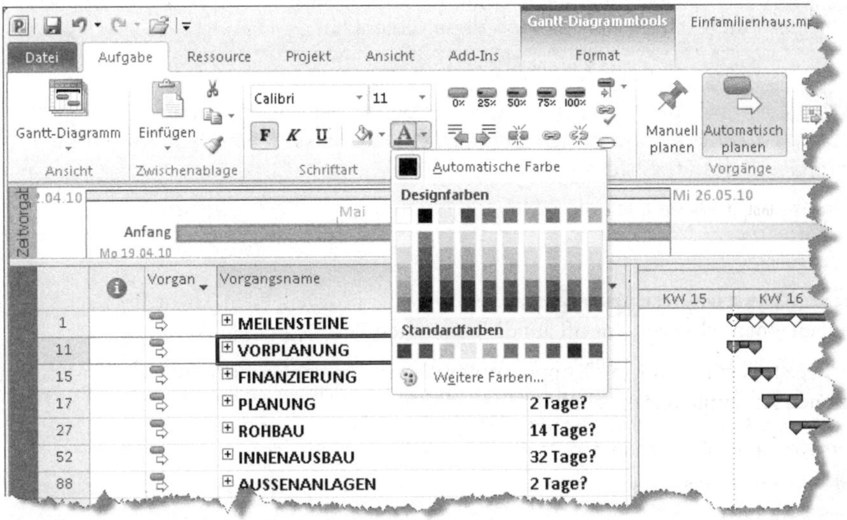

Gängige Befehle haben einen Verweis auf ähnliche, seltener verwendete Befehle. Dies erkennen Sie an einem kleinen Dreieck, das unter oder rechts neben dem Symbol angeordnet ist. Dieses öffnet das zur Gruppe passende Dialogfeld mit weiteren Möglichkeiten (Abbildung 2.5)

Abbildg. 2.5 Möglichkeiten beim Wechseln der Ansicht über den Befehl *Gantt-Diagramm*

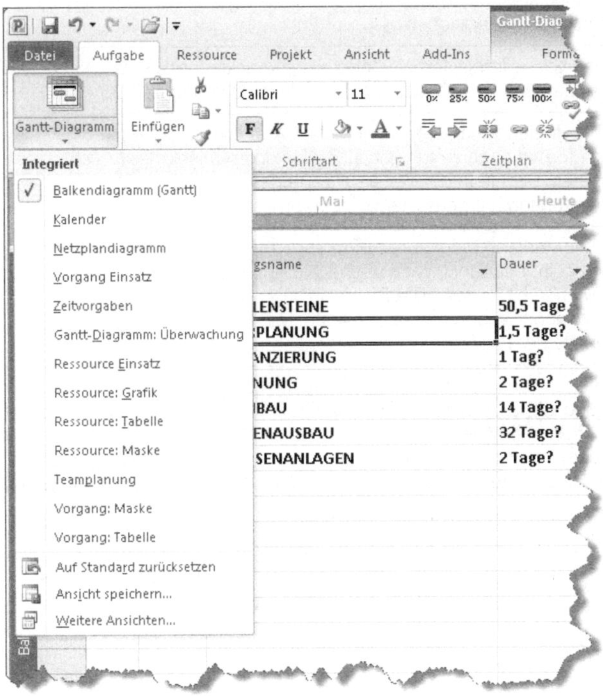

TIPP Beim Überfahren der Befehle im Menüband erklärt die QuickInfo-Funktion mit Hilfe eines Kurztexts, welche Funktion dieser Befehl hat.

PROFITIPP Für mehr Bildschirmfläche bei der Arbeit mit Vorgängen lässt sich das Menüband ausblenden. Klicken Sie dazu auf den kleinen Pfeil links neben dem Fragezeichen am rechten oberen Rand des Arbeitsfensters.

Alternativ können Sie auch die Tastenkombination Strg + F1 benutzen.

Die Ansichtsleiste

In der Ansichtsleiste am linken Fensterrand sind alle gängigen Ansichten von Project enthalten. Durch Klicken mit der rechten Maustaste auf die Ansichtsleiste können die in Project verfügbaren Ansichten schnell gewechselt werden (Abbildung 2.6)

Abbildg. 2.6 Wechseln einer Ansicht

Die Ansicht *Zeitvorgaben*

In dieser neuen Ansicht werden wichtige Ereignisse im Projekt in einer Zeitleiste dargestellt. Sie zeigt immer den aktiven Bildschirmausschnitt des Balkendiagramms an.

Abbildg. 2.7 Zeitachsenleiste

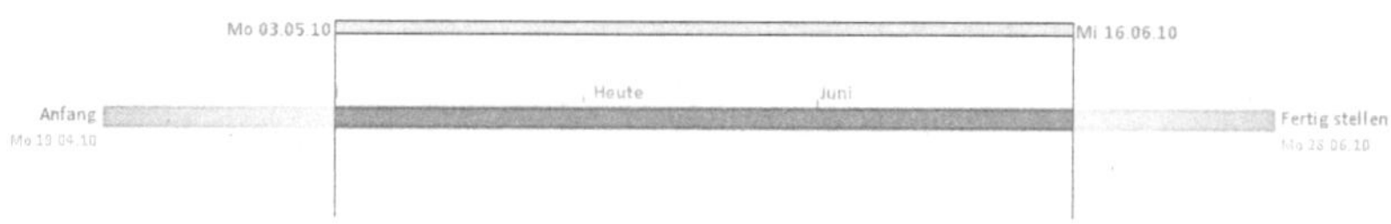

Sie können alle Vorgänge, die Ihnen wichtig sind, mit der Funktion *Zur Zeitachse hinzufügen* in der Zeitachse sichtbar machen. Hierzu klicken Sie mit der rechten Maustaste auf den Vorgang, der zur Zeitachse hinzugefügt werden soll. Wählen Sie nun im Kontextmenü den Eintrag *Zur Zeitachse hinzufügen* (Abbildung 2.8).

Abbildg. 2.8 Vorgang zur Zeitachse hinzufügen

Die Bildlaufleisten

Der Project-Arbeitsbereich weist nach dem Start standardmäßig zwei horizontale und eine vertikale Bildlaufleiste auf. Wenn Sie die Pfeile (kleine Dreiecke) an den Enden der Bildlaufleisten anklicken, können Sie sich im Arbeitsfenster horizontal und vertikal bewegen, um die weiteren Spalten und Zeilen dieser Tabelle anzusehen und zu bearbeiten.

1. Klicken Sie mit der linken Maustaste auf das Bildlauffeld der vertikalen Bildlaufleiste und halten Sie dabei die Maustaste gedrückt.
2. Ziehen Sie das Bildlauffeld nach unten. Über eine *QuickInfo* (Abbildung 2.9) werden Sie jeweils über die Zeilennummer und über den Vorgangsnamen informiert.

Abbildg. 2.9 QuickInfo mit Zeilennummer und Vorgangsname

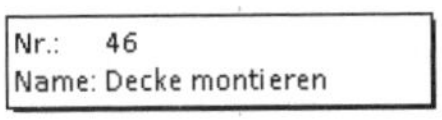

Sie können ebenso einen Mausklick auf die Pfeile der Bildlaufleisten ausführen, um kleinere Sprünge im Arbeitsblatt durchzuführen.

Der Fenstermodus

Mit den Fenstersymbolen des Programmfensters können Sie Ihren Bildschirm auf verschiedenste Weise darstellen:

	Fenster auf Symbolgröße minimieren
	Fenster zum Vollbild maximieren
	Fenster in verkleinerter Ansicht darstellen
	Fenster schließen

Die Symbole in der Titelleiste des Project-Fensters beziehen sich auf das Project-Programmfenster, die in der Zeile darunter auf das Dokumentfenster der Projektmappe. Sie können beliebig viele Projekte geöffnet haben und bearbeiten. Über die Windows-Taskleiste können Sie leicht zwischen den verschiedenen Fenstern navigieren. Zusätzliche Arbeitsfenster erhalten Sie durch Klicken in der Registerkarte *Ansicht* in der Befehlsgruppe *Fenster* auf den Befehl *Neues Fenster*.

Jedes Fenster hat seine eigenen Schaltflächen für Vollbild, zum Verkleinern, auf Symbolgröße reduzieren und zum Schließen. Testen Sie diese Schaltflächen einmal, indem Sie sie einzeln anklicken.

Mehr Überblick durch ein neues Projektfenster

Bei umfangreichen Projekten ist es oft nützlich, ein zusätzliches Fenster zu öffnen. Dies erleichtert die Projektarbeit ungemein.

Nehmen wir an, Sie wollen ein Projekt in zwei Fenstern anzeigen lassen. Das erste Fenster soll am Anfang des Projekts positioniert sein, das zweite am Ende. Anschließend sind die Fenster horizontal anzuordnen.

Verfahren Sie hierzu wie folgt:

1. Wählen Sie den Befehl *Ansicht/Fenster/Neues Fenster*. Im gleichnamigen Dialogfeld werden sämtliche aktuell geöffneten Projekte aufgeführt (in unserem Beispiel ist es lediglich ein Projekt (Abbildung 2.10).

Abbildg. 2.10 Öffnen eines weiteren Fensters in Ihrem Projekt

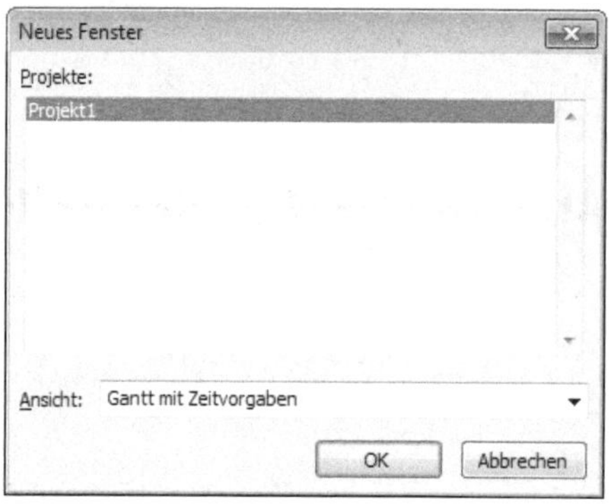

2. Im Kombinationsfeld *Ansicht* können Sie zusätzlich eine andere Ansicht einstellen. Für unser Beispiel belassen Sie die Voreinstellung und drücken die Schaltfläche *OK*.
3. Das zweite Fenster erscheint damit in der Windows-Taskleiste. Wählen Sie den Befehl *Ansicht/Fenster/Alle anordnen* aus, um die beiden Fenster horizontal auf Ihrer Project-Oberfläche anzuordnen.

Die Symbolleiste für den Schnellzugriff

Die Symbolleiste für den Schnellzugriff erlaubt Ihnen, gängige Befehle direkt aufzurufen. Standardmäßig sind die am meisten verwendeten Befehle bereits vorhanden.

Abbildg. 2.11 Symbolleiste für den Schnellzugriff

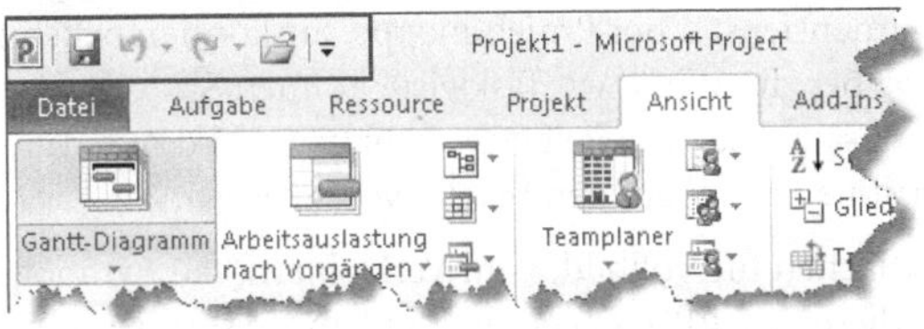

Um zusätzliche Befehle anzuzeigen, können Sie mithilfe des kleinen Dropdownpfeils am rechten Rand der Leiste sämtliche Befehle, die Project bietet, einblenden. Gerade nach dem Umstieg von früheren Versionen ist dies eine sehr nützliche Funktion (Abbildung 2.12).

Abbildg. 2.12 Anpassen der Symbolleiste für den Schnellzugriff

Anpassen der Symbolleiste für den Schnellzugriff

Gerade beim Umstieg aus früheren Versionen werden Sie wahrscheinlich unterschiedliche Befehlsschaltflächen vermissen. Project verfügt über zahlreiche weitere Symbole, über die Sie nahezu alle Funktionen direkt per Mausklick ausführen können. Diese können nach Bedarf aus- oder eingeblendet werden. Um Symbole aus- oder einzublenden, gibt es zwei unterschiedliche Arten, dies zu bewerkstelligen, entweder über den kleinen Dropdownpfeils am rechten Rand der Leiste oder über das Kontextmenü der Schnellzugriffsleiste.

Via Kontext bedeutet:

Bewegen Sie den Mauszeiger auf die Überschrift einer beliebigen Registerkarte im Menüband und drücken Sie die rechte Maustaste. Wählen Sie den Befehl *Symbolleiste für den Schnellzugriff anpassen.* Im angezeigten Fenster finden Sie sämtliche Befehle (Abbildung 2.13), die Sie in Project zur Symbolleiste für den Schnellzugriff hinzufügen können.

Abbildg. 2.13 Anpassen der Befehle in der Symbolleiste für den Schnellzugriff

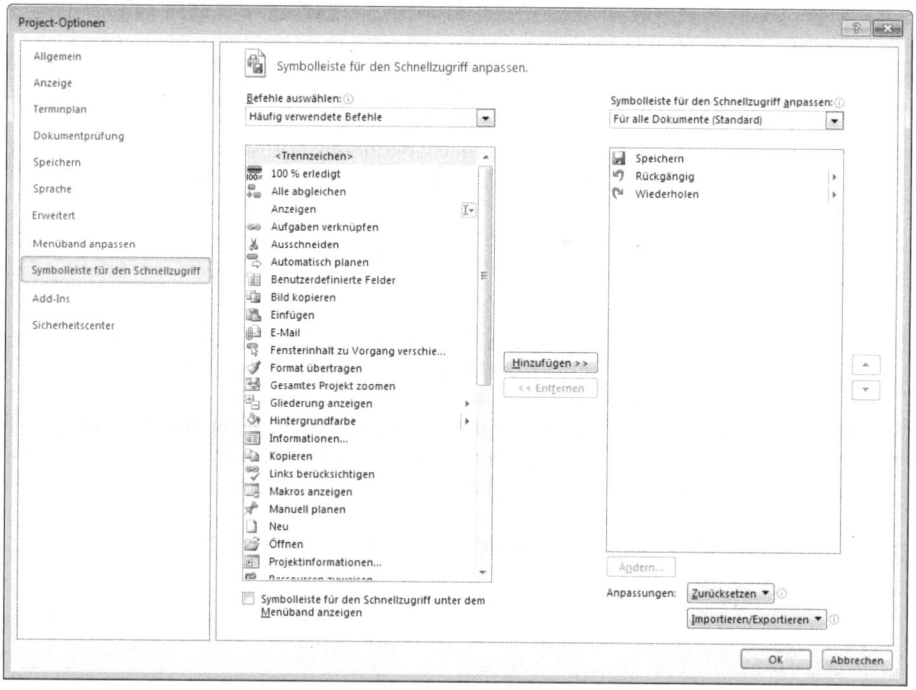

PROFITIPP Der Zugriff auf die Project-Optionen wird häufig benötigt. Um diesen Befehl schnell zu erreichen, macht es Sinn, ihn auf der Symbolleiste für den Schnellzugriff zu platzieren. Hierzu öffnen Sie zunächst mit einem Klick auf den kleinen Dropdownpfeil das Fenster zum Anpassen der Symbolleiste für den Schnellzugriff. Wählen Sie den Eintrag *Weitere Befehle.* Suchen Sie in der Auswahlliste *Befehle auswählen* den Befehl *Optionen.* Schieben Sie nun das Symbol für diesen Befehl mithilfe der Schaltfläche *Hinzufügen* in das rechte Fenster und bestätigen Sie die Eingabe. Auf der Symbolleiste für den Schnellzugriff erscheint nun das Symbol für den neuen Befehl (Abbildung 2.14).

Abbildg. 2.14 Symbolleiste für den Schnellzugriff mit eingefügtem Befehl zum direkten Aufruf der Project-Optionen

Eine Schaltfläche löschen

Manchmal ist es sinnvoll, Schaltflächen, die nicht mehr gebraucht werden, wieder von der Schnellzugriffsleiste zu löschen. Hierzu verwenden Sie einfach die rechte Maustaste. Klicken Sie mit dieser auf das Symbol, das Sie wieder entfernen wollen und wählen den Befehl *Aus Symbolleiste für den Schnellzugriff entfernen*.

HINWEIS Sie brauchen sich beim Anpassen der Schnellzugriffsleiste keine Gedanken darüber zu machen, dass Ihre Anpassungen beim nächsten Programmstart nicht mehr vorhanden sein könnten und Sie diese erneut anpassen müssten. Project speichert bei jedem Verlassen des Programms die gemachten Einstellungen. Sie können jederzeit die Standardeinstellungen wiederherstellen, indem Sie im Fenster *Symbolleiste für den Schnellzugriff anpassen* (Abbildung 2.13) auf die Schaltfläche *Zurücksetzen* klicken. Hier können Sie auswählen, ob nur die Symbolleiste für den Schnellzugriff oder aber alle Anpassungen zurückgesetzt werden sollen.

Das Kontextmenü

Die rechte Maustaste wird verwendet, um ein Kontextmenü aufzurufen. Dieses enthält die wichtigsten Befehle, die Sie zur momentanen Arbeitssituation benötigen. Befindet sich der Mauszeiger innerhalb des Tabellenblatts und Sie betätigen die rechte Maustaste, erscheint das Kontextmenü mit Befehlen, die in direktem Zusammenhang mit der Bearbeitung von Zellen stehen (Abbildung 2.15). Befindet sich der Mauszeiger hingegen im Bereich des Menübands, listet das Kontextmenü alle zur Verfügung stehenden Anpassungsmöglichkeiten auf.

Abbildg. 2.15 Das Kontextmenü für den Tabellenbereich mit den Befehlen für die Zellbearbeitung

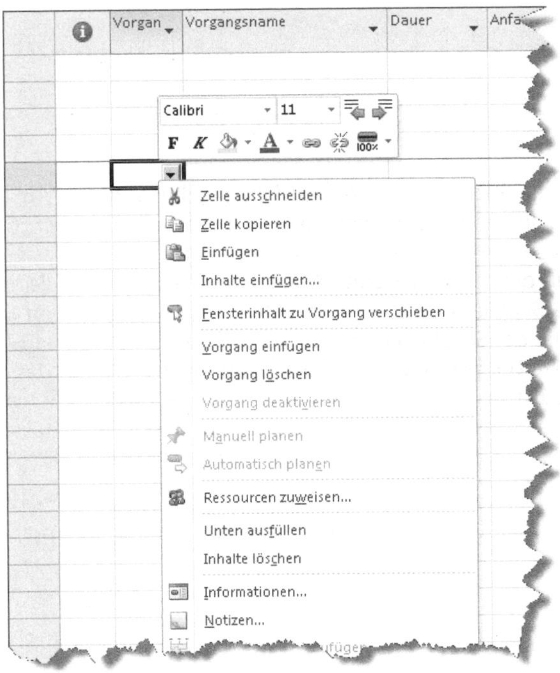

Die Dialogfelder

Dialogfelder werden verwendet, um mit Benutzern in Interaktion zu treten und Informationen zu erhalten. Einfach ausgedrückt ist ein Dialogfeld ein Formular, über das Sie Project mitteilen, welche Optionen an- oder ausgeschaltet sein sollen. Öffnen Sie zum Beispiel mithilfe des eben eingeblendeten Befehls *Projektoptionen* einmal dieses Dialogfeld. Hier werden wichtige Grundeinstellungen für die Arbeitsweise von Project festgelegt (Abbildung 2.16).

Abbildg. 2.16 Project-Optionen

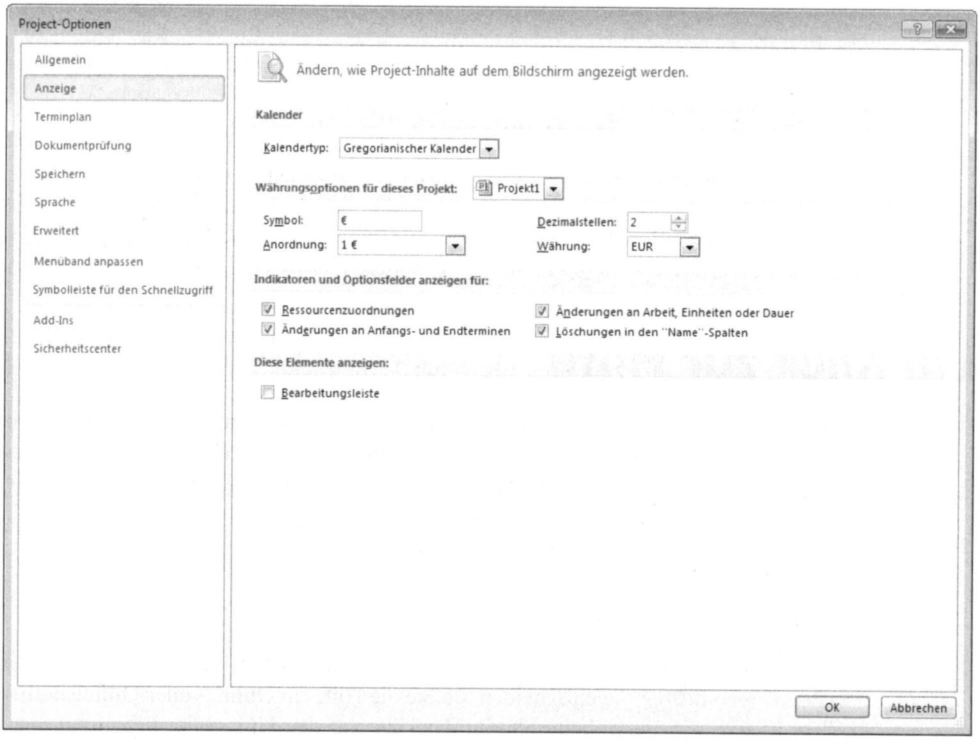

Die verfügbaren Elemente von Dialogfeldern

Wie jedes Fenster verfügt auch ein Dialogfeld ganz oben über eine Titelleiste mit der Bezeichnung des Dialogfelds und der Schaltfläche *Schließen*.

In den Feldern selbst können Sie sich vorwärts (von einem Feld zum nächsten) mit der ↹-Taste bewegen. Sollten Sie auf ein gerade verlassenes Feld zurück wollen, drücken Sie zusätzlich zur ↹-die ⇧-Taste. Als Alternative klicken Sie einfach mit der Maus in das betreffende Feld.

Kategorie Allgemein Einige Dialogfelder, wie beispielsweise das Dialogfeld *Project-Optionen*, enthalten mehrere Auswahlkategorien (Abbildung 2.16). Um eine Kategorie auszuwählen, klicken Sie einfach auf den Text der Kategorie.

Kontrollkästchen Enthält ein Kontrollkästchen ein Häkchen, ist die betreffende Funktion aktiviert. Mit der linken Maustaste kann die Funktion des Kontrollkästchens aktiviert bzw. deaktiviert werden. Es können gleichzeitig mehrere Kästchen aktiviert sein. Auf der Tastatur drücken Sie dazu die [Leertaste].

Optionsfeld Optionsfelder stehen in einem Gruppenfeld. In jeder Gruppe kann jeweils nur ein Optionsfeld aktiviert sein. Wenn Sie eine Option aktivieren, wird die bisher aktivierte Option deaktiviert. In der Umgangssprache werden diese Elemente auch »Radiobuttons« genannt.

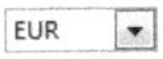

Listenfeld In Listenfeldern, wie zum Beispiel im Dialogfeld *Project-Optionen* in der Kategorie *Anzeige* (Abbildung 2.16) können die darin enthaltenen Einträge per Mausklick ausgewählt werden. Die Schaltfläche mit dem Pfeil rechts weist darauf hin, dass es mehrere Auswahlmöglichkeiten gibt.

Eingabefeld Einige Dialogfelder enthalten Eingabefelder, in die Sie Daten (Maße, Benutzerangaben usw.) direkt eingeben können.

Drehfeld Aktivieren Sie im Dialogfeld *Project-Optionen* die Kategorie *Erweitert*. Dort finden Sie beispielsweise ein Drehfeld *Diese Anzahl zuletzt geöffneter Dokumente anzeigen*, in das Sie eine Zahl zwischen 1 und 50 eingeben können oder auch über den Pfeil nach oben weiterzählen bzw. über den Pfeil nach unten die Anzahl verringern können. Diese Zahl legt fest, wie viele der zuletzt bearbeiteten Dateien im unteren Teil des Menüs *Datei* zum schnelleren Öffnen angezeigt werden.

Ein Klick zur Hilfe

Wenn Sie Informationen über eine bestimmte Prozedur oder ein Feature benötigen, ist die Hilfe-Funktion stets ein wertvoller Ratgeber. Die Hilfe finden Sie generell auf der Registerkarte *Datei* über den Befehl *Hilfe* oder über das Hilfesymbol am rechten oberen Fensterrand des Project-Fensters. Dort erhalten Sie unterschiedliche Arten von Hilfestellungen.

Inhalt und Index

Sie können die Hilfe ebenso über die [F1]-Taste aufrufen. Die Hilfe wird als eigenes Fenster gestartet. Beim Start müssen Sie entscheiden, ob Sie die Hilfe im Online- oder Offlinemodus verwenden wollen. Klicken Sie hierzu beim Starten der Hilfe auf den Link *Offlinehilfe auf meinem Computer anzeigen*. Sollten Sie den Onlinemodus gewählt haben und keine Verbindung zum Internet bestehen, schaltet Project automatisch in den Offlinemodus.

Geben Sie im Eingabefeld den zu suchenden Begriff ein und klicken Sie auf die Schaltfläche *Suchen* oder betätigen Sie die [↵]-Taste. Project sucht dann automatisch alle Einträge dazu heraus und zeigt sie an.

Abbildg. 2.17 Die Hilfe von Project 2010

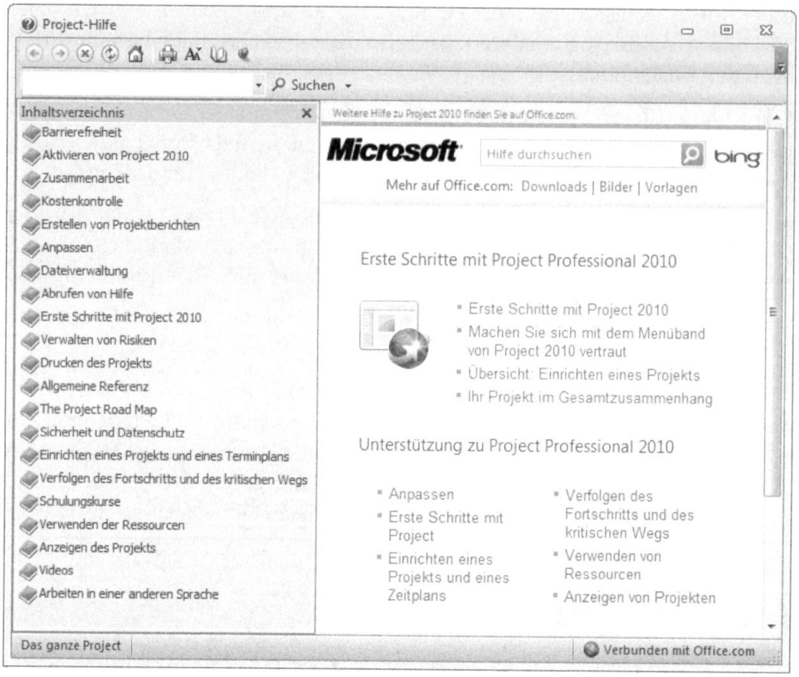

Abbildg. 2.18 Anzeige der Suchergebnisse

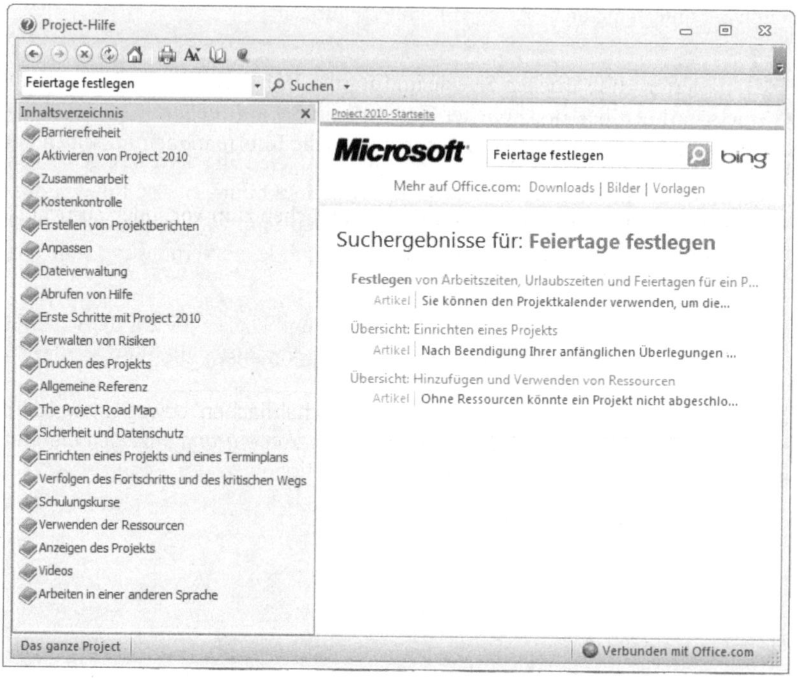

Klicken Sie nun auf eines der angebotenen Suchergebnisse, wird die nähere Erläuterung zum Thema angezeigt.

Abbildg. 2.19 Die Details zu den Suchergebnissen

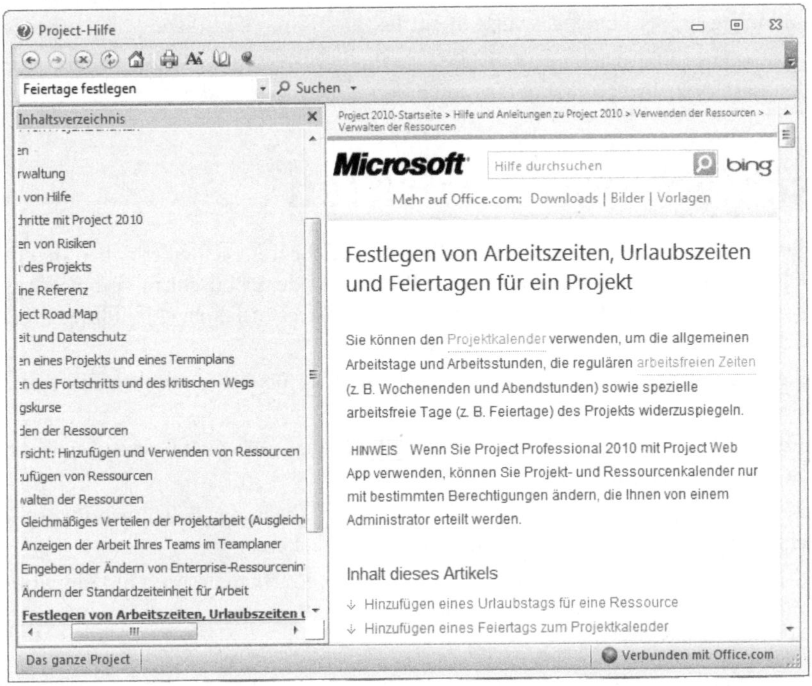

In der HTML-basierten Hilfe arbeiten Sie wie im Internet-Browser. Querverweise sehen Sie in Form von Links (meist farblich hervorgehobener Text). Wenn Sie auf die farbig gekennzeichneten Einträge klicken, bekommen Sie zu diesem Begriff zusätzliche Informationen im selben Fenster angezeigt.

Dazu gehören auch die von Browsern bekannten Schaltflächen zum Vor- oder Zurückblättern.

Abbildg. 2.20 Navigationsleiste in der Hilfe

TIPP Wenn Sie den Mauszeiger über die Schaltflächen bewegen, werden diese mit einem Hilfetext, dem Quickinfo erläutert. Der Befehl *Im Vordergrund anzeigen* blendet das Hilfe-Fenster immer über das aktive Projekt. Um diese Funktionen zu deaktivieren, drücken Sie diese Schaltfläche.

HINWEIS Wollen Sie einen Hilfetext oder Teile daraus in die Zwischenablage kopieren, um ihn in einem anderen Programm weiter zu verarbeiten, markieren Sie den Hilfetext und kopieren ihn mit der Tastenkombination [Strg]+[C]. Sie markieren Text, indem Sie mit gedrückter linker Maustaste über den Hilfetext ziehen. Sie können den kopierten Text anschließend mit der Tastenkombination [Strg]+[V] beispielsweise in ein Textprogramm einfügen.

Mit einem rechten Mausklick in den Hilfetext erhalten Sie weitere Möglichkeiten, um beispielsweise den gesamten Text zu markieren, zu kopieren bzw. zu drucken.

Die verschiedenen Ansichten

Im Folgenden werden die wichtigsten Ansichten beschrieben. Ansichten erlauben Ihnen, aus unterschiedlichen Blickwinkeln Informationen im Projekt auf dem Bildschirm zu betrachten. Generell werden die Ansichten aufgeteilt in Vorgangs- und Ressourcenansichten (Abbildung 2.6). Sie können die Ansichten an verschiedenen Stellen wechseln:

1. Klicken Sie mit der rechten Maustaste auf den grauen Bereich am linken Bildschirmrand und wählen Sie den Befehl *Ansichtsleiste.*
2. Wählen Sie entweder im geöffneten Kontextmenü oder über die nun angezeigte Ansichtsleiste die gewünschte Ansicht.
3. Klicken Sie im Menüband auf der Registerkarte *Aufgabe* in der Befehlsgruppe *Ansicht* auf den Befehl *Gantt-Diagramm*, um eine neue Ansicht zu erhalten.
4. Klicken Sie in der Statusleiste im rechten Teil auf eine verfügbare Ansicht (Abbildung 2.23 und Abbildung 2.25).

Balkendiagramm (Gantt)

Die Ansicht *Balkendiagramm (Gantt)* ist nach dem Start von Project standardmäßig eingestellt. Bei dieser Ansicht ist der Bildschirm in zwei Hälften geteilt. Die linke Seite stellt den Eingabebildschirm dar, auf der anderen Seite wird das Gantt-Diagramm dargestellt. Diese Ansicht wird eingesetzt, um Vorgänge einzugeben und diese zu terminieren.

Balkendiagramm: Überwachung

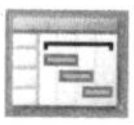

Die Ansicht *Gantt-Diagramm: Überwachung* liefert Ihnen eine Auflistung Ihrer Projektvorgänge und ein Diagramm, das für jeden Vorgang einen geplanten, einen berechneten und einen fortschreitenden Balken darstellt. Diese Ansicht eignet sich hervorragend, um einen Abgleich zwischen geplanten Terminen und dem aktuellen Terminplan durchzuführen.

Kalender

Diese Ansicht stellt einen Monatskalender dar, der die Projektvorgänge und deren Dauer anzeigt. Verschaffen Sie sich schnell einen Überblick über die geplanten Vorgänge einer oder mehreren Wochen.

Netzplandiagramm

Die Ansicht *Netzplandiagramm* zeigt Ihnen das Projekt in Form eines Flussdiagramms an. Dabei erkennen Sie sehr übersichtlich die Anordnungsbeziehungen zwischen den einzelnen Vorgängen.

Vorgang: Einsatz

Diese Ansicht liefert Ihnen die Information, welche Ressourcen welchen Vorgängen zugeordnet sind.

Ressource: Einsatz

Die Ansicht *Ressource: Einsatz* listet Ihnen alle Ressourcen auf und gibt Ihnen Auskunft über die Faktoren Kosten oder Arbeit in einem bestimmten Zeitraum.

Ressource: Grafik

Die Ansicht *Ressource: Grafik* zeigt Ihnen ein Diagramm über die Ressourcenzuteilung, die Kosten oder die Arbeit über einen bestimmten Zeitraum.

Ressource: Tabelle

Die Ansicht *Ressource: Tabelle* liefert Ihnen die Ressourcen eines Projekts und die dazugehörigen Informationen in einer tabellarischen Anordnung. Sie können diese Ansicht verwenden, um leichter Ihre Ressourcen zu erfassen.

Teamplaner

Mithilfe der Ansicht *Teamplaner* können Sie auf einen Blick sehen, an welchem Vorgang Ihre Teammitglieder momentan arbeiten, und Vorgänge von einer Person zu einer anderen verschieben.

Weitere Ansichten

Zusätzliche Ansichten können Sie über ein Dialogfeld abrufen (Abbildung 2.21), indem Sie auf die Schaltfläche *Weitere Ansichten* klicken. Auf eine Beschreibung der weiteren Ansichten wird in diesem Kapitel nicht weiter eingegangen. In den späteren Kapiteln wird jedoch die eine oder andere Ansicht ausführlicher erläutert werden.

Abbildg. 2.21 Auswählen zusätzlicher Ansichten

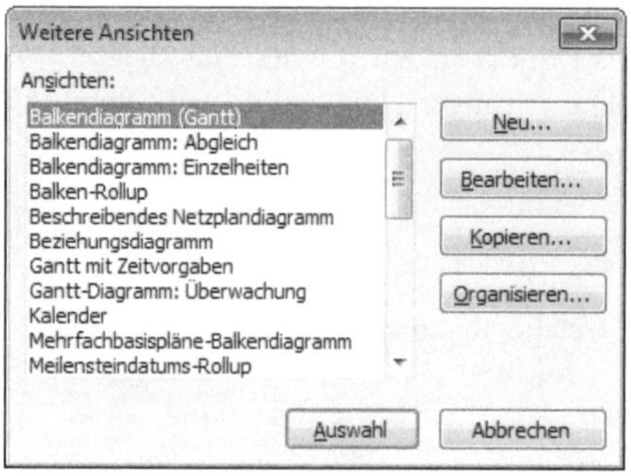

Seitenvorschau

Wählen Sie auf der Registerkarte *Datei* den Befehl *Drucken*. Auf der rechten Seite erhalten Sie zunächst das erste Blatt in der Seitenvorschau, wie es auf dem Ausdruck aussehen wird. Mithilfe der Navigationsschaltflächen können Sie durch sämtliche Seiten blättern. Beim Überfahren der Seitenvorschau mit dem Mauszeiger erhalten Sie die Möglichkeit, die Vorschau zu vergrößern bzw. zu verkleinern (Abbildung 2.22)

Abbildg. 2.22 Die Seitenvorschau eines Projekts

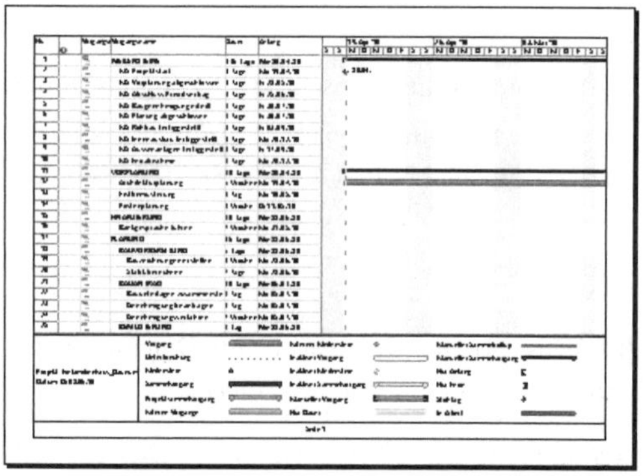

TIPP Um die Seitenansicht eines Projekts schnell zu erhalten, können Sie diesen Befehl der Symbolleiste für den Schnellzugriff hinzufügen (Abbildung 2.12).

Die Statusleiste und die Zoomfunktion

Auf der Statusleiste von Project werden nicht nur wichtige Informationen zum Projekt dargestellt, vielmehr ist es nun möglich, Ansichten zu wechseln oder mit dem Zoomregler das Projekt auf die Zeitachse anzupassen.

Abbildg. 2.23 Die Statusleiste

Im rechten Teil befinden sich die aktiven Befehle. Mit dem Zoomregler können Sie das Projekt sehr schnell auf den Bildschirmbereich anpassen. Eine Alternative, um das Projekt individuell zu zoomen, befindet sich auf dem Menüband *Ansicht.* Wählen Sie hier in der Befehlsgruppe *Zoom* den Befehl *Zoom* (Abbildung 2.24). Selektieren Sie zum Beispiel den Eintrag *Gesamtes Projekt*, um das Projekt in der Zeitachse zu sehen.

Eine weitere Möglichkeit, das komplette Projekt zu zoomen, erhalten Sie über den Befehl *Ansicht/ Zoom/Gesamtes Projekt zoomen.*

Abbildg. 2.24 Das Projekt zoomen mit dem Dialogfeld Zoom

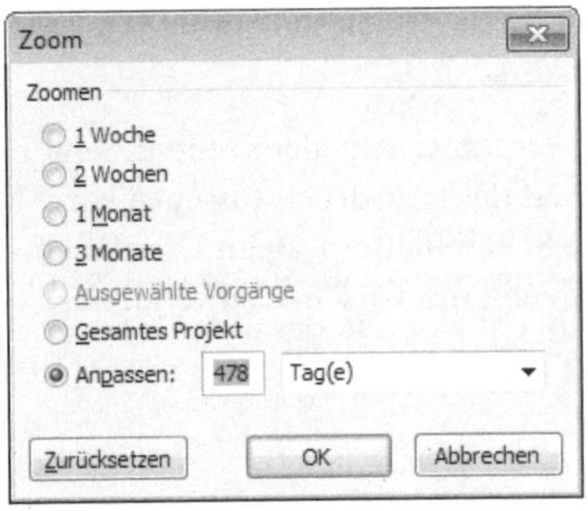

Mit den zusätzlichen Befehlen auf der Statusleiste können Sie sehr schnell in eine andere Standardansicht wechseln (Abbildung 2.25).

Abbildg. 2.25 Ansichtswechsel mithilfe der Statusleiste

Es sind folgende Ansichten zum schnell Wechsel vorhanden: Das *Gantt-Diagramm*, die *Arbeitsauslastung nach Vorgängen*, der *Teamplaner* und die Ansicht *Ressource: Tabelle.*

Project 2010 beenden

Wenn Sie Project 2010 beenden und vorher das Projekt nicht gespeichert haben, wird Project Sie daran erinnern.

Programmfenster schließen

Das Beenden von Project erfolgt über den Menübefehl *Datei/Beenden*, über die Tastenkombination Alt+F4 oder mit der Schaltfläche *Schließen* in der Titelleiste des Project-Bildschirms. Bevor Sie Project beenden, sollten Sie aber Ihr Projekt speichern. Ein neu erstelltes Projekt erhält standardmäßig den Namen *Projekt* mit einer fortlaufenden Nummer und behält diesen so lange bei, bis es unter einem neuen Namen gespeichert wird.

Speichern eines Projekts

Um ein Projekt unter einem neuen Namen zu speichern, gehen Sie wie folgt vor:

1. Wählen Sie in der Backstage-Ansicht (die Registerkarte *Datei*) den Befehl *Speichern unter*. Das Dialogfeld *Speichern unter* wird auf dem Bildschirm angezeigt.
2. Geben Sie im Eingabefeld *Dateiname* den Namen des Projekts ein.
3. Klicken Sie auf die Schaltfläche *Speichern* oder betätigen Sie die [↵]-Taste, um das Dialogfeld zu schließen und die Datei zu speichern.

Wenn Sie spätere Änderungen in der Tabelle vornehmen und anschließend die Datei wieder speichern wollen, brauchen Sie nur auf die Schaltfläche *Speichern* in der *Standard*-Symbolleiste zu klicken. Die Schaltfläche *Speichern* zeigt zwar eine Diskette, die Datei wird aber genau dort wieder mit den Änderungen gespeichert, wo sie geöffnet wurde, und behält ihren Namen bei. Alternativ können Sie auch den Befehl *Datei/Speichern* aufrufen oder die Tastenkombination [Strg]+[S] drücken.

Zusammenfassung

In diesem Kapitel haben Sie erfahren, wie Project installiert wird. Außerdem sind Sie mit den wichtigsten Bedienelementen des Programms vertraut gemacht worden, damit Sie einen leichteren Einstieg in die Bedienung von Project finden.

Kapitel 3

Projekte anlegen

In diesem Kapitel:

Der erste Schritt im Projektmanagement beginnt in der Regel lange bevor man mit einer konkreten Planung beginnt. Insofern ist ein Großteil der Tätigkeiten, die sich nach dem PMBOK® Guide von PMI in der Projekt-Initiierungsphase befinden, außerhalb von Microsoft Project 2010 angesiedelt. Wie schon im Vorwort angesprochen wurde, richtet sich dieses Buch nach der Prozessgruppe *Definition* des Project Management Institute (PMI). Wollen Sie mehr darüber erfahren, dann schauen Sie sich die Webseite des PMI genauer an (*www.pmi.org*).

Allerdings gibt es durchaus einige Dinge, die man in Project 2010 vorbereitend tun kann, bevor es mit der Planung so richtig losgeht. Diese Vorbereitungs- (oder um in der Fachterminologie von PMI zu bleiben) Initiierungstätigkeiten werden in diesem und im nächsten Kapitel beschrieben.

Der Start in Project 2010

Sie wollen ein Eigenheim für Ihre Familie bauen. Um die Arbeiten überwachen und steuern zu können, haben Sie sich entschlossen, in Microsoft Project 2010 einen Plan zu pflegen.

Zunächst müssen Sie einen neuen Projektplan in Project 2010 erstellen:

1. Öffnen Sie Project 2010, sofern noch nicht geschehen.

2. Erstellen Sie einen neuen Projektplan, indem Sie im Menüband die Registerkarte *Datei* öffnen, den Eintrag *Neu* wählen und anschließend doppelt auf die Schaltfläche *Leeres Projekt* klicken. Project 2010 erstellt nun einen neuen leeren Projektplan.

Abbildg. 3.1 Den Projektplan speichern

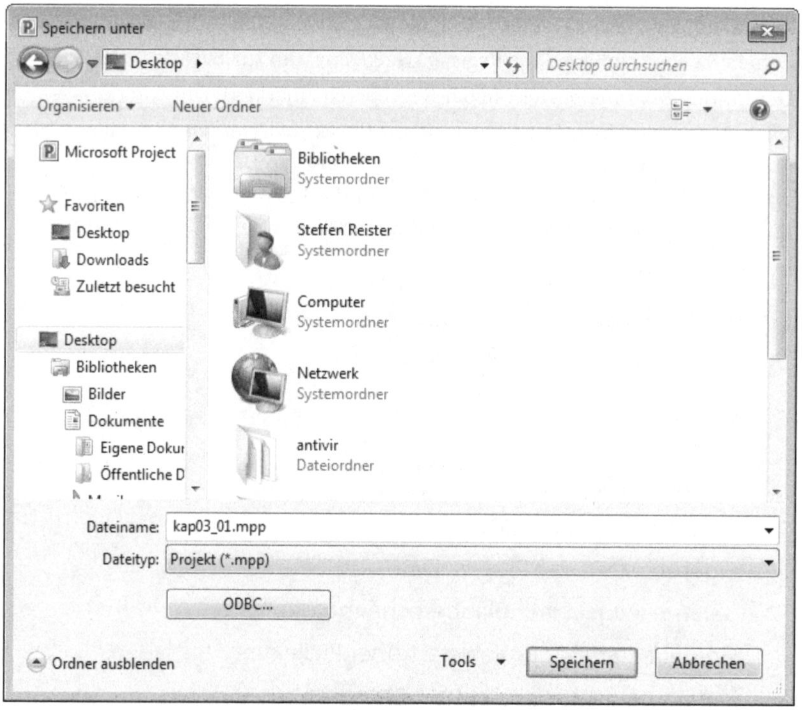

3. Speichern Sie diesen neuen Plan unter dem gewünschten Namen ab, indem Sie in der Symbolleiste für den Schnellzugriff auf das Diskettensymbol klicken. Project 2010 öffnet nun das Dialogfeld *Speichern unter.*
4. Wählen Sie einen Speicherort aus und tragen Sie im Feld *Dateiname* den Namen der Projektdatei ein (beispielsweise »kap03_01.mpp«).
5. Bestätigen Sie durch einen Klick auf die Schaltfläche *Speichern.*

Jetzt sollten Sie weitere wichtige Einzelheiten zum Projekt erfassen. Dabei sind z.B. folgende Informationen wichtig:

- Wer leitet das Projekt?
- Welche Projektmitarbeiter stehen zur Verfügung?
- Wann beginnt das Projekt (haben Sie bereits angegeben) bzw. wann soll es fertig sein?
- Welche Einschränkungen bezüglich Terminen, Kosten, Personal oder Qualität sind Ihnen bekannt?
- Welche sonstigen wichtigen Daten zum Projekt sind zu berücksichtigen?

Diese Informationen sind u.a. wichtig, um ein Projekt mithilfe der Suchfunktionen von Windows finden zu können, ohne hierfür jede einzelne Projektdatei öffnen zu müssen.

Eigenschaften der Project-Datei festlegen

Aus den zuvor beschriebenen Gründen ist es durchaus sinnvoll, die Eigenschaften für die Datei gleich zu Beginn der Arbeit an einem neuen Projekt festzulegen. Um diese Informationen Ihrem Projekt anzufügen, rufen Sie folgendermaßen die erweiterten Projekteigenschaften auf:

1. Öffnen Sie im Menüband die Registerkarte *Datei*, um zur Backstage-Ansicht zu gelangen.
2. Der Eintrag *Informationen* ist in der Regel bereits markiert. Andernfalls klicken Sie darauf.
3. Klicken Sie im rechten Fensterbereich auf *Projektinformationen* und wählen Sie im Dropdownmenü den Befehl *Erweiterte Eigenschaften* (Abbildung 3.2).
4. Geben Sie im nun geöffneten Dialogfeld auf der Registerkarte *Zusammenfassung* Ihre Informationen in die Eingabefelder ein (Abbildung 3.3).
5. Bestätigen Sie Ihre Eingaben mit *OK.*

Abbildg. 3.2 Erweiterte Projekteigenschaften bearbeiten

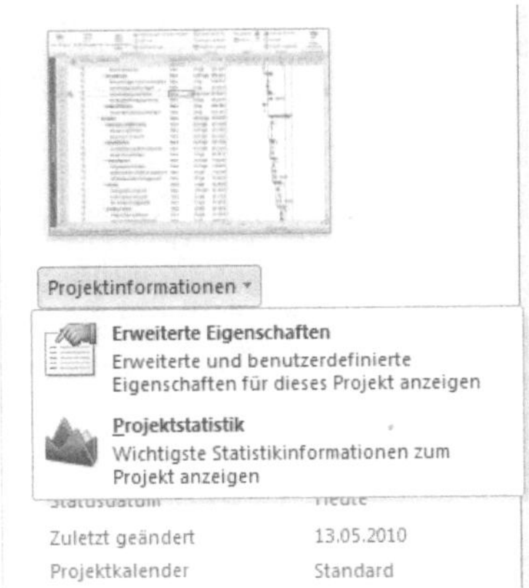

Die erste wichtige Kategorie in diesem Fenster ist *Zusammenfassung* (Abbildung 3.3). Hier können Sie eine Reihe allgemeiner Angaben zum Projekt treffen. Sie können aber auch zwei Einstellungen festlegen, die durchaus funktionale Bedeutung für die Arbeit mit dem Projekt haben.

Die allgemeinen Einstellungen von *Titel* bis *Kommentare* erklären sich weitgehend von selbst. Auch wenn sie auf den ersten Blick nicht so wichtig erscheinen, haben sie doch erhebliche Bedeutung. Sie werden nämlich in Berichten und anderen Ausgaben für das Projekt verwendet. Deshalb sollten Sie sinnvolle Werte in diese Eingabefelder eintragen.

Falls Sie sich für die Nutzung der Eingabefelder *Kategorie* und *Stichwörter* entscheiden, sollten Sie allerdings vorher wieder eindeutige Regeln für Ihr Unternehmen oder zumindest Ihren Bereich festlegen. Denn die Inhalte dieser Eingabefelder können von der Suchfunktion im *Öffnen*-Dialogfeld genutzt werden. Das funktioniert aber nur, wenn sie bei allen Projekten nach einheitlichen Regeln gefüllt werden.

Abbildg. 3.3 Dateieigenschaften eines Projekts

Generell sind diese Eingabefelder sinnvoll, wenn Sie eine große Zahl von Projektdateien haben und sich damit den Zugriff auf die Informationen aus älteren Projekten erleichtern möchten.

TIPP Von wesentlicher Bedeutung für das Verhalten von Project 2010 ist dagegen der Wert in *Hyperlinkbasis*. Die dort angegebene URL wird in Verbindung mit allen relativen Pfadangaben, die in der Projektdatei bei Hyperlinks angegeben werden, verwendet. Wenn Sie also beispielsweise hier *www.meinefirma.de/projekte* angeben, werden alle URLs auf dieses Verzeichnis bezogen.

Kalender zur Terminplanberechnung definieren

Da Project 2010 unter anderem ein Tool zur Berechnung von Terminen ist, sind bereits zu Beginn einige Dinge festzulegen, die später für die Berechnung beispielsweise des Endtermins Ihres Projekts von großer Bedeutung sind.

Die Berechnungsbasis für Ihren Terminplan legen Sie in den Projektinformationen fest. Hier wird bestimmt, nach welcher Methode Project 2010 Termine berechnen soll und welche kalendarischen Grundlagen dafür verwendet werden. Eine der wichtigsten Informationen für die Terminberechnung ist die Festlegung des Projektkalenders.

Project 2010 liefert in der Standardinstallation drei verschiedene Kalender mit:

Tabelle 3.1 Die Standardkalender von Project 2010

Kalendername	Arbeitstage	Stunden pro Tag
Standard	Arbeitstage Mo – Fr	8 Stunden von 8:00 Uhr bis 17:00 Uhr inkl. 1 Stunde Pause
24 Stunden	Arbeitstage Mo – So	24 Stunden
Nachtschicht	Arbeitstage Mo – So	8 Stunden von 23:00 bis 08:00 Uhr inkl. 1 Stunde Pause

WICHTIG Der Kalender *Nachtschicht* hat in der von uns verwendeten Version keine Arbeitszeiten am Montag von 0:00 Uhr bis 8:00 Uhr. Ob das gewollt ist oder ein Fehler bei der Erstellung dieser Vorlage, war nicht festzustellen. Wie man generell mit dem Thema Kalender umgeht, können Sie in Kapitel 4 nachlesen.

Um einen Kalender Ihrem Projekt zuzuordnen, gehen Sie folgendermaßen vor:

1. Starten Sie Project 2010, falls noch nicht geschehen.
2. Öffnen Sie die Beispieldatei *kap03_01.mpp*, die Sie vorher erstellt haben, sofern diese nicht bereits geöffnet ist.
3. Öffnen Sie im Menüband die Registerkarte *Projekt*.

4. Klicken Sie auf die Schaltfläche *Projektinformationen*, um das Dialogfeld *Projektinfo* zu öffnen.
5. Wählen Sie im Listenfeld *Kalender* den gewünschten Kalender aus.

Abbildg. 3.4 Einen Projektkalender festlegen

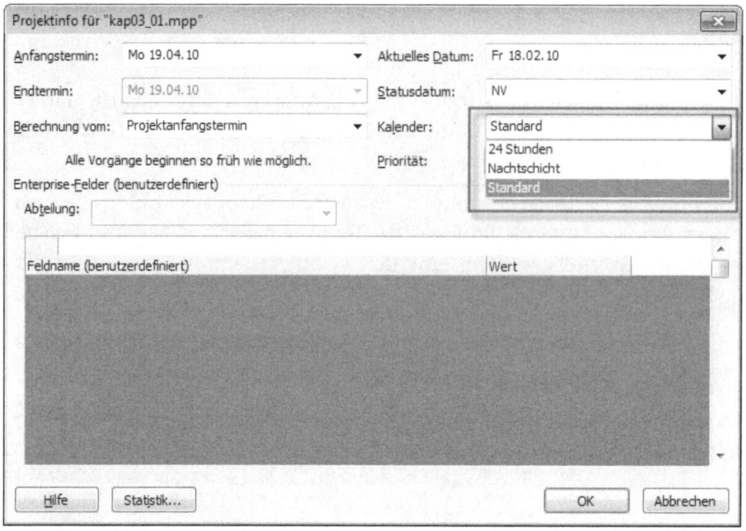

HINWEIS Üblicherweise wird man den Standardkalender verwenden. Sie können aber auch einen eigenen Kalender mit individuellen Arbeitstagen und Arbeitszeiten anlegen. Wie Sie das tun, erfahren Sie in Kapitel 4.

Goldene Regel 1: Projektstart über Projektinfo festlegen

Damit Project 2010 weiß, wo es zu rechnen anfangen soll, müssen Sie zu Beginn einen einzigen Termin angeben, der als Startpunkt für die Berechnung von Project 2010 verwendet wird. Dieser Startpunkt wird ebenfalls im Dialogfeld *Projektinfo* eingestellt.

HINWEIS Oftmals wird irrtümlicherweise angenommen, der erste Vorgang in der Tabelle würde den Projektstart kennzeichnen. Diese Annahme ist definitiv falsch. Würden Sie dies tun, legen Sie lediglich eine Termineinschränkung für den ersten Vorgang fest, nicht aber einen Starttermin für das Projekt.

Gehen Sie folgendermaßen vor, um einen Projektstarttermin festzulegen:

1. Starten Sie Project 2010, falls noch nicht geschehen.
2. Öffnen Sie die Beispieldatei *kap03_01.mpp*, die Sie vorher erstellt haben, sofern diese nicht bereits geöffnet ist.
3. Öffnen Sie im Menüband die Registerkarte *Projekt*.
4. Klicken Sie auf die Schaltfläche *Projektinformationen*, um das Dialogfeld *Projektinfo* zu öffnen.
5. Geben Sie im Feld *Anfangstermin* einen Starttermin für das Projekt ein.
6. Bestätigen Sie mit *OK*.

Abbildg. 3.5 Im Dialogfeld *Projektinfo* den Projektanfangstermin festlegen

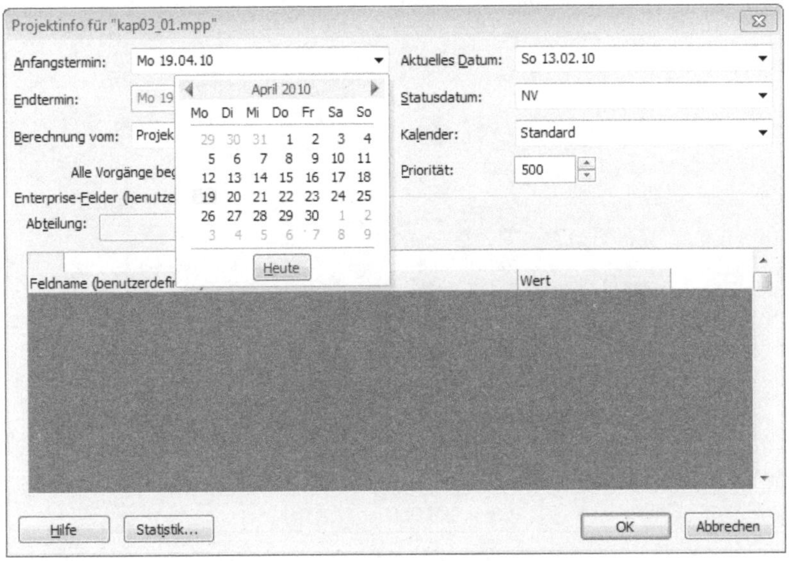

HINWEIS Es ist auch möglich, statt dem *Anfangstermin* einen *Endtermin* anzugeben. Dann würde Project 2010 vom angegebenen Ende den theoretischen Anfang eines Projekts berechnen. Allerdings hat die Erfahrung gezeigt, dass diese Vorgehensweise nur in einer sehr frühen Planungsphase hilfreich ist, um zu sehen, wann man anfangen müsste, damit das Projekt rechtzeitig zum gewünschten Termin fertig wird. In der Praxis, während Sie einen Projektplan mit Istwerten aktualisieren, ist dies keine echte Option, da Sie ständig frühere Anfangstermine berechnet bekommen würden. Da dies Ihre Anfangstermine immer weiter in die Vergangenheit schieben würde, wird in »Goldene Regel 6: Statt Termineinschränkungen Stichtag verwenden« in Kapitel 6 eine Alternative zu dieser Art der Vorgangsberechnung beschrieben.

Zusammenfassung

Sie haben in diesem Kapitel gelernt, wie Sie ein neues Projekt erstellen und die wichtigsten Informationen für den Projektkopf erfassen können. Sie haben nun die Voraussetzungen geschaffen, um mit der Planung zu beginnen.

Kapitel 4

Der richtige Start: Grundeinstellungen

In diesem Kapitel:

Kaum ein Programm ist in einem so hohen Maß von den richtigen Grundeinstellungen abhängig wie Project. Nicht alle Einstellungen sind kritisch. Es gibt aber einige, die das Verhalten von Microsoft Project 2010 so maßgeblich beeinflussen, dass sie im späteren Verlauf kaum noch korrigiert werden können.

Nachdem Sie in den ersten Kapiteln dieses Buchs einen Überblick über den Umgang mit Project 2010 erhalten haben, der Ihnen den Einstieg erleichtern soll, geht es in diesem Teil schon richtig ans Eingemachte. In den weiteren Kapiteln werden die komplexen Themen des Termin- und des Ressourcenmanagements erläutert.

In diesem Kapitel stehen folgende Bereiche der Grundeinstellungen im Blickpunkt:

- Vor dem Beginn der Planungstätigkeit
- Basiskalender als Grundlage des Ressourcen- und Terminmanagements
- Was ohne Probleme während der Planung geändert werden kann

Es gibt eine Reihe von Grundüberlegungen und damit verbundene Entscheidungen, die bereits vor dem Start bzw. der eigentlichen Nutzung von Project 2010 getroffen werden sollten. Die Einstellungen werden in diesem Kapitel im Überblick besprochen.

PROFITIPP Wenn Sie innerhalb eines Unternehmens mit mehreren Projektleitern arbeiten, sollten die Grundeinstellungen nach Möglichkeit sowohl von Projekt zu Projekt als auch von Arbeitsplatz zu Arbeitsplatz identisch sein. Es ist von großer Bedeutung, mit identischen Einstellungen zu arbeiten. Wenn zwei Benutzer die gleiche Project-Datei bearbeiten und dabei unterschiedliche Programmeinstellungen verwenden, kann dies zu unterschiedlichen Darstellungen führen.

Daher empfiehlt es sich, die zu verwendenden Einstellungen bereits im Rahmen der Einführung von Project 2010 für das gesamte Unternehmen generell und verbindlich zu definieren.

Wenn Sie mit dem Gedanken spielen, Project unternehmensweit einzusetzen, sollten Sie zugleich über den Einsatz von Project Server 2010 nachdenken, denn diese Version trägt den zuvor beschriebenen Fragestellungen Rechnung. Einen Überblick über die Funktionalität von Project Server 2010 finden Sie in weiterer Literatur bei O'Reilly.

Aufgaben vor Planungsbeginn

Eine der wichtigsten Aufgaben, bevor Sie anfangen, auch nur einen einzigen Wert in Project einzugeben, ist menütechnisch sehr versteckt. Es handelt sich hierbei um die Optionen von Project. Die Optionen sind auch in anderen Office-Applikationen ein wichtiger Bereich; in Project 2010 verstecken sich hier einige Einstellungen, die sozusagen von existentieller Bedeutung für das Projekt sind. Viele der Einstellungen beeinflussen das Verhalten von Project so nachhaltig, dass sie kaum noch nachträglich verändert werden können.

WICHTIG **Die Project-Optionen aufrufen**

Die Project-Optionen zu finden ist gerade für Umsteiger aus älteren Project-Versionen ein abenteuerliches Unterfangen. Wie viele übergreifende Projekttätigkeiten verstecken sich die Optionen in der Backstage-Ansicht der neuen Project 2010-Oberfläche.

Wechseln Sie also zunächst im Menüband zur Registerkarte *Datei* und rufen Sie hier die Project-Optionen auf.

Abbildg. 4.1 Aufruf der Project-Optionen in der Backstage-Ansicht

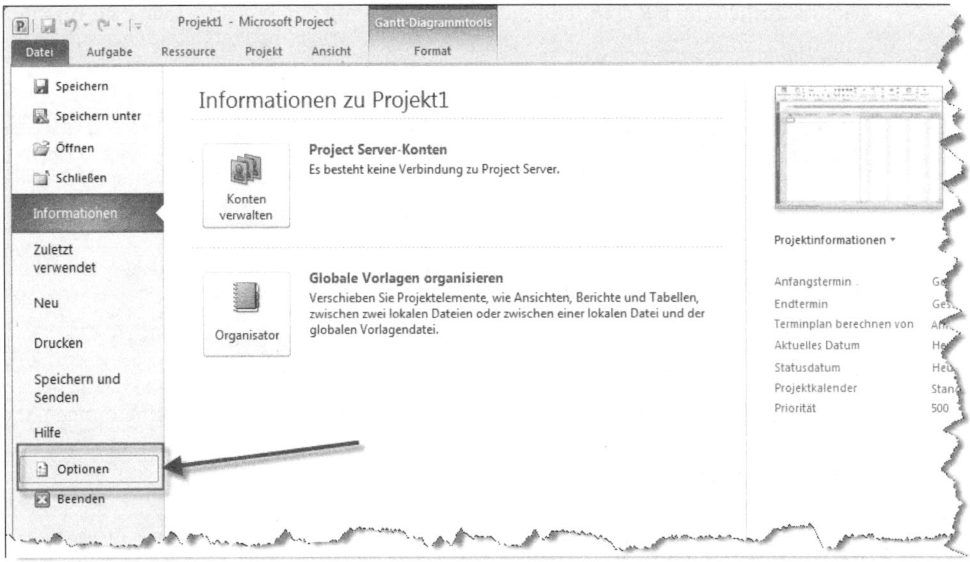

In diesem Kapitel werden nicht alle Einstellungen besprochen. Es wird nur auf die wichtigsten Parameter eingegangen, also diejenigen, die Sie unbedingt kontrollieren und – falls erforderlich – festlegen sollten. Daneben werden einige weitere Parameter gezeigt, die, falls nicht korrekt eingestellt, zu erheblichen Irritationen bei der Arbeit mit dem Projekt führen können.

Wie soll Project rechnen?

Immer wieder hört man von gestressten Anwendern die Bemerkung: »Project rechnet falsch«. Mit diesem Vorurteil möchten wir an dieser Stelle aufräumen. Project 2010 rechnet nicht falsch (es sei denn, Sie finden irgendwo einen Bug), sondern vielmehr genau so, wie Sie es vorgegeben haben. Hier fängt die Schwierigkeit an, denn es gibt bestimmte Standardeinstellungen, die in der Regel übernommen werden, wenn ein neues Projekt erstellt wird. Ab einem bestimmten Punkt fangen später die Irritationen an und kaum jemand weiß, was sich hier abspielt.

In diesem Abschnitt behandeln wir die Bereiche des Dialogfelds, welches Sie im Menüband *Datei/Optionen* finden. Dieses sollte unbedingt vor dem Beginn einer erfolgreichen Planung bearbeitet werden:

- Optionen für den Terminplan und die Planung des Projekts, die festlegen, mit welchen Grundeinstellungen neue Vorgänge erstellt werden
- Berechnungsoptionen, die festlegen, wie Project rechnen soll

Es gibt Einstellungen, die nicht unbedingt kritisch sind, aber dennoch fatale Auswirkungen haben können. An den Stellen, wo wir aus unserer Erfahrung heraus Empfehlungen abgeben können, tun wir dies gerne; an anderen Stellen werden Sie anhand der Erklärung selbst entscheiden müssen, was Ihnen lieber ist. Häufig gibt es keinen Königsweg – dieser ist zu stark von Ihrem Planungsumfeld abhängig. Deshalb sollten Sie, bevor Sie mit einem neuen Projektplan beginnen, vorab einige grundsätzliche Fragen klären. Lassen Sie sich hierzu von der Tabelle 4.1 ein paar Anregungen geben.

Tabelle 4.1 Dies sollten Sie vorab bedenken

Frage	Hintergrund
Plane ich Arbeit oder Dauer?	Dementsprechend sollten Sie Ihre Standardvorgangsart wählen! Dies wirkt sich erheblich auf die berechnete Arbeit bzw. Dauer der Vorgänge während der Planungsphase sowie später bei Plananpassungen und der Aktualisierung der Projekte aus.
Wie möchte ich mit festen Terminen (Meilensteinen) verfahren?	Je nachdem, wie Sie feste Termine bewerten, können Sie auch Project 2010 darauf einstellen. Wollen Sie, dass Project 2010 beim Berechnen unbedingt die festen Termine beachtet und Sie entsprechend warnt? Oder möchten Sie Project 2010 nach tatsächlich erbrachter Leistung rechnen lassen und lediglich eine optische Anzeige von zu erwartenden Terminverzügen erhalten?
Welche Arbeitszeiten habe ich, die für das Projekt relevant sind?	Danach müssen Sie einen oder mehrere Kalender definieren, die für Ihr Projekt notwendig sind. Diese Kalender können sich auf das Projekt, einzelne Vorgänge oder Ressourcen beziehen.

Optionen für den Terminplan

Über die Kategorie *Terminplan* legen Sie fest, wie sich Project 2010 beim Erstellen neuer Vorgänge, beim Ändern von Vorgängen in Bezug auf den Netzplan sowie beim Zuweisen von Ressourcen verhält:

1. Wenn Sie die Project-Optionen über die Registerkarte *Datei* aufgerufen haben (Abbildung 4.1), klicken Sie im Bereich der Kategorien auf *Terminplan*.
2. Blättern Sie im Fenster so weit nach unten, bis der Abschnitt *Terminplan* beginnt (Abbildung 4.2).

Abbildg. 4.2 Grundeinstellungen und Terminplanoptionen für Vorgänge

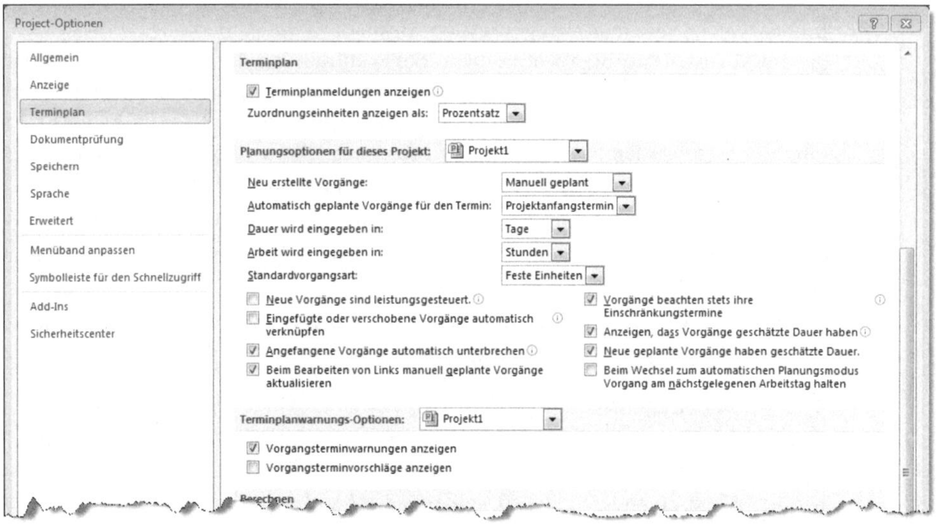

HINWEIS Prinzipiell können Sie all diese Einstellungen auch nachträglich pro Vorgang noch verändern. Allerdings ist dies je nach Größe des Projekts mit erheblichem Aufwand verbunden. Daher ist es im Sinne eines möglichst geringen Planungsaufwands sinnvoll, sich bereits zu Projektbeginn Gedanken zu machen und die entsprechenden Einstellungen schon vor der Eingabe des ersten Vorgangs festzulegen.

Zunächst werden die Listenfelder in den Bereichen *Terminplan* und *Planungsoptionen* nebst Auswirkung beschrieben (Tabelle 4.2 und Tabelle 4.3). Hier ist keine generelle Empfehlung möglich; Sie müssen entsprechend Ihren Planungsvorgaben selbst entscheiden, welche Festlegungen sinnvoll sind.

Tabelle 4.2 Der Bereich *Terminplan*

Listenfeld	Hintergrund	Auswirkung
Zuordnungseinheiten anzeigen als	Hier wird festgelegt, ob eine Ressourcenzuweisung als Dezimalzahl (z.B. *2* für zwei Programmierer) oder als Prozentzahl (*100 %* entspricht 100 Prozent der maximalen Verfügbarkeit der ausgewählten Ressource) angezeigt wird	Unkritisch

Tabelle 4.3 Der Bereich *Planungsoptionen*

Listenfeld	Hintergrund	Auswirkung
Neu erstellte Vorgänge	Mit dieser Einstellung wird festgelegt, ob ein Vorgang manuell geplant ist oder sich den standardmäßigen Terminplanberechnungen von Project unterordnet. Manuell geplante Vorgänge richten sich nicht nach den Eingaben, die in dem Feld *Dauer* und den Terminfeldern *Anfang* und *Fertig stellen* gemacht werden. Insbesondere hier müssen Sie entscheiden, ob Sie im Verlauf des Projekts Änderungen manuell weiterpflegen wollen oder ob Project aufgrund von logischen Verknüpfungen Termine berechnen soll.	Der Unterschied ist erheblich und wird auch das Verhalten von Project 2010 entscheidend beeinflussen
Automatisch geplante Vorgänge für den Termin	Da automatisch geplante Vorgänge von Project einen Anfangstermin vorgegeben bekommen, müssen Sie festlegen, wo der Termin liegen soll. Hier gibt es die zwei Möglichkeiten: Der Projektanfangstermin ist unkritisch, da hier keinerlei Einschränkungen am Vorgang vorgenommen werden. Das aktuelle Datum ist schon etwas problematischer, weil hier Project automatisch eine Termineinschränkung am Vorgang auf den aktuellen Termin festlegt.	Kritisch, da evtl. schon Termineinschränkungen auf den Vorgang festgelegt werden
Dauer wird eingegeben in	Wenn Sie hauptsächlich in Wochen planen, empfiehlt sich die Auswahl des Eintrags *Wochen*. Sie sparen sich so die Eingabe des Kürzels hinter der Ziffer im Feld *Dauer*. Achtung: Hier spielen die Umrechnungsfaktoren, die im Bereich *Kalenderoptionen* festgelegt werden (Abbildung 4.8 auf Seite 104), eine wichtige Rolle.	Unkritisch

Tabelle 4.3 Der Bereich *Planungsoptionen* (Fortsetzung)

Listenfeld	Hintergrund	Auswirkung
Arbeit wird eingegeben in	Hier gilt das Gleiche wie im vorherigen Feld. Je nach Granularität der Planung kann hier die Einheit eingestellt werden.	Unkritisch
Standardvorgangsart	Eines der wichtigsten Felder von Project 2010. Hier legen Sie erstmalig fest, wie Project im Verlaufe des Projektlebenszyklus Dauer und Arbeit berechnen soll. Hierzu sollten Sie sich eingehend mit den Kapiteln 7 und 8 beschäftigen. Ohne genaues Wissen, wie sich die einzelnen Einstellungen auf Ihre Vorgänge auswirken, werden Sie sehr schnell die Freude an Project verlieren.	Erhebliche Auswirkungen auf Dauer, berechnete Arbeit und/oder Zuweisungseinheiten der (Arbeits-) Ressourcen in Ihrem Projekt

WICHTIG Wirklich wichtig sind die Einstellungen, ob der Vorgang *Manuell* oder *Automatisch geplant* wird und die *Standardvorgangsart*. Für den Einstieg ist es am einfachsten, mit dem Eintrag *Feste Dauer* zu arbeiten, da hierbei die Dauer eines Vorgangs gleich bleibt, unabhängig davon, wie viele Ressourcen zugewiesen werden und wie oft die Ressourcenzuweisung angepasst wird.

Die Standardeinstellung, dass neu erstellte Vorgänge manuell geplant sind, ist aus unserer Sicht für eine sinnvolle Projektsteuerung absolut kontraproduktiv und sollte deshalb auf *Automatisch geplant* umgestellt werden! Sollten Sie trotzdem einmal diese Einstellung verändern wollen, können Sie dies jederzeit in der Statusleiste von Project 2010 temporär ändern, ohne jedes Mal in die Project-Optionen wechseln zu müssen.

Abbildg. 4.3 Vorgangsmodus über die Statusleiste anpassen

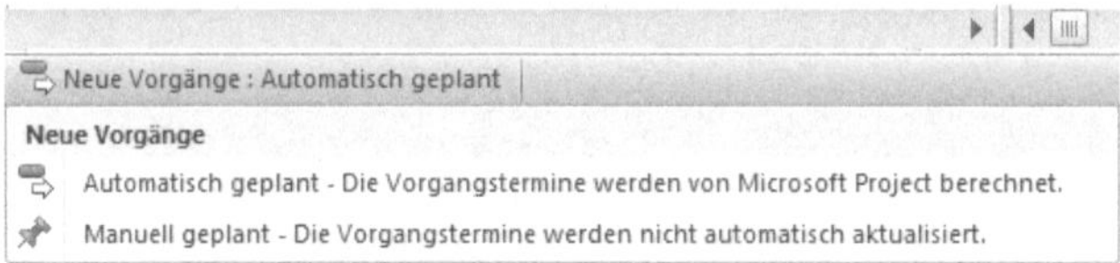

Die verschiedenen Varianten für diese beiden Einstellungen werden in Kapitel 6 ausführlich erläutert.

Die getroffene Einstellung kann jederzeit für jeden einzelnen Vorgang angepasst werden.

Goldene Regel 2: Vorgangsart festlegen!

Zu Beginn der Planung eines Projekts müssen Sie sich überlegen, welche Art der Planung Sie verfolgen. Ist Ihre Plangröße der Aufwand oder die Termine? Dementsprechend sollten Sie Ihre Standardvorgangsart wählen! Dies wirkt sich erheblich auf die berechnete Arbeit bzw. Dauer der Vorgänge während der Planungsphase sowie später bei Plananpassungen und der Aktualisierung der Projekte aus. Die Auswirkungen der verschiedenen Vorgangsarten werden in den Kapiteln 6, 7 und 8 ausführlich besprochen.

In der nachfolgenden Tabelle (Tabelle 4.4) finden Sie eine Beschreibung der einzelnen Kontrollkästchen aus den Bereichen *Terminplan* und *Planungsoptionen* und in der letzten Spalte eine Empfehlung, welche Einstellung Sie verwenden sollten. Eine eindeutige Empfehlung wäre *Einschalten* ☑ oder *Ausschalten* ☐. Sollte keine Empfehlung vorhanden bzw. notwendig sein, ist die entsprechende Zelle leer.

Tabelle 4.4 Entscheiden Sie hier unter Berücksichtigung der Folgen

Kontrollkästchen	Hintergrund	Auswirkung	Empfehlung
Terminplanmeldungen anzeigen	Sorgt dafür, dass bei Terminplankonflikten Hinweise eingeblendet werden. Für erfahrene Benutzer nicht unbedingt notwendig.	Unkritisch, aber hilfreich	☑
Neue Vorgänge sind leistungsgesteuert	Hier legen Sie fest, wie sich ein Vorgang verhält, wenn weitere Ressourcen in einem weiteren Planungsschritt hinzugefügt werden. Kann nur bei *Feste Einheiten* und *Feste Dauer* geändert werden; ist bei *Feste Arbeit* immer aktiv (siehe auch die Kapitel 7 und 8).	Erhebliche Auswirkungen auf Dauer des Vorgangs	
Eingefügte oder verschobene Vorgänge automatisch verknüpfen	Diese Funktion verknüpft automatisch einen Vorgang mit dem in der Tabelle vor bzw. hinter ihm stehenden Vorgang mit einer EA-Beziehung	Erhebliche Auswirkungen auf die Netzplanlogik	☐
Angefangene Vorgänge automatisch unterbrechen	Wenn dieses Kontrollkästchen aktiviert ist, lassen sich Vorgänge unterbrechen. Project erlaubt die Eingabe von *Unterbrechungsterminen* und *Wiederaufnahmeterminen* eines Vorgangs. Dies ist nicht möglich, wenn dieses Kontrollkästchen nicht aktiviert ist.	Auswirkungen auf das Fortschreiben von Projekten	☑
Vorgänge beachten stets ihre Einschränkungstermine	Wenn Vorgänge Termineinschränkungen besitzen, werden diese in jedem Fall beachtet und Vorgänge werden nicht so verschoben, dass sie einen negativen Puffer haben	Project blendet eine Terminplan-Konfliktmeldung ein	
Anzeigen, dass Vorgänge geschätzte Dauer haben	Zeigt im Feld *Dauer* ein Fragezeichen an, wenn der Vorgang im Menüband *Aufgabe/Eigenschaften* Befehl *Informationen* im Dialogfenster *Informationen zum Vorgang* auf der Registerkarte *Allgemein* als *Geschätzt* gekennzeichnet ist (siehe auch Abbildung 4.4)	Unkritisch	☑
Neue geplante Vorgänge haben geschätzte Dauer	Alle neuen Vorgänge werden automatisch als *Geschätzt* gekennzeichnet	Unkritisch	☑
Beim Wechsel zum automatischen Planungsmodus Vorgang am nächstgelegenen Arbeitstag halten	Da bei der manuellen Planung von Vorgängen immer Termine eingegeben werden, anstatt logischer Vorgangsverknüpfungen, und beim automatischen Terminieren entweder der Projektanfangstermin oder der aktuelle Termin als Anfang festgelegt wird, wird Project 2010 beim Wechsel vom manuellen in den automatischen Modus in der Regel eine Vorgangseinschränkung festlegen	Kritisch, wenn der manuelle Planungsmodus als Standard verwendet wird	☐

Abbildg. 4.4 Vorgang mit geschätzter Dauer darstellen

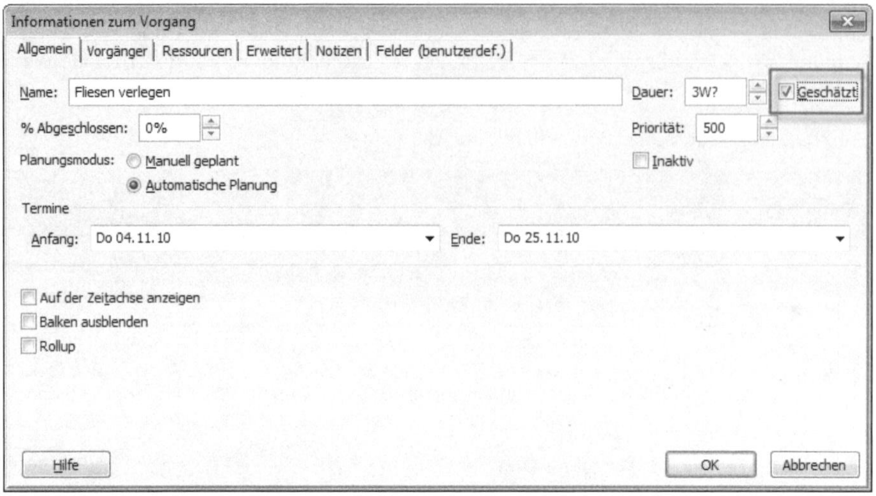

Berechnungsoptionen

Nun wird es etwas kompliziert: Um die Einstellungen zu den Berechnungsoptionen (Abbildung 4.5) sinnvoll vornehmen zu können, muss man eine ganze Menge an PM-Methodik und Kostenrechnungslogik kennen.

Außerdem befinden sich die Einstellungen an zwei verschiedenen Stellen in den Project-Optionen. Die am häufigsten verwendeten Optionen befinden sich in der Kategorie *Terminplan* ganz unten (Abbildung 4.5) und die erweiterten Optionen befinden sich in der Kategorie *Erweitert* ebenfalls ganz unten (Abbildung 4.6).

Leider können wir an dieser Stelle nicht sämtliche Hintergrundinformationen und Theorien wiedergeben – wir werden Ihnen nachfolgend jedoch eine grundlegende Beschreibung an die Hand geben, mit deren Hilfe Sie Ihre Entscheidungen treffen können.

Zunächst möchten wir auf die gängigsten Berechnungsoptionen eingehen:

- **Projekt nach jeder Bearbeitung berechnen** Hier legen Sie fest, ob Project 2010 nach jeder erfolgten Eingabe den Plan neu berechnet oder ob durch Drücken der Taste F9 der Rechenvorgang manuell angestoßen werden soll.

TIPP Wenn Sie die Kontrolle über die Aktionen von Project 2010 behalten wollen, empfiehlt sich hier in jedem Fall die Option *Aus*. Sie verhindert u.a., dass sich Eingaben (und Eingabefehler) sofort in einer Änderung Ihres Plans niederschlagen. Erst wenn Sie sich vergewissert haben, dass Ihre Eingaben korrekt sind, veranlassen Sie die Neuberechnung des Plans durch Drücken der F9-Taste.

Abbildg. 4.5 Berechnungsoptionen von Project

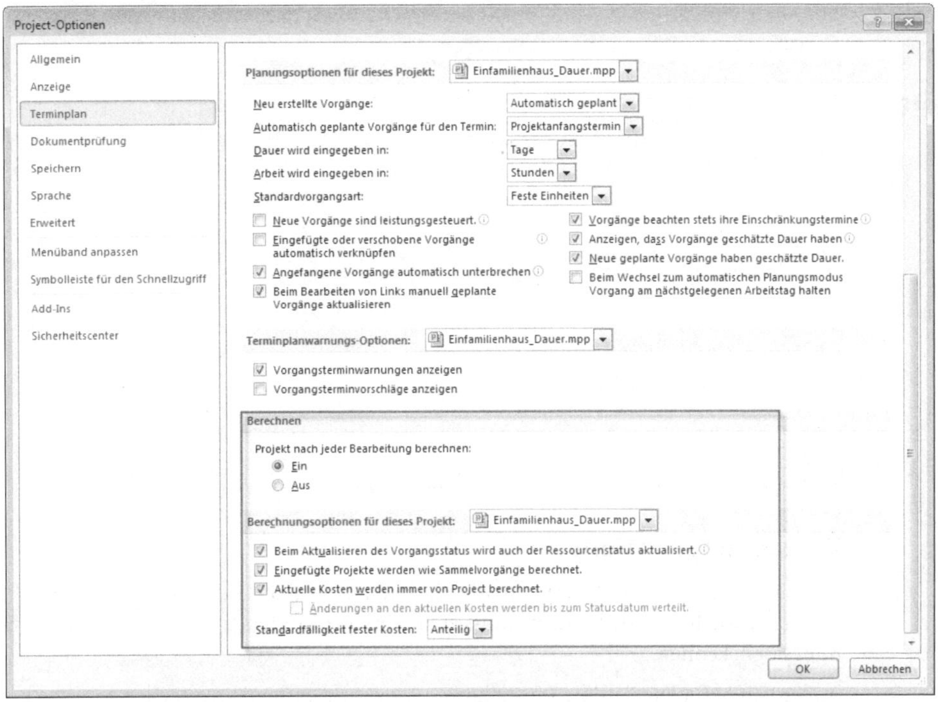

- **Beim Aktualisieren des Vorgangsstatus wird auch der Ressourcenstatus aktualisiert** Wenn Sie *% Abgeschlossen* aktualisieren und gleichzeitig entsprechend dieser Eingabe auch den Ressourcenstatus berechnet haben möchten, **muss** diese Option eingeschaltet sein.
- **Eingefügte Projekte werden wie Sammelvorgänge berechnet** Sollten Sie mit Masterprojekten arbeiten, und einzelne eingefügte Projekte haben einen kritischen Pfad für ihren eigenen Endtermin, jedoch nicht für das Masterprojekt, dann werden sie im Masterprojekt als *nicht kritisch* angezeigt. Das Setzen der Option bewirkt weiter, dass für das Masterprojekt ein eigener kritischer Pfad berechnet wird, der sich nicht durch die eingefügten Projekte zieht. Standardmäßig ist diese Option eingeschaltet.
- **Aktuelle Kosten werden immer von Project berechnet** Diese Option auszuschalten ist sehr wichtig, wenn Sie aktuelle Kosten von Hand eingeben oder die Kosten aus einem anderen System (z.B. SAP) importieren möchten. Ist die Option aktiviert, werden die Kosten von Project anhand von Kostensätzen (Ressourcen, Material) oder fixen Kosten von Vorgängen berechnet. Standardmäßig ist diese Option aktiviert.
- **Standardfälligkeit fester Kosten** Hier legen Sie fest, welche Fälligkeit für *Feste Kosten* Sie standardmäßig haben möchten. Diese Auswahl gilt für alle neuen Vorgänge. Sie können dies aber im Einzelfall berichtigen, indem Sie in der Tabelle *Vorgang: Kosten* die Fälligkeit für den einzelnen Vorgang entsprechend ändern.

Weitere Berechnungsoptionen

Hier beschreiben wir die Optionen, die sich hauptsächlich mit dem Aktualisieren, das heißt dem Fortschreiben mit Istwerten beschäftigen:

Abbildg. 4.6 Erweiterte Berechnungsoptionen

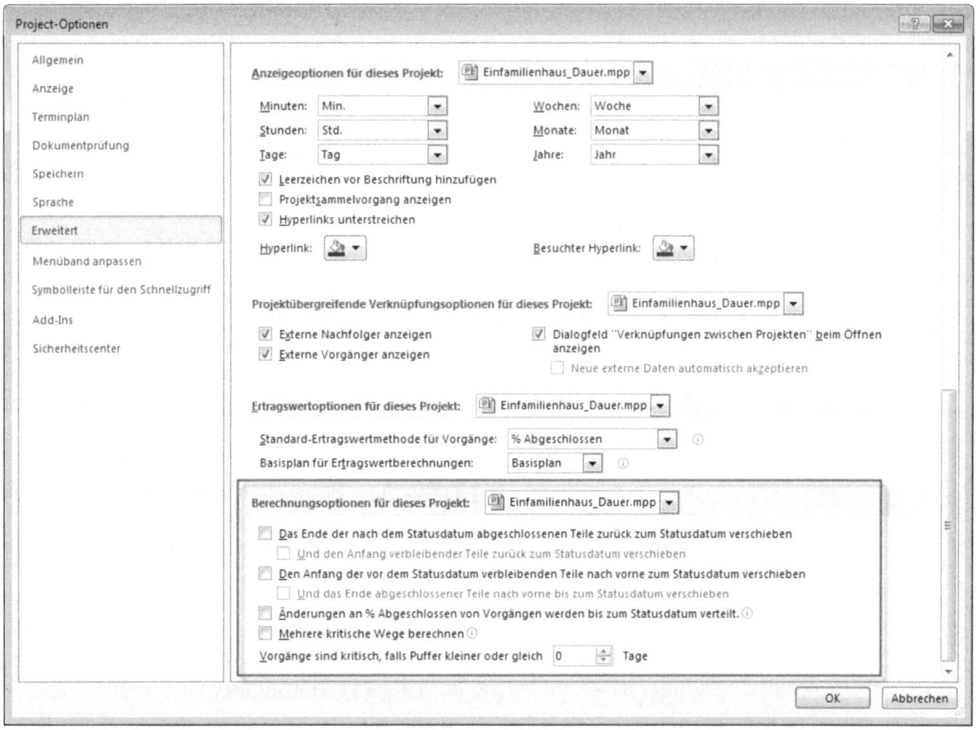

- **Das Ende der nach dem Statusdatum abgeschlossenen Teile zurück zum Statusdatum verschieben** oder **Den Anfang der vor dem Statusdatum verbleibenden Teile nach vorne zum Statusdatum verschieben** Mit diesen beiden neuen Optionen können Sie festlegen, auf welches Datum sich *Aktuelle Arbeit* und *Verbleibende Arbeit* beziehen sollen und wie Project diese Werte berechnen soll. Sind diese Kontrollkästchen aktiviert, ignoriert Project bei der Berechnung möglicherweise gesetzte Vorgangseinschränkungen. Istwerte überschreiben in diesem Fall immer die Einschränkungstermine.

WICHTIG Diese Optionen werden nur bei der Eingabe von Totalwerten auf Vorgänge, wie z.B. *Aktuelle Arbeit; Aktuelle Dauer; % Abgeschlossen* oder *% Arbeit abgeschlossen* verwendet. Werden Projekte mit Werten aus Project Server-Timesheets aktualisiert, so werden diese Optionen ignoriert, es sei denn, aus den Timesheets werden nur Werte in der Form *% Arbeit abgeschlossen* übergeben.

- **Änderungen an % Abgeschlossen von Vorgängen werden bis zum Statusdatum verteilt** Das Aktivieren dieser Option führt dazu, dass Änderungen an *% Abgeschlossen* immer bis zum Statusdatum oder, falls das Statusdatum nicht gesetzt ist, bis zum aktuellen Datum verteilt werden.

- **Mehrere kritische Wege berechnen** Sollten Sie in einem Projekt mehrere voneinander unabhängige Vorgangsketten haben (mehrere offene Enden), setzt Project 2010 das Projektende normalerweise als *Spätes Ende* für alle Vorgänge ohne Nachfolger. Damit kann es nur einen kritischen Pfad im Projekt geben. Wenn Sie die Option aktivieren, wird für jeden Strang Ihres Netzplans ein eigener kritischer Pfad berechnet.

TIPP Gerade in sehr großen Projekten kann es zu Problemen führen, wenn Sie mehr als ein offenes Ende in Ihrem Plan haben. Sollten Terminkonflikte auftreten, könnten Sie viel Zeit damit verschwenden, den falschen kritischen Pfad zu analysieren, der in Wirklichkeit gar keinen Einfluss auf das Projektende hat.

In der Praxis hat sich die Regel als sinnvoll erwiesen, möglichst nur einen Vorgang (den letzten) ohne Nachfolger zu haben. Dadurch vermeiden Sie die Situation, mehrere kritische Pfade in Ihrem Projekt zu haben.

- **Vorgänge sind kritisch, falls Puffer kleiner oder gleich <x> Tage** Normalerweise stellt Project 2010 alle Vorgänge als kritisch dar (rote Vorgangsbalken beispielsweise in der Ansicht *Gantt-Diagramm: Überwachung*), deren Puffer kleiner oder gleich Null Tage ist. Sollten Sie diese Warnung von Project 2010 bereits früher angezeigt bekommen wollen, z.B. wenn der Puffer kleiner als drei Tage ist, müssen Sie dies hier eingeben. Ihre Eingabe gilt dann für alle Vorgänge des Projekts.

TIPP Sollten Sie Vorgänge unterschiedlich behandeln wollen, müssen Sie auf die benutzerdefinierten Felder zurückgreifen (siehe hierzu auch Kapitel 17).

Optionen zur Ertragswertberechnung

Für das Thema Ertragswertberechnung haben wir ein ganzes Kapitel reserviert (siehe Kapitel 15), da es sich hierbei um ein äußerst komplexes und nicht so einfach zu verstehendes Thema handelt. Der Vollständigkeit halber listen wir hier auch diese Berechnungsoptionen auf. Diese Optionen sind allerdings nur dann von Bedeutung, wenn Sie auch die Ertragswertmethode in Ihren Projekten anwenden.

- **Standard-Ertragswertmethode für Vorgänge** Hier legen Sie fest, ob die Ertragswertmethode das Feld *% Abgschlossen* oder das Feld *Physisch abgeschlossen (%)* verwendet
- **Basisplan für Ertragswertberechnungen** Die Ertragswertberechnung benötigt immer einen Basisplan als Referenz. Welcher Basisplan verwendet werden soll, legen Sie hier fest.

HINWEIS Für alle Benutzer, die sich mit dem Thema Kostenrechnung/Ertragswerte und Project schon intensiver beschäftigt haben, gibt es seit der Version 2002 das Feld *Physisch % Abgeschlossen*. Der Unterschied zu *% Abgeschlossen* ist, dass *Physisch abgeschlossen (%)* weder mit der *Arbeit* noch mit der *Dauer* verknüpft ist. Es ist also Ihre Entscheidung, wie weit der Fortschritt des Vorgangs ist, unabhängig von der aktuellen Arbeit oder Dauer.

Abbildg. 4.7 Wie soll der Ertragswert berechnet werden?

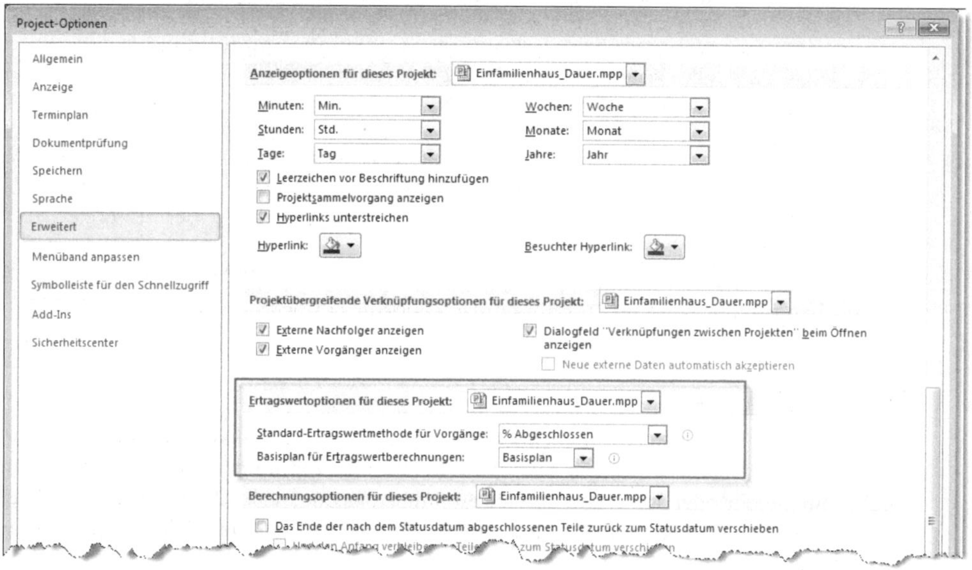

Kalenderoptionen, die nichts mit Kalendern zu tun haben

In der Kategorie *Terminplan* gibt es den Bereich *Kalenderoptionen*. Hier finden Sie Grundeinstellungen, die keine Auswirkungen auf die Kalender haben, die Sie in Ihrem Projekt verwenden, wohl aber auf die Berechnung von Dauern und Anfangszeiten Ihrer Vorgänge (Abbildung 4.8).

Abbildg. 4.8 Umrechnungsfaktoren in Project

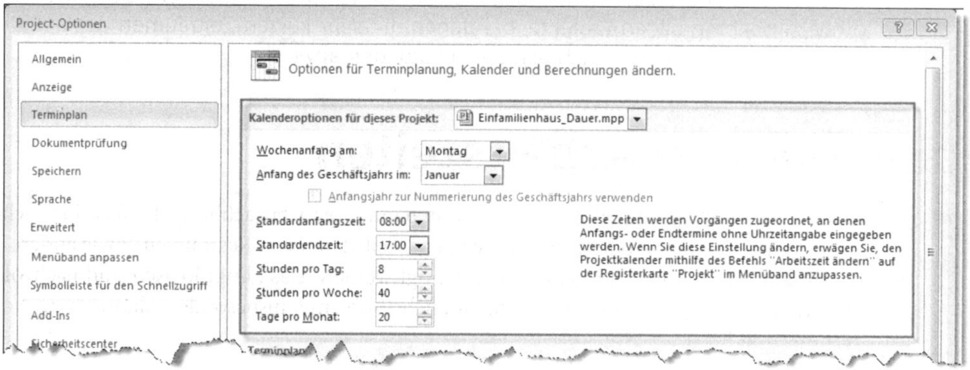

Zunächst sollten Sie die *Standardanfangszeit* und die *Standardendzeit* für Vorgänge definieren. Diese Standardzeiten werden für alle neuen Vorgänge herangezogen, die nur mit einem Datum ohne Uhrzeit eingegeben werden.

WICHTIG Ihre Einstellungen speziell bezüglich der Anfangszeiten sollten nicht von den Einstellungen in Ihren Kalendern abweichen, da ansonsten sehr verwirrende Phänomene auftreten können. So kann es passieren, dass ein Vorgang um 8:00 Uhr beginnt, obwohl Ihre Anfangszeit im Kalender eigentlich 7:30 Uhr ist. Dies kann wiederum dazu führen, dass ein Vorgang möglicherweise erst einen Tag später endet, als Sie es erwarten würden.

Ein weiteres bedeutendes Element stellen die Umrechnungsfaktoren *Stunden pro Tag*, *Stunden pro Woche* und *Tage pro Monat* dar. Hier legen Sie fest, wie Project die Eingabe im Feld *Dauer* behandeln soll. Geben Sie z.B. die Dauer »3m« (drei Monate) ein, wird anhand des Faktors auf der Registerkarte *Kalender* die tatsächliche Dauer berechnet und dann in Minuten gespeichert.

Alle Berechnungen des Programms erfolgen über die Formel:

```
Arbeit = Dauer * Einheiten * Stunden/Tag
```

Das bedeutet, dass Sie für *Stunden pro Tag* einen Wert setzen müssen, der Ihren Standardarbeitstag richtig widerspiegelt. Ob Sie dabei 7 Stunden für eine 35-Stundenwoche, 7,4 Stunden für eine 37-Stundenwoche oder 8 Stunden für eine 40-Stundenwoche wählen, ist nicht relevant. Die Einstellungen sollten aber einigermaßen zutreffend für die reale Arbeitsdauer in den Projekten sein.

WICHTIG Die Erfahrung zeigt, dass grundsätzlich alles möglich ist, was von »8 Stunden pro Tag« abweicht. Auf der anderen Seite führt dies dazu, dass sich sämtliche Project-Nutzer an bestimmte Regeln halten müssen, die für ihr Unternehmen definiert werden.

PROFITIPP Die Empfehlung in diesem Falle lautet: Bevor Sie anfangen, Arbeitszeiten individuell anzupassen, überlegen Sie sich sehr gut, ob diese Granularität für Ihre Projektplanung notwendig ist. Sofern es sich vermeiden lässt, bleiben Sie besser bei den Standardeinstellungen – diese verursachen die wenigsten Probleme.

In den meisten Projekten kommen Sie mit einer 40-Stundenwoche zu einem vergleichbar genauen Planungsergebnis, wie dies bei Annahme einer 35-Stundenwoche der Fall wäre. Die große Ausnahme bilden Projekte, bei denen mit sehr kurzen Zeiträumen geplant wird und die Arbeitszeit tatsächlich deutlich von den 40 Stunden abweicht.

Kalender und Arbeitszeiten

Eine sinnvolle Terminplanung entsteht nur dann, wenn tatsächlich alle Termineinschränkungen (wie z.B. Urlaubszeiten oder sonstige Verfügbarkeitsdaten von Ressourcen sowie andere Termineinschränkungen) in einem Projekt berücksichtigt werden. Das klingt logisch und nachvollziehbar, in der Praxis ergeben sich aber sehr schnell auch Probleme, insbesondere dann, wenn Vorgaben der Termin- und Ressourcenplanung miteinander kollidieren.

Aus dem vorherigen Abschnitt ist deutlich geworden, dass Kalender einen erheblichen Einfluss auf die Terminplanung haben. Damit es aber nicht zu einfach wird bzw. Project 2010 auch möglichst genau die Realität abbilden kann, stehen Ihnen zu allem Überfluss verschiedene Kalenderarten (Tabelle 4.5) zur Verfügung, die auf unterschiedlichste Art und Weise die Terminplanung beeinflussen. In den nachfolgenden Abschnitten versuchen wir hier, etwas Licht ins Dunkel zu bringen.

Kalenderarten in Project 2010

Project unterscheidet zwischen dem *Standardkalender*, dem *Projektkalender* und anderen Kalendern, die Sie selbst definieren können. Die einzigen Kalender, die zunächst in einem Projekt existieren, sind der *Standardkalender* und die beiden anderen vorgegebenen Kalender *Nachtschicht* und *24 Stunden*.

Tabelle 4.5 Welche Kalenderarten gibt es?

Kalendertyp	Beschreibung
Standardkalender	Die »Mutter aller Kalender« gilt zunächst global für das ganze Projekt, solange nichts anderes definiert wird
Projektkalender	Er definiert sich durch die Auswahl im Feld *Kalender* im Dialogfeld *Projektinfo für "<Projektname>"* (Abbildung 4.9)
Vorgangskalender	Muss explizit einem Vorgang zugewiesen werden: Durch die Zuweisung eines Kalenders zu einem Vorgang wird ein Kalender zu einem *Vorgangskalender*. Ist ein *Vorgangskalender* vorhanden, ist dessen Priorität höher als die des *Projektkalenders*. Sie müssen allerdings bei der Zuweisung eines Vorgangskalenders noch festlegen, ob der *Ressourcenkalender* ebenfalls bei der Terminplanung berücksichtigt werden soll. Achtung: Änderungen am *Standardkalender* wirken sich nicht auf den *Vorgangskalender* aus! Solange einem Vorgang kein Kalender zugewiesen wurde, gilt für diesen Vorgang der *Projektkalender*.
Ressourcenkalender	Jede Ressource, die zu einem Projekt hinzugefügt wird, bekommt automatisch einen eigenen Kalender, der zunächst identisch mit dem *Standardkalender* ist. Ausnahme: Ressourcen, die aus einem gemeinsam genutzten Ressourcenpool stammen. Diese Ressourcen haben einen Kalender, bestehend aus den Einstellungen des Ressourcenpools (siehe hierzu Kapitel 19). Wenn Sie den Ressourcenkalender ändern, hat dies entsprechende Auswirkungen auf die Berechnung der Termine in Project 2010.

TIPP Den *Standardkalender* können Sie weder löschen noch umbenennen. Dieser Kalender wird immer als Basis verwendet, wenn Sie eine neue Ressource in Ihr Projekt eintragen. Deshalb sollten Sie ihn als Basis sämtlicher Kalender in Ihrem Projekt verwenden. Das heißt, Sie definieren zunächst den *Standardkalender* als kleinsten gemeinsamen Nenner in Ihrem Projekt.

Grundsätzlich gilt die folgende Regel für die Anwendung von Kalendern:

Solange für bestimmte Elemente nichts anderes definiert ist, gilt der Standardkalender für alle Elemente innerhalb des Projekts (Abbildung 4.9).

Abbildg. 4.9 Wählen Sie im Listenfeld *Kalender* den für Ihr Projekt gültigen Basiskalender aus

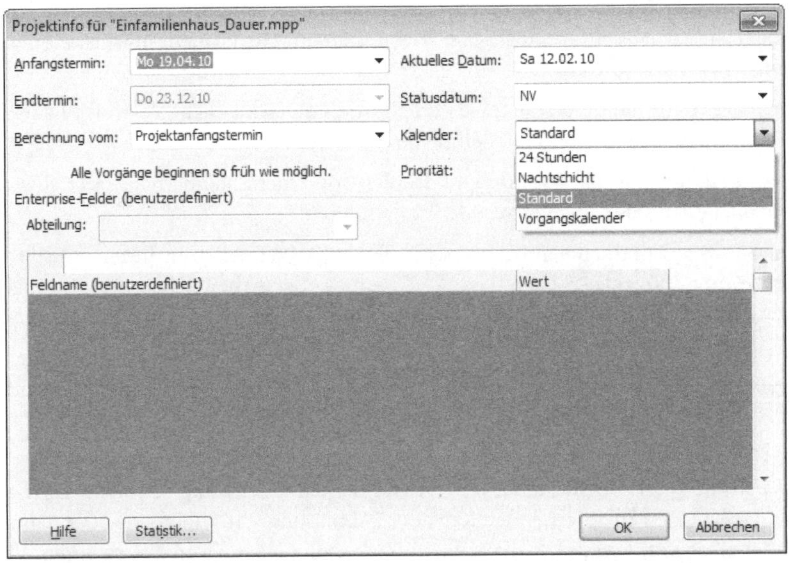

PROFITIPP Ressourcenkalender sind nützliche Helfer, wenn sie Urlaubsabwesenheiten und unterschiedliche Arbeitszeiten in Ihrer Projektplanung widerspiegeln. In der Anwendung ergeben sich allerdings einige Probleme:

- Die Terminverschiebungen sind unter Umständen kaum noch nachvollziehbar, es sei denn, Sie haben alle Ressourcekalender auswendig im Kopf
- Wer die Ressourcenkalender pflegt, muss auch Zugriff auf den Projektplan haben
- Je mehr Ressourcen an einem Projekt beteiligt sind, desto schwerer wird es, den Überblick zu behalten
- Was ist, wenn Ressourcen in mehreren Projekten gleichzeitig von mehreren Projektleitern verwendet werden?

Aus diesen Überlegungen heraus ergeben sich zwei Faustregeln für die Verwendung von Ressourcenkalendern:

- Solange die Ressourcen nur in einem Projekt verwendet werden und deren Anzahl einigermaßen überschaubar ist, können Sie Ressourcenkalender ohne Probleme als Arbeitsmittel einsetzen
- Beim Einsatz eines Ressourcenpools oder von Project Server 2010 sollte auf den Einsatz von Ressourcenkalendern verzichtet werden. In diesem Fall sollte man ressourcenspezifische Abweichungen »planen«, d.h. beispielsweise Abteilungsprojekte oder Urlaubsprojekte pflegen.

Kalender in Project 2010 definieren

Bevor Sie ein Projekt starten, sollten Sie sich erst einmal klar machen, inwieweit unterschiedliche Arbeitszeiten eine Rolle spielen:

- Ist Ihr Projekt auf mehrere Standorte verteilt, die unterschiedliche Feiertage haben, sollten Sie unterschiedliche *Standortkalender* definieren
- Gibt es Vorgänge, die aus bestimmten Gründen von einem Standardkalender abweichen, so ist es sinnvoll, bestimmte *Vorgangskalender* zu definieren
- Haben Sie viele Mitarbeiter mit unterschiedlichen Arbeitszeiten in Ihrem Projekt bzw. ist der Zeitraum Ihres Projekts so lang, dass die Urlaubs- oder Arbeitszeiten der Mitarbeiter Auswirkungen auf Ihre Projektdauer haben, dann deutet dies auf einen *Ressourcenkalender* hin

Für das Arbeiten mit Kalendern gilt die Devise: Erstellen Sie zusätzliche Kalender nur dann, wenn sich gar keine andere Lösung finden lässt. Je mehr in Ihrem Projekt vom Standardkalender gesteuert wird, desto übersichtlicher und nachvollziehbarer sind die Berechnungsergebnisse von Project.

Project 2010 kennt zunächst grundsätzlich keinen Unterschied zwischen einem *Standort-* und einem *Vorgangskalender*. Diese Unterscheidung wird erst bei der Zuweisung getroffen. Dies bedeutet, Sie müssen zunächst einen entsprechenden Kalender (Abbildung 4.10) definieren, der dann in der Liste der Kalender erscheint. Erst durch die explizite Zuweisung eines Kalenders zu einem Vorgang wird er zu einem *Vorgangskalender*.

Ein *Standortkalender* dagegen entsteht dadurch, dass bestimmte Vorgangsgruppen an einem bestimmten Standort stattfinden und deshalb einen besonderen Kalender verwenden. Der *Standortkalender* ist also nichts anderes als eine besondere Art eines *Vorgangskalenders*.

Auch ein *Ressourcenkalender* entsteht erst dadurch, dass Sie für eine in dem Projekt existierende Ressource die Arbeitszeit individuell anpassen. Es wird zwar für jede Ressource ein Kalender angelegt, dieser ist aber zunächst identisch mit dem *Standardkalender* (Projektkalender) des Projekts.

Abbildg. 4.10 Verschiedene Kalender in Project 2010

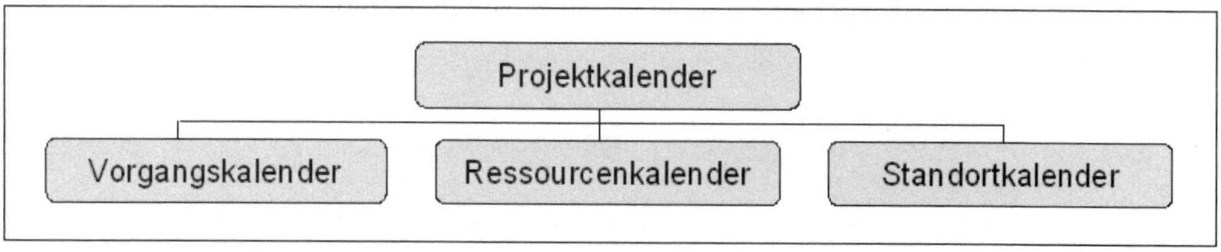

Neuen Projektkalender erstellen

Sollten Sie tatsächlich weitere Kalender benötigen, müssen Sie diese selbst erstellen. Dies gilt allerdings nur für Vorgangs-/Standortkalender. Die Ressourcenkalender müssen lediglich angepasst werden, da diese beim Einfügen einer Ressource in das Projekt automatisch auf Basis des Standardkalenders erstellt werden.

Abbildg. 4.11 Definition von Kalendern in Projekten

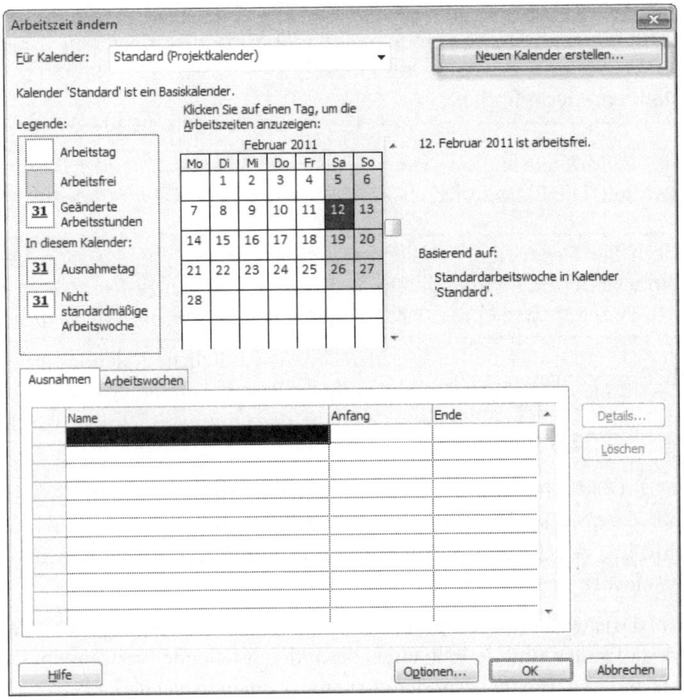

So erstellen Sie einen neuen Kalender:

1. Rufen Sie im Menüband auf der Registerkarte *Projekt* über die Schaltfläche *Arbeitszeit ändern* (Abbildung 4.12) das gleichnamige Dialogfeld auf (Abbildung 4.11).

Abbildg. 4.12 Die Änderung der Arbeitszeit erfolgt über die Registerkarte *Projekt*

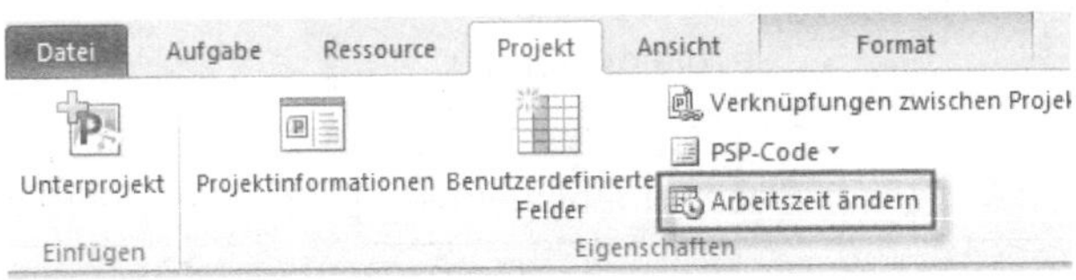

2. Klicken Sie auf die Schaltfläche *Neuen Kalender erstellen*. Das Dialogfeld *Neuen Basiskalender erstellen* (Abbildung 4.13) wird geöffnet.

Abbildg. 4.13 Kopie des Standardkalenders, um einen Vorgangskalender zu erstellen

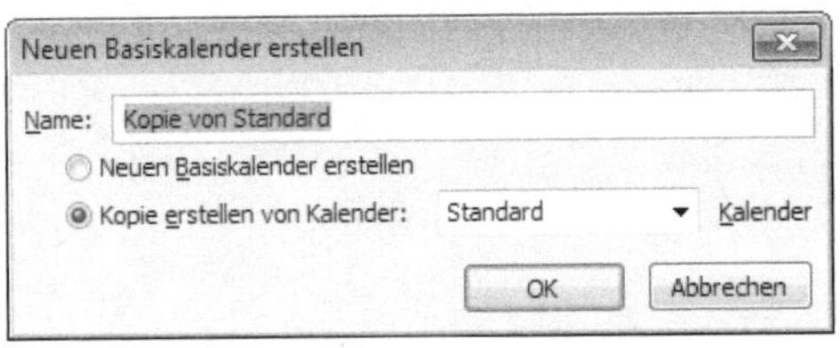

3. Geben Sie im Feld *Name* einen Namen für den neuen Kalender ein.

TIPP Der Name für den neuen Kalender sollte möglichst aussagekräftig sein, da er beim späteren Zuweisen auf Vorgänge das einzige Identifikationsmerkmal ist. Im Namen sollte sich die Besonderheit des Kalenders wiederfinden.

4. Wählen Sie im Listenfeld *Kopie erstellen von Kalender* aus, welcher Kalender die Basis für den neuen Kalender sein soll. Die Einstellungen werden in den neuen Kalender übernommen.

WICHTIG Nachdem Sie einen neuen Kalender erstellt haben, gibt es keine Verknüpfung mehr zwischen diesem und dem Kalender, der als Basis verwendet wurde. Wenn also im Basiskalender etwas geändert wird, hat das keine Auswirkungen auf Ihren neuen Kalender.

5. Bestätigen Sie Ihre Festlegungen mit *OK*.

Kalender in Project 2010 bearbeiten

Wenn Sie die für das Projekt notwendigen Kalender erstellt haben, ist der nächste Schritt, die Arbeitszeiten entsprechend anzupassen.

So können Sie beispielsweise den neuen Kalender mit einer Sechstagewoche (Montag bis Samstag) einrichten:

1. Rufen Sie im Menüband auf der Registerkarte *Projekt* über die Schaltfläche *Arbeitszeit ändern* das gleichnamige Dialogfeld auf (Abbildung 4.14).

Abbildg. 4.14 Anpassen der Arbeitszeiten für ausgewählte Zeiträume

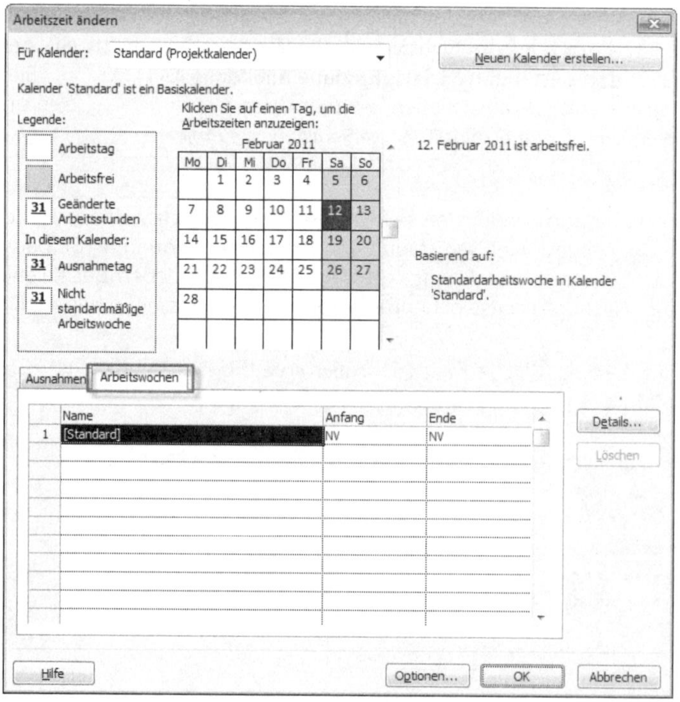

2. Wählen Sie im Listenfeld *Für Kalender* denjenigen Kalender aus, den Sie anpassen möchten.
3. Wählen Sie im unteren Bereich des Dialogfelds die Registerkarte *Arbeitswochen* aus.
4. Klicken Sie auf die Schaltfläche *Details*, um die Arbeitszeiten anzupassen.
5. Markieren Sie im Dialogfeld *Details für '[<Kalendername>]'* (Abbildung 4.15) in der Liste *Tag(e) auswählen* die Wochentage, die Sie anpassen möchten – in unserem Fall Montag bis Samstag.

Abbildg. 4.15 Anpassen der Arbeitszeiten in einem Kalender

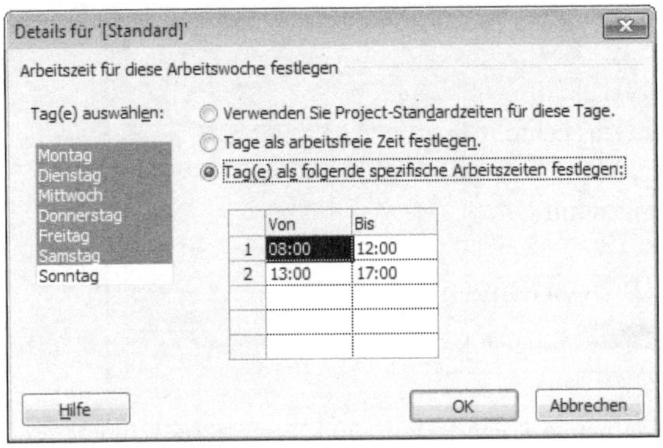

6. Wählen Sie die Option *Tag(e) als folgende spezifische Arbeitszeiten festlegen.*
7. Geben Sie nun die Arbeitszeiten im unteren Bereich ein.
8. Bestätigen Sie die Änderungen mit *OK*.

WICHTIG Wenn Sie von den Standard-Uhrzeiten abweichen, müssen Sie darauf achten, dass, nachdem Sie die letzte Uhrzeit editiert haben, die Einfügemarke nicht mehr innerhalb des Editierfelds steht. Am besten bestätigen Sie jede Eingabe mit der ↵-Taste. Wenn Sie dies nicht tun und Ihre Eingaben nur mit *OK* abschließen, werden diese nicht übernommen und Sie müssen von vorne beginnen.

HINWEIS Wenn Sie nun wieder den bearbeiteten Kalender auswählen, werden Sie feststellen, dass sich die Darstellung aller Samstage geändert hat (Abbildung 4.16). Dadurch erkennen Sie sofort, dass die Samstage nun Arbeitstage sind. Im Bereich neben der Kalenderdarstellung sehen Sie auch, auf welcher Arbeitswochendefinition diese Arbeitszeiten basieren.

Abbildg. 4.16 Der Kalender mit der Sechstagewoche

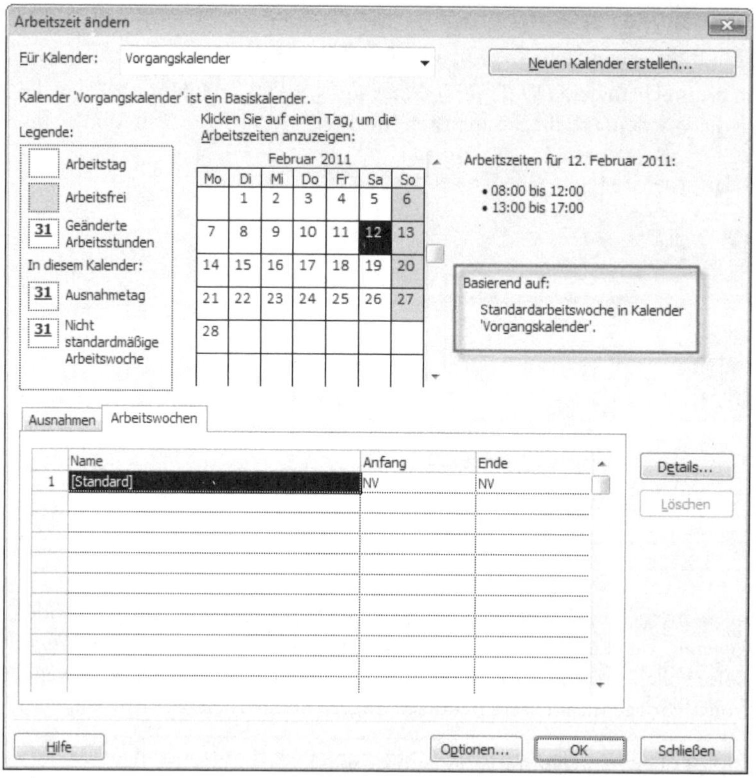

Auf diese Weise können Sie jeden gewünschten Kalender anpassen. Beachten Sie, dass dieser Kalender nur dem aktuell geöffneten Projekt zur Verfügung steht.

Kalender für alle Projekte zur Verfügung stellen

Wenn Sie den neu angefertigten Kalender auch in allen anderen Projekten verwenden wollen, müssen Sie diesen nicht jedes Mal neu erstellen, sondern können ihn mit wenigen Mausklicks für alle Projekte zugänglich machen.

So stellen Sie den Kalender für die Sechstagewoche in allen Projekten zur Verfügung:

1. Öffnen Sie im Menüband die Registerkarte *Datei*, um zur Backstage-Ansicht zu gelangen.
2. Klicken Sie zunächst auf den Eintrag *Informationen* (falls nicht bereits aktiviert) und anschließend im rechten Fensterbereich auf die Schaltfläche *Organisator*.

Abbildg. 4.17 Den Organisator aufrufen

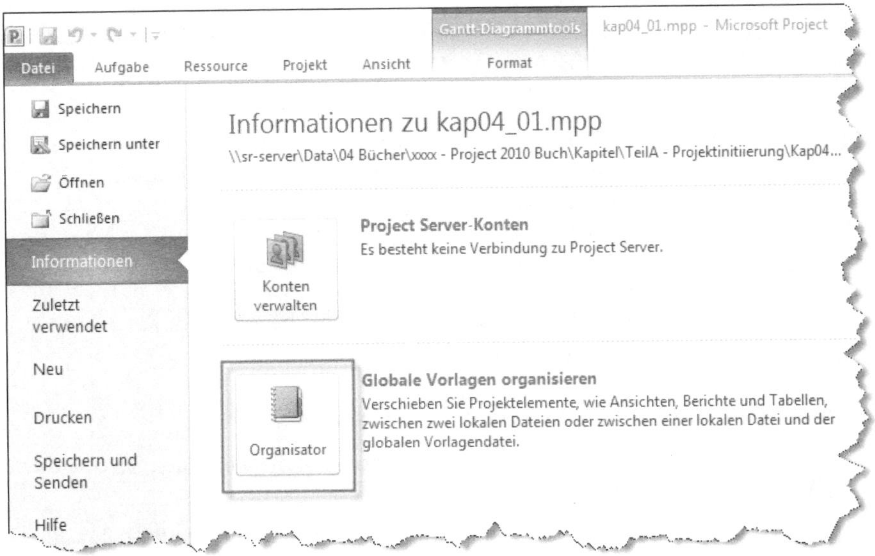

3. Markieren Sie im rechten Teil der Registerkarte *Kalender* den gewünschten Kalender und klicken Sie auf *Kopieren*. Der Kalender wird nun in die globale Projektvorlage *Global.mpt* kopiert und steht ab sofort allen Projekten zur Verfügung, die die gleiche *Global.mpt* verwenden. Wie eine globale Projektvorlage für mehrere Benutzer eingerichtet wird, lesen Sie in Kapitel 17.

Abbildg. 4.18 Neue Kalender allen Projekten zur Verfügung stellen

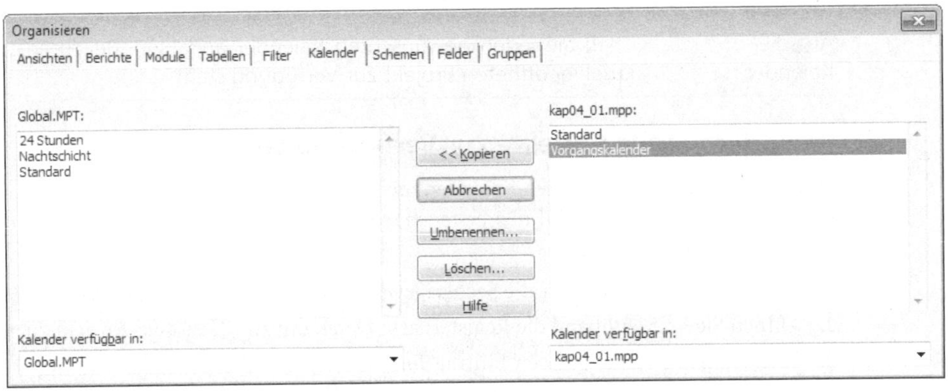

TIPP Project sieht keinen automatisierten Eintrag von Feiertagen vor. Von der Firma »The Project Group« gibt es jedoch ein Zusatztool mit dem Namen *SetHolidays*, mit dem Sie alle Feiertage für Deutschland, Österreich, Schweiz, Liechtenstein und Frankreich in die Kalender von Project und Microsoft Outlook einfügen und wieder entfernen können.

Dieses und weitere Tools zu Project finden Sie unter *www.theprojectgroup.de*.

Kalender einem Vorgang zuweisen

Nun haben Sie Kalender definiert, die Sie für Ihr Projekt benötigen. Im nächsten Schritt müssen Sie die Kalender den Elementen zuweisen, für die sie definiert wurden.

So weisen Sie einen Kalender einem bestimmten Vorgang zu:

1. Klicken Sie doppelt auf den Vorgang, dem ein eigener Kalender zugewiesen werden soll. Das Dialogfeld *Informationen zum Vorgang* (Abbildung 4.20) wird geöffnet.
2. Aktivieren Sie die Registerkarte *Erweitert.*
3. Wählen Sie im Listenfeld *Kalender* den gewünschten Kalender aus.
4. Bestätigen Sie mit *OK.*

Wenn Sie einem Vorgang einen Kalender zugewiesen haben, wird dies durch ein entsprechendes Symbol in der Indikatorenspalte angezeigt (Abbildung 4.19).

Kalender mehreren Vorgängen zuweisen

In der Regel wird es so sein, dass Sie mehrere Vorgänge haben, denen Sie einen Kalender zuweisen möchten.

Da es ziemlich umständlich wäre, immer wieder die oben genannte Prozedur durchzuführen, können Sie folgendermaßen vorgehen:

1. Rufen Sie im Menüband *Format/Spalte* den Befehl *Spalte einfügen* auf und fügen Sie das Feld *Vorgangskalender* in Ihre Vorgangstabelle ein.
2. Wählen Sie für jeden Vorgang in der Liste der Kalender den entsprechenden Kalender aus.
3. Wiederholen Sie dies für jeden Vorgang, der betroffen ist.

Abbildg. 4.19 Kalender in der Vorgangstabelle zuweisen

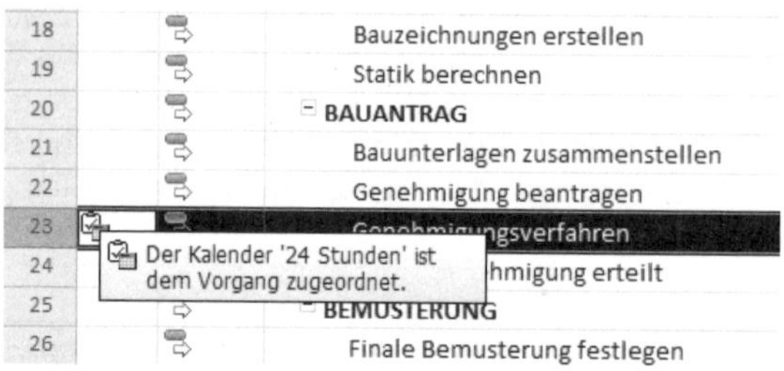

Vorgangs- und Ressourcenkalender gleichzeitig verwenden

Zuweilen passiert es, dass Sie für Vorgänge einen Kalender definiert haben und die zugewiesenen Ressourcen ebenfalls angepasste Kalender besitzen. Jetzt stellt sich natürlich die Frage, welcher Kalender eigentlich gilt. Dies können Sie selbst bestimmen.

Gehen wir davon aus, dass Sie Vorgangskalender und Ressourcenkalender definiert haben, der Vorgangskalender aber Vorrang haben soll:

1. Klicken Sie doppelt auf den Vorgang, der mit Vorgangskalender und Ressourcen arbeitet. Das Dialogfeld *Informationen zum Vorgang* (Abbildung 4.20) wird geöffnet.
2. Holen Sie die Registerkarte *Erweitert* in den Vordergrund.

3. Aktivieren Sie das Kontrollkästchen *Terminplanung ignoriert Ressourcenkalender*, wenn der Vorgangskalender Vorrang haben soll.

Abbildg. 4.20 Wer hat Vorrang, der Ressourcen- oder der Vorgangskalender?

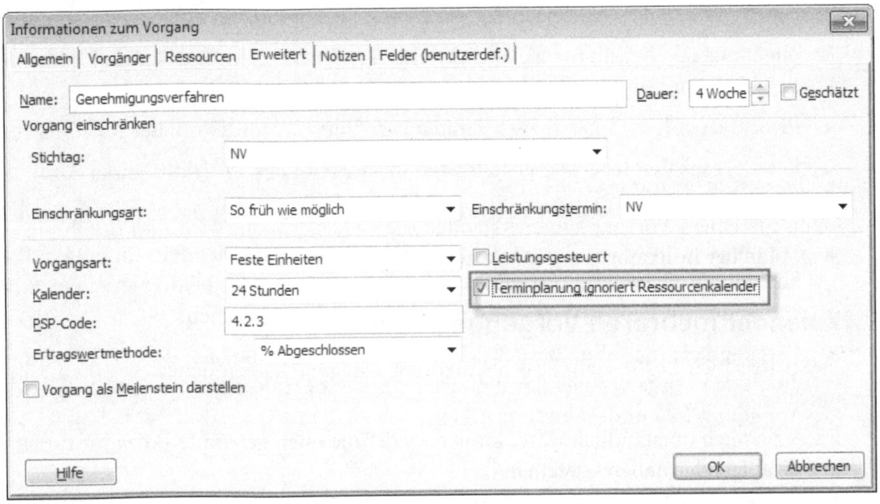

HINWEIS Haben Sie das Kontrollkästchen nicht aktiviert, werden bei der Terminierung des Vorgangs beide Kalender berücksichtigt. Dadurch werden die als arbeitsfrei definierten Zeiten addiert. Dies kann dazu führen, dass in speziellen Konstellationen Arbeitstage entstehen, die deutlich von den erwarteten abweichen.

Wenn beispielsweise der Vorgangskalender vorsieht, dass nur montags und dienstags gearbeitet wird und der Kalender der zugewiesenen Ressource Donnerstag bis Sonntag als arbeitsfrei ausweist, gibt es nur noch einen einzigen Arbeitstag pro Woche, den Mittwoch. Hätte jetzt der Vorgang eine geplante Arbeit von 40 Stunden und es wäre nur diese eine Ressource zugewiesen, dann würde der Vorgang plötzlich fünf Wochen dauern, weil immer nur ein Tag pro Woche als Arbeitstag gerechnet wird.

TIPP Sie können auch in der Vorgangstabelle die Spalte *Ressourcenkalender ignorieren* einblenden, um die Option ein- oder auszuschalten (Abbildung 4.21).

Abbildg. 4.21 *Ressourcenkalender ignorieren* über die Vorgangstabelle eingeben

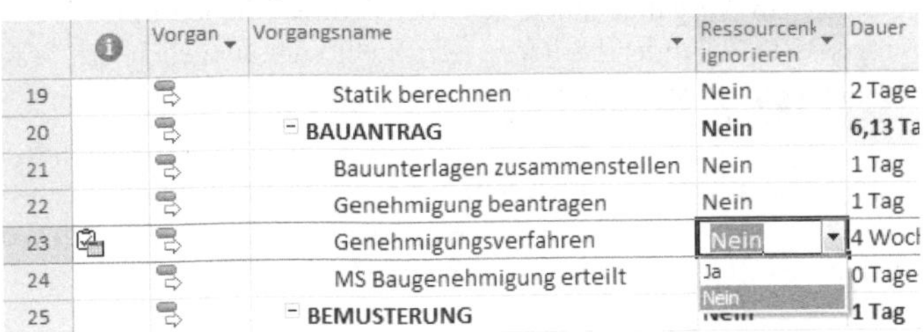

Hierarchie der Kalender in Project 2010

Project 2010 berechnet die Dauer (von Vorgängen) grundsätzlich nach zugewiesenen Kalendern. Da Project unterschiedliche Kalenderarten kennt und verwendet, beschäftigt sich der folgende Abschnitt mit den Auswirkungen der unterschiedlichen Kalender.

Es gelten folgende Regeln für die Berechnung von Terminen und Arbeit im Zusammenhang mit der Verwendung von Vorgangs- und Ressourcenkalendern:

- **Projektkalender** Solange nichts anderes definiert wurde, gilt dieser Kalender für alles
- **Ressourcenkalender** Dieser Kalender überschreibt den Projektkalender
- **Vorgangskalender** Dieser Kalender hat Vorrang gegenüber dem Projektkalender
- **Vorgangskalender mit Berücksichtigung der Ressourcenkalender** In diesem Fall werden beide Kalender berücksichtigt. Immer dann, wenn in einem der beiden Kalender arbeitsfreie Zeiten vorhanden sind, werden diese als generell arbeitsfrei angesehen.
- **Vorgangskalender ohne Berücksichtigung der Ressourcenkalender** Hier wird die Arbeit allein durch den **Vorgangskalender** definiert, der **Ressourcenkalender** wird komplett ignoriert (siehe Abbildung 4.20 und Abbildung 4.21).

Abbildg. 4.22 Wie beeinflussen sich die Kalender?

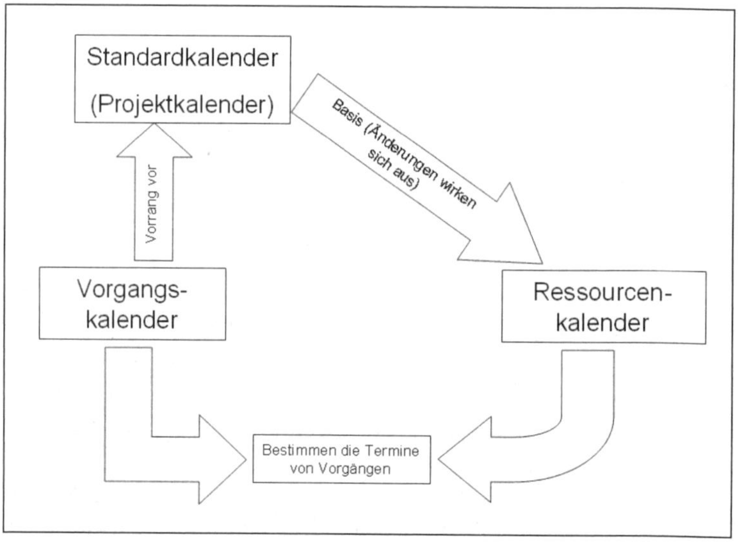

Bestehende Pläne ändern

Projekte können sehr unterschiedliche Grundeinstellungen haben. In den folgenden Abschnitten erfahren Sie, worauf Sie achten müssen, wenn Sie ein existierendes Projekt in seinen Grundeinstellungen verändern wollen, beziehungsweise wo Sie welche Einstellung finden.

Die Projektinfo

Im Menüband von Project 2010 befindet sich auf der Registerkarte *Projekt* die Befehlsschaltfläche *Projektinfo*. Im zugehörigen Dialogfeld (siehe Abbildung 4.23) können Sie einige wichtige Einstellungen festlegen.

Dies beginnt mit dem Auswahlfeld *Berechnung vom*. Hier legen Sie fest, in welcher Form das Projekt berechnet werden soll. Dabei können Sie für die Berechnung zwischen den Optionen *Projektanfangstermin* und *Projektendtermin* wählen. Diese beiden Varianten werden auch als Vorwärts- bzw. Rückwärtsberechnung bezeichnet.

Abbildg. 4.23 Projektinfo in Project 2010

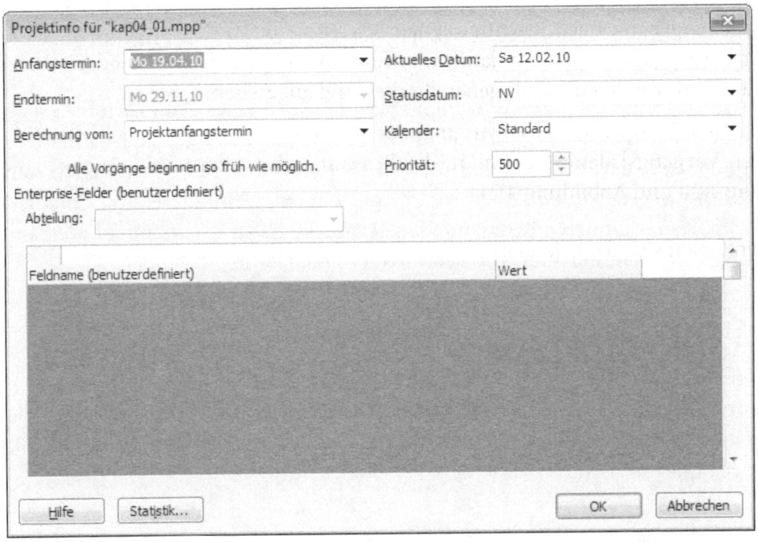

Projekt vom Anfangstermin berechnen (Vorwärtsberechnung)

Wird mit der Vorwärtsrechnung gearbeitet, ergibt sich in der Theorie die Situation, dass der früheste Termin, an dem das Projekt nach der Planung fertig wäre, errechnet wird.

Für die Praxis bietet es sich immer dann an, mit der Vorwärtsrechnung zu arbeiten, wenn kein expliziter Endtermin vorgegeben ist. Der Anfangstermin des Projekts wird gesetzt. Sie können zusätzlich – wie es auch im folgenden Kapitel beschrieben wird – eine Termineinschränkung für den letzten Vorgang im Projekt definieren, sodass faktisch auch ein Endtermin gesetzt wird.

Bei dieser Berechnungsart werden alle Vorgänge auf den frühest möglichen Termin gesetzt und Project 2010 berechnet für jeden Vorgang, entsprechend ihrer Verknüpfungen, Pufferzeiten.

HINWEIS Der Projektbeginn sollte – zumindest hinsichtlich der Durchführung – noch in der Zukunft liegen, wenn Sie mit der Planung in Project beginnen. Falls Sie sehr frühe Phasen der Zieldefinition und dergleichen einbeziehen, sollten Sie zumindest noch ausreichend Spielraum haben, bis es richtig losgeht. Wurde mit dem Projekt erst einmal begonnen, fehlt Ihnen fast immer die Zeit, um noch ein sauberes, auf Project 2010 aufgesetztes Projektmanagement zu realisieren.

Den Anfangstermin des Projekts setzen Sie auf einen Wert in der Zukunft. Das sollte der Tag sein, an dem das Projekt tatsächlich beginnt. Wenn dieser Tag in der Vergangenheit liegt, haben Sie schon ein kleines Problem: Sie müssen dann bereits stattgefundene Vorgänge in das Projekt einbeziehen und planen, obwohl sie schon vorbei sind. Damit haben Sie letztlich zu spät mit dem Projektmanagement begonnen.

Projekt vom Endtermin berechnen (Rückwärtsberechnung)

Bei der Rückwärtsrechnung wird ein definierter Endtermin gesetzt. Project ermittelt dann, wann begonnen werden muss, damit das Projekt noch rechtzeitig fertig wird.

Dies erfolgt aber unter der Prämisse, dass alles wie geplant abläuft. Aber wer hat schon einmal ein Projekt erlebt, bei dem dies wirklich so ist? Dadurch, dass bei der Rückwärtsrechnung alle Vorgänge auf den spätest möglichen Termin gelegt werden, berauben Sie sich als Projektmanager von vornherein aller Spielräume.

Die Rückwärtsrechnung kann in einer frühen Planungsphase eines Projekts hilfreich sein, um festzustellen, wann Sie spätestens beginnen sollten. In der Ausführungsphase wird Ihnen die Rückwärtsberechnung nur darüber Auskunft geben, wann Sie hätten beginnen sollen, um zum gewünschten Termin fertig zu sein. Aber was bringt es Ihnen, wenn Project verkündet, dass Sie zwei Monate früher hätten beginnen müssen, um den Termin zu halten. Das kann nur jemandem nutzen, der eine Zeitmaschine hat und alles zurück auf Null drehen kann …

Allgemeine Optionen

In der Kategorie *Allgemein* (Abbildung 4.24) des Dialogfelds *Project-Optionen* finden Sie zwar wichtige Einstellungen, diese beeinflussen aber nicht das Gesamtverhalten von Project 2010, wenn diese nachträglich geändert werden.

Abbildg. 4.24 Was soll von Project 2010 wie angezeigt werden?

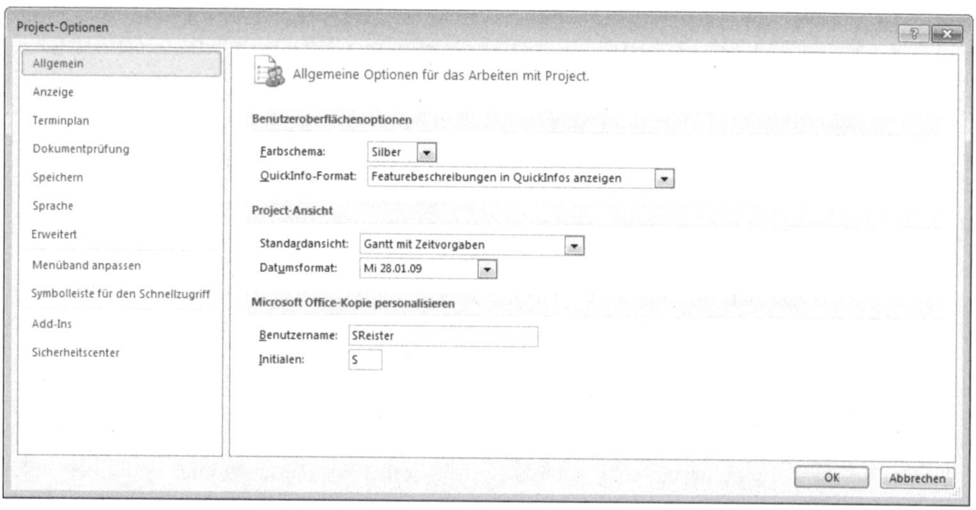

HINWEIS Das *Datumsformat* spielt eine wichtige Rolle. Dadurch steuern Sie, welches Datumsformat beispielsweise in Tabellen verwendet wird, falls nicht explizit ein anderes Format festgelegt ist. Die Anzeige der Uhrzeit kann sehr wichtig werden, da Project 2010 minutengenau rechnet.

Wenn Sie nicht nur mit vollen Tagen arbeiten, entsteht schnell die Situation, dass ein Vorgang beispielsweise einmal um 12:00 Uhr anstatt um 08:00 Uhr beginnt. Er erstreckt sich dann aber bei einer Dauer von zwei Tagen von Montag bis Mittwoch und nicht von Montag bis Dienstag, weil er nicht den ganzen Montag zur Verfügung hat und deshalb bis in den Mittwoch hineinreicht. Ohne die Anzeige der Uhrzeit können Sie in solchen Situationen lange herumrätseln, was zu der Verschiebung geführt hat.

Über das Listenfeld *Standardansicht* legen Sie fest, welche Ansicht normalerweise verwendet werden soll. Im weiteren Verlauf von Projekten können Sie dann auf andere Ansichten wechseln, die für die jeweiligen Projektphasen am besten geeignet sind. Welche das sind, wird in den folgenden Kapiteln behandelt. Die Standardansicht wird beim Öffnen eines Projekts automatisch geladen.

Anzeigeoptionen

Auch in der Kategorie *Anzeige* des Dialogfelds *Project-Optionen* gibt es nur wenige wichtige Einstellungen, die vor dem Start der Arbeit an einem Projekt gesetzt werden sollten.

Abbildg. 4.25 Allgemeine Einstellungen und Arbeitserleichterungen

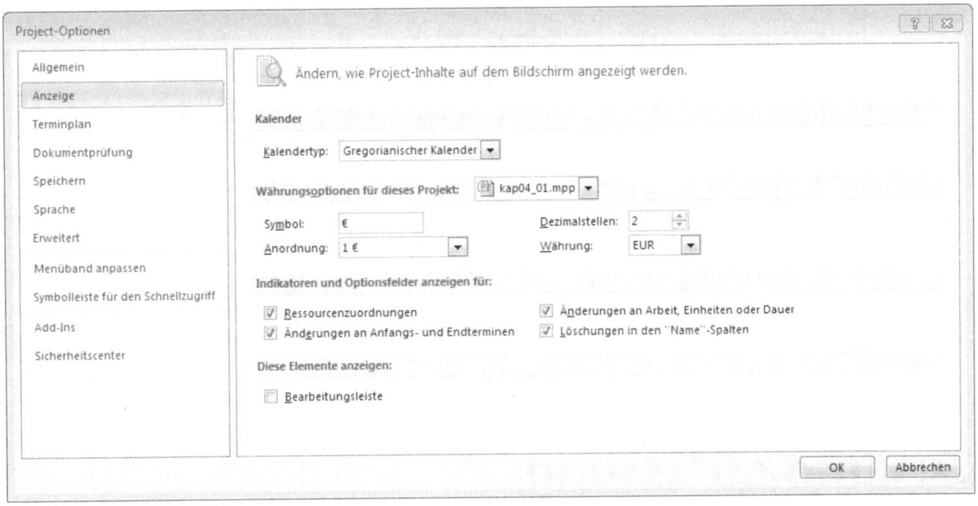

Die wohl wichtigste Einstellung hier ist das Kontrollkästchen *Bearbeitungsleiste*. Diese ist standardmäßig ausgeblendet und wer ältere Versionen von Project und Excel gewohnt ist, wird die Bearbeitungsleiste womöglich vermissen.

Auch die Optionen zu Indikatoren sind nicht uninteressant, weil Sie hier festlegen können, zu welchen Themenbereichen Sie Hinweise in den Indikatorspalten bzw. den Optionsfeldern bekommen.

Wichtige Einstellungen in den erweiterten Optionen

Weitere Einstellungen finden Sie in der Katergorie *Erweitert*.

HINWEIS Überprüfen und ggf. setzen sollten Sie die Einstellungen im Bereich *Allgemeine Optionen für dieses Projekt: <Projektname>*. Das Kontrollkästchen *Neue Ressourcen und Vorgänge automatisch hinzufügen* sollten Sie deaktivieren. Wenn dieses aktiviert ist und Sie beispielsweise in einer Vorgangstabelle manuell eine Ressource eintragen, wird diese zu der Ressourcenliste hinzugefügt, falls sie bisher noch nicht definiert ist.

Was sich im ersten Moment durchaus sinnvoll anhört, ist bei näherer Betrachtung nicht wünschenswert, denn diese Form des Hinzufügens von Ressourcen – oder, in anderer Richtung, Vorgängen – wird in der Praxis nur selten genutzt. Normalerweise werden Ressourcen gezielt, beispielsweise in der Ansicht *Ressource: Tabelle*, festgelegt.

Abbildg. 4.26 Neue Ressourcen und Überstundensätze

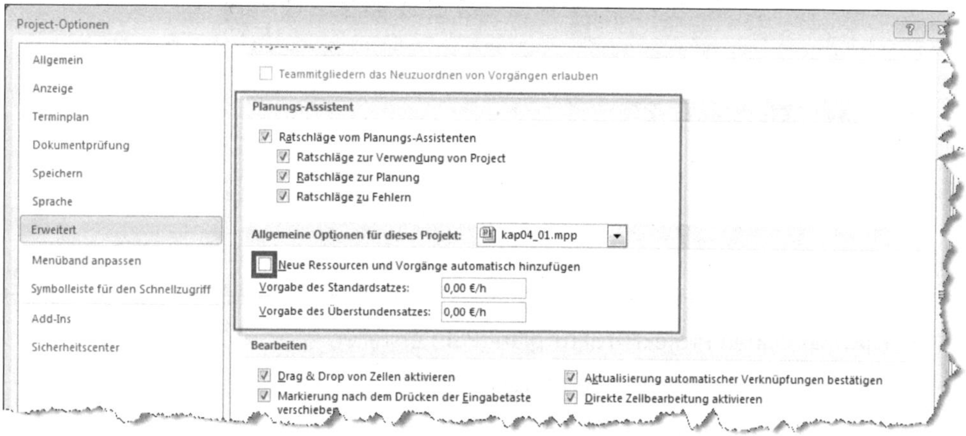

Durchaus sinnvoll ist es, Standardwerte für den Standard- und Überstundensatz festzulegen. Natürlich werden Sie diese teilweise noch anpassen müssen, können sich aber, wenn Sie einen für viele Ihrer Ressourcen gültigen Satz wählen, viel Arbeit bei der späteren Eingabe der Ressourcen ersparen.

Die anderen Registerkarten in diesem Dialogfeld spielen für das Verhalten von Project 2010 bei der weiteren Arbeit keine Rolle. Dabei handelt es sich nur um Analysefunktionen, mit denen aggregierte Informationen über das Projekt angezeigt werden können.

Zusammenfassung

Nach der Lektüre dieses Kapitels wissen Sie sehr genau, dass die von Project 2010 durchgeführten Berechnungen von einigen wichtigen Grundeinstellungen abhängig sind. Daher ist es außerordentlich wichtig, bei der Erstellung eines neuen Projekts sehr sorgfältig die Einstellungen so vorzunehmen, dass Project 2010 auch in der Art rechnet, wie Sie das wollen.

Andererseits sollten Sie bei Übernahme oder Ansicht eines Projekts, welches nicht von Ihnen erstellt wurde, zunächst einen Blick auf die Grundeinstellungen werfen, um nicht unangenehm überrascht zu werden.

Teil B

Projektplanung

Kapitel 5

Einen Projektstrukturplan (PSP) erstellen

Projektplanung

In diesem Kapitel:

In diesem Kapitel werden wir uns mit den Themen Strukturplanung, Gliederungsmöglichkeiten und Vorgangsplanung auseinandersetzen. Sie werden lernen, wie Sie mithilfe von Microsoft Project 2010 einen Strukturplan anlegen, der im weiteren Verlauf der Projektierung schrittweise zu einem Balkenplan ausgebaut wird. Ebenso werden Sie sehen, wie Sie zusätzliche Strukturpläne als Gliederungsmöglichkeiten verwenden und wie Sie eigene PSP-Codes erstellen und einsetzen können.

Von der Idee zum Projektstrukturplan

Zunächst steht natürlich im Raum, welches Vorhaben in ein Projekt gefasst und dann planerisch behandelt werden soll. In diesem Buch werden Sie am Beispiel eines Bauprojekts, einem Einfamilienhaus, sehen, wie Sie vorgehen können, um mit Microsoft Project 2010 dieses Bauvorhaben zum einen planerisch und zum anderen in der Durchführung zu realisieren.

Ein Projektstrukturplan (PSP) (engl.: Work Breakdown Structure, WBS) ist eine vollständige hierarchische Darstellung aller Elemente (Teilprojekte, Arbeitspakete) der Projektstruktur als Diagramm oder Liste. Das Projekt wird dabei in einzelne Bestandteile aufgeteilt und diese Bestandteile anschließend nochmals weiter heruntergebrochen, sodass eine klare Hierarchie entsteht. Der Strukturplan hat nicht zur Aufgabe, die zeitliche Abfolge der Aktivitäten, sondern die sachliche Zusammenfassung der Aktivitäten zu Teilprojekten darzustellen.

Es gibt unterschiedliche Möglichkeiten, wie ein Projektstrukturplan organisiert werden kann:

1. Organisationsorientiert: Unternehmensleitung – Projektleitung – Teilprojektleitung – Team
2. Objektorientiert, produktorientiert: Hier wird der Projektgegenstand in seine physischen Komponenten zerlegt (siehe Beispiel Haus)
3. Aktivitätsorientiert, funktionsorientiert, phasenorientiert, prozessorientiert: Das Projekt wird anhand der zu erledigenden Vorgänge aufgeteilt

In der Praxis sind es jedoch meist Mischformen, die zur Anwendung kommen. In unserem Beispiel, dem Bau eines Einfamilienhauses, ergibt sich eine grobe Stoffsammlung, die in der obersten Ebene aus folgenden Elementen besteht:

1. Vorplanung
2. Finanzierung
3. Planung
4. Rohbau
5. Innenausbau
6. Außenanlagen

Diese sechs Phasen stellen die oberste Hierarchieebene des Projekts dar. Unterteilt man diese Gruppen wiederum in ihre Bestandteile, ergeben sich weitere Strukturebenen. In einem Projektstrukturplan wie in Abbildung 5.1 ist die Strukturierung des Projekts bereits erfolgt. Man unterscheidet folgende Elemente:

- Phase, Teilprojekt
- Arbeitspaket, Aufgabe, Vorgang
- Arbeitspaket-Alternativen

Abbildg. 5.1 Projektstrukturplan nach Bauphasen

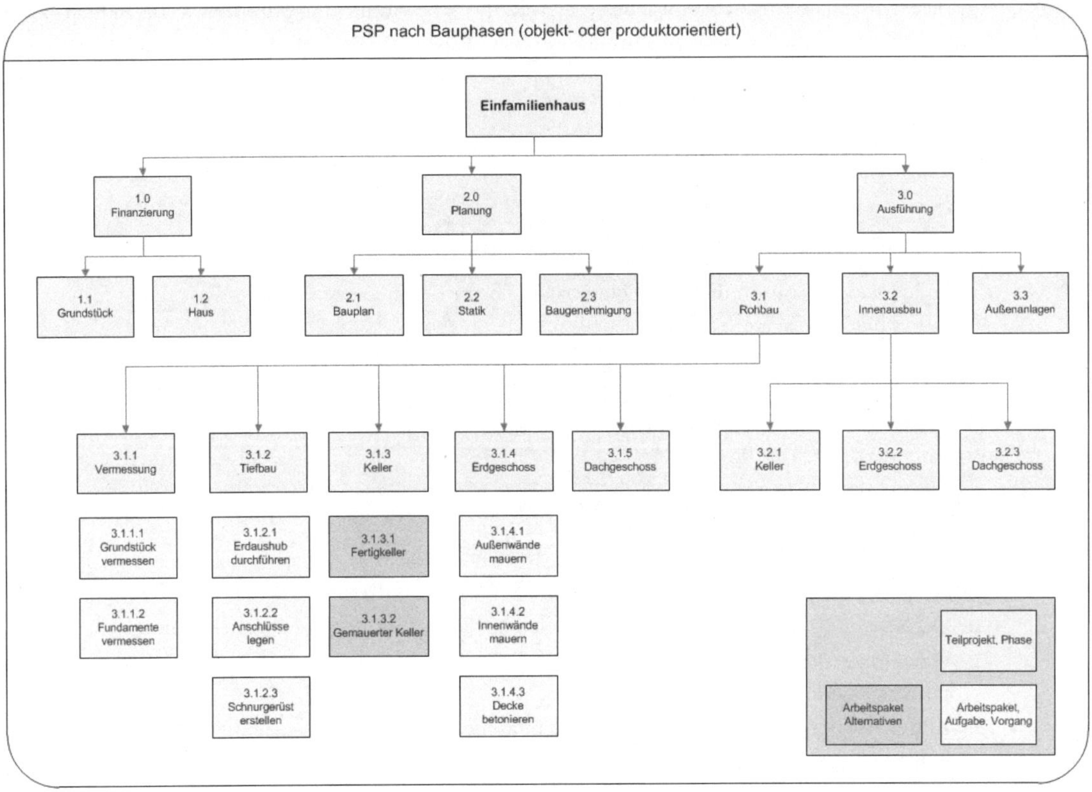

Ein weiteres Merkmal eines Projektstrukturplans ist die hierarchische Gliederungsnummer, die die Struktur zusätzlich in einem numerischen Format aufzeigt. Diese Gliederungsnummern werden von Project 2010 ebenfalls verwendet, jedoch in einer eigenen speziellen Form, die später näher erläutert wird.

Um einen solchen Projektstrukturplan in Microsoft Project 2010 zu erstellen, gehen Sie wie folgt vor:

1. Nachdem Sie, wie in Teil A dieses Buchs erläutert, ein neues Projekt erstellt haben, geben Sie zunächst die Vorgänge der ersten Ebene eine, indem Sie diese einfach als Liste in die Vorgangstabelle eintippen (Abbildung 5.2).

Abbildg. 5.2 Strukturplanelemente in der ersten Ebene

	ℹ	Vorgan	Vorgangsname
1			VORPLANUNG
2			FINANZIERUNG
3			PLANUNG
4			ROHBAU
5			INNENAUSBAU
6			AUSSENANLAGEN

2. Erzeugen Sie die Projektstruktur, wie in Abbildung 5.3 erkennbar ist. Verwenden Sie die Techniken zum Strukturieren eines Projekts mithilfe von Sammelvorgängen, wie in Kapitel 6 im Abschnitt »Die Projektstruktur festlegen« ausführlich beschrieben ist.

Abbildg. 5.3 Projektstrukturplan des Projekts *Einfamilienhaus*

		Vorgan	Vorgangsname
1			⊟ **VORPLANUNG**
2			Architekturplanung
3			Erstbemusterung
4			⊟ **FINANZIERUNG**
5			Bankgespräche führen
6			⊟ **PLANUNG**
7			⊟ **BAUVORBEREITUNG**
8			Bauzeichnungen erstellen
9			Statik berechnen
10			⊟ **BAUANTRAG**
11			Bauunterlagen zusammenstellen
12			Genehmigung beantragen
13			Genehmigungsverfahren
14			⊟ **BEMUSTERUNG**
15			Finale Bemusterung festlegen
16			⊟ **ROHBAU**
17			⊟ **BAUSTELLE EINRICHTEN**
18			Bauzaun aufstellen
19			Baustrom einrichten
20			⊟ **ERDARBEITEN**
21			Ausmessen und Kennzeichnen
22			Baugrube ausheben
23			⊟ **FUNDAMENTE**

CD-ROM Sie können den vollständigen Projektplan benutzen, indem Sie auf dem Begleitmedium zum Buch im Ordner *\Buch\Kap05* die Datei *Kap05_02.mpp* öffnen. Sie finden im gleichen Ordner auch die verschiedenen Zwischenstände des Beispielprojekts.

HINWEIS Microsoft Project 2010 enthält kein grafisches Tool, das das Erstellen eines Projektstrukturplans ermöglicht. Die Umsetzung eines Strukturplans in Microsoft Project 2010 muss über die Eingabe einer Vorgangsliste und mithilfe von Sammelvorgängen erfolgen. Es gibt Drittanbieter die sich auf dieses Thema spezialisiert haben und sich mit Project integrieren. Der aus Autorensicht beste Ansatz ist das Werkzeug »WBS Chart Pro« von Critical Tools (www.criticaltools.com).

Projektstrukturplan versus Balken-(Gantt-)Diagramm

Das Balkendiagramm, genauer die Darstellung des Projekts in der Ansicht *Balkendiagramm*, unterscheidet sich vom Strukturplan durch das Vorhandensein von Terminen und funktionellen Abhängigkeiten zwischen den Phasen, den Vorgängen und den Meilensteinen. Die Frage, welche Planungsart die bessere ist, lässt sich nicht pauschal beantworten. Wahrscheinlich werden Sie immer eine Kombination verwenden.

In der Praxis ist es eher so, dass Sie mit Project einen Projektstrukturplan schrittweise in einen Projektplan überführen, der dann die zusätzlichen Elemente wie oben beschrieben enthält.

In den späteren Kapiteln werden Sie unser Ausgangsprojekt nur noch in der Balkendiagramm-Version sehen (Abbildung 5.4).

Abbildg. 5.4 Darstellung in der Ansicht *Balkendiagramm*

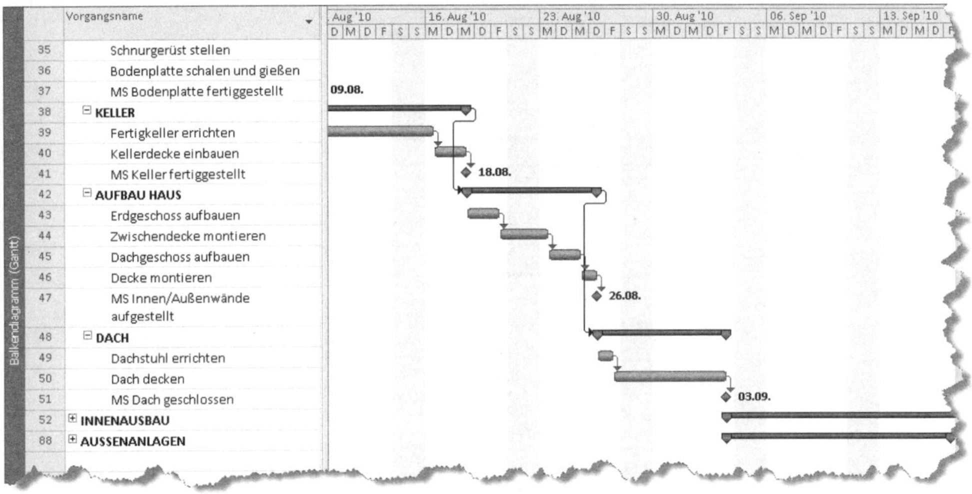

Eigenen PSP-Code erstellen

In Microsoft Project 2010 können Sie einen Projektstrukturplan anhand der Vorgangsnummern oder durch Zuweisen eines PSP-Codes zu jedem Vorgang erstellen. Unterschieden werden zwei unterschiedliche Codes, zum einen die Gliederungsnummer, die aufgrund der Strukturierung über Sammelvorgänge und der Vorgangsnummer automatisch erzeugt wird, oder den selbst definierten PSP-Code, der manuell jedem Vorgang zugeordnet werden muss.

TIPP **Gliederungsnummer im Feld *Vorgangsname* anzeigen**

Um die von Project bereits vergebene Gliederungsnummer anzuzeigen, gehen sie folgendermaßen vor:

1. Aktivieren Sie im Menüband auf der Registerkarte *Format* in der Befehlsgruppe *Einblenden/Ausblenden* das Kontrollkästchen *Gliederungsnummer.* Alle Vorgänge zeigen nun zu Beginn des Namens diesen Code (Abbildung 5.6).

Abbildg. 5.5 Zusätzliche Anzeige der Gliederungsnummer im Feld *Vorgangsname*

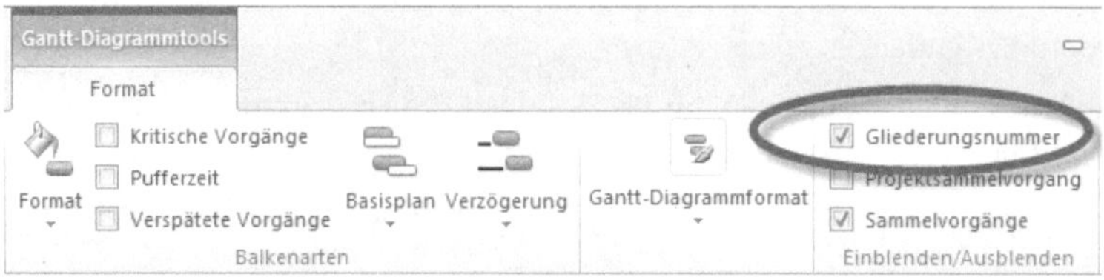

Abbildg. 5.6 Vorgangstabelle mit Anzeige der Gliederungsnummer

		Vorgan	Vorgangsname
1			**1 VORPLANUNG**
2			1.1 Architekturplanung
3			1.2 Erstbemusterung
4			**2 FINANZIERUNG**
5			2.1 Bankgespräche führen
6			**3 PLANUNG**
7			**3.1 BAUVORBEREITUNG**
8			3.1.1 Bauzeichnungen erstellen
9			3.1.2 Statik berechnen
10			**3.2 BAUANTRAG**
11			3.2.1 Bauunterlagen zusammenstelle
12			3.2.2 Genehmigung beantragen
13			3.2.3 Genehmigungsverfahren
14			**3.3 BEMUSTERUNG**
15			3.3.1 finale Bemusterung festlegen
16			**4 ROHBAU**
17			**4.1 BAUSTELLE EINRICHTEN**
18			4.1.1 Bauzaun aufstellen
19			4.1.2 Baustrom einrichten
20			**4.2 ERDARBEITEN**
21			4.2.1 Ausmessen und Kennzeichnen
22			4.2.2 Baugrube ausheben
23			**4.3 FUNDAMENTE**

Bevor Sie einen eigenen PSP-Code erstellen, sollten Sie wissen, wie dieser aussieht und welche firmenspezifische Bedeutung er möglicherweise hat. Die Verwendung des PSP-Felds ist besonders hilfreich, wenn in Ihrem Unternehmen ein bestimmtes PSP-Codesystem für die Projektverwaltung verwendet wird. Hierzu folgendes Beispiel: Sie möchten einem Projektplan einen PSP-Code zuweisen, der einen Text, eine Jahreszahl, einen Text und eine zweistellige Nummer enthält »ABC-2010-Textelement-01«.

Um eine solche Codedefinition vorzunehmen, gehen Sie wie folgt vor:

1. Wählen Sie im Menüband den Befehl *Projekt/Eigenschaften/PSP-Code* und danach die Funktion *Code definieren.*

Abbildg. 5.7 Einen neuen PSP-Code anlegen

2. Vergeben Sie im Feld *Projektcodepräfix* die Zeichenfolge »PSP-«.
3. In der Tabelle für das Codeformat erstellen Sie die Einträge entsprechend der Abbildg. 5.8. Im Feld *Codevorschau* können Sie sehen, wie der neue Code optisch aussehen wird. Verwenden Sie beim *Trennzeichen* den Bindestrich.

Abbildg. 5.8 Projektcodepräfix und PSP-Codes eingeben

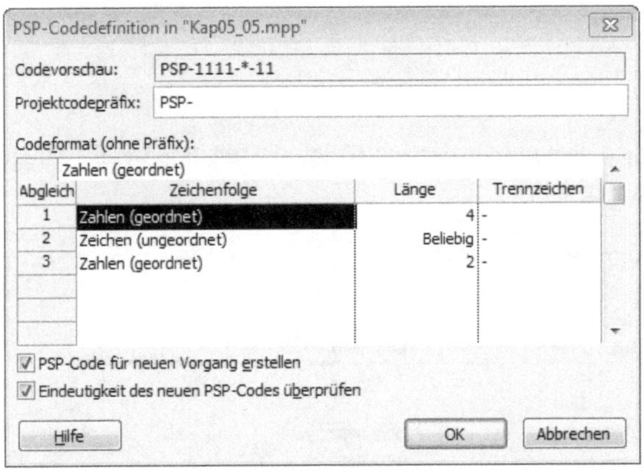

4. Bestätigen Sie die Eingabe durch *OK*.

Das Feld *PSP-Code für neuen Vorgang erstellen* gibt an, dass Project 2010 beim Erstellen eines neuen Vorgangs auch einen neuen PSP-Code für diesen Vorgang erstellt.

Das Feld *Eindeutigkeit des neuen PSP-Codes überprüfen* erzwingt bei der Eingabe eines PSP-Codes für einen Vorgang eine Eindeutigkeit. Wenn Sie einen PSP-Code eingeben, der im Projekt bereits verwendet wird, werden Sie von Project 2010 in einer Meldung benachrichtigt, dass der Code bereits vorhanden ist.

Der neue PSP-Code ist nun erstellt und kann den Vorgängen in Ihrem Projekt zugewiesen werden.

PSP-Code dem Projektplan zuweisen

Um das Feld *PSP-Code* in der Eingabetabelle zu sehen und um letztendlich dann den PSP-Code den einzelnen Vorgängen zuzuweisen, sind einige Vorbereitungen notwendig. Gehen Sie dazu wie folgt vor:

1. Rufen Sie die Ansicht *Balkendiagramm (Gantt)* auf.
2. Die neue Spalte *PSP-Code* soll links von der vorhandenen Spalte *Dauer* erscheinen. Klicken Sie deshalb mit der rechten Maustaste auf den Spaltenkopf der Spalte *Dauer*.

3. Um die Spalte *PSP-Code* hinzuzufügen, wählen Sie im geöffneten Kontextmenü den Eintrag *Spalte einfügen* aus.

Abbildg. 5.9 Eine neue Spalte einblenden

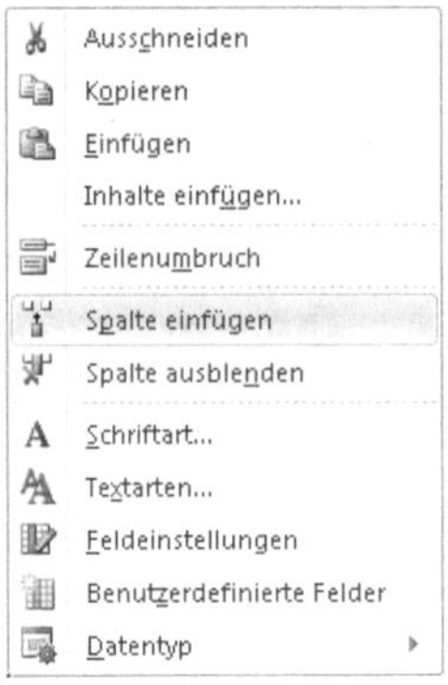

Nach Auswahl des Felds *PSP-Code* enthält der selbst definierte Code bereits einige Elemente der Gliederungsnummer (Abbildung 5.10).

Abbildg. 5.10 Projektplan mit eingeblendetem Feld *PSP-Code*

		Vorgan	Vorgangsname	PSP-Code
1			**1 VORPLANUNG**	**PSP-0001**
2			1.1 Architekturplanung	PSP-0001-*
3			1.2 Erstbemusterung	PSP-0001-*
4			**2 FINANZIERUNG**	**PSP-0002**
5			2.1 Bankgespräche führen	PSP-0002-*
6			**3 PLANUNG**	**PSP-0003**
7			**3.1 BAUVORBEREITUNG**	**PSP-0003-***
8			3.1.1 Bauzeichnungen erstellen	PSP-0003-*-01
9			3.1.2 Statik berechnen	PSP-0003-*-02
10			**3.2 BAUANTRAG**	**PSP-0003-***
11			3.2.1 Bauunterlagen zusammenstelle	PSP-0003-*-01
12			3.2.2 Genehmigung beantragen	PSP-0003-*-02
13			3.2.3 Genehmigungsverfahren	PSP-0003-*-03
14			**3.3 BEMUSTERUNG**	**PSP-0003-***
15			3.3.1 finale Bemusterung festlegen	PSP-0003-*-01
16			**4 ROHBAU**	**PSP-0004**
17			**4.1 BAUSTELLE EINRICHTEN**	**PSP-0004-***
18			4.1.1 Bauzaun aufstellen	PSP-0004-*-01
19			4.1.2 Baustrom einrichten	PSP-0004-*-02
20			**4.2 ERDARBEITEN**	**PSP-0004-***
21			4.2.1 Ausmessen und Kennzeichnen	PSP-0004-*-01
22			4.2.2 Baugrube ausheben	PSP-0004-*-02
23			**4.3 FUNDAMENTE**	**PSP-0004-***

Ändern Sie nun an den Vorgängen den PSP-Code wie folgt:

1. Bei der Neudefinition müssen Sie mit der Eingabe des Codes für einen Sammelvorgang beginnen. Ändern Sie hierfür zum Beispiel für den Sammelvorgang *ROHBAU* den durch Project 2010 bereits definierten PSP-Code »PSP-0004« auf den Wert »PSP-2010«. Alle Codes für den Sammelvorgang *Rohbau* und dessen zugehörigen Vorgänge werden geändert.

Abbildg. 5.11 Zuweisung eines selbst definierten PSP-Codes

	i	Vorgan	Vorgangsname	PSP-Code
1			**1 VORPLANUNG**	**PSP-0001**
4			**2 FINANZIERUNG**	**PSP-0002**
6			**3 PLANUNG**	**PSP-0003**
16			**4 ROHBAU**	**PSP-2010**
17			**4.1 BAUSTELLE EINRICHTEN**	**PSP-2010-***
18			4.1.1 Bauzaun aufstellen	PSP-2010-*-01
19			4.1.2 Baustrom einrichten	PSP-2010-*-02
20			**4.2 ERDARBEITEN**	**PSP-2010-***
21			4.2.1 Ausmessen und Kennzeichnen	PSP-2010-*-01
22			4.2.2 Baugrube ausheben	PSP-2010-*-02
23			**4.3 FUNDAMENTE**	**PSP-2010-***
24			4.3.1 Schnurgerüst stellen	PSP-2010-*-01
25			4.3.2 Bodenplatte schalen und gieße	PSP-2010-*-02
26			4.3.3 MS Bodenplatte fertiggestellt	PSP-2010-*-03
27			**4.4 KELLER**	**PSP-2010-***
28			4.4.1 Fertigkeller errichten	PSP-2010-*-01
29			4.4.2 Kellerdecke einbauen	PSP-2010-*-02
30			4.4.3 MS Keller fertiggestellt	PSP-2010-*-03
31			**4.5 AUFBAU HAUS**	**PSP-2010-***
32			4.5.1 Erdgeschoss aufbauen	PSP-2010-*-01
33			4.5.2 Zwischendecke montieren	PSP-2010-*-02
34			4.5.3 Dachgeschoss aufbauen	PSP-2010-*-03
35			4.5.4 Decke montieren	PSP-2010-*-04

2. Zusätzlich können Sie noch den freien Text, repräsentiert durch das Sternchen, durch einen eigenen Text ersetzen. Es entsteht somit ein individueller PSP-Code.

Abbildg. 5.12 Ersetzen des Textelements im eigenen PSP-Code

	i	Vorgan	Vorgangsname	PSP-Code
1			**1 VORPLANUNG**	**PSP-0001**
4			**2 FINANZIERUNG**	**PSP-0002**
6			**3 PLANUNG**	**PSP-0003**
16			**4 ROHBAU**	**PSP-2010**
17			**4.1 BAUSTELLE EINRICHTEN**	**PSP-2010-Baustelle**
18			4.1.1 Bauzaun aufstellen	PSP-2010-Baustelle-01
19			4.1.2 Baustrom einrichten	PSP-2010-Baustelle-02
20			**4.2 ERDARBEITEN**	**PSP-2010-***
21			4.2.1 Ausmessen und Kennzeichnen	PSP-2010-*-01
22			4.2.2 Baugrube ausheben	PSP-2010-*-02
23			**4.3 FUNDAMENTE**	**PSP-2010-***
24			4.3.1 Schnurgerüst stellen	PSP-2010-*-01
25			4.3.2 Bodenplatte schalen und gieße	PSP-2010-*-02
26			4.3.3 MS Bodenplatte fertiggestellt	PSP-2010-*-03
27			**4.4 KELLER**	**PSP-2010-***
28			4.4.1 Fertigkeller errichten	PSP-2010-*-01
29			4.4.2 Kellerdecke einbauen	PSP-2010-*-02
30			4.4.3 MS Keller fertiggestellt	PSP-2010-*-03
31			**4.5 AUFBAU HAUS**	**PSP-2010-***
32			4.5.1 Erdgeschoss aufbauen	PSP-2010-*-01
33			4.5.2 Zwischendecke montieren	PSP-2010-*-02
34			4.5.3 Dachgeschoss aufbauen	PSP-2010-*-03
35			4.5.4 Decke montieren	PSP-2010-*-04

Wie Sie sehen, wird der Text »Baustelle« auch auf die untergeordneten Vorgänge übertragen.

WICHTIG Der Vorteil dieses selbst definierten PSP-Codes liegt darin, dass beim späteren Verschieben eines Vorgangs in der Tabelle der zugeordnete Code erhalten bleibt. Die Gliederungsnummer, die von Project vergeben wurde, wird stets dynamisch angepasst (Abbildung 5.13).

Abbildg. 5.13 Effekt nach dem Verschieben eines Vorgangs

20		⊟ **4.2 ERDARBEITEN**	**PSP-2010-***	**4.2**
21		4.2.1 Ausmessen und Kennzeichnen	PSP-2010-*-01	4.2.1
22		4.2.2 Baugrube ausheben	PSP-2010-*-02	4.2.2
23		⊟ **4.3 FUNDAMENTE**	**PSP-2010-***	**4.3**
24		4.3.1 Bodenplatte schalen und gieße	PSP-2010-*-02	4.3.1
25		4.3.2 Schnurgerüst stellen	PSP-2010-*-01	4.3.2
26		4.3.3 MS Bodenplatte fertiggestellt	PSP-2010-*-03	4.3.3

Der selbst editierte PSP-Code für den Eintrag »Schnurgerüst stellen« und »Bodenplatte schalen« bleibt erhalten, während die Gliederungsnummer aufgrund des Verschiebens der Vorgänge geändert wurde.

Nach PSP-Code organisieren

Nachdem Sie den Vorgängen PSP-Elemente zugewiesen haben, stellt sich Ihnen vermutlich die Frage, was man damit anfangen kann. Eine Möglichkeit ist, den Projektplan nicht nach der Hierarchie der Vorgänge zu sortieren, sondern als Sortierkriterium den neu erstellten PSP-Code zu verwenden. Je mehr Zuweisungen Sie getätigt haben, desto sinnvoller wird dann diese Sortiermöglichkeit sein.

Sortieren

1. Wählen Sie im Menüband den Befehl *Ansicht/Daten/Sortieren* und in der Auswahl den Eintrag *Sortieren nach.*
2. Wählen Sie in der Auswahlliste des ersten Sortierfelds das Feld *PSP-Code* aus und stellen Sie die Sortierreihenfolge auf *Aufsteigend*, damit die Codesortierung der Texte sichtbar wird.
3. Bestätigen Sie mit einem Klick auf die Schaltfläche *Sortieren.*

Abbildg. 5.14 Sortieren nach *PSP-Code*

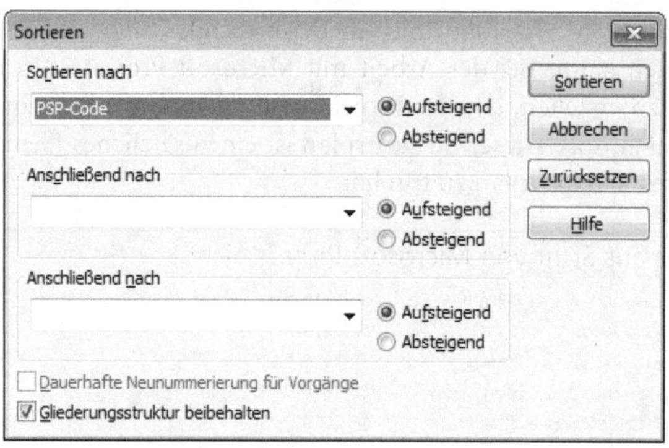

Die Sortierung ist nur dann zweckmäßig, wenn Sie allen Elementen Ihres Projektplans einen eigenen sinnvollen PSP-Code zugewiesen haben. Machen Sie deshalb die Sortierung wieder rückgängig, indem Sie die obigen Schritte wiederholen und nach dem Feld *Nr.* sortieren.

Abbildg. 5.15 Sortierung nach dem PSP-Code

	ℹ	Vorgan	Vorgangsname	PSP-Code
41			⊞ **5 INNENAUSBAU**	**PSP-0005**
77			⊞ **6 AUSSENANLAGEN**	**PSP-0006**
16			⊟ **4 ROHBAU**	**PSP-2010**
23			⊞ **4.3 FUNDAMENTE**	**PSP-2010-***
31			⊞ **4.5 AUFBAU HAUS**	**PSP-2010-***
37			⊞ **4.6 DACH**	**PSP-2010-***
17			⊟ **4.1 BAUSTELLE EINRICHTEN**	**PSP-2010-Baustelle**
18			4.1.1 Bauzaun aufstellen	PSP-2010-Baustelle-01
19			4.1.2 Baustrom einrichten	PSP-2010-Baustelle-02
20			⊟ **4.2 ERDARBEITEN**	**PSP-2010-Erdarbeiten**
21			4.2.1 Ausmessen und Kennzeichnen	PSP-2010-Erdarbeiten-01
22			4.2.2 Baugrube ausheben	PSP-2010-Erdarbeiten-02
27			⊟ **4.4 KELLER**	**PSP-2010-Keller**
28			4.4.1 Fertigkeller errichten	PSP-2010-Keller-01
29			4.4.2 Kellerdecke einbauen	PSP-2010-Keller-02
30			4.4.3 MS Keller fertiggestellt	PSP-2010-Keller-03

Projekte strukturieren mit Gliederungscodes

Seit der Version 2000 von Microsoft Project gibt es eine sehr nützliche Funktion, um Ihre Projekte nach beliebigen Kriterien darzustellen: Sie haben die Möglichkeit, mit Gliederungscodes weitere Ansichten Ihrer Projekte zu definieren und so unterschiedliche Auswertungen und Betrachtungsweisen über ein Projekt zu erhalten. Der Vorteil ist, dass Sie Ihr Projekt in einer völlig anderen Organisationsform darstellen können, ohne die ursprüngliche Ordnung zu verlieren.

Gliederungscodes verwenden

Es gibt fast unzählige Möglichkeiten, was man mit Gliederungscodes aufgrund ihrer vielfältigen Funktionen alles bewerkstelligen kann. Bei der Arbeit mit Microsoft Project 2010 ist es sinnvoll, zusätzlich einen Strukturplan zu erstellen, der das Projekt nicht »klassisch phasenorientiert«, sondern »gewerkorientiert« darstellen soll. Dieser Strukturplan ist ein zusätzliches Element, das nichts mit dem vorher erstellten Projektstrukturplan zu tun hat.

HINWEIS Eigentlich ist es aus Sicht von Microsoft Project nicht korrekt, von einem Strukturplan in diesem Zusammenhang zu sprechen. Vielmehr stellt Project sogenannte Gliederungscodes zur Verfügung, mit deren Hilfe Sie einen Strukturplan erstellen und daraus dem aktiven Projekt Elemente zuweisen können.

Nehmen wir einmal an, Sie betrachten Ihr Projekt »klassisch phasenorientiert«, also so, wie Sie es ursprünglich mithilfe der Balkendiagrammdarstellung definiert haben (Abbildung 5.16).

Jedoch sind an diesem Projekt andere Organisationseinheiten, die Gewerke, an einer Darstellung des Projekts aus ihrer Sicht interessiert (Abbildung 5.18).

Abbildg. 5.16 Projektdarstellung »klassisch phasenorientiert«

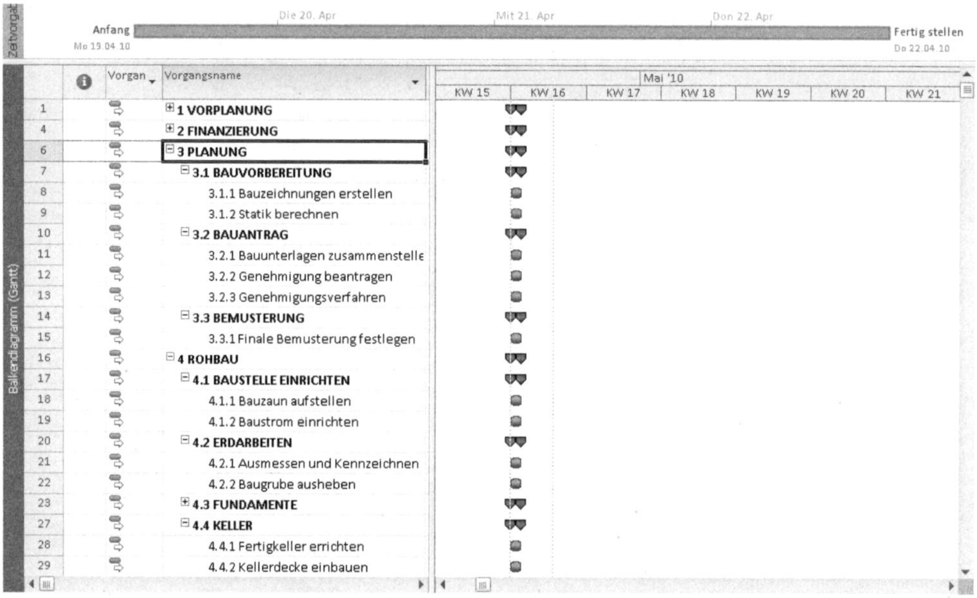

Abbildg. 5.17 Projektdarstellung »gewerkorientiert«

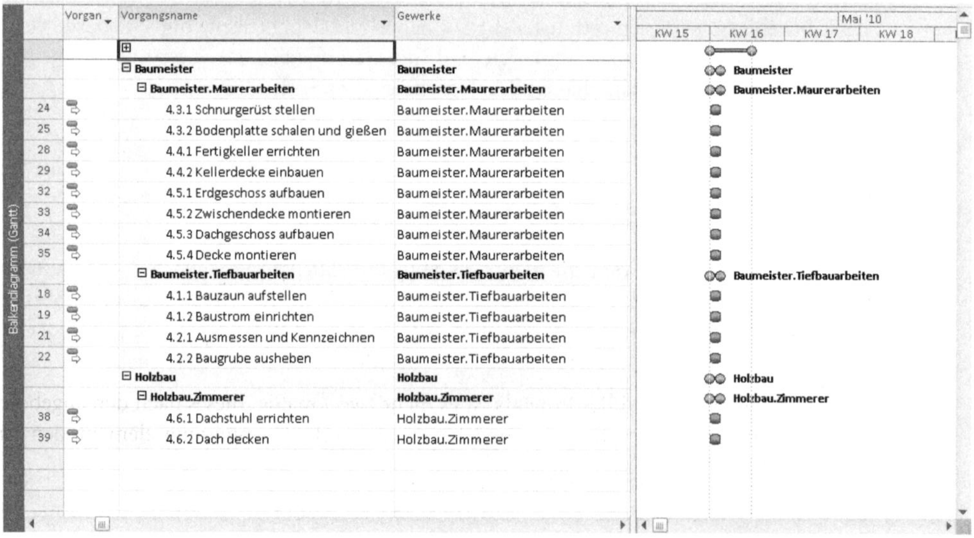

Um diese Darstellung anzeigen zu können, sind auch hier mehrere Schritte zur Vorbereitung notwendig:

1. Verwendung vorhandener Gliederungscodes
2. Erstellen eines eigenen Gliederungscodes
3. Gliederungscode als Menüeintrag abspeichern
4. Gliederungscode im Projektplan verwenden

Vorhandene Gliederungscodes verwenden

Um ein Projekt zu gruppieren, bietet Project standardmäßig einige Möglichkeiten an. Die Auswahlliste für die Gruppierungsmöglichkeiten finden Sie im Menüband über *Ansicht/Daten/Gruppieren nach*.

Abbildg. 5.18 Gruppieren mit Gliederungscodes

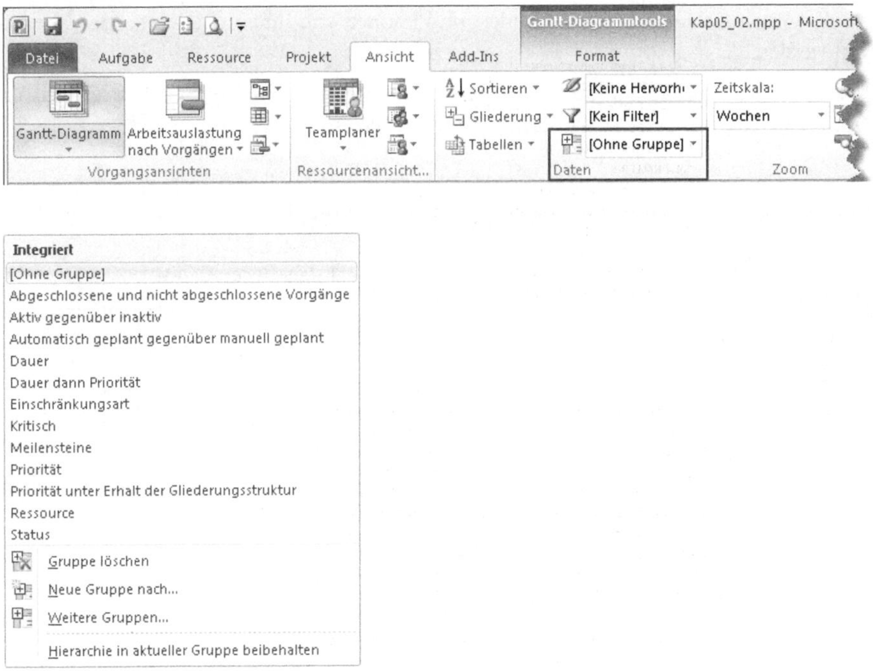

Zum momentanen Stand des Projekts ist es nicht zweckmäßig, dieses nach den angebotenen Kriterien zu gruppieren, also sollten Sie zunächst ein sinnvolles Gruppierungselement, den Strukturplan für »Gewerke« definieren.

Eigenen Gliederungscode erstellen und anwenden

Im Folgenden werden Sie lernen, wie Sie einen eigenen Gliederungscode erstellen und diesen dann den bereits eingegebenen Vorgängen zuweisen. Wie bereits angedeutet, handelt es sich hierbei um einen »Gliederungscode«, nicht um einen »Projektstrukturplan«. In Microsoft Project wird dieser Gliederungscode einfach mit dem Balkenplan kombiniert.

Gliederungscodes erstellen

Zunächst einmal ein paar allgemeine Informationen zum Thema Gliederungscodes: Project stellt insgesamt 20 Codes zur Verfügung – zehn für die Gliederung von Vorgängen und zehn weitere für die Gliederung von Ressourcen. Es kommen zusätzliche Codes hinzu, wenn Sie Ihr Projekt im Rahmen einer Installation von Project Server 2010 verwenden. Diese *Enterprise Codes* werden allerdings für die Organisation einheitlich definiert und können von Ihnen zwar eingesetzt, aber nicht verändert werden.

Nehmen wir an, Sie wollen einen Code definieren, um in Ihrem Projekt die Vorgänge so zu gliedern, dass die beteiligten Gewerke das Gruppierungskriterium sind.

Gliederungscodes umbenennen

Um einen Gliederungscode umzubenennen, gehen Sie folgendermaßen vor:

1. Rufen Sie über das Menüband den Befehl *Projekt/Eigenschaften/Benutzerdefinierte Felder* auf.
2. Wählen Sie die Option *Vorgang*.
3. Wählen Sie im Listenfeld *Typ* den Eintrag *Gliederungscode* aus.
4. Zunächst sollten Sie dem Code einen Namen geben, damit Sie später auch noch etwas damit anfangen können. Klicken Sie dazu auf die Schaltfläche *Umbenennen*(Abbildung 5.19).
5. Geben Sie im Dialogfeld *Feld umbenennen* den gewünschten Namen für den Code ein.
6. Bestätigen Sie die Eingabe mit *OK*.

Abbildg. 5.19 Gliederungscode anpassen

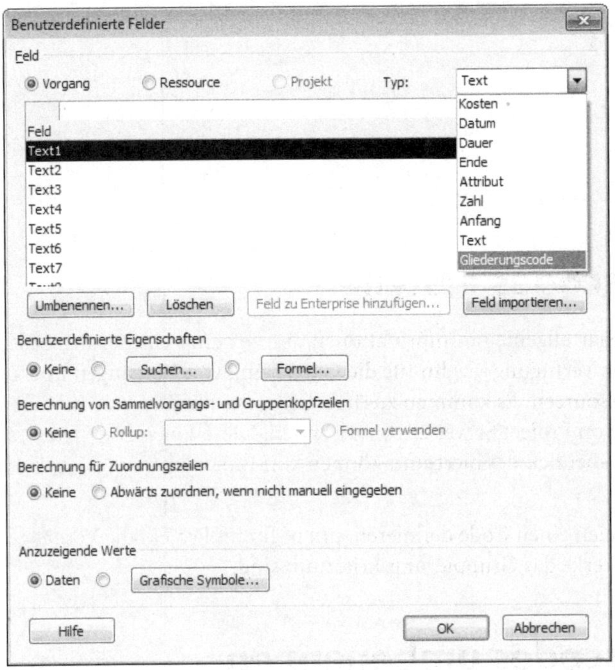

Abbildg. 5.20 Gliederungscode umbenennen

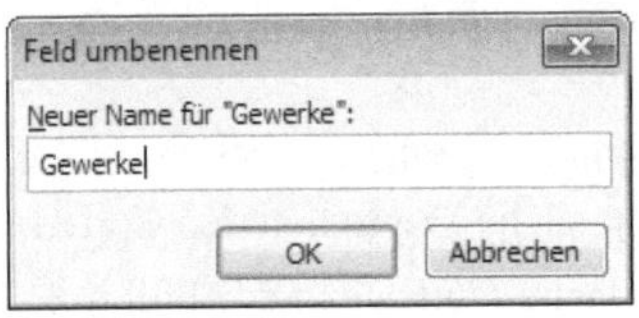

Als Nächstes müssen Sie ein Codeformat definieren, in dem Ihre Codes erscheinen sollen. Dies ist u.a. dafür notwendig, dass diese Daten in einem anderen System (außerhalb von Microsoft Project 2010) verwendet werden können. Damit wird verhindert, dass im Feld jedes x-beliebige Zeichen verwendet werden kann.

Codeformate erstellen

Zum Erstellen eines neuen Codes führen Sie folgende Schritte durch:

1. Markieren Sie im Dialogfeld *Benutzerdefinierte Felder* den zuvor definierten Gliederungscode »Gewerke«.
2. Klicken Sie im Bereich *Benutzerdefinierte Eigenschaften* auf die Schaltfläche *Suchen*. Das Dialogfeld *Nachschlagetabelle für Gewerke bearbeiten* wird geöffnet.
3. Nach einem Klick auf das Pluszeichen vor *Codeformat (optional)* können Sie nun alle Optionen Ihres neuen Codes bestimmen.

Abbildg. 5.21 Benutzerdefinierte Codes gestalten

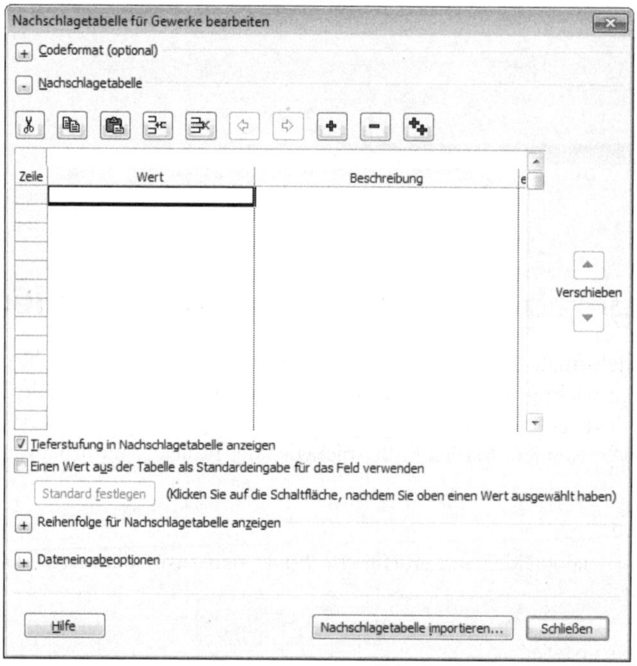

4. Klicken Sie auf die Schaltfläche *Format bearbeiten.*
5. Klicken Sie in der Spalte *Codeformat* in die erste freie Zeile und wählen Sie im geöffneten Listenfeld ein Format aus (Abbildung 5.22).
6. Geben Sie in der Spalte *Länge* an, wie viele Zeichen die Codeebene haben soll.
7. In der dritten Spalte bestimmen Sie, welches Trennzeichen zwischen den Codeebenen verwendet werden soll.
8. Im Feld *Codevorschau* sehen Sie, wie der Code später dargestellt wird.
9. Schließen Sie das Dialogfeld *Codeformatdefinition für Gewerk* mit einem Klick auf *OK.*
10. Schließen Sie das Dialogfeld *Nachschlagetabelle für Gewerke bearbeiten* durch einen Klick auf die Schaltfläche *Schließen.*

Abbildg. 5.22 Codeformat bearbeiten

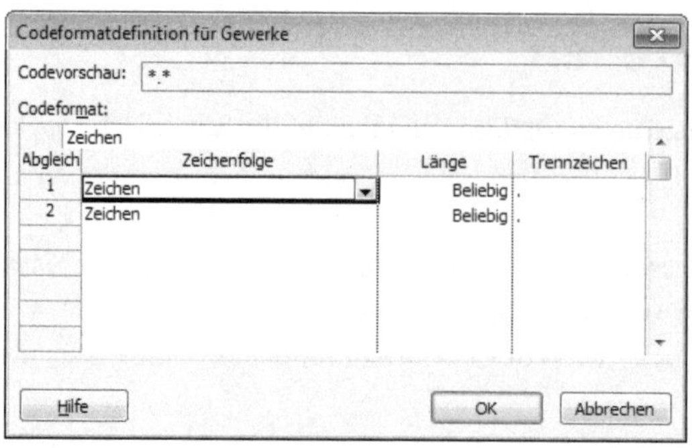

In Tabelle 5.1 sehen Sie eine Auflistung aller möglichen Codeformate.

Tabelle 5.1 Darstellungsmöglichkeiten von Codeformaten

Element	Mögliche Darstellung
Zeichenfolge	Zahlen, Groß- oder Kleinbuchstaben, beliebige Zeichen
Länge	1 bis beliebig
Trennzeichen	. – + / oder tippen Sie selbst ein Zeichen ein

Nachschlagetabelle (PSP-Struktur) erstellen

Nachdem Sie die Codeformate definiert haben, können Sie beginnen, die Nachschlageliste für Ihren Code zu editieren. Das wichtigste an diesen Tabellen ist die Möglichkeit, sie zu hierarchisieren. Das bedeutet, Sie können jede Hierarchie Ihres Unternehmens (z.B. die Organisationsstruktur) als Projektstrukturmerkmal verwenden. In diesem Beispiel wird der Projektstrukturplan »Gewerke« abgebildet.

Gehen Sie wie folgt vor:

1. Markieren Sie im Dialogfeld *Benutzerdefinierte Felder* den zuvor definierten Gliederungscode (Abbildung 5.23).

Abbildg. 5.23 Nachschlagetabelle erstellen

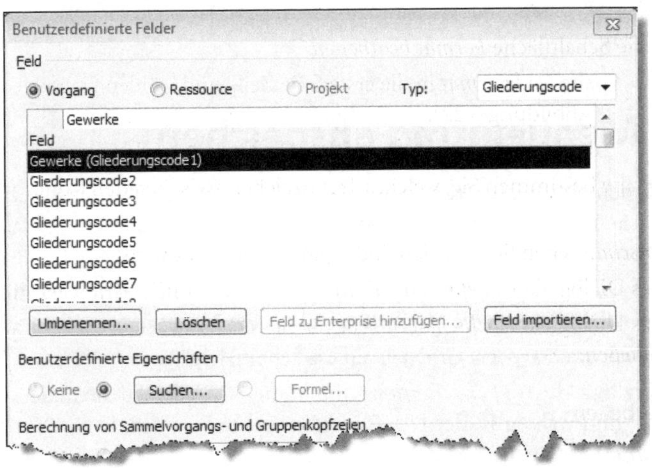

2. Klicken Sie im Bereich *Benutzerdefinierte Eigenschaften* auf die Schaltfläche *Suchen*. Das Dialogfeld *Nachschlagetabelle für Gewerke bearbeiten* wird geöffnet.
3. Im Bereich *Nachschlagetabelle* können Sie nun die Werte für die Tabelle eingeben und strukturieren.
4. Geben Sie die Struktur als Liste in der Spalte *Gliederungscode* ein (Abbildung 5.24). Falls notwendig, können Sie in der Spalte *Beschreibung* noch eine kurze Information zum Code eingeben.

Abbildg. 5.24 Eingabe der Tabelleneinträge des Strukturplans

5. Ordnen Sie nun Ihre Liste hierarchisch, indem Sie die Schaltfläche *Tiefer stufen* verwenden.
6. Geben Sie zunächst den ersten und zweiten Wert in die Liste ein und stufen Sie dann den zweiten Wert eine Ebene tiefer.
7. Geben Sie nun alle Elemente ein, die zu dieser Ebene gehören.
8. Geben Sie nun die nächste Überschrift ein und stufen diese wieder eine Ebene höher. Danach verfahren Sie weiter wie oben beschrieben.
9. Bestätigen Sie Ihre Eingaben mit *Schließen* und verlassen Sie auch das Dialogfeld *Benutzerdefinierte Felder* mit *OK*.

Codes als Menüeintrag abspeichern

Dieser Code soll Ihnen später als Gruppierungsmöglichkeit dienen. Damit Sie die Gruppierung schnell aufrufen können, müssen Sie diesen Code verwenden, um nach ihm den Plan gruppieren zu können. Hierzu müssen Sie einen neuen Gruppierungseintrag erstellen:

1. Wählen Sie im Menüband *Ansicht/Daten/Gruppieren nach/Weitere Gruppen* auf. Im Dialogfeld *Weitere Gruppen* haben Sie nun die Möglichkeit, eine neue Gruppierung zu erstellen.
2. Klicken Sie im Dialogfeld *Weitere Gruppen* auf die Schaltfläche *Neu*.
3. Im folgenden Dialogfeld *Gruppendefinition* (Abbildung 5.25) klicken Sie in der Spalte *Feldname* in die erste Zeile und wählen in der Liste das gewünschte Feld aus. Stellen Sie sicher, dass das Kontrollkästchen *Im Menü anzeigen* aktiviert ist.
4. Legen Sie in der Spalte *Reihenfolge* die Sortierreihenfolge innerhalb der Gruppe fest.
5. Weisen Sie der neuen Gruppierung im Feld *Name* einen Namen zu.

HINWEIS In den weiteren Zeilen können Sie zusätzliche Gruppierungskriterien festlegen. So können Sie sich beispielsweise erst nach dem Code *Gewerke* und dann nach dem Code *Priorität* eine völlig neue Projektstruktur anzeigen lassen.

Abbildg. 5.25 Erstellten Code verwenden und als Menüeintrag speichern

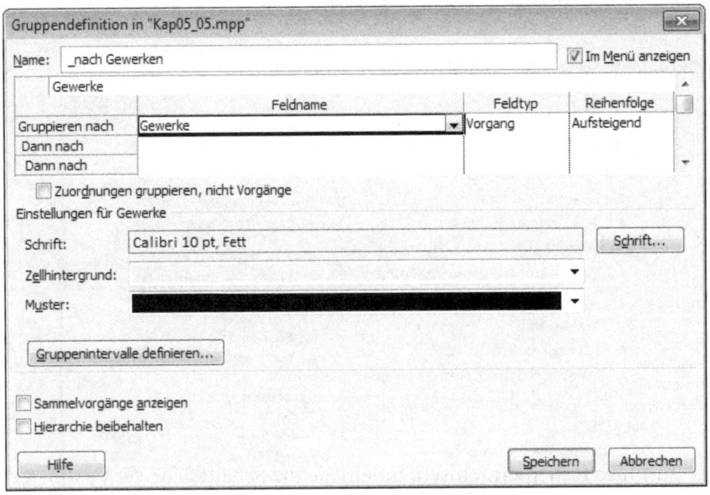

6. Bestätigen Sie mit *Speichern.*
7. Klicken Sie im Dialogfeld *Weitere Gruppen* auf *Anwenden.*

Die Gruppe ist ab sofort im Menü der angezeigten Gruppen auswählbar. Sie können sie über *Ansicht/Daten/Gruppieren nach* auswählen (siehe Abbildung 5.28 auf Seite 142).

Gliederungscode im Projektplan verwenden

Um nun den neu erstellten Code als zusätzliches Strukturmerkmal verwenden zu können, müssen die Werte den einzelnen Vorgängen zugewiesen werden.

Gehen Sie dazu wie folgt vor:

1. Rufen Sie die Ansicht *Balkendiagramm (Gantt)* auf.
2. Klicken Sie mit der rechten Maustaste auf den Spaltenkopf der Spalte *Dauer.*
3. Um die Spalte *Gewerke* hinzuzufügen, wählen Sie im geöffneten Kontextmenü den Eintrag *Spalte einfügen* aus.

Abbildg. 5.26 Die Spalte *Gewerke* einblenden

4. Nachdem Sie die Spalte zu der Tabelle hinzugefügt haben, können Sie nun die einzelnen Vorgänge über die Auswahlliste den Abteilungen zuordnen.

Abbildg. 5.27 Zuordnen der Gewerke zu den Vorgängen

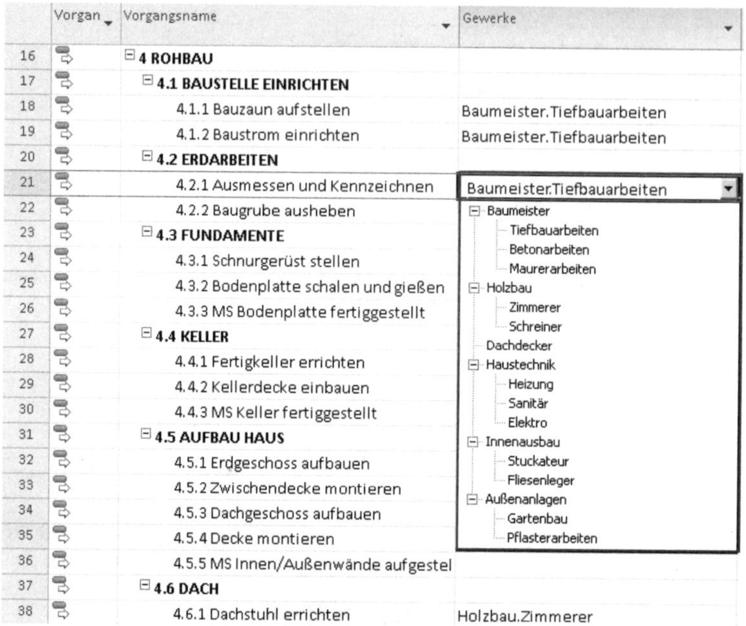

Nachdem Sie die Zuordnungen beendet haben, können Sie den Projektplan neu strukturieren:

1. Rufen Sie den Befehl *Ansicht/Daten/Gruppieren nach* auf.
2. Wählen Sie in der Auswahlliste den Eintrag *_nach Gewerken* aus.

Abbildg. 5.28 Die eigene Gruppierung aufrufen

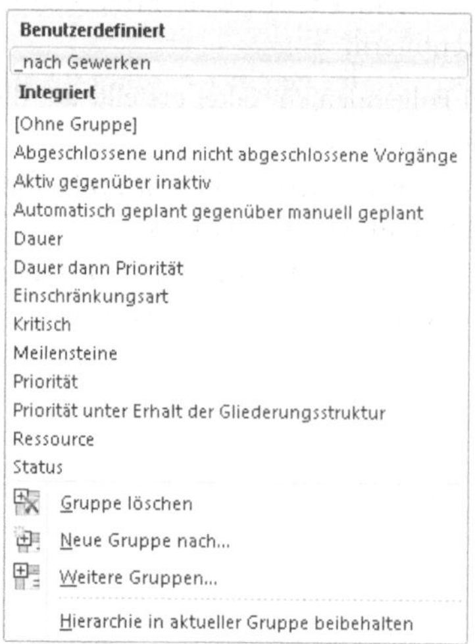

In Abbildung 5.29 sehen Sie das Ergebnis nach der Zuordnung des Gliederungscodes zum Projektplan. Hiermit können Sie das Projekt aus Sicht der beteiligten *Gewerke* strukturiert anzeigen.

Abbildg. 5.29 Gruppierung nach *Gewerken*

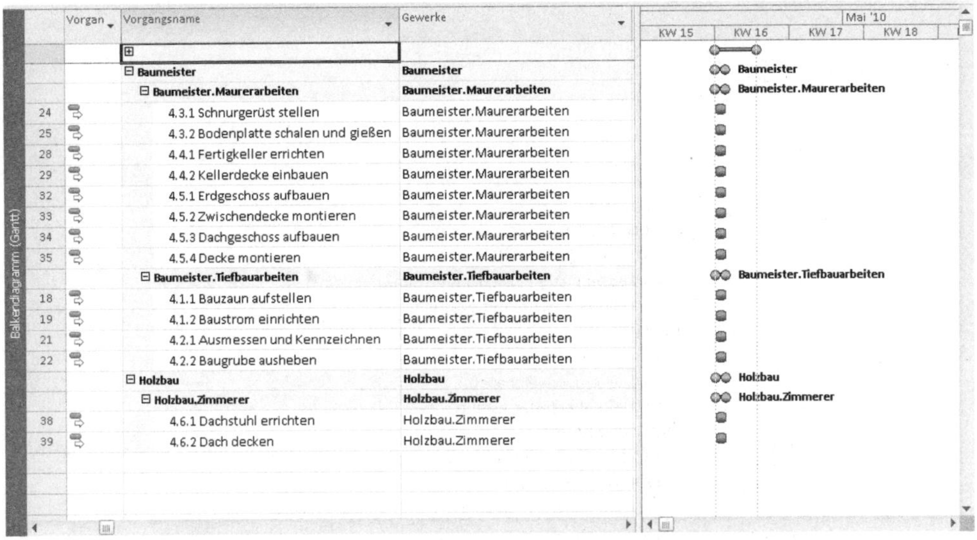

Vorgangsinformationen filtern

Neben dem Gruppieren von Vorgängen bestehen weitere Möglichkeiten, sich im Projekt auf im Moment wichtige Informationen zu beschränken. Im vorherigen Abschnitt haben Sie gelernt, wie Sie mithilfe von Gruppierungen unterschiedliche Darstellungsweisen des Projekts erzeugen können.

Das Filtern von Vorgängen ist eine weitere Möglichkeit, um nur bestimmte Projektinformationen auf dem Bildschirm darzustellen. Das *Filtern* unterscheidet sich vom *Gruppieren* durch das *Ausblenden* der Informationen, die das Filterkriterium nicht erfüllen. Microsoft Project 2010 unterscheidet bei den Filtern zwischen Vorgangs- und Ressourcenfiltern.

Um das vorherige Beispiel aufzugreifen, wird im Folgenden ein Filter erstellt, um die Vorgänge zu filtern, die bereits einen Gliederungscode zugewiesen haben:

1. Um die eingestellte Gruppierung zu entfernen, verwenden Sie bitte im Menüband den Befehl *Ansicht/Daten/Gruppieren nach* und wählen den Eintrag *[Ohne Gruppe]*.
2. Öffnen Sie im Menüband auf der Registerkarte *Ansicht* in der Befehlsgruppe *Daten* die Auswahlliste zum Befehl *Filtern*. Um eine Filterung auf ein spezielles Gewerk vorzunehmen, müssen Sie einen eigenen Filter erstellen.
3. Wählen Sie in der Auswahlliste den Eintrag *Neuer Filter*.

Abbildg. 5.30 Einen neuen Filter erstellen

4. Vergeben Sie im Feld *Name* die Bezeichnung *Haustechnik*.
5. Suchen Sie im Listenfeld *Feldname* den Eintrag *Gewerke* und wählen die Bedingung *Enthält*.
6. In der Spalte *Wert(e)* tragen Sie den Text *Haustechnik* ein.

Abbildg. 5.31 Erstellen eines Filters für das Gewerk *Haustechnik*

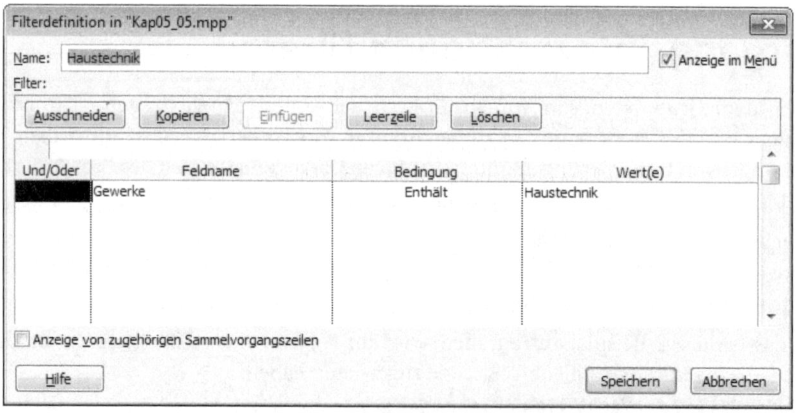

7. Falls noch nicht eingestellt, aktivieren Sie das Kontrollkästchen für die Anzeige des Filters im Menü rechts oben und bestätigen mit der Schaltfläche *Speichern*.
8. Um den neu erstellten Filter zu testen, aktivieren Sie diesen in der Filterauswahl. Sie finden den neuen Eintrag in der Gruppe *Benutzerdefiniert*.

Abbildg. 5.32 Auswahl selbst erstellter Filter

Das Ergebnis zeigt, dass im Falle der Anwendung des Filters nur noch die Vorgänge am Bildschirm erscheinen, die dem Filterkriterium entsprechen.

Abbildg. 5.33 Anwendung des Filters für das Gewerk *Haustechnik*

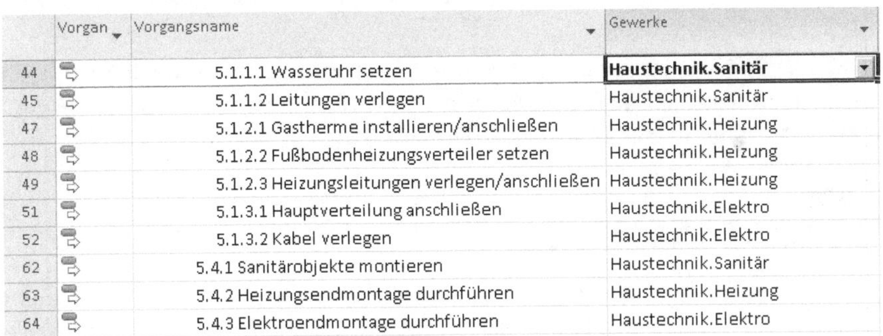

	Vorgan	Vorgangsname	Gewerke
44		5.1.1.1 Wasseruhr setzen	Haustechnik.Sanitär
45		5.1.1.2 Leitungen verlegen	Haustechnik.Sanitär
47		5.1.2.1 Gastherme installieren/anschließen	Haustechnik.Heizung
48		5.1.2.2 Fußbodenheizungsverteiler setzen	Haustechnik.Heizung
49		5.1.2.3 Heizungsleitungen verlegen/anschließen	Haustechnik.Heizung
51		5.1.3.1 Hauptverteilung anschließen	Haustechnik.Elektro
52		5.1.3.2 Kabel verlegen	Haustechnik.Elektro
62		5.4.1 Sanitärobjekte montieren	Haustechnik.Sanitär
63		5.4.2 Heizungsendmontage durchführen	Haustechnik.Heizung
64		5.4.3 Elektroendmontage durchführen	Haustechnik.Elektro

Vorgänge hervorheben

Eine ähnliche Funktionsweise wie das Gruppieren bietet das Feature *Hervorheben von Vorgängen.* Im Unterschied zu der *Gruppierung* und zum *Filtern* wird hier nur der Text des Vorgangs hervorgehoben, der einem bestimmten Kriterium entspricht. Wenn Sie zum Beispiel das eben erstellte Element, das die *Haustechnik*-Vorgänge selektiert, über das Menüband mit dem Befehl *Ansicht/Daten/Hervorheben* aktivieren, werden die gefundenen Vorgänge lediglich mit einer Hintergrundfarbe *Hervorgehoben* (Abbildung 5.34).

Projektplanung

Abbildg. 5.34 Hervorgehobene Vorgänge

	Vorgan	Vorgangsname	Gewerke
42		⊟ **5.1 ROHINSTALLATIONEN HAUSTECHNIK**	
43		⊟ **5.1.1 SANITÄR**	
44		5.1.1.1 Wasseruhr setzen	**Haustechnik.Sanitär**
45		5.1.1.2 Leitungen verlegen	Haustechnik.Sanitär
46		⊟ **5.1.2 HEIZUNG**	
47		5.1.2.1 Gastherme installieren/anschließen	Haustechnik.Heizung
48		5.1.2.2 Fußbodenheizungsverteiler setzen	Haustechnik.Heizung
49		5.1.2.3 Heizungsleitungen verlegen/anschließen	Haustechnik.Heizung
50		⊟ **5.1.3 ELEKTRO**	
51		5.1.3.1 Hauptverteilung anschließen	Haustechnik.Elektro
52		5.1.3.2 Kabel verlegen	Haustechnik.Elektro
53		5.1.4 MS Rohinstallationen abgenommen	
54		⊟ **5.2 TROCKENBAU**	
55		5.2.1 Innenwände schließen	Innenausbau.Stuckateur
56		5.2.2 Innenwände verspachteln	Innenausbau.Stuckateur
57		⊟ **5.3 ROHFUSSBODEN**	
58		5.3.1 Estrich verlegen	Baumeister.Maurerarbeiten
59		5.3.2 MS Estrich begehbar	Baumeister.Maurerarbeiten
60		5.3.3 MS Estrich verlegebereit	
61		⊟ **5.4 HAUSTECHNIK ENDINSTALLATIONEN**	
62		5.4.1 Sanitärobjekte montieren	Haustechnik.Sanitär
63		5.4.2 Heizungsendmontage durchführen	Haustechnik.Heizung
64		5.4.3 Elektroendmontage durchführen	Haustechnik.Elektro

Wie Sie gesehen haben, bestehen in Microsoft Project 2010 vielfältige Möglichkeiten, um Vorgänge nach Ihrem Wunsch auf dem Bildschirm darzustellen. Ob Sie letztendlich die Vorgänge filtern, gruppieren oder nur hervorheben, bleibt Ihnen überlassen.

Zusammenfassung

In diesem Kapitel haben Sie erfahren, wie Sie einen Projektstrukturplan erstellen und mit Gliederungen und PSP-Codes einen Projektplan zusätzlich strukturieren können. Das Erstellen und Verwenden von Gliederungs- und PSP-Codes stellt eine wichtige Möglichkeit dar, um das Projekt an betriebsspezifische Bedürfnisse (z.B. SAP-PSP-Elemente) anzupassen.

Kapitel 6

Vorgangs- und Terminplanung

In diesem Kapitel:

Dieses Kapitel beschäftigt sich mit dem Aufbau eines Terminplans. Die einzige Maßgabe in diesem Kapitel ist der logische Aufbau eines Planablaufs, um eine möglichst konkrete Aussage über den Projektablauf und eine erste Abschätzung über den Endtermin des Projekts zu bekommen. Hierbei werden absichtlich eventuell später auftauchende Einschränkungen wie zum Beispiel Ressourcenengpässe oder Terminverzögerungen während des Projektablaufs und Ähnliches vernachlässigt. Dadurch bekommen Sie einen klaren Blick dafür, wie Ihr Projekt aufgrund von inhaltlichen Abhängigkeiten aufgebaut sein muss.

Aller Anfang ist schwer

Natürlich sind die nun folgenden Festlegungen keine allgemein verbindlichen Regeln. Getreu dem Grundsatz, dass immer viele Wege nach Rom führen, gibt es mit Sicherheit auch andere Ansätze, die am Ende zum gleichen Ergebnis führen. Die im Folgenden beschriebene Vorgehensweise stellt aber aus unserer Sicht einen Best-Practice-Ansatz dar, nach dem wir Autoren selbst auch vorgehen und unsere Projekte recht erfolgreich mitHilfe von Project durchführen.

Ideen sammeln

Kennen Sie das Problem: Sie sitzen vor einem leeren Blatt und es gelingt Ihnen einfach kein Start? Schon beim Schreiben eines Texts ist das mitunter eine große Hürde. Bei Project ist das noch ungleich schwerer, weil man sofort in eine Struktur gezwängt wird, d.h. die kreative Freiheit ist erheblich eingeschränkt. Ein genereller Hinweis ist folgender: Verzichten Sie zunächst einmal auf Project und versuchen Sie mithilfe von Kreativtechniken Inhalte/Ideen zu sammeln. Hier bietet sich die weit verbreitete Technik des Brainstormings an. Eine weiterführende Technik des Brainstormings ist das MindMapping, welches es Ihnen erlaubt, Ideen aus einem Brainstorming zu sortieren und auch zu strukturieren. Es gibt dazu auch einige nützliche Softwaretools, die dabei helfen können. Suchen Sie im Internet unter dem Begriff »MindMap Software« und Sie werden überrascht sein, wie viele verschiedene Angebote – auch im Freeware-Bereich – es hier gibt. Wie ein solcher Start aussehen kann, zeigt die Abbildung 6.1.

Abbildg. 6.1 MindMap für die Planung eines Einfamilienhauses

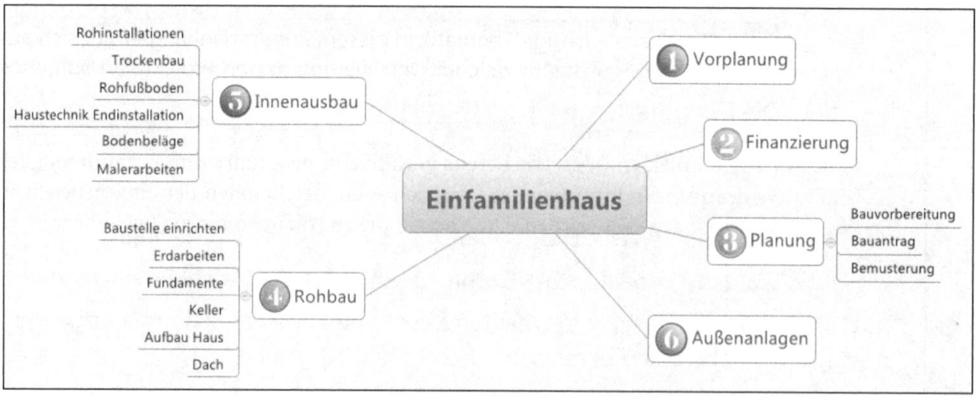

Sobald Sie einige grundlegende Ideen über den Ablauf Ihres Projekts haben, können Sie mit dem Aufbau Ihres Projektplans beginnen. Es reicht bereits die im MindMap gezeigte erste Ebene – nennen wir sie »Phasen« –, um mit einer sinnvollen Struktur beginnen zu können. Allerdings sollten Sie ein paar grundsätzliche Regeln befolgen, um im Laufe der Planung nicht zu viele unnötige Umstrukturierungen Ihres Plans vornehmen zu müssen.

Was gehört in das Projekt?

Bis ein Projekt richtig startet, müssen eine ganze Reihe von Vorarbeiten durchgeführt werden. Die Organisationsstrukturen müssen stimmen, die Ziele definiert sein, die Grundstruktur des Projekts sollte stehen. Dann kann es damit losgehen, die Vorgänge in Project einzugeben. Allerdings müssen vorab drei wichtige Fragen geklärt werden.

HINWEIS Die zentrale Frage, die sich dabei stellt, ist sicherlich die nach dem richtigen Anfang: Sollen mit Project alle Phasen des Projekts abgebildet werden oder nur einige dieser Phasen?

Wie so oft beim Projektmanagement lässt sich darauf keine pauschale Antwort geben. Es gibt nicht den »richtigen« Ansatz. Vieles hängt von der Größe des Projekts und dem Aufwand ab, der für die einzelnen (in Kapitel 1 definierten) Phasen erforderlich ist.

Wenn Sie beispielsweise komplexe Machbarkeitsstudien durchführen müssen, ist das zweifelsohne ein Fall für Project. Wenn die Zieldefinition ein umfangreicher Prozess ist, gehört das ebenfalls in die explizite, softwaregestützte Planung hinein. Wenn vor dem eigentlichen Projekt langwierige und aufwändige Angebotsabgaben stehen, können Sie das ebenfalls mit Project abbilden.

Letztlich hängt das davon ab, wie komplex der Prozess vor der eigentlichen Realisierung im Projekt ist. Wenn der Vorlauf sozusagen ein eigenes Projekt darstellt, müssen Sie darauf auch die Methoden des Projektmanagements anwenden.

Es hängt aber auch davon ab, wann Sie mit dem Einsatz der Projektplanungssoftware beginnen. Wenn das eigentliche Projektteam erst nach der Machbarkeitsstudie und der Zieldefinition festgelegt wird, gehören zumindest die frühen Phasen nicht zu diesem Projekt. Diese Phasen können dann durchaus ein eigenständiges Projekt sein, werden von Ihnen aber nicht berücksichtigt.

HINWEIS Die zweite wichtige Thematik in diesem Zusammenhang ergibt sich aus der Frage, welche Bereiche eines Projekts in welcher Detaillierung in den Projektplan aufgenommen werden.

In den meisten Projekten ist es, wie bereits in Kapitel 1 ausgeführt wurde, kaum möglich, bereits zu Beginn bis hin zum Ende zu planen. Dennoch sollte der Rahmen der eingegebenen Phasen eines Projekts sehr weit angelegt werden. Die Phasen, die zu Anfang nur grob bekannt sind, werden dann im weiteren Verlauf differenziert.

Erleichtert wird eine umfassende Strukturierung von Projekten, wenn Sie häufiger mit Project arbeiten. Sie können dann Informationen aus vergangenen Projekten als Basis für die Strukturierung neuer Projekte verwenden. Falls sich die Projekte in ihrer Struktur stark ähneln, können Sie sogar mit Vorlagen arbeiten. Auf die Thematik der Vorlagen wird in Kapitel 20 noch ausführlich eingegangen.

Die spätere Strukturierung eines Projekts wird in Project dadurch erleichtert, dass Projekte ohnehin mit hierarchischen Strukturen für Vorgänge aufgebaut werden können (und sollten). Dadurch kann ein Vorgang später untergliedert und als »Sammelvorgang« definiert werden. So lässt sich ein Projekt verfeinern.

Die Gliederungstiefe

Die dritte Frage, die es vorab zu klären gilt, ist die nach der richtigen Gliederungstiefe bei der Strukturierung eines Projekts. Auch diese Frage lässt sich nicht pauschal beantworten.

Insbesondere bei der Feingliederung stellt sich immer wieder die Frage, wie tief gegliedert werden sollte. Die nachfolgenden Ansätze bringen Sie einer Antwort näher.

Ein Vorgang auf der untersten Ebene sollte sich durch folgende Merkmale auszeichnen:

- Durch eine Aufteilung des Vorgangs sind keine weiteren Steuerungsinformationen für das Projektmanagement zu erhalten
- Die Ressourcen, die diesem Vorgang zugeordnet werden, müssen nicht trennbare Tätigkeiten verrichten
- In dem Vorgang wird nur eine bestimmte Tätigkeit vollbracht

Mit anderen Worten: Es ergibt keinen Sinn, Vorgänge weiter zu unterteilen, wenn Sie dadurch keine zusätzlichen Steuerungsinformationen erhalten. Ein gutes Beispiel dafür wären extern vergebene Vorgänge.

HINWEIS Wenn Sie Zwischeninformationen erhalten, ist es sinnvoll, einen solchen extern vergebenen Auftrag zu unterteilen. Wenn Sie dagegen nach der Vergabe erst an einem bestimmten Termin das fertige Ergebnis erhalten, brauchen Sie sich über die verschiedenen Vorgänge, die Ihr Auftragnehmer zu verrichten hat, keine Gedanken zu machen.

PROFITIPP Wichtig ist vor allem die Aufteilung von Vorgängen, an denen mehrere Ressourcen arbeiten. Wenn diese Ressourcen unterschiedliche Dinge durchführen, die keineswegs parallel verrichtet werden müssen, oder wenn in einem Vorgang unterschiedliche trennbare Tätigkeiten wie z.B. der Entwurf einer Software und die Codierung derselben vollbracht werden, sollten Sie diese weiter aufteilen.

Die optimale Gliederungstiefe in einer bestimmten Art von Projekt ist letztlich eine Frage der Erfahrung. Ein wichtiger Punkt bei der Feingliederung ist, dass Sie diese vielfach nur für die ersten Phasen in Ihrem Projekt durchführen können. So gibt es beispielsweise die Situation, dass in einem Projekt zunächst analysiert wird, ob ein Produkt bzw. eine Komponente selbst entwickelt oder zugekauft werden soll. Die genaue Gliederung für die Eigenentwicklung ergibt erst nach der »Make or Buy«-Entscheidung Sinn, da nur dann bekannt ist, ob das Konzept intern oder extern entworfen wird.

Es gibt keine optimale Gliederungstiefe mit drei, vier oder fünf Stufen, sondern nur einige Regeln, die beim Gliedern berücksichtigt werden sollten. Die fünf wichtigsten Regeln – und eine Ableitung – finden Sie nachfolgend.

Fünf Regeln zur Bestimmung der Gliederungstiefe

Regel 1 **Die Zerlegung eines Vorgangs in mehrere kleinere Vorgänge ist nur sinnvoll, wenn dadurch zusätzliche Steuerinformationen gewonnen werden können.**

Der Sinn der Gliederung eines Projekts in viele Einzelvorgänge liegt darin, dass dadurch die komplexe Struktur des Projekts überschaubarer wird und Abweichungen früher erfasst werden, sodass entsprechend schneller reagiert werden kann.

Beispiel **Vorgänge, die von externen Ressourcen durchgeführt werden.**

Wenn Sie z.B. einen Prospekt drucken lassen, ist es für Sie irrelevant, was der Drucker wann macht, solange Sie das Ergebnis am vereinbarten Zeitpunkt in der gewünschten Form in Händen halten.

Wenn Sie aber vorher einen Korrekturabzug und vielleicht auch noch eine Lieferung der Prospekte in mehreren Tranchen erhalten, sollten Sie weiter »zerlegen«. Denn dann sind die Erstellung des Korrekturabzugs und die Genehmigung oder Veränderung durch Sie ebenso wie die Lieferung der Prospekte jeweils eigene Vorgänge, die Ihnen Steuerungsinformationen liefern und damit Steuerungsmöglichkeiten für diesen oder verknüpfte Vorgänge bieten.

Regel 2 **Sachlich unterschiedliche Aktivitäten gehören in getrennte Vorgänge.**

Achten Sie grundsätzlich darauf, dass Sie in einem Vorgang nicht unterschiedliche Dinge miteinander vermischen. Sachlich unterscheidbare Aktivitäten gehören in unterschiedliche Vorgänge. Darauf stoßen Sie spätestens bei der Lösung von Terminengpässen.

Beispiel Wenn Sie beispielsweise ein Softwaremodul testen, bestehen die dafür erforderlichen Aktivitäten vielleicht aus dem Generieren von Testdaten, dem Schnittstellentest und dem funktionalen Test des Moduls. Das Generieren der Testdaten muss nun nicht unbedingt von dem Mitarbeiter, der auch den eigentlichen Test durchführt, übernommen werden. Dies lässt sich sinnvoll aber nur abbilden, wenn getrennte Vorgänge definiert werden. Ebenso können die verschiedenen Tests vielleicht von verschiedenen Mitarbeitern übernommen und damit parallel durchgeführt werden. Das Beispiel lässt sich noch ausbauen, wenn man zum einen das Bereitstellen der Testdaten und zum anderen die einzelnen Tests weiter analysiert.

Wenn die Testdaten, wie es bei der Entwicklung von Software für einen externen Auftraggeber häufig der Fall ist, von diesem bereitgestellt werden, ergeben sich schnell noch mehr Vorgänge:

- Abstimmungsgespräche über die Art der Testdaten
- Vorbereitung der Testdaten beim Auftraggeber
- Übermittlung der Testdaten zum Auftragnehmer
- Umsetzung der Testdaten in das benötigte Format

Aus dem letzten Vorgang können sich wiederum mehrere Vorgänge ergeben, wenn diese eingetippt, überprüft und womöglich noch konvertiert werden müssen und vielleicht auch noch Software für die Generierung der Testdaten erstellt werden muss.

Wie tief Sie gliedern, hängt nun vor allem von den anderen Regeln ab. Sie müssen sich aber in jedem Fall Gedanken über die innere Struktur der Vorgänge machen, um im konkreten Einzelfall entscheiden zu können, ob diese weiter zerlegt werden müssen oder nicht.

Regel 2a **Vorgänge, bei denen mehrere Ressourcen zu unterschiedlichen Zeitpunkten unterschiedliche Tätigkeiten vornehmen, sind aufzutrennen.**

Dies ist eine Ableitung der zweiten Regel, weil es sich um unterschiedliche sachliche Aktivitäten handelt. Wenn ein Fliesenleger die Fliesen legt und ein zweiter sie später ausfugt, so sind dies zwei verschiedene sachliche Aktivitäten.

In der Praxis wird aber durch den Blick auf die Ressourcen häufig erst deutlich, dass in einem Vorgang tatsächlich unterschiedliche Dinge passieren.

Regel 3 **Vorgänge mit zeitlichen Unterbrechungen sollten als getrennte Vorgänge definiert werden.**

Dahinter verbirgt sich weniger eine sachliche Notwendigkeit als vielmehr die Unfähigkeit von Project, solche Unterbrechungen zu verarbeiten. Project kann nur in Sondersituationen mit Unterbrechungsterminen umgehen, sodass Vorgänge, die auf jeden Fall eine »Lücke« aufweisen, sowohl aus Darstellungsgründen (im Balkendiagramm) als auch (und vor allem) wegen der Genauigkeit von ressourcenbezogenen Berechnungen (Arbeit und Kosten) getrennt werden müssen.

Häufig wird diese Notwendigkeit allerdings erst im Laufe des Projekts entstehen. In diesem Fall bietet es sich an, unter dem Vorgang die entsprechenden Teilvorgänge zu definieren und den bisherigen Vorgang als Sammelvorgang zu behalten. Damit wird die beste Vergleichbarkeit von Plan- und Istwerten erreicht.

Regel 4 **Die Strukturierung eines Projekts stellt immer einen Kompromiss zwischen der Genauigkeit der Projektsteuerung und dem Aufwand für die Projektsteuerung dar. Eine tiefere Gliederung muss »sich rechnen«.**

Wer detailliert gliedert, bekommt mehr Steuerungsinformationen, muss aber auch wesentlich mehr Vorgänge pflegen und überschauen. Bei der Gliederung eines Projekts ist daher, ebenso wie beim eigentlichen Projektmanagement, die Kunst des Kompromisses gefordert. Die entsprechende Formel lautet: »So tief wie nötig, so wenig wie möglich.«

Wenn Sie nur unwesentliche Steuerungsinformationen aus einer weiteren Strukturierung von Vorgängen erhalten oder in einem Bereich des Projekts ein großer zeitlicher Spielraum besteht, macht eine weitere Gliederung keinen Sinn. Sie können zudem einzelne Vorgänge auch im Laufe der Zeit weiter gliedern, wenn Sie zum Beispiel mit einem terminlichen Engpass konfrontiert werden.

Regel 5 **Die Vorgangsdauer sollte im Verhältnis zur Projektdauer nicht überproportional sein. Sehr lange Vorgänge deuten darauf hin, dass sie noch nicht bis ins Detail geplant wurden.**

Eine gute Faustregel für das Verhältnis von Vorgangsdauer zu Projektlänge ist, dass Vorgänge, deren Dauer mehr als das Doppelte der durchschnittlichen Länge aller Vorgänge betragen, einer näheren Betrachtung unterzogen werden sollten. Vorgänge mit langer Dauer sind zumeist Kandidaten für eine weitere Zerlegung. Wenn Sie also zum Beispiel überwiegend Vorgänge mit fünf Tagen Dauer und einzelne mit 20 Tagen Dauer haben, sollten Sie letztere einer näheren Betrachtung unterziehen.

Wie baut man die Struktur auf?

Eine weitere wichtige Frage ist, wie bei der Strukturierung vorgegangen werden soll. Soll das Sachziel oder die Tätigkeit im Vordergrund stehen?

Abbildg. 6.2 Das Sachziel steht im Vordergrund

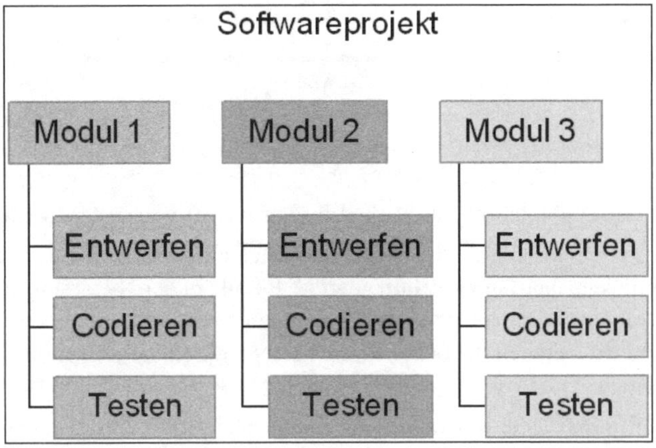

Soll also bei der Softwareentwicklung eine Struktur in der Form wie in Abbildung 6.2 gezeigt verwendet werden? Oder ist eine Strukturierung, die sich entsprechend der Abbildung 6.3 an den verrichteten Tätigkeiten orientiert, die bessere Lösung? Ähnliche Situationen lassen sich bei vielen anderen komplexen Projekten finden. Um eine Antwort auf diese Frage zu finden, bietet sich ein Blick auf die sachlichen Abhängigkeiten der verschiedenen Vorgänge an.

Abbildg. 6.3 Die Tätigkeiten stehen im Vordergrund

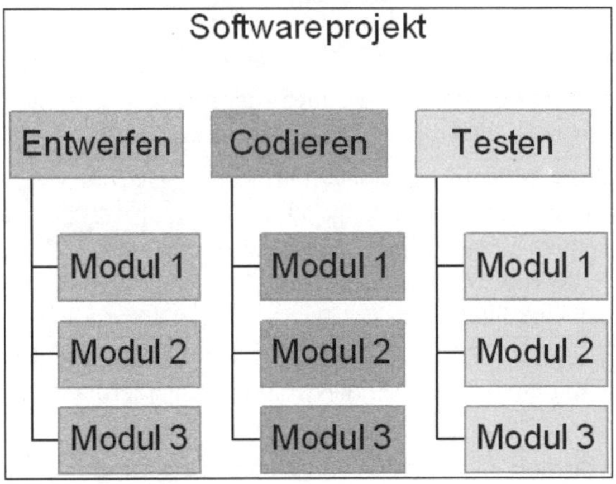

Wenn Sie sich die beiden Beispiele einmal mit den erforderlichen Verknüpfungen vorstellen, wird schnell deutlich, was in diesem Fall die bessere Lösung sein könnte.

Projektplanung

Abbildg. 6.4 Objektorientiertes Modell

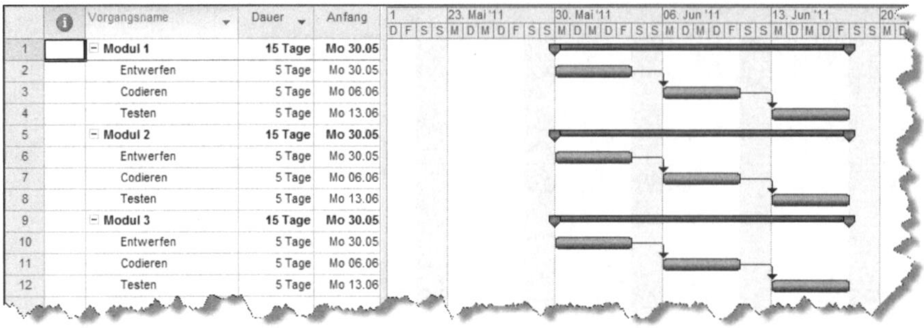

Die erste, in Abbildung 6.4 dargestellte, objektorientierte Variante scheint auf den ersten Blick klarer strukturiert zu sein als die in Abbildung 6.5 dargestellte tätigkeitsorientierte Variante. Die Tätigkeiten, die verrichtet werden müssen, spielen eine untergeordnete Rolle in der Hierarchie der Strukturierung. Sie ist in diesem Fall die einfachere Struktur. Sie wird auch »Phasenmodell« genannt. Beide Versionen kommen mit der gleichen Gesamtdauer aus und haben gleich viele Strukturebenen. Das bedeutet, dass keine der beiden Strukturierungsmöglichkeiten besser oder schlechter ist.

Letztlich entscheiden andere Kriterien darüber, wie ein Projekt strukturiert wird. Dies können zum Beispiel einschränkende Faktoren wie die Ressourcenverfügbarkeit sein. Sie müssen dies von Projekt zu Projekt immer neu entscheiden. Es hängt auch von Ihren eigenen Vorstellungen ab, wie Ihr Projekt aussehen soll. Darüber hinaus haben Sie noch die Möglichkeit, mithilfe von Gliederungscodes mehrere Strukturierungen in Ihrem Plan unterzubringen.

Abbildg. 6.5 Tätigkeitsbezogener Ansatz (Phasenmodell)

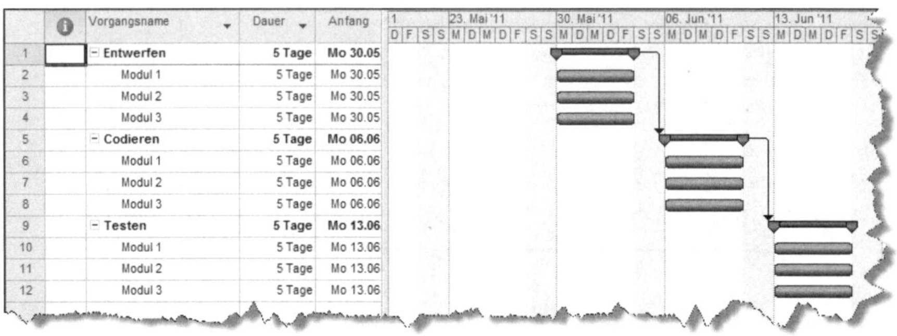

HINWEIS Diese Überlegungen müssen Sie abschließen, bevor es an die eigentliche Eingabe der Vorgänge geht. Denn Sie sollten die Vorgänge möglichst in einer einigermaßen exakten Reihenfolge eingeben.

Verlassen Sie sich dabei nicht auf die Sortierfunktionen von Project. Diese sind eher geeignet, Ihr Projekt in Unordnung zu bringen, als eine chaotische Struktur in eine logische Abfolge umzusetzen. Sortierfunktionen sind recht hilfreich, um temporär eine Sortierung für einen Bericht oder eine Analyse durchzuführen. Die Grundstruktur des Projekts müssen Sie aber schon selbst festlegen.

In unserem Hausbau-Beispiel haben wir uns auf das Phasenmodell festgelegt, mit welchem wir in den unterschiedlichsten Projekten sehr gute Erfahrungen gemacht haben.

WICHTIG Project kann auch mit völlig unstrukturierten Projekten arbeiten. Sie müssen aber den Überblick über das Projekt behalten können und beispielsweise Verknüpfungen richtig und vollständig definieren. Das geht deutlich einfacher, wenn Sie das Projekt bereits in klar strukturierter Form eingeben.

CD-ROM Die beiden Varianten, wie Sie Projekte strukturieren können, finden Sie in den Projekten *Objektorientiert.mpp* und *Phasenorientiert.mpp* innerhalb der Beispieldateien zum Buch im Ordner *\Buch\Kap06*.

Generelle Planungsfestlegungen

Grundsätzlich gibt es, wie schon in vorherigen Kapiteln beschrieben, in Project drei verschiedene Terminplanelemente, um einen Projektplan zu erstellen:

- Sammelvorgänge
- Vorgänge
- Meilensteine

Diese drei verschiedenen Elemente sollten grundsätzlich auch textuell erkennbar sein, da es Ansichten und Listen dieser Elemente gibt, die weder die Struktur des Projekts noch die von Ihnen erstellte Reihenfolge wiedergeben. Beispielsweise, wenn Sie im Dialogfeld *Informationen zum Vorgang* auf der Registerkarte *Vorgänger* einen Vorgänger auswählen wollen – Näheres dazu später –, bekommen Sie eine völlig unstrukturierte Liste aller sichtbaren Vorgänge, Sammelvorgänge oder Meilensteine, die noch dazu alphabetisch sortiert ist (Abbildung 6.6).

Abbildg. 6.6 Auswahl eines Vorgängers – welcher ist der richtige?

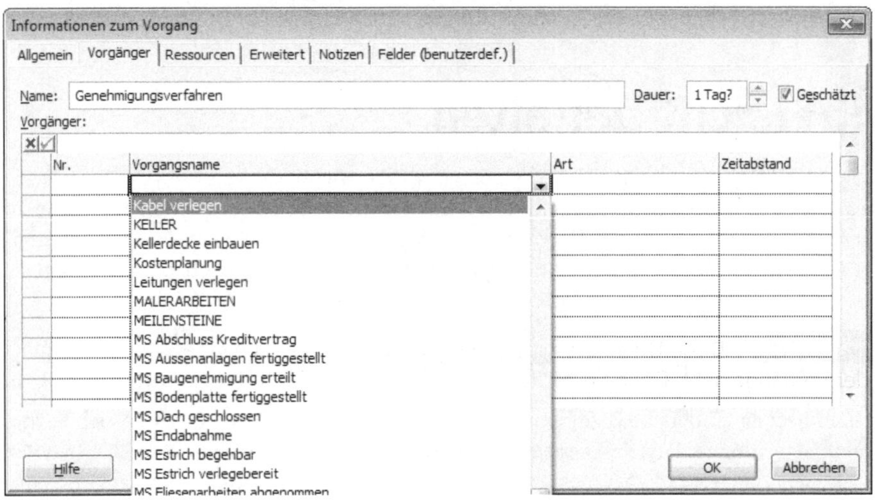

Hier wird sofort deutlich, dass ohne eine vernünftige Sprachregelung sowie orthografische Feinheiten eine Auswahl, welches der korrekte Vorgang ist, sehr schwer fallen dürfte, wenn man nicht durch die folgenden Regeln eine kleine Hilfestellung gibt.

Tabelle 6.1 Sprachliche Regelungen beim Erstellen von Projektplanelementen

Terminplanelement	Orthografie	Sprachregelung
Sammelvorgänge	Nur Großbuchstaben	Keine Verben, nur Substantive, um den Charakter einer Überschrift zu verdeutlichen
Vorgänge	Groß- und Kleinschreibung	Es sollte ein Verb beinhalten, um zu verdeutlichen, dass hier etwas getan wird
Meilensteine	Vorangestellt: *MS;* Groß-Kleinschreibung	Sollte sich auf die Tätigkeiten oder Sammelvorgänge beziehen, die an diesem Termin zu Ende sind, und ein Wort beinhalten, welches das Ende einer Tätigkeit signalisiert z.B.: abgeschlossen, beendet, fertiggestellt o. Ä.

Wenn Sie sich an diese drei einfachen Regeln halten, werden Sie feststellen, dass Sie mit diesem kleinen Trick viel Übersicht auch in Bereichen schaffen, in denen Ihre Grundstruktur des Projekts nicht angezeigt wird. Ein kleines Beispiel hierzu sehen Sie in Abbildung 6.6.

CD-ROM Die Beispiele zu diesem Kapitel finden Sie innerhalb der Begleitdateien zum Buch im Ordner *\Buch\Kap06*. Starten Sie zunächst mit der Datei *kap06_01.mpp*. Diese Datei knüpft an Kapitel 4 an und enthält nicht die Ergebnisse aus Kapitel 5.

WICHTIG Die angegebene Beispieldatei hat unter anderem die Einstellung, dass neue Vorgänge automatisch geplant sind. Sollten Sie mit einer eigenen leeren Datei beginnen wollen, sollten Sie dies berücksichtigen, um die gleichen Ergebnisse zu erzielen, wie im Folgenden dargestellt. Lesen Sie hierzu auch unbedingt zuerst das Kapitel 4!

Die Übersicht behalten

Wenn Sie anfangen, Ihren Plan zu gestalten, ist die wichtigste Maßgabe die Übersicht. Sollten Sie während der Projektausführung mit Ihrem Plan nicht mehr zurechtkommen, weil Sie die Übersicht verloren haben, dann haben Sie ganz am Anfang einen Fehler begangen. Die nächsten Abschnitte beschäftigen sich genau mit der Frage, wie Sie einen Plan übersichtlich gestalten können.

Wie rechnet Project Termine aus?

Da Project ein Tool ist, das auf der Netzplantechnik-Theorie basiert, richten sich auch alle Berechnungsalgorithmen danach. Diese gehen pauschal davon aus, dass alle Vorgänge (Knoten) in einem logischen Zusammenhang zueinander stehen. Das heißt, es werden die Termine eines Vorgangs nicht manuell eingegeben, sondern aufgrund ihrer logischen Verbindung zu anderen Vorgängen berechnet. Dies führt dazu, dass aufgrund von logischen Informationen und Aufwandsschätzungen ein Terminplan entsteht.

Was bedeutet Netzplantechnik?

Der Einsatz der Netzplantechnik soll vier wichtige Fragen beantworten:

- Wie lange wird das ganze Projekt dauern? Welche Risiken treten dabei auf?
- Welche kritischen Aktivitäten des Projekts können das gesamte Projekt verzögern, wenn diese nicht rechtzeitig fertig werden?
- Ist das Projekt im Zeitplan, wird es früher oder später fertig?
- Wenn das Projekt früher fertig werden soll, was ist am besten zu tun? Wie kann man eine Beschleunigung mit den geringsten Kosten erreichen?

Das Konzept der Netzplantechnik beruht auf der Erfahrung, dass wenige Aktivitäten, die den längsten Pfad durch das Netzwerk bilden, den Verlauf des gesamten Projekts bestimmen. Wenn diese »kritischen« Aktivitäten frühzeitig erkannt werden, können auch frühzeitig Gegenmaßnahmen ergriffen werden. Das Management kann sich auf die kritischen Aktivitäten konzentrieren. Unkritische Aktivitäten können umgeplant werden, ohne das gesamte Projekt zu beeinflussen.

Auszug aus DIN 69900, Teil 1

Der Begriff Netzplantechnik umfasst »alle Verfahren zur Analyse, Planung, Steuerung und Überwachung von Abläufen auf der Grundlage der Graphentheorie, wobei Zeit, Kosten, Einsatzmittel bzw. Ressourcen und weitere Einflussgrößen berücksichtigt werden können«. Ein Netzplan ist die »grafische oder tabellarische Darstellung von Abläufen und der Abhängigkeiten«.

Die Netzplantechnik stellt ein Hilfsmittel dar, das unter anderem folgenden Zwecken dient:

- Für alle Vorgänge des Projekts kann mithilfe der Netzplantechnik ein Zeitplan entwickelt werden
- Die logischen Zusammenhänge eines Projekts vom Anfang bis zum Abschluss können übersichtlich dargestellt werden
- Ein kritischer Pfad und Ressourcenengpässe, welche die Einhaltung des Endtermins gefährden können, lassen sich leicht identifizieren
- Netzpläne bilden die Basis für die laufende Projektkontrolle und Terminüberwachung

Goldene Regel 3: Das Blackbox-Prinzip

Oft werden Projekte sehr schnell ziemlich komplex. Gerade größere Projekte erreichen durch ihre logischen Zusammenhänge in kurzer Zeit einen hohen Komplexitätsgrad. Deshalb empfiehlt es sich, gerade bei der Strukturierung eines Projekts sehr sauber und konsequent nach einem bestimmten Schema vorzugehen. Unser Vorschlag ist die sogenannte Blackbox-Struktur. Diese Struktur geht davon aus, dass man in einem frühen Planungsstadium eine grobe Projektstruktur im Kopf hat, die im Verlauf eines Projekts verfeinert wird.

Prinzip ist, dass eine Box in sich immer eine abgeschlossene Phase oder einen Teil eines Projekts darstellt. Diese Phase hat in sich ein bis mehrere Teilvorgänge oder weitere untergeordnete Sammelebenen, die miteinander in logischen Zusammenhängen stehen, aber nach außen nur eine einzige logische Verknüpfung haben, die auf Ebene des übergeordneten Sammelvorgangs angelegt wird.

Abbildg. 6.7 Schematische Darstellung der Blackbox-Variante

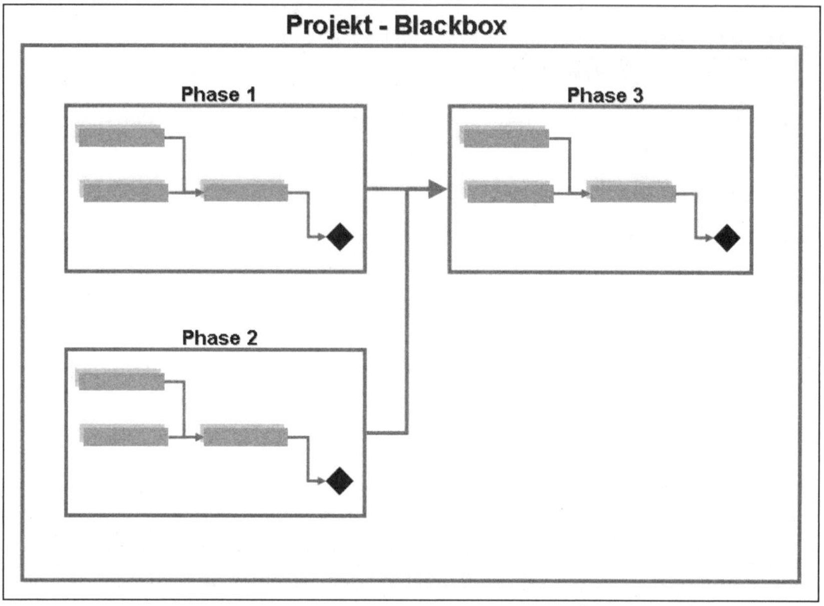

Ein paar einfache Regeln zum Erstellen dieser Struktur:

- Strukturieren Sie Ihr Projekt mithilfe von Sammelvorgängen, wie es in dem schematischen Beispiel in Abbildung 6.7 dargestellt ist
- Jeder Sammelvorgang hat ein abgeschlossenes Ende!
- Verknüpfungen werden immer nur auf der gleichen Ebene erstellt, nie auf eine tiefere oder höhere Ebene
- Verknüpfen Sie die Teilvorgänge innerhalb der Sammelvorgänge/Phasen entsprechend der definierten Logik, aber verknüpfen Sie nicht Teilvorgänge über Sammelvorgänge hinweg
- Verknüpfen Sie anschließend auf Sammelvorgangsebene die Phasen (Blackboxes) miteinander
- Auf der gleichen Ebene des Projektplans kann es nur Sammelvorgänge oder Teilvorgänge geben, aber niemals beides zusammen

Planbare Vorgänge für die Ressourcenkosten und Aufwandsplanung befinden sich immer auf der untersten Ebene. Das erhöht die Übersichtlichkeit des Projekts.

Abbildg. 6.8 Beispiel eines Projekts nach dem Blackbox-Prinzip

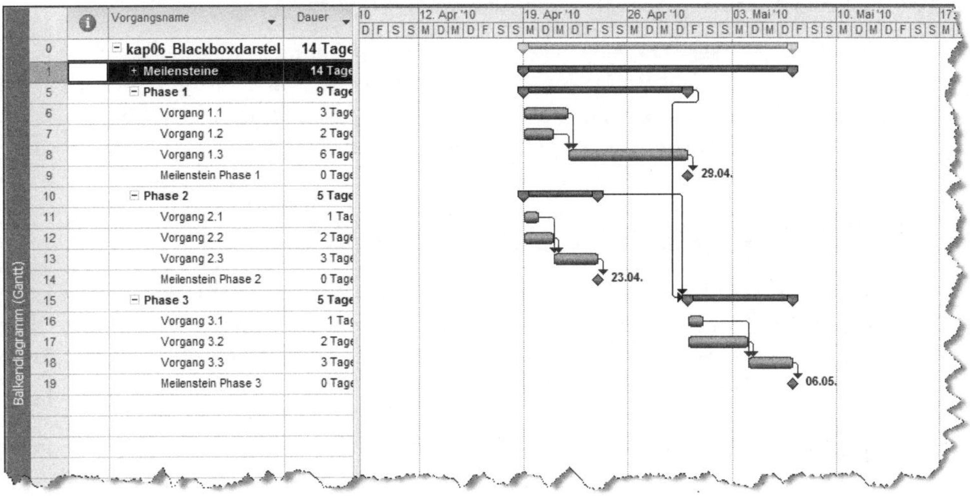

Man sieht auf allen Ebenen des Projekts immer auch die logischen Zusammenhänge, da die logischen Verknüpfungen immer auf der angezeigten Ebene sichtbar sind (Abbildung 6.9).

Abbildg. 6.9 Darstellung der Projektlogik mit ausgeblendeten Teilvorgängen

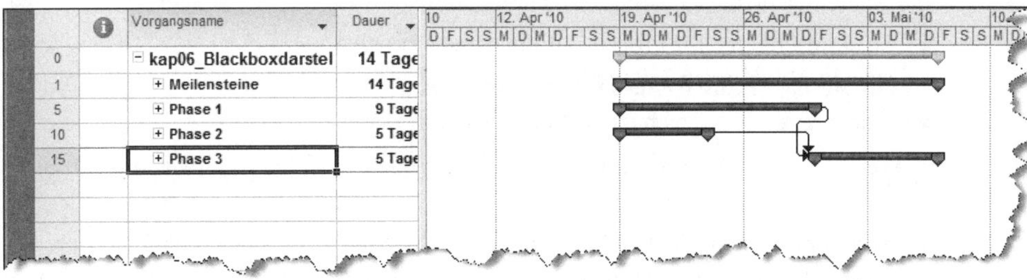

Jede Phase ist für sich alleine bearbeitbar, ohne dass die Gesamtlogik des Projekts verändert wird (Abbildung 6.10).

Abbildg. 6.10 Bearbeiten der einzelnen Phasen ohne Verletzung der übergreifenden Logik

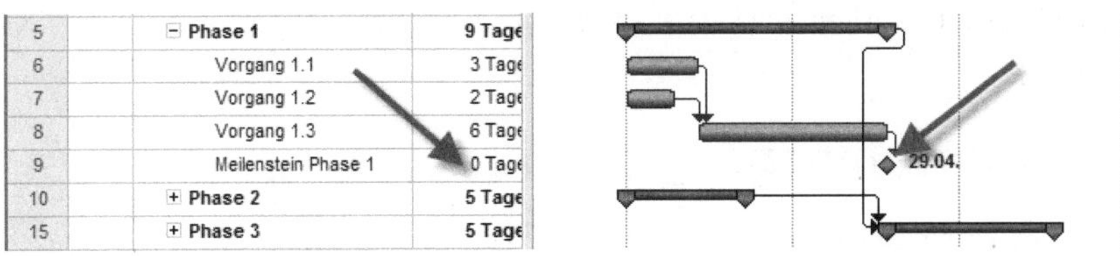

Die Projektstruktur festlegen

Ein der wichtigsten Entscheidungen zu Beginn der Planung ist die Festlegung der Planstruktur. Es gibt diverse Möglichkeiten, einen Plan zu strukturieren, und natürlich keinen Königsweg. Die folgenden Abschnitte beschreiben einen von mehreren Ansätzen, die man verfolgen kann. Aus unseren Erfahrungen heraus war dies bisher der erfolgreichste.

Die Hauptphasen des Projekts

Wenn Sie Ihre Ideensammlung bzw. die ersten Überlegungen zur Struktur des Projekts erfolgreich hinter sich gebracht haben, spricht nichts dagegen, mit dem Aufbau des Terminplans zu beginnen. Gemäß der Goldenen Regel 3 (siehe Seite 157) beginnen wir mit den Hauptphasen des Projekts, um dann im Verlauf der Planung den Terminplan zu verfeinern.

TIPP Überstürzen Sie zu diesem Zeitpunkt der initialen Projektplanung nichts und überlegen Sie sehr genau, wie Sie Ihr Projekt aufbauen wollen. Gerade Aufbaufehler, die in dieser Projektphase oft gemacht werden, weil man zum Beispiel schnell einen Terminplan abliefern muss, führen oft zu sehr aufwändigen und komplizierten Planungsänderungen während der Projektdurchführung. Und dies meist immer gerade dann, wenn es darauf ankommt, einen sinnvollen Planaufbau zu haben, um kritische Projektphasen sinnvoll steuern zu können.

Die Phasen aus Abbildung 6.11 sollen nun auf Basis der Ideensammlung im Plan eingetragen werden.

Abbildg. 6.11 Die Projektphasen zum Bau des Einfamilienhauses

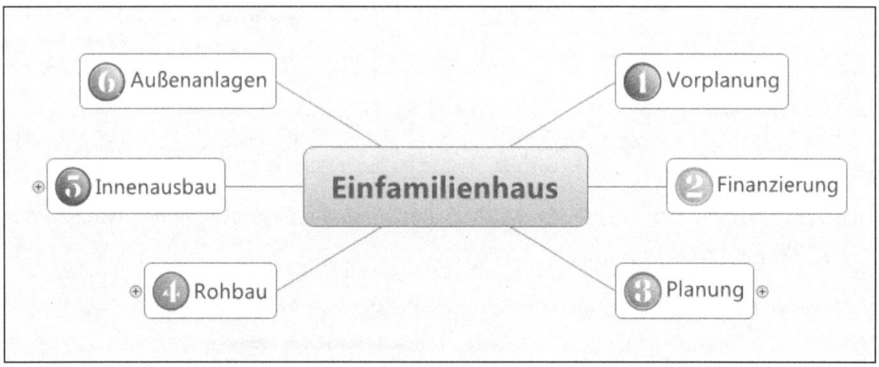

Mit Sammelvorgängen arbeiten

Da diese Phasen anschließend noch verfeinert werden, bietet es sich an, sie gleich als Sammelvorgänge einzufügen. Dabei wird ein Sammelvorgang mit einem untergeordneten Dummyvorgang erstellt.

TIPP Grundsätzlich sollten Sie immer dann, wenn der vorzunehmende Eintrag später noch untergeordnete Elemente beinhaltet, gleich einen *Sammelvorgang* einfügen.

Um einen Sammelvorgang zu erstellen, gehen Sie folgendermaßen vor:

1. Setzen Sie die Einfügemarke an die Stelle in der Vorgangstabelle, an der Sie den Sammelvorgang erstellen wollen. In unserem Fall ist dies die Zeile 1.
2. Klicken Sie im Menüband auf der Registerkarte *Aufgabe* in der Gruppe *Einfügen* auf *Sammelvorgang einfügen.*

Es wird ein Sammelvorgang mit einem untergeordneten Vorgang erstellt, wie in Abbildung 6.12 dargestellt.

Abbildg. 6.12 Einen neuen Sammelvorgang einfügen

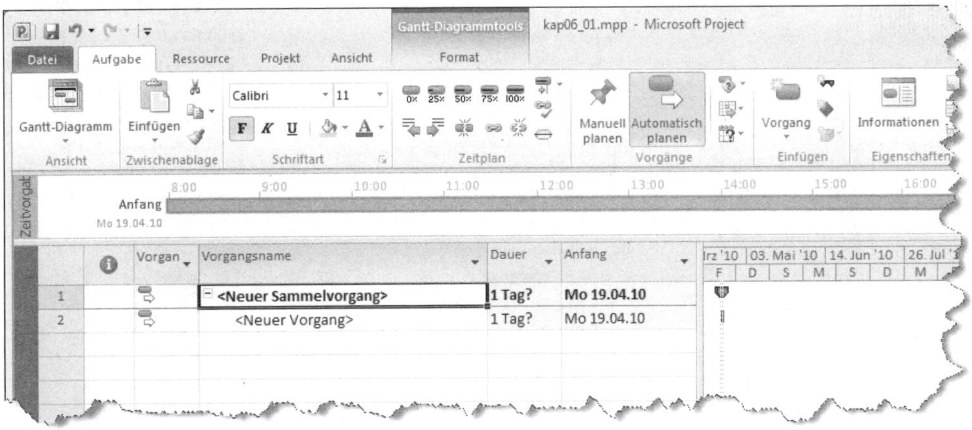

ACHTUNG Für die weiteren Sammelvorgänge müssen Sie eine Eigenheit von Project beachten. Ein Element wird über die Einfügefunktion immer auf der Ebene des darüber sichtbaren Vorgangs oder Sammelvorgangs eingestellt. Das bedeutet, wenn Sie auf der gleichen Ebene des vorherigen Sammelvorgangs einen weiteren Sammelvorgang einfügen wollen, müssen Sie zunächst den unterhalb erzeugten Vorgang ausblenden. Gehen Sie dazu folgendermaßen vor:

1. Setzen Sie die Einfügemarke in die Zeile des Sammelvorgangs, den Sie einklappen möchten (in unserem Fall Zeile 1).
2. Drücken Sie die Tastenkombination [⇧]+[Alt]+[-].

Der Sammelvorgang wird eingeklappt und der darunter befindliche Vorgang ist nicht mehr sichtbar.

Nun können Sie weitere Sammelvorgänge auf der gleichen Ebene hinzufügen:

1. Setzen Sie die Einfügemarke in die nächste freie Zeile und klicken Sie wiederum im Menüband unter *Aufgabe/Einfügen* auf *Sammelvorgang einfügen.*
2. Wiederholen Sie die oben beschriebenen Arbeitschritte so lange, bis Sie für jede Phase aus Abbildung 6.11 einen Sammelvorgang erzeugt haben.

Am Ende sollten Sie sechs Sammelvorgänge mit zugehörigen Vorgängen auf Ebene 1 Ihres Projektplans erstellt haben.

Abbildg. 6.13 Die sechs erstellten Sammelvorgänge

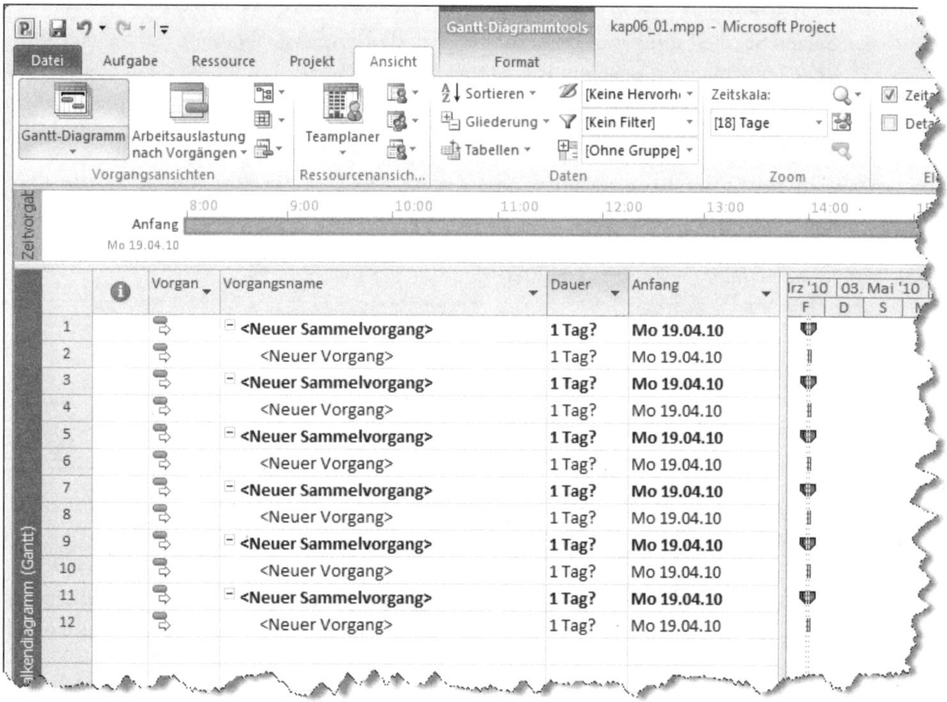

Um zu kontrollieren, ob sich die Sammelvorgänge tatsächlich alle auf der gleichen Ebene (1) befinden, können Sie eine Ansichtsoption von Project verwenden:

Abbildg. 6.14 Die Gliederungsebene 1 anzeigen

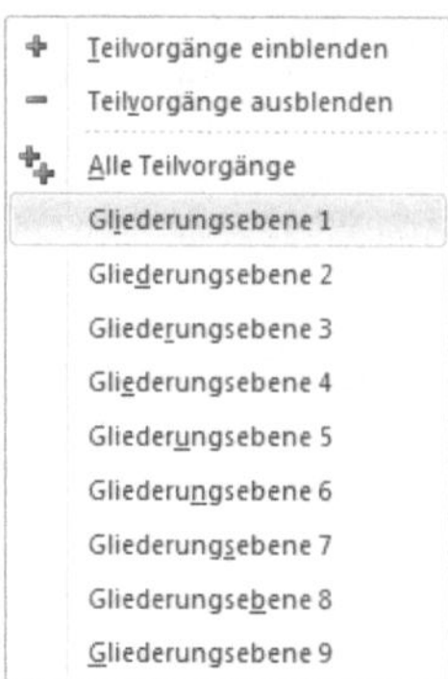

1. Rufen Sie im Menüband auf der Registerkarte *Ansicht* in der Gruppe *Daten* den Befehl *Gliederung* auf.

2. Im erscheinenden Untermenü wählen Sie den Eintrag *Gliederungsebene 1*.

Es sollten nun insgesamt sechs Sammelvorgänge ohne untergeordnete Vorgänge zu sehen sein.

Abbildg. 6.15 Die sechs Phasen der obersten Ebene

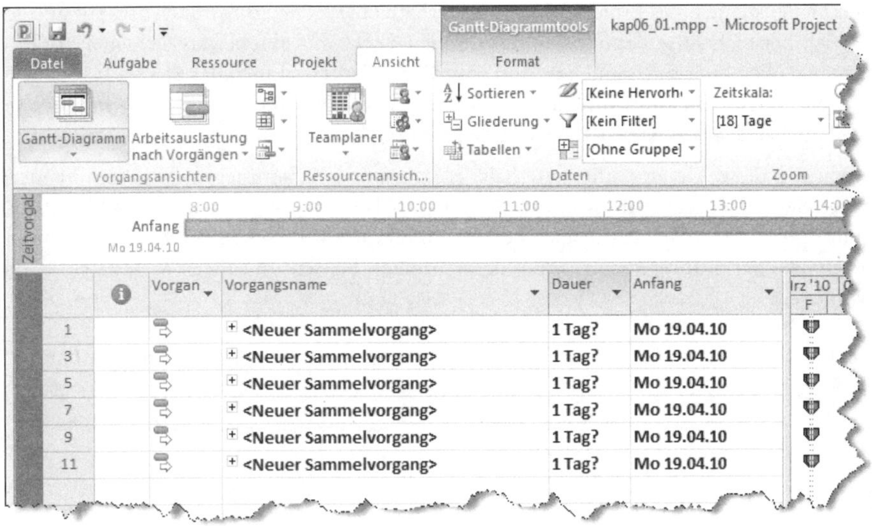

Nun müssen die Sammelvorgänge noch einen aussagekräftigen Namen bekommen. Dazu verwenden wir die Namen, die sie bereits aus der MindMap (Abbildung 6.11) kennen, und beachten außerdem die Regeln aus Tabelle 6.1.

1. Setzen Sie die Einfügemarke in das Feld *Vorgangsname* des betreffenden Sammelvorgangs.
2. Überschreiben Sie den Eintrag.

Die Ebene 1 Ihres Projekts sieht nun folgendermaßen aus:

Abbildg. 6.16 Sammelvorgänge nach dem Umbenennen

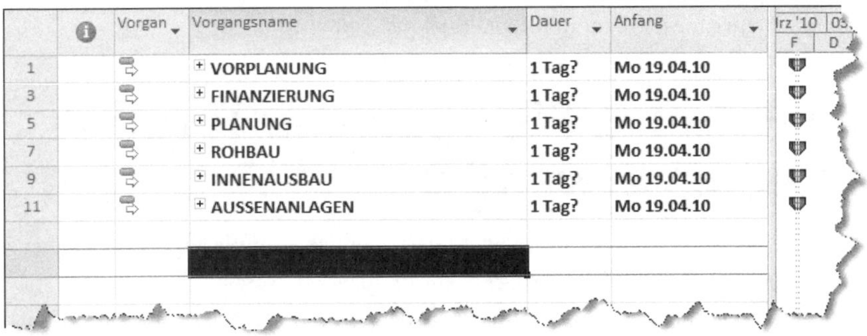

Dies ist noch lange kein Plan, aber Sie haben nun die grundlegende Struktur Ihres Projekts festgelegt. Auf dieser Basis können jetzt alle Planverfeinerungen auch im Laufe des Projekts durchgeführt werden. Doch zunächst führen wir ein wichtiges Element zum Steuern Ihres Projekts ein. Lesen Sie hierzu die beiden folgenden Abschnitte.

Die wichtigen Meilensteine

Laut Blackbox-Technik sollen Blackboxes (zumindest diejenigen, die einen inhaltlichen Abschluss haben) mit einem Meilenstein abgeschlossen werden. Zusätzlich kann man noch die entscheidenden Meilensteine eines Projekts separat innerhalb eines eigenen Sammelvorgangs anlegen. Das bietet sich beispielsweise dann an, wenn Sie Ihr Projekt mit einem vorgegebenen Vorgehensmodells planen wollen oder müssen. Dies kann in größeren Unternehmen der Fall sein, in denen bestimmte Modelle vereinheitlicht sind. Diese Meilensteine werden oft auch besonders beobachtet, zum Beispiel innerhalb eines zentralen Berichtswesens.

Wenn Sie diese Meilensteine unterhalb eines separaten Sammelvorgangs der Ebene 1 erstellen, haben Sie die Möglichkeit, Ihr Projekt mit den wichtigsten Meilensteinen und Phasen auf einer sehr komprimierten Ebene zu überwachen. In Abbildung 6.17 sehen Sie eine Darstellung, nachdem bereits die Verknüpfungen zwischen den einzelnen Phasen und Ihren Meilensteinen durchgeführt wurden.

Abbildg. 6.17 Die Hauptphasen des Projekts mit ihren Meilensteinen nach der logischen Verknüpfung

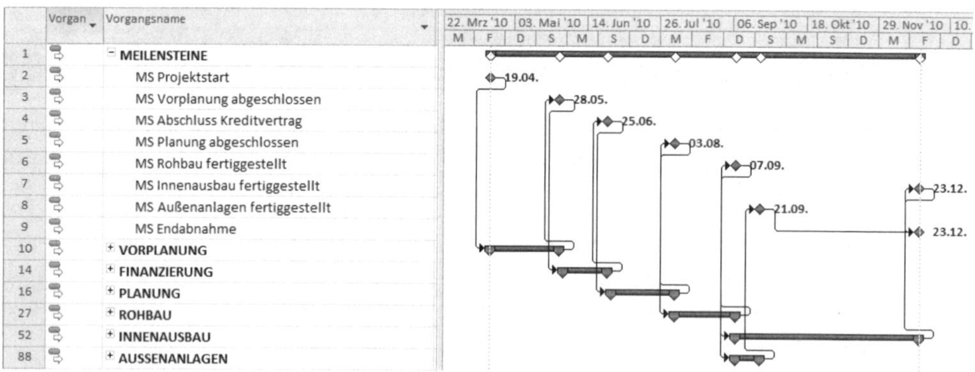

Bevor wir diese Darstellung im weiteren Verlauf dieses Kapitels realisieren, lesen Sie bitte unbedingt im nächsten Abschnitt, warum es vorteilhaft ist, Meilensteine gezielt einzusetzen und sie als Planungs- und Steuerungselement in Ihrem Projektplan zu nutzen.

Goldene Regel 4: Für spezielle Termine Meilensteine verwenden

Da sich in jedem Projekt das Problem ergibt, wie wichtige Termine abgebildet werden sollen, ist es sinnvoll, die folgenden Empfehlungen zu befolgen:

- Immer dann, wenn Sie einen Termin haben, den Sie in besonderer Weise im Verlauf des Projekts verfolgen wollen, sollten Sie einen Meilenstein verwenden
- Meilensteine sind besondere Vorgänge, die eine Vorgangsdauer von 0 Tagen haben (siehe Abbildung 6.18)

Abbildg. 6.18 Meilenstein festlegen, um eine Phase abzuschließen

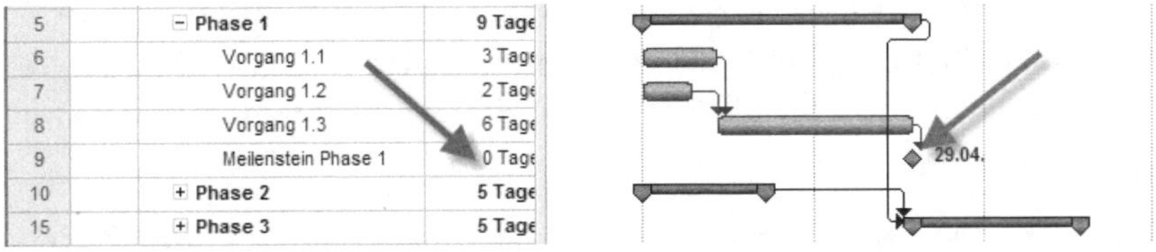

- Ein Termin ist ein ganz besonderer Punkt in einem Projektplan und sollte deshalb nicht noch zusätzlich mit Arbeit, Kosten und Ressourcen versehen werden. Eine Ausnahme sind Zahlungsmeilensteine, die natürlich mit Kostenressourcen bestückt werden müssen (siehe hierzu Kapitel 10).
- Diese speziellen Vorgänge sind auch im Gantt-Chart sehr gut zu identifizieren, da sie eine besondere Rautenform haben
- Meilensteine schließen in der Regel eine bestimmte Phase innerhalb eines Projekts ab

Die Hauptmeilensteine im Projekt festlegen

Soweit die Theorie, nun zur Praxis! Wir wollen nun die wichtigsten Meilensteine in den Projektplan an hervorgehobener Stelle eintragen. Hierzu legen wir einen neuen Sammelvorgang ganz oben im Plan an, um darunter die Meilensteine aus Tabelle 6.2 einzutragen.

Tabelle 6.2 Die Hauptmeilensteine des Projekts

Meilensteinname	Bemerkung
MS Projektstart	Nach der »Goldenen Regel 3« muss jedes Projekt einen eindeutigen Startpunkt haben
MS Vorplanung abgeschlossen	Abschluss der Phase *Vorplanung*
MS Abschluss Kreditvertrag	Abschluss der Phase *Finanzierung*
MS Planung abgeschlossen	Abschluss der Phase *Planung*
MS Rohbau fertiggestellt	Abschluss der Phase *Rohbau*
MS Innenausbau fertiggestellt	Abschluss der Phase *Innenausbau*
MS Außenanlagen fertiggestellt	Abschluss der Phase *Außenanlagen*
MS Endabnahme	Nach der »Goldenen Regel 3« muss jedes Projekt einen eindeutigen Endpunkt haben

CD-ROM Den Einstieg für die folgenden Schritte finden Sie in der Datei *Kap06_02_Alle Hauptphasen mit einem Dummyvorgang.mpp* innerhalb der Begleitdateien zum Buch im Ordner *\Buch\Kap06*.

Um die Meilensteine im Projektplan einzutragen, gehen Sie folgendermaßen vor:

1. Öffnen Sie die Datei *Kap06_02_Alle Hauptphasen mit einem Dummyvorgang.mpp*.

2. Markieren Sie die erste Zeile im Projektplan.
3. Erzeugen Sie durch Drücken der `Einfg`-Taste eine Leerzeile an oberster Stelle.
4. Klicken Sie im Menüband über *Aufgabe/Einfügen* auf die Schaltfläche *Sammelvorgang einfügen*. Es wird nun oberhalb der Markierung ein neuer Sammelvorgang mit einem Dummy eingefügt (Abbildung 6.19).

HINWEIS Die Leerzeile muss vorher erzeugt werden, weil sonst die Phase *Vorplanung* als eingerückte Subphase unter dem neuen Sammelvorgang erscheint, was eine nicht beabsichtigte Veränderung der Struktur zur Folge hätte.

Abbildg. 6.19 Das Projekt nach dem Einfügen eines neuen Sammelvorgangs

	Vorgan	Vorgangsname	Dauer	Anfang
1		**<Neuer Sammelvorgang>**	**1 Tag?**	**Mo 19.04.10**
2		<Neuer Vorgang>	1 Tag?	Mo 19.04.10
3				
4		**VORPLANUNG**	**1 Tag?**	**Mo 19.04.10**
5		<Neuer Vorgang>	1 Tag?	Mo 19.04.10
6		**FINANZIERUNG**	**1 Tag?**	**Mo 19.04.10**
7		<Neuer Vorgang>	1 Tag?	Mo 19.04.10
8		**PLANUNG**	**1 Tag?**	**Mo 19.04.10**
9		<Neuer Vorgang>	1 Tag?	Mo 19.04.10
10		**ROHBAU**	**1 Tag?**	**Mo 19.04.10**
11		<Neuer Vorgang>	1 Tag?	Mo 19.04.10
12		**INNENAUSBAU**	**1 Tag?**	**Mo 19.04.10**
13		<Neuer Vorgang>	1 Tag?	Mo 19.04.10
14		**AUSSENANLAGEN**	**1 Tag?**	**Mo 19.04.10**
15		<Neuer Vorgang>	1 Tag?	Mo 19.04.10

5. Erzeugen Sie durch Drücken der `Einfg`-Taste sechs weitere Leerzeilen unterhalb des entstandenen Sammelvorgangs.
6. Benennen Sie den Sammelvorgang um, indem Sie die Zelle *Vorgangsname* selektieren und den Namen *MEILENSTEINE* eintragen.
7. Weisen Sie den erzeugten Leerzeilen die Namen gemäß Tabelle 6.2 zu.
8. Damit aus den neuen Vorgängen auch wirklich Meilensteine im Sinne von Project werden, müssen Sie noch im Feld *Dauer* jeweils eine Null eintragen. Durch das Eintragen der Null setzt Project automatisch im Hintergrund eine Vorgangseigenschaft, die den Vorgang als Meilenstein kennzeichnet.

HINWEIS Der Sammelvorgang *MEILENSTEINE* dient lediglich als Zusammenfassungselement. Er ist kein Element im Sinne der Blackbox-Regel. Die Meilensteine werden in diesem Fall als gleiche Ebene wie die Sammelvorgänge der obersten Ebene betrachtet.

Es ist durchaus möglich, den Sammelvorgang mit den Hauptmeilensteinen unterhalb des Projektplans anzuordnen. Es gibt keinerlei technische Hinderungsgründe hierfür. Es ist reine Geschmackssache und jedem selbst überlassen, wie dieses Element angeordnet wird.

Darüber hinaus ist es auch nicht zwingend notwendig, eine eigene Struktur hierfür einzuführen. Genauso gut könnte man die Meilensteine im chronologischen Ablauf des Plans einordnen. Die Anordnung in einer eigenen Struktur hat lediglich Übersichtsgründe.

Abbildg. 6.20 Alle Hauptphasen plus Meilensteine

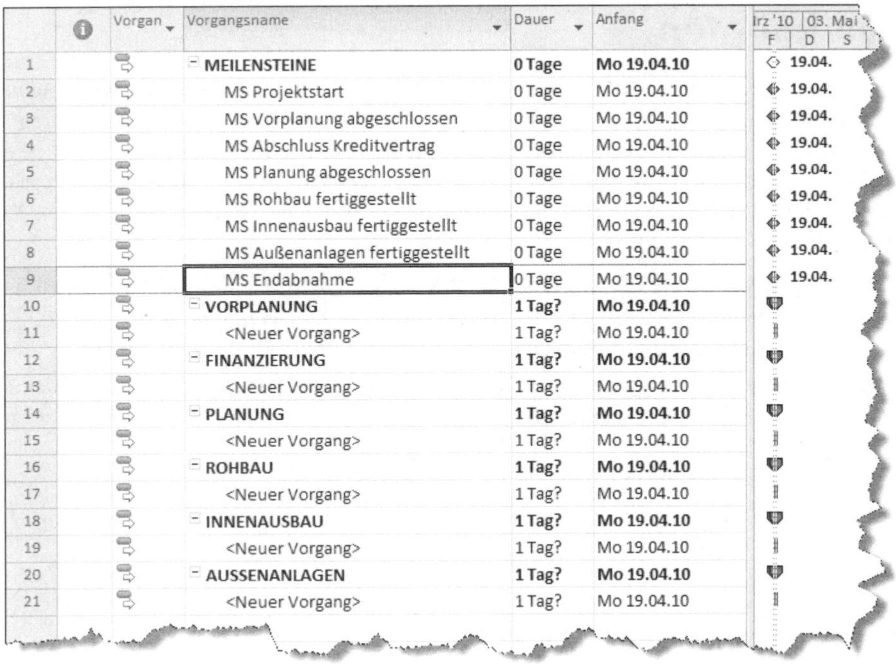

	Vorgangsname	Dauer	Anfang	Mrz '10 / 03. Mai
1	MEILENSTEINE	0 Tage	Mo 19.04.10	19.04.
2	MS Projektstart	0 Tage	Mo 19.04.10	19.04.
3	MS Vorplanung abgeschlossen	0 Tage	Mo 19.04.10	19.04.
4	MS Abschluss Kreditvertrag	0 Tage	Mo 19.04.10	19.04.
5	MS Planung abgeschlossen	0 Tage	Mo 19.04.10	19.04.
6	MS Rohbau fertiggestellt	0 Tage	Mo 19.04.10	19.04.
7	MS Innenausbau fertiggestellt	0 Tage	Mo 19.04.10	19.04.
8	MS Außenanlagen fertiggestellt	0 Tage	Mo 19.04.10	19.04.
9	MS Endabnahme	0 Tage	Mo 19.04.10	19.04.
10	VORPLANUNG	1 Tag?	Mo 19.04.10	
11	<Neuer Vorgang>	1 Tag?	Mo 19.04.10	
12	FINANZIERUNG	1 Tag?	Mo 19.04.10	
13	<Neuer Vorgang>	1 Tag?	Mo 19.04.10	
14	PLANUNG	1 Tag?	Mo 19.04.10	
15	<Neuer Vorgang>	1 Tag?	Mo 19.04.10	
16	ROHBAU	1 Tag?	Mo 19.04.10	
17	<Neuer Vorgang>	1 Tag?	Mo 19.04.10	
18	INNENAUSBAU	1 Tag?	Mo 19.04.10	
19	<Neuer Vorgang>	1 Tag?	Mo 19.04.10	
20	AUSSENANLAGEN	1 Tag?	Mo 19.04.10	
21	<Neuer Vorgang>	1 Tag?	Mo 19.04.10	

CD-ROM Diesen Stand des Projekts finden Sie in der Datei *Kap06_03_Alle Hauptphasen plus Hauptmeilensteine.mpp* innerhalb der Beispieldateien zum Buch im Ordner *\Buch\Kap06*.

Vom Groben ins Feine planen

An diesem Punkt der Planung gibt es nun eine grobe Struktur Ihres Projekts. Bevor Sie jetzt zur Feinplanung der einzelnen Phasen übergehen, sollten Sie die Grundlogik Ihres Terminplans im Projekt eintragen. Grundlogik heißt, dass Sie die logischen Verknüpfungen zwischen den Hauptphasen und den Hauptmeilensteinen auf der ersten Ebene des Projektplans festlegen müssen. Sobald Sie diese Logik einmal bestimmt haben, können Sie in der Feinplanung unterhalb der obersten Ebene mit Terminen, Dauern und Unterstrukturen den Plan immer weiter verfeinern, ohne die grundsätzliche Struktur zu verändern. Deshalb sind die Schritte, die bis hierhin vollzogen wurden, die wichtigsten innerhalb der Planungsphase. Haben Sie die Grundstruktur Ihres Projekts am Anfang gut durchdacht, werden Sie in der weiteren Planung und auch während der Projektdurchführung vieles einfacher haben. Sie werden Ihren Plan sehr einfach unter Kontrolle halten können und deutlich weniger Zeit für aufwendige Umplanungen aufwenden müssen.

Die Hauptphasen mit den Meilensteinen verknüpfen

Der erste Schritt ist das Verbinden der Hauptphasen mit den dazugehörigen Meilensteinen. Dies ist auch gleichzeitig die oberste Berichtsebene, die Sie in vielen anderen Arbeitsschritten verwenden können. Wenn Sie zum Beispiel einen Terminplan als Bericht darstellen wollen, ist es selten sinnvoll, alle Teilvorgänge darzustellen, da Sie diese in der Regel nie in einer lesbaren Form darstellen können. Wie sich die hier festgelegte Struktur in Berichten verwenden lässt, lesen Sie in *Teil D – Projektsteuerung* in den Kapiteln 13 und 14.

Um die Phasen mit den Meilensteinen zu verknüpfen, gehen Sie folgendermaßen vor:

1. Öffnen Sie die Datei *Kap06_03_Alle Hauptphasen plus Hauptmeilensteine.mpp* innerhalb der Beispieldateien zum Buch im Ordner *\Buch\Kap06.*
2. Reduzieren Sie die Ansicht der Vorgänge auf die erste Ebene, indem Sie im Menüband über *Ansicht/Daten/Gliederung* mit dem Befehl *Gliederungsebene 1* alle anderen Elemente ausblenden.

Abbildg. 6.21 Reduzieren der Ansicht auf die Gliederungsebene 1

3. Klicken Sie auf das Pluszeichen vor *MEILENSTEINE*, um die Meilensteine wieder anzuzeigen.
4. Ziehen Sie bei gedrückter linker Maustaste den Trennbalken zur grafischen Ansicht so weit nach rechts, bis Sie die Spalte *Vorgänger* in der Tabelle sehen.
5. Schieben Sie die Spalte *Vorgänger* per Drag & Drop rechts neben die Spalte *Zeilennummer.*
6. Klicken Sie mit der rechten Maustaste auf den Spaltenkopf der Spalte *Vorgangsmodus* und im Kontextmenü auf den Befehl *Spalte einfügen*, um zusätzlich die Spalte *Nachfolger* aus der angebotenen Liste einzublenden.

Abbildg. 6.22 Die Spalte *Nachfolger* zusätzlich einfügen

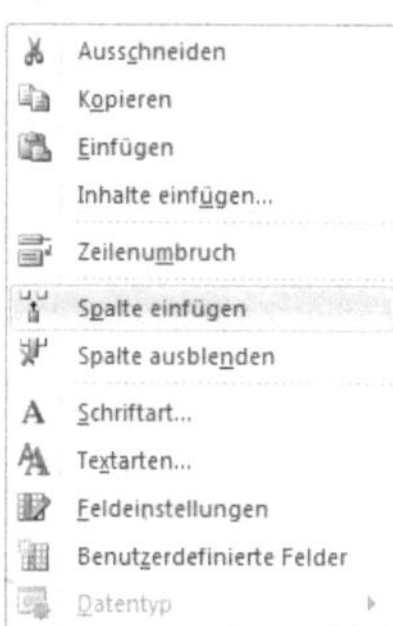

7. Sie können nun anhand der jeweiligen Zeilennummer den Vorgänger zu jedem Element in diese Spalte eintragen. Tun Sie dies gemäß Tabelle 6.3, geben Sie nur die Vorgängernummer ein. Die Spalte *Nachfolger* dient lediglich später zur Kontrolle.

Tabelle 6.3 Alle Vorgänger und Nachfolger auf oberster Ebene

Element	Vorgängernummer	Nachfolgernummer
MS Projektstart		10
MS Vorplanung abgeschlossen	10	12
MS Abschluss Kreditvertrag	12	14
MS Planung abgeschlossen	14	16
MS Rohbau fertiggestellt	16	18;20
MS Innenausbau fertiggestellt	18	9
MS Außenanlagen fertiggestellt	20	9
MS Endabnahme	7;8	
VORPLANUNG	2	3
FINANZIERUNG	3	4
PLANUNG	4	5
ROHBAU	5	6
INNENAUSBAU	6	7

Abbildg. 6.23 Die verknüpften Phasen mit den dazugehörigen Meilensteinen

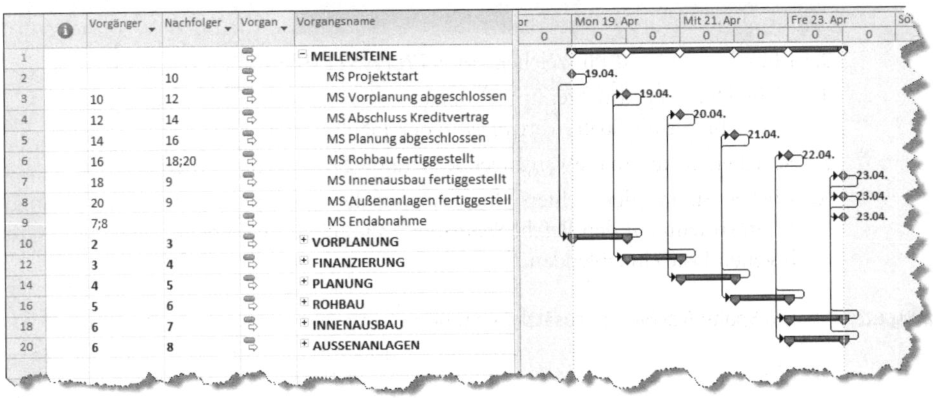

Meilensteine als Rollup formatieren

Eine weitere optische Aufbereitung ist das Kennzeichnen der Meilensteine als Rollup. Dadurch werden die Meilensteine auch dann angezeigt, wenn der Sammelvorgang zugeklappt ist. In diesem Fall werden dann die Meilensteine auf dem Sammelvorgang angezeigt. Um die Meilensteine als Rollup-Elemente zu kennzeichnen, gehen Sie so vor:

1. Markieren Sie die Zeilen 2 bis 9 mit der Maus.
2. Rufen Sie im Menüband über *Aufgabe/Eigenschaften* den Befehl *Informationen* auf.
3. Aktivieren Sie im angezeigten Dialogfeld *Informationen zu mehreren Vorgängen* auf der Registerkarte *Allgemein* das Kontrollkästchen *Rollup* (Abbildung 6.24).

Abbildg. 6.24 Meilensteine als Rollup formatieren

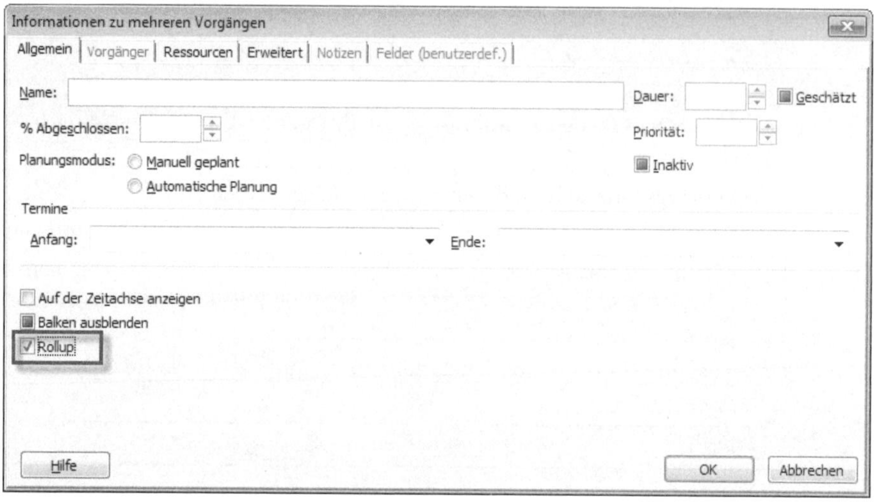

4. Wenn Sie nun den Sammelvorgang *MEILENSTEINE* mit dem Minuszeichen zuklappen, werden die Meilensteine trotzdem sichtbar auf dem Sammelvorgang angezeigt (Abbildung 6.25).

HINWEIS Durch diese kleinen aber wirkungsvollen Tricks und Formatierungen der letzten Abschnitte haben Sie den kompletten Projektüberblick, auch wenn Sie die Ansicht des Projekts auf die erste Gliederungsebene reduzieren. Der Vorteil dieser Art der Darstellung ist ein hohes Maß an Übersichtlichkeit, auch wenn das Projekt aus mehreren hundert Vorgängen besteht. Sie haben trotzdem die wichtigsten Informationen in nur sieben Zeilen sichtbar auf dem Bildschirm. Fahren Sie mit der Maus über einen Rollup-Meilenstein, erhalten Sie in einer QuickInfo den Namen und Termin des Meilensteines angezeigt. Mit ein paar zusätzlichen Konfigurationen können Sie zum Beispiel die Meilensteine so darstellen, dass Sie anhand der Meilensteine sofort über Verzögerungen informiert werden.

Abbildg. 6.25 Das komplette Projekt in sieben Zeilen

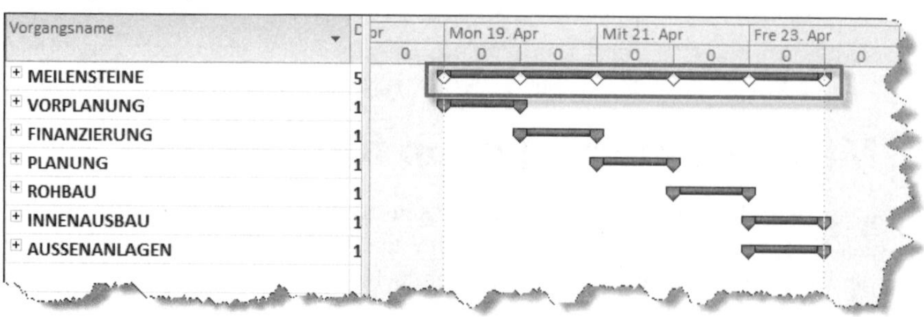

Nun können Sie mit der eigentlichen Projektplanung beginnen. Die Struktur auf der ersten Ebene bleibt unberührt und, egal wie detailliert Sie das Projekt noch planen werden, auf der ersten Ebene wird es Ihnen immer die Hauptinformationen liefern. In den folgenden Abschnitten erfahren Sie, wie die weitere Planung des Projekts durchgeführt wird.

Vorgangsnotizen hinterlegen

Denken Sie daran, Ihre Projektschritte gut zu dokumentieren. Speichern Sie wichtige Zusatzinformationen in Form von Notizen ab. Sie erleichtern sich dadurch die Arbeit enorm. Falls andere Kollegen in das Projekt involviert sind, ist es für diese unter Umständen hilfreich, auf Ihre Notizen zurückgreifen zu können.

Um eine Vorgangsnotiz zu hinterlegen, gehen Sie folgendermaßen vor:

1. Klicken Sie auf den Vorgang in der Spalte *Vorgangsname*, dem Sie eine Notiz zuordnen wollen.

2. Rufen Sie im Menüband über *Aufgabe/Eigenschaften* den Befehl *Vorgangsnotizen* auf. Das Dialogfeld *Informationen zum Vorgang* wird geöffnet und die Registerkarte *Notizen* ist automatisch ausgewählt (Abbildung 6.26).
3. Geben Sie Ihre Notiz im Eingabefeld *Notizen* ein und klicken Sie auf *OK*.

Abbildg. 6.26 Notiz zum Sammelvorgang *MEILENSTEINE*

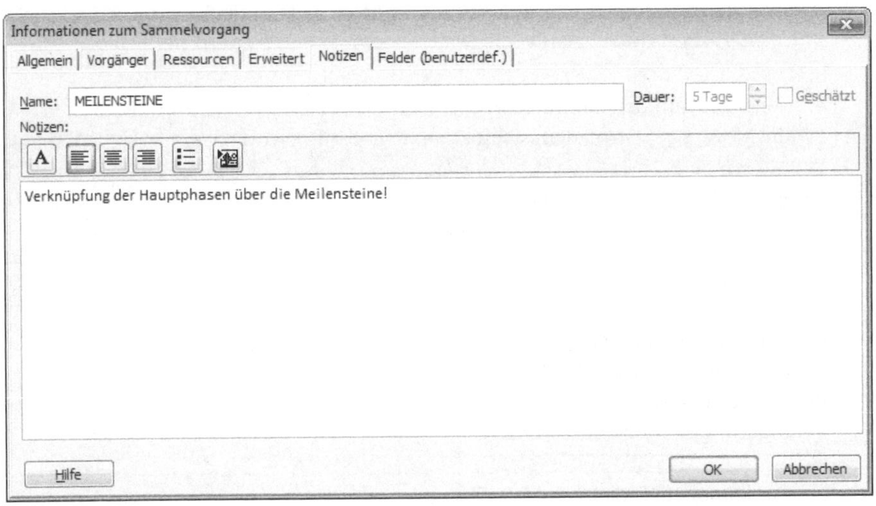

Sie können übrigens sofort erkennen, ob einem Vorgang eine Notiz zugeordnet ist oder nicht. Schauen Sie sich die Zellen der ersten Spalte (i-Symbol) an. Ist zu einem Vorgang eine Notiz hinterlegt, erkennen Sie dies an dem Notizsymbol in der entsprechenden Zelle. Wenn Sie die Maus direkt auf eine solche Zelle positionieren, wird die Notiz automatisch als QuickInfo angezeigt

CD-ROM Diesen Stand des Projekts finden Sie in der Datei *Kap06_04_Alle Hauptphasen plus Hauptmeilensteine und Verknüpfungen.mpp* innerhalb der Beispieldateien zum Buch im Ordner *\Buch\Kap06*.

Die Projektphasen verfeinern

Nun können Sie damit beginnen, die einzelnen Projektphasen nach und nach fein zu planen. Der Vorteil an der hier dargestellten Planstruktur ist, dass Sie in der Lage sind, einzelne Planungsphasen zunächst ganz grob zu planen, indem Sie zum Beispiel einem Dummyvorgang nur eine Dauer zuweisen. Dadurch haben Sie schon eine Laufzeit innerhalb des Projekts festgelegt, ohne eine Feinplanung durchgeführt zu haben, die sich auch entsprechend auf den Endtermin des Projekts auswirkt.

Erfassen und Strukturieren der Vorgänge

Erfassen Sie jetzt die Einzelvorgänge Ihres Projekts gemäß der Tabelle 6.4 nach der Vorgehensweise, wie bereits weiter vorne beschrieben.

Zur Eingabe von Vorgängen in Project arbeiten Sie am besten in der Ansicht *Balkendiagramm (Gantt)*. Diese ist beim Neustart von Project standardmäßig eingestellt. Sie werden feststellen, dass Project jedem Vorgang den Standardwert *1 Tag* als Vorgangsdauer zuweist. Diese Standardwerte übernehmen Sie vorerst. Das Startdatum für das Projekt haben Sie bereits im Kapitel 3 festgelegt. Eine Terminierung der einzelnen Vorgänge führen Sie praxisgerecht erst nach der Vorgangseingabe weiter hinten in diesem Kapitel durch.

HINWEIS Bei jedem neuem Vorgang wird zunächst von Project im Feld *Dauer* ein Fragezeichen eingefügt. Dieses Fragezeichen hat zwar keine Funktion, kennzeichnet diese Dauer aber als *geschätzt*. Das Fragezeichen verschwindet beim ersten Ändern der Dauer.

Tabelle 6.4 Die Vorgänge mit ihrer Gliederungsebene

Vorgangsname	Gliederungsebene
MEILENSTEINE	1
MS Projektstart	2
MS Vorplanung abgeschlossen	2
MS Abschluss Kreditvertrag	2
MS Planung abgeschlossen	2
MS Rohbau fertiggestellt	2
MS Innenausbau fertiggestellt	2
MS Außenanlagen fertiggestellt	2
MS Endabnahme	2
VORPLANUNG	1
Architekturplanung	2
Erstbemusterung	2
Kostenplanung	2
FINANZIERUNG	1
Bankgespräche führen	2

Tabelle 6.4 Die Vorgänge mit ihrer Gliederungsebene *(Fortsetzung)*

Vorgangsname	Gliederungsebene
PLANUNG	1
BAUVORBEREITUNG	2
Bauzeichnungen erstellen	3
Statik berechnen	3
BAUANTRAG	2
Bauunterlagen zusammenstellen	3
Genehmigung beantragen	3
Genehmigungsverfahren	3
MS Baugenehmigung erteilt	3
BEMUSTERUNG	2
Finale Bemusterung festlegen	3
ROHBAU	1
BAUSTELLE EINRICHTEN	2
Bauzaun aufstellen	3
Baustrom einrichten	3
ERDARBEITEN	2
Ausmessen und Kennzeichnen	3
Baugrube ausheben	3
FUNDAMENTE	2
Schnurgerüst stellen	3
Bodenplatte schalen und gießen	3
MS Bodenplatte fertiggestellt	3
KELLER	2
Fertigkeller errichten	3
Kellerdecke einbauen	3
MS Keller fertiggestellt	3
AUFBAU HAUS	2
Erdgeschoss aufbauen	3
Zwischendecke montieren	3
Dachgeschoss aufbauen	3
Decke montieren	3
MS Innen/Außenwände aufgestellt	3

Tabelle 6.4 Die Vorgänge mit ihrer Gliederungsebene *(Fortsetzung)*

Vorgangsname	Gliederungsebene
DACH	2
Dachstuhl errichten	3
Dach decken	3
MS Dach geschlossen	3
INNENAUSBAU	1
ROHINSTALLATIONEN HAUSTECHNIK	2
SANITÄR	3
Wasseruhr setzen	4
Leitungen verlegen	4
HEIZUNG	3
Gastherme installieren/anschließen	4
Fußbodenheizungsverteiler setzen	4
Heizungsleitungen verlegen/anschließen	4
ELEKTRO	3
Hauptverteilung anschließen	4
Kabel verlegen	4
MS Rohinstallationen abgenommen	3
TROCKENBAU	2
Innenwände schließen	3
Innenwände verspachteln	3
ROHFUSSBODEN	2
Estrich verlegen	3
MS Estrich begehbar	3
MS Estrich verlegebereit	3
HAUSTECHNIK ENDINSTALLATIONEN	2
Heizungsendmontage durchführen	3
Elektroendmontage durchführen	3
Sanitärobjekte montieren	3
BODENBELÄGE	2
Parkett	3
Teppiche	3
FLIESENLEGERARBEITEN	3

Tabelle 6.4 Die Vorgänge mit ihrer Gliederungsebene *(Fortsetzung)*

Vorgangsname	Gliederungsebene
Untergründe vorbereiten	4
Fliesen verlegen	4
Verfugen	4
MS Fliesenarbeiten abgenommen	4
MALERARBEITEN	2
Untergründe vorbereiten	3
Tapezieren	3
Streichen	3
AUSSENANLAGEN	1
Pflaster legen	2
Garten anlegen	2

CD-ROM Das Arbeitsergebnis finden Sie innerhalb der Beispieldateien zu diesem Buch im Ordner *\Buch\Kap06* in der Datei *Kap06_06_Alle Vorgänge mit Verknüpfungen.mpp*.

Die Verknüpfungen erstellen

Die Vorgänge eines Projekts laufen normalerweise nach einem bestimmten Schema ab. In unserem Beispielprojekt »Hausbau« haben Sie zunächst die groben Phasen geplant. Bei der Eingabe von Vorgängen legt Project als Anfangstermin für alle Vorgänge standardmäßig den Anfangstermin des Projekts fest, solange Sie keine Verknüpfungen zwischen den Elementen herstellen. Da Sie ja bereits eine Verknüpfungsstruktur auf der ersten Ebene erstellt haben und diese die Projektstruktur vorgibt, sind schon Termine (wenn auch keine sehr realistischen) errechnet worden. In der Feinplanung werden nun auf den unteren Ebenen die logischen Abhängigkeiten hergestellt, um den Plan in seiner logischen Abfolge darzustellen.

Die Definition von Verknüpfungen

Wie Verknüpfungen definiert werden und welche Formen von Verknüpfungen es gibt, wurde schon zu Beginn von Kapitel 3 besprochen. Dem ist von der technischen Warte aus auch nichts mehr hinzuzufügen.

Es gibt aber noch eine grundsätzliche Überlegung, die in diesem Zusammenhang angestellt werden muss. Das gilt vor allem für die Art von Verknüpfungen.

In Kapitel 3 wurden die vier Varianten von Verknüpfungen erläutert, die bei Project zur Auswahl stehen. Die wichtigste Form der Verknüpfung ist die sogenannte *Ende-Anfang*-Verknüpfung. Diese wird von Project verwendet, wenn nichts anderes angegeben wurde. Die *EA*-Verknüpfung sagt aus, dass der Nachfolger beginnen kann, wenn der Vorgänger abgeschlossen hat.

Alle anderen Formen von Verknüpfungen haben in der Praxis nur geringe Bedeutung. Sie sollten den Einsatz dieser Verknüpfungsarten dann erwägen, wenn Sie dafür zwingende sachliche Gründe haben bzw. die Standardverknüpfung für die Abbildung der Realität nicht geeignet ist.

Es gibt durchaus Beispiele für eine sinnvolle *Anfang-Anfang*-Verknüpfung. Wenn zwei Vorgänge weitgehend parallel laufen, der eine aber auf Informationen aus dem anderen angewiesen ist, kann diese Form der Verknüpfung verwendet werden.

Sie haben zwei zusätzliche Optionen für Verknüpfungen:

- Sie können Verknüpfungen in der Form *2EA+2t* definieren. Wenn diese Information in der Spalte *Vorgänger* steht, bedeutet dies, dass der Vorgang ein Nachfolger von Vorgang 2 ist und frühestens zwei Tage nach dem Ende dieses Vorgangs beginnen darf. Natürlich können Sie anstelle von Tagen auch andere Einheiten verwenden und, ebenso wie die im Beispiel dargestellte positive Überlappung, auch eine negative Überlappung festlegen.
- Sie können Verknüpfungen in der Form *2EA-50%* definieren. Anstatt mit festen Zeiten zu arbeiten, hängt die Überlappung von der Dauer des jeweils anderen Vorgangs ab.

HINWEIS Wenn Sie mit Überlappungen mit prozentualen Angaben arbeiten, haben Sie ein hohes Risiko, etwaige Terminengpässe zu verschärfen. Der Abstand der Vorgänge hängt in diesem Fall von der Dauer der Vorgänge ab. Wenn Sie vier Tage Dauer für einen Vorgang geplant und die Überlappung auf 50 % festgelegt haben, liegen zunächst zwei Tage Abstand zwischen diesen beiden Vorgängen. Wenn sich die Dauer des ersten Vorgangs nun aber auf sechs Tage erhöht, wird der Abstand auch auf drei Tage erweitert. Damit hat sich das Terminproblem de facto um einen weiteren Tag vergrößert.

Diese Problematik führt zwangsläufig zur nächsten Anmerkung: Die Vorgangsverknüpfungen müssen sachlich gerechtfertig sein. Sie dürfen nicht Probleme des Ressourcenmanagements oder gar Puffer reflektieren, sondern sollen nur die sachlichen Zusammenhänge von Vorgängen in einem Projekt widerspiegeln.

In der Praxis wird das in sehr vielen Fällen falsch gemacht und führt dann zu allergrößten Problemen bei der Arbeit mit Project. Der eine Fehler ist, dass Vorgänge miteinander verknüpft werden, weil sie von der gleichen Ressource durchgeführt werden müssen und damit nicht parallel ablaufen können. Darauf sollten Sie verzichten. Sie werden in Kapitel 7 mit dem Feld *Verzögerung* noch ein spezielles Feld kennenlernen, mit dem Sie diese praktischen Probleme abbilden können.

PROFITIPP Viele Projektmanager versuchen, künstliche Puffer einzubauen. Das kann beispielsweise durch Verknüpfungen mit zeitlichen Abständen oder durch entsprechend hochgesetzte Vorgangsdauern geschehen. Solche Puffer fallen in einem Balkendiagramm stark auf, wenn sie über die Verknüpfungen festgelegt werden.

Wenn in die Vorgangsdauern künstlich Spielräume eingebaut werden, können Sie keine auch nur ansatzweise genaue Planung durchführen, weil Sie nicht wissen, wie viel Zeit Sie tatsächlich noch benötigen.

Letztlich müssen Sie hier Rückgrat beweisen und bestehende Puffer, die auch explizit in den entsprechenden Feldern von Project zu finden sind, als erforderlich rechtfertigen, wenn diese es denn sind. Natürlich ist die Neigung von Vorgesetzten groß, solche Puffer zum Anlass zu nehmen, den Endtermin eines Projekts vorzuziehen, um Lorbeeren einzuheimsen. Dazu muss man (und das kann auch diskret erfolgen) auf das mit der Verkürzung eventueller Puffer einhergehende Risiko aufmerksam machen: Wenn die Termine knapper gesetzt werden und damit die Puffer kleiner werden, ist das Risiko größer, den Endtermin des Projekts zu einem späteren Zeitpunkt wieder nach hinten verlegen zu müssen.

Verknüpfungen mit Überlappungen versehen

Nehmen wir an, Sie wollen eine überlappende Verknüpfung festlegen, weil der Vorgang *Schnittstellendefinition* zwei Tage nach dem Beginn der Modularisierung beginnen kann:

- Für diese Aufgabe gibt es verschiedene Lösungsansätze. Der einfachste Ansatz, wenn größere Projekte bearbeitet werden, ist die manuelle Eingabe der Information in der Ansicht *Vorgang: Tabelle* bzw. der von Ihnen auf dieser Basis erstellten Ansicht. Im Beispielprojekt ist es die Ansicht *Vorgang: Standardeingabe* mit der Tabelle *Standardeingabe*.
- In der Spalte *Vorgänger* können Sie nun die Information eintragen. Im Beispiel wird beim Vorgang *Schnittstellendefinition* der Wert *5AA+2t* eingegeben.

WICHTIG Eine der Grundregeln beim Arbeiten mit Project lautet:

Geben Sie in den Spalten *Anfang* und *Ende* **nie** ein Datum ein. Dies steht häufig im direkten Widerspruch zur Logik der Verknüpfungen Ihrer Vorgänge. Lassen Sie sich erst einmal von Project einen Terminplan aufgrund der von Ihnen festgelegten Logik berechnen.

Natürlich kann es sein, dass dann einige Termine nicht mit der Realität übereinstimmen. Lesen Sie hierzu auch die »Goldene Regel 5: Die Spalten *Anfang* und *Ende* nicht editieren und verwenden«

Verknüpfungen analysieren

Bei einem so kleinen Projekt wie diesem lässt sich die Richtigkeit der Verknüpfungen noch leicht verifizieren. Bei größeren Projekten wird dies schon um einiges problematischer. Project stellt aber eine ganze Reihe von Hilfsmitteln bereit, um die Richtigkeit von Verknüpfungen überprüfen zu können. Sehen Sie sich hierzu ergänzend die Tabelle 6.5 an.

Tabelle 6.5 Die drei gröbsten Fehler beim Verknüpfen von Vorgängen

Fehler	Erklärung
Sammelvorgänge und Teilvorgänge sollten keine gemeinsamen Verknüpfungen haben	In Project kann jede Zeile (Vorgang) Verknüpfungen beinhalten. Sie sollten auf keinen Fall von Vorgängen der untersten Ebene auf Sammelvorgänge Verknüpfungen erstellen. Das ist zwar technisch möglich, aber in der Regel unnötig und führt oft dazu, dass in einem Projekt viele Verknüpfungen existieren, die unnötig sind. Gehen Sie nach dem Blackbox-Prinzip vor und packen alle Vorgänge unter einen Sammelvorgang. Dann müssen Sie nur noch die Sammelvorgänge miteinander verknüpfen. Sie gewinnen Übersichtlichkeit und vermeiden unnötige Verknüpfungen. Wie das aussehen kann, sehen Sie in dem hier dargestellten Beispielprojekt.
Projektbeginn darf keinen Vorgänger haben	Beim Vorgang *Projektbeginn* darf es keinen Vorgänger geben, beim Vorgang *Projektende* entsprechend keinen Nachfolger. Alle anderen Vorgänge müssen entweder einen Vorgänger und einen Nachfolger besitzen oder durch einen Sammelvorgang gekapselt sein. Ist dies nicht der Fall, kann das in dieser Ansicht auf einen Blick erkannt werden. Sie können damit zwar nicht sicherstellen, dass alle Verknüpfungen korrekt definiert sind. Sie können aber immerhin erkennen, ob alle Vorgänge in das Projekt eingebunden sind.

Tabelle 6.5 Die drei gröbsten Fehler beim Verknüpfen von Vorgängen *(Fortsetzung)*

Fehler	Erklärung
Es darf nur ein Ende und einen Anfang geben	Es ist definitiv falsch, wenn diese Situation nicht gegeben ist. Ein Projektplan muss ein sogenannter »geschlossener Graph« sein, wenn er z.B. als *PERT*-Diagramm dargestellt wird. Das bedeutet, dass es nur einen Anfang und ein Ende geben darf. Ist das nicht der Fall, kann Project nicht korrekt rechnen. Es können in diesem Fall keine für alle Situationen korrekten Puffer und keine korrekten kritischen Pfade ermittelt werden. Dieser gravierende Fehler ist zugleich einer der häufigsten beim praktischen Einsatz von Projektplanungssoftware. Dieses Prinzip ist auch auf alle Blackboxes in Ihrem Projekt anzuwenden.

Analyse mit der Tabelle *Vorgang: Vorgangseingabe*

Auf einen Ansatz wurde bereits weiter oben in diesem Kapitel eingegangen: Zusätzlich zur Spalte *Vorgänger* kann auch noch die Spalte *Nachfolger* in die Tabelle aufgenommen werden. Damit lassen sich die gravierenden Fehler bei der Definition von Verknüpfungen auf einen Blick erkennen.

Abbildg. 6.27 Vorgangstabelle mit Nachfolger

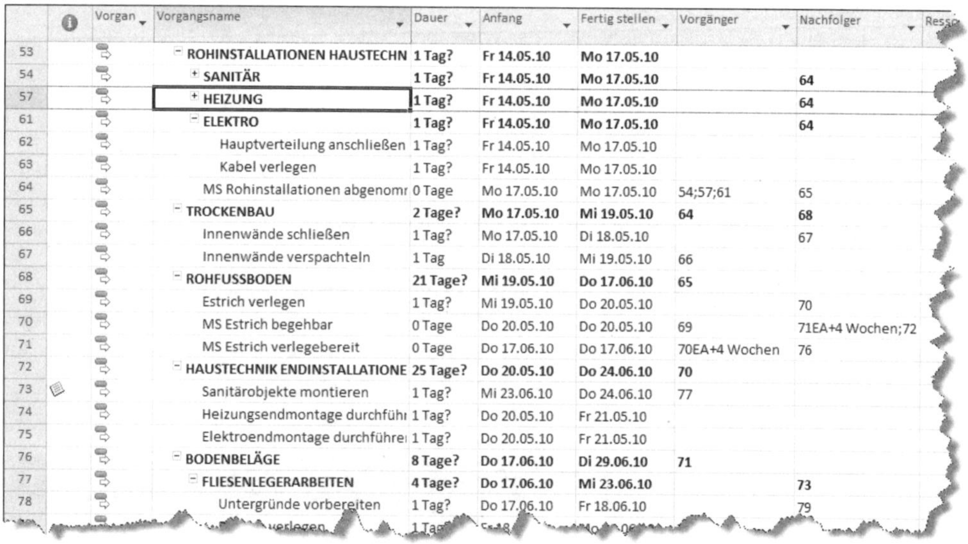

	Vorgan	Vorgangsname	Dauer	Anfang	Fertig stellen	Vorgänger	Nachfolger	Ress
53		**ROHINSTALLATIONEN HAUSTECHN**	**1 Tag?**	**Fr 14.05.10**	**Mo 17.05.10**			
54		**SANITÄR**	**1 Tag?**	**Fr 14.05.10**	**Mo 17.05.10**		**64**	
57		**HEIZUNG**	**1 Tag?**	**Fr 14.05.10**	**Mo 17.05.10**		**64**	
61		**ELEKTRO**	**1 Tag?**	**Fr 14.05.10**	**Mo 17.05.10**		**64**	
62		Hauptverteilung anschließen	1 Tag?	Fr 14.05.10	Mo 17.05.10			
63		Kabel verlegen	1 Tag?	Fr 14.05.10	Mo 17.05.10			
64		MS Rohinstallationen abgenomr	0 Tage	Mo 17.05.10	Mo 17.05.10	54;57;61	65	
65		**TROCKENBAU**	**2 Tage?**	**Mo 17.05.10**	**Mi 19.05.10**	**64**	**68**	
66		Innenwände schließen	1 Tag?	Mo 17.05.10	Di 18.05.10		67	
67		Innenwände verspachteln	1 Tag	Di 18.05.10	Mi 19.05.10	66		
68		**ROHFUSSBODEN**	**21 Tage?**	**Mi 19.05.10**	**Do 17.06.10**	**65**		
69		Estrich verlegen	1 Tag?	Mi 19.05.10	Do 20.05.10		70	
70		MS Estrich begehbar	0 Tage	Do 20.05.10	Do 20.05.10	69	71EA+4 Wochen;72	
71		MS Estrich verlegebereit	0 Tage	Do 17.06.10	Do 17.06.10	70EA+4 Wochen	76	
72		**HAUSTECHNIK ENDINSTALLATIONE**	**25 Tage?**	**Do 20.05.10**	**Do 24.06.10**	**70**		
73		Sanitärobjekte montieren	1 Tag?	Mi 23.06.10	Do 24.06.10	77		
74		Heizungsendmontage durchführ	1 Tag?	Do 20.05.10	Fr 21.05.10			
75		Elektroendmontage durchführe	1 Tag?	Do 20.05.10	Fr 21.05.10			
76		**BODENBELÄGE**	**8 Tage?**	**Do 17.06.10**	**Di 29.06.10**	**71**		
77		**FLIESENLEGERARBEITEN**	**4 Tage?**	**Do 17.06.10**	**Mi 23.06.10**		**73**	
78		Untergründe vorbereiten	1 Tag?	Do 17.06.10	Fr 18.06.10		79	

Analyse mithilfe des Balkendiagramms

Auch im *Balkendiagramm (Gantt)* wird die Struktur der Verknüpfungen sehr gut deutlich (Abbildung 6.28). Sie können hier, vor allem bei kleineren Projekten, direkt erkennen, ob die Verknüpfungen korrekt definiert sind. Auf die Anpassung des Layouts wurde bereits in Kapitel 3 eingegangen.

Abbildg. 6.28 Die Verknüpfungen im Balkendiagramm

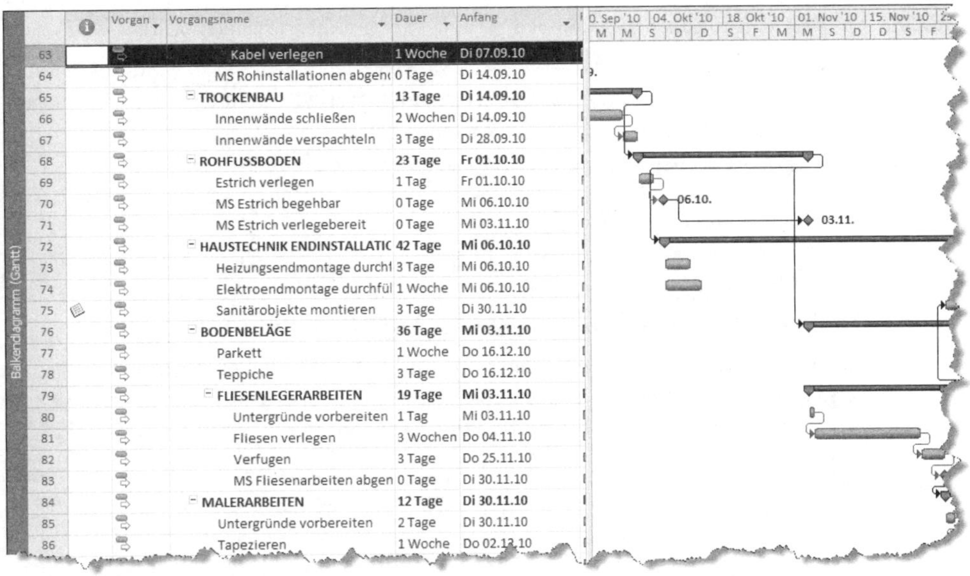

Für die Netzplaner: Das PERT-Diagramm

Noch deutlicher werden die Verknüpfungen im *Netzplandiagramm (PERT)* sichtbar (Abbildung 6.29). Dieses können Sie ebenso wie das *Balkendiagramm (Gantt)* direkt über die Registerkarte *Ansicht* im Menüband oder über die Ansichtsleiste aufrufen.

Abbildg. 6.29 Noch deutlicher werden die Verknüpfungen im Netzplandiagramm

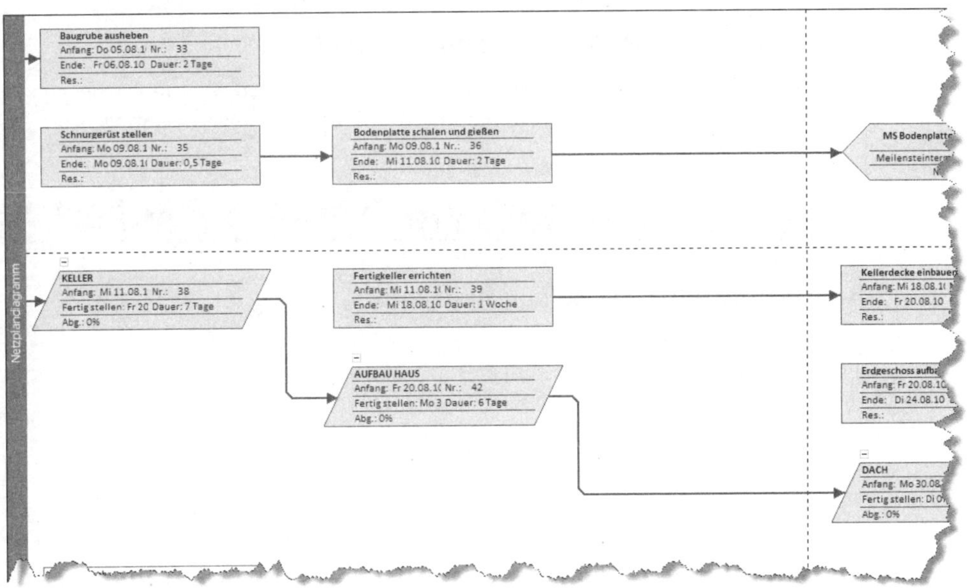

Der Vorgangsinspektor

Mit dem Vorgangsinspektor können Sie auch sehr gut die Vorgänger prüfen:

1. Rufen Sie im Menüband über *Aufgabe/Vorgänge* den Befehl *Vorgang untersuchen* auf. Es wird ein zusätzlicher Bereich am linken Fensterrand angezeigt, der unter anderem Informationen zum Vorgänger des gerade selektierten Vorgangs anzeigt
2. Selektieren Sie den Vorgang, den Sie genauer analysieren möchten.

Abbildg. 6.30 Balkendiagramm (Gantt) mit Vorgangsinspektor

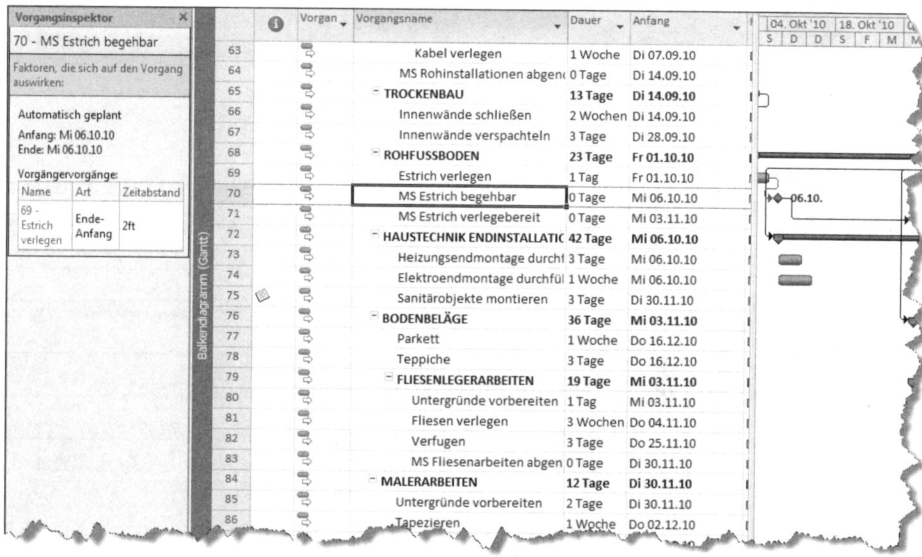

Der Hausbau – Die Verknüpfungen eingeben

Die folgende Tabelle zeigt die Vorgänge mit Ihren Vorgängern an. Verknüpfen Sie nun die Vorgänge, indem Sie die entsprechenden Zeilennummern in die Spalte *Vorgänger* eintragen.

Tabelle 6.6 Die Vorgänge und ihre Vorgänger

Nr	Vorgangsname	Vorgänger
1	MEILENSTEINE	
2	MS Projektstart	
3	MS Vorplanung abgeschlossen	10
4	MS Abschluss Kreditvertrag	14
5	MS Planung abgeschlossen	16
6	MS Rohbau fertiggestellt	27
7	MS Innenausbau fertiggestellt	52
8	MS Außenanlagen fertiggestellt	88
9	MS Endabnahme	7;8

Tabelle 6.6 Die Vorgänge und ihre Vorgänger *(Fortsetzung)*

Nr	Vorgangsname	Vorgänger
10	VORPLANUNG	2
11	Architekturplanung	
12	Erstbemusterung	11EA-50%
13	Kostenplanung	12
14	FINANZIERUNG	3
15	Bankgespräche führen	
16	PLANUNG	4
17	BAUVORBEREITUNG	
18	Bauzeichnungen erstellen	
19	Statik berechnen	
20	BAUANTRAG	17
21	Bauunterlagen zusammenstellen	
22	Genehmigung beantragen	21
23	Genehmigungsverfahren	22
24	MS Baugenehmigung erteilt	23
25	BEMUSTERUNG	
26	Finale Bemusterung festlegen	
27	ROHBAU	5
28	BAUSTELLE EINRICHTEN	
29	Bauzaun aufstellen	
30	Baustrom einrichten	
31	ERDARBEITEN	28
32	Ausmessen und Kennzeichnen	
33	Baugrube ausheben	32
34	FUNDAMENTE	31
35	Schnurgerüst stellen	
36	Bodenplatte schalen und gießen	35
37	MS Bodenplatte fertiggestellt	36
38	KELLER	34
39	Fertigkeller errichten	
40	Kellerdecke einbauen	39
41	MS Keller fertiggestellt	40

Tabelle 6.6 Die Vorgänge und ihre Vorgänger *(Fortsetzung)*

Nr	Vorgangsname	Vorgänger
42	AUFBAU HAUS	38
43	Erdgeschoss aufbauen	
44	Zwischendecke montieren	43
45	Dachgeschoss aufbauen	44
46	Decke montieren	45
47	MS Innen/Außenwände aufgestellt	46
48	DACH	42
49	Dachstuhl errichten	
50	Dach decken	49
51	MS Dach geschlossen	50
52	INNENAUSBAU	6
53	ROHINSTALLATIONEN HAUSTECHNIK	
54	SANITÄR	
55	Wasseruhr setzen	
56	Leitungen verlegen	
57	HEIZUNG	
58	Gastherme installieren/anschließen	
59	Fußbodenheizungsverteiler setzen	
60	Heizungsleitungen verlegen/anschließen	
61	ELEKTRO	
62	Hauptverteilung anschließen	
63	Kabel verlegen	
64	MS Rohinstallationen abgenommen	54;57;61
65	TROCKENBAU	64
66	Innenwände schließen	
67	Innenwände verspachteln	66
68	ROHFUSSBODEN	65
69	Estrich verlegen	
70	MS Estrich begehbar	69EA+2ft
71	MS Estrich verlegebereit	70EA+4fW
72	HAUSTECHNIK ENDINSTALLATIONEN	68EA-4W
73	Heizungsendmontage durchführen	

Tabelle 6.6 Die Vorgänge und ihre Vorgänger *(Fortsetzung)*

Nr	Vorgangsname	Vorgänger
74	Elektroendmontage durchführen	
75	Sanitärobjekte montieren	79
76	BODENBELÄGE	68
77	Parkett	84
78	Teppiche	84
79	FLIESENLEGERARBEITEN	
80	Untergründe vorbereiten	
81	Fliesen verlegen	80
82	Verfugen	81
83	MS Fliesenarbeiten abgenommen	82
84	MALERARBEITEN	83
85	Untergründe vorbereiten	
86	Tapezieren	85
87	Streichen	86
88	AUßENANLAGEN	6
89	Pflaster legen	
90	Garten anlegen	

CD-ROM Das Arbeitsergebnis finden Sie innerhalb der Beispieldateien zu diesem Buch im Ordner *\Buch\Kap06* in der Datei *Kap06_06_Alle Vorgänge mit Verknüpfungen.mpp*.

Vorgänge in einer Kette verknüpfen

Um die Vorgänge nacheinander anzuordnen, verknüpfen Sie die Vorgänge miteinander in einer Kette. Als Beispiel nehmen Sie die Vorgänge des Sammelvorgangs *BAUANTRAG*. Verfahren Sie daher wie folgt:

1. Markieren Sie die Vorgänge, welche Sie miteinander in einer Kette verbinden wollen (Zeile 21 bis 23), indem Sie auf den Zeilenkopf dieser Zeile klicken und dann bei gedrückter Maustaste alle Vorgänge nach unten markieren.

2. Klicken Sie im Menüband über *Aufgabe/Zeitplan* auf den Befehl *Aufgaben verknüpfen*. Project ordnet dann die Vorgänge, indem es die Anfangs- und Endtermine berechnet und die Gantt-Balken versetzt anordnet. Sie können diesen Vorgang ggf. wieder rückgängig machen, indem Sie erneut die Spalte markieren und die Schaltfläche *Vorgangsverknüpfungen entfernen* anklicken.

3. Blenden Sie jetzt die zwei Spalten – *Anfang* und *Ende* – in Ihrer Tabelle ein, indem Sie den Mauszeiger genau zwischen der zuletzt gezeigten Spalte Ihrer Tabelle (im Beispiel die Dauer) und der Zeitskala positionieren. Der Mauszeiger nimmt daraufhin die Gestalt eines Doppelpfeils an.

4. Ziehen Sie bei gedrückter linker Maustaste die Grenzlinie so weit nach rechts, bis die Spalten *Anfang* und *Ende* sichtbar werden. Sie sehen, dass Project alle Vorgänge in Bezug auf Anfangs- und Enddatum neu terminiert hat.

Abbildg. 6.31 Die Vorgänge nach der Verknüpfung

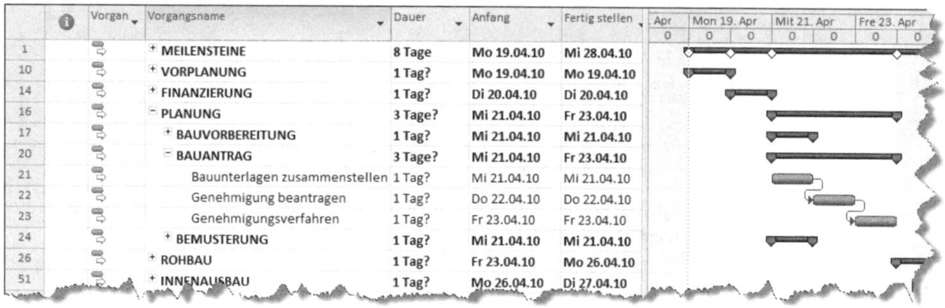

In Abbildung 6.31 sehen Sie das Ergebnis der Verknüpfung. Dieser Arbeitsschritt beschleunigt das Verknüpfen von einfachen Ende-Anfang-Beziehungen erheblich. Allerdings funktioniert dies nur bei der einfachen Ende-Anfang-Beziehung. Für andere Vorgangsbeziehungen muss man aufwändiger vorgehen.

Die verschiedenen Vorgangsverknüpfungen

Normalerweise wird beim Verknüpfen von Vorgängen in Project standardmäßig eine Ende-Anfang (EA)-Verknüpfung angewendet. Sie können jedoch auch die Anfangstermine der Vorgänge oder die Endtermine der Vorgänge miteinander verknüpfen. Die Tabelle 6.7 zeigt Ihnen die verschiedenen Verknüpfungsmöglichkeiten.

Tabelle 6.7 Verknüpfungsmöglichkeiten für Vorgänge

Beziehung	Beschreibung
Ende-Anfang (EA)	Vorgang B kann erst anfangen, wenn Vorgang A abgeschlossen ist
Anfang-Anfang (AA)	Vorgang B kann erst starten, wenn Vorgang A begonnen hat
Ende-Ende (EE)	Vorgang B kann erst beendet werden, wenn Vorgang A zu einem Ende gekommen ist
Anfang-Ende (AE)	Vorgang B kann erst beendet werden, wenn Vorgang A angefangen hat

Ändern von Vorgangsverknüpfungen

Für unser Beispiel möchten Sie, dass bestimmte Vorgänge gleichzeitig starten sollen.

Um eine Vorgangsverknüpfung zu ändern, gehen Sie folgendermaßen vor:

1. Falls erforderlich, rufen Sie die Ansicht *Balkendiagramm (Gantt)* auf.
2. Klicken Sie den Pfeil, der die zu bearbeitenden Vorgänge miteinander verbindet, doppelt an. Es wird das Dialogfeld *Anordnungsbeziehung* geöffnet.
3. Wählen Sie im Listenfeld *Typ* (Abbildung 6.32) die gewünschte Anordnungsbeziehung aus.
4. Unter Umständen geben Sie zusätzlich noch einen Zeitabstand an.

5. Bestätigen Sie die Zuordnung mit *OK*.

Abbildg. 6.32 Verknüpfungen bearbeiten

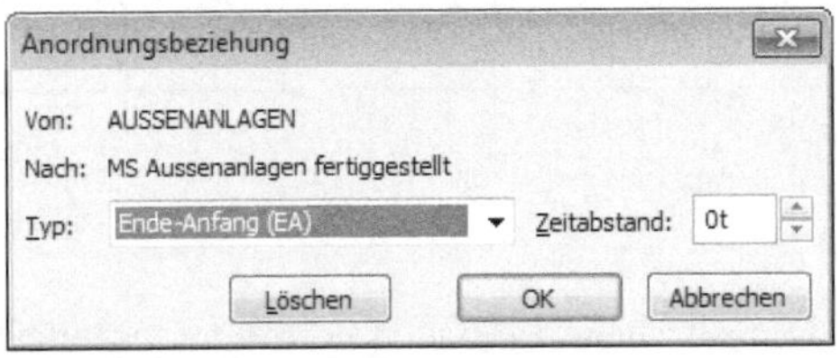

PROFITIPP Zeitabstände von Verknüpfungen können positive oder negative Werte sowie absolute oder prozentuale Werte haben.

HINWEIS Bevor Sie mit der Verknüpfung einzelner Vorgänge beginnen, machen Sie sich intensiv Gedanken über den Projektablauf und verknüpfen Sie erst danach. Die Verknüpfungen haben einen erheblichen Einfluss auf die Berechnung Ihres Projekts und können unter Umständen den Plan sehr stark verändern. Es ist daher gut, vorweg zu wissen, was hinterher herauskommen soll.

Vorgänge mit der Maus verknüpfen

Natürlich gibt es viele verschiedene Möglichkeiten, Vorgänge miteinander zu verknüpfen. Sie können dies u.a. auch mit der Maus erledigen. Damit sollten Sie aber »vorsichtig« umgehen, denn die Maus muss richtig positioniert sein, damit Sie den Vorgang nicht aus Versehen verschieben oder verlängern.

Abbildg. 6.33 Vorgänge mit der Maus verknüpfen

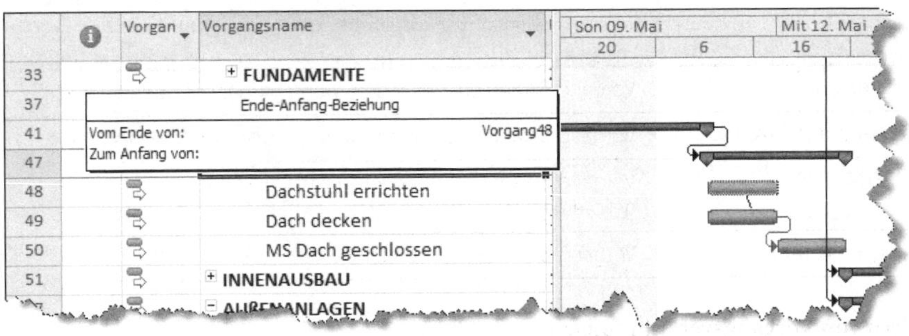

Um die Vorgänge mit der Maus zu verknüpfen, gehen Sie wie folgt vor:

1. Vergrößern Sie die Ansicht Ihres Plans mit der Schaltfläche *Vergrößern* in der Statusleiste.
2. Positionieren Sie den Mauszeiger in der Mitte des Vorgangs.
3. Ziehen Sie den Mauszeiger bei gedrückter linker Maustaste auf den Nachfolger-Vorgang.

HINWEIS Bei dieser Art der Verknüpfung werden die Vorgänge immer mit der Verknüpfungsart *Ende-Anfang* erstellt. Um diese Art zu ändern, müssen Sie wie bereits weiter vorne beschrieben vorgehen. Achten Sie darauf, dass nicht aus Versehen beim Verknüpfen die Vorgänge verschoben werden.

Termine berechnen

Nachdem Sie das Projekt in seiner Struktur durchgeplant haben und alle notwendigen Tätigkeiten im Plan eingetragen sind, können Sie nun damit beginnen, dass der Terminplan seiner eigentlichen Bedeutung gerecht wird, nämlich Termine zu berechnen und hier natürlich im Besonderen der Endtermin des Projekts! Hierzu bedarf es zunächst wieder einmal der Kopfarbeit. Sie müssen bei den einzelnen Tätigkeiten abschätzen, wie lange diese voraussichtlich dauern werden.

Dauern abschätzen

Nun stellt sich die Frage, welche Informationen zu Vorgängen eingegeben werden und in welcher Reihenfolge dabei vorgegangen wird.

Zu Beginn geht es – abgesehen von eventuellen zusätzlichen Feldern wie dem *PSP-Code* und dem *Vorgangsverantwortlichen* – vor allem darum, folgende Informationen einzugeben:

- Vorgangsname
- Vorgangsdauer
- Termineinschränkungen
- Verknüpfungen

Die Zuordnung von Ressourcen findet dann erst in einem zweiten Schritt statt. Dadurch erreichen Sie mehr Klarheit im Aufbau Ihres Projekts und können zunächst grundlegende Terminkonflikte lösen, bevor Sie sich an die Ressourcenkonflikte machen. Sie können so das Projekt wesentlich einfacher halten.

Es gibt für die o.g. Felder keine »richtige Reihenfolge«. Auch hier ist es wieder, wie schon bei der Strukturierung, eine Frage des Arbeitsstils und der Art des Projekts.

Die wichtigste Frage dabei ist, ob zuerst die Vorgangsdauer oder die Verknüpfungen festgelegt werden. Alles in allem hat es sich bewährt, die Verknüpfungen als »Maß der Dinge« heranzuziehen, also diese zu definieren, bevor die Dauern festgelegt werden. Es lässt sich aber mit beiden Ansätzen gut arbeiten.

Was ist die Vorgangsdauer?

Wenn es um die Eingabe von Vorgängen geht, stellt sich sogleich die Frage, was eigentlich als Vorgangsdauer eingegeben werden soll. Das ist zweifellos eine der komplexesten Fragen überhaupt, weil Project die Vorgangsdauer je nach Einstellungen und gewählter Vorgehensweise unterschiedlich behandelt.

Die Dauer kann bei der Vorgangseingabe interpretiert werden als

- zeitliche Dauer des Vorgangs in Arbeitstagen oder
- Aufwand in Manntagen für den Vorgang.

Bei der zeitlichen Dauer gibt es wiederum zwei Varianten: Zum einen können es die Arbeitstage laut Kalender zwischen Vorgangsanfang und -ende sein, zum anderen aber auch die Zahl der Arbeitstage, an welchen tatsächlich an einem Vorgang gearbeitet wird. Die Vorgangsdauer muss daher in engem Zusammenhang mit der Vorgangsart und der Leistungssteuerung gesehen werden.

Grundsätzlich gelten folgende Regeln:

- Wenn Sie bei der Vorgangsart mit *Feste Dauer* arbeiten, wird die Dauer von Vorgängen als die kalendarischen Arbeitstage innerhalb des Vorgangs interpretiert. Es ist dann die tatsächliche zeitliche Dauer eines Vorgangs.
- Arbeiten Sie dagegen mit *Feste Einheiten* oder *Feste Arbeit*, wird die Dauer als die Arbeitstage interpretiert, die tatsächlich zwischen Projektanfang und -ende liegen. Es kann dann eine Situation entstehen, in der sich beispielsweise durch die Abwesenheit von Ressourcen Lücken auftun, die bei der Berechnung der Dauer nicht berücksichtigt werden.

Falls Sie mit der Leistungssteuerung arbeiten, können Sie darüber hinaus noch eine Situation schaffen, bei der die zunächst eingegebene Vorgangsdauer faktisch als Aufwand – als die Summe der zu leistenden Arbeit – bei einem Vorgang interpretiert wird.

HINWEIS Wenn Sie die Option der Leistungssteuerung schon bei der ersten Zuordnung von Ressourcen aktiviert haben, hängt es von der Art der Ressourcenzuordnung ab, wie sich Project an dieser Stelle verhält. Es gibt keine Option, mit der Sie Project dazu bringen könnten, sich generell in der einen oder anderen Form zu verhalten.

Ein Problem bei diesem Ansatz ist, dass die Dauer nach der Eingabe der Ressourcen letztlich wieder als Dauer und nicht mehr als Arbeit interpretiert wird. Dies bedeutet, dass Sie sich immer sehr genau darüber klar sein müssen, welche Aussage das Feld *Dauer* in Ihrem Projekt nun tatsächlich hat.

Wie lange dauern Vorgänge?

In diesem Kapitel wird davon ausgegangen, dass die Vorgangsdauer im Sinne von Arbeitstagen bei einem Vorgang interpretiert wird. Dabei ist es zunächst noch unerheblich, ob Sie mit festen Vorgangsdauern oder mit einer anderen Vorgangsart arbeiten. Solange Sie keine Ressourcen zuordnen, spielt das keine Rolle. Auf die unterschiedlichen Verhaltensweisen, die Project in dieser Situation zeigt, wird in Kapitel 7, das sich mit dem Ressourcenmanagement auseinandersetzt, näher eingegangen.

Wir gehen in diesem Abschnitt davon aus, dass das Feld *Dauer* die zeitliche Dauer von Vorgängen beschreibt. Das ist auch der sinnvollste Ansatz, da Sie dadurch eine klare Trennung der Bedeutung verschiedener Vorgänge erhalten. Die *Arbeit* gibt dann an, wie viele Arbeitsstunden bei einem Vorgang geleistet werden müssen. Damit wird deutlich zwischen der zeitlichen Dauer und dem zu leistenden Aufwand unterschieden – und das ist auch der Sinn, weshalb Project diese unterschiedlichen Felder bereitstellt.

Die zweite Frage, die es nun zu klären gilt, ist die nach der richtigen Vorgangsdauer. Damit wird ein Kernproblem des Projektmanagements angesprochen: das Schätzen.

Schätzmethoden gibt es viele

Gerade bei Entwicklungsprojekten spielt die Problematik des Schätzens eine erhebliche Rolle. Und dass kaum jemand das Problem wirklich beherrscht, wird daran deutlich, dass es kaum ein kommerzielles Softwareprodukt gibt, das im vorgegebenen Zeitrahmen fertiggestellt wird.

HINWEIS Schätzen bedeutet weder Wissen noch Raten. Schätzen ist das Ermitteln eines optimalen Ergebnisses auf Basis von Erfahrungswerten und logischen Überlegungen.

Die Kunst des Schätzens besteht darin, einen realistischen Wert zu erhalten. Das setzt

- Erfahrungen und
- Expertenwissen

voraus.

Gerade für die Erfahrungen kann Project wertvolle Hilfestellung leisten. Da Projekte dokumentiert werden, ist es relativ einfach möglich, einen früher angefallenen zeitlichen und/oder finanziellen Aufwand für bestimmte Arten von Projekten sowie für Aktivitäten innerhalb dieser Projekte nachzuvollziehen.

Ergänzend können auch Informationen gesammelt werden, die eine noch bessere Analyse solcher Erfahrungswerte erlauben. So können die verschiedenen Vorgänge z.B. bei Softwareprojekten nach der Function Point-Methode bewertet und klassifiziert werden. Alternativ ist auch ein etwas einfacherer Weg möglich, der weiter unten in einem kleinen Modell, das sich aber auch leicht auf die Function Point-Methode ausdehnen lässt, vorgestellt wird.

Was ist überhaupt die »Function Point«-Methode?

Function Points sind ein Maß für die funktionale Größe von Anwendungssystemen. Was ein Function Point genau ist, wurde in einem internationalen Standard (IFPUG 4.1) von der »International Function Point Users Group« festgelegt.

Function Points – oder Funktionspunkte – messen die Zahl und die Komplexität der für einen Anwender sichtbaren Funktionen einer EDV-Anwendung.

Mehr zum Thema finden Sie unter anderem im Internet unter *www.ifpug.org*.

Das Kernproblem des Schätzens kann allerdings mit Project nicht gelöst werden: Es ist auch mit dieser Software nicht möglich, ohne korrekte Strukturierung genaue Ergebnisse vorherzusagen. Die besten Schätzergebnisse lassen sich erzielen, wenn die Feinstrukturierung für das gesamte Projekt abgeschlossen ist.

Dann kann eine vollständige Analyse mithilfe der Function Point-Methode oder anderen Methoden erfolgen. Nur: dann ist gerade bei der Softwareentwicklung der größte Teil des Projekts schon gelaufen. Bei einem Bauprojekt sind die Kosten für den Architekten im Verhältnis zu den Realisierungskosten gering – bei Softwareprojekten dagegen sind die Entwurfkosten aber unter Umständen höher als die der Codierung und des Tests.

Hier hilft nur die Sammlung von Erfahrungswerten und eine schrittweise Verfeinerung der Daten, die sich in Project finden. Bereits die Function Point-Methode zeigt, dass gute Erfahrungswerte dann vorliegen, wenn eine große Grundgesamtheit gegeben ist.

Hilfsmittel in Project zum Schätzen der Dauer

Project stellt mehrere Hilfsmittel zur Verfügung, mit denen Sie sich das Schätzen von Vorgangsdauern erleichtern können:

- Eine wichtige Basis sind die Informationen in vorhandenen Projekten. Sie können auf diese Informationen zurückgreifen, um zu überprüfen, wie viel Aufwand bei bestimmten Vorgängen tatsächlich investiert wurde.
- Sie können die Informationen aus Projektdateien in Datenbanken überführen. Project stellt dazu eine ODBC-Schnittstelle zur Verfügung. Das erleichtert die Analyse der Informationen auch deshalb, weil Sie Informationen aus mehreren Projekten in eine Datenbank übernehmen können.
- Sie können mit Vorlagen arbeiten, in denen – für Projekte mit relativ klar vorgegebener Struktur – Informationen auch über typische Vorgangsdauern enthalten sind
- Sie können auf Basis von Datenbanken vollständige Schätzmodelle realisieren. Voraussetzung dafür ist, dass Sie ein Feld wie *Text1* dazu nutzen, eine Klassifikation für Vorgänge einzugeben. Sie können dann für Klassen von Vorgängen in der Datenbank sehr schnell ermitteln, wie der tatsächliche Aufwand war.

HINWEIS Gerade wenn Sie Informationen aus vergangenen Projekten übernehmen, müssen Sie aber eines berücksichtigen: Es gibt *Dauer* und *Arbeit*. Am besten analysieren Sie beide Informationen, um auch den Unterschied zwischen *Dauer* als zeitlicher Komponente und der tatsächlich geleisteten *Arbeit* berücksichtigen zu können.

Sie müssen bei der Eingabe von Vorgangsdauern auch deshalb auf diesen Unterschied achten, weil sich Vorgangsdauern ändern können, wenn Sie zusätzliche Ressourcen zuordnen. Sie sollten daher entweder davon ausgehen, dass der Vorgang nur von einer Ressource durchgeführt wird, wenn Sie die Vorgangsdauern definieren, oder die in die Schätzung der Vorgangsdauer eingeflossene Zahl der Ressourcen mit angeben.

Abbildg. 6.34 Das Beispielprojekt mit geschätzten Dauern

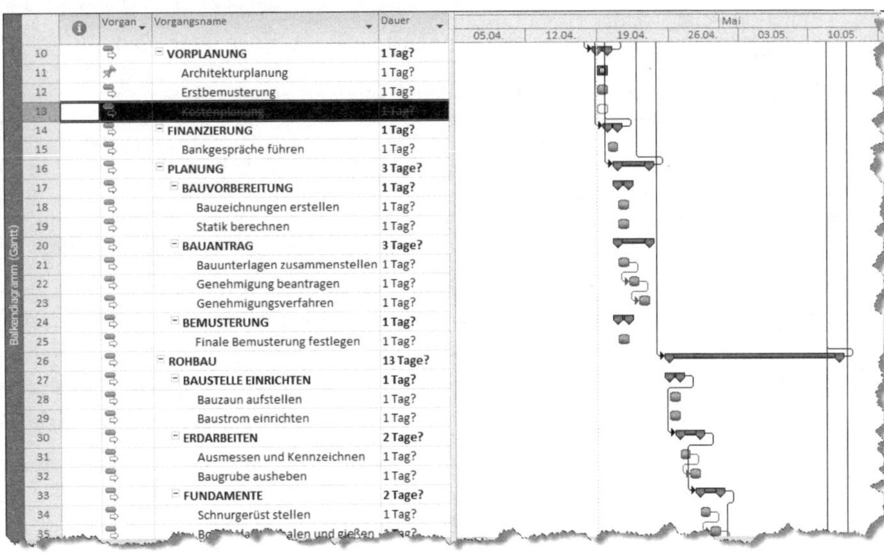

PROFITIPP Faustregeln zum Thema Vorgangsdauer:

- Der kürzeste Vorgang darf nicht kleiner sein als ein Zehntel des längsten Vorgangs
- Beispiel: Ist der kürzeste Vorgang 1 Tag lang, sollte sich der längste Vorgang nicht allzu weit von 10 Tagen entfernen
- Haben Sie stark abweichende Dauern, so ist entweder der kürzeste Vorgang zu kurz oder der längste zu lang
- Planen Sie nicht kleiner als 0,5 Tage. Dies wird Ihnen keine zusätzlichen Steuerinformationen liefern.
- Meetings oder Ähnliches sollten nicht geplant werden, der Aufwand, dies im Plan zu steuern, ist zu groß
- Ausnahmen bestätigen natürlich jede Regel!

Der Umgang mit geschätzten Dauern

Bei der Eingabe von Vorgängen wird standardmäßig eine geschätzte Dauer eingetragen. Diese geschätzten Dauern sind durch ein Fragezeichen gekennzeichnet. Wenn nun direkt eine Dauer eingegeben wird, setzt Project den Wert im Feld *Dauer* auf eine geplante Dauer, entfernt also das Fragezeichen.

PROFITIPP Die Dauer kann auch direkt mit einem Fragezeichen eingegeben werden und wird dann weiterhin als geschätzte Dauer behandelt.

Wie geht Project mit der Information *Geschätzt* um?

Es ist wichtig, zu verstehen, dass geschätzte Dauern keinen Einfluss auf die Berechnungen haben, die Project durchführt. Ob mit geschätzten oder geplanten Dauern gearbeitet wird, ist irrelevant. Die Kennzeichnung als geschätzte Dauer ist nur eine Hilfe für den Projektmanager, um diesem auf einen Blick deutlich zu machen, welchen Status der Eintrag für die Dauer bei den jeweiligen Vorgängen hat. So kann beispielsweise auch eine Filterung nach Vorgängen mit geschätzter Dauer erfolgen.

Die Umschaltung zwischen geschätzter Dauer und geplanter Dauer kann mit den nachfolgenden Ansätzen erfolgen:

- Bei der direkten Eingabe von Dauern wird eine geschätzte Dauer dadurch festgelegt, dass ein Fragezeichen hinter der Einheit der Dauer eingegeben wird (also z.B. »3t?«). Wird kein Fragezeichen eingegeben, so wird auf geplante Dauer umgeschaltet.
- Das Feld *Geschätzt* kann beispielsweise in die Tabelle *Eingabe* aufgenommen werden. Darüber kann dann jederzeit zwischen der geschätzten und geplanten Dauer umgeschaltet werden.
- Von der geschätzten Dauer zur geplanten Dauer kann auch gewechselt werden, wenn die Dauer des Vorgangs über die Drehfelder (nach oben oder unten) direkt im Feld für die Dauer (z.B. in der Ansicht *Vorgang: Tabelle*) verändert wird
- Eine weitere Alternative stellt das Kontrollkästchen *Geschätzt* im Dialogfeld *Informationen zum Vorgang* auf der Registerkarte *Allgemein* (Menübefehl *Projekt/Informationen zum Vorgang*) dar

Ob mit geschätzter Dauer gearbeitet werden soll und dass neue Vorgänge automatisch mit geschätzter Dauer erstellt werden, kann über die Kategorie *Terminplan* unter *Datei/Optionen* im Menüband festgelegt werden, wie bereits in Kapitel 5 ausgeführt.

Dauer eingeben

Bis hierher sind alle Vorgänge mit der Standardvorgangsdauer *1 Tag* terminiert. Ändern Sie die Zuordnung der Dauer, indem Sie in der Spalte *Dauer* die zu ändernde Zelle auswählen. Stellen Sie nun die korrekte Dauer mithilfe der jetzt zur Verfügung stehenden Drehfelder ein und bestätigen Sie anschließend mit der [↵]-Taste.

Tabelle 6.8 Alle Vorgänge mit Ihren geschätzten Dauern

Vorgangsname	Dauer
MEILENSTEINE	178,5 Tage
MS Projektstart	0 Tage
MS Vorplanung abgeschlossen	0 Tage
MS Abschluss Kreditvertrag	0 Tage
MS Planung abgeschlossen	0 Tage
MS Rohbau fertiggestellt	0 Tage
MS Innenausbau fertiggestellt	0 Tage
MS Außenanlagen fertiggestellt	0 Tage
MS Endabnahme	0 Tage
VORPLANUNG	30 Tage
Architekturplanung	6 Wochen
Erstbemusterung	1 Tag
Kostenplanung	1 Woche
FINANZIERUNG	20 Tage
Bankgespräche führen	4 Wochen
PLANUNG	27 Tage
BAUVORBEREITUNG	5 Tage
Bauzeichnungen erstellen	1 Woche
Statik berechnen	2 Tage
BAUANTRAG	22 Tage
Bauunterlagen zusammenstellen	1 Tag
Genehmigung beantragen	1 Tag
Genehmigungsverfahren	4 Wochen
MS Baugenehmigung erteilt	0 Tage
BEMUSTERUNG	1 Tag
Finale Bemusterung festlegen	1 Tag
ROHBAU	24,5 Tage

Tabelle 6.8 Alle Vorgänge mit Ihren geschätzten Dauern *(Fortsetzung)*

Vorgangsname	Dauer
BAUSTELLE EINRICHTEN	0,5 Tage
Bauzaun aufstellen	0,5 Tage
Baustrom einrichten	0,5 Tage
ERDARBEITEN	2,5 Tage
Ausmessen und Kennzeichnen	0,5 Tage
Baugrube ausheben	2 Tage
FUNDAMENTE	2,5 Tage
Schnurgerüst stellen	0,5 Tage
Bodenplatte schalen und gießen	2 Tage
MS Bodenplatte fertiggestellt	0 Tage
KELLER	7 Tage
Fertigkeller errichten	1 Woche
Kellerdecke einbauen	2 Tage
MS Keller fertiggestellt	0 Tage
AUFBAU HAUS	6 Tage
Erdgeschoss aufbauen	2 Tage
Zwischendecke montieren	1 Tag
Dachgeschoss aufbauen	2 Tage
Decke montieren	1 Tag
MS Innen/Außenwände aufgestellt	0 Tage
DACH	6 Tage
Dachstuhl errichten	1 Tag
Dach decken	1 Woche
MS Dach geschlossen	0 Tage
INNENAUSBAU	77 Tage
ROHINSTALLATIONEN HAUSTECHNIK	5 Tage
SANITÄR	5 Tage
Wasseruhr setzen	0,5 Tage
Leitungen verlegen	1 Woche
HEIZUNG	5 Tage
Gastherme installieren/anschließen	2 Tage
Fußbodenheizungsverteiler setzen	1 Tag

Tabelle 6.8 Alle Vorgänge mit Ihren geschätzten Dauern *(Fortsetzung)*

Vorgangsname	Dauer
Heizungsleitungen verlegen/anschließen	1 Woche
ELEKTRO	5 Tage
Hauptverteilung anschließen	0,5 Tage
Kabel verlegen	1 Woche
MS Rohinstallationen abgenommen	0 Tage
TROCKENBAU	13 Tage
Innenwände schließen	2 Wochen
Innenwände verspachteln	3 Tage
ROHFUSSBODEN	23 Tage
Estrich verlegen	1 Tag
MS Estrich begehbar	0 Tage
MS Estrich verlegebereit	0 Tage
HAUSTECHNIK ENDINSTALLATIONEN	42 Tage
Heizungsendmontage durchführen	3 Tage
Elektroendmontage durchführen	1 Woche
Sanitärobjekte montieren	3 Tage
BODENBELÄGE	36 Tage
Parkett	1 Woche
Teppiche	3 Tage
FLIESENLEGERARBEITEN	19 Tage
Untergründe vorbereiten	1 Tag
Fliesen verlegen	3 Wochen
Verfugen	3 Tage
MS Fliesenarbeiten abgenommen	0 Tage
MALERARBEITEN	12 Tage
Untergründe vorbereiten	2 Tage
Tapezieren	1 Woche
Streichen	1 Woche
AUSSENANLAGEN	10 Tage
Pflaster legen	2 Wochen
Garten anlegen	2 Wochen

PROFITIPP Sie können auch direkt in die zu bearbeitende Zelle die Vorgangsdauer tippen, ohne ein Drehfeld zu bedienen. Bei der Eingabe reicht es aus, wenn Sie den numerischen Wert eingeben. Project ergänzt automatisch die Einheit. Standardmäßig wird als Einheit *Tage* verwendet, es sei denn, Sie ändern dies über die Optionen Ihres Projekts.

Bei der Dauer werden immer nur die Vorgänge der untersten Gliederungsebene geändert, da sich die Dauern der Sammelvorgänge aus der Summe der Dauer ihrer Teilvorgänge ergeben.

Eingabe der Zeiteinheiten ändern

So gehen Sie zum Ändern der Zeitskalen vor:

1. Rufen Sie im Menüband *Datei/Optionen* auf.
2. Aktivieren Sie die Kategorie *Terminplan* und blättern Sie zum Bereich *Planungsoptionen für dieses Projekt* (Abbildung 6.35).
3. Wählen Sie im Listenfeld (z.B. *Dauer wird eingegeben in*) die gewünschten Eingabeeinheiten aus.
4. Klicken Sie auf die Schaltfläche *OK*, um Ihre Auswahl zu speichern.

Beachten Sie, dass diese Einstellungen ausschließlich für Ihr aktuell bearbeitetes Projekt gelten.

HINWEIS Sie können allerdings diese Einstellung auch für alle zukünftigen Projekte festlegen, indem Sie auf die Schaltfläche *Als Standard festlegen* klicken. Diese Schaltfläche sollten Sie allerdings mit äußerster Vorsicht benutzen, da alle bisherigen Einstellungen übernommen werden, nicht nur die aktuell angepasste Einstellung.

Abbildg. 6.35 Ändern der Anzeigeoptionen für die Zeiteinheiten

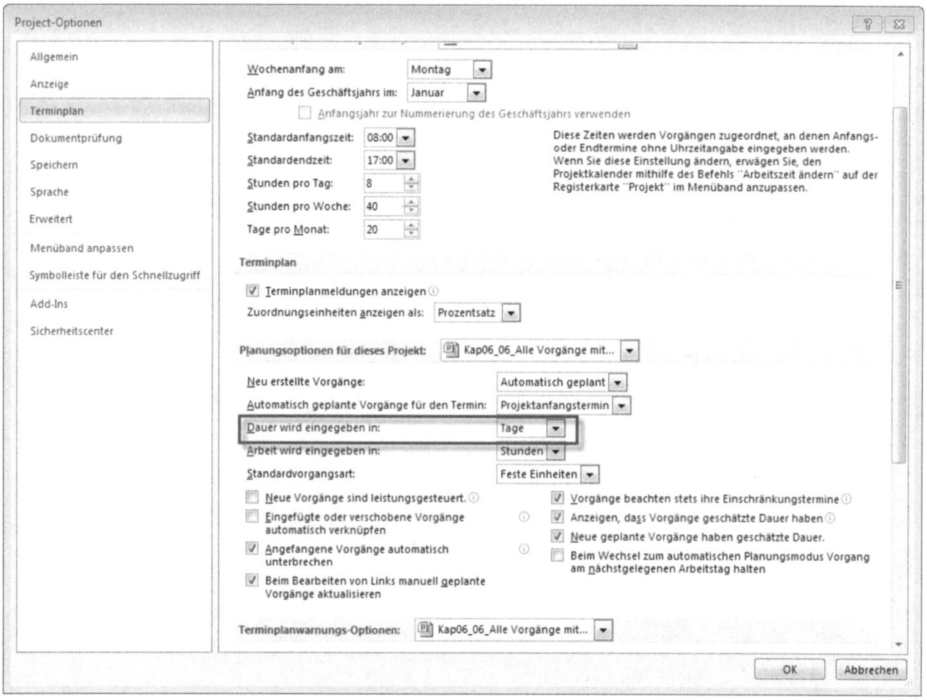

PROFITIPP Sie können auch im Eingabefeld direkt mit unterschiedlichen Einheiten arbeiten. Geben Sie dazu hinter der Ziffer das Kürzel für die gewünschte Einheit ein, also z.B.

t = Tage; h = Stunden; w = Wochen; m = Monate

Andere Zeiteinheiten für die Terminierung einstellen

Sie haben ferner die Möglichkeit, eine andere Zeiteinheit für die Terminierung auszuwählen. Dazu gehen Sie wie folgt vor:

1. Rufen Sie im Menüband *Datei/Optionen* auf.
2. Wechseln Sie zur Kategorie *Erweitert* und blättern Sie zum Bereich *Anzeigeoptionen für dieses Projekt* (Abbildung 6.36).
3. Wählen Sie in den Listenfeldern die gewünschten Zeiteinheiten aus.
4. Klicken Sie auf die Schaltfläche *OK*, um Ihre Auswahl zu speichern.

Beachten Sie, dass diese Einstellungen ausschließlich für Ihr aktuell bearbeitetes Projekt gelten.

Abbildg. 6.36 Die Standardeinstellungen für Zeiteinheiten

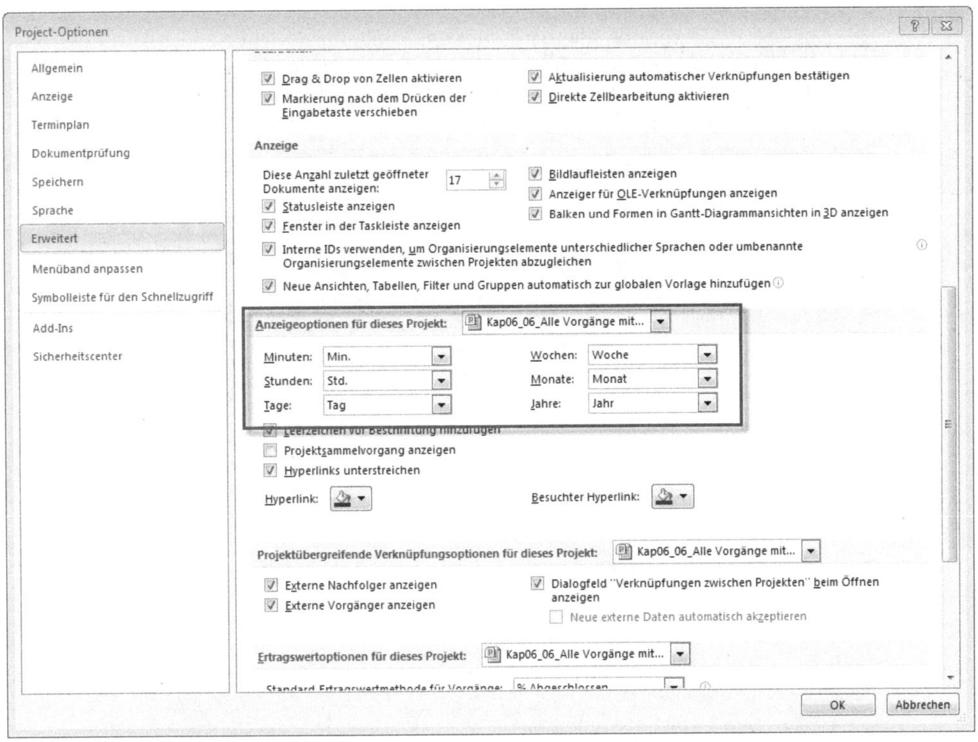

Anzeige der Zeitskala ändern

Einige Ansichten haben am oberen Rand eine Zeitskala, die in drei Bestandteile aufgeteilt sein kann. Wie viele Skalen und in welcher Teilung Sie sie anzeigen lassen möchten, bestimmen Sie selbst. Sie können die Zeitskalen unabhängig voneinander anpassen, um das Projekt in der gewünschten Genauigkeit und mit den erforderlichen Einzelheiten anzeigen zu lassen.

Um die Ansicht der Zeitskala zu verändern, gehen Sie wie folgt vor:

1. Rufen Sie im Menüband *Format/Zeitskala* auf, um das Dialogfeld *Zeitskala* zu öffnen (Abbildung 6.37).
2. Aktivieren Sie die Registerkarte der gewünschten Skala.
3. Klicken Sie dann auf das Listenfeld *Einheiten* und wählen Sie die gewünschte Zeiteinheit aus.
4. Legen Sie über das Listenfeld *Beschriftung* die gewünschte Beschriftung fest.
5. Legen Sie im Listenfeld *Ausrichtung* jeweils die gewünschte Ausrichtung fest. Sie haben die Auswahl zwischen *Links*, *Zentriert* und *Rechts*.
6. Im Feld *Teilung* können Sie einen Wert eingeben, um den gewünschten Abstand zwischen den Einheitenbeschriftungen auf der Skala festzulegen. Wenn die Einheit beispielsweise *Wochen* ist und Sie den Wert *3* eingeben, wird die Skala in Dreiwochen-Segmente unterteilt.
7. Sollen zwischen den Einheitenbeschriftungen keine vertikalen Linien angezeigt werden, deaktivieren Sie das Kontrollkästchen *Teilstriche*.
8. Möchten Sie zwischen der oberen und der unteren Zeitskala eine horizontale Linie anzeigen, aktivieren Sie das Kontrollkästchen *Skalentrennung*.
9. Um die Zeitskala zu verkleinern oder zu vergrößern, geben Sie im Feld *Größe* einen entsprechend neuen Prozentwert zwischen 25 und 1.000 ein. Dadurch wird weniger oder mehr Zeit auf der gleichen Fläche angezeigt.

HINWEIS Um das Dialogfeld *Zeitskala* schnell aufzurufen, positionieren Sie den Mauszeiger auf die Zeitskala und doppelklicken darauf.

Abbildg. 6.37 Mit einem Doppelklick können Sie das Dialogfeld *Zeitskala* schnell aufrufen

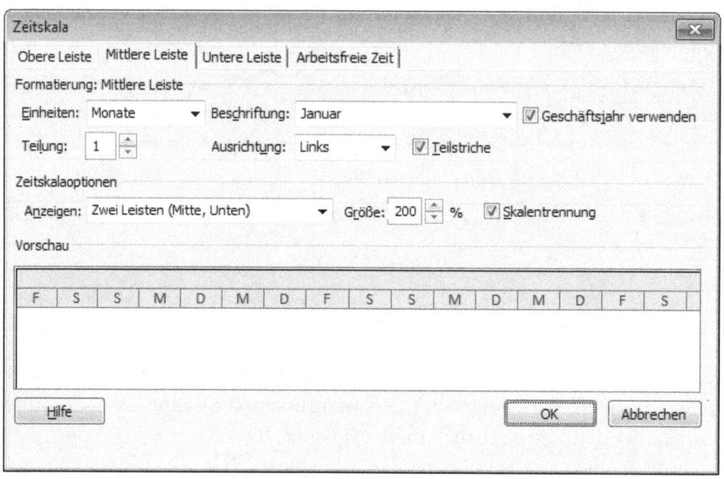

Dritte Skala in der Zeitleiste zusätzlich einblenden

Sie wollen zusätzlich eine dritte Skala auf der Zeitleiste einblenden:

1. Aktivieren Sie im Dialogfeld *Zeitskala* die Registerkarte *Obere Leiste*.

2. Wählen Sie im Listenfeld *Anzeigen* den Eintrag *Drei Leisten (Oben, Mitte, Unten)* aus (Abbildung 6.38).

Abbildg. 6.38 Zeitskala auf drei Leisten erweitern

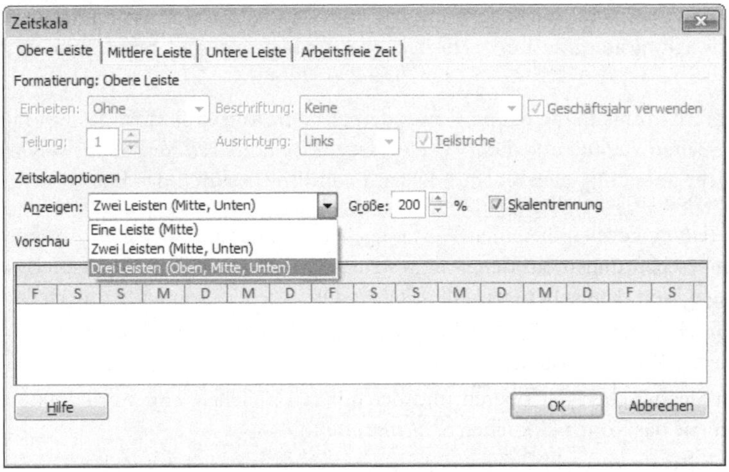

Normaldauer kontra fortlaufende Dauer

Bei der fortlaufenden Dauer wird die Zeit, die benötigt wird, um einen Vorgang durchzuführen, auf der Basis des 24-Stunden-Tags und der 7-Tage-Woche einschließlich Feiertagen und arbeitsfreien Tagen berechnet. Die fortlaufende Zeit umfasst also sowohl Arbeitszeiten als auch Leerzeiten, in denen nicht gearbeitet wird. Die Tabelle 6.9 zeigt die Maßeinheiten, die Sie eingeben müssen, wenn Sie die fortlaufende Dauer anwenden wollen.

Tabelle 6.9 Einheiten für fortlaufende Dauer

Abkürzung	Beschreibung
fmin	Fortlaufende Minuten
fh	Fortlaufende Stunden
ft	Fortlaufende Tage
fw	Fortlaufende Wochen
fm	Fortlaufende Monate

In einem Projekt »Internetauftritt« verwenden Sie die normalen Zeiteinheiten. Bei z.B. eher chemisch ausgerichteten Vorgängen (weniger bei Personenressourcen) kann es vorkommen, dass Sie gerade auf diese fortlaufenden Zeiten zurückgreifen müssen. Um dies an einem Beispiel zu verdeutlichen:

In einem Haus wurde Estrich gelegt. Dieser benötigt zum Austrocknen drei Tage. Damit sind keine drei Arbeitstage gemeint, sondern drei fortlaufende Tage, weil der Estrich natürlich genauso gut nachts oder an Feiertagen trocknet.

Goldene Regel 5: Die Spalten *Anfang* und *Ende* nicht editieren

Oft ist es so, dass in einem Projekt Termine, wie zum Beispiel der Endtermin des Projekts oder einer Phase, Überwachungstermine und Liefertermine für benötigtes Material, von außen vorgegeben werden.

Ein in diesem Zusammenhang häufig verwendetes Feature von Project ist das Eintragen von Terminen in den Spalten *Anfang* und *Ende.* Leider hat dieses Editieren Verhaltensweisen in Project zur Folge, die nicht unbedingt gewollt sind. Es wird von Project durch das Eintragen eines Termins in eines der beiden Felder zusätzlich eine Termineinschränkung festgelegt.

Abbildg. 6.39 Termin in der Vorgangstabelle editieren

Sollten Sie zuvor Ihr Projekt strukturiert haben, indem Sie logische Verknüpfungen zwischen den Vorgängen erstellt haben, bedeutet dies im Falle einer Terminänderung eines Vorgangs, der in der Verknüpfungskette vor oder hinter diesem editierten Vorgang liegt, dass Project diesen gegebenenfalls nicht mehr so verschieben kann, wie dies nach der Verknüpfungslogik theoretisch sein sollte.

Tabelle 6.10 Die Termineinschränkungsarten von Project

Einschränkungsart	Bedeutung
So früh wie möglich	Vorgang soll so früh wie möglich beginnen (Standardeinstellung bei berechneten Terminen, wenn vom Projektstarttermin gerechnet wird)
So spät wie möglich	Vorgang soll so spät wie möglich beginnen (Standardeinstellung bei berechneten Terminen, wenn vom Projektendtermin gerechnet wird)
Anfang nicht früher als	Vorgang soll nicht früher als an dem festgelegten Termin beginnen. Diese Einschränkung wird von Project verwendet, wenn *Berechnung vom Projektanfangstermin* eingestellt ist.
Ende nicht früher als	Vorgang soll nicht früher als an dem festgelegten Termin enden. Diese Einschränkung wird von Project verwendet, wenn *Berechnung vom Projektanfangstermin* eingestellt ist.
Anfang nicht später als	Vorgang soll nicht später als an dem festgelegten Termin beginnen. Diese Einschränkung wird von Project verwendet, wenn *Berechnung vom Projektendtermin* eingestellt ist.
Ende nicht später als	Vorgang soll nicht später als an dem festgelegten Termin enden. Diese Einschränkung wird von Project verwendet, wenn *Berechnung vom Projektendtermin* eingestellt ist.

Tabelle 6.10 Die Termineinschränkungsarten von Project *(Fortsetzung)*

Einschränkungsart	Bedeutung
Muss anfangen am	Fixer Starttermin
Muss enden am	Fixer Endtermin

Durch diese Einschränkungen wird die Berechnung des Terminplans, die Project nach einer Änderung im Plan durchführt, zum Teil erheblich beeinflusst. Es wird sehr oft eine Meldung des Planungs-Assistenten erscheinen, die je nach durchgeführter Aktion unterschiedliche Handlungsoptionen anbietet.

Abbildg. 6.40 Der Planungs-Assistent macht Vorschläge bei jeder Aktion, die Sie durchführen

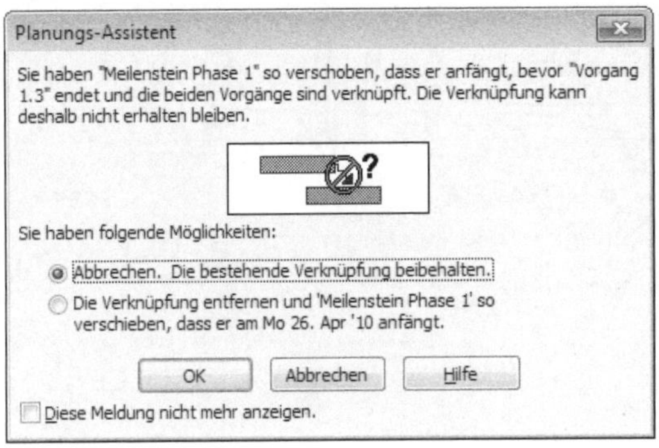

HINWEIS Wenn Sie einen Vorgang mit einer Termineinschränkung in Ihrem Projekt haben, können Sie dies immer an einem kleinen Kalendersymbol in der Indikatorenspalte sehen (Abbildung 6.41).

Abbildg. 6.41 Indikator für eine Termineinschränkung

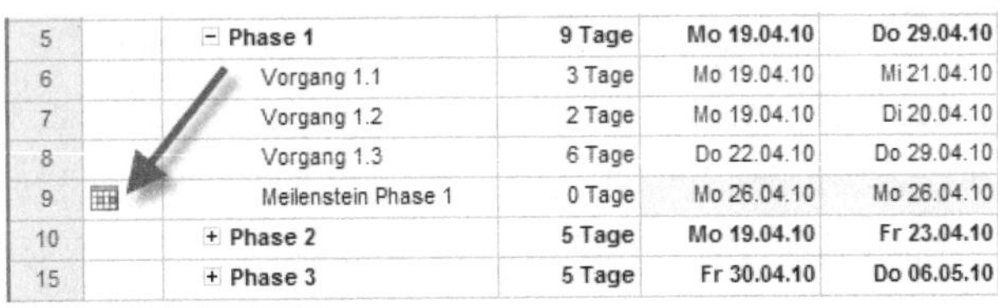

5		− **Phase 1**	**9 Tage**	**Mo 19.04.10**	**Do 29.04.10**
6		Vorgang 1.1	3 Tage	Mo 19.04.10	Mi 21.04.10
7		Vorgang 1.2	2 Tage	Mo 19.04.10	Di 20.04.10
8		Vorgang 1.3	6 Tage	Do 22.04.10	Do 29.04.10
9		Meilenstein Phase 1	0 Tage	Mo 26.04.10	Mo 26.04.10
10		+ **Phase 2**	**5 Tage**	**Mo 19.04.10**	**Fr 23.04.10**
15		+ **Phase 3**	**5 Tage**	**Fr 30.04.10**	**Do 06.05.10**

WICHTIG Aus den zuvor erklärten Gründen empfehlen wir, so weit wie möglich auf die Termineinschränkungen zu verzichten und Project gemäß der eingegebenen Logik den Terminplan berechnen zulassen. Dadurch haben Sie immer die Information, wann Ihr Projekt theoretisch auf Basis der Logik und der erfolgten Aufwandschätzung fertig sein wird.

Lesen Sie stattdessen in den Regeln 4 und 6, wie Sie vorgegebene Termine in Project abbilden können, ohne dass Sie mit den Termineinschränkungen Project am Rechnen hindern bzw. ständige Terminplanmeldungen provozieren.

Goldene Regel 6: Statt Termineinschränkungen Stichtag verwenden

Die Meilensteine aus Regel 4 stellen noch immer nicht den Termin dar, der von außen vorgegeben wurde. Eine Termineinschränkung würde also die gleichen Probleme hervorrufen, wie in Regel 5 beschrieben. Deshalb sollten Sie einen zusätzlichen Termin auf diesen Meilenstein festlegen, der den berechneten nicht ersetzt, sondern ergänzend dazu angezeigt wird.

Hierzu bietet Project den sogenannten *Stichtag* an:

1. Doppelklicken Sie auf den Meilenstein, dem Sie ein zusätzliches Datum mitgeben möchten.
2. Wechseln Sie im geöffneten Dialogfeld *Informationen zum Vorgang* zur Registerkarte *Erweitert*.
3. Im Abschnitt *Vorgang einschränken* finden Sie das Feld *Stichtag*, wo Sie zusätzlich zu den berechneten Terminen ein weiteres Datum für diesen Vorgang eingeben können.

Abbildg. 6.42 Einen Stichtag festlegen

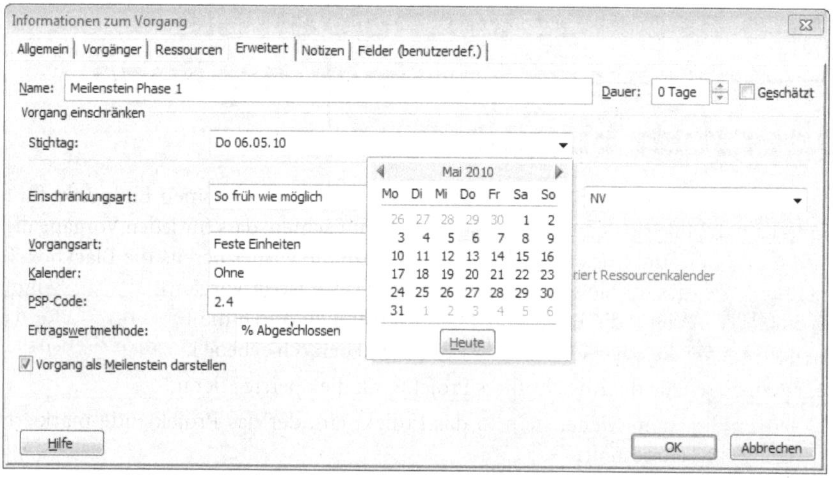

Die Vorteile dieses Stichtags sind:

- Es wird im Gantt-Chart ein zusätzliches Symbol dargestellt, welches den Stichtag kennzeichnet
- Sie sehen auf diese Weise immer, wie sich der theoretisch berechnete Termin zum vorgegebenen verhält

Abbildg. 6.43 Darstellung des Stichtags im Balkendiagramm

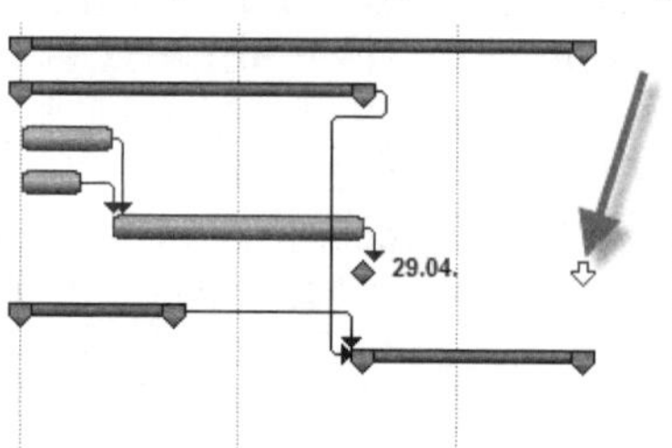

- Sollte der Stichtag aufgrund von Terminplanänderungen von dem berechneten Termin überschritten werden, zeigt Project in der Indikatorenspalte eine Warnung an

Abbildg. 6.44 Warnung bei Überschreitung des Stichtags

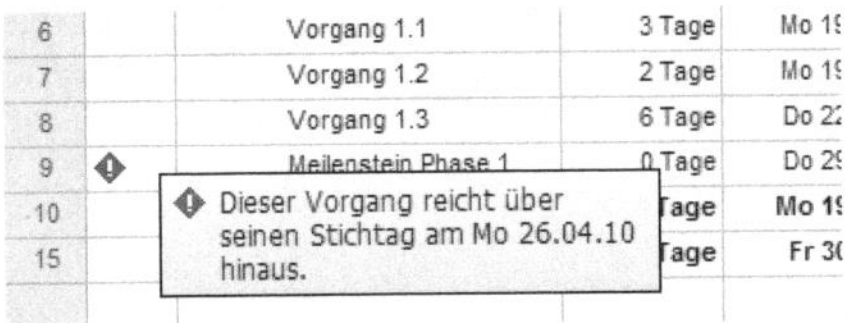

- Project kann weiterhin die Termine berechnen, wie es die Netzplanlogik vorsieht
- Sie werden nicht von ständigen Terminplanmeldungen belästigt
- Sie haben trotzdem weiterhin Ihre Terminvorgaben im Blick

Goldene Regel 7: Vermeiden Sie offene Enden auf Sammelvorgänge der obersten Ebene

Da die Netzplantechnik davon ausgeht, dass es einen gemeinsamen Endpunkt für alle Tätigkeiten innerhalb des Projekts gibt, sollten Sie auch darauf achten, dass für jeden Vorgang die Regel gilt, dass er auf den Endpunkt des Projekts zuläuft. Haben Sie vorher bereits die Blackbox-Technik berücksichtigt, wird dies für Sie sehr einfach werden. Da für jeden Vorgang – egal ob Sammelvorgang oder normaler Vorgang – die Regel gilt, dass er terminlich durch die Hierarchieebene darüber begrenzt ist, müssen Sie die Regel 7 nur auf der obersten Hierarchieebene kontrollieren:

1. Reduzieren Sie die Ansicht Ihres Projekts auf die oberste Hierarchieebene.
2. Fügen Sie einen Meilenstein in das Projekt ein, der das Projektende markiert, wie in Abbildung 6.45 dargestellt.
3. Kontrollieren Sie mithilfe der Spalte *Nachfolger*, ob jeder der angezeigten Sammelvorgänge einen Nachfolger hat. Der letzte Sammelvorgang muss den Endmeilenstein als Nachfolger haben.

Abbildg. 6.45 Alle Phasen haben einen Nachfolger

		Vorgangsname	Dauer	Anfang	Fertig stellen	Vorgänge
0		kap06_Blackboxdarstel	14 Tage	Mo 19.04.10	Do 06.05.10	
1		Meilensteine	14 Tage	Mo 19.04.10	Do 06.05.10	
2		MS Start Projekt	0 Tage	Mo 19.04.10	Mo 19.04.10	
3		MS Ende Phase 2	0 Tage	Fr 23.04.10	Fr 23.04.10	10
4		MS Ende Projekt	0 Tage	Do 06.05.10	Do 06.05.10	15
5		Phase 1	9 Tage	Mo 19.04.10	Do 29.04.10	2
10		Phase 2	5 Tage	Mo 19.04.10	Fr 23.04.10	2
15		Phase 3	5 Tage	Fr 30.04.10	Do 06.05.10	5;3;10

> **HINWEIS** Haben Sie die Regeln bis hierhin konsequent befolgt, sehen Sie auf der obersten Ebene Ihres Projekts die Hauptphasen und auch die Hauptlogik des Projekts anhand der dargestellten Verknüpfungslinien.

Zusammenfassung

Dieses Kapitel hat Ihnen aufgezeigt, wie Sie einen Terminplan sinnvoll aufbauen sollten. Dabei ist eine wichtige Voraussetzung, sich von Anfang an über die Struktur Ihres Projekts im Klaren zu sein. Größere Änderungen an der Struktur in einem laufenden Projekt vorzunehmen, führt in der Regel zum Verlust des Überblicks in Ihrem Plan.

Kapitel 7

Ressourcenmanagement

In diesem Kapitel:

Eine erfolgreiche Projektplanung setzt voraus, dass die einzelnen Arbeitspakete oder Vorgänge eines Projekts Ressourcen verwenden. Hierunter versteht man die Einsatzmittel Personen, Geräte und Material. Aufgrund der Problematik der normalerweise nur begrenzt zur Verfügung stehenden Einsatzmittel sollte die Ressourcenplanung gut durchdacht und geplant sein.

In den ersten Kapiteln haben Sie die Möglichkeiten der Projektstruktur- und Terminplanung (Ablaufplanung) mit Microsoft Project 2010 kennengelernt. Annahmen und Überlegungen, mit welchen Einsatzmitteln dieser Terminplan erledigt werden kann, wurden in diesen Kapiteln noch nicht berücksichtigt. Bei der Ablaufplanung werden die Durchlaufzeiten für die einzelnen Vorgänge zunächst nur im Feld *Dauer* in Form einer groben Schätzung auf Basis von Erfahrungswerten eingetragen.

Dabei ist zweifellos eine der größten Herausforderung im Projektmanagement und beim Einsatz von Projektplanungssoftware, die Einsatzmittel im Rahmen des Ressourcenmanagements zu planen, zu steuern und einen regelmäßigen Status abzufragen. Für den Projektleiter ist die größte Aufgabe, den zeitlichen Einsatz zu koordinieren, Projektmitarbeiter zu führen und dabei gleichzeitig die aus der Delegierung von Linienmitarbeitern in Projekte resultierenden Konflikte zu bewältigen.

Beim Einsatz von Projektplanungssoftware liegt die Kernproblematik darin, dass die Einbeziehung von Ressourcen zusätzliche Probleme aufzeigt und damit die Komplexität des Ganzen noch deutlich erweitert wird. Zudem gilt es zu verstehen, wie Project arbeitet, wenn Ressourcen zugeordnet werden sollen.

In diesem Kapitel wird zunächst nur die Situation behandelt, dass die Ressourcen direkt im Projekt definiert werden, d.h., es beschäftigt sich mit dem Ressourcenmanagement in Project beim Einsatz in Einzelprojekten und stellt schrittweise die verschiedenen Einstellungen vor. Für den Fall, dass Sie Ressourcen gemeinsam in mehreren Projekten verwenden und Ressourcenzuweisungen und -belastungen in der Ebene des Multiprojektmanagements erkennen möchten, lesen Sie als Ergänzung zu diesem Kapitel die Ausführungen in Kapitel 19. Dort wird das Ressourcenmanagement in mehreren Projekten und einem gemeinsamen, als Projektdatei abgespeicherten Ressourcenpool behandelt.

Was sind Ressourcen?

Vorgänge und Aufgaben in Projekten beanspruchen für die Erfüllung der Ziele alle möglichen Arten von Einsatzmitteln. Diese Einsatzmittel werden auch *Ressourcen* genannt.

Folgende Ressourcenarten können unterschieden werden:

- **Personal** Projektleiter, Projektmitarbeiter, Fachmitarbeiter, Dienstleister
- **Sachmittel** Maschinen, Geräte, Anlagen, Räume, Software, Hardware, Transportmittel
- **Material** Güter, Sand, Treibstoff, Papier
- **Geldmittel** Kosten, Budgetgelder, Reisekosten

Je nach Projektart ist die Bedeutung der Einsatzmittel sehr unterschiedlich ausgeprägt. In den meisten Projekten, die mit der Planungssoftware Microsoft Project 2010 geplant werden, sind personelle Einsatzmittel zu planen. Deshalb werden auch im weiteren Verlauf dieses Kapitels wie auch im gesamten Buch die personellen Einsatzmittel als *Ressourcen* bezeichnet.

Bevor mit dem Ressourcenmanagement begonnen wird, gilt es ein paar Fragen zu klären:

- Welche Einsatzmittel (Personal, Sachmittel, Material, Geldmittel) sind für die Durchführung des Projekts erforderlich?
- Müssen die personellen Ressourcen bestimmte Qualifikationen (Skills) erreicht haben?
- Gibt es Einsatzmittel, die nicht zur Verfügung stehen oder nicht beschaffbar bzw. explizit ausgeschlossen sind?

Ressourcen müssen geplant werden, wenn sie nicht unbegrenzt zur Verfügung stehen. Sobald ein Konflikt aus der Verfügbarkeit bzw. Nichtverfügbarkeit einer Ressource entsteht, muss das in die Projektplanung einfließen. Die Planung von Ressourcen ist aber auch notwendig, wenn bei der Projektplanung differenzierte Kosteninformationen ermittelt werden sollen. In diesem Fall müssen auch Ressourcen, die nicht knapp, aber eben nicht kostenfrei sind, in der Planung berücksichtigt werden.

Ressourcen können dabei unterschiedlicher Natur sein. Es kann sich um humane Ressourcen, also Mitarbeiter, handeln. Bei diesen treffen typischerweise beide Argumente zu. Sie sind knapp und kosten eine Menge. Es können aber auch Maschinen und andere Arbeitsgeräte bzw. Verbrauchsmaterialien gemeint sein. Die am häufigsten im Projektmanagement verwendeten Ressourcen sind indes humane Ressourcen.

HINWEIS Project 2010 unterstützt auch explizit Materialressourcen, mit denen Verbrauchsmaterialien abgebildet werden können. Diese werden ggf. auch in anderer Form berechnet. Auf Materialressourcen wird weiter unten noch ausführlicher eingegangen.

Ob es sinnvoll ist, Ressourcen, die nicht durch Knappheit, sondern durch deren Kosten gekennzeichnet sind, einzeln zu verwalten, sei dahingestellt. Hier können die aggregierten Kosteninformationen z.B. auch von Microsoft Excel nach Microsoft Project übermittelt werden. Es ist nicht notwendig, in Project 2010 eine Vielzahl von Ressourcen zu pflegen.

Ein Beispiel dafür sind die Materialien, die bei einem Bauprojekt verwendet werden. Es ist wenig sinnvoll, diese samt und sonders in Project einzutragen und den Vorgängen zuzuordnen. Stattdessen können dem Vorgang, bei dem solche Materialien eingesetzt werden, feste Kosten oder Kostenressourcen zugeordnet werden, die an anderer Stelle errechnet wurden. Eine Verwaltung als Ressource in Project ist dann erforderlich, wenn sich daraus Engpässe ergeben können, die in der Projektplanung berücksichtigt werden müssen. Außerdem ist die Auswertung von Informationen durch die Verwendung von Ressourcen des Typs »Material« einfacher, da alle Informationen dann in Project gespeichert werden können.

Alternativ könnten die Daten aber auch aus Excel kopiert werden oder aus einem anderen Dokument stammen. Hier unterstützt Project 2010 viele Ansätze. Wie Sie Informationen aus Excel in Project übernehmen, wird in Kapitel 21 besprochen.

Definition von Ressourcen

Der erste Schritt beim Ressourcenmanagement ist die Definition der Ressourcen. Dazu muss eine Ansicht verwendet werden, die die Eingabe der relevanten Daten erlaubt. Project bietet eine Fülle von Ansichten, auf die in Kapitel 13 noch intensiver eingegangen wird. Die wichtigsten Ansichten für die Ressourcenplanung sind Ressourcen- und Vorgangsansichten.

Bisher wurde in diesem Buch nur auf Vorgangsansichten eingegangen, die in unterschiedlicher Form Informationen über Vorgänge bereitstellen. Im Menüband *Aufgabe/Ansicht* in der Liste des Befehls *Gantt-Diagramm* finden Sie diese in den ersten sechs Ansichten. Danach folgen die wichtigsten Ressourcenansichten, die alle mit dem Text »Ressource: « beginnen.

Für die Eingabe von Ressourcen bietet sich die Ansicht *Ressource: Tabelle* (Abbildung 7.1) an. Wie bei den Vorgängen wird auch hier in tabellarischer Form gearbeitet, da sich auf diese Weise größere Informationsmengen am besten eingeben lassen.

Abbildg. 7.1 Die Ansicht *Ressource: Tabelle*

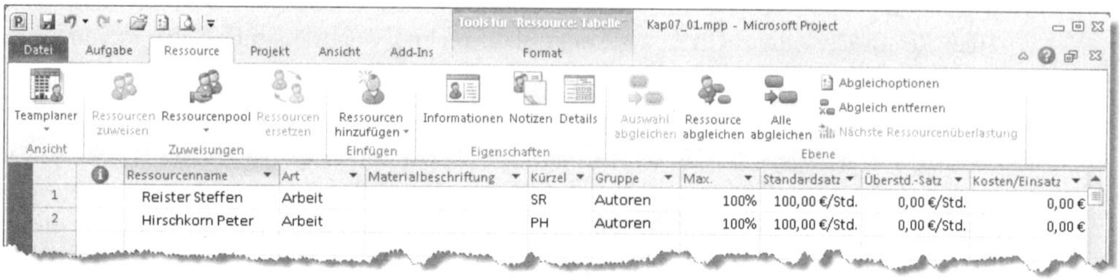

Bevor Sie Ressourcen in Ihrem Projekt verwenden, sollten Sie diese zunächst mit allen wichtigen Informationen definieren. In Project 2010 gibt es eine Grundeinstellung, die beim Eintippen eines Ressourcennamens auf einen Vorgang die Ressource automatisch dem Ressourcenpool zufügt. Durch diese Automatisierung werden oft durch Tippfehler dieselben Ressourcen mehrfach erstellt. Aus diesem Grund haben wir in Kapitel 4 dazu geraten, diese Grundeinstellung zu deaktivieren:

Dadurch wird Project 2010 beim Eintippen eines nicht vorhandenen Ressourcennamens eine Meldung wie in Abbildung 7.2 erzeugen. Deaktivieren Sie über *Datei/Optionen/Erweitert* das Kontrollkästchen *Neue Ressourcen und Vorgänge automatisch hinzufügen* (Abbildung 7.3), um die Meldung zu erhalten.

Abbildg. 7.2 Meldung beim Hinzufügen einer Ressource

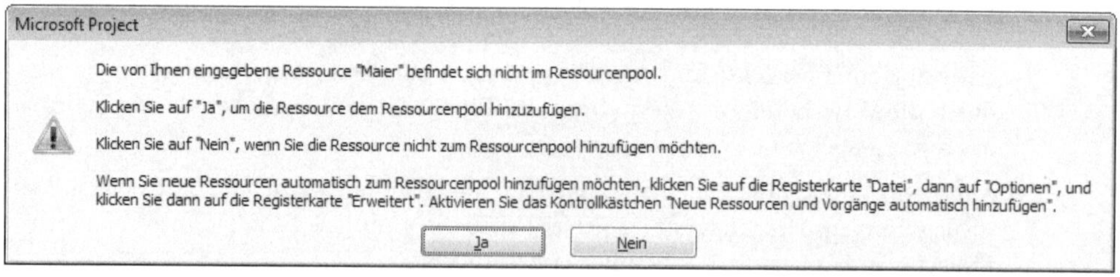

Mit dieser Meldung werden Sie gefragt, ob Sie wirklich die eingetippte Ressource hinzufügen wollen. Sie haben nun die Kontrolle, dies zu tun und danach die weiteren Informationen für diese Ressource zu bearbeiten oder das Erzeugen einer neuen Ressource abzubrechen.

Abbildg. 7.3 Project-Optionen für *Ressourcen automatisch hinzufügen* umstellen

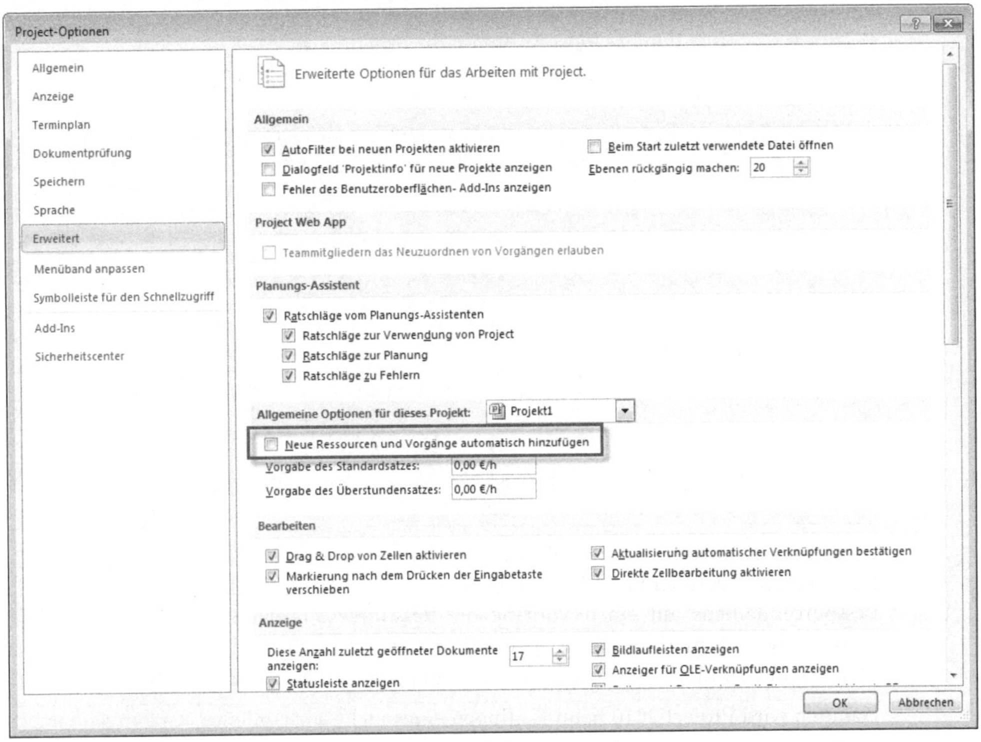

Sie sollten die Deaktivierung dieser Funktionalität nicht nur für das im Moment geöffnete Projekt vornehmen, vielmehr ist es durchaus sinnvoll, dies bei allen Projekten standardmäßig einzustellen. Dazu setzen Sie einfach den Eintrag bei *Allgemeinen Optionen für dieses Projekt* in den Project-Optionen auf *Alle neuen Projekte* (Abbildung 7.4) und bestätigen die Eingabe mit *OK*.

Abbildg. 7.4 Project-Optionen für alle neuen Projekte

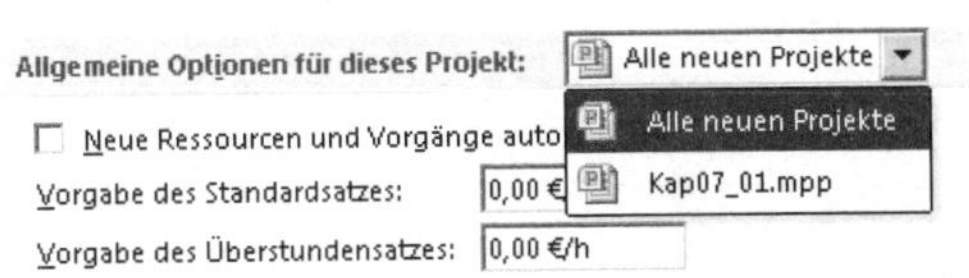

In der Ressourcentabelle werden die Ressourcen und die Einzelinformationen für diese erfasst. Natürlich können in dieser Tabelle auch zusätzliche Felder angezeigt werden.

Felder in der Ansicht *Ressource: Tabelle*

Folgende Felder sind in der Ressourcentabelle vordefiniert:

Tabelle 7.1 Die Felder der Ansicht *Ressource: Tabelle*

Feld	Bedeutung
Indikatoren	In dieser Spalte werden Symbole angezeigt, wenn beispielsweise ein Ressourcenkonflikt vorliegt. Die Funktion ist mit der Indikatorenspalte von *Vorgang: Tabelle* vergleichbar.
Ressourcenname	Der Name der Ressource, über den diese identifiziert wird
Art	Erlaubt die Unterscheidung zwischen Ressourcen der Art *Arbeit*, *Material* und *Kosten*
Materialbeschriftung	Dieses Feld ist vorgesehen, um bei Materialressourcen die Art der Beschriftung – also faktisch die Einheit – festlegen zu können. Hier kann ein beliebiger Text wie *Tonnen* oder *Meter* angegeben werden.
Kürzel	Ein Ressourcenkürzel, das ebenfalls für die Identifikation der Ressource verwendet werden kann
Gruppe	Eine Gruppe, der die Ressource zugeordnet ist. Als Gruppe kann beispielsweise die Abteilung, aber auch eine funktionale Beschreibung verwendet werden.
Max. Einh.	Die maximalen Einheiten, mit denen die Ressource in diesem Projekt verfügbar ist, auf Basis des zugrunde liegenden Basiskalenders
Standardsatz	Der Standardsatz für die Kosten der Ressource pro Zeiteinheit
Überstd.-Satz	Der Überstundensatz, der verwendet wird, wenn die Ressource Überstundenarbeit leistet
Kosten/Einsatz	Hier kann ein Betrag festgelegt werden, der pro Zuweisung der Ressource auf einen Vorgang berechnet wird
Fällig am	Der Fälligkeitszeitpunkt der Kosten. Die Kosten können am Anfang, am Ende oder gleichmäßig über den Vorgang, dem die Ressource zugeordnet ist, verteilt werden. Diese Einstellung ist wichtig, wenn aus den Projektdaten heraus auch Informationen für eine Liquiditätsplanung gewonnen werden sollen.
Basiskalender	Der Kalender, der für diese Ressource die Grundarbeitszeit regelt
Code	Hier kann beispielsweise die Kostenstelle oder die Abteilungsbezeichnung verwendet werden. Damit ist eine Gruppierung möglich. Das Feld kann aber auch zur Aufnahme der Personalnummer dienen.

Ressourcen der Art *Arbeit*

Ressourcen, die eine Arbeit leisten, und hierunter verstehen wir den Menschen und die Maschine, werden in Microsoft Project als Ressourcen der Art *Arbeit* bezeichnet. Diese Ressourcen werden in Project zeitgesteuert betrachtet. Dies bedeutet, dass zum Beispiel ein Mitarbeiter über die Verfügbarkeit geregelt bekommt, wie viele Stunden pro Tag er arbeitet und an welchen Tagen im Jahr überhaupt gearbeitet wird.

Generische Ressourcen

Nehmen Sie einmal an, Sie benötigen für einen Vorgang in Ihrem Projekt einen Bagger und einen Baggerfahrer, wissen aber noch nicht, welchen Bagger Sie bekommen und wer den Bagger bedienen wird. Hierfür gibt es in Microsoft Project 2010 die Möglichkeit, Ressourcen *generisch* zu planen. Der Unterschied von generischen zu echten Ressourcen besteht darin, dass eine generische Ressource zwar eine Zuweisung eines Aufwands bekommt, jedoch die Arbeit nicht leisten wird. Die Arbeit, die Erledigung der Aufgabe, kann nur von einer echten Ressource vorgenommen werden.

Die generische Ressource sollte weiterhin eine maximale Einheit von 0 % bekommen. Dies bedeutet, dass sie zwar als Ressource zugewiesen werden kann, jedoch keine Kapazität zur Verfügung stellt. Sie dient sozusagen als Platzhalter und wartet darauf, durch eine echte Ressource ersetzt zu werden.

Als Beispiel könnte man auch ein Projekt nennen, das als Angebot bei einem Kunden ist. Solange keine Bestellung vorliegt, muss im Projekt auch keine Kapazitätsbetrachtung mit echten Ressourcen erfolgen. Im nächsten Kapitel werden tiefergehende Einblicke bei der Arbeit mit generischen Ressourcen vermittelt.

Ressourcen der Art *Material*

Ressourcen, die nur einmalig verwendbar sind und sich verbrauchen, werden als Ressource der Art *Material* bezeichnet. Um in einem Projekt auch solche Ressourcen zu verwenden, bietet Project diese Ressourcenart an. Eine Ressource der Art Material hat keine Verfügbarkeit, keine maximale Einheit und natürlich auch keinen Ressourcenkalender.

Ressourcen der Art *Kosten*

Kostenressourcen haben lediglich die Aufgabe, als Freitext in der Auswahl einer Ressource zu stehen. Der reale Betrag, der dann als Kostengröße auftritt, wird erst bei der Zuweisung der Ressource zum Vorgang eingegeben.

Eingabe der Ressourcenstammdaten

Bei der Definition von Ressourcennamen ist es wichtig, nach einem einheitlichen Schema zu arbeiten. Ressourcennamen sollten immer in der gleichen Form definiert werden. Bei humanen Ressourcen sollte beispielsweise einheitlich nach dem Schema »Nachname, Vorname« oder »Nachname Vorname« gearbeitet werden. Nur so kann eine sinnvolle Sortierung erfolgen.

Wie schon bei der Definition von Vorgangstabellen zu Beginn des vorherigen Kapitels erläutert wurde, gibt es sowohl Ressourcennamen als auch Ressourcenkürzel. Wenn Sie mit Ressourcenkürzeln arbeiten, müssen Sie die entsprechende Spalte explizit in Ihren Vorgangstabellen definieren. Es ergibt wenig Sinn, Ressourcenkürzel einfach in die Spalte mit den Ressourcennamen einzugeben, da Project diese dort nicht interpretieren kann und möglicherweise eine neue Ressource hinzufügen will.

Bei der Überlegung, welche Namen verwendet werden sollen, spielt es auch eine Rolle, ob eine individuelle Ressource, ein Mensch mit einem Namen oder eine Qualifikation oder eine Funktion verwendet wird.

Hierzu einige Beispiele:

Tabelle 7.2 Beispiele für Ressourcenname, Gruppe und Code

Name	Gruppe	Code
Reister Steffen	Autoren	
Hirschkorn Peter	Autoren	
Maier Gerhard	Maurer	Maurer GmbH
Huber Gerd	Maurer	Maurer GmbH
Gipser	Generische Ressource	
Stuckateur	Generische Ressource	
Bagger	Baumaschinen	
Willibald Rolf	Baggerführer	
Baukran	Baumaschinen	
Kranführer	Generische Ressource	

Um einige Ressourcen einzugeben, verwenden Sie die Ansicht *Ressource: Tabelle* (siehe Abbildung 7.1 auf Seite 206). Zu diesem Zeitpunkt werden ausschließlich Ressourcen benötigt, die von der Art *Arbeit* sind. Kostenressourcen, Material und Budget werden in Kapitel 9 und Kapitel 10 behandelt.

Geben Sie nun die Ressourcen für das Beispielprojekt ein:

1. Rufen Sie die Ansicht *Ressource: Tabelle* auf und blenden Sie die Spalte *Materialbeschriftung* mit einem Klick der rechten Maustaste und Auswahl von *Spalte ausblenden* im Kontextmenü aus. Diese wird, da nur Arbeitsressourcen eingegeben werden sollen, nicht benötigt.
2. Geben Sie die Ressourcen entsprechend der Abbildung 7.5 ein. Der Einfachheit halber werden in diesem Beispiel alle Menschen mit einem Stundensatz von 50,00 € gerechnet.

Abbildg. 7.5 Eingabe der Ressourcenstammdaten

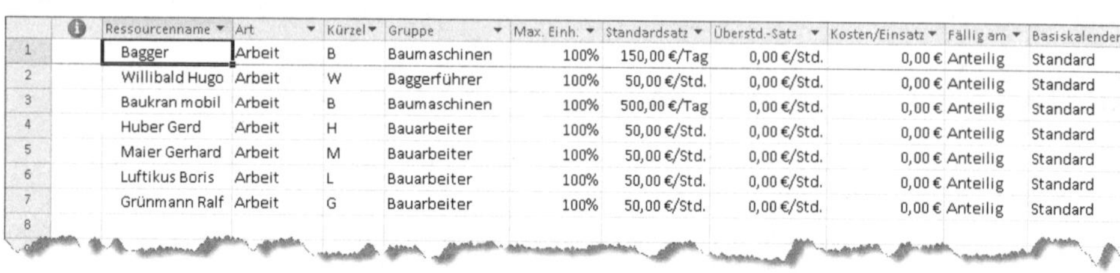

	Ressourcenname	Art	Kürzel	Gruppe	Max. Einh.	Standardsatz	Überstd.-Satz	Kosten/Einsatz	Fällig am	Basiskalender
1	Bagger	Arbeit	B	Baumaschinen	100%	150,00 €/Tag	0,00 €/Std.	0,00 €	Anteilig	Standard
2	Willibald Hugo	Arbeit	W	Baggerführer	100%	50,00 €/Std.	0,00 €/Std.	0,00 €	Anteilig	Standard
3	Baukran mobil	Arbeit	B	Baumaschinen	100%	500,00 €/Tag	0,00 €/Std.	0,00 €	Anteilig	Standard
4	Huber Gerd	Arbeit	H	Bauarbeiter	100%	50,00 €/Std.	0,00 €/Std.	0,00 €	Anteilig	Standard
5	Maier Gerhard	Arbeit	M	Bauarbeiter	100%	50,00 €/Std.	0,00 €/Std.	0,00 €	Anteilig	Standard
6	Luftikus Boris	Arbeit	L	Bauarbeiter	100%	50,00 €/Std.	0,00 €/Std.	0,00 €	Anteilig	Standard
7	Grünmann Ralf	Arbeit	G	Bauarbeiter	100%	50,00 €/Std.	0,00 €/Std.	0,00 €	Anteilig	Standard
8										

TIPP Die Kostensätze der Ressourcen können mit folgenden Einheiten belegt werden:

Tabelle 7.3 Einheiten der Kostensätze

Zeiteinheit	Eingabeform	Anzeige
Minute	Zahl / min	0,00 €/Min.
Stunde	Zahl	0,00 €/Std.

Tabelle 7.3 Einheiten der Kostensätze *(Fortsetzung)*

Zeiteinheit	Eingabeform	Anzeige
Tag	Zahl / t	0,00 €/Tag
Woche	Zahl / w	0,00 €/Woche
Monat	Zahl / m	0,00 €/Monat
Jahr	Zahl / j	0,00 €/Jahr

Project 2010 berechnet jedoch, egal welche Zeiteinheiten definiert sind, im Hintergrund die Kosten auf Basis einer Minute.

Die Eingabe der Felder *Stundensatz*, *Basiskalender* und *Code* werden zu einem späteren Zeitpunkt vorgenommen.

Maximale Einheiten

Eines der wichtigsten Felder bei der Ressourcendefinition ist die *Maximale Einheit*. In diesem Feld wird die Stundenmenge pro Zeiteinheit definiert, mit der eine Ressource im Projekt zur Verfügung steht. Es stellt sozusagen den Grenzwert dar, ab dem die Ressource überlastet ist. Der Standardwert liegt bei 100 % und sagt aus, dass die Ressource mit 8 Stunden pro Arbeitstag im Projekt zur Verfügung steht. Microsoft Project 2010 hinterlegt folgende Werte als Standard:

Abbildg. 7.6 Project-Optionen im Terminplan

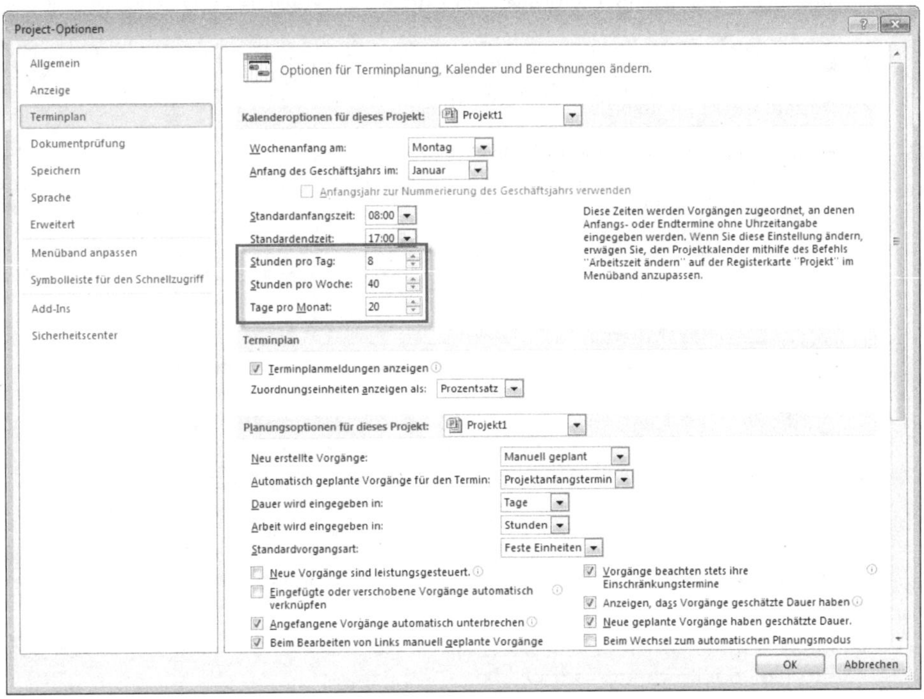

Solange Sie an diesen Standardwerten nichts ändern, werden diese immer als Grundkapazität rechnerisch zugrunde gelegt.

Mit anderen Worten: Ich stelle die Ressource mit 8 Stunden pro Tag dem Projekt zur Verfügung, aber nur innerhalb der definierten Arbeitszeit für diese Ressource. Zu einem späteren Zeitpunkt wird noch erläutert, wie sich diese maximale Einheit auf die Arbeitszeit auswirkt.

Die Ressourcen, die mit dem Wert 0 % versehen sind, können praktisch keine Arbeit leisten, werden jedoch als *generische Ressourcen* im Projekt behandelt. Wie man definiert, ob eine Ressource *generisch* oder *echt* ist, wird in einem späteren Kapitel erläutert.

Es lassen sich drei grundsätzliche Optionen für die Definition von Ressourcen unterscheiden:

- Es wird grundsätzlich mit 100 % gearbeitet, wenn die Ressource die gesamte Arbeitszeit – abzüglich der ohnehin anfallenden Kaffee-, Smalltalk- und Kopierzeiten etc. – für das Projekt zur Verfügung steht. Individuelle Abweichungen der Arbeitszeit werden im jeweils individuellen Kalender für die Ressourcen berücksichtigt.
- Es wird mit einem Standardkalender gearbeitet. Wenn Ressourcen nicht die gesamte Zeit in einem Projekt zur Verfügung stehen, wird das berücksichtigt, indem die maximalen Einheiten für die jeweilige Ressource herabgesetzt werden. Der Vorteil ist die einfachere Handhabung. Allerdings ist bei der Arbeit mit Kalendern eine differenziertere Steuerung des Projekts möglich.
- Ressourcen mit vergleichbarem Einsatzbereich werden zu einer einzigen zusammengefasst und die maximalen Einheiten auf Werte größer 100 %. Während sich dies bei Maschinen und Arbeitsgeräten als durchaus sinnvoll erweist, ist dieses Vorgehen bei humanen Ressourcen mit Vorsicht zu genießen. Selbst wenn die Mitarbeiter aufgrund ihrer Qualifikation leicht austauschbar wären, wird nicht deutlich, wer gerade wo eingesetzt ist oder gerade Urlaub hat. Es bietet sich daher immer an, eine der beiden vorab genannten Alternativen zu wählen und für humane Ressourcen die maximalen Einheiten nicht auf Werte über 100 % zu erhöhen.

Die Auswirkungen von *Ressourcen*, die mit weniger als 100 % eingesetzt sind, werden ebenso wie die Verhaltensweise von Project bei Ressourcen, die zu mehr als 100 % zur Verfügung stehen, im weiteren Verlauf dieses Kapitels ausführlich erläutert.

In den meisten Fällen wird es keine wesentliche Planungsungenauigkeit geben, wenn die Ressource mit 100 % statt realen 92 % oder 95 % zugeordnet wird – es sei denn, Sie planen sehr exakt. Eine solche (sehr exakte) Planung findet sich aber typischerweise nur in Bereichen, in denen die Ressourcen ohnehin voll dem Projekt zugeordnet sind, wie beispielsweise bei der Planung von Maschinenlaufzeiten. Hier ist Microsoft Project 2010 nicht das ideale Werkzeug, auch wenn sich solche Projekte durchaus damit abbilden lassen.

HINWEIS Der Aufwand, eine derartige Abweichung in Project berücksichtigen zu wollen, ist enorm. Sollte es sich um eine Situation handeln, in der die Abweichung auf die meisten Mitarbeiter zutrifft (wie in solchen Fällen meist der Fall), können Sie alternativ die Arbeitszeiten im Projekt z.B. von acht auf sieben Stunden reduzieren und dann wieder mit 100 % Einsatz bei den Einheiten der Ressourcen arbeiten. Dies ist wesentlich einfacher handhabbar.

Allerdings sei hier angemerkt, dass einige Änderungen in den Grundeinstellungen von Project 2010 vorgenommen werden müssen, um diese Situation richtig zu berücksichtigen. Um beispielsweise eine 35 Stundenwoche in Project zu realisieren, sind folgende Einstellungen zu ändern:

1. Project-Optionen: In der Kategorie *Terminplan* die Stundenmenge anpassen auf 7 Stunden pro Tag und 35 Stunden pro Woche.

2. Project-Optionen: In der Kategorie *Terminplan* die Standardzeiten der Arbeitszeit so anpassen, dass 7 Stunden pro Arbeitstag möglich sind.
3. Einen Projektkalender erstellen, der exakt auf die vorher definierten Standarduhrzeiten passt und der exakt 7 Stunden pro Arbeitstag zulässt.

Diese Änderungen erfordern eine sehr sorgfältige Vorbereitung und machen Anpassungen in vielen Bereichen notwendig.

In der Praxis hat sich gezeigt, dass häufig Mischformen notwendig sind. Das heißt, Sie haben beispielsweise Mitarbeiter, die 40 Stunden pro Woche, und auch Mitarbeiter, die nur 35 Stunden pro Woche arbeiten. Am einfachsten ist diese Situation über das Feld *maximale Einheit* zu realisieren. Wählen Sie für die 35 Stunden Mitarbeiter einfach den Wert 87,5 %. Dies entspricht exakt einem Wert von 7 Stunden pro Tag.

Ressourcenkalender

In Kapitel 4 haben Sie bereits erfahren, welche Zusammenhänge zwischen *Projektkalendern, Basiskalendern, Ressourcenkalendern* und *Vorgangskalendern* bestehen. Der dortige Abschnitt »Kalender in Project 2010 definieren« stellt quasi die Basis der folgenden Abschnitte dar.

Jede Ressource der Art Arbeit hat bereits einen eigenen Ressourcenkalender, ohne dass dieser explizit angelegt werden muss. Die Basis bildet standardmäßig der aktive Projektkalender, meistens der Kalender *Standard*, dessen Arbeitszeit automatisch als Grundlage für diese Ressource verwendet wird. Als Ausnahme von diesem Basiskalender können individuell abweichende Arbeitszeiten von Ressourcen berücksichtigt werden. Hier wird nicht der Basiskalender der Ressource geändert, sondern lediglich die individuelle Arbeitszeit dieser Ressource angepasst.

Allerdings gibt es einige Punkte, die vor der Definition von Ressourcenkalendern überlegt sein wollen:

- Die Informationen in Ressourcenkalendern lassen sich nur schwer grafisch darstellen und an zentraler Stelle verwalten. So lässt sich beispielsweise nicht ohne Weiteres eine Abwesenheitsliste der Mitarbeiter in einer übersichtlichen Darstellung erzeugen, wie dies etwa in Excel möglich wäre.
- Die Daten in Ressourcenkalendern und die Informationen zur Verfügbarkeit, die in *Maximalen Einheiten* eingegeben werden, stehen in engem Zusammenhang. Wenn eine Ressource nicht voll verfügbar ist, können Sie das entweder über den Ressourcenkalender oder über die Einheiten berücksichtigen. Sie müssen dies aber unbedingt in einheitlicher Weise in Ihrem gesamten Projekt handhaben.
- Sie können Ressourcenkalender auf unterschiedlichen Basiskalendern basieren lassen. Beispiel: Sie erstellen zwei Basiskalender für die Schichtarbeit, wobei einer das Verhalten von in geraden Wochen beginnenden Schichten abbildet und der andere das Verhalten derer, die in ungeraden Wochen beginnen. Sie können aber beispielsweise auch Teilzeitbasiskalender für unterschiedliche Formen der Teilzeitarbeit definieren.

HINWEIS Auch hier stellt sich wieder die Frage, mit welcher Genauigkeit die Realität im Projekt abgebildet werden soll. Wenn Sie beispielsweise komplexe Arbeitszeitsysteme mit 30-Stundenwochen und vier Arbeitstagen haben, die aber an unterschiedlichen Tagen Freizeiten vorsehen, wird es vermutlich schwierig werden, das noch genau abzubilden. Ebenso ist es nicht möglich, flexible Arbeitszeiten in Project 2010 abzubilden, da diese nicht definierbar sind. Project 2010 benötigt zur Berechnung immer die exakten Uhrzeiten, zu denen Arbeitszeit bzw. arbeitsfreie Zeit vorgesehen ist.

So definieren Sie einen neuen Basiskalender für Arbeitskräfte, die nur an den Tagen Montag, Dienstag und Mittwoch zur Verfügung stehen:

1. Rufen Sie im Menüband den Befehl *Projekt/Eigenschaften/Arbeitszeit ändern* auf.
2. Wählen Sie im daraufhin geöffneten Dialogfeld die Schaltfläche *Neuen Kalender erstellen*.

Abbildg. 7.7 Die Erstellung eines neuen Basiskalenders

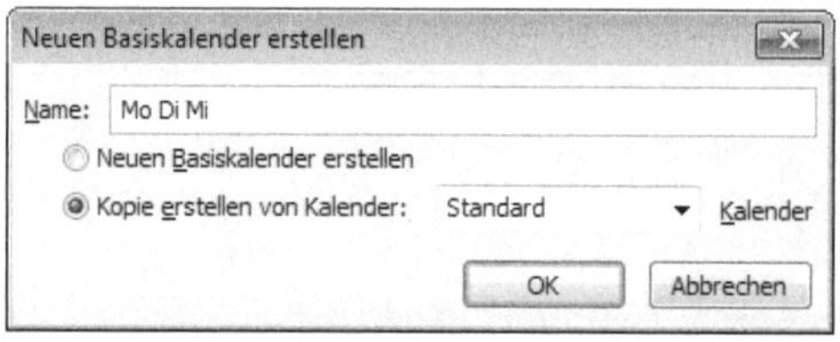

3. Geben Sie als Name *Mo Di Mi* ein, legen Sie fest, dass der neue Basiskalender eine Kopie des Standardkalenders ist und bestätigen Sie mit *OK* (Abbildung 7.7). Die im Standardkalender definierten Feiertage werden damit übernommen.

Abbildg. 7.8 Ändern eines Basiskalenders

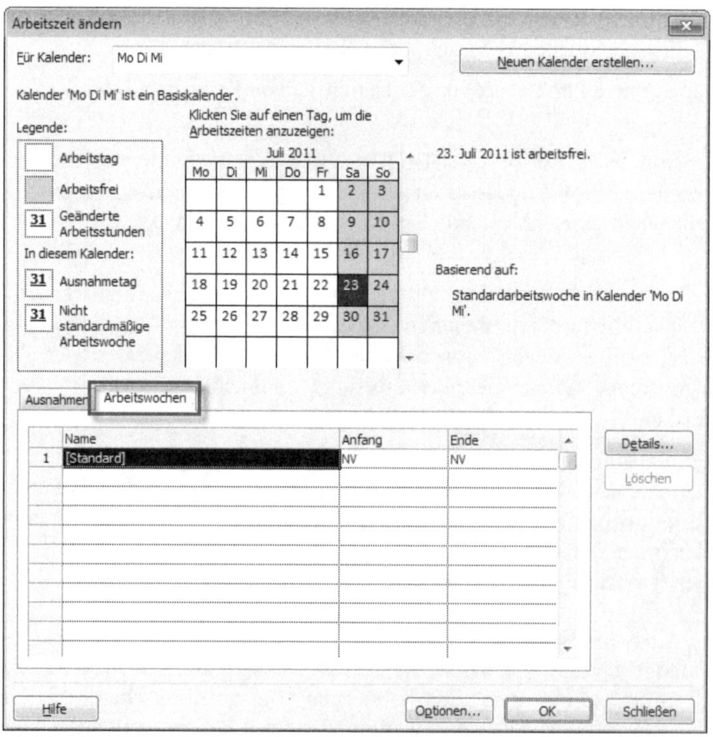

4. Wechseln Sie im Dialogfeld *Arbeitszeit ändern* zur Registerkarte *Arbeitswochen* und klicken Sie auf die Schaltfläche *Details*.
5. Wählen Sie zunächst in der Auswahlliste den Donnerstag aus, setzen Sie das Optionsfeld auf *Tage als arbeitsfreie Zeit festlegen* und wiederholen Sie dies für den Freitag.

Abbildg. 7.9 Definition arbeitsfreier Tage im Kalender

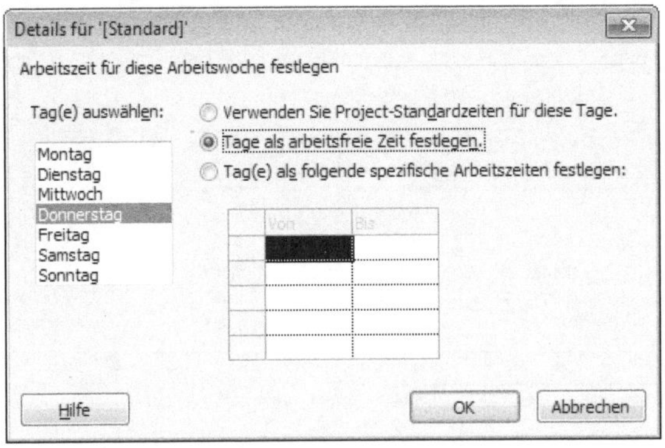

6. Bestätigen Sie die Eingabe mit *OK*.

Abbildg. 7.10 Der neue Basiskalender

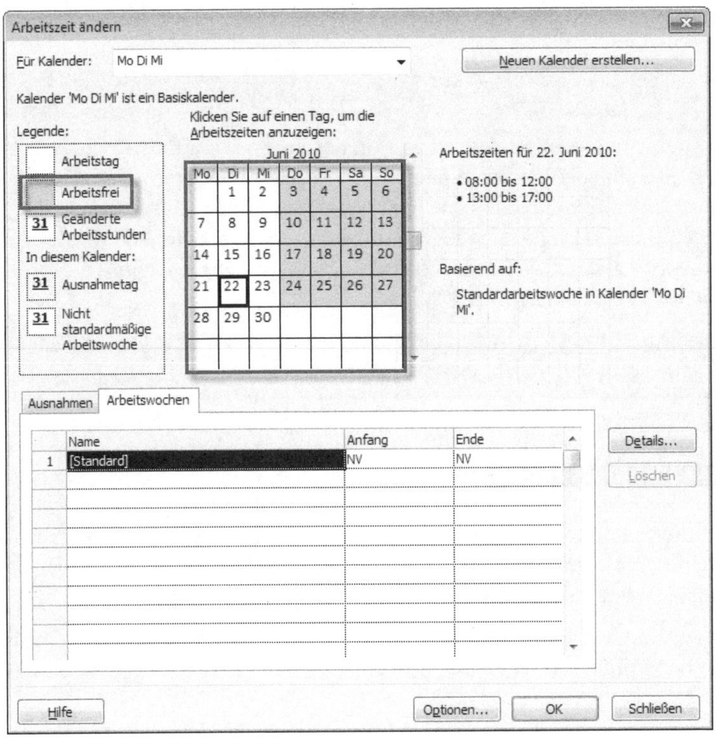

Auf diese Weise können Sie einfach neue Basiskalender erstellen (Abbildung 7.10). Wichtig dabei ist immer, zu überlegen, ob der Standardkalender mit den (hoffentlich) bereits eingegebenen Feiertagen, Betriebsferien und anderen Abwesenheitszeiten die richtige Basis ist oder nicht.

Um den erstellten Kalender einer Ressource als Basis zuzuweisen, wählen Sie diesen einfach im Feld *Basiskalender* in der Tabelle *Ansicht: Ressource* aus. Die Ressourcen *Baukran mobil* und *Bagger* stehen nur montags bis mittwochs zur Verfügung. Im Umkehrschluss bedeutet dies, dass alle Vorgänge, an denen diese Ressourcen beteiligt sind, an diesen Wochentagen bearbeitet werden müssen.

Abbildg. 7.11 Ressourcen mit unterschiedlichen Basiskalendern

		Ressourcenname	Art	Kürzel	Gruppe	Max. Einh.	Standardsatz	Überstd.-Satz	Kosten/Einsat	Fällig am	Basiskalender
1		Bagger	Arbeit	B	Baumaschinen	100%	150,00 €/Tag	0,00 €/Std.	0,00 €	Anteilig	Mo Di Mi
2		Willibald Hugo	Arbeit	W	Baggerführer	100%	50,00 €/Std.	0,00 €/Std.	0,00 €	Anteilig	Standard
3		Baukran mobil	Arbeit	B	Baumaschinen	100%	500,00 €/Tag	0,00 €/Std.	0,00 €	Anteilig	Mo Di Mi
4		Huber Gerd	Arbeit	H	Bauarbeiter	100%	50,00 €/Std.	0,00 €/Std.	0,00 €	Anteilig	Standard
5		Maier Gerhard	Arbeit	M	Bauarbeiter	100%	50,00 €/Std.	0,00 €/Std.	0,00 €	Anteilig	Standard
6		Luftikus Boris	Arbeit	L	Bauarbeiter	100%	50,00 €/Std.	0,00 €/Std.	0,00 €	Anteilig	Standard
7		Grünmann Ralf	Arbeit	G	Bauarbeiter	100%	50,00 €/Std.	0,00 €/Std.	0,00 €	Anteilig	Standard
8											

PROFITIPP Für den Fall, dass in einem Projekt mit Ressourcen aus unterschiedlichen Standorten gearbeitet wird, empfiehlt es sich, mehrere Basiskalender anzulegen, die diese Arbeitszeit abbilden. Als Beispiel wären Kalender denkbar, die europäisch unterschiedliche Feiertage berücksichtigen. Ebenso ist es denkbar, dass für die jeweiligen Bundesländer spezifische Basiskalender angelegt werden.

Die Kosten von Ressourcen

Durch die Zuordnung von Ressourcen zu Vorgängen werden automatisch auch Kosten berechnet. Project unterscheidet hierbei zunächst zwischen jenen Kosten, die variabel sind, also zum Beispiel durch einen Stundensatz berechnet werden, und den festen Kosten, die entweder über das Feld *Feste Kosten* oder über eine sogenannte Kostenressource in das Projekt integriert werden. In den nächsten Kapiteln wird beim Zuordnen von Ressourcen unterschiedlichen Typs noch näher auf dieses Thema eingegangen.

Microsoft Project 2010 liefert letztendlich kumulierte Kosten über alle einzelnen Vorgänge, die Sammelvorgänge und schließlich über das gesamte Projekt.

Zusammenfassung

Nachdem Sie dieses Kapitel durchgearbeitet haben, wissen Sie, welche Ressourcenarten es gibt und wie diese in einen Projektplan eingepflegt werden. Weiterhin haben Sie erfahren, dass nicht immer eine sehr genaue Ressourcendefinition zum Ziel führt.

In den nächsten Kapiteln werden Sie sehen, wie die unterschiedlichen Ressourcenarten im Zusammenhang mit den Vorgängen verwendet werden.

Kapitel 8

Arbeitsressourcen planen

In diesem Kapitel:

Bevor Sie Arbeitskräfte mithilfe von Microsoft Project 2010 verplanen, sollten Sie sich überlegen, ob Sie die Planung mit »echten« oder zunächst mit »generischen« Ressourcen durchführen wollen. Im vorherigen Kapitel wurde der Unterschied bereits erläutert.

In diesem Kapitel lernen Sie, wie die unterschiedlichen Ressourcen im Projekt eingesetzt, ausgetauscht und möglicherweise auch von Überlastungen befreit werden können. Sie werden sehen, wie im ersten Schritt eine generische Planung und dann eine Planung mit echten Mitarbeitern erfolgt, ebenso wie sich eine Arbeitszeitänderung auf das Projekt auswirken kann.

Echte und generische Ressourcen

Wie bereits im vorigen Kapitel beschrieben, werden generische Ressourcen eingesetzt, wenn noch nicht sicher ist, welche tatsächliche Ressource die Arbeit ausführen soll. Hierbei spielt es keine Rolle, ob es sich um einen Menschen oder um eine Maschine handelt.

Wenn Sie bei der Erstellung einer Ressource nichts anderes festlegen, wird angenommen, dass es sich um eine echte Ressource handelt. Project belegt das Feld *Max. Einh.* (maximale Einheit) mit dem Wert 100 %. Wenn in den Terminplanoptionen von Project nichts anderes eingestellt wurde, bedeutet dies, dass die echte Ressource mit 8 Stunden pro Arbeitstag dem Projekt zur Verfügung gestellt wird und demzufolge auch in der Lage ist, die 8 Stunden zu leisten. Eine generische Ressource hingegen kann zwar im Projekt zugewiesen werden, jedoch wird diese nicht arbeiten, da es sich lediglich um einen Platzhalter handelt, der später zum Beispiel durch einen Mitarbeiter ersetzt wird.

Um generische Ressourcen anzulegen, gehen Sie folgendermaßen vor:

1. Erstellen Sie in der Ansicht *Ressource: Tabelle* zunächst die generischen Ressourcen entsprechend der Abbildung 8.1.

Abbildg. 8.1 Maximale Einheiten bei generischen Ressourcen

	ℹ	Ressourcenname	Art	Kürzel	Gruppe	Max. Einh.	Standardsatz	Überstd.-Satz	Kosten/Einsat	Fällig am	Basiskalende
1		Bagger	Arbeit	B	Baumaschinen	100%	150,00 €/Tag	0,00 €/Std.	0,00 €	Anteilig	Mo Di Mi
2		Willibald Hugo	Arbeit	W	Baggerführer	100%	50,00 €/Std.	0,00 €/Std.	0,00 €	Anteilig	Standard
3		Baukran mobil	Arbeit	B	Baumaschinen	100%	500,00 €/Tag	0,00 €/Std.	0,00 €	Anteilig	Mo Di Mi
4		Huber Gerd	Arbeit	H	Bauarbeiter	100%	50,00 €/Std.	0,00 €/Std.	0,00 €	Anteilig	Standard
5		Maier Gerhard	Arbeit	M	Bauarbeiter	100%	50,00 €/Std.	0,00 €/Std.	0,00 €	Anteilig	Standard
6		Luftikus Boris	Arbeit	L	Bauarbeiter	100%	50,00 €/Std.	0,00 €/Std.	0,00 €	Anteilig	Standard
7		Grünmann Ralf	Arbeit	G	Bauarbeiter	100%	50,00 €/Std.	0,00 €/Std.	0,00 €	Anteilig	Standard
8		Gipser	Arbeit	G		0%	0,00 €/Std.	0,00 €/Std.	0,00 €	Anteilig	Standard
9		Stuckateur	Arbeit	S		0%	0,00 €/Std.	0,00 €/Std.	0,00 €	Anteilig	Standard
10		Kranführer	Arbeit	K		0%	0,00 €/Std.	0,00 €/Std.	0,00 €	Anteilig	Standard

2. Vergeben Sie im Feld *Max. Einh.* den Wert 0 %.
3. Öffnen Sie mit einem Doppelklick beispielsweise auf die Ressourcenzeile *Gipser* die Detailinformationen für die Ressource.
4. Aktivieren Sie das Kontrollkästchens *Generisch* (Abbildung 8.1).

Abbildg. 8.2 Definition einer generischen Ressource

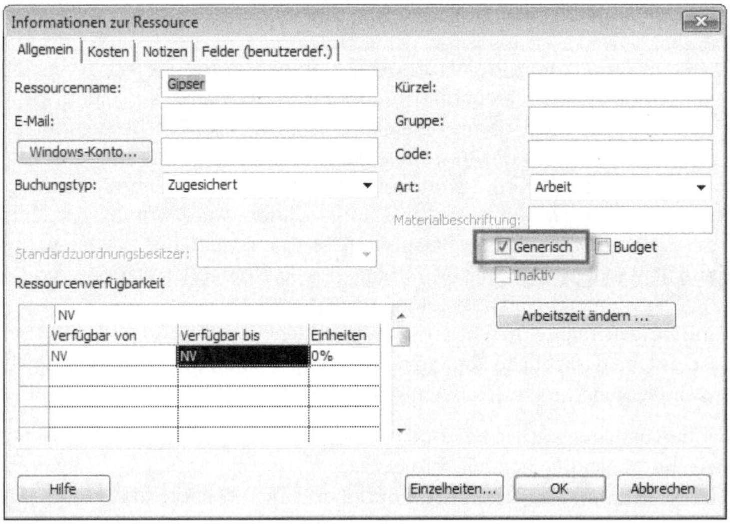

5. Bestätigen Sie die Eingabe mit *OK*.

TIPP Gerne können Sie auch auf der Registerkarte *Notizen* einen Kommentar für die Ressource hinterlegen, zum Beispiel welche Qualifikation die Ressource haben muss. Dies macht es später leichter, eine echte Ressource für diese Qualifikation zu finden.

Abbildg. 8.3 Notizen zu Ressourcen

Somit wurde in Project 2010 hinterlegt, dass es sich um eine generische Ressource handelt. Sie erkennen dies leicht an dem Symbol, das in der Spalte *Indikatoren* angezeigt wird.

Später können Sie dann per Filter, Gruppe oder Hervorheben alle Vorgänge leichter finden, die mit generischen Ressourcen geplant sind.

HINWEIS Beim Einsatz von Project in der Kombination mit Project Server 2010 kann über das Feld *Generisch* eine Ressourcenanfrage an einen Mitarbeiter aus einem bestimmten Team gestellt werden. Project erstellt damit eine Anfrage an die generische Ressource *Gipser*, zu der gleichzeitig über die Definition des *Ressourcenstrukturplancodes (RSP)* die Zuordnung zu personellen Ressourcen hergestellt wird. Somit werden Aufwandsbelastungen auf die generische und auf die personelle Ressource durchgeführt. Damit können weiter vorausschauende Ressourcenplanungen, bei denen der Einsatz der Person zum Vorgang noch nicht feststeht, auch quantitativ generisch geplant werden. Später, z.B. mithilfe des Ressourcenersetzungs-Assistenten, können die generischen durch personelle Ressourcen ersetzt werden.

Die Erläuterung der anderen Felder und Möglichkeiten bei den Informationen der Ressourcen werden zu einem späteren Zeitpunkt näher behandelt.

Individuelle Arbeitszeiten und Bearbeitung eines Ressourcenkalenders

Nehmen wir einmal an, Sie wollen in Ihrem Projekt berücksichtigen, dass einige Ressourcen auch an manchen Samstagen arbeiten müssen. Um dies zu realisieren, müssen Sie bei den einzelnen Ressourcen die individuelle Arbeitszeit, also den Ressourcenkalender, erweitern.

Gehen Sie wie folgt vor:

1. Öffnen Sie mit einem Doppelklick die Informationen für die Ressource *Huber Gerd*.
2. Klicken Sie auf die Schaltfläche *Arbeitszeit ändern*.
3. Wählen Sie im Kalender den Monat *September*.
4. Vergeben Sie in der Spalte *Name* die Bezeichnung »Samstage Sep 2010«.
5. Klicken Sie auf die Schaltfläche *Details*.
6. Ändern Sie in den Details das Auftreten auf *Wöchentlich* und aktivieren Sie das Kontrollkästchen *Samstag*.

Abbildg. 8.4 Samstag als Arbeitszeit definieren

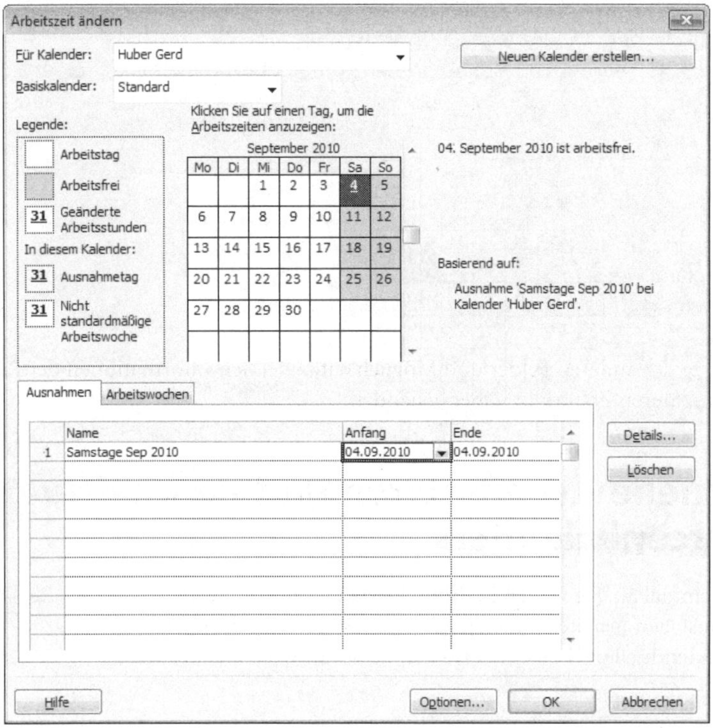

7. Im Abschnitt *Zeitraum* können Sie entweder die Selektion *Beenden nach* 4 *Vorkommnissen* wählen. Oder Sie bestimmen über die Auswahl des 25.09.2010 im Feld *Ende*, wie oft in diesem Monat an Samstagen gearbeitet wird (Abbildung 8.5).

Abbildg. 8.5 Arbeitstage für die Samstage eines Monats

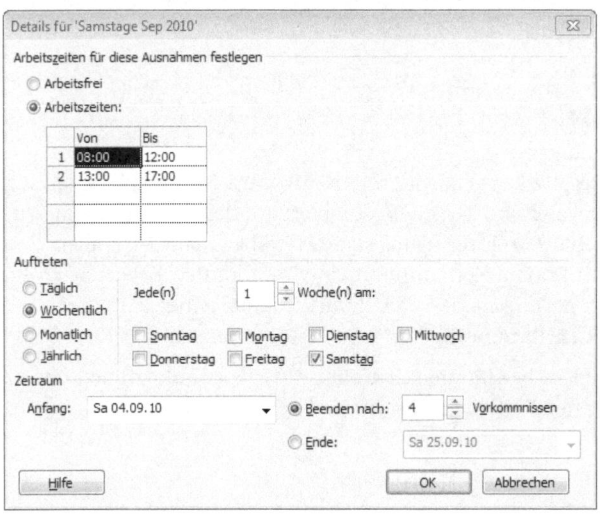

Projektplanung

8. Bestätigen Sie die Eingabe mit *OK*.

Abbildg. 8.6 Ressourcenkalender mit Samstagen als Arbeitszeit

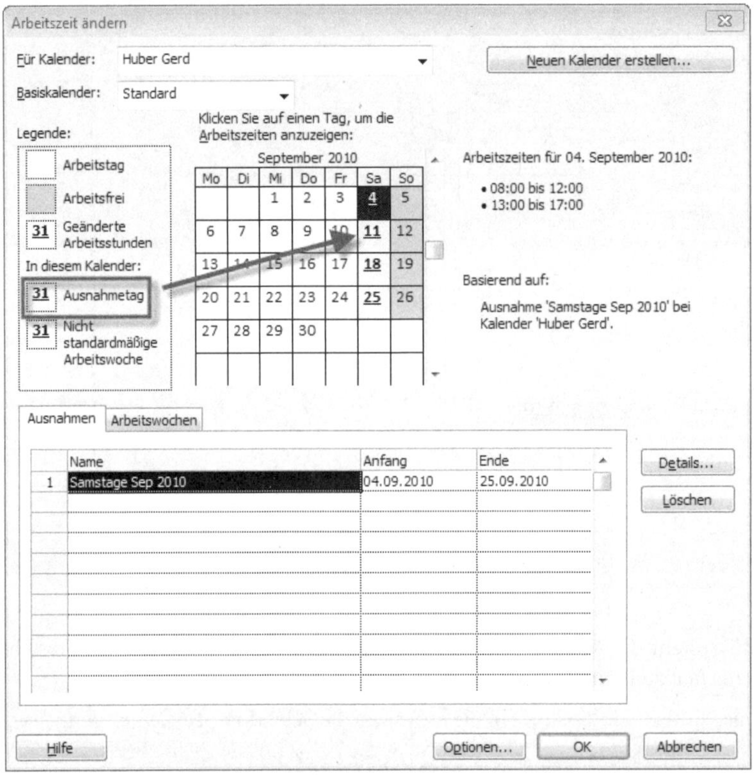

Die Ressource *Huber Gerd* ist nun in der Lage, abweichend vom Projektkalender an den Samstagen des Monats September zu arbeiten. Wie sich die Erweiterung der Arbeitszeit auswirkt, werden Sie zu einem späteren Zeitpunkt sehen.

Verfügbarkeit

Unter der Ressourcenverfügbarkeit versteht Project 2010 die zeitliche Abhängigkeit zu den maximalen Einheiten. Es können mehrere Zeiträume definiert werden, um zu definieren, dass eine Ressource nicht ständig mit 100 % zur Verfügung steht. Hierüber werden vor allem Ressourcen gesteuert, die nur in einem bestimmten Zeitraum mit einer bestimmten Kapazität im Projekt eingesetzt werden können. Auch das Ausscheide- oder Eintrittsdatum eines Mitarbeiters kann in diesem Zusammenhang die exakten Termine der Verfügbarkeiten aufzeigen.

Maschinen, die nur in einem bestimmten Zeitraum verfügbar sind, können ohne Änderungen im Ressourcenkalender über den Verfügbarkeitszeitraum bereitgestellt werden.

Definieren Sie beispielsweise für den »mobilen Baukran« als Verfügbarkeitszeitraum die Monate Juni, Juli und August (Abbildung 8.7). Der mobile Baukran steht nur in diesem Zeitraum im Projekt, und zwar mit 100 % zur Verfügung.

Abbildg. 8.7 Verfügbarkeit eingrenzen

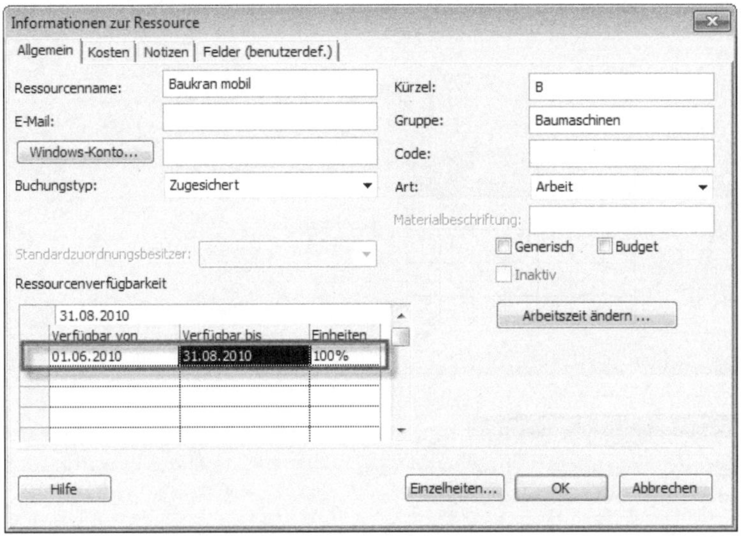

Weiterhin besteht die Möglichkeit, mehrere Verfügbarkeitszeiträume mit unterschiedlichen *maximalen Einheiten* zu kombinieren.

Vorgangskalender verwenden

Eine weitere Art von Kalendern sind die *Vorgangskalender*. Diese gehören auch zum Ressourcenmanagement, da sie im Zusammenhang mit der Ressourcenplanung effektiv eingesetzt werden können. Zwar können Vorgangskalender, bei denen bestimmte Vorgänge an bestimmten Tagen arbeitsfrei sind, grundsätzlich auch zu Terminkonflikten führen, ihre besondere Brisanz erhalten sie aber erst in Verbindung mit dem Ressourcenmanagement, wenn beispielsweise eine Ressource zu einem bestimmten Termin Zeit hätte, der Vorgang aber aufgrund seines individuellen Kalenders an diesen Tagen als arbeitsfrei definiert ist.

Die Vorgehensweise zur Erstellung von Vorgangskalendern ist etwas umständlich. Im Gegensatz zu Ressourcenkalendern werden sie nicht automatisch angelegt und stehen damit im Menüband *Projekt/Eigenschaften/Arbeitszeit ändern* auch nicht direkt zur Verfügung. Sie müssen vielmehr zunächst als neuer Kalender oder Kopie eines bestehenden Kalenders angelegt und dann den Vorgängen zugeordnet werden (Abbildung 8.8).

Abbildg. 8.8 Die Zuordnung eines Vorgangskalenders

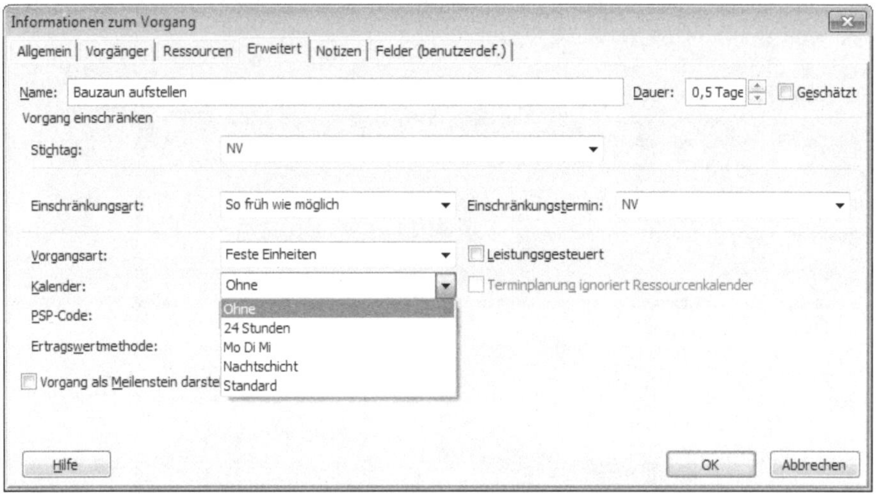

Wie ein neuer Kalender erstellt werden kann, wurde dabei bereits im vorangegangenen Abschnitt anhand des Ressourcenkalenders besprochen. Die Vorgehensweise bei der Erstellung von Vorgangskalendern unterscheidet sich hier nicht.

Die Zuordnung erfolgt über das Dialogfeld *Informationen zum Vorgang*, welches per Doppelklick auf den Vorgang aufgerufen wird. Auf der Registerkarte *Spezial* wird der Kalender ausgewählt, der für den Vorgang verwendet werden soll (siehe hierzu Abbildung 8.8).

HINWEIS Eine »intensive« Nutzung dieser Funktion ist nicht anzuraten. Die Verwendung von Vorgangskalendern sollte auf die Situationen beschränkt werden, in denen es zwingende sachliche Gründe dafür gibt, die sich aus dem jeweiligen Projekt ergeben. In den meisten Fällen ist die Nutzung von Ressourcenkalendern sinnvoller, beispielsweise bei der Wartung von Maschinen. Wirklich zwingende Beispiele, bei denen Vorgangskalender anstelle von Ressourcenkalendern verwendet werden, sind selten. So könnte zum Beispiel bei einem Projekt »Wursterzeugung« definiert werden, dass der Vorgang »Schlachten« aus religiösen Gründen nicht an allen Tagen stattfinden darf.

Auch wenn ein Vorgang nur an einem bestimmten Wochentag stattfinden kann, wäre ein Beispiel zum Einsatz eines Vorgangskalenders: Der LKW zur Abholung des »Schlachtguts« kommt nur am Dienstag und Donnerstag, also muss die Schlachtung montags und mittwochs erfolgen.

Ressourcen zuordnen

Die Ressourcen im Beispielprojekt sind bereits erfasst, also ist der nächste Schritt, eine Zuordnung zu den Vorgängen unter dem Motto »Wer macht was« vorzunehmen. Alle Ressourcen in diesem Projekt sind entweder als »Individuum« oder als generische Ressource definiert. Es werden keine Mitarbeiter mit gleichen Qualifikationen zusammengefasst.

Zuordnung über die Ressourcenmaske

Im nächsten Schritt gilt es, die Ressourcen zuzuordnen. Nachfolgend werden dazu nur die ersten Schritte erläutert. Die vollständige Zuordnung von Ressourcen im Beispielprojekt erfolgt im Anschluß.

Über das Dialogfeld *Ressourcen zuweisen* sollen Ressourcen den Vorgängen im Projekt zugeordnet werden. Der wohl einfachste Ansatz für die Zuordnung von Ressourcen ist die Verwendung des entsprechenden Dialogfelds. Sie können darüber differenziert Ressourcen zuordnen:

1. Rufen Sie für die Zuordnung eine Vorgangsansicht wie zum Beispiel *Balkendiagramm (Gantt)* auf und markieren Sie den Vorgang im Projekt (in unserem Beispiel »Bauzaun aufstellen«).

HINWEIS Meilensteinen und Sammelvorgängen werden in aller Regel keine Ressourcen zugeordnet. Bei Meilensteinen hat die Zuordnung von Ressourcen, solange die Meilensteine eine Dauer von *0t* haben, keine funktionelle Bedeutung, da es dadurch weder zu Ressourcenkonflikten kommen kann, noch eine Zuordnung von Kosten erfolgt. Die Zuordnung einer Ressource zu einem Sammelvorgang könnte eine Falschberechnung der Arbeit verursachen.

Siehe hierzu die »Goldene Regel 8: »Highlander« – Ein Vorgang, eine Ressource« ab Seite 230 und die »Goldene Regel 9: Keine Ressourcen auf Sammelvorgänge zuweisen« ab Seite 266.

2. Rufen Sie im Menüband *Ressource/Zuweisungen* über das Symbol *Ressourcen zuweisen* das in Abbildung 8.9 dargestellte Dialogfeld auf.

Abbildg. 8.9 Dialogfeld *Ressourcen zuordnen*

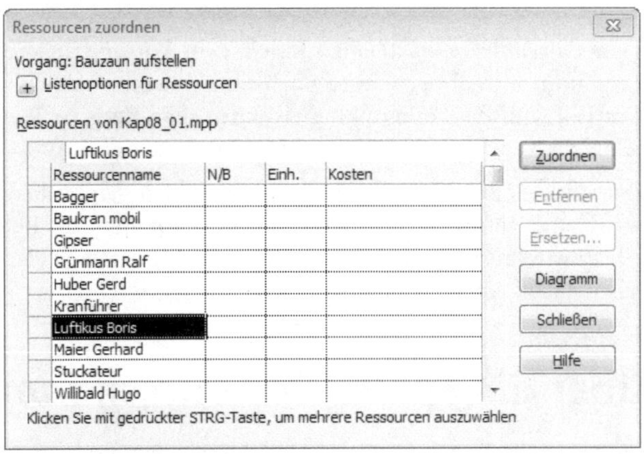

3. Wählen Sie die Ressource *Luftikus Boris* aus.
4. Klicken Sie auf die Schaltfläche *Zuordnen*, um die Ressource dem Vorgang zuzuordnen.
5. Über die Schaltfläche *Ersetzen* können Sie eine Ressource durch eine andere Ressource ersetzen lassen.

HINWEIS Über die Schaltfläche *Entfernen* können Sie eine Ressourcenzuordnung wieder rückgängig machen.

Schließen Sie das Dialogfeld bzw. wählen Sie einen weiteren Vorgang aus, um diesem weitere Ressourcen zuzuordnen.

Abbildg. 8.10 Der Balkenplan mit zugeordneten Ressourcen

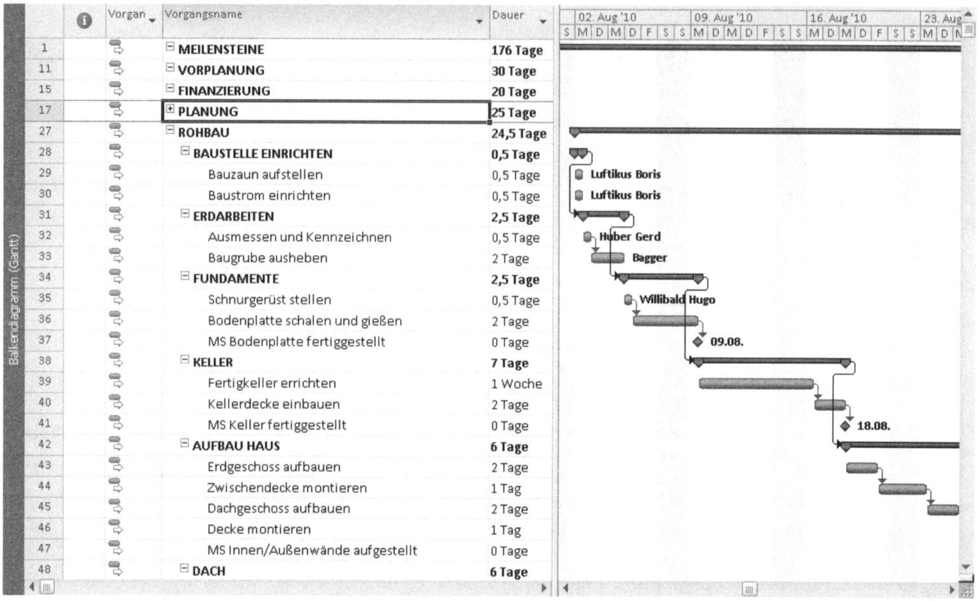

Die Ressourcen werden im *Balkendiagramm (Gantt)* hinter dem Vorgang angezeigt (Abbildung 8.10). In diesem Balkendiagramm wird übrigens auch noch einmal sichtbar, ob alle Verknüpfungen definiert waren. In diesem Fall fehlt die Verknüpfung zwischen dem Vorgang *Bauzaun aufstellen* und *Baustrom einrichten.*

Dieses Beispiel zeigt, wie wichtig es ist, einen Projektplan mehrfach zu kontrollieren. Die Ansicht *Vorgang: Tabelle* ist eine wichtige Informationsquelle. Balkendiagramme und PERT-Diagramme ergänzen diese sehr gut. Hier wird auch deutlich, dass erst durch schrittweises Planen und immer wiederkehrendes Kontrollieren der Projektplan fehlerfrei wird.

Zuordnung über die Spalte *Ressourcennamen*

Eine Alternative der Zuordnung von Ressourcen ist die direkte Eingabe in das Feld *Ressourcennamen*, z.B. in der Ansicht *Balkendiagramm (Gantt).*

So ordnen Sie dem Vorgang *35 Schnurgerüst stellen* die Ressource *Willibald Hugo* in der Ansicht *Balkendiagramm (Gantt)* zu:

1. Rufen Sie über die Ansichtsliste die Ansicht *Balkendiagramm (Gantt)* auf.
2. Klicken Sie in Zeile 35 der Tabelle in das Feld *Ressourcennamen.*
3. Öffnen Sie das Listenfeld und wählen Sie die gewünschte Ressource (in diesem Fall *Willibald Hugo*) aus.

Abbildg. 8.11 Zuordnung einer Ressource über die Vorgangstabelle

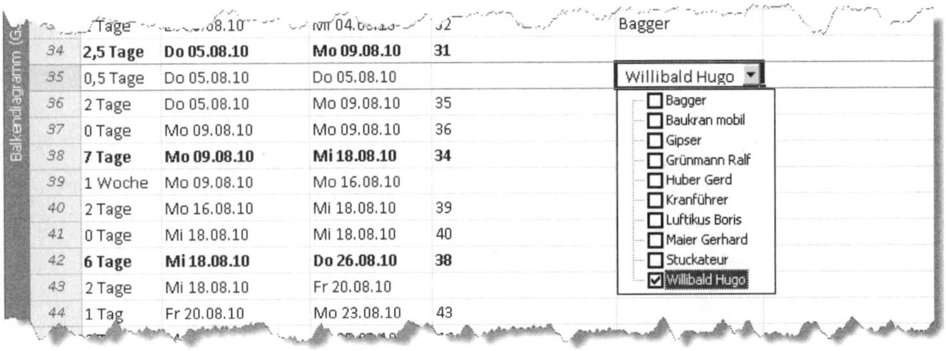

HINWEIS Bei der Zuordnung einer Ressource zu einem Vorgang spielt es keine Rolle, ob die Ressource generisch, echt, Material oder eine Kostenressource ist. Sie erfolgt immer in der oben genannten Art und Weise. Leider ist weder im Zuordnungsfenster noch in der Vorgangstabelle sichtbar, um welche Ressourcenart es sich handelt.

Um hier mehr Übersicht zu schaffen, besteht die Möglichkeit, über die *Listenoptionen für Ressourcen* im Dialogfeld *Ressourcen zuweisen* mit Filtern zu arbeiten.

Abbildg. 8.12 Filtern der Ressourcenliste

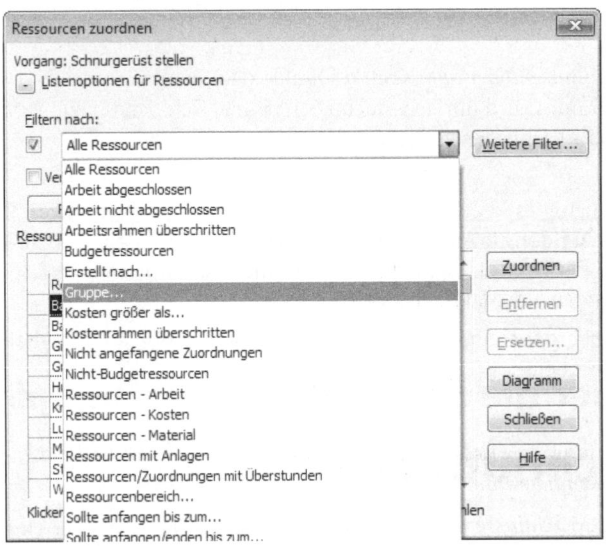

Gerade wenn im Projekt viele Ressourcen mit unterschiedlichen Funktionen definiert sind, ist die Möglichkeit des Filterns sehr hilfreich.

Zuordnung mit dem Teamplaner

In der Version Project 2010 gibt es eine neue Ansicht, die Ansicht *Teamplanung*. Mit dieser können Sie eine Zuweisung von Vorgängen zu einer Ressource vornehmen, und zwar sehr einfach und komfortabel per Drag & Drop.

WICHTIG Der Teamplaner ist nur in Project **Professional** 2010 enthalten.

Gehen Sie dazu wie folgt vor:

1. Wechseln Sie in die Ansicht *Teamplanung*.
2. Ziehen Sie mit der Maus per Drag & Drop den gewünschten Vorgang auf die Ressource, die ihn bearbeiten soll.

Abbildg. 8.13 Zuordnung einer Ressource über den Teamplaner

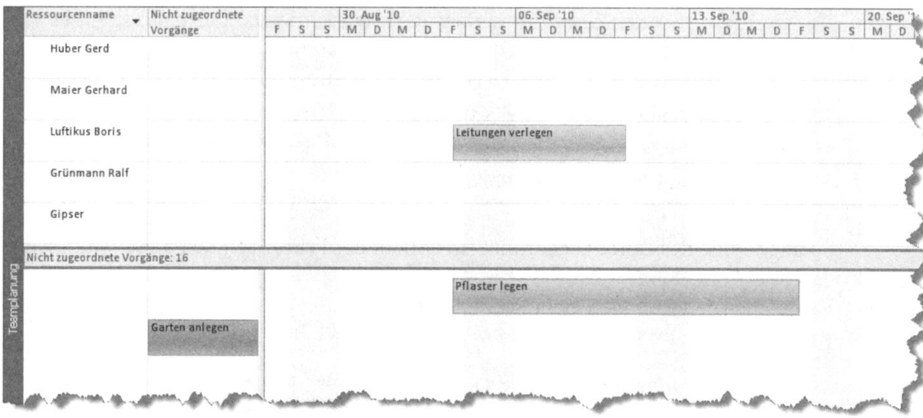

ACHTUNG Durch diese Art der Zuordnung wird der Vorgang mit einem Einschränkungstermin versehen, da Sie ihn in der Zeitachse platzieren. Diese Methode stellt nur eine sehr einfache Möglichkeit dar, die Ressourcenzuordnung vorzunehmen.

Um eine komplette Terminvergabe für die Vorgänge und die Ressourcen zu erhalten, ist der Teamplaner jedoch sehr gut geeignet.

Ressourcenberechnungen

Die Kunst des Ressourcenmanagements bei Project besteht vor allem darin, die verschiedenen Verhaltensweisen des Programms zu verstehen. Wenn einem Vorgang eine Ressource zugeordnet wird, berechnet Project einen Aufwand, der bei diesem Vorgang geleistet werden muss. Dieser Grundaufwand wird zunächst über die vorgegebene Dauer berechnet. Wenn Sie an den Standardeinstellungen nichts geändert haben, »berechnet« Project bei einer Dauer von einem Tag 8 Stunden, bei 2 Tagen 16 Stunden und so weiter. Die Tabelle 8.1 zeigt die Arbeit bei der Zuordnung einer einzigen Ressource zu einem Vorgang:

Tabelle 8.1 Standardarbeit eines Vorgangs

Maximale Einheit	Dauer	Arbeit
100 %	1 Tag	8 Stunden
100 %	2 Tage	16 Stunden
100 %	1 Woche	40 Stunden
100 %	2 Wochen	80 Stunden
100 %	1 Monat	160 Stunden

Es existiert sowohl in der Vorgangs- als auch in der Ressourcentabelle das Feld *Arbeit*, das den Aufwand der Aufgabe als Stundenmenge erfasst. Hierzu folgendes Beispiel:

Abbildg. 8.14 Vorgang ohne Ressource

	Vorgan	Vorgangsname	Dauer	Anfang	Fertig stellen	Arbeit	Ressourcennamen	V
38		**KELLER**	**7 Tage**	**Mo 09.08.10**	**Mi 18.08.10**	**0 Std.**		34
39		Fertigkeller errichten	1 Woche	Mo 09.08.10	Mo 16.08.10	0 Std.		
40		Kellerdecke einbauen	2 Tage	Mo 16.08.10	Mi 18.08.10	0 Std.		39
41		MS Keller fertiggestellt	0 Tage	Mi 18.08.10	Mi 18.08.10	0 Std.		4

Solange keine Ressource zugeordnet ist, enthält das Feld *Arbeit* den Wert 0 Stunden.

Abbildg. 8.15 Vorgang nach Zuordnung einer Ressource

	Vorgan	Vorgangsname	Dauer	Anfang	Fertig stellen	Arbeit	Ressourcennamen	Vorgänger
38		**KELLER**	**7 Tage**	**Mo 09.08.10**	**Mi 18.08.10**	**16 Std.**		34
39		Fertigkeller errichten	1 Woche	Mo 09.08.10	Mo 16.08.10	0 Std.		
40		Kellerdecke einbauen	2 Tage	Mo 16.08.10	Mi 18.08.10	16 Std.	Grünmann Ralf	39
41		MS Keller	0 Tage	Mi 18.08.10	Mi 18.08.10	0 Std.		40

Unter der Voraussetzung, dass die Ressource mit der Einheit 100 % an dem Vorgang arbeitet, bekommt das Feld *Arbeit* den berechneten Wert:

```
8 Stunden/Tag * 2 Tage = 16 Stunden
```

Bei der Zuordnung einer Ressource zu einem Vorgang verwendet Project immer dann die Einheit 100 % für diese Ressource, wenn die *maximale Einheit* 100 % oder mehr beträgt. Sollte die *maximale Einheit* kleiner 100 % sein, weist Project die Ressource automatisch mit diesem Wert dem Vorgang zu.

Die Einheit, mit der eine Ressource am Vorgang arbeitet, muss nicht zwingend auch die *maximale Einheit* sein, sie kann individuell geändert werden.

Goldene Regel 8: »Highlander« – Ein Vorgang, eine Ressource

Sie kennen eventuell den Film mit Cristopher Lambert »Highlander«, der Untertitel des Films lautet »Es kann nur einen geben«. Hieraus leitet sich diese Regel ab: Weisen Sie pro Vorgang nur eine einzige Ressource zu. Sie ersparen sich damit viel Arbeit und jede Menge Ärger!

Aus unserer Sicht ergeben sich die folgenden Vorteile aus dieser Regel:

- Sie haben immer eine 1:1-Beziehung zwischen Vorgang und Ressource und bewahren sich die Übersichtlichkeit in Ihrem Projekt
- Sie können immer die Menge an Arbeit und deren Verteilung auf einen Vorgang der jeweiligen Ressource zuordnen
- Ihnen bleiben sehr krumme, nur schwer nachvollziehbare Ergebnisse bei der Berechnung der Vorgangsdauer erspart
- Es ist relativ egal, welche Vorgangsart Sie in Ihrem Projekt verwenden. Die Berechnungen der Dauer, Einheiten oder Arbeit lassen sich sehr leicht nachrechnen.

Wenn Sie diese Regel befolgen, haben Sie eine echte Chance, Project 2010 in Verbindung mit Project Server 2010 auch als Kapazitätsplanungsinstrument zu verwenden.

Folgende Faktoren haben einen direkten Einfluss auf die Berechnung der Arbeit:

- Die eingestellte Art der *Dauer* für den Vorgang. In der aktuellen Version gibt es dafür drei verschiedene Varianten:
  - Feste Dauer
  - Feste Arbeit
  - Feste Einheiten
- Die Option *Leistungssteuerung* steuert das Verhalten von Project beim Umgang mit Ressourcen ebenfalls stark
- Auch die *Ressourcenkalender* haben einen wesentlichen Einfluss auf das Verhalten von Project beim Umgang mit Ressourcen

WICHTIG Sie müssen sich nur eine einzige Formel merken, mit der Project 2010 arbeitet:
`Arbeit = Dauer * Einheiten * Stunden/Tag`

Diese Formel kann auch andere Variablen haben und damit die folgenden Formen annehmen:

```
Dauer = Arbeit / (Einheiten * Stunden/Tag)
Einheiten = Arbeit / (Dauer * Stunden/Tag)
```

Es ist aber immer die gleiche Formel, die vom System verwendet wird. Dies erleichtert das Verständnis für das Verhalten von Project im Umgang mit Ressourcen ganz wesentlich.

Eine weitere Formel spielt in diesem Zusammenhang noch eine wichtige Rolle: die Berechnung des Anfangs- bzw. des Endtermins eines Vorgangs. Sie gilt für:

```
Endtermin = Anfangstermin + Dauer
```

Sollte sich also die Dauer bei einer Ressourcenzuordnung ändern, wirkt sich dies direkt auf den Vorgang und möglicherweise auch auf abhängige Vorgänge aus.

Berechtigter Weise werden Sie jetzt sagen, dass die Arbeitsformel eine Formel mit drei Variablen ist. Was passiert, wenn nur eine der Variablen geändert wird? Wie geht Project damit um? In diesem Fall müssen Sie unbedingt beachten, welche Berechnungsart Project auf die Vorgänge anwendet. Die Berechnungsart kann zentral vorgegeben werden (siehe hierzu das Kapitel 5).

Das nachfolgende Bild soll die Regeln verdeutlichen, nach denen Project vorgeht:

Abbildg. 8.16 Regeln zur Berechnung der Felder *Arbeit, Dauer, Einheit*

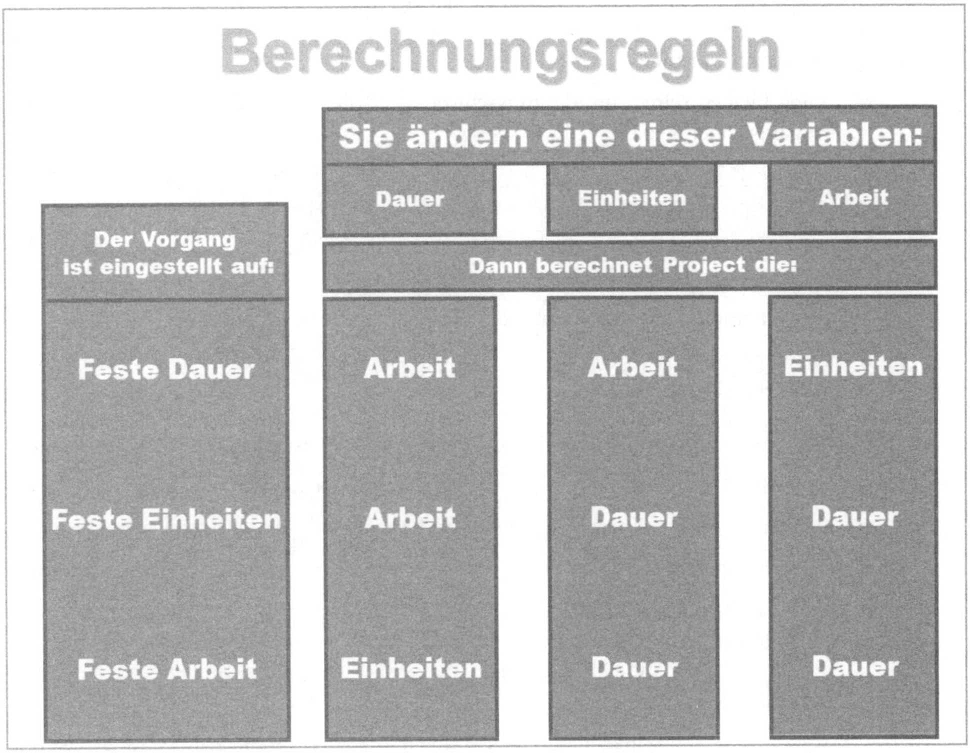

Für die nachfolgenden Abschnitte, in denen schrittweise das Verhalten für die Fälle

- Feste Dauer,
- Feste Arbeit und
- Feste Einheiten

erläutert wird, findet ein sehr kleines Projekt Verwendung, das nur als Beispiel gedacht ist.

CD-ROM Auf die entsprechenden Beispielprojekte (Abbildung 8.17 und Abbildung 8.18) können Sie innerhalb der Beispieldateien zum Buch im Ordner *\Buch\Kap08* unter *Kap08_04.mpp* zugreifen.

Abbildg. 8.17 Das Beispielprojekt für Ressourcenprobleme

	Vorgan	Vorgangsname	Arbeit	Dauer	Anfang
1		A - Brainstorming	0 Std.	2 Tage	Mo 05.07.10
2		B - Vorstudie	0 Std.	2 Tage	Mi 07.07.10
3		C - Konzept	0 Std.	2 Tage	Fr 09.07.10
4		D - Realisierung	0 Std.	2 Tage	Di 13.07.10
5		E - Einführung	0 Std.	2 Tage	Do 15.07.10
6		F - Abnahme	0 Std.	2 Tage	Mo 19.07.10

Diesem Projekt, das in die Vorgänge A bis F zur leichteren Beschreibung aufgeteilt ist, sind mehrere Ressourcen (Abbildung 8.18) zugeordnet, die alle unterschiedlich definiert werden.

Abbildg. 8.18 Die Ressourcen im Beispiel

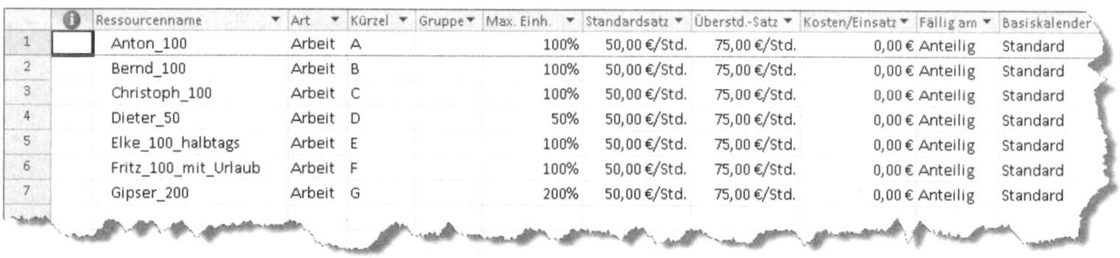

	Ressourcenname	Art	Kürzel	Gruppe	Max. Einh.	Standardsatz	Überstd.-Satz	Kosten/Einsatz	Fällig am	Basiskalender
1	Anton_100	Arbeit	A		100%	50,00 €/Std.	75,00 €/Std.	0,00 €	Anteilig	Standard
2	Bernd_100	Arbeit	B		100%	50,00 €/Std.	75,00 €/Std.	0,00 €	Anteilig	Standard
3	Christoph_100	Arbeit	C		100%	50,00 €/Std.	75,00 €/Std.	0,00 €	Anteilig	Standard
4	Dieter_50	Arbeit	D		50%	50,00 €/Std.	75,00 €/Std.	0,00 €	Anteilig	Standard
5	Elke_100_halbtags	Arbeit	E		100%	50,00 €/Std.	75,00 €/Std.	0,00 €	Anteilig	Standard
6	Fritz_100_mit_Urlaub	Arbeit	F		100%	50,00 €/Std.	75,00 €/Std.	0,00 €	Anteilig	Standard
7	Gipser_200	Arbeit	G		200%	50,00 €/Std.	75,00 €/Std.	0,00 €	Anteilig	Standard

Zu den Ressourcen sind folgende Anmerkungen zu machen:

- Anton, Bernd und Christoph stehen dem Projekt als Vollzeitkräfte zur Verfügung, arbeiten an jedem Werktag 8 Stunden und sind während des Projektzeitraums nicht im Urlaub
- Dieter steht für das Projekt nur mit 50 % seiner Kapazität zur Verfügung
- Elke arbeitet nur halbtags. Dies wurde im Ressourcenkalender berücksichtigt.
- Fritz ist vom 14.07.2010 bis zum 15.07.2010 im Urlaub, auch dies ist Ressourcenkalender hinterlegt
- Es gibt gleich zwei Gipser, die jeweils austauschbar sind. Daher wurde hier bei der *maximalen Einheit* ein Wert von 200 % definiert, dies entspricht einer Stundenmenge von 16 Stunden pro Arbeitstag.

Das sind auch die verschiedenen Abweichungen, die vorkommen können. Diese könnten natürlich noch kombiniert werden. Für die Analyse der im Projekt entstehenden Probleme reicht es so aber vollkommen aus.

Am Ende der Ressourcennamen wurden zum einfacheren Verständnis funktionelle Beschreibungen hinzugefügt. In einem echten Projekt sollten Sie solche Zusatzinformationen bei den Notizen der Ressourcen hinterlegen.

HINWEIS Für die weitere Analyse wird die Ansicht *Vorgang: Eingabe* (Abbildung 8.19) verwendet, die sehr gut geeignet ist, um Ressourcen zuzuordnen und das Verhalten von Project beim Ressourcenmanagement nachzuvollziehen.

1. Wählen Sie dafür den Befehl *Aufgabe/Ansicht/Gantt-Diagramm/Weitere Ansichten* und dann die Ansicht *Vorgang: Eingabe*. Klicken Sie auf die Schaltfläche *Bearbeiten* und aktivieren Sie das Kontrollkästchen *Im Menü anzeigen*.

Abbildg. 8.19 Die Ansicht *Vorgang: Eingabe*

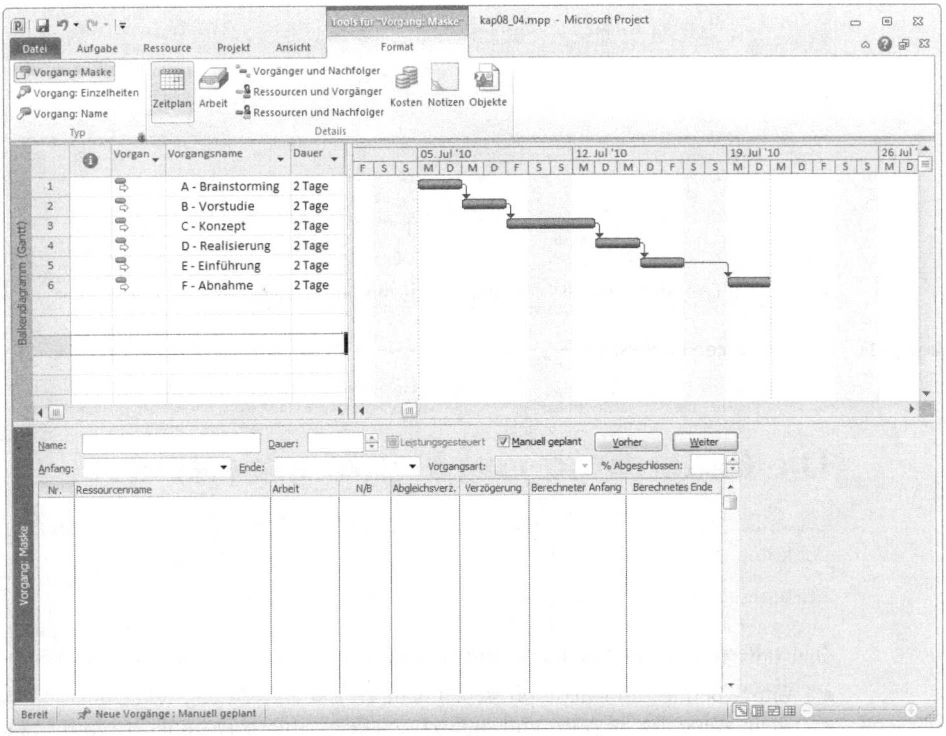

2. Bestätigen Sie danach mit *OK* und *Auswahl.*
3. Zur besseren Übersicht fügen Sie in der Tabelle der oberen Ansicht die Spalten *Arbeit* und *Art* hinzu.
4. Blenden Sie im unteren Bereich der Ansicht über das Menüband *Format/Details* die Ansicht *Zeitplan* ein.

Berechnungseinstellungen bei Ressourcenzuordnungen

Im Folgenden werden sämtliche Varianten vorgestellt, die bei der Zuordnung einer oder mehrerer Ressourcen zu Vorgängen möglich sind. Zunächst betrachten wir nur die unterschiedlichen Vorgangsarten mit bzw. ohne Leistungssteuerung:

Tabelle 8.2 Varianten und Kombination der Vorgangsarten

Vorgangsart	Leistungsgesteuert	Ressource(n)	Kapazität
Feste Dauer	Ja	1	100 %
		N	N * 100 %

Tabelle 8.2 Varianten und Kombination der Vorgangsarten *(Fortsetzung)*

Vorgangsart	Leistungsgesteuert	Ressource(n)	Kapazität
	Nein	1	100 %
		N	N * 100 %
Feste Einheit	Ja	1	100 %
		N	N * 100 %
	Nein	1	100 %
		N	N * 100 %
Feste Arbeit	Nicht berücksichtigt	1	100 %
		N	N * 100 %

Die Bedeutung von *Leistungsgesteuert*

Dieses Feature könnte auch den Namen »Arbeit konstant halten« tragen, denn genau dies ist seine Funktion.

Leistungsgesteuert bedeutet, dass beim Zuweisen oder Entfernen von Personen zu bzw. aus einem Vorgang die Dauer des Vorgangs von Project basierend auf dem Umfang der zugewiesenen Ressourceneinheiten verlängert oder verkürzt wird, sich der Gesamtumfang der Arbeit für den Vorgang aber nicht verändert.

Die Ressourcen arbeiten inhaltlich am selben Thema und beschleunigen den Vorgang.

Wenn Sie mit der Planung eines Projekts beginnen, wissen Sie beim Hinzufügen eines Vorgangs zum Projekt in den meisten Fällen, *was* getan werden muss. Beispielsweise wissen Sie (oder Ihnen liegt eine gute Schätzung vor), wie viele Quadratmeter Wand gestrichen oder wie viel Softwarecode für eine bestimmte Gruppe von Features geschrieben werden muss.

Bei der Planung eines Projekts ist Ihnen daher in der Regel recht gut bekannt, welche *Arbeit* erledigt werden muss. Zur Vervollständigung des Projektplans werden Sie dann die bis zum Abschluss dieser Arbeit voraussichtlich benötigte Zeit (Dauer) und die Anzahl der Ressourcen (Ressourceneinheiten) anpassen, die Sie dem Vorgang für die Durchführung der Arbeit zuweisen können.

Generelle Zuordnungstechniken mehrerer Ressourcen zu einem Vorgang

Eine der größten Tücken von Project ist das Verhalten beim Zuordnen mehrerer Ressourcen zu einem Vorgang. Project reagiert aufgrund der gewählten Vorgehensweise unterschiedlich, und zwar unabhängig der Einstellungen bei den Vorgangsarten (Tabelle 8.2).

Hierzu folgende Beispiele:

- Zuordnung mehrerer Ressourcen gleichzeitig: *Feste Dauer, Leistungsgesteuert*

Abbildg. 8.20 Zuordnung der drei Ressourcen

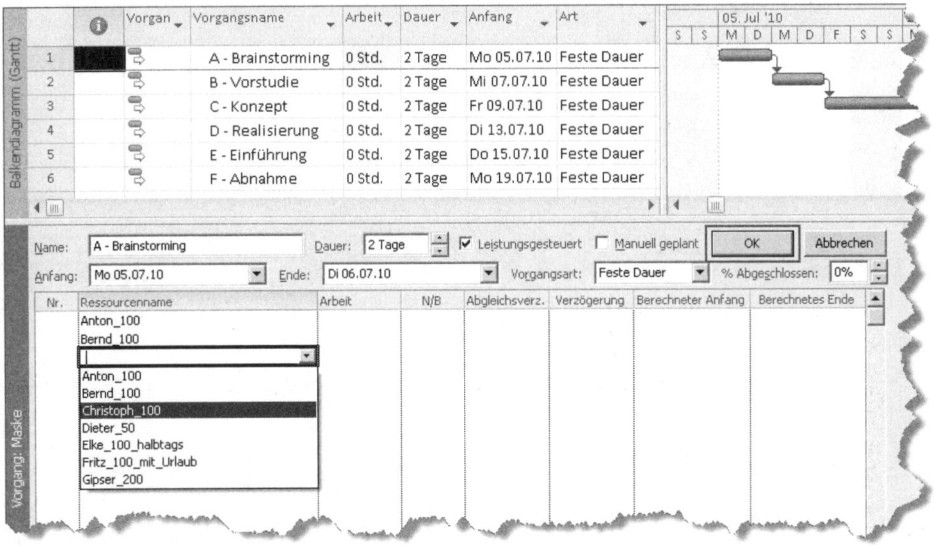

Abbildg. 8.21 Arbeitsverteilung nach Bestätigung mit *OK*

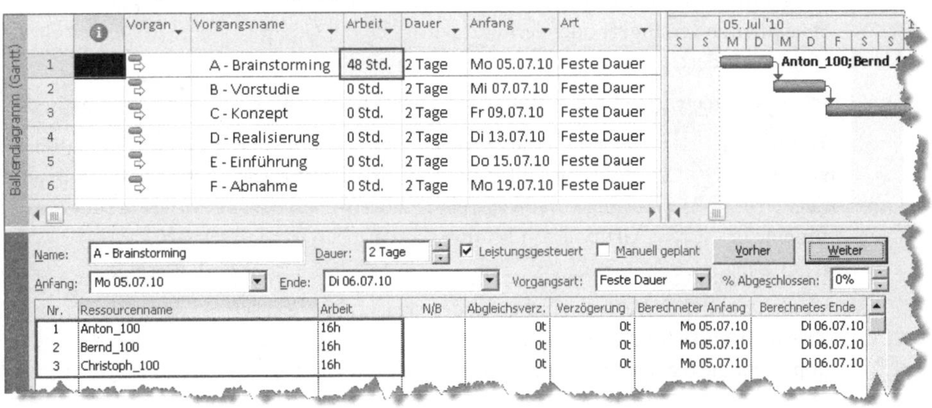

Nach der Zuordnung berechnet Project die Gesamtarbeit auf 48 Stunden und weist allen Ressourcen dieselbe Menge, nämlich jeweils 16 Stunden zu.

Bei dieser gemeinsamen Zuordnung ist es egal, welche Vorgangsart gewählt wurde und ob die Leistungssteuerung an- oder ausgeschaltet ist.

- Zuordnung mehrerer Ressourcen schrittweise: *Feste Dauer, Leistungsgesteuert*

Abbildg. 8.22 Zuordnung der ersten Ressource

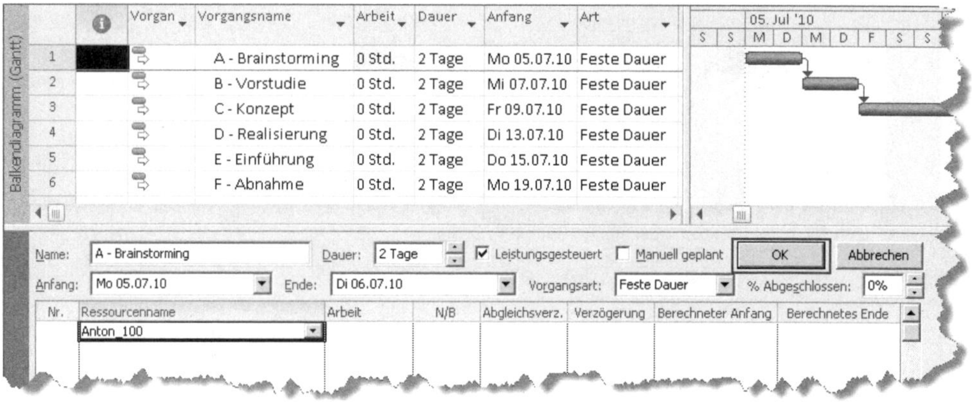

Abbildg. 8.23 Erste Ressource zugeordnet

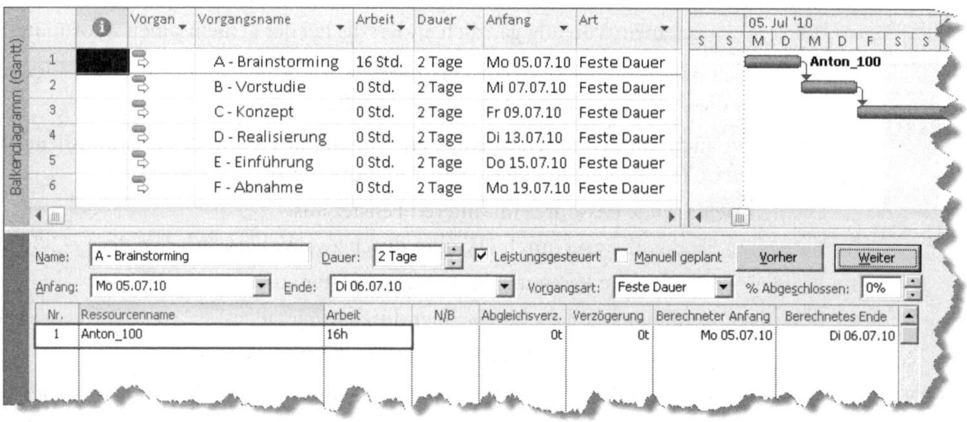

Abbildg. 8.24 Zweite Ressource zugeordnet

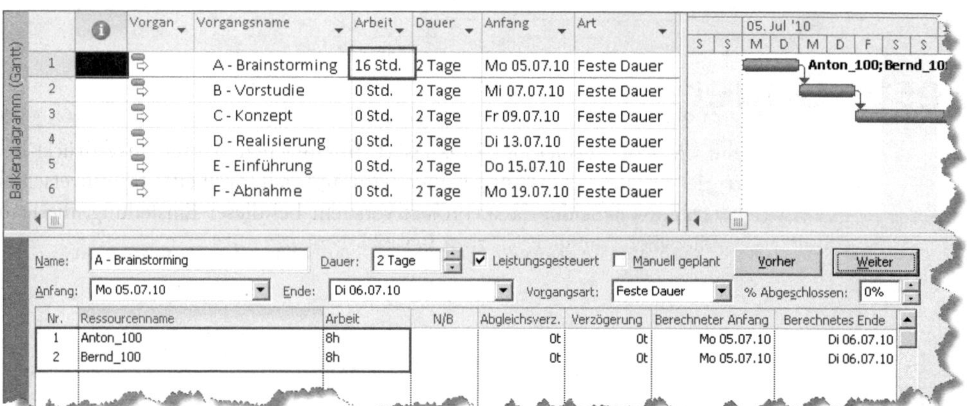

Abbildg. 8.25 Dritte Ressource zugeordnet

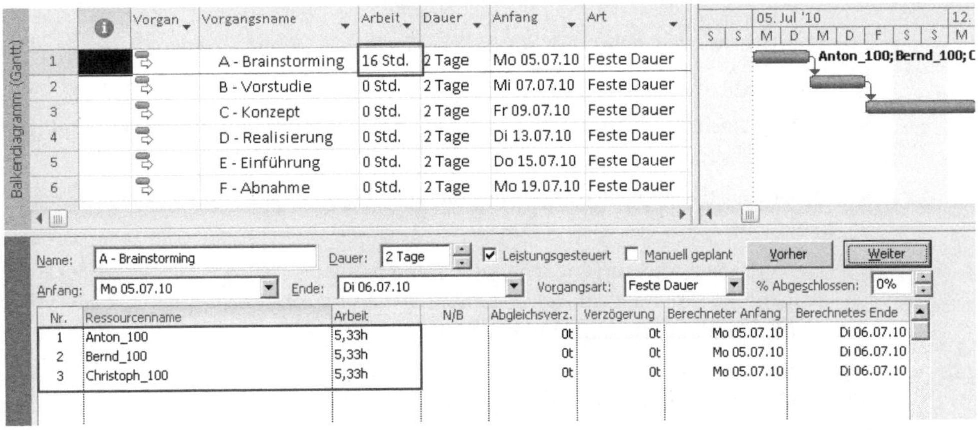

Wie Sie an den Bildfolgen erkennen können, verhält sich Project bei der schrittweisen Zuordnung von Ressourcen zu einem Vorgang gänzlich anders als bei der gemeinsamen Zuordnung.

Es ist sicherlich besser, die Ressourcen **schrittweise** zuzuordnen, da nur bei dieser Technik die Vorgangsart und die Leistungssteuerung mit berücksichtigt werden.

Damit Project auch mit den unterschiedlichen Vorgangsarten und der Leistungssteuerung rechnet, weisen Sie am besten die Ressourcen einzeln dem Vorgang zu:

1. Wählen Sie die erste Ressource im unteren Fenster aus.
2. Bestätigen Sie die Auswahl durch *OK* oder durch zweimaliges Drücken der ↵-Taste.
3. Wählen Sie die nächste Ressource im unteren Fenster aus.
4. Bestätigen Sie die Auswahl durch *OK* oder durch zweimaliges Drücken der ↵-Taste.
5. Verfahren Sie für weitere Ressourcen wie in Punkt 1 und 2 beschrieben.

Nach dem Bestätigen führt Project immer eine Neuberechnung des Vorgangs über die folgende Formel aus:

```
Arbeit = Dauer * Einheiten * Stunden/Tag
```

Feste Dauer

Los geht es mit der *festen Dauer* als Vorgangsart. In einfachen Worten ausgedrückt bedeutet dies, dass die Dauer des Vorgangs konstant gehalten wird und sich somit eine Terminverschiebung durch Änderung der Dauer vermeiden lässt. Project versucht bei dieser Einstellung, die Dauer *nicht* zu ändern. Wenn dies nicht möglich ist, zum Beispiel wenn eine Ressource nur halbtags arbeitet oder in diesem Zeitraum arbeitsfreie Zeit hat, erscheint meistens ein Hinweis, dass die Dauer geändert wird, obwohl sie *fest* ist.

Feste Dauer mit Leistungssteuerung

Im ersten Schritt muss sichergestellt werden, dass diese Optionen bei dem Projekt gesetzt sind.

Dafür gibt es mehrere Optionen. Sie können:

- die Spalten *Art* und *Leistungsgesteuert* in eine Vorgangstabelle aufnehmen und dort die Werte anpassen oder
- vor Beginn des Projekts die entsprechenden Einstellungen unter *Datei/Optionen/Terminplan* treffen oder
- einen oder mehrere Vorgänge markieren und dann das Dialogfeld *Informationen* über das Kontextmenü oder den Befehl *Aufgabe/Eigenschaften/Informationen* mit der Registerkarte *Erweitert* aufrufen und dort die Einstellungen vornehmen.

Der letzte Ansatz soll nun für diesen Fall verwendet werden – in den weiteren Varianten des Beispiels wird auf die Anpassung nicht mehr gesondert eingegangen:

1. Markieren Sie alle Vorgänge, indem Sie die leere dunkelgraue Zelle links neben den Spaltenköpfen anklicken und den Bereich mit der Maus nach unten ziehen.
2. Wählen Sie im Kontextmenü (das Sie mit der rechten Maustaste aufrufen können) den Befehl *Informationen* aus.
3. Aktivieren Sie im Dialogfeld die Registerkarte *Erweitert* (siehe Abbildung 8.26).
4. Im Listenfeld *Vorgangsart* wählen Sie die Einstellung *Feste Dauer.*
5. Aktivieren Sie das Kontrollkästchen *Leistungsgesteuert.*
6. Schließen Sie das Dialogfeld durch Auswahl der Schaltfläche *OK.*

Abbildg. 8.26 Die Einstellungen für die Vorgänge

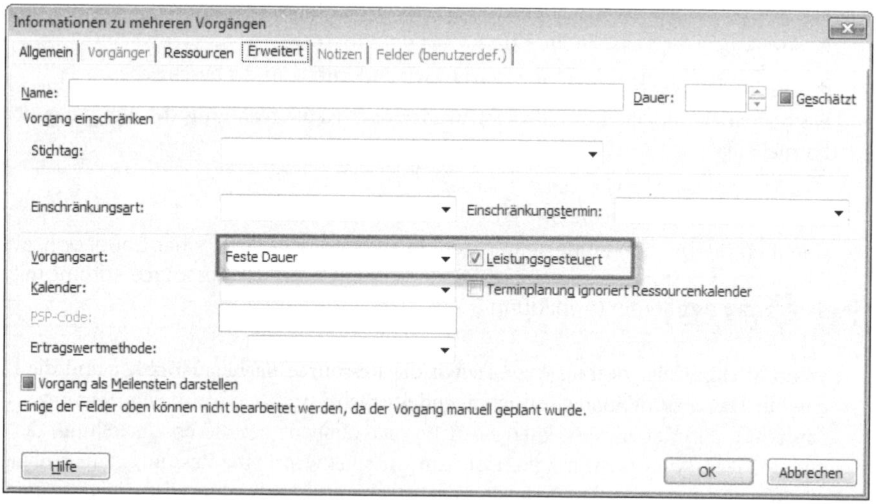

Der nächste Schritt ist die Zuordnung der Ressourcen zu den Vorgängen. Wie Ressourcen zugeordnet werden können, wurde in diesem Kapitel bereits ausgeführt. Nachfolgend werden daher primär die Auswirkungen solcher Zuordnungen und die dabei entstehenden Meldungen von Project analysiert.

Sie können Ressourcen auch direkt in der Ansicht *Vorgang: Eingabe* im unteren Bereich des Fensters zuordnen:

1. Markieren Sie den ersten Vorgang im Projekt *A – Brainstorming*.
2. Klicken Sie im unteren Fenster auf das erste Feld in der Spalte *Ressourcenname*.
3. Öffnen Sie das Listenfeld und wählen Sie als Ressource *Anton* aus.
4. Klicken Sie auf die Schaltfläche *OK*, um die Zuordnung der Ressource durchzuführen.

HINWEIS Bei dieser Vorgehensweise, auch wenn Sie mehrere Ressourcen zuweisen wollen, stellen Sie sicher, dass Project immer die gewählte *Vorgangsart* in Kombination mit der Option *Leistungsgesteuert* zur Berechnung verwendet.

Abbildg. 8.27 Das Projekt mit zugeordneter Ressource

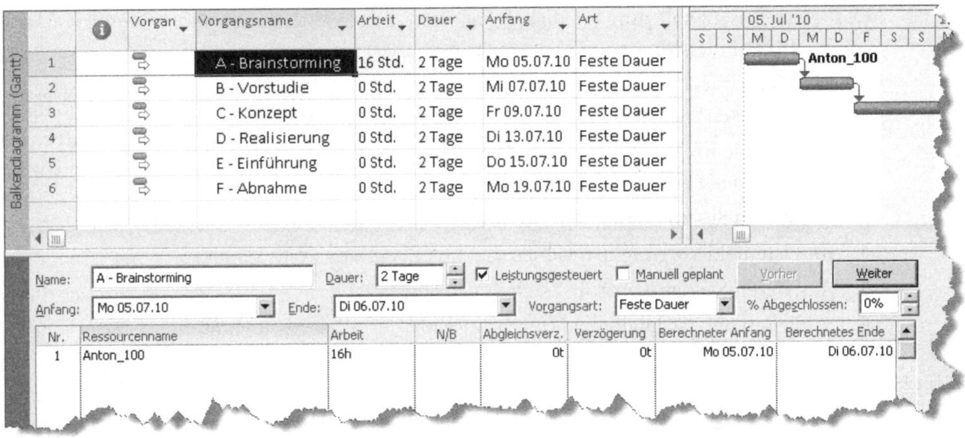

Project wendet nun, wie immer bei der *ersten* Zuordnung einer Ressource, die folgende Formel an:

```
Arbeit = Dauer * Einheiten * Stunden/Tag
```

Damit wird – bei den eingestellten acht Stunden pro Tag und einer Dauer von zwei Tagen – eine Arbeit von 16 Stunden errechnet. Der Einsatzzeitraum der Ressource stimmt mit dem Zeitraum des Vorgangs überein (Abbildung 8.27).

Wenn Sie nun bei Vorgang A zusätzlich die Ressource *Bernd* auswählen und die Eingabe mit *OK* abschließen, zeigt die Berechnung folgendes Ergebnis:

Abbildg. 8.28 Vorgang A mit zwei zugeordneten Ressourcen

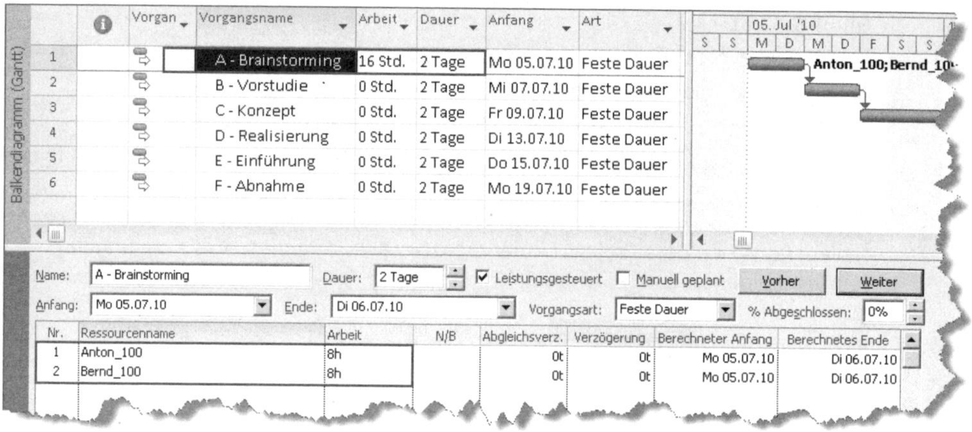

Die ursprünglich berechnete Arbeit auf den Vorgang bleibt erhalten, diese wird jedoch homogen auf die beiden Ressourcen aufgeteilt. *Anton* und *Bernd* arbeiten jeweils 8 Stunden an dem Vorgang, die *Dauer* bleibt unverändert.

Dasselbe passiert, wenn nun weitere Ressourcen am Vorgang arbeiten sollen.

Das Ergebnis sehen Sie in Abbildung 8.29.

Abbildg. 8.29 Vorgang A mit drei zugeordneten Ressourcen

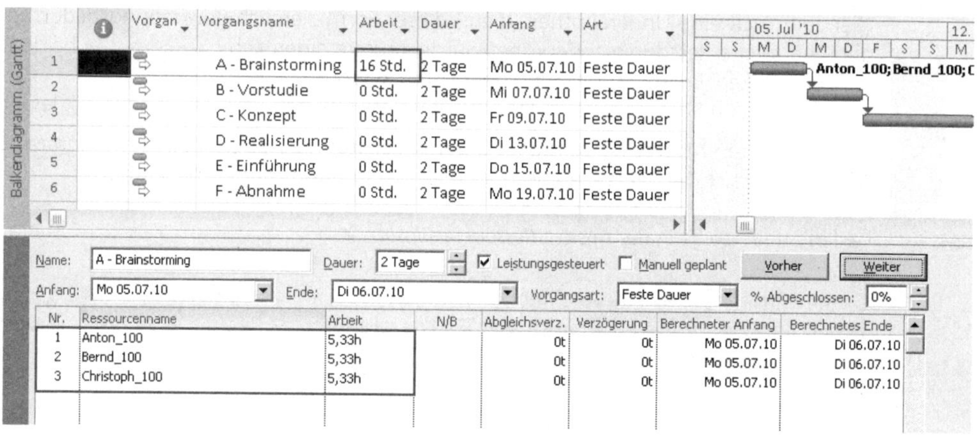

Die ursprüngliche Arbeit,

```
16 Stunden = 2 Tage * 1 * 8 Stunden / Tag
```

die auf dem Vorgang liegt, bleibt konstant. Jede weitere Ressource, die dem Vorgang zugeordnet wird, erhält prozentual homogen die Stundenmenge, die sie arbeiten muss. Der *Aufwand* erhöht sich durch Zuordnung einer weiteren Ressource zum Vorgang *nicht*.

Für die einzelnen Ressourcen gilt dann:

Anton: `5,33 Stunden = 2 Tage * 33 % * 8 Stunden/Tag`

Bernd: `5,33 Stunden = 2 Tage * 33 % * 8 Stunden/Tag`

Christoph: `5,33 Stunden = 2 Tage * 33 % * 8 Stunden/Tag`

WICHTIG Wenn Sie in der unteren Ansicht über das Kontextmenü die Detailinformationen *Ressourcen und Vorgänger* auswählen, bekommen Sie die Darstellung wie in Abbildung 8.30.

Abbildg. 8.30 Fehlerhafte Anzeige der Zuordnungseinheit in der Standardansicht

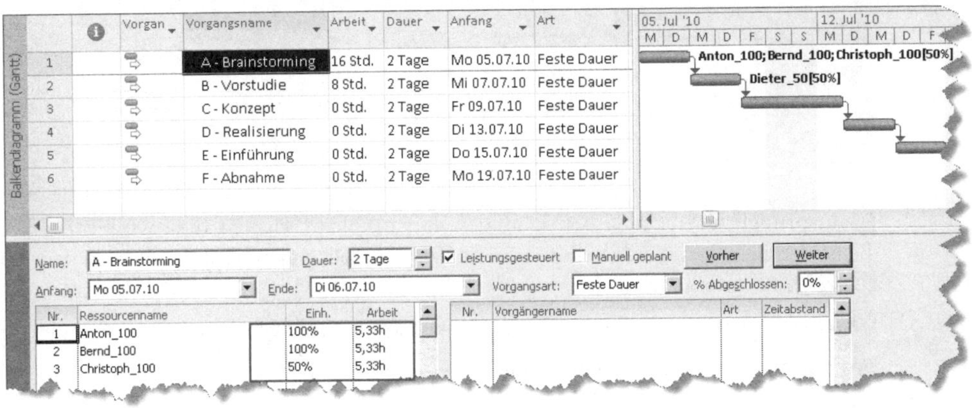

Hier zeigt sich eine Ungereimtheit, die in dieser Form ziemlich gewöhnungsbedürftig ist. Nachdem die zweite Ressource zugeordnet wurde, müsste eigentlich die Einheit für beide Ressourcen auf 50 % sinken. Bei der Zuordnung der dritten Ressource zu einem Vorgang, hier *Christoph*, wird eine Einheit von 50 % angezeigt. Die Anzeige der Einheiten in diesem Fenster ist leider falsch.

In der nächsten Abbildung wurde im unteren Fenster die Ansicht *Ressource: Einsatz* ausgewählt. Auch hier ist sichtbar, dass die Zuordnungseinheiten falsch angezeigt werden.

Abbildg. 8.31 Fehlerhafte Anzeige in der Ansicht *Ressource: Einsatz*

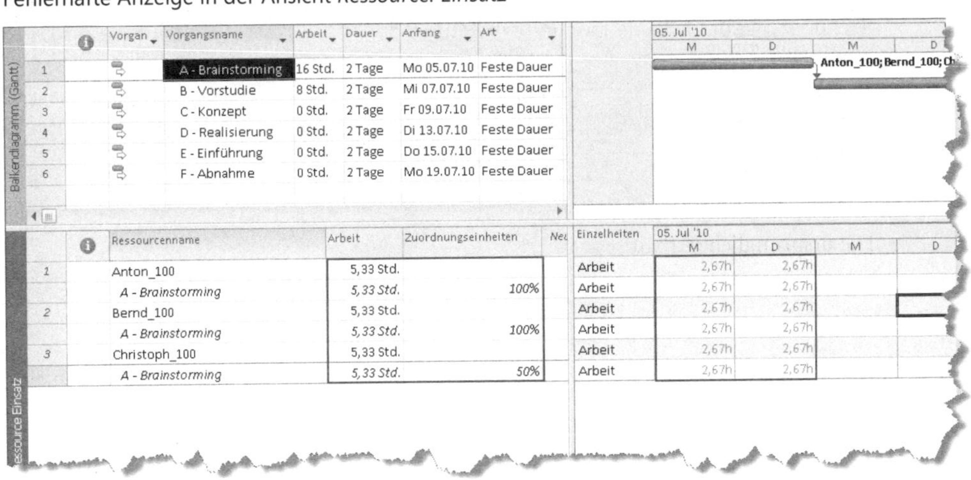

Wenn Sie nun über das Kontextmenü in der unteren Zeitphasendarstellung (unteres Fenster, rechter Teil, rechte Maustaste) die Einzelheit prozentual Zuordnung sichtbar machen, sehen Sie, dass nun die Anzeige der Einheiten richtig ist. Auch die Stundenmengen passen zu den Zuordnungseinheiten (Abbildung 8.32).

Abbildg. 8.32 Fehlerhafte Anzeige in der Ansicht *Ressource: Einsatz* mit geänderten Details

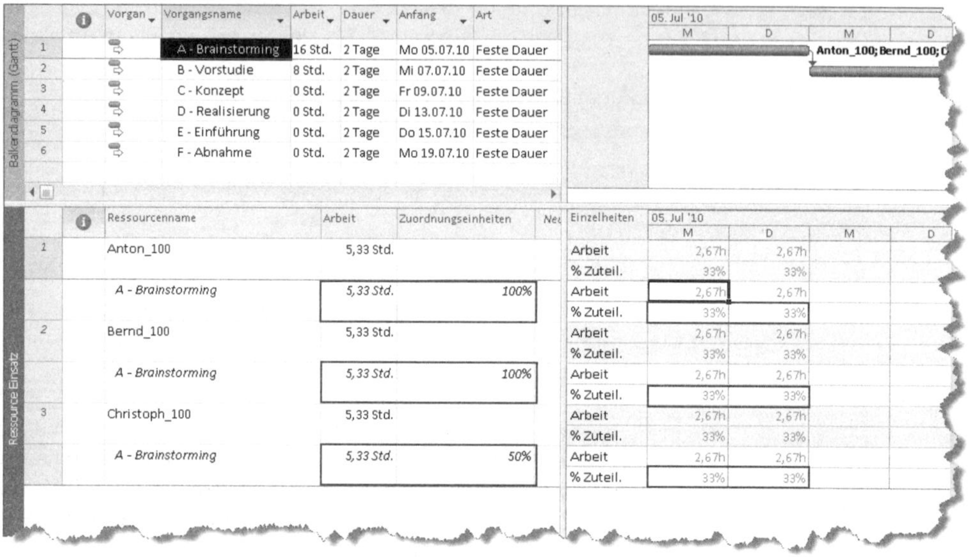

Diese Ungereimtheit in der Anzeige der zugeordneten Einheiten tritt erstmalig in der Version 2010 auf. Da unsere Anforderung an das Entwicklerteam, dies zu korrigieren und das Verhalten wie in den Vorgängerversionen wieder herzustellen, terminlich leider zu spät kam, müssen wir (und Sie natürlich auch) mit diesem Phänomen leben. Auch können wir keine Aussage darüber machen, ob dies überhaupt korrigiert wird. Zu einem späteren Zeitpunkt, wenn eine Überlastung einer Ressource durch zu viele Stunden erfolgt, werden wir uns noch einmal damit beschäftigen müssen.

Es findet allerdings keine falsche Berechnung der Arbeit statt, auch wird die prozentuale Zuordnung im rechten Teil der Ansicht *Ressource: Einsatz* richtig angezeigt.

Wenn nun bei Vorgang B die Ressource *Dieter* zugeordnet wird, ergibt sich folgendes Ergebnis (Abbildung 8.33):

Abbildg. 8.33 Die Zuordnung einer Ressource mit geringerer Kapazität

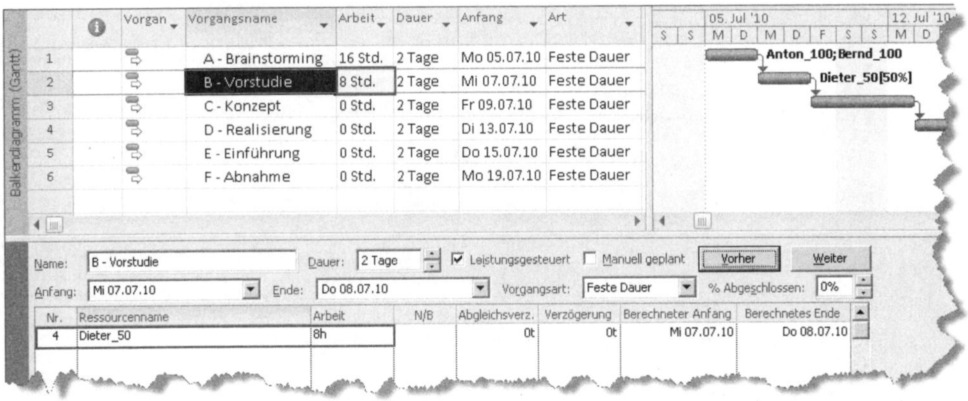

Project erkennt, dass die Ressource nicht voll zur Verfügung steht und ordnet sie, solange nichts anderes angegeben wird, nur mit 50 % zu. Da die Einheiten jetzt nur 0,5 (also 50 %) sind, errechnet sich hier eine geringere Arbeit von lediglich acht Stunden im gleichen Zeitraum.

HINWEIS Wenn Sie bei der Eingabe von Vorgängen davon ausgegangen sind, dass die von Ihnen definierte Dauer als zu leistende Personentage mit 8 Stunden/Tag interpretiert werden sollen, müssen Sie das bei der Zuordnung von Ressourcen mit weniger als 100 % Verfügbarkeit berücksichtigen. Sie müssen in diesem Fall die Dauer noch einmal manuell korrigieren. Vermerken Sie das ggf. unbedingt in Notizen zu Ihrem Vorgang.

Der Einsatz der Ressource wird gleichmäßig über die gesamte Dauer des Vorgangs verteilt. Diese Zuordnung hat also keinen Einfluss auf die Anfangs- oder Endtermine des Vorgangs.

Dieses Verhalten von Project zeigt, dass die Verwendung von anderen Einheiten als 100 % nicht unproblematisch ist. Denn in diesem Fall wird die Ressource dennoch vollständig belegt. Wenn nun die Ressource beispielsweise in einem anderen Projekt ebenfalls zu 50 % eingesetzt ist (Abbildung 8.33), liefert Project keine Information darüber, wann sie bei welchem Projekt arbeitet. Das lässt sich allerdings auch schwer exakt steuern.

WICHTIG Eine wichtige Einschränkung gibt es, wenn Ressourcen mit Einschränkungen im Kalender bei Vorgängen mit fester Dauer zugeordnet werden. Project verwendet hier nicht unreflektiert seine Standardformel, sondern bezieht die kalendarische Verfügbarkeit in die Berechnung mit ein.

Wie Sie in der Abbildung erkennen, bleibt die Dauer konstant, jedoch die Arbeit, die *Elke* an 2 Arbeitstagen, Freitag und Montag, leisten kann, liegt nur noch bei insgesamt 8 Stunden:

```
8 Stunden = 2 Tage * 100 % * 4 Stunden/Tag
```

Abbildg. 8.34 Die Zuordnung einer Ressource mit Halbtagsarbeit

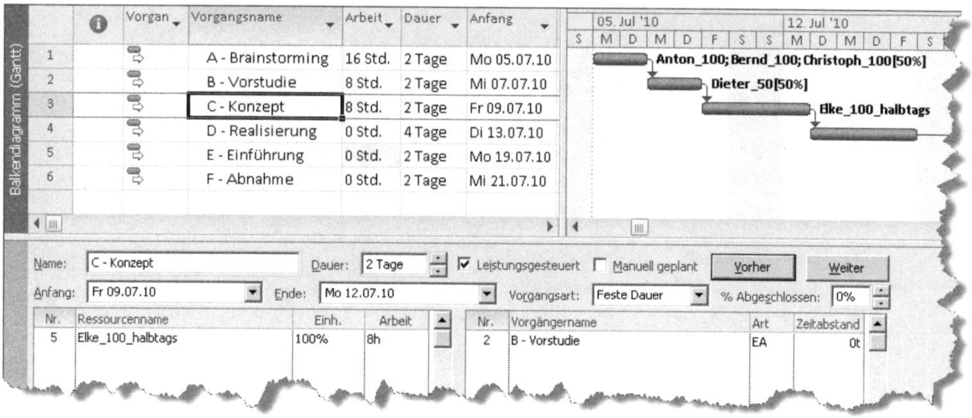

Bei der Zuordnung der nächsten Ressource *Fritz* auf den Vorgang *D – Realisierung* ergibt sich eine ähnliche Problematik. Da diese Ressource von Mittwoch 14. bis Donnertag 15. Juli im Urlaub ist, wird die Arbeit von Project als Ergebnis des Ressourcenkalenders und nicht als Ergebnis der Standardformel berechnet.

Das bedeutet, der Vorgang, der mit 2 Tagen Dauer eingegeben wurde, wird nur am Dienstag mit Arbeit belegt, weil nur an diesem Tag die Ressource *Fritz* verfügbar ist!

Anders reagiert Project, wenn der Urlaub nach der Zuweisung der Ressource auf den Vorgang im Ressourcenkalender eingetragen wird. Der Vorgang wurde zunächst mit 16 Stunden Arbeit berechnet. Wird nun Urlaub im Kalender eingetragen, muss der Vorgang die bereits berechnete Arbeit berücksichtigen und wird den Vorgang versuchen, so zu verlängern, dass die berechnete Arbeit auch geleistet werden kann. Hier erfolgt folgende Warnung:

Abbildg. 8.35 Warnmeldung bei automatischer Änderung der Dauer

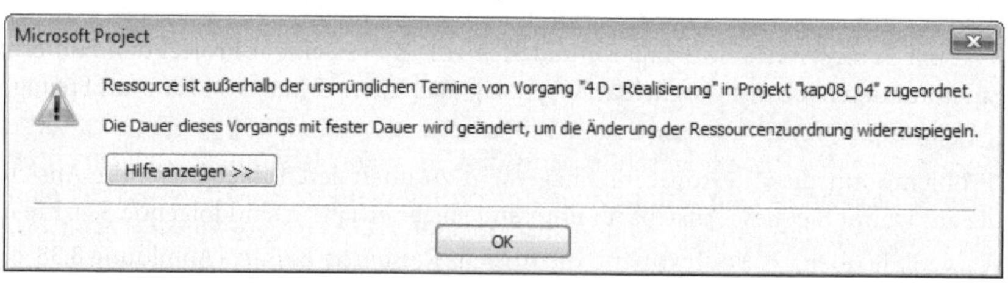

Hier sind die Änderungen im Projekt erheblich:

1. Neuberechnung der Dauer auf 4 Tage laut Projektkalender: Di, Mi, Do und Fr
2. Neuberechnung des Endtermins auf 16.07.2010

Abbildg. 8.36 Die Zuordnung einer Ressource mit Urlaub

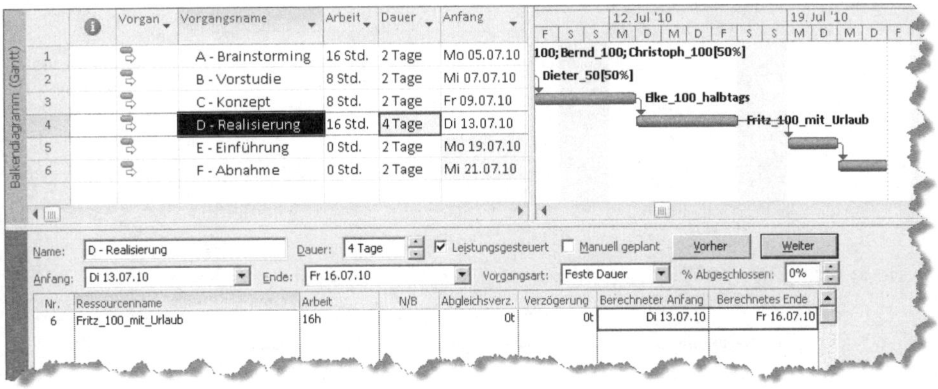

3. Zuordnung der Arbeit nur an Arbeitstagen

Abbildg. 8.37 Die Verteilung der Arbeit einer Ressource mit Urlaub

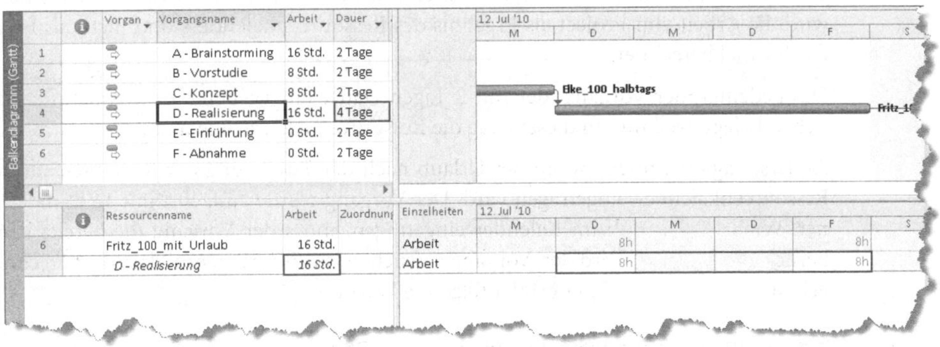

4. *Fritz* hat in dieser Woche 2 Tage Urlaub, demzufolge verschiebt Project den Endtermin des Vorgangs auf den nächsten möglichen Arbeitstag nach dem Urlaub von *Fritz* auf Freitag, den 16. Juli (Abbildung 8.37).

Um Probleme mit dem Ressourcenmanagement zu analysieren, bietet sich die Ansicht *Ressource: Einsatz* an. Damit Sie diese Ansicht im unteren Fenster erhalten, sind folgende Schritte notwendig:

1. Wählen Sie über das Kontextmenü die Ansicht *Ressource: Einsatz* (Abbildung 8.38).

Abbildg. 8.38 Auswahl der Ansicht *Ressource: Einsatz* im unteren Bildschirmfenster

2. Wählen Sie die zu analysierende Ressource oder den Vorgang aus.
3. Wählen Sie den Befehl *Aufgabe/Bearbeiten/Fensterinhalt zu Vorgang verschieben*. Sie erhalten die Darstellung entsprechend der Abbildung 8.37.

TIPP Da der Befehl *Fensterinhalt zu Vorgang verschieben* häufig benötigt wird, sollten Sie diesen der Symbolleiste für den Schnellstart hinzufügen.

PROFITIPP Vermeiden Sie arbeitsfreie Zeit in den Ressourcenkalender, solange dies nicht unabdingbar ist. Es ist wesentlich geschickter, unproduktive Zeiten wie Urlaub in einem eigenen Projekt oder als Vorgang zu planen. Die arbeitsfreie Zeit im Ressourcenkalender ist bei der Zuordnung der Stunden nicht sichtbar, es erscheint einfach kein Wert (Abbildung 8.37).

Beim Vorgang E (Abbildung 8.39) wird nun schließlich die Ressource *Gipser* zugeordnet. Bei Ressourcen, deren maximale Einheiten über 100 % liegen, ordnet Project standardmäßig nur 100 % zu, wenn nicht explizit etwas anderes angegeben wird.

Abbildg. 8.39 Die Zuordnung einer Ressource mit höherer Kapazität

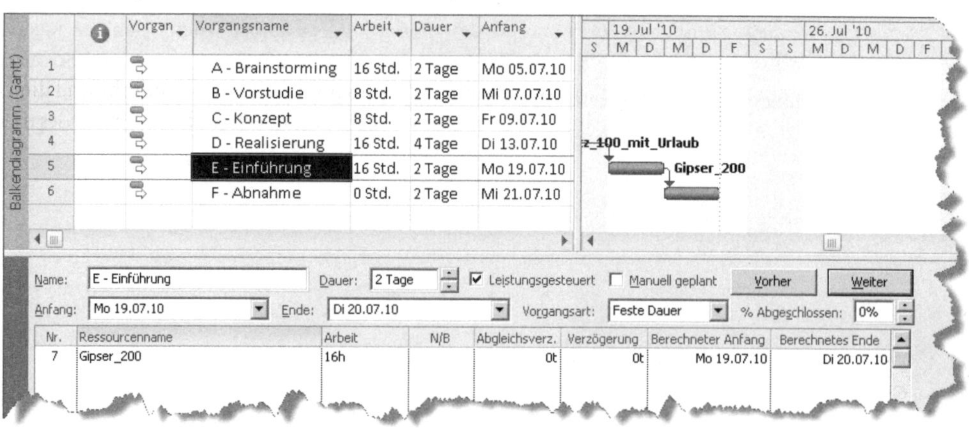

Wenn nun die zugeordneten Einheiten der *Gipser* bei diesem Vorgang auf 200 % erhöht werden, erhöht sich in diesem Fall auch zunächst die Arbeit auf 32 Stunden. Hier wird eine Neuberechnung der Arbeit durchgeführt.

Erhöhen Sie nun die Einheit der *Gipser* auf 200 %:

1. Wählen Sie im Kontextmenü im unteren Fenster die Detailansicht *Ressourcen und Vorgänger.*

Abbildg. 8.40 Auswahl der Detailinformationen

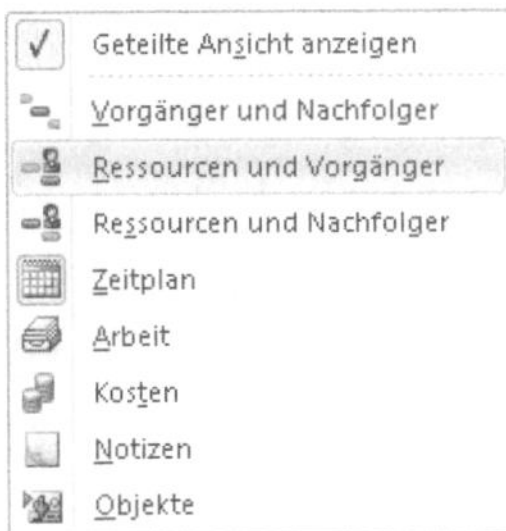

2. Erhöhen Sie im Feld *Einheit* den Wert auf 200 %
3. Bestätigen Sie die Eingabe mit *OK.*

Abbildg. 8.41 Erhöhung der Einheiten

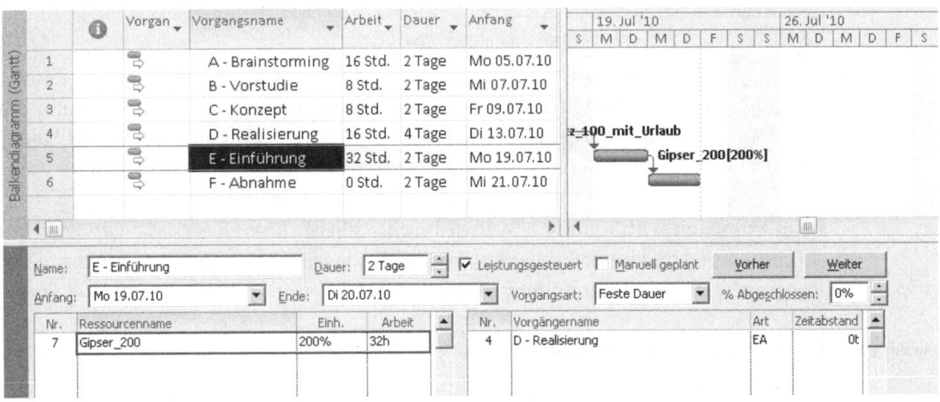

Im dargestellten Beispiel haben wir dadurch die Gesamtarbeit auf 32h erhöht und die Dauer mit 2t beibehalten. Die Gesamtarbeit des Vorgangs wurde verändert und ein neuer Gesamtaufwand in Höhe von

```
32 Stunden = 2 Tage * 200 % * 8 Stunden/Tag
```

berechnet.

HINWEIS Werden nun im nächsten Schritt dem Vorgang F die Ressourcen *Anton* und *Fritz* zugeordnet, sollten Sie dies schrittweise tun. Das Phänomen wurde bereits im Abschnitt »Generelle Zuordnungstechniken mehrerer Ressourcen zu einem Vorgang« ab Seite 234 erläutert.

Ordnen Sie nun schrittweise die Ressourcen *Anton* und *Fritz* dem Vorgang F zu.

Abbildg. 8.42 Das Ergebnis bei schrittweiser Ressourcenzuordnung

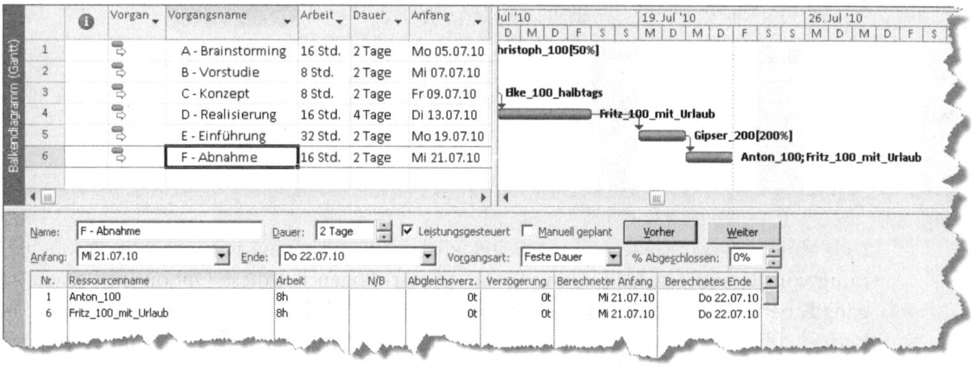

Da aber Option *Leistungsgesteuert* für diesen Vorgang gesetzt ist, wird bei der Zuordnung der zweiten Ressource *Fritz* davon ausgegangen, dass die definierte Arbeit von 16 Stunden auf beide Ressourcen gleichmäßig verteilt werden soll (siehe Abbildung 8.42).

Abbildg. 8.43 Verteilung der Arbeit bei leistungsgesteuerter Vorgangsplanung

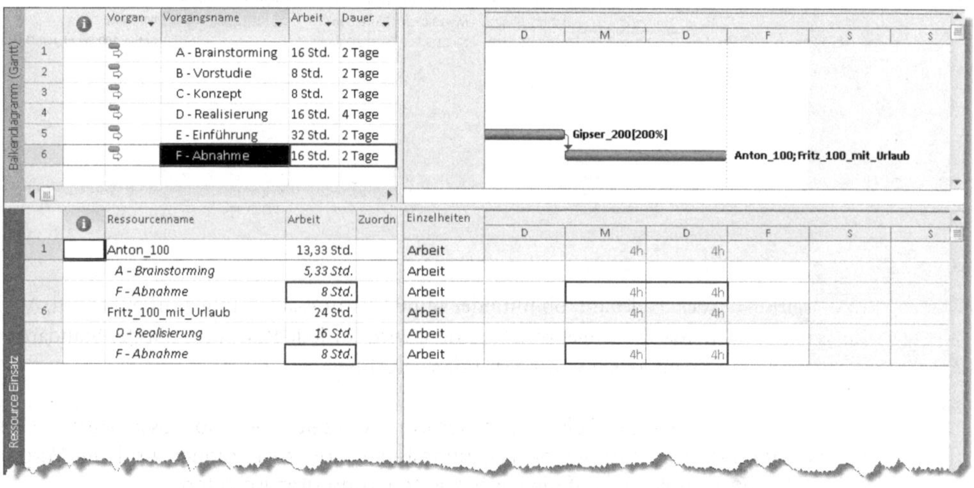

Damit errechnet sich eine Arbeit von jeweils acht Stunden pro Ressource. Project korrigiert aber die Einsatztermine der Ressourcen und die Dauer des Vorgangs bei der Einstellung *Feste Dauer* nicht. Dies führt zu dem irritierenden Ergebnis, dass die Ressourcen zwar nur acht Stunden arbeiten, diese acht Stunden aber über jeweils zwei Tage und damit 16 Stunden verteilt werden. Die genaue Zuordnung entnehmen Sie wiederum der Ansicht *Ressource: Einsatz* (Abbildung 8.43).

HINWEIS Die *Leistungssteuerung* ist eine der interessantesten und wichtigsten Funktionen, die im Ressourcenmanagement in Project existieren. Sie ist aber nicht ohne Tücken. Es ist insbesondere zu überlegen, ob diese Option bei der ersten Zuordnung von Ressourcen – also zu

Beginn der Planungsphase – gesetzt wird, oder ob sie nicht besser erst zu einem späteren Zeitpunkt, wenn der Ausgleich von Ressourcenkonflikten und dann die Überwachung des Projekts beginnen, verwendet wird.

Das gilt umso mehr, als die gleichzeitige Zuordnung von Ressourcen nur in der Ansicht *Vorgang: Eingabe* oder bei vollkommen manueller Eingabe in einer Vorgangstabelle möglich ist. Wenn Sie mit dem Dialogfeld *Ressourcen zuordnen* arbeiten, werden die Ressourcen nacheinander eingegeben, womit die Auswirkungen der Leistungssteuerung voll zum Tragen kommen.

Feste Dauer ohne Leistungssteuerung

Falls ohne Leistungssteuerung gearbeitet wird, ergeben sich nur wenige Unterschiede bei der Zuordnung von Ressourcen (Abbildung 8.44). Auswirkungen hat diese Option im Beispiel nur bei Vorgang F, bei dem mehr als eine Ressource zugeordnet wird (Die Zuweisungen weichen von dem vorherigen Beispiel ab!). In diesem Zusammenhang sollten Sie sich noch einmal überlegen, ob die »Highlander«-Regel für Ihr Projekt sinnvoll ist.

Abbildg. 8.44 Die Zuordnung ohne Leistungssteuerung

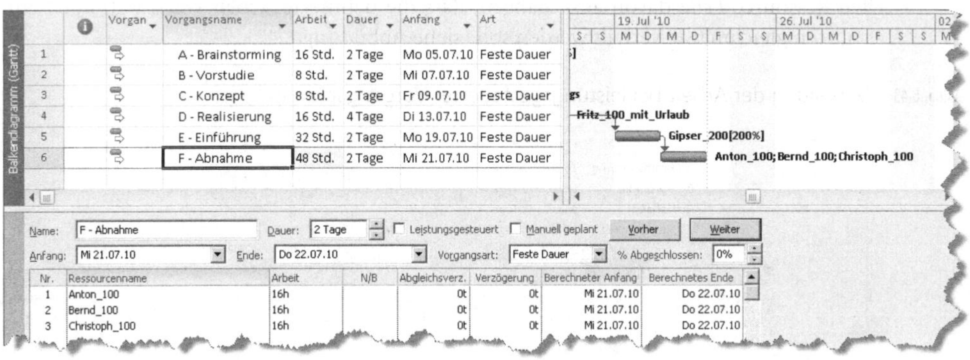

In diesem Fall ist es irrelevant, ob mit oder ohne Leistungssteuerung gearbeitet wird. Auch wenn die Ressourcen nacheinander zugeordnet werden, wird für jede Ressource mit der Standardformel gearbeitet und damit eine Arbeit von 16 Stunden errechnet.

HINWEIS Da Sie die Leistungssteuerung jederzeit ein- und ausschalten können, spricht nichts dagegen, zunächst »ohne Leistungssteuerung« zu beginnen und die Vorgänge später generell bzw. nach Bedarf auf die Leistungssteuerung umzuschalten.

Auch wenn die Leistungssteuerung im ersten Moment eine durchaus interessante Option ist, so ist sie doch mit einiger Vorsicht zu betrachten. Denn nur wenn tatsächlich die Situation gegeben ist, dass sich bei Zuordnung einer zusätzlichen Ressource die Dauer auch proportional verringert, funktioniert dieses Modell. Wenn aber, wie es z.B. bei Softwareprojekten typisch ist, bei Zuordnung einer weiteren Ressource auch ein höherer Koordinierungsaufwand entsteht, sollte diese Option generell nicht genutzt werden.

PROFITIPP Bei vielen Projekten in der Praxis hat sich gezeigt, dass genau diese Einstellung, »Feste Dauer« »ohne Leistungssteuerung«, am sinnvollsten ist. Da sich eine Änderung der Dauer immer auf einen der zwei Vorgangstermine auswirkt, ist es gut, zumindest eine Meldung zu bekommen, wenn Project die Dauer neu berechnet.

Folgende Vorgaben sollten in den Project-Optionen in der Kategorie *Terminplan* voreingestellt werden:

Abbildg. 8.45 Die Terminplanoptionen *Feste Dauer* und *Nicht leistungsgesteuert* für *Alle neuen Projekte*

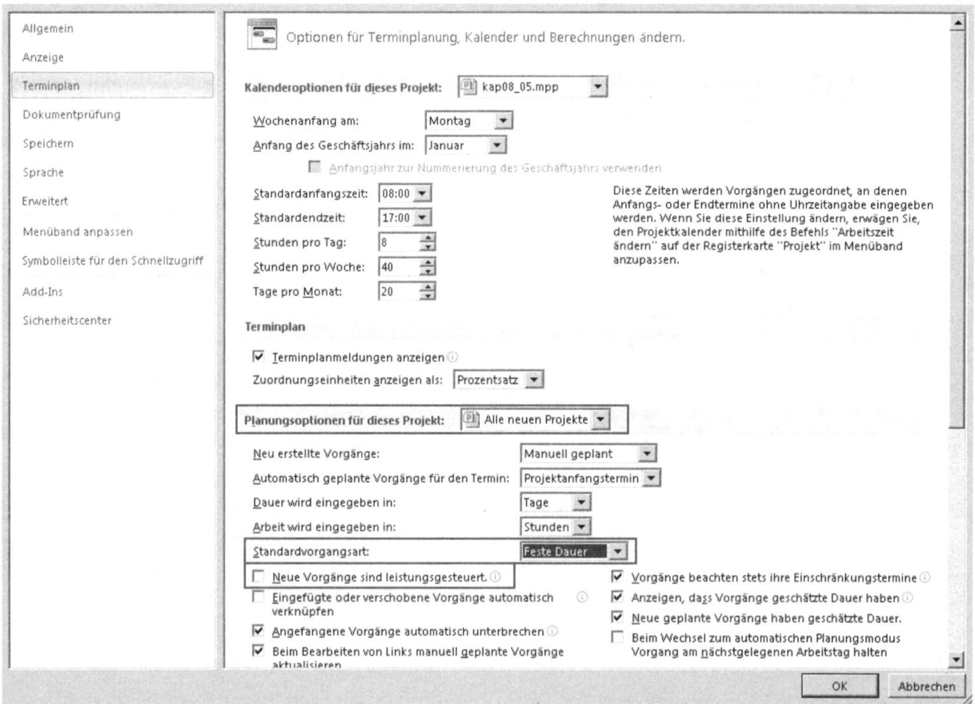

Sorgen Sie auch dafür, dass bei den Planungsoptionen für dieses Projekt die Einstellung *Alle neuen Projekte* aktiviert ist.

Feste Arbeit

Im ersten Beispiel wurde mit der Vorgangsart *Feste Dauer* gearbeitet. Wie der Name schon sagt, wird in dieser Situation die Dauer immer als Konstante in der folgenden Formel behandelt:

`Arbeit = Dauer * Einheiten * Stunden/Tag`

Es können sich also Einheiten oder Arbeit ändern, da die Stunden pro Tag ebenfalls eine Konstante sind.

Bei der Vorgangsart *Feste Arbeit* wird dagegen nach der ersten Zuordnung der Ressourcen, die ebenfalls nach der obigen Formel erfolgt, immer so gearbeitet, dass die Arbeit konstant ist. Es können sich also Vorgangsdauer oder Einheiten ändern.

Analog wird bei der Vorgangsart *Feste Einheiten* bei der ersten Zuordnung ebenfalls erst einmal die Arbeit errechnet. Bei allen späteren Änderungen bleiben dagegen die Einheiten konstant. Es können sich alternativ Dauer oder Arbeit ändern.

CD-ROM Dementsprechend ändert sich nun einiges, wenn anstelle von *Feste Dauer* nun *Feste Arbeit* als Vorgangsart eingestellt wird. Auf den nächsten Seiten wird am gleichen Beispiel das Verhalten von Project in dieser Situation beschrieben. Das Projekt finden Sie innerhalb der Beispieldateien zu diesem Buch im Ordner *\Buch\Kap08* unter *Kap08_05.mpp*.

HINWEIS Auf die Leistungssteuerung wird in diesem und im folgenden Abschnitt nicht mehr gesondert eingegangen, da sich dort im Vergleich mit den festen Dauern nichts ändert. Die Leistungssteuerung wird noch einmal im Zusammenhang mit der Behandlung von Ressourcenkonflikten im weiteren Verlauf dieses Kapitels behandelt.

Falls als Vorgangsart *Feste Arbeit* definiert ist, wird ohnehin mit der Leistungssteuerung gearbeitet. In diesem Fall wird nicht die Arbeit der einzelnen, zugeordneten Ressourcen, sondern die gesamte Arbeit beim Vorgang als fest definiert. Daraus folgt, dass bei Änderungen zwangsläufig mit Leistungssteuerung gearbeitet werden muss, da diese *Feste Arbeit* gleichmäßig auf die Ressourcen verteilt werden muss.

Das Verhalten von Project bei der Zuordnung der Ressourcen *Anton* und *Dieter* unterscheidet sich gegenüber der Vorgangsart *Feste Dauer* durch eine Neuberechnung der Dauer (Abbildung 8.46).

Abbildg. 8.46 Neuberechnung der Dauer

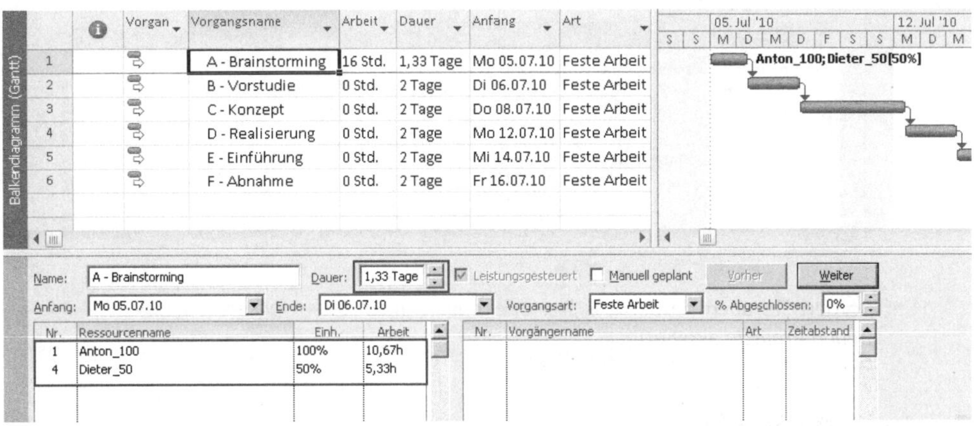

Und so zeigen Sie die Zuordnungen in der wichtigen und richtigen Darstellung:

1. Wählen Sie im unteren Fenster die Ansicht *Ressource: Einsatz.*
2. Fahren Sie mit der Maus in den rechten Teil und wählen Sie im Kontextmenü den Eintrag *Einzelheitenarten* (Abbildung 8.47).

Abbildg. 8.47 Auswahl der Einzelheitenarten

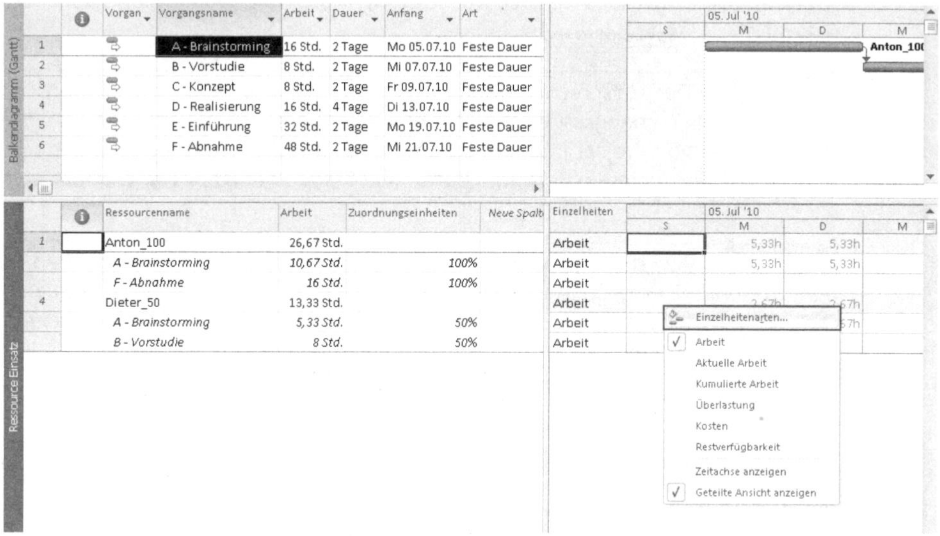

3. Wählen Sie in der Auswahlliste der verfügbaren Felder im linken Teil des Dialogfelds den Eintrag *Prozentuale Zuteilung*.

Abbildg. 8.48 Die Auswahl der Einzelheitenart *Prozentuale Zuordnung*

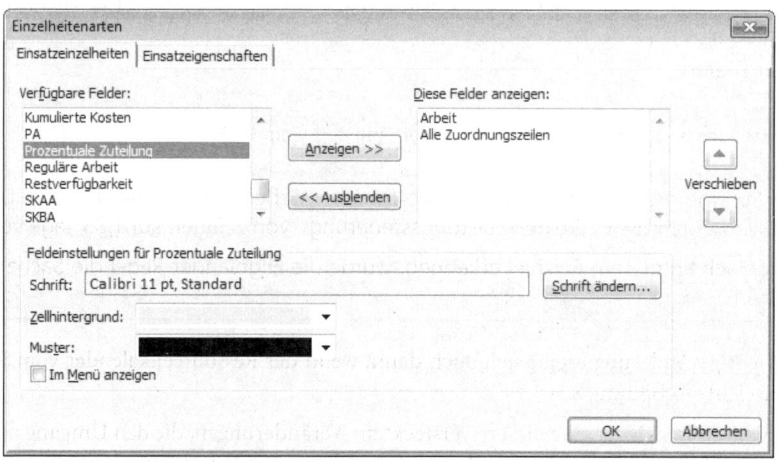

4. Klicken Sie auf die Schaltfläche *Anzeigen*, um das Feld in der Zeitphasendarstellung zu sehen.
5. Bestätigen Sie die Eingabe mit *OK*.

WICHTIG Auch hier ist es nicht unbedingt ersichtlich, wie die Zuordnungseinheit auf den Vorgang verteilt ist. In Abbildung 8.49 sind wieder die Ansicht *Ressource: Einsatz* und bei den Details die prozentuale Zuteilung angezeigt.

Abbildg. 8.49 Die nicht zusammen passenden Zuordnungseinheiten

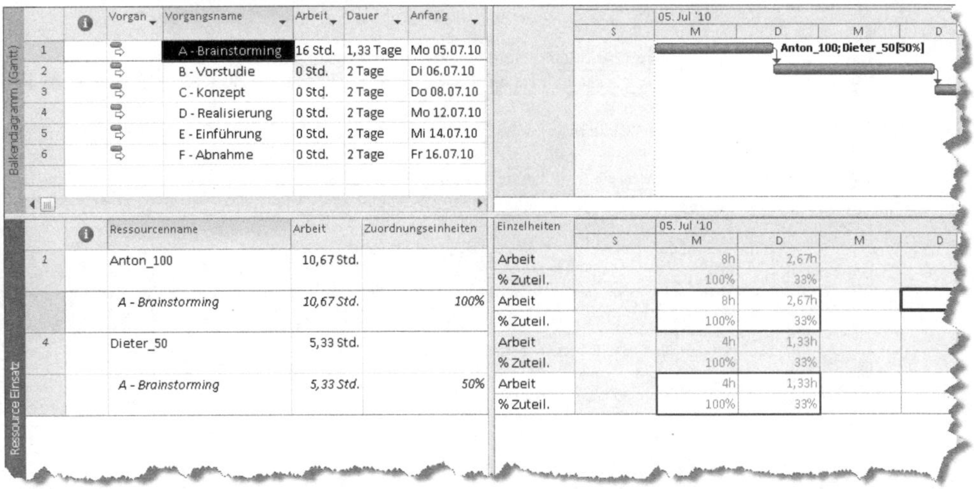

Logisch erscheint, dass Anton am Montag mit 100 % 8 Stunden und am Dienstag 2,67 Stunden mit 33 % leistet. Dagegen arbeitet Dieter, der als *maximale Einheit* nur 50 % Kapazität bereitstellt, am Montag 4 Stunden mit 100 % und am Dienstag 1,33 Stunden mit 33 %.

Für Anton ergibt sich folgende Berechnung:

```
10,67 Stunden = 1 Tag * 100 % * 8 Stunden/Tag + 1 Tag * 33 % * 8 Stunden/Tag
```

Und für Dieter:

```
5,33 Stunden = 1 Tag * 100 % * 4 Stunden/Tag + 1 Tag * 33 % * 4 Stunden/Tag
```

In der Summe ergibt sich wiederum eine gesamte Arbeit von 16 Stunden. Die Dauer des Vorgangs wird durch die indirekte »Leistungssteuerung« von 2 Tagen auf 1,33 Tage verkürzt.

Wie Sie auch an diesem Beispiel erkennen, würde die Highlander-Regel die Sache erheblich vereinfachen.

Eine wichtige Änderung ergibt sich auch dann, wenn der Ressourcenkalender vom Standardkalender abweicht (Abbildung 8.50).

Auch hier erfolgt wieder eine dieser »versteckten« Veränderungen, die den Umgang mit Project 2010 anfangs erschweren. Denn die errechnete Arbeit liegt jetzt bei 16 Stunden, was ja auch durchaus logisch ist, wenn man die Standardformel betrachtet. Nur kann die eingesetzte Ressource diese Arbeit überhaupt nicht innerhalb der zwei ursprünglich vorgesehenen Tage leisten.

Abbildg. 8.50 Die Zuordnung einer Ressource mit verändertem Kalender

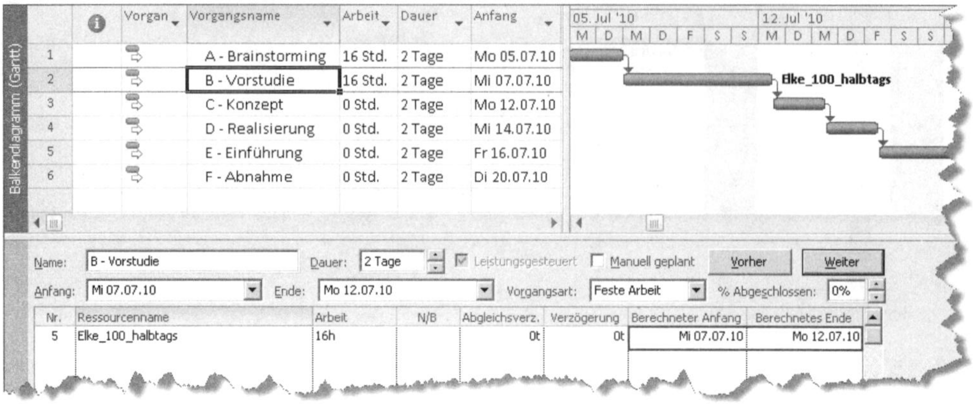

Da die Ressource *Elke* laut ihrem Ressourcenkalender nur halbtags arbeitet, lassen sich 16 Stunden Arbeit natürlich nicht auf zwei Arbeitstage verteilen – pro Arbeitstag stehen hier schließlich nur vier Stunden zur Verfügung.

HINWEIS Project zeigt hier ein ähnliches Verhalten, wie das bei der Vorgangsart *Feste Dauer* zu beobachten war. Bei *Feste Arbeit* wird der Endtermin des Vorgangs angepasst.

Project analysiert hier, wann die Ressource die errechnete Arbeit innerhalb ihres Kalenders leisten kann. Die 16 Stunden werden über vier Arbeitstage (07.07. bis 12.07.2010) verteilt.

Die Vorgangsdauer bleibt dennoch bei zwei Tagen, weil die Vorgangsdauer hier als die Zahl der Arbeitstage interpretiert wird und nicht als die Zahl der Kalendertage, an denen gearbeitet wird. Da es vier halbe Tage sind, ergibt sich insgesamt eine Dauer von zwei Tagen. Diese Logik von Project ist etwas eigenwillig, wird aber so verwendet.

HINWEIS Dieses Verhalten verdeutlicht noch einmal die Notwendigkeit von Termineinschränkungen. Wenn Sie Termineinschränkungen gesetzt haben, kann das Projekt zumindest nur in eingeschränktem Maße verschoben werden. Das Projektende und ggf. auch die Meilensteine im Projekt sind fixiert. Dennoch sollten Sie grundsätzlich überprüfen, ob die Vorgangstermine nach der Ressourcenzuordnung unverändert geblieben sind.

Der nächste Schritt ist die Zuordnung der Gipser (Abbildung 8.51) und dann die Erhöhung der Einheiten auf 200 %. Auch hier verhält sich Project 2010 wieder anders, als das bei der Vorgangsart *Feste Dauer* der Fall war.

Bei der Erhöhung der Einheiten handelt es sich um eine nachträgliche Veränderung der Kapazität, mit der die Ressource am Vorgang arbeitet. Während bei der ersten Eingabe die Standardformel in der Form

```
Arbeit = Dauer * Einheiten * Stunden/Tag
```

Abbildg. 8.51 Die Erhöhung der Einheiten ändert die Dauer

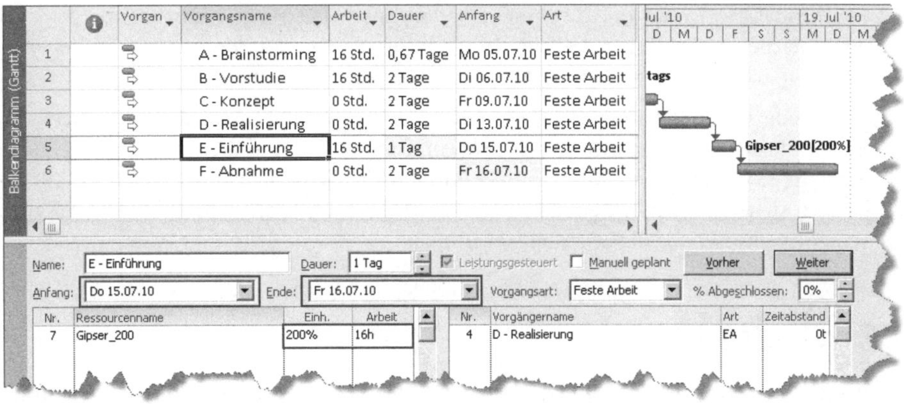

Verwendung findet, wird bei der Veränderung gemäß der Vorgangsart *Feste Arbeit* die Arbeit als Konstante genommen. Die Einheiten werden manuell verändert, sodass in der Konsequenz die Dauer neu berechnet werden muss. Die Formel wird also in der folgenden Form verwendet:

```
Dauer = Arbeit / (Einheiten * Stunden/Tag)
```

Dementsprechend ändert sich nun bei gleichbleibender Arbeit die Vorgangsdauer von zwei Tagen auf einen Tag, da die Option *Feste Arbeit* auch gleichzeitig immer die Einstellung *Leistungsgesteuert* beinhaltet. Auch dies hat eine Verschiebung der Termine im Projekt zur Folge. In diesem Fall ist der Vorgang einen Arbeitstag früher beendet.

HINWEIS Die vielfältigen Situationen, in denen es zu einer Verschiebung von Terminen im Projekt kommen kann, machen die Notwendigkeit einer konsequenten Überwachung von Terminen deutlich. Denn auch in der beschriebenen Situation kann es zu einer Verschärfung von Terminengpässen kommen. Das ist der Fall, sobald die Ressource in »geringerem« statt »höherem« Umfang zugeordnet wird.

Abbildg. 8.52 Die Zuordnung von zwei Ressourcen

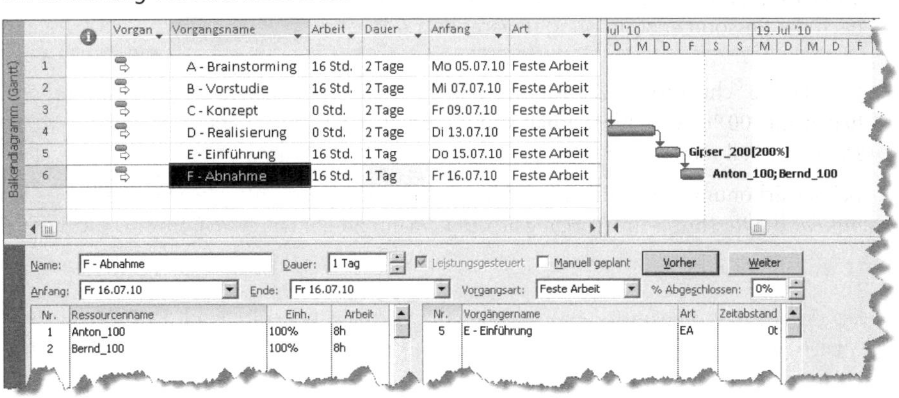

Das Verhalten beim Vorgang F (Abbildung 8.52) unterscheidet sich nicht von dem, das Project zeigt, wenn mit *fester Dauer* und *Leistungssteuerung* gearbeitet wird. Wenn Sie die beiden Ressourcen direkt nacheinander in der Ansicht *Vorgang: Eingabe* eingeben und erst dann die Schaltfläche *OK* betätigen, wird eine Arbeit von 16 Stunden je Ressource berechnet.

Werden die beiden Ressourcen dagegen nacheinander zugeordnet, wird eine Arbeit von acht Stunden pro Ressource berechnet. Dieses Problem ist also nicht auf die festen Dauern beschränkt, sondern ein generelles beim Umgang mit Project 2010. Wenn Sie bei der ersten Zuordnung von Ressourcen sichergehen möchten, dass sich die Dauer – abgesehen vom Einfluss der Kalender – nicht verändert, müssen Sie die Leistungssteuerung bis zu diesem Zeitpunkt deaktivieren.

Feste Einheit

Bei der Vorgangsart *Feste Einheit* werden die Einheiten von Ressourcen als konstant betrachtet. Je nach Änderung können sich also Dauer oder Arbeit verändern. Auch hier wird wieder das gleiche Beispiel verwendet, um das Verhalten von Project darzustellen.

CD-ROM Die Datei *Kap08_06.mpp* zum Testen der Vorgangsart *Feste Einheit* finden Sie innerhalb der Beispieldateien zum Buch im Ordner *\Buch\Kap08*.

Feste Einheit mit Leistungssteuerung

Die Zuordnung der Ressourcen verläuft hier (Abbildung 8.53) absolut identisch zu der Vorgangsart *Feste Arbeit*. Das bedeutet, dass die Dauer, ebenso wie die Termine, von Vorgängen verändert werden können.

Abbildg. 8.53 Das Ergebnis bei der Vorgangsart *Feste Einheiten* und *Leistungsgesteuert*

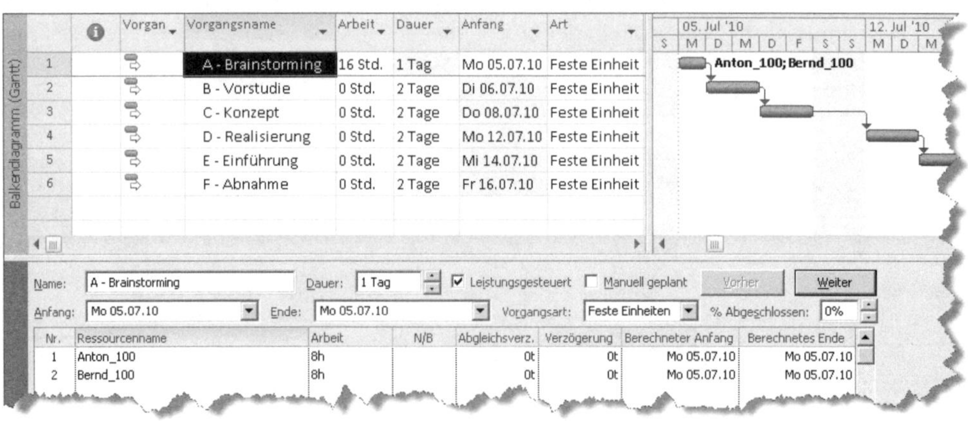

Dass es keine großartigen Unterschiede gibt, ist nicht überraschend. Der eigentliche Unterschied entsteht erst, wenn explizit eine Vorgangsdauer verändert wird, was im Beispiel nicht der Fall war. Dann werden die folgenden Formeln benutzt:

```
Arbeit = Dauer * Einheiten * Stunden/Tag
Einheiten = Arbeit / (Dauer * Stunden/Tag)
```

Die obere Formel wird verwendet, wenn sich die Dauer ändert und die Vorgangsart auf *Feste Einheiten* steht. Die zweite Formel wird verwendet, wenn die Vorgangsart *Feste Arbeit* eingestellt ist und sich die Dauer verändert.

HINWEIS In allen anderen Fällen wird die Dauer verändert. Bei *Feste Arbeit* werden auch die Einheiten konstant gehalten, wenn das möglich ist. Ebenso wird bei *Feste Einheiten* die Arbeit konstant gehalten, solange es geht. Nur wenn explizit die Dauer verändert wird, gibt es daher einen Unterschied zwischen diesen beiden Vorgangsarten.

Feste Einheit ohne Leistungssteuerung

Die Einstellung *Feste Einheit* ohne *Leistungssteuerung* verhält sich nahezu identisch zur Vorgangsart *Feste Dauer* ohne *Leistungssteuerung*. Die Arbeit auf den gesamten Vorgang erhöht sich mit der Zuordnung einer weiteren Ressource (Abbildung 8.54).

Abbildg. 8.54 Das Ergebnis bei der Vorgangsart *Feste Einheiten* ohne *Leistungssteuerung*

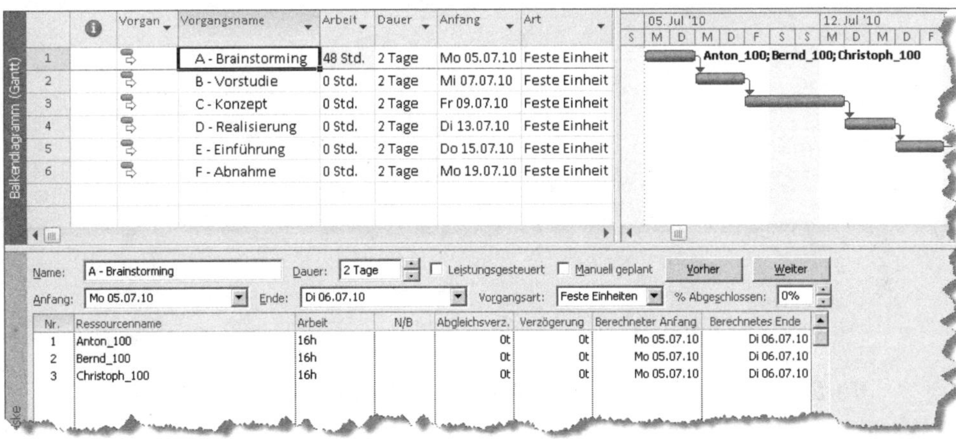

Auch bei den anderen Ressourcen, die im Beispiel definiert sind, ist die Berechnung des Vorgangs identisch zur Einstellung *Feste Dauer* ohne *Leistungssteuerung*, weswegen hier nicht noch einmal gesondert darauf eingegangen wird.

Viel wichtiger ist, dass Sie sich Zeit für den folgenden Abschnitt nehmen. In diesem wird Schritt für Schritt gezeigt, welche Änderung an welchem Feld in der Formel

```
Arbeit = Dauer * Einheiten * Stunden/Tag
```

welche Neuberechnung verursacht.

Manuelle Veränderungen der Werte für *Arbeit, Einheit* und *Dauer*

Im Folgenden werden Beispiele gezeigt, wie Project die Neuberechnung beim manuellen Ändern der Felder *Arbeit*, *Einheit* und *Dauer* durchführt. Es wird bei den Beispielen zum leichteren Verständnis konsequent die Highlander-Regel angewendet, also lediglich eine Ressource pro Vorgang.

Feste Dauer

In Abbildung 8.55 sehen Sie den Ausgangszustand.

Abbildg. 8.55 Ausgangszustand nach Zuordnung einer Ressource bei einer Dauer von 2 Tagen

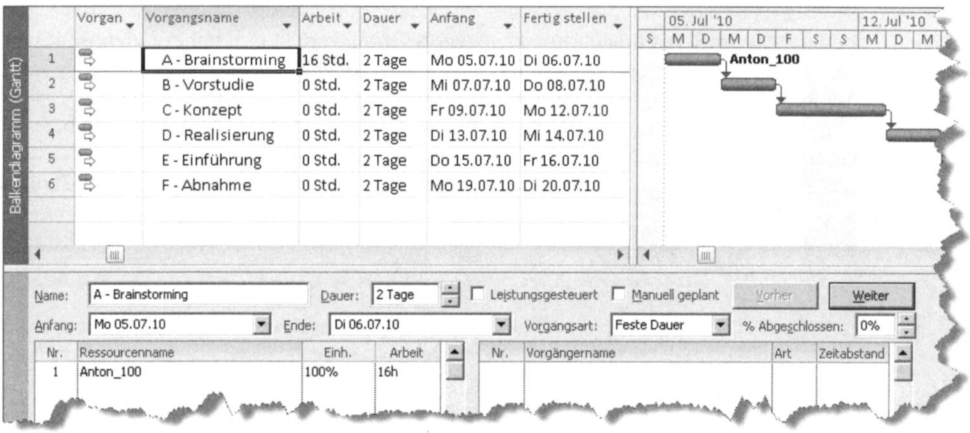


```
16 Stunden = 2 Tage * 100 % * 8 Stunden/Tag
```

Veränderung der Arbeit – Neuberechnung der Einheit

```
Arbeit = Dauer * Einheiten * Stunden/Tag
32 Stunden = 2 Tage * 100 % * 8 Stunden/Tag
```

In der Standardansicht ist erkennbar, dass zwar der Wert der Arbeit auf 32 Stunden erhöht wurde, jedoch Project die Einheit *nicht* angepasst hat (Abbildung 8.56).

Abbildg. 8.56 Darstellung der Zuordnungseinheit in der Ansicht *Vorgang: Maske*

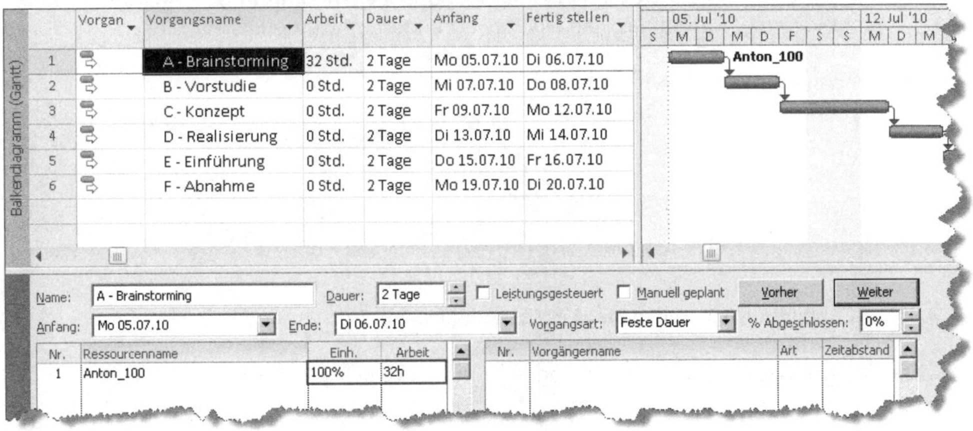

Wenn Sie nun im unteren Fenster in die Ansicht *Ressource: Einsatz* umschalten, sehen Sie in der Zeitphasendarstellung die richtigen Werte. Dieses Phänomen wurde weiter oben bereits erläutert.

Abbildg. 8.57 Darstellung der Zuordnungseinheit mit eingeblendetem Detail für die prozentuale Zuordnung

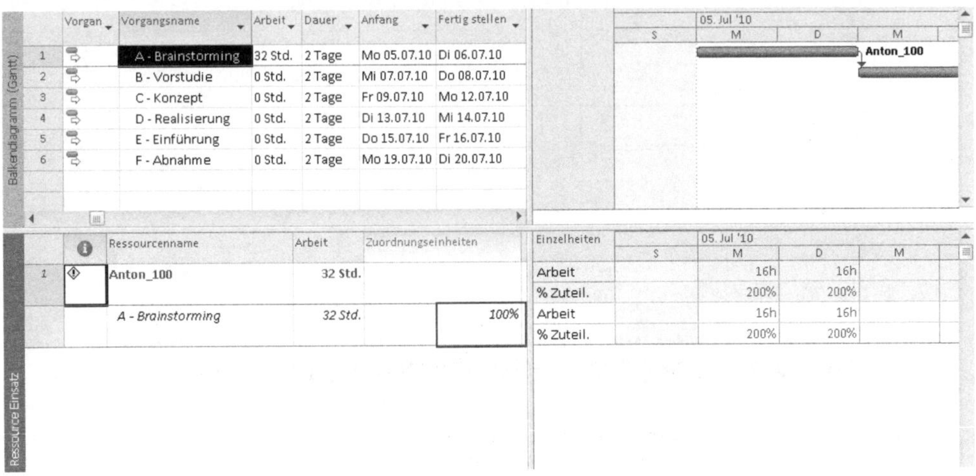

Im rechten Teil der Ansicht *Ressource: Einsatz* sind die Zuordnungseinheiten korrekt dargestellt.

PROFITIPP Anstatt des Felds *Zuordnungseinheiten* kann in den Ansichten *Ressource: Einsatz* und *Vorgang: Einsatz* das Feld *Höchstwert* angezeigt werden.

Abbildg. 8.58 Anzeige des Felds *Höchstwert*

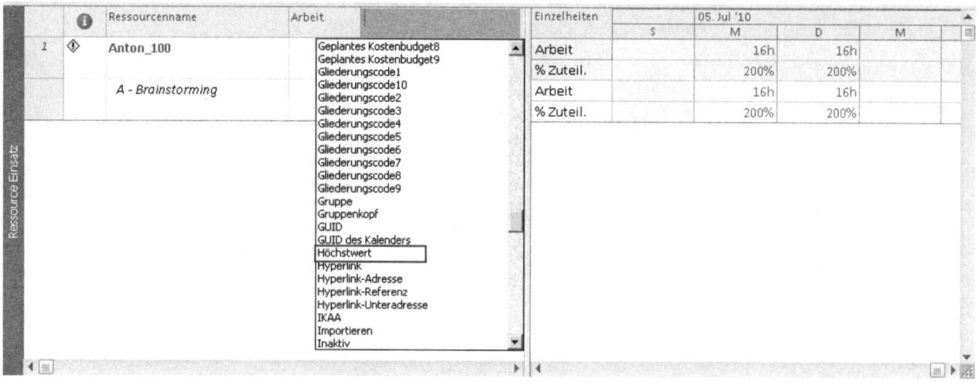

Und hier dann die sinnvolle Anzeige nach der Umstellung:

Abbildg. 8.59 Anzeige des Felds *Höchstwert* Ansicht Ressource: Einsatz

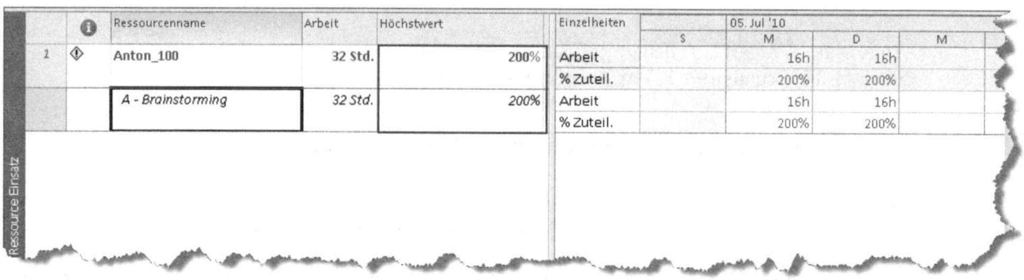

Wie sich zeigt, ist der Wert *Einheit* nicht identisch mit dem Wert *Höchstwert*.

Leider ist es nicht möglich, diesen Höchstwert auch in der Ansicht *Vorgang: Maske*, die standardmäßig verwendet wird, anzuzeigen.

Aufgrund der Zuordnungseinheiten lautet die Formel für die Arbeit richtig:

```
32 Stunden = 2 Tage * 200 % * 8 Stunden/Tag
```

Veränderung der Dauer – Neuberechnung der Arbeit

```
Dauer = Arbeit / Einheiten * Stunden/Tag
3 Tage = 24 Stunden / 100 % * 8 Stunden/Tag
```

Abbildg. 8.60 Darstellung der Zuordnungseinheit nach Erhöhung der Dauer

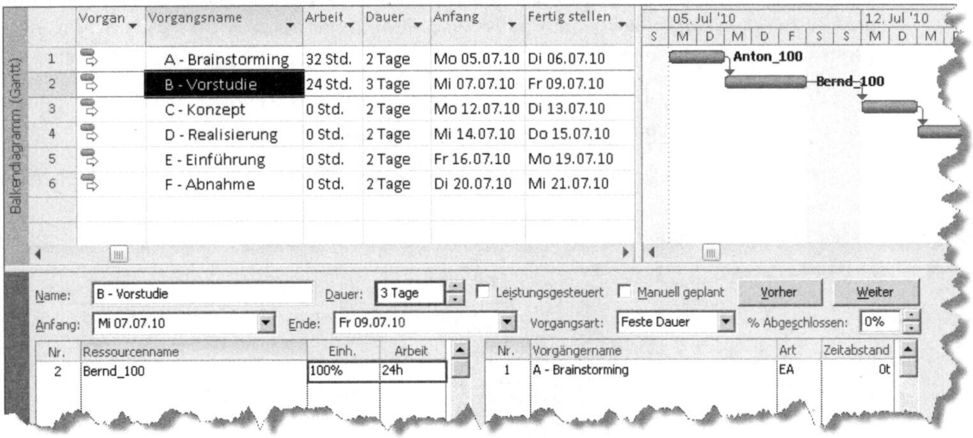

Verlängert sich die Dauer, muss die zugewiesene Ressource auch mehr Arbeit leisten. Die Erhöhung der Dauer von 2 auf 3 Tage bewirkt eine Neuberechnung der Arbeit auf 24 Stunden.

Veränderung der Einheit – Neuberechnung der Dauer

```
Einheiten = Arbeit / Dauer * Stunden/Tag
200 % = 16 Stunden / 1 Tag * 8 Stunden/Tag
```

Abbildg. 8.61 Darstellung der Zuordnungseinheit nach Erhöhung der Einheit

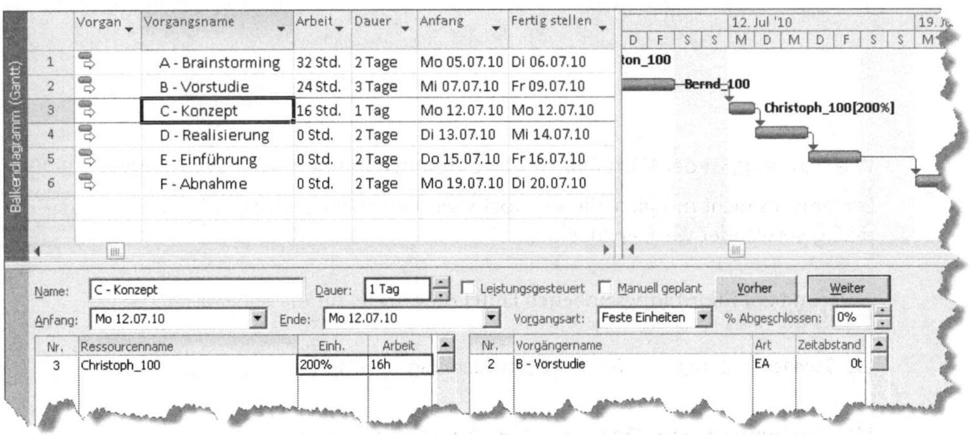

Wie Sie erkennen, wird beim manuellen Verändern der zugeordneten Einheit die Dauer neu berechnet. Die Erhöhung der Kapazität einer Ressource erwirkt eine Verkürzung der ursprünglich eingegebenen Dauer.

WICHTIG Da der *Vorgangsinspektor* noch nie angewendet wurde, wird auch keine Warnung angezeigt, wenn einer Ressource mehr Einheiten zugeordnet wurden, als im Projekt zur Verfügung stehen. Um diese Warnanzeige zu aktivieren, gehen Sie folgendermaßen vor:

1. Öffnen Sie das Dropdownmenü zum Befehl *Aufgabe/Vorgänge/Prüfen*.
2. Wählen Sie in der Befehlsliste den Eintrag *Vorgang untersuchen* aus.
3. Schließen Sie den Vorgangsinspektor wieder, wir werden dieses Thema später behandeln.

Abbildg. 8.62 Anzeigen eines Ressourcenkonflikts

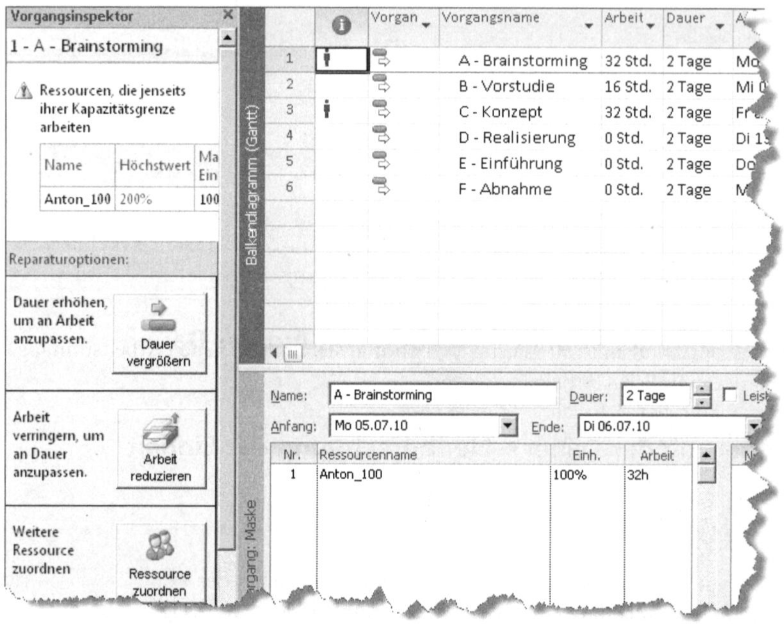

In der Indikatorenspalte sehen Sie nun bei jedem Vorgang, bei dem Project einen Ressourcenkonflikt entdeckt hat, eine kleine rote Figur. Später werden Sie sehen, wie ein solcher Ressourcenkonflikt gelöst werden kann und wie der Vorgangsinspektor arbeitet.

Feste Arbeit

Um das Verhalten von Project bei der Einstellung *Feste Arbeit* zu zeigen, startet das Beispiel wie in Abbildung 8.55 auf Seite 258 bereits gezeigt:

```
16 Stunden = 2 Tage * 100 % * 8 Stunden/Tag
```

Veränderung der Arbeit – Neuberechnung der Dauer

```
Arbeit = Dauer * Einheiten * Stunden/Tag
32 Stunden = 4 Tage * 100 % * 8 Stunden/Tag
```

In Abbildung 8.63 ist zu erkennen, dass (gegenüber der Einstellung *Feste Dauer*) nun nicht die Einheit, sondern die *Dauer* neu berechnet wird. Die Erhöhung der Dauer wirkt sich wiederum auf die Termine aus.

Abbildg. 8.63 Neuberechnung der Dauer nach Erhöhen der Arbeit

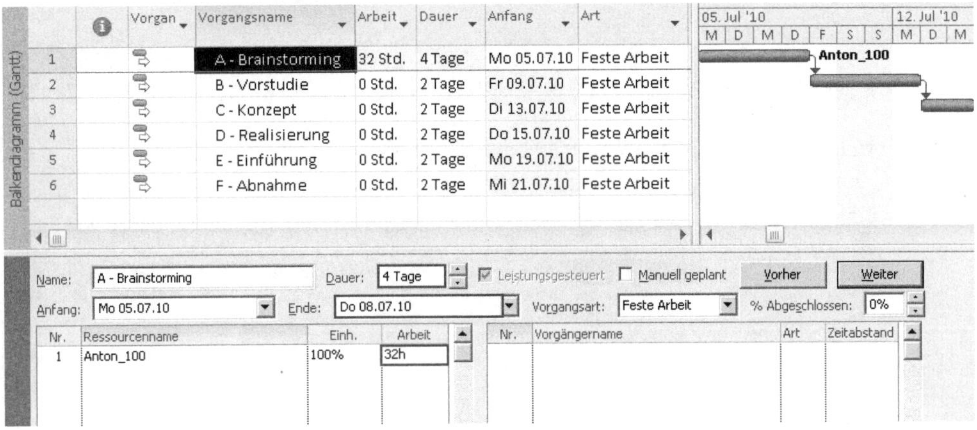

Da die Ressource nur mit 100 % arbeitet, benötigt sie, um den neuen Arbeitsumfang zu leisten, doppelt so lange, nämlich 4 Arbeitstage.

Veränderung der Dauer – Neuberechnung der Einheit

```
Dauer = Arbeit / Einheiten * Stunden/Tag
```

Auch hier wird in der Standardansicht die benötigte Einheit der Ressource nicht richtig angezeigt, eigentlich müsste auch hier ein anderer Wert, nämlich 50 % angezeigt werden:

```
4 Tage = 16 Stunden / 50 % * 8 Stunden/Tag
```

Abbildg. 8.64 Neuberechnung der Einheit nach Erhöhen der Dauer

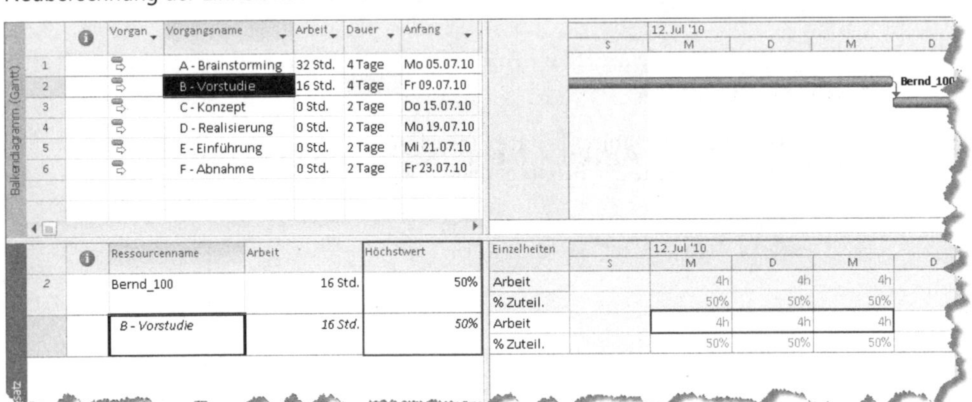

Der richtige Wert wird erst wieder sichtbar in der Ansicht *Ressource: Einheit* mit eingeblendetem Feld *Höchstwert* (Abbildung 8.58).

Veränderung der Einheit – Neuberechnung der Dauer

Hier verhält sich Project 2010 genauso wie bei der Einstellung *Feste Dauer*:

```
Einheiten = Arbeit / Dauer * Stunden/Tag
200 % = 16 Stunden / 1 Tag * 8 Stunden/Tag
```

Abbildg. 8.65 Neuberechnung der Dauer nach Erhöhen der Einheit

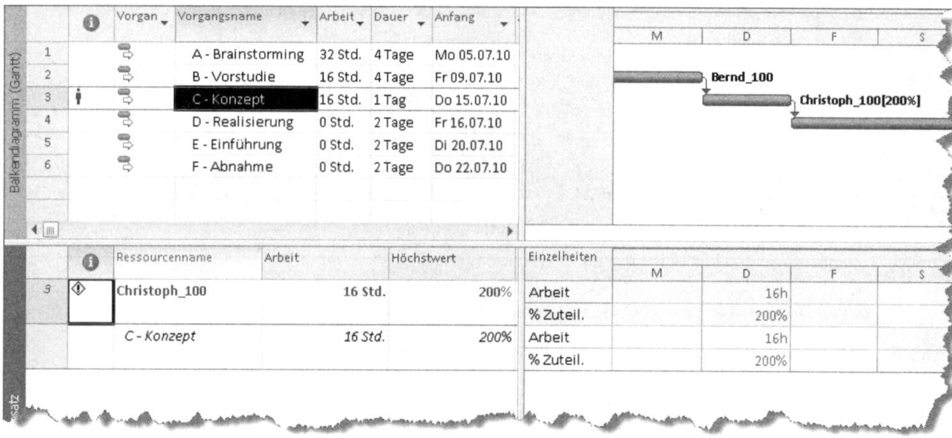

In diesem Fall wird die Dauer verkürzt, es wird mehr Kapazität in den Vorgang gesteckt. Jedoch erkennt Project in diesem Fall, dass die Ressource nur mit 100 % maximaler Einheit zur Verfügung steht. Es meldet sich der Vorgangsinspektor und in der Ansicht *Vorgang: Einsatz* ist die Ressource mit der Farbe Rot hinterlegt (Abbildung 8.65). Wie eine Ressourcenüberlastung beseitigt werden kann, wird später erläutert.

Feste Einheit

Als letzte Einstellung sehen Sie im Folgenden das Verhalten von Project bei der Vorgangsart *Feste Einheit*.

Veränderung der Arbeit – Neuberechnung der Dauer

```
Arbeit = Dauer * Einheiten * Stunden/Tag
32 Stunden = 4 Tage * 100 % * 8 Stunden/Tag
```

Abbildg. 8.66 Neuberechnung der Dauer nach Erhöhen der Arbeit

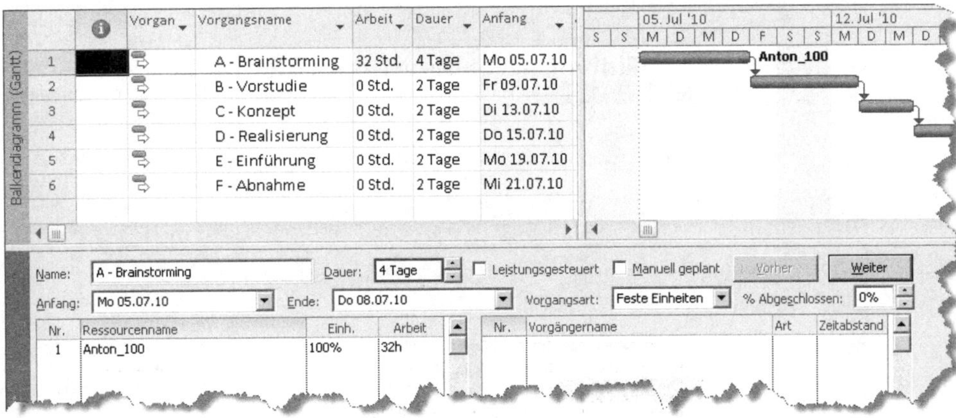

Veränderung der Dauer – Neuberechnung der Arbeit

```
Dauer = Arbeit / Einheiten * Stunden/Tag
3 Tage = 24 Stunden / 100 % * 8 Stunden/Tag
```

Abbildg. 8.67 Neuberechnung der Arbeit nach Erhöhen der Dauer

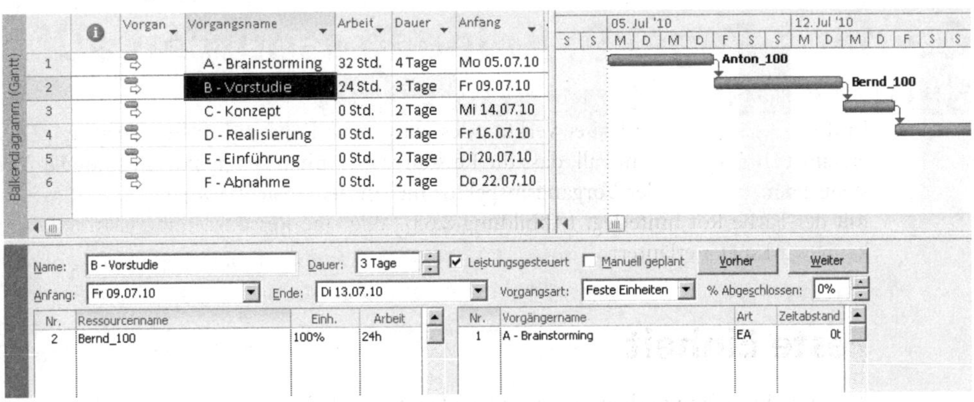

Veränderung der Einheit – Neuberechnung der Dauer

```
Einheiten = Arbeit / Dauer * Stunden/Tag
200 % = 16 Stunden / 1 Tag * 8 Stunden/Tag
```

Abbildg. 8.68 Neuberechnung der Einheit nach Erhöhen der Arbeit

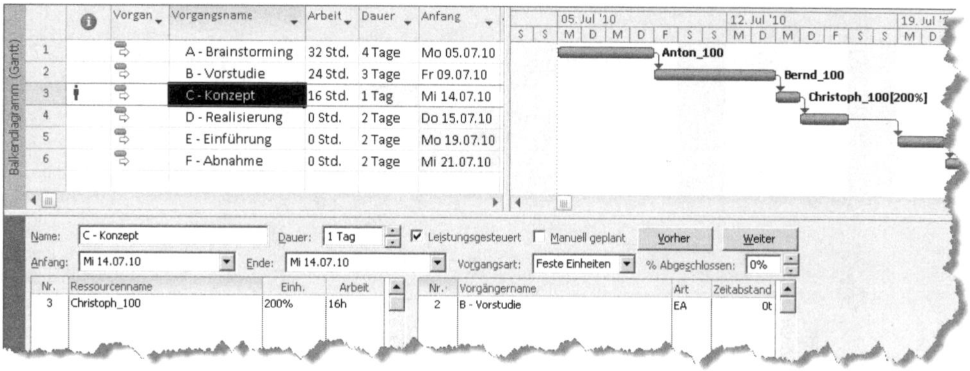

TIPP Wie Sie in den vorherigen Beispielen gesehen haben, ist es nicht so einfach, die richtigen Vorgangseinstellungen zu finden, zumal diese beim nächsten Vorgang wieder anders sein können. Wir empfehlen, zunächst mit der Vorgangsart *Feste Dauer* mit deaktivierter *Leistungssteuerung* zu arbeiten.

Überlegen Sie, ob sich nach der Änderung des Arbeitsumfangs der Termin des Vorgangs verschieben darf. Falls ja, können Sie auch mit der Einstellung *Feste Arbeit* als Vorgangsart arbeiten.

Goldene Regel 9: Keine Ressourcen auf Sammelvorgänge zuweisen

Um den Hintergrund dieser Regel zu verstehen, müssen wir uns noch einmal die Formel in Erinnerung rufen, nach der Project 2010 die Arbeit berechnet:

```
Arbeit = Dauer * Einheiten * Stunden/Tag
```

Weitergehend blicken wir zurück auf die Regel 8. Wenn man diese Regel befolgt, könnte man auf den Gedanken kommen, es würde genügen, die Ressource nur dem Sammelvorgang zuzuweisen.

CD-ROM Betrachten Sie dazu das Beispielprojekt *Kap08_10.mpp* im Ordner *\Buch\Kap08* innerhalb der Beispieldateien zum Buch.

Der Sammelvorgang *PHASE 1* besteht aus drei Vorgängen mit jeweils 2 Tagen Dauer. Addiert man diese und geht davon aus, dass an jedem Vorgang eine Ressource ihre volle Kapazität zu acht Stunden pro Tag verwendet, ergibt sich der folgende Arbeitswert:

```
6 Tage * 100 % * 8 Stunden/Tag = 48 Stunden
```

Abbildg. 8.69 Zuordnung über die einzelnen Teilvorgänge

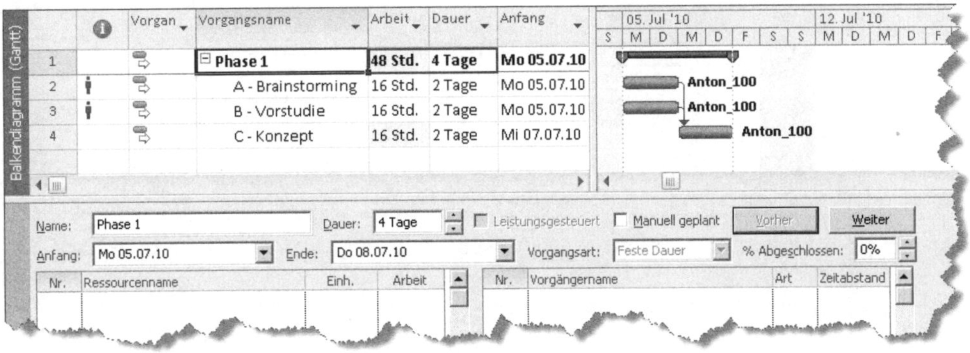

Die Dauer des Sammelvorgangs resultiert jedoch aus der Summe der benötigten Arbeitstage zwischen dem Start- und Endtermin.

Wird jetzt die Ressource dem Sammelvorgang zugeordnet, ergibt sich in Abbildung 8.70 folgende Berechnung:

```
4 Tage * 100 % * 8 Stunden/Tag = 32 Stunden
```

Abbildg. 8.70 Zuordnung über den Sammelvorgang

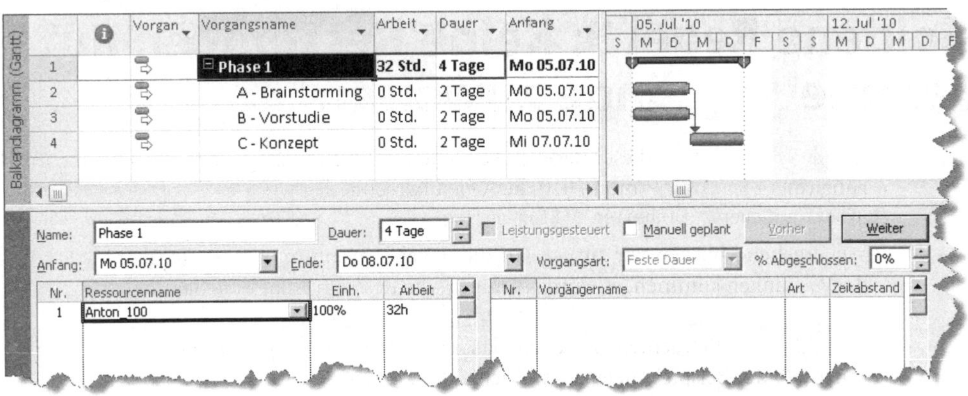

Die Parade der Ungereimtheit würde erfolgen, wenn man Ressourcen den einzelnen Vorgängen und dem Sammelvorgängen zuordnet (Abbildung 8.71):

```
6 Tage * 100 % * 8 Stunden/Tag = 48 Stunden +
4 Tage * 100 % * 8 Stunden/Tag = 32 Stunden
```

Anhand dieses kleinen Beispiels sollte deutlich geworden sein, wie fehlerhaft sich das Zuordnen von Ressourcen auf Sammelvorgänge auswirken kann!

Abbildg. 8.71 Zuordnung über einzelne Teilvorgänge plus Sammelvorgang

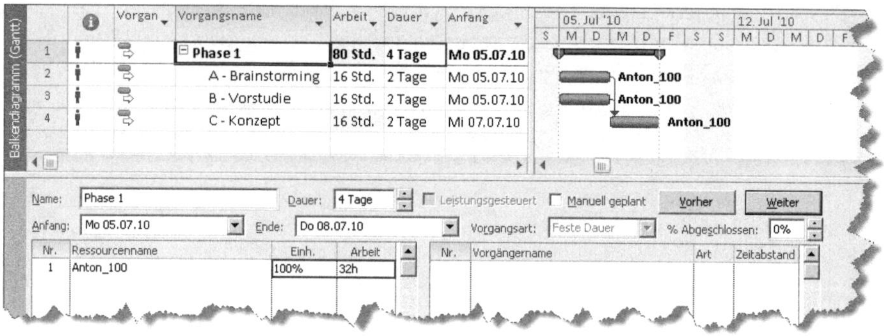

Ressourcenkonflikte durch Vorgangskalender

Interessant ist es, das Verhalten von Project 2010 in Bezug auf die Ressourcen zu beobachten, wenn mit einem Vorgangskalender gearbeitet wird. Das soll anhand der auf den letzten Seiten genutzten Beispiele mit den Einstellungen zur *Festen Arbeit* noch kurz dargestellt werden.

CD-ROM Die Beispieldatei *Kap08_11.mpp* mit den erstellten Vorgangskalendern finden Sie innerhalb der Beispieldateien zum Buch im Ordner *\Buch\Kap08*.

Zunächst muss ein neuer Kalender erstellt werden, der später als Vorgangskalender verwendet werden kann.

Abbildg. 8.72 Die Definition des Vorgangskalenders

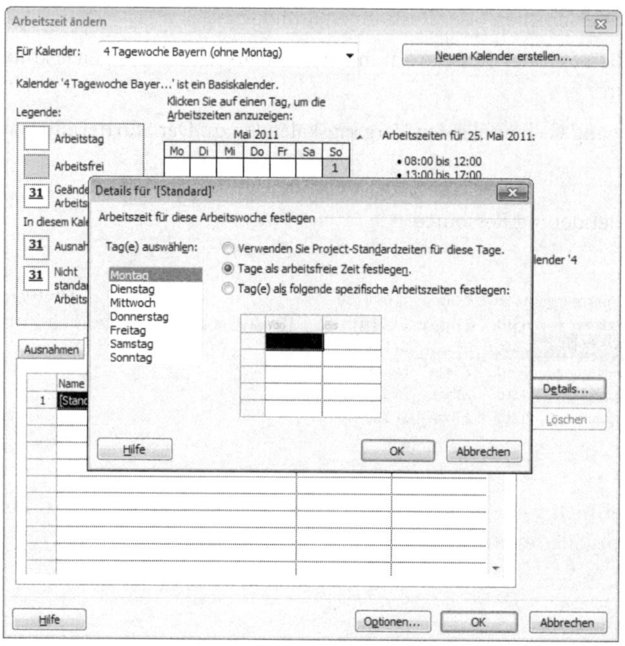

Dazu wird zunächst über das Menüband *Projekt/Eigenschaften* Befehl *Arbeitszeit ändern* eine Kopie des Projektkalenders erstellt. Diese Kopie wird als *4 Tagewoche Bayern (ohne Montag)* bezeichnet. Dort werden alle Montage als *Arbeitsfreie Zeit* markiert und eingetragen (Abbildung 8.72). Weiter vorne in diesem Kapitel auf Seite 222 wurde bereits erläutert, wie Wochentage als arbeitsfrei oder als Arbeitstag werden können (Abbildung 8.5 auf Seite 221).

Abbildg. 8.73 Die Veränderung des Projektplans

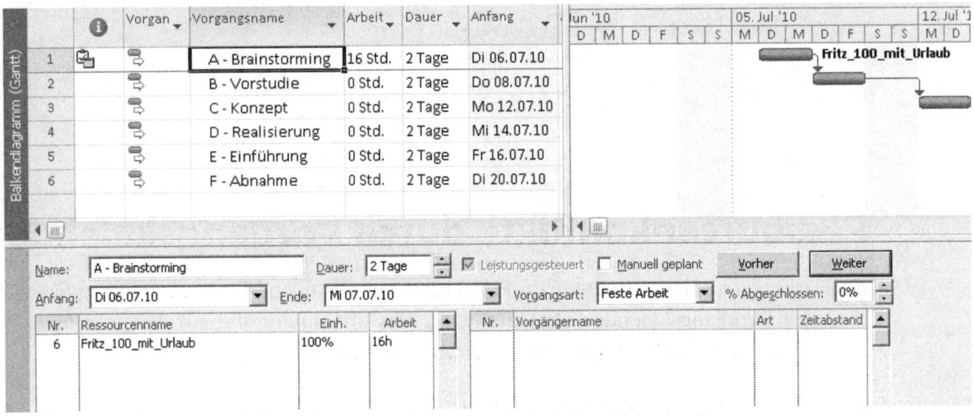

Sobald nun aber der Kalender dem Vorgang A zugeordnet wird – wieder über den Befehl *Informationen zum Vorgang* –, setzt Project 2010 Montag, den 05.07.2010, als freien Tag und schiebt alle Vorgänge entsprechend nach hinten (Abbildung 8.73).

Außerdem wird ein Symbol beim Vorgang A eingeblendet, welches anzeigt, dass es sich um einen Vorgang mit zugeordnetem Vorgangskalender handelt. Die Verschiebung im Projekt kann dazu führen, dass sich Endtermine verschieben oder Ressourcenkonflikte ergeben.

Für den Fall, dass die Arbeitszeit der Ressourcen mit der Arbeitszeit der Vorgänge kollidiert, bietet Project ein weiteres Feature.

Ordnen Sie nun dem Vorgang C ebenfalls den Vorgangskalender zu. Der Starttermin verschiebt sich auf den Dienstag.

Abbildg. 8.74 Zugeordneter Vorgangskalender mit Ressource

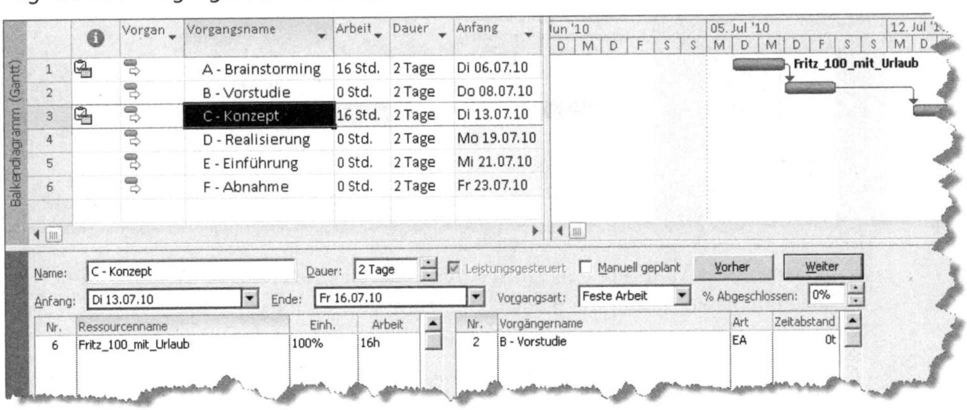

Wenn Sie nun noch die Ressource *Fritz* zuordnen, verschiebt sich durch den Urlaub von Fritz der Endtermin des Vorgangs auf den 16.07.2010.

Aktivieren Sie nun das Kontrollkästchen *Terminplanung ignoriert Ressourcenkalender* im Dialogfeld *Informationen zum Vorgang* und bestätigen die Eingabe mit *OK* (Abbildung 8.75).

Abbildg. 8.75 Dialogfeld *Informationen zum Vorgang* mit aktivierter Ignorierung des Ressourcenkalenders

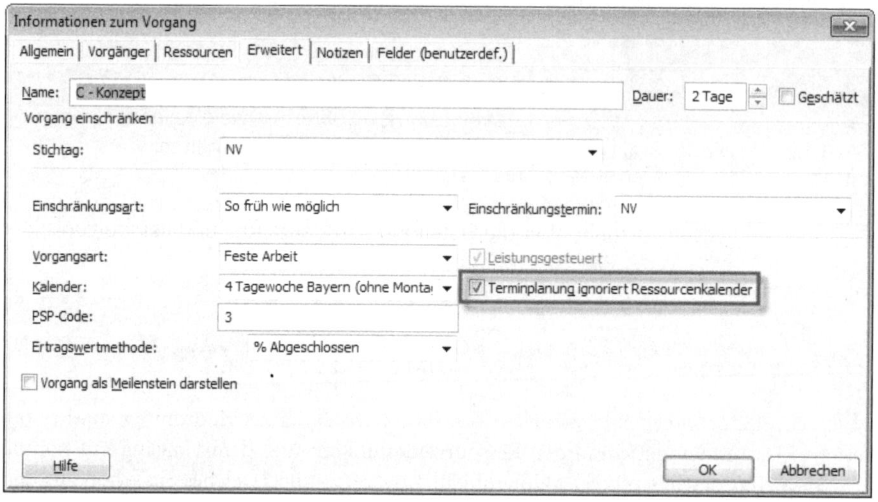

Wie leicht zu erkennen ist, wird jetzt der vorher verschobene Termin zurück auf den 14.07.2010 gestellt (Abbildung 8.76). Die Ressource ist natürlich an dieser Stelle als »überlastet« gekennzeichnet, eigentlich ist Fritz im Urlaub.

Abbildg. 8.76 Die Terminneuberechnung mit ignoriertem Ressourcenkalender

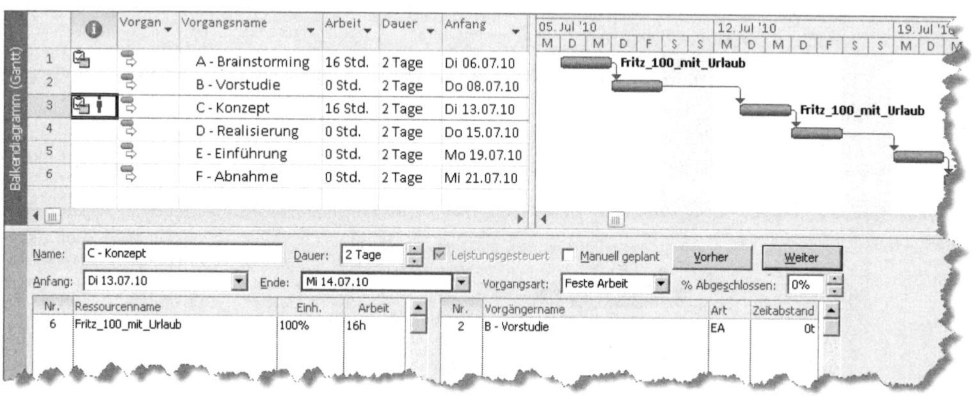

Wenn Sie mit der Maus auf den Eintrag in der Indikatorenspalte fahren, bekommen Sie alle Informationen in diesem Zusammenhang als QuickInfo angezeigt.

Abbildg. 8.77 Der Inhalt der Indikatorenspalte

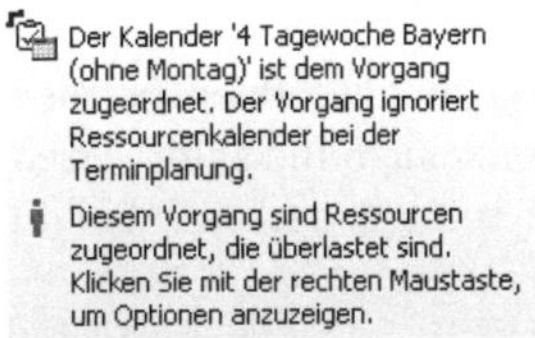

ACHTUNG Verwenden Sie die Funktionalität der unterschiedlich wirkenden Kalender nur sparsam und nur dann, wenn es unabdingbar ist. Sollten zu viele Kalender gegeneinander wirken, ist es schwierig, den Überblick bei der Terminplanung zu behalten.

TIPP Lesen Sie mehr über die Erstellung von Vorgangs- und Ressourcenkalendern sowie den Zusammenhang mit Projekt- und Basiskalendern in Kapitel 5.

Umgang mit Ressourcenkonflikten

Nachdem das grundlegende Verhalten von Project 2010 bei der Zuordnung von Ressourcen erläutert wurde, gilt der Blick nun den Ressourcenkonflikten und dem Umgang mit Konfliktlösungen. Dazu wird wieder das Projekt »Einfamilienhaus« verwendet, welches Sie schon aus den vorhergehenden Kapiteln kennen bzw. zu Beginn dieses Kapitels verwendet haben.

CD-ROM Sie finden das Projekt mit den Ressourcenkonflikten innerhalb der Beispieldateien zum Buch im Ordner *\Buch\Kap08* unter *Kap08_12.mpp*.

Abbildg. 8.78 Die zusätzlichen Ressourcen für das Beispielprojekt

		Ressourcenname	Art	Kürzel	Gruppe	Max. Einh.	Standardsatz	Überstd.-Satz	Kosten/Einsat	Fällig am	Basiskalende
1		Bagger	Arbeit	B	Baumaschinen	100%	150,00 €/Tag	0,00 €/Std.	0,00 €	Anteilig	Mo Di Mi
2		Willibald Hugo	Arbeit	W	Baggerführer	100%	50,00 €/Std.	0,00 €/Std.	0,00 €	Anteilig	Standard
3		Baukran mobil	Arbeit	B	Baumaschinen	100%	500,00 €/Tag	0,00 €/Std.	0,00 €	Anteilig	Mo Di Mi
4		Huber Gerd	Arbeit	H	Bauarbeiter	100%	50,00 €/Std.	0,00 €/Std.	0,00 €	Anteilig	Standard
5		Maier Gerhard	Arbeit	M	Bauarbeiter	100%	50,00 €/Std.	0,00 €/Std.	0,00 €	Anteilig	Standard
6		Luftikus Boris	Arbeit	L	Bauarbeiter	100%	50,00 €/Std.	0,00 €/Std.	0,00 €	Anteilig	Standard
7		Grünmann Ralf	Arbeit	G	Bauarbeiter	100%	50,00 €/Std.	0,00 €/Std.	0,00 €	Anteilig	Standard
8		Gipser	Arbeit			0%	0,00 €/Std.	0,00 €/Std.	0,00 €	Anteilig	Standard
9		Stuckateur	Arbeit			0%	0,00 €/Std.	0,00 €/Std.	0,00 €	Anteilig	Standard
10		Kranführer	Arbeit			0%	0,00 €/Std.	0,00 €/Std.	0,00 €	Anteilig	Standard
11		Baggerführer	Arbeit			100%	0,00 €/Std.	0,00 €/Std.	0,00 €	Anteilig	Standard
12		Heizungsbauer	Arbeit			100%	0,00 €/Std.	0,00 €/Std.	0,00 €	Anteilig	Standard
13		Elektriker	Arbeit			100%	0,00 €/Std.	0,00 €/Std.	0,00 €	Anteilig	Standard
14		Zimmerer	Arbeit			100%	0,00 €/Std.	0,00 €/Std.	0,00 €	Anteilig	Standard
15		Maurer	Arbeit			100%	0,00 €/Std.	0,00 €/Std.	0,00 €	Anteilig	Standard
16		Fliesenleger	Arbeit			100%	0,00 €/Std.	0,00 €/Std.	0,00 €	Anteilig	Standard
17		Sanitärinstallateur	Arbeit			100%	0,00 €/Std.	0,00 €/Std.	0,00 €	Anteilig	Standard
18		Vorarbeiter	Arbeit			100%	0,00 €/Std.	0,00 €/Std.	0,00 €	Anteilig	Standard
19		Bauarbeiter	Arbeit			100%	0,00 €/Std.	0,00 €/Std.	0,00 €	Anteilig	Standard
20		Dachdecker	Arbeit			100%	0,00 €/Std.	0,00 €/Std.	0,00 €	Anteilig	Standard

Im Beispielprojekt wurden noch weitere generische Ressourcen erfasst. Damit nicht bei jeder Zuordnung zu einem Vorgang diese generischen Ressourcen als überlastet dargestellt werden, sind sie mit einer *maximalen Einheit* von 100 % definiert. Dies bedeutet im Prinzip, es handelt sich dabei um eine Person.

Ordnen Sie nun selbst die Ressourcen in unserem Beispielprojekt zu oder öffnen Sie das Beispielprojekt. Nach der Zuordnung ist erkennbar, dass einige Vorgänge mit einem Indikator versehen wurden, dies deutet in Project immer auf ein Problem und erfordert Ihre Aufmerksamkeit (Abbildung 8.79).

Abbildg. 8.79 Die Vorgänge mit Indikatoren

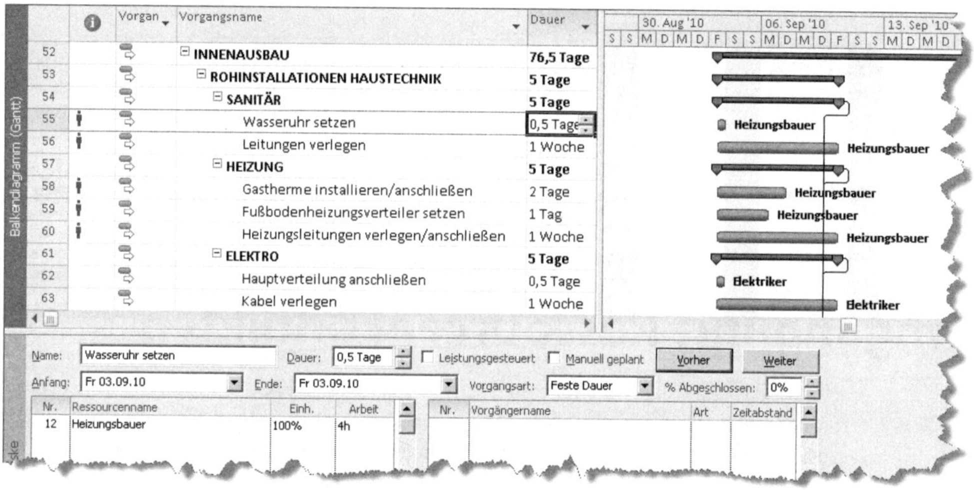

Wenn Sie ein Projekt haben, das viele Vorgänge enthält, ist es unter Umständen nicht so einfach, im Überblick zu sehen, welche Vorgänge gesondert betrachtet werden müssen.

TIPP Alle Ressourcen, denen mehr Arbeit zugeordnet wurde, wie sie laut *maximaler Einheit* leisten können, werden in den Ressourcenansichten mit der Farbe Rot angezeigt. Ebenso erfolgt im Indikator ein Hinweis, dass die Ressource abgeglichen werden sollte (Abbildung 8.80).

Abbildg. 8.80 Darstellungsform der überlasteten Ressource

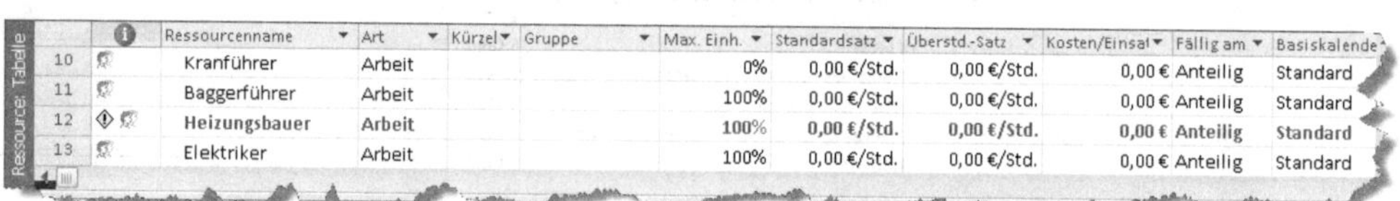

Hier wird lediglich darauf hingewiesen, dass ein Problem besteht, nicht jedoch, wie Sie dieses Problem beheben können. Im Abschnitt »Ressourcenabgleich und Handlungsalternativen« auf Seite 275 werden Sie die unterschiedlichen Methoden kennenlernen, wie sich Ressourcenüberlastungen beseitigen lassen.

Ressourcenkonflikt analysieren

Zunächst müssen Sie die Vorgänge oder die Ressourcen suchen, bei denen eine Überlastung stattfindet.

1. Gehen Sie im Balkendiagramm an den Anfang des Projekts.
2. Wählen Sie den Befehl *Ressource/Ebene/Nächste Ressourcenüberlastung.*
3. Project geht nun zum ersten Vorgang, der eine Überlastung einer Ressource produziert (Abbildung 8.81).

Abbildg. 8.81 Der erste Vorgang mit Ressourcenüberlastung

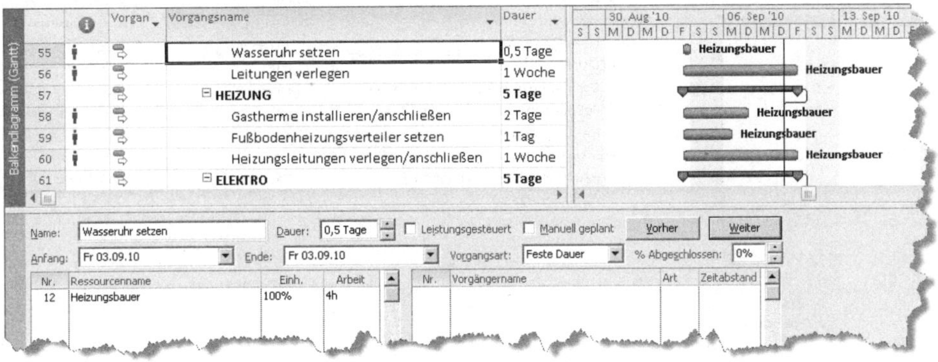

4. Wechseln Sie im unteren Fenster zur Ansicht *Ressource: Einsatz.*

5. Blättern Sie in der Zeitachse zum Terminbereich des überlasteten Vorgangs oder verwenden Sie das nebenstehend gezeigte Symbol *Fensterinhalt zu Vorgang verschieben* auf der Registerkarte *Aufgabe.*

Abbildg. 8.82 Die Details der Ressourcenüberlastung

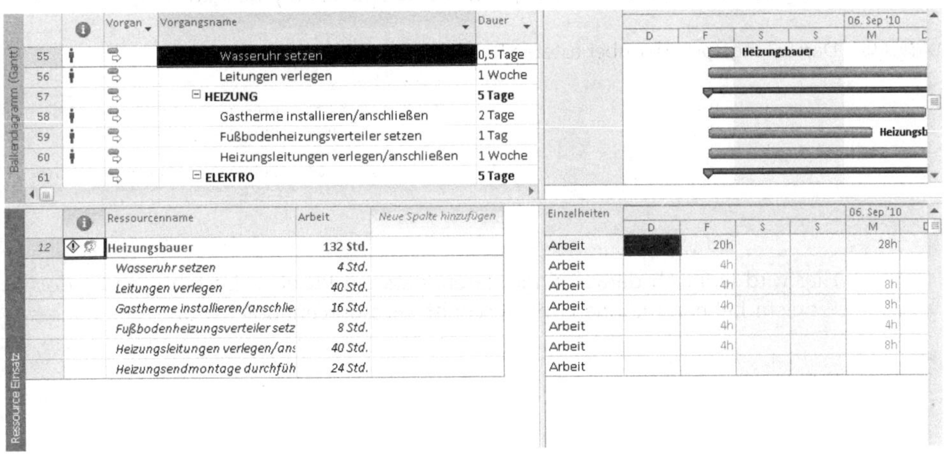

Merkwürdig erscheint an dieser Stelle, warum am Freitag nur 4 Stunden zugeordnet sind. Dies liegt daran, dass die Terminberechnung von Project aufgrund der Abhängigkeiten der Vorgänge und dem Einsatz von halben Tagen mit Uhrzeiten rechnet. Die Vorgänger starten aus diesem Grund erst am Freitag um 13:00 Uhr und belegen deshalb nur 4 Stunden Arbeit.

Vorgangsinspektor

Um die Arbeitsweise des Vorgangsinspektors kennenzulernen, starten Sie diesen mit dem Befehl *Aufgabe/Vorgänge/Prüfen*.

Abbildg. 8.83 Der Vorgangsinspektor

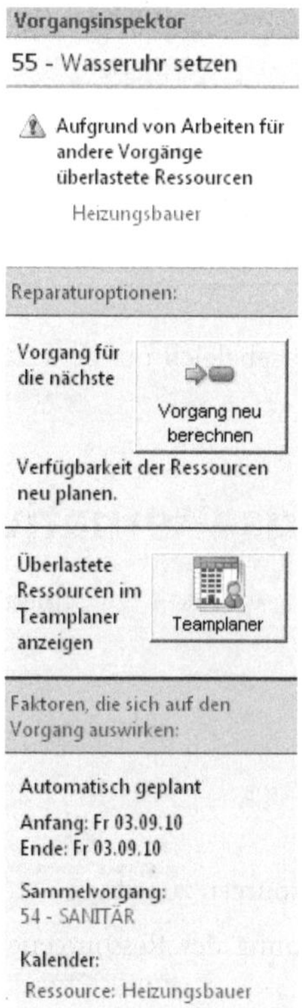

Im oberen Teil wird richtig festgestellt, dass die Ressource aufgrund von Arbeit an anderen Vorgängen überlastet ist. Als Reparaturoptionen werden zwei unterschiedliche Elemente angeboten:

1. **Den Vorgang neu berechnen.**

   Selektieren Sie den Vorgang *Leitungen verlegen* und starten Sie die Funktion *Vorgang neu berechnen.*

Abbildg. 8.84 Der verschobene Vorgang nach dem Abgleich

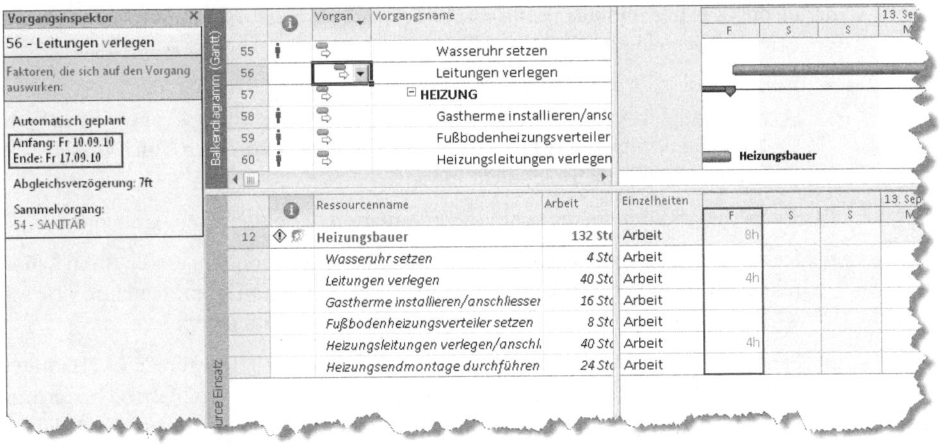

Project verschiebt den Vorgang so lange, bis die Überlastung nicht mehr auftritt. Im Prinzip ist dies nur eine Terminverschiebung der Tätigkeit auf den 10.09.2010.

2. **Der Teamplaner**

   Die Funktionen des Teamplaners sind im Abschnitt »Kapazitätsabgleich mit dem Teamplaner« ab Seite 280 beschrieben.

Ressourcenabgleich und Handlungsalternativen

Um Ressourcen von Überlastungen zu befreien, existieren grundsätzlich sehr unterschiedliche Möglichkeiten. Die erste haben Sie bereits im Zusammenhang mit dem Vorgangsinspektor kennengelernt: die Terminverschiebung.

Nachdem die Überlastungssituation analysiert wurde, geht es nun darum, die Handlungsalternativen zu analysieren.

Die wichtigsten verfügbaren Optionen sind folgende:

- Sie können einem der Vorgänge eine oder mehrere andere Ressourcen zuordnen
- Sie können einen der Vorgänge verzögern, um die Überlappung des Ressourceneinsatzes zu beseitigen
- Sie können die Vorgänge weiter gliedern, um gegebenenfalls den verschiedenen Teilen unterschiedliche Ressourcen zuordnen zu können. Das ist eine der wichtigsten Handlungsalternativen überhaupt, die Sie bei Ressourcen- und bei Terminkonflikten haben. In sehr vielen Fällen lässt sich durch eine genauere Strukturierung und damit in der Konsequenz eine genauere Planung ein Problem lösen.
- Sie können beiden Vorgängen zusätzliche Ressourcen zuordnen, um den Einsatz der überlasteten Ressource auf insgesamt 100 % zu reduzieren
- Sie können die Ressource Überstunden leisten lassen – was allerdings in diesem Fall kaum ausreichen wird

- Sie können Vorgangsdauern überdenken. Allerdings wird das in dieser Situation nichts bringen, da die Vorgänge parallel beginnen. Übrigens: Falls Sie Vorgangsdauern ändern, sollten Sie das in einer Notiz vermerken.
- Falls eine Ressourcenüberlastung dadurch bedingt ist, dass sich der Einsatz bei einem Vorgang verschoben hat, weil die Ressource abwesend ist, können Sie ggf. auch die Abwesenheit der Ressource kürzen, um so das Problem in den Griff zu bekommen. Auch diese Maßnahme kommt für die Situation im Beispiel nicht infrage.

Es gibt zwei Maßnahmen, die Sie in dieser Situation definitiv nicht ergreifen dürfen:

- Sie dürfen die beiden Vorgänge nicht miteinander verknüpfen, um dadurch den Ressourcenkonflikt zu lösen. Denn Verknüpfungen spiegeln sachliche Zusammenhänge zwischen Vorgängen wieder und werden nicht wegen der Ressourcenzuordnung definiert.
- Sie dürfen keine Termineinschränkungen definieren. Eine Termineinschränkung wird auch definiert, wenn Sie einen festen Anfangstermin für einen Vorgang festlegen. Termineinschränkungen sind ebenfalls dazu da, sachlich bedingte Einschränkungen abzubilden. Für das Ressourcenmanagement gibt es andere Mechanismen.

Die verschiedenen Handlungsoptionen sollen nachfolgend an einem Beispiel vorgestellt werden.

Ressourcen ersetzen

Da im Beispiel nur mit einer generischen Ressource *Heizungsbauer* gearbeitet wurde, können Sie diese durch einen Arbeiter ersetzen, der diese Aufgaben erledigen kann.

Ersetzen Sie nun für den Vorgang *Leitungen verlegen* die generische Ressource:

1. Öffnen Sie das Dialogfeld *Informationen zum Vorgang*.
2. Holen Sie die Registerkarte *Ressourcen* in den Vordergrund
3. Wählen Sie aus der Liste einen beliebigen Mitarbeiter aus.

Abbildg. 8.85 Ersetzen einer generischen Ressource

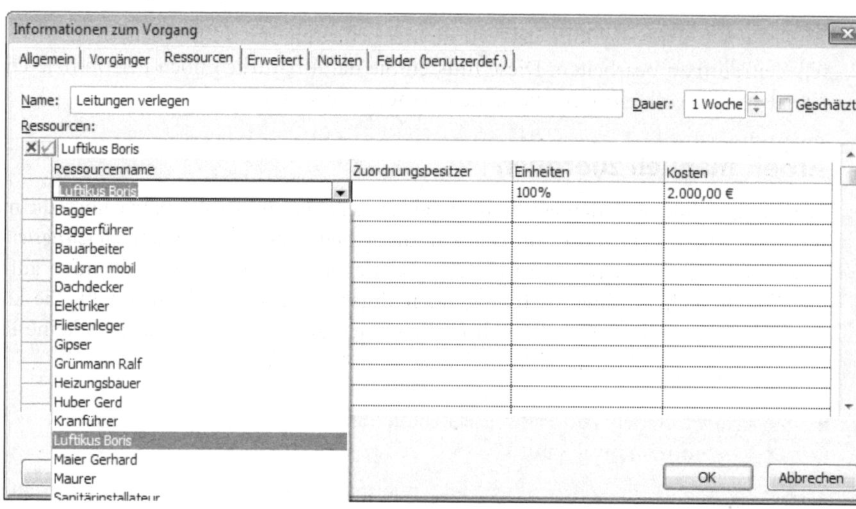

4. Bestätigen Sie die Eingabe mit *OK*.

Die Überlastung der Ressource *Heizungsbauer* für den Vorgang *Leitungen verlegen* wurde dadurch beseitigt.

HINWEIS Das methodische Vorgehen ist identisch, wenn Sie eine Ressource nicht vollständig, sondern nur teilweise ersetzen oder eine weitere Ressource hinzufügen möchten, um die durch die erste Ressource zu leistende Arbeit zu reduzieren. Welche Alternative Sie wählen, hängt ausschließlich von Ihren realen Handlungsoptionen ab: Welche Ressourcen können Sie durch welche anderen Ressourcen ersetzen oder ergänzen?

Falls Sie einem Vorgang eine weitere Ressource zuordnen, hängt das Verhalten von Project 2010 maßgeblich davon ab, ob die Option *Leistungsgesteuert* für diesen Vorgang ausgewählt ist oder nicht.

Maximale Einheit erhöhen

Die einfachste Art und Weise, die Überlastung einer Ressource zu beseitigen, ist das Erhöhen der »Anzahl« der Personen, also der *maximalen Einheit.*

Wenn Sie nun wieder wie bereits weiter vorne beschrieben das Feld *Höchstwert* in die Ansicht *Ressource: Einsatz* einblenden, können Sie erkennen, dass im folgenden Beispiel eine Einheit von 400 % notwendig wäre, also 4 Heizungsbauer könnten das Problem lösen.

Abbildg. 8.86 Die Anzeige des Höchstwerts

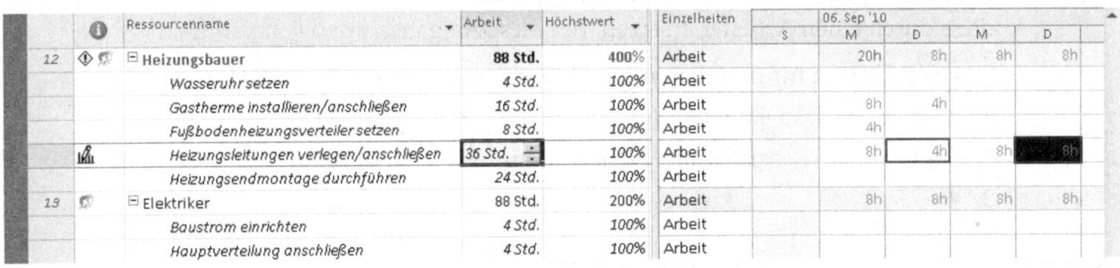

		Ressourcenname	Arbeit	Höchstwert	Einzelheiten	S	M	D	M	D
12		Heizungsbauer	88 Std.	400%	Arbeit		20h	8h	8h	8h
		Wasseruhr setzen	4 Std.	100%	Arbeit					
		Gastherme installieren/anschließen	16 Std.	100%	Arbeit		8h	4h		
		Fußbodenheizungsverteiler setzen	8 Std.	100%	Arbeit		4h			
		Heizungsleitungen verlegen/anschließen	36 Std.	100%	Arbeit		8h	4h	8h	8h
		Heizungsendmontage durchführen	24 Std.	100%	Arbeit					
13		Elektriker	88 Std.	200%	Arbeit		8h	8h	8h	8h
		Baustrom einrichten	4 Std.	100%	Arbeit					
		Hauptverteilung anschließen	4 Std.	100%	Arbeit					

Unter dem Motto »Viel hilft viel« würde hier bedeuten, mit 4 Mitarbeitern die Arbeiten im geplanten Zeitraum zu bearbeiten. Diese müssen Sie dann natürlich noch personifizieren, indem Sie bei allen betroffenen Heizungsbauern die Ressourcen ersetzen.

Arbeit manuell zuordnen

Wie in Abbildung 8.87 dargestellt, bleibt als weitere Handlungsalternative noch die manuelle Zuordnung der Arbeit bei den Ressourcen. Um die Arbeitszeiten am Vorgang *Heizungsleitungen verlegen/anschließen* zu reduzieren, wird einfach die Menge der zugewiesenen Stunden auf 4 verkürzt. Ob dies letztendlich zu einem befriedigenden Ergebnis führt, sei dahingestellt. Sie können auch die gesamte Arbeitszeittabelle editieren und so lange die Werte verändern, bis keine Ressourcenüberlastung mehr auftritt. Dies erfordert eine komplette manuelle Bearbeitung und eine Neubetrachtung der ursprünglich geplanten Arbeit. Auch hier können Sie wieder die Ansicht *Ressource: Einsatz* verwenden, gerne auch im oberen Fenster oder als Vollbild.

Abbildg. 8.87 Manuelle Zuordnung der Arbeit

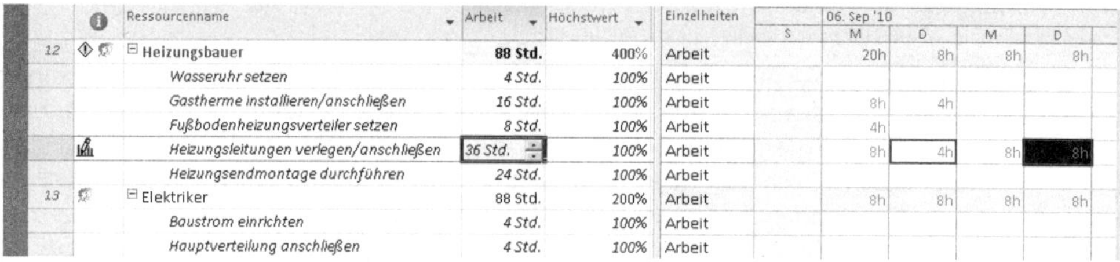

Kapazitätsabgleich und Verzögerung

Project bietet auch einen automatischen Mechanismus, um Ressourcenkonflikte zu lösen. Dieser wird als *Kapazitätsabgleich* bezeichnet und arbeitet mit Verzögerungen. Bei parallel laufenden Vorgängen, bei denen die gleichen Ressourcen eingesetzt werden, wird einer der Vorgänge so lange verzögert, bis die Ressourcen nicht mehr parallel arbeiten müssen.

Sie haben unterschiedliche Möglichkeiten, wie Sie diesen von Project gesteuerten Ressourcenabgleich durchführen können. Zunächst gilt es zu beachten, mit welchem Einstellungen-Modus der Abgleich durchgeführt werden soll. Um die Einstellung zu sehen oder auch zu ändern, rufen Sie den Befehl *Ressource/Ebene/Abgleichoptionen* auf (Abbildung 8.88).

Abbildg. 8.88 Die Einstellungen des Kapazitätsabgleichs

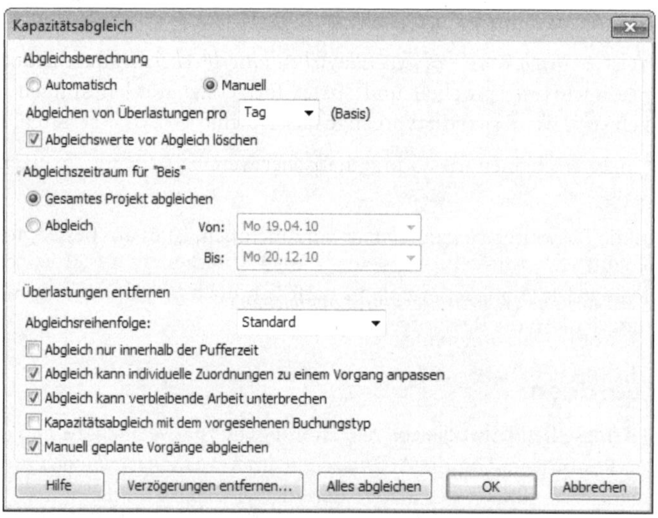

HINWEIS Microsoft Project 2010 bietet einen ständigen automatischen Kapazitätsabgleich an, der immer im Hintergrund aktiv ist. Diesen sollten Sie in der Praxis nicht verwenden, da dann jeder Ressourcenkonflikt automatisch und ohne weiteren Hinweis für Sie gelöst wird, soweit das möglich ist. Dadurch kann es zu extremen Terminverschiebungen in Ihrem Projekt kommen. In der Praxis wurden bei Projekten mit einer geplanten Laufzeit im Bereich eines Jahrs dabei Verschiebungen von mehr als zwei Jahren beobachtet!

Sie sollten den Kapazitätsabgleich auch niemals durchführen, ohne zumindest eine Termineinschränkung für den Meilenstein am Projektende gesetzt zu haben, da es auch sonst zu erheblichen Verschiebungen in Ihrem Projekt kommen kann.

Folgende Einstellungen sind möglich:

- Sollten Sie nur einen bestimmten Terminzeitraum abgleichen wollen, können Sie dies bei der Einstellung *Abgleichszeitraum* tun
- Die Abgleichsreihenfolge bestimmt, wie Project 2010 den Abgleich vornimmt. Die Einstellung *Standard* nimmt die Verschiebungen in der Reihenfolge vor, wie sie terminlich auftreten.
- Sollten Sie *Prioritäten* auf die Vorgänge vergeben haben, können Sie den Abgleich auch prioritätsgesteuert durchführen lassen
- Letztendlich sagt die Reihenfolge *Nur Nr.* aus, dass lediglich die selektierten Vorgänge abgeglichen werden sollten
- *Abgleich nur innerhalb der Pufferzeit* bedeutet, dass Project nur nicht kritische Vorgänge mit genügend Pufferzeit terminlich abgleicht
- Das Kontrollkästchen *Abgleich kann individuelle Zuordnungen zu einem Vorgang anpassen* können Sie aktiviert lassen. Beim Kapazitätsabgleich können dadurch auch einzelne Zuordnungen innerhalb eines Vorgangs verzögert oder unterbrochen werden, wenn diese einen Engpass darstellen, statt den gesamten Vorgang zu verzögern oder zu unterbrechen. Diese Option ist nur sinnvoll, wenn die zugeordneten Ressourcen nicht gleichzeitig am Vorgang arbeiten müssen. Außerdem wird dadurch die Komplexität erhöht.
- Eine weitere Option ist *Abgleich kann verbleibende Arbeit unterbrechen.* Dadurch können Sie festlegen, dass Vorgänge auch unterbrochen und später fortgesetzt werden können. Auch diese Option kann nützlich sein, wenn sich die Vorgänge tatsächlich unterbrechen lassen.

So vielfältig diese Optionen erscheinen, desto pragmatischer werden Sie diese benutzen oder auch nicht.

Um einen Abgleich auf die Ressource *Heizungsbauer* vorzunehmen, ist es am besten, folgendermaßen vorzugehen:

1. Wählen Sie den Befehl *Ressource/Ebene/Ressource abgleichen.*
2. Selektieren Sie die Ressource *Heizungsbauer.*
3. Betätigen Sie die Schaltfläche *Neu abgleichen.*

Abbildg. 8.89 Die Vorgänge nach dem Ressourcenabgleich

Balkendiagramm (Gantt)

		Vorgan	Vorgangsname	Dauer	Anfang	Fertig stellen
51			MS Dach geschlossen	0 Tage	Fr 03.09.10	Fr 03.09.10
52			**⊟ INNENAUSBAU**	**80,5 Tage**	**Fr 03.09.10**	**Fr 24.12.10**
53			**⊟ ROHINSTALLATIONEN HAUSTECHNIK**	**8,5 Tage**	**Fr 03.09.10**	**Mi 15.09.10**
54			**⊟ SANITÄR**	**8,5 Tage**	**Fr 03.09.10**	**Mi 15.09.10**
55			Wasseruhr setzen	0,5 Tage	Mi 15.09.10	Mi 15.09.10
56			Leitungen verlegen	1 Woche	Fr 03.09.10	Fr 10.09.10
57			**⊟ HEIZUNG**	**8 Tage**	**Fr 03.09.10**	**Mi 15.09.10**
58			Gastherme installieren/anschließen	2 Tage	Fr 10.09.10	Di 14.09.10
59			Fußbodenheizungsverteiler setzen	1 Tag	Di 14.09.10	Mi 15.09.10
60			Heizungsleitungen	1 Woche	Fr 03.09.10	Fr 10.[illegible]

Wie zu erkennen ist, wurden die Vorgänge 55, 58 und 59 nach hinten verschoben und die Ressource ist somit in der Lage, die zugeordnete Arbeit zu leisten.

HINWEIS So einfach dieser Abgleich sein mag, seien Sie vorsichtig mit diesem Thema! Es erfolgt in jedem Fall eine Terminverschiebung, bei der zu einem späteren Zeitpunkt nicht mehr so einfach zu erkennen ist, warum diese stattgefunden hat. Glücklicherweise gibt es eine Möglichkeit, diese Verzögerungen, verursacht durch den Abgleich, wieder zu entfernen. Wählen Sie hierzu den Befehl *Ressource/Ebene/Abgleich entfernen*.

Sie können auch wieder bestimmen, ob Project 2010 die verzögerten Vorgänge für das gesamte Projekt oder nur für die zurzeit markierten Vorgänge entfernen soll. Nach dem Entfernen der Verzögerung erhalten Sie die ursprünglichen Termine und Überlastungen.

Kapazitätsabgleich mit dem Teamplaner

Mit dem Teamplaner wird in dieser Version ein neues Tool bereitgestellt, mit dessen Hilfe eine grafische Verschiebung von Vorgängen realisiert werden kann.

Vorhandene Abhängigkeiten werden bei dieser Technik nicht gelöst, es findet lediglich eine Terminverschiebung mit der Einschränkungsart *Anfang nicht früher* als statt.

Um mit dem Teamplaner Ressourcenzuordnungen zu bearbeiten, wechseln Sie zur Ansicht *Teamplanung*.

1. Selektieren Sie die Ressource, deren Zuordnungen Sie ändern wollen.

Abbildg. 8.90 Der Teamplaner

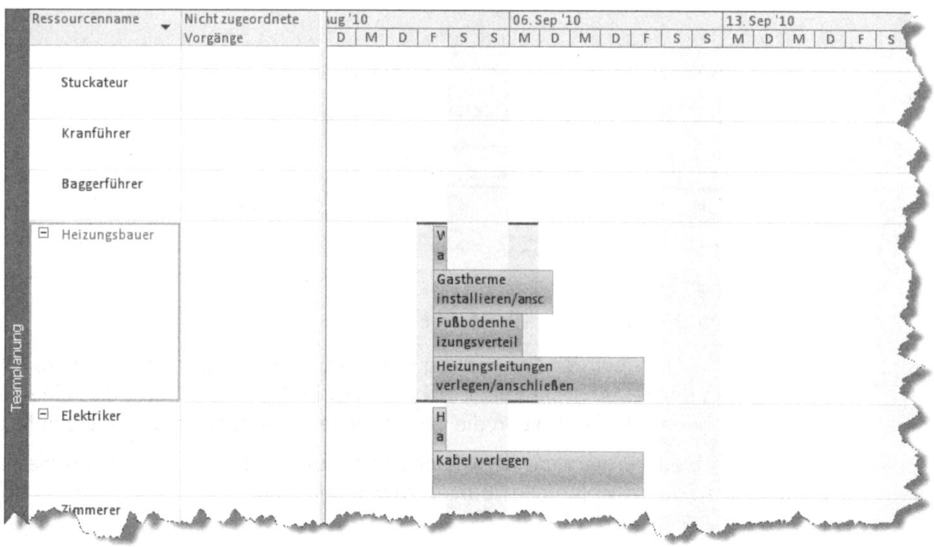

WICHTIG In der Ansicht *Teamplanung* gibt es leider keine Möglichkeit, direkt zu einer überlasteten Ressource zu gehen, die Funktion *Nächste Ressourcenüberlastung* steht nur in den Ressourcenansichten zur Verfügung.

2. Bewegen Sie zunächst die Maus auf den Vorgang, den Sie verschieben wollen. Sie erfahren per QuickInfo alles, was Sie zu diesem Vorgang wissen müssen.
3. Verschieben Sie die Vorgänge, bis die Überlastung beseitigt ist.

Auch diese Technik ist darauf angewiesen, dass Sie die Verschiebungen sinnvoll gestalten. Ob die Entlastung des Heizungsbauers durch Terminverschiebungen sinnvoll ist, sei dahingestellt.

Abbildg. 8.91 *Heizungsbauer* nach Beseitigung der Überlastung im Teamplaner

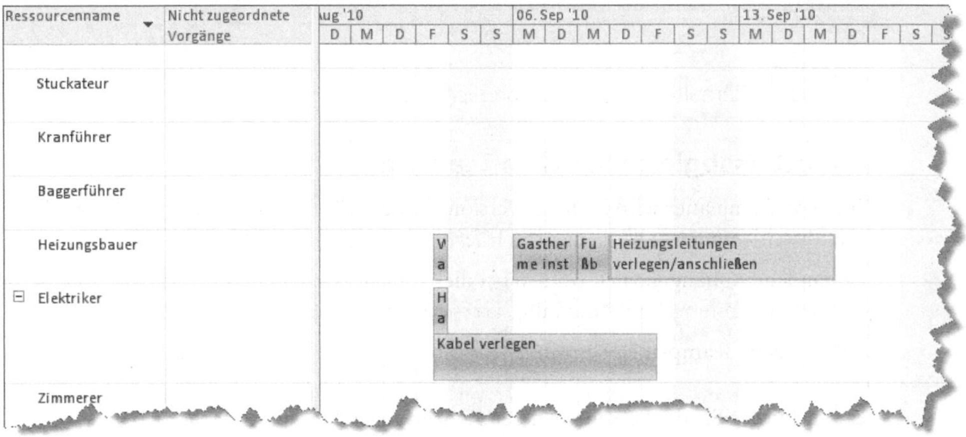

Abbildg. 8.92 Die verschobenen Vorgänge im Balkendiagramm

ACHTUNG Auch bei der Anwendung des Teamplaners kommt es immer zu einer manuellen Veränderung der Termine. Sie sollten sich darüber im Klaren sein, dass dies eine Verzögerung im Projektplan bedeuten kann, wenn die verschobenen Vorgänge keine Pufferzeit haben.

Letztendlich bietet Project mit dem Teamplaner nur ein grafisches Tool, um die Zuordnung von Vorgängen zu den einzelnen Ressourcen zu vereinfachen.

Kosten von Arbeitsressourcen

Durch die Zuordnung von Ressourcen werden automatisch auch Kosten berechnet. Diese Informationen können auf verschiedenen Ebenen betrachtet werden.

Abbildg. 8.93 Die Kosten im Überblick

Projektstatistik für "kap08_12.mpp"

	Anfang	Ende
Berechnet	Mo 19.04.10	Mo 20.12.10
Geplant	NV	NV
Aktuell	NV	NV
Abweichung	0t	0t

	Dauer	Arbeit	Kosten
Berechnet	176t	612h	30.100,00 €
Geplant	0t	0h	0,00 €
Aktuell	0t	0h	0,00 €
Verbleibend	176t	612h	30.100,00 €

Prozent abgeschlossen:

Dauer: 0% Arbeit: 0%

Schließen

Sie können zum einen mit dem Befehl *Projekt/Projektinformationen* einen stark zusammengefassten Überblick erhalten. Wenn Sie dort die Schaltfläche *Statistik* auswählen, wird das in Abbildung 8.93 dargestellte Dialogfeld eingeblendet.

Differenziertere Informationen liefert jedoch die Tabelle *Kosten*, die Sie beispielsweise in der Ansicht *Vorgang: Tabelle* aufrufen können (Abbildung 8.94). Wählen Sie hierzu den Befehl *Ansicht/Daten/Tabellen/Kosten*. Dort finden Sie neben den festen Kosten auch die Spalte *Gesamtkosten*, in der die Summe der festen Kosten und die der variablen, durch den Einsatz von Ressourcen entstehenden Kosten aufgeführt sind.

Abbildg. 8.94 Die Tabelle *Kosten*

Balkendiagramm (Gantt)

	Vorgangsname	Feste Kosten	Fälligkeit fester Kosten	Gesamtkosten	Geplant	Abweichung
28	**BAUSTELLE EINRICHTEN**	**0,00 €**	**Anteilig**	**400,00 €**	**0,00 €**	**400,00 €**
29	Bauzaun aufstellen	0,00 €	Anteilig	200,00 €	0,00 €	200,00 €
30	Baustrom einrichten	0,00 €	Anteilig	200,00 €	0,00 €	200,00 €
31	**ERDARBEITEN**	**0,00 €**	**Anteilig**	**1.300,00 €**	**0,00 €**	**1.300,00 €**
32	Ausmessen und Kennzeichnen	0,00 €	Anteilig	200,00 €	0,00 €	200,00 €
33	Baugrube ausheben	0,00 €	Anteilig	1.100,00 €	0,00 €	1.100,00 €
34	**FUNDAMENTE**	**0,00 €**	**Anteilig**	**1.000,00 €**	**0,00 €**	**1.000,00 €**
35	Schnurgerüst stellen	0,00 €	Anteilig	200,00 €	0,00 €	200,00 €
36	Bodenplatte schalen und gießen	0,00 €	Anteilig	800,00 €	0,00 €	800,00 €
37	MS Bodenplatte fertiggestellt	0,00 €	Anteilig	0,00 €	0,00 €	0,00 €
38	**KELLER**	**0,00 €**	**Anteilig**	**2.800,00 €**	**0,00 €**	**2.800,00 €**
39	Fertigkeller errichten	0,00 €	Anteilig	2.000,00 €	0,00 €	2.000,00 €
40	Kellerdecke einbauen	0,00 €	Anteilig	800,00 €	0,00 €	800,00 €
41	MS Keller fertiggestellt	0,00 €	Anteilig	0,00 €	0,00 €	0,00 €
42	**AUFBAU HAUS**	**0,00 €**	**Anteilig**	**2.400,00 €**	**0,00 €**	**2.400,00 €**
43	Erdgeschoss aufbauen	0,00 €	Anteilig	800,00 €	0,00 €	800,00 €
44	Zwischendecke montieren	0,00 €	Anteilig	400,00 €	0,00 €	400,00 €
45	Dachgeschoss aufbauen	0,00 €	Anteilig	800,00 €	0,00 €	800,00 €
46	Decke montieren	0,00 €	Anteilig	400,00 €	0,00 €	400,00 €

Einen noch differenzierteren Überblick erhalten Sie in der Ansicht *Vorgang: Eingabe*, in der Sie sich idealerweise im oberen Bereich die Ansicht *Vorgang: Tabelle* mit der Tabelle *Kosten* und im unteren Bereich das Format *Kosten* anzeigen lassen.

Abbildg. 8.95 Die Kosteninformationen für Ressourcen im Detail

Balkendiagramm (Gantt)

	Vorgangsname	Feste Kosten	Fälligkeit fester Kosten	Gesamtkosten	Geplant	Abweichung
28	**BAUSTELLE EINRICHTEN**	**0,00 €**	**Anteilig**	**400,00 €**	**0,00 €**	**400,00**
29	Bauzaun aufstellen	0,00 €	Anteilig	200,00 €	0,00 €	200,0
30	Baustrom einrichten	0,00 €	Anteilig	200,00 €	0,00 €	200,0
31	**ERDARBEITEN**	**0,00 €**	**Anteilig**	**1.300,00 €**	**0,00 €**	**1.300,0**
32	Ausmessen und Kennzeichnen	0,00 €	Anteilig	200,00 €	0,00 €	200,
33	Baugrube ausheben	0,00 €	Anteilig	1.100,00 €	0,00 €	1.100,
34	**FUNDAMENTE**	**0,00 €**	**Anteilig**	**1.000,00 €**	**0,00 €**	**1.000,0**
35	Schnurgerüst stellen	0,00 €	Anteilig	200,00 €	0,00 €	200,0
36	Bodenplatte schalen und gießen	0,00 €	Anteilig	800,00 €	0,00 €	800,0
37	MS Bodenplatte fertiggestellt	0,00 €	Anteilig	0,00 €	0,00 €	0,0
38	**KELLER**	**0,00 €**	**Anteilig**	**2.800,00 €**	**0,00 €**	**2.800,0**
39	Fertigkeller errichten	0,00 €	Anteilig	2.000,00 €	0,00 €	2.000,

Name: Fertigkeller errichten Dauer: 1 Woche Leistungsgesteuert Manuell geplant Vorher Weiter

Anfang: Mo 09.08.10 Ende: Mo 16.08.10 Vorgangsart: Feste Dauer % Abgeschlossen: 0%

Nr.	Ressourcenname	Einh.	Kosten	Gepl. Kosten	Akt. Kosten	Verbl. Kosten
19	Bauarbeiter	100%	2.000,00 €	0,00 €	0,00 €	2.000,00 €

Im unteren Bereich von Abbildung 8.95 sehen Sie differenziert die Kosten, die für jede Zuordnung einer Ressource zu dem im oberen Bereich ausgewählten Vorgang anfallen.

Falls Sie mehr an den Kosten aus Sicht der Ressourcen interessiert sind, können Sie hierzu die Ansicht *Ressource: Tabelle* und dort wiederum die Tabelle *Kosten* aufrufen.

Abbildg. 8.96 Die Ressourcenkosten

Ressource: Tabelle

	Ressourcenname	Kosten	Geplante Kosten	Abweichung	Aktuelle Kosten	Verbleibend	Neue
1	Bagger	300,00 €	0,00 €	300,00 €	0,00 €	300,00 €	
2	Willibald Hugo	0,00 €	0,00 €	0,00 €	0,00 €	0,00 €	
3	Baukran mobil	0,00 €	0,00 €	0,00 €	0,00 €	0,00 €	
4	Huber Gerd	0,00 €	0,00 €	0,00 €	0,00 €	0,00 €	
5	Maier Gerhard	0,00 €	0,00 €	0,00 €	0,00 €	0,00 €	
6	Luftikus Boris	2.000,00 €	0,00 €	2.000,00 €	0,00 €	2.000,00 €	
7	Grünmann Ralf	0,00 €	0,00 €	0,00 €	0,00 €	0,00 €	
8	Gipser	0,00 €	0,00 €	0,00 €	0,00 €	0,00 €	
9	Stuckateur	0,00 €	0,00 €	0,00 €	0,00 €	0,00 €	
10	Kranführer	0,00 €	0,00 €	0,00 €	0,00 €	0,00 €	
11	Baggerführer	800,00 €	0,00 €	800,00 €	0,00 €	800,00 €	
12	**Heizungsbauer**	**4.400,00 €**	**0,00 €**	**4.400,00 €**	**0,00 €**	**4.400,00 €**	
13	Elektriker	4.400,00 €	0,00 €	4.400,00 €	0,00 €	4.400,00 €	
14	Zimmerer	400,00 €	0,00 €	400,00 €	0,00 €	400,00 €	
15	Maurer	400,00 €	0,00 €	400,00 €	0,00 €	400,00 €	
16	Fliesenleger	7.600,00 €	0,00 €	7.600,00 €	0,00 €	7.600,00 €	
17	Sanitärinstallateur	1.200,00 €	0,00 €	1.200,00 €	0,00 €	1.200,00 €	
18	Vorarbeiter	400,00 €	0,00 €	400,00 €	0,00 €	400,00 €	
19	Bauarbeiter	6.200,00 €	0,00 €	6.200,00 €	0,00 €	6.200,00 €	
20	Dachdecker	2.000,00 €	0,00 €	2.000,00 €	0,00 €	2.000,00 €	

Projektplanung

In dieser Tabelle (Abbildung 8.96) sehen Sie die Kosteninformationen für die Ressourcen im Überblick. Durch einen Doppelklick auf eine Ressource können Sie hier übrigens auch das Dialogfeld *Informationen zur Ressource* einblenden lassen (Abbildung 8.97).

Abbildg. 8.97 Die Kosteninformationen zur Ressource

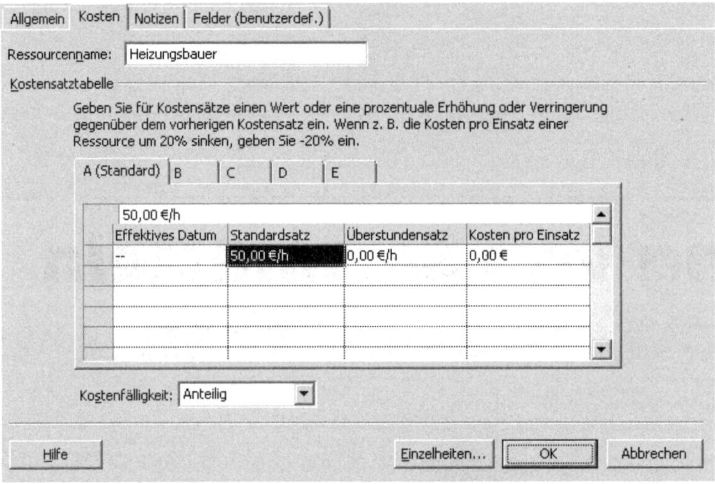

Sie können hier zum einen die Kostenfälligkeit steuern, was bedeutet, dass Project diese Kosten prozentual anteilig entweder laut Fortschritt, am Anfang oder zum Endtermin des Vorgangs berechnet. Zum anderen können aber auch Kostensteigerungen bei Ressourcen berücksichtigt werden. Dazu geben Sie an, ab welchem Datum neue Kostenwerte für die Ressource gelten sollen. Das erlaubt Ihnen, insbesondere bei längeren Projekten eine einigermaßen korrekte Erfassung der Kosten, weil Sie Kostensteigerungen einbeziehen können.

Zusammenfassung

Nachdem Sie dieses Kapitel durchgearbeitet haben, wissen Sie, wie Sie in Project ein Ressourcenmanagement mit Arbeitsressourcen durchführen können. Ein wichtiges Ergebnis der Lektüre dieses Kapitels ist die Tatsache: »Viele Wege führen nach Rom« und »Es gibt keinen Königsweg«. Außerdem gibt es einige Hürden zu nehmen, um die richtigen Einstellungen zu finden. Sie sollten sich genau überlegen, welches Ihre Schwerpunkte bei der Ressourcenplanung sind, und dementsprechend die Rechenoptionen von Project 2010 einstellen.

Kapitel 9

Planung von Sachmitteln und Kostenressourcen

Projektplanung

In diesem Kapitel:

Bei den Einsatzmitteln wird, wie im vorherigen Kapitel bereits erläutert, unterschieden zwischen den Ressourcen, die wiederkehrend sind, also Menschen und Maschinen und solchen, die in der Regel einmal eingesetzt werden und sich dann verbrauchen. Hierunter sind vor allem *Material* und *sonstige Verbrauchsgüter* zu nennen. Material wird demzufolge auch nicht durch eine maximale Einheit begrenzt.

In der Einsatzmittelbedarfsplanung wird ermittelt, welche physischen Einsatzmittel (Mensch, Maschine, Material) in welcher Menge zur Abarbeitung der einzelnen Arbeitspakete benötigt werden.

Ein weiterer Ressourcentyp, die *Kostenressource,* wurde in Project 2007 zusätzlich geschaffen, um sich ändernde Kosten individuell den Vorgängen zuzuweisen. Es besteht die Möglichkeit, eine Kostenressource per Platzhalter zu definieren, und dann erst später, wenn diese »verbraucht« wird, die Kosten zu benennen.

Stellen Sie sich vor, Sie müssen einen Flug buchen, wissen aber noch nicht, was dieser kostet. Dies ist ein typisches Beispiel, wie Kostenressourcen in Project verwendet werden können.

Tabelle 9.1 Beispiele für Material- und Kostenressourcen

Materialressourcen	Kostenressourcen
Benzin/Liter	Hotelkosten
Beton/m3	Fahrzeugkosten (z.B. Mietwagen)
Dachziegel/m2	Kosten für Flüge
Fliesen/m2	Bahntickets
Kies/Tonne	Abwesenheitspauschalen
Bratwurst/Stück	Pauschale Energiekosten

Sachmittel erfassen und einsetzen

Die Eingabe und Verwendung von Materialressourcen (Abbildung 9.1) weist im Vergleich mit den Ressourcen der Art Arbeit keine essenziellen Unterschiede auf. Sie werden im Wesentlichen identisch behandelt. Die Unterschiede liegen letztlich nur darin, dass die Berechnung des Einsatzes und des Verbrauchs und damit der Kosten in anderer Weise erfolgt.

Abbildg. 9.1 Die Definition einer Materialressource

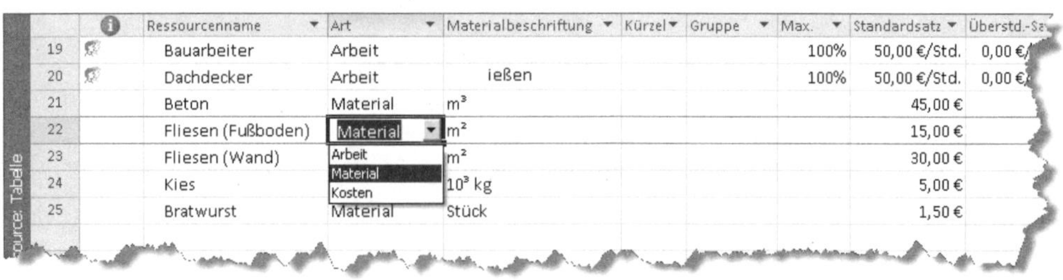

Dabei lassen sich wiederum zwei Ansätze unterscheiden:

- Es kann mit festen Verbrauchsraten gearbeitet werden. Diese sind dann unabhängig von der Dauer des Vorgangs.
- Es kann aber auch mit variablen Verbrauchsraten gearbeitet werden, bei denen der Verbrauch einer Ressource mit der Dauer des Vorgangs zunimmt

Die Steuerung, ob es sich um eine Ressource mit fester oder variabler Zuordnung handelt, erfolgt über die Ressourcenzuordnung zu einem Vorgang. Materialressourcen können dort genau in der gleichen Weise wie andere Ressourcen zugeordnet werden. Falls aber mit einer variablen Verbrauchsrate gearbeitet werden soll (Abbildung 9.2), muss dort die Zeiteinheit (z.B. *Stunde*, *Tag* oder eine andere bei Project zulässige Einheit) angegeben werden. Dann wird der Verbrauch pro Zeiteinheit berechnet.

Diese Festlegung bei der Zuordnung von Ressourcen hat durchaus ihre Logik: Wenn beispielsweise die Materialressource *Benzin* definiert ist, kann der Verbrauch einmal bei *2 Liter/Stunde* und einmal bei *150 Liter/Stunde* liegen, je nachdem, wie viele und welche Maschinen bei einem Vorgang eingesetzt werden. Das lässt sich über die Zuordnung fehlerfrei steuern. Würde man dagegen eine solche Verbrauchsrate direkt bei der Definition der Materialressource festlegen, müsste unter Umständen eine sehr hohe Zahl solcher Ressourcen erstellt werden.

HINWEIS Die Kosten im Dialogfeld für die Ressourcenzuordnung werden automatisch nach dem *Zuordnen* der Ressourcen von Project berechnet. Die Ausnahme bilden die Kostenressourcen, bei denen der Betrag *manuell* eingegeben werden muss. Die sogenannten Kostenressourcen werden im Abschnitt »Kostenressourcen erfassen und einsetzen« ab Seite 289 behandelt.

Abbildg. 9.2 Die Zuordnung einer Ressource mit variablem Verbrauch

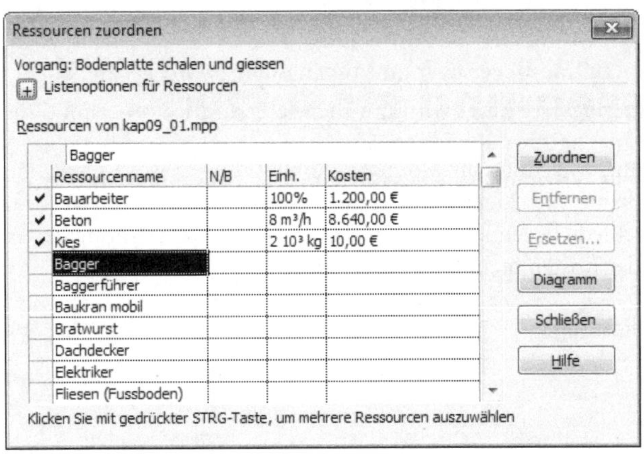

In der Ansicht *Vorgang: Maske*, das ist das untere Fenster bei geteiltem Balkendiagramm, sehen Sie, wie die Materialressourcen zugeordnet wurden. Die Einheit für den Kies wurde manuell auf zwei erhöht und so errechnet sich ein Gesamtverbrauch von 2 mal 103 Kilogramm, also 2 Tonnen.

Abbildg. 9.3 Die Darstellung der Materialressourcen im geteilten Balkendiagramm

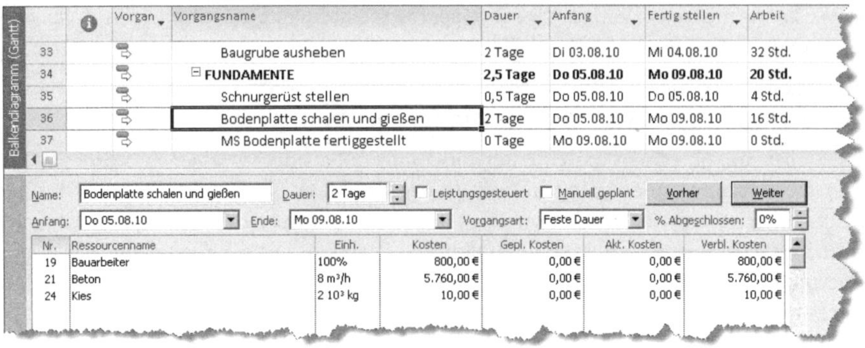

In der Ansicht *Vorgang: Einsatz* lässt sich dann einfach analysieren, wie hoch der Verbrauch tatsächlich gewesen ist. Wenn mit einer Ressource mit variablem Verbrauch gearbeitet wird, ergeben sich andere Werte als bei einer festen Verbrauchsrate, wie aus Abbildung 9.4 deutlich wird.

Abbildg. 9.4 Die Verteilung von Materialressourcen in der Zeitachse

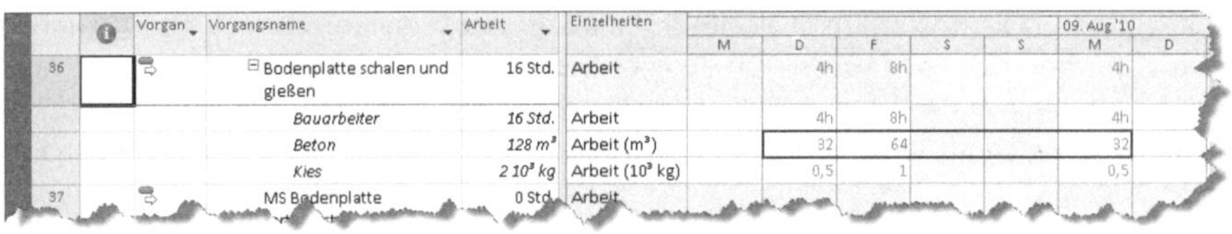

Project 2010 verteilt auch hier, wie Sie bei den Arbeitsressourcen bereits gesehen haben, die Menge prozentual homogen auf den Zeitraum, der über die Vorgangsdauer vorgegeben ist.

Bei einer Erhöhung der Dauer des Vorgangs wird nur die Materialressource erhöht, die mit einem variablen Verbrauch zugeordnet wurde (Abbildung 9.5).

In unserem Beispiel bleibt die Verbrauchsmenge für den Kies konstant, während der Betonverbrauch erhöht wird.

Abbildg. 9.5 Die Verbrauchserhöhung der Ressource *Beton*

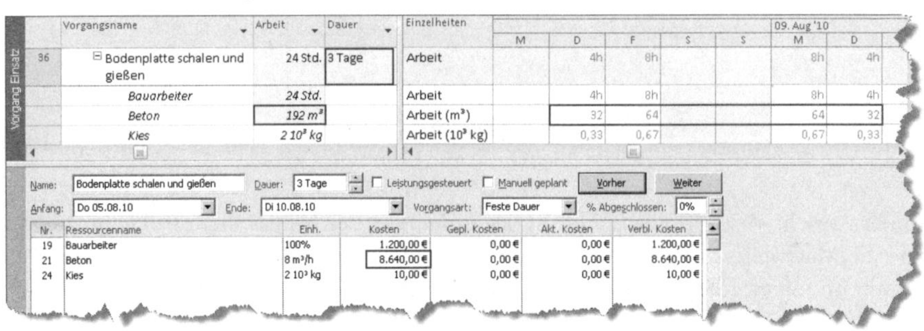

Wie Sie sehen, kann mit Project auch eine umfangreiche Planung von Materialressourcen durchgeführt werden.

Kostenressourcen erfassen und einsetzen

Mit diesem Ressourcentyp ist es möglich, Kosten zeitbezogen in Project abzubilden, die nicht von Arbeits- oder Materialressourcen abhängen.

Kostenressource anlegen

Sie möchten in Ihrem Projekt zusätzliche Kostenressourcen planen, die je nach Einsatz unterschiedlich hoch sein können und Ihr Projektbudget belasten. Um diese Kosten planen zu können, müssen Sie zunächst alle notwendigen Kostenressourcen anlegen. Gehen Sie hierzu folgendermaßen vor:

1. Wechseln Sie in die Ansicht *Ressource: Tabelle*.
2. Legen Sie die neuen Ressourcen an.
3. Wählen Sie im Feld *Art* den Eintrag *Kosten* aus (Abbildung 9.6).

Abbildg. 9.6 Die neue Ressourcenart *Kosten*

HINWEIS Wenn Sie später eine intensive Auswertung betreiben wollen, können Sie im Feld *Gruppe* bereits eine Gruppenzugehörigkeit eintragen. Diese dient für spätere Analysen, um zum Beispiel zu sehen, wie hoch die Reisekosten in Ihrem Projekt waren.

Diese Kostenressourcen können nun so oft wie benötigt auf die unterschiedlichsten Vorgänge zugewiesen werden. Sie besitzen keinen festen Kostensatz. Dies bedeutet, Sie müssen bei jeder Zuweisung den entsprechenden Betrag mit angeben.

Kostenressourcen zu Vorgängen zuweisen

Im Gegensatz zu Arbeitsressourcen, denen Sie Standardkostensätze zuweisen können, müssen Sie bei Kostenressourcen bei jeder Zuweisung die entsprechende Höhe der Kosten eingeben. Daher empfiehlt es sich, vor der Verwendung von Kostenressourcen zu überlegen, welche Ressourcen benötigt werden. Es bieten sich beispielsweise die Kostenarten an, die in Ihrem Unternehmen oder bei der Abrechnung des Projekts eine Rolle spielen.

Nachdem Sie nun einige Kostenressourcen angelegt haben, können Sie diese im Plan eingeben:

1. Markieren Sie den Vorgang *Bauzeichnungen erstellen*.
2. Rufen Sie das Dialogfeld *Ressourcen zuordnen* über `Alt`+`F10` auf.
3. Markieren Sie die Ressource *Architekturbüro*.
4. Klicken Sie die Schaltfläche *Zuordnen*.

WICHTIG Es ist unabdingbar, dass Sie genau in dieser Reihenfolge vorgehen. Wenn nicht vor dem Eintrag des Betrags die Schaltfläche *Zuordnen* gedrückt wurde, stellt Project den Wert zurück auf Null.

5. Geben Sie in dieser Zeile in der Spalte *Kosten* den gewünschten Betrag ein (Abbildung 9.7).
6. Bestätigen Sie die Eingabe mit der [↵]-Taste.

Abbildg. 9.7 Eine Kostenressource zuweisen und die Kosten eingeben

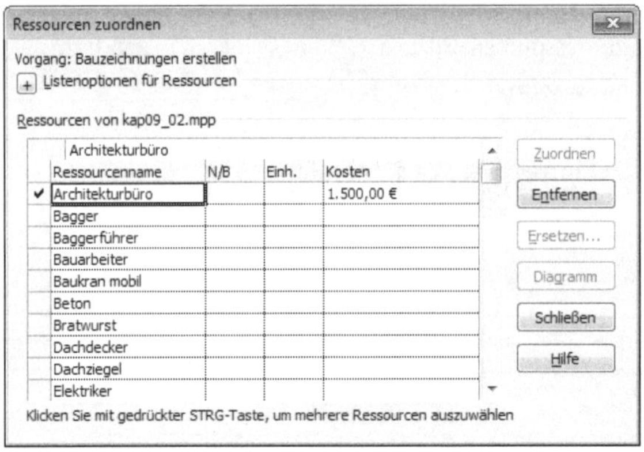

7. Ordnen Sie dem Vorgang *Statik berechnen* ebenfalls die Kostenressource zu.

Die Gesamtkosten des Sammelvorgangs *Bauvorbereitung* errechnen sich nun aus den Kostenressourcen, die Sie eingegeben haben.

Um einen Überblick der Kosten zu bekommen, können Sie die Ansicht *Vorgang: Einsatz* verwenden und dort die Detailinformation über das Kontextmenü *Kosten* einblenden.

Abbildg. 9.8 Kosten für die Bauvorbereitung: 4.000,00 €

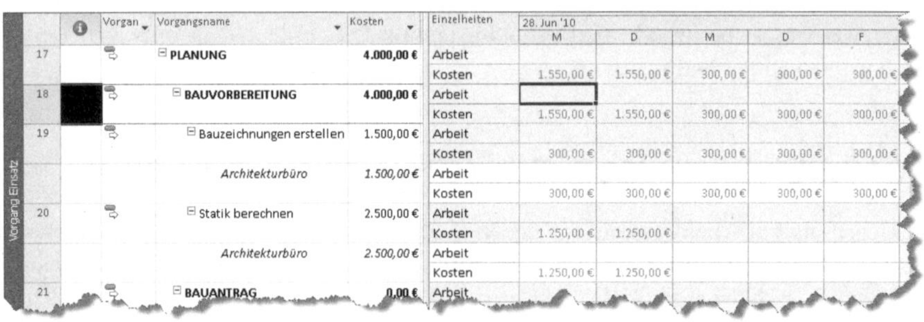

Zusammenfassung

Dieses Kapitel hat Ihnen einen Einblick in die unterschiedlichen Ressourcenarten, Einsatzmittel und Kostenressourcen verschafft. Im nächsten Kapitel werden Sie dann sehen, wie das Budgetieren von Arbeit und den anderen kostentreibenden Ressourcen in Project angewendet werden kann.

Kapitel 10

Kostenmanagement und Budgets

In diesem Kapitel:

In diesem Kapitel lernen Sie die Möglichkeiten kennen, die Ihnen Kosten- und Budgetressourcen bieten. Im Prinzip geht es nun darum, ein Budget (Stunden oder Geld) festzulegen, aufgrund dessen Sie dann in Microsoft Project 2010 erkennen können, wie sich die Abarbeitung des Projekts im Verhältnis zum definierten Budget entwickelt.

Kostenmanagement in Project

Erst die Planung von Kosten rundet die Projektplanung und -überwachung ab. Dieser Aspekt ist im Projektmanagement sehr wichtig, wird aber oftmals unabhängig von Project in anderen Tools wie beispielsweise Excel durchgeführt. Mit der Version 2010 bietet Project einiges, das sich gerade im Kostenmanagement für eine Kostenverfolgung innerhalb des Projektplans sehr gut eignet. Folgende Kosten werden von Project 2010 unterstützt:

- **Kostensatzabhängige Kosten** Hier geht es um diejenigen Kosten, die den Ressourcen in den Ressourceninformationen in Form von Kosten pro Zeiteinheit mitgegeben werden. In der Regel sind dies Stundensätze. Project enthält zwei Kostensatzarten: Standardsätze und Überstundensätze, die für eine Ressource angegeben sind. Weiterhin gibt es mehrere Kostensatztabellen, über die eine weitere Differenzierung erfolgen kann.
- **Kosten pro Einsatz** Kann zusätzlich oder anstelle eines Stundensatzes eingegeben werden. Hier werden diese Kosten einmal pro Zuweisung der Ressource zu einem Vorgang berechnet.
- **Feste Kosten** Dies sind ressourcenunabhängige Kosten, die für einen Vorgang festgelegt werden. Sie sind unabhängig von der Dauer des Vorgangs und ändern sich nicht. Es kann nur »ein« Betrag pro Vorgang eingegeben werden.
- **Kostenressourcen** Diese Ressourcenart ergänzt die Kostenplanung um einen wichtigen Aspekt. Mithilfe der Kostenressource können Sie Kosten innerhalb eines Projekts abbilden, die zwar pro Vorgang nur einmalig, aber innerhalb eines Projekts mehrfach auftreten können, und später auch aggregiert darstellen. Ein klassisches Beispiel für solche Kosten sind Reisekosten, die immer wieder in Projekten anfallen.
- **Budgetressourcen** Über Budgetressourcen wird festgelegt, wie viel Geld-, Arbeits- und Materialeinheiten ein Projekt maximal verbrauchen darf. Budgets werden auf Projektsammelvorgangsebene angewendet. Jede Ressourcenart (Arbeit, Material oder Kosten) kann eine Budgetressource in einem Projekt haben. Mit Budgetressourcen kann der Projektleiter seine Projektkosten unter Kontrolle halten, indem er die anfallenden Kosten mit den einmalig eingegebenen Budgets vergleicht.

CD-ROM Alle Beispiele dieses Kapitels finden Sie in der Projektdatei *Kap10_02.mpp* im Ordner *\Buch\Kap10* innerhalb der Beispieldateien zu diesem Buch. Die Datei *Kap10_01.mpp* dient als Basisprojekt, um die Beispiele selbst nachvollziehen zu können.

Kosten bei Arbeitsressourcen

In der Regel werden Arbeitsressourcen in Projekten in Kostensätzen pro Zeiteinheit verrechnet. Je nach Detaillierungsgrad der Planung können dies bestimmte Ressourcengruppen (z.B. Programmierer, Maurer o. Ä.) oder aber Einzelpersonen sein. Kostensätze können pro Zeiteinheit angegeben werden, also pro Stunde, Tag, Monat usw.

Kostensätze eingeben

Um Ressourcen mit Kostensätzen zu versehen, gehen Sie folgendermaßen vor:

1. Wählen Sie die Ansicht *Ressource: Tabelle*.
2. Geben Sie in der Spalte *Standardsatz* den Stundensatz für die entsprechende Ressource ein, indem Sie den Eurowert für eine Stunde angeben. Die Einheit *Stunde* wird automatisch vergeben.

Geben Sie – falls notwendig – in der Spalte *Überstd.-Satz* den Satz für evtl. anfallende Überstunden an, sofern dieser vom Standardsatz abweicht.

HINWEIS Überstundensätze spielen zwar in der Planung weniger eine Rolle, können aber bei der Erfassung von Istwerten von Bedeutung sein.

Abbildg. 10.1 Standardkostensätze in der Ressourcentabelle

		Ressourcenname	Art	Mater	Kürzel	Gruppe	Max. Einh.	Standardsatz	Überstd.-Satz	Kosten/Einsat	Fällig am
1		Bagger	Arbeit		B	Baumaschinen	100%	150,00 €/Tag	250,00 €/Tag	0,00 €	Anteilig
2		Willibald Hugo	Arbeit		W	Baggerführer	100%	50,00 €/Std.	75,00 €/Std.	0,00 €	Anteilig
3		Baukran mobil	Arbeit		B	Baumaschinen	100%	500,00 €/Tag	750,00 €/Tag	0,00 €	Anteilig
4		Huber Gerd	Arbeit		H	Bauarbeiter	100%	50,00 €/Std.	75,00 €/Std.	0,00 €	Anteilig
5		Maier Gerhard	Arbeit		M	Bauarbeiter	100%	50,00 €/Std.	75,00 €/Std.	0,00 €	Anteilig
6		Luftikus Boris	Arbeit		L	Bauarbeiter	100%	50,00 €/Std.	75,00 €/Std.	0,00 €	Anteilig
7		Grünmann Ralf	Arbeit		G	Bauarbeiter	100%	50,00 €/Std.	75,00 €/Std.	0,00 €	Anteilig
8		Gipser	Arbeit				0%	50,00 €/Std.	0,00 €/Std.	0,00 €	Anteilig
9		Stuckateur	Arbeit				0%	50,00 €/Std.	0,00 €/Std.	0,00 €	Anteilig
10		Kranführer	Arbeit				0%	50,00 €/Std.	0,00 €/Std.	0,00 €	Anteilig
11		Baggerführer	Arbeit				100%	50,00 €/Std.	0,00 €/Std.	0,00 €	Anteilig
12		**Heizungsbauer**	**Arbeit**				100%	**50,00 €/Std.**	**0,00 €/Std.**	**0,00 €**	**Anteilig**
13		Elektriker	Arbeit				100%	50,00 €/Std.	0,00 €/Std.	0,00 €	Anteilig
14		Zimmerer	Arbeit				100%	50,00 €/Std.	0,00 €/Std.	0,00 €	Anteilig
15		Maurer	Arbeit				100%	50,00 €/Std.	0,00 €/Std.	0,00 €	Anteilig
16		Fliesenleger	Arbeit				100%	50,00 €/Std.	0,00 €/Std.	0,00 €	Anteilig
17		Sanitärinstallateur	Arbeit				100%	50,00 €/Std.	0,00 €/Std.	0,00 €	Anteilig
18		Vorarbeiter	Arbeit				100%	50,00 €/Std.	0,00 €/Std.	0,00 €	Anteilig
19		Bauarbeiter	Arbeit				100%	50,00 €/Std.	0,00 €/Std.	0,00 €	Anteilig
20		Dachdecker	Arbeit				100%	50,00 €/Std.	0,00 €/Std.	0,00 €	Anteilig

PROFITIPP Sie können auch – abweichend vom Stundensatz – beispielsweise einen Tagessatz eingeben. Dazu geben Sie den Eurowert für einen Tag ein und anschließend einen Schrägstrich und ein *d* oder *t* für Tag. Das gilt genauso für alle anderen Zeiteinheiten:

- Min für Minuten
- H oder Std für Stunden
- D oder T für Tag
- W für Woche
- M für Monat
- J oder Y für Jahr

Kosten pro Einsatz

Eine weitere Variante, Ressourcenkosten abzubilden, ist im Gegensatz zur zeitbezogenen Kostenberechnung die Berechnung pro Verwendung. Hier wird der Möglichkeit Rechnung getragen, dass Ressourcen nicht nach Dauer ihres Einsatzes, sondern nach der Anzahl ihrer Verwendungen Kosten verursachen.

HINWEIS Die Eingabe der Kosten pro Einsatz kann zusätzlich zu den zeitbezogenen Kosten benutzt werden. Der Betrag wird dann einfach zusätzlich jedes Mal, wenn die Ressource zum Einsatz kommt, zu den Kosten der Arbeit addiert.

Als Beispiel wären hier Anfahrtspauschalen zu nennen.

In unserem Beispielprojekt wollen wir für die Maschinen *Bagger* und *Baukran mobil* Einsatzpauschalen festlegen und für die Ressource *Bratwurst* einen Stückpreis.

Die Materialressource *Bratwurst* ist ja bereits angelegt. Um die Kosten zu definieren, gehen Sie folgendermaßen vor:

1. Geben Sie in der Spalte *Kosten/Einsatz* der Maschinen *Bagger* und *Baukran mobil* einen Betrag von jeweils 50,00 € ein.
2. Geben Sie für die Ressource *Bratwurst* in der Spalte *Standardsatz* einen Betrag von 1,50 € ein.
3. Geben Sie in der Spalte *Kosten/Einsatz* einen Betrag von 100,00 € ein. Dieser Betrag wird jedes Mal zusätzlich berechnet, wenn die Ressource *Bratwurst* eingesetzt wird.

Abbildg. 10.2 Die Ressourcen mit Kosten pro Einsatz

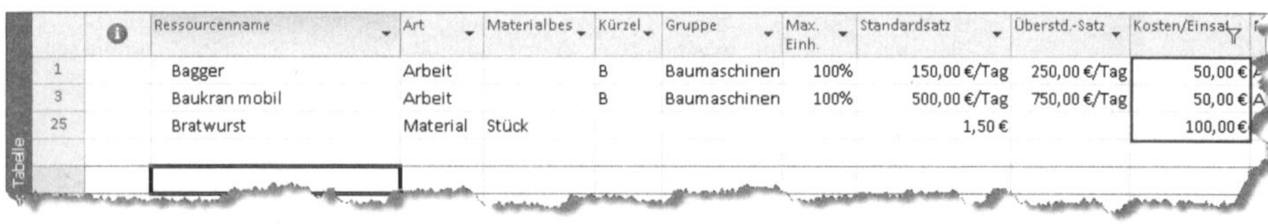

	Ressourcenname	Art	Materialbes	Kürzel	Gruppe	Max. Einh.	Standardsatz	Überstd.-Satz	Kosten/Einsatz
1	Bagger	Arbeit		B	Baumaschinen	100%	150,00 €/Tag	250,00 €/Tag	50,00 €
3	Baukran mobil	Arbeit		B	Baumaschinen	100%	500,00 €/Tag	750,00 €/Tag	50,00 €
25	Bratwurst	Material	Stück				1,50 €		100,00 €

Jetzt wird es etwas komplexer:

Dem Vorgang *Baugrube ausheben* wurden bereits in den vorherigen Kapiteln die Ressourcen *Bagger* und *Baggerführer* zugeordnet. Der *Bagger* hat einen Tagespreis von 150,00 €, steht aber nur Montag, Dienstag und Mittwoch zur Verfügung. Im zugeordneten Zeitraum sind das lediglich 2 Arbeitstage. Also errechnet Project die Kosten für die Ressource *Bagger*:

```
2 Tage * 150,00/Tag + 50,00 = 350,00
```

Der Baggerführer wird berechnet:

```
32 Stunden * 50,00/Stunde = 1600,00
```

Abbildg. 10.3 Der Vorgang *Baugrube ausheben* mit Kosten

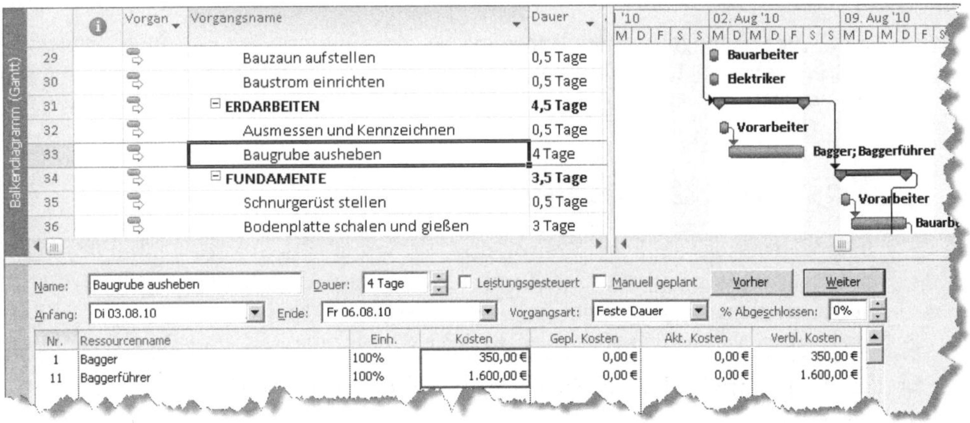

Wenn Sie nun die Ansicht *Vorgang Einsatz* wählen und das Feld *Kosten* einblenden, sehen Sie die Verteilung der Kosten über den Vorgang (Abbildung 10.1).

Abbildg. 10.4 Kostenverteilung in der Zeitachse

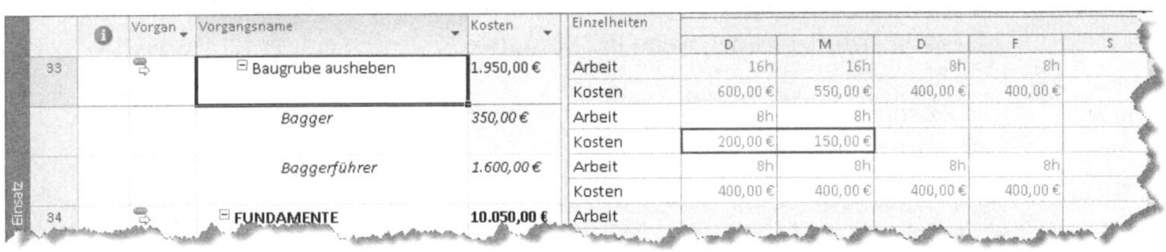

Interessant erscheint hier, dass der Wert des Felds *Kosten pro Einsatz* am ersten Tag zusätzlich auf die Kosten der Arbeit aufgerechnet wird.

Eine ebenfalls witzige Berechnung wäre beim Einsatz der Materialressource *Bratwurst* die Einsatzpauschale, die fällig wird, wenn der Einsatz eines Grills zusätzliches Geld kosten würde. Im folgenden Bild sehen Sie die Auswirkung beim Einsatz von 100 Bratwürsten auf den Vorgang *Dach decken*. Dies hat mit dem wahrscheinlich zu erwartendem Richtfest zu tun und dient an dieser Stelle lediglich als Beispiel.

Abbildg. 10.5 Die Kosten der Bratwürste inklusive Grill

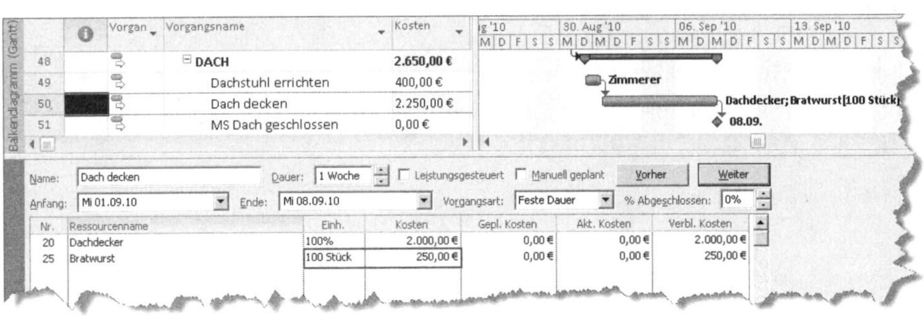

Auch hier erfolgt die Berechnung der gesamten Kosten:

```
40 Stunden * 50,00 / Stunde = 2000,00 +
100 Bratwürste * 1,50 / Stück = 150,00 +
1 * Grilleinsatzpauschale = 100,00 / Einsatz
```

Kostensatztabellen

In größeren Projekten kommt es vor, dass Ressourcen je nach Einsatz mit unterschiedlichen Verrechnungssätzen eingesetzt werden sollen. Auch dieser Anforderung trägt Project 2010 Rechnung durch verschiedene Kostensatztabellen. Jede Ressource kann zusätzlich zum Standardkostensatz über weitere vier Kostensatztabellen verfügen. Um für die Ressource *Bauarbeiter* in unserem Beispielprojekt einen weiteren Kostensatz anzulegen und anschließend dem Vorgang *Fertigkeller errichten* zuzuweisen, gehen Sie folgendermaßen vor:

1. Rufen Sie die Ansicht *Ressource: Tabelle* auf.
2. Doppelklicken Sie auf die Ressource *Bauarbeiter*. Das Dialogfeld *Informationen zur Ressource* wird geöffnet (Abbildung 10.6).
3. Wechseln Sie zur Registerkarte *Kosten*. Hier finden Sie die Kostensatztabellen *A* bis *E*.

Abbildg. 10.6 Standardstundensatz der Ressource *Bauarbeiter*

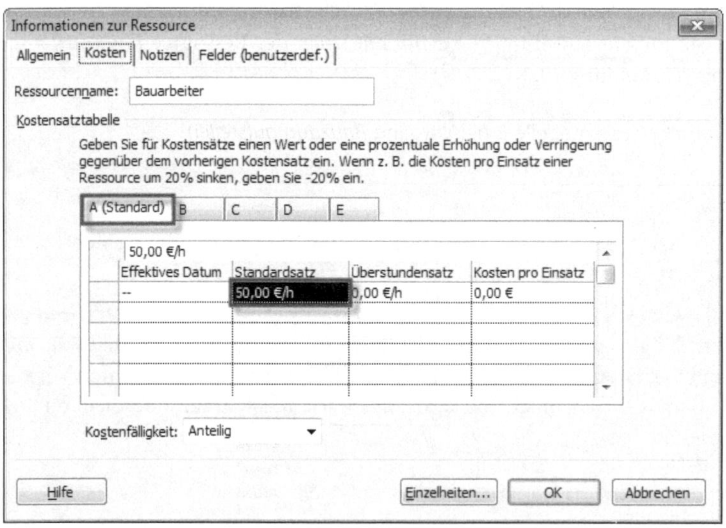

4. Wechseln Sie zur Kostensatztabelle *B*.
5. Geben Sie in der Spalte *Standardsatz* den erhöhten Betrag von *100,00 €/h* ein.
6. Bestätigen Sie die Eingabe mit *OK*.

Abbildg. 10.7 Erhöhter Stundensatz in Kostensatztabelle *B*

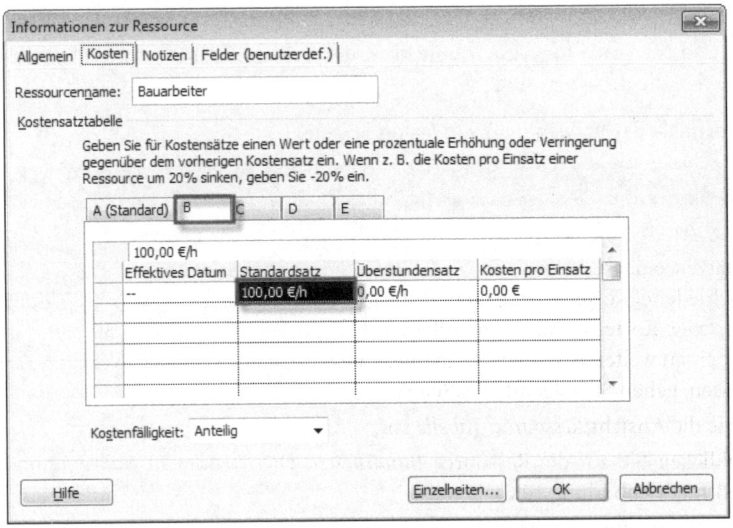

7. Wechseln Sie in die Ansicht *Ressource Einsatz.*
8. Blenden Sie zusätzlich die Spalte *Kostensatztabelle* ein.
9. Wählen Sie für die Zuweisung *Bauzaun aufstellen* der Ressource *Bauarbeiter* die Kostensatztabelle *B* aus (Abbildung 10.8).

Abbildg. 10.8 Zuweisung der Kostentabelle *B* bei Vorgang *Bauzaun aufstellen*

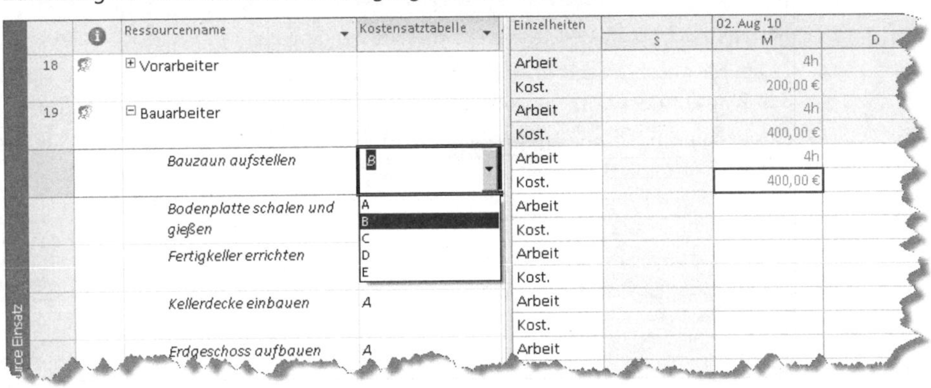

Die Kosten dieser Zuweisung werden nun auf Basis des höheren Stundensatzes in der Kostensatztabelle *B* berechnet.

Feste Kosten auf Vorgänge planen

Ein Feature aus der Historie von Project sollte an dieser Stelle zumindest kurz erwähnt werden: Zur schnellen Eingabe von zusätzlichen Kosten auf Vorgänge kann das Feld *Feste Kosten* verwendet werden. Hier lassen sich Kosten am schnellsten eintragen, ohne zusätzlich Ressourcen erstellen und zuweisen zu müssen.

Da es Vor- und Nachteile für diese Möglichkeit der Kostenplanung gibt, stellen wir an dieser Stelle eine Tabelle dar, die diese auflistet:

Tabelle 10.1 Vor- und Nachteile der Verwendung von festen Kosten

Vorteile	Nachteile
Schnelle Eingabe pro Vorgang	Nur auf Vorgangsebene zuweisbar
Fälligkeit der Kosten ist editierbar	Auswertung ist stark eingeschränkt
Keine Ressource notwendig, um die Kosten zuweisen zu können	Kein zeitphasenbezogenes Editieren möglich
	Nur über Vorgangsnotizen sind Zusatzinformationen möglich
	Es ist pro Vorgang nur ein Eintrag möglich
	Keine Differenzierung der Kosten nach Kostenarten möglich
	Sind nur in der Tabelle *Kosten* zu sehen

Um *Feste Kosten* einem Vorgang zuzuweisen, gehen Sie folgendermaßen vor:

1. Wechseln Sie in die Ansicht *Balkendiagramm (Gantt).*
2. Rufen Sie über den Befehl *Ansicht/Daten/Tabellen/Kosten* die Tabelle für die Eingabe und Darstellung von Kosten auf.
3. Wählen Sie den Vorgang aus, dem Sie zusätzliche Kosten zuweisen möchten, und geben Sie den Betrag in der Spalte *Feste Kosten* zu diesem Vorgang ein.
4. Legen Sie anschließend über die Spalte *Fälligkeit fester Kosten* fest, ob die Kosten anteilig über den Zeitraum des Vorgangs verteilt werden oder am Anfang oder Ende auftreten sollen.
5. Doppelklicken Sie auf den Vorgang, um im Dialogfeld *Informationen zum Vorgang* auf der Registerkarte *Notizen* evtl. anzugeben, worauf sich diese zusätzlichen Kosten beziehen.

Abbildg. 10.9 Eingabe von festen Kosten

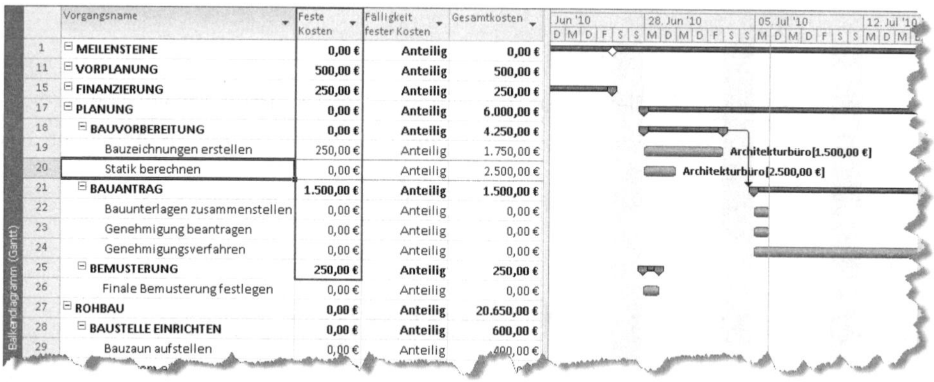

In der Spalte mit der Überschrift *Gesamtkosten* sehen Sie immer die summierten Kosten des Vorgangs, bestehend aus Arbeitskosten über Stundensatz, Kosten pro Einsatz, Materialkosten und Kostenressourcen. Um herauszufinden, wie sich diese zusammensetzen, müssen Sie – insbesondere wenn Sie *Feste Kosten* verwenden – in die Tabelle *Kosten* schauen, damit Sie alle Kostenursachen identifizieren können.

PROFITIPP Um eine zusätzliche Spalte zu definieren, die die Kosten aufsplittet, gehen Sie wie folgt vor:

1. Wählen Sie den Befehl *Format/Spalten/Benutzerdefinierte Felder.*
2. Selektieren Sie den Typ *Kosten* und benennen das Feld um in den Namen *variable Kosten* (Abbildung 10.10).

Abbildg. 10.10 Die Definitionen des Felds *variable Kosten*

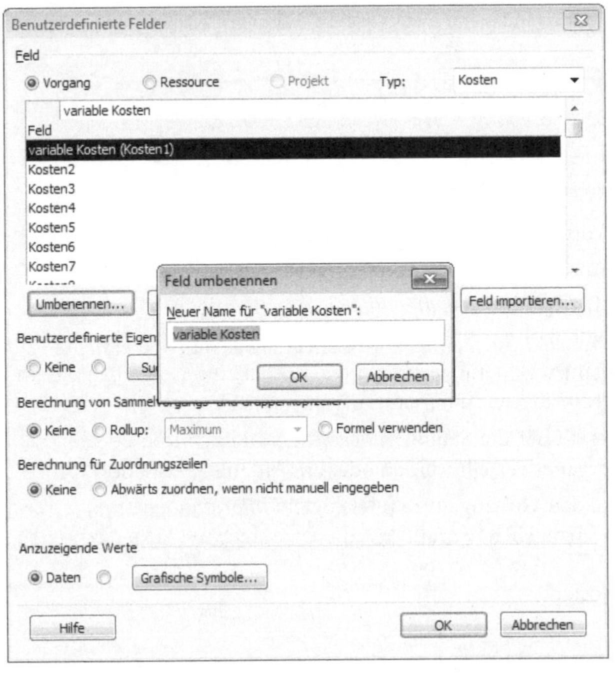

3. Bestätigen Sie die Eingabe mit *OK* und klicken Sie auf die Schaltfläche *Formel.*
4. Tragen Sie die Formel zur Berechnung der *variablen Kosten* ein (Abbildung 10.11) und bestätigen Sie mit *OK.*

Abbildg. 10.11 Die Berechnung der variablen Kosten

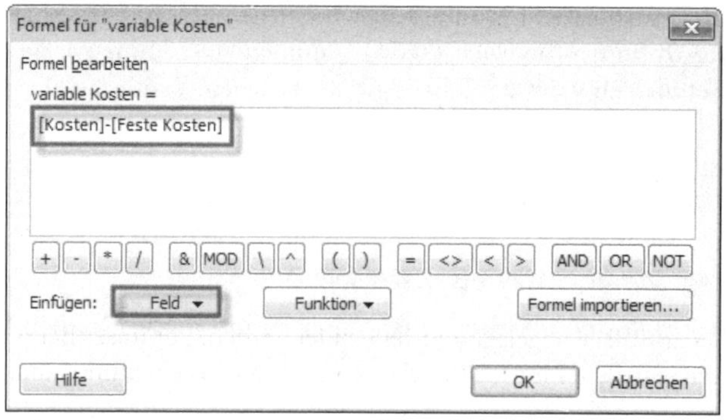

5. Bestätigen Sie die Meldung, dass alle Daten für das Feld *variable Kosten* gelöscht werden, mit *OK*.

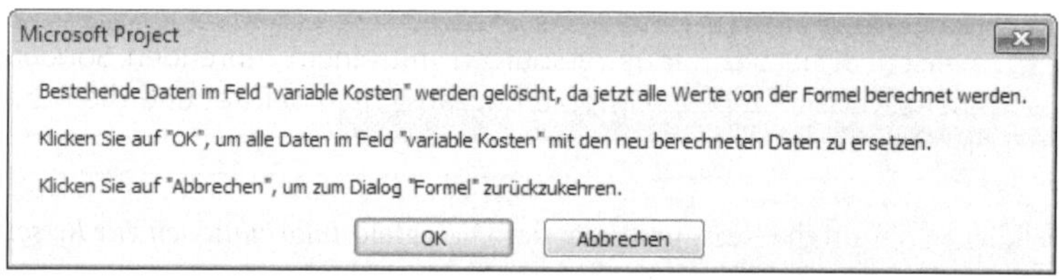

6. Verlassen Sie das Dialogfeld mit *OK*.
7. Erstellen Sie in der Tabelle *Kosten* eine neue Spalte, die das nun neu erstellte Feld *variable Kosten* anzeigt (Abbildung 10.12).

Abbildg. 10.12 Die Darstellung des berechneten Felds *variable Kosten*

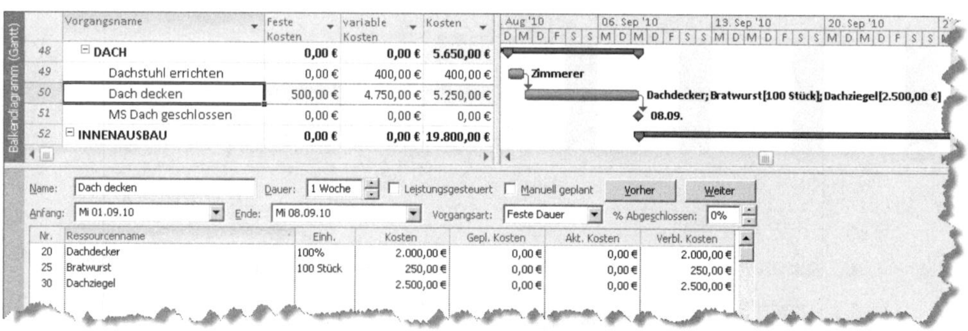

Budgets planen

Bei der Budgetierung eines Projekts kommt es darauf an, vor Beginn der Durchführung des Projekts festzulegen, in welchem finanziellen Rahmen sich das Projekt bewegen darf. Dies kann mithilfe der Budgetierung von Finanzmitteln geschehen, könnte aber auch über die Budgetierung von Arbeitsmitteln (Stunden oder Material) erfolgen. In vielen Projekten werden Finanzmittel festgelegt, um so beispielsweise darzustellen, wie viel ein Projekt maximal kosten darf. In größeren Unternehmen, in denen viele interne Projekte abgewickelt werden, werden Finanzmittel nicht in Project geplant, sondern beispielsweise in SAP. Projektbudgets werden dann oft auf der Basis von Arbeitskräften (Manntage oder Mannstunden) festgelegt.

Budgetressourcen anlegen

Jede Ressourcenart kann auch als Budgetressource angelegt werden. Eine als Budget gekennzeichnete Ressource kann ausschließlich zu dem Zweck der Budgetierung in einem Projekt verwendet werden und muss deshalb explizit als solche angelegt und verwendet werden. Für unser Beispielprojekt wollen wir zwei Budgetressourcen erstellen. Eine für Reisekosten und eine für ein Stundenbudget.

Zum Anlegen einer Budgetressource für ein Reisekostenbudget gehen Sie folgendermaßen vor:

1. Rufen Sie Ansicht *Ressource: Tabelle* auf.
2. Tragen Sie eine neue Ressource mit dem Namen *_Reisekosten Budget* ein.

TIPP Versehen Sie die Budgetressourcen mit einem führenden Sonderzeichen. Damit werden sie immer an erster Stelle in Gruppierungsansichten gelistet und die Auswertungen werden übersichtlicher.

3. Doppelklicken Sie auf die Ressource, um das Dialogfeld *Informationen zur Ressource* zu öffnen.
4. Wählen Sie im Listenfeld *Art* den Eintrag *Kosten* aus.
5. Aktivieren Sie das Kontrollkästchen *Budget* (Abbildung 10.13).
6. Bestätigen Sie die Eingaben mit *OK*.

Abbildg. 10.13 Eine Kostenressource als Budgetressource definieren

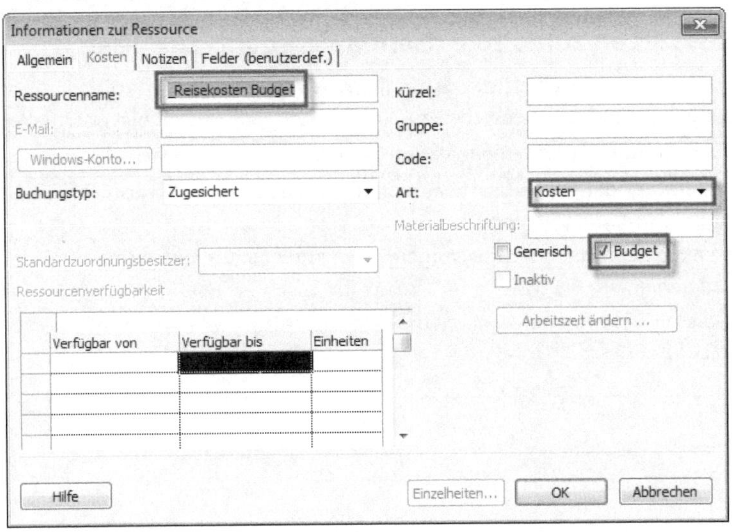

HINWEIS Diese Ressource ist nun nur noch als Budgetressource verwendbar und kann lediglich einmal auf den Projektsammelvorgang zugewiesen werden.

Legen Sie wie oben beschrieben noch zwei weitere Budgetressourcen an (Abbildung 10.14).

Abbildg. 10.14 Die Budgetressourcen in der Übersicht

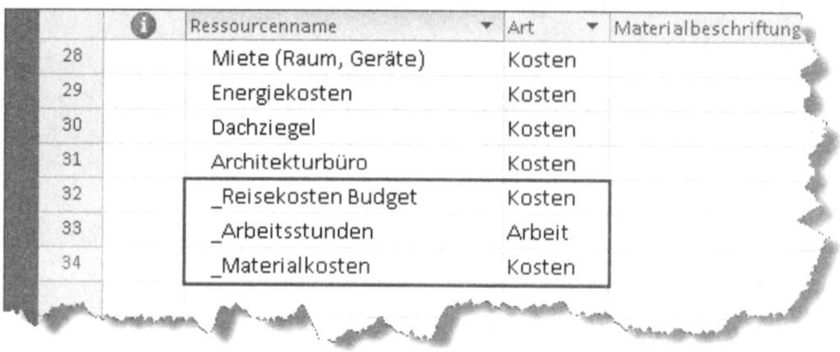

Budgets eingeben

Um Budgets auf das Projekt zu verteilen, müssen Sie in zwei verschiedenen Ansichten arbeiten, um zunächst die Budgetressourcen auf den Projektsammelvorgang zuzuweisen, der nur in der Gantt-Ansicht sichtbar ist. Anschließend müssen Sie in eine Zuweisungsansicht wechseln, in der Sie explizit für die jeweilige Ressource das zugehörige Budget eingeben können.

HINWEIS Das Zuordnen einer Budgetressource zu einem Sammelvorgang bildet die Ausnahme zur *Regel 8: »Highlander« – Ein Vorgang, eine Ressource.*

Budgetressourcen zum Projektsammelvorgang zuweisen

Sie möchten die zuvor erstellte Ressource *_Reisekosten Budget* dem Projekt zuordnen, um einen Maximalbetrag für Reisekosten eingeben zu können. Gehen Sie dazu folgendermaßen vor:

1. Wählen Sie die Ansicht *Balkendiagramm (Gantt).*
2. Aktivieren Sie auf der Registerkarte *Format* in der Gruppe *Einblenden/Ausblenden* das Kontrollkästchen *Projektsammelvorgang.*
3. Selektieren Sie den Projektsammelvorgang und rufen Sie über `Alt`+`F10` das Dialogfeld *Ressourcen zuordnen* auf.
4. Wählen Sie im Feld *Ressourcenname* die Budgetressource *_Reisekosten Budget* aus und klicken Sie dann auf *Zuordnen.*

Abbildg. 10.15 Zuweisen der Budgetressourcen zum Projektsammelvorgang

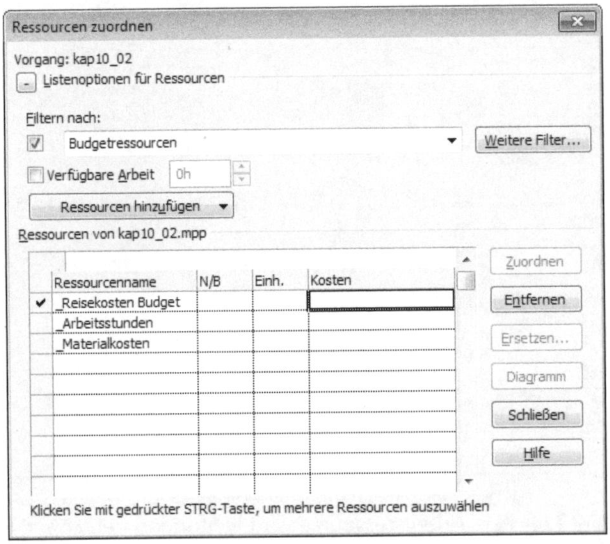

An dieser Stelle wird noch kein Betrag eingegeben.

TIPP Wenn Sie viele Ressourcen unterschiedlichen Typs besitzen, aber nur die Budgetressourcen anzeigen möchten, klicken Sie im Dialogfeld *Ressource zuordnen* auf das Pluszeichen vor *Listenoptionen für Ressourcen*. Aktivieren Sie das Kontrollkästchen unter *Filtern nach* und wählen Sie in der Liste den Eintrag *Budgetressourcen* aus (Abbildung 10.15).

Budgetbetrag einer dem Projekt zugeordneten Ressource zuweisen

Mit dem Kunden wurde im Rahmen der Vertragsverhandlungen ein Pauschalbetrag von 1.500,00 € für Reisekosten vereinbart. Diesen Betrag möchten Sie mit den tatsächlich aufkommenden Reisekosten vergleichen, um abschätzen zu können, ob dort zusätzliche Kosten entstehen oder der Pauschalbetrag ausreicht.

1. Wechseln Sie in die Ansicht *Ressource Einsatz.*
2. Um in dieser Ansicht die Budgetwerte eingeben zu können, müssen Sie zuerst die Spalten für die Felder *Kostenbudget* und *Arbeitsbudget* einfügen.
3. Geben Sie in der Zeile, die den Projektsammelvorgang repräsentiert, die Werte für das Kostenbudget und eventuell das Arbeitsbudget ein. Sie finden diese bei den definierten Budgetressourcen.

Abbildg. 10.16 Festlegen der Höhe des Budgets für die Reisekosten

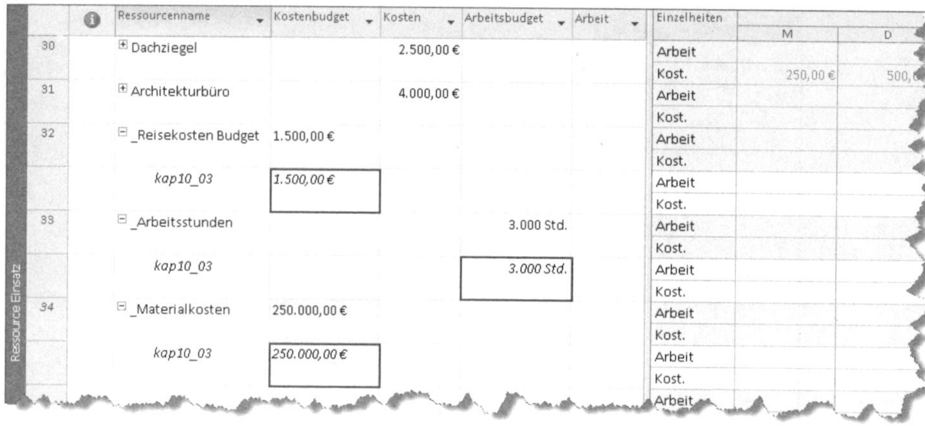

HINWEIS Beachten Sie, dass das Feld *Arbeitsbudget* Werte für die Arbeits- und Materialressourcen enthält. Das Budget für eine Arbeitsressource wird in Stunden berechnet. Für eine Materialressource wird das Budget hingegen entsprechend der für die Materialressource erstellten Materialbeschriftung berechnet. Beispielsweise wird der konkrete Budgetwert 20 mit der Materialbeschriftung t (Tonnen) als 20 t im Feld *Arbeitsbudget* angezeigt.

Budgetkontrolle

Nachdem Sie nun erfolgreich Budgets dem Projekt zugewiesen haben, möchten Sie natürlich im laufenden Betrieb des Projekts die Budgets mit den tatsächlich auftretenden Werten vergleichen.

Ressourcen nach Typ kategorisieren

Um sinnvolle Auswertungen möglich machen zu können, müssen Sie zunächst die Budgetressourcen nach ihrem Typ kategorisieren, zum Beispiel nach Reisekosten, Arbeitskosten oder Ähnlichem:

1. Wählen Sie die Ansicht *Ressource: Tabelle.*
2. Wählen Sie den Befehl *Format/Spalten/Benutzerdefinierte Felder.*
3. Wählen Sie die Option *Ressource.*
4. Klicken Sie in der Liste *Typ* auf *Text1*.
5. Klicken Sie zur Änderung der Feldbezeichnung auf *Umbenennen*, um das Feld in *Budgettyp* umzubenennen.
6. Aktivieren Sie die Option *Abwärts zuordnen, wenn nicht manuell eingegeben.*
7. Um nicht jedes Mal die Kategorien zu den Ressourcen eingeben zu müssen, klicken Sie auf die Schaltfläche *Suchen*, um eine Auswahlliste anlegen zu können.

Abbildg. 10.17 Feld *Budgettyp* anlegen

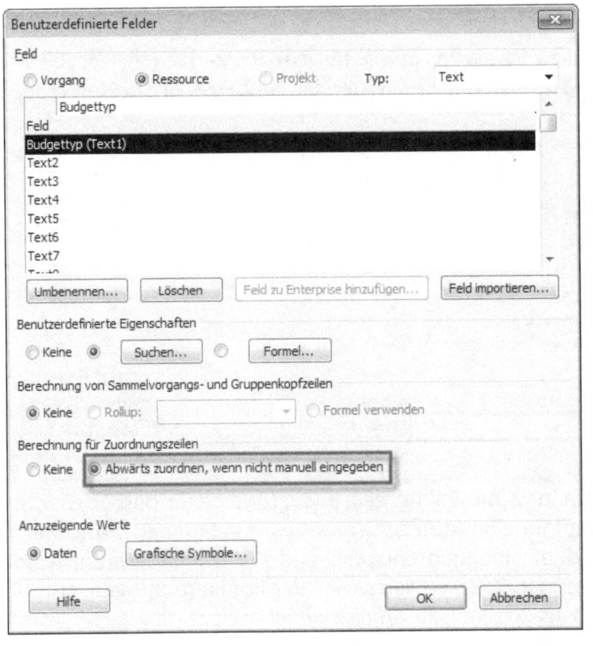

8. Legen Sie im Dialogfeld *Nachschlagetabelle für Budgettyp bearbeiten* eine Liste von Werten entsprechend der Abbildung 10.18 an.

Abbildg. 10.18 Die Auswahlliste für den Budgettyp

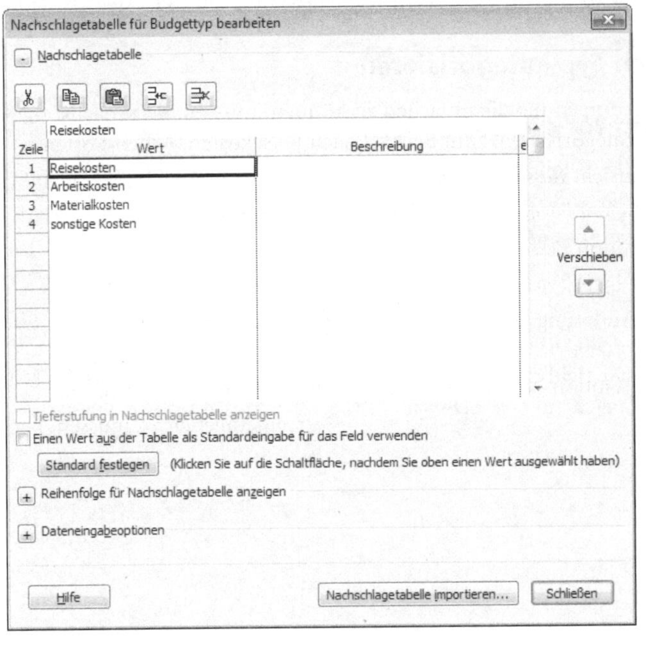

9. Klicken Sie anschließend auf *Schließen* und danach auf *OK*.
10. Fügen Sie das benutzerdefinierte Ressourcentextfeld der Ansicht *Ressource: Tabelle* hinzu.
11. Wählen Sie in der Ansicht *Ressource: Tabelle* für jede Ressource (einschließlich Budgetressourcen) einen Eintrag aus der Auswahlliste aus, der den *Budgettyp* der Ressource identifiziert.

Abbildg. 10.19 Ressourcen sind mit dem entsprechenden Budgettyp identifiziert

Ressource: Tabelle

	Ressourcenname	Art	Materialbeschriftung	Budgettyp	Gruppe
13	Elektriker	Arbeit		Arbeitskosten	
14	Zimmerer	Arbeit		Arbeitskosten	
15	Maurer	Arbeit		Arbeitskosten	
16	Fliesenleger	Arbeit		Arbeitskosten	
17	Sanitärinstallateur	Arbeit		Arbeitskosten	
18	Vorarbeiter	Arbeit		Arbeitskosten	
19	Bauarbeiter	Arbeit		Arbeitskosten	
20	Dachdecker	Arbeit		Arbeitskosten	
21	Beton	Material	m^3	Materialkosten	
22	Fliesen (Fußboden)	Material	m^2	Materialkosten	
23	Fliesen (Wand)	Material	m^2	Materialkosten	
24	Kies	Material	10^3 kg	Materialkosten	
25	Bratwurst	Material	Stück	Materialkosten	
26	Hotelkosten	Kosten		Reisekosten	
27	Fahrkosten (Flug, Bahn, PKW, Taxi)	Kosten		Reisekosten	
28	Miete (Raum, Geräte)	Kosten		sonstige Kosten	
29	Energiekosten	Kosten		sonstige Kosten	
30	Dachziegel	Kosten		Materialkosten	
31	Architekturbüro	Kosten		Arbeitskosten	
32	_Reisekosten Budget	Kosten		Reisekosten	
33	_Arbeitsstunden	Arbeit		Arbeitskosten	
34	_Materialkosten	Kosten		Materialkosten	

Auswerteansicht für die Budgetkontrolle

Um nun die tatsächlichen Reisekosten im Vergleich zum Reisekostenbudget auswerten zu können, müssen Sie die entsprechende Ansicht aufrufen:

1. Wechseln Sie in die Ansicht *Ressource Einsatz*.
2. Erstellen Sie eine neue Gruppierung über den Befehl *Ansicht/Daten/Gruppieren nach/Neue Gruppe nach*.
3. Vergeben Sie als Gruppenname *Budget*.
4. Wählen Sie im Dialogfeld *Gruppendefinition in…* in der Spalte *Feldname* das Feld *Budgettyp* aus und klicken Sie danach auf *Übernehmen*.

Abbildg. 10.20 Nach Budgettyp gruppierte Ressourcenansicht

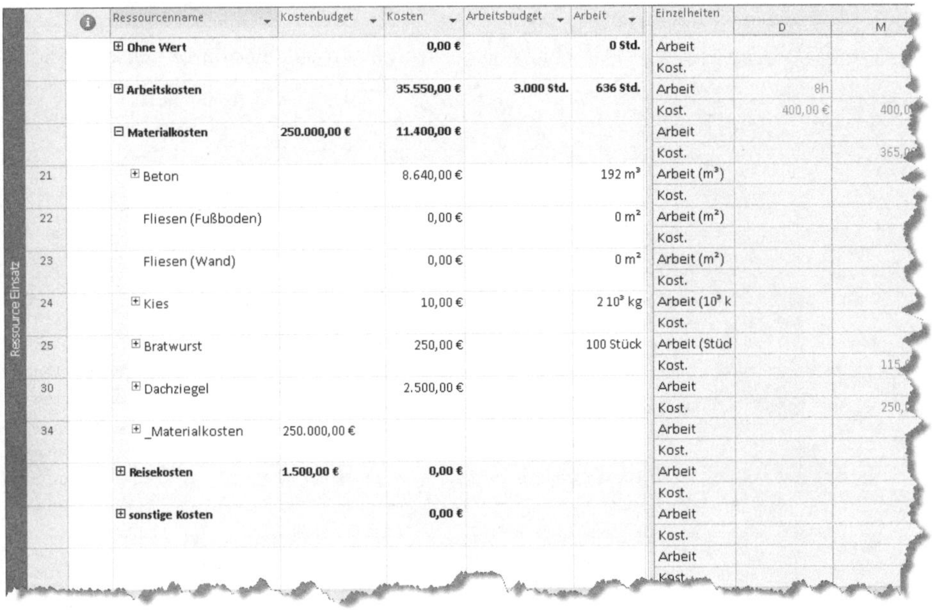

	Ressourcenname	Kostenbudget	Kosten	Arbeitsbudget	Arbeit	Einzelheiten	D	M
	⊞ **Ohne Wert**		**0,00 €**		**0 Std.**	Arbeit		
						Kost.		
	⊞ **Arbeitskosten**		**35.550,00 €**	**3.000 Std.**	**636 Std.**	Arbeit	8h	
						Kost.	400,00 €	400,0
	⊟ **Materialkosten**	**250.000,00 €**	**11.400,00 €**			Arbeit		
						Kost.		365,0
21	⊞ Beton		8.640,00 €		192 m³	Arbeit (m³)		
						Kost.		
22	Fliesen (Fußboden)		0,00 €		0 m²	Arbeit (m²)		
						Kost.		
23	Fliesen (Wand)		0,00 €		0 m²	Arbeit (m²)		
						Kost.		
24	⊞ Kies		10,00 €		2 10³ kg	Arbeit (10³ k		
						Kost.		
25	⊞ Bratwurst		250,00 €		100 Stück	Arbeit (Stücl		
						Kost.		115
30	⊞ Dachziegel		2.500,00 €			Arbeit		
						Kost.		250,
34	⊞ _Materialkosten	250.000,00 €				Arbeit		
						Kost.		
	⊞ **Reisekosten**	**1.500,00 €**	**0,00 €**			Arbeit		
						Kost.		
	⊞ **sonstige Kosten**		**0,00 €**			Arbeit		
						Kost.		
						Arbeit		
						Kost.		

Sie können nun genau sehen, wie sich zum momentanen Planungsstand des Projekts die Kosten und auch die Stundenmenge gegenüber den eingetragenen Budgets verhalten.

Zusammenfassung

Dieses Kapitel hat Ihnen einen Einblick in die Möglichkeiten der Kostenbetrachtung von Project 2010 verschafft. Mit den Budget- und Kostenressourcen erleichtert sich die Kostenplanung deutlich. Auch das Budgetieren von Arbeit kann eine große Hilfe für den Projektleiter beim Überwachen seines Projekts sein.

Kapitel 11

Plan und Soll – Die Zwischenstände

In diesem Kapitel:

Die Planungsphase ist nur ein Teil des Projektmanagements. Ist die Planung für die ersten Phasen abgeschlossen, geht es an die Realisierung des Projekts. Um die Planung später mit dem Erreichten vergleichen zu können, muss sie als Sollwert festgehalten werden.

Dadurch können die aktuellen Werte mit den Planungen verglichen werden. Zusätzlich unterstützt Project auch Zwischenstände, mit denen der Status eines Projekts beispielsweise an einem Meilenstein festgehalten werden kann.

Die verschiedenen Plan- und Istinformationen bei Microsoft Project 2010, die Definition von Basisplänen und die Definition von Zwischenplänen werden in den folgenden Abschnitten besprochen.

Das Soll definieren

Da Microsoft Project 2010 beim Fortschreiben des Projekts während der Durchführung immer die ursprünglich berechneten Werte auf den Istzustand anpassen wird, müssen Sie dafür sorgen, dass Ihre ursprüngliche Planung als Sollwert erhalten bleibt.

Der erste Schritt hin zur Projektüberwachung und auch für die spätere Analyse eines Projekts ist die Definition eines Solls. Dazu wird ein sogenannter *Basisplan* gespeichert, der den aktuellen Stand des Projekts als Plan festhält. Änderungen im Projekt und damit der Istwerte können mit diesen Plan- oder Sollwerten verglichen werden. Dadurch lassen sich Abweichungen im Projekt gut erkennen.

Ersten Basisplan speichern

Sie sollten den Basisplan erst speichern (Abbildung 11.2), wenn Sie die erste Planungsphase abgeschlossen haben.

Wenn Sie den Basisplan für das Beispielprojekt speichern möchten, gehen Sie folgendermaßen vor:

1. Rufen Sie im Menüband auf der Registerkarte *Projekt/Zeitplan* den Befehl *Basisplan festlegen* auf.

Abbildg. 11.1 Einen Basisplan festlegen

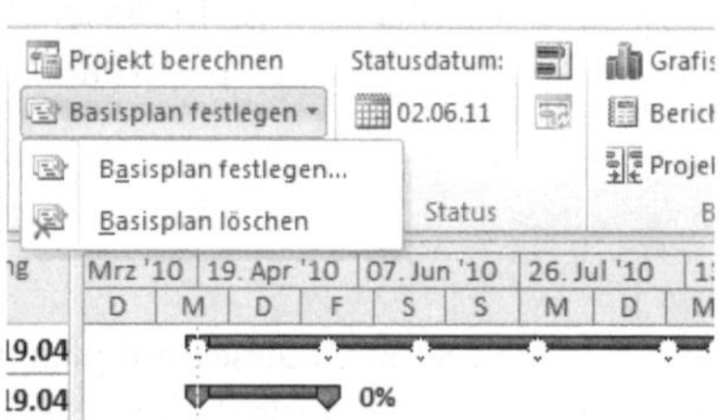

2. Klicken Sie im Untermenü auf den Befehl *Basisplan festlegen.*
3. Wählen Sie die Optionen *Basisplan festlegen* und *Gesamtes Projekt* aus.
4. Speichern Sie den Basisplan durch Auswahl der Schaltfläche *OK.*

Damit haben Sie den Basisplan gespeichert und die Sollwerte sind festgeschrieben.

Abbildg. 11.2 Das Speichern eines Basisplans

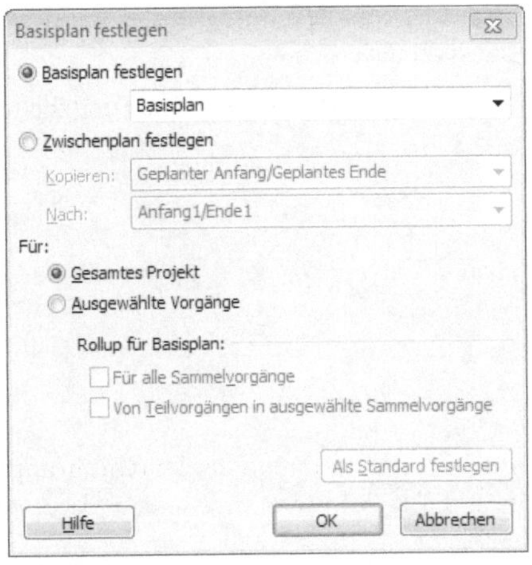

Projektplanung

CD-ROM Sie finden die Beispieldatei *Kap11_01.mpp* innerhalb der Beispieldateien zu diesem Buch im Ordner *\Buch\Kap11*.

HINWEIS Sie können den Basisplan jederzeit neu speichern, indem Sie diesen Befehl erneut aufrufen. Mit anderen Worten: Der Basisplan muss nicht unbedingt die ursprüngliche Planung widerspiegeln, oder, um Churchill in leicht abgewandelter Form zu zitieren: »Glaube keinem Basisplan, den Du nicht selbst gefälscht hast«.

Eine weitere wichtige Option, die dieses Dialogfeld bietet, ist die selektive Speicherung des Basisplans. Der Basisplan muss keineswegs für alle Vorgänge gespeichert werden. Sie können auch vorab Vorgänge auswählen und den Basisplan nur für einen Teil des Projektplans speichern. Diese Option ist vor allem dann wichtig, wenn Sie zu Beginn des Projekts nur einen Teil des gesamten Projektplans ausarbeiten können, weil beispielsweise das Aussehen der Phase *Realisierung* erst feststeht, wenn die Phase *Entwurf Prototyp* abgeschlossen ist. In diesem Fall können Sie jeweils nach erfolgter Planung der verschiedenen Phasen den Basisplan erweitern.

Basisplan anzeigen

Nachdem Sie nun den Basisplan gespeichert haben, wollen Sie auch diesen Sollplan im Vergleich zu Ihrem aktuellen Planstand anzeigen. Hierzu gibt es eine spezielle Ansicht, die das Gantt-Diagramm so verändert, dass auch die Basisplanwerte im Gantt mit angezeigt werden. Da dies typischerweise geschieht, wenn Sie Ihren aktuellen Planungsstand überwachen und Istwerte in das Projekt eintragen, wird diese Ansicht auch *Gantt-Diagramm: Überwachung* genannt. Um den Basisplan im Gantt anzuzeigen, gehen Sie folgendermaßen vor:

1. Wechseln Sie im Menüband zur Registerkarte *Aufgabe*.
2. Wählen Sie im Untermenü der Gruppe *Ansicht* die Ansicht *Gantt-Diagramm: Überwachung*.

Abbildg. 11.3 Die Ansicht *Gantt-Diagramm: Überwachung* aufrufen

In der nun dargestellten Ansicht sehen Sie pro Zeile in Ihrem Plan zwei Darstellungen des jeweiligen Vorgangs. Bei normalen Vorgängen wird der aktuelle Planbalken farbig dargestellt, blau für nicht kritische und rot für kritische Vorgänge. Unter dem Vorgang befindet sich ein grauer Balken, der die zeitliche Lage des Basisplans darstellt (Abbildung 11.4).

Die Meilensteine des Basisplans werden weiß mit schwarzer Umrandung dargestellt.

Abbildg. 11.4 Gegenüberstellung von aktuellem und Basisplan

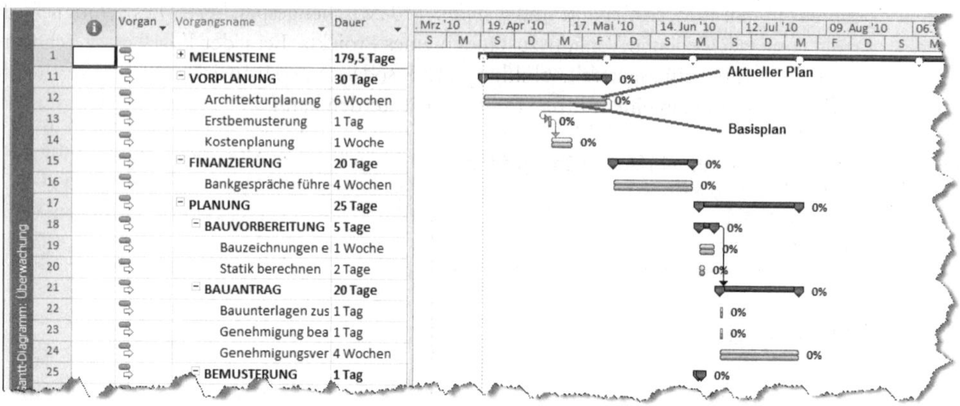

Verschiedene Basispläne anzeigen

Sollten Sie mehrere Basispläne gespeichert haben und möchten Ihren Plan gegen die verschiedenen Pläne vergleichen, können Sie dies recht einfach tun:

1. Wechseln Sie im Menüband zur Registerkarte *Format*.
2. Rufen Sie in der Gruppe *Balkenarten* das Untermenü *Basisplan* auf.
3. Hier können Sie schnell zwischen den einzelnen Basisplänen hin und her wechseln.

Abbildg. 11.5 Zwischen den Basisplänen wechseln

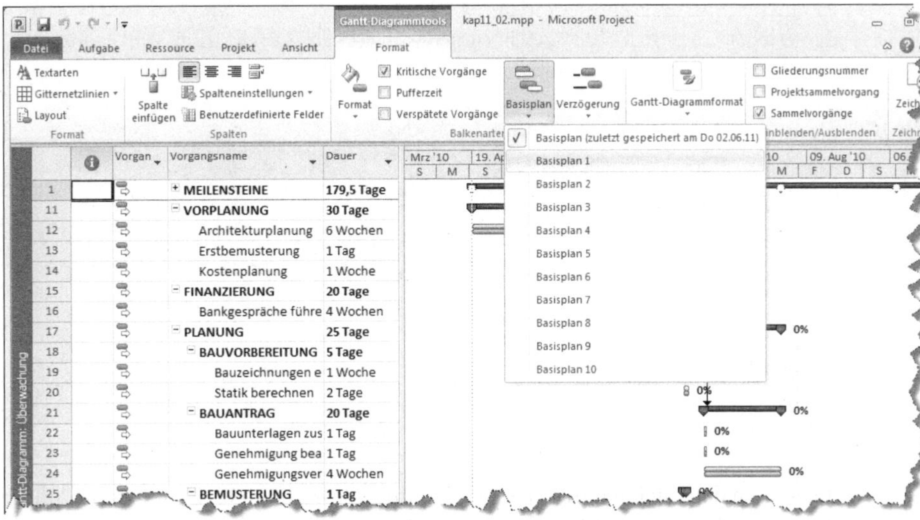

Mehrfache Basispläne

Microsoft Project 2010 unterstützt die Speicherung von bis zu elf Basisplänen. Pro Basisplan werden alle geplanten Felder (*Geplante Dauer, Geplante Arbeit, Geplanter Anfang, Geplantes Ende, Geplante Kosten*) in den Feldern *Geplant* und *Geplant1-10* zwischengespeichert. Dies ermöglicht die Speicherung von verschiedenen Versionszuständen eines Projekts. Bei jeder Basisplanspeicherung wird das aktuelle Datum mitgesichert (Abbildung 11.6), sodass eine Historisierung und Nachverfolgung der Zwischenzustände in einem Projekt mitverfolgt werden kann.

Abbildg. 11.6 Speicherung von mehrfachen Basisplänen

Über die Speicherung von Zwischenplänen (Abbildung 11.7) hinaus kann jetzt auch ein Basisplan zu einem anderen kopiert werden, z.B. *Basisplan3* zu *Basisplan5*, falls Sie (wie in Abbildung 11.6 dargestellt) monatlich eine Speicherung des Basisplans durchführen und eventuell die Speicherung von *Basisplan5* Anfang Juni nicht durchgeführt wurde.

Abbildg. 11.7 Basispläne als Zwischenplan speichern und kopieren

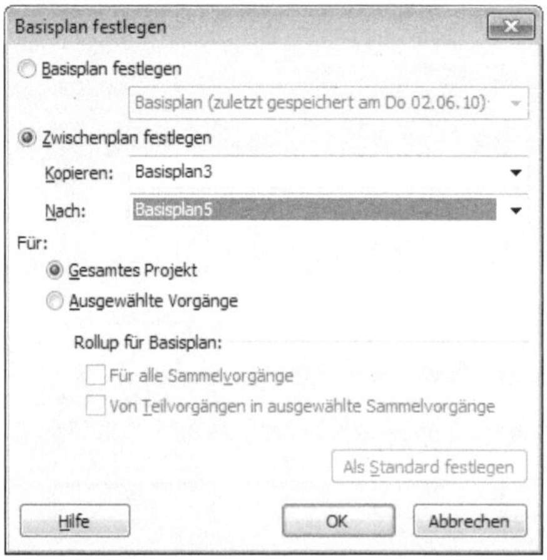

TIPP Mithilfe des Befehls *Basisplan löschen* im Untermenü *Basisplan festlegen auf* der Registerkarte *Projekt/Zeitplan* können Sie gezielt einen Basisplan oder einen der Zwischenpläne wieder löschen (Abbildung 11.8).

Abbildg. 11.8 Basispläne können jederzeit wieder gelöscht werden

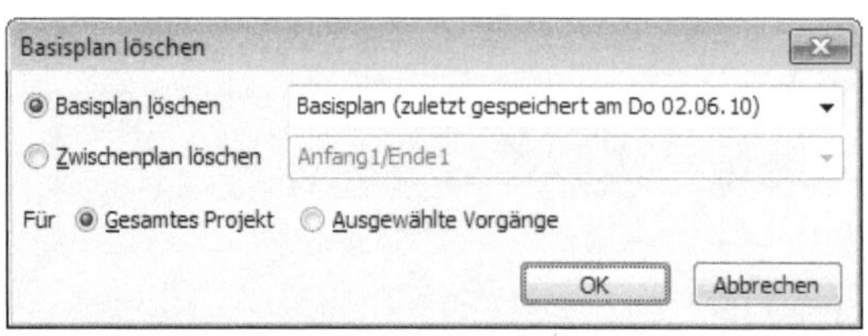

Plan- und Istwerte

Um die Soll- und Istwerte bei Project 2010 korrekt analysieren zu können, ist es wichtig, die verschiedenen Felder und deren Verwendung zu verstehen. Die Bedeutung der verschiedenen Felder soll am Beispiel einer Tabelle, welche die Projektkosten darstellt, erläutert werden.

Abbildg. 11.9 Die Tabelle *Kosten* vor der Planung

	Vorgangsname	Feste Kosten	Fälligkeit fester Kosten	Gesamtkosten	Geplant	Abweichung	Aktuell	Verbleibend	Neue Spa
0	**kap11_01**	**0,00 €**	**Anteilig**	**50.200,00 €**	**0,00 €**	**50.200,00 €**	**0,00 €**	**50.200,00 €**	
1	**MEILENSTEINE**	**0,00 €**	**Anteilig**	**0,00 €**	**0,00 €**	**0,00 €**	**0,00 €**	**0,00 €**	
11	**VORPLANUNG**	**500,00 €**	**Anteilig**	**500,00 €**	**0,00 €**	**500,00 €**	**0,00 €**	**500,00 €**	
15	**FINANZIERUNG**	**250,00 €**	**Anteilig**	**250,00 €**	**0,00 €**	**250,00 €**	**0,00 €**	**250,00 €**	
17	**PLANUNG**	**0,00 €**	**Anteilig**	**6.000,00 €**	**0,00 €**	**6.000,00 €**	**0,00 €**	**6.000,00 €**	
27	**ROHBAU**	**0,00 €**	**Anteilig**	**23.650,00 €**	**0,00 €**	**23.650,00 €**	**0,00 €**	**23.650,00 €**	
28	**BAUSTELLE EINRICHTEN**	**0,00 €**	**Anteilig**	**600,00 €**	**0,00 €**	**600,00 €**	**0,00 €**	**600,00 €**	
29	Bauzaun aufstellen	0,00 €	Anteilig	400,00 €	0,00 €	400,00 €	0,00 €	400,00 €	
30	Baustrom einrichten	0,00 €	Anteilig	200,00 €	0,00 €	200,00 €	0,00 €	200,00 €	
31	**ERDARBEITEN**	**0,00 €**	**Anteilig**	**2.150,00 €**	**0,00 €**	**2.150,00 €**	**0,00 €**	**2.150,00 €**	
32	Ausmessen und Kennzeichnen	0,00 €	Anteilig	200,00 €	0,00 €	200,00 €	0,00 €	200,00 €	
33	Baugrube ausheben	0,00 €	Anteilig	1.950,00 €	0,00 €	1.950,00 €	0,00 €	1.950,00 €	
34	**FUNDAMENTE**	**0,00 €**	**Anteilig**	**10.050,00 €**	**0,00 €**	**10.050,00 €**	**0,00 €**	**10.050,00 €**	
35	Schnurgerüst stellen	0,00 €	Anteilig	200,00 €	0,00 €	200,00 €	0,00 €	200,00 €	
36	Bodenplatte schalen und gießen	0,00 €	Anteilig	9.850,00 €	0,00 €	9.850,00 €	0,00 €	9.850,00 €	
37	MS Bodenplatte fertiggestellt	0,00 €	Anteilig	0,00 €	0,00 €	0,00 €	0,00 €	0,00 €	
38	**KELLER**	**0,00 €**	**Anteilig**	**2.800,00 €**	**0,00 €**	**2.800,00 €**	**0,00 €**	**2.800,00 €**	
39	Fertigkeller errichten	0,00 €	Anteilig	2.000,00 €	0,00 €	2.000,00 €	0,00 €	2.000,00 €	
40	Kellerdecke einbauen	0,00 €	Anteilig	800,00 €	0,00 €	800,00 €	0,00 €	800,00 €	
41	MS Keller fertiggestellt	0,00 €	Anteilig	0,00 €	0,00 €	0,00 €	0,00 €	0,00 €	
42	**AUFBAU HAUS**	**0,00 €**	**Anteilig**	**2.400,00 €**	**0,00 €**	**2.400,00 €**	**0,00 €**	**2.400,00 €**	
43	Erdgeschoss aufbauen	0,00 €	Anteilig	800,00 €	0,00 €	800,00 €	0,00 €	800,00 €	
44	Zwischendecke montieren	0,00 €	Anteilig	400,00 €	0,00 €	400,00 €	0,00 €	400,00 €	

In der Abbildung 11.9 sehen Sie die Ansicht *Vorgang: Tabelle* und dort die Tabelle *Kosten* vor der Definition des Basisplans.

Informationen finden sich lediglich in den Spalten:

- *Vorgangsname*
- *Feste Kosten*
- *Fälligkeit fester Kosten*
- *Gesamtkosten*
- *Abweichung*
- *Verbleibend*

Die anderen Spalten sind dagegen noch nicht gefüllt. Nach der Speicherung des Basisplans sieht das allerdings anders aus (Abbildung 11.10).

Hier bietet sich nun ein anderes Bild: In der Spalte *Geplant* finden sich jetzt die Informationen aus dem Basisplan. Die Spalte *Abweichung* steht auf *0*, solange sich nach der Festlegung des Basisplans noch nichts im Projekt getan hat. Daher sind auch noch keine aktuellen Kosten angefallen, die in der Spalte *Aktuell* stehen könnten.

Abbildg. 11.10 Die Tabelle *Kosten* nach der Speicherung des Basisplans

	Vorgangsname	Feste Kosten	Fälligkeit fester Kosten	Gesamtkosten	Geplant	Abweichung	Aktuell	Verbleibend
0	**kap11_02**	**0,00 €**	**Anteilig**	**50.200,00 €**	**50.200,00 €**	**0,00 €**	**0,00 €**	**50.200,00 €**
1	**+ MEILENSTEINE**	**0,00 €**	**Anteilig**	**0,00 €**	**0,00 €**	**0,00 €**	**0,00 €**	**0,00 €**
11	**– VORPLANUNG**	**500,00 €**	**Anteilig**	**500,00 €**	**500,00 €**	**0,00 €**	**0,00 €**	**500,00 €**
12	Architekturplanung	0,00 €	Anteilig	0,00 €	0,00 €	0,00 €	0,00 €	0,00 €
13	Erstbemusterung	0,00 €	Anteilig	0,00 €	0,00 €	0,00 €	0,00 €	0,00 €
14	Kostenplanung	0,00 €	Anteilig	0,00 €	0,00 €	0,00 €	0,00 €	0,00 €
15	**– FINANZIERUNG**	**250,00 €**	**Anteilig**	**250,00 €**	**250,00 €**	**0,00 €**	**0,00 €**	**250,00 €**
16	Bankgespräche führen	0,00 €	Anteilig	0,00 €	0,00 €	0,00 €	0,00 €	0,00 €
17	**– PLANUNG**	**0,00 €**	**Anteilig**	**6.000,00 €**	**6.000,00 €**	**0,00 €**	**0,00 €**	**6.000,00 €**
18	**– BAUVORBEREITUNG**	**0,00 €**	**Anteilig**	**4.250,00 €**	**4.250,00 €**	**0,00 €**	**0,00 €**	**4.250,00 €**
19	Bauzeichnungen erstellen	250,00 €	Anteilig	1.750,00 €	1.750,00 €	0,00 €	0,00 €	1.750,00 €
20	Statik berechnen	0,00 €	Anteilig	2.500,00 €	2.500,00 €	0,00 €	0,00 €	2.500,00 €
21	**– BAUANTRAG**	**1.500,00 €**	**Anteilig**	**1.500,00 €**	**1.500,00 €**	**0,00 €**	**0,00 €**	**1.500,00 €**
22	Bauunterlagen zusammenstell	0,00 €	Anteilig	0,00 €	0,00 €	0,00 €	0,00 €	0,00 €
23	Genehmigung beantragen	0,00 €	Anteilig	0,00 €	0,00 €	0,00 €	0,00 €	0,00 €
24	Genehmigungsverfahren	0,00 €	Anteilig	0,00 €	0,00 €	0,00 €	0,00 €	0,00 €
25	**– BEMUSTERUNG**	**250,00 €**	**Anteilig**	**250,00 €**	**250,00 €**	**0,00 €**	**0,00 €**	**250,00 €**
26	Finale Bemusterung festlegen	0,00 €	Anteilig	0,00 €	0,00 €	0,00 €	0,00 €	0,00 €
27	**– ROHBAU**	**0,00 €**	**Anteilig**	**23.650,00 €**	**23.650,00 €**	**0,00 €**	**0,00 €**	**23.650,00 €**
28	**– BAUSTELLE EINRICHTEN**	**0,00 €**	**Anteilig**	**600,00 €**	**600,00 €**	**0,00 €**	**0,00 €**	**600,00 €**
29	Bauzaun aufstellen	0,00 €	Anteilig	400,00 €	400,00 €	0,00 €	0,00 €	400,00 €
30	Baustrom einrichten	0,00 €	Anteilig	200,00 €	200,00 €	0,00 €	0,00 €	200,00 €
31	**– ERDARBEITEN**	**0,00 €**	**Anteilig**	**2.150,00 €**	**2.150,00 €**	**0,00 €**	**0,00 €**	**2.150,00 €**
32	Ausmessen und Kennzeichnen	0,00 €	Anteilig	200,00 €	200,00 €	0,00 €	0,00 €	200,00 €
33	Baugrube ausheben	0,00 €	Anteilig	1.950,00 €	1.950,00 €	0,00 €	0,00 €	1.950,00 €
34	**– FUNDAMENTE**	**0,00 €**	**Anteilig**	**10.050,00 €**	**10.050,00 €**	**0,00 €**	**0,00 €**	**10.050,00 €**

Dennoch wird das Konzept von Project 2010 beim Umgang mit Soll- und Istwerten hier schon klarer. Wenn dann noch etwas auf das nächste Kapitel 12 vorgegriffen und ein Projektfortschritt eingetragen wird, ergibt sich ein noch deutlicheres Bild (Abbildung 11.11): Es finden sich nun ebenfalls die Istinformationen der ersten Phasen.

Abbildg. 11.11 Die Tabelle *Kosten* mit aktuellen Informationen

	ℹ	Vorgangsname	Feste Kosten	Fälligkeit fester Kosten	Gesamtkosten	Geplant	Abweichung	Aktuell	Verbleibend
0		**kap12_03**	**0,00 €**	**Anteilig**	**51.800,00 €**	**50.200,00 €**	**1.600,00 €**	**21.950,00 €**	**29.850,00 €**
1		**+ MEILENSTEINE**	**0,00 €**	**Anteilig**	**0,00 €**	**0,00 €**	**0,00 €**	**0,00 €**	**0,00 €**
11	✓	**– VORPLANUNG**	**500,00 €**	**Anteilig**	**500,00 €**	**500,00 €**	**0,00 €**	**500,00 €**	**0,00 €**
12	✓	Architekturplanung	0,00 €	Anteilig	0,00 €	0,00 €	0,00 €	0,00 €	0,00 €
13	✓	Erstbemusterung	0,00 €	Anteilig	0,00 €	0,00 €	0,00 €	0,00 €	0,00 €
14	✓	Kostenplanung	0,00 €	Anteilig	0,00 €	0,00 €	0,00 €	0,00 €	0,00 €
15	✓	**– FINANZIERUNG**	**250,00 €**	**Anteilig**	**250,00 €**	**250,00 €**	**0,00 €**	**250,00 €**	**0,00 €**
16	✓	Bankgespräche führen	0,00 €	Anteilig	0,00 €	0,00 €	0,00 €	0,00 €	0,00 €
17	✓	**– PLANUNG**	**0,00 €**	**Anteilig**	**6.000,00 €**	**6.000,00 €**	**0,00 €**	**6.000,00 €**	**0,00 €**
18	✓	**– BAUVORBEREITUNG**	**0,00 €**	**Anteilig**	**4.250,00 €**	**4.250,00 €**	**0,00 €**	**4.250,00 €**	**0,00 €**
19	✓	Bauzeichnungen erstellen	250,00 €	Anteilig	1.750,00 €	1.750,00 €	0,00 €	1.750,00 €	0,00 €
20	✓	Statik berechnen	0,00 €	Anteilig	2.500,00 €	2.500,00 €	0,00 €	2.500,00 €	0,00 €
21	✓	**– BAUANTRAG**	**1.500,00 €**	**Anteilig**	**1.500,00 €**	**1.500,00 €**	**0,00 €**	**1.500,00 €**	**0,00 €**
22	✓	Bauunterlagen zusammenstell	0,00 €	Anteilig	0,00 €	0,00 €	0,00 €	0,00 €	0,00 €
23	✓	Genehmigung beantragen	0,00 €	Anteilig	0,00 €	0,00 €	0,00 €	0,00 €	0,00 €
24	✓	Genehmigungsverfahren	0,00 €	Anteilig	0,00 €	0,00 €	0,00 €	0,00 €	0,00 €
25	✓	**– BEMUSTERUNG**	**250,00 €**	**Anteilig**	**250,00 €**	**250,00 €**	**0,00 €**	**250,00 €**	**0,00 €**
26	✓	Finale Bemusterung festlegen	0,00 €	Anteilig	0,00 €	0,00 €	0,00 €	0,00 €	0,00 €
27		**– ROHBAU**	**0,00 €**	**Anteilig**	**25.250,00 €**	**23.650,00 €**	**1.600,00 €**	**15.200,00 €**	**10.050,00 €**
28	✓	**– BAUSTELLE EINRICHTEN**	**0,00 €**	**Anteilig**	**2.600,00 €**	**600,00 €**	**2.000,00 €**	**2.600,00 €**	**0,00 €**
29	✓	Bauzaun aufstellen	0,00 €	Anteilig	2.400,00 €	400,00 €	2.000,00 €	2.400,00 €	0,00 €
30	✓	Baustrom einrichten	0,00 €	Anteilig	200,00 €	200,00 €	0,00 €	200,00 €	0,00 €
31	✓	**– ERDARBEITEN**	**0,00 €**	**Anteilig**	**2.150,00 €**	**2.150,00 €**	**0,00 €**	**2.150,00 €**	**0,00 €**
32	✓	Ausmessen und Kennzeichnen	0,00 €	Anteilig	200,00 €	200,00 €	0,00 €	200,00 €	0,00 €
33	✓	Baugrube ausheben	0,00 €	Anteilig	1.950,00 €	1.950,00 €	0,00 €	1.950,00 €	0,00 €
34	✓	**+ FUNDAMENTE**	**0,00 €**	**Anteilig**	**10.050,00 €**	**10.050,00 €**	**0,00 €**	**10.050,00 €**	**0,00 €**

CD-ROM Sie finden die Datei *Kap12_03.mpp* innerhalb der Begleitdateien zu diesem Buch im Ordner *\Buch\Kap12*.

Wenn man nun die Informationen zu den Kosten betrachtet, finden sich dafür fünf verschiedene Spalten, welche Informationen zu den Kosten enthalten:

- *Gesamtkosten*
- *Geplant*
- *Abweichung*
- *Aktuell*
- *Verbleibend*

Diese fünf Spalten haben die in Tabelle 11.1 näher beschriebene Bedeutung.

Tabelle 11.1 Die Soll- und Istinformationen

Spalte	Bedeutung
Gesamtkosten	In dieser Spalte stehen die aktuell geplanten Kosten, die fortgeschriebene Planung also. Während der Planungsphase ist hier die ursprüngliche Planung zu finden, die bei der Definition des Basisplans in die Spalte *Geplant* übernommen wird. Während der Laufzeit eines Vorgangs handelt es sich um die fortgeschriebene Planung, die gegenüber der ursprünglichen Planung angepasst worden sein kann. Ist ein Vorgang abgeschlossen, entspricht der Wert in dieser Spalte dem Istwert.
Geplant	Hier finden sich die Informationen aus dem Basisplan. Bei der Festschreibung des Basisplans werden die Daten hier festgehalten.
Abweichung	In der Spalte *Abweichung* steht die Differenz der Spalten *Gesamtkosten* und *Geplant*. Sie ist positiv, wenn die Planwerte überschritten werden, und negativ, wenn die fortgeschriebene Planung unter der ursprünglichen Planung liegt.
Aktuell	An dieser Stelle stehen die aktuell angefallenen Kosten. Sie sind 0, wenn der Vorgang noch nicht begonnen hat. Während der Vorgang abläuft, zeigen sie die tatsächlich angefallenen Kosten an. Wenn ein Vorgang abgeschlossen ist, enthalten sie die gleiche Information wie die Spalte *Gesamte Kosten*.
Verbleibend	Hier findet sich die Differenz zwischen den Kosten nach der fortgeschriebenen Planung, also dem Wert aus *Gesamtkosten* und den aktuellen Kosten. Diese Information zeigt, in welchem Umfang Kosten bei einem Vorgang nach dem aktuellen Planungsstand noch anfallen werden.

Das gleiche Bild findet sich auch bei anderen Tabellen, in denen die Ist- und die Sollinformationen gegenübergestellt werden.

Ein Beispiel dafür ist die Tabelle *Arbeit*, in der die Information über die bei den Vorgängen anfallende Arbeit enthalten ist (Abbildung 11.12). Auch hier finden sich vergleichbare Spalten.

Auch bei den Ressourcen gibt es entsprechende Tabellen wie die in Abbildung 11.13 gezeigte Tabelle *Kosten* in der Ansicht *Ressource: Tabelle*.

Abbildg. 11.12 Die Tabelle *Arbeit*

	Vorgangsname	Arbeit	Geplant	Abweichung	Aktuell	Verbleibend	% Arbeit abgeschl.
0	**kap12_03**	**648 S**	**636 Std.**	**12 Std.**	**116 Std.**	**532 Std.**	**18%**
1	**MEILENSTEINE**	**0 Std.**	**0 Std.**	**0 Std.**	**0 Std.**	**0 Std.**	**0%**
11	**VORPLANUNG**	**0 Std.**	**0 Std.**	**0 Std.**	**0 Std.**	**0 Std.**	**100%**
12	Architekturplanung	0 Std.	0 Std.	0 Std.	0 Std.	0 Std.	100%
13	Erstbemusterung	0 Std.	0 Std.	0 Std.	0 Std.	0 Std.	100%
14	Kostenplanung	0 Std.	0 Std.	0 Std.	0 Std.	0 Std.	100%
15	**FINANZIERUNG**	**0 Std.**	**0 Std.**	**0 Std.**	**0 Std.**	**0 Std.**	**100%**
16	Bankgespräche führ	0 Std.	0 Std.	0 Std.	0 Std.	0 Std.	100%
17	**PLANUNG**	**0 Std.**	**0 Std.**	**0 Std.**	**0 Std.**	**0 Std.**	**100%**
18	**BAUVORBEREITUN(**	**0 Std.**	**0 Std.**	**0 Std.**	**0 Std.**	**0 Std.**	**100%**
19	Bauzeichnungen	0 Std.	0 Std.	0 Std.	0 Std.	0 Std.	100%
20	Statik berechnen	0 Std.	0 Std.	0 Std.	0 Std.	0 Std.	100%
21	**BAUANTRAG**	**0 Std.**	**0 Std.**	**0 Std.**	**0 Std.**	**0 Std.**	**100%**
22	Bauunterlagen zu	0 Std.	0 Std.	0 Std.	0 Std.	0 Std.	100%
23	Genehmigung be	0 Std.	0 Std.	0 Std.	0 Std.	0 Std.	100%
24	Genehmigungsve	0 Std.	0 Std.	0 Std.	0 Std.	0 Std.	100%
25	**BEMUSTERUNG**	**0 Std.**	**0 Std.**	**0 Std.**	**0 Std.**	**0 Std.**	**100%**
26	Finale Bemusteru	0 Std.	0 Std.	0 Std.	0 Std.	0 Std.	100%
27	**ROHBAU**	**252 Std.**	**240 Std.**	**12 Std.**	**116 Std.**	**136 Std.**	**46%**
28	**BAUSTELLE EINRICH**	**28 Std.**	**8 Std.**	**20 Std.**	**28 Std.**	**0 Std.**	**100%**
29	Bauzaun aufstell	24 Std.	4 Std.	20 Std.	24 Std.	0 Std.	100%
30	Baustrom einrich	4 Std.	4 Std.	0 Std.	4 Std.	0 Std.	100%
31	**ERDARBEITEN**	**52 Std.**	**52 Std.**	**0 Std.**	**52 Std.**	**0 Std.**	**100%**
32	Ausmessen und I	4 Std.	4 Std.	0 Std.	4 Std.	0 Std.	100%
33	Baugrube aushet	48 Std.	48 Std.	0 Std.	48 Std.	0 Std.	100%
34	**FUNDAMENTE**	**28 Std.**	**28 Std.**	**0 Std.**	**28 Std.**	**0 Std.**	**100%**

Abbildg. 11.13 Informationen zu den Kosten von Ressourcen

	Ressourcenname	Kosten	Geplante Kosten	Abweichung	Aktuelle Kosten	Verbleibend
1	Bagger	350,00 €	350,00 €	0,00 €	350,00 €	0,00 €
2	Willibald Hugo	0,00 €	0,00 €	0,00 €	0,00 €	0,00 €
3	Baukran mobil	0,00 €	0,00 €	0,00 €	0,00 €	0,00 €
4	Huber Gerd	0,00 €	0,00 €	0,00 €	0,00 €	0,00 €
5	Maier Gerhard	0,00 €	0,00 €	0,00 €	0,00 €	0,00 €
6	Luftikus Boris	2.000,00 €	2.000,00 €	0,00 €	0,00 €	2.000,00 €
7	Grünmann Ralf	0,00 €	0,00 €	0,00 €	0,00 €	0,00 €
8	Gipser	0,00 €	0,00 €	0,00 €	0,00 €	0,00 €
9	Stuckateur	0,00 €	0,00 €	0,00 €	0,00 €	0,00 €
10	Kranführer	0,00 €	0,00 €	0,00 €	0,00 €	0,00 €
11	Baggerführer	1.600,00 €	1.600,00 €	0,00 €	1.600,00 €	0,00 €
12	Heizungsbauer	4.400,00 €	4.400,00 €	0,00 €	0,00 €	4.400,00 €
13	Elektriker	4.400,00 €	4.400,00 €	0,00 €	200,00 €	4.200,00 €
14	Zimmerer	400,00 €	400,00 €	0,00 €	0,00 €	400,00 €
15	Maurer	400,00 €	400,00 €	0,00 €	0,00 €	400,00 €
16	Fliesenleger	7.600,00 €	7.600,00 €	0,00 €	0,00 €	7.600,00 €
17	Sanitärinstallateur	1.200,00 €	1.200,00 €	0,00 €	0,00 €	1.200,00 €
18	Vorarbeiter	400,00 €	400,00 €	0,00 €	400,00 €	0,00 €
19	Bauarbeiter	8.400,00 €	6.800,00 €	1.600,00 €	4.000,00 €	4.400,00 €
20	Dachdecker	2.000,00 €	2.000,00 €	0,00 €	0,00 €	2.000,00 €
21	Beton	8.640,00 €	8.640,00 €	0,00 €	8.640,00 €	0,00 €
22	Fliesen (Fußboden)	0,00 €	0,00 €	0,00 €	0,00 €	0,00 €
23	Fliesen (Wand)	0,00 €	0,00 €	0,00 €	0,00 €	0,00 €
24	Kies	10,00 €	10,00 €	0,00 €	10,00 €	0,00 €
25	Bratwurst	250,00 €	250,00 €	0,00 €	0,00 €	250,00 €
26	Hotelkosten	0,00 €	0,00 €	0,00 €	0,00 €	0,00 €
27	Fahrkosten (Flug, Bahn	0,00 €	0,00 €	0,00 €	0,00 €	0,00 €

Auch für die Zuordnungsfelder werden solche Informationen gespeichert. Am besten werden sie in der Ansicht *Vorgang: Eingabe* sichtbar, in welcher im unteren Bereich die Ansicht *Vorgang: Maske* mit den Zuordnungsinformationen angezeigt wird (Abbildung 11.14).

Abbildg. 11.14 Die Zuordnungsinformationen mit Plan und Ist

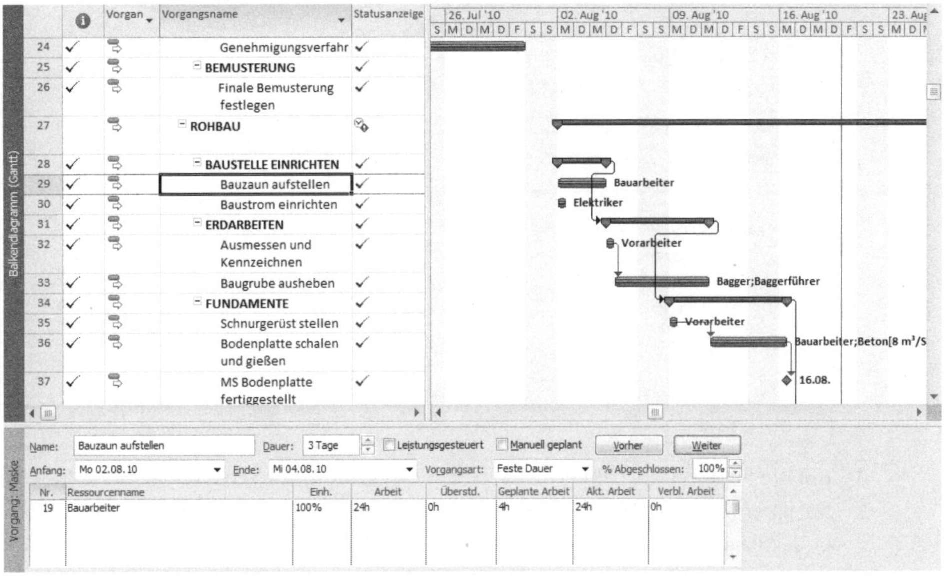

Im unteren Bereich müssen Sie dazu über das Kontextmenü das Format *Arbeit*, *Ressourcen* oder *Ressourcenkosten* aufrufen. In diesen Darstellungen werden sowohl Plan- als auch Istwerte angezeigt.

Projektversionen vergleichen

Unter Umständen arbeiten Sie mit unterschiedlichen Versionen Ihres Projekts in verschiedenen Projektdateien. Sollte dies der Fall sein, weil beispielsweise mehrere Planer den gleichen Plan bearbeiten, ist es öfter notwendig, die Projektpläne miteinander zu vergleichen, um sie wieder auf einen einheitlichen Stand zu bringen. Dies können Sie mit der Funktion *Projekte vergleichen* tun. Damit ist es möglich, zwei Projekte miteinander zu vergleichen und recht schnell die Unterschiede zwischen den beiden Versionen herauszufinden.

Vergleichsversion erstellen

Project geht davon aus, dass das zuerst geöffnete Projekt Ihre *Aktuelle Version* darstellt und das zusätzlich geöffnete Projekt die *Vorgängerversion* ist.

Zum Verwenden der Funktion *Projekte vergleichen* gehen Sie folgendermaßen vor:

CD-ROM Sie finden die beiden Beispieldateien *Kap11_01.mpp* und *Kap11_02.mpp* innerhalb der Beispieldateien zu diesem Buch im Ordner *\Buch\Kap11*.

1. Öffnen Sie das aktuelle Projekt in Project 2010. In unserem Beispiel soll dies *Kap11_02.mpp* sein.
2. Rufen Sie im Menüband auf der Registerkarte *Projekt* in der Gruppe *Berichte* die Funktion *Projekte vergleichen* auf.
3. Hier wählen Sie das Vorgängerprojekt (*Kap11_01.mpp*) und die zugehörigen Datentabellen aus, die Sie mit dem bereits geöffneten Projekt vergleichen möchten.

Abbildg. 11.15 Wählen Sie das Projekt zum Vergleich aus

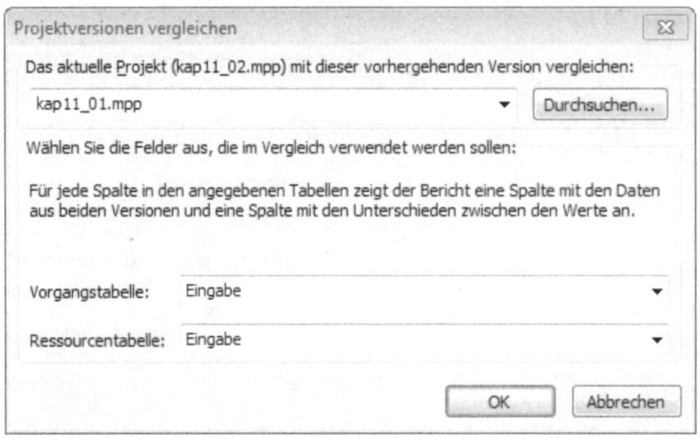

4. Klicken Sie auf die Schaltfläche *OK*, um die Erstellung des Vergleichsberichts zu starten.
5. Nach der Fertigstellung des Vergleichs werden der Vergleichsbericht und die beiden Ursprungsprojekte mit einer Legende eingeblendet.
6. Darüber hinaus finden Sie im Menüband eine weitere Registerkarte namens *Projekte vergleichen*.

Abbildg. 11.16 Project 2010 nach der Auswahl des Vergleichsprojekts

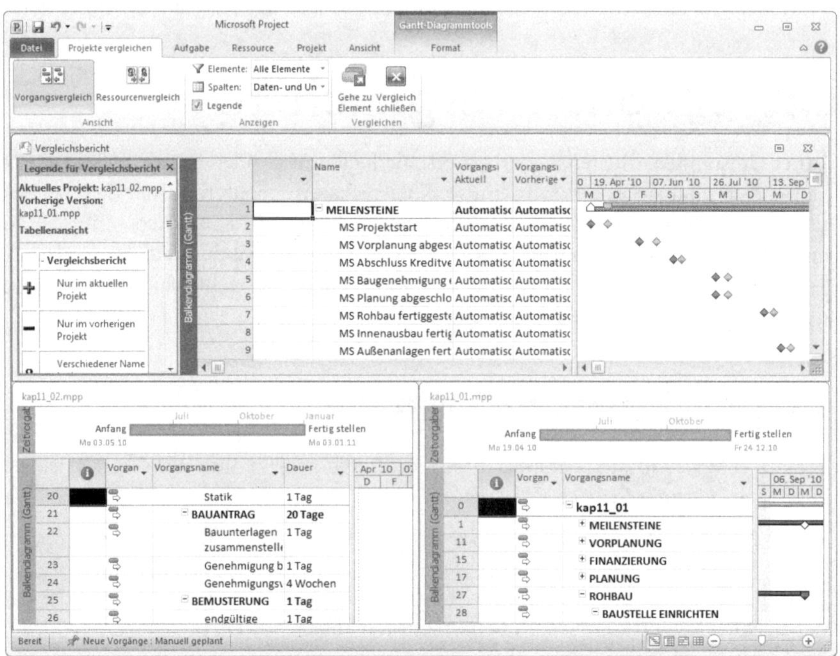

HINWEIS Die Ergebnisse der verglichenen Projekte in dem separaten Projekt sind nicht als Terminplan verwendbar, da die berechneten Felder von Project nicht benutzt werden. Zu jedem berechneten Wert der zu vergleichenden Projekte werden neue Werte erstellt, die in einem benutzerdefinierten Feld des Vergleichsprojekts abgelegt werden.

Zum Beispiel die Dauer:

- Die Dauer des ersten Projekts wird in das Feld *Dauer: Aktuell (Text4)* des Vergleichsprojekts geschrieben
- Die Dauer des zweiten Projekts wird in das Feld *Dauer: Vorherige (Text5)* des Vergleichsprojekts geschrieben
- Aus diesen beiden Dauern wird die Differenz gebildet und in das Feld *Dauer: Diff (Text6)* geschrieben

In der Legende zum Vergleichsprojekt finden Sie die Erklärung zu den einzelnen Symbolen und der Formatierung des Gantt-Charts, die Sie im Vergleichsprojekt sehen werden.

CD-ROM Sie finden ein Beispiel hierzu in der Datei *Vergleichsbericht.mpp* innerhalb der Beispieldateien zu diesem Buch im Ordner *\Buch\Kap11*.

Projekte vergleichen

Nachdem die Vergleichsversion erstellt wurde, gibt es verschiedene Hilfsmittel, um die beiden Versionen zu vergleichen bzw. die Unterschiede zwischen den beiden Versionen herauszuarbeiten.

Die Bedeutung der Vergleichssymbole

In dem Vergleichsbericht werden in einer zusätzlich generierten Ansicht die Balkenpläne der beiden gewählten Projekte dargestellt und miteinander verglichen. Dabei werden Unterschiede in der Vorgangstabelle farblich und mit Symbolen gekennzeichnet, beziehungsweise im Gantt-Chart grafisch angezeigt (siehe Abbildung 11.17).

Abbildg. 11.17 Die Legende zur Vergleichsversion

Abbildg. 11.18 Die Darstellung der Änderungen im Vergleichsbericht

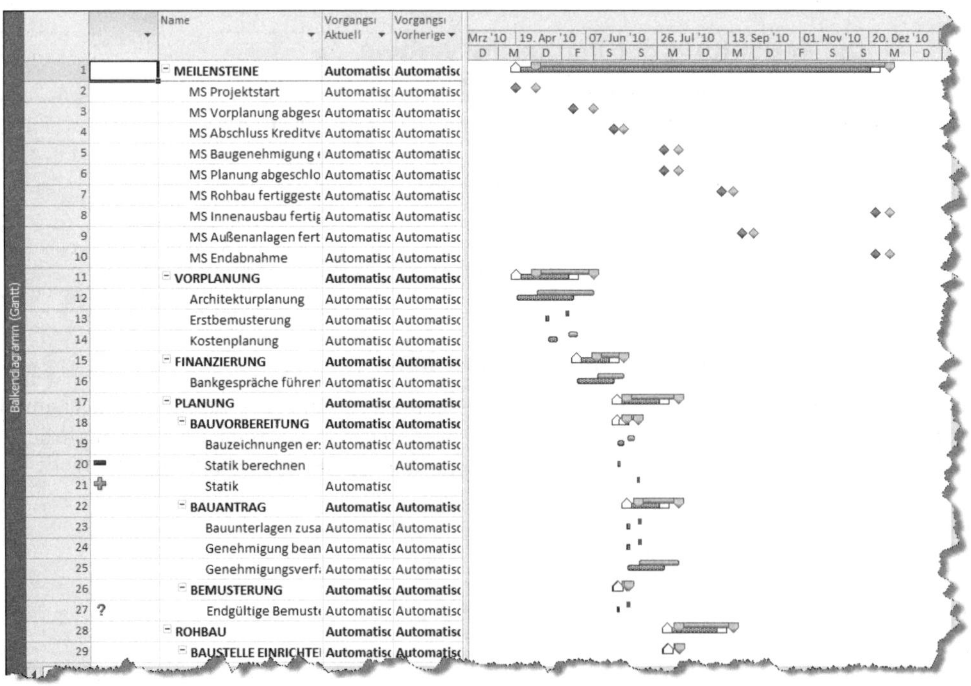

Um die Projekte tiefergehend zu vergleichen, stellt das Feature *Projekte vergleichen* noch einige Tools zur Verfügung, die Sie in den beiden Listenfeldern *Elemente* und *Spalten* der Registerkarte *Projekte vergleichen* finden. Diese Tools werden in den folgenden beiden Abschnitten beschrieben.

Abbildg. 11.19 Die Registerkarte *Projekte vergleichen* im Menüband

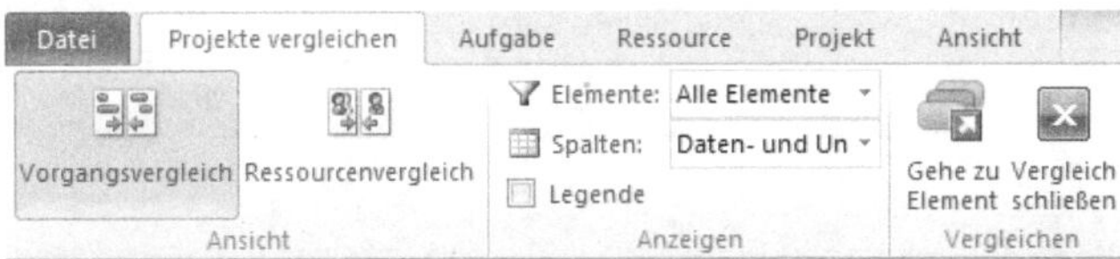

Diese Filter stehen Ihnen nur im Vergleichsprojekt zur Verfügung und sind auch nicht in der Liste der Projektfilter zu finden.

Abbildg. 11.20 Zur Verfügung stehende Filter im Vergleichsbericht

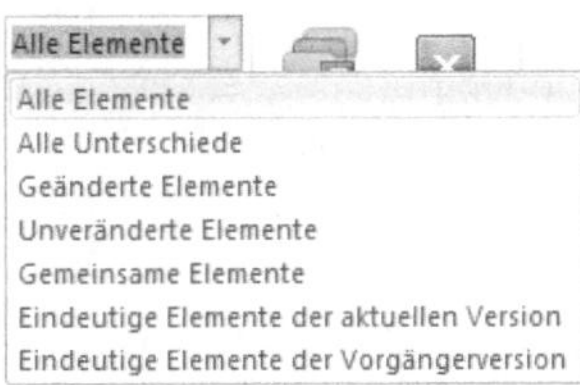

Tabelle 11.2 Die Filter und ihre Funktion

Filtername	Funktion
Alle Elemente	Alle Vorgänge beider Versionen anzeigen
Alle Unterschiede	Alle unterschiedlichen Vorgänge anzeigen, egal aus welchem der beiden Projekte sie stammen
Geänderte Elemente	Vorgänge, die in einer der beiden Versionen verändert wurden
Unveränderte Elemente	Vorgänge, die in keiner der beiden Versionen verändert wurden
Gemeinsame Elemente	Vorgänge, die in beiden Versionen gleich sind
Eindeutige Elemente der aktuellen Version	Vorgänge, die nur in der aktuellen Version vorhanden sind
Eindeutige Elemente der Vorgängerversion	Vorgänge, die nur in der Vorgängerversion vorhanden sind

Datentabellen des Vergleichsberichts

Zusätzlich werden in dem Vergleichsbericht noch verschiedene Tabellen angelegt, um die Fülle an zusätzlichen Daten der einzelnen Vorgänge reduzieren zu können. Es gibt zusätzliche Vorgangs- und – falls von Ihnen ausgewählt – auch Ressourcentabellen (Abbildung 11.15).

Abbildg. 11.21 Zur Verfügung stehende Tabellen im Vergleichsbericht

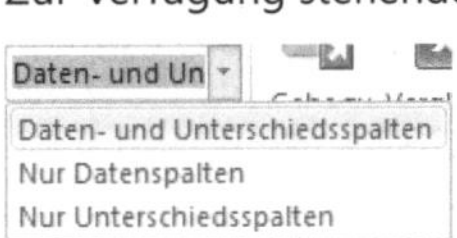

Tabelle 11.3 Tabellen im Vergleichsbericht

Tabellenname	Tabelleninhalt
Daten- und Unterschiedsspalten	Zeigt die Daten der beiden Versionen sowie die daraus resultierenden Differenzdaten an
Nur Datenspalten	Zeigt nur die Datenspalten beider Versionen an
Nur Unterschiedsspalten	Zeigt die Differenzspalten an

Zusammenfassung

In diesem Kapitel haben Sie gelernt, wie Sie einen bestimmten Stand Ihres Projekts als Basisplan sichern können, um anschließend die Änderungen im Projekt und die Differenz zur ursprünglichen Planung zu untersuchen.

Darüber hinaus haben Sie erfahren, wie Sie zwei Projektversionen miteinander vergleichen können.

Teil C
Projektausführung

Kapitel 12

Projekte überwachen und fortschreiben

In diesem Kapitel:

Ist der Zeitpunkt erreicht, an dem die Planung abgeschlossen ist und die Arbeit beginnen kann, beginnt auch ein neuer Abschnitt im Umgang mit Microsoft Project 2010. Die Arbeit des Projekt-Managers verändert sich nun, da er mehrere Aufgaben gleichzeitig zu erledigen hat:

- Er muss den Fortschritt des Projekts überwachen
- Die aktuellen Informationen zum Projekt müssen eingegeben werden
- Änderungen im Projekt müssen durch entsprechende Änderung der Planung berücksichtigt werden

Dieses Kapitel widmet sich primär zwei Punkten:

- Der Eingabe aktueller Informationen zu den Vorgängen
- Der Erkennung von Abweichungen im Projekt

Beginnen wir mit der Eingabe aktueller Informationen, da erst dann Abweichungen erkannt werden können, wenn auch der tatsächliche Projektablauf im Projektplan dokumentiert wird. Darüber hinaus wird auf einige Besonderheiten eingegangen, mit denen die Realität in einem Projekt genauer abgebildet werden kann.

WICHTIG Wenn das Projekt beginnt und Sie wollen Istwerte in den Plan eintragen, sollte vorher zumindest der erste Basisplan gespeichert sein (siehe hierzu Kapitel 11).

Wie kommen aktuelle Informationen in den Plan?

In den vorangegangenen Kapiteln hat sich bereits gezeigt, dass es bei der Arbeit mit Microsoft Project 2010 besonders wichtig ist, immer die richtigen Ansichten und Registerkarten im Menüband zu wählen, um die anstehenden Aufgaben möglichst effizient lösen zu können. Das ist bei der Eingabe aktueller Informationen zu den Vorgängen nicht anders.

Um genau erkennen zu können, welche Auswirkungen die Eingabe aktueller Informationen zu Vorgängen hat, bietet sich eine Variante der Ansicht *Vorgang: Eingabe* an, bei der Sie im oberen Bereich die Ansicht *Vorgang: Tabelle* anstelle von *Balkendiagramm (Gantt)* verwenden.

Um die in Abbildung 12.2 gezeigte Darstellung zu erhalten, klicken Sie zunächst im Menüband auf der Registerkarte *Ansicht* in der Befehlsgruppe *Vorgangsansichten* auf den Befehl *Gantt-Diagramm*. Wählen Sie über den Eintrag *Weitere Ansichten* die Ansicht *Vorgang: Eingabe* aus. Um eine andere Tabelle zu erhalten, klicken Sie in der Befehlsgruppe *Daten* auf den Befehl *Tabellen*. Dort wählen Sie die Tabelle *Abweichung*.

Im unteren Fenster erhalten Sie die in Abbildung 12.12 gezeigten Informationen durch einen Rechtsklick auf den Eintrag *Zeitplan*.

TIPP Durch einen Klick mit der rechten Maustaste auf das Quadrat am oberen linken Rand können Sie schnell zwischen den unterschiedlichen Tabellen umschalten.

Abbildg. 12.1 Schnelles Umschalten zwischen Tabellen

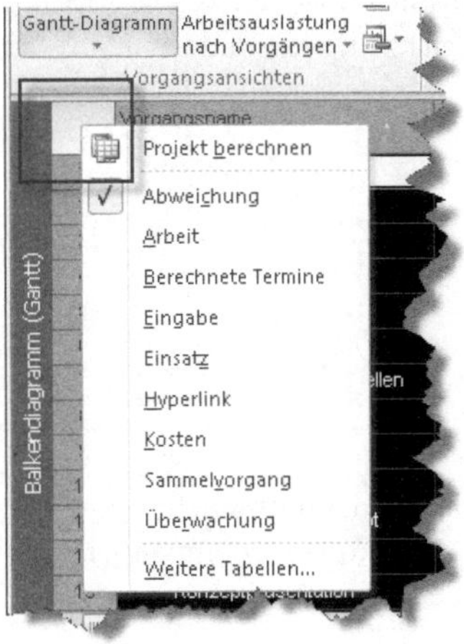

Werfen Sie einen Blick in Tabelle 12.1: Die dort aufgeführten Ansichtskombinationen von Tabellen im oberen und Maskenformaten im unteren Bereich bieten sich an.

Tabelle 12.1 Ansichtskombinationen zur Vorgangsüberwachung

Oberer Bildschirmbereich	Unterer Bildschirmbereich	Funktion
Tabelle *Abweichung*	Format *Terminplan*	Hier können Sie die Informationen zur Vorgangsdauer steuern
Tabelle *Kosten*	Format *Kosten*	In dieser Ansichtskombination finden Sie die wichtigsten Felder für die Eingabe von Kosteninformationen
Tabelle *Arbeit*	Format *Arbeit*	Hier finden Sie die wichtigsten Felder für die Eingabe von Arbeitsinformationen

Daneben gibt es noch eine Reihe weiterer Ansichten, die während der Projektüberwachung von Bedeutung sind. Dazu zählen natürlich auch die Ansichten, die zum Beispiel bereits in Kapitel 9 verwendet wurden. Denn bei der Überwachung des Projekts werden Sie zwangsläufig auch immer wieder mit der Neuplanung von Teilen des Projekts konfrontiert.

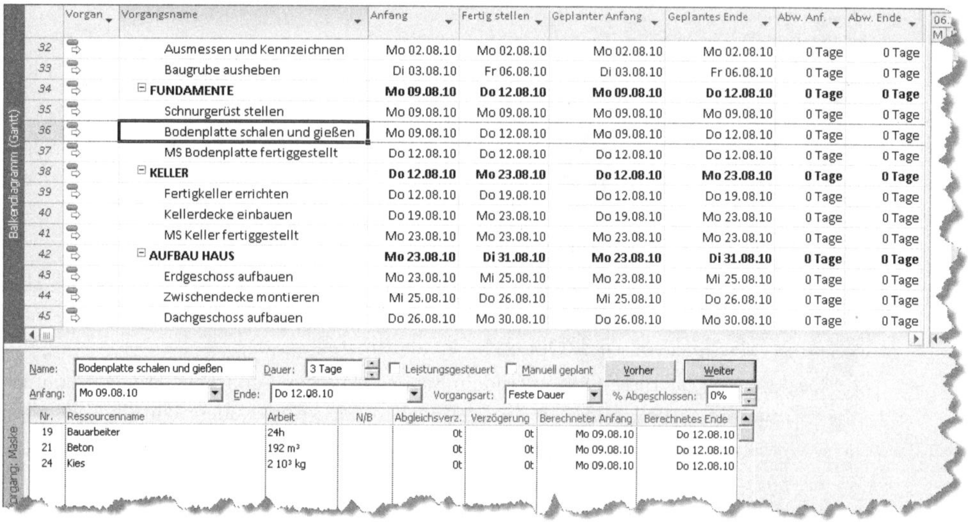

Abbildg. 12.2 Erste Ansichtskombination der Tabelle zum Überwachen von Projekten

Vorbereitung der Eingabe für die Überwachung

Project stellt für dieses Thema eine eigene Detailansicht *Vorgang: Einzelheiten* zur Verfügung. Sie erhalten diese per Klick im Menüband auf der Registerkarte *Aufgabe* in der Gruppe *Eigenschaften* auf das Symbol *Vorgangsdetails anzeigen*.

Abbildg. 12.3 Vorgangsdetails

Im unteren Fenster erscheinen nun zusätzlich alle benötigten Detailinformationen, um den Fortschritt der Vorgänge zu dokumentieren.

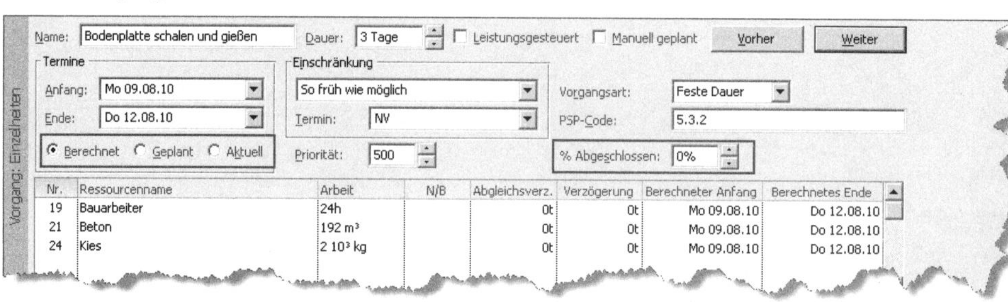

Abbildg. 12.4 Ansicht *Vorgang: Einzelheiten*

Die Optionen

Bevor Sie mit der Eingabe von Informationen beginnen, müssen Sie überlegen, welche Informationen in welcher Form aktualisiert werden sollen.

Project bietet dafür eine wichtige Funktionalität an: Die tatsächlich entstandenen Kosten können vom Benutzer auch manuell eingegeben werden. Dadurch werden die von Project errechneten Kosten überschrieben.

Sie wollen die aktuellen Kosten direkt eingeben und nicht von Project auf Basis der geleisteten Arbeit berechnen lassen:

1. Im Dialogfeld zum Befehl *Datei/Optionen* finden Sie in der Kategorie *Terminplan* (Abbildung 12.5) ganz unten bei den *Berechnungsoptionen* das Kontrollkästchen *Aktuelle Kosten werden immer von Project berechnet* vor. Diese Option ist standardmäßig gesetzt.
2. Deaktivieren Sie diese Option (indem Sie das Häkchen anklicken). Ab jetzt können (und müssen) Sie die aktuellen Kosten direkt eingeben. Sie können diese dann beispielsweise auch aus anderen Anwendungen übernehmen.
3. Sie können hier das Kontrollkästchen *Änderungen an den aktuellen Kosten werden bis zum Statusdatum verteilt* aktivieren. Dann werden die aktuellen Kosten bei noch laufenden Vorgängen nur bis zum Statusdatum und nicht bis zum Ende des Vorgangs verteilt. Dies ergibt in aller Regel ein realistischeres Bild des Projekts.

Abbildg. 12.5 Einstellungen zum Überwachen von Projekten

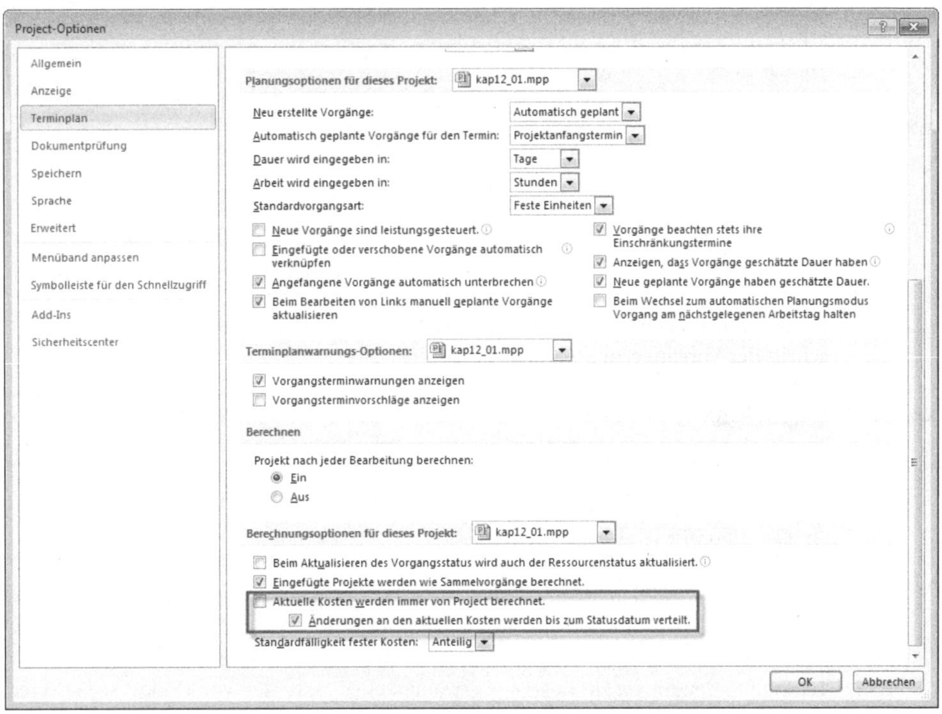

HINWEIS Sie können die aktuellen Informationen zu den Kosten nun an verschiedenen Stellen eingeben. Besonders leicht lassen sich aktuelle Kosten aus anderen Anwendungen in die Tabelle *Kosten* übernehmen. Wenn Sie Zuordnungsinformationen – also jene Kosten, die für einzelne Ressourcen bei Vorgängen angefallen sind – aus anderen Anwendungen übernehmen möchten, müssen Sie dazu Makros entwickeln, da keine Informationen direkt in die Vorgangsmasken, die Sie beispielsweise im unteren Teil der Ansicht *Vorgang: Eingabe* finden, kopiert werden können

Gehen Sie wie folgt vor, wenn Sie aktuelle Kosten manuell eingeben möchten:

1. Rufen Sie die Ansicht *Vorgang: Eingabe* auf und wählen Sie oben die Ansicht *Vorgang: Tabelle* mit der Tabelle *Kosten* aus.
2. Wählen Sie im unteren Bereich über das Kontextmenü das Format *Kosten* aus.
3. Sie können nun die Kosteninformationen für Vorgänge im oberen Bereich direkt in der Spalte *Aktuell* eingeben (Abbildung 12.6).
4. Die Kosteninformationen für die Zuordnung von Ressourcen und Vorgängen können Sie in der Tabelle im unteren Bereich in die Spalte *Akt. Kosten* eintragen.

Abbildg. 12.6 Ansicht zur Eingabe der aktuellen Kosten

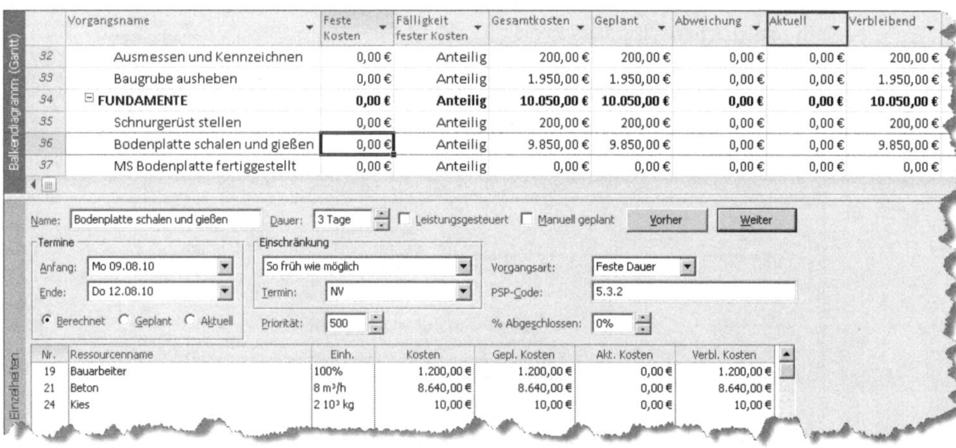

HINWEIS Die Kosten werden anteilig auf die zugeordneten Ressourcen verteilt. Wichtig dabei ist, dass sich die hier eingegebenen Informationen nur auf die Kosten der Arbeit beziehen. Die festen Kosten sind davon nicht betroffen. Sie dürfen also auch aus anderen Anwendungen nur die Kosten der Arbeit und nicht die Gesamtkosten einschließlich der festen Kosten eines Vorgangs übernehmen.

Dieser Ansatz, bei dem aktuelle Kosten direkt eingegeben werden, kann Ihnen eine deutlich verbesserte Genauigkeit im Projekt liefern. Allerdings ist die Wahrscheinlichkeit von Planabweichungen in diesem Fall deutlich höher, da Sie die Planung mit den Kostenberechnungen von Project durchführen und diesen die realen Kosten gegenüberstellen (statt den von Project selbst errechneten Kosten).

Eine zweite wichtige Option betrifft die Abhängigkeit von Ressourcen- und Vorgangsstatus. Grundsätzlich wird der Status von Ressourcen dann verändert, wenn der Status des Vorgangs verändert wird. Ein Beispiel: Wenn der Vorgang zu 50 % abgeschlossen ist, geht Project davon aus, dass auch die Arbeit der an dem Vorgang beteiligten Ressourcen zu jeweils 50 % abgeschlossen ist.

Dieser Ansatz ist nicht unlogisch. Er funktioniert aber nicht, wenn die Informationen zu den Ressourcen in Form tatsächlich geleisteter Arbeit manuell eingegeben werden.

Nehmen wir an, Sie möchten die Informationen zur Arbeit der Ressourcen manuell eingeben:

1. Rufen Sie den Befehl *Datei/Optionen* auf und wechseln Sie zur Kategorie *Terminplan* (Abbildung 12.7).
2. Deaktivieren Sie das Kontrollkästchen *Beim Aktualisieren des Vorgangsstatus wird auch der Ressourcenstatus aktualisiert.*

Abbildg. 12.7 Einstellungen zur Aktualisierung

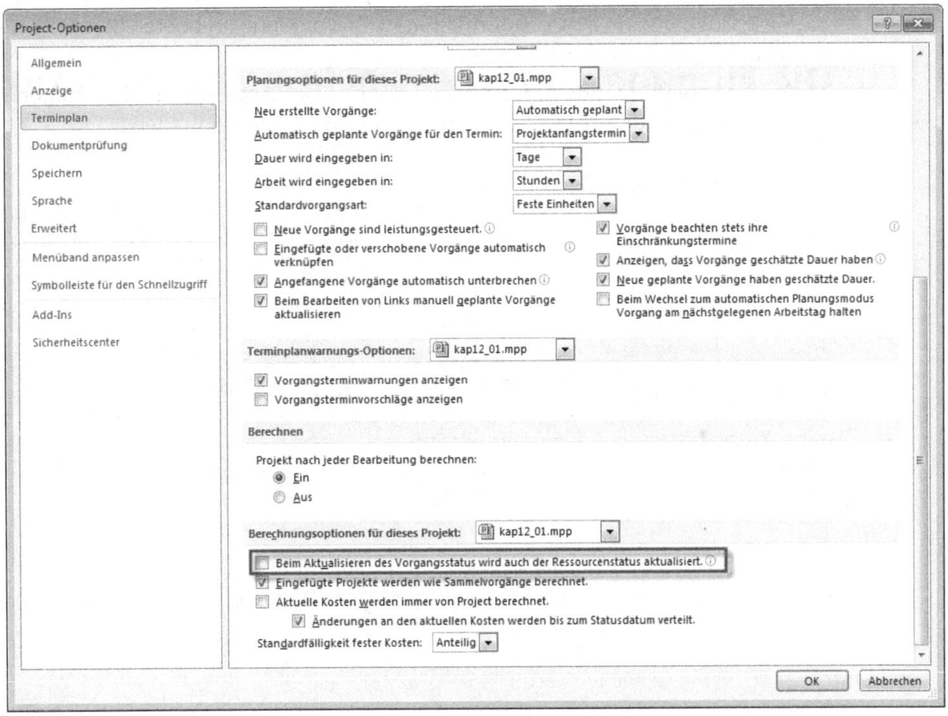

Die Änderungen, die Sie an dem Fortschritt eines Vorgangs durchführen, wirken sich damit nicht mehr auf die Ressourcen aus. Sie müssen den Arbeitsfortschritt bei den Ressourcen daher manuell eingeben bzw. aus anderen Anwendungen übernehmen.

HINWEIS Diese Option ist zwingend, wenn Sie in Ihrem Projekt Rückmeldungen über die tatsächlich geleistete Arbeit erhalten möchten und diese Informationen daher nicht durch Project errechnet werden sollen.

Sie können diese Einstellung nur für das gesamte Projekt und nicht selektiv für einzelne Vorgänge treffen!

Die Eingabe der aktuellen Arbeit muss in der Vorgangsmaske und damit für die einzelnen Zuordnungen erfolgen. Das bedeutet, dass diese Informationen auch nur über Makros aus anderen Anwendungen importiert werden können.

Informationen zur aktuellen Arbeit geben Sie wie folgt ein:

1. Wählen Sie die Ansicht *Vorgang: Eingabe* aus.
2. Rufen Sie im unteren Bereich das Format *Arbeit* auf.
3. Geben Sie in der Spalte *Akt. Arbeit* die tatsächlich durch die Ressourcen geleistete Arbeit ein.

Auf Basis dieser Arbeitsinformationen errechnet Project die aktuellen Kosten. Falls Sie die aktuellen Kosten manuell eingeben, ist es nicht sinnvoll, die aktuelle Arbeit ebenfalls auf diese Weise einzugeben. Das wäre nur dann von Nutzen, wenn Sie die Informationen über die tatsächlich geleistete Arbeit später für die Analyse Ihres Projekts benötigen.

Die Eingabe von Überwachungsinformationen

Nachdem diese Einstellungen entsprechend Ihren Anforderungen festgelegt sind, kann es an die eigentliche Überwachung des Projekts gehen.

Zur Berechnung der Abweichungen verwendet Project 2010 folgende Felder: *Berechnet*, *Geplant* und *Aktuell*. Die Tabelle 12.2 zeigt den Inhalt der Felder für einen Vorgang vor dem Speichern des Basisplans.

Tabelle 12.2 Vorgang ohne Basisplan und aktuelle Werte

	Anfang	Ende	Dauer	Arbeit	Kosten
Berechnet	3.5.2010	4.5.2010	2 Tage	16 Std.	160,00 €
Geplant	NV	NV	NV	NV	NV
Aktuell	NV	NV	NV	NV	NV

Beim Speichern des Basisplans werden alle relevanten Informationen (Termine, Arbeit und Kosten) von den berechneten Feldern in die geplanten Felder kopiert. Diese bilden dann den Basisplan, der als Vergleichsgröße dient (Tabelle 12.3).

Tabelle 12.3 Vorgang mit Basisplan, ohne aktuelle Werte

	Anfang	Ende	Dauer	Arbeit	Kosten
Berechnet	3.5.2010	4.5.2010	2 Tage	16 Std.	160,00 €
Geplant	3.5.2010	4.5.2010	2 Tage	16 Std.	160,00 €
Aktuell	NV	NV	NV	NV	NV

Die tatsächlichen Werte werden dann in die Felder *Aktueller Anfang*, *Aktuelles Ende*, *Aktuelle Dauer*, *Aktuelle Arbeit* und *Aktuelle Kosten* eingetragen. Project übernimmt diese Werte in die *berechneten* Felder *Anfang*, *Ende*, *Dauer*, *Arbeit* und *Kosten* und stellt somit wieder ein neues berechnetes Terminplanmodell zur Verfügung. Die Daten im Basisplan werden durch die Eingabe der aktuellen Werte nicht geändert (Tabelle 12.4).

Tabelle 12.4 Vorgang nach Eingabe aktueller Werte

	Anfang	Ende	Dauer	Arbeit	Kosten
Berechnet	3.5.2010	5.5.2010	3 Tage	24 Std.	240,00 €
Geplant	3.5.2010	4.5.2010	2 Tage	16 Std.	160,00 €
Aktuell	3.5.2010	5.5.2010	3 Tage	24 Std.	240,00 €

Project stellt mehrere Optionen zur Eingabe der aktuellen Daten zur Verfügung:

- Sie können einen oder mehrere Vorgänge auswählen. Wählen Sie den Befehl *Aufgabe/Zeitplan/Vorgänge aktualisieren.* Die Option *Als plangemäß markieren* führt eine Aktualisierung der Vorgänge entsprechend der aktuell fortgeschriebenen Planung bis zum aktuellen Datum bzw. Statusdatum durch.
- Sie können differenzierter arbeiten und die Aktualisierung eines oder mehrerer Vorgänge über das Symbol *Vorgänge aktualisieren* durchführen. In diesem Fall sollten Sie detaillierte Informationen zum Vorgang in einem Dialogfeld eingeben (Abbildung 12.8).

Abbildg. 12.8 Eingabe aktueller Vorgangsinformationen

- Sie können einen oder mehrere Vorgänge auswählen und eine der Optionen zwischen 0 % und 100 % auswählen, um diesen gemäß der fortgeschriebenen Planung zu aktualisieren. Der Fortschritt wird dann entsprechend des von Ihnen gewählten Prozentwerts berechnet.

Nur wenn Sie die im letzten Abschnitt beschriebenen Optionen gewählt haben, ist es sinnvoll, differenzierte Informationen zu den einzelnen Ressourcen einzugeben. Andernfalls wird die aktuell geleistete Arbeit durch Project berechnet.

Ein Vorgang soll als 100 % abgeschlossen definiert werden:

1. Markieren Sie den Vorgang.
2. Wählen Sie auf der Registerkarte *Aufgabe* in der Gruppe *Zeitplan* die Option *100 % erledigt* aus.
3. Der Vorgang wird damit entsprechend der Planung aktualisiert.

HINWEIS Bei Meilensteinen bietet sich diese Vorgehensweise an, wenn Sie eine Dauer von *0t* haben. Da Meilensteine mit anderen Vorgängen verknüpft sind, werden Verschiebungen automatisch berücksichtigt.

Sobald Sie einen Vorgang als vollständig abgeschlossen markiert haben, wird in der Spalte *Indikatoren* ein Häkchen angezeigt. Dieses symbolisiert, dass der Vorgang beendet ist.

CD-ROM In unserem Beispielprojekt *Kap12_01.mpp* (siehe die Beispieldateien zum Buch im Ordner *\Buch\Kap12*) ist bis zum Meilenstein *MS Planung abgeschlossen* alles zu 100 % abgeschlossen. Der Vorgang *Bauzaun aufstellen* hat bereits begonnen, wird aber statt dem geplanten halben Tag nun drei Tage dauern.

Diese Information soll nun ebenfalls im Projektplan eingegeben werden:

1. Markieren Sie den Vorgang *Bauzaun aufstellen.*
2. Rufen Sie das Dialogfeld *Vorgänge aktualisieren* auf (Abbildung 12.9).
3. Geben Sie für *Akt. Dauer* den Wert *2* und für *Verbl. Dauer* den Wert *1* ein.
   Der Wert *1* muss explizit eingetragen werden, da Project sonst die Eingabe nicht als Änderung erkennt.
4. Schließen Sie das Dialogfeld per Klick auf die Schaltfläche *OK*. Sie können vorher auch noch durch Auswahl der Schaltfläche *Notizen* Informationen eingeben, in denen Sie die Ursache für die Änderungen bei dem Vorgang beschreiben.

Abbildg. 12.9 Vorgang *Bauzaun aufstellen* fortschreiben

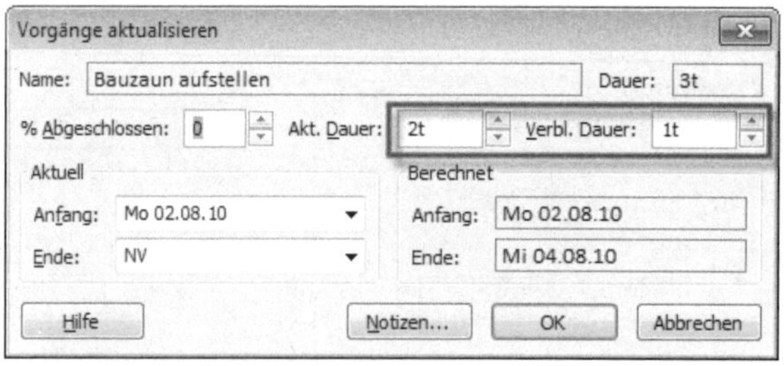

Durch die Aktualisierung des Vorgangs wird auch die Arbeit beim Vorgang neu berechnet (Abbildung 12.10), da die Option *Aktualisierung des Vorgangsstatus aktualisiert den Ressourcenstatus* gesetzt ist.

Sie können hier wiederum angepasste Informationen über die tatsächliche Arbeit eingeben.

HINWEIS Bei der Eingabe von Informationen über die tatsächlich geleistete Arbeit müssen Sie vorsichtig vorgehen. Project aktualisiert die Dauer des Vorgangs, wenn die eingegebene Arbeit nicht innerhalb der im Kalender definierten Zeiten geleistet werden kann. Das gilt auch, wenn der Vorgang bereits zu 100 % abgeschlossen ist.

Abbildg. 12.10 Veränderung der Arbeit gegenüber dem Planwert

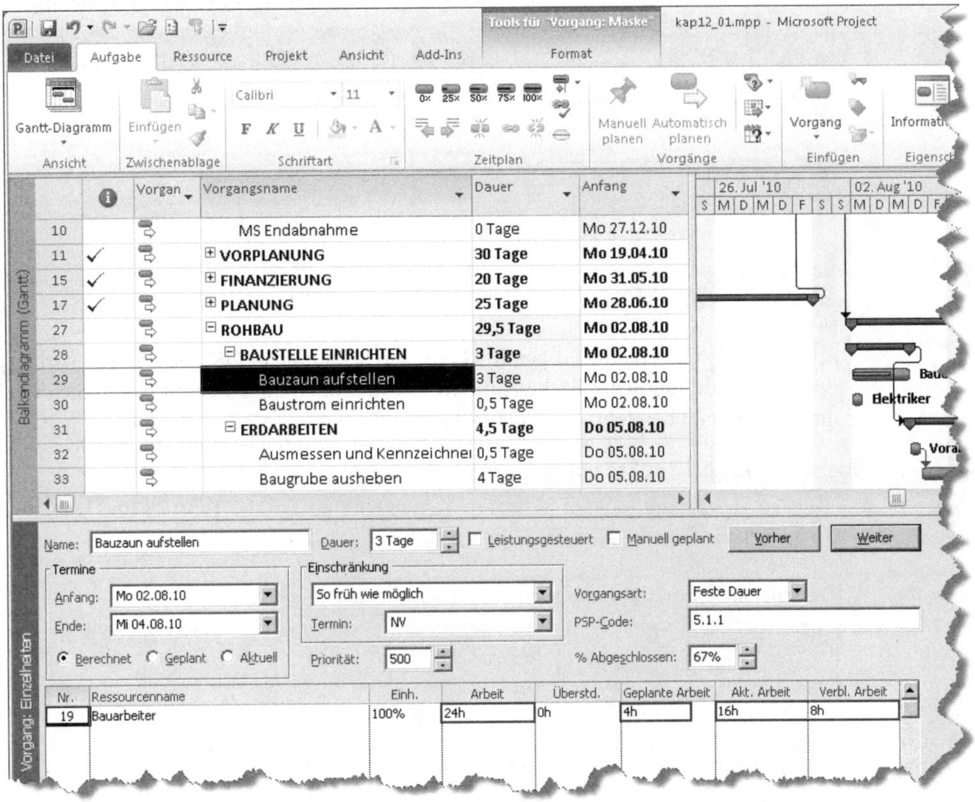

Sie möchten überprüfen, in welchem Umfang die Ressource *Bauarbeiter* während der Laufzeit des Projekts noch verfügbar bzw. bereits verplant ist:

1. Rufen Sie mithilfe der Auswahlliste des Befehls *Gantt-Diagramm* die Ansicht *Ressource Einsatz* auf.
2. Wählen Sie in der rechten Hälfte des Bildschirms über das Kontextmenü zur Spalte *Einzelheiten* die Optionen *Arbeit, Aktuelle Arbeit* und *Restverfügbarkeit* aus. Sie sehen nun für jeden Vorgang und jede Ressource drei Zeilen mit Informationen.
3. Dort sehen Sie in den zusammenfassenden drei Zeilen, welche die gesamte Zuordnung kumuliert anzeigen, dass die Ressource *Bauarbeiter* in Kalenderwoche 33 bis Kalenderwoche 34 keine Restverfügbarkeit mehr hat (Abbildung 12.11).

Abbildg. 12.11 Überprüfung des Ressourceneinsatzes

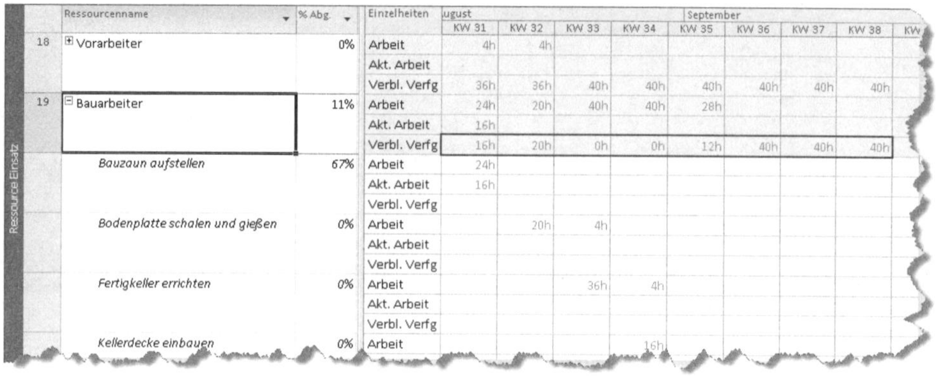

Sie möchten nun die prozentuale Auslastung zu der gewählten Zeiteinheit (in diesem Fall Wochen) zusätzlich als Prozentwert sehen:

1. Klicken Sie mit der rechten Maustaste in den rechten Teil des Fensters und wählen Sie im Kontextmenü den Eintrag *Einzelheitenarten* aus.

Abbildg. 12.12 Zusätzliche Felder im rechten Teil der Ansicht *Ressource: Einsatz*

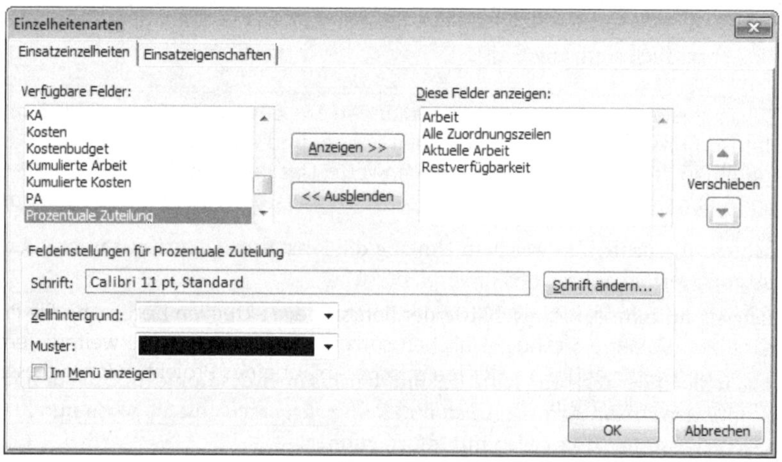

2. Im nun angezeigten Dialogfeld (Abbildung 12.12) wählen Sie im linken Listenfeld den Eintrag *Prozentuale Zuteilung* aus und klicken auf *Anzeigen*, um diese Information in der Liste als vierte Zeile zugänglich zu machen.
3. Bestätigen Sie das Dialogfeld *Einzelheitenarten* mit *OK*.

Der Abbildung 12.13 können Sie entnehmen, dass die Ressource *Bauarbeiter* nur in den Kalenderwochen 33 und 34 zu 100 % verplant ist. Die Ressource wäre also durchaus noch für andere Arbeiten verfügbar, sei es in Ihrem eigenen Projekt oder für andere Projekte.

Abbildg. 12.13 Zusätzliche Anzeige der prozentualen Zuteilung

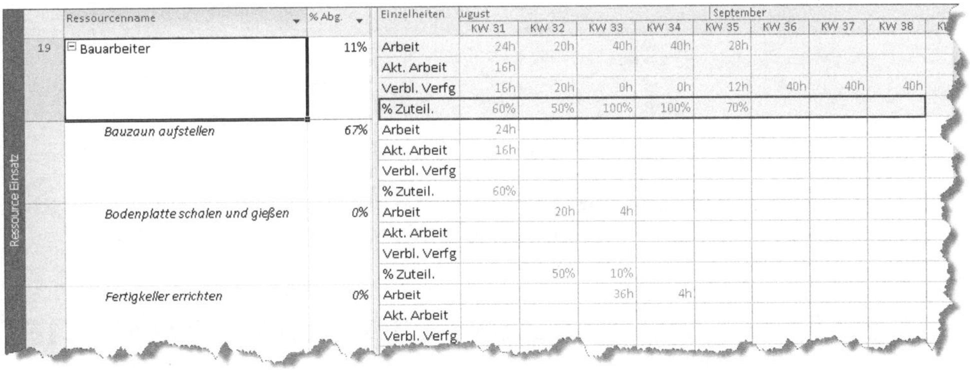

	Ressourcenname	% Abg.	Einzelheiten	KW 31	KW 32	KW 33	KW 34	KW 35	KW 36	KW 37	KW 38
19	Bauarbeiter	11%	Arbeit	24h	20h	40h	40h	28h			
			Akt. Arbeit	16h							
			Verbl. Verfg	16h	20h	0h	0h	12h	40h	40h	40h
			% Zuteil.	60%	50%	100%	100%	70%			
	Bauzaun aufstellen	67%	Arbeit	24h							
			Akt. Arbeit	16h							
			Verbl. Verfg								
			% Zuteil.	60%							
	Bodenplatte schalen und gießen	0%	Arbeit		20h	4h					
			Akt. Arbeit								
			Verbl. Verfg								
			% Zuteil.		50%	10%					
	Fertigkeller errichten	0%	Arbeit			36h	4h				
			Akt. Arbeit								
			Verbl. Verfg								

Aktuelles Datum und Statusdatum

Das *Statusdatum* ist sozusagen ein virtuelles **aktuelles** Datum, welches nur für das Projekt gilt. Auf genau dieses Datum bezieht sich Project bei der Aktualisierung der Vorgänge. Project betrachtet alle Vorgänge, die vom Statusdatum aus in der Vergangenheit liegen und kontrolliert deren Fertigstellungsgrad. Diese Vorgänge werden entsprechend der Einstellungen über den Befehl *Datei/Optionen/Erweitert* im Bereich *Berechnungsoptionen für dieses Project* und den Optionen, wie sie aus Abbildung 12.7 ersichtlich sind, angepasst.

WICHTIG Gleichgültig, welche Einstellungen Sie bevorzugen, eines gilt immer: Werte, die vom Statusdatum aus in der Vergangenheit liegen, sind nach dem Aktualisieren *Istwerte*. Werte, die dagegen in der Zukunft liegen, sind *Planwerte*. Das bedeutet, Sie können Ihre ursprünglichen Planungen nur weiterhin sehen, wenn Sie vor dem ersten Aktualisieren einen *Basisplan* gespeichert haben.

HINWEIS Microsoft Project 2010 orientiert sich am aktuellen Datum, bis Sie ein Statusdatum gesetzt haben. Solange Sie nur »Häkchen setzen« wollen und keine weitere Terminverfolgung anstreben, mag dies genügen – der realistische Ablauf eines Projekts wird in diesem Falle jedoch nicht wirklich berücksichtigt.

Statusdatum setzen

Sie können beispielsweise in der zuletzt vorgestellten Vorgehensweise eine Aktualisierung des Projekts bis zum Statusdatum bzw. zum aktuellen Datum vornehmen. Diese Daten können Sie manuell setzen.

Gehen Sie hierzu wie folgt vor:

1. Klicken Sie im Menüband auf der Registerkarte *Projekt* in der Gruppe *Status* auf den Befehl *Statusdatum*.
2. Im Feld *Statusdatum* geben Sie nun das gewünschte (Status-)Datum an, bis zu welchem die Aktualisierung erfolgen soll (Abbildung 12.14).
3. Schließen Sie das Dialogfeld durch Auswahl der Schaltfläche *OK*.

Abbildg. 12.14 Statusdatum setzen

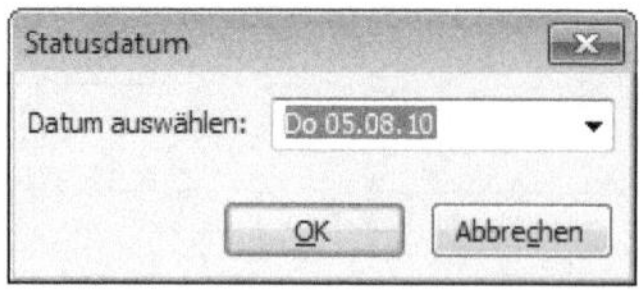

Sie können sich damit nun beispielsweise Fortschrittslinien in Ihrem Projekt anzeigen lassen. Diese zeigen im *Balkendiagramm (Gantt)* an, welchen Status das Projekt hat.

Projekt mit den Istwerten neu berechnen

Haben Sie die Istwerte eingegeben, bleibt noch ein weiterer Schritt übrig. Sehr oft ist es so, dass die Arbeit eines Vorgangs zu anderen Zeitpunkten geplant war, als sie letztendlich durchgeführt wird. Beispielsweise wird ein Teil der Arbeit am Vorgang *Fertigkeller errichten* zwei Tage später durchgeführt, als ursprünglich geplant. Dadurch werden sich die nachfolgenden Vorgänge logischerweise ebenfalls verschieben. Dies muss natürlich von Project entsprechend berücksichtigt werden. Mit anderen Worten, die theoretische Verschiebung der Vorgänge muss sich auch im Plan widerspiegeln.

CD-ROM Lassen Sie uns die Planung des Beispielprojekts *Kap12_02.mpp* betrachten (siehe die Beispieldateien zum Buch im Ordner *\Buch\Kap12*).

HINWEIS Der Einfachheit halber, damit Sie sich auf diesen einen Beispielvorgang konzentrieren können, wurden die Vorgänger alle zu 100 % abgeschlossen.

Der Vorgang ist geplant von Dienstag, 17.08.2010, bis Freitag, 20.08.2010.

Abbildg. 12.15 Planwerte des Vorgangs *Fertigkeller errichten*

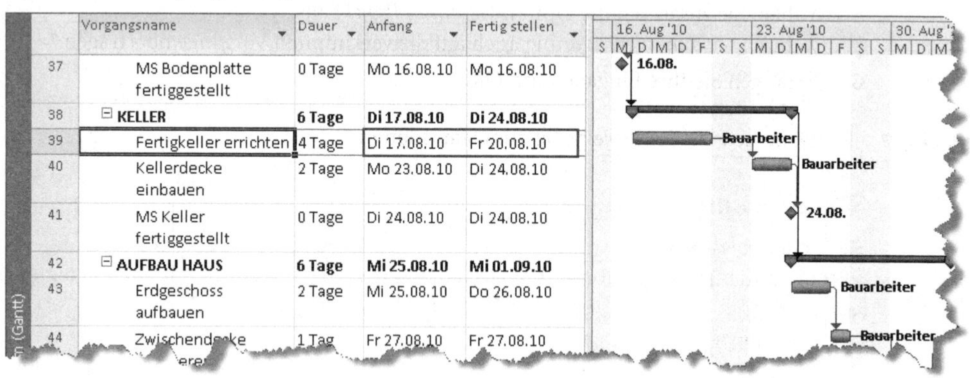

	Vorgangsname	Dauer	Anfang	Fertig stellen
37	MS Bodenplatte fertiggestellt	0 Tage	Mo 16.08.10	Mo 16.08.10
38	**KELLER**	**6 Tage**	**Di 17.08.10**	**Di 24.08.10**
39	Fertigkeller errichten	4 Tage	Di 17.08.10	Fr 20.08.10
40	Kellerdecke einbauen	2 Tage	Mo 23.08.10	Di 24.08.10
41	MS Keller fertiggestellt	0 Tage	Di 24.08.10	Di 24.08.10
42	**AUFBAU HAUS**	**6 Tage**	**Mi 25.08.10**	**Mi 01.09.10**
43	Erdgeschoss aufbauen	2 Tage	Mi 25.08.10	Do 26.08.10
44	Zwischendecke ...	1 Tag	Fr 27.08.10	Fr 27.08.10

Die geplante Arbeit verteilt sich nach Project mit jeweils acht Stunden auf die Werktage, beginnend ab Dienstag.

Abbildg. 12.16 Geplante Arbeit für *Ressource Bauarbeiter* auf dem Vorgang *Fertigkeller errichten*

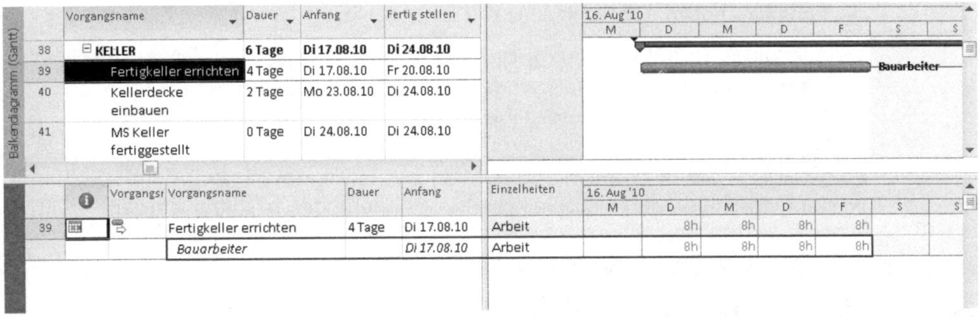

Nehmen wir nun an, der Bauarbeiter hat zwar am Dienstag mit der Arbeit an diesem Vorgang begonnen, allerdings nur an diesem Tag gearbeitet und dann nicht mehr. Zugleich hat er dem Projektleiter gemeldet, dass er zu 25 % mit der Arbeit an diesem Vorgang fertig ist, was der Projektleiter auch im Projektplan entsprechend eingetragen hat, wie im Abschnitt »Die Eingabe von Überwachungsinformationen« ab Seite 334 beschrieben wurde. Dadurch entsteht nun mindestens eine Verzögerung von einem Tag. Diese Verzögerung wird auch Auswirkungen auf die folgenden Vorgänge haben und soll sich natürlich auch im Projektplan widerspiegeln. Weiterhin gehen wir davon aus, dass sich das Projekt statusmäßig am 19.08.2010 befindet.

Der Projektmanager muss nun folgende Schritte durchführen, um das Projekt entsprechend auf den aktuellen Stand zu bringen:

1. Klicken Sie im Menüband auf der Registerkarte *Projekt* in der Gruppe *Status* auf den Befehl *Statusdatum*. Geben Sie im Feld *Statusdatum* den *19.08.2010* ein.
2. Bestätigen Sie die Eingabe mit *OK*.
3. Rufen Sie nun den Befehl *Projekt/Status/Projekt aktualisieren* auf.
4. Wählen Sie die Option *Anfang nicht abgeschlossener Arbeiten verschieben auf Datum nach* aus. Im dazugehörigen Datumsfeld werden Sie das zuvor eingegebene Statusdatum wiederfinden.
5. Wählen Sie zusätzlich die Option *Gesamtes Projekt* aus.
   Dadurch wird die Verzögerung auch auf die verknüpften Vorgänge übertragen.
6. Bestätigen Sie Ihre Eingaben mit *OK*.

Abbildg. 12.17 Neuberechnen des Projekts bis zum Statusdatum

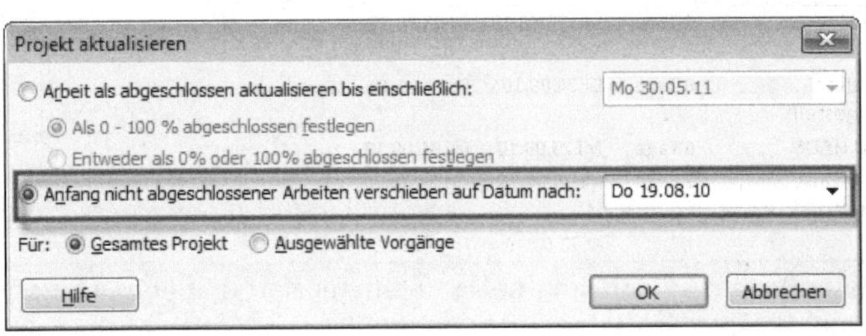

Nach der Neuberechnung sehen Sie im Projektplan folgende Ergebnisse:

- Der Vorgang wurde entsprechend der ursprünglichen Planung am Dienstag, den 17.08.2010, begonnen und zu 25 % abgeschlossen, was 8 Stunden (1 Tag entspricht)

- Die restliche geplante Arbeit (24 Stunden) wurde auf den beginnenden Arbeitstag des Statusdatums verschoben. Die senkrechte rote Linie des Statusdatums zeigt das Ende des Arbeitstags an.
- Alle folgenden mit diesem Vorgang verknüpften Vorgänge wurden entsprechend der logischen Verknüpfung in die Zukunft verschoben. Dies verdeutlicht Project dadurch, dass alle veränderten Termine farblich hervorgehoben werden.

HINWEIS Die farbliche Hervorhebung der Termine wird nach dem Speichern des Projekts wieder gelöscht, da durch das Speichern die Änderungen bestätigt werden.

Abbildg. 12.18 Auswirkungen der Projektaktualisierung

Schnelle Projektaktualisierung

Alternativ zur Aktualisierung einzelner Vorgänge, wie oben behandelt, gibt es im Menüband auf der Registerkarte *Projekt* in der Gruppe *Status* den Befehl *Projekt aktualisieren*. Damit können Sie eine Aktualisierung aller Vorgänge bis zu einem vorgegebenen Datum durchführen (Abbildung 12.19). Dazu müssen Sie aber in eine Ansicht wechseln, in der dieser Befehl verfügbar ist, wie zum Beispiel die Ansicht *Balkendiagramm (Gantt)*.

Abbildg. 12.19 Projekt schnell aktualisieren

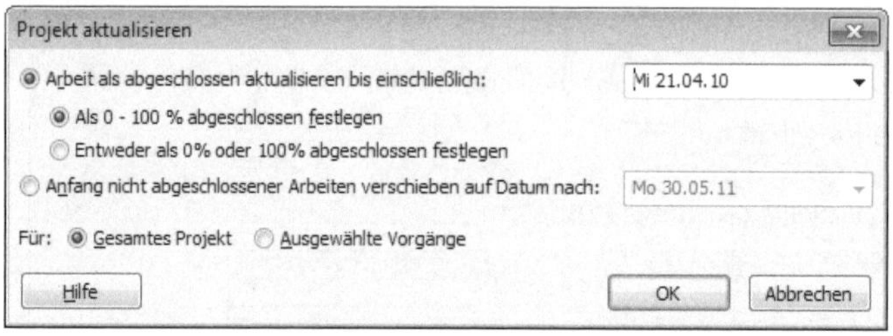

Sie können hier definieren, für welche Vorgänge und welchen Zeitraum die Aktualisierung gelten soll. Als Datum wird das aktuelle Datum bzw. das Statusdatum, falls dieses gesetzt ist, angezeigt.

HINWEIS Dieser Ansatz ist verhältnismäßig undifferenziert und empfiehlt sich daher in aller Regel nicht. Denn in wenigen Projekten verlaufen die Vorgänge tatsächlich so, wie sie ursprünglich geplant wurden.

TIPP Als Kompromiss zwischen dieser ungenauen Fortschreibung und der sehr aufwändigen, wie weiter oben beschrieben, können Sie die zweite Option in diesem Dialogfeld wählen:

1. Schreiben Sie die Vorgänge nach dem prozentualen Fertigstellungsgrad fort, mithilfe der Schaltflächen im Menüband *Aufgabe/Zeitplan* oder im Dialogfeld *Vorgänge aktualisieren* (Abbildung 12.8 auf Seite 335).
2. Anschließend wählen Sie über den Befehl *Projekt/Status/Projekt aktualisieren* die Option *Anfang nicht abgeschlossener Vorgänge verschieben auf Datum nach.*
3. Wählen Sie im Datumsfeld das für das Projekt gültige Statusdatum aus (siehe hierzu den Abschnitt »Statusdatum setzen« ab Seite 339).

Fortschrittslinien in Project einblenden

So erhalten Sie eine grafische Anzeige im *Balkendiagramm (Gantt)*, wie sich der Fortschritt des Projekts verhält:

1. Klicken Sie mit der rechten Maustaste in den Bereich des Balkendiagramms und wählen Sie im Kontextmenü den Befehl *Fortschrittslinien* aus.
2. Wählen Sie im Dialogfeld *Fortschrittslinien* (Abbildung 12.20) die Registerkarte *Daten und Intervalle.*
3. Aktivieren Sie das Kontrollkästchen *Anzeigen* und wählen Sie die Option *Projektstatusdatum.*
4. Zusätzlich können Sie noch periodische Intervalle angeben, in welchen sich die Fortschrittslinien wiederholen sollen.

Abbildg. 12.20 Fortschrittslinien einblenden

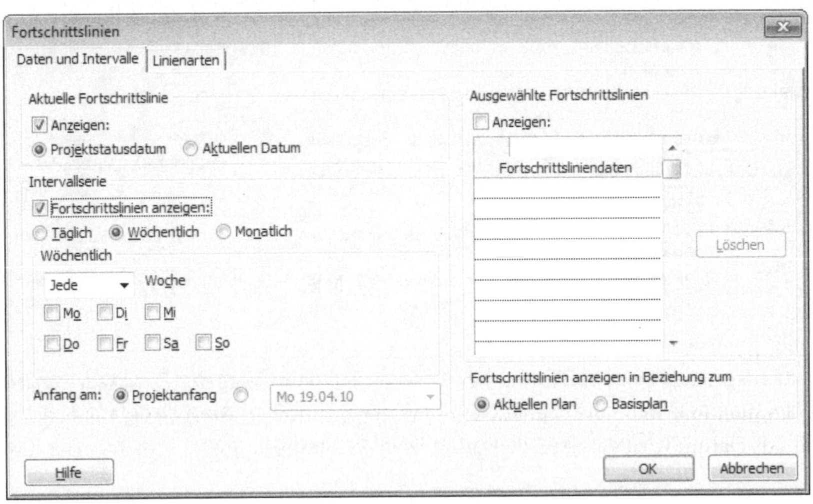

5. Rechts unten im Dialogfeld können Sie noch entscheiden, ob sich die Linien auf den aktuellen Plan oder einen gespeicherten Basisplan beziehen sollen.
6. Holen Sie die Registerkarte *Linienarten* in den Vordergrund, um das Erscheinungsbild der Fortschrittslinien zu formatieren (Abbildung 12.21).
7. Sie können hier nun Form, Farbe, Linienart und Fortschrittspunkte bestimmen.

Abbildg. 12.21 Fortschrittslinien formatieren

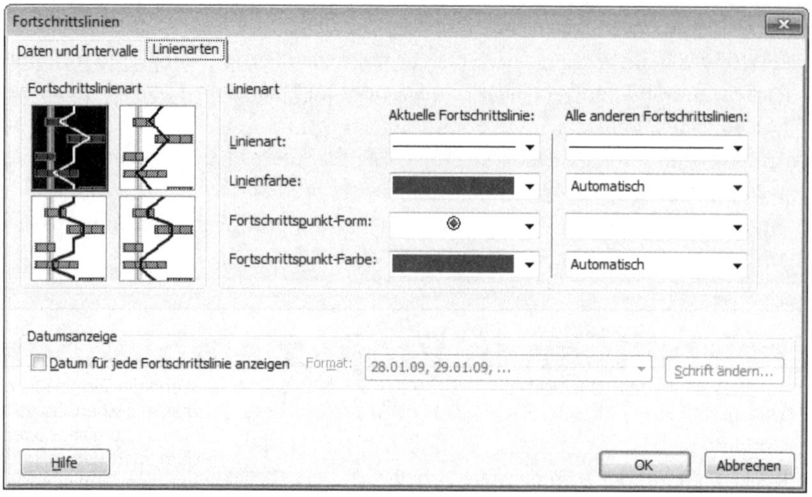

Die Abbildung 12.22 zeigt Ihnen eine entsprechende Fortschrittslinie und zusätzliche Hilfslinien. Eine Abweichung nach links bedeutet, dass eine Aktivität verspätet ist; eine Abweichung nach rechts gibt an, dass eine Aktivität vor dem berechneten Termin liegt.

Abbildg. 12.22 Fortschrittslinien im Balkenplan

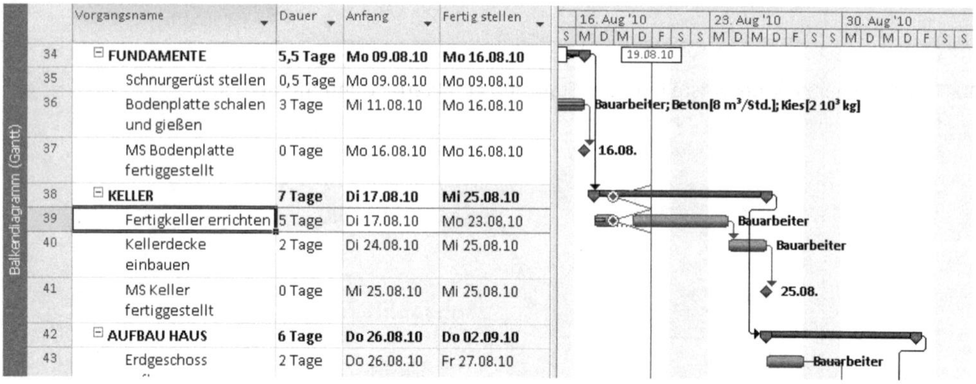

Im vorliegenden Fall (Abbildung 12.22) sehen Sie beim Vorgang *Fertigkeller errichten* bereits eine Verspätung, was sich natürlich auch in dem dazugehörigen Sammelvorgang *Keller* und dem abhängigen Nachfolger *Kellerdecke einbauen* bemerkbar macht.

Statusfelder verwenden

In Project 2010 gibt es zwei Felder, die sich direkt auf das Statusdatum und den Fortschritt der Vorgänge beziehen.

Es handelt sich um:

- *Status*
- *Statusanzeige*

Diese Felder sind von Project berechnete Felder und können nicht manuell geändert werden. Beide beziehen sich auf den gleichen Inhalt und sind als Symbol (*Statusanzeige*) oder Text (*Status)* dargestellt. In Tabelle 12.5 finden Sie eine Beschreibung dieser Felder. Sehen Sie sich ergänzend hierzu bitte die Abbildung 12.23 an.

Tabelle 12.5 Status von Vorgängen

Statusanzeige	Status	% Abgeschlossen	Beschreibung
	Abgeschlossen	100 %	
	Termingerecht	0 % < x < 100 %	Wenn der Termin für *Fortgeschritten bis* maximal einen Tag vor dem Statusdatum liegt oder bereits nach dem Statusdatum, dann ist der Vorgang *Termingerecht*
	Verspätet	0 % < x < 100 %	Liegt der Termin für *Fortgeschritten bis* mehr als einen Tag vor dem Statusdatum, dann gilt der Vorgang als *Verspätet*
Kein Indikator	*Zukünftiger Vorgang*	0 %	Wenn der Anfangstermin des Vorgangs nach dem Statusdatum liegt, enthält das Feld *Status* den Wert *Zukünftiger Vorgang*

Abbildg. 12.23 Schematische Darstellung der Statusfelder in Verbindung mit dem Statusdatum

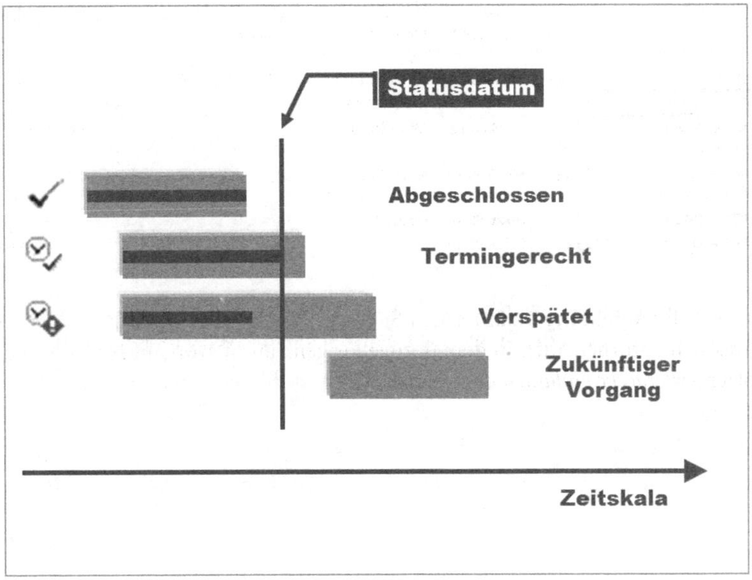

Statusfelder einblenden

Um Statusfelder einzublenden (Abbildung 12.24), gehen Sie wie folgt vor:

1. Klicken Sie mit der rechten Maustaste auf die Position im Spaltenkopf einer Vorgangstabelle, an der Sie die Felder einfügen möchten.
2. Wählen Sie im Kontextmenü den Befehl *Spalte einfügen* und suchen Sie im Listenfeld *Feldname* den Eintrag *Statusanzeige*.
3. Bestätigen Sie die Auswahl mit *OK*.
4. Gehen Sie für das Feld *Status* gleichermaßen vor.

Abbildg. 12.24 Darstellung der Felder *Statusanzeige* und *Status*

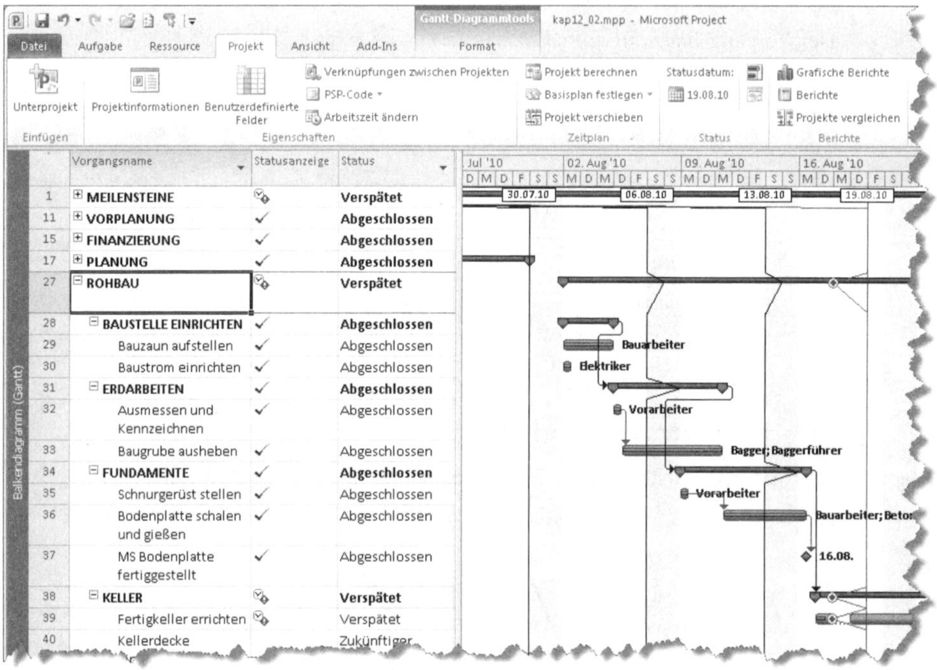

Soll-Ist-Vergleich

Nachdem Sie nun einige Möglichkeiten zur Aktualisierung des Projektplans kennengelernt haben, werden wir nun etwas näher auf die Vergleichsmöglichkeiten der verschobenen Vorgänge eingehen.

Zunächst betrachten wird das Projekt in einer anderen Ansicht, die Verschiebungen gegenüber dem ursprünglichen Plan sichtbar macht:

1. Wählen Sie die Ansicht *Gantt-Diagramm: Überwachung*.
2. Aktivieren Sie mit dem Befehl *Ansicht/Daten/Tabellen* die Tabelle *Abweichung* (Abbildung 12.25).

Abbildg. 12.25 Die Abweichungen in der Ansicht *Gantt-Diagramm: Überwachung*

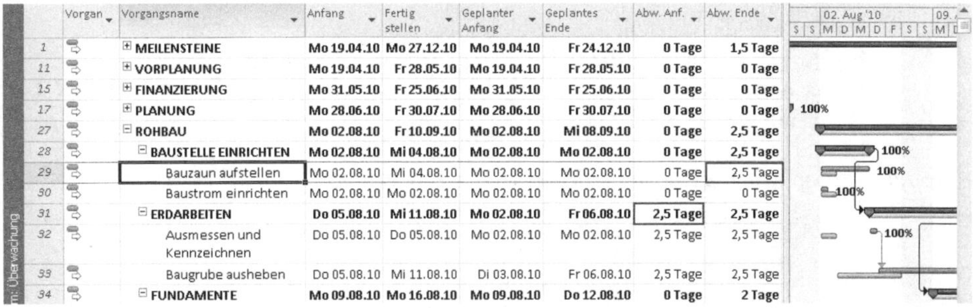

Der Vorgang *Bauzaun aufstellen* hat 2,5 Tage länger gedauert als geplant. Aus diesem Grund verschieben sich auch alle Vorgänge, die von diesem Vorgang abhängig sind. Sie können leicht erkennen, dass sich auch der Sammelvorgang *ERDARBEITEN* um 2,5 Tage verschoben hat. Im Balkendiagramm sind die Verschiebungen gegenüber den geplanten Balken sichtbar (Abbildung 12.26).

Abbildg. 12.26 Die Terminverschiebungen im Balkendiagramm

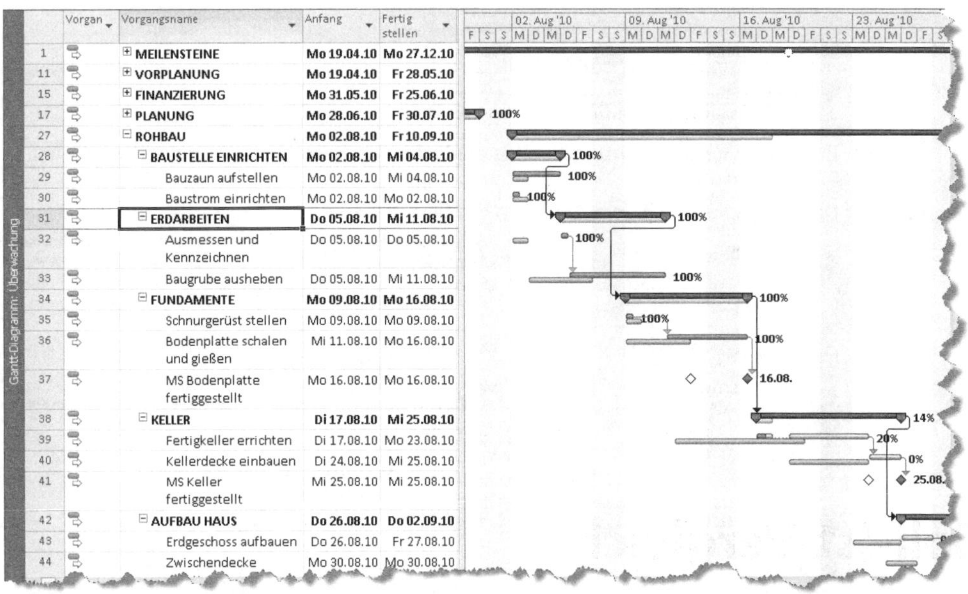

Da es sich hier um eine Tatsache handelt und die Vorgänge bis zum Meilenstein *MS Bodenplatte fertiggestellt* abgeschlossen sind, wollen wir nur noch die nachfolgenden Vorgänge betrachten.

Basisplan nachträglich anpassen

Nehmen wir an, alle nachfolgenden Vorgänge werden durch die Abweichungen später durchgeführt. Um für diesen Teil wieder einen realistischen Basisplan zu erhalten, dürfen die bereits abgeschlossenen Vorgänge nicht in das erneute Festlegen des Plans einbezogen werden:

1. Markieren Sie alle Vorgänge, die Sie mit neuen Basisplanterminen versehen wollen, also ab Vorgang 38 bis zum Ende.
2. Wählen Sie den Befehl *Projekt/Zeitplan/Basisplan festlegen.*
3. Aktivieren Sie im Dialogfeld die Option *Ausgewählte Vorgänge* (Abbildung 12.27) und bestätigen Sie mit *OK.*

Abbildg. 12.27 Den neuen Basisplan festlegen

4. Bestätigen Sie die Nachfrage, ob Sie die Daten des Basisplans überschreiben wollen, mit *OK.*

Abbildg. 12.28 Der Balkenplan nach dem Anpassen des Basisplans

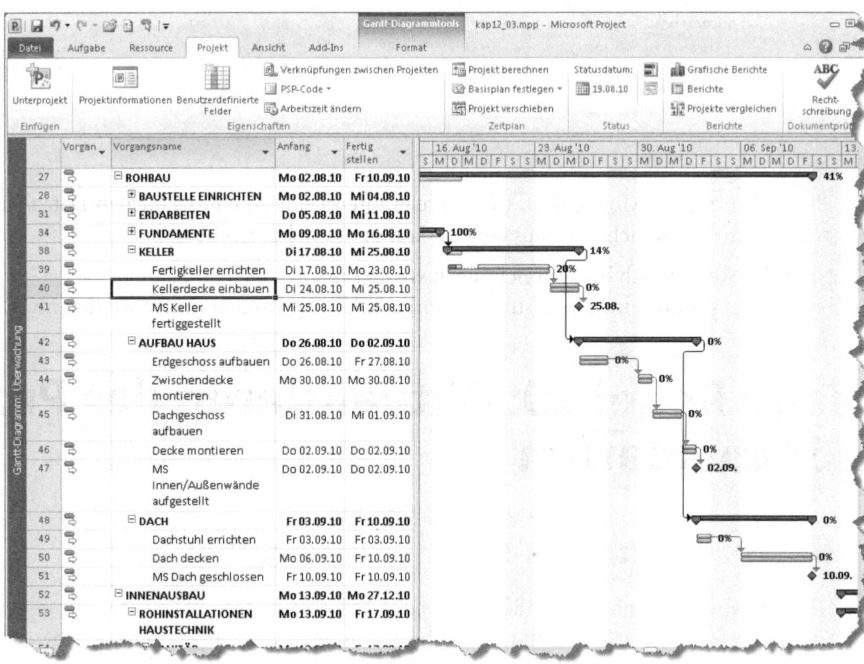

Ab diesem Zeitpunkt ist wieder eine Verfolgung der Termine mit dem neuen Basisplan möglich.

HINWEIS Sie sollten sich darüber im Klaren sein, dass die Daten des ursprünglichen Basisplans nun nicht mehr zur Verfügung stehen. Um den ursprünglichen Basisplan zu sichern, können Sie entweder im Dialogfeld *Basisplan festlegen* einen Zwischenplan festlegen oder das Projekt unter einem anderen Namen speichern.

Aktuelle Termine, Dauer, Arbeit und Kosten eingeben

Zur Eingabe der Daten, wie sie im laufenden Projekt auftreten, bietet sich die Tabelle *Überwachung* an. Sie erhalten diese über den Befehl *Ansicht/Daten/Tabellen/Überwachung* (Abbildung 12.29).

Abbildg. 12.29 Die Tabelle *Überwachung*

	Vorgangsname	Akt. Anfang	Akt. Ende	% Abg.	Phys. % Abgesch	Akt. Dauer	Verbl. Dauer	Akt. Kosten	Akt. Arbeit
1	**MEILENSTEINE**	**Mo 19.04.10**	**NV**	**0%**	**0%**	**0 Tage**	**181 Tage**	**0,00 €**	**0 Std.**
11	**VORPLANUNG**	**Mo 19.04.10**	**Fr 28.05.10**	**100%**	**0%**	**30 Tage**	**0 Tage**	**500,00 €**	**0 Std.**
15	**FINANZIERUNG**	**Mo 31.05.10**	**Fr 25.06.10**	**100%**	**0%**	**20 Tage**	**0 Tage**	**250,00 €**	**0 Std.**
17	**PLANUNG**	**Mo 28.06.10**	**Fr 30.07.10**	**100%**	**0%**	**25 Tage**	**0 Tage**	**6.000,00 €**	**0 Std.**
27	**ROHBAU**	**Mo 02.08.10**	**NV**	**41%**	**0%**	**12,3 Tage**	**17,7 Tage**	**15.200,00 €**	**116 Std.**
28	**BAUSTELLE EINRICHTEN**	**Mo 02.08.10**	**Mi 04.08.10**	**100%**	**0%**	**3 Tage**	**0 Tage**	**2.600,00 €**	**28 Std.**
31	**ERDARBEITEN**	**Do 05.08.10**	**Mi 11.08.10**	**100%**	**0%**	**4,5 Tage**	**0 Tage**	**2.150,00 €**	**52 Std.**
34	**FUNDAMENTE**	**Mo 09.08.10**	**Mo 16.08.10**	**100%**	**0%**	**5,5 Tage**	**0 Tage**	**10.050,00 €**	**28 Std.**
38	**KELLER**	**Di 17.08.10**	**NV**	**14%**	**0%**	**1 Tag**	**6 Tage**	**400,00 €**	**8 Std.**
39	Fertigkeller errichten	Di 17.08.10	NV	20%	0%	1 Tag	4 Tage	400,00 €	8 Std.
40	Kellerdecke einbauen	NV	NV	0%	0%	0 Tage	2 Tage	0,00 €	0 Std.
41	MS Keller fertiggestellt	NV	NV	0%	0%	0 Tage	0 Tage	0,00 €	0 Std.
42	**AUFBAU HAUS**	**NV**	**NV**	**0%**	**0%**	**0 Tage**	**6 Tage**	**0,00 €**	**0 Std.**
43	Erdgeschoss aufbauen	NV	NV	0%	0%	0 Tage	2 Tage	0,00 €	0 Std.
44	Zwischendecke montieren	NV	NV	0%	0%	0 Tage	1 Tag	0,00 €	0 Std.
45	Dachgeschoss aufbauen	NV	NV	0%	0%	0 Tage	2 Tage	0,00 €	0 Std.

Hier haben Sie die Möglichkeit, für alle relevanten Felder die tatsächlichen Daten einzugeben, und zwar genau so, wie sich diese aus dem Verlauf des Projekts ergeben.

Natürlich werden sich bei Abweichungen von der ursprünglichen Planung wieder Termine verschieben, sodass ständig eine Anpassung der Projektplanung vorgenommen werden muss.

Goldene Regel 10: Aktualisieren des Projekts zum Statusdatum

Häufig ist es so, dass die Arbeit eines Vorgangs zu anderen Zeitpunkten geplant war, als sie letztendlich durchgeführt wird. Beispielsweise wird ein Teil der Arbeit am Vorgang später durchgeführt als ursprünglich geplant. Dadurch werden sich die nachfolgenden Vorgänge logischerweise auch verschieben. Dies muss natürlich von Project entsprechend berücksichtigt werden. Mit anderen Worten, die theoretische Verschiebung der Vorgänge muss sich auch im Plan widerspiegeln.

Die Aktualisierung eines Projekts geschieht wie folgt:

1. Aktualisieren Sie Ihre Vorgänge nach einer der in diesem Kapitel beschriebenen Methoden.
2. Rufen Sie über den Befehl *Projekt* das Dialogfeld *Projektinformationen* auf.
3. Geben Sie im Feld *Statusdatum* das Datum ein, bis zu dem das Projekt aktualisiert werden soll.
4. Bestätigen Sie die Eingabe mit *OK*.
5. Rufen Sie nun über den Befehl *Projekt/Status/Projekt aktualisieren* das Dialogfeld *Projekt aktualisieren* auf.
6. Wählen Sie die Option *Anfang nicht abgeschlossener Arbeiten verschieben auf Datum nach* aus. Im zugehörigen Datumsfeld werden Sie das zuvor eingegebene Statusdatum wiederfinden.
7. Wählen Sie zusätzlich die Option *Gesamtes Projekt* aus. Dadurch wird die Verzögerung auch auf die verknüpften Vorgänge übertragen.
8. Bestätigen Sie die Eingaben mit *OK*.

Abbildg. 12.30 Dialogfeld zum Aktualisieren eines Projekts

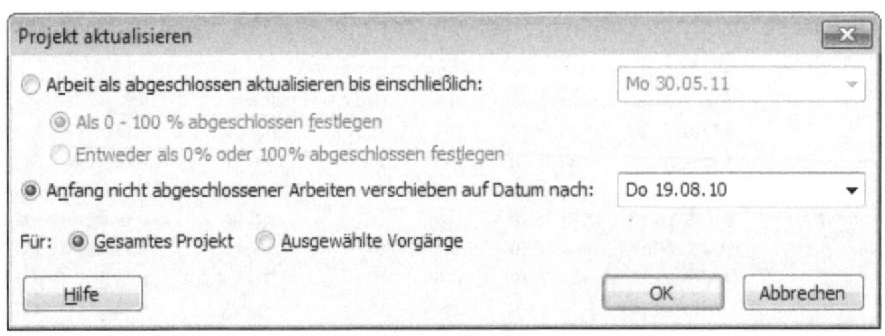

Nach der Neuberechnung sehen Sie im Projektplan folgende Ergebnisse:

- Der Vorgang wird so verändert, dass sich die geleistete Arbeit und die noch verbleibende Arbeit entsprechend auf die Terminplanung auswirken
- Die restliche geplante Arbeit wird auf den ersten Arbeitstag nach dem Statusdatum verschoben

Alle folgenden mit diesem Vorgang verknüpften Vorgänge wurden entsprechend der logischen Verknüpfung in die Zukunft verschoben.

Zusammenfassung

Dieses Kapitel hat vermittelt, wie ein bestehender Projektplan mit Istwerten aktualisiert wird und der aktuelle Stand des Projekts mit einem Basisplan verglichen werden kann.

Erst hierdurch gewinnt auch Ihre Projektplanung einen Wert, denn ein gut geplantes Projekt zeigt sich dadurch, dass es auch mit den tatsächlichen Daten der Projektdurchführung aktualisiert werden kann, ohne eine komplette Neuplanung vornehmen zu müssen.

Teil D

Projektsteuerung

Kapitel 13

Projekte gezielt analysieren

In diesem Kapitel:

Nachdem Sie Ihr Projekt mit den aktuellen Daten aktualisiert haben, stellt sich nun die Frage, ob es Änderungen gibt, die für den Projekterfolg Konsequenzen haben. Dies gilt in mehrerlei Hinsicht, es können Folgen sein, die das Budget betreffen oder auch die Termine des Projekts. Für diese Fragen benötigen Sie ganz spezielle Ansichten und Mittel, um sie beantworten zu können.

Erst wenn Sie mögliche Probleme entdeckt haben, sind Sie auch in der Lage, diese zu korrigieren.

Im Laufe der vorangegangenen Kapitel wurden bereits einige Ansichten, Tabellen und Masken vorgestellt. In diesem Kapitel geht es nun um das Datenmodell von Project, die verschiedenen Feldtypen und -namen sowie um einige Tipps und Tricks zu Ansichten, Tabellen und Masken, die Ihnen dabei helfen werden, das Programm optimal an Ihre Anforderungen anzupassen.

Ebenso werden Sie in diesem Kapitel neue Features wie den Teamplaner, die Zeitachsenansicht und den Vorgangsinspektor näher kennenlernen.

Projektdaten analysieren und korrigieren

Bisher haben Sie gelernt, wie man in Microsoft Project 2010 Vorgänge eingibt und Ressourcen zuordnet. Nun ist es an der Reihe, das Projekt nach potenziellen Fehlerquellen zu untersuchen. Der Zeitpunkt dieser Untersuchungen sollte möglichst früh beginnen – am besten noch während der Planung des Projekts, denn früh erkannte eventuell eintretende Störungen lassen sich so schnell in den Griff bekommen.

Untersuchen Sie Ihr Projekt nach folgenden Gesichtspunkten:

- Zeit
- Vorgänge
- Abhängigkeiten
- Ressourcen
- Kosten

Stellen Sie sich dabei die unten aufgelisteten Fragen (auf die einzelnen Fragestellungen wird im Verlauf des Kapitels näher eingegangen).

Zeit

- Was ist der kritische Weg in Ihrem Projekt?
- Welche Auswirkungen haben Pufferzeiten auf Terminpläne?
- Wie können Sie Pufferzeiten in Terminplänen auffinden?
- Wie führen Sie eine »Was-wäre-wenn-Analyse« durch?
- Wie erstellen Sie flexible Arbeitszuweisungen?

Vorgänge

- Gibt es in Ihrem Projekt Vorgänge, die nicht in einer logischen Reihenfolge angeordnet sind?
- Welches sind die Auswirkungen von Vorgangseinschränkungen auf Terminpläne?
- Wie können Sie Vorgänge in kleinere Vorgänge aufspalten?
- Wie können Sie die Vorgangsprioritäten für den Abgleich beeinflussen?

Abhängigkeiten

- Wie lassen sich Abhängigkeiten prüfen?
- Gibt es Vorgänge, welche keine Abhängigkeiten aufweisen und daher zu Beginn des Terminplans anfangen?

Ressourcen

- Wie steht es mit der Arbeitsauslastung Ihrer Ressourcen?
- Welche Ressourcen sind überlastet oder leisten Überstunden?
- Gibt es Ressourcen, die eventuell falschen Vorgängen zugeordnet wurden?
- Gibt es Ressourcen, denen überhaupt keine Vorgänge zugeordnet sind?

Kosten

- Wie ermitteln Sie die Kosten des Projekts?
- Wie analysieren Sie die Kosten Ihres Projekts?
- Gibt es Vorgänge, die weniger oder mehr als geplant kosten?
- Wie können Sie Kosten über einen längeren Zeitraum analysieren?

Der kritische Pfad und die Pufferzeiten

Unter dem *kritischen Pfad* versteht man eine Abfolge von Vorgängen mit einem geplanten Endtermin. Diese Vorgänge in ihrer Summe beeinflussen den Endtermin eines Projekts.

Können Vorgänge nicht zeitlich verschoben werden, ohne dass der Endtermin des Projekts gefährdet wird, werden diese Vorgänge als »kritisch« bezeichnet. Zum Glück gibt es aber in fast jedem Projekt Pufferzeiten, d.h. Sie können ausgewählte Vorgänge zeitlich verschieben, ohne den Endtermin des Projekts zu gefährden. Achten Sie bei jeglichen Korrekturmaßnahmen darauf, dass sich Änderungen an kritischen Vorgängen direkt auf den Endtermin des Projekts auswirken.

Betrachtet man in einem Projekt mehrere Phasen, besteht die Möglichkeit, die kritischen Vorgänge innerhalb dieser Phasen berechnen zu lassen, und zwar jeweils auf die abschließenden Meilensteine. In diesem Fall gibt es dann *mehrere kritische Pfade*.

CD-ROM Wenn Sie die folgenden Beschreibungen direkt nachvollziehen wollen, öffnen Sie im Ordner *\Buch\Kap13* die Datei *Kap13_01.mpp* innerhalb der Beispieldateien zum Buch.

Was verbirgt sich hinter dem kritischen Pfad?

Vorab: Vorgänge können nur kritisch sein, wenn sie noch nicht abgeschlossen sind. Somit werden Sie in unserem Beispielprojekt erst ab dem Sammelvorgang *Keller* kritische Vorgänge sehen, und zwar nur solche, die nicht zu 100 % abgeschlossen sind.

TIPP Um sich auf die nicht abgeschlossenen Vorgänge zu konzentrieren, können Sie auch einen Filter verwenden, der nur die nicht abgeschlossenen Vorgänge am Bildschirm zeigt.

Um den *kritischen Weg* eines Projekts zu ermitteln, verfahren Sie folgendermaßen:

1. Wählen Sie die Ansicht *Balkendiagramm: Gantt*
2. Aktivieren Sie im Menüband die Registerkarte *Format* und aktivieren Sie in der Gruppe *Balkenarten* das Kontrollkästchen *Kritische Vorgänge* (Abbildung 13.1).

Abbildg. 13.1 Darstellung des kritischen Pfads

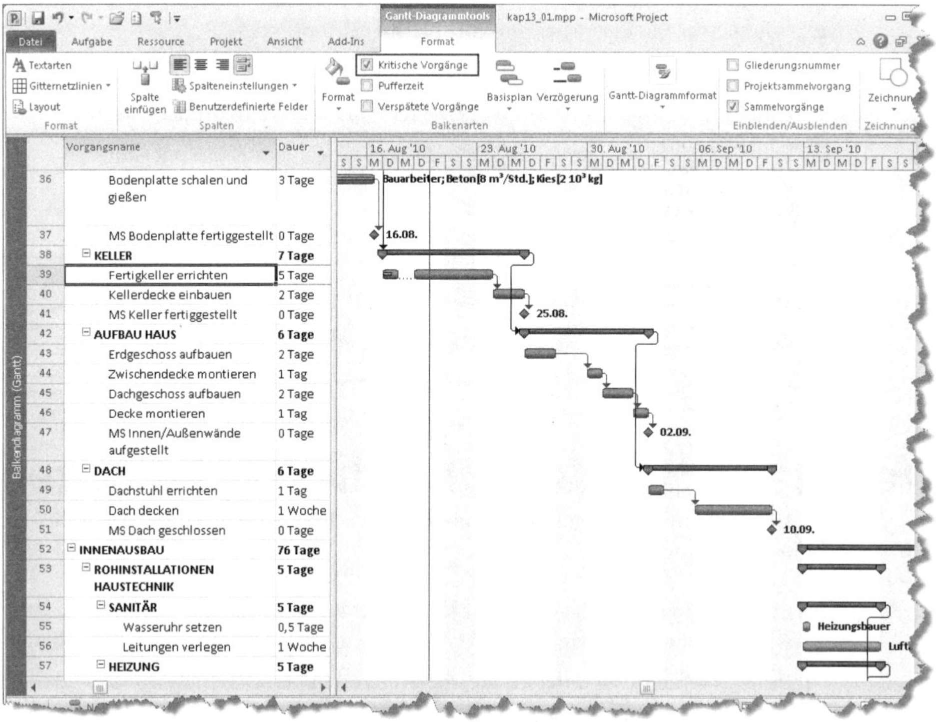

Alle kritischen Vorgänge werden jetzt in der Farbe Rot angezeigt.

WICHTIG Ein Vorgang wird dann als kritisch angezeigt, wenn dieser von Project als *kritisch* berechnet wurde. In anderen Worten: Wenn der Vorgang einen *gesamten Puffer* von Null hat, ist er kritisch. Der *gesamte Puffer* eines Vorgangs ist die Menge an Zeit, die der Vorgang hat, bevor er den berechneten Projektendtermin verschieben würde. Weiter hinten in diesem Kapitel wird darauf noch näher eingegangen.

Eine zusätzliche Möglichkeit, um im Projekt zu sehen, ob es Pufferzeit gibt, besteht auch durch einfaches Setzen des Kontrollkästchens *Pufferzeit* im Menüband in der Gruppe *Format/Balkenarten* (Abbildung 13.2).

Abbildg. 13.2 Darstellung der freien Pufferzeit

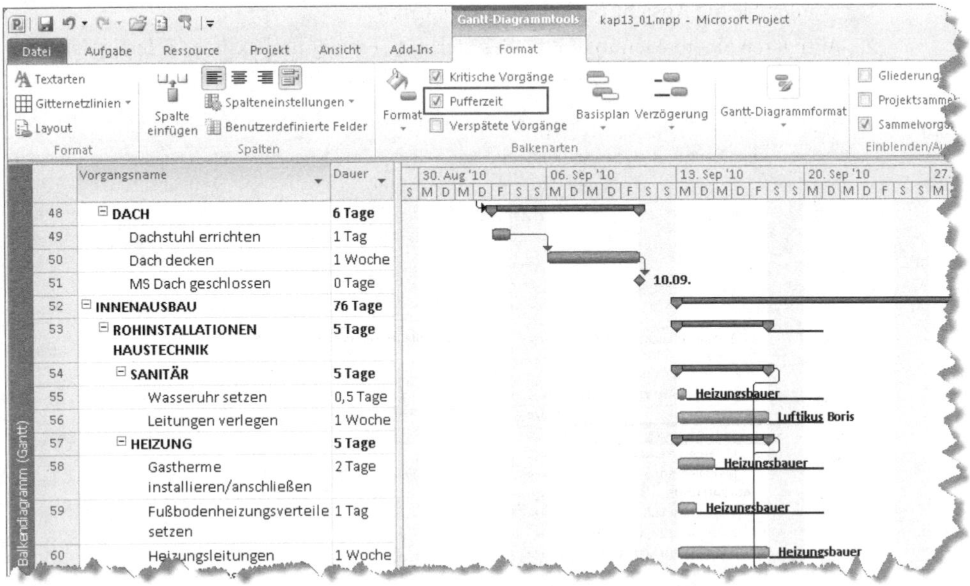

Ab dem Sammelvorgang *SANITÄR* berechnet Projekt für die Vorgänge sogenannte *freie Pufferzeiten*. Der freie Puffer eines Vorgangs wird als dünner, schwarzer Balken dargestellt, der an den regulären Gantt-Balken angrenzt.

Die Pufferzeiten im Zusammenhang mit den kritischen Vorgängen

In Projekt werden zwei unterschiedliche Pufferarten berechnet:

1. Die *gesamte Pufferzeit* und
2. die *freie Pufferzeit*

Die *gesamte Pufferzeit* ist die Zeitspanne, berechnet in Arbeitsdauer, die ein Vorgang hat, bevor er kritisch wird und somit im nächsten Moment den berechneten Projektendetermin verschieben würde. Die *freie Pufferzeit* jedoch ist die Zeitspanne, die ein Vorgang hat, bevor er seinen direkten Nachfolger verschieben würde. Hier ein Auszug aus einem Beispielprojekt:

Abbildg. 13.3 Die freie und die gesamte Pufferzeit

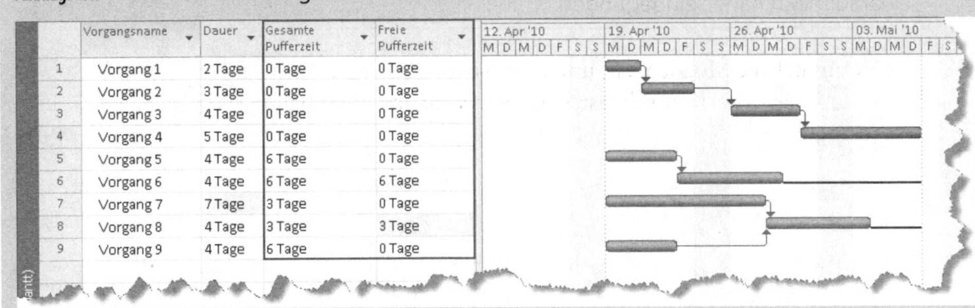

	Vorgangsname	Dauer	Gesamte Pufferzeit	Freie Pufferzeit
1	Vorgang 1	2 Tage	0 Tage	0 Tage
2	Vorgang 2	3 Tage	0 Tage	0 Tage
3	Vorgang 3	4 Tage	0 Tage	0 Tage
4	Vorgang 4	5 Tage	0 Tage	0 Tage
5	Vorgang 5	4 Tage	6 Tage	0 Tage
6	Vorgang 6	4 Tage	6 Tage	6 Tage
7	Vorgang 7	7 Tage	3 Tage	0 Tage
8	Vorgang 8	4 Tage	3 Tage	3 Tage
9	Vorgang 9	4 Tage	6 Tage	0 Tage

Projektsteuerung

Beim Vorgang 7 ist erkennbar, dass er zwar einen gesamten Puffer von 3 Tagen auf den Projektendtermin hat, jedoch einen freien Puffer von 0 Tagen. Dies bedeutet, dass bei Verschiebung dieses Vorgangs um einen Tag er zwar seinen Nachfolger verschieben wird, jedoch nicht den Projektendtermin.

Wie Sie in Abbildung 13.4 erkennen, verändern sich die Werte der Pufferzeit bei einer Verlängerung der Dauer des Vorgangs 7 auf 9 Tage.

Abbildg. 13.4 Die veränderten Pufferzeiten

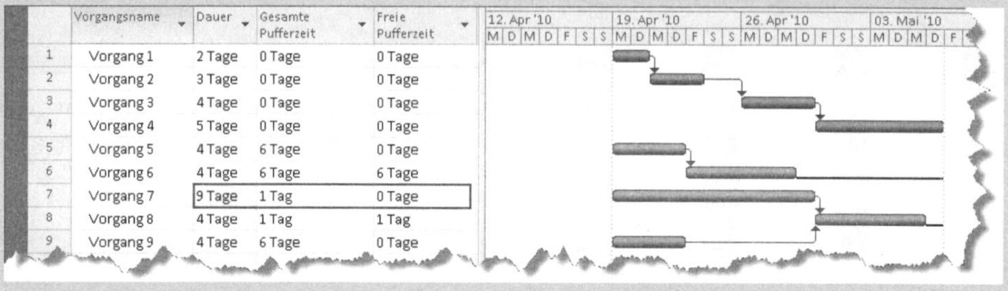

	Vorgangsname	Dauer	Gesamte Pufferzeit	Freie Pufferzeit
1	Vorgang 1	2 Tage	0 Tage	0 Tage
2	Vorgang 2	3 Tage	0 Tage	0 Tage
3	Vorgang 3	4 Tage	0 Tage	0 Tage
4	Vorgang 4	5 Tage	0 Tage	0 Tage
5	Vorgang 5	4 Tage	6 Tage	0 Tage
6	Vorgang 6	4 Tage	6 Tage	6 Tage
7	Vorgang 7	9 Tage	1 Tag	0 Tage
8	Vorgang 8	4 Tage	1 Tag	1 Tag
9	Vorgang 9	4 Tage	6 Tage	0 Tage

Verlängern wir nun den Vorgang 7 auf 10 Tage, wird der gesamte Puffer Null (Abbildung 13.5).

Abbildg. 13.5 Veränderung der nicht kritischen Vorgänge zu kritischen Vorgängen

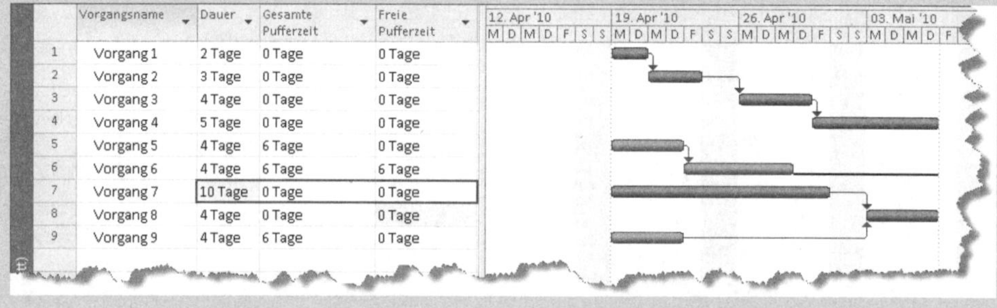

	Vorgangsname	Dauer	Gesamte Pufferzeit	Freie Pufferzeit
1	Vorgang 1	2 Tage	0 Tage	0 Tage
2	Vorgang 2	3 Tage	0 Tage	0 Tage
3	Vorgang 3	4 Tage	0 Tage	0 Tage
4	Vorgang 4	5 Tage	0 Tage	0 Tage
5	Vorgang 5	4 Tage	6 Tage	0 Tage
6	Vorgang 6	4 Tage	6 Tage	6 Tage
7	Vorgang 7	10 Tage	0 Tage	0 Tage
8	Vorgang 8	4 Tage	0 Tage	0 Tage
9	Vorgang 9	4 Tage	6 Tage	0 Tage

Als Letztes wird nun die Dauer des Vorgangs 7 auf den Wert 13 Tage geändert.

Abbildg. 13.6 Die kritischen Vorgänge werden nicht kritisch

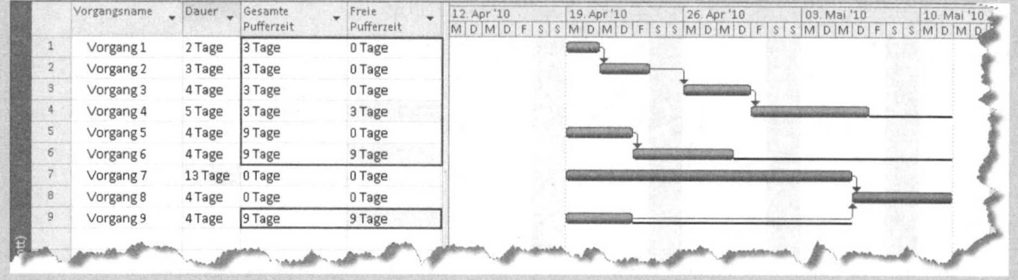

	Vorgangsname	Dauer	Gesamte Pufferzeit	Freie Pufferzeit
1	Vorgang 1	2 Tage	3 Tage	0 Tage
2	Vorgang 2	3 Tage	3 Tage	0 Tage
3	Vorgang 3	4 Tage	3 Tage	0 Tage
4	Vorgang 4	5 Tage	3 Tage	3 Tage
5	Vorgang 5	4 Tage	9 Tage	0 Tage
6	Vorgang 6	4 Tage	9 Tage	9 Tage
7	Vorgang 7	13 Tage	0 Tage	0 Tage
8	Vorgang 8	4 Tage	0 Tage	0 Tage
9	Vorgang 9	4 Tage	9 Tage	9 Tage

Vorgang 1 bis Vorgang 4 werden durch die Verschiebung des Projektendtermins wieder als *nicht kritisch* dargestellt.

Die Pufferzeiten, wie sie von Project verwendet werden, sind ebenfalls wie die Funktionalität der »kritischen Pfad Berechnung« berechnet. Sie können diese Pufferzeiten nicht editieren.

Um größere Pufferzeiten in einem Projekt zu haben, können Sie entweder die Dauern der Vorgänge erhöhen oder aber mithilfe von Termineinschränkungen (weiter unten in diesem Kapitel) die nachfolgenden Vorgänge künstlich nach hinten verlegen.

WICHTIG Die Anzeige mithilfe des Kontrollkästchens *Pufferzeit* stellt die *freie Pufferzeit* dar. Das Darstellen der freien und der gesamten Pufferzeit zu einem Zeitpunkt muss explizit über die Definition von neuen Balken vorgenommen werden.

Eine weitere, neue Funktionalität in Project 2010 ist die grafische Hervorhebung von verspäteten Vorgängen. In Kapitel 12 wurde bereits auf das Einfügen der Statusanzeige eingegangen. Im Beispielprojekt sehen Sie bei eingeblendeten Statusanzeigen und aktiviertem Häkchen *Verspätete Vorgänge*, dass diese in einer anderen Farbe dargestellt werden (Abbildung 13.7).

Abbildg. 13.7 Die Darstellung verspäteter Vorgänge

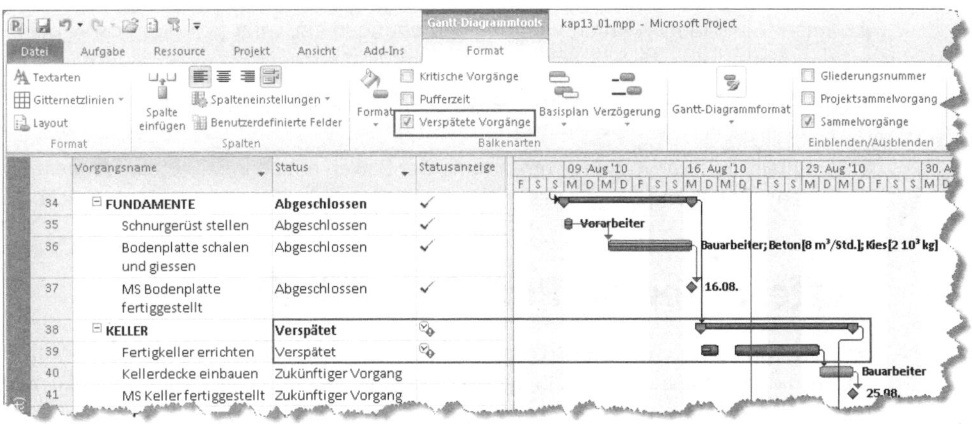

HINWEIS Sollte die Anzeige der kritischen Vorgänge aktiviert sein, werden die verspäteten Vorgänge nicht mehr farblich hervorgehoben, da die Anzeige der Farbe Rot für kritische Vorgänge die anderen Formatierungen überschreibt.

Anordnungsbeziehungen prüfen

Unter einer *Anordnungsbeziehung* versteht man die Beziehung zwischen zwei Vorgängen in Bezug auf Ihre Verknüpfung. Project bietet vier verschiedene Anordnungsbeziehungen an. Eine Überprüfung dieser Anordnungsbeziehungen kann sich positiv auf die Projektdauer auswirken.

Um eine Anordnungsbeziehung zwischen zwei Vorgängen zu prüfen, gehen Sie wie folgt vor:

1. Wählen Sie die Ansicht *Gantt-Diagramm.*
2. Doppelklicken Sie auf den Verbindungspfeil zwischen den beiden Vorgängen, deren Anordnungsbeziehung Sie untersuchen möchten.

Abbildg. 13.8 Das Dialogfeld *Anordnungsbeziehung*

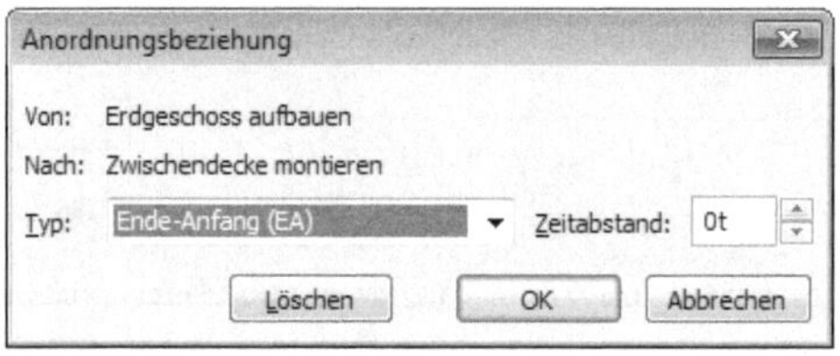

HINWEIS Wissenswertes zu den Anordnungsbeziehungen:

- Jede Ende-Anfang-Beziehung (Abbildung 13.8) führt automatisch dazu, dass sich die Dauer eines Projekts verlängert, da vor dem Start eines Vorgangs der vorhergehende Vorgang erst beendet sein muss
- Setzen Sie dagegen Anfang-Anfang-Beziehungen ein, wirkt sich dies positiv auf Ihre Projektdauer aus
- Ein Pfeil, der vom Ende eines Vorgangsbalkens zum Anfang eines anderen gezeichnet ist, kennzeichnet eine Ende-Anfang-Beziehung
- Ein Pfeil, der zwei Vorgänge am Anfang der Balken miteinander verbindet, stellt eine Anfang-Anfang-Beziehung dar, d.h., es können in diesem Fall zwei Vorgänge zur gleichen Zeit starten

Pufferzeiten im Projekt auffinden

Jedes Projekt weist gewisse *Pufferzeiten* auf. Die Pufferzeit ist die Zeit, um die sich ein Vorgang verschieben darf, ohne dass ein nachfolgender Vorgang oder der Projektendtermin darunter zu leiden hat.

Das Erkennen von Pufferzeiten hat den entscheidenden Vorteil, dass Sie frühzeitig erkennen, welche Vorgänge Sie ggf. verschieben können, ohne den Endtermin Ihres Projekts zu gefährden. Zu hohe Pufferzeiten weisen aber auch auf Unklarheiten in Ihrer Terminplanung hin.

Aus diesem Grund können Sie die Ermittlung von Pufferzeiten auch als Test einsetzen, ob Ihr Projekt gut terminiert ist.

Um die Pufferzeiten eines Projekts zu ermitteln, befolgen Sie die nächsten Arbeitsschritte:

1. Klicken Sie auf den Befehl *Aufgabe/Ansicht/Weitere Ansichten.*
2. Wählen Sie in der Liste *Ansichten* den Eintrag *Balkendiagramm: Einzelheiten* aus.
3. Klicken Sie auf die Schaltfläche *Auswahl.*
4. Wählen Sie über den Befehl *Ansicht/Daten/Tabellen* die Tabelle *Berechnete Termine.*
5. Ziehen Sie den Trennbalken nach rechts, um die Felder *Freie Pufferzeit* und *Gesamte Pufferzeit* angezeigt zu bekommen.

Abbildg. 13.9 Projekt mit eingeblendeten Pufferzeiten

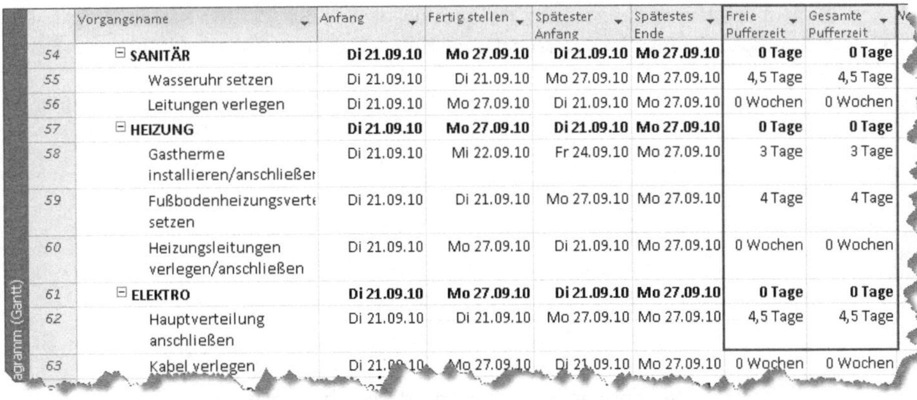

	Vorgangsname	Anfang	Fertig stellen	Spätester Anfang	Spätestes Ende	Freie Pufferzeit	Gesamte Pufferzeit
54	**SANITÄR**	**Di 21.09.10**	**Mo 27.09.10**	**Di 21.09.10**	**Mo 27.09.10**	**0 Tage**	**0 Tage**
55	Wasseruhr setzen	Di 21.09.10	Di 21.09.10	Mo 27.09.10	Mo 27.09.10	4,5 Tage	4,5 Tage
56	Leitungen verlegen	Di 21.09.10	Mo 27.09.10	Di 21.09.10	Mo 27.09.10	0 Wochen	0 Wochen
57	**HEIZUNG**	**Di 21.09.10**	**Mo 27.09.10**	**Di 21.09.10**	**Mo 27.09.10**	**0 Tage**	**0 Tage**
58	Gastherme installieren/anschließe	Di 21.09.10	Mi 22.09.10	Fr 24.09.10	Mo 27.09.10	3 Tage	3 Tage
59	Fußbodenheizungsvert setzen	Di 21.09.10	Di 21.09.10	Mo 27.09.10	Mo 27.09.10	4 Tage	4 Tage
60	Heizungsleitungen verlegen/anschließen	Di 21.09.10	Mo 27.09.10	Di 21.09.10	Mo 27.09.10	0 Wochen	0 Wochen
61	**ELEKTRO**	**Di 21.09.10**	**Mo 27.09.10**	**Di 21.09.10**	**Mo 27.09.10**	**0 Tage**	**0 Tage**
62	Hauptverteilung anschließen	Di 21.09.10	Di 21.09.10	Mo 27.09.10	Mo 27.09.10	4,5 Tage	4,5 Tage
63	Kabel verlegen	Di 21.09.10	Mo 27.09.10	Di 21.09.10	Mo 27.09.10	0 Wochen	0 Wochen

Termine im Projekt festlegen und Vorgänge einschränken

Ein weiteres Mittel, um Ihr Projekt präzise zu planen, ist der Einsatz von *Vorgangseinschränkungen*. Dabei legen Sie fest, welche weiteren Einschränkungen für Ihre Anfangs- und Endtermine gelten sollen.

In der Standardeinstellung von Project wird jedem Vorgang die Einschränkung *So früh wie möglich* mitgegeben.

Dass es neben dieser Einschränkung noch eine Vielzahl weiterer Einschränkungen gibt, zeigt Ihnen die Tabelle 13.1.

WICHTIG Überprüfen Sie Ihr Projekt nach Vorgangseinschränkungen und legen Sie dabei ein besonderes Augenmerk auf die kritischen Vorgänge. Hinterfragen Sie jede Einschränkung, ob diese auch wirklich nötig ist. Vermeiden Sie die Eingabe eines festen Datums, denn feste Anfangs- bzw. Endtermine haben die Eigenschaft, dass diese bei der Neuberechnung des Projekts nicht berücksichtigt werden.

Tabelle 13.1 Vorgangseinschränkungen

Einschränkungsart	Beschreibung
So früh wie möglich	Die Standardeinschränkung für Projekte, die vom Anfangstermin aus geplant werden. Der Vorgang wird so früh angefangen, wie dies möglich ist, jedoch nicht vor dem Projektstarttermin. Diese Einschränkung wird bei den meisten Vorgängen eingesetzt, sofern der Terminplan vom Projektanfangstermin her aufgebaut ist.
So spät wie möglich	Die Standardeinschränkung für Projekte, die vom Endtermin aus geplant werden. Der Vorgang wird so spät begonnen, wie dies möglich ist. Diese Einschränkung wird für die meisten Vorgänge eingesetzt, wenn der Terminplan vom Projektendtermin her aufgesetzt wurde.

Projektsteuerung

Tabelle 13.1 Vorgangseinschränkungen *(Fortsetzung)*

Einschränkungsart	Beschreibung
Anfang nicht früher als	Der Vorgang wird erst an oder nach einem angegebenen Datum begonnen. Diese Einschränkung kommt zum Einsatz, wenn ein Vorgang nicht vor einem bestimmten Termin beginnen darf. Dies ist übrigens die Einschränkungsart, die Project verwendet, wenn Sie den Termin in das Feld *Anfang* eingeben.
Ende nicht früher als	Der Vorgang wird erst an oder nach dem angegebenen Datum beendet. Diese Einschränkung wird eingesetzt, wenn ein Vorgang nicht vor einem bestimmten Termin enden darf.
Anfang nicht später als	Der Vorgang darf nicht später als an einem bestimmten Datum begonnen werden. Diese Einschränkung wird angewandt, wenn ein Vorgang bis zu einem bestimmten Termin begonnen sein muss.
Ende nicht später als	Der Vorgang muss an oder vor dem angegebenen Datum beendet sein. Diese Einschränkung wird eingesetzt, wenn ein Vorgang bis zu einem bestimmten Termin beendet sein muss.
Muss anfangen am	Der Vorgang muss an einem bestimmten Datum starten
Muss enden am	Der Vorgang muss zu einem bestimmten Datum beendet sein

Die einfachste Möglichkeit, um Einschränkungen zu sehen, die ein Vorgang aufweist, ist der Eintrag in der Indikatorenspalte (Abbildung 13.10).

Abbildg. 13.10 Die Anzeige der Einschränkungen eines Vorgangs

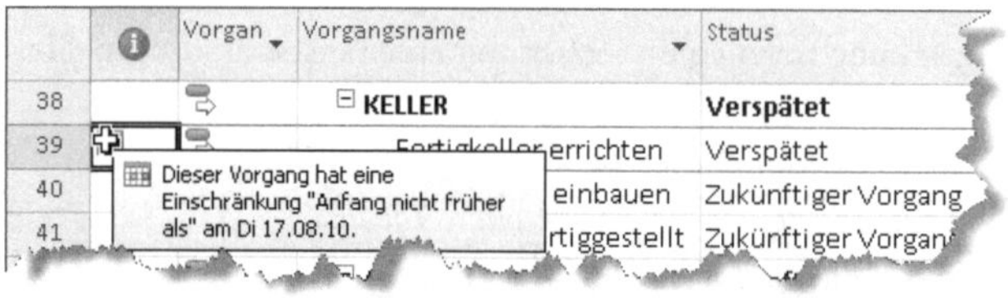

Um die Einschränkungsart und den eingeschränkten Termin zu ändern, ist es am besten, wenn Sie die Informationsmaske zum Vorgang öffnen, indem Sie auf den Vorgang doppelklicken und dann zur Registerkarte *Erweitert* wechseln (Abbildung 13.11).

Wie Sie erkennen, steht der Einschränkungstermin in direktem Zusammenhang mit der Einschränkungsart.

HINWEIS Wenn Sie für einen Vorgang einen Anfangstermin eingeben, und zwar in das Feld *Anfang*, wird diesem Vorgang in Project automatisch die Einschränkung *Anfang nicht früher als*, basierend auf dem neuen Anfangstermin zugewiesen. Analog dazu erhält ein Vorgang den Endtermin: Es wird automatisch die Einschränkung *Ende nicht früher als* zugewiesen.

Abbildg. 13.11 Die Informationsmaske mit Einschränkungsart und Einschränkungstermin

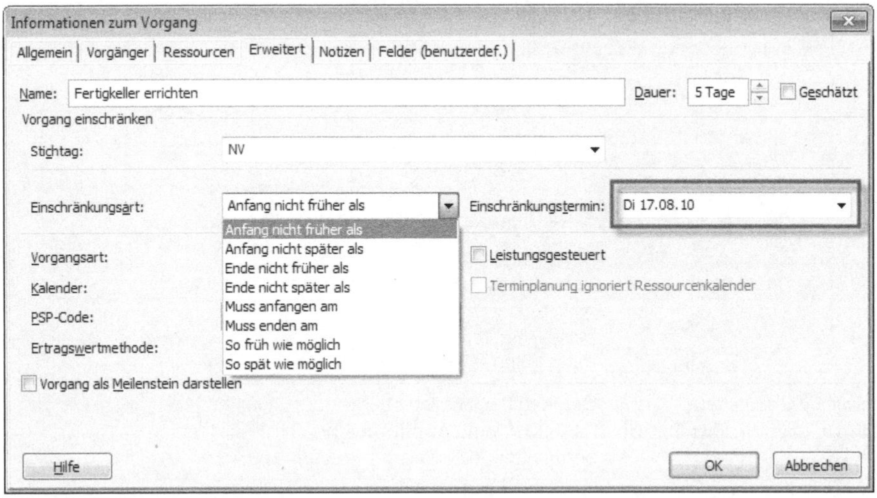

WICHTIG Das Datum, das im Feld *Einschränkungstermin* eingetragen wurde, ist nicht zwingend gleich dem Termin im Feld *Anfang* oder *Ende* des Vorgangs. Es handelt sich, wie der Name sagt, um den Einschränkungstermin, der entweder relevant ist oder auch nicht. Hier ein Beispiel: Wenn Sie die Einschränkungsart *Anfang nicht früher als* verwenden, kann Projekt trotzdem den Anfangstermin auf ein späteres Datum berechnen, sofern dies eine Abhängigkeit verlangt.

Um Vorgangseinschränkungen tabellarisch einzusehen bzw. zu erstellen, gehen Sie Schritt für Schritt vor:

1. Wählen Sie die Ansicht *Balkendiagramm (Gantt).*
2. Klicken Sie auf den Befehl *Ansicht/Daten/Tabellen/Weitere Tabellen.*
3. Klicken Sie in der Liste auf die Tabelle *Einschränkungstermine.*
4. Klicken Sie die Schaltfläche *Auswahl.*
5. Ziehen Sie den Trennbalken nach rechts, um die Felder *Einschränkungsart* und *Einschränkungstermin* anzeigen zu lassen.
6. Betrachten Sie vor allem die Vorgänge, die eine andere Einschränkung als *So früh wie möglich* haben. Sie können die Einschränkungsart ändern, indem Sie auf die Zelle klicken, welche die Einschränkungsart beinhaltet.
7. Ändern Sie für den Meilenstein *MS Innen/Aussenwände aufgestellt* die Einschränkungsart auf *Muss enden am.*
8. Wählen Sie bei der Meldung des Planungs-Assistenten die Option *Fortfahren.* Die Einschränkung *'Muss enden am'* wird festgelegt, klicken Sie auf *OK* (Abbildung 13.12).

Abbildg. 13.12 Die Meldung des Planungs-Assistenten

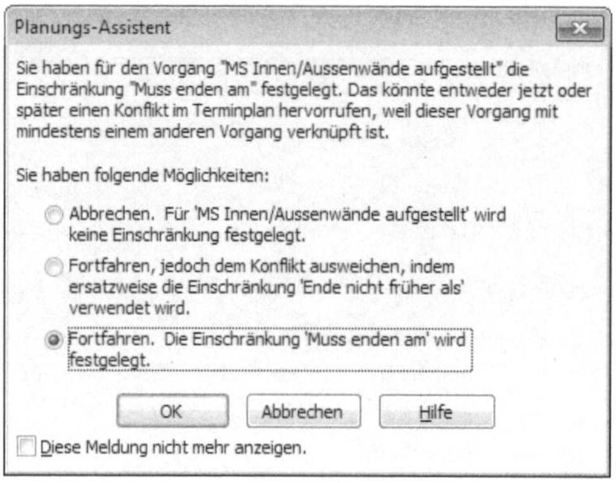

9. Geben Sie das Datum 10.09.2010 ein (Abbildung 13.13).

Abbildg. 13.13 Die Einschränkungsart *Muss enden am*

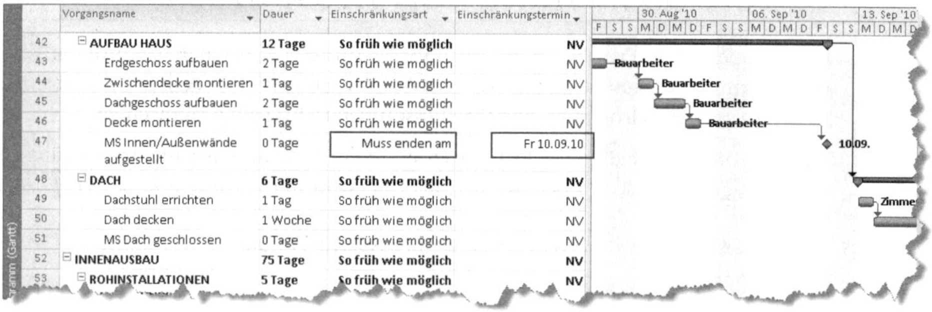

Der Meilenstein wurde »hart« auf ein Datum fixiert und erzeugt somit Puffer für die abhängigen Vorgänger.

PROFITIPP Wie bereits weiter oben angedeutet, besteht die Möglichkeit, in Project mehrere kritische Pfade berechnen zu lassen. Termine, die nicht verschoben werden, zum Beispiel der Starttermin einer Messe, bekommen entweder die Einschränkungsart *Muss anfangen am* oder *Muss enden am*. Aufgrund dieser zwei »Muss«-Einschränkungsarten wird der Vorgang von Project automatisch auf kritisch gesetzt und stellt für seine Vorgänge eine Blockade dar.

Um jetzt mehrere kritische Pfade in einem Projekt zu sehen, müssen Sie entsprechende Meilensteine mit fixen Terminen eingeben, die irgendwelche Phasen abschließen, also Vorgänger haben.

Abbildg. 13.14 Mehrere kritische Pfadberechnungen

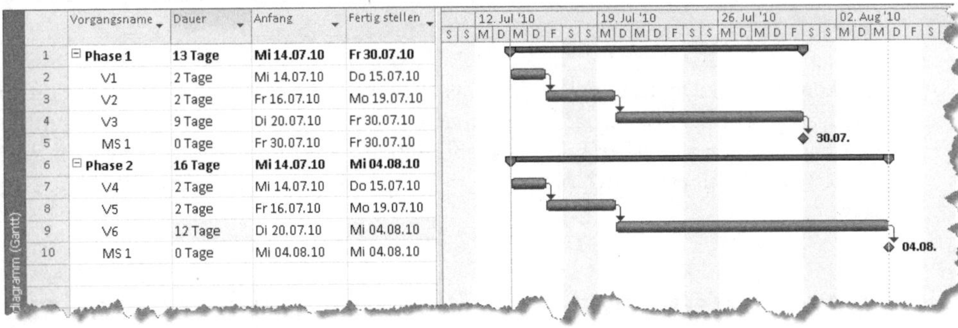

	Vorgangsname	Dauer	Anfang	Fertig stellen
1	**Phase 1**	**13 Tage**	**Mi 14.07.10**	**Fr 30.07.10**
2	V1	2 Tage	Mi 14.07.10	Do 15.07.10
3	V2	2 Tage	Fr 16.07.10	Mo 19.07.10
4	V3	9 Tage	Di 20.07.10	Fr 30.07.10
5	MS 1	0 Tage	Fr 30.07.10	Fr 30.07.10
6	**Phase 2**	**16 Tage**	**Mi 14.07.10**	**Mi 04.08.10**
7	V4	2 Tage	Mi 14.07.10	Do 15.07.10
8	V5	2 Tage	Fr 16.07.10	Mo 19.07.10
9	V6	12 Tage	Di 20.07.10	Mi 04.08.10
10	MS 1	0 Tage	Mi 04.08.10	Mi 04.08.10

Beide Meilensteine haben ein unterschiedliches fixes Datum und erzeugen somit die kritische Pfadberechnung für beide Sammelvorgänge.

Arbeitsauslastung von Ressourcen

Wichtig bei jedem Projekt ist, dass Sie Ihre Ressourcen zweckmäßig zuordnen. Vermeiden Sie es in Ihrer Planung, Ressourcen zu überlasten. Auf der anderen Seite sollten Ressourcen auch nicht brach liegen. Sorgen Sie also dafür, dass Ihre Ressourcen richtig eingeteilt werden.

Alle Ressourcen, die überlastet sind, werden in der Indikatorenspalte der Vorgänge mit einem Symbol angezeigt. Ebenso können Sie diese als Übersicht in der Ansicht *Ressource: Einsatz* sehen.

Abbildg. 13.15 Die überlasteten Ressourcen in der Ansicht *Ressource: Einsatz*

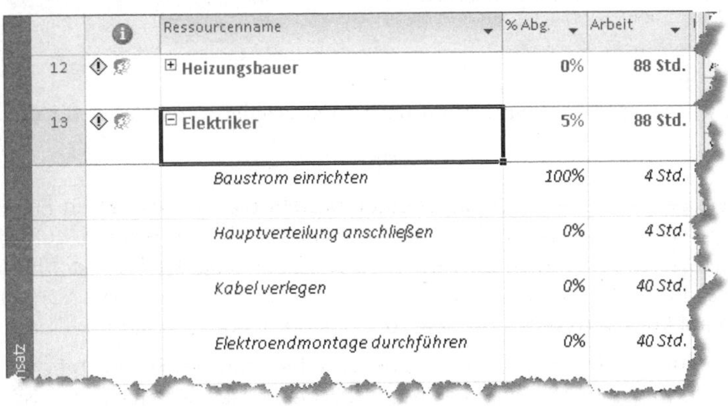

		Ressourcenname	% Abg.	Arbeit
12		**Heizungsbauer**	0%	**88 Std.**
13		**Elektriker**	5%	**88 Std.**
		Baustrom einrichten	*100%*	*4 Std.*
		Hauptverteilung anschließen	*0%*	*4 Std.*
		Kabel verlegen	*0%*	*40 Std.*
		Elektroendmontage durchführen	*0%*	*40 Std.*

Überlastete Ressourcen erkennen Sie an der roten Kennzeichnung und dem Symbol in der Indikatorenspalte (Abbildung 13.15).

Wie man Ressourcenüberlastungen auflöst, haben Sie bereits in Kapitel 8 erfahren.

Terminpläne mit einer Was-wäre-wenn-Analyse prüfen

Sie können in einem Terminplan eine Was-wäre-wenn-Analyse (PERT-Analyse) durchführen, um die Dauer der Projektvorgänge zu schätzen. Nachdem Sie die Dauer der einzelnen Vorgänge im günstigsten, im realistischen und im ungünstigsten Fall in eine Tabelle eingegeben haben, wird in Project ein gewichteter Durchschnitt der Dauer gebildet und eine Schätzung für die Dauer abgegeben.

Vorgangsprioritäten für den Abgleich ändern

Die Priorität der Vorgänge ist wichtig für den Kapazitätsabgleich. Mit dem Kapazitätsabgleich legen Sie fest, in welcher Reihenfolge Vorgänge mit überlasteten Ressourcen verzögert werden. Soll ein Vorgang nicht mit anderen Vorgängen abgeglichen werden, welche dieselben überlasteten Ressourcen verwenden, weisen Sie dem Vorgang eine höhere Priorität zu.

Und so geht's:

1. Wählen Sie die Ansicht *Balkendiagramm (Gantt).*
2. Wählen Sie im Feld *Vorgangsname* den Vorgang aus, dessen Priorität Sie ändern möchten.
3. Rufen Sie den Befehl *Aufgabe/Eigenschaften/Informationen* auf.

Abbildg. 13.16 Ändern der Priorität im Dialogfeld *Informationen zum Vorgang*

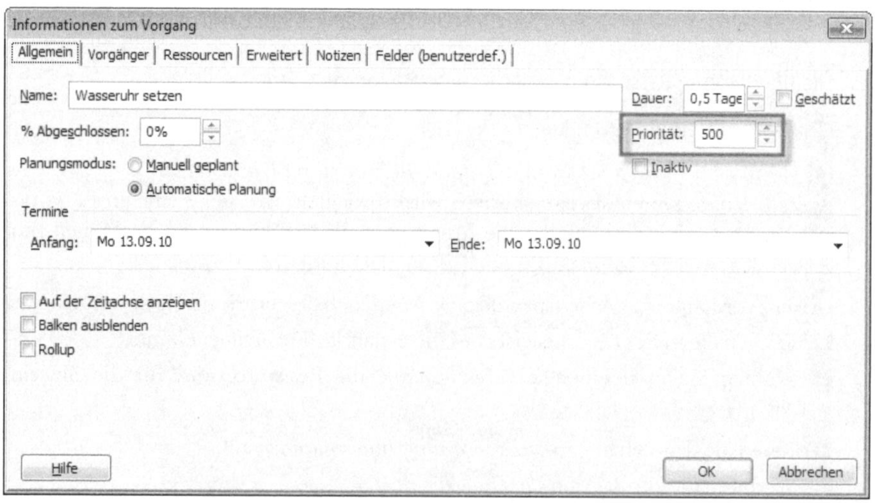

4. Wechseln Sie zur Registerkarte *Allgemein.*
5. Stellen Sie im Feld *Priorität* eine Priorität zwischen *0* und *1000* ein. Standardmäßig ist hier *500* eingestellt (Abbildung 13.16).
6. Bestätigen Sie Ihre Wahl mit *OK.*

HINWEIS Sie können Vorgänge nach Priorität sortieren, um auf einen Blick feststellen zu können, welche Vorgänge bei einem Kapazitätsabgleich weniger wahrscheinlich verzögert werden. Rufen Sie dazu im Menüband den Befehl *Ansicht/Daten/Sortieren* auf und wählen Sie den Eintrag *nach Priorität* aus.

Vorgänge in kleinere Vorgänge aufspalten

Erkennen Sie während der Projektarbeit, dass Sie einen geplanten Vorgang in mehrere kleinere Teilvorgänge aufteilen müssen, weil dadurch Ihr Projekt übersichtlicher wird, so führen Sie die nächsten Arbeitsschritte durch:

1. Wählen Sie die Ansicht *Balkendiagramm (Gantt).*
2. Wählen Sie im Feld *Vorgangsname* den Vorgang aus, vor dem Sie einen neuen Vorgang einfügen möchten.

Vorgang

3. Rufen Sie den Befehl *Aufgabe/Einfügen/Vorgang* auf.

HINWEIS Wenn Sie neue Vorgänge aus einem bereits vorhandenen Vorgang erstellen, denken Sie daran, die Dauer oder die Arbeit des vorhandenen Vorgangs zu verringern, um die Dauer und die Arbeit, die jetzt in den neuen Vorgängen abgedeckt wird, auszugleichen.

Flexible Arbeitszuweisungen erstellen

Wie Sie Vorgängen Ressourcen zuweisen können, haben Sie bereits erfahren. Stellen Sie sich vor, Sie haben darüber hinaus die Möglichkeit, die Arbeiten einer Ressource an einem Vorgang festzulegen, d.h., Sie bestimmen, wie eine Ressource an dem Vorgang arbeiten soll. Dabei können Sie vorgefertigte Arbeitsprofile verwenden.

Im Normalfall werden Sie wohl die Standardeinstellung *Flach* wählen, bei der die Arbeit gleichmäßig auf den gesamten Vorgang verteilt wird. In Fällen, wo zuerst eine große Vorleistung erbracht werden muss, sich danach aber die Arbeit normalisiert, können Sie das Arbeitsprofil *Frühe Spitze* verwenden, welches dieser Aufgabenstellung Rechnung trägt.

Um ein vordefiniertes Arbeitsprofil zu verwenden, befolgen Sie die nächsten Arbeitsschritte:

1. Klicken Sie in der Ansichtsleiste auf die Schaltfläche *Vorgang: Einsatz.*
2. Wählen Sie in der Spalte *Vorgangsname* die Ressource aus, für die Sie ein vordefiniertes Arbeitsprofil einsetzen wollen.

Informationen

3. Rufen Sie den Befehl *Format/Zuordnung/Informationen* auf.
4. Wechseln Sie zur Registerkarte *Allgemein.*

Abbildg. 13.17 Arbeitsprofil auswählen

5. Wählen Sie aus dem Listenfeld *Arbeitsprofil* ein Profil aus (Abbildung 13.17).
6. Beenden Sie Ihre Aktionen mit einem Klick auf die Schaltfläche *OK*.

Sie sehen, dass im Feld *Indikatoren* jetzt ein Symbol angezeigt wird, welches das hinterlegte Arbeitsprofil symbolisiert (Abbildung 13.18).

Abbildg. 13.18 Das anfangslastige Arbeitsprofil

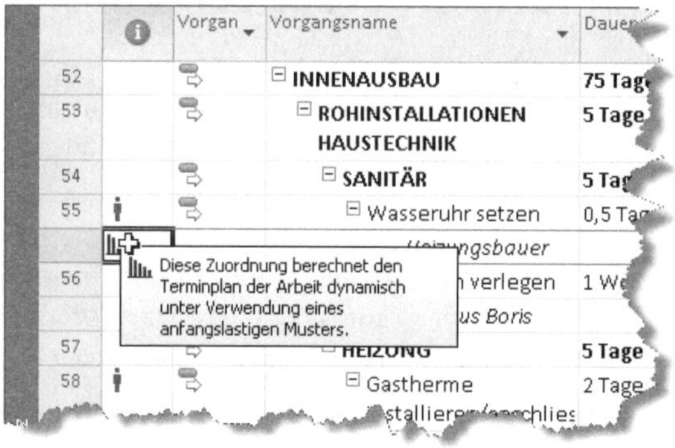

Jetzt geht's ums Geld: Die Kostenanalyse

Nahezu jedes Projekt besitzt ein Planbudget. Im Verlauf des Projekts fallen die ersten Kosten an und Sie möchten frühzeitig erkennen, ob und vor allem wo es Budgetüberschreitungen gibt. Nur wer Budgetüberschreitungen früh genug erkennt, kann korrigierende Maßnahmen ergreifen.

Aber welche Möglichkeiten der Korrektur haben Sie bei einer Überschreitung? Sie können bei folgenden Punkten den Rotstift ansetzen:

- **Projektumfang** Verkleinern Sie den Projektumfang, indem Sie Vorgänge streichen
- **Ressourcen** Analysieren Sie Ihre Ressourcen. Gibt es eventuell preiswertere Varianten? Tauschen Sie gegebenenfalls Ressourcen aus.

- **Terminierung** Versuchen Sie, Puffer aus Ihrem Projekt zu entfernen. Prüfen Sie, ob bestimmte Vorgänge auch schneller erledigt werden können.

Voraussetzung für eine Kostenanalyse ist, dass Sie für die Vorgänge und Ressourcen

- Kosten eingegeben und
- den Vorgängen Ressourcen zugeordnet haben.

Nach der Eingabe errechnet Project die Kosten für die Arbeit der einzelnen Ressourcen, die Gesamtkosten der Vorgänge sowie die Kosten des gesamten Projekts.

Um die Kosten eines Projekts zu analysieren, verfahren Sie wie folgt:

1. Wählen Sie die Ansicht *Balkendiagramm (Gantt).*
2. Öffnen Sie über den Befehl *Ansicht/Daten/Tabellen* die Tabelle *Kosten.*
3. Ziehen Sie den Trennbalken nach rechts, damit Sie auch die Felder *Gesamtkosten, Geplant* usw. angezeigt bekommen (Abbildung 13.19).

Abbildg. 13.19 Die Tabelle *Kosten*

Balkendiagramm (Gantt)

	Vorgangsname	Feste Kosten	Fälligkeit fester Kosten	Gesamtkosten	Geplant	Abweichung	Aktuell	Verbleibend
54	**SANITÄR**	**0,00 €**	**Anteilig**	**2.200,00 €**	**2.200,00 €**	**0,00 €**	**0,00 €**	**2.200,00 €**
55	Wasseruhr setzen	0,00 €	Anteilig	200,00 €	200,00 €	0,00 €	0,00 €	200,00 €
56	Leitungen verlegen	0,00 €	Anteilig	2.000,00 €	2.000,00 €	0,00 €	0,00 €	2.000,00 €
57	**HEIZUNG**	**0,00 €**	**Anteilig**	**3.000,00 €**	**3.000,00 €**	**0,00 €**	**0,00 €**	**3.000,00 €**
58	Gastherme installieren/anschließen	0,00 €	Anteilig	800,00 €	800,00 €	0,00 €	0,00 €	800,00 €
59	Fußbodenheizungsverteile setzen	0,00 €	Anteilig	400,00 €	400,00 €	0,00 €	0,00 €	400,00 €
60	Heizungsleitungen verlegen/anschließen	0,00 €	Anteilig	1.800,00 €	1.800,00 €	0,00 €	0,00 €	1.800,00 €
61	**ELEKTRO**	**0,00 €**	**Anteilig**	**2.200,00 €**	**2.200,00 €**	**0,00 €**	**0,00 €**	**2.200,00 €**
62	Hauptverteilung anschließen	0,00 €	Anteilig	200,00 €	200,00 €	0,00 €	0,00 €	200,00 €
63	Kabel verlegen	0,00 €	Anteilig	2.000,00 €	2.000,00 €	0,00 €	0,00 €	2.000,00 €
64	MS Rohinstallationen abgenommen	0,00 €	Anteilig	0,00 €	0,00 €	0,00 €	0,00 €	0,00 €
65	**TROCKENBAU**	**0,00 €**	**Anteilig**	**0,00 €**	**0,00 €**	**0,00 €**	**0,00 €**	**0,00 €**
66	Innenwände schließen	0,00 €	Anteilig	0,00 €	0,00 €	0,00 €	0,00 €	0,00 €
67	Innenwände verspachteln	0,00 €	Anteilig	0,00 €	0,00 €	0,00 €	0,00 €	0,00 €
68	**ROHFUSSBODEN**	**0,00 €**	**Anteilig**	**400,00 €**	**400,00 €**	**0,00 €**	**0,00 €**	**400,00 €**
69	Estrich verlegen	0,00 €	Anteilig	400,00 €	400,00 €	0,00 €	0,00 €	400,00 €
70	MS Estrich begehbar	0,00 €	Anteilig	0,00 €	0,00 €	0,00 €	0,00 €	0,00 €
71	MS Estrich verlegebereit	0,00 €	Anteilig	0,00 €	0,00 €	0,00 €	0,00 €	0,00 €

4. Vergleichen Sie die Werte in den Feldern *Gesamtkosten* und *Geplant* miteinander. Sie sehen die Kostenabweichungen direkt im Feld *Abweichung.*

Neben der einfachen Kostenanalyse gibt es zusätzlich eine Variante, die eine Kostenanalyse über einen Projektzeitraum beinhaltet. Sie gibt Ihnen Auskunft, ob sich Ressourcen im Rahmen der Kosten bewegen und ob die erforderlichen Arbeiten sich mit dem Kostenrahmen vereinbaren lassen.

Für die Erstellung einer erweiterten Kostenanalyse befolgen Sie die nächsten Schritte:

1. Wählen Sie die Ansicht *Balkendiagramm (Gantt).*
2. Öffnen Sie über den Befehl *Ansicht/Daten/Tabellen/Weitere Tabellen* die Tabelle *Kostenanalyse.*
3. Klicken Sie auf die Schaltfläche *Auswahl.*

4. Ziehen Sie den Trennbalken nach rechts, bis Sie alle Felder der Tabelle *Kostenanalyse* im Blickfeld haben.

Abbildg. 13.20 Die Tabelle *Kostenanalyse*

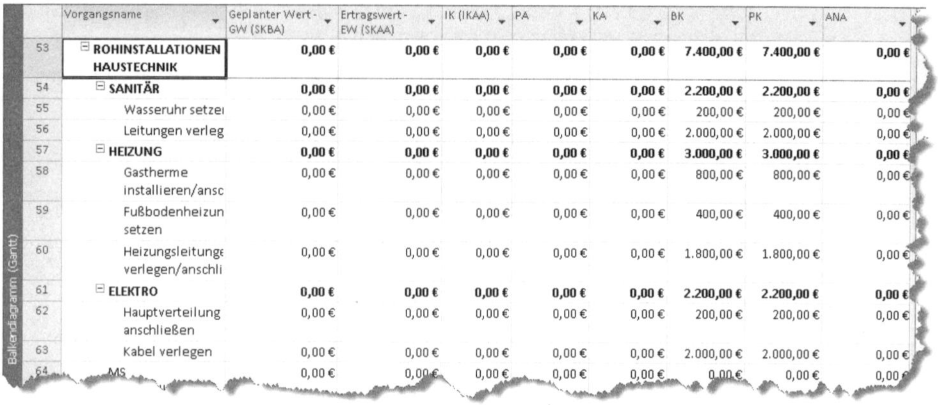

	Vorgangsname	Geplanter Wert - GW (SKBA)	Ertragswert - EW (SKAA)	IK (IKAA)	PA	KA	BK	PK	ANA
53	**ROHINSTALLATIONEN HAUSTECHNIK**	**0,00 €**	**0,00 €**	**0,00 €**	**0,00 €**	**0,00 €**	**7.400,00 €**	**7.400,00 €**	**0,00 €**
54	**SANITÄR**	**0,00 €**	**0,00 €**	**0,00 €**	**0,00 €**	**0,00 €**	**2.200,00 €**	**2.200,00 €**	**0,00 €**
55	Wasseruhr setzei	0,00 €	0,00 €	0,00 €	0,00 €	0,00 €	200,00 €	200,00 €	0,00 €
56	Leitungen verleg	0,00 €	0,00 €	0,00 €	0,00 €	0,00 €	2.000,00 €	2.000,00 €	0,00 €
57	**HEIZUNG**	**0,00 €**	**0,00 €**	**0,00 €**	**0,00 €**	**0,00 €**	**3.000,00 €**	**3.000,00 €**	**0,00 €**
58	Gastherme installieren/ansc	0,00 €	0,00 €	0,00 €	0,00 €	0,00 €	800,00 €	800,00 €	0,00 €
59	Fußbodenheizun setzen	0,00 €	0,00 €	0,00 €	0,00 €	0,00 €	400,00 €	400,00 €	0,00 €
60	Heizungsleitunge verlegen/anschli	0,00 €	0,00 €	0,00 €	0,00 €	0,00 €	1.800,00 €	1.800,00 €	0,00 €
61	**ELEKTRO**	**0,00 €**	**0,00 €**	**0,00 €**	**0,00 €**	**0,00 €**	**2.200,00 €**	**2.200,00 €**	**0,00 €**
62	Hauptverteilung anschließen	0,00 €	0,00 €	0,00 €	0,00 €	0,00 €	200,00 €	200,00 €	0,00 €
63	Kabel verlegen	0,00 €	0,00 €	0,00 €	0,00 €	0,00 €	2.000,00 €	2.000,00 €	0,00 €
64	MS	0,00 €	0,00 €	0,00 €	0,00 €	0,00 €	0,00 €	0,00 €	0,00 €

In der Tabelle 13.2 werden die einzelnen Felder der Kostenanalyse der Reihenfolge nach erklärt.

Tabelle 13.2 Felder der Kostenanalyse

Feld	Beschreibung
SKBA	Das Feld *SKBA* listet die Sollkosten berechneter Arbeit bis zum Projektstatusdatum auf
SKAA	Das Feld *SKAA* gibt Auskunft über Sollkosten abgeschlossener Arbeit bis zum Projektstatusdatum
IKAA	Das Feld *IKAA* weist die Istkosten abgeschlossener Arbeit bis zum Projektstatusdatum aus
PA	Das Feld *PA* zeigt die Planabweichung bis zum Projektstatusdatum
KA	Das Feld *PA* zeigt die Planabweichung bis zum Projektstatusdatum
BK	Das Feld *BK* zeigt die berechneten Kosten für einen Vorgang
PK	Das Feld *PK* zeigt die Plankosten der Vorgänge
ANA	Hier wird eine Abweichung nach Abschluss des Vorgangs zwischen geplanten und berechneten Kosten gezeigt

Filter zum Analysieren anwenden

Zu den besten Analysefunktionen in Project gehören mit Sicherheit die »mächtigen« Filter. Project bietet diverse Filter in der Standardauslieferung an, zu denen Sie eigene, benutzerdefinierte Filter hinzufügen können.

Die nächsten Seiten werden Ihnen die ganze Klasse der Filter zeigen. Formulieren Sie nahezu jede Fragestellung für Ihr Projekt! Sie können sie mit der Filtertechnik lösen.

Welche Vorgänge sind abgeschlossen?

Für Project sind alle Vorgänge abgeschlossen, welche im Feld *% Abgeschlossen* den Wert *100* aufweisen. Für einen einzelnen Vorgang können Sie diese Information schnell abrufen, sie wird in der *Indikatorenspalte* angezeigt. Ebenso können Sie über den Kontextmenübefehl *Informationen* zu einem Vorgang das Feld *% Abgeschlossen* sehen.

Was aber tun, wenn Sie alle fertigen Vorgänge Ihres Projekts in einer Liste ausgeben wollen?

1. Wählen Sie die Ansicht *Gantt-Diagramm.*
2. Aktivieren Sie über den Befehl *Ansicht/Daten/Filter* den Filter *Abgeschlossene Vorgänge.*

HINWEIS In der Standardeinstellung in Project ist der Filter auf *[Kein Filter]* eingestellt, d.h., es wurde noch kein Filterkriterium eingestellt. Somit werden alle Vorgänge ohne Einschränkung angezeigt.

Wie aber gehen Sie vor, wenn nur Kosten ab einer bestimmten Höhe von Interesse sind?

Stellen Sie sich vor, Sie sind Projektmanager und haben die Vorgabe, alle Vorgänge Ihres Projekts zu dokumentieren, welche mehr als 2.500,00 Euro kosten. Ihr Chef sitzt Ihnen im Nacken und Sie müssen so schnell wie möglich ein Ergebnis liefern!

Um die Kosten des Projekts dokumentieren zu können, müssen diese zunächst angezeigt werden. Dazu befolgen Sie die nächsten Schritte:

1. Wählen Sie die Ansicht *Gantt-Diagramm.*
2. Rufen Sie den Befehl *Ansicht/Daten/Filter/Weitere Filter* auf.

Abbildg. 13.21 Dialogfeld *Weitere Filter*

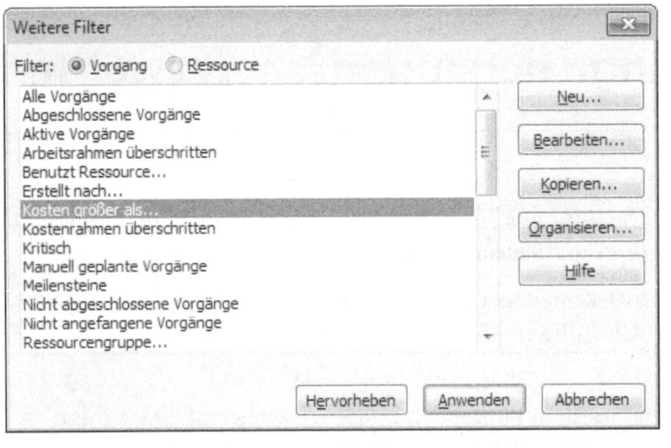

3. Im Listenfeld *Filter* wählen Sie den Eintrag *Kosten größer als* aus und klicken danach auf die Schaltfläche *Anwenden* (Abbildung 13.21).
4. Tippen Sie im folgenden Dialogfeld *Kosten größer als* den Wert *2500* ein und bestätigen Ihre Eingabe mit *OK.*

Nun haben Sie die Arbeitsgrundlage für Ihre Dokumentation geschaffen. Viel Spaß bei der weiteren Arbeit!

Haben Sie den Kostenrahmen überschritten?

Mithilfe des Filters *Kostenrahmen überschritten* können Sie feststellen, ob es Vorgänge oder auch Ressourcen in Ihrem Projekt gibt, welche den Kostenrahmen sprengen.

Beim Einsatz des Filters werden alle Ressourcen oder Vorgänge angezeigt, deren berechnete Kosten die geplanten Kosten überschreiten.

Aktivieren Sie den Filter, indem Sie wie folgt vorgehen:

1. Rufen Sie im Menüband den Befehl *Ansicht/Daten/Filter/Weitere Filter* auf.
2. Im Listenfeld *Filter* wählen Sie den Eintrag *Kostenrahmen überschritten* aus und klicken danach auf die Schaltfläche *Anwenden*.

HINWEIS Je nachdem, in welcher Ansicht Sie den Filter einsetzen, werden die Vorgänge oder die Ressourcen angezeigt, die den Kostenrahmen überschreiten.

Gibt es in Ihrem Projekt kritische Vorgänge?

Ein Vorgang wird in Project als kritisch angesehen, wenn er zu einem geplanten Termin abgeschlossen sein muss und damit das Projekt auch planmäßig beendet werden kann. Ein kritischer Vorgang darf demnach nicht verzögert werden, um den Endtermin des Projekts nicht zu gefährden. Aus diesem Grund gilt es, Ihr Projekt nach diesem Gesichtspunkt zu analysieren.

Den Filter *Kritisch* finden Sie ebenfalls, wie oben beschrieben, als bereits definierten Filter in der Auswahlliste. Als Resultat bekommen Sie alle Vorgänge angezeigt, die auf dem sogenannten *kritischen Weg* liegen.

Welche Vorgänge liegen zwischen zwei Terminen?

Beim Filter *Terminbereich* handelt es sich um einen interaktiven Filter. Um ihn anzuwenden, müssen Sie zwei Termine eingeben.

Der Filter liefert Ihnen als Ergebnis eine Liste aller Vorgänge, deren Zuordnungen nach dem früheren Datum beginnen und vor dem späteren Datum enden werden.

Stellen Sie sich vor, Sie als Projektmanager haben auch einmal Urlaub gehabt. Nach Ihrer Rückkehr wollen Sie sich orientieren, was in Ihrer Abwesenheit gelaufen ist und was nicht. Wie verschaffen Sie sich schnell einen Überblick?

Um möglichst schnell wieder auf dem Laufenden zu sein, verfahren Sie wie folgt:

1. Wählen Sie den Filter *Terminbereich*.

Abbildg. 13.22 Interaktiver Filter *Terminbereich*

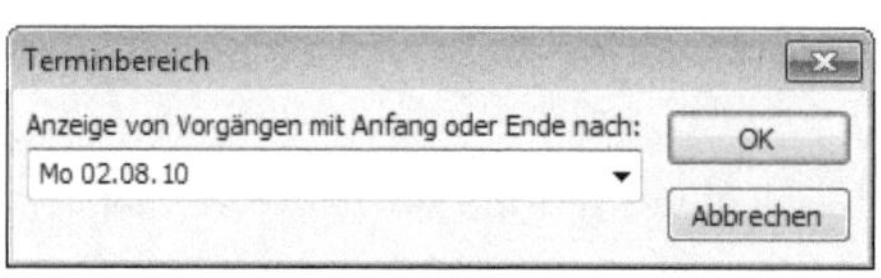

2. Geben Sie zunächst den ersten Termin an, bei dem das Filtern starten soll.
3. Geben Sie im folgenden Dialogfeld den letzten Tag ein und klicken Sie wiederum auf *OK*.

HINWEIS Der Filter *Terminbereich* ist verwandt mit dem Filter *Vorgangsbereich*. Bei beiden Filtern handelt es sich um interaktive Filter, mit dem Unterschied, dass Sie beim ersten ein Datum und beim zweiten Vorgangsnummern eingeben (Abbildung 13.23).

Abbildg. 13.23 Interaktiver Filter *Vorgangsbereich*

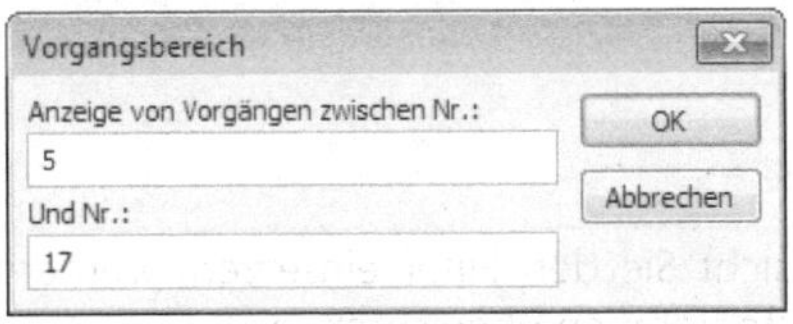

Welche Vorgänge laufen gerade?

Der Filter *Vorgänge in Arbeit* findet Anwendung, wenn Sie sich einen Überblick über die gerade laufenden Vorgänge in Ihrem Projekt verschaffen wollen.

Dabei liefert der Filter alle Vorgänge, die angefangen wurden, aber noch nicht fertiggestellt sind. Über diesen Filter können Sie auch feststellen, ob es in Ihrem Projekt »Langläufer« gibt und können ggf. darauf einwirken.

Welche Vorgänge sind noch offen?

Eine ähnliche Funktion wie der vorherige Filter bringt Ihnen der Filter *Nicht abgeschlossene Vorgänge*. Dabei werden alle Vorgänge und Zuordnungen angezeigt, die noch kein Ende gefunden haben, inklusive derer, die noch gar nicht begonnen wurden.

Wo sind Meilensteine in Ihrem Projekt?

Meilensteine symbolisieren wichtige Eckpunkte in Ihrem Projekt. Ein Meilenstein hat eine Dauer von Null. Setzen Sie diesen Filter ein, wenn Sie nur die wichtigsten Punkte in Ihrem Projekt ansehen wollen.

Beispielsweise können Sie direkt aus den Meilensteinen Ihres Projekts eine Präsentation in PowerPoint 2010 erstellen. Dies hat den Vorteil, dass Sie ein professionelles Layout in PowerPoint 2010 mit inhaltlichen Punkten aus Project 2010 verbinden können.

Nicht zu viel auf einmal: Überlastete Ressourcen

Suchen Sie in Ihrem Projekt nach überlasteten Ressourcen, um ggf. Arbeiten umzuverteilen oder Termine anders zu legen. Der Filter *Überlastete Ressourcen* führt einen Abgleich zwischen der geplanten Arbeit und der tatsächlich zur Verfügung stehenden Kapazität aus.

Um nach überlasteten Ressourcen zu forschen, gehen Sie folgendermaßen vor:

1. Wählen Sie die Ansicht *Ressource Einsatz.*
2. Wählen Sie im Menüband den Befehl *Ansicht/Daten/Filter/Überlastete Ressourcen* aus (Abbildung 13.24).

Abbildg. 13.24 Das Untermenü *Filter* in der Ansicht *Ressource Einsatz*

Die überlasteten Ressourcen werden jetzt in einer Liste ausgegeben. Dabei werden die Ressourcen in der Signalfarbe Rot dargestellt. Im *Indikatorenfeld* sehen Sie zusätzlich ein Warnsymbol (Abbildung 13.25).

Abbildg. 13.25 Die gefilterten überlasteten Ressourcen

Wer arbeitet woran?

Haben Sie Ihre Ressourcen in Gruppen eingeteilt, können Sie im Verlauf des Projekts jederzeit herausfinden, an welchen Vorgängen eine bestimmte Gruppe gerade arbeitet. Beim Filter *Ressourcenbereich* handelt es sich um einen interaktiven Filter, d.h. es wird von Ihnen eine Eingabe erwartet, damit der Filter seine Funktion erfüllen kann.

Stellen Sie sich vor, Sie sind in einem Projekt dafür verantwortlich, alle beteiligten Fachbereiche und Abteilungen über neue Anforderungen an das Projekt zu unterrichten. Sie möchten nun wissen, welchen Beitrag jede Gruppe für das Projekt erbringen muss. Erst dann können Sie Informationen gruppengerecht aufbereiten und an die richtigen Zielgruppen weitergeben.

Wie können Sie eine Ressource gesondert betrachten?

Beim Filter *Benutzt Ressource* handelt es sich wieder um einen interaktiven Filter, der die Eingabe des Namens der gewünschten Ressource anfordert. Dabei können Sie die Ressource bequem aus einer Dropdownliste auswählen.

Setzen Sie diesen Filter ein, um den Arbeitsfortschritt einer bestimmten Ressource zu verfolgen.

CD-ROM Sie wollen im Projekt *Kap13_03.mpp* (Beispieldatei im Ordner *\Buch\Kap13* innerhalb der Beispieldateien zu diesem Buch) erfahren, an welchen Vorgängen der *Heizungsbauer* arbeitet.

Dazu verfahren Sie wie folgt:

1. Öffnen Sie – falls noch nicht geschehen – das Projekt *Kap13_03.mpp.*
2. Wählen Sie die Ansicht *Gantt-Diagramm.*
3. Öffnen Sie den Filter *Benutzt Ressource.*
4. Wählen Sie aus dem Listenfeld *Anzeige der Vorgänge mit* den Mitarbeiter *Heizungsbauer* aus (Abbildung 13.26) und bestätigen Sie Ihre Wahl mit *OK.*

Abbildg. 13.26 Den Filter *Benutzt Ressource* verwenden

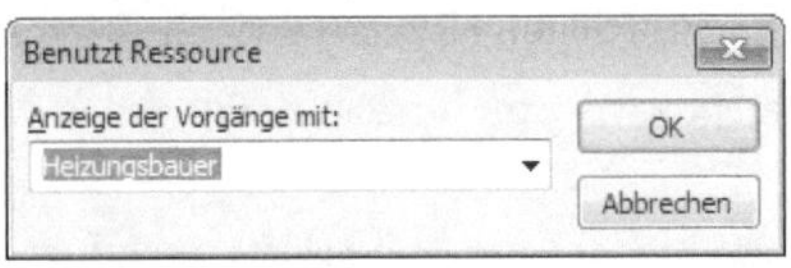

Die Abbildung 13.27 zeigt, wie die Anzeige an Ihrem Bildschirm anschließend aussehen sollte.

Abbildg. 13.27 Alle Vorgänge, an denen die Ressource *Heizungsbauer* mitarbeitet

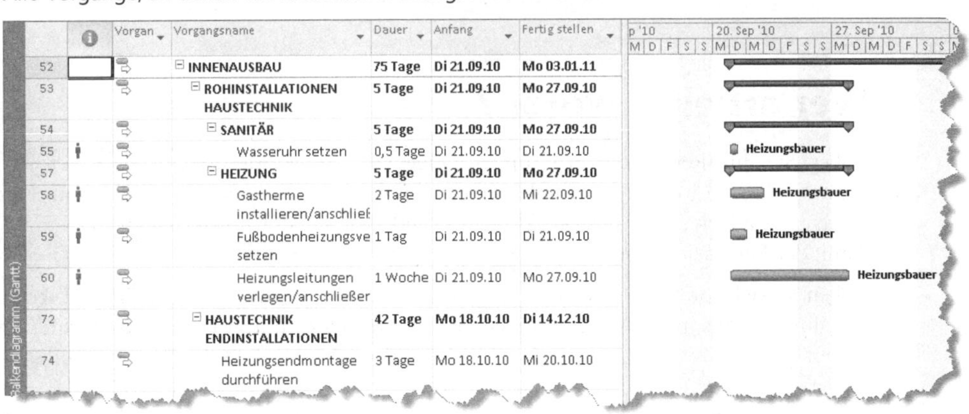

Die Informationsarten von Project

Im Kern verwendet Project ein relativ einfaches Datenmodell, das allerdings in der aktuellen Version um einige Feinheiten erweitert wurde. Dennoch lässt sich das Modell für den Einsatzbereich außerhalb der Programmierung auf vier Elemente reduzieren (Tabelle 13.3):

Tabelle 13.3 Die Objekte in Project

Objekt	Funktion
Projektinformationen	Speicherung allgemeiner Informationen über das Projekt. Dazu zählen z.B. die Informationen aus der Projektinfo.
Vorgangsinformationen	In den Vorgangsfeldern werden die Informationen zu den Vorgängen – mit wenigen Ausnahmen, wie beispielsweise den Unterbrechungsterminen – gespeichert
Ressourceninformationen	Diese Felder enthalten Informationen zu den Ressourcen. Hier gibt es einige Ausnahmen wie z.B. die Kostentabellen.
Zuordnungsinformationen	Dieser Feldtyp enthält Informationen über die Zuordnung von Ressourcen und Vorgängen

Sie können sich jeden dieser Informationsbereiche als Tabelle oder Relation einer Datenbank vorstellen, wobei es wiederum jeweils eine oder mehrere Zeilen gibt (Abbildung 13.28):

- **Projektinformationen** Werden einmal pro Projekt angelegt
- **Vorgangsinformationen** Werden einmal pro Vorgang angelegt. Für jeden Vorgang gibt es einen Datensatz.
- **Ressourceninformationen** Werden einmal pro Ressource angelegt. Auch hier gibt es für jede Ressource einen Datensatz.
- **Zuordnungsinformationen** Hier wird immer dann ein Datensatz definiert, wenn eine Ressource einem Vorgang zugeordnet wird. Wenn mehrere Ressourcen zum gleichen Vorgang zugeordnet werden, gibt es folgerichtig auch mehrere solcher Datensätze.

Abbildg. 13.28 Die relationale Datenbankstruktur von Project

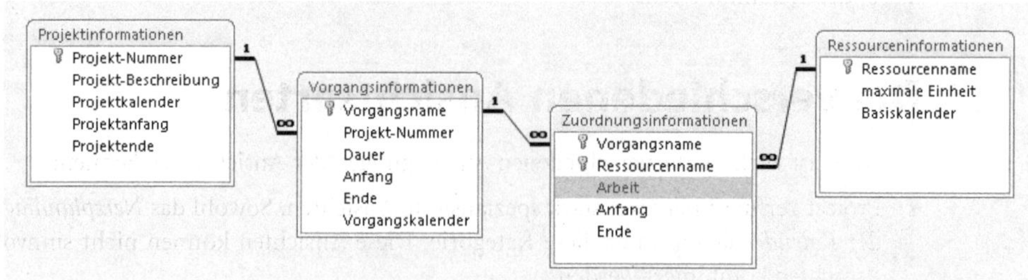

Nicht alle Informationen sind in der gleichen Form zugänglich. Die wichtigsten Varianten, um Informationen angezeigt zu bekommen, finden Sie in Tabelle 13.4:

Tabelle 13.4 Ansichten für Projektinformationen

Ansichten für Projektinformationen	Ansichtstyp
Projektinformationen	Dialogfelder wie *Projekt/Projektinformationen* und *Datei/Organisator* sowie einige Einstellungen in *Datei/Optionen*
Vorgangsinformationen	Balkendiagramme Netzplandiagramme (PERT) Vorgang: Tabelle Vorgang: Einsatz Kalender Rollup-Ansichten Weitere spezialisierte Vorgangsansichten
Ressourceninformationen	Ressource: Tabelle Ressource: Einsatz Ressource: Grafik weitere spezialisierte Ressourcenansichten
Zuordnungsinformationen	Ressource: Maske Vorgang: Maske (nur jeweils in Verbindung mit einer Vorgangs- oder Ressourcenansicht sinnvoll nutzbar) Vorgang: Einsatz Ressource: Einsatz

Während es für Vorgangs- und Ressourceninformationen eine Vielzahl unterschiedlicher Ansichten gibt, stehen für Projekt- und Zuordnungsinformationen nur wenige zur Verfügung. Von besonderer Bedeutung ist dabei, dass in beiden Fällen keine tabellarischen Ansichten existieren. Diese sind aber die Basis für den Export und Import aus anderen Programmen, wenn keine Makros oder spezielle Exportformate verwendet werden sollen.

Ansichten gestalten

Das Wissen über die unterschiedlichen Darstellungsformen von Ansichten ist besonders wichtig, wenn es darum geht, sich eigene Ansichten zusammenzustellen. Nicht alle Ansichten lassen sich gut mit anderen kombinieren.

Die verschiedenen Ansichtsarten

Zunächst ist wichtig, die verschiedenen Ausprägungen der Ansichten zu kennen:

- Project verfügt über zwei stark spezialisierte Ansichten. Sowohl das *Netzplandiagramm* als auch der *Kalender* fallen unter diese Kategorie. Diese Ansichten können nicht sinnvoll mit anderen Ansichten kombiniert werden.
- Etliche Ansichten arbeiten mit einer Zeitachse. Dazu gehören das *Balkendiagramm (Gantt)* sowie die Ansichten *Ressource Einsatz*, *Ressource: Grafik* und *Vorgang Einsatz.*
- Für Ressourcen und Vorgänge mit *Vorgang: Tabelle* und *Ressource: Tabelle* gibt es tabellarische Ansichten

Einige Ansichten stellen nur einzelne Vorgänge und Ressourcen dar und können damit nur in Ansichtskombinationen als untere Ansicht sinnvoll genutzt werden (Abbildung 13.29). Dazu zählen *Ressource: Maske*, *Vorgang: Maske*, *Vorgang: Name*, *Beziehungsdiagramm* und *Vorgang: Einzelheiten*.

Abbildg. 13.29 Das Balkendiagramm in Kombination mit der Ansicht *Ressource: Maske*

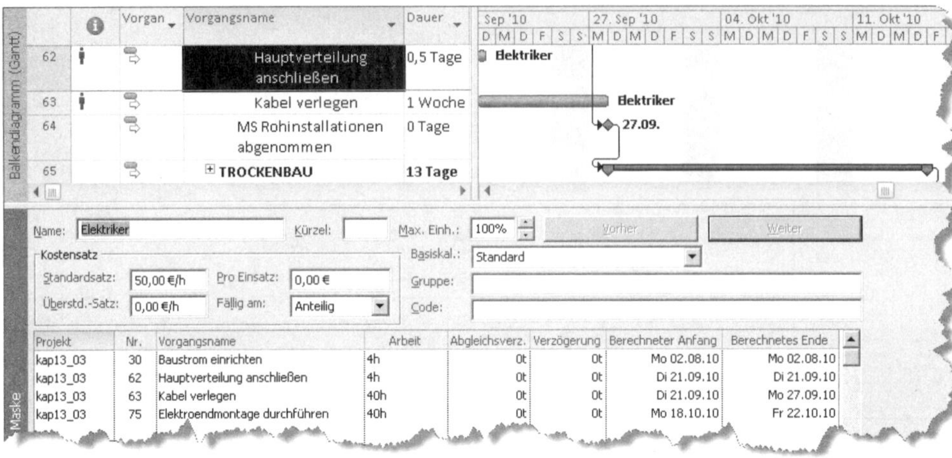

Diese Ansichten können teils nur allein, zum Teil nur in Ansichtskombinationen und teilweise sowohl einzeln als auch in Kombination genutzt werden. Für die Realisierung von Ansichtskombinationen wie beispielsweise *Vorgang: Eingabe* oder *Ressource: Zuteilung* ist es wichtig, dass im oberen Bereich eine zumindest teilweise tabellarische Darstellung zu finden ist. In dieser Darstellung können die Vorgänge oder Ressourcen ausgewählt werden, zu denen dann im unteren Bereich Detailinformationen angezeigt werden sollen.

Diese Zusammenhänge gilt es zu beachten, wenn eigene Ansichtskombinationen gestaltet werden.

Ansichten kombinieren

Durch die geschickte Kombination von Ansichten lassen sich sehr viele Informationen wie auch ihre Zusammenhänge gleichzeitig betrachten. Nicht umsonst sind die Ansichten *Vorgang: Eingabe*, *Ressource: Zuteilung*, *Vorgang Einsatz* und *Ressource Einsatz* neben *Vorgang: Tabelle*, *Ressource: Tabelle* und *Balkendiagramm (Gantt)* die wohl am häufigsten genutzten bei der Arbeit mit Project.

Zusätzlich zu diesen Kombinationen lassen sich noch einige andere sinnvolle Varianten individuell gestalten.

Interessant ist vor allem die Verbindung von Varianten des *Balkendiagramm (Gantt)* mit anderen Ansichten. Eine Kombination kann beispielsweise mit der Ansicht *Vorgang: Tabelle* erfolgen, um die wichtigsten Informationen über einen Vorgang zum Balkenplan angezeigt zu bekommen. Zwar ist das *Balkendiagramm (Gantt)* bereits mit einer Tabelle verbunden, von dieser sind aber typischerweise allenfalls zwei Spalten zu sehen, sodass es durchaus sinnvoll ist, diese Ansicht mit einer Tabelle zu kombinieren.

So verbinden Sie das *Balkendiagramm (Gantt)* mit der Ansicht *Vorgang: Tabelle* zu einer Ansichtskombination:

1. Rufen Sie den Befehl *Aufgabe/Ansicht/Weitere Ansichten* auf.
2. Klicken Sie auf die Schaltfläche *Neu.*
3. Wählen Sie im angezeigten Optionsfeld die Option *Ansichtskombination* aus (Abbildung 13.30) und bestätigen Sie mit *OK.*

Abbildg. 13.30 Wahl des Ansichtstyps

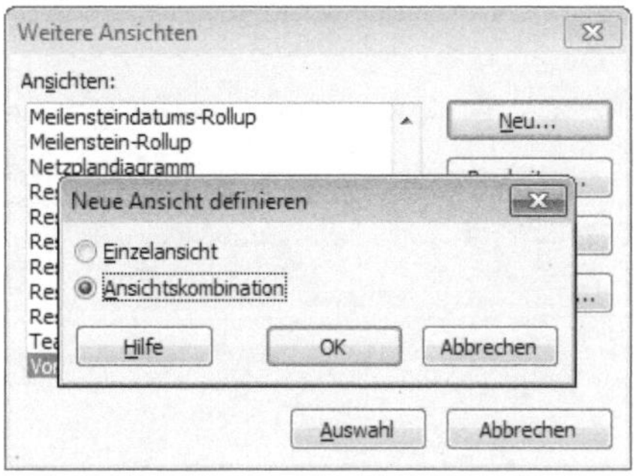

4. Geben Sie im Feld *Name* den Namen an, den die Ansicht erhalten soll.
5. Wählen Sie die beiden Ansichten aus, die in der Ansichtskombination zusammengefasst werden sollen (Abbildung 13.31). Im vorliegenden Beispiel sind dies das *Balkendiagramm (Gantt)* und die Ansicht *Vorgang: Tabelle.* Bestätigen Sie Ihre Auswahl mit *OK* und klicken Sie im Dialogfeld *Weitere Ansichten* auf die Schaltfläche *Auswahl.*

Abbildg. 13.31 Definition der Ansichtskombination

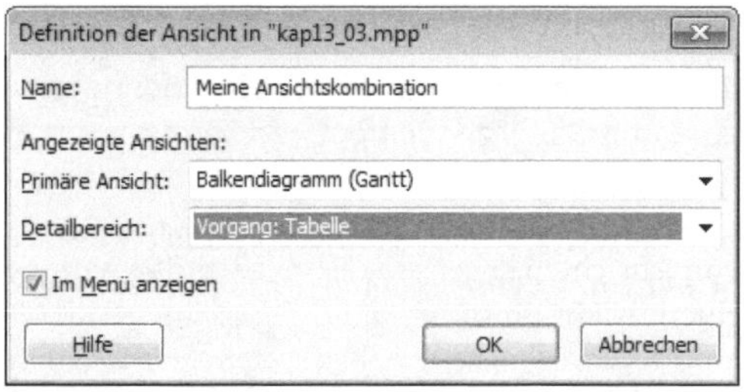

HINWEIS Aktivieren Sie das Kontrollkästchen *Im Menü anzeigen,* wenn Sie voraussichtlich häufig mit dieser Ansichtskombination arbeiten werden.

Sie sollten allerdings nicht zu viele Ansichten in das Menü aufnehmen, da dieses sonst schnell unübersichtlich wird.

Da das Verfahren zur Definition von Ansichtskombinationen immer gleich ist, wird es bei den nachfolgend vorgestellten Kombinationen nicht mehr einzeln erläutert.

Eine weitere interessante Ansichtskombination ergibt sich, wenn Sie ein Balkendiagramm mit der Ansicht *Ressource Einsatz* (Abbildung 13.32) oder der Ansicht *Vorgang Einsatz* kombinieren. Sie können dann oben die grafische Darstellung sehen, während im unteren Teil sowohl die Informationen zum ausgewählten Vorgang als auch die Zuordnungsinformationen angezeigt werden. Besonders umfassend sind die Informationen bei der Kombination mit *Ressource: Einsatz*, da Sie dann alle einem Vorgang zugeordneten Ressourcen und für diese wiederum die gesamten Vorgänge, bei denen sie eingesetzt werden, sehen. Zudem werden auf der rechten Seite die detaillierten Zuordnungsinformationen ausgegeben.

Abbildg. 13.32 Balkendiagramm in Kombination mit *Ressource: Einsatz*

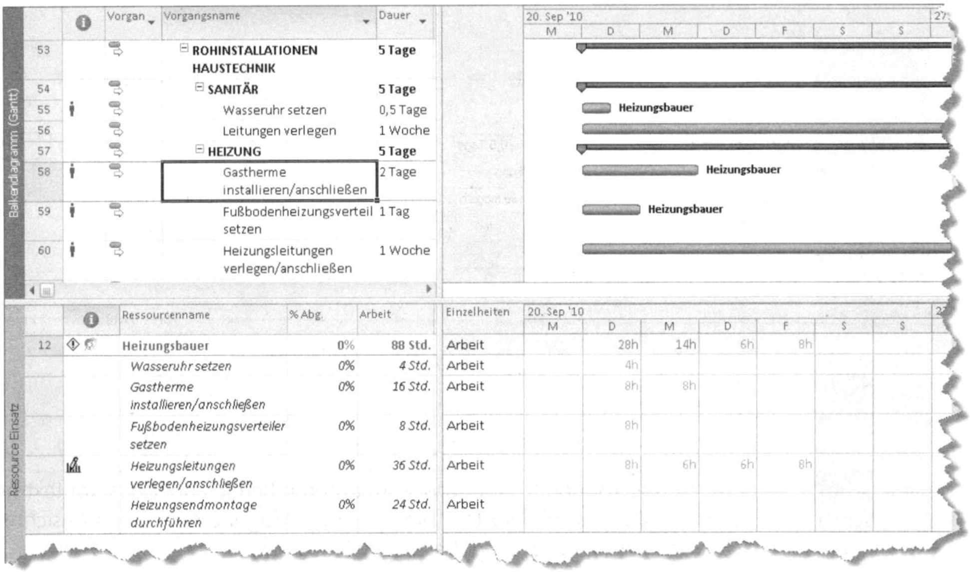

HINWEIS Diese Variante kann ideal genutzt werden, um die Zuordnungen von Ressourcen zu analysieren. Der Einsatzbereich ist damit das Management von Termin- und Ressourcenkonflikten.

Altbewährte Kombinationen ergeben sich, wenn die Ansicht *Vorgang: Tabelle* oder alternativ auch die Ansicht *Balkendiagramm (Gantt)* mit den Ansichten *Vorgang: Maske, Vorgang: Einzelheiten* oder *Vorgang: Name* kombiniert wird.

Die Kombination mit *Vorgang: Maske* ist aus der Ansicht *Vorgang: Eingabe* bereits bekannt. Sie ist eine der wichtigsten und am intensivsten genutzten Ansichten überhaupt, da sich durch die vielen Formate von *Vorgang: Maske* die unterschiedlichsten Informationen zu Vorgängen betrachten lassen.

Ein ähnliches Bild ergibt sich bei der Verwendung von *Vorgang: Einzelheiten* (Abbildung 13.33) als untere Ansicht. Hier erhalten Sie sogar noch mehr Informationen zu den Vorgängen, da in der Tabelle andere Felder als in der gleichnamigen Maskenansicht eingeblendet werden können.

Abbildg. 13.33 Balkendiagramm mit Einzelheiten zum Vorgang

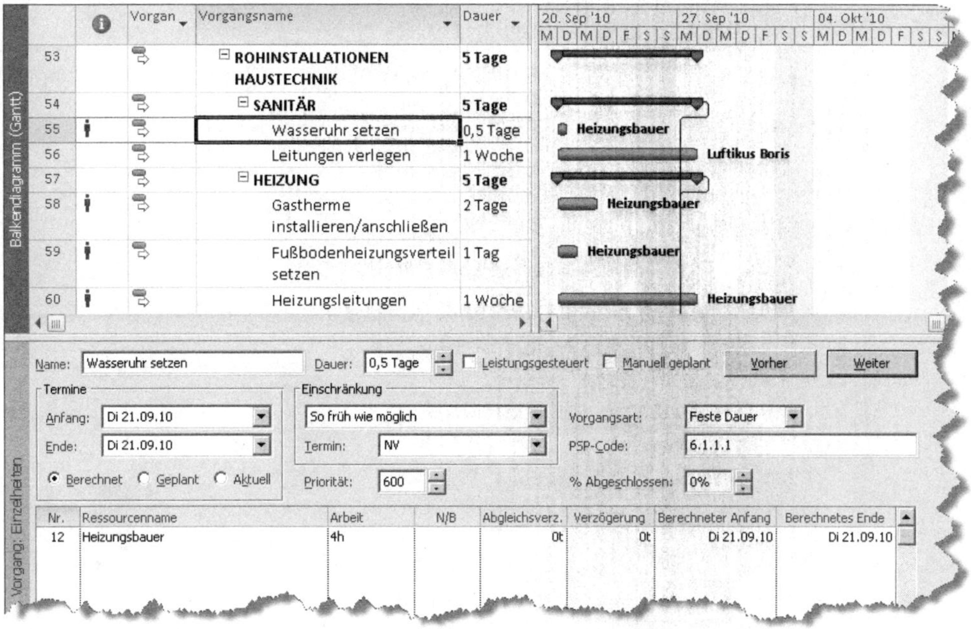

HINWEIS Auch hier können für die Maske im unteren Bereich über das Kontextmenü unterschiedliche Ansichten ausgewählt werden. Die hier zur Verfügung stehenden Ansichten entsprechen denen, die auch bei *Vorgang: Eingabe* ausgewählt werden können.

Die Ansicht *Ressource: Grafik*

Eine weitere Ansichtskombination, die sehr hilfreich sein kann, ist die Kombination von *Balkendiagramm* und *Ressource: Grafik* (Abbildung 13.34). In dieser Kombination kann im unteren Bereich die Auslastung einer oben ausgewählten Ressource grafisch betrachtet werden.

Das Erstellen dieser Ansichtskombination verläuft wieder so, wie bei allen anderen Ansichtskombinationen auch. Sie können dann im oberen Bereich die Ressource auswählen und im Bereich darunter sehen, in welchem Umfang die Ressource belastet ist.

Da die Ansicht *Ressource: Grafik* über eine Zeitskala verfügt, können Sie auch die Darstellungsgröße – wie bei jeder anderen Ansicht mit Zeitskala – anpassen.

Abbildg. 13.34 Kombination von *Balkendiagramm (Gantt)* mit *Ressource: Grafik*

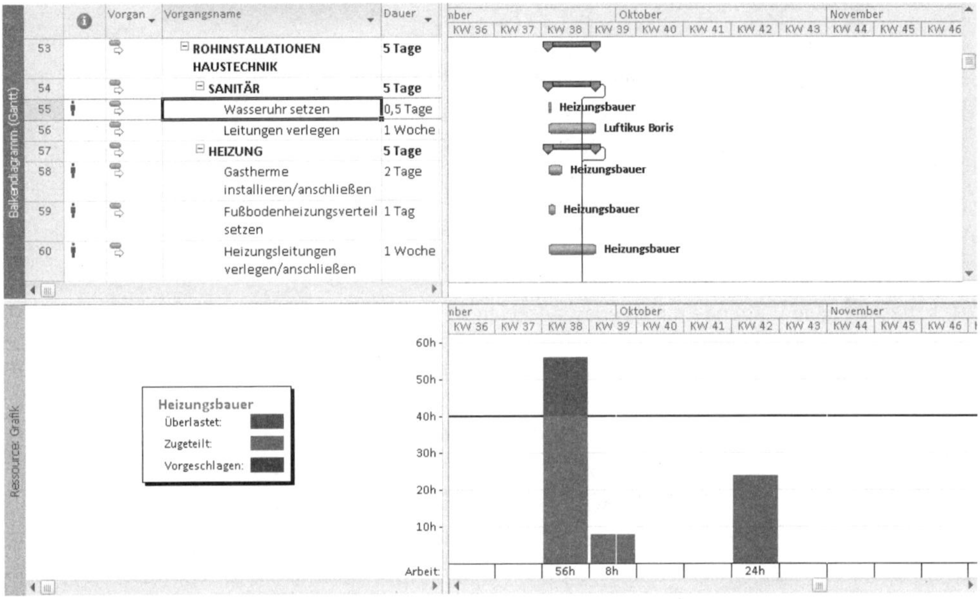

Die Ansicht *Ressource: Grafik* können Sie auch an Ihre Erfordernisse anpassen:

1. Rufen Sie die Ansicht *Ressource: Grafik* auf.
2. Rufen Sie mit der rechten Maustaste das Kontextmenü für die Ansicht *Ressource: Grafik* auf.
3. Im unteren Bereich sehen Sie verschiedene Informationen, die Sie sich in der Grafik auch darstellen lassen können – beispielsweise die Verfügbarkeit, mit der Sie leicht erkennen können, wann welche Ressource noch verfügbar ist.
4. Über den Befehl *Gitternetzlinien* können Sie steuern, welche Linien zusätzlich in dieser Ansicht angezeigt werden sollen.
5. Über den Befehl *Balkenarten* können Sie das Aussehen der Grafik gestalten.

HINWEIS Hier ergibt sich allerdings ein kleines Problem: Es wird auch bei Vorgängen, denen mehr als eine Ressource zugeordnet ist, nur eine Ressource in der Grafik dargestellt.

Wenn Sie zwischen den Ressourcen, die einem Vorgang zugeordnet sind, wechseln wollen:

1. Um zwischen den Ressourcen zu wechseln, müssen Sie die Bildlaufleiste im unteren linken Fenster verwenden.
2. Sie können damit von einer Ressource zur nächsten springen.

Diese Verwendung der Ansicht *Ressource: Grafik* ist ja schon recht reizvoll. Richtig interessant wird diese Ansicht aber erst, wenn Sie sie als alleinige Ansicht einsetzen.

Wie bei allen anderen Ansichten empfiehlt es sich auch bei der Ansicht *Ressource: Grafik*, diese vorab zu kopieren, also bevor die Formatierung grundlegend verändert wird.

Im ersten Moment wirkt diese Ansicht allerdings nicht besonders interessant, denn es wird wieder nur eine Ressource angezeigt. Mithilfe der Bildlaufleiste kann hier von einer Ressource zur nächsten gewechselt werden. Sie können aber auch Gruppen- und Einzelinformationen in Kombination anzeigen.

Gehen Sie wie folgt vor:

1. Wählen Sie im Kontextmenü des rechten Bildschirmteils den Befehl *Balkenarten*.
2. Wählen Sie für *Alle Vorgänge* aus, dass für *Überlastete Ressourcen* Balken angezeigt werden sollen (Abbildung 13.35).
3. Wählen Sie beispielsweise eine andere Farbe aus.
4. Setzen Sie das Häkchen *Verfügbarkeitslinie anzeigen*.
5. Schließen Sie das Dialogfeld über die Schaltfläche *OK*.

Abbildg. 13.35 Alle Vorgänge mit Überlast anzeigen

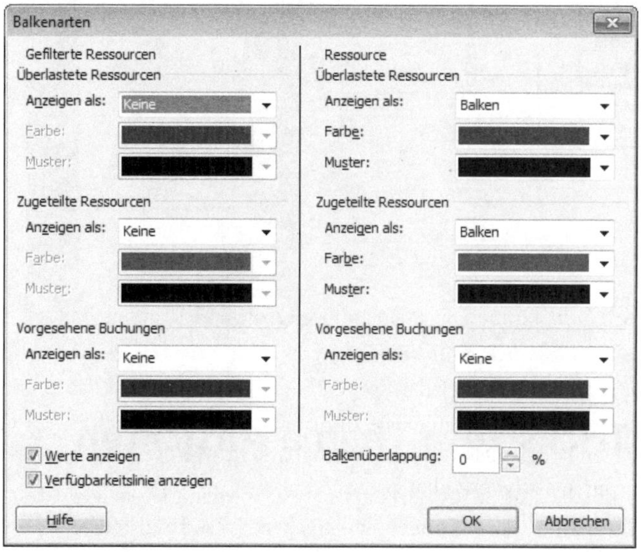

Das gesetzte Kontrollkästchen *Verfügbarkeitslinie anzeigen* zeigt in der Grafik eine Linie mit der Verfügbarkeit der Ressourcen an. Dies ist beim Ressourcenmanagement hilfreich, wenn eine Alternative zu einer überlasteten Ressource gesucht wird.

Wie sinnvoll diese Ansicht ist, hängt nun stark vom gesetzten Filter ab. Die wohl interessanteste Variante ist die Filterung nach den Gruppen oder Codes, die für die Ressourcen definiert wurden. Damit kann beispielsweise die Verfügbarkeit einer Gruppe und die Verfügbarkeit einer Ressource aus dieser Gruppe gemeinsam dargestellt werden (Abbildung 13.36).

Abbildg. 13.36 Erweiterte Anzeige, um alle Zuweisungen zu sehen

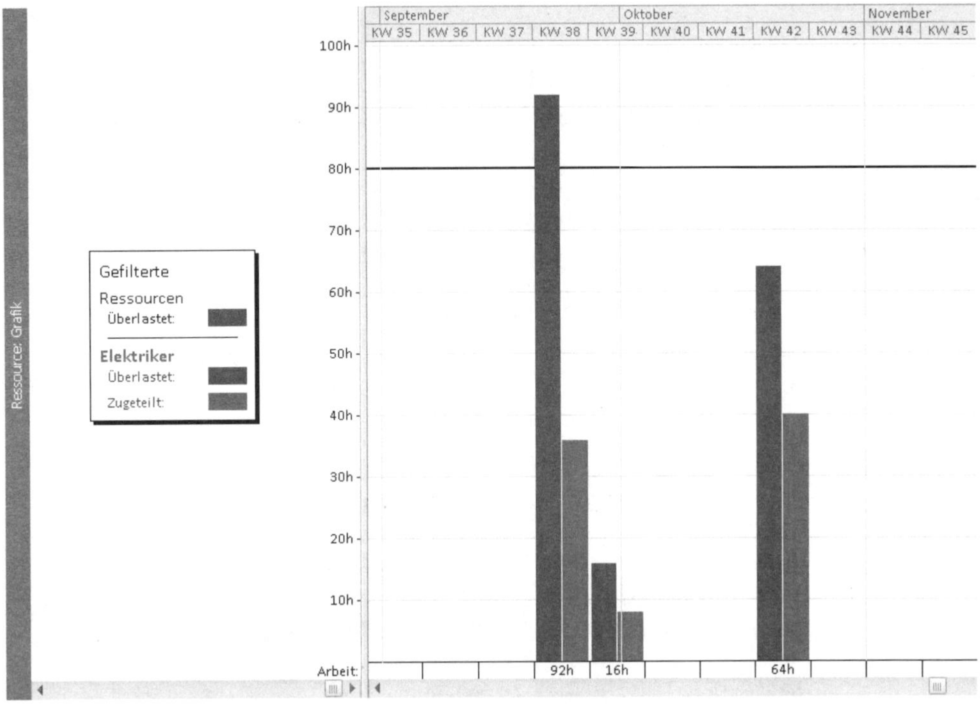

Tipps und Tricks zum Thema Ansichten

Wenn Sie eine Weile mit Project 2010 gearbeitet haben, werden Sie vielleicht feststellen, dass die Standardansichten nicht Ihren Vorstellungen entsprechen. So müssen Sie beispielsweise, wenn Sie eine Ansicht ausdrucken wollen, regelmäßig wieder Kopf- und Fußzeilen definieren. Ferner müssen Sie bestimmte Spalten, die Sie eigentlich immer sehen möchten, jedes Mal neu einfügen. Nachfolgend wollen wir Ihnen hierzu ein paar Tipps verraten.

Firmenspezifische Masteransicht erstellen

Definieren Sie eine Ansicht, die als Grundlage für alle weiteren bzw. eigenen Ansichten dienen soll. Definieren Sie in dieser Ansicht Kopf- und Fußzeilen, die Sie standardmäßig für den Ausdruck haben wollen. Diese Ansicht benutzen Sie nun als Masteransicht, d.h., wenn Sie eine neue Ansicht definieren wollen, kopieren Sie einfach die Masteransicht, bearbeiten diese entsprechend und speichern sie unter einem neuen Namen ab.

So erstellen Sie eine Masteransicht, von der ausgehend Sie weitere eigene Ansichten definieren können:

1. Rufen Sie den Befehl *Aufgabe/Ansicht/Weitere Ansichten* auf.
2. Wählen Sie die Schaltfläche *Neu* aus.
3. Wählen Sie im angezeigten Dialogfeld die Option *Einzelansicht* aus und bestätigen Sie mit *OK*.

Abbildg. 13.37 Wahl des Ansichtstyps

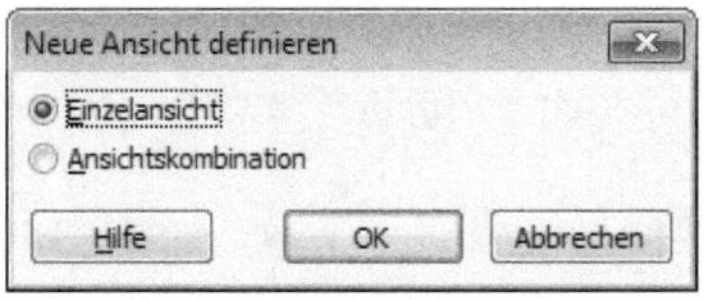

4. Geben Sie im Feld *Name* den Namen an, den die Ansicht erhalten soll.
5. Wählen Sie aus, wie die beiden Bildschirmhälften dargestellt werden sollen. Im vorliegenden Beispiel sind für *Bildschirm* der Eintrag *Balkendiagramm (Gantt)* und für *Tabelle* der Eintrag *Eingabe* ausgewählt.
6. Außerdem müssen Sie noch die Art des Filters und der Gruppierung bestimmen.

Abbildg. 13.38 Definition der Ansichten

7. Da diese Ansicht nur als Vorlage dienen soll, muss sie nicht im Menü angezeigt werden.

TIPP Die Vielzahl von Ansichten macht es sehr schwierig zu unterscheiden, welche nun eine selbstdefinierte ist und welche standardmäßig von Project mitgeliefert wurde.

Aus diesem Grund sollten Sie sich unbedingt eine Nomenklatur für die Benennung Ihrer Ansichten ausdenken. Im Prinzip sind Ihrer Phantasie keine Grenzen gesetzt. In Tabelle 13.5 sind ein paar Möglichkeiten aufgelistet.

Tabelle 13.5 Trennen Sie eigene Ansichten von den Standards

Nomenklatur	Vorteil
Den Namen der Ansicht in Großbuchstaben formatieren	Fällt optisch gut ins Auge
Ein firmenspezifisches Kürzel voranstellen (z.B. *Meine Firma – Balkendiagramm*)	Erkennt sofort jeder als firmenspezifisch
Eine Ziffer oder ein Sonderzeichen vor den Ansichtsnamen stellen	Taucht in allen Listen immer vor den Standardansichten auf

8. Definieren Sie nun die Standards, die Sie in jeder Ansicht haben wollen.
9. Speichern Sie die Ansicht – Sie können sie ab sofort als Basis für alle künftigen Ansichten heranziehen.

Ansichten global zur Verfügung stellen

Nachdem Sie Ihre eigenen Ansichten definiert haben, sind diese zunächst nur in Ihrem derzeit geöffneten Projekt verfügbar. Um sie in allen Projekten verfügbar zu machen, müssen Sie diese Ansichten in die globale Projektvorlage »organisieren«.

1. Klicken Sie auf der Registerkarte *Datei* in der Kategorie *Informationen* auf die Schaltfläche *Organisator* und wechseln Sie im Dialogfeld *Organisieren* zur Registerkarte *Ansichten*.
2. Markieren Sie im rechten Listenfeld die Ansicht, die Sie in allen Projekten verwenden wollen (Abbildung 13.39), und klicken Sie auf *Kopieren*.

Abbildg. 13.39 Selbstdefinierte Ansichten global zur Verfügung stellen

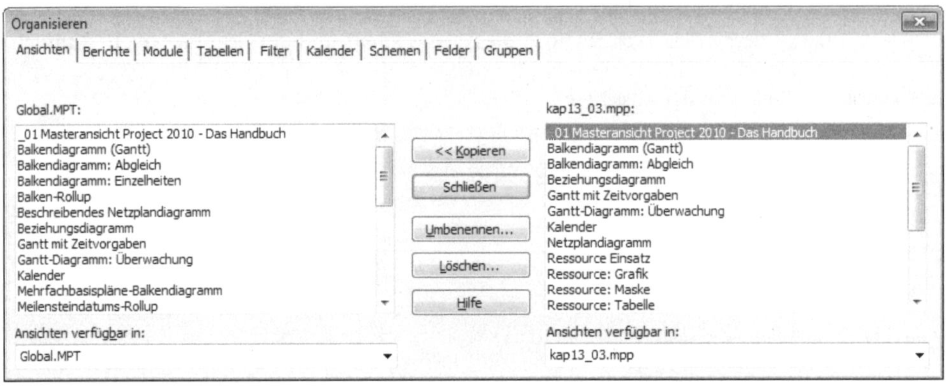

Die Ansicht ist nun in die globale Vorlagendatei kopiert worden und steht jetzt allen Projekten zur Verfügung, die Sie ab sofort aufrufen werden.

Wenn Sie mehr über die Organisation der globalen Projektvorlage wissen wollen, schlagen Sie bitte in Kapitel 17 nach.

Tabellen gestalten

Tabellen in Project enthalten immer die wichtigsten Informationen. Diese wurden entweder von Ihnen eingegeben, von Project berechnet oder mithilfe von anpassbaren Feldern (siehe auch Kapitel 18) erstellt. Tabellen können allein oder in Kombination mit grafischen Ansichten dargestellt werden. Darüber hinaus sind Tabellen die Grundlage, um Daten von Project schnell und unkompliziert (z.B. nach Excel) zu exportieren (siehe Kapitel 21). In der Regel verwendet man Tabellen als alleinige Darstellung zur Eingabe von Daten oder für Exportzwecke.

HINWEIS Controller, die daran gewöhnt sind, ausschließlich mit Tabellen zu arbeiten, sollten einen entsprechenden Excel-Export (siehe Kapitel 21) zur Verfügung gestellt bekommen.

Ein paar nützliche Tabellen

Betrachtet man diese Ansichten und Ansichtskombinationen, wird deutlich, dass bei Project so manche reizvolle Ansicht im Verborgenen ihr Dasein fristet. Daher sollten Sie mit etwas »Forscherdrang« an das Thema herangehen; eine Haltung, die übrigens auch bei Filtern, Formaten oder Tabellen durchaus angebracht ist. Einige besonders interessante und nützliche Tabellen werden in diesem Abschnitt vorgestellt.

Sie möchten die Vorgangstabelle *Geplant* angezeigt bekommen:

1. Rufen Sie den Befehl *Ansicht/Daten/Tabellen/Weitere Tabellen* auf.
2. Wählen Sie in der Liste die gewünschte Tabelle *Geplant* aus (Abbildung 13.40) und klicken Sie auf die Schaltfläche *Auswahl.*

Abbildg. 13.40 Auswahl der Tabelle *Geplant*

Im Beispiel wird die Tabelle *Geplant* (siehe Abbildung 13.41) ausgewählt. Sie zeigt Informationen über den Planungsstand des Projekts im Überblick.

Abbildg. 13.41 Die Tabelle *Geplant*

	Vorgangsname	Geplante Dauer	Geplanter Anfang	Geplantes Ende	Geplante Arbeit	Geplante Kosten
1	**⊟ MEILENSTEINE**	**179,5 Tage**	**Mo 19.04.10**	**Fr 24.12.10**	**0 Std.**	**0,00 €**
11	**⊟ VORPLANUNG**	**30 Tage**	**Mo 19.04.10**	**Fr 28.05.10**	**0 Std.**	**500,00 €**
15	**⊟ FINANZIERUNG**	**20 Tage**	**Mo 31.05.10**	**Fr 25.06.10**	**0 Std.**	**250,00 €**
17	**⊞ PLANUNG**	**25 Tage**	**Mo 28.06.10**	**Fr 30.07.10**	**0 Std.**	**6.000,00 €**
27	**⊞ ROHBAU**	**27,5 Tage**	**Mo 02.08.10**	**Mi 08.09.10**	**240 Std.**	**23.650,00 €**
52	**⊟ INNENAUSBAU**	**77 Tage**	**Mi 08.09.10**	**Fr 24.12.10**	**396 Std.**	**19.800,00 €**
53	**⊟ ROHINSTALLATIONEN HAUSTECHNIK**	**5 Tage**	**Mi 08.09.10**	**Mi 15.09.10**	**148 Std.**	**7.400,00 €**
54	**⊟ SANITÄR**	**5 Tage**	**Mi 08.09.10**	**Mi 15.09.10**	**44 Std.**	**2.200,00 €**
55	Wasseruhr setzen	0,5 Tage	Mi 08.09.10	Mi 08.09.10	4 Std.	200,00 €
56	Leitungen verlegen	5 Tage	Mi 08.09.10	Mi 15.09.10	40 Std.	2.000,00 €
57	**⊟ HEIZUNG**	**5 Tage**	**Mi 08.09.10**	**Mi 15.09.10**	**60 Std.**	**3.000,00 €**
58	Gastherme installieren/anschließen	2 Tage	Mi 08.09.10	Fr 10.09.10	16 Std.	800,00 €
59	Fußbodenheizungsverteil setzen	1 Tag	Mi 08.09.10	Do 09.09.10	8 Std.	400,00 €
60	Heizungsleitungen verlegen/anschließen	5 Tage	Mi 08.09.10	Mi 15.09.10	36 Std.	1.800,00 €
61	**⊟ ELEKTRO**	**5 Tage**	**Mi 08.09.10**	**Mi 15.09.10**	**44 Std.**	**2.200,00 €**
62	Hauptverteilung anschließen	0,5 Tage	Mi 08.09.10	Mi 08.09.10	4 Std.	200,00 €
63	Kabel verlegen	5 Tage	Mi 08.09.10	Mi 15.09.10	40 Std.	2.000,00 €
64	MS Rohinstallationen abgenommen	0 Tage	Mi 15.09.10	Mi 15.09.10	0 Std.	0,00 €
65	**⊞ TROCKENBAU**	**13 Tage**	**Mi 15.09.10**	**Mo 04.10.10**	**0 Std.**	**0,00 €**
68	**⊞ ROHFUSSBODEN**	**23 Tage**	**Mo 04.10.10**	**Do 04.11.10**	**8 Std.**	**400,00 €**

Bisher wurden vor allem die Vorgangstabellen betrachtet. Neben der Tabelle *Eingabe* bei der Ansicht *Ressource: Tabelle* gibt es aber noch eine Reihe weiterer Tabellen, die hier von Interesse sind.

In der Tabelle *Arbeit,* bei vorheriger Auswahl der Ansicht *Ressource: Tabelle* (Abbildung 13.42), finden sich im Überblick die wichtigsten Informationen zur Arbeit der Ressourcen. Hier kann schnell festgestellt werden, bei welcher Ressource besonders gravierende Abweichungen vom Plan aufgetreten sind.

Abbildg. 13.42 Die Tabelle *Arbeit*

		Ressourcenname	% Abg.	Arbeit	Überstunden	Geplant	Abweichung	Aktuell	Verbleibend	Neue Spalte hinzufügen
13		Elektriker	5%	88 Std.	0 Std.	88 Std.	0 Std.	4 Std.	84 Std.	
14		Zimmerer	0%	8 Std.	0 Std.	8 Std.	0 Std.	0 Std.	8 Std.	
15		Maurer	0%	8 Std.	0 Std.	8 Std.	0 Std.	0 Std.	8 Std.	
16		Fliesenleger	0%	152 Std.	0 Std.	152 Std.	0 Std.	0 Std.	152 Std.	
17		Sanitärinstallateur	0%	24 Std.	0 Std.	24 Std.	0 Std.	0 Std.	24 Std.	
18		Vorarbeiter	100%	8 Std.	0 Std.	8 Std.	0 Std.	8 Std.	0 Std.	

Analog zu den Vorgangstabellen gibt es auch bei den Ressourcentabellen eine Tabelle *Kosten (*Abbildung 13.43), in der die Kosteninformationen in übersichtlicher Form angezeigt werden. Diese Tabelle ist für die Kostenkontrolle in einem Projekt von großer Bedeutung.

Abbildg. 13.43 Die Tabelle *Kosten*

	Ressourcenname	Kosten	Geplante Kosten	Abweichung	Aktuelle Kosten	Verbleibend	Neue Spalte hinzufügen
1	Bagger	350,00 €	350,00 €	0,00 €	350,00 €	0,00 €	
2	Willibald Hugo	0,00 €	0,00 €	0,00 €	0,00 €	0,00 €	
3	Baukran mobil	0,00 €	0,00 €	0,00 €	0,00 €	0,00 €	
4	Huber Gerd	0,00 €	0,00 €	0,00 €	0,00 €	0,00 €	
5	Maier Gerhard	0,00 €	0,00 €	0,00 €	0,00 €	0,00 €	

Eigene Tabellen erstellen

Es gibt einige Gründe, weshalb man eigene Tabellen definiert. Recht häufig wird es vorkommen, dass Sie bestimmte Daten in einer festgelegten Kombination sehen wollen und genau diese Tabelle gerade nicht vorhanden ist. Ein weiterer Grund könnte sein, dass Sie nur bestimmte Informationen (z.B. in Form eines Berichts) ausgeben wollen.

Machen wir das Ganze an einem einfachen Beispiel fest. Dadurch sehen Sie zum einen, wie Sie Tabellen erstellen können, und zum anderen, wo sich diese einsetzen lassen.

Gehen wir davon aus, dass Sie eine einfache Vorgangsliste als Bericht ausgeben möchten, die neben dem Vorgang die zugewiesene Ressource und den geplanten Endtermin anzeigt:

1. Rufen Sie den Befehl *Ansicht/Daten/Tabellen/Weitere Tabellen* auf.
2. Wählen Sie oben im Dialogfeld die Option *Vorgang* und klicken Sie auf die Schaltfläche *Neu*.
3. Im Dialogfeld *Tabellendefinition in '<Projektname>'* legen Sie nun die Felder fest, die Sie in der Tabelle sehen wollen (Abbildung 13.44).

Abbildg. 13.44 Definition einer Tabelle

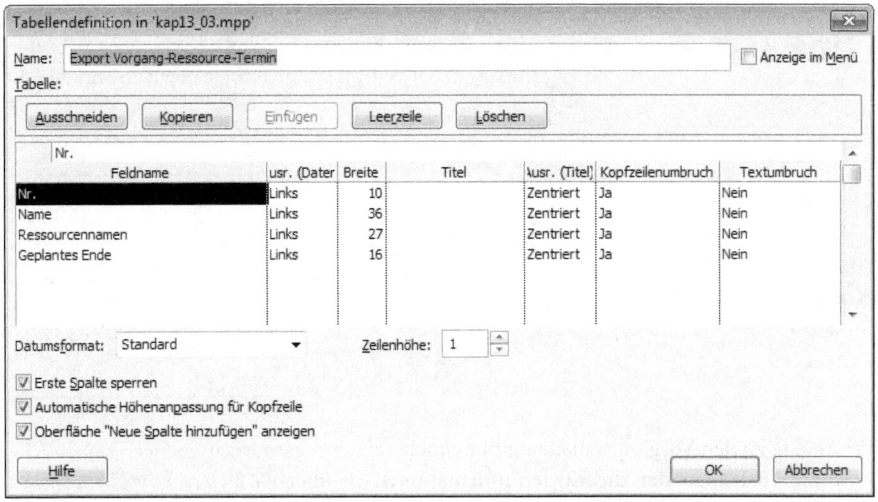

4. Weisen Sie der Tabelle einen Namen zu und bestätigen Sie mit *OK*.
5. Schließen Sie das Dialogfeld *Weitere Tabellen*.
6. Rufen Sie nun den Befehl *Projekt/Berichte/Berichte* auf.
7. Im Dialogfeld *Berichte* wählen Sie *Benutzerdefiniert* und klicken auf *Auswahl*.
8. Klicken Sie auf die Schaltfläche *Neu*, wählen Sie als Berichtsart *Vorgang* und bestätigen Sie mit *OK*.
9. Wählen Sie in der Liste *Tabelle* Ihre erstellte Tabelle, vergeben Sie einen Namen für den Bericht und bestätigen Sie mit *OK* (Abbildung 13.45).

Abbildg. 13.45 Definition eines Berichts

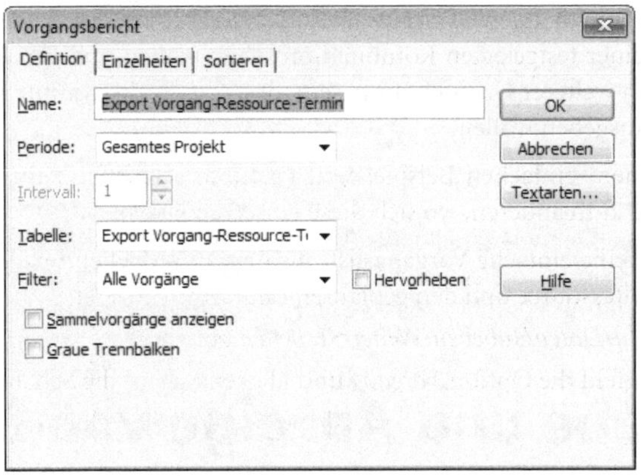

10. Klicken Sie die Schaltfläche *Auswahl*.

Abbildg. 13.46 Bericht in der Seitenvorschau

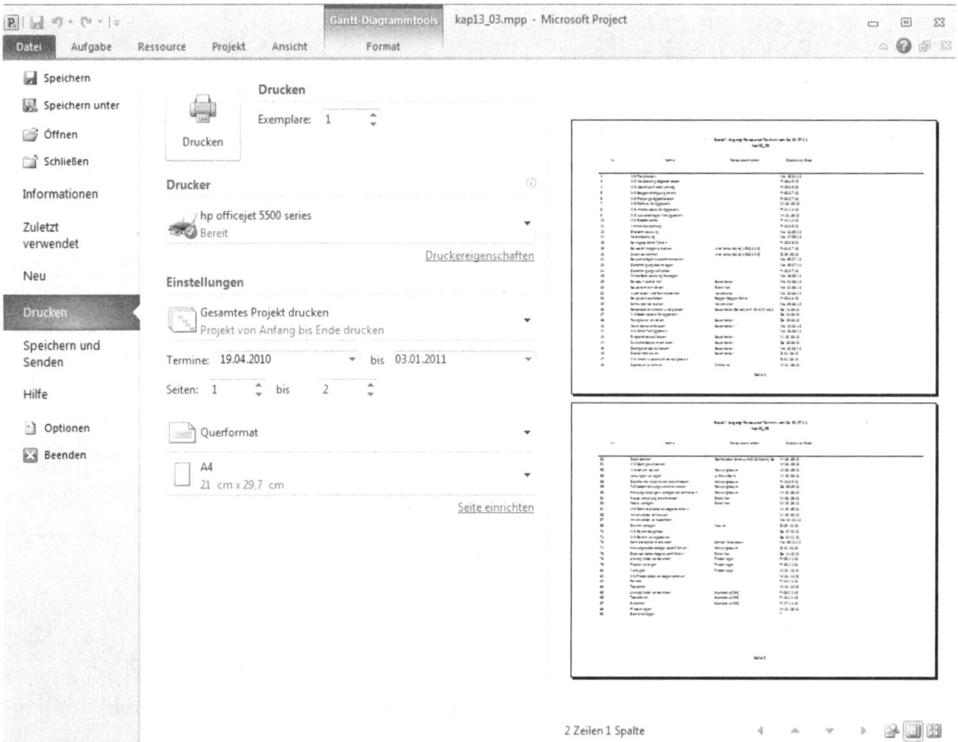

In Abbildung 13.46 sehen Sie das Ergebnis des selbst erstellten Berichts in der Seitenvorschau.

PROFITIPP Wenn Sie schnell eine neue Tabelle erstellen wollen, wählen Sie den Befehl *Ansicht/Daten/Tabellen/Felder als neue Tabelle speichern*.

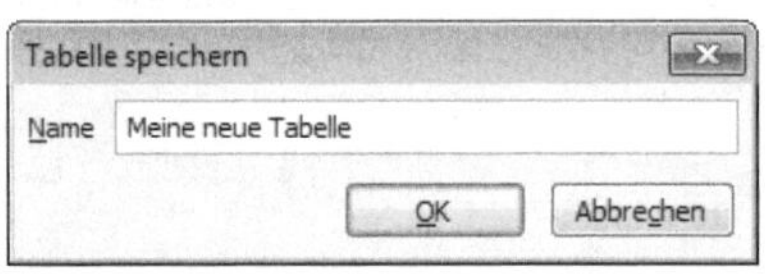

Vergeben Sie einen Namen für die neue Tabelle. Als Basis für die neue Tabelle wird der momentane Zustand der Tabelle genommen, die sich am Bildschirm befindet. Ändern Sie nun die neue Tabelle, wie Sie es wünschen, mit den Befehlen *Neue Spalte hinzufügen* etc.

Masken zur Eingabe und Anzeige von Daten

Masken sind nützliche Helfer, wenn es darum geht, Daten einzugeben und um sich auf Einzelheiten einer Ressource oder eines Vorgangs zu konzentrieren. Natürlich können Sie Daten auch in Tabellen eintragen. Falls ein Vorgang aber von mehreren Ressourcen bearbeitet wird, ist die Übersichtlichkeit einer Tabelle doch sehr beschränkt. Daher gibt es diverse Masken, um das Arbeiten mit Ressourcen zu vereinfachen.

Was sind Masken?

Masken können mit anderen Darstellungsformen (z.B. mit Tabellen oder grafischen Ansichten) verknüpft werden. Bei der Ansicht *Vorgang: Eingabe* wird im unteren Bereich die Maske *Ressourcen & Vorgänger* (Abbildung 13.47) eingeblendet, über die Informationen eingegeben und angezeigt werden können. Die meisten Formate, die diese Maske annehmen kann, wurden bereits in den Kapiteln 6 bis 10 besprochen.

Abbildg. 13.47 Die Maske *Ressourcen & Vorgänger*

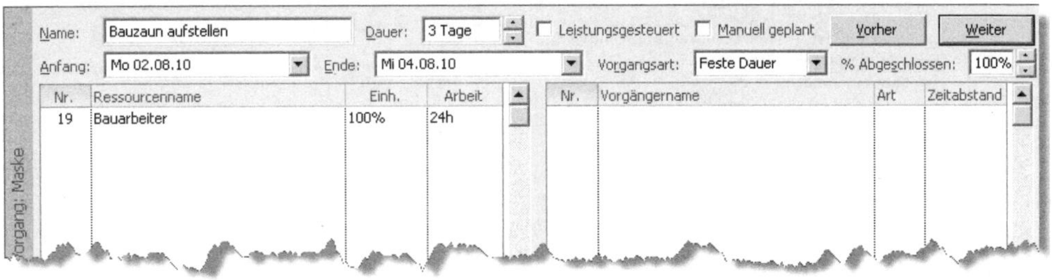

Masken verwenden

Neben den bekannten Formaten gibt es noch einige weitere, die bei der Arbeit im Projekt sehr nützlich sein können. Eines dieser Formate ist *Vorgänger & Nachfolger* (Abbildung 13.48). Es wird – wie alle anderen Formate – über das Kontextmenü des unteren Teils der Ansichtskombination aufgerufen.

Abbildg. 13.48 Die Maske *Vorgänger & Nachfolger*

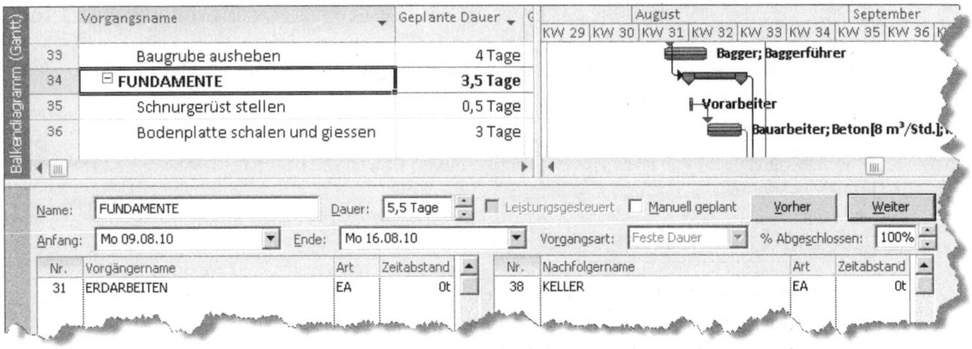

Hier sind die Informationen über die den Vorgängen zugeordneten Vorgänger und Nachfolger, ebenso wie der zeitliche Abstand zwischen den Vorgängen zu sehen. Dieses Format ist vor allem für die Analyse von Vorgangsbeziehungen interessant.

TIPP Sollten Sie im Projekt komplexe und vielfältige Abhängigkeiten haben, ist dies die richtige Maske für die Realisierung.

Sicherlich nicht uninteressant ist auch das Format *Notizen* (Abbildung 13.49). Über dieses kann – wie es der Name bereits andeutet – auf die Vorgangsnotizen zugegriffen werden. Diese Ansicht ist vor allem dann, wenn viele Notizen eingetragen werden sollen, handlicher als der Weg über die *Informationen zum Vorgang*.

Abbildg. 13.49 Notizen zum Vorgang

Schließlich gibt es auch noch das Format *Objekte* (Abbildung 13.50). In dieser Einstellung können Objekte aus anderen Anwendungen einem Vorgang zugeordnet werden. Das ist beispielsweise dann interessant, wenn Excel-Tabellen dem Projekt als Anlage beigefügt werden sollen.

Abbildg. 13.50 Die Maske *Objekte* mit eingefügter Excel-Tabelle

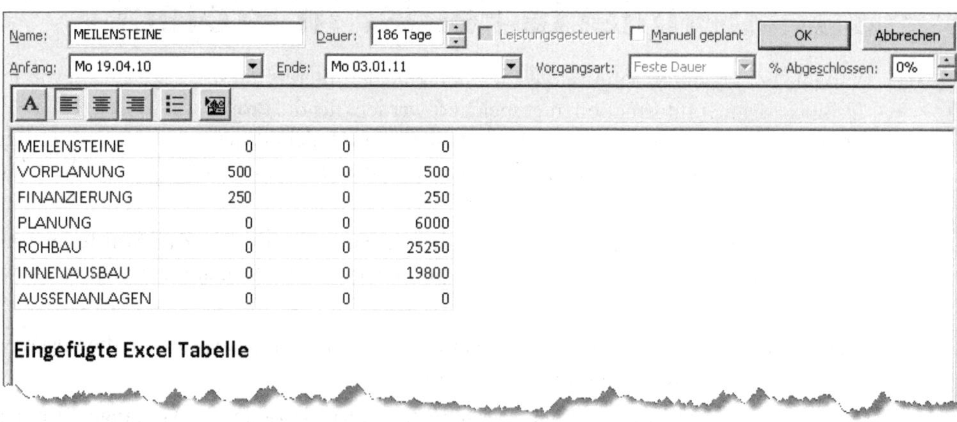

Analog zu den Vorgangsmasken gibt es auch bei den Ressourcenmasken verschiedene Varianten (siehe hierzu Tabelle 13.6).

Tabelle 13.6 Verschiedene Ressourcenmasken

Maske	Funktion
Zeitplan	Über diese Maske können Sie die terminliche Zuordnung einer Ressource zu Vorgängen steuern
Arbeit	In dieser Maske finden Sie die Einstellungen zur Arbeit einer Ressource bei den verschiedenen Vorgängen
Kosten	Damit steuern und beobachten Sie die Kosten, die für den Einsatz einer Ressource bei den verschiedenen Vorgängen anfallen
Notizen	Hier können Sie die Notizen zu den Ressourcen bearbeiten
Objekte	Über diese Maske können Sie Objekte wie Excel-Tabellen zu Ressourcen zuordnen

Benutzerdefinierte Felder in Project

Variable oder benutzerdefinierte Felder sind eine der interessantesten Funktionen von Project 2010. In ihnen können Informationen gespeichert werden, für die Project eigentlich keine Felder vorgesehen hat. Da das Datenmodell von Project starr ist und nicht durch den Anwender erweitert werden kann, sind diese Felder die einzige Möglichkeit, zusätzliche Informationen zu einem Projekt direkt in Project zu speichern.

Immerhin gibt es genügend solcher frei definierbaren Felder. Die Zahl wurde im Laufe der Zeit deutlich erhöht, sodass es z.B. 30 Felder gibt, in denen Textinformationen gespeichert werden können.

Auf den folgenden Seiten finden Sie eine Reihe von Anwendungsbeispielen, die zeigen, was mit solchen variablen Feldern gemacht werden kann.

Project 2010 kennt insgesamt neun verschiedene variable Felder für Vorgänge. Zwei davon stehen allerdings nur zur Verfügung, wenn nicht mit Zwischenplänen gearbeitet wird. Die Tabelle 13.7 liefert Ihnen einen Überblick über die verschiedenen Felder:

Tabelle 13.7 Die variablen Felder

Feld	Anzahl	Funktion
Attribut	20	Ein binäres Feld, das entweder auf *Ja* oder *Nein* stehen kann. Es kann u.a. genutzt werden, um Vorgänge zu kennzeichnen. Beispiele anderer, nicht-variabler Felder dieses Datentyps sind *Kritisch* und *Leistungsgesteuert*.

Tabelle 13.7 Die variablen Felder *(Fortsetzung)*

Feld	Anzahl	Funktion
Datum	10	In diesem Feld kann eine Datumsinformation gespeichert werden. Es könnte beispielsweise eingesetzt werden, um Daten für Statusberichte, die zu einem Vorgang geliefert werden, festzuhalten oder Unterbrechungstermine zusätzlich zu verwalten.
Dauer	10	In dieses Feld können Informationen über die Dauer gespeichert werden. Es kann u.a. verwendet werden, um in der Planungsphase Informationen über Manntage und zeitliche Dauer getrennt zu halten.
Gliederungscode	10	Erlaubt die Definition unterschiedlicher Codes für die Gliederung von Projekten und die automatische Berechnung einer solchen Gliederungsnummerierung
Kosten	10	Hier können Kosteninformationen gespeichert werden. Damit lassen sich beispielsweise die Kosteninformationen in Project differenzierter festhalten.
Text	30	Dieses Feld ist das wohl am häufigsten genutzte variable Feld. Hier können Textinformationen wie z.B. der *Vorgangsverantwortliche* gespeichert werden.
Zahl	20	In diesem Feld können numerische Werte festgehalten werden
Anfang	10	Dieses Feld speichert den Anfangstermin von Vorgängen im Zwischenplan
Ende	10	Dieses Feld speichert den Endtermin von Vorgängen im Zwischenplan

Neben den variablen Feldern für Vorgangsinformationen gibt es auch variable Felder für Ressourcen. Es sind genau die gleichen Felder wie bei den Vorgängen. Auch hier stehen also wieder neun verschiedene Arten von Feldern zur Verfügung.

HINWEIS Allerdings gibt es einen gravierenden Unterschied: Die Felder *Anfang* und *Ende* werden **nicht** für Zwischenpläne genutzt. Sie können im Zusammenhang mit Ressourcen frei verwendet werden, da sie keinen Einfluss auf die Termine eines Zwischenplans haben.

Benutzerdefinierte Felder können in Tabellen und in Makros angesprochen werden, darüber hinaus können sie als Filterkriterien dienen. Benutzerdefinierte Felder werden nicht automatisch von Project verarbeitet. Schließlich kann das Programm ja nicht wissen, zu welchem Zweck die verschiedenen benutzerdefinierten Felder letztlich eingesetzt werden.

Seit Project 2000 besteht die Möglichkeit, Funktionen und Formeln zu definieren, die automatisch auf ausgewählte benutzerdefinierte Felder angewendet werden.

Dies bedeutet, dass Sie die Informationen in benutzerdefinierten Feldern auf eine von drei Arten pflegen können – Sie können demnach

- alle Informationen manuell in diese Felder eintragen;
- Makros erstellen, mit deren Hilfe die Informationen in solchen Feldern gepflegt werden;
- die neuen Formeln und Funktionen nutzen, auf die am Ende dieses Kapitels noch ausführlich eingegangen wird.

Felder bearbeiten

Das Dialogfeld zum Bearbeiten benutzerdefinierter Felder (Abbildung 13.51) finden Sie im Menüband unter *Format/Spalten/Benutzerdefinierte Felder.*

Abbildg. 13.51 Dialogfeld zum Anpassen der benutzerdefinierten Felder

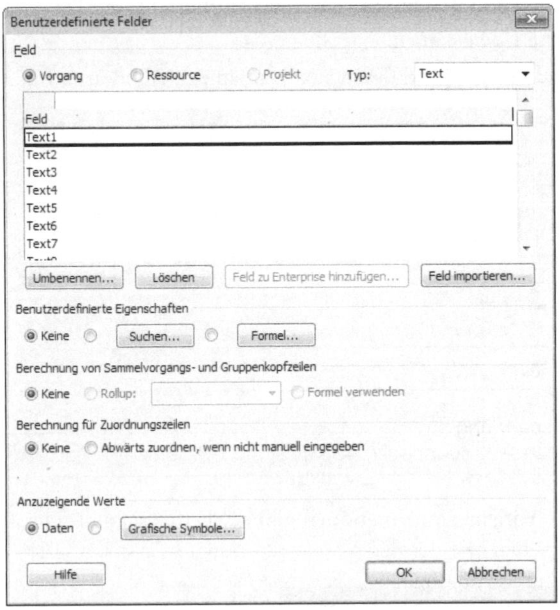

Felder umbenennen

Benutzerdefinierte Felder verfügen zugegebenermaßen nicht gerade über aussagekräftige Bezeichnungen, was im praktischen Einsatz zu Verwirrungen führen kann, insbesondere wenn ein Projekt von mehreren Benutzern bearbeitet wird. Daher empfiehlt es sich, die Felder, die man verwenden möchte, zunächst mit aussagekräftigen Namen zu versehen.

Zwei Wege stehen Ihnen zur Verfügung:

- Sie blenden das gewünschte Feld in einer Tabellenansicht ein und rufen über das Kontextmenü (rechter Mausklick) das Dialogfeld zum Anpassen der Felder auf
- Sie rufen das Dialogfeld *Benutzerdefinierte Felder* über den Befehl *Format/Spalten/Benutzerdefinierte Felder* auf

Nehmen wir an, Sie wollen im Feld *Text1* verantwortliche Personen eintragen, um diese von den arbeitenden Ressourcen getrennt zu betrachten.

HINWEIS Denken Sie daran: Eine verantwortliche Person ist **keine** arbeitende Ressource im Sinne der Ressource *Arbeit* von Project. Es handelt sich lediglich um eine zusätzliche Benennung eines Texts, der frei einem Vorgang zugeordnet werden kann, aber nicht muss. Natürlich dürfen Sie die Verantwortlichkeit auch oder gerade auf Sammelvorgangsebene festlegen.

Damit dieses Feld entsprechend erkannt wird, wollen Sie es in *verantwortlich* umbenennen.

Gehen Sie wie folgt vor:

1. Rufen Sie das Dialogfeld *Benutzerdefinierte Felder* über *Format/Spalten/Benutzerdefinierte Felder* auf.
2. Wählen Sie aus dem Listenfeld *Art* die Feldart *Text* aus.
3. Markieren Sie in der erscheinenden Liste den Eintrag *Text1* (Abbildung 13.51).
4. Klicken Sie auf die Schaltfläche *Umbenennen*.
5. Geben Sie in dem erscheinenden Dialogfeld den neuen Namen ein (Abbildung 13.52).

Abbildg. 13.52 Feld *Text1* umbenennen

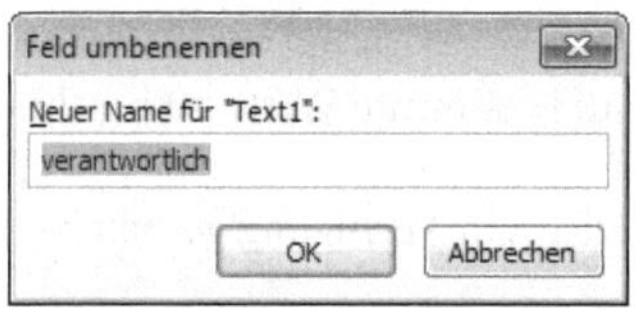

6. Bestätigen Sie zweimal mit *OK*.

Abbildg. 13.53 Das Feld *Text1* nach der Umbenennung

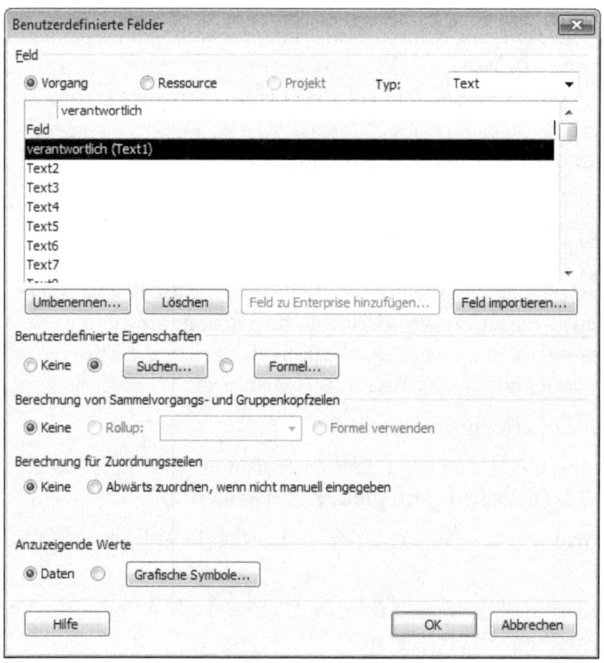

7. Blenden Sie nun das neue Feld mithilfe des Kontextmenüs in der Ansicht *Balkendiagramm* (*Gantt*) in einer beliebigen Tabelle ein (Abbildung 13.54).

Abbildg. 13.54 Die neue Spalte *verantwortlich*

Nachschlagetabellen für Felder definieren

Manchmal ist es notwendig, die Eingabe in Feldern auf bestimmte Werte zu beschränken bzw. eine Liste von Möglichkeiten vorzugeben. Dazu können Sie Nachschlagetabellen für bestimmte Felder festlegen, mit denen der Benutzer später eine Auswahlliste zur Verfügung gestellt bekommt, wenn er einen Wert in ein bestimmtes Feld eintragen möchte.

Ein Beispiel dazu: In unserem Beispielprojekt sollen nur bestimmte Personen als »Verantwortliche« zur Verfügung stehen. Sie möchten daher das Feld *verantwortlich* (vormals *Text1*) mit einer Auswahlliste belegen, um die Eingabe zu erleichtern bzw. nur bestimmte Namen zuzulassen.

Und so gehen Sie vor:

1. Rufen Sie das Dialogfeld *Benutzerdefinierte Felder* über *Format/Spalten/Benutzerdefinierte Felder* auf.
2. Markieren Sie das Feld *verantwortlich (Text1)* im Feld *Vorgang*, Typ *Text* (siehe Abbildung 13.53).

Abbildg. 13.55 Nachschlagetabelle für das Feld *verantwortlich* eingeben

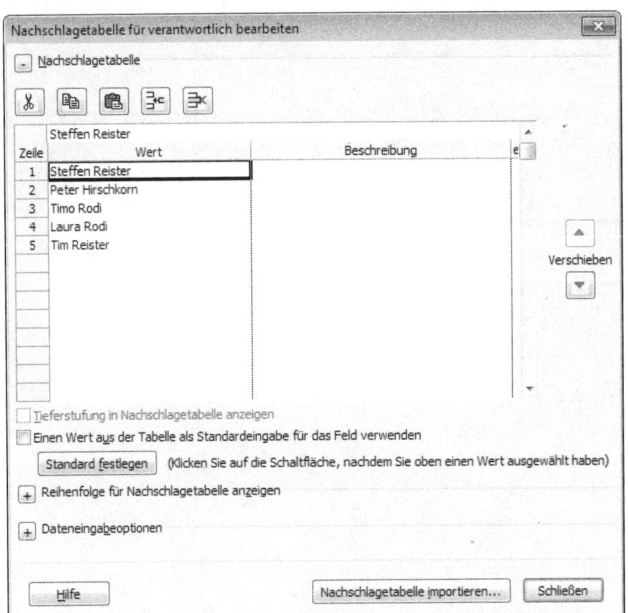

3. Klicken Sie auf die Schaltfläche *Suchen*.
4. Geben Sie Ihre Werte im erscheinenden Dialogfeld *Nachschlagetabelle für verantwortlich bearbeiten* ein (siehe Abbildung 13.55).
5. Bestätigen Sie Ihre Festlegungen mit *Schließen* und *OK*.

Abbildg. 13.56 Die Eingabe der *verantwortlichen* Person

HINWEIS Sollten bereits Werte in diesem Feld eingetragen sein, werden diese beim Speichern der Liste gelöscht, weil dies standardmäßig so im Bereich *Dateneingabeoptionen* festgelegt ist. Dies wird Ihnen durch eine Fehlermeldung entsprechend mitgeteilt.

Abbildg. 13.57 Hinweis beim Überschreiben von existierenden Einträgen

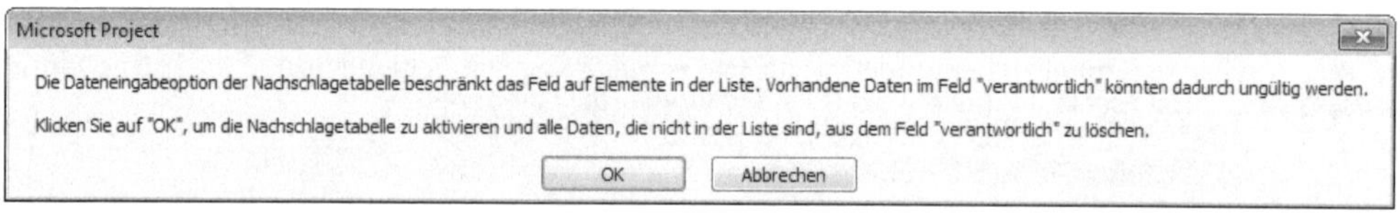

Sollten Sie außer den in der Liste eingetragenen Werten auch andere zulassen wollen, müssen Sie im gleichen Bereich die Option *Eingabe zusätzlicher Elemente in Felder zulassen* aktivieren. Sie können die Werte nach wie vor »von Hand« eingeben. Sollte der eingegebene Wert nicht in der Liste vorhanden sein, wird Ihnen bei Abschluss der Eingabe eine entsprechende Meldung angezeigt (Abbildung 13.58).

Abbildg. 13.58 Fehlermeldung bei Eingabe eines nicht in der Nachschlagetabelle vorhandenen Werts

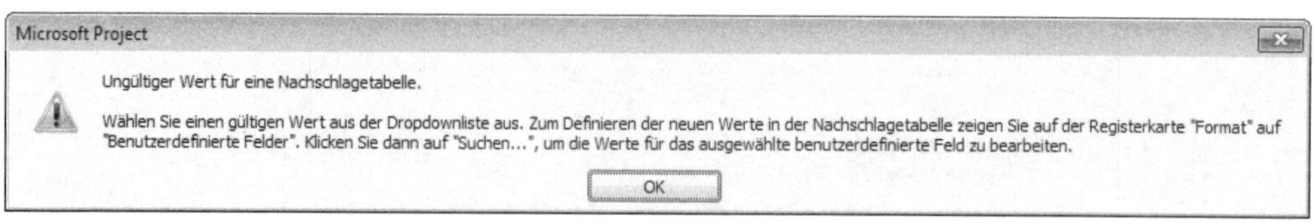

Rechnen mit Project

Project berechnet eigentlich immer: Termine aufgrund logischer Verknüpfungen, Kosten und Arbeitszeiten. Aber was ist mit Ihren spezifischen Berechnungen, die zusätzlich durchgeführt werden sollen?

Bislang standen hierfür zwei Wege zur Verfügung:

- Ein entsprechendes Makro in VBA schreiben – was Programmierkenntnisse voraussetzt – bzw. ggf. ein vorhandenes Makro explizit starten
- Die Daten nach Excel exportieren, um sie dort weiter bearbeiten zu können

Beides ist seit Project 2000 nicht mehr notwendig. Denn neben den einfachen mathematischen Funktionen (Summe, Differenz, Multiplikation usw.) stellt Project zahlreiche Funktionen zur Verfügung. Im Gegensatz zu Excel sind die Project-Funktionen allerdings nicht übersetzt, d.h., sie werden nur in den englischen Bezeichnungen angeboten. Ihre Verwendung mag nicht so komfortabel sein, wie man es vielleicht von Excel her gewohnt ist, aber berechnen lässt sich nahezu alles. Damit eröffnen sich »ungeahnte« Möglichkeiten, die eigentlich nur durch die Anzahl der berechenbaren Felder begrenzt ist.

Formeleditor einsetzen

In der Regel wollen Sie ein bearbeitetes Feld auch in einer Tabelle anzeigen lassen. Deshalb ist die schnellste Methode, ein Feld zu bearbeiten, dieses zunächst als Spalte in einer Tabelle einzublenden. Dann können Sie über das Kontextmenü (rechter Mausklick im Spaltenkopf) direkt zum Dialogfeld *Feld bearbeiten* springen. Dort ist das gewählte Feld bereits automatisch markiert.

Das im Kapitel 10 bereits definierte Feld *variable Kosten* möchten wir nun im Formeleditor bearbeiten:

1. Klicken Sie mit der rechten Maustaste auf die Spalte, neben der das Feld erscheinen soll.
2. Wählen Sie aus dem Kontextmenü *Spalte einfügen* aus.
3. Im erscheinenden Dialogfeld wählen Sie aus der Liste *Feldname* das Feld *variable Kosten (Kosten1)* aus und bestätigen Sie mit *OK*. Project fügt eine neue Spalte links neben der angeklickten ein.
4. Klicken Sie mit der rechten Maustaste auf den Spaltenkopf der zu bearbeitenden Spalte und wählen Sie den Eintrag *Benutzerdefinierte Felder*.
5. Klicken Sie auf die Schaltfläche *Formel*, um den Formeleditor zu öffnen (Abbildung 13.59).

Abbildg. 13.59 Der Formeleditor

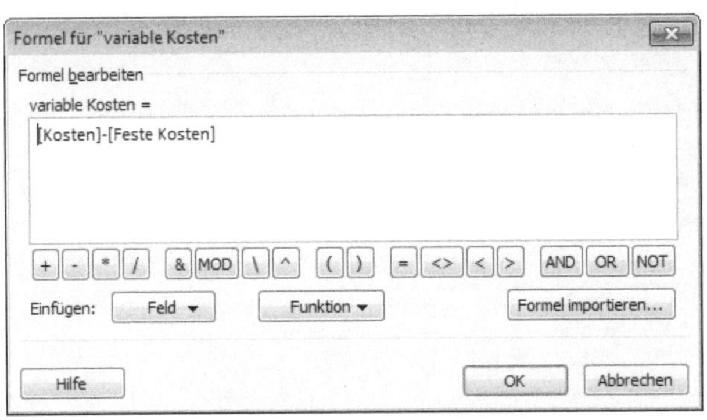

In diesem Fenster sind alle Felder, Funktionen und Operatoren vorhanden, die Sie benötigen, um die eigenen Formeln und Berechnungen durchzuführen.

Die mathematischen Operatoren

In Tabelle 13.8 sehen Sie die mathematischen Operatoren mit einer Erläuterung der jeweiligen Funktion aufgelistet.

Tabelle 13.8 Funktionen der mathematischen Operatoren

Operator	Funktion
+	Addition
–	Subtraktion
*	Multiplikation
/	Division
&	Zeichenkettenoperator
MOD	Modulo-Division (Rest aus Division zweier ganzer Zahlen), z.B. 7MOD2 = 1
\	Integer-Division (Ganzzahliges Ergebnis aus Division zweier ganzer Zahlen), z.B. 7\2 = 3
^	Potenzrechnung
()	Klammer auf/zu
=	Gleich
<>	Ungleich
<	Kleiner
>	Größer
AND	Logisches UND
OR	Logisches ODER
NOT	Logisches NICHT

Formeln importieren

Haben Sie bereits in anderen Projekten mit Formeln gearbeitet, können Sie diese auch in ein neues Projekt übernehmen.

1. Klicken Sie im Formeleditor (Abbildung 13.59) auf die Schaltfläche *Formel importieren,* um eine Formel aus einem anderen Projekt zu importieren (Abbildung 13.60).

Abbildg. 13.60 Kopieren von Formeln zwischen Projekten

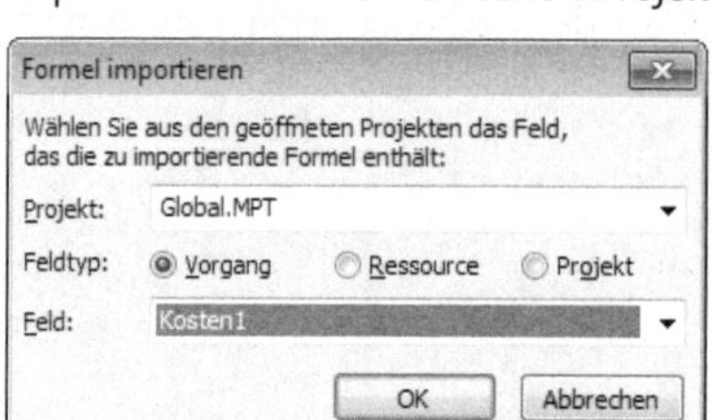

2. Wählen Sie im Listenfeld *Projekt* das Projekt aus, in dem sich die zu kopierende Formel befindet.
3. Wählen Sie im Listenfeld *Feld* dasjenige aus, in dem sich die Formel befindet, die Sie kopieren möchten.
4. Bestätigen Sie Ihre Wahl mit *OK*.

TIPP Formeln, die Sie immer wieder verwenden möchten, sollten Sie in Ihrer globalen Projektvorlage verfügbar machen.

Dies ist zwar nicht mit einzelnen Formeln zu bewerkstelligen, da jedoch jede Formel mit einem entsprechenden Feld verbunden ist, können Sie durch Organisieren Ihre benutzerdefinierten Felder nebst dazugehöriger Formel verfügbar machen.

Dies ist in zwei Schritten realisierbar:

1. Klicken Sie auf der Registerkarte *Datei* in der Kategorie *Informationen* auf die Schaltfläche *Organisator* und aktivieren Sie die Registerkarte *Felder*.
2. Machen Sie die Felder und dazugehörigen Formeln durch Kopieren in die globale Projektvorlage für alle Projekte verfügbar (Abbildung 13.61).

Abbildg. 13.61 Felder global verfügbar machen

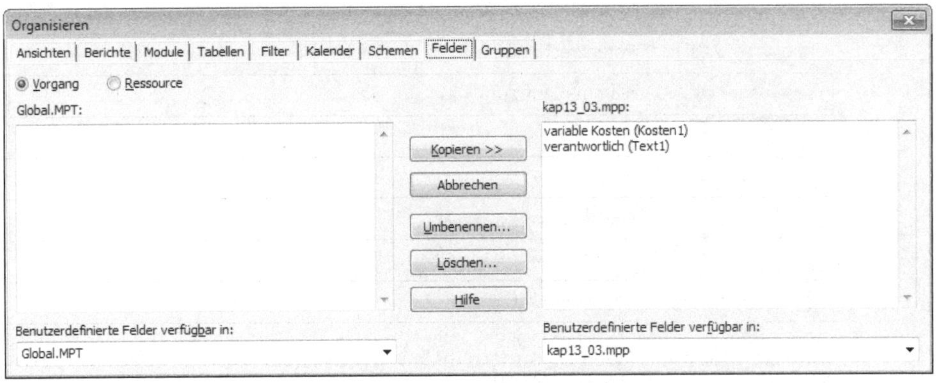

Felder in Formeln verwenden

Sie haben die Möglichkeit, mit der Schaltfläche *Feld* (Abbildung 13.62) Standardfelder von Project auszuwählen, um sie in Ihre Formeln mit einzubauen.

Nachfolgend wird nicht jedes einzelne Feld von Project beschrieben, da dies zu weit führen würde. Wir möchten Ihnen jedoch ein paar Hinweise geben, mit denen Sie sich orientieren können:

- Das Untermenü *Arbeit* beinhaltet alle Felder zu den Arbeitswerten von Project, z.B. *% Abgeschlossen* oder *Aktuelle Arbeit*
- Im Untermenü *Attribut* finden Sie alle Felder, die Wahrheitswerte beinhalten, wie z.B. *Meilenstein*
- Im Untermenü *Nr./Code* finden Sie alle Code- oder Nummernfelder wie z.B. *Selbsterstellte Gliederungscodes* oder *Einmalige Nummern von Vorgängen* usw.

- Das Untermenü *Projekt* beinhaltet alle Felder, die für das gesamte Projekt gelten, z.B. *Statusdatum* oder *Projektanfang*

Klicken Sie auf die Schaltfläche *Feld*, um ein Project-Feld in die Formel einzufügen.

Abbildg. 13.62 Einfügen von Project-Feldern in eine Formel

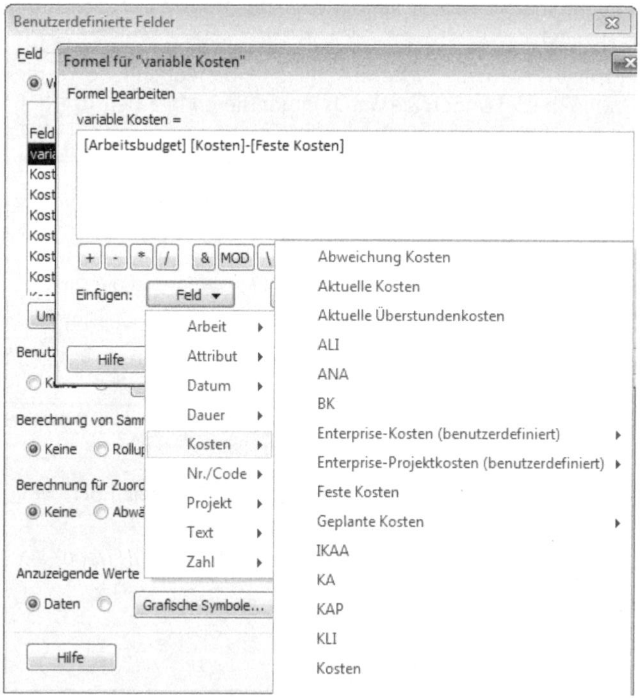

Das Feld wird mit eckigen Klammern in den Arbeitsbereich des Formeleditors eingefügt.

Beispiel zur Verwendung von Project-Feldern

Um die Verwendung von benutzerdefinierten Feldern zu verdeutlichen, finden Sie hier ein Beispiel.

Zuschlag zum Kostenfeld berechnen

Sie wollen die Kosten Ihrer Vorgänge dem Kunden berechnen. Dabei möchten Sie mit einem prozentualen Zuschlag einen kleinen Verdienst berücksichtigen. Da dieser Zuschlag unterschiedlich hoch sein soll, ist es nicht möglich, den Zuschlag in einer Formel festzulegen. Deshalb müssen Sie ein weiteres Feld definieren, in das Sie die Zuschläge eingeben können.

CD-ROM Die entsprechende Übungsdatei finden Sie unter dem Namen *Kap13_03.mpp* im Ordner *\Buch\Kap13* innerhalb der Beispieldateien zu diesem Buch. Die Ergebnisse finden Sie in der Datei *Kap13_04.mpp*.

Um diese Aufgabe zu lösen, müssen Sie die folgenden Schritte durchführen:

1. Benennen Sie das Feld *Zahl1* in *Zuschlag Prozent* um (Abbildung 13.63). Eingegeben werden soll hier ein Wert zwischen 0 und 1, was 0 bis 100 % entspricht.

Abbildg. 13.63 Feld *Zahl1* umbenennen

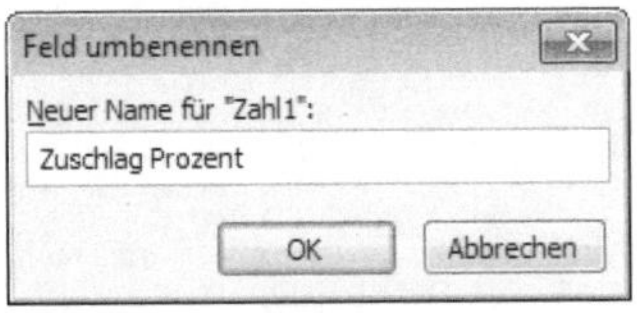

2. Nehmen Sie ein Kostenfeld und benennen Sie es um in *Rechnung Kunde* (Abbildung 13.64).

Abbildg. 13.64 Kostenfeld umbenennen

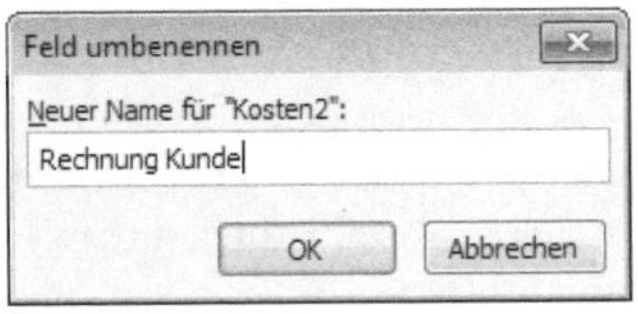

3. Wählen Sie im Dialogfeld *Benutzerdefinierte Felder* für *Kosten2* im Bereich *Berechnung von Sammelvorgangs- und Gruppenkopfzeilen* die Option *Formel verwenden.*
4. Geben Sie im umbenannten Kostenfeld die Formel *[Kosten]*(1+[Zahl1]/100)* ein (Abbildung 13.65).

Abbildg. 13.65 Formel im Feld *Kosten* eingeben

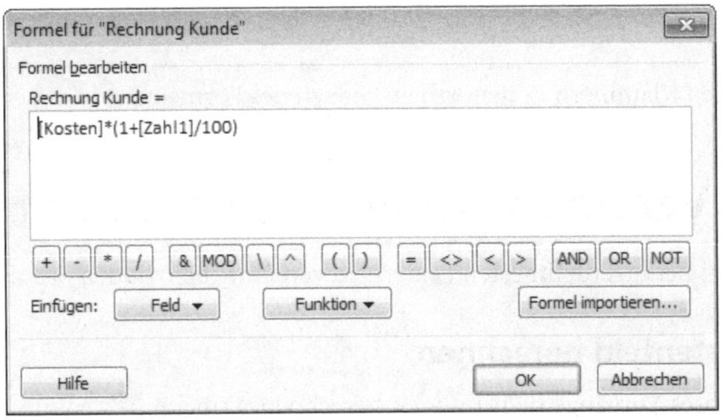

5. Blenden Sie die Spalten in Ihrer Tabelle ein und testen Sie das Ergebnis (Abbildung 13.66).

Abbildg. 13.66 Das Ergebnis

	Vorgangsname	Rechnung Kunde	Zuschlag Prozent	Feste Kosten	variable Kosten	Kosten
31	**ERDARBEITEN**	**0,00 €**	**0**	**0,00 €**	**0,00 €**	**2.150,00 €**
32	Ausmessen und Kennzeichnen	240,00 €	20	0,00 €	200,00 €	200,00 €
33	Baugrube ausheben	2.145,00 €	10	0,00 €	1.950,00 €	1.950,00 €
34	**FUNDAMENTE**	**0,00 €**	**0**	**0,00 €**	**0,00 €**	**10.050,00 €**
35	Schnurgerüst stellen	200,00 €	0	0,00 €	200,00 €	200,00 €
36	Bodenplatte schalen und giessen	11.327,50 €	15	0,00 €	9.850,00 €	9.850,00 €
37	MS Bodenplatte fertiggestellt	0,00 €	0	0,00 €	0,00 €	0,00 €
38	**KELLER**	**0,00 €**	**0**	**0,00 €**	**0,00 €**	**2.400,00 €**
39	Fertigkeller errichten	3.200,00 €	100	0,00 €	1.600,00 €	1.600,00 €
40	Kellerdecke einbauen	800,00 €	0	0,00 €	800,00 €	800,00 €

Funktionen in Formeln verwenden

Richtig spannend wird es im Schaltflächenmenü *Funktion* (Abbildung 13.67). Hier finden Sie ca. 80 verschiedene Funktionen zum Errechnen aller gewünschten Werte. Hinter diesen Funktionen verbergen sich in der Regel komplexe Berechnungsformeln.

Abbildg. 13.67 Das Menü zum Einfügen einer Funktion

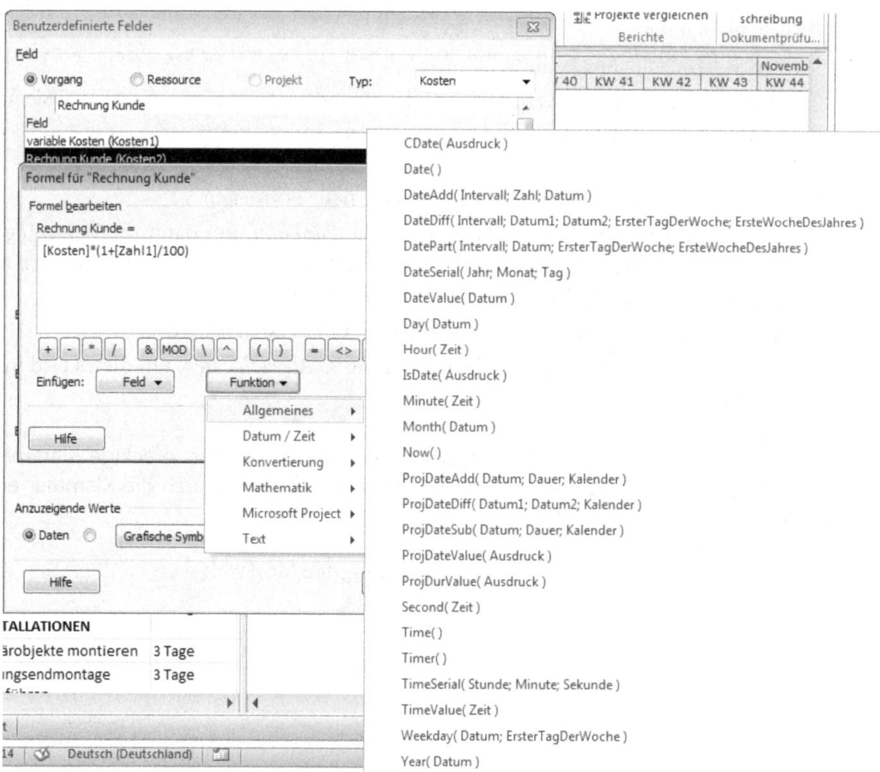

Neben den erforderlichen Argumenten können auch optionale Argumente gefordert sein. Wenn Sie eine Funktion im Editorfeld eingeben, werden alle Argumente als Platzhalter eingefügt und müssen entsprechend ersetzt werden. Dies können Werte, Feldnamen oder weitere Funktionen sein. So können Sie beliebig komplexe Berechnungen durchführen. Optionale Argumente können einfach gelöscht werden.

Die Beschreibung der einzelnen Funktionen finden Sie selbstverständlich in der Offlinehilfe.

Wenn Sie lieber »schwarz auf weiß« nachschlagen möchten, finden Sie die Funktionen auch in Anhang B zu diesem Buch beschrieben.

Beispiel zur Verwendung von Funktionen in Project

Eine der am häufigsten verwendeten Funktionen ist mit Sicherheit die sogenannte *IIf*-Funktion. Ihre klassische Aufgabenstellung lautet: »Wenn ein bestimmter Fall eintritt, dann tue etwas bestimmtes, ansonsten tue etwas anderes«. Diese Aufgabe der *IIf*-Funktion soll im Folgenden anhand eines Beispiels vorgestellt werden. Da mit der *IIf*-Funktion häufig bestimmte Felder abgefragt werden, wird in diesem Beispiel eine Kombination aus Funktion und Feld verwendet.

Die zu lösende Aufgabe lautet: »Wenn ein Vorgang begonnen hat, dann gib den berechneten Endtermin in ein Textfeld aus, ansonsten lasse das Textfeld leer«.

CD-ROM Auch bei diesen Übungen können Sie die Datei *Kap13_04.mpp* im Ordner *\Buch\Kap13* innerhalb der Beispieldateien zu diesem Buch verwenden.

Gehen Sie wie folgt vor:

1. Blenden Sie das Feld *Text2* ein.
2. Klicken Sie mit der rechten Maustaste auf den Spaltenkopf von *Text2* und rufen Sie im zugehörigen Kontextmenü den Eintrag *Felder anpassen* auf. Im erscheinenden Dialogfeld ist das richtige Feld bereits ausgewählt.
3. Klicken Sie auf die Schaltfläche *Formel*, um eine neue Formel einzufügen.
4. Im Formeleditor klicken Sie auf die Schaltfläche *Funktion*, um dann im Menü *Allgemeines* die Funktion *IIf* auszuwählen (siehe Abbildung 13.68). Die Funktion wird in ihrer allgemeinen Form in den Bearbeitungsbereich des Editors eingetragen.
5. Klicken Sie doppelt auf das Argument *Ausdruck*, um es zu markieren.
6. Wählen Sie aus dem Menü *Feld/Zahl* den Eintrag *% Abgeschlossen*, um dieses Feld in die Formel einzufügen.

HINWEIS Felder, die Sie in Formeln einfügen, werden immer in eckige Klammern gesetzt. Diese Klammern dürfen auf keinen Fall gelöscht werden, denn durch die Klammer erkennt Project den Ausdruck erst als Feld.

7. Setzen Sie die Einfügemarke hinter dieses Feld und ergänzen Sie den Ausdruck durch den Vergleichsoperator *>0*.
8. Markieren Sie den Ausdruck *True-Teil* und ersetzen Sie ihn durch das Feld *Fertig stellen*. Sie finden dieses Feld im Menü *Feld/Datum*.

Abbildg. 13.68 Beispiel mit der Funktion *IIf*

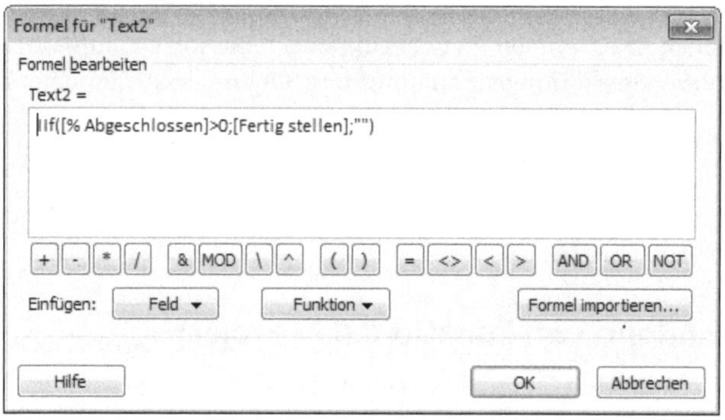

WICHTIG Das Feld *Ende* finden Sie an dieser Stelle leider nicht mehr, der Name wurde ersetzt durch die Bezeichnung *Fertig stellen*. Es handelt sich jedoch um dasselbe Feld, in dem der berechnete Endtermin gespeichert ist.

9. Markieren Sie den Ausdruck *False-Teil* und ersetzen Sie ihn durch zwei Anführungszeichen. Durch die Anführungszeichen wird das Feld leer gelassen, wenn der Vergleich »falsch« ist. Wenn Sie wünschen, dass die Funktion auch bei Sammelvorgängen ausgeführt werden soll, setzen Sie im Dialogfeld *Benutzerdefinierte Felder* die Option *Berechnung von Sammelvorgangs- und Gruppenkopfzeilen* auf *Formel verwenden*.
10. Die Formel ist jetzt fertiggestellt (Abbildung 13.68). Bestätigen Sie zweimal mit *OK*. Zum Testen blenden Sie die Symbolleiste *Überwachen* ein, markieren einige Vorgänge und setzen diese auf einen der vier Prozentwerte, die Sie im Menüband *Aufgabe/Zeitplan* finden (Abbildung 13.69).

Abbildg. 13.69 Ergebnis der Formel aus Abbildung 13.68

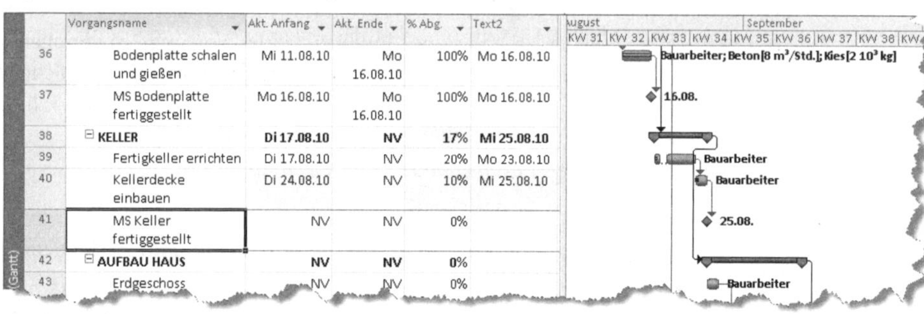

Werte mit grafischen Symbolen verknüpfen: Die Ampel

Sie kennen sicherlich diesen Fall: Sie finden eine Tabelle vor, die jede Menge Zahlen enthält und verstehen nur Bahnhof. Das kommt insbesondere dann vor, wenn man die Tabelle nicht selbst erstellt hat. Wenn Sie noch dazu gerade im Begriff sind, Ihr Projekt fortzuschreiben und Project entsprechend ständig neue Werte berechnet, können Sie rasch den Überblick verlieren. Wenn Sie keinen Vergleich dazu haben, wird ein bestimmtes Datum auch keine klare positive oder negative Aussage für Sie zur Verfügung stellen. Das bedeutet dann aber wieder, dass Sie, um zu einer Einschätzung der Lage zu kommen, mindestens zwei Spalten auf einmal betrachten müssen.

Wir wollen daher einfach Project diese Arbeit übernehmen lassen, damit uns das Programm mithilfe von optischen Effekten auf bestimmte Ereignisse hinweist. Sehr beliebt ist hier die sogenannte Ampelfunktion. Sie zeigt Ihnen an, ob ein bestimmter Wert im »grünen«, also im positiven, oder im »roten«, d.h. im negativen Bereich ist.

HINWEIS Die grafischen Symbole von Project können Sie nur auf benutzerdefinierte Felder anwenden, deshalb müssen Sie zunächst einmal ein Feld mit einer Formel belegen, um einen Wert zu haben, mit dem Sie Vergleiche anstellen können.

Terminverzug mit grafischen Indikatoren darstellen

Sie wollen schnell und mit einem Blick erfassen, welche Vorgänge Ihres Plans dazu führen könnten, den Endtermin eines Projekts zu gefährden. Dabei geht es in erster Linie darum, einen schnellen Überblick zu bekommen.

CD-ROM Die Übungsdatei *Kap13_04.mpp* finden Sie im Ordner *\Buch\Kap13* innerhalb der Beispieldateien zu diesem Buch. Das fertige Ergebnis finden Sie in der Datei *Kap13_05.mpp.*

Im Beispiel sollen sämtliche Vorgänge mit Terminverzug mit einem roten Symbol, alle Vorgänge, die im positiven Bereich liegen, mit einem grünen Symbol und alle Vorgänge, die genau auf Termin liegen, mit einem gelben Symbol versehen werden.

Um diese Anzeige realisieren zu können, müssen Sie zunächst überlegen, in welchem Feld die benötigte Information bereits standardmäßig von Project berechnet sein könnte, in diesem Fall ist das Feld *Gesamte Pufferzeit* die richtige Lösung.

Der nächste Schritt ist, ein benutzerdefiniertes Feld festzulegen, beispielsweise mit dem Namen *Terminverzug*. In dieses Feld soll die gesamte Pufferzeit eines Vorgangs eingetragen werden. Da die gesamte Pufferzeit ein *Dauer*-Feld ist, nehmen Sie hier auch am besten ein solches *Dauer*-Feld. Im Anschluss daran können Sie in dieses Feld eine Formel eintragen und die Darstellung der Werte mit grafischen Symbolen definieren.

Gehen Sie wie folgt vor:

1. Blenden Sie das Feld *Dauer1* in der Tabelle ein.
2. Klicken Sie mit der rechten Maustaste auf den Spaltenkopf und im erscheinenden Kontextmenü auf *Benutzerdefinierte Felder.*
3. Klicken Sie auf die Schaltfläche *Umbenennen* und tippen Sie für das Feld den neuen Namen *Terminverzug* ein (Abbildung 13.70). Bestätigen Sie nach Eingabe des neuen Begriffs mit *OK*.

Abbildg. 13.70 Feld *Dauer1* in *Terminverzug* umbenennen

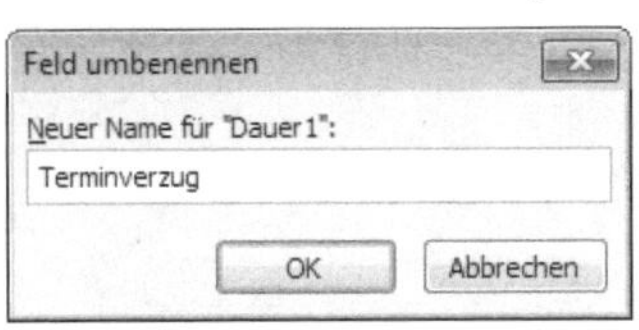

4. Klicken Sie auf die Schaltfläche *Formel*, um das Feld mit der *Gesamten Pufferzeit* zu füllen (Abbildung 13.71).
5. Wählen Sie das Feld aus dem Menü *Feld/Dauer/Gesamte Pufferzeit* aus.

Abbildg. 13.71 Das Feld *Terminverzug* mit den Werten von *Gesamte Pufferzeit* füllen

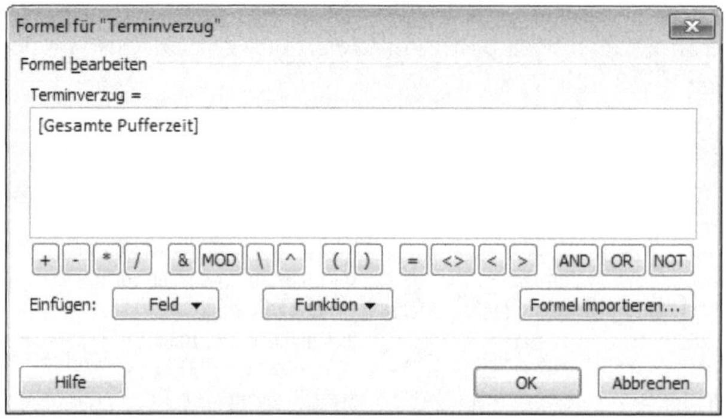

6. Bestätigen Sie mit *OK*.
7. Klicken Sie auf die Schaltfläche *Grafische Symbole*, um die Werte durch Symbole zu ersetzen.
8. Tragen Sie die Vergleichskriterien entsprechend der Abbildung 13.72 ein: ein rotes Symbol für Werte < 0, ein grünes Symbol für Werte > 0 und ein gelbes Symbol für Werte gleich 0.

Abbildg. 13.72 Vergleichskriterien für die Ampel

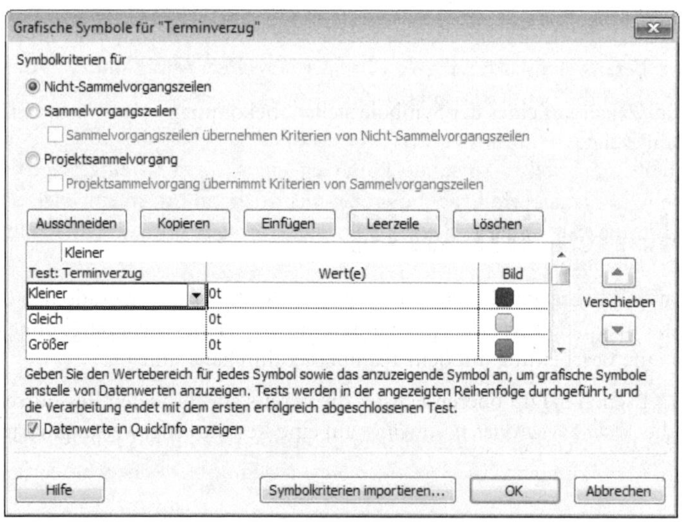

9. Bestätigen Sie Ihre Festlegungen zweimal mit *OK*. Das Ergebnis zeigt die Abbildung 13.73.

Abbildg. 13.73 Ein schneller Blick auf die Termintreue der einzelnen Vorgänge

Balkendiagramm (Gantt)

	Vorgangsname	Dauer	Terminverzu	Anfang	Fertig stellen
34	**FUNDAMENTE**	**5,5 Tage**		**Mo 09.08.10**	**Mo 16.08.10**
35	Schnurgerüst stellen	0,5 Tage		Mo 09.08.10	Mo 09.08.10
36	Bodenplatte schalen und gießen	3 Tage		Mi 11.08.10	Mo 16.08.10
37	MS Bodenplatte fertiggestellt	0 Tage		Mo 16.08.10	Mo 16.08.10
38	**KELLER**	**7 Tage**		**Di 17.08.10**	**Mi 25.08.10**
39	Fertigkeller errichten	5 Tage		Di 17.08.10	Mo 23.08.10
40	Kellerdecke einbauen	2 Tage		Di 24.08.10	Mi 25.08.10
41	MS Keller fertiggestellt	0 Tage		Mi 25.08.10	Mi 25.08.10
42	**AUFBAU HAUS**	**12 Tage**		**Do 26.08.10**	**Fr 10.09.10**
43	Erdgeschoss aufbauen	2 Tage		Do 26.08.10	Fr 27.08.10
44	Zwischendecke montieren	1 Tag		Mo 30.08.10	Mo 30.08.10
45	Dachgeschoss aufbauen	2 Tage		Di 31.08.10	Mi 01.09.10
46	Decke montieren	1 Tag		Do 02.09.10	Do 02.09.10
47	MS Innen/Außenwände aufgestellt	0 Tage		Fr 10.09.10	Fr 10.09.10
48	**DACH**	**6 Tage**		**Mo 13.09.10**	**Mo 20.09.10**
49	Dachstuhl errichten	1 Tag		Mo 13.09.10	Mo 13.09.1

Wenn Sie den Mauszeiger auf eines der Symbole stellen, bekommen Sie in der QuickInfo den dazugehörigen Wert angezeigt.

Den Teamplaner im Griff

Wie schon in Kapitel 8 eingehend erläutert, dient der Teamplaner zur grafischen Zuweisung von Vorgängen zu Ressourcen. Sollten also, wie in unserem Beispiel, noch Vorgänge ohne Ressourcenzuordnung sein, ist eine Bearbeitung mit dem Teamplaner durchaus sinnvoll.

In Abbildung 13.74 sehen Sie im oberen Fenster die bereits zugeordneten Ressourcen, während im unteren Fenster die *Nicht zugeordneten Vorgänge* auf eine Ressourcenzuweisung warten.

Abbildg. 13.74 Der Teamplaner im Beispielprojekt

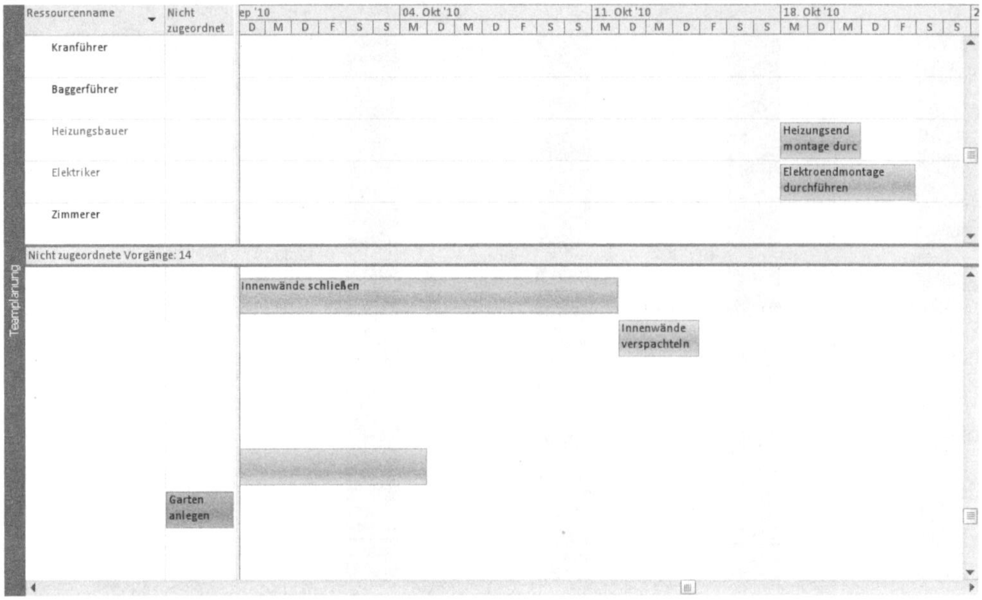

Der Vorgang *Garten anlegen* ist ein manuell geplanter Vorgang, dem bisher noch keine Termine zugewiesen sind. Demzufolge wird im linken Fenster der nicht zugeordnete Vorgang angezeigt (Abbildung 13.75).

Abbildg. 13.75 Der *nicht geplante* Vorgang *Garten anlegen*

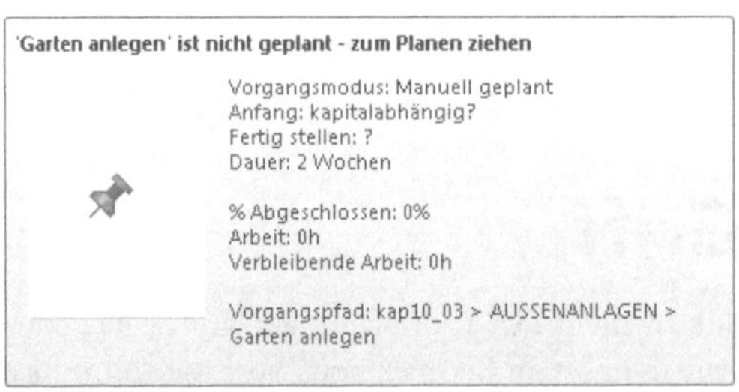

Um den Vorgang terminlich zu planen, können Sie diesen einfach mit der Maus in die Zeitachse ziehen und setzen somit eine Einschränkung *Anfang nicht früher als*.

Vorgänge, die bereits abgeschlossen sind, können mithilfe des Teamplaners nicht mehr zugeordnet werden. Sollten Sie dies dennoch versuchen, erhalten Sie die Meldung wie in Abbildung 13.76.

Dies bedeutet, dass sobald ein Vorgang einen Fortschritt hat in Form von aktueller Arbeit, die Zuordnung durch den Teamplaner verhindert wird.

Abbildg. 13.76 Das Meldungsfeld beim Zuordnungsversuch eines abgeschlossenen Vorgangs

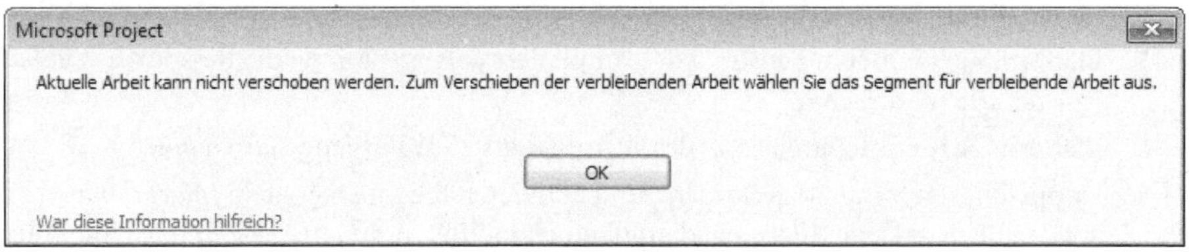

Eine genaue Übersicht, bei welchen Vorgängen eine Ressource beteiligt ist, können Sie zusätzlich sichtbar machen, indem Sie die Informationsmaske einblenden:

1. Wählen Sie eine Ressource aus, die bereits Zuordnungen besitzt, z.B. die Ressource *Heizungsbauer.*
2. Wählen Sie über das Kontextmenü den Eintrag *Geteilte Ansicht anzeigen* (Abbildung 13.77).

Abbildg. 13.77 Die geteilte Ansicht anzeigen

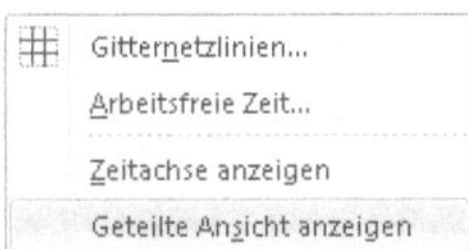

Abbildg. 13.78 Die Detailinformationen zur Ressource *Heizungsbauer*

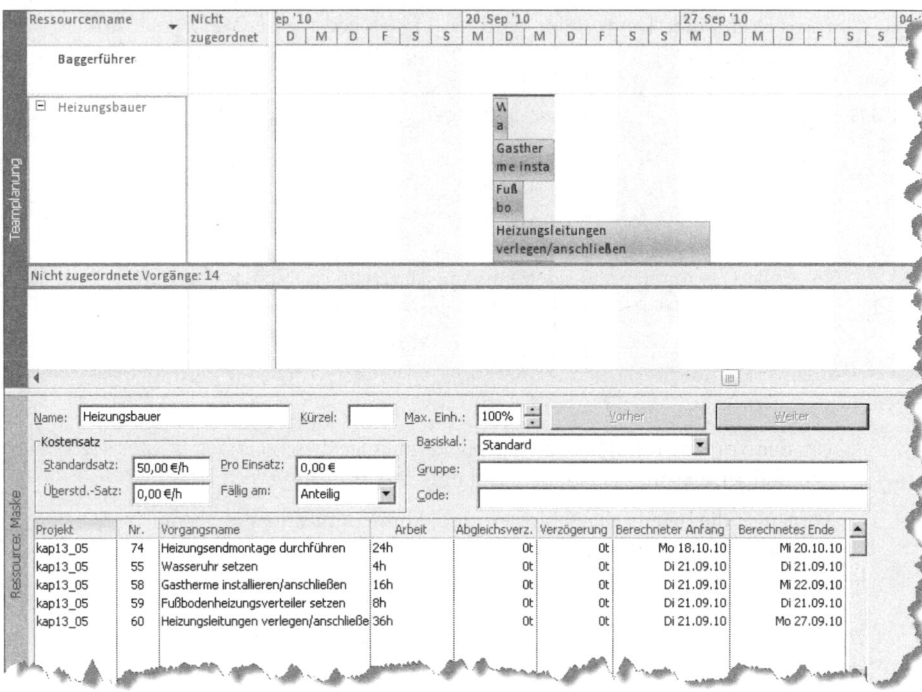

Die Abbildung 13.78 zeigt nun die Vorgänge, an denen die Ressource *Heizungsbauer* beteiligt ist.

Im Folgenden werden Sie nun den Vorgang *Garten anlegen* terminlich festlegen und gleichzeitig eine Ressource für die Gartenarbeiten zuweisen:

1. Blättern Sie im oberen Fenster des Teamplaners solange, bis Sie die Ressource *Willibald Hugo* im Fenster sehen können.
2. Blättern Sie im unteren Fenster des Teamplaners zum Vorgang *Garten anlegen.*
3. Doppelklicken Sie auf den Vorgang und aktivieren Sie im Dialogfeld *Informationen zum Vorgang* auf der Registerkarte *Allgemein* den Planungsmodus *Automatische Planung* (Abbildung 13.79).
4. Bestätigen Sie mit *OK.*

WICHTIG Sie müssen zuerst den Vorgang auf automatische Planung setzen, damit bei der grafischen Zuordnung das »Setzen« des Termins auf ein bestimmtes Datum erkannt wird.

Abbildg. 13.79 Zuordnung des Vorgangs *Garten anlegen* – Schritt 1

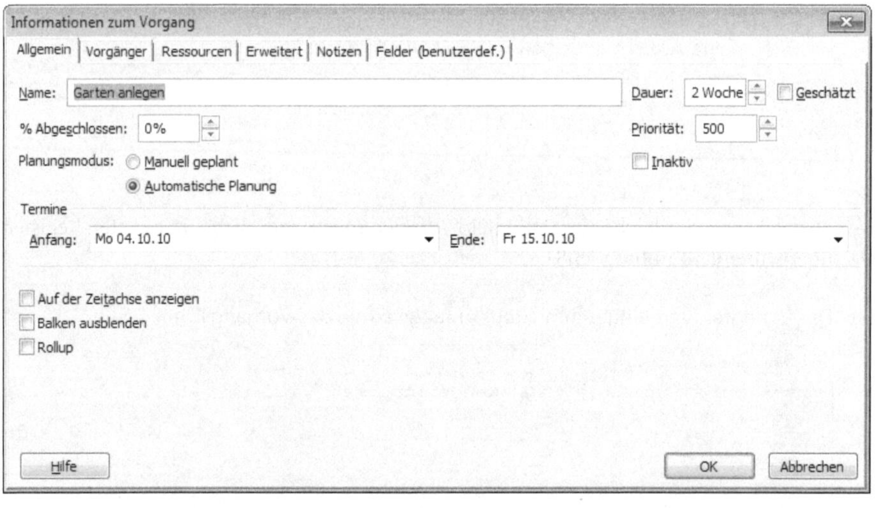

5. Ziehen Sie mit der Maus den Vorgang *Garten anlegen* in das obere Fenster auf den *4. Oktober 2010* in der Zeile der Ressource *Willibald Hugo* und lassen Sie die Maustaste los (Abbildung 13.80).

Durch diese Zuweisung wurde nicht nur der Vorgang auf die Ressource zugewiesen, vielmehr setzt Project den Anfangstermin des Vorgangs auf das Datum und wählt die Einschränkungsart *Anfang nicht früher als.*

Abbildg. 13.80 Zuordnung des Vorgangs *Garten anlegen* – Schritt 2

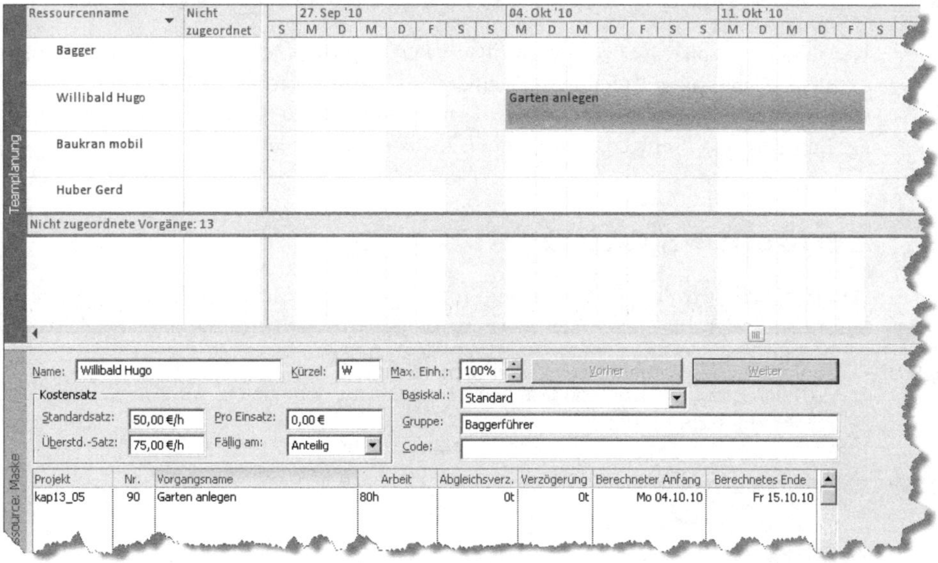

Dies können Sie leicht im Dialogfeld *Informationen zum Vorgang* auf der Registerkarte *Erweitert* überprüfen (Abbildung 13.81).

Abbildg. 13.81 Das Dialogfeld mit eingeschränktem Anfangstermin des Vorgangs

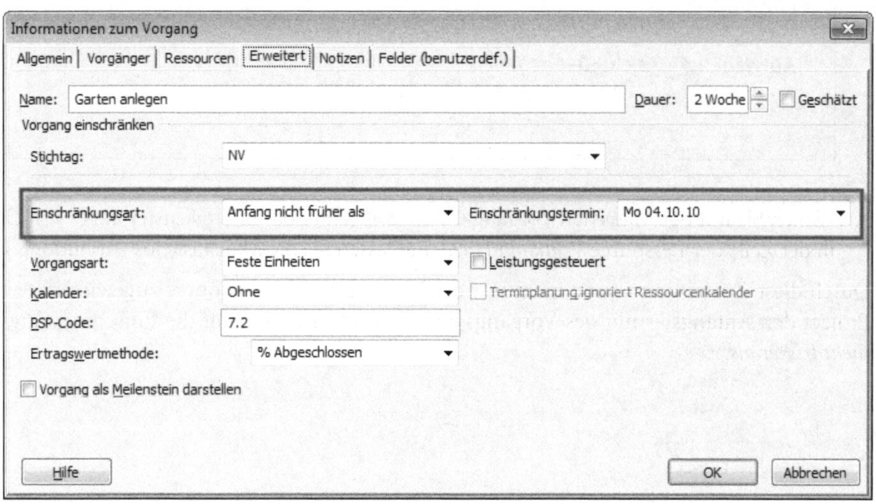

Die Zeitachse (Timeline) konfigurieren

Wie schon in Kapitel 1 erwähnt, wurde mit Project 2010 eine neue Ansicht zur Verfügung gestellt, die als Zeitachse oder Timeline bezeichnet wird. Diese Ansicht ermöglicht Ihnen, einen Überblick des gesamten Projektplans in einer einzigen Zeile darzustellen. Sie können diese sogar ganz einfach per Kopieren und Einfügen nach Outlook 2010 oder PowerPoint 2010 übernehmen.

Zeitachse sichtbar machen

Standardmäßig wird beim Starten von Project 2010 die Ansicht *Balkendiagramm (Gantt)* am Bildschirm angezeigt. Im oberen Teil sehen Sie die Ansicht *Zeitvorgabe*. Sollte die Zeitvorgabenansicht nicht sichtbar sein, können Sie dies wie folgt realisieren:

1. Aktivieren Sie das Kontrollkästchen *Zeitachse* mit dem Befehl *Ansicht/Elemente anzeigen/Zeitachse* (Abbildung 13.82).

Abbildg. 13.82 Aktivieren der Timeline

2. Alternativ können Sie auch den Befehl *Aufgabe/Ansicht/Gantt-Diagramm/Zeitvorgaben* wählen (Abbildung 13.83).

Abbildg. 13.83 Die Auswahl der Ansicht *Zeitvorgaben*

Bei dieser Methode wird automatisch das Balkendiagramm ausgeblendet. Sollten Sie beide Ansichten benötigen, blenden Sie die Ansicht *Balkendiagramm (Gantt)* wieder ein und aktivieren die Zeitachse wie im obigen Punkt 1.

Abbildg. 13.84 Ansichtskombinationen *Balkendiagramm Zeitachse*

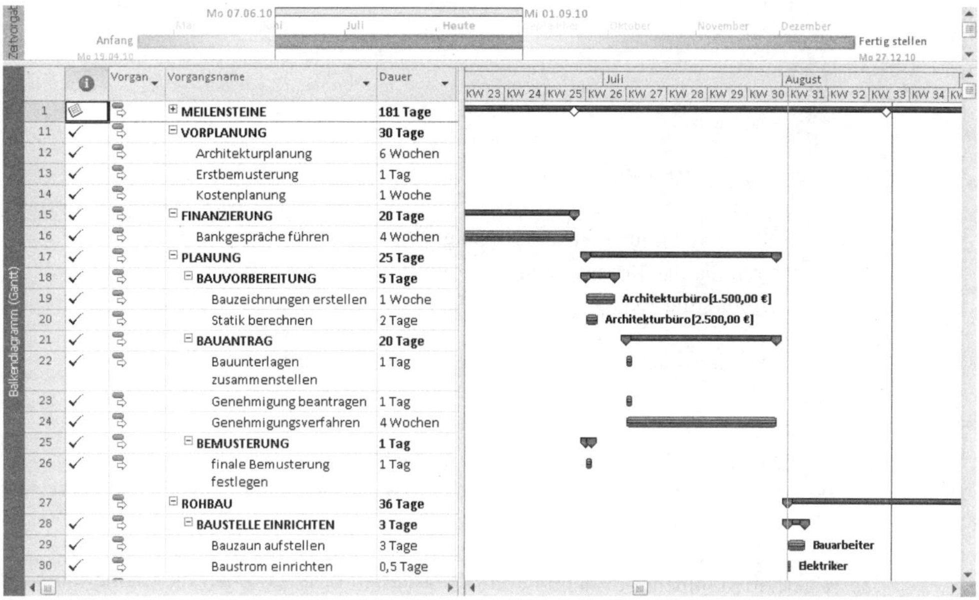

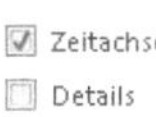

HINWEIS Am Bildschirm können lediglich zwei Ansichten parallel angezeigt werden. Dies bedeutet, dass nur eine der beiden Detailansichten möglich ist, entweder die Ansicht *Zeitvorgabe* oder die Ansicht *Details*.

Funktionen der Zeitachse

Die Zeitachse bietet etliche Möglichkeiten, wie ihre Informationen dargestellt werden können. In den nächsten Punkten werden diese einzeln vorgestellt.

Zoomen und Verschieben über die Zeitachse

Es stehen folgende Möglichkeiten zur Verfügung:

- Scannen über die Projektlaufzeit durch Halten des oberen Balkens mit der linken Maustaste und anschließender Mausbewegung nach links oder rechts (Abbildung 13.85)

Abbildg. 13.85 Scannen über die Projektlaufzeit

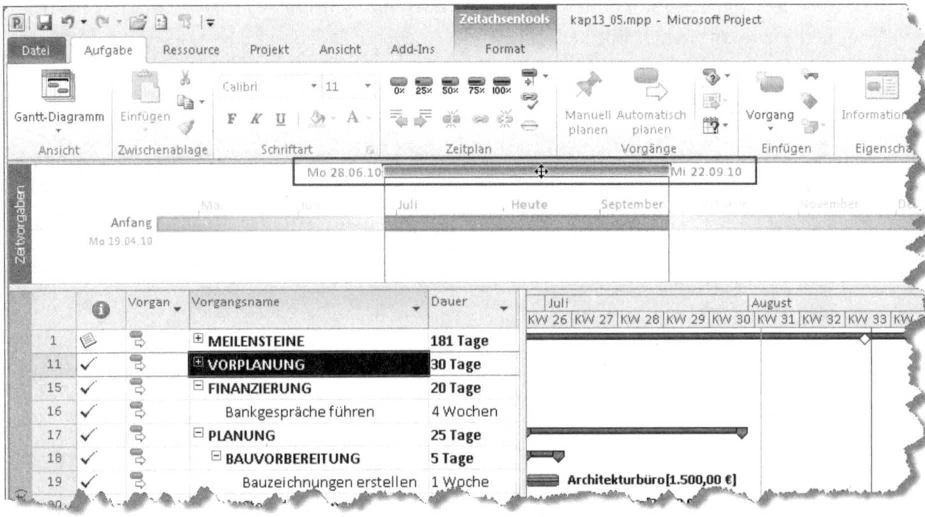

- Vergrößerung oder Verkleinerung der Zeitachse: Halten Sie mit der linken Maustaste die linke oder die rechte Begrenzungslinie des Zeitachsenfensters und ziehen Sie den Bereich größer oder kleiner (Abbildung 13.86)

HINWEIS Sollte der Rahmen zum Verschieben oder Zoomen nicht eingeblendet sein, aktivieren Sie das Kontrollkästchen *Verschieben und Zoom* mit dem Befehl *Format/Einblenden/Ausblenden*.

Abbildg. 13.86 Die vergrößerte Zeitachsenansicht

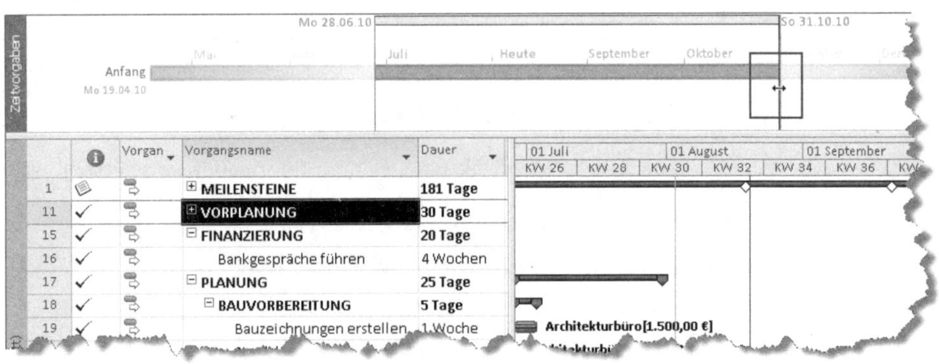

Der Ausschnitt der Zeitachse wird entsprechend vergrößert oder verkleinert. Dies ist eine zusätzliche Möglichkeit, um den Projektplan übersichtlicher auf dem Bildschirm zu gestalten.

Vorgänge zur Zeitachse hinzufügen

Um Vorgänge zu der Zeitachse hinzuzufügen, gehen Sie wie folgt vor:

1. Klicken Sie mit der rechten Maustaste auf den Vorgang, den Sie zur Zeitachse hinzufügen wollen.

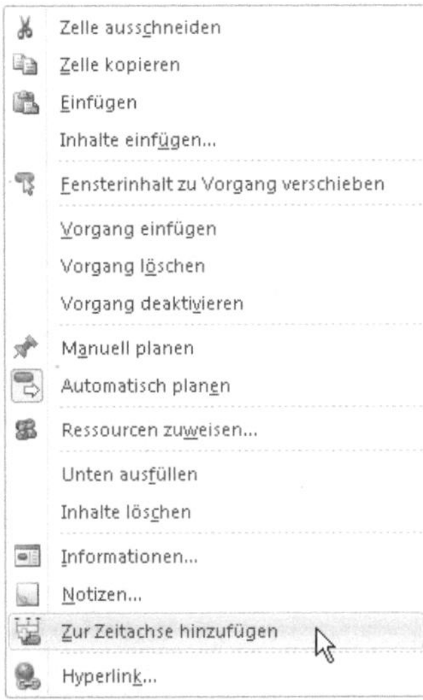

2. Wählen Sie den Eintrag *Zur Zeitachse hinzufügen.*
3. Die Darstellung auf der Zeitachse erfolgt zunächst automatisch (Abbildung 13.87).

Abbildg. 13.87 Die Zeitachse mit *Meilensteinen* und *Sammelvorgängen*

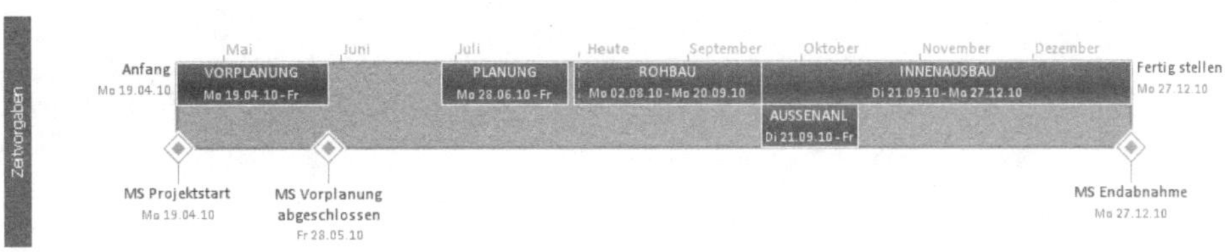

Um den Vorgang wieder von der Zeitachse zu entfernen, wählen Sie im Kontextmenü des Vorgangs in der Zeitachse den Eintrag *Aus Zeitachse entfernen.*

HINWEIS Alternativ können Sie mehrere Vorgänge einfügen, indem Sie den Befehl *Format/Einfügen/Vorhandene Vorgänge* verwenden. Dieser befindet sich im Menüband auf der kontextbezogenen Registerkarte *Zeitachsentools.*

Abbildg. 13.88 Auswahlliste zum Einfügen mehrerer Vorgänge auf der Zeitachse

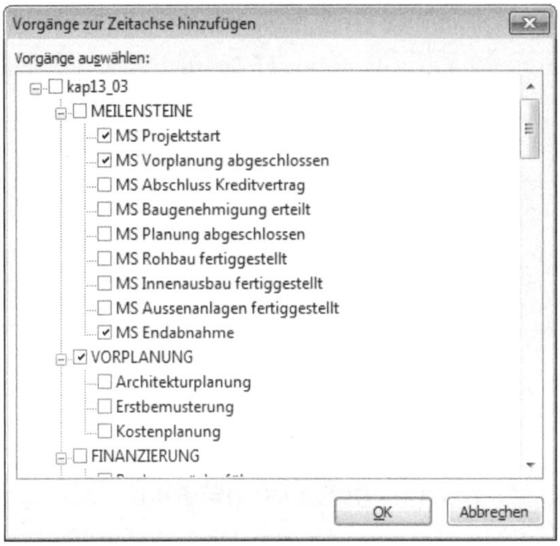

Vorgänge auf der Zeitachse anordnen

Sämtliche Vorgänge, die sich auf der Zeitachse befinden, können nach dem Hinzufügen durch Ziehen mit der Maus individuell angeordnet werden. Die Vorgänge können auch oberhalb und unterhalb des grauen Balkens platziert werden (Abbildung 13.89).

Abbildg. 13.89 Individuell angeordnete Vorgänge auf der Zeitachse

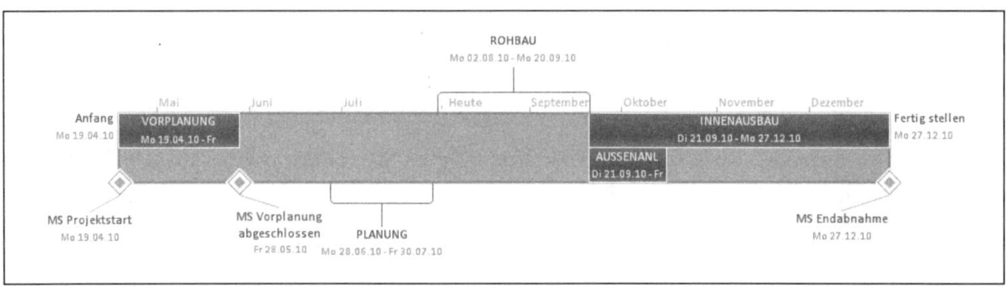

TIPP Die Zeitphasendarstellung und die Beschriftung der auf der Zeitachse angezeigten Vorgänge können einzeln positioniert werden. Ziehen Sie hierzu einfach das Textfeld an eine andere Position.

Vorgänge auf der Zeitachse formatieren

Vielfältige Formatmöglichkeiten befinden sich im Menüband auf der Registerkarte *Zeitachsentools/Format*. Sie können sämtliche Elemente, die Sie bereits auf der Leiste platziert haben, individuell formatieren.

Abbildg. 13.90 Individuell formatierte Vorgänge auf der Zeitachse

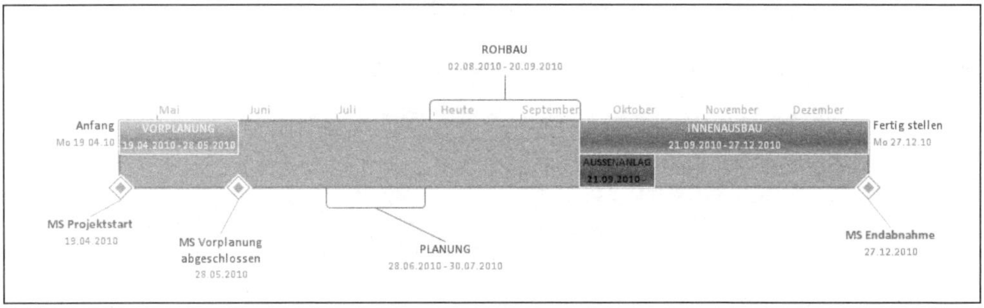

Mit dem Befehl *Format/Einblenden/Ausblenden/Datumsformat* können Sie das Format des Datums so wählen, wie Sie es wünschen.

Zeitachse in anderen Office-Anwendungen übernehmen

Sie können die Zeitachse, so wie sie auf dem Bildschirm dargestellt wird, ganz einfach per Kopieren/ Einfügen in andere Office-Anwendungen übernehmen.

Je nachdem, was Sie vorhaben, stehen die Optionen wie in Abbildung 13.91 zur Verfügung.

Abbildg. 13.91 Die unterschiedlichen Formate zum Kopieren der Zeitachse

 Nachdem Sie die Zeitachse in der Größe angepasst haben, zum Beispiel mithilfe der Zoomleiste am unteren rechten Bildschirmrand, verwenden Sie einfach den Befehl *Format/ Kopieren/Zeitachse kopieren* und wählen die Zielanwendung aus.

In PowerPoint 2010 oder Outlook 2010 können Sie einfach mit dem Befehl *Einfügen* die Zeitachse an einer beliebigen Stelle platzieren.

Abbildg. 13.92 Die eingefügte Zeitleiste im E-Mail-Entwurf von Outlook 2010

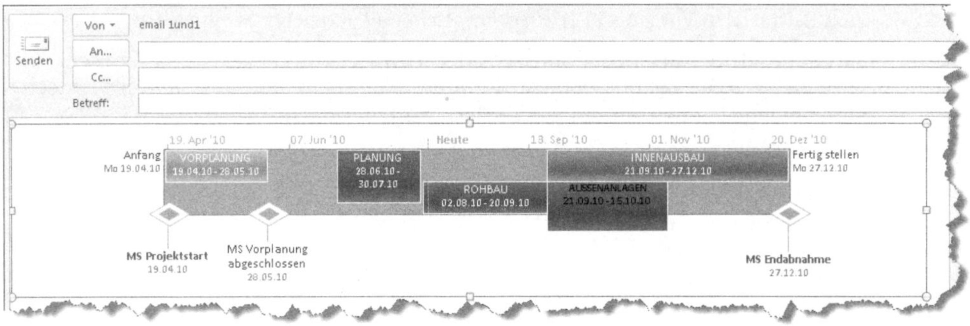

Einmal eingefügt, wird die Zeitleiste als grafisches Element behandelt und Sie können alle Objekte einzeln manuell formatieren (Abbildung 13.92 und Abbildung 13.93).

Abbildg. 13.93 Die auf einer PowerPoint 2010-Folie eingefügte Zeitachse

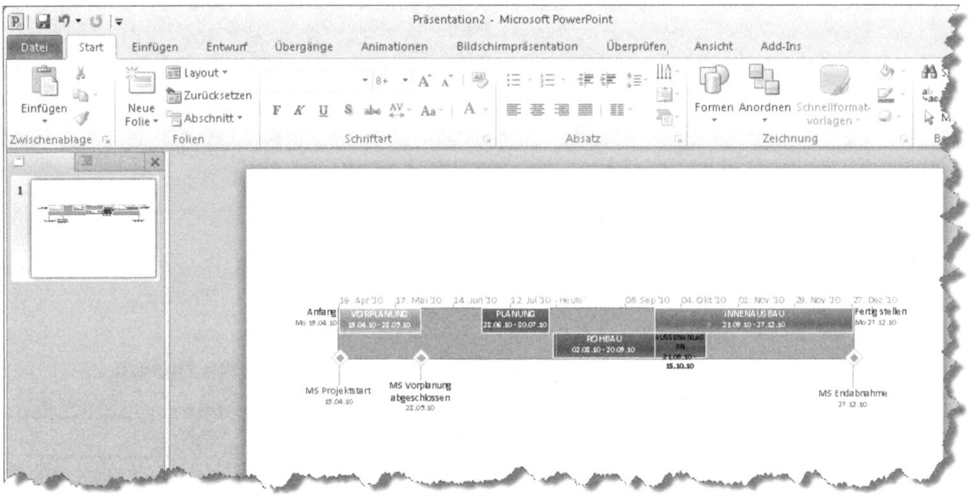

Den Vorgangsinspektor verwenden

Ein neues Analysetool, der Vorgangsinspektor, bietet unterschiedliche Möglichkeiten an, um Probleme, die im Zusammenhang mit der Termin- oder Ressourcenplanung auftreten, zu erkennen und dann möglicherweise durch Vorschläge des Inspektors zu beheben.

Anhand der Ressourcenüberlastungen im Beispielprojekt möchten wir Ihnen zeigen, welche Optionen und Möglichkeiten der Vorgangsinspektor bietet.

Der Vorgangsinspektor in Aktion

Suchen Sie sich zunächst einen Vorgang, der in der Indikatorenspalte die kleine rote Person anzeigt, zum Beispiel den Vorgang 55 *Wasseruhr setzen*, und aktivieren Sie ihn.

Sie können den Inspektor auf unterschiedliche Arten aktivieren:

1. Rufen Sie den Befehl *Aufgabe/Vorgänge/Prüfen* auf und wählen Sie den Eintrag *Vorgang untersuchen*.

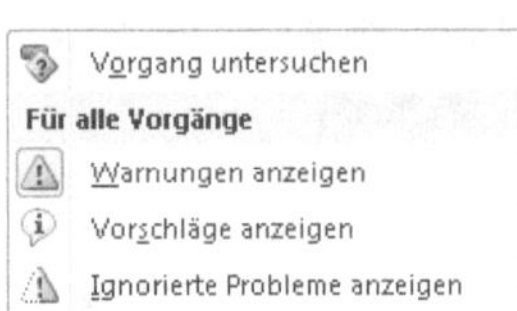

2. Alternativ wählen Sie im Kontextmenü des Vorgangs den Eintrag *Im Vorgangsinspektor beheben* aus.

In Abbildung 13.94 sehen Sie, welche Probleme auftreten und welche Möglichkeiten zur Lösung dieser Probleme beitragen könnten.

Abbildg. 13.94 Der Vorgangsinspektor in Aktion

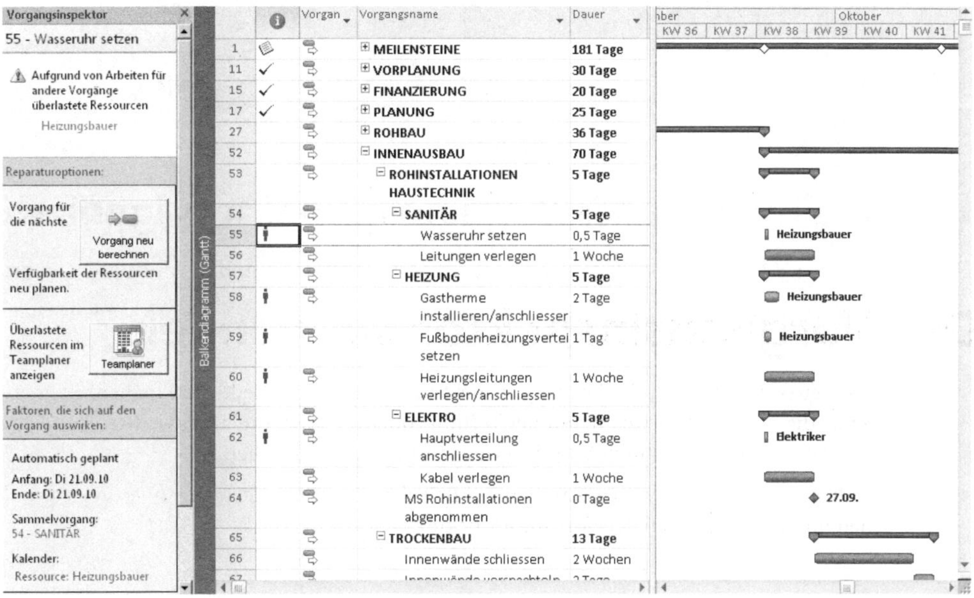

Die Reparaturoptionen bieten an, den Vorgang terminlich zu verschieben oder den Konflikt im Teamplaner manuell zu beheben. Ebenso bekommen Sie angezeigt, welche Faktoren sich auf den Vorgang auswirken oder auswirken können, wenn sie geändert werden.

HINWEIS Die Reparaturoption *Vorgang neu berechnen* erhalten Sie auch, indem Sie im Kontextmenü des Vorgangs den Eintrag *Auf verfügbares Datum verschieben* wählen.

Vorgangsbezogene Informationen sehen Sie zum Beispiel beim Vorgang *Innenwände verspachteln.* Hier werden vorgangsspezifische Faktoren wie Kalender, Vorgänger, Zeitabstände etc. angezeigt (Abbildung 13.95).

Abbildg. 13.95 Vorgangsspezifische Faktoren des Inspektors

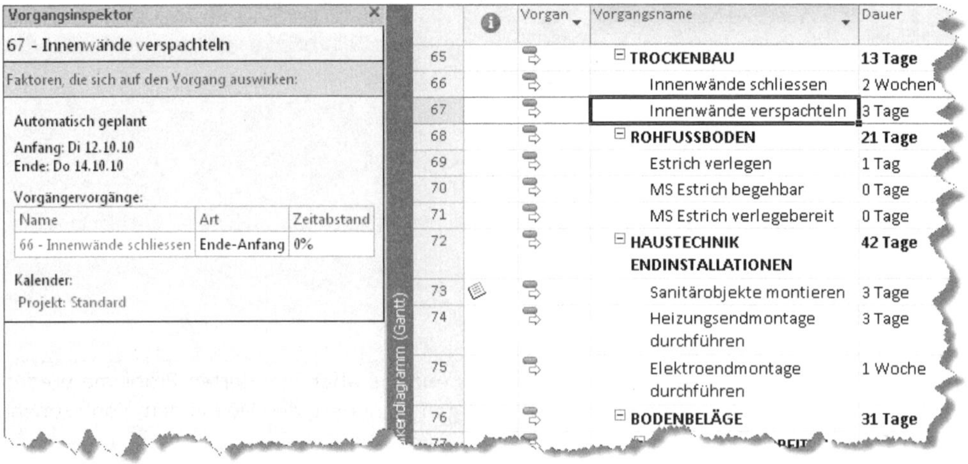

Meldungen des Vorgangsinspektors ignorieren

Folgende Option können Sie verwenden, um Meldungen für einzelne Vorgänge zu ignorieren: Wählen Sie im Kontextmenü des Vorgangs den Eintrag *Probleme für diesen Vorgang ignorieren.*

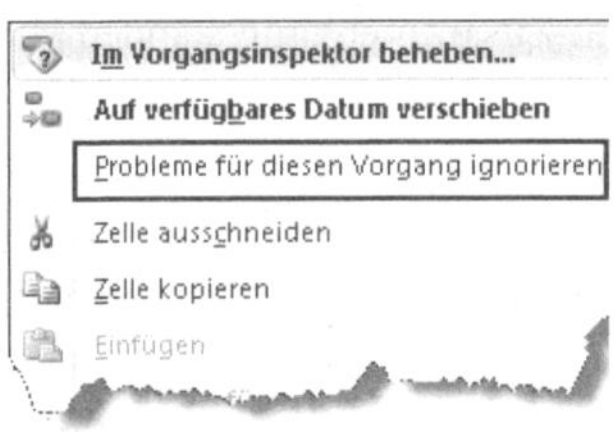

Sie können auch das Kontrollkästchen am unteren Ende des angezeigten Vorgangsinspektors verwenden, um die Meldungen für den gewählten Vorgang zu deaktivieren.

Abbildg. 13.96 Meldungen des Vorgangsinspektors anzeigen

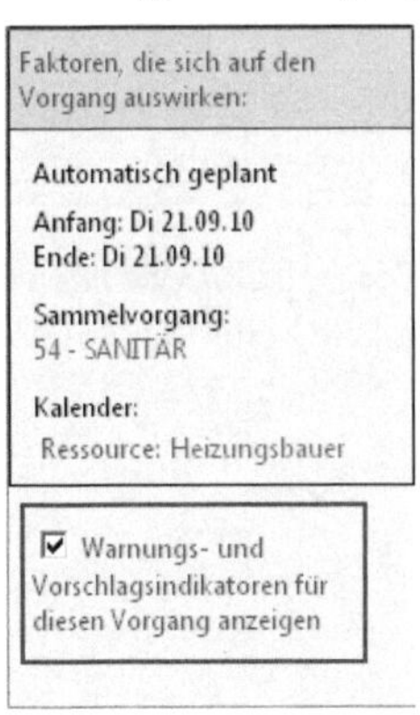

Ignorierte Probleme erneut anzeigen

Um die ignorierten Probleme der Vorgänge wieder anzuzeigen, wählen Sie den Befehl *Aufgabe/Vorgänge/Prüfen* und dort den Eintrag *Ignorierte Probleme anzeigen*.

Abbildg. 13.97 Alle ignorierten Probleme wieder anzeigen

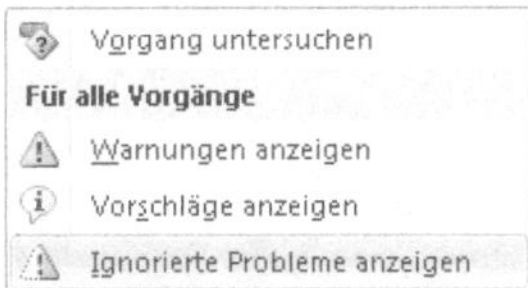

HINWEIS Diese Option schaltet die Anzeige **aller** ignorierten Probleme wieder ein. Beim Ignorieren jedoch wird nur derjenige Vorgang ignoriert, den Sie mit dem Kontextmenü selektiert haben.

Wenn Sie nur die Meldungen für einen einzelnen Vorgang aktivieren wollen, setzen Sie wieder das Häkchen wie in Abbildung 13.96.

Zusammenfassung

In diesem Kapitel haben Sie gelernt, wie Sie Ihr Projekt hinsichtlich Zeit, Vorgängen, Abhängigkeiten, Ressourcen und Kosten analysieren können. In diesem Zusammenhang standen vor allem der kritische Pfad und das Auffinden von Pufferzeiten.

Weiterhin wurde gezeigt, wie Sie die Standardansichten von Project erweitern und an Ihre spezifischen Bedürfnisse anpassen können, das Erstellen von eigenen Ansichten, Filtern und Tabellen. Das Erstellen benutzerdefinierter Felder, mithilfe derer Berechnungen und Auswahllisten erstellt werden können, waren weitere Themen dieses Kapitels.

Im letzen Teil dieses Kapitels schließlich haben wir die neuen Tools und Funktionalitäten von Project 2010 wie den Teamplaner, die Zeitleiste und den Vorgangsinspektor vorgestellt.

Kapitel 14

Berichtswesen in Project

In diesem Kapitel:

Nicht selten werden von Ihnen aussagekräftige und professionell gestaltete Berichte verlangt, welche den Projektablauf begleiten und dokumentieren sollen. Diese Berichte verschlingen sehr oft nicht unerheblich viel Zeit eines Projektleiters und müssen regelmäßig – z.B. monatlich – erstellt werden. Mit ein wenig Geschick und den richtigen Überlegungen im Vorfeld ist es allerdings möglich, viele dieser Berichte einmalig zu erstellen und sie dann auf Knopfdruck abzurufen zu können.

Dokumentation mit Berichten

Microsoft Project 2010 stellt Ihnen zahlreiche Berichte zur Verfügung, mit denen Sie Ihr Projekt nach verschiedenen Gesichtspunkten auswerten können. Dies ist sehr wichtig, um frühzeitig eventuelle Schwachpunkte, beispielsweise in der Planung, erkennen zu können.

Die Berichtstypen in Project 2010

Gerade wenn es mal schnell gehen muss, sind die in Project 2010 vordefinierten und anpassbaren Reports eine nützliche Lösung.

Damit Berichte schnell gefunden werden können, sind diese in sechs Berichtstypen unterteilt:

- Übersichtsberichte
- Vorgangsstatusberichte
- Kostenberichte
- Ressourcenberichte
- Arbeitsauslastungsberichte
- Benutzerdefinierte Berichte

Auf den folgenden Seiten wird auf die einzelnen Berichtstypen und deren Berichte ausführlich eingegangen. Anhand kleiner Aufgabenstellungen lernen Sie dabei einige praktische Anwendungsmöglichkeiten kennen.

Das Dialogfeld *Berichte* rufen Sie auf, indem Sie im Menüband über *Projekt/Berichte* den Befehl *Berichte* auswählen. Mit einem Doppelklick auf das Symbol des gewünschten Berichtstyps (Abbildung 14.1) können Sie diesen jeweils direkt auswählen.

Abbildg. 14.1 Die Hauptkategorien der Berichte im Übersichtsfenster

Allgemeine Übersichtsberichte

Folgende Berichte sind in der Kategorie *Übersichtsberichte* (Abbildung 14.2) abrufbar:

- **Projektsammel-Vorgang** Dieser Bericht gibt Ihnen Auskunft über die Projektstammdaten. Hier werden z.B. Anfang, Ende, Dauer, Arbeit, Kosten sowie der Vorgangsstatus und der Ressourcenstatus aufgelistet. In tabellarischer Form sind die Werte nach den Gesichtspunkten berechnet, geplant, verbleibend, aktuell und abgeschlossen stets strukturiert abrufbar.
- **Vorgänge höchster Ebene** Unter Vorgängen der höchsten Ebene versteht man die Hauptvorgänge bzw. Sammelvorgänge eines Projekts. Die Hauptvorgänge stellen die Grobgliederung des Projekts dar. In Abhängigkeit der Projektgröße sind diese vielfach mit weiteren Teilvorgängen untergliedert. Für den groben Überblick eines umfangreichen Projekts ist es deshalb vorteilhaft, die Vorgänge der höchsten Ebene in einem Bericht auszugeben.

Abbildg. 14.2 Die fünf Berichte der Kategorie *Übersichtsberichte*

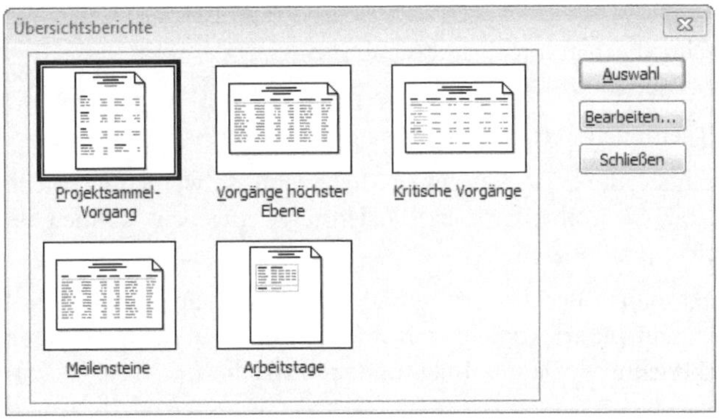

- **Kritische Vorgänge** Beim sogenannten kritischen Weg bzw. Pfad handelt es sich um eine Abfolge von Vorgängen, die alle zu einem bestimmten Termin fertiggestellt sein müssen, damit der Projektendtermin planmäßig erreicht werden kann. Häufig verfügen Vorgänge in einem Projekt über gewisse Pufferzeiten und können dadurch verschoben werden, ohne dass der Projektendtermin davon betroffen sein muss. Jene Vorgänge, bei denen sich eine Verzögerung jedoch unmittelbar auf das Projektende auswirkt, werden als kritische Vorgänge bezeichnet. In Anbetracht der Bedeutung für die Projektsteuerung werden die kritischen Vorgänge in einer eigenen Berichtsform mit ihren jeweiligen Nachfolgern dokumentiert. Des Weiteren werden u.a. die Dauer sowie der Anfangs- und Endtermin der jeweiligen Vorgänge mit ausgegeben (Abbildung 14.3).

Abbildg. 14.3 Meilensteinbericht

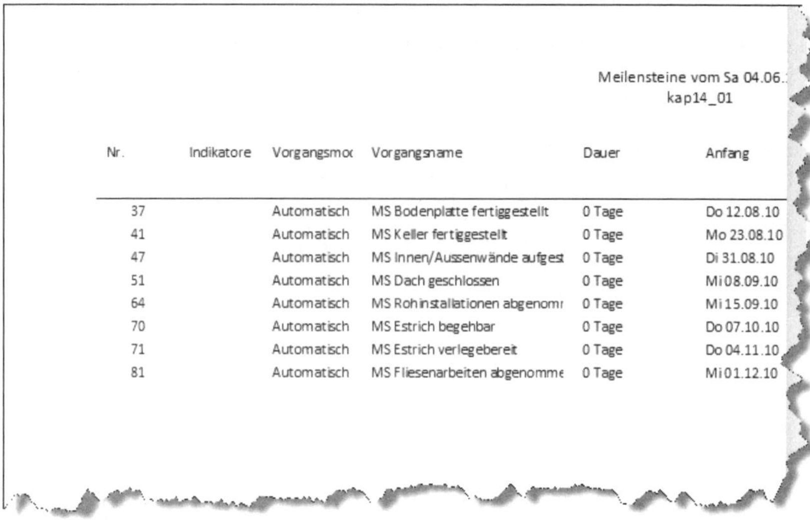

Meilensteine vom Sa 04.06.
kap14_01

Nr.	Indikatore	Vorgangsmo	Vorgangsname	Dauer	Anfang
37		Automatisch	MS Bodenplatte fertiggestellt	0 Tage	Do 12.08.10
41		Automatisch	MS Keller fertiggestellt	0 Tage	Mo 23.08.10
47		Automatisch	MS Innen/Aussenwände aufgest	0 Tage	Di 31.08.10
51		Automatisch	MS Dach geschlossen	0 Tage	Mi 08.09.10
64		Automatisch	MS Rohinstallationen abgenomr	0 Tage	Mi 15.09.10
70		Automatisch	MS Estrich begehbar	0 Tage	Do 07.10.10
71		Automatisch	MS Estrich verlegebereit	0 Tage	Do 04.11.10
81		Automatisch	MS Fliesenarbeiten abgenomme	0 Tage	Mi 01.12.10

- **Meilensteine** Wichtige Ereignisse oder auch Teilergebnisse werden als Meilensteine geplant und dargestellt. Haben Sie in Ihrem Projekt Meilensteine eingebaut, können Sie diese auf einen Blick in einem Bericht präsentieren.
- **Arbeitstage** Hinter diesem Bericht verbirgt sich ein Basiskalender, in dem die Tagesarbeitszeiten in Ihrem Projekt aufgeführt werden. Haben Sie Ausnahmen definiert, an denen nicht gearbeitet wird, werden diese nach Datum und Stunde protokolliert.

Der Vorgangsstatus

Folgende Berichte zum Vorgangsstatus werden angeboten:

Abbildg. 14.4 Die sechs Statusberichte

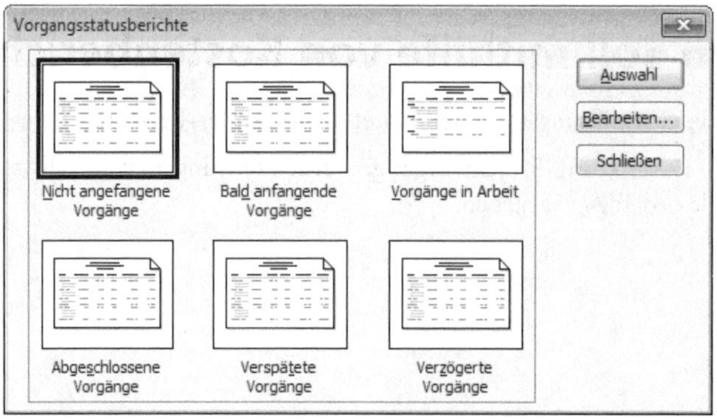

- **Nicht angefangene Vorgänge** In diesem Bericht werden alle noch nicht begonnenen Vorgänge aufgelistet. Project gleicht dabei Ihre eingegebenen Termine immer mit dem Systemdatum ab. Es stehen Ihnen als Berichtsinformation der Vorgangsname, die Dauer des Vorgangs, der Start- und Endtermin sowie detaillierte Ressourceninformationen zur Verfügung.
- **Bald anfangende Vorgänge** Mit diesem Bericht können Sie eine Liste erzeugen, welche Ihnen frühzeitig Informationen über in Kürze anstehende Vorgänge liefert. Den betreffenden *Terminbereich* legen Sie dabei im gleichnamigen Dialogfeld selbst fest (Abbildung 14.5). Der Bericht beinhaltet den jeweiligen Vorgangsnamen, die Dauer, den Start- und Endtermin des Vorgangs, mögliche Vorgänger sowie detaillierte Ressourceninformationen.

Abbildg. 14.5 Berichtszeitraum über den Terminbereich eingrenzen

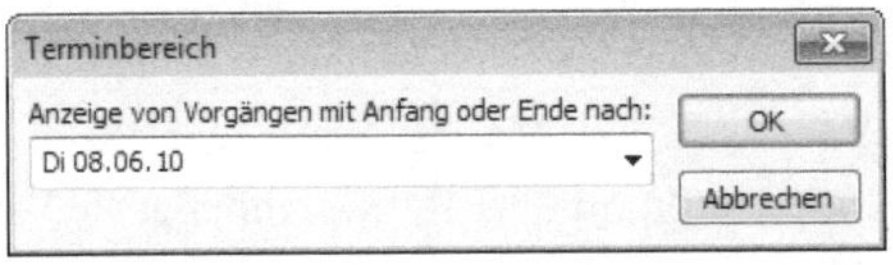

- **Vorgänge in Arbeit** Haben Sie einzelne Vorgänge bereits begonnen, aber noch nicht abgeschlossen, können Sie mit diesem Bericht prüfen, an welchen Vorgängen noch gearbeitet werden muss. Der Bericht liefert Ihnen alle Vorgänge, die in Arbeit sind, und stellt zum Vergleich den Anfangs- und den eigentlichen Endtermin ein. Sie erkennen somit rasch, bei welchen Vorgängen Sie im Hintertreffen sind.
- **Abgeschlossene Vorgänge** Welche Vorgänge haben Sie schon erledigt und welche Vorgänge können Sie endgültig abhaken? Dieser Bericht erstellt Ihnen eine Liste mit Vorgängen, die bereits abgearbeitet worden sind.
- **Verspätete Vorgänge** Diesen Bericht ziehen Sie zu Rate, um Ihre Planwerte den tatsächlichen Istwerten gegenüberzustellen. Dabei werden alle verspäteten Vorgänge aufgelistet; zusätzlich wird die Abweichung zwischen Plan und Ist aufgeführt.
- **Verzögerte Vorgänge** Haben Sie Vorgänge unterbrochen, um sie zu einem späteren Zeitpunkt im Terminplan wieder fortzusetzen, können Sie sich mithilfe dieses Berichts einen Überblick über alle unterbrochenen Vorgänge verschaffen

Bleiben Sie im Soll mithilfe von Kostenberichten!

Die Kategorie *Kostenberichte* (Abbildung 14.6) beinhaltet die folgenden Berichte:

- **Vorgangskosten** Alle Kosten Ihrer Projektvorgänge werden termingenau aufgelistet. Zusätzlich wird eine Summenzeile pro Tag ausgegeben.

Abbildg. 14.6 Die fünf Kostenberichte

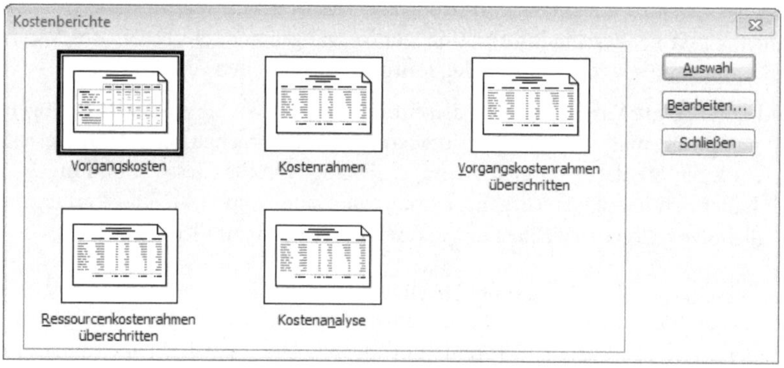

- **Kostenrahmen** Dieser Bericht gibt Ihnen Auskunft über Ihr Kostenbudget je Vorgang. Im Vergleich dazu werden fixe Kosten, geplante Kosten, aktuelle Kosten und noch verbleibende Kosten pro Vorgang aufgeführt.
- **Vorgangskostenrahmen überschritten** Wenn Sie Vorgängen feste Kosten zuordnen, gibt Ihnen dieser Bericht eine Rückmeldung, ob einzelne Vorgänge höhere Kosten als geplant verursachen.
- **Ressourcenkostenrahmen überschritten** Falls Sie Ihren Ressourcen Kosten zuordnen, liefert Ihnen dieser Bericht Auskunft darüber, ob die geplanten Kosten mit den tatsächlich anfallenden Kosten im Einklang stehen. So erkennen Sie frühzeitig, ob und wann es zu bestimmten Budgetengpässen in Ihrem Projekt kommen könnte.
- **Kostenanalyse** Wenn Sie für Vorgänge, denen Ressourcen zugeordnet sind, den erwarteten Fortschritt mit dem derzeitigen aktuellen Fortschritt vergleichen möchten, verwenden Sie die Berichtstabelle *Kostenanalyse.* Sie gibt anhand der Ressourcenkosten wieder, wie viel Prozent eines jeden Vorgangs abgeschlossen sind.

Die vier Ressourcenberichte

Die folgenden Fragestellungen sind bei Ressourcenberichten von großer Bedeutung:

Abbildg. 14.7 Die Ressourcenberichte in Project

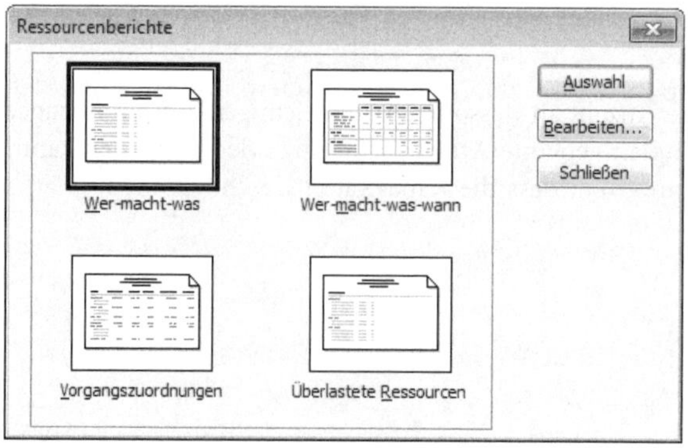

- **Wer-macht-was** Diese Fragestellung wird durch eine präzise Auswertung beantwortet, in welcher zu jeder Ressource die zu erledigenden Vorgänge, die Start- und Endtermine der Vorgänge und eine Dokumentation über bereits geleistete Einheiten ausgegeben werden.
- **Wer-macht-was-wann** Dieser Bericht liefert einen Terminplan mit auszuführenden Arbeiten der verplanten Ressourcen
- **Vorgangszuordnungen** Mithilfe dieses Berichts können Sie die Arbeiten einzelner Ressourcen herausfiltern. Im Dialogfeld *Benutzt Ressource* wählen Sie im Auswahllistenfeld die gewünschte Ressource aus, für die Sie die zugeordneten Vorgänge ansehen wollen. Der Bericht gibt Ihnen Auskunft über Vorgangsnamen, die Dauer, den Start- und Endtermin des Vorgangs und – ganz wichtig – über beteiligte oder angrenzende Ressourcen.
- **Überlastete Ressourcen** Durch Auswählen dieses Berichts können Sie frühzeitig erkennen, ob es überlastete Ressourcen in Ihrem Projekt gibt. Diese werden namentlich in einer Liste mit einem Nachweis der zugeteilten Arbeiten und deren Dauer aufgeführt.

Berichte zur Arbeitsauslastung

Beim Auswerten des Terminplans sollten Sie unbedingt dafür sorgen, dass die Ressourcen sinnvoll zugeordnet wurden. Eine Ressource ist überlastet, wenn ihr mehr Arbeit zugewiesen wurde, als sie gemäß ihrer Kapazität in den geplanten Arbeitsstunden schaffen kann. Eine Ressource ist nicht ausgelastet, wenn die entsprechenden Zuordnungen ihre Kapazität nicht voll ausschöpfen.

Aus diesem Grunde werden standardmäßig zwei entsprechende Berichte (Abbildung 14.8) angeboten:

- *Arbeitsauslastung nach Vorgängen*
- *Arbeitsauslastung nach Ressourcen*

Abbildg. 14.8 Berichte zum Thema *Arbeitsauslastung*

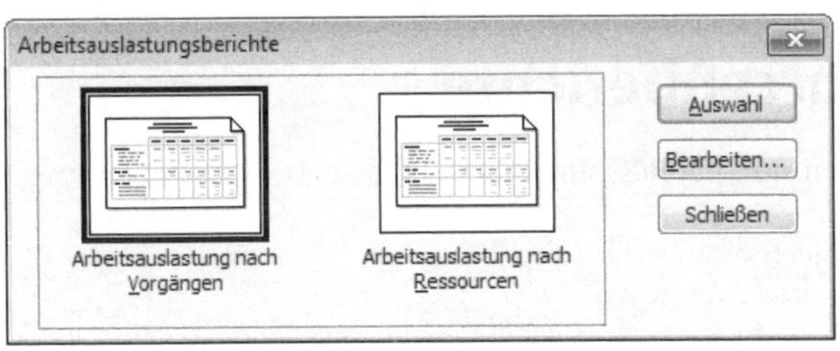

Jedem Vorgang muss die richtige Anzahl an Ressourcen zum richtigen Zeitpunkt zugeordnet werden. Damit die in Ihrem Terminplan geplante Arbeit rechtzeitig erledigt werden kann, sollten Sie jeder Ressource so viel Arbeit zuweisen, dass die Kapazität ausgeschöpft wird, es aber möglichst nicht zu Überlastungen kommt (ggf. ist eine Überlastung oder eine mangelnde Auslastung unvermeidbar oder eventuell sogar gewollt).

Bevor Sie beginnen, Ressourcenüberlastungen aufzulösen, müssen Sie zunächst feststellen, welche Ressourcen überlastet sind, wann sie überlastet sind und welchen Vorgängen sie zu diesen Zeiten zugeordnet sind. Um eine Ressourcenüberlastung dann aufzulösen, können Sie entweder die Ressourcen anders zuordnen oder den betreffenden Vorgang auf einen Zeitraum, zu dem die benötigte Ressource verfügbar ist, neu terminieren. Mehr zu diesem Thema finden Sie in Kapitel 11.

Für die individuellen Ansprüche – Benutzerdefinierte Berichte

Es stehen Ihnen zwei Varianten zur Verfügung, um eigene Berichte zu kreieren, wobei die Vorgehensweise für das Erstellen eines neuen Berichts in etwa der für das Bearbeiten eines vordefinierten Berichts gleicht. Der wesentliche Unterschied besteht darin, dass Sie beim Erstellen eines benutzerdefinierten Berichts eine von vier Berichtsvorlagen verwenden und keinen vordefinierten Bericht. Es stehen Ihnen dabei die Vorlagen für die Berichtsarten *Vorgang*, *Ressource*, *Monatskalender* und *Kreuztabelle* zur Auswahl.

Beispiel: Einen Kreuztabellenbericht erstellen

Stellen Sie sich vor, Sie möchten einen Bericht erstellen, in dem Sie pro Woche für jede verwendete Ressource pro Vorgang die geplante Arbeit angezeigt bekommen. Im Grunde genau das, was Sie in der Ansicht *Ressource Einsatz* sehen, nur so, dass es für einen Ausdruck optimiert ist. Hierzu ist der Kreuztabellenbericht das beste Mittel der Wahl! Um einen solchen Bericht zu erstellen, gehen Sie folgendermaßen vor:

1. Wählen Sie im Menüband über *Projekt/Berichte* den Befehl *Berichte*.
2. Klicken Sie auf das Berichtssymbol *Benutzerdefiniert* und danach auf die Schaltfläche *Auswahl*.
3. Klicken Sie anschließend auf die Schaltfläche *Neu*, um einen komplett neuen Bericht zu erstellen (Abbildung 14.9).

HINWEIS Ein benutzerdefinierter Bericht lässt sich aber auch durch Kopieren und Bearbeiten eines bereits vorhandenen Berichts erstellen.

Abbildg. 14.9 Erstellen Sie Berichte nach eigenen Vorstellungen

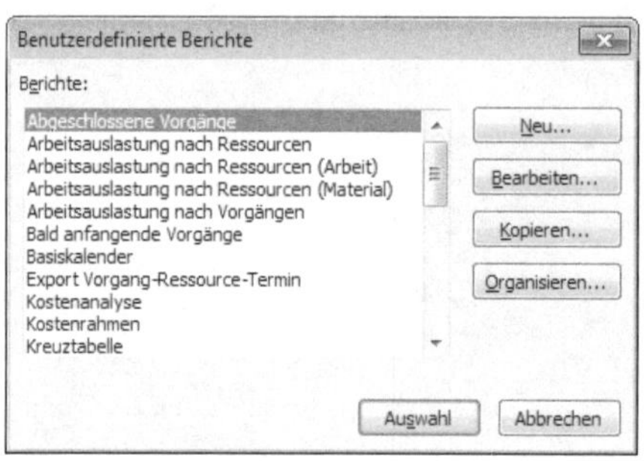

4. Wählen Sie im Dialogfeld *Neuen Bericht definieren* den Eintrag *Kreuztabelle* und bestätigen Sie mit *OK* (Abbildung 14.10).

Abbildg. 14.10 Ein neuer Kreuztabellenbericht

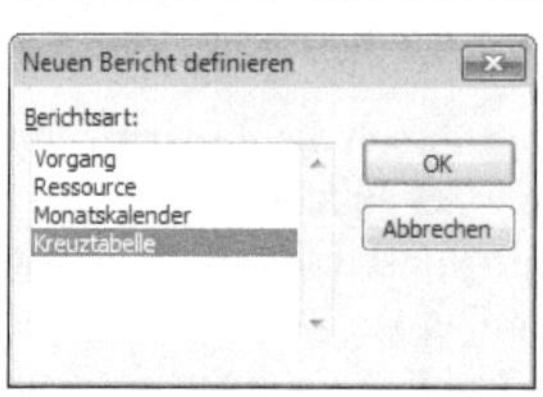

5. Geben Sie dem Bericht in der Registerkarte *Definition* den Namen *Ressourcenarbeit pro Woche*. Mit diesem Namen wird Ihnen der Bericht später in der Auswahl angezeigt.
6. Nun müssen Sie noch die Details Ihres Berichts definieren. Übernehmen Sie in der Registerkarte *Definition* die gleichen Einstellungen wie in Abbildung 14.11.

Abbildg. 14.11 Definition des Ressourcenberichts

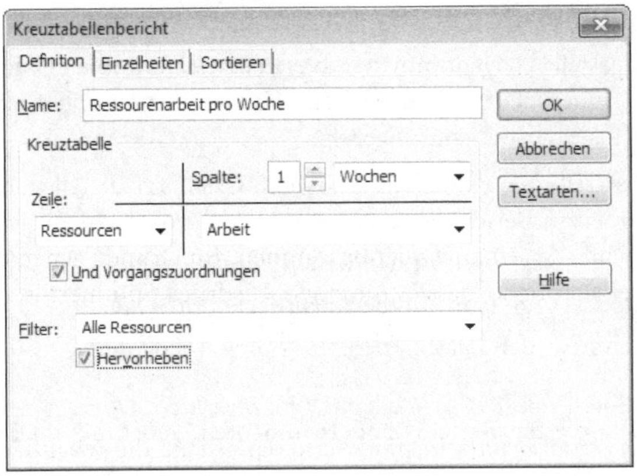

7. Anschließend wechseln Sie zur Registerkarte *Einzelheiten*, um diverse Details einzustellen, wie zum Beispiel Summen, Gitternetzlinien usw. Vergleichen Sie hierzu auch Abbildung 14.12.
8. Über die Registerkarte *Sortieren* kann noch die Sortierung der Berichtszeilen vorgenommen werden.
9. Bestätigen Sie Ihre Eingaben mit *OK*.
10. Nun sehen Sie das Dialogfeld *Benutzerdefinierte Berichte* und der gerade erstellte Bericht ist selektiert.

Abbildg. 14.12 Wie soll der Bericht aussehen?

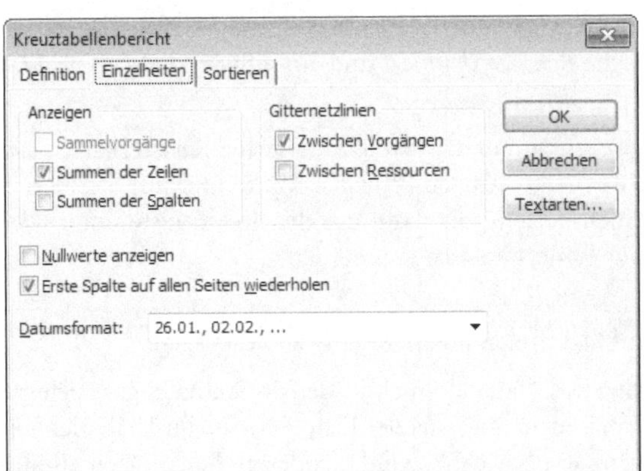

11. Klicken Sie auf *Auswahl*, um den Bericht in der Backstage-Ansicht als Druckvorschau anzuzeigen.

Die weiteren Optionen, wie ein Bericht druckfertig definiert wird, finden Sie im Abschnitt »Von der Ansicht auf Papier« ab Seite 436.

Aus alt mach neu – Berichte kopieren

In einigen Fällen bietet es sich an, einen vordefinierten Bericht zu kopieren, um auf dessen Grundlage einen neuen Bericht zu erstellen. Oftmals sind nur leichte Modifikationen eines Berichts nötig, um beispielsweise den Fokus auf die gewünschten Werte zu legen. Warum also immer gleich den gesamten Bericht neu definieren?

Wenn Sie für den kopierten Bericht keinen neuen Namen angeben, wird dem vorhandenen Namen der Zusatz »Kopie von« vorangestellt. Angenommen, Sie erstellen eine Kopie des Berichts *Kostenanalyse*, geben der Kopie aber keinen neuen Namen, dann wird der neue Bericht mit dem Namen *Kopie von Kostenanalyse* in der Liste der Berichte angezeigt.

Um einen neuen Bericht auf der Grundlage eines vorhandenen Berichts zu erstellen, befolgen Sie die nächsten Arbeitsschritte:

1. Rufen Sie im Menüband über *Projekt/Berichte* den Befehl *Berichte* auf.
2. Klicken Sie auf *Benutzerdefiniert* und dann auf die Schaltfläche *Auswahl.*
3. In der Liste *Berichte* markieren Sie den Bericht, den Sie kopieren möchten.
4. Klicken Sie auf *Kopieren.*
5. Wenn Sie den Namen des kopierten Berichts ändern möchten, geben Sie im Feld *Name* eine neue Bezeichnung ein.

Berichte löschen

Wenn Sie Ihre eigenen Berichte oder auch vordefinierte Berichte löschen wollen, können Sie dies jederzeit nach dem unten beschriebenen Verfahren tun. Die jeweiligen Berichte werden dann lediglich aus Ihrer Projektdatei gelöscht und bleiben weiterhin in der globalen Datei von Project *Global.MPT* gespeichert.

Um einen Bericht aus Ihrem Projekt zu entfernen, gehen Sie Schritt für Schritt vor:

1. Rufen Sie im Menüband über *Projekt/Berichte* den Befehl *Berichte* auf.
2. Klicken Sie auf die Schaltfläche *Benutzerdefiniert* und anschließend auf *Auswahl.*
3. Klicken Sie auf die Schaltfläche *Organisieren.*
4. Im Dialogfeld *Organisieren* sehen Sie auf der bereits aktivierten Registerkarte *Berichte* im rechten Bereich die Liste der Berichte des geöffneten Projekts. Klicken Sie auf den Bericht, der gelöscht werden soll. Löschen Sie einen Bericht nur dann aus der linken Liste unter *Global.MPT,* wenn Sie den Bericht dauerhaft aus Project entfernen möchten.
5. Wählen Sie die Schaltfläche *Löschen.*
6. Klicken Sie anschließend auf *Ja,* um den Löschvorgang zu bestätigen.

Ist ein Bericht sowohl in der globalen Datei als auch in der Projektdatei gespeichert, wird er durch Löschen zwar aus der Projektdatei, nicht aber aus der Liste *Berichte* im Dialogfeldfeld *Benutzerdefinierte Berichte* entfernt. Erst wenn ein Bericht sowohl aus der globalen Datei als auch aus der Projektdatei gelöscht wird, steht er auch in der Liste *Berichte* im Dialogfeldfeld *Benutzerdefinierte Berichte* nicht mehr zur Verfügung.

Zum Löschen mehrerer Berichte halten Sie die [Strg]-Taste gedrückt, um die betreffenden Berichte einzeln auszuwählen, und klicken dann auf *Löschen*. Wollen Sie alle Berichte löschen, markieren Sie den ersten Bericht, drücken die [⇧]-Taste und klicken dann auf den untersten Bericht im Listenfeld.

Benutzerdefinierte Berichte global verfügbar machen

Möchten Sie Ihren zusammengestellten Bericht auch in anderen Projekten nutzen, ist es notwendig, Ihren Bericht in einer globalen Datei – der *Global.MPT* – zur Verfügung zu stellen. Die *Global.MPT* enthält eine Fülle von Informationen, die Sie für mehrere Projekte verwenden können: z.B. Ansichten, Kalender, Masken, Berichte, Tabellen, Filter, Symbolleisten, Menüleisten, Makros und Einstellungen für das Dialogfeld *Optionen*.

Um einen Bericht zu allen anderen Projekten zur Verfügung zu stellen, gehen Sie folgendermaßen vor:

1. Öffnen Sie die Projektdatei, in der Sie einen Bericht erstellt haben.
2. Öffnen Sie im Menüband die Registerkarte *Datei*, wählen Sie die Kategorie *Informationen* aus und klicken Sie auf die Schaltfläche *Organisator*.
3. Wechseln Sie zur Registerkarte *Berichte* (Abbildung 14.13).

Abbildg. 14.13 Die Registerkarte *Berichte* im Dialogfeld *Organisieren*

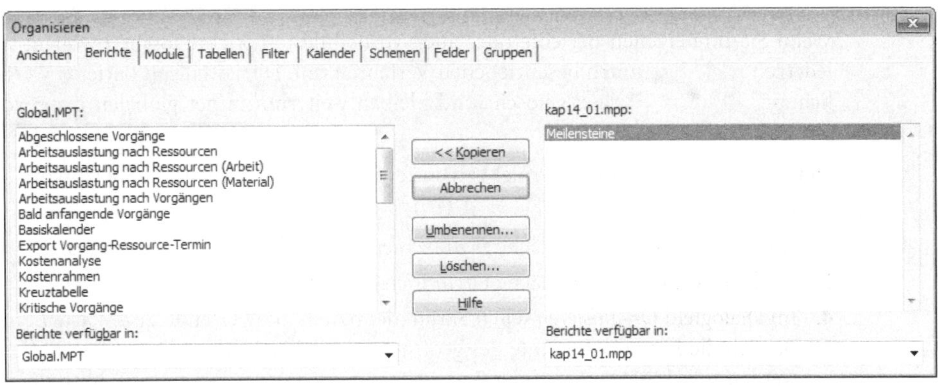

4. Markieren Sie im rechten Listenfeld (siehe Abbildung 14.13) Ihren eigenen Bericht.
5. Klicken Sie auf die Schaltfläche *Kopieren*, um den Bericht in die globale Datei zu übernehmen.
6. Verlassen Sie das Dialogfeld über die *Schließen*-Schaltfläche (rechts oben in der Titelleiste).

HINWEIS Auf diese Art und Weise können Sie übrigens auch Berichte aus der globalen Datei löschen, falls diese nicht mehr benötigt werden.

Von der Ansicht auf Papier

Mit der Backstage-Ansicht von Project 2010 haben auch die Druckvorschau und alles, was mit dem Vorbereiten eines Ausdrucks zu tun hat, einen neuen Platz gefunden. Wenn Sie einen Bericht ausgewählt haben und diesen anzeigen lassen, indem Sie die Schaltfläche *Auswahl* anklicken, wird automatisch in der Backstage-Ansicht (*Datei/Drucken*) der Bericht in einer Vorschau angezeigt. Dort finden Sie einen Link *Seite einrichten*. Hierüber können Sie die restlichen Einstellungen für den Ausdruck wie zum Beispiel Kopf- und Fußzeilen, allgemeine Seiteneinstellungen sowie spezielle Ansichtseinstellungen festlegen.

Abbildg. 14.14 Die Backstage-Ansicht mit der Druckvorschau

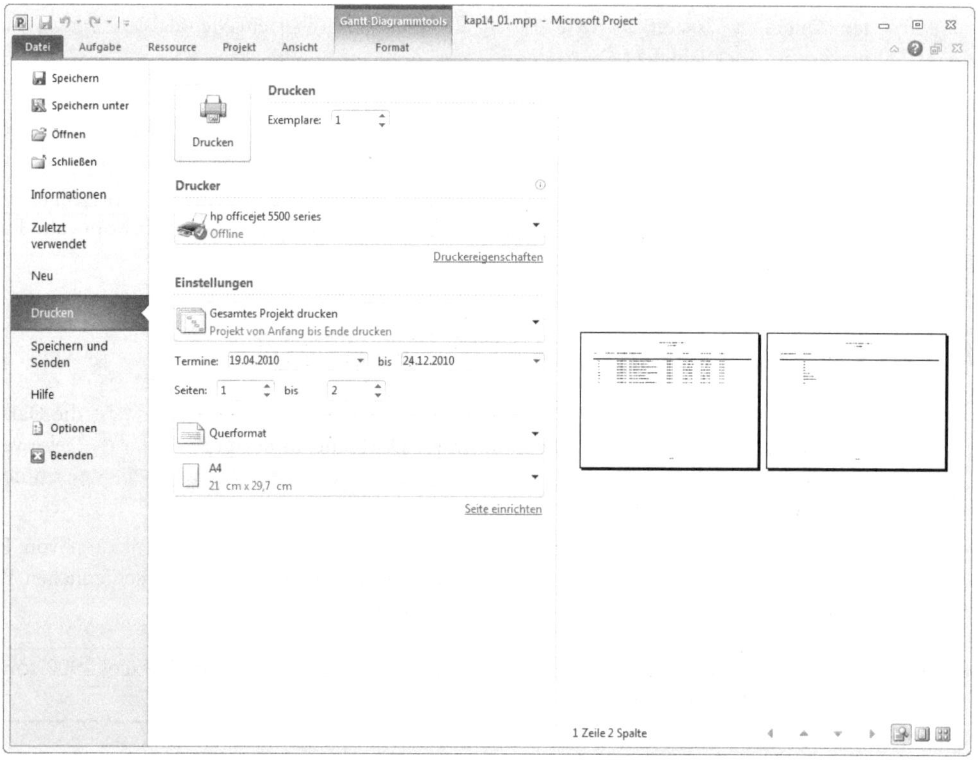

Im Dialogfeld *Seite einrichten* legen Sie auf der Registerkarte *Seite* die Ausrichtung, die Skalierung und Ihr Papierformat fest. Ihren Projektbericht können Sie somit flexibel vergrößern bzw. verkleinern oder direkt z.B. auf eine Seite anpassen. Auf den weiteren Registerkarten haben Sie die Möglichkeit, die Ränder frei einzustellen oder den Projektdaten beispielsweise einen Rahmen zuzuweisen.

Abbildg. 14.15 Druckoptionen lassen sich hier festlegen

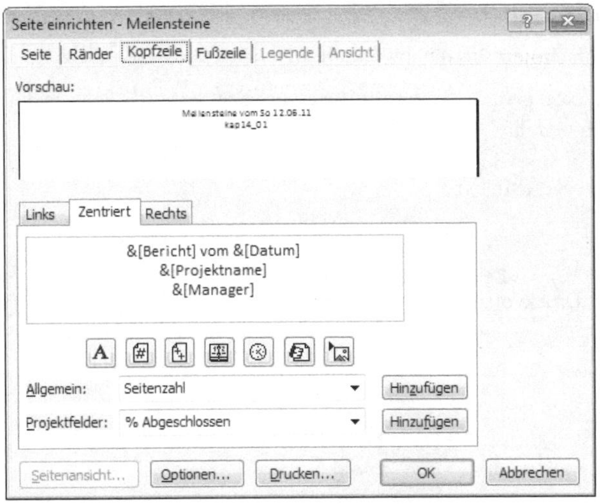

Des Weiteren stehen Ihnen vielfältige Möglichkeiten bei der Gestaltung der Kopf- und Fußzeilen zur Verfügung (Abbildung 14.15).

Grafische Berichte des Projekts

Eine für Projektleiter häufig sehr aufwändige und unabdingbare Tätigkeit ist die Darstellung des Projektfortschritts für Projektstatusmeetings. Dort sind in der Regel Personenkreise vertreten, die ganz unterschiedliche Informationsbedürfnisse haben. Die Projektdaten zu Diagrammen weiterzuverarbeiten ist eine Aufgabe, die den Projektleiter oftmals viel Zeit und Arbeit kostet.

Eine neue Funktion seit Project 2007 automatisiert die Exportmöglichkeiten von Project und ermöglicht es dem Projektleiter, mithilfe von Excel und Visio die unterschiedlichen Bereiche des Projekts in ansprechender Form grafisch darzustellen.

HINWEIS Die grafischen Berichte unterstützen die Versionen ab Excel 2000 sowie ab Visio Professional 2007.

CD-ROM Für die folgenden Darstellungen wurde die Datei *Kap14_01.mpp* im Ordner *\Buch\Kap14* verwendet.

Kostenverlauf in einer Excel-Grafik darstellen

Eine häufig gerade von Projektsponsoren erwartete Grafik ist die Kostenverlaufskurve. Sie stellt die Kostenentwicklung des Projekts über den Projektzeitraum dar. Um diese Grafik zu erstellen, gehen Sie folgendermaßen vor:

1. Rufen Sie im Menüband über *Projekt/Berichte/Grafische Berichte* das Dialogfeld *Grafische Berichte – Bericht erstellen* auf.

2. Wechseln Sie zur Registerkarte *Vorgang Einsatz.*
3. Markieren Sie den Bericht *Bericht: Vorgangskosten.*
4. Klicken Sie auf die Schaltfläche *Anzeigen.*

Aus Project heraus wird nun Excel geöffnet und mithilfe einer vorgefertigten Vorlage der Bericht wie in Abbildung 14.16 dargestellt erstellt.

Abbildg. 14.16 Eine Kostenverlaufskurve in Excel darstellen

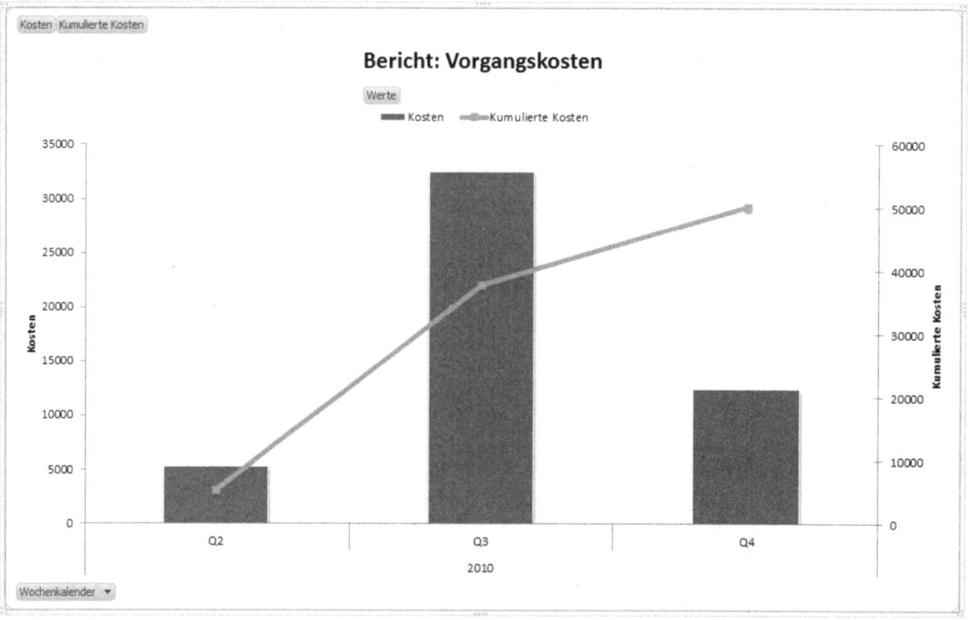

Die Grafik kann unter Umständen nicht genau so erscheinen, wie Sie sich diese wünschen. Daher ist es möglich, in der zugehörigen PivotTable (siehe Abbildung 14.17) das nötige Feintuning durchzuführen, um die Grafik in die gewünschte Form zu bringen.

HINWEIS Voraussetzung, um mit den durch Project erstellten Grafiken umgehen zu können, sind Kenntnisse in Excel-Pivotfunktionalität. Da die Erklärung hierzu zu weit führen würde, sei an dieser Stellen auf die Handbücher zu Excel verwiesen, erschienen in der gleichen Reihe wie dieses Buch bei Microsoft Press.

Abbildg. 14.17 Die zugehörige PivotTable zur Kostenverlaufskurve

	A	B	C	D	E
1	Berichtsfilterfelder hierher ziehen				
2					
3				Data	
4	Jahr	Quartal	Woche	Kosten	Kumulierte Kosten
5	⊟2010	⊞Q2		5249,980011	5250
6		⊟Q3	Woche 27	375	5625
7			Woche 28	375	6000
8			Woche 29	375	6375
9			Woche 30	375	6750
10			Woche 31	2750	9500
11			Woche 32	10650	20150
12			Woche 33	2000	22150
13			Woche 34	2000	24150
14			Woche 35	3675	27825
15			Woche 36	6975	34800
16			Woche 37	3000	37800
17			Woche 38	0	37800
18			Woche 39	0	37800
19		Q3 Ergebnis		32550	37800
20		⊟Q4	Woche 40	1600	39400
21			Woche 41	2000	41400
22			Woche 42	0	41400
23			Woche 43	0	41400
24			Woche 44	600	42000
25			Woche 45	2000	44000
26			Woche 46	2000	46000
27			Woche 47	2000	48000
28			Woche 48	2000	50000
29			Woche 49	200	50200
30			Woche 50	0	50200
31		Q4 Ergebnis		12400	50200
32	2010 Ergebnis			50199,98001	50200
33	Gesamtergebnis			50199,98001	50200

Abbildg. 14.18 Die Excel-Grafik nach den Änderungen

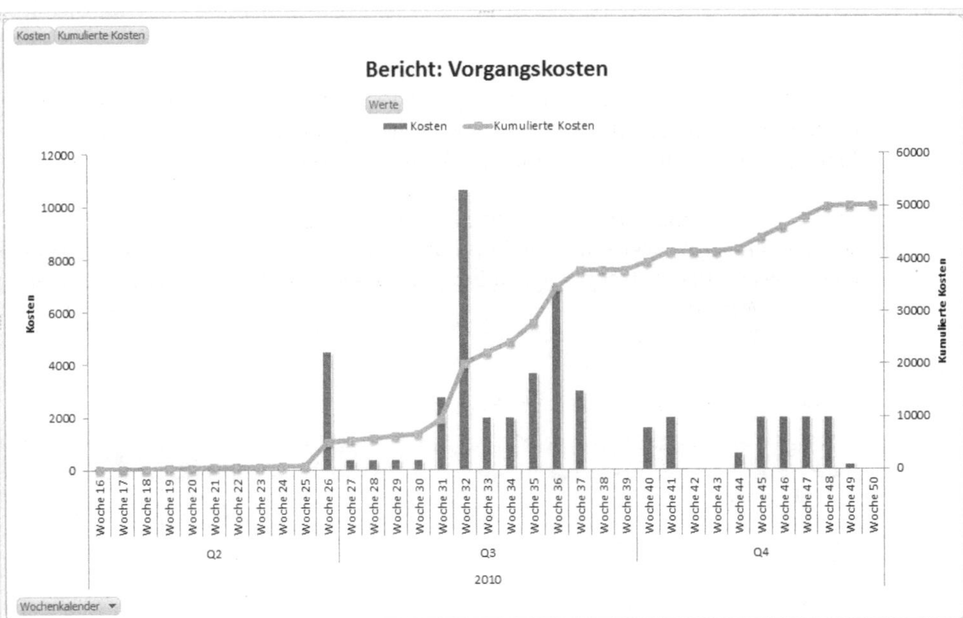

Projektsteuerung

Verfügbare grafische Berichte

Die mit Project 2010 ausgelieferten Berichte werden – jeweils nach Typ aufgeteilt – in mehreren Registerkarten dargestellt. In Abbildung 14.19 sehen Sie auf der Registerkarte *Alles* die derzeit verfügbaren Standardvorlagen. Da die Namen der Berichte nicht immer aussagekräftig sind, finden Sie in den folgenden Tabellen zu jedem Bericht eine Beschreibung.

Abbildg. 14.19 Aufrufen einer Standardberichtsvorlage

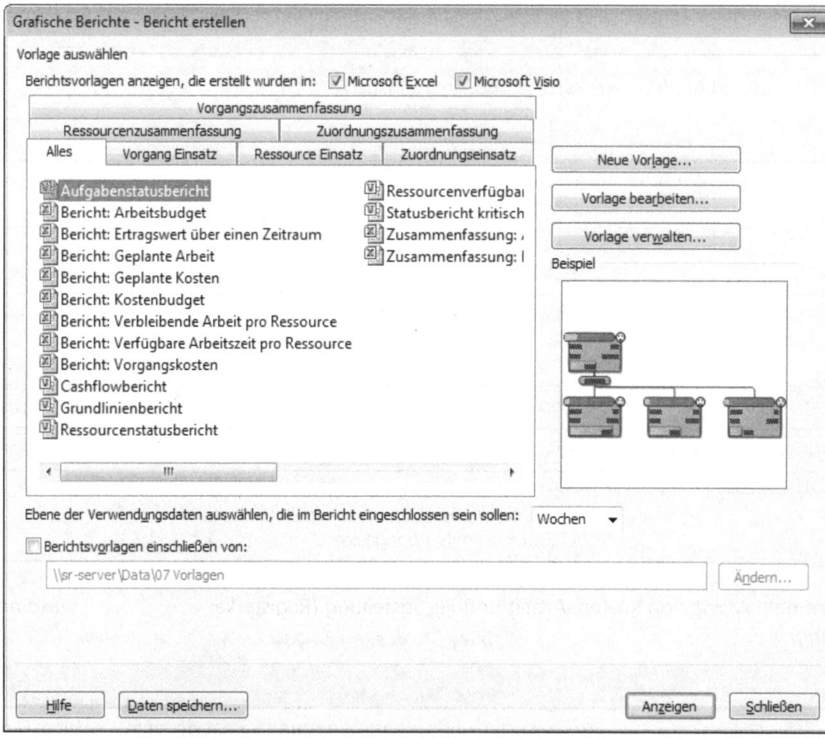

Tabelle 14.1 Vorgangsberichte (Registerkarte *Vorgang Einsatz*)

Berichtsname	Inhalt	Berichtsform
Bericht: Vorgangskosten	Vorgangsbezogene Kosteninformationen über die Zeitachse pro ausgewählte Zeiteinheit und kumuliert	Excel: Säulen-/Liniengrafik

Tabelle 14.2 Ressourcenberichte (Registerkarte *Ressource Einsatz*)

Berichtsname	Inhalt	Berichtsform
Bericht: Verfügbare Arbeitszeit pro Ressource	Zur Verfügung stehende Arbeitszeit, berechnete Arbeit, restliche Verfügbarkeit, gefiltert nach Ressourcenart *Arbeit*	Excel: Säulengrafik
Cashflowbericht	Kosten für die Ressourcenarten (Arbeit, Kosten, Material) pro gewählter Zeiteinheit	Visio: Flussdiagramm

Tabelle 14.2 Ressourcenberichte (Registerkarte *Ressource Einsatz*)

Berichtsname	Inhalt	Berichtsform
Ressourcenverfügbarkeits-bericht	Übersicht über Verfügbarkeit und berechnete Arbeit der Ressourcen in der Projektlaufzeit	Visio: Flussdiagramm
Zusammenfassung: Arbeit pro Ressource	Zur Verfügung stehende Arbeitszeit, berechnete Arbeit, restliche Verfügbarkeit und aktuelle Arbeit für Arbeitsressourcen, filterbar pro Zeiteinheit	Excel: Säulengrafik
Zusammenfassung: Ressourcenkosten	Kosten pro Ressourcenart für das Projekt	Excel: Tortendiagramm

Tabelle 14.3 Zuordnungsberichte (Registerkarte *Zuordnungseinsatz*)

Berichtsname	Inhalt	Berichtsform
Bericht: Arbeitsbudget	Zeigt die aktuelle, geplante und berechnete Arbeit im Vergleich zu einem eingestellten Arbeitsbudget an	Excel: Säulengrafik
Bericht: Ertragswert über einen Zeitraum	*Ertragswert*, *Geplanter Wert* und *IK* im Vergleich zueinander	Excel: Liniendiagramm
Bericht: Geplante Arbeit	*Arbeit* und *Aktuelle Arbeit* im Vergleich zur Basisplanarbeit für das gesamte Projekt, dargestellt auf der obersten Sammelvorgangsebene	Excel: Säulengrafik
Bericht: Geplante Kosten	Wie vorher, nur mit Kostendaten	Excel: Säulengrafik
Bericht: Kostenbudget	Wie *Bericht: Arbeitsbudget*, nur mit Kostendaten	Excel: Säulengrafik
Grundlinienbericht	*Kosten* und *Arbeit*, jeweils Basisplanwerte und aktuell berechnete Werte, dargestellt pro Zeiteinheit auf der obersten Sammelvorgangsebene	Visio: Flussdiagramm

Tabelle 14.4 Zusammenfassung von Kosten, Arbeit und Fertigstellung (Registerkarte *Zuordnungszusammenfassung*)

Berichtsname	Inhalt	Berichtsform
Aufgabenstatusbericht	Arbeit, Kosten und Fertigstellungsgrad für das gesamte Projekt und pro Sammelvorgang der Ebene 1	Visio: Flussdiagramm
Ressourcenstatusbericht	Kosten und/oder Arbeitswerte pro verwendete Ressource im Projekt	Visio: Flussdiagramm

Tabelle 14.5 Zusammenfassung der Ressourceninformationen (Registerkarte *Ressourcenzusammenfassung*)

Berichtsname	Inhalt	Berichtsform
Bericht: Verbleibende Arbeit pro Ressource	Bericht über die Gesamtarbeit pro Ressource, aufgeteilt nach bereits erledigter und noch verbleibender Arbeit	Excel: Stapelgrafik

Tabelle 14.6 Zusammenfassung der Vorgangsinformationen (Registerkarte *Vorgangszusammenfassung*)

Berichtsname	Inhalt	Berichtsform
Statusbericht kritischer Aufgaben	Bericht über Arbeit, verbleibende Arbeit und Fertigstellungsgrad, gefiltert für kritische Vorgänge	Visio: Flussdiagramm

Neuen grafischen Bericht definieren

Um einen neuen Bericht zu erstellen, müssen Sie sich zunächst darüber im Klaren sein, in welcher Form Sie die Berichtsdaten sehen wollen. Soll es eine Excel-Grafik werden oder wollen Sie einen metrischen Bericht mit Visio darstellen. Dies ist natürlich unter anderem auch davon abhängig, welche Daten Sie auswählen möchten. Basis ist in jedem Fall immer eine PivotTable.

Zum Erstellen einer eigenen Berichtsvorlage gehen Sie folgendermaßen vor:

1. Rufen Sie im Menüband über *Projekt/Berichte/Grafische Berichte* das Dialogfeld *Grafische Berichte – Bericht erstellen* auf.
2. Klicken Sie auf die Schaltfläche *Neue Vorlage.*
3. Bestimmen Sie unter *1. Anwendung auswählen* die Anwendung, mit der der Bericht erstellt werden soll.

Abbildg. 14.20 Erstellen eines neuen Berichts in Excel

4. Legen Sie unter *2. Datentyp auswählen* fest, ob Sie Ressourcen-, Vorgangs-, oder Zuordnungsdaten in Ihrem Bericht verarbeiten wollen. Außerdem müssen Sie noch entscheiden, ob die Daten eine Zusammenfassung bilden oder auf Zeitphasen bezogen sein sollen.

   Folgende Datentypen stehen zur Verfügung

   - *Vorgang Einsatz*
   - *Ressource Einsatz*
   - *Zuordnungseinsatz*
   - *Vorgangszusammenfassung*
   - *Ressourcenzusammenfassung*
   - *Zuordnungszusammenfassung*

Abbildg. 14.21 Datentyp auswählen

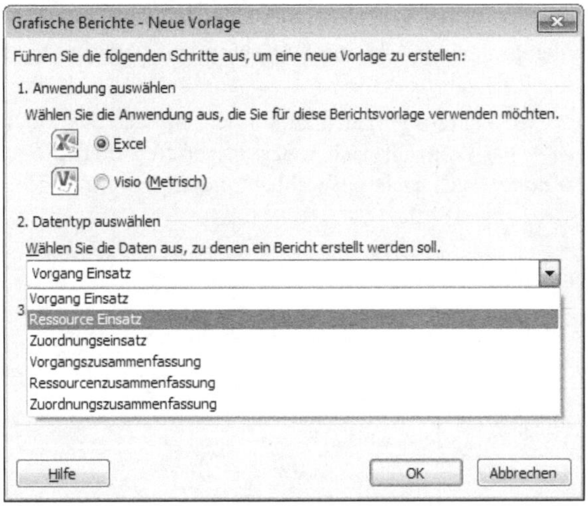

5. Im Anschluss klicken Sie auf die Schaltfläche *Feldauswahl*, um die gewünschten Datenfelder für Ihren Bericht zu wählen.

Abbildg. 14.22 Datenfelder auswählen

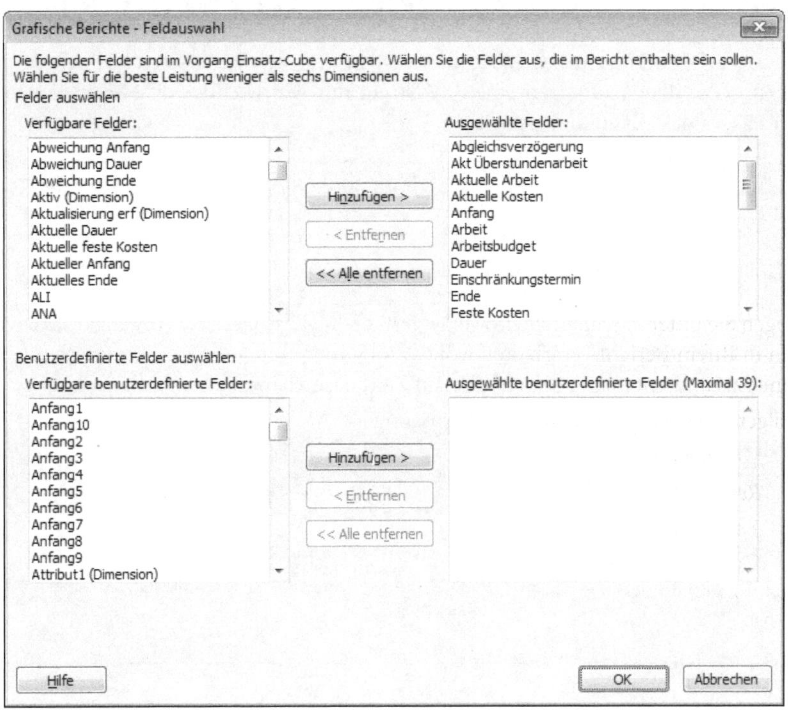

6. Bestätigen Sie das Dialogfeld *Grafische Berichte – Feldauswahl* über *OK*.

7. Mit Ihrer Bestätigung des Dialogfelds wird die zuvor gewählte Anwendung ausgewählt, um den Bericht bearbeiten und formatieren zu können.

   Anschließend müssen Sie den fertigen Bericht aus der verwendeten Anwendung heraus als Vorlagendatei abspeichern.

8. Um den Bericht aus Project 2010 heraus aufrufen zu können, müssen Sie im Dialogfeld *Grafische Berichte – Bericht erstellen* das Kontrollkästchen *Berichtsvorlagen einschließen von* aktivieren und über die Schaltfläche *Ändern* das Verzeichnis wählen, in dem sich Ihre eigenen Berichtsvorlagen befinden.

Abbildg. 14.23 Eigene Berichtsvorlagen mit einbinden

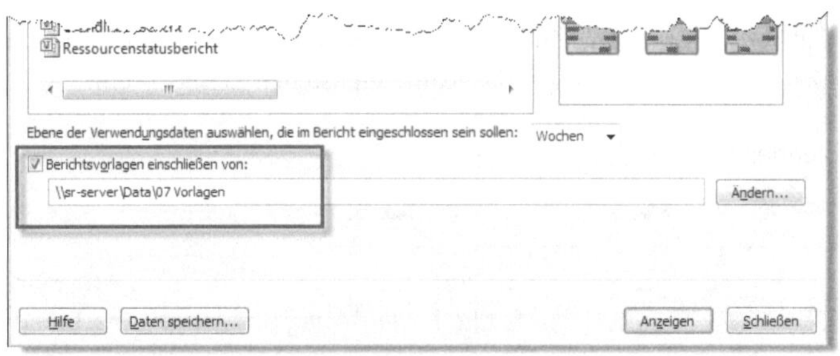

Die Zeitachse des Projekts darstellen

Stellen Sie sich vor, Sie sind der Architekt des Hauses, welches in diesem Buch dargestellt ist, und möchten gerne dem Bauherren einen Zeitstrahl mit den wichtigsten Meilensteinen wie in Abbildung 14.24 dargestellt zukommen lassen.

CD-ROM Für die folgenden Darstellungen wurde die Datei *Kap14_02.mpp* im Ordner *\Buch\Kap14* verwendet.

Abbildg. 14.24 Hausbau-Zeitstrahl mit Meilensteinen

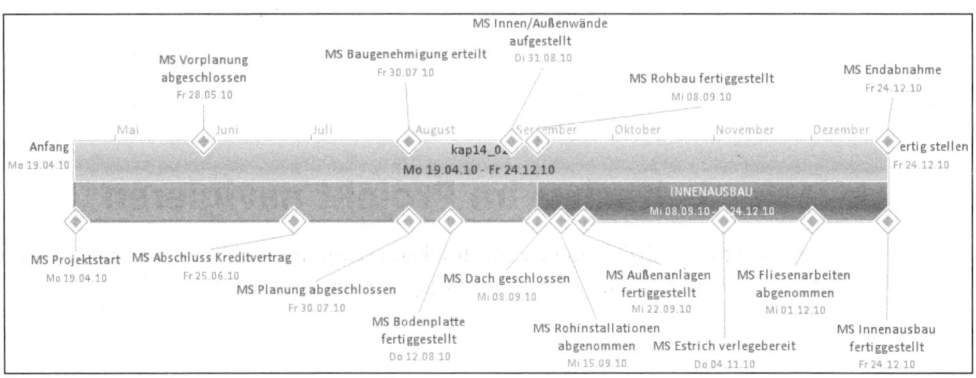

Dies ist seit Project 2010 eine Arbeit, die Sie innerhalb von 10 Minuten inklusive individueller Formatierung erledigen können! Keine aufwändigen Zeichnungen mehr, die Sie in PowerPoint oder in anderen Werkzeugen anfertigen müssen. Stattdessen nur ein paar Mausklicks und Sie haben eine ansprechende Präsentation Ihres Projekts erstellt, welche Sie auch per Kopieren/Einfügen in eine andere Anwendung (Word, PowerPoint, Outlook etc.) übertragen können.

Die Zeitachse können Sie als zusätzliche Ansicht in Ihren Projektplan mit einblenden. Sie ermöglich Ihnen einen zusammengefassten Überblick über den gesamten Projektzeitstrahl, ohne dass Sie am Bildschirm viel scrollen müssen. Darüber hinaus können Sie diese Ansicht auch nutzen, um beispielsweise im Gantt-Diagramm zu navigieren.

Die Zeitachse als zusätzliche Ansicht anzeigen

Um die Zeitachse als zusätzliche Ansicht in Ihren Projektplan mit einzublenden, schalten Sie im Menüband über *Ansicht/Elemente anzeigen* das Kontrollkästchen *Zeitachse* ein.

Abbildg. 14.25 Die Zeitachse einblenden

Oberhalb Ihrer gerade gewählten Projektansicht wird nun ein Zeitstrahl in einem eigenen Detailbereich eingeblendet. Einen solchen Detailbereich kennen Sie bereits aus vorherigen Kapiteln als Vorgangsdetails. Der Zeitstrahl ist zunächst nicht sehr aussagekräftig, da Sie zunächst die Elemente bestimmen müssen, die auf der Zeitachse angezeigt werden sollen. Dazu später mehr.

HINWEIS Project kann immer nur einen zusätzlichen Detailbereich mit dem Hauptfenster gemeinsam anzeigen. Sollten Sie zum Zeitpunkt des Einschaltens der Zeitachse die Vorgangsdetails eingeblendet haben, werden diese ausgeblendet und das entsprechende Kontrollkästchen im Menüband (*Ansicht/Elemente anzeigen*) direkt unter dem Kontrollkästchen für die Zeitachse ausgeschaltet (Abbildung 14.25).

Abbildg. 14.26 Die unbearbeitete Zeitachse des Projekts

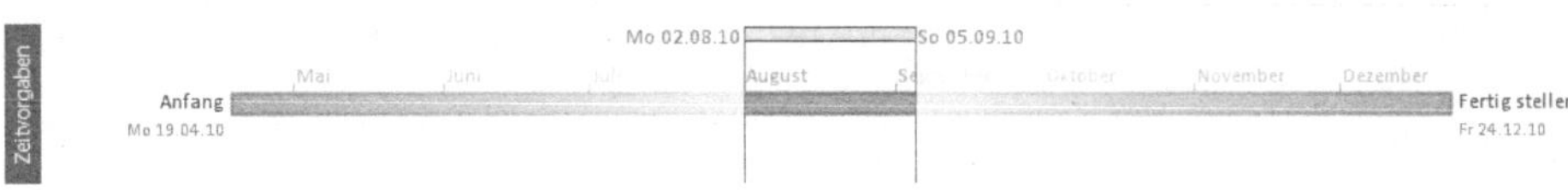

Mit der Zeitachse im Projekt navigieren

Auch die nicht mit Inhalt gefüllte Zeitachse kann schon hilfreich sein, um mit dem Projektplan zu arbeiten. So können Sie die Zeitachse sehr gut verwenden, um im Projektplan zu navigieren. Der Zeitstrahl wird immer vom Anfang bis zum Ende des Projekts dargestellt.

Der Navigationsbalken der Zeitachse

Wenn Sie die Zeitachse genau anschauen, sehen Sie einen hellblauen Balken, der am Anfang und Ende mit einem Datum versehen ist und jeweils eine senkrechte Begrenzungslinie aufweist.

Abbildg. 14.27 Im Projektplan mit der Zeitachse navigieren

Projektausschnitt verschieben

Dieser Balken zeigt den sichtbaren Bereich des Hauptfensters an. Mithilfe dieses Balkens können Sie nun auf dem Zeitstrahl des Projekts navigieren:

1. Klicken Sie mit der linken Maustaste auf den hellblauen Balken und halten Sie die Maustaste gedrückt – die Balkenfarbe ändert sich!
2. Bewegen Sie die Maus nach rechts oder links, um den Ausschnitt des Projekts im Hauptfenster zu verschieben. Das Anfangs- und Enddatum des Navigationsbalkens ändert sich entsprechend der Balkenbewegung.

Projektausschnitt verändern

Sie können auch mithilfe des Navigationsbalkens den sichtbaren Ausschnitt des Projekts im Hauptfenster vergrößern oder verkleinern:

1. Klicken Sie mit der linken Maustaste auf die rechte senkrechte Linie, die das Ende des Navigationsbalkens kennzeichnet, und halten Sie die Maustaste gedrückt.
2. Verschieben Sie die Linie nach rechts oder links, um das Ende des Projektausschnitts auf der Zeitachse zu verschieben.
3. Klicken Sie mit der linken Maustaste auf die linke senkrechte Linie, die den Anfang des Navigationsbalkens kennzeichnet, und halten Sie die Maustaste gedrückt.
4. Verschieben Sie die Linie nach rechts oder links, um den Anfang des Projektausschnitts auf der Zeitachse zu verschieben.

Sie werden beobachten, dass sich Ihr Projektplan entsprechend Ihrer Aktionen aufzieht oder zusammenstaucht.

HINWEIS Der Navigationsbalken verschwindet, wenn Sie im Hauptfenster den gesamten Projektzeitraum sehen können. Er erscheint erst dann wieder, wenn der Zeitraum im Hauptfenster kleiner ist als die gesamte Projektdauer.

Die Zeitachse konfigurieren

Bei der Konfiguration der Zeitachse kann man der Fantasie freien Lauf lassen, sie verändern oder anpassen, je nachdem, wer danach fragt oder für wen die Darstellung bestimmt ist.

HINWEIS Leider können Sie pro Projekt nur eine einzige Zeitachsendefinition mit dem Projektplan speichern. Dies bedeutet, Sie müssen den Projektplan jedes Mal verändern, wenn Sie eine neue Definition Ihrer Zeitachse haben möchten. Unterschiedliche Versionen des Projektplans zu speichern, um verschiedene Zeitachsendefinitionen vorzuhalten, ist auch keine Lösung, da sich ja der Plan mit der Zeit verändert und Sie dann die Änderungen in jeder gespeicherten Version nachziehen müssten.

Elemente für die Zeitachse selektieren

Damit einzelne Planelemente auf der Zeitachse erscheinen, müssen sie von Ihnen manuell selektiert werden. Dafür gibt es eine Vorgangseigenschaft in Project mit dem Namen *Auf der Zeitachse anzeigen.*

Sie finden diese Eigenschaft an verschiedenen Stellen in Project:

Abbildg. 14.28 Die Vorgangseigenschaft *Auf der Zeitachse anzeigen*

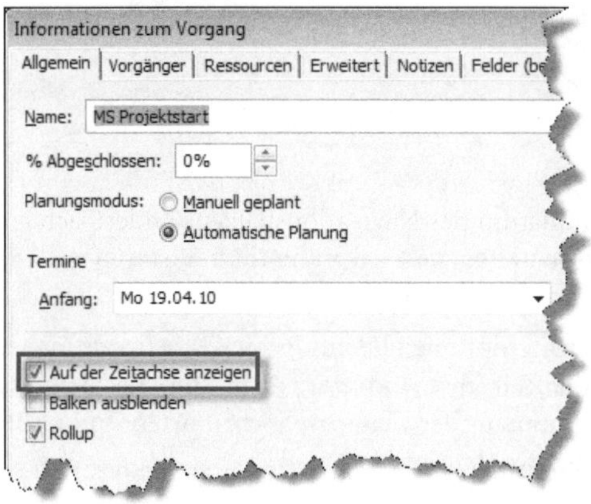

- Im Dialogfeld *Informationen zum Vorgang* auf der Registerkarte *Allgemein*
- Im Menüband über *Aufgabe/Eigenschaften*
- Im Kontextmenü eines selektierten Vorgangs

Es können generell alle Planelemente auf der Zeitachse angezeigt werden, auch der Projektsammelvorgang.

Für unser spezielles Beispiel wollen wir folgende Elemente auf der Zeitachse anzeigen:

- Den Projektsammelvorgang
- Alle Meilensteine, auch solche, die nicht im Sammelvorgang *MEILENSTEINE* auftauchen
- Die Phase *INNENAUSBAU*

Um die Elemente zu selektieren, gehen Sie folgendermaßen vor:

1. Selektieren Sie das gewünschte Planelement.
2. Rufen Sie das Kontextmenü zum Element auf und klicken Sie auf den Menüeintrag *Zur Zeitachse hinzufügen.*

   Alternativ klicken Sie im Menüband über *Aufgabe/Eigenschaften* auf den Befehl *Zur Zeitachse hinzufügen.*

PROFITIPP **Mehrere Elemente zur Zeitachse hinzufügen**

Sie können auch mehrere Elemente gleichzeitig selektieren, wie zum Beispiel alle Meilensteine:

1. Wählen Sie im Menüband über *Ansicht/Daten* im Listenfeld *Filter* den Filter *Meilensteine* aus.
2. Wechseln Sie im Menüband zu *Format/Einblenden/Ausblenden* und deaktivieren Sie das Kontrollkästchen *Sammelvorgänge.*

3. Markieren Sie alle Vorgänge (Meilensteine), die in der Tabelle sichtbar sind.
4. Klicken Sie im Menüband über *Aufgabe/Eigenschaften* auf den Befehl *Vorgang zur Zeitachse hinzufügen.*

Nachdem Sie alle Elemente markiert haben, sollte Ihre Zeitachse nun sämtliche Vorgänge beinhalten und ungefähr so aussehen, wie in Abbildung 14.29 dargestellt.

Abbildg. 14.29 Die unformatierte Zeitachse

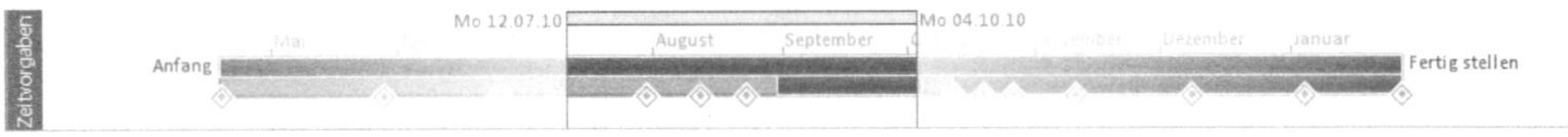

Zeitachse formatieren

Jetzt geht es darum, die Zeitachse so zu formatieren, dass sie präsentierbar ist und auch die Informationen beinhaltet, die Sie dem Adressaten mitteilen wollen.

Hierfür hält Project 2010 einige Formatierungsoptionen bereit. Es bietet mehr, als man auf den ersten Blick sieht. Die grafischen Elemente der Zeitachse sind jeweils einzelne Objekte und somit auch einzeln veränderbar. Dies betrifft die Position auf der Zeitachse, Schriftarten und Größen, Farben sowie den Umfang der Details, die angezeigt werden sollen.

Um im Menüband die Registerkarte *Format* für die Zeitachse anzuzeigen, gehen Sie folgendermaßen vor:

1. Klicken Sie mit der Maus in einen Bereich der Zeitachse.
2. Wechseln Sie anschließend im Menüband zur Registerkarte *Format.* Sie bekommen nun die Formatierungsoptionen für die Zeitachse angezeigt (Abbildung 14.30).

Abbildg. 14.30 Die Zeitachsenansicht formatieren

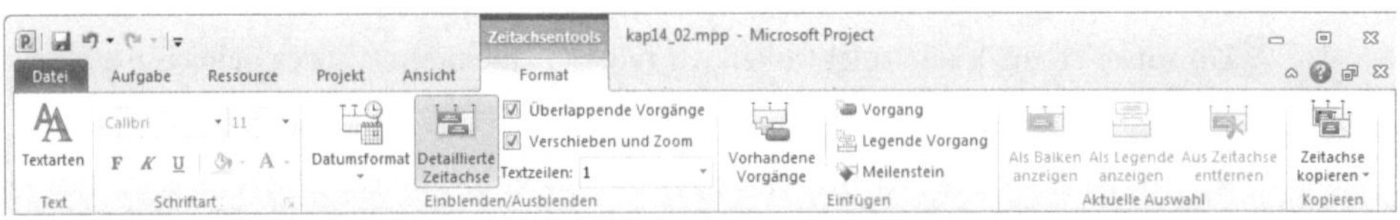

3. Klicken Sie nun im Menüband über *Format/Einblenden/Ausblenden* auf den Befehl *Detaillierte Zeitachse.*

Jetzt bekommen Sie weitere Details zu den von Ihnen selektierten Elementen angezeigt (Abbildung 14.31). Leider kann man die Details nicht wirklich erkennen, da viele Informationen überlappen. Jetzt können Sie beginnen, die Zeitachse so zu formatieren, dass sie lesbar und auch präsentierbar wird.

TIPP Um während der Formatierung besser arbeiten zu können, nutzen Sie die Bildschirmgröße aus, indem Sie den Trennbalken zwischen dem Gantt-Diagramm und der Zeitachse mit der Maus nach unten ziehen.

Abbildg. 14.31 Zeitachse mit eingeblendeten Details

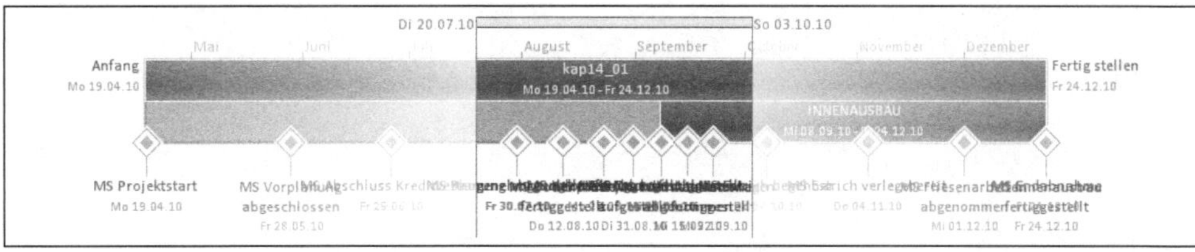

- Markieren Sie nun durch Mausklick die einzelnen Elemente der Grafik, um Sie nach Ihrem Geschmack zu verändern
- Per Drag & Drop können Sie die Positionen nach oben oder unten verschieben
- Verschieben Sie die Textfelder so lange, bis sich die Texte nicht mehr überlappen
- Verändern Sie die Farben einzelner Elemente, um sie hervorzuheben

Das Ergebnis könnte aussehen, wie in Abbildung 14.32 dargestellt.

Abbildg. 14.32 Die formatierte Zeitachse

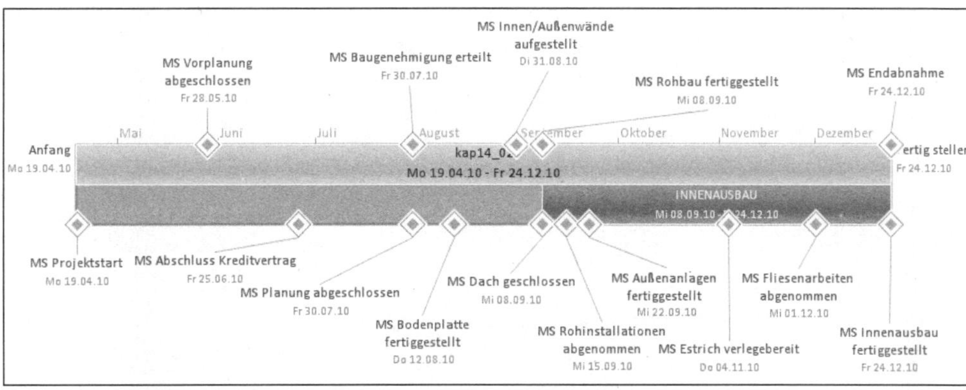

Zeitachse in andere Anwendungen übertragen

Nun wollen Sie die Zeitachse dem Bauherren zukommen lassen, aber ohne ihm den ganzen Projektplan zu schicken oder mit irgendwelchen anderen umständlichen Mitteln die Grafik aus Project herauszulösen.

Nichts einfacher als das, gehen Sie folgendermaßen vor:

1. Klicken Sie mit der Maus in den Bereich der Zeitachse.
2. Wählen Sie im Menüband über *Format/Kopieren* im Untermenü den für Sie relevanten Befehl. Dadurch wird die gesamte Grafik in die Zwischenablage kopiert und steht damit anderen Anwendungen zur Verfügung.

Abbildg. 14.33 Zeitachse kopieren

3. Wechseln Sie in die Anwendung, in die Sie die Grafik kopieren möchten.
4. Mit der Tastenkombination Strg+V fügen Sie die Grafik ein.

TIPP Wählen Sie den Befehl *Volle Größe*. Nur so können Sie gewährleisten, dass Ihre Formatierungen auch komplett in die andere Anwendung übernommen werden. Auch in der Zielanwendung haben Sie dann immer noch die Möglichkeit, weitere Formatierungen vorzunehmen.

Abbildg. 14.34 Die formatierte Zeitachse per E-Mail verschicken

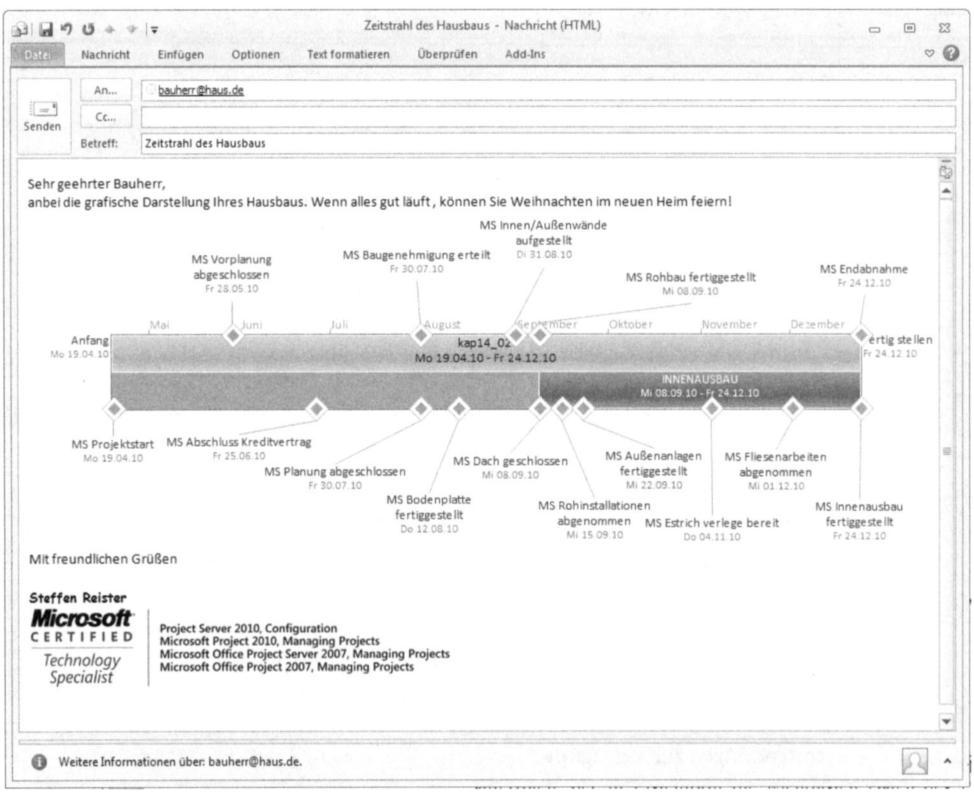

Zusammenfassung

In diesem Kapitel haben Sie erfahren, wie Sie aus Ihrem Projektplan einen Bericht anfertigen, der in Listenform die wichtigsten Daten des Projekts darstellt. Da unterschiedliche Projektbeteiligte auch verschiedene Daten sehen wollen, können Sie Berichte sehr individuell gestalten.

Die grafischen Berichte schließen seit der Version 2007 eine große Lücke in den Funktionalitäten von Project. Es ist auch nur logisch und sinnvoll, die umfassenden grafischen Möglichkeiten von Excel und Visio hierfür zu nutzen. Gerade Excel als das Tool schlechthin, um Zahlen und Fakten grafisch darzustellen, ist wahrscheinlich das von Projektleitern am häufigsten eingesetzte Werkzeug. Mit den neuen grafischen Berichten in Project haben Sie nun die Möglichkeit, auch schnell und unkompliziert Ihre eigenen immer wieder verwendeten Berichtsformate als Vorlagen abzuspeichern, um diese anschließend zu jedem Berichtszeitpunkt auf Tastendruck abrufen zu können.

Eine enorme Erleichterung für den Projektleiter stellt die neue Funktion *Zeitachse* dar. Mit ihrer Hilfe kann man die wichtigsten Projektinformationen ansprechend formatieren und präsentieren.

Kapitel 15

Ertragswertanalyse (Earned Value Management)

In diesem Kapitel:

Mit Hilfe der Ertragswertanalyse sollen Fragen nach der Budgetüberdeckung bzw. -unterdeckung beantwortet werden. Sie sollen in Ihrem Projektplan analysieren können, ob im Projekt effizient gearbeitet wurde, d.h. ob der Fertigstellungsgrad des Projekts in einem vernünftigen Verhältnis zu dem bis heute ausgegebenen Geld für das Projekt steht.

Kurze Einführung in die Ertragswertanalyse

In diesem Kapitel beschäftigen wir uns mit der Analyse des Fertigstellungsgrads eines Projekts. In der Planung wurden die Istkosten, das Budget, und die Termine betrachtet. Diese Werte geben aber keinen Aufschluss über den wirklichen Stand des Projekts. Es fehlt die Aussage über die erbrachte Leistung im Projekt und über die Effizienz.

Project berechnet einige Kennzahlen, mit deren Hilfe die Aussage über den Projektfortschritt und den Kostenverlauf analysiert werden kann.

Der Weg von der Planung zur Ertragswertanalyse

Die Formeln und Abkürzungen der Ertragswertanalyse können Sie einfacher verstehen, wenn der Weg von der Planung des Projekts, der Festlegung des Projektbudgets über die Projektaktualisierung bis hin zur Analyse des Ertragswerts klar ist.

Abbildg. 15.1 Notwendige Schritte für die Ertragswertanalyse

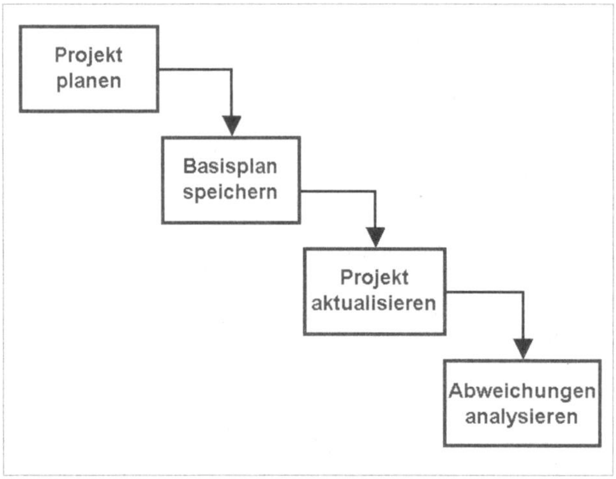

Projekt planen

Dass ein Projekt geplant werden muss, bevor es analysiert werden kann, ist selbstverständlich. Um den Ertragswert zu analysieren, reicht es aber nicht aus, nur die Termine im Projekt zu planen. Es müssen auch Ressourcen und damit Kosten geplant werden. Mit der Zuweisung von Ressourcen auf

Vorgänge werden die Kosten automatisch berechnet als Produkt aus den Arbeitsstunden multipliziert mit dem Stundensatz der Ressource. Ordnen Sie daher Ihrer Ressource einen Stundensatz zu.

Dies können Sie in der Ansicht *Ressource: Tabelle* eintragen:

1. Wechseln Sie über den Menübefehl *Ansicht/Ressourcenansichten/Ressource: Tabelle* in die Ressourcenübersicht.
2. Tragen Sie in der Spalte *Standardsatz* den Stundensatz der Ressource ein.

Abbildg. 15.2 Eintragen des Stundensatzes in der Ansicht *Ressource: Tabelle*

		Ressourcenname	Art	Materialbeschriftung	Budgettyp	Gruppe	Max.	Standardsatz	Üb
1		Bagger	Arbeit		Arbeitskosten	Baumaschinen	100%	150,00 €/Tag	
2		Willibald Hugo	Arbeit		Arbeitskosten	Baggerführer	100%	50,00 €/Std.	7
3		Baukran mobil	Arbeit		Arbeitskosten	Baumaschinen	0%	500,00 €/Tag	
4		Huber Gerd	Arbeit		Arbeitskosten	Bauarbeiter	100%	50,00 €/Std.	
5		Maier Gerhard	Arbeit		Arbeitskosten	Bauarbeiter	100%	50,00 €/Std.	
6		Luftikus Boris	Arbeit		Arbeitskosten	Bauarbeiter	100%	50,00 €/Std.	
7		Grünmann Ralf	Arbeit		Arbeitskosten	Bauarbeiter	100%	50,00 €/Std.	
8		Gipser	Arbeit		Arbeitskosten		0%	50,00 €/Std.	
9		Stuckateur	Arbeit		Arbeitskosten		0%	50,00 €/Std.	
10		Kranführer	Arbeit		Arbeitskosten		0%	50,00 €/Std.	
11		Baggerführer	Arbeit		Arbeitskosten		100%	50,00 €/Std.	
12		Heizungsbauer	Arbeit		Arbeitskosten		100%	50,00 €/Std.	
13		Elektriker	Arbeit		Arbeitskosten		100%	50,00 €/Std.	
14		Zimmerer	Arbeit		Arbeitskosten		100%	50,00 €/Std.	
15		Maurer	Arbeit		Arbeitskosten		100%	50,00 €/Std.	
16		Fliesenleger	Arbeit		Arbeitskosten		100%	50,00 €/Std.	
17		[illegible]	[illegible]		[illegible]		[illegible]	[illegible]	

Die Zuweisung von Kosten zum Vorgang durch die Arbeit von Ressourcen wird in Project zeitphasenbezogen gespeichert. Dies bedeutet, dass es einen Kostenverlauf für den Vorgang gibt.

Abbildg. 15.3 Kostenverlauf durch Zuweisen von Ressourcen zu einem Vorgang

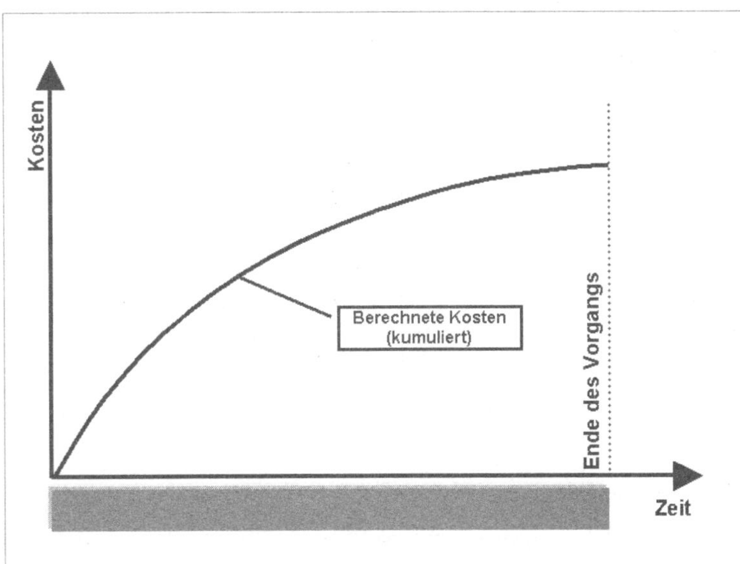

Für jeden Tag, an dem Arbeit für den Vorgang geplant wurde, entstehen Kosten. Kumuliert man diese Kosten, ergibt sich ein Kostenverlauf über die Zeit. Dieser Verlauf könnte auch linear verlaufen oder Sprünge aufweisen, wenn zu den Kosten durch die Arbeit der Ressourcen zusätzlich feste Kosten für den Vorgang eingetragen werden.

Basisplan speichern

Das Projektbudget ist in der Ertragswertanalyse eine wesentliche Größe. Die Referenzgröße für das Budget pro Vorgang ist in Project das Feld *Geplante Kosten*. Dieses Feld wird mit den von Project berechneten Kosten (Feld *Kosten*) gefüllt, wenn Sie den Basisplan speichern. Davor sind die geplanten Kosten gleich Null. Ertragswertberechnungen sind nur möglich, wenn ein Basisplan gespeichert wurde. Dieser wird nach Abschluss der Planungsphase gespeichert. Gegen diesen Basisplan berechnet Project standardmäßig den Ertragswert und die zugehörigen Indikatoren.

HINWEIS Project bietet die Möglichkeit, bis zu zehn weitere Basispläne zu speichern. Dies ist dann erforderlich, wenn es eine größere Umplanung in Ihrem Projekt gegeben hat und Sie den Basisplan nicht durch erneutes Speichern überschreiben möchten. Wenn Sie einen weiteren Basisplan abgespeichert haben und die Ertragswertberechnungen auf diesen Basisplan beziehen möchten, können Sie in den Ertragswert-Berechnungsoptionen einen anderen Basisplan (Basisplan 1 bis Basisplan 10) auswählen. Lesen Sie dazu den Abschnitt »Ertragswertoptionen« ab Seite 469.

Um den Basisplan zu speichern, befolgen Sie die nächsten Schritte:

1. Rufen Sie im Menüband *Projekt/Zeitplan/Basisplan festlegen* den Befehl *Basisplan festlegen* auf.
2. Wählen Sie im Listenfeld *Basisplan festlegen* den *Basisplan* (nicht Basisplan 1 bis 10) aus.

Abbildg. 15.4 Den Basisplan festlegen

3. Bestätigen Sie Ihre Eingabe mit *OK*.

Nun ist es möglich, anhand des gespeicherten Basisplans die Ertragswertanalyse durchzuführen.

Abbildg. 15.5 Geplante Kosten vor dem Speichern des Basisplans

	Vorgangsname	Feste Kosten	Fälligkeit fester Kosten	Gesamtkosten	Geplant	Abweichung	Aktuell
1	**+ MEILENSTEINE**	**0,00 €**	**Anteilig**	**0,00 €**	**0,00 €**	**0,00 €**	**0,00 €**
11	**- VORPLANUNG**	**500,00 €**	**Anteilig**	**500,00 €**	**0,00 €**	**500,00 €**	**0,00 €**
12	Architekturplanung	0,00 €	Anteilig	0,00 €	0,00 €	0,00 €	0,00 €
13	Erstbemusterung	0,00 €	Anteilig	0,00 €	0,00 €	0,00 €	0,00 €
14	Kostenplanung	0,00 €	Anteilig	0,00 €	0,00 €	0,00 €	0,00 €
15	**- FINANZIERUNG**	**250,00 €**	**Anteilig**	**250,00 €**	**0,00 €**	**250,00 €**	**0,00 €**
16	Bankgespräche führen	0,00 €	Anteilig	0,00 €	0,00 €	0,00 €	0,00 €
17	**- PLANUNG**	**0,00 €**	**Anteilig**	**6.000,00 €**	**0,00 €**	**6.000,00 €**	**0,00 €**
18	**- BAUVORBEREITUNG**	**0,00 €**	**Anteilig**	**4.250,00 €**	**0,00 €**	**4.250,00 €**	**0,00 €**
19	Bauzeichnungen erstellen	250,00 €	Anteilig	1.750,00 €	0,00 €	1.750,00 €	0,00 €
20	Statik berechnen	0,00 €	Anteilig	2.500,00 €	0,00 €	2.500,00 €	0,00 €
21	**- BAUANTRAG**	**1.500,00 €**	**Anteilig**	**1.500,00 €**	**0,00 €**	**1.500,00 €**	**0,00 €**
22	Bauunterlagen zusammenstellen	0,00 €	Anteilig	0,00 €	0,00 €	0,00 €	0,00 €
23	Genehmigung beantragen	0,00 €	Anteilig	0,00 €	0,00 €	0,00 €	0,00 €
24	Genehmigungsverfahren	0,00 €	Anteilig	0,00 €	0,00 €	0,00 €	0,00 €
25	**- BEMUSTERUNG**	**250,00 €**	**Anteilig**	**250,00 €**	**0,00 €**	**250,00 €**	**0,00 €**
26	finale Bemusterung festlegen	0,00 €	Anteilig	0,00 €	0,00 €	0,00 €	0,00 €
27	**- ROHBAU**	**0,00 €**	**Anteilig**	**25.250,00 €**	**0,00 €**	**25.250,00 €**	**0,00 €**
28	**- BAUSTELLE EINRICHTEN**	**0,00 €**	**Anteilig**	**2.600,00 €**	**0,00 €**	**2.600,00 €**	**0,00 €**
29	Bauzaun aufst[illegible]	0,00 €	[illegible]	[illegible]	0,00 €	2.400,00 €	[illegible]

Vor dem Speichern des Basisplans sind die geplanten Kosten Null.

Abbildg. 15.6 Geplante Kosten nach dem Speichern des Basisplans

	Vorgangsname	Feste Kosten	Fälligkeit fester Kosten	Gesamtkosten	Geplant	Abweichung	Aktuell
1	**+ MEILENSTEINE**	**0,00 €**	**Anteilig**	**0,00 €**	**0,00 €**	**0,00 €**	**0,00 €**
11	**- VORPLANUNG**	**500,00 €**	**Anteilig**	**500,00 €**	**500,00 €**	**0,00 €**	**0,00 €**
12	Architekturplanung	0,00 €	Anteilig	0,00 €	0,00 €	0,00 €	0,00 €
13	Erstbemusterung	0,00 €	Anteilig	0,00 €	0,00 €	0,00 €	0,00 €
14	Kostenplanung	0,00 €	Anteilig	0,00 €	0,00 €	0,00 €	0,00 €
15	**- FINANZIERUNG**	**250,00 €**	**Anteilig**	**250,00 €**	**250,00 €**	**0,00 €**	**0,00 €**
16	Bankgespräche führen	0,00 €	Anteilig	0,00 €	0,00 €	0,00 €	0,00 €
17	**- PLANUNG**	**0,00 €**	**Anteilig**	**6.000,00 €**	**6.000,00 €**	**0,00 €**	**0,00 €**
18	**- BAUVORBEREITUNG**	**0,00 €**	**Anteilig**	**4.250,00 €**	**4.250,00 €**	**0,00 €**	**0,00 €**
19	Bauzeichnungen erstellen	250,00 €	Anteilig	1.750,00 €	1.750,00 €	0,00 €	0,00 €
20	Statik berechnen	0,00 €	Anteilig	2.500,00 €	2.500,00 €	0,00 €	0,00 €
21	**- BAUANTRAG**	**1.500,00 €**	**Anteilig**	**1.500,00 €**	**1.500,00 €**	**0,00 €**	**0,00 €**
22	Bauunterlagen zusammenstellen	0,00 €	Anteilig	0,00 €	0,00 €	0,00 €	0,00 €
23	Genehmigung beantragen	0,00 €	Anteilig	0,00 €	0,00 €	0,00 €	0,00 €
24	Genehmigungsverfahren	0,00 €	Anteilig	0,00 €	0,00 €	0,00 €	0,00 €
25	**- BEMUSTERUNG**	**250,00 €**	**Anteilig**	**250,00 €**	**250,00 €**	**0,00 €**	**0,00 €**
26	finale Bemusterung festlegen	0,00 €	Anteilig	0,00 €	0,00 €	0,00 €	0,00 €
27	**- ROHBAU**	**0,00 €**	**Anteilig**	**25.250,00 €**	**25.250,00 €**	**0,00 €**	**0,00 €**
28	**- BAUSTELLE EINRICHTEN**	**0,00 €**	**Anteilig**	**2.600,00 €**	**2.600,00 €**	**0,00 €**	**0,00 €**
[illegible]	[illegible]	[illegible]	[illegible]	[illegible]	[illegible]	[illegible]	0,00 €

Nach dem Speichern des Basisplans wurden die *Gesamtkosten* in die geplanten Kosten übertragen. Die geplanten Kosten (Spalte *Geplant*) bleiben auch dann unverändert, wenn sich die *Gesamtkosten* verändern. Somit ist ein Vergleich zwischen den geplanten Kosten und den von Project berechneten Gesamtkosten möglich. Die geplanten Kosten entsprechen dem Budget, auf das sich die Ertragswertanalyse bezieht. Dieses Budget wird in Project ebenfalls wie die Gesamtkosten zeitphasenbezogen gespeichert. Damit ergibt sich nach dem Speichern des Basisplans ein Kostenverlauf für den Vorgang, in dem die von Project berechneten Kosten den geplanten Kosten entsprechen.

Abbildg. 15.7 Geplante Kosten entsprechen den berechneten Kosten nach dem Speichern des Basisplans

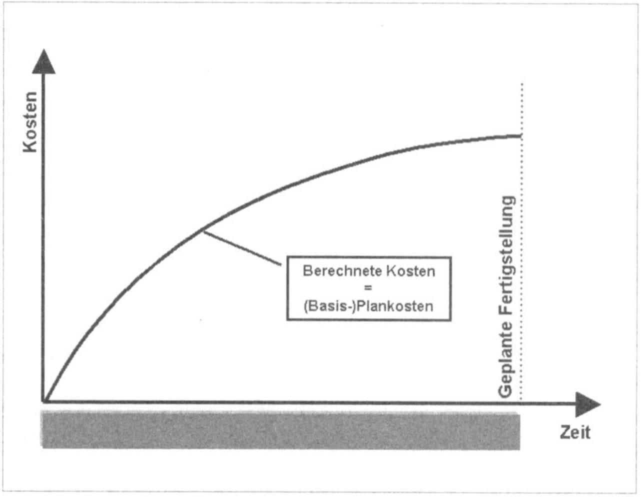

Projekt aktualisieren

Durch das Aktualisieren Ihres Projekts werden die aktuelle Arbeit und damit die aktuellen Kosten pro Vorgang eingetragen. Wie Sie Ihr Projekt aktualisieren, wird in Kapitel 12 dieses Buchs beschrieben. Der Vorgang erhält einen Projektfortschrittsbalken, der den Fortschrittsgrad anzeigt.

Abbildg. 15.8 Kostenverlauf eines Vorgangs nach der Aktualisierung

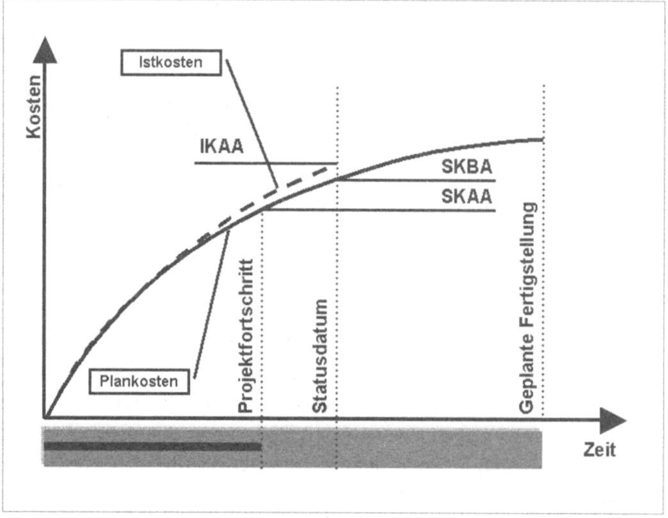

WICHTIG Speichern Sie unbedingt den Basisplan, **bevor** Sie das Projekt aktualisieren. Ohne die Bezugsgröße des Basisplans ist keine Ertragswertanalyse möglich.

Die Grafik ist wie folgt zu lesen: Nach Ermittlung des inhaltlichen (nicht terminlichen) Projektfortschritts (Fertigstellungsgrads) zum Statusdatum zielen wir auf die darüber liegende Kurve der (Basis-)Plankosten und lesen an diesem Schnittpunkt den Fertigstellungswert SKAA (Sollkosten abgeschlossene Arbeit) ab. In der Abbildung 15.8 liegt der Projektfortschritt vor dem Statusdatum. Dies bedeutet, dass es zweierlei Abweichungen von der Planung gibt:

1. **Terminabweichung:** Der Projektfortschritt entspricht nicht der Planung. Er sollte bis zum Statusdatum reichen, ist aber erst bis zum Projektfortschritt angelangt.
2. **Kostenabweichung:** Die Istkosten (gestrichelte Kurve) sind höher als die Plankosten des Basisplans (durchgezogene Kurve).

Zu diesem Zeitpunkt werden von Project drei Werte berechnet, anhand derer man Termin- und Kostenabweichung später analysieren kann:

- SKAA Die Sollkosten Abgeschlossener Arbeit sind die Kosten, die gemäß dem Projektfortschritt angefallen sein sollten. Dies ist der Ertragswert.
- SKBA Die Sollkosten Berechnete Arbeit sind die Kosten, die bis zum Statusdatum hätten anfallen dürfen (unabhängig vom Projektfortschritt)
- IKAA Die Istkosten Abgeschlossene Arbeit sind die Kosten, die bis zum Projektfortschritt angefallen sind

Abweichungen analysieren

Es stellen sich nun die folgenden Fragen:

- Wie hoch ist die Kostenabweichung gegenüber der Planung?
- Wie hoch ist die Terminabweichung gegenüber der Planung?
- Wohin wird sich der Vorgang (bzw. das gesamte Projekt) terminlich und kostenmäßig entwickeln?

Um diese Analysen durchführen zu können, ist es notwendig, die Werte und Indikatoren zu verstehen, die von Project berechnet werden. In der Abbildung 15.9 sind die Werte in einer Grafik zusammengefasst.

Abbildg. 15.9 Kenngrößen der Ertragswertanalyse

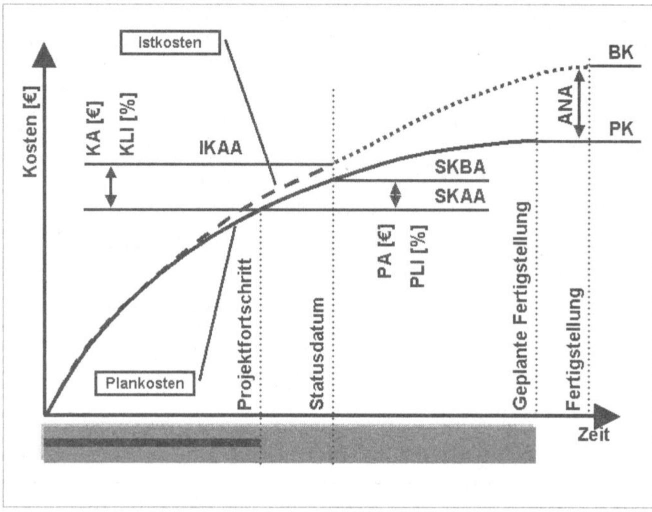

Das Beispiel zeigt die Kostenabweichung (KA) und die Planabweichung (PA). Alle Abkürzungen und Berechnungsgrundlagen hierzu werden in den beiden folgenden Abschnitten beschrieben.

HINWEIS Project bezieht sich bei der Berechnung der Ertragswertfelder grundsätzlich auf das Statusdatum, das mit dem Menübefehl *Projekt/Projektinfo* im Feld *Statusdatum* eingetragen werden sollte. Wurde dieses Statusdatum nicht eingetragen, verwendet Project als Berechnungsgrundlage das aktuelle Datum.

WICHTIG Zur korrekten Ermittlung des Ertragswerts ist Disziplin bei der Überwachung des Projekts sehr wichtig. Es ist notwendig, die Aktualisierung bei allen Vorgängen exakt bis zum Statusdatum durchzuführen, um korrekte Ergebnisse zu erhalten. Dies wird über die entsprechende Einstellung der verbleibenden Dauer oder der verbleibenden Arbeit erreicht. Dadurch werden die Vorgänge bei höherem Fertigstellungsgrad verkürzt bzw. bei niedrigerem Fertigstellungsgrad verlängert.

Abkürzungen – Felder in Project

Project verwendet für die Ertragswertanalyse Vorgangsfelder, die abgekürzte Feldnamen benutzen. Um die Ansichten der Ertragswertanalyse verstehen zu können, muss klar sein, welche Bedeutung diese Felder haben.

Tabelle 15.1 Abkürzungen in Project

Feldname	Beschreibung	Englische Abkürzung
ANA	Abweichung nach Abschluss	VAC (Variance at Completion)
BK	Berechnete Kosten (auch AP: Abschlussprognose)	EAC (Estimate at Completion)

Tabelle 15.1 Abkürzungen in Project *(Fortsetzung)*

Feldname	Beschreibung	Englische Abkürzung
IKAA	Istkosten bereits abgeschlossener Arbeit	ACWP (Actual cost work performed), teilweise auch mit AC abgekürzt
KA	Kosten Abweichung	CV (Cost variance)
KAP	Kostenabweichung Prozent	CVP (Cost variance percent),teilweise auch mit CV% abgekürzt
KLI	Kostenleistungsindex	CPI (Cost performance index)
PA	Planabweichung	SV (Schedule variance)
PAP	Planabweichung Prozent	SVP (Schedule variance percent), teilweise auch mit SV% abgekürzt
PLI	Planleistungsindex	SPI (Schedule performance index)
Geplante Kosten	Geplante Gesamtkosten (teilweise mit PK abgekürzt)	BAC (Budget at completion)
SKAA	Sollkosten bereits abgeschlossener Arbeit oder Ertragswert (erbrachte Leistung)	BCWP/EV (Budgeted cost work performed Earned Value)
SKBA	Sollkosten der berechneten Arbeit, Planwert der Kosten	BCWS PV (Budgeted cost work scheduled / Planed value)

An dieser Stelle sei nochmals darauf hingewiesen, dass in Project eine Onlinehilfe zu den Feldern zur Verfügung steht. Dazu muss der Mauszeiger auf die Spaltenüberschrift der Spalte positioniert werden. Nach kurzer Zeit wird ein ToolTipp eingeblendet, mit dem der entsprechende Beitrag in der Hilfe durch Klicken auf den Link *Mehr über <Feldname>* eingeblendet wird.

Abbildg. 15.10 Hilfe zum Feld *SKAA* durch den Link im ToolTipp des Spaltenkopfs öffnen

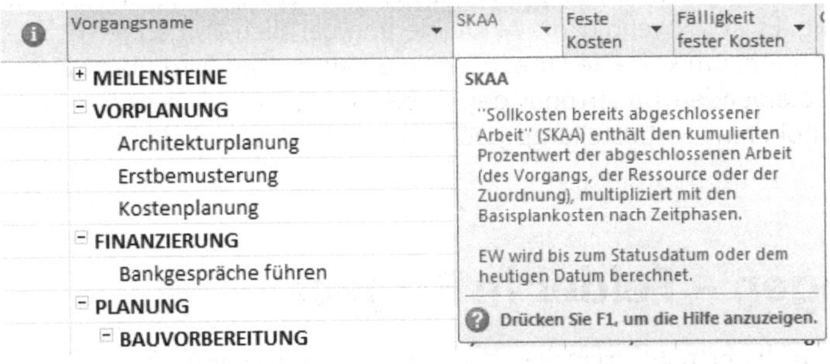

Interpretation der Kenngrößen

Ist ein positiver Wert für ANA (Abweichung nach Abschluss) ein gutes oder ein schlechtes Zeichen für das Projekt? Die Tabelle 15.2 erklärt die Bedeutung der Kenngrößen und die Interpretation der Werte und deren Vorzeichen.

HINWEIS Die Ertragswertfelder können in unterschiedlichen Ansichten verwendet werden. Fügen Sie die berechneten Felder in Vorgangsansichten (z.B. *Balkendiagramm* oder *Vorgang: Tabelle*) ein, handelt es sich um Vorgangsfelder. Werden sie in den Zuordnungsansichten (z.B. *Vorgang Einsatz*) eingeblendet, bezeichnet man sie als Zeitphasenvorgangsfelder. Sie können ebenso in Ressourcenansichten als Ressourcenfelder verwendet werden.

Tabelle 15.2 Beschreibung der Ertragswertkenngrößen

Feldname	Beschreibung
ANA Abweichung nach Abschluss	Das berechnete Feld ANA (*Abweichung nach Abschluss*) ist die Differenz zwischen PK (*Plankosten*) und BK (*Berechnete Kosten*). Ist der Wert negativ, wird der Vorgang mit höheren Kosten abschließen, als geplant (Basisplan). Bei negativem Wert können z.B. Ressourcen mit einem niedrigeren Stundensatz eingesetzt werden, um im Kostenrahmen zu bleiben. Ist der Wert für ANA positiv, liegen die Plankosten des Vorgangs unter dem Kostenrahmen.
BK Berechnete Kosten (auch AP: Abschluss-prognose)	Das berechnete Feld BK (*Berechnete Kosten*) zeigt an, bei welchen Kosten der Vorgang abgeschlossen werden wird. Diese Abschlussprognose bezieht sich auf die erbrachte Leistung zum Statusdatum. Hinweis: In früheren Project-Versionen wurde das Feld BK gleichbedeutend mit dem Feld *Berechnete Kosten* ohne Bezug auf die erbrachte Leistung verwendet.
IKAA Istkosten bereits abgeschlossener Arbeit	Das Feld IKAA zeigt die Kosten an, die für den Vorgang durch bereits ausgeführte Arbeit bis zum Statusdatum kumuliert angefallen sind. Das Feld hat zunächst den Wert 0,00. Durch das Eintragen des Projektfortschritts (Prozentsatz der Fertigstellung oder aktuelle Arbeit) berechnet Project die *Istkosten bereits abgeschlossener Arbeit*. Hinweis: Die *Istkosten bereits abgeschlossener Arbeit* beinhalten auch die festen Kosten des Vorgangs, die bis zum Statusdatum fällig sind. Der IKAA-Wert kann auch berechnet werden, wenn keine Ressourcen zugeordnet wurden. Die Berechnungen basieren dann auf dem Fortschritt (Prozentsatz der Fertigstellung oder aktuelle Arbeit) und den bisherigen festen Kosten für den Vorgang. Der Wert IKAA ist die Berechnungsgrundlage für die Kostenabweichung.
KA Kostenabweichung	Das berechnete Feld KA (*Kostenabweichung*) ist die Differenz zwischen den geplanten Kosten (Basisplan) und den tatsächlich angefallenen Kosten bis zum Statusdatum. Ist KA positiv, liegen die Kosten unter dem veranschlagten Betrag. Dies bedeutet, dass die Kosten die aktuellen Kosten bis zum aktuellen Stand der Fertigstellung unterschreiten. Ist KA negativ, liegen die aktuellen Kosten über den geplanten Kosten.
KAP Kostenabweichung Prozent	Das Feld KAP (*Kostenabweichung Prozent*) stellt die Kostenabweichung ins Verhältnis zu den Sollkosten bereits abgeschlossener Arbeit (*SKAA*) als Prozentwert dar. Ist KAP positiv (z.B. +20 %), liegen die Kosten um 20 % unter dem veranschlagten Betrag. Dies bedeutet, dass die Kosten die aktuellen Kosten bis zum aktuellen Stand der Fertigstellung unterschreiten. Ist der KAP negativ, liegen die aktuellen Kosten um den angegebenen Prozentsatz über den geplanten Kosten.
KLI Kostenleistungsindex	Der KLI (*Kostenleistungsindex*) gibt das Verhältnis zwischen den *Sollkosten* bereits geleisteter Arbeit (*SKAA*) und den *Istkosten* geleisteter Arbeit (*IKAA*) an. Dieser Wert ist ein Prozentwert und kann daher auch zum Vergleich zwischen Projekten verwendet werden. Ist der KLI größer 1 (= 100 %), liegt der Vorgang unter dem Budget. Dies bedeutet, dass die Effizienz der Arbeit höher ist als geplant. Ist der KLI kleiner 1, wurde das Budget überschritten. Es liegt also eine geringere Effizienz vor.
PA Planabweichung	Die PA (*Planabweichung*) ist die Kostendifferenz zwischen dem aktuellen Stand der Fertigstellung (*SKAA*) und dem Basisplan eines Vorgangs (*SKBA*). Ist die *Planabweichung* positiv, bedeutet dies einen Leistungsvorsprung in Bezug auf die Kosten gegenüber dem Basisplan. Ist er negativ, weist das auf einen Leistungsrückstand hin. Die PA hat eine Währungseinheit, z.B. Euro.

Tabelle 15.2 Beschreibung der Ertragswertkenngrößen *(Fortsetzung)*

Feldname	Beschreibung
PAP Planabweichung Prozent	Das Feld PAP ist das Verhältnis zwischen der *Planabweichung* und den *Sollkosten der berechneten Arbeit* (*SKBA*). Ist dieser Prozentwert positiv, liegt die Fertigstellung des Vorgangs vor dem Plan, andernfalls hinter dem Plan. Ist der PAP-Wert gleich Null, liegt der Vorgang genau im Plan.
PLI Planleistungsindex	Der PLI (*Planleistungsindex*) ist das Verhältnis zwischen *Sollkosten bereits abgeschlossener Arbeit* und den *Sollkosten der berechneten Arbeit*. Mit Hilfe des PLI kann der Fertigstellungstermin eines Projekts geschätzt werden. Ist der PLI größer 1, wird die Arbeit schneller erledigt als geplant. Ist er kleiner 1, wird der Terminplan nicht eingehalten.
Geplante Gesamtkosten (Basisplankosten oder PK)	In Project werden die geplanten Gesamtkosten im Feld *geplante Kosten* gespeichert. Ein Feld mit der Abkürzung PK gibt es nicht. Die geplanten Kosten sind die Kosten des Projekts, die beim Speichern des Basisplans von Project berechnet wurden. Sie setzen sich aus den Kosten der Arbeit und den festen Kosten des Vorgangs zusammen.
SKAA Sollkosten bereits abgeschlossener Arbeit oder Ertragswert	Der Ertragswert ist der kumulierte Prozentwert der Fertigstellung multipliziert mit den geplanten Kosten (Basisplankosten). Der Ertragswert wird bis zum Statusdatum berechnet. Er ist eine fiktive Größe. Er beschreibt die Kosten, die gemäß der Planung für den aktuellen Projektfortschritt hätten anfallen dürfen, wenn alles nach Plan gelaufen wäre. Der Zahlenwert selbst ist schwer interpretierbar. Er ist aber die Berechnungsgrundlage für die Planabweichung und Kostenabweichung und damit die zentrale Größe in der Ertragswertanalyse.
SKBA	Die SKBA (*Sollkosten der berechneten Arbeit*) sind die kumulierten geplanten Kosten (des Basisplans) bis zum Statusdatum. Der Wert stellt die Kosten dar, die bis zum Statusdatum planmäßig hätten anfallen dürfen. Der Wert dient als Berechnungsgrundlage für die Planabweichung.

Berechnungsgrundlagen

Um die Kenngrößen besser verstehen zu können, werden in diesem Abschnitt die Berechnungsvorschriften erklärt, anhand derer die Werte in Project berechnet werden.

Formelsammlung der Ertragswertkenngrößen

Die Berechnung führt Project automatisch durch. Dennoch sollten Sie verstehen, wie Project rechnet.

HINWEIS Die meisten Formeln können einfach aus der Abbildung 15.9 hergeleitet werden. Die Beschreibung der Felder und deren Interpretation sind in Tabelle 15.2 aufgelistet.

Kostenleistungsindex (KLI)

$$KLI = \frac{SKAA}{IKAA}$$

Kostenabweichung Prozent (KAP):

$$KAP = \frac{SKAA - IKAA}{SKAA} * 100$$

Abweichung nach Abschluss (ANA):

$$ANA = PK - BK$$

Berechnete Kosten (BK):

$$BK = IKK + \frac{PK - SKAA}{KLI}$$

Geplante Kosten (PK):

$$\begin{aligned}&Geplante\_Kosten = (Arbeit * Stundensatz) +\\&+(Überstundenarbeit * Überstundensatz) +\\&+Kosten\_je\_Einsatz +\\&+Feste\_Kosten\_des\_Vorgangs\end{aligned}$$

mit $Arbeit = aktuelle\_Arbeit + verbleibende\_Arbeit$

Kostenabweichung (KA):

$$KA = SKAA - IKAA$$

Planabweichung (PA):

$$PA = SKAA - SKBA$$

Planabweichung in Prozent (PAP):

$$PAP = \frac{PA}{SKBA} * 100$$

Planleistungsindex (PLI):

$$PLI = \frac{SKAA}{SKBA}$$

Berechnungsbeispiel

Die Ertragswertanalyse ergibt als *Sollkosten der berechneten Arbeit* (SKBA) einen Betrag von 155.000 Euro, der Ertragswert (SKAA) beträgt 145.000 Euro, die *Istkosten bereits abgeschlossener Arbeit* (IKAA) sind 140.000 Euro. Berechnen Sie den Kostenleistungsindex (KLI) und Planleistungsindex (PLI). Interpretieren Sie das Ergebnis.

Lösung:

$$KLI = \frac{SKAA}{IKAA} = \frac{145.000}{140.000} = 1.03 > 0$$

Der Kostenleistungsindex ist um 3 % größer als 1. Dies bedeutet, dass das Projekt unter dem Budget liegt. Die Effizienz der Arbeit ist höher als geplant. Das ist im Prinzip gut, wenn da nicht noch der Planleistungsindex wäre:

$$PLI = \frac{SKAA}{SKBA} = \frac{145.000}{155.000} = 0.93 < 0$$

Der Planleistungsindex ist um 7 % kleiner als 1. Dies bedeutet, dass das Projekt hinter Plan liegt. Es liegt also ein Leistungsrückstand der Planung vor. In Abbildung 15.11 werden diese Werte nochmals grafisch veranschaulicht.

Abbildg. 15.11 Veranschaulichung der Werte für den Planleistungsindex und Kostenleistungsindex

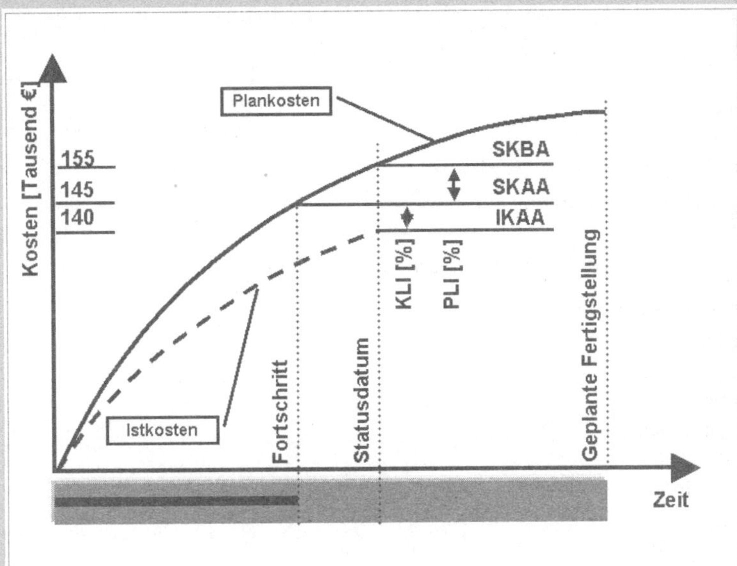

Analyseansichten in Project

Es gibt in Project zwei Tabellen, in denen die Ertragswertindikatoren dargestellt werden.

CD-ROM Die im Folgenden aufgeführte Projektdatei *Kap15_02.mpp* finden Sie im Ordner *\Buch\Kap15* innerhalb der Beispieldateien zu diesem Buch.

Ertragswert-Kostenindikatoren

Um die Tabelle *Ertragswert-Kostenindikatoren* zu betrachten, öffnen Sie die Datei *Kap15_02.mpp* und führen Sie die folgenden Schritte durch:

1. Wechseln Sie über den Menübefehl *Ansicht/Balkendiagramm (Gantt)* in die Ansicht *Balkendiagramm (Gantt).*
2. Wechseln Sie die Tabelle zu dieser Ansicht mit dem Menübefehl *Ansicht/Daten/Tabellen/Weitere Tabellen.* Wählen Sie im Listenfeld die Tabelle *Ertragswert-Kostenindikatoren* aus.

Abbildg. 15.12 Auswahl der Tabelle *Ertragswert-Kostenindikatoren*

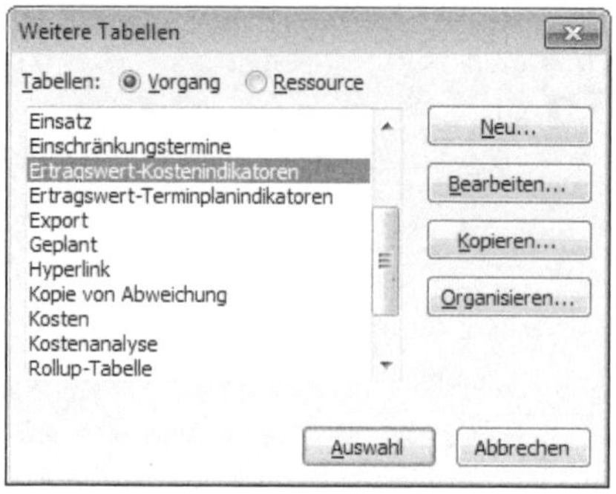

3. Bestätigen Sie Ihre Eingabe mit der Schaltfläche *Auswahl.*

Abbildg. 15.13 Anzeige der Ertragswert-Kostenindikatoren für das Beispielprojekt

	Vorgangsname	Geplanter Wert - GW (SKBA)	Ertragswert - EW (SKAA)	KA	KAP	KLI	PK	BK	ANA	ALI
1	+ MEILENSTEINE	0,00 €	0,00 €	0,00 €	0%	0	0,00 €	0,00 €	0,00 €	0
11	+ VORPLANUNG	500,00 €	500,00 €	0,00 €	0%	1	500,00 €	500,00 €	0,00 €	1
15	+ FINANZIERUNG	250,00 €	250,00 €	0,00 €	0%	1	250,00 €	250,00 €	0,00 €	1
17	− PLANUNG	2.000,00 €	2.000,00 €	0,00 €	0%	1	6.000,00 €	6.000,00 €	0,00 €	1
18	− BAUVORBEREITUNG	250,00 €	250,00 €	0,00 €	0%	1	4.250,00 €	4.250,00 €	0,00 €	1
19	Bauzeichnungen er:	250,00 €	250,00 €	0,00 €	0%	1	1.750,00 €	1.750,00 €	0,00 €	1
20	Statik berechnen	0,00 €	0,00 €	0,00 €	0%	0	2.500,00 €	2.500,00 €	0,00 €	1
21	− BAUANTRAG	1.500,00 €	1.500,00 €	0,00 €	0%	1	1.500,00 €	1.500,00 €	0,00 €	1
22	Bauunterlagen zusa	0,00 €	0,00 €	0,00 €	0%	0	0,00 €	0,00 €	0,00 €	0
23	Genehmigung bean	0,00 €	0,00 €	0,00 €	0%	0	0,00 €	0,00 €	0,00 €	0
24	Genehmigungsverf:	0,00 €	0,00 €	0,00 €	0%	0	0,00 €	0,00 €	0,00 €	0
25	− BEMUSTERUNG	250,00 €	250,00 €	0,00 €	0%	1	250,00 €	250,00 €	0,00 €	1
26	finale Bemusterung	0,00 €	0,00 €	0,00 €	0%	0	0,00 €	0,00 €	0,00 €	0
27	− ROHBAU	0,00 €	13.120,00 €	-2.080,00 €	-16%	0,86	23.650,00 €	27.399,39 €	-3.749,39 €	1,25
28	+ BAUSTELLE EINRICHTE	600,00 €	600,00 €	-2.000,00 €	-333%	0,23	600,00 €	2.600,00 €	-2.000,00 €	-0
31	+ ERDARBEITEN	2.150,00 €	2.150,00 €	0,00 €	0%	1	2.150,00 €	2.150,00 €	0,00 €	1
34	+ FUNDAMENTE	10.050,00 €	10.050,00 €	0,00 €	0%	1	10.050,00 €	10.050,00 €	0,00 €	1
38	− KELLER	400,00 €	320,00 €	-80,00 €	-25%	0,8	2.400,00 €	3.000,00 €	-600,00 €	1,04
39	Fertigkeller errichte	400,00 €	320,00 €	-80,00 €	-25%	0,8	1.600,00 €	2.000,00 €	-400,00 €	1,07
40	Kellerdecke einbau	0,00 €	0,00 €	0,00 €	0%	0	800,00 €	800,00 €	0,00 €	1
41	MS Keller fertiggestellt	0,00 €	0,00 €	0,00 €	0%	0	0,00 €	0,00 €	0,00 €	0
42	− AUFBAU HAUS	0,00 €	0,00 €	0,00 €	0%	0	2.400,00 €	2.400,00 €	0,00 €	1
43	Erdgeschoss aufbau	0,00 €	0,00 €	0,00 €	0%	0	800,00 €	800,00 €	0,00 €	1
44	Zwischendecke	0,00 €	0,00 €	0,00 €	0%	0	400,00 €	400,00 €	0,00 €	1

HINWEIS Im folgenden Abschnitt wird der oben angezeigte Projektstand hergeleitet und die Werte der Indikatoren werden interpretiert. Führen Sie die Übung durch, um ein besseres Verständnis für die Ertragswerte zu bekommen.

Ertragswert-Terminplanindikatoren

Um die Tabelle *Ertragswert-Terminplanindikatoren* zu betrachten, öffnen Sie die Datei *Kap15_02.mpp* und befolgen Sie die nächsten Schritte:

1. Wechseln Sie über den Menübefehl *Ansicht/Balkendiagramm (Gantt)* in die Ansicht *Balkendiagramm (Gantt)*.
2. Wechseln Sie mit dem Menübefehl *Ansicht/Daten/Tabellen/Weitere Tabellen* die Tabelle zu dieser Ansicht und wählen Sie im Listenfeld die Tabelle *Ertragswert-Terminplanindikatoren* aus.

Grafische Ansicht

Sie können sich den Kostenverlauf in der Ansicht *Ressource: Grafik* auch kumuliert darstellen lassen:

1. Wechseln Sie mit dem Menübefehl *Ansicht/Ressourcenansichten/Andere Ansichten/Ressource: Grafik* in die entsprechende Ansicht.
2. Klicken Sie mit der rechten Maustaste in den grafischen Bereich und wählen Sie im Kontextmenü den Eintrag *Kumulierte Kosten* aus (Abbildung 15.14).

Abbildg. 15.14 Analyse der kumulierten Kosten in der Ansicht *Ressource: Grafik*

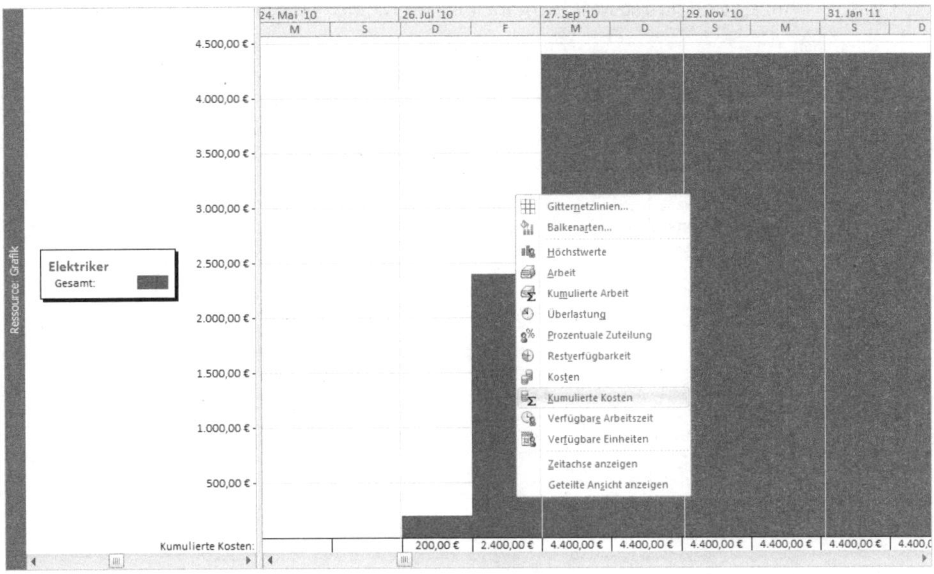

Aus dieser Grafik können Sie ableiten, dass die Ressource *Elektriker* von ca. 26. Juni 2010 bis zum 27. September 2010 kumuliert einen Gesamtbetrag von 4.400,00 Euro verursacht. Da ab dem 27. September der Balken nicht weiter ansteigt, kann man davon ausgehen, dass über diesen Termin hinaus keine weiteren Planungen auf die Ressource *Elektriker* vorhanden sind, die Kosten verursachen.

HINWEIS Mit Hilfe der Bildlaufleiste links unten in Abbildung 15.14 können Sie zur nächsten bzw. vorherigen Ressource blättern.

Daten der Ertragswertanalyse in Excel grafisch darstellen

Die Zeitskalendaten lassen sich in Project nur mit Einschränkungen darstellen. Es gibt aber die Möglichkeit, die Daten nach Excel zu exportieren, um sie dort zu analysieren. Öffnen Sie dazu die Datei *Kap15_02.mpp* und befolgen Sie die nächsten Schritte:

1. Rufen Sie im Menüband *Projekt/Berichte* den Befehl *Grafische Berichte* auf.
2. Wechseln Sie zur Registerkarte *Vorgang Einsatz.*
3. Wählen Sie den Bericht *Vorgangskosten* entsprechend der Abbildung 15.15 aus.

Abbildg. 15.15 Auswahl der Felder, die in Excel analysiert werden sollen

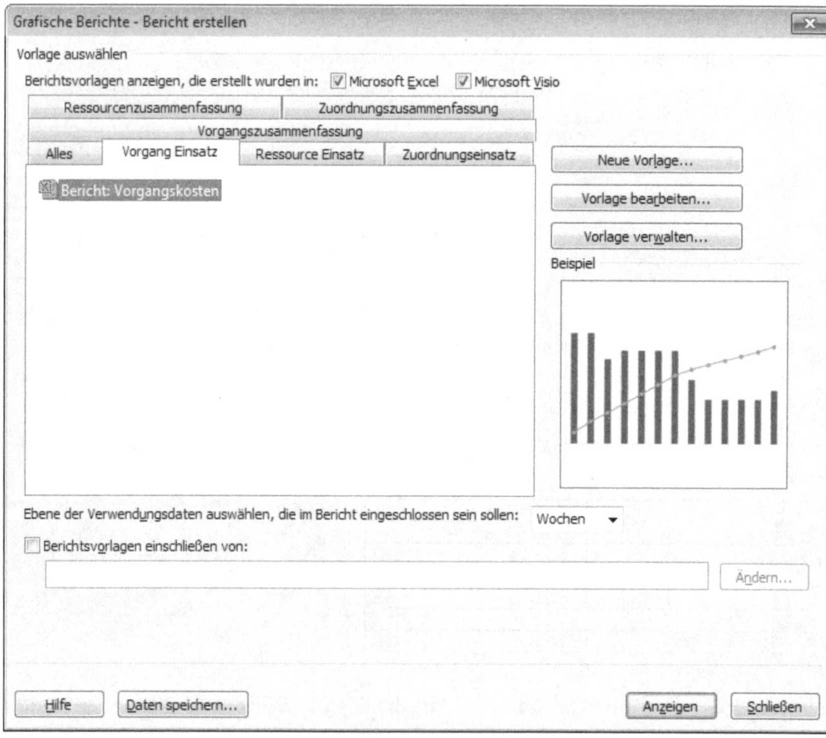

4. Klicken Sie auf *Anzeigen.*

Excel wird geöffnet und die kumulierten Kosten werden grafisch dargestellt (Abbildung 15.16).

Abbildg. 15.16 Anzeige der gesamten kumulierten Kosten nach dem Export nach Excel

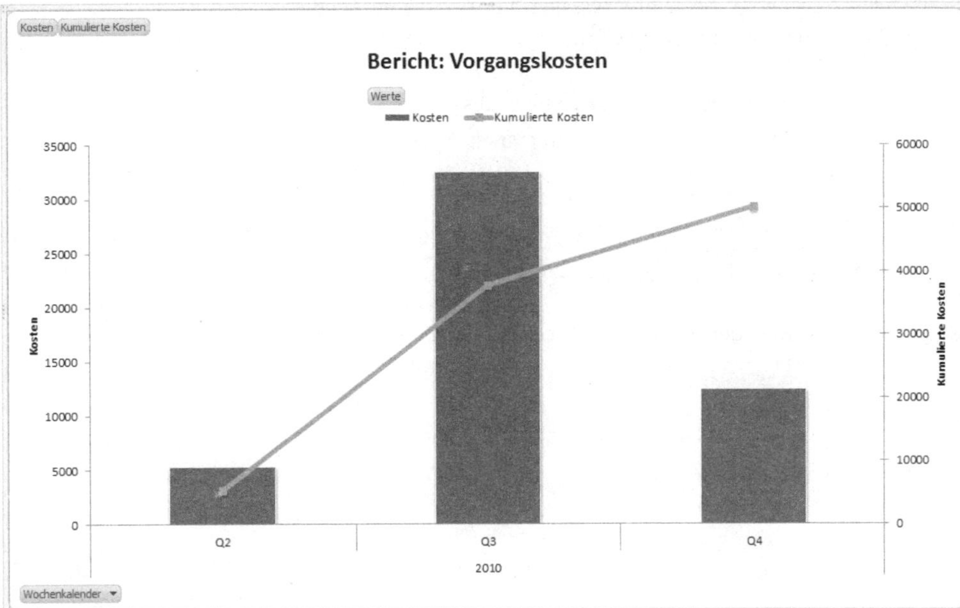

Durch den Wechsel zum Registerblatt *Vorgang Einsatz* in Excel können Sie sich die Zeitskalendaten anzeigen lassen, die die Datenbasis für die Grafik darstellen.

Abbildg. 15.17 Anzeige der kumulierten Kosten in Excel auf dem Registerblatt *Vorgang Einsatz*

	A	B	C	D	E
1					
2					
3			Data		
4	Jahr	Quartal	Kosten	Kumulierte Kosten	
5	⊟2010	⊞Q2	5249,98	5250	
6		⊞Q3	34150	39400	
7		⊞Q4	12400	51800	
8	2010 Ergebnis		51799,98	51800	
9	Gesamtergebnis		51799,98	51800	
10					
11					

Ertragswertoptionen

In den folgenden Abschnitten werden die unterschiedlichen Grundeinstellungen zur Ertragswertberechnung behandelt.

Ertragswertberechnung

Die Berechnung des Ertragswerts kann in Project auf zwei unterschiedliche Optionen eingestellt werden:

1. Wählen Sie im Menüband *Datei/Optionen* im Dialogfeld *Project-Optionen* die Kategorie *Erweitert* und blättern Sie so weit nach unten, bis Sie den Bereich *Ertragswertoptionen für dieses Projekt* sehen (Abbildung 15.18).
2. Wählen Sie im Listenfeld *Standard-Ertragswertmethode für Vorgänge* die Optionen *% Abgeschlossen* oder *Physisch % abgeschlossen* aus.
3. Bestätigen Sie die Auswahl mit einem Klick auf die Schaltfläche *OK*.

Abbildg. 15.18 Einstellen der Standard-Ertragswertmethode für Vorgänge

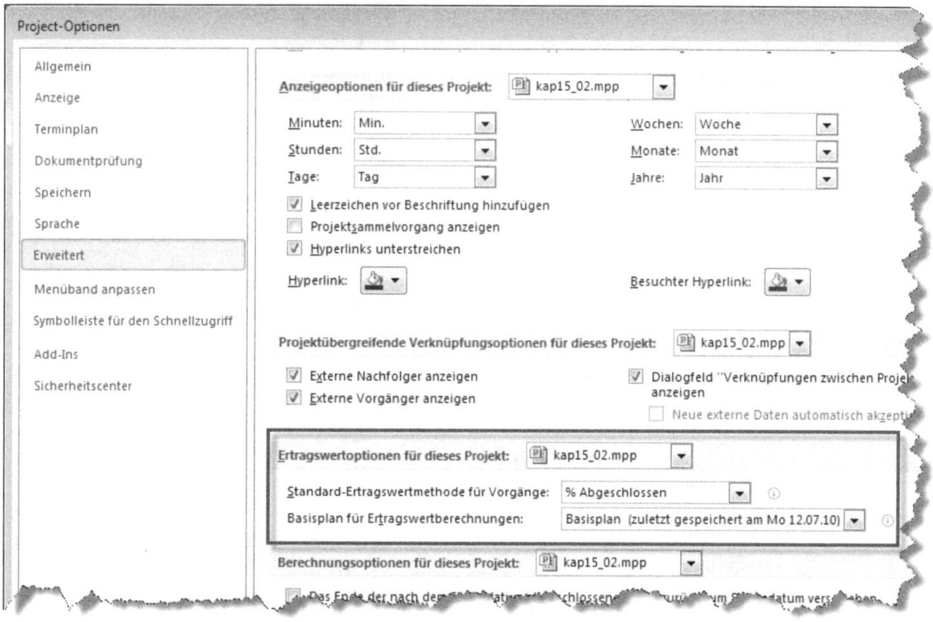

% Abgeschlossen

Mit dieser Option wird der inhaltliche Fertigstellungsgrad zur Berechnung des Ertragswerts anhand des Felds *% Abgeschlossen* berechnet. Die Aktualisierung dieses Felds ist normalerweise an die Aktualisierung der Ressourcenarbeit, also an das Feld *% Arbeit abgeschlossen* gekoppelt.

Physisch % abgeschlossen

Die Standardertragswertmethode kann erst seit der Version Microsoft Office Project 2002 auf die Option *Physisch % abgeschlossen* eingestellt werden. In diesem Fall bezieht sich die Ertragswertberechnung auf dieses Feld, das von dem Fortschritt des Felds *% Abgeschlossen* bzw. *% Arbeit abgeschlossen* entkoppelt ist. Pflegen Sie danach das Feld *Physisch % abgeschlossen* manuell.

Weitere Optionen mit Einfluss auf den Ertragswert

In der Kategorie *Terminplan* (Menüband *Datei/Optionen*) stehen zwei weitere Optionen zur Verfügung, die die zeitphasenbezogene Verteilung der Kosten und damit die Ertragswertberechnung beeinflussen:

Abbildg. 15.19 Berechnungsoptionen für *Aktuelle Kosten* und *Standardfälligkeit fester Kosten*

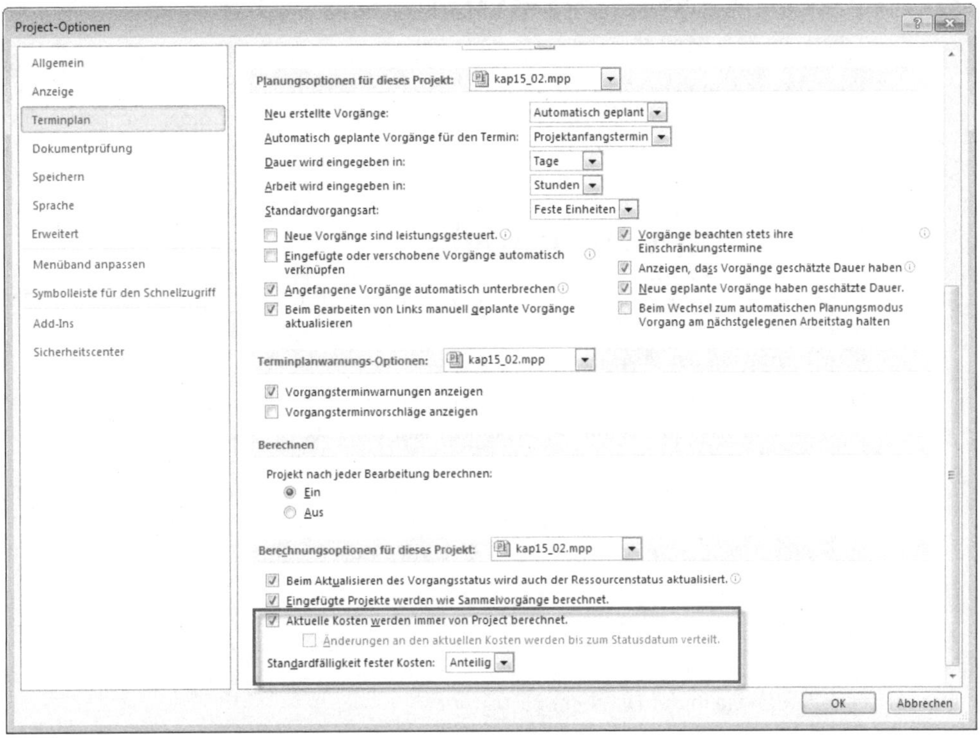

Die Einstellung *Aktuelle Kosten werden immer von Project berechnet* bedeutet, dass die aktuellen Kosten von Project basierend auf den Ressourcensätzen, Ressourcenkosten pro Einsatz und den festen Vorgangskosten automatisch berechnet werden. Es können so keine weiteren aktuellen Kosten eingegeben werden. Ist die Einstellung deaktiviert, können aktuelle Kosten manuell eingetragen werden.

Auswahl des Basisplans zur Berechnung

Im gleichen Bereich stellen Sie auch ein, welcher Basisplan zur Berechnung der Ertragswerte herangezogen werden soll:

1. Wählen Sie im Menüband *Datei/Optionen* im Dialogfeld *Project-Optionen* die Kategorie *Erweitert* und blättern Sie so weit nach unten, bis Sie den Bereich *Ertragswertoptionen für dieses Projekt* sehen.
2. Wählen Sie im Listenfeld *Basisplan für Ertragswertberechnungen* den gewünschten Basisplan aus.
3. Bestätigen Sie die Auswahl mit einem Klick auf die Schaltfläche *OK*.

Ab diesem Zeitpunkt werden alle Ertragswertberechnungen auf Basis des gewählten Basisplans durchgeführt.

Sinnvolle Erweiterungen

Project bietet Ihnen eine Vielzahl von Ertragswertfeldern und Indikatoren an. Es hängt von Ihrem Projekt oder von den Vorgaben in Ihrer Firma ab, welche davon Sie zur Projektüberwachung verwenden. In vielen Fällen ist die Darstellung eines Indikators als Ampel leichter zu überwachen als der Zahlenwert.

Definition von Ampeln

Standardmäßig sind in Project keine Ampeln in den Ansichten eingebunden. Das würde auch keinen Sinn ergeben, da die Festlegung, ab welchem Schwellenwert der Kostenleistungsindex kritisch wird, nicht pauschal vorgegeben werden kann.

Der KLI (Kostenleistungsindex) bewertet die Kostenabweichung und beschreibt damit die Effizienz der Projektarbeit dimensionslos. Bei einem KLI über 100 % liegt eine höhere Effizienz der Arbeit vor als geplant. Unter 100 % handelt es sich um eine geringere Effizienz. Es kann eine Ampel definiert werden, die einen KLI von 90 % bis 110 % im grünen Bereich darstellt. Ein KPI über 110 % wird gelb dargestellt. Hier müsste die Planung überarbeitet und ggf. noch vorhanden Puffer müssten entfernt werden. Ein KPI unter 90 % wird rot dargestellt. Hier ist eine genauere Prüfung und ggf. eine Eskalation notwendig.

CD-ROM Die im Folgenden erwähnte Beispieldatei *Kap15_01.mpp* finden Sie im Ordner *\Buch\Kap15* innerhalb der Beispieldateien zu diesem Buch. Die fertigen Ergebnisse zum Vergleichen finden Sie in der Datei *Kap15_02.mpp*.

Anpassung der Standardansichten

Oft ist es sinnvoll, statt der beiden Tabellen *Ertragswert-Kostenindikatoren* und *Ertragswert-Terminplanindikatoren* nur ausgewählte Felder in die bestehenden Ansichten einzublenden.

Weitere Spalten blenden Sie folgendermaßen ein:

1. Klicken Sie mit der rechten Maustaste auf eine Spaltenüberschrift.
2. Wählen Sie im Kontextmenü den Eintrag *Spalte einfügen* aus.
3. Wählen Sie im erscheinenden Listenfeld das gewünschte Feld aus.

Übung zur Ertragswertanalyse

In der folgenden Übung soll die Ertragswertanalyse anhand eines praktischen Beispiels verdeutlicht werden. Wenn Sie die einzelnen Schritte der Übung durchführen, sollen Sie selbst die Indikatoren im Beispielprojekt anhand unterschiedlicher Fortschrittsgrade berechnen und die in Project dargestellten Werte interpretieren.

CD-ROM Öffnen Sie das Projekt *Kap15_01.mpp* im Ordner *\Buch\Kap15* innerhalb der Beispieldateien zu diesem Buch.

Basisplan speichern

Beim Speichern des Basisplans werden die Werte für Arbeit, Dauern und Kosten in den Feldern *Geplante Arbeit*, *Geplante Dauer* und *Geplante Kosten* gespeichert. Dies ist die Vergleichsgrundlage in der Ertragswertanalyse.

Speichern Sie den Basisplan folgendermaßen:

1. Rufen Sie über den Menübefehl *Projekt/Zeitplan/Basisplan festlegen* das gleichnamige Dialogfeld auf.
2. Wählen Sie im Listenfeld *Basisplan festlegen* den *Basisplan* aus (nicht Basisplan 1 bis 10).
3. Bestätigung Sie die Auswahl mit der Schaltfläche *OK*.

Oberfläche zum Eingeben aktueller Werte einrichten

Im Beispiel geben wir die aktuellen Stunden pro Tag ein, die die Ressourcen für die Vorgänge gearbeitet haben. Dazu ist eine geteilte Ansicht sinnvoll, die im oberen Fenster die Vorgangsansicht *Balkendiagramm* und im unteren Fenster die Zuordnungsansicht *Vorgang Einsatz* anzeigt.

Teilen Sie dazu zunächst den Arbeitsbildschirm:

1. Aktivieren Sie im Menüband *Ansicht/Elemente anzeigen* das Kontrollkästchen *Details*. Im unteren Fenster wird die Ansicht *Vorgang: Maske* angezeigt.
2. Klicken Sie mit der rechten Maustaste auf den grauen Balken mit der Beschriftung *Vorgang: Maske*.
3. Wählen Sie nun im erscheinenden Kontextmenü zur Auswahl einer Ansicht die Ansicht *Vorgang Einsatz* aus.

Abbildg. 15.20 Geteilter Arbeitsbildschirm, um aktuelle Arbeit pro Tag eingeben zu können

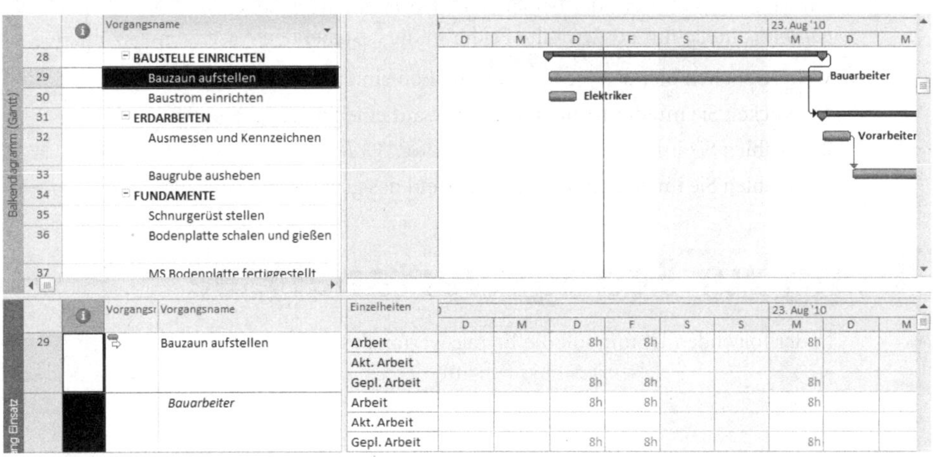

In der unteren Ansicht *Vorgang Einsatz* ist standardmäßig nur die *Arbeit* eingeblendet. Blenden Sie auch die geplante Arbeit (*Gepl. Arbeit*) und die aktuelle Arbeit (*Akt. Arbeit*) mit ein:

1. Klicken Sie hierzu mit der rechten Maustaste in den rechten unteren Tabellenbereich.
2. Wählen Sie im Kontextmenü die Einträge *Aktuelle Arbeit* und *Geplante Arbeit* aus.

Abbildg. 15.21 Einblenden von geplanter und aktueller Arbeit in der Ansicht *Vorgang Einsatz*

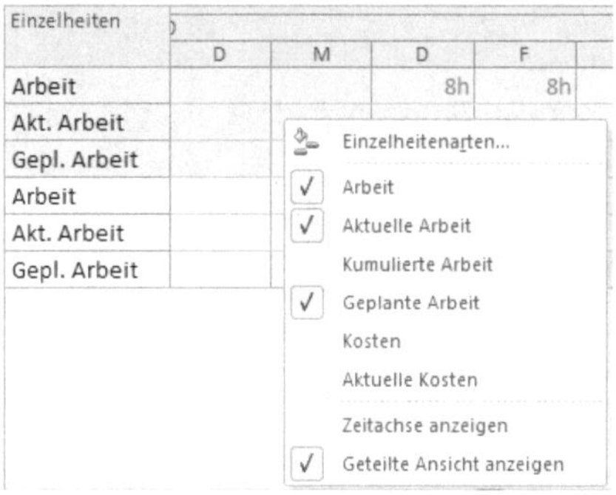

Aktuelle Arbeit eingeben

Ziel ist es, anhand von zwei Vorgängen aktuelle Arbeitswerte so einzugeben, dass der Vorgang *Bauzaun aufstellen* terminlich vor dem Plan liegt, aber die Kosten überschritten werden und der Vorgang *Baustrom einrichten* hinter dem Terminplan liegt, aber weniger Arbeit und damit auch weniger Kosten benötigt als geplant wurde:

1. Markieren Sie im oberen Teil der Ansicht den Vorgang 29 (Bauzaun aufstellen).
2. Vergrößern Sie die Zeitskala so lange durch Klicken auf die Schaltfläche *Vergrößern* (Lupe mit +-Zeichen), bis in der Zeitskala einzelne Tage angezeigt werden (Abbildung 15.22).

Abbildg. 15.22 Eintrag von aktueller Arbeit im Vorgang *Bauzaun aufstellen*

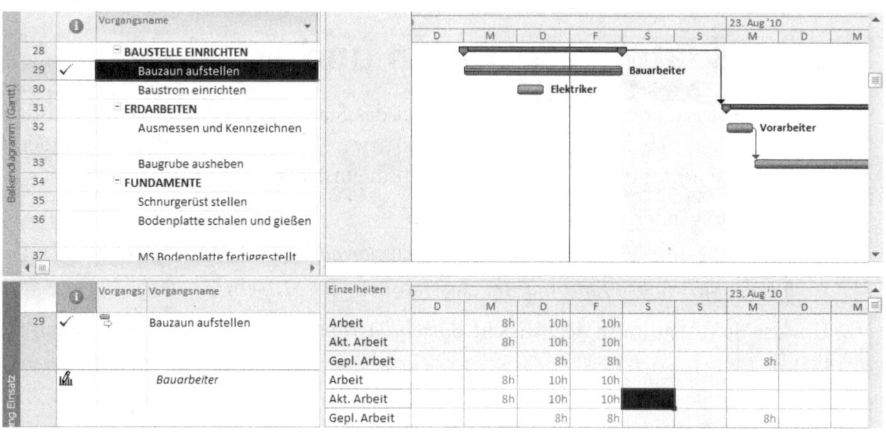

3. Tragen Sie in der unteren rechten Tabelle für die Ressource Bauarbeiter die Stundenwerte wie folgt ein:
   - Acht Stunden in die Zeile *Akt. Arbeit* für Mittwoch, den 18.8.2010. Dies bedeutet, dass der Vorgang vor dem geplanten Start begonnen wurde.

- Donnerstag, den 19.8.2010, und Freitag, den 20.08.2010, in das Feld *Akt. Arbeit* jeweils 10 Stunden. Somit wird die geplante Arbeit um vier Stunden überschritten. Da die aktuelle Arbeit die Arbeit übersteigt, ist dieser Vorgang abgeschlossen.

Der Vorgang *Baustrom einrichten* soll nach der Eingabe von aktuellen Werten hinter Plan, aber unter Kosten liegen:

1. Markieren Sie in der Ansicht *Balkendiagramm (Gantt)* den Vorgang 30 (*Baustrom einrichten*).
2. Tragen Sie für *Akt. Arbeit* am Montag, 23. August 2010: 2 Stunden ein.
3. Bestätigen Sie die Meldung von Project mit *OK*.
4. Klicken Sie im Menüband *Aufgabe/Zeitplan* auf die Schaltfläche *100%*, um den Vorgang als abgeschlossen zu kennzeichnen.

Abbildg. 15.23 Eingabe des Eintrags *Aktuelle Arbeit* im Vorgang *Designkonzept*

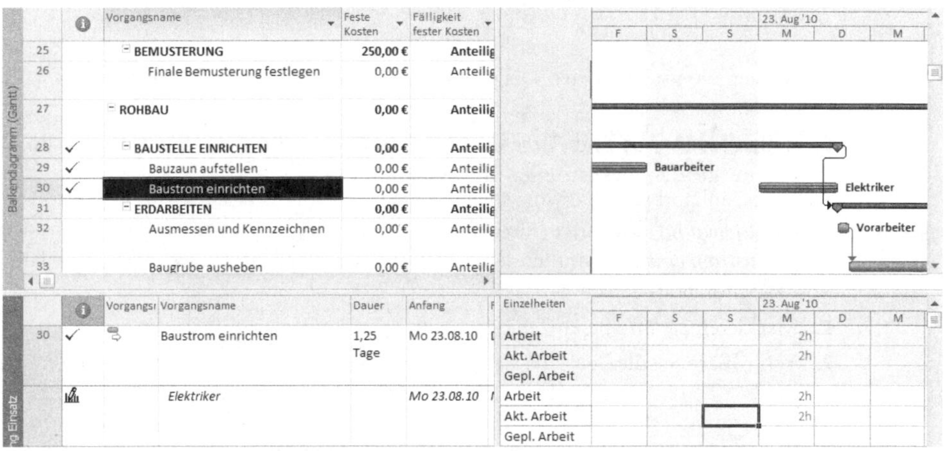

Statusdatum eintragen und anzeigen

Die Ertragswertberechnung bezieht sich auf das Statusdatum. Wenn kein Statusdatum eingegeben wurde, bezieht sich dieses auf das aktuelle Datum. Nachdem der Zeitbereich in der Beispieldatei im August 2010 liegt, müssen wir das Statusdatum einstellen.

Gehen Sie folgendermaßen vor:

1. Öffnen Sie im Menüband *Projekt/Projektinformationen* das Dialogfeld *Projektinfo*.
2. Tragen Sie im Feld *Statusdatum* das Datum *24.08.2010* ein.

Um das Statusdatum in der Ansicht *Balkendiagramm (Gantt)* anzuzeigen, gehen Sie folgendermaßen vor:

1. Klicken Sie mit der rechten Maustaste in einen freien Bereich des Balkendiagramms.
2. Wählen Sie im Kontextmenü den Eintrag *Gitternetzlinien* aus (Abbildung 15.24).

Abbildg. 15.24 Einstellung der Anzeige von Gitternetzlinien durch Rechtsklick in den leeren Bereich der Balkendiagrammansicht

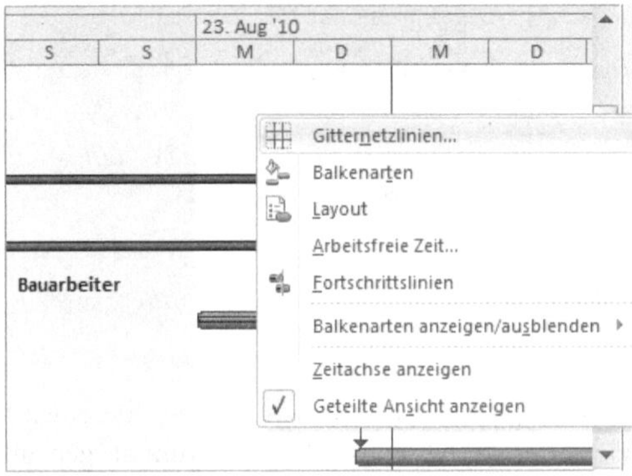

3. Wählen Sie im geöffneten Dialogfeld *Gitternetzlinien* unter *Zu ändernde Linie* den Eintrag *Statusdatum* aus.
4. Stellen Sie die *Art* und *Farbe* des Statusdatums im Bereich *Hauptintervall* durch Auswahl der entsprechenden Eigenschaften auf *voll* und *rot*.

Abbildg. 15.25 Anzeigeeigenschaften des Statusdatums

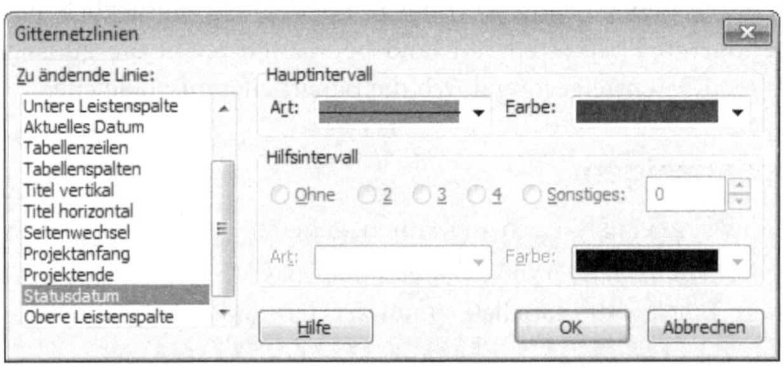

Kostenleistungsindex und Planleistungsindex analysieren

Der Kostenleistungsindex und Planleistungsindex sind die normierten Größen als Prozentwert für die Kostenabweichung und Planabweichung, die auch projektübergreifend für Vergleichswerte herangezogen werden können.

Kostenleistungsindex anzeigen

Um den Kostenleistungsindex anzuzeigen, gehen Sie folgendermaßen vor:

1. Öffnen Sie in der Ansicht *Balkendiagramm (Gantt)* über das Menüband *Ansicht/Daten/Tabellen* und den Befehl *Weitere Tabellen* die Tabelle *Ertragswert-Kostenindikatoren*.

Abbildg. 15.26 Anzeige des Kostenleistungsindex (KLI) in der Tabelle *Ertragswert-Kostenindikatoren*

	Vorgangsname	Geplanter Wert - GW (SKBA)	Ertragswert - EW (SKAA)	KA	KAP	KLI	PK	BK	ANA
1	+ MEILENSTEINE	0,00 €	0,00 €	0,00 €	0%	0	0,00 €	0,00 €	0,00 €
11	+ VORPLANUNG	500,00 €	0,00 €	0,00 €	0%	0	500,00 €	500,00 €	0,00 €
15	+ FINANZIERUNG	250,00 €	0,00 €	0,00 €	0%	0	250,00 €	250,00 €	0,00 €
17	+ PLANUNG	2.000,00 €	0,00 €	0,00 €	0%	0	6.000,00 €	6.000,00 €	0,00 €
27	− ROHBAU	3.125,00 €	2.600,00 €	-300,00 €	-12%	0,9	25.250,00 €	28.163,46 €	-2.913,46 €
28	− BAUSTELLE EINRICHTE	2.600,00 €	2.600,00 €	-300,00 €	-12%	0,9	2.600,00 €	2.900,00 €	-300,00
29	Bauzaun aufstellen	2.400,00 €	2.400,00 €	-400,00 €	-17%	0,86	2.400,00 €	2.800,00 €	-400,00
30	Baustrom einrichte	200,00 €	200,00 €	100,00 €	50%	2	200,00 €	100,00 €	100,00
31	− ERDARBEITEN	525,00 €	0,00 €	0,00 €	0%	0	2.150,00 €	2.150,00 €	0,00 €
32	Ausmessen und	200,00 €	0,00 €	0,00 €	0%	0	200,00 €	200,00 €	0,0

Der Kostenleistungsindex (*KLI*) für den Vorgang 29 (*Bauzaun aufstellen*) hat einen Wert von 0,86. Dies entspricht einer geringeren Effizienz der Arbeit bis zum Statusdatum als geplant. Die *Istkosten der abgeschlossenen Arbeit* bis zum Statusdatum sind also höher als die *Sollkosten der abgeschlossenen Arbeit* (SKAA).

Der Kostenleistungsindex (*KLI*) für den Vorgang 30 (*Baustrom einrichten*) hat einen Wert von 2. Dies bedeutet, dass die Effizienz dieses Vorgangs besser als die Planung ist. Bis zum Statusdatum sind die *Sollkosten der abgeschlossenen Arbeit* größer den *Istkosten der abgeschlossenen Arbeit.* Im Sammelvorgang 28 (*BAUSTELLE EINRICHTEN*) wird der *KLI* für das gesamte Projekt mit 0,9 berechnet. Dies ist so zu interpretieren, dass die fehlende Effizienz des Vorgangs 29 (*Bauzaun aufstellen*) teilweise wieder durch den Vorgang 30 (*Baustrom einrichten*) ausgeglichen wird. Da dieser aber einen erheblich geringeren Plankosten-Aufwand beinhaltet, reicht die günstigere Arbeit der Elektriker nicht aus, um die Kostensteigerung durch die Bauarbeiter auszugleichen.

Planleistungsindex anzeigen

Um den Planleistungsindex (*PLI*) analysieren zu können, gehen Sie folgendermaßen vor:

1. Öffnen Sie in der Ansicht *Balkendiagramm (Gantt)* über das Menüband *Ansicht/Daten/Tabellen* und den Befehl *Weitere Tabellen* die Tabelle *Ertragswert-Terminplanindikatoren.*

Abbildg. 15.27 Anzeige des Planleistungsindex (PLI) in der Tabelle *Ertragswert-Terminplanindikatoren*

	Vorgangsname	Geplanter Wert - GW (SKBA)	Ertragswert - EW (SKAA)	PA	PAP	PLI	Neue Spalte hin
1	+ MEILENSTEINE	0,00 €	0,00 €	0,00 €	0%	0	
11	+ VORPLANUNG	500,00 €	0,00 €	-500,00 €	-100%	0	
15	+ FINANZIERUNG	250,00 €	0,00 €	-250,00 €	-100%	0	
17	+ PLANUNG	2.000,00 €	0,00 €	-2.000,00 €	-100%	0	
27	− ROHBAU	3.125,00 €	2.600,00 €	-525,00 €	-17%	0,83	
28	− BAUSTELLE EINRICHTE	2.600,00 €	2.600,00 €	0,00 €	0%	1	
29	Bauzaun aufstellen	2.400,00 €	2.400,00 €	0,00 €	0%	1	
30	Baustrom einrichte	200,00 €	200,00 €	0,00 €	0%	1	
31	− ERDARBEITEN	525,00 €	0,00 €	-525,00 €	-100%	0	
32	Ausmessen und Kennzeichnen	200,00 €	0,00 €	-200,00 €	-100%	0	
33	Baugrube ausheber	325,00 €	0,00 €	-325,00 €	-100%	0	
34	− FUNDAMENTE	0,00 €	0,00 €	0,00 €	0%	0	

Projektsteuerung

Der *PLI* ist für den Vorgang 28 (*BAUSTELLE EINRICHTEN*) gleich 1. Dies bedeutet, dass für dieses Arbeitspaket kein Leistungsrückstand gegenüber der Planung vorliegt. Trotz Verzögerungen bei der Einrichtung des Baustroms und der Steigerung der Kosten durch die Bauarbeiter wird trotzdem der Fertigstellungstermin nicht verzögert. Wäre der PLI kleiner als 1, ist mit einer Verzögerung zu rechnen.

Weitere Analysen

In diesem Kapitel haben wir uns ausschließlich mit den Kostenindikatoren beschäftigt. Die Aussage über die noch zu erwartende Arbeit kann hiervon abweichen, wenn Sie mit Materialressourcen oder fixen Kosten arbeiten. Die Abweichung der Arbeit kann durch Auswahl der Tabelle *Arbeit* in der Ansicht *Balkendiagramm (Gantt)* analysiert werden.

Wechseln Sie dazu im Menüband *Ansicht/Daten/Tabellen* zur Tabelle *Arbeit.*

In Abbildung 15.28 ist ersichtlich, dass das gesamte Arbeitspaket *BAUSTELLE EINRICHTEN* eine Erhöhung der Arbeit von 2 Stunden aufweist, die sich aus der Erhöhung der Arbeit um 4 Stunden aus Vorgang 29 (*Bauzaun aufstellen*) und einer Reduzierung der Arbeit um 2 Stunden aus Vorgang 30 (*Baustrom einrichten*) ergibt.

Abbildg. 15.28 Analyse der Abweichung der Arbeit in der Ansicht *Balkendiagramm (Gantt)* durch Anzeige der Tabelle *Arbeit*

	Vorgangsname	Arbeit	Geplant	Abweichung	Aktuell	Verbleibend	% Arbeit abgeschl.
1	+ MEILENSTEINE	0 Std.	0 Std.	0 Std.	0 Std.	0 Std.	0%
11	+ VORPLANUNG	0 Std.	0 Std.	0 Std.	0 Std.	0 Std.	0%
15	+ FINANZIERUNG	0 Std.	0 Std.	0 Std.	0 Std.	0 Std.	0%
17	+ PLANUNG	0 Std.	0 Std.	0 Std.	0 Std.	0 Std.	0%
27	− ROHBAU	254 Std.	252 Std.	2 Std.	30 Std.	224 Std.	12%
28	− BAUSTELLE EINRICHTEN	30 Std.	28 Std.	2 Std.	30 Std.	0 Std.	100%
29	Bauzaun aufstellen	28 Std.	24 Std.	4 Std.	28 Std.	0 Std.	100%
30	Baustrom einrichten	2 Std.	4 Std.	-2 Std.	2 Std.	0 Std.	100%
31	− ERDARBEITEN	52 Std.	52 Std.	0 Std.	0 Std.	52 Std.	0%
32	Ausmessen und Kennzeichnen	4 Std.	4 Std.	0 Std.	0 Std.	4 Std.	0%
33	Baugrube ausheben	48 Std.	48 Std.	0 Std.	0 Std.	48 Std.	0%
34	− FUNDAMENTE	28 Std.	28 Std.	0 Std.	0 Std.	28 Std.	0%

Zusammenfassung

Dieses Kapitel ergänzt die Themen zur Auswertung von Projekten um die wichtige Frage: Wie steht mein Projekt im Vergleich zum Basisplan da? Dabei wird in der Regel nach den Kosten und Terminen gefragt. Erst wenn ein Projektmanager konkrete Aussagen zu den Erfolgen eines Projekts in monetärer und/oder terminlicher Hinsicht machen kann, ist sein Job zu 100 Prozent erledigt.

Teil E

Projektabschluss

Kapitel 16

Projektabschluss und Archivierung

In diesem Kapitel:

Die Frage zu beantworten was alles beim Projektabschluss zu beachten ist, wird je nach Projekt unterschiedlich beantwortet werden. Auch bei einem Einfamilienhaus wird Sie diese Frage eventuell noch eine ganze Weile beschäftigen. Eigentlich ist diese Frage auch innerhalb eines Buchs, das sich mit dem Thema Microsoft Project 2010 beschäftigt, an der falschen Stelle.

Wann ist das Projekt fertig?

Generell muss allen Beteiligten schon ganz zu Anfang des Projekts klar sein, was alles erfüllt sein muss, damit das Projekt beendet ist. An dieser Stelle wollen und können wir dieses in seiner Komplexität durchaus umfangreiche Thema nicht umfänglich behandeln. Dazu gibt es in der Projektmanagement-Literatur genug Hinweise, die Ihnen mit Sicherheit weiterhelfen können.

Wir beschäftigen uns an dieser Stelle mit der Frage, was getan werden muss, damit ein Projekt aus der Sicht von Project abgeschlossen ist!

Projektstatistik einsehen

Gehen wir einmal davon aus, Sie haben die Endabnahme Ihres Hauses hinter sich gebracht, und es sind keine offenen Punkte mehr übrig! All diese Feststellungen treffen Sie mit dem Bauherren außerhalb des Projektplans. Nun wollen Sie im Plan die noch verbleibenden Dinge ebenfalls abschließen. Dazu gehören verbleibende Kosten, Arbeiten und noch nicht abgeschlossene Meilensteine.

Als ersten Schritt rufen Sie dazu die Projektstatistik auf, um generell zu kontrollieren, welche Werte Sie noch abschließen müssen. Um die Projektstatistik einzusehen, gehen Sie folgendermaßen vor:

CD-ROM Die Datei *Kap16_01.mpp* finden Sie im Ordner *\Buch\Kap16* innerhalb der Beispieldateien zum Buch.

1. Öffnen Sie die Datei *Kap16_01.mpp.*

2. Rufen Sie im Menüband über *Projekt/Eigenschaften* den Befehl *Projektinformationen* auf, um das Dialogfeld *Projektinfo für "kap16_01.mpp"* zu öffnen.
3. Klicken Sie im geöffneten Dialogfeld auf die Schaltfläche *Statistik*. Project öffnet das Dialogfeld *Projektstatistik für "kap16_01.mpp"* (Abbildung 16.1).

In diesem Dialogfeld finden Sie alle Metainformationen zum Stand des Projekts, jeweils aufgeteilt in aktuell berechnete Werte, Basisplanwerte (Basisplan 0) und aktuelle Werte. Die obere Hälfte zeigt Ihnen die Anfangs- und Endtermine des Projekts sowie die Abweichung zwischen berechneten Werten und Basisplanwerten an. In der unteren Hälfte finden Sie Informationen zu Dauer, Arbeit und Kosten.

Abbildg. 16.1 Die Projektstatistik vor dem finalen Abschluss

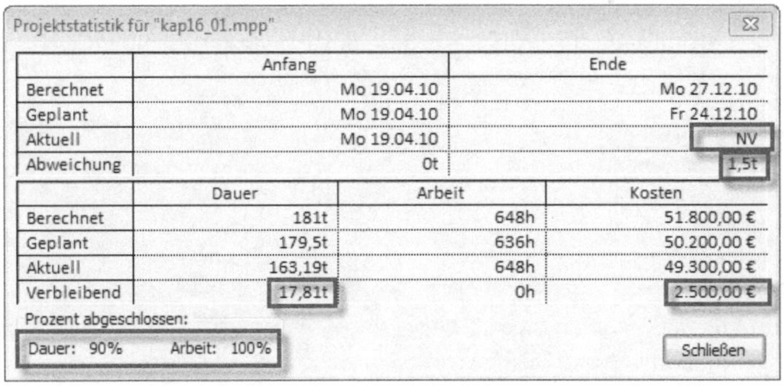
Projektstatistik für "kap16_01.mpp"

	Anfang	Ende
Berechnet	Mo 19.04.10	Mo 27.12.10
Geplant	Mo 19.04.10	Fr 24.12.10
Aktuell	Mo 19.04.10	NV
Abweichung	0t	1,5t

	Dauer	Arbeit	Kosten
Berechnet	181t	648h	51.800,00 €
Geplant	179,5t	636h	50.200,00 €
Aktuell	163,19t	648h	49.300,00 €
Verbleibend	17,81t	0h	2.500,00 €

Prozent abgeschlossen:

Dauer: 90% Arbeit: 100%

Schließen

In unserem Beispiel hält Project (Abbildung 16.1) folgende Informationen für Sie bereit, an denen Sie erkennen können, dass noch Punkte innerhalb des Plans abzuschließen sind:

- Es gibt noch kein aktuelles Ende, was bedeutet, dass noch Vorgänge existieren, die nicht zu 100 % angeschlossen sind
- Die Abweichung zwischen Basisplan und berechneten Terminen beträgt 1,5 Tage, das heißt, es existiert ein Terminverzug von 1,5 Tagen für das gesamte Projekt
- Es gibt eine gesamte verbleibende Dauer von 17,81 Tagen, die allerdings keine verbleibende Arbeit mehr generiert, weil diese bereits Null ist
- Es sind noch verbleibende Kosten von 2.500,00 ? verzeichnet. Da aber die verbleibende Arbeit bereits Null ist, muss es sich um ein reines Kostenelement handeln.

Nun geht es darum, alle verbleibenden Werte auf Null zu setzen, um einen technischen Projektabschluss innerhalb von Project zu realisieren.

Alle verbleibenden Werte auf Null setzen

Nun müssen Sie den Projektplan Schritt für Schritt analysieren, um alle offenen Punkte aus der Projektstatistik abschließen zu können. Beginnen Sie mit der verbleibenden Dauer, offensichtlich gibt es noch Vorgänge, die nicht zu 100 % abgeschlossen sind. Da allerdings die verbleibende Arbeit bereits auf Null steht, ist davon auszugehen, dass es sich um Vorgänge handelt, welche nicht ausgeplant waren und daher nichts zum Abschluss des Projekts beitragen. Oder es handelt sich um Meilensteine, die noch nicht auf 100 % abgeschlossen gesetzt wurden. Um diese Vorgänge/Meilensteine zu finden, gehen Sie folgendermaßen vor:

1. Rufen Sie im Menüband über *Ansicht/Daten/Tabellen* im Listenfeld die Tabelle *Überwachung* auf.
2. Klicken Sie im Spaltenkopf der Spalte *% Abg.* auf das kleine schwarze Dreieck, um die Liste mit den Autofilteroptionen für die Spalte zu öffnen (Abbildung 16.2).
3. Deaktivieren Sie das Kontrollkästchen vor *100%*, um alle Vorgänge auszufiltern die bereits zu 100 % abgeschlossen sind.

Abbildg. 16.2 Alle Elemente filtern, die noch nicht abgeschlossen sind

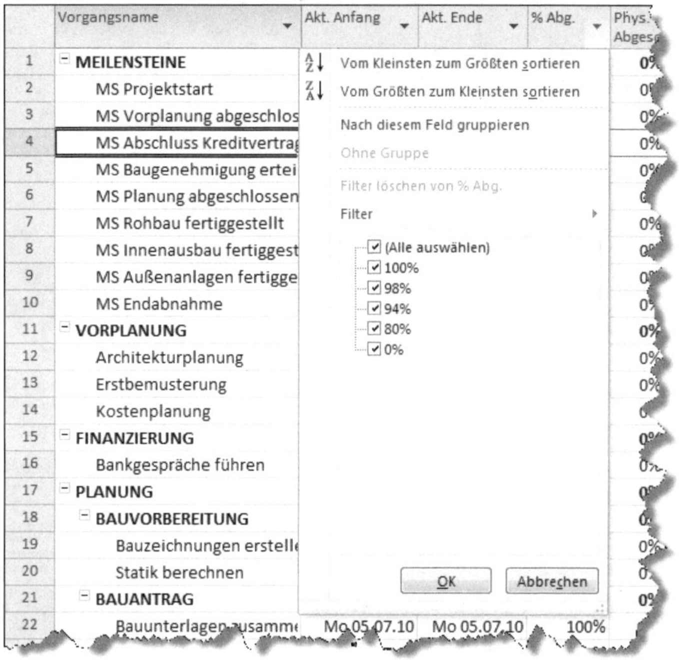

4. Klicken Sie auf *OK*, um die Auswahl zu bestätigen. Es werden nun alle Vorgänge/Meilensteine angezeigt, die noch von Ihnen abgeschlossen werden müssen.

Abbildg. 16.3 Vorgänge, die noch abgeschlossen werden müssen

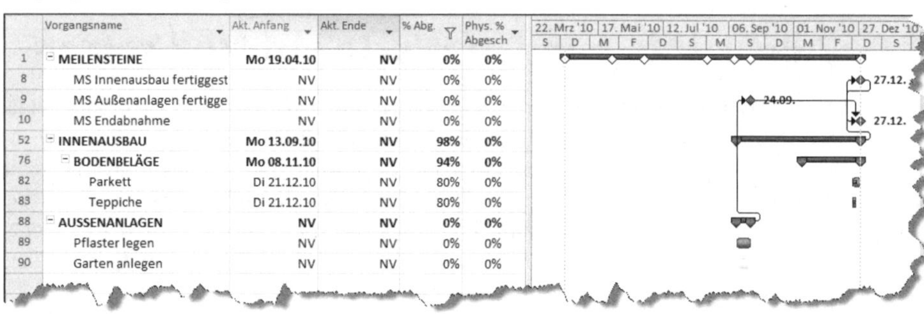

Im gefilterten Ergebnis finden Sie auch die Gründe für die Unstimmigkeiten aus der Projektstatistik bezüglich der Projektdauer. Im Plan befindet sich noch der Sammelvorgang *AUSSENANLAGEN* mit zwei Teilvorgängen sowie einem Meilenstein, welcher aus dem Projektumfang herausgenommen wurde und deshalb gelöscht werden kann:

1. Markieren Sie die gesamte Zeile 88 *AUSSENANLAGEN*.
2. Drücken Sie die `Entf`-Taste.
3. Bestätigen Sie die Meldung des Planungs-Assistenten (Abbildung 16.4) mit *OK*.

4. Markieren Sie die Zeile 9 *MS Außenanlagen fertiggestellt.*
5. Drücken Sie die [Entf] Taste.

Abbildg. 16.4 Löschen des Sammelvorgangs *AUSSENANLAGEN* inklusive der Teilvorgänge

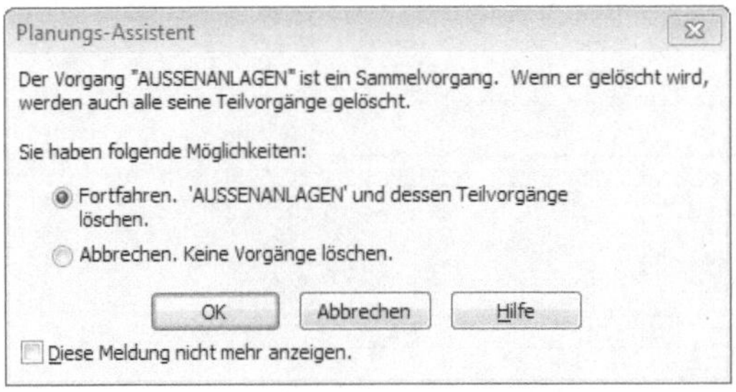

Als Nächstes müssen die noch verbleibenden Vorgänge/Meilensteine ordnungsgemäß abgeschlossen werden:

1. Geben Sie dazu bei den verbleibenden Vorgängen/Meilenstein, Zeile 81 *Bodenbeläge*, Zeile 82 *Teppiche*, Zeile 8 *MS Innenausbau fertiggestellt* und Zeile 9 *MS Endabnahme* in der Spalte *Akt. Ende* den *23.12.2010* ein! Die Vorgänge werden dadurch automatisch auf 100 % abgeschlossen gesetzt.
2. Bei dem Meilenstein wird dadurch automatisch das Feld *Akt. Anfang* auf den gleichen Termin gesetzt, da es sich hier um einen Meilenstein handelt, dessen Dauer Null und deshalb der Anfangs- gleich dem Endtermin ist.

HINWEIS In diesem Fall ist auch die Eingabe eines Termins in den Datumsfeldern erlaubt und steht nicht im Konflikt zur Goldenen Regel 5 »Die Spalten Anfang und Ende nicht editieren«. Es handelt sich hier zum einen um Istdaten, die natürlich eingegeben werden müssen, zum anderen gilt die Goldene Regel 5 nur in der Planungsphase und wirkt nicht mehr zum Zeitpunkt des Projektabschlusses.

3. Öffnen Sie nun den AutoFilter, indem Sie im Spaltenkopf der Spalte *% Abg.* auf das kleine schwarze Dreieck klicken, um die Liste mit den Filteroptionen für die Spalte zu öffnen.
4. Aktivieren Sie das Kontrollkästchen *(Alle auswählen).*

Abbildg. 16.5 AutoFilter zurücksetzen

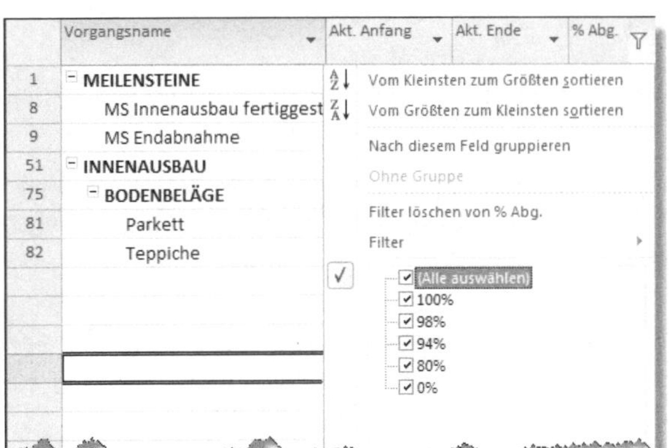

5. Bestätigen Sie die Auswahl mit *OK*.

Es werden wieder alle Vorgänge des Projekts angezeigt. Wenn Sie nun die Projektstatistik nochmals kontrollieren (siehe den Abschnitt »Projektstatistik einsehen« ab Seite 482), ergibt sich folgendes Bild:

Abbildg. 16.6 Es sind noch 2.500,00 € offen!

Projektstatistik für "kap16_01.mpp"

	Anfang	Ende
Berechnet	Mo 19.04.10	Do 23.12.10
Geplant	Mo 19.04.10	Fr 24.12.10
Aktuell	Mo 19.04.10	Do 23.12.10
Abweichung	0t	-0,5t

	Dauer	Arbeit	Kosten
Berechnet	179t	648h	51.800,00 €
Geplant	179,5t	636h	50.200,00 €
Aktuell	179t	648h	49.300,00 €
Verbleibend	0t	0h	2.500,00 €

Prozent abgeschlossen:

Dauer: 100% Arbeit: 100%

Schließen

Es gibt nun ein aktuelles Ende am 23.12.2010 und die Abweichung in Ihrem Plan beträgt nun -0,5 Tage. Auch in der Zeile *Verbleibend* sind nun die Dauer und Arbeit auf Null. Nur in der Spalte *Kosten* befinden sich immer noch 2.500,00 €, die dort eigentlich nicht mehr stehen dürften. Das bedeutet, Sie müssen sich hier noch einmal auf die Suche begeben, um auch diesen Punkt zu klären. Gehen Sie hierzu folgendermaßen vor:

1. Wählen Sie im Menüband über *Ansicht/Daten/Tabellen* im Listenfeld die Tabelle *Kosten* aus.
2. Blättern Sie im Tabellenbereich nach rechts, bis Sie die Spalte *Verbleibend* sehen.
3. Filtern Sie nun mit Hilfe der AutoFilter-Funktion (siehe die vorherigen Abschnitte) auf den Wert 2.500,00 €. Als Ergebnis erhalten Sie den Vorgang Nr. 49 *Dach decken*.

Abbildg. 16.7 Der Vorgang *Dach decken* hat noch verbleibende Kosten

	Vorgangsname	Feste Kosten	Fälligkeit fester Kosten	Gesamtkosten	Geplant	Abweichung	Aktuell	Verbleibend
26	**ROHBAU**	**0,00 €**	**Anteilig**	**25.250,00 €**	**23.650,00 €**	**1.600,00 €**	**22.750,00 €**	**2.500,00 €**
47	**DACH**	**0,00 €**	**Anteilig**	**5.650,00 €**	**5.650,00 €**	**0,00 €**	**3.150,00 €**	**2.500,00 €**
49	Dach decken	500,00 €	Anteilig	5.250,00 €	5.250,00 €	0,00 €	2.750,00 €	2.500,00 €

Da aber alle Vorgänge auf Grund der vorherigen Aktionen auf 100 % abgeschlossen stehen, können die 2.500,00 € nicht aus einer unabgeschlossenen Arbeit resultieren. Um den Vorgang detaillierter zu analysieren, gehen Sie folgendermaßen vor:

1. Selektieren Sie die Zeile Nr. 49 *Dach decken*.
2. Aktivieren Sie im Menüband über *Ansicht/Elemente anzeigen* das Kontrollkästchen *Details*, um die Vorgangsdetails einzublenden.

Abbildg. 16.8 Sind vielleicht die Dachziegel noch nicht bezahlt?

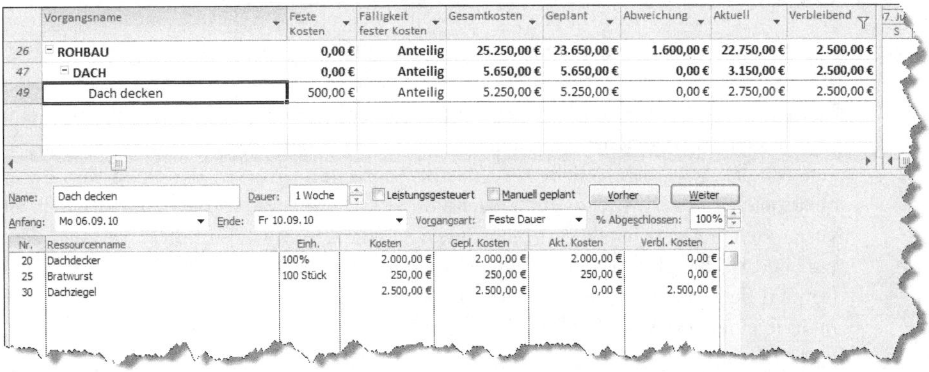

Hier verbirgt sich des Rätsels Lösung! Die Kostenressource *Dachziegel* hat noch keine aktuellen Kosten. Dies bedeutet, dass diese Kosten immer noch als verbleibend im Projektplan angezeigt werden. Nach Überprüfung des Rechnungsbuchs stellen Sie fest, dass die Ziegel längst bezahlt wurden, aber im Plan nicht aktualisiert sind. Um dies nachzuholen, gehen Sie folgendermaßen vor:

1. Setzen Sie die Einfügemarke innerhalb der Vorgangsdetails in die Spalte *Akt. Kosten*.
2. Geben Sie als aktuelle Kosten *2.500,00 €* ein.
3. Bestätigen Sie mit *OK*.

Abbildg. 16.9 Jetzt ist alles aktuell

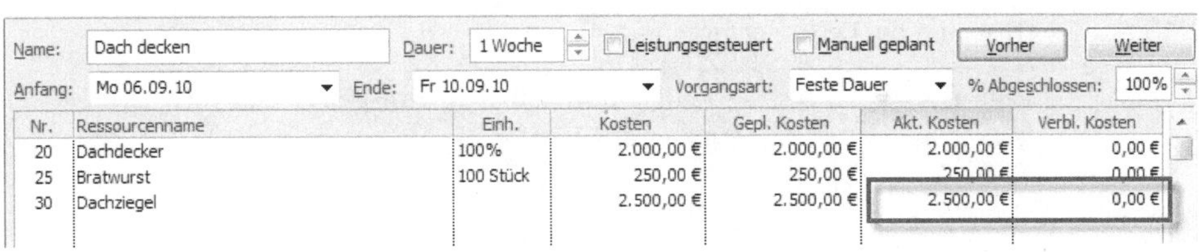

Eine letzte Prüfung der Projektstatistik bestätigt dies: In der Zeile *Verbeibend* werden Sie nur noch Nullwerte finden. Nun können Sie Ihr Projekt archivieren, um es zu Dokumentationszwecken aufzubewahren.

Abbildg. 16.10 Alle verbleibenden Werte sind nun Null!

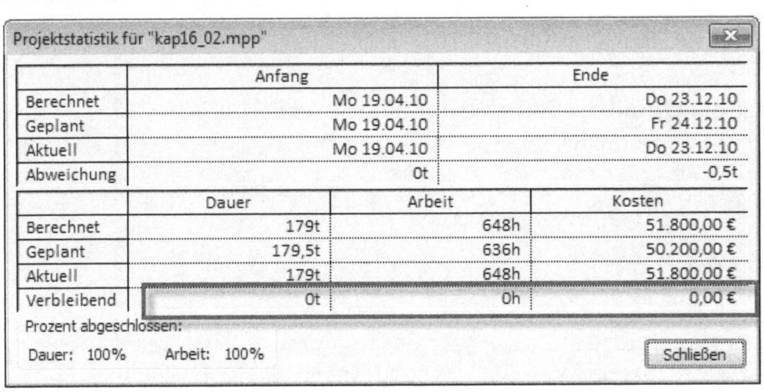

Projektabschluss

Wie archiviert man ein Projekt?

Die Archivierung des abgeschlossenen Projekts dient in erster Linie zu Dokumentationszwecken. Hier ist wichtig, dass nicht im Nachhinein absichtlich oder unbeabsichtigt Werte innerhalb des Plans verändert werden. Allerdings gibt es in Project keinen Mechanismus, um einen Projektplan unveränderbar zu machen oder eine Version zu erzeugen, die nicht mehr veränderbar ist. Die einzige Möglichkeit, die Sie haben, ist das Erzeugen von diversen Berichten und diese dann als PDF abzuspeichern (siehe hierzu auch das Kapitel 9). Dies ist die wohl einzige Möglichkeit, um eventuell vorhandenen gesetzlichen Verpflichtungen zu genügen. Inwieweit diese Variante dann letztlich ausreichend ist, hängt von den jeweiligen Vorschriften ab, die im Einzelfall gelten. Diese Dokumentation hat den Nachteil, dass sie sehr aufwändig ist und wegen der großen Datenmenge von Project nicht in einem oder wenigen PDF-Dokumenten realisierbar sein wird.

Das Fazit, das Sie hieraus ziehen können, ist nur das eine, es gibt keine wirklich belastbare Archivierungsmethode, die in Project vorhanden ist.

Datei- oder Schreibschutz festlegen

Es gibt allerdings eine Funktion, um einen Projektplan zumindest gegen eine unbefugte oder unbeabsichtigte Änderung zu schützen. Sie können den gesamten Projektplan mit einem Kennwort versehen bzw. als schreibgeschütztes Dokument öffnen lassen. Gehen Sie hierzu folgendermaßen vor:

1. Rufen Sie im Menüband in der Registerkarte *Datei* den Befehl *Speichern unter* auf.
2. Klicken Sie im Dialogfeld *Speichern unter* links neben der *Speichern*-Schaltfläche auf den Befehl *Tools*.

Abbildg. 16.11 Hier wird der Dokumentenschutz eingestellt

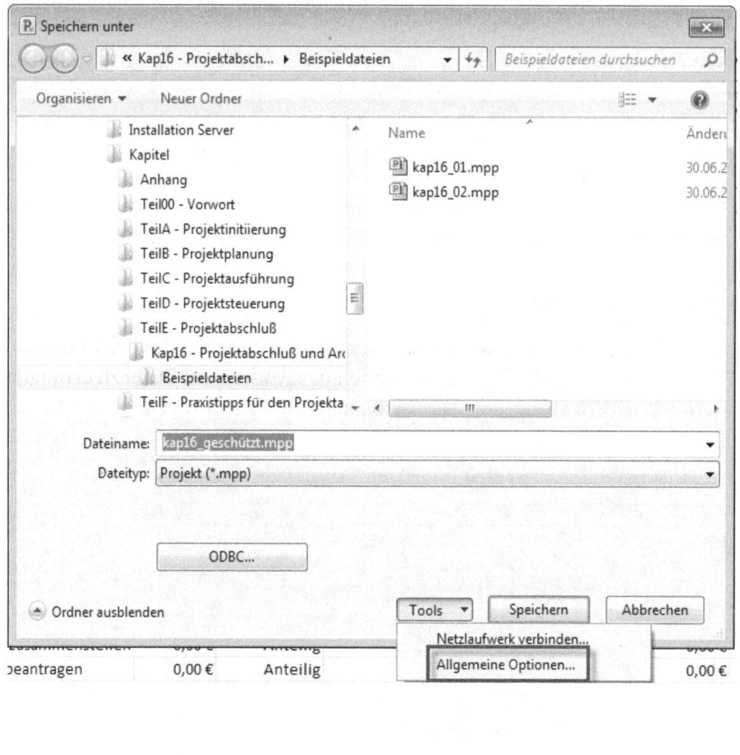

3. Wählen Sie den Listeneintrag *Allgemeine Optionen* aus.
4. Sie haben im Dialogfeld *Speicheroptionen* (Abbildung 16.12) zwei Möglichkeiten zur Absicherung: Geben Sie ein *Sicherungskennwort* ein, um das Öffnen der Datei nur mit Kennwort zuzulassen, oder ein *Schreibschutzkennwort*, um die Datei nur mit Kennwort schreibend öffnen zu können.
5. Geben Sie einen Dateinamen ein, zum Beispiel *kap16_geschützt.mpp*.

Abbildg. 16.12 Die Optionen zum Dateischutz

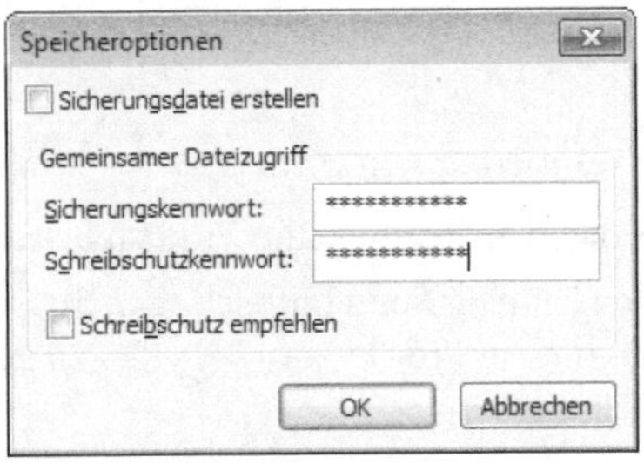

6. Bestätigen Sie mit *OK*. Sie werden für jedes von Ihnen eingegebene Kennwort aufgefordert, dieses zu bestätigen.
7. Anschließend bestätigen Sie das Speichern noch mit *OK*.

Dateischutz aufheben

Haben Sie ein Sicherungskennwort festgelegt, verhindert dieses ohne Kenntnis des Kennworts das Öffnen der Datei. Sie werden beim Öffnen der Datei aufgefordert, dieses Kennwort einzugeben.

Abbildg. 16.13 Kennwort zum Öffnen der Datei

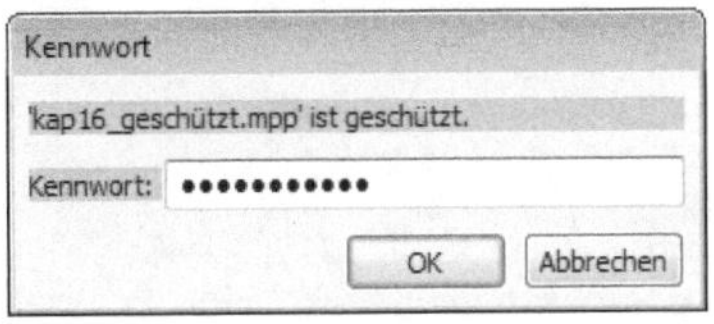

Datei mit Schreibschutz öffnen

Ist ein Schreibschutzkennwort festgelegt worden, haben Sie die Möglichkeit, den Zugriff auf die Datei zu gewähren, aber nur bestimmten Personen das Ändern der Datei zu ermöglichen. Haben Sie ein Schreibschutzkennwort festgelegt, lässt sich auch ohne Kennwort die Datei lesend öffnen!

Abbildg. 16.14 Öffnen der Datei mit eingestelltem Schreibschutz

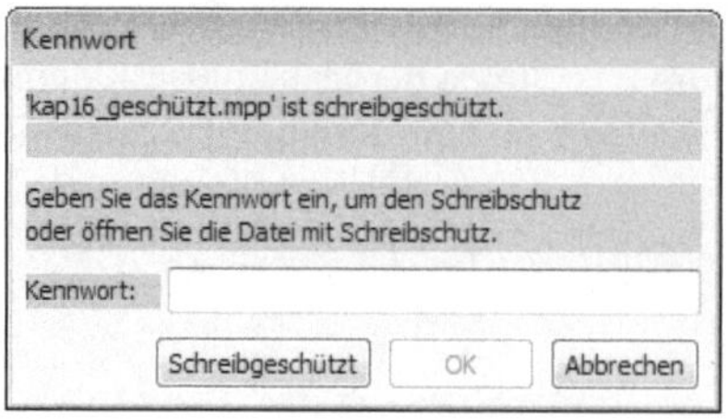

Zusammenfassung

Mit den Hinweisen in diesem Kapitel können Sie nun die Projektdatei archivieren und dafür schützen, dass sie im Nachhinein noch geändert werden kann. Es kann hilfreich sein, die Projektdatei aufzuheben, um in der Zukunft auf Erfahrungen aus diesem Projekt zurückgreifen zu können.

Teil F

Praxistipps für den Projektalltag

Kapitel 17

Globale und benutzerdefinierte Vorlagen

In diesem Kapitel:

Microsoft Project 2010 benutzt ebenso wie die anderen Office-Anwendungen Vorlagendateien, um bestimmte Grundeinstellungen jeder neuen Project-Datei zur Verfügung zu stellen. Hier wird unterschieden zwischen der globalen Vorlagendatei *Global.MPT* (in Word 2010 ist dies die Datei *Normal.dotx*) und benutzerspezifischen Vorlagen, die individuell erstellt worden sind. In diesem Kapitel werden Sie zunächst erfahren, wie Project projektunabhängige Objekte organisiert, und anschließend, wie Sie eigene Vorlagen erstellen können.

Die globale Vorlage – Global.MPT

Um in einem neuen Projekt grundsätzlich planen zu können, sind unterschiedliche Tabellen, Ansichten, Filter etc. erforderlich. Beim Erstellen einer neuen Project-Datei stellt Project diese Grundelemente zur Verfügung. Alle Objekte sind in der Vorlagendatei *Global.MPT* gespeichert und werden beim Erstellen des neuen Projekts in die neue Projektdatei kopiert. Die *Global.MPT* beinhaltet alle standardmäßigen und benutzerdefinierten Ansichten, Tabellen, Filter, Gruppen, Berichte, Kalender, Felder, Module (VBA-Makros) und Schemen (Import-/Exportschemen). Wie Sie bereits wissen, unterscheidet Project zwischen Projekt- und Vorlagendateien durch unterschiedliche Dateierweiterungen:

- **.mpp** Steht für Microsoft Project Projekt
- **.mpt** Steht für Microsoft Project Template (Vorlage)

Ab diesem Moment sind die Objekte zusätzlich in der neu erstellten Project-Datei gespeichert.

HINWEIS Die Datei *Global.MPT* enthält keine Vorgänge und keine Ressourcen. Es sind lediglich Objekte darin gespeichert, die den Zugriff auf die Daten der Project-Tabellen ermöglichen. Im Gegensatz hierzu werden Sie später sehen, dass benutzerdefinierte Vorlagen auch Vorgänge und Ressourcen enthalten (können).

Der Organisator

Um den Inhalt der globalen Vorlagendatei zu sehen, öffnen Sie den Organisator. Diesen erhalten Sie über die Backstage-Ansicht, über den Befehl *Datei/Informationen/Organisator* (Abbildung 17.1).

Abbildg. 17.1 Die Backstage-Ansicht

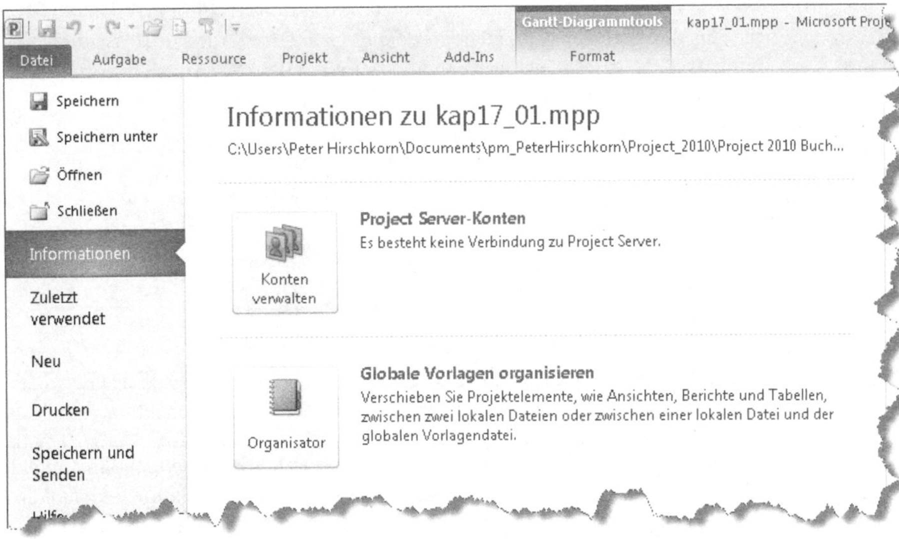

In der Tabelle 17.1 sehen Sie alle Objekte, auf die Sie in den Project-Dateien Zugriff haben, oder in anderen Worten, die Sie ändern und zwischen den Project-Dateien hin und her kopieren können.

Tabelle 17.1 Die Objekte in der *Global.MPT*

Objektgruppe	Beschreibung
Ansichten	Darstellung der Projektinformationen auf dem Bildschirm
Berichte	Berichte zur Ausgabe von Projektdaten auf einen Drucker oder in eine PDF-Datei
Module	Visual Basic-Module und Makros
Tabellen	Tabellendefinitionen zur Eingabe von Ressourcen- und Vorgangsdaten
Filter	Selbst definierte oder geänderte Projektfilter für Ressourcen und Vorgänge
Kalender	Selbst definierte oder geänderte Kalender (Projekt, Vorgang, Ressource)
Schemen	Schemen zum Exportieren von Project-Daten in andere Office-Anwendungen
Felder	Selbst definierte Felder, z.B. Berechnungen
Gruppen	Selbst definierte oder geänderte Gruppierungen für Ressourcen und Vorgänge

In Abbildung 17.2 sehen Sie den Inhalt der Registerkarte *Ansicht* des Organisators. Im linken Teil befinden sich die Ansichten der globalen Vorlagendatei, im rechten die Objekte, die im Beispielprojekt möglicherweise neu erstellt oder geändert wurden.

Abbildg. 17.2 Die Objekte des Organisators

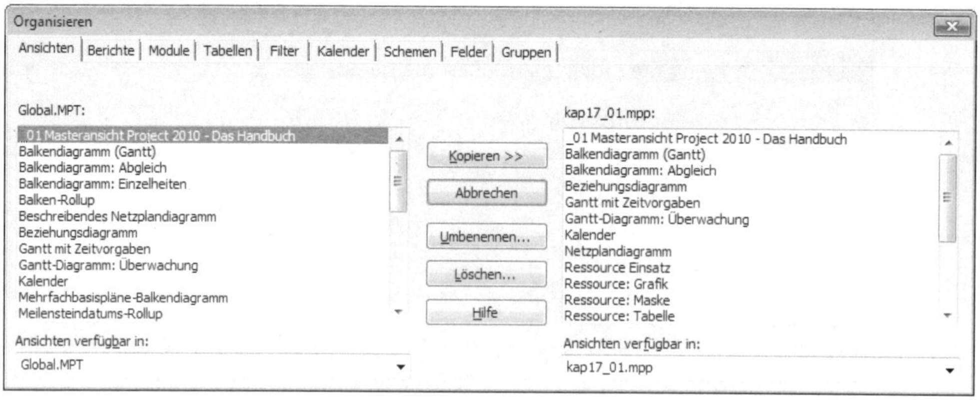

WICHTIG Sie können in dieser Objektübersicht nicht erkennen, ob die Objekte der *Global.MPT* und des Projekts identisch oder unterschiedlich sind. Solange es sich um dieselben Objektnamen handelt, ist ein Unterschied leider nicht sichtbar. Außerdem sehen Sie im rechten Teil nicht, ob Sie in den Objekten eine Änderung vorgenommen haben oder nicht. Project zeigt hier lediglich die Objekte an, die bei Ihrer Arbeit in der Project-Datei einmal »auf dem Bildschirm« angezeigt wurden.

Objekte kopieren

Nehmen wir an, Sie wollen den Bericht *Export Vorgang-Ressource-Termin* aus dem Beispielprojekt zukünftig auch in anderen Projekten benutzen. Hierzu gehen Sie wie folgt vor:

1. Wählen Sie im Dialogfeld *Organisieren* die Registerkarte *Berichte.*
2. Selektieren Sie den Bericht *Export Vorgang-Ressource-Termin.*
3. Klicken Sie die Schaltfläche *Kopieren.*
4. Beenden Sie die Eingabe mit einem Klick auf *Schließen.*

Der Bericht ist nun in der globalen Vorlagendatei gespeichert und steht im nächsten neuen Projekt zur Verfügung.

ACHTUNG Sollten Sie das ausgewählte Objekt noch einmal kopieren, erhalten Sie eine Fehlermeldung, die darauf hinweist, dass ein Objekt mit demselben Namen bereits vorhanden ist.

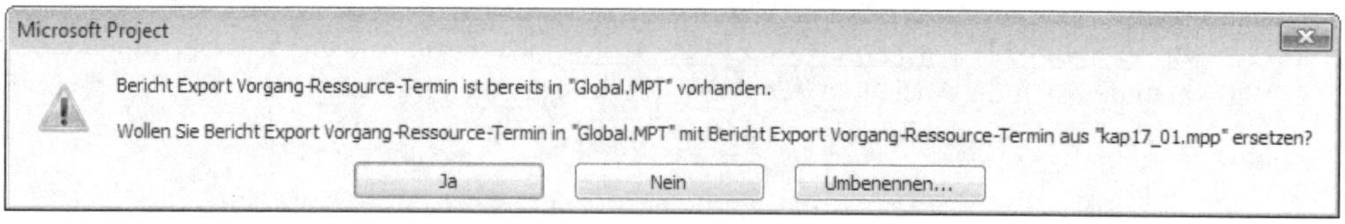

Gerne dürfen Sie, wenn sich Änderungen ergeben haben, diese Aktion mit *Ja* bestätigen.

Genau dieselben Techniken werden verwendet, wenn Sie Objekte aus der globalen Vorlagendatei in Ihr geöffnetes Projekt kopieren wollen.

TIPP Wenn Sie Objekte zwischen mehreren Project-Dateien austauschen wollen, müssen diese Dateien geöffnet sein. In der Auswahlliste des Organisators können Sie dann die Dateien zum Kopieren auswählen (Abbildung 17.3).

Abbildg. 17.3 Die Dateiauswahl im Organisator

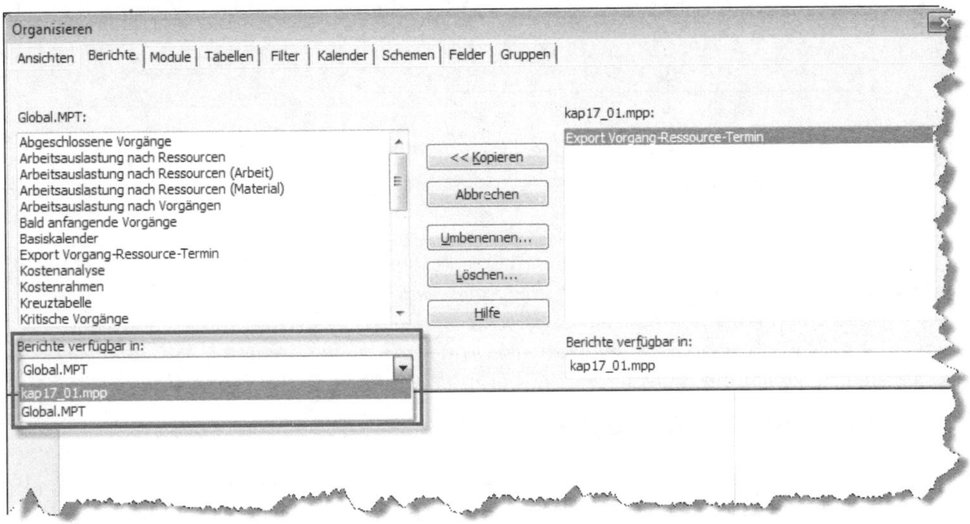

Objekte löschen

Zum Löschen beliebiger Objekte in Ihrem Projekt oder in der *Global.MPT* markieren Sie einfach das Objekt und betätigen die Schaltfläche *Löschen*.

Die Warnmeldung bestätigen Sie mit *Ja* (Abbildung 17.1).

Abbildg. 17.4 Die Bestätigungsmeldung vor dem Löschen

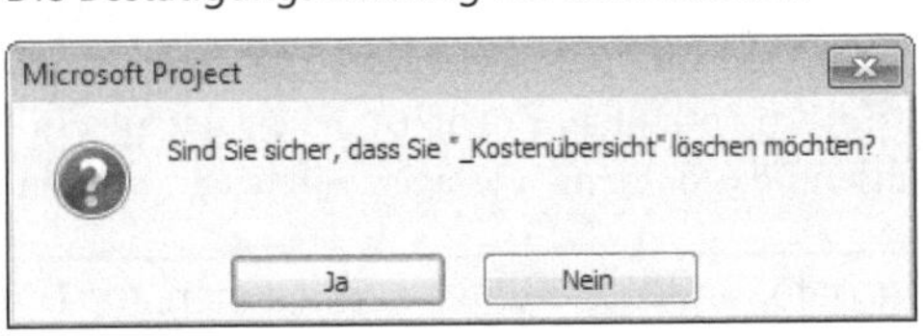

ACHTUNG Einige Objekte können nicht gelöscht werden, da sie in Project unabdingbar sind. Hierzu gehört der Kalender *Standard* als wichtigstes Objekt. Sollten Sie dennoch einen Löschvorgang starten, erzeugt Projekt folgende Meldungen:

Abbildg. 17.5 Der Löschversuch in *Global.MPT*

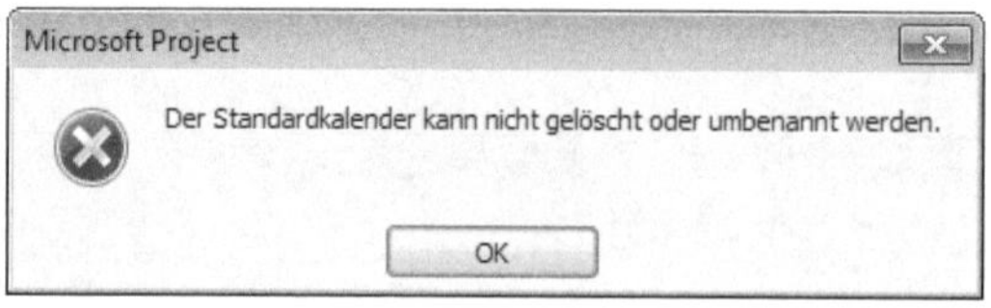

Abbildg. 17.6 Löschversuch des Standardkalenders in der geöffneten Project-Datei

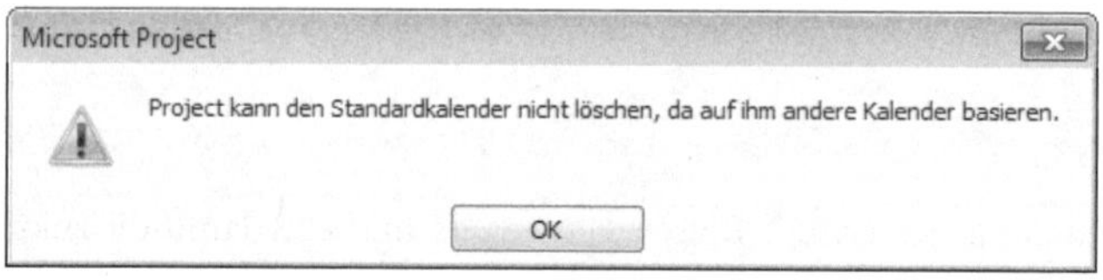

Objekte umbenennen

Sie können generell die meisten Objekte, die sich in der globalen Vorlagendatei oder in der geöffneten Project-Datei befinden, umbenennen. Wie Sie jedoch in Abbildung 17.5 und Abbildung 17.6 sehen, funktioniert dies nicht mit allen Objekten. Ebenso wie beim Löschen wird das Umbenennen für manche Objekte verhindert.

TIPP Um Ihre selbst erstellten Objekte immer an der obersten Position der Objektliste zu haben, können Sie ein Sonderzeichen, z.B. den Unterstrich, verwenden. Project sortiert die Liste alphabetisch aufsteigend, sodass dann Ihre eigenen Objekte immer oben stehen.

Eine benutzerdefinierte Vorlage erstellen

Im Gegensatz zur globalen Vorlage *Global.MPT* können Sie eigene Vorlagen erstellen, die zusätzlich zu den Objekten auch Vorgänge und Ressourcen enthalten. Zunächst benötigen Sie ein Projekt, das alle Objekte, Vorgänge und Ressourcen enthält, das dann als Vorlage gespeichert werden soll.

CD-ROM Die entsprechende Übungsdatei finden Sie unter dem Namen *Kap17_02.mpp* im Ordner *\Buch\Kap17* innerhalb der Begleitdateien zu diesem Buch.

Im Beispielprojekt (Abbildung 17.7) wurde eine einfache Struktur realisiert, der Projektstart ist am *3. Jan 2011* und der zugrunde liegende Projektkalender ist der Kalender *Standard*. In diesem sind bereits alle Feiertage für die folgenden Jahre realisiert.

Abbildg. 17.7 Das Beispiel für die Projektvorlage

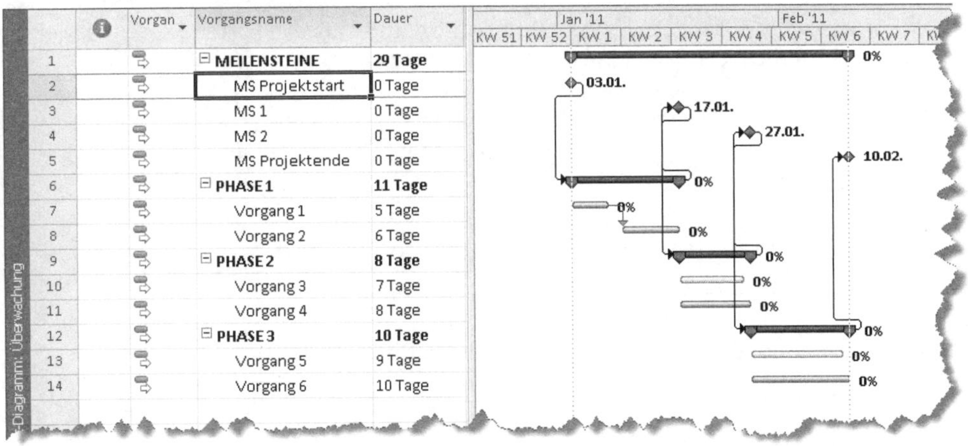

Ebenso wurden im Projekt einige generische Ressourcen bereits angelegt, damit die zukünftige Vorlage auch diese bereits enthält.

Projekt als Vorlage speichern

Um das Beispielprojekt als Vorlage zu speichern, gehen Sie wie folgt vor:

1. Öffnen Sie das Projekt, das Sie als Vorlage speichern wollen, oder erstellen Sie ein neues Projekt.
2. Entfernen Sie alle Objekte, Vorgänge und Ressourcen, die nicht benötigt werden.
3. Ändern Sie Ihre Ansichten, Tabellen und Filter so, wie Sie es wünschen.
4. Entfernen Sie möglicherweise Ressourcenzuordnungen.
5. Legen Sie den Projektkalender fest.
6. Legen Sie den Projektanfangstermin fest.
7. Wählen Sie den Befehl *Datei/Speichern unter.*
8. Wählen Sie den Dateityp *Project-Vorlagen (*.mpt)* (Abbildung 17.8) und vergeben Sie einen sinnvollen Namen.

Abbildg. 17.8 Auswahlliste der möglichen Dateitypen

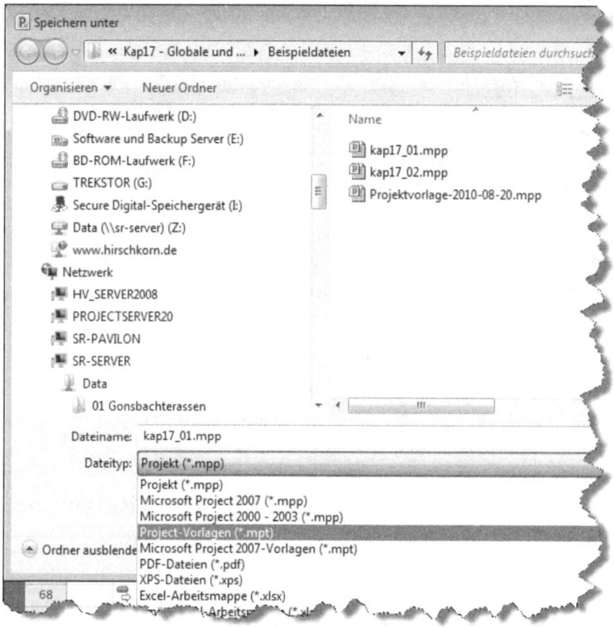

9. Wählen Sie die Schaltfläche *Speichern*.

In Abbildung 17.9 erkennen Sie, dass Project nachfragt, ob Sie aktuelle Werte in die Vorlage übernehmen oder entfernen wollen.

Abbildg. 17.9 Entfernen aktueller Werte beim Speichern als Vorlage

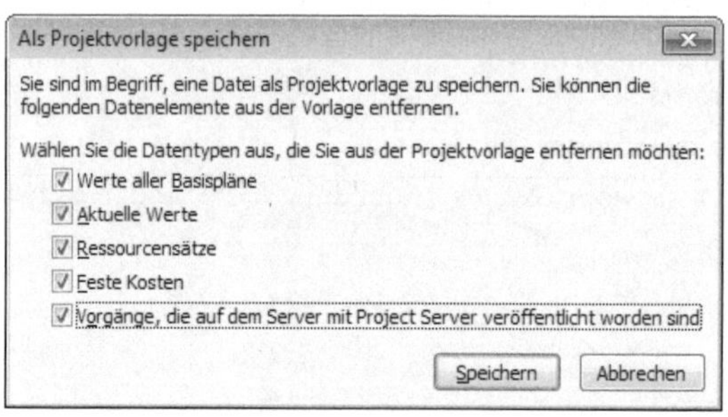

Normalerweise werden aktuelle Daten niemals als Vorlage gespeichert und Sie sollten alle Kontrollkästchen aktivieren, damit die Werte aus der Projektvorlage entfernt werden.

PROFITIPP Alle Einstellungen in den *Project-Optionen* werden auch in der Projektvorlage gespeichert. Bevor Sie also eine Vorlage speichern, sollten Sie überlegen, welche Berechnungseinstellungen (feste Einheit, feste Dauer, feste Einheit) in der Vorlage vordefiniert sein sollen. Sparen Sie nicht damit, alle für Sie wichtigen Einstellungen in der Vorlage mit zu berücksichtigen. Es handelt sich vor allem um die Einstellungen in den Terminplanoptionen (Abbildung 17.10).

Abbildg. 17.10 Mögliche Voreinstellungen bei den *Terminplan-Optionen*

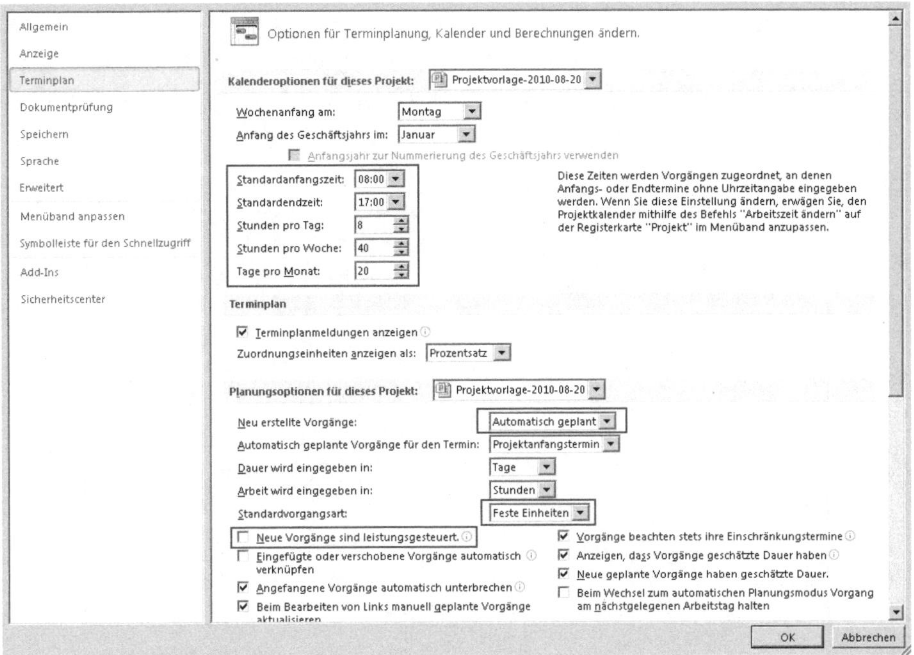

Neues Projekt aus Vorlage erstellen

Um ein neues Projekt aus der eben erstellten Vorlage zu beginnen, müssen Sie zunächst festlegen, auf welchen Speicherort Project zugreifen soll:

1. Wählen Sie den Befehl *Datei/Optionen/Speichern*.

Abbildg. 17.11 Speicherort der Vorlagen

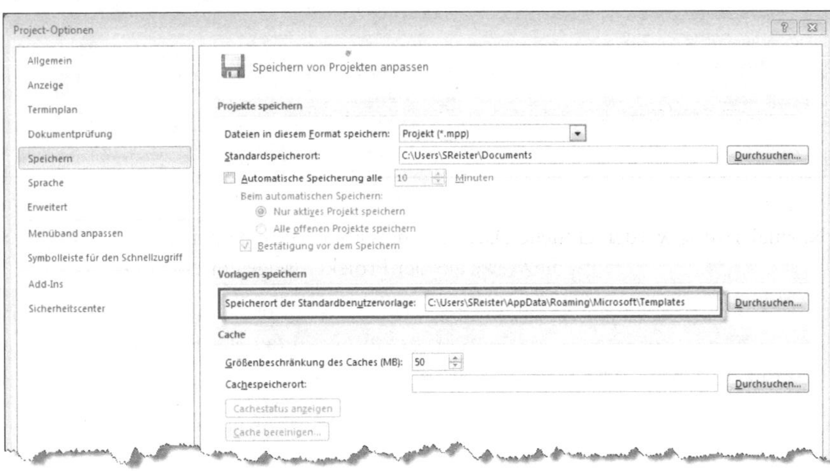

2. Wählen Sie den Speicherort mit Hilfe der Schaltfläche *Durchsuchen.*
3. Bestätigen Sie mit *OK.*

4. Wählen Sie nun als Nächstes den Befehl *Datei/Neu* und dann die Schaltfläche *Meine Vorlagen.*
5. Wählen Sie die Vorlage aus, auf deren Basis Sie ein neues Projekt erstellen wollen (Abbildung 17.12).

Abbildg. 17.12 Vorlage auswählen

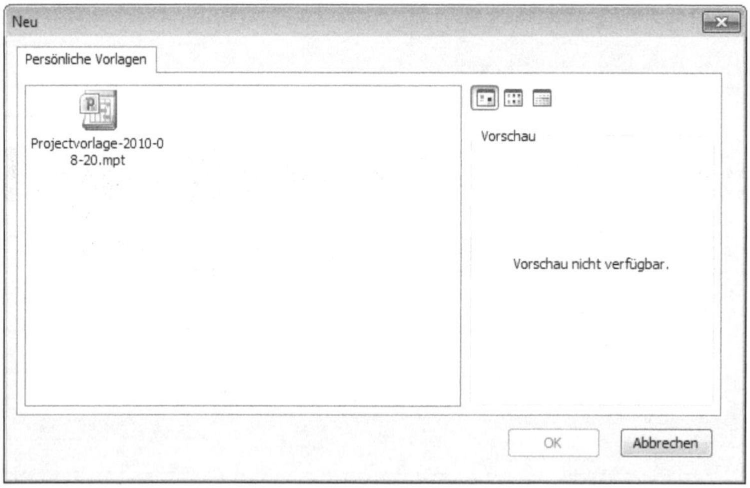

6. Bestätigen Sie mit *OK.*
7. Ändern Sie umgehend alle Parameter, die das neue Projekt erhalten soll, wie z.B. den *Projektstarttermin*, und speichern Sie das Projekt unter einem sinnvollen Namen.

TIPP Wenn Sie mehrere Vorlagen erstellen und verwenden wollen, sollten Sie ein spezielles Verzeichnis auf Ihrem Netzwerk einrichten. Weiterhin ist es sinnvoll, die Vorlagen so zu benennen, dass Sie jederzeit erkennen können, worum es sich handelt und zu welchem Datum die Vorlage erstellt wurde. Dies macht die Verwaltung von Vorlagen wesentlich einfacher.

WICHTIG Sie können ebenso aus einem bereits vorhandenen Projekt ein neues Projekt erstellen. Wählen Sie hierzu über den Befehl *Datei/Neu* den Eintrag *Neu mit vorhandenem Project.*

Zusammenfassung

In diesem Kapitel haben Sie gelernt, wie Sie Objekte in der globalen Vorlagendatei verwalten können. Ebenso wurde gezeigt, welche Schritte zur Erstellung eigener Projektvorlagen notwendig sind und wie Sie diese Projektvorlagen verwenden können.

Kapitel 18

Menüband – Schnellzugriff und Backstage-Ansicht

In diesem Kapitel:

Durch die Einführung des Menübands mit der Version Project 2010 ändert sich die Oberfläche und vor allem die Art, wie Sie in Project Menübefehle finden, ganz erheblich. Zusätzlich zum Menüband besteht die Möglichkeit, sich die Symbolleiste für den Schnellzugriff selbst einzurichten. Sie werden außerdem sehen, was sich hinter der sogenannten Backstage-Ansicht verbirgt und welche neuen Möglichkeiten diese bietet.

Menüband anpassen

Wie in Kapitel 1 bereits vorgestellt, befindet sich das Menüband am oberen Rand des Anwendungsfensters und beinhaltet die wichtigsten Befehle im direkten Zugriff.

Sie besteht aus drei Bereichen:

- Registerkarten
- Gruppen
- Befehle, Unterbefehle

Die Registerkarten beziehen sich auf die jeweils benötigten Themenbereiche in Project und erlauben einen schnellen Zugriff auf die benötigten Befehle und Funktionen.

Um Anpassungen im Menüband vornehmen zu können, gibt es zwei Möglichkeiten:

1. Führen Sie mit dem Kontextmenü auf einem beliebigen Bereich des Menübands den Befehl *Menüband anpassen* aus.

Abbildg. 18.1 Das Menüband anpassen – Variante 1

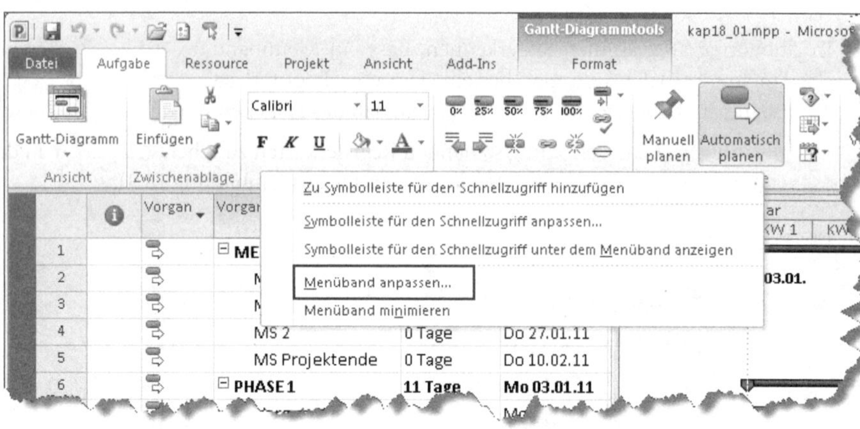

2. Lassen Sie über den Befehl *Datei/Optionen* die Kategorie *Menüband anpassen* anzeigen (Abbildung 18.2).

Abbildg. 18.2 Das Menüband anpassen – Variante 2

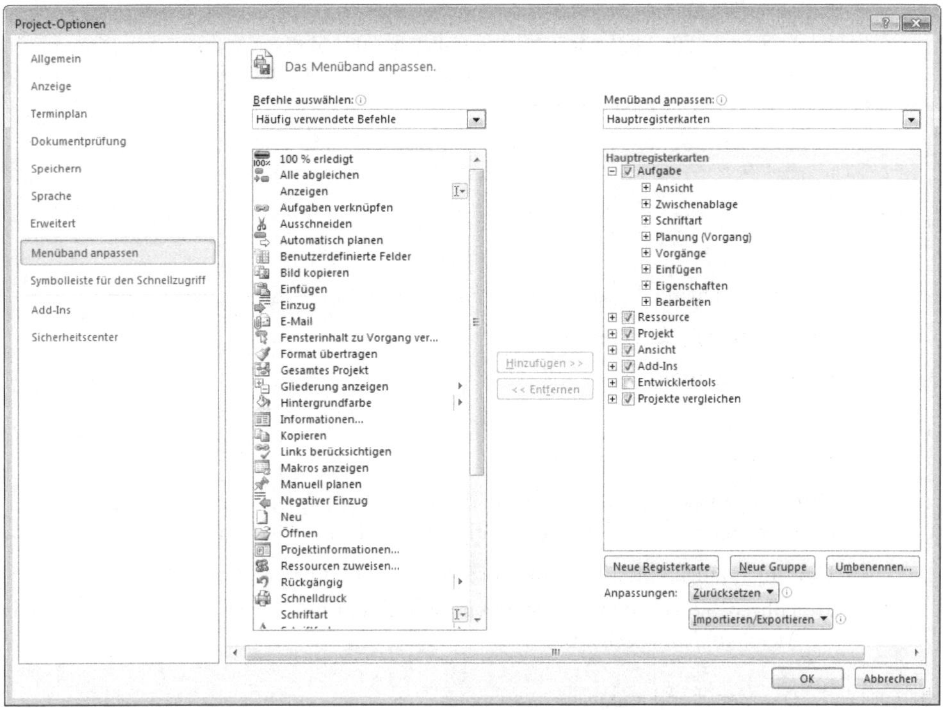

In Abbildung 18.2 können Sie erkennen, dass ein Menüband aus Hauptregisterkarten und einer oder mehreren Befehlsgruppen besteht. Um eine Registerkarte oder eine Befehlsgruppe aus dem Menüband zu entfernen, deaktivieren Sie einfach das Häkchen vor dem entsprechenden Eintrag.

Um alle in Project zur Verfügung stehenden Registerkarten zu sehen, wählen Sie in der Auswahlliste *Menüband anpassen* den Eintrag *Alle Registerkarten* aus (Abbildung 18.3).

Abbildg. 18.3 Alle Registerkarten anzeigen

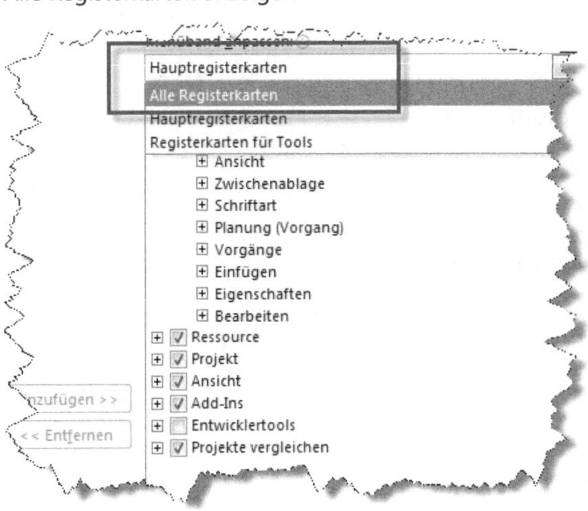

Um einen neuen Befehl, zum Beispiel die *Seitenansicht*, zu einer Registerkarte hinzuzufügen, benötigen Sie zunächst eine benutzerdefinierte Gruppe:

1. Aktivieren Sie auf der Registerkarte *Aufgabe* den Eintrag *Ansicht*.

Abbildg. 18.4 Erstellen einer neuen Gruppe

2. Klicken Sie auf die Schaltfläche *Neue Gruppe*.
3. Vergeben Sie mit Hilfe der Schaltfläche *Umbenennen* einen neuen Namen und ein Symbol (Abbildung 18.5).

Abbildg. 18.5 Die eigene Gruppe umbenennen

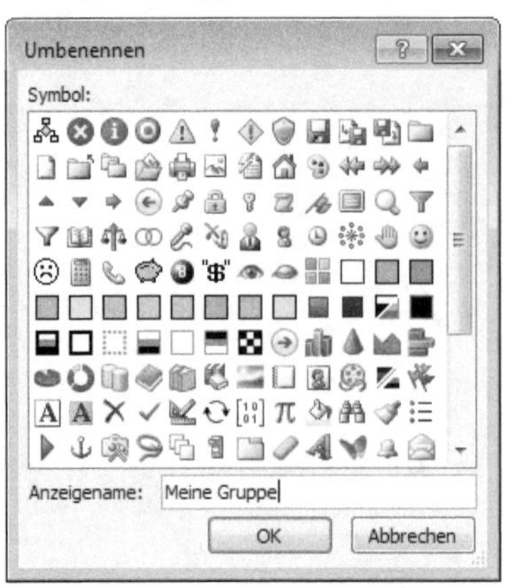

4. Wählen Sie in der Auswahlliste *Befehle auswählen* den Eintrag *Alle Befehle* aus (Abbildung 18.6).

Abbildg. 18.6 Alle Befehle anzeigen

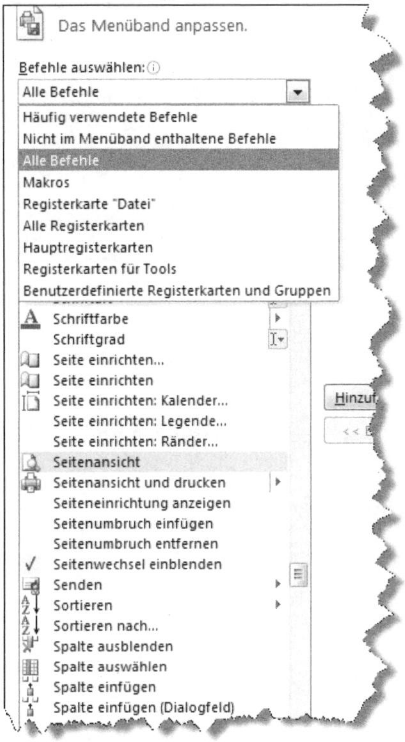

5. Aktivieren Sie den Eintrag *Seitenansicht.*
6. Klicken Sie auf die Schaltfläche *Hinzufügen.*
7. Bestätigen Sie mit *OK.*
8. Der neue Befehl befindet sich nun in der Befehlsgruppe *Meine Gruppe.*

Abbildg. 18.7 Die neue Befehlsgruppe

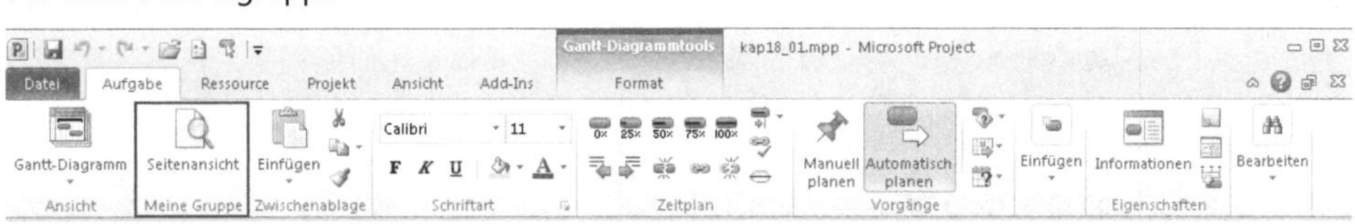

9. Um weitere Befehle hinzuzufügen, verfahren Sie weiter wie oben beschrieben.

Eigenes Menüband erstellen

Das Erstellen eines Menübands oder einer Registerkarte ist im Prinzip identisch zum Erstellen einer neuen Befehlsgruppe:

1. Wählen Sie die Schaltfläche *Neue Registerkarte.*
2. Vergeben Sie einen Namen für die neue Registerkarte, benutzen Sie die Schaltfläche *Umbenennen.*

Abbildg. 18.8 Der neuen Registerkarte einen Namen zuweisen

3. Bestätigen Sie mit *OK.*
4. Fügen Sie nun der Registerkarte wie oben beschrieben die Gruppen und Befehle hinzu, die Sie benötigen.

Ein Beispiel sehen Sie in Abbildung 18.9 und Abbildung 18.10.

Abbildg. 18.9 Die Definition eines eigenen Menübands

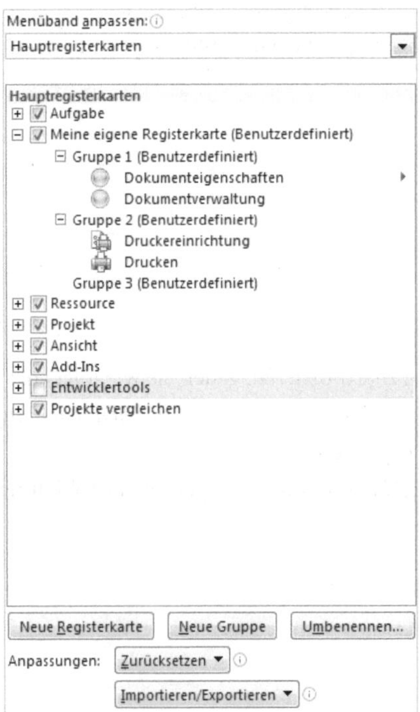

Abbildg. 18.10 Die selbst erstellte Registerkarte *Meine eigene Registerkarte*

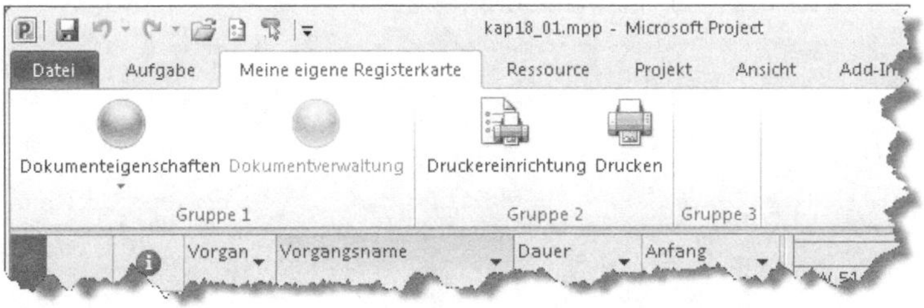

HINWEIS Prinzipiell könnten Sie mit Hilfe dieser Funktionen in Project eine komplett eigene Bedienoberfläche realisieren. Dies könnte für Anwender sinnvoll sein, die nur ganz spezifische Aufgaben in Project 2010 haben und die demzufolge nicht alle Features von Project zur Verfügung haben sollten.

Menüband exportieren/importieren

Sie können ein Menüband, das Sie geändert oder erstellt haben, als Datei exportieren. Dies ist eine gute Möglichkeit, um selbst erstellte Objekte anderen Project-Anwendern zur Verfügung zu stellen.

WICHTIG Die Export- und Importfunktionen beinhalten auch die Anpassungen der Symbolleiste für den Schnellzugriff. Diese wird in diesem Kapitel weiter unten explizit behandelt.

Abbildg. 18.11 Import/Export der Menübandanpassungen

Um Ihre selbst erstellten Menübandanpassungen zu exportieren, gehen Sie wie folgt vor:

1. Wählen Sie den Befehl *Datei/Optionen* und aktivieren Sie die Kategorie *Menüband anpassen.*
2. Klicken Sie auf die Schaltfläche *Importieren/Exportieren.*
3. Wählen Sie im Dropdownmenü den Eintrag *Alle Anpassungen exportieren* (Abbildung 18.12).

Abbildg. 18.12 Menüband exportieren

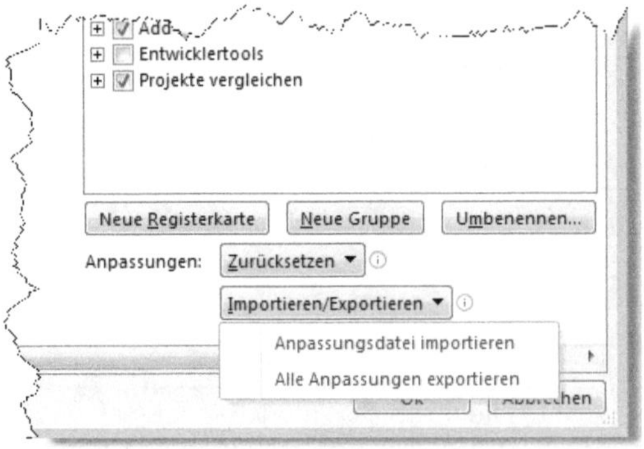

4. Wählen Sie ein Verzeichnis aus und vergeben Sie einen Namen.

Abbildg. 18.13 Zielverzeichnis der exportierten Menübandanpassungen

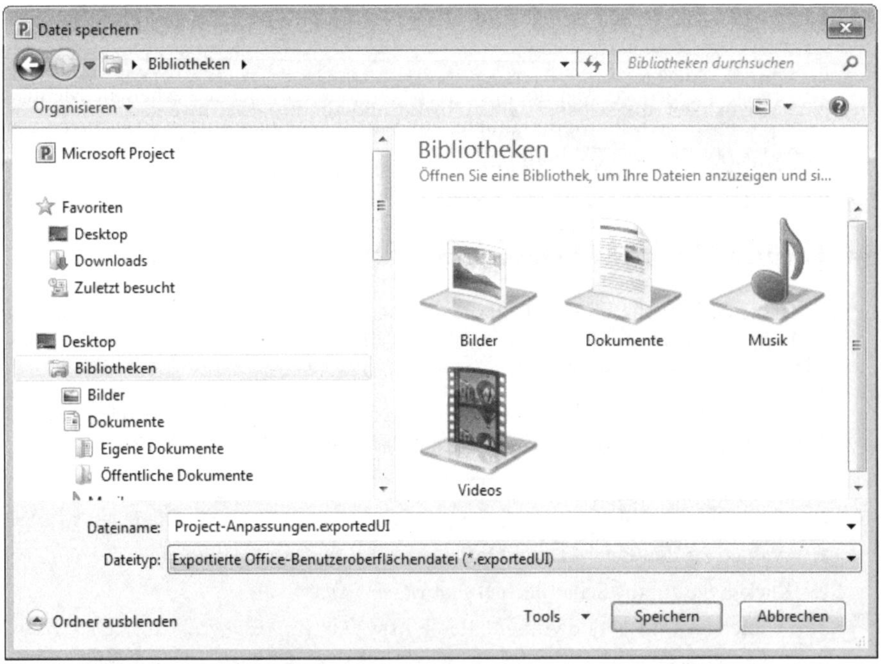

5. Klicken Sie auf die Schaltfläche *Speichern*.

HINWEIS Sie können die exportierte Datei als E-Mail-Anhang versenden.

Abbildg. 18.14 Export der Menübandanpassungen per Mail verschicken

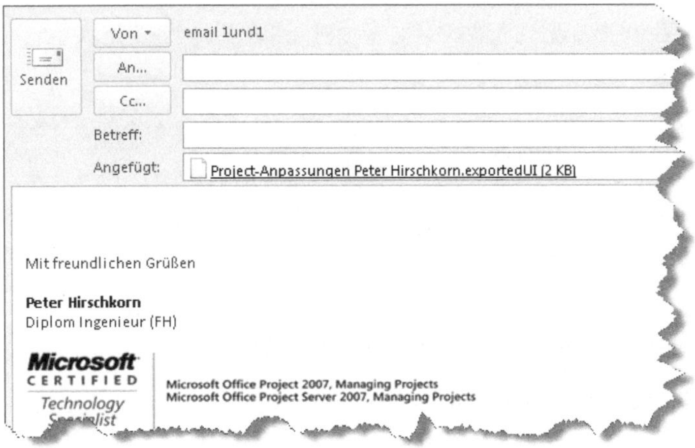

Um bereits exportierte Menübänder oder von anderen Personen erhaltene Menübänder zu importieren, wählen Sie im Dropdownmenü zur Schaltfläche *Importieren/Exportieren* den Eintrag *Anpassungsdatei importieren* (Abbildung 18.12).

Menüband zurücksetzen

Zusätzlich gibt es die Möglichkeit, die durchgeführten Anpassungen und Änderungen in den Menübändern wieder zurückzusetzen. Wählen Sie hierzu über den Befehl *Datei/Optionen* die Kategorie *Menüband anpassen* und dort die Schaltfläche *Zurücksetzen.*

Je nachdem, ob Sie alle oder nur spezielle Anpassungen zurücksetzen wollen, wählen Sie den passenden Eintrag im Dropdownmenü der Schaltfläche aus (Abbildung 18.15).

Abbildg. 18.15 Menüband zurücksetzen

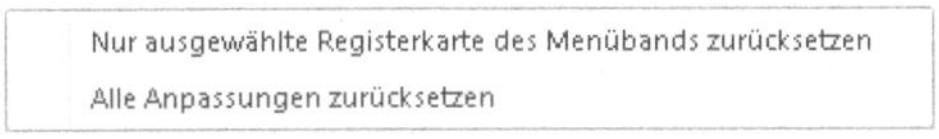

Symbolleiste für den Schnellzugriff individuell gestalten

Eine weitere Möglichkeit, sich die individuelle Arbeitsumgebung einzurichten, besteht darin, häufig verwendete Befehle in der Symbolleiste für den Schnellzugriff zu platzieren. Wir haben bereits in den vorigen Kapiteln gezeigt, wie zum Beispiel der Befehl *Projektoptionen* in die Symbolleiste integriert werden kann.

Wie in Abbildung 18.1 und Abbildung 18.2 können Sie über die Kategorie *Symbolleiste für den Schnellzugriff* diese individuell gestalten (Abbildung 18.16).

Abbildg. 18.16 Die Schnellzugriffsleiste in der Übersicht

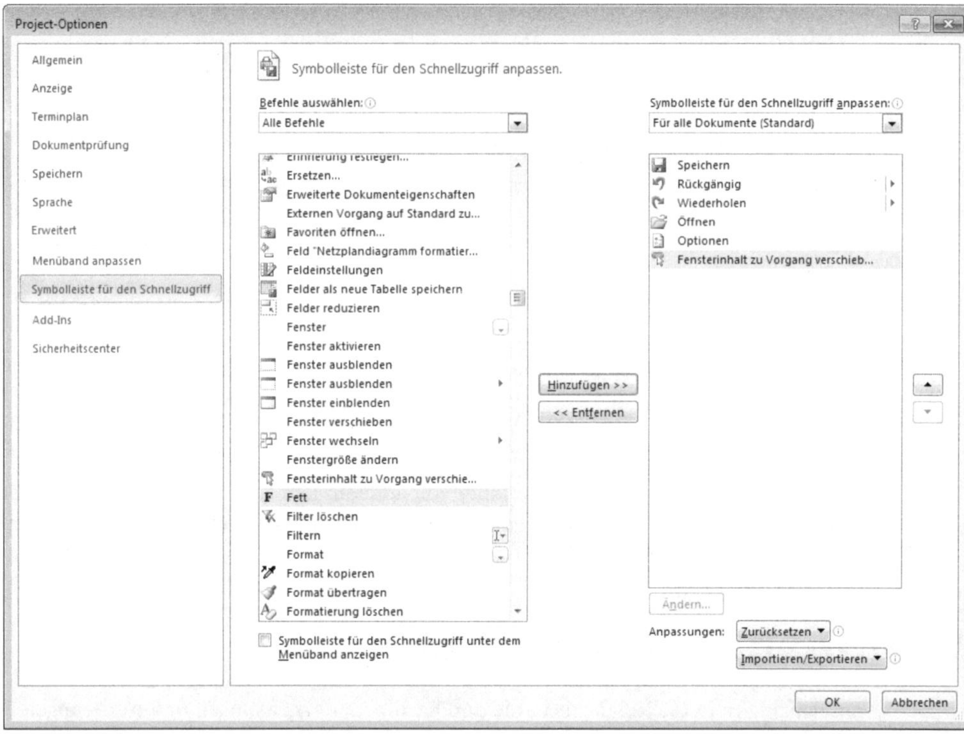

Im linken Teil, also in der Auswahlliste *Befehle auswählen*, finden Sie sämtliche Befehle, die in Project 2010 zur Verfügung stehen. Um die Übersichtlichkeit zu erhöhen, können Sie die Befehle gruppenbezogen anzeigen (Abbildung 18.17).

Abbildg. 18.17 Die gruppenbezogenen Befehlslisten

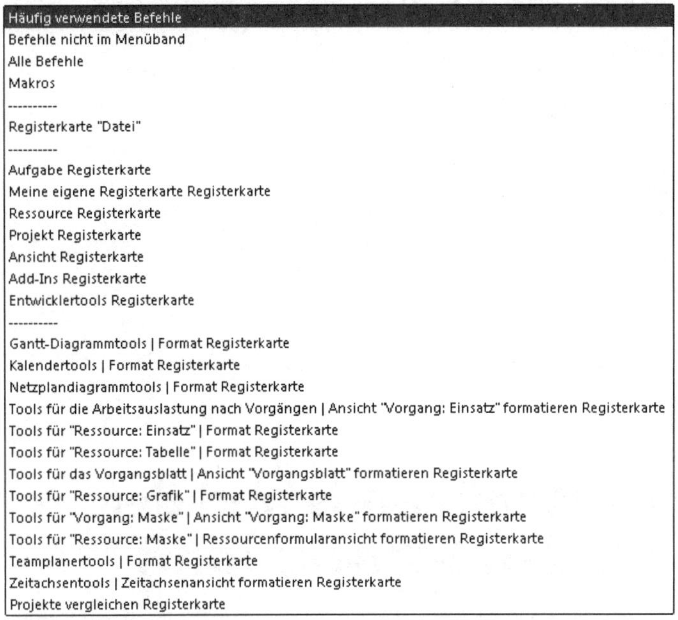

Aus unserer Sicht ist am besten, wenn Sie den Eintrag *Alle Befehle* wählen, um dann alphabetisch sortiert am schnellsten den Befehl zu finden, den Sie suchen.

TIPP Wenn Sie den ersten Buchstaben eines Befehls eingeben, springt Project in der Auswahlliste zum ersten Eintrag, der mit diesem Buchstaben beginnt.

Im rechten Teil, also in der Auswahlliste *Symbolleiste für den Schnellzugriff anpassen*, bestimmen Sie, ob die Anpassungen für alle Dokumente oder nur für das zurzeit geöffnete Projekt vorgenommen werden soll (Abbildung 18.18).

Abbildg. 18.18 Speicherung der Anpassungen der Schnellzugriffsleiste

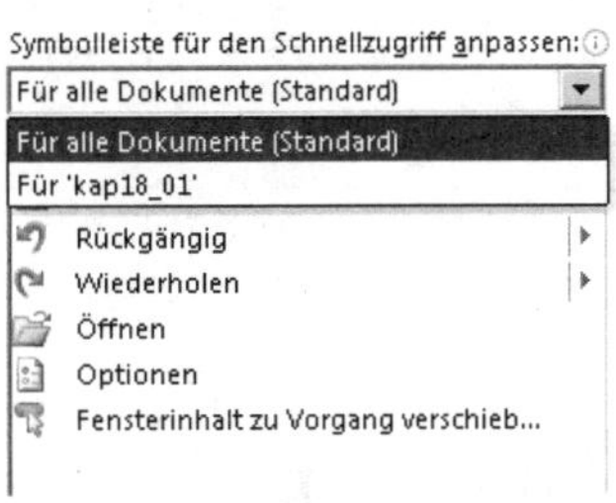

Mit Hilfe der beiden Schaltflächen *Hinzufügen* bzw. *Entfernen* können Sie die Befehle entweder auf der Schnellzugriffsleiste platzieren oder diese wieder daraus entfernen.

TIPP Mit einem Rechtsklick auf die Symbolleiste für den Schnellzugriff können Sie ganz einfach auf die Definition zugreifen. Ebenso können Sie hierüber einen Befehl von der Symbolleiste schnell wieder entfernen.

Abbildg. 18.19 Befehl aus der Schnellzugriffsleiste entfernen

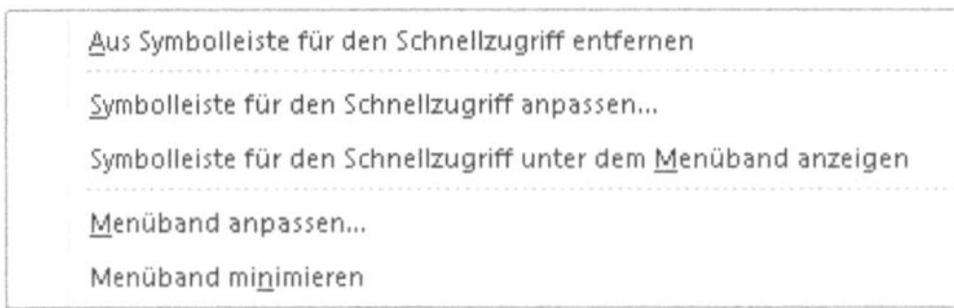

Mit Hilfe der »Bewegungssymbole« werden die Befehle nach Ihren Vorstellungen sortiert.

Anordnung des Menübands und der Symbolleiste für den Schnellzugriff

Sowohl das Menüband als auch die Schnellzugriffsleiste können am Bildschirm unterschiedlich dargestellt werden.

Abbildg. 18.20 Die Optik des Menübands und der Schnellzugriffsleiste

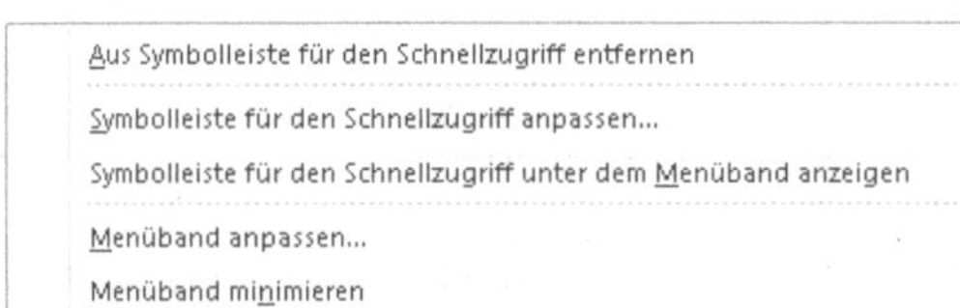

Sie erhalten die Auswahlmöglichkeiten über das Kontextmenü des Menübands oder der Symbolleiste für den Schnellzugriff.

Durch Minimieren des Menübands schaffen Sie bei größeren Projekten mehr Platz für das Arbeiten mit Vorgängen und Ressourcen.

TIPP Mit dem Symbol zum Ausblenden/Einblenden des Menübands können Sie schnell diese verbergen und wieder anzeigen. Das Symbol finden Sie ganz rechts über dem Menüband.

Funktionen der Backstage-Ansicht

In der neuen sogenannten Backstage-Ansicht stehen alle Funktionen und Befehle zusammengefasst zur Verfügung, die nicht direkt mit Vorgängen und Ressourcen im Zusammenhang stehen.

Sie öffnen die Backstage-Ansicht über die Registerkarte *Datei*.

Abbildg. 18.21 Die geöffnete Backstage-Ansicht

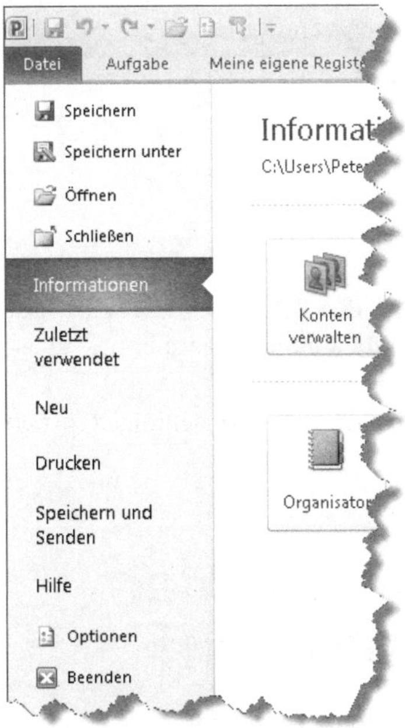

Die Tabelle 18.1 zeigt Ihnen die Kurzbeschreibung der Möglichkeiten:

Tabelle 18.1 Die Funktionen in der Backstage-Ansicht

Funktion	Beschreibung
Speichern	Speichert das aktuelle Projekt
Speichern unter	Speichert das aktuelle Projekt über ein Dialogfeld zur Eingabe des Speicherorts und eines Namens
Öffnen	Dialogfeld zum Öffnen eines Projekts
Schließen	Schließt das geöffnete Projekt
Informationen	Möglichkeit zum Erstellen und Verwalten eines Kontos für Project Server 2010 Bearbeiten der globalen Vorlagendatei *Global.MPT*
Zuletzt verwendet	Zeigt eine Liste der zuletzt geöffneten Projektdateien
Neu	Erstellt eine neue Projektdatei
Drucken	Druckeinstellungen, Druckvorschau und Druck des aktuell geöffneten Projekts
Speichern und Senden	Speichern des Projekts in anderen Formaten Senden des Projekts als E-Mail-Anhang Speichern in SharePoint Onlinefreigabe mit Project-Online Speichern im PDF-Format
Hilfe	Aufrufen von Hilfe-Funktionen Informationen zur Microsoft Project Product-ID

Tabelle 18.1 Die Funktionen in der Backstage-Ansicht *(Fortsetzung)*

Funktion	Beschreibung
Optionen	Bearbeiten der Project-Optionen
Beenden	Project beenden

Der Befehl *Datei/Neu*

Zum Erstellen von neuen Projektdateien verwenden Sie den Befehl *Neu* in der Backstage-Ansicht. Hier haben Sie vielfältige Möglichkeiten, um entweder ein komplett neues Projekt zu erstellen oder mit anderen Vorlagen ein solches zu erstellen (Abbildung 18.22).

Abbildg. 18.22 Die Optionen zum Erstellen eines neuen Projekts

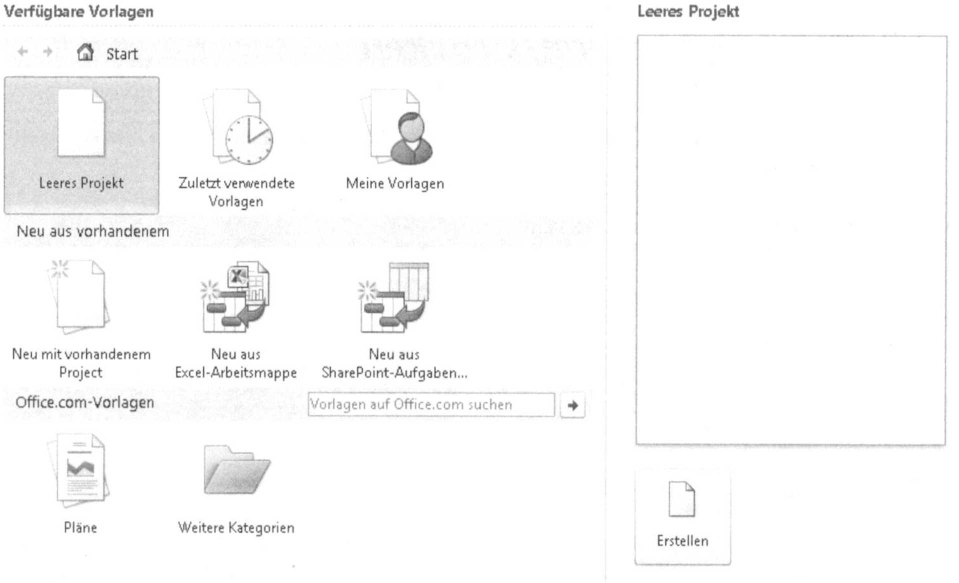

Tabelle 18.2 Erstellen eines neuen Projekts

Option	Beschreibung
Leeres Projekt	Erstellen eines komplett neuen Projekts ohne Vorlage
Zuletzt verwendete Vorlagen	Eine Liste bestehend aus allen Vorlagen, die zuletzt verwendet wurden
Meine Vorlagen	Selbst erstellte Vorlagendateien
Neu mit vorhandenem Project	Erstellen eines neuen Projekts basierend auf einem beliebigen anderen Projekt
Neu aus Excel-Arbeitsmappe	Assistentengeführter Import aus einer beliebigen Excel-Datei, wird in Kapitel 21 näher erläutert

Tabelle 18.2 Erstellen eines neuen Projekts *(Fortsetzung)*

Option	Beschreibung
Neu aus SharePoint-Aufgabenliste	Erstellen eines Projekts, das die Vorgänge aus einer SharePoint-Liste importiert
Pläne	Vorlagen von der Microsoft-Homepage
Weitere Kategorien	Weitere Vorlagen von der Microsoft-Homepage

Am häufigsten werden Sie wahrscheinlich entweder ein neues Projekt als leeres Projekt, aus einem bereits vorhandenen oder aus einer Vorlage erstellen.

In den Kapiteln 20, 21 und 22 werden Sie noch sehen, wie die Kommunikation mit den anderen Office-Programmen realisiert wird und welche Erstellungsmöglichkeiten zum Beispiel aus einer Excel-Tabelle bestehen.

Der Befehl *Datei/Drucken*

Das Drucken von Projekten ist auch in der Version 2010 immer noch eine kleine Herausforderung. Das Dialogfeld zum Drucken wurde in die Backstage-Ansicht ausgelagert und komplett überarbeitet (Abbildung 18.23).

Abbildg. 18.23 Alles zum Drucken in der Übersicht

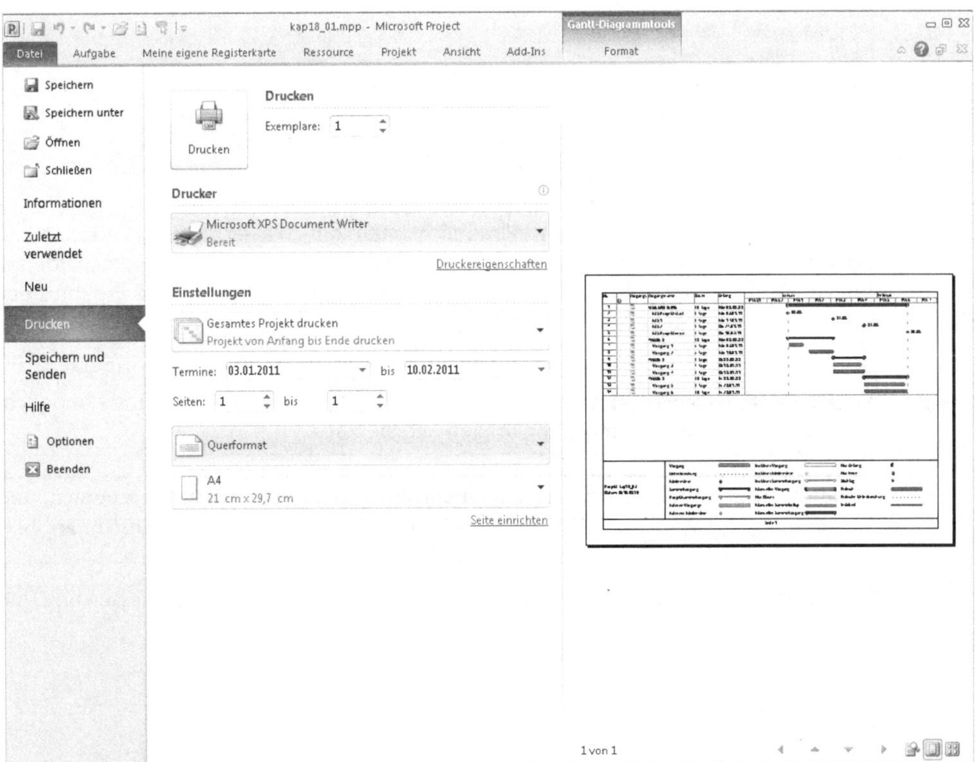

Im oberen Teil des Fensters befinden sich alle Befehle, die zum *Einstellen des Druckers* nötig sind, im Mittelteil die einschränkenden Funktionen wie die Möglichkeit der Vorgabe eines *Terminbereichs* und im unteren Teil schließlich der Punkt *Seitenansicht*. Ganz unten rechts finden Sie das *Zoomen* oder die *Ansicht mehrerer Seiten* auf einmal (Abbildung 18.24).

Abbildg. 18.24 Die Navigationsleiste im Druckmenü

Wichtig sind die Einstellmöglichkeiten im Dialogfeld *Seite einrichten* (Abbildung 18.25).

Abbildg. 18.25 Das Dialogfeld *Seite einrichten*

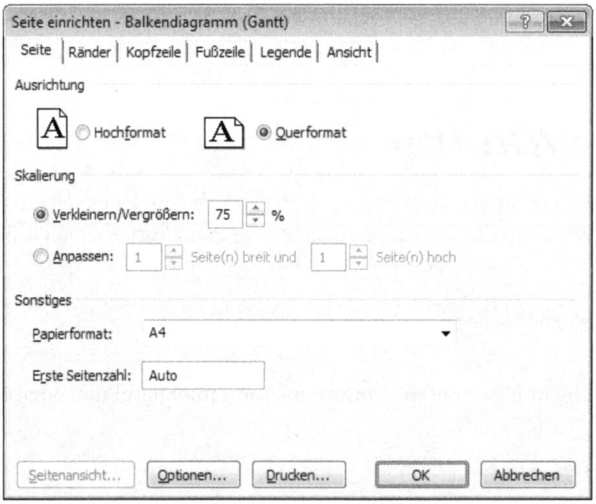

TIPP Vor allem die Einstellmöglichkeiten der Skalierung wie *Verkleinern/Vergrößern* oder die Funktion *Anpassen* führen meistens zu einem brauchbaren Ausdruckergebnis. Sie sollten vor dem Drucken immer zuerst in die Seitenansicht schalten, um das Ergebnis der geänderten Einstellung am Bildschirm zu überprüfen.

Die Schaltfläche *Drucken* in der Seitenansicht schaltet zurück in das Druckmenü.

Platzsparend wirkt sich auch das Deaktivieren der Legende aus. Alle Einstellmöglichkeiten zur Legende finden Sie auf der gleichnamigen Registerkarte.

Nehmen Sie sich ein bisschen Zeit, um die Einstellungen des Druckmenüs zu testen, und sehen Sie sich immer nach Änderung einer Einstellung das Ergebnis in der Seitenansicht an, bevor Sie den Ausdruck auf den Drucker ausführen.

Die Ausgabe auf den gewählten Drucker starten Sie mit der Schaltfläche *Drucken* im Druckmenü.

Der Befehl *Datei/Speichern und Senden*

Unter diesen Speicherfunktionen können Sie die Projektdateien in unterschiedlichen Formaten speichern oder eine Synchronisation z.B. mit einer Aufgabenliste in SharePoint synchronisieren.

Abbildg. 18.26 Die Möglichkeiten zum Speichern und Synchronisieren von Project-Dateien

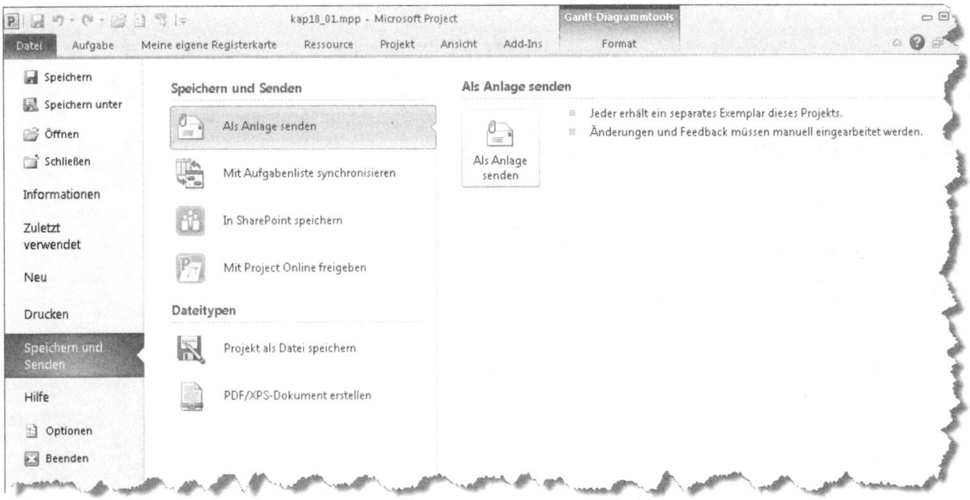

Im Rahmen dieses Buchs wird nicht näher auf die Kommunikation mit SharePoint oder Project Server eingegangen.

Tabelle 18.3 Die Funktionen des Dialogfelds *Speichern und Senden*

Funktion	Beschreibung
Als Anlage senden	Sendet die aktive Project-Datei als E-Mail-Anhang nach Outlook
Mit Aufgabenliste synchronisieren	Erstellen und Synchronisieren von Vorgangslisten in SharePoint-Server
In SharePoint speichern	Projekt auf einer SharePoint-Website speichern
Mit Project Online freigeben	Verwaltung und Koordinationsmöglichkeit eines Projekts über die gesamte Laufdauer mit Project Server 2010 und SharePoint Server 2010
Projekt als Datei speichern	Speichern in unterschiedlichen Formaten wie MPP, MPT, Project 2007, Project 2000-2003, Excel, XML
PDF/XPS Dokument erstellen	PDF- bzw. XPS-Dokument erstellen

Der Befehl *Datei/Hilfe*

Im Dialogfeld *Hilfe* finden Sie sämtliche Themen, die im Zusammenhang mit Project 2010 stehen. Außer der umfangreichen Offline- und Onlinehilfe können Sie hier auch auf Updates überprüfen, Ihre Version herausfinden und Kontakt zum Kundendienst von Microsoft aufnehmen (Abbildung 18.27).

Abbildg. 18.27 Das Dialogfeld *Hilfe*

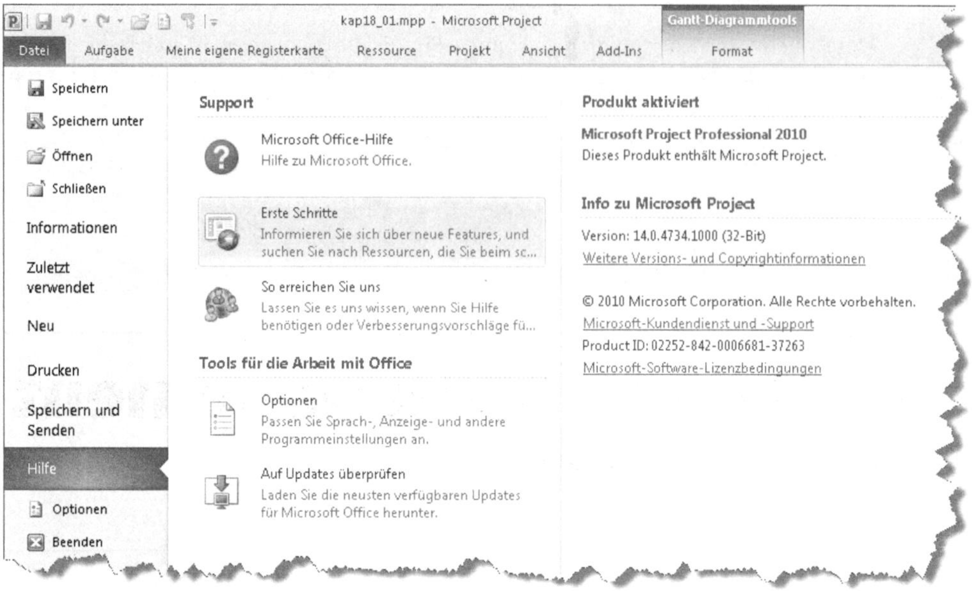

Zusammenfassung

In diesem Kapitel haben Sie gelernt, wie Sie sich das Menüband und die Symbolleiste für den Schnellzugriff individuell gestalten können. Des Weiteren wurde erklärt, welche Funktionalitäten die neue Backstage-Ansicht bietet und wie Sie mit diesen arbeiten können.

Kapitel 19

Multiprojektmanagement mit Project

In diesem Kapitel:

Es kann verschiedene Gründe geben, warum Sie mehrere Projekte miteinander verknüpfen möchten. Eine Analyse dieser Gründe sollten Sie unbedingt durchführen, bevor Sie anfangen, Projekte miteinander zu verknüpfen, da durch die Verknüpfung eine Reihe von Problemen auftreten können. Gerade wenn Sie dazu übergehen, mit mehreren Benutzern an Projekten zu arbeiten, sind bestimmte Regeln zu beachten.

Gründe, die für die Mehrprojekttechnik sprechen:

- Sie haben sehr große Projekte, die Sie übersichtlicher gestalten wollen
- Sie haben ein Projekt, welches von mehreren Projektleitern in Unterprojekten gepflegt wird
- Ein Projekt wird an verschiedenen Standorten bearbeitet
- Sie haben ein unternehmensweites Projektmanagement aufgesetzt und wollen einen Ressourcenpool über alle Projekte verwenden

All diese Gründe sprechen prinzipiell für die Aufteilung von Projekten in mehrere Pläne. Nachfolgend gehen wir auf die einzelnen Funktionalitäten von Projektverknüpfungen ein und beschreiben die Punkte, die hierbei unbedingt beachtet werden müssen.

Ressourcenpooltechnik

Immer dann, wenn mehrere Projekte auf ein und dieselbe Gruppe von Ressourcen zugreift, empfiehlt es sich, einen gemeinsamen Ressourcenpool anzulegen. Bereits eine terminliche Überschneidung zweier Projekte, die die gleichen Ressourcen nutzen, kann zu erheblichen Problemen führen. Diese können viel schneller entdeckt und gehandhabt werden, wenn es einen Ressourcenpool gibt.

Selbst wenn Sie nicht parallel mit mehreren Projekten arbeiten, kann eine entsprechende Vorgehensweise Sinn machen. Sie können sich eine Menge Arbeit sparen, wenn Sie mit Ihren neuen Projekten auf einen zentralen Ressourcenpool zugreifen: So müssen Sie z.B. Ihre Ressourcen nur einmal pflegen und nicht in jedem Projekt eine neue Ressourcentabelle anlegen.

Erstellen eines Ressourcenpools

CD-ROM Die Ergebnisse der folgenden Beispiele zum Ressourcenpool finden Sie im Ordner *\Buch\Kap19* innerhalb der Beispieldateien zum Buch.

Sie wollen Ressourcen in mehreren Projekten gemeinsam nutzen:

1. Erstellen Sie ein leeres Projekt und wechseln Sie dort auf die Ansicht *Ressource: Tabelle.*
2. Speichern Sie das Projekt unter einem aussagekräftigen Namen ab (z.B. unter *ressourcen.mpp*).
3. Definieren Sie die Ressourcen, die von den verschiedenen Projekten genutzt werden sollen, in diesem Projekt.
4. Erstellen Sie ein neues Projekt, das auf dieses Ressourcenprojekt zugreifen soll. Speichern Sie das Projekt ebenfalls ab (z.B. als *Kap19_01.mpp*).
5. Stellen Sie sicher, dass das Ressourcenprojekt noch geöffnet ist.
6. Öffnen Sie im Menüband *Ressource/Ressourcenpool/Gemeinsame Ressourcennutzung* das Dialogfeld *Gemeinsame Ressourcennutzung* (Abbildung 19.1).

Abbildg. 19.1 Die Auswahl des Ressourcenpools

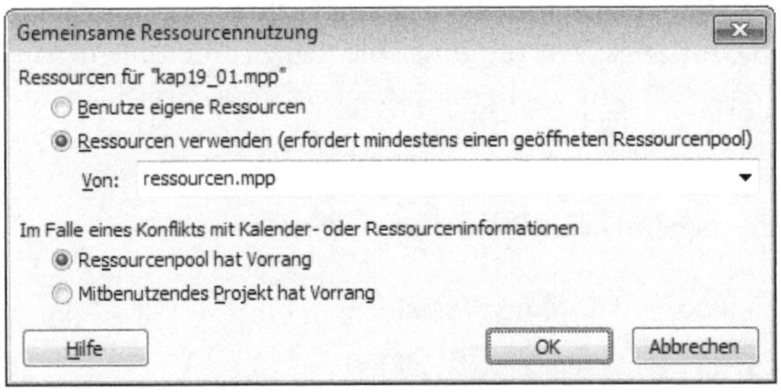

7. Wählen Sie die Option *Ressourcen verwenden* aus.
8. Wählen Sie im Listenfeld *Von* das Ressourcenprojekt aus. Sie sehen hier eine Liste der geöffneten Projekte.
9. Wählen Sie die Option *Ressourcenpool hat Vorrang* aus. Bei dieser Option werden Einstellungen zu gleichnamigen Ressourcen, die in Ihrem lokalen Projekt und dem Ressourcenprojekt gespeichert sind, durch die zentralen Einstellungen des Ressourcenprojekts überschrieben.
10. Schließen Sie das Dialogfeld über die Schaltfläche *OK.*

Damit ist die Definition des Ressourcenprojekts abgeschlossen. Wenn Sie nun beispielsweise in die Ansicht *Ressource: Tabelle* wechseln, sehen Sie dort die Ressourcen aus dem Ressourcenprojekt. Das gilt auch für alle anderen Ansichten. Sie können nun mit diesen Ressourcen so arbeiten, als ob sie lokal in Ihrem Projekt definiert wären.

HINWEIS Solange Sie im neu erstellten Projekt noch keine Ressourcen zugewiesen haben, sehen Sie nur dann Ressourcen, wenn Sie den Pool geöffnet haben, gleichgültig ob schreibgeschützt oder nicht. Sobald Sie Ressourcen zu Vorgängen hinzugefügt haben, werden diese auch in Ihrem Projekt sichtbar, wenn der Pool nicht geöffnet ist.

Hinweise zum Arbeiten mit einem Ressourcenpool

Einige wichtige Themen, die Sie beim Arbeiten mit einem Ressourcenpool beachten sollten, finden Sie in den folgenden Abschnitten erläutert.

Übersicht, welche Projekte mit dem Pool verknüpft sind

Es ist sehr wichtig zu wissen, welche Projekte insgesamt auf den Pool zugreifen. Nur so können Sie klären, welche Projekte ggf. auf diejenigen Ressourcen zugreifen, die im eigenen Projekt schon engagiert sind. Es könnten ja Konflikte entstehen, die gelöst werden müssen, und um dies tun zu können, muss Ihnen bekannt sein, woher die Probleme stammen.

Sie möchten herausfinden, welche Projekte mit Ihrem Ressourcenpool verknüpft sind:

1. Öffnen Sie Ihren Ressourcenpool.
2. Rufen Sie im Menüband *Ressource/Ressourcenpool/Gemeinsame Ressourcennutzung* das Dialogfeld *Gemeinsame Ressourcennutzung* auf.

In dem erscheinenden Dialogfeld können Sie in der Liste *Verknüpfungen* (Abbildung 19.2) die mit dem Pool verknüpften Projekte sehen. Sie haben von diesem Dialogfeld aus mehrere Möglichkeiten, die verknüpften Projekte zu bearbeiten:

- **Alle Projekte gemeinsam öffnen** Schaltfläche *Alle öffnen*
- **Einzelne markierte Projekte öffnen** Schaltfläche *Öffnen*
- **Verknüpfungen aufheben** Schaltfläche *Verknüpfung aufheben*

Abbildg. 19.2 Übersicht über die mit dem Pool verknüpften Projekte

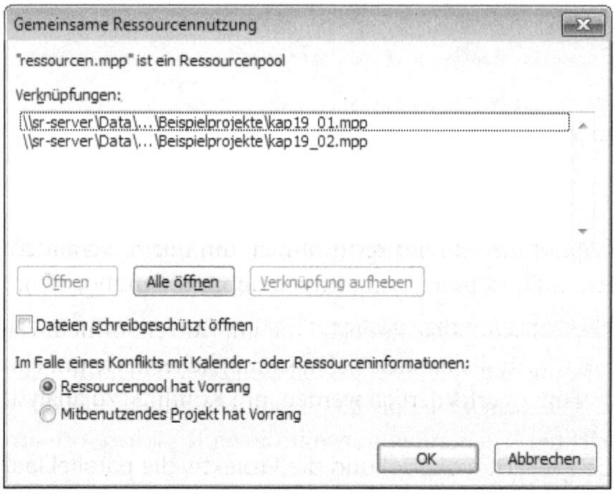

HINWEIS Es wird nicht empfohlen, die Option *Mitbenutzendes Projekt hat Vorrang* zu verwenden. Konflikte würden zu Ungunsten des zentralen Projekts entschieden!

WICHTIG Wenn mehrere Benutzer auf einen Pool gleichzeitig zugreifen sollen, empfiehlt es sich, vorher genaue Festlegungen zu treffen, wer welche Aktionen ausführen darf.

Solange Sie normale Projektdateien verwenden, sind Sie in der Datensicherheit auf die standardmäßige Netzwerksicherheit beschränkt. Sollten Sie eine größere Anzahl von Benutzern und Projekten haben, empfiehlt es sich in jedem Fall, auf die Datenhaltung in einer Datenbank überzugehen, da Sie dort mehr Möglichkeiten haben, Daten zu sichern.

Pool schreibgeschützt öffnen

Wenn Sie den so erstellten Ressourcenpool das nächste Mal öffnen, wird die in Abbildung 19.3 gezeigte Meldung eingeblendet.

Sie können den Ressourcenpool nun in unterschiedlicher Form öffnen:

- Öffnen Sie ihn schreibgeschützt, können andere Projektmanager parallel an Projekten arbeiten, die auf den gleichen Ressourcenpool zugreifen. Diese Option wird empfohlen. Genau genommen handelt es sich dabei um keinen echten Schreibschutz, da Sie Änderungen wieder in den Ressourcenpool zurückschreiben können.

Abbildg. 19.3 Öffnen eines Ressourcenpools

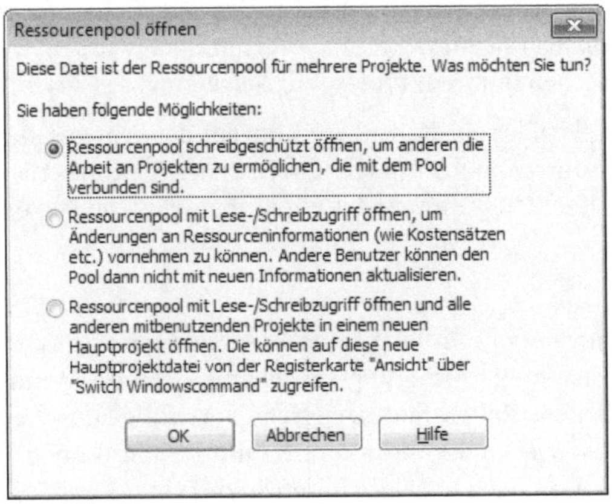

- Sie können den Ressourcenpool im Schreibzugriff öffnen, um ihn zu verändern. Diese Option ist sinnvoll, wenn Sie konkretes Ressourcenmanagement durchführen möchten.
- Sie können den Ressourcenpool samt aller Projekte, die ihn nutzen, öffnen. Das können unter Umständen sehr viele Projekte sein. Es handelt sich also möglicherweise um ein sehr aufwändiges Unterfangen. Dennoch kann es erforderlich werden, um Konflikte zu analysieren.

HINWEIS Es reicht aus, den Ressourcenpool und die Projekte, die parallel laufen, manuell zu laden, um diese Probleme zu analysieren.

Änderungen aus oder in den Pool übertragen

Wenn Sie den Ressourcenpool schreibgeschützt öffnen, verwenden Sie eine Momentaufnahme dieser Informationen. Sie arbeiten dann weiter mit Ihrem lokalen Projekt und können dort beliebige Änderungen vornehmen. Um diese Änderungen in den Ressourcenpool zu schreiben, verwenden Sie den Befehl *Ressourcenpool aktualisieren* (Abbildung 19.4) aus dem Untermenü *Ressource/Ressourcen gemeinsam nutzen*.

Abbildg. 19.4 Änderungen aus oder in den Pool übertragen

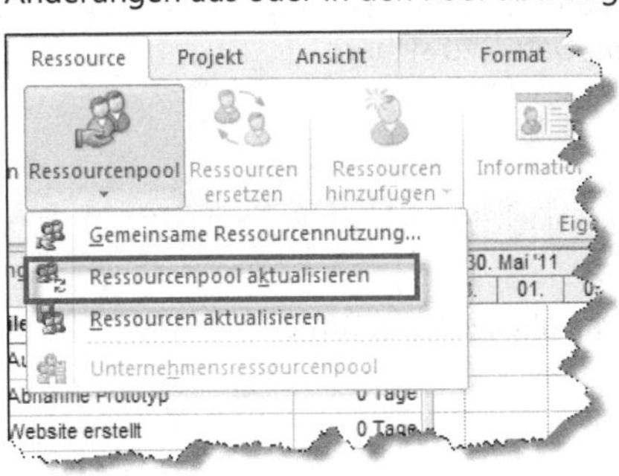

Ebenso können Sie jederzeit einen aktuellen Status des Ressourcenpools während Ihrer Arbeitssitzung laden. Dazu verwenden Sie den Befehl *Ressourcenpool erneut laden* aus dem gleichen Menü. Änderungen, die von anderen Projekten in dem Zeitraum vorgenommen wurden, werden dann aus dem Ressourcenpool geladen und stehen in Ihrem Projekt zur Verfügung.

Diese Funktionalität ist wesentlich flexibler als das frühere Konzept der gemeinsamen Ressourcenprojekte. Vormals musste der Ressourcenpool mit Schreib-/Lesezugriff geöffnet werden, weshalb jeweils nur ein Projektmanager zu einem bestimmten Zeitpunkt darauf zugreifen konnte.

Projekte kopieren

Nicht zu vernachlässigen ist der Umgang mit Projektkopien. Häufige Praxis ist es, zum Zwecke der Datensicherung die Kopie eines Plans in ein Sicherungsverzeichnis zu legen. Wenn Sie mit einem gemeinsamen Ressourcenpool arbeiten, sollten Sie damit sehr vorsichtig umgehen, da Sie nicht allein das Projekt kopieren, sondern zugleich die Verknüpfung zum Ressourcenpool (vgl. die Abbildung 19.5 und die Abbildung 19.6). Das bedeutet, Sie verdoppeln mit einer Kopie auch die Ressourcenlast, die das Projekt im Pool verursacht.

Abbildg. 19.5 Die Ressourcenlast ergibt sich aus zwei Projekten

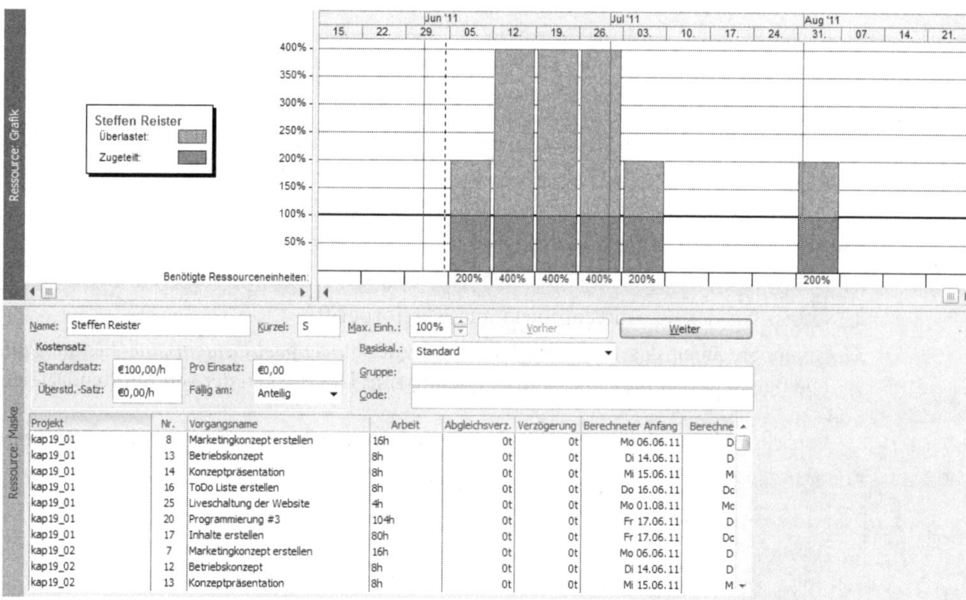

Abbildg. 19.6 Nach dem Kopieren eines Projekts zu Archivzwecken

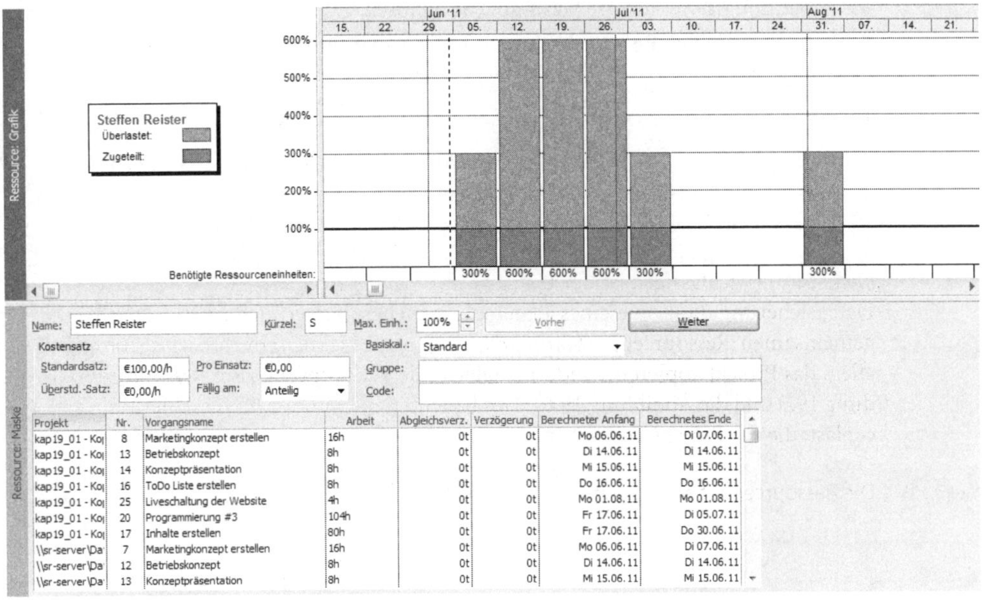

Sie wollen ein Projekt, welches mit einem Ressourcenpool verbunden ist, zu Datensicherungszwecken kopieren.

Um keine falschen Werte im Ressourcenpool bezüglich der Ressourcenlast zu bekommen, müssen Sie folgende Schritte durchführen:

1. Kopieren Sie das Projekt und benennen Sie es um.
2. Öffnen Sie das Ressourcenprojekt mit Schreibzugriff.
3. Rufen Sie über das Menüband *Ressource/Ressourcenpool/Gemeinsame Ressourcennutzung* das Dialogfeld *Gemeinsame Ressourcennutzung* zum Überprüfen der verknüpften Dateien auf.

Abbildg. 19.7 Vorsicht beim Kopieren von Projekten wegen eventuell ungewollter Erhöhung der Ressourcenlast

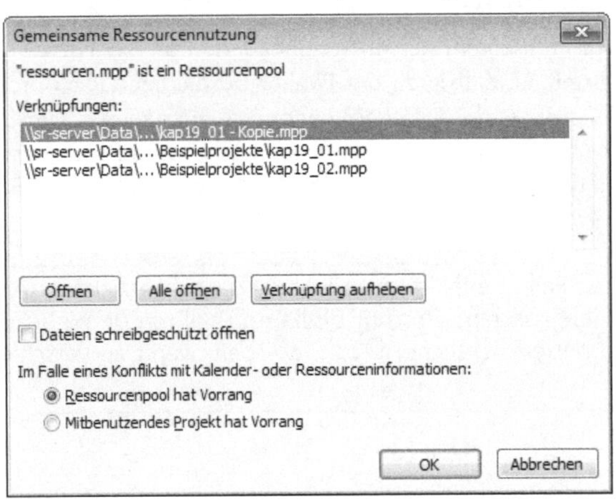

4. Markieren Sie das kopierte Projekt und klicken Sie auf die Schaltfläche *Verknüpfung aufheben* (Abbildung 19.7), um die Verknüpfung zu lösen.
5. Speichern Sie den Ressourcenpool, um die Änderungen wirksam werden zu lassen.

Alternativ dazu können Sie so vorgehen:

1. Öffnen Sie das kopierte Projekt.
2. Rufen Sie über das Menüband *Ressource/Ressourcenpool/Gemeinsame Ressourcennutzung* das Dialogfeld *Gemeinsame Ressourcennutzung* auf.
3. Schalten Sie die Option *Benutze eigene Ressourcen* ein (Abbildung 19.8).
4. Bestätigen Sie die Meldung von Project mit *Ja* (Abbildung 19.9).
5. Speichern Sie den Ressourcenpool, um die Änderungen wirksam werden zu lassen.

Abbildg. 19.8 Projekt vom Ressourcenpool trennen, die zweite Möglichkeit

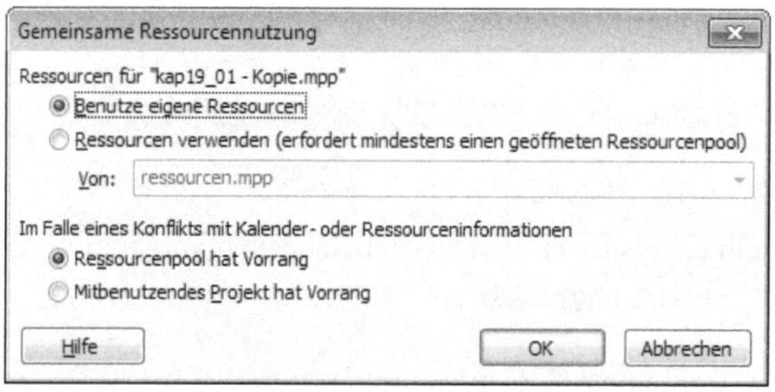

Abbildg. 19.9 Meldung beim Aufheben des Ressourcenpools

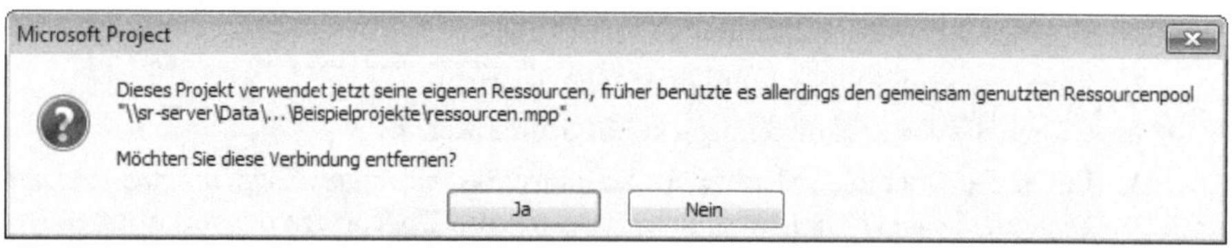

Ressourcen zum Pool hinzufügen

Sie können in einem Projekt, das mit einem Ressourcenpool verknüpft ist, jederzeit eine neue Ressource hinzufügen. Beim nächsten Aktualisieren des Pools wird die neue Ressource entsprechend übertragen. Sollten Sie eine Ressource aus dem Pool benötigen, aber keinen Zugriff auf den Pool haben, so können Sie auch eine bereits im Pool vorhandene Ressource in Ihr Projekt eintragen und verwenden. Sie müssen aber darauf achten, dass diese Ressource die exakt gleiche Schreibweise hat wie die des Pools.

TIPP Aus Gründen der Fehleranfälligkeit sollten Sie darauf verzichten, in einzelnen Projekten Ressourcen hinzuzufügen, sondern dies nur direkt im Pool tun. Je mehr Ressourcen und Projekte Sie verwalten, desto unübersichtlicher wird die Arbeit, wenn an verschiedenen Stellen geändert wird.

Eingefügte Projekte und projektübergreifende Verknüpfungen

Eine Änderung im Vergleich zu früheren Ansätzen bei Project stellen die projektübergreifenden Verknüpfungen dar. Mit diesen Verknüpfungen können Beziehungen zwischen Vorgängen in unterschiedlichen Projekten hergestellt werden.

Damit lässt sich die Situation, dass aus einem Projekt heraus Verknüpfungen zu externen Projekten bestehen, sehr viel besser modellieren. Diese Situation tritt gerade dann häufig auf, wenn mehrere Projekte in einem Unternehmen parallel laufen oder wenn komplexe Projekte in mehrere Teilprojekte zergliedert werden.

CD-ROM Die Projektdateien *Kap19_01.mpp*, *Kap19_02.mpp* und *Kap19_01 – Kopie.mpp* finden Sie innerhalb der Beispieldateien zu diesem Buch im Ordner *\Buch\Kap19*.

Sie wollen im Projekt *Kap19_01 – Kopie.mpp* eine externe Verknüpfung zu dem Projekt *Kap19_01.mpp* einfügen:

1. Öffnen Sie das Projekt *Kap19_01 – Kopie.mpp.*
2. Setzen Sie die Markierung in die erste freie Zeile nach dem letzten Vorgang.
3. Rufen Sie im Menüband *Projekt/Unterprojekt* auf, wählen als Projekt *Kap19_01.mpp* aus und bestätigen mit *Einfügen*.
4. Dieses wird nach dem ersten Projekt eingefügt (Abbildung 19.10).

Abbildg. 19.10 Eingefügtes Projekt als Sammelvorgang dargestellt

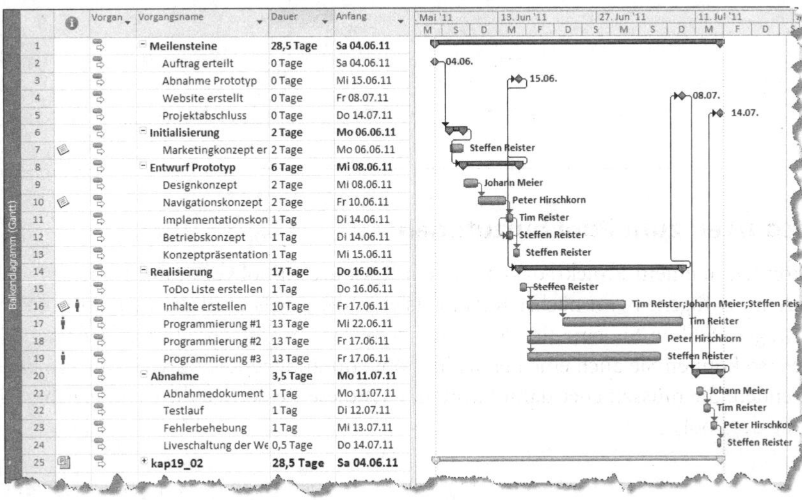

ACHTUNG Das Projekt wird als Teilvorgang des darüber angeordneten Sammelvorgangs *Abnahme* eingefügt! Dies ist natürlich falsch, daher müssen Sie das eingefügte Projekt mit der Gliederungsfunktion wieder auf die erste Ebene ausrücken. Drücken Sie dazu einfach die Tastenkombination ⇧+Alt+←.

5. Erweitern Sie das eingefügte Projekt durch Auswahl des Plus-Zeichens vor dem Projektnamen und bestätigen Sie die erscheinende Meldung mit *OK*.
6. Bewegen Sie die Maus zum Ende des Meilensteins *Projektabschluss*. Achten Sie darauf, dass der Mauszeiger noch die Form eines Kreuzes mit vier Pfeilspitzen hat.
7. Ziehen Sie die Markierung zum Anfang des Meilensteins *Website erstellt* im ursprünglichen Projekt (Abbildung 19.11).

Abbildg. 19.11 Verknüpfung des Endmeilensteins mit einem Meilenstein im Ursprungsprojekt

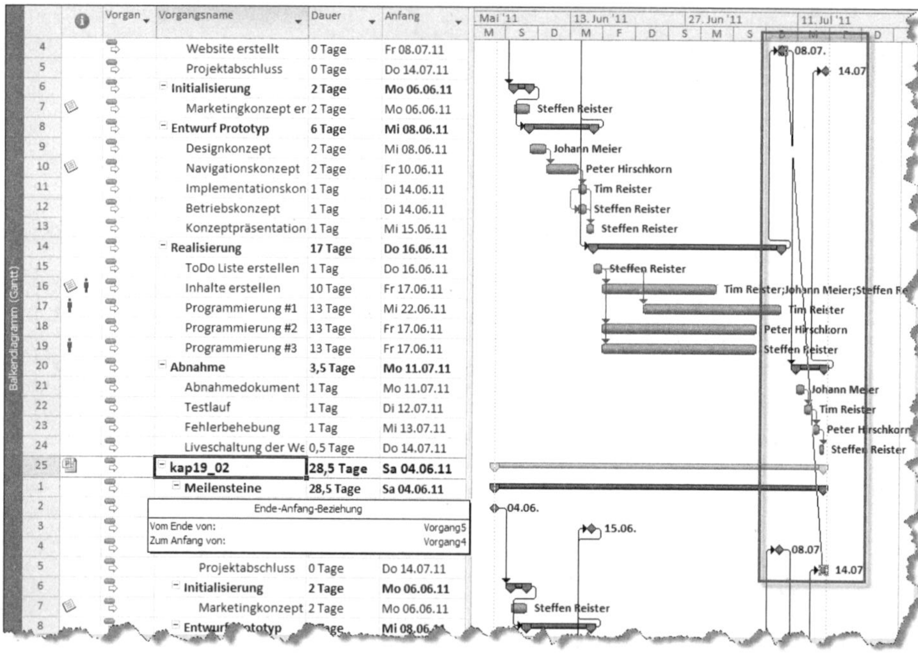

8. Damit haben Sie die Beziehung zwischen den zwei Projekten definiert.
9. Markieren Sie das eingefügte Projekt und drücken Sie die [Entf]-Taste.
10. Es wird eine Warnung angezeigt (Abbildung 19.12), dass alle Teilvorgänge des Projekts ebenfalls gelöscht werden. Bestätigen Sie per Klick auf *OK*.

Abbildg. 19.12 Löschen des eingefügten Projekts

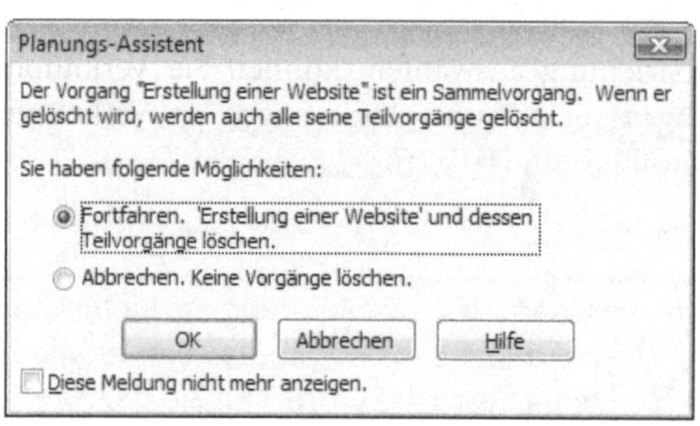

11. Die Verknüpfungsinformationen zum Meilenstein *Projektabschluss* werden beibehalten. Der Vorgang wird anders dargestellt, um deutlich zu machen, dass es sich um eine externe Verknüpfung handelt (Abbildung 19.13).

Damit ist die Definition einer externen Verknüpfung abgeschlossen. Gleichzeitig haben Sie gesehen, wie ein anderes Projekt eingefügt werden kann. Darauf wird im weiteren Verlauf dieses Kapitels noch näher eingegangen.

HINWEIS Per Doppelklick auf den Vorgang aus dem externen Projekt können Sie die andere Projektdatei öffnen.

Abbildg. 19.13 Der verknüpfte Vorgang ist weiterhin sichtbar

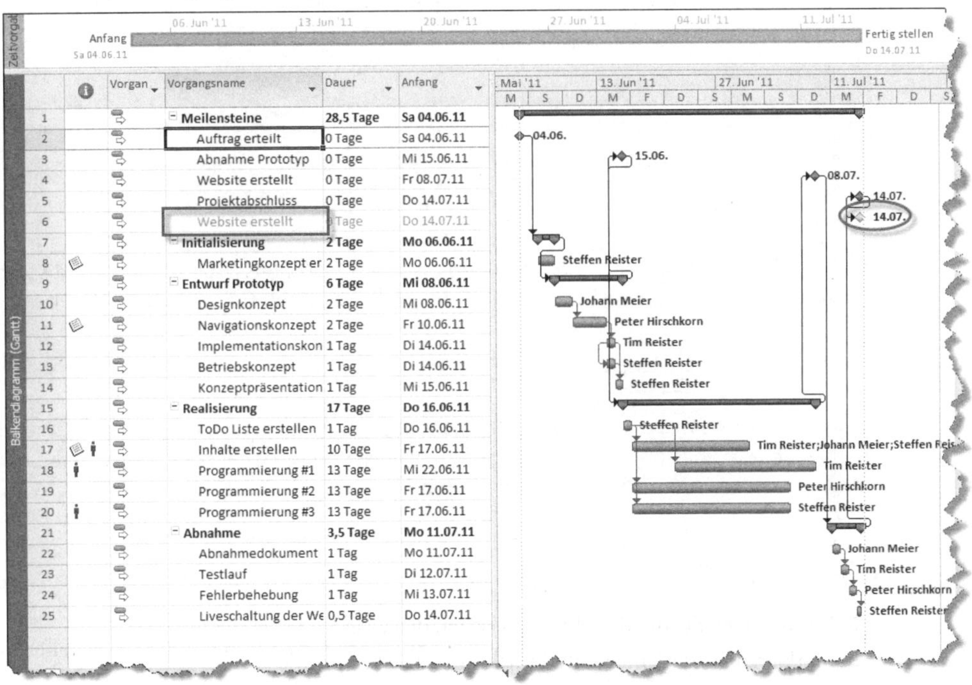

Mit dem Befehl *Verknüpfungen zwischen Projekten* (Abbildung 19.14) aus dem Menü *Extras* können Sie die Verknüpfungsbeziehungen näher analysieren. In diesem Dialogfeld werden alle Informationen über externe Vorgänger und Nachfolger angezeigt.

Wenn Sie eine solche Verknüpfungsbeziehung auswählen, können Sie Verknüpfungen löschen, Dateien bei beschädigten Verknüpfungen suchen und Änderungen an Verknüpfungen mit den Schaltflächen *Annehmen* (für die ausgewählte) und *Alle* (für alle Verknüpfungen) übernehmen.

Abbildg. 19.14 Verknüpfungen bearbeiten

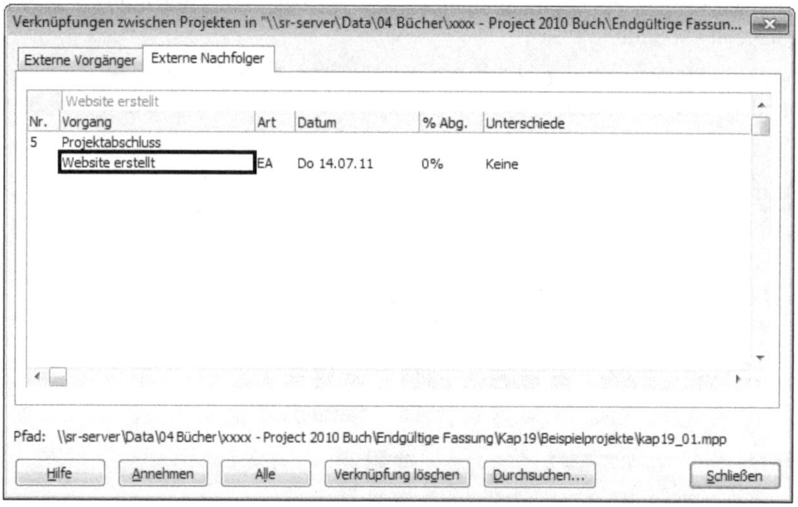

HINWEIS Sie können Verknüpfungen zwischen Projekten auch manuell in den Spalten *Vorgänger* bzw. *Nachfolger* definieren. Die Einträge haben dann beispielsweise die Form

```
\\Projekte\Buecher\Project2010\VK_Projekt_1.mpp\3
```

Wenn Sie in einem Netzwerk arbeiten, muss allerdings darauf geachtet werden, dass immer der *UNC*-Pfad (der vollständige Laufwerkspfad) angegeben wird. Bei einer Pfadangabe mit gemappten Laufwerken kann es zu Fehlzugriffen kommen.

Zusammenfassung

In diesem Kapitel haben Sie erfahren, wie Sie Projekte in Multiprojektumgebungen behandeln müssen. Es wurde beschrieben, wie Sie einen Ressourcenpool anlegen sowie verwenden und wie externe Verknüpfungen zu anderen Projekten erstellt werden.

Teil G

Project und die Office-Familie

Kapitel 20

Microsoft Outlook 2010

In diesem Kapitel:

Mit Hilfe des Assistenten für den Import von Outlook-Aufgaben können Sie alle oder nur selektierte Aufgaben aus Ihrem persönlichen Aufgabenordner aus Outlook importieren. Die Aufgaben können Sie entweder einzeln, in Gruppen oder gesamt selektieren, um sie dann in Ihr Projekt zu übernehmen.

Outlook-Aufgaben importieren

Outlook importiert nur Aufgabenordner aus dem Benutzerpostfach *Meine Aufgaben* von Outlook. *Öffentliche Ordner* aus Exchange werden nicht durchsucht. Falls das aktuelle Projekt noch keine Vorgänge enthält, besteht die Importliste ausschließlich aus den importierten Outlook-Aufgaben. Enthält das aktuelle Projekt bereits Vorgänge, werden die importierten Aufgaben zur aktuellen Vorgangsliste hinzugefügt. Bereits fertig gestellte Outlook-Aufgaben (100 % abgeschlossen) werden nicht im Dialogfeld *Outlook-Aufgaben importieren* angezeigt.

Aufgaben, die in mehreren Kategorien vorhanden sind, werden beim Import auch mehrfach angezeigt.

WICHTIG Termine werden nicht aus Outlook übernommen. In Project werden die Termine der importierten Vorgänge nach den Einstellungen der Project-Datei eingetragen.

Folgende Feldzuordnungen (Tabelle 20.1) gelten beim Import der Aufgaben von Outlook nach Project:

Tabelle 20.1 Feldzuordnungen beim Import von Outlook nach Project

Outlook-Feld	Project-Feld	Bemerkungen
Betreff	Name (Vorgangsname)	
Gesamtaufwand	Dauer	8 Stunden/Tag
Notizen	Notizen	Formatierungen oder Aufzählungen werden nicht übernommen

Erstellen Sie ein neues Projekt oder öffnen Sie eines, in welches Sie Outlook-Aufgaben importieren wollen. Die Definition einer Aufgabe in Outlook könnte entsprechend der Abbildung 20.1 aussehen.

Abbildg. 20.1 Eine in Outlook definierte Aufgabe

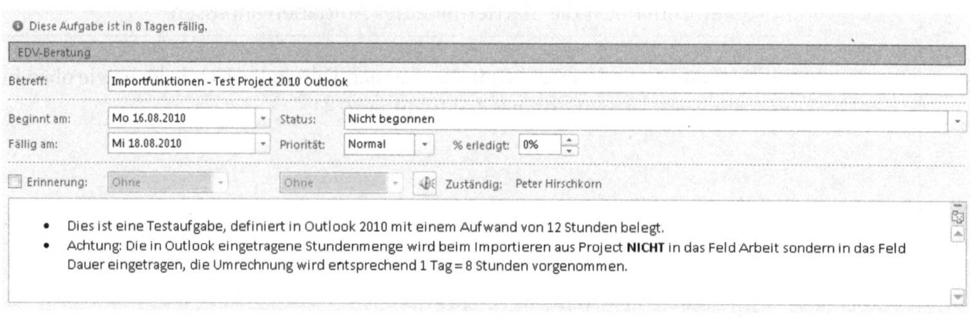

1. Klicken Sie auf den Dropdownpfeil des Befehls *Aufgabe/Einfügen/Vorgang* und wählen Sie den Eintrag *Outlook-Aufgaben importieren.*
2. Markieren Sie im Auswahlfenster der Aufgabenliste die Aufgaben, die Sie in Project übernehmen wollen (Abbildung 20.2).

Abbildg. 20.2 Importieren von Outlook-Aufgaben nach Project

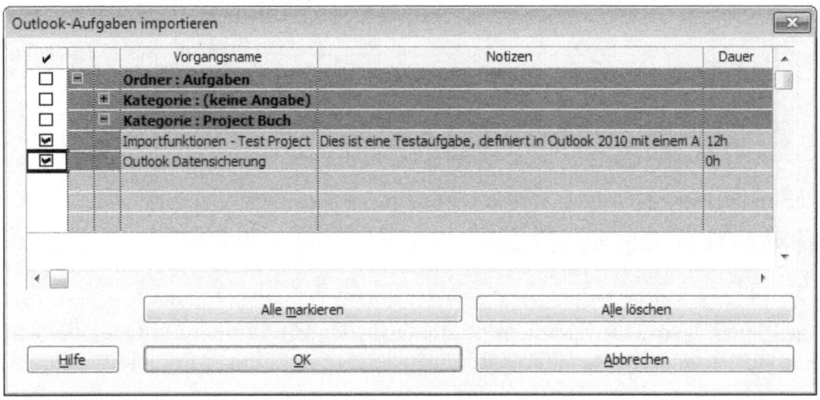

3. Bestätigen Sie die Auswahl mit *OK.*

Wie Sie in Abbildung 20.3 erkennen, wurden die Namen der Vorgänge übernommen, die Termine jedoch wurden laut Projektstarttermin aus dem neuen Projekt in die Felder *Anfang* und *Fertig stellen* eingetragen. Die Dauer der Vorgänge erhalten ihre Werte aus der zugeordneten Arbeit in Outlook.

Abbildg. 20.3 Aus Outlook importierte Vorgänge

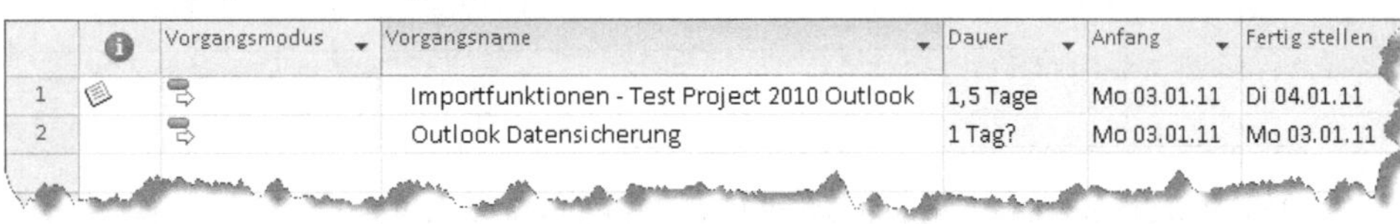

WICHTIG Wenn Sie Outlook-Aufgaben nach Project übernehmen, sollten Sie zwingend nach dem Importieren zumindest die Starttermine der Aufgaben anpassen.

Den Inhalt der Notizen finden Sie im entsprechenden Feld in Project, jedoch, wie oben beschrieben, ohne Übernahme von Formatierungen (Abbildung 20.4).

Abbildg. 20.4 Die Notizen der importierten Aufgaben

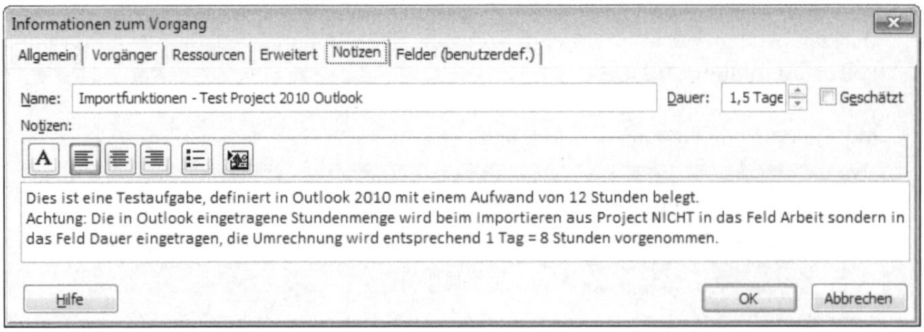

Zusammenfassung

Da die meisten Anwender täglich als Erstes Outlook öffnen und in der Regel auch als letzte Anwendung schließen, sind die Funktionen zum Verbinden von Project und Outlook nicht nur nützliche kleine Helfer, sondern sehr wichtig für den produktiven Einsatz von Project in Ihrem Arbeitsalltag.

Kapitel 21

Microsoft Excel 2010

In diesem Kapitel:

Die meisten Berichte und Grafiken werden nach wie vor in Excel erstellt. In Kapitel 14 wurden bereits grafische Berichte dargestellt. Manchmal soll es dennoch ein einfach gestalteter Excel-Bericht ohne Pivot-Funktionalität sein.

Benutzerdefinierte Daten nach Excel exportieren

In diesem Abschnitt werden Sie lernen, wie Sie Daten aus Ihrem Projekt nach Excel exportieren und dort weiterbearbeiten können.

Tabelle erstellen

Project bietet einen sehr komfortablen Assistenten an, der Ihnen die Arbeit erleichtert, wenn Sie ausgewählte Daten eines Projekts nach Excel exportieren wollen. Zwei Voraussetzungen müssen Sie dennoch schaffen:

- Zunächst müssen Sie wissen, in welcher Tabelle die benötigten Daten enthalten sind, die Sie später in Excel weiter verarbeiten wollen
- Ferner bedarf es eines Exportschemas. Dieses definiert, welche Daten in welcher Form exportiert werden.

Excel-Export mit dem Assistenten durchführen

Sie wollen Ihr Projekt in einer einfachen Vorgangsliste darstellen, um in der nächsten Projekt-Statusrunde zeigen zu können, wer an diesen Vorgängen arbeitet, wie viele Stunden darauf geplant sind, und wann diese voraussichtlich fertiggestellt sind:

Es gibt zwei Möglichkeiten, um den Export von Project-Daten nach Excel zu starten:

- *Datei/Speichern unter* oder
- *Datei/Speichern und Senden*

Unter beiden Möglichkeiten finden Sie die Option, das Projekt in Excel zu speichern bzw. einen Export nach Excel durchzuführen. Gehen Sie dazu wie folgt vor:

1. Klicken Sie auf den Befehl *Datei/Speichern unter.*
2. Wählen Sie im Listenfeld *Dateityp* des Dialogfelds *Speichern unter* den Eintrag Excel-Arbeitsmappe aus und geben Sie den Namen ein, unter dem die exportierte Datei gespeichert werden soll.
3. Bestätigen Sie mit *Speichern*. Der Export-Assistent wird gestartet.
4. Klicken Sie auf die Schaltfläche *Weiter* bei der ersten Anfrage des Assistenten.
5. Wählen Sie nun aus, in welcher Art die Daten vorliegen, die Sie exportieren wollen. Da es ein benutzerdefinierter Export sein soll, wählen Sie bitte *Ausgewählte Daten* und bestätigen Sie mit *Weiter* (Abbildung 21.1).

Abbildg. 21.1 Start des Excel-Export-Assistenten

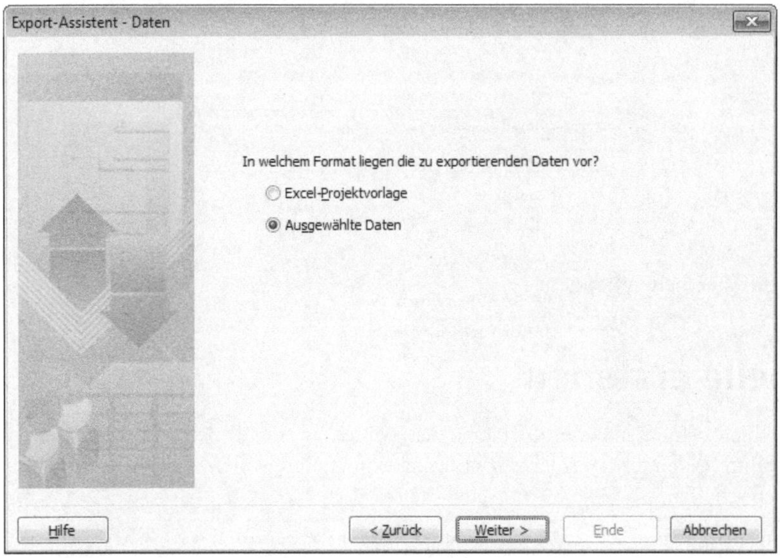

HINWEIS Das Format *Excel-Projektvorlage* ist ein fest vordefiniertes Exportschema, welches ein Projekt mit seinen wichtigsten Daten in eine Excel-Arbeitsmappe schreibt. Diese Vorlage gibt es auch als Excel-Vorlage, welche insbesondere dann hilfreich ist, wenn ein Projekt zunächst in Excel erstellt wird, um es dann später in Project zu importieren. Sie finden die Vorlage der Standardinstallation unter den Templates der Office-Programme:

6. Nun werden Sie aufgefordert, ein Schema zu bestimmen, mit dessen Hilfe Sie das Projekt exportieren wollen. Wählen Sie hier die Option *Neues Schema* und bestätigen Sie mit *Weiter.*
7. Im nächsten Schritt können Sie bestimmen, welche Art von Daten Sie exportieren wollen. In unserem Beispiel geht es um Vorgangsinformationen, deshalb aktivieren Sie das Kontrollkästchen *Vorgänge.* Unter *Microsoft-Excel-Optionen* aktivieren Sie das Kontrollkästchen *Exportieren mit Überschriften* (Abbildung 21.2). Bestätigen Sie mit *Weiter.*

Abbildg. 21.2 Festlegen der Schemaoptionen

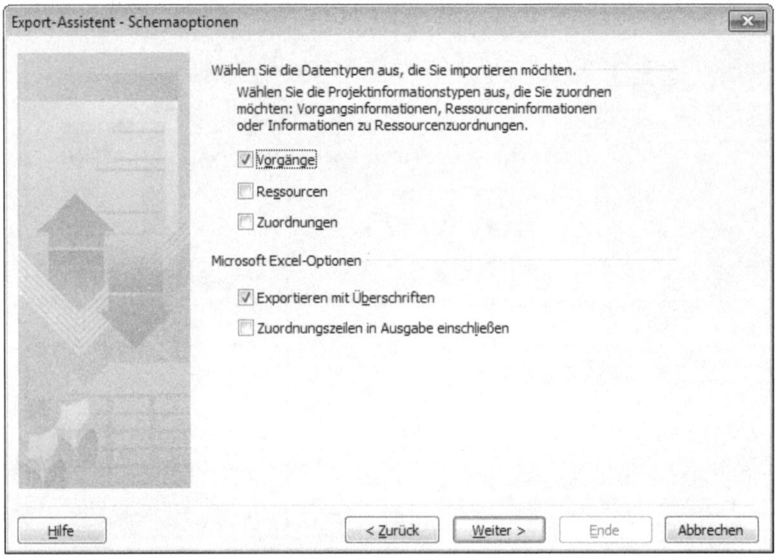

8. Nun sollten Sie genau bestimmen, welche Daten exportiert werden sollen.
9. Im Dialogfeld *Vorgangsschema* sehen Sie die Felder, die exportiert werden, nebst einer Vorschau der Daten im unteren Bereich des Dialogfelds (Abbildung 21.3). Bestätigen Sie Ihre Auswahl mit *Weiter*.

Abbildg. 21.3 Exportieren von Daten in eine Excel-Arbeitsmappe

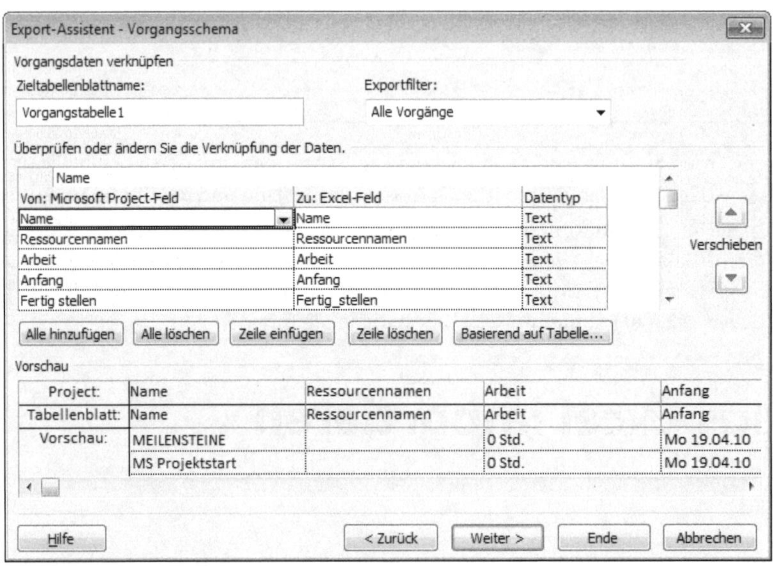

10. In diesem Schritt haben Sie die Möglichkeit, das soeben festgelegte Schema zu speichern. Sollten Sie diese Art des Exports künftig weiter verwenden wollen, würde das Speichern des Schemas Ihre Arbeitsschritte beim nächsten Export erheblich erleichtern. In unserem Fall benennen wir das Schema mit dem Namen *_Export Vorgang-Ressource-Arbeit*. Klicken Sie anschließend auf *Speichern*.

Abbildg. 21.4 Speichern eines erstellten Schemas

11. Danach klicken Sie auf die Schaltfläche *Ende* und die Excel-Arbeitsmappe wird automatisch erstellt. Das Ergebnis sehen Sie in Abbildung 21.5.

Abbildg. 21.5 Die exportierten Vorgänge in der Excel-Arbeitsmappe

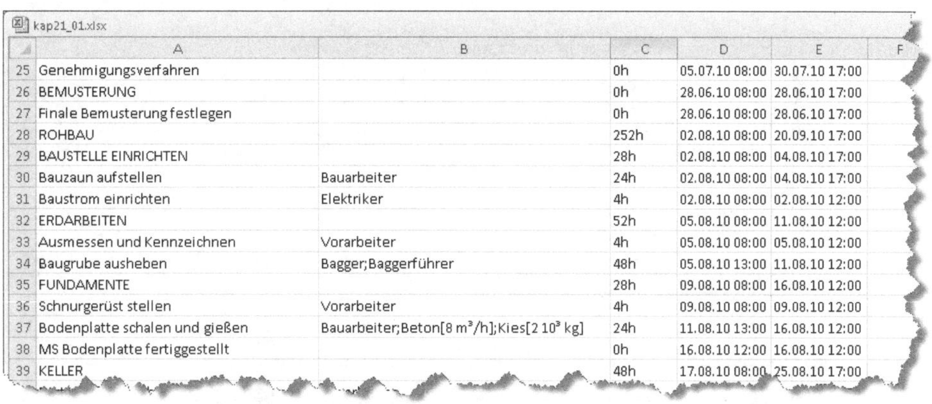
kap21_01.xlsx

	A	B	C	D	E	F
25	Genehmigungsverfahren		0h	05.07.10 08:00	30.07.10 17:00	
26	BEMUSTERUNG		0h	28.06.10 08:00	28.06.10 17:00	
27	Finale Bemusterung festlegen		0h	28.06.10 08:00	28.06.10 17:00	
28	ROHBAU		252h	02.08.10 08:00	20.09.10 17:00	
29	BAUSTELLE EINRICHTEN		28h	02.08.10 08:00	04.08.10 17:00	
30	Bauzaun aufstellen	Bauarbeiter	24h	02.08.10 08:00	04.08.10 17:00	
31	Baustrom einrichten	Elektriker	4h	02.08.10 08:00	02.08.10 12:00	
32	ERDARBEITEN		52h	05.08.10 08:00	11.08.10 12:00	
33	Ausmessen und Kennzeichnen	Vorarbeiter	4h	05.08.10 08:00	05.08.10 12:00	
34	Baugrube ausheben	Bagger;Baggerführer	48h	05.08.10 13:00	11.08.10 12:00	
35	FUNDAMENTE		28h	09.08.10 08:00	16.08.10 12:00	
36	Schnurgerüst stellen	Vorarbeiter	4h	09.08.10 08:00	09.08.10 12:00	
37	Bodenplatte schalen und gießen	Bauarbeiter;Beton[8 m^3/h];Kies[2 10^3 kg]	24h	11.08.10 13:00	16.08.10 12:00	
38	MS Bodenplatte fertiggestellt		0h	16.08.10 12:00	16.08.10 12:00	
39	KELLER		48h	17.08.10 08:00	25.08.10 17:00	

Daten aus Excel importieren

Zuweilen mag es vorkommen, dass Sie Daten erhalten, die nicht in Project erstellt wurden, diese aber dennoch in eine entsprechende Project-Datei überführt werden sollen. Dies könnte eine Mind-Map sein oder aber eine Excel-Tabelle, die verschiedene Vorgänge enthält. Diese Daten sind in der Regel nicht »Project-tauglich«. Sie können sich in einem solchen Fall jedoch mit dem Import-Assistenten behelfen, der automatisch gestartet wird, sobald Sie über das Dialogfeld zum Befehl *Datei/Öffnen* eine Excel-Datei auswählen.

Abbildg. 21.6 Der Import-Assistent

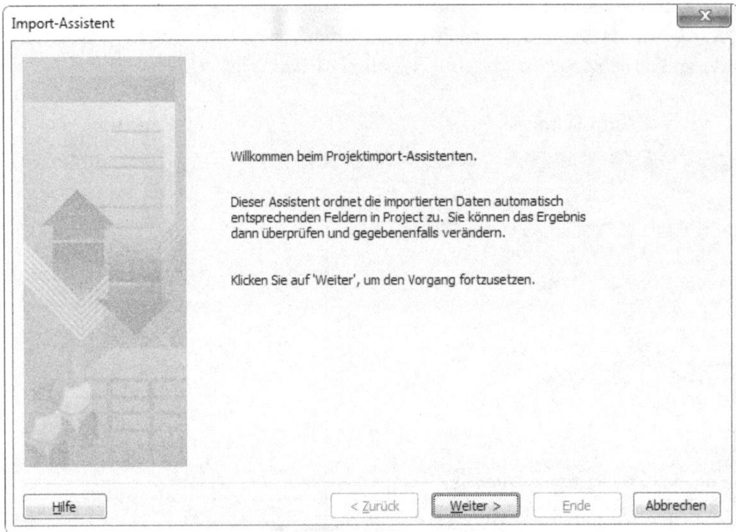

Nachfolgend gehen wir davon aus, dass Sie eine Excel-Liste vorliegen haben, die drei Spalten beinhaltet (Abbildung 21.7).

Abbildg. 21.7 Die Vorgänge in der Excel-Liste

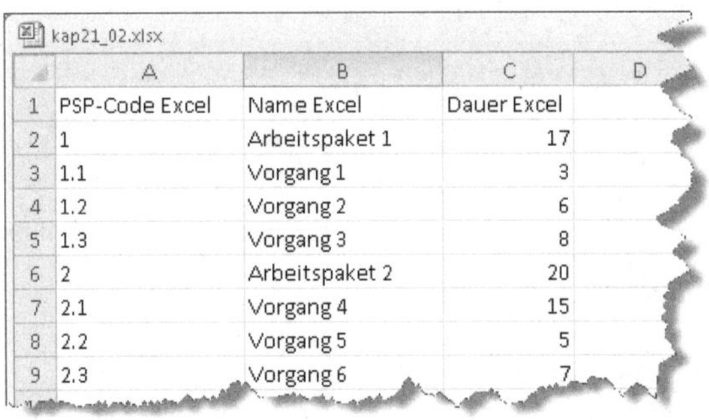
kap21_02.xlsx

	A	B	C	D
1	PSP-Code Excel	Name Excel	Dauer Excel	
2	1	Arbeitspaket 1	17	
3	1.1	Vorgang 1	3	
4	1.2	Vorgang 2	6	
5	1.3	Vorgang 3	8	
6	2	Arbeitspaket 2	20	
7	2.1	Vorgang 4	15	
8	2.2	Vorgang 5	5	
9	2.3	Vorgang 6	7	

Wir wollen nun aus dieser Liste einen Project-Plan erstellen.

Mit diesen Schritten legen Sie ein eigenes Excel-Importschema fest:

1. Klicken Sie auf den Befehl *Datei/Öffnen*.
2. Im Dialogfeld *Öffnen* wählen Sie im Listenfeld *Dateityp* den Eintrag *Excel-Arbeitsmappe* aus.

CD-ROM Browsen Sie im Verzeichnis *\Buch\Kap21* der Beispieldateien zu diesem Buch zur Datei *Kap21_02.xlsx*. Klicken Sie auf *Öffnen*. Der Import-Assistent wird automatisch gestartet.

3. Bestätigen Sie die beiden ersten Dialogfelder mit *Weiter*.
4. Bestimmen Sie im nächsten Dialogfeld, wie Sie Ihre Daten verwenden wollen. Soll aus den Daten ein neues Projekt entstehen oder wollen Sie die Daten an ein vorhandenes anhängen? In

unserem Projekt wollen wir ein neues Projekt erstellen und wählen daher die erste Option des Assistenten (Abbildung 21.8). Bestätigen Sie mit *Weiter.*

Abbildg. 21.8 Zielbestimmung der Importdatei

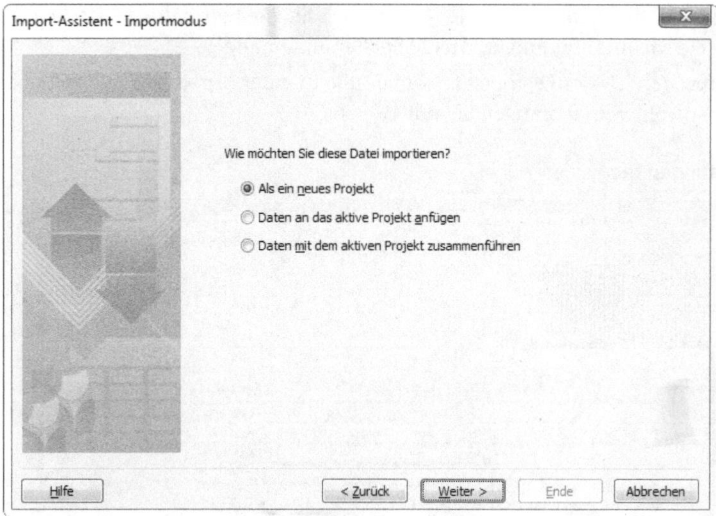

5. Im folgenden Dialogfeld *Schemaoptionen* finden Sie Informationen, die Sie schon aus dem Export kennen (Abbildung 21.9).

HINWEIS Das Kontrollkästchen *Importieren mit Überschriften* muss aktiviert werden, weil sonst beim Import die erste Zeile in Excel jeweils als Überschrift interpretiert und beim Import sonst ausgelassen wird.

Abbildg. 21.9 Datentypenauswahl

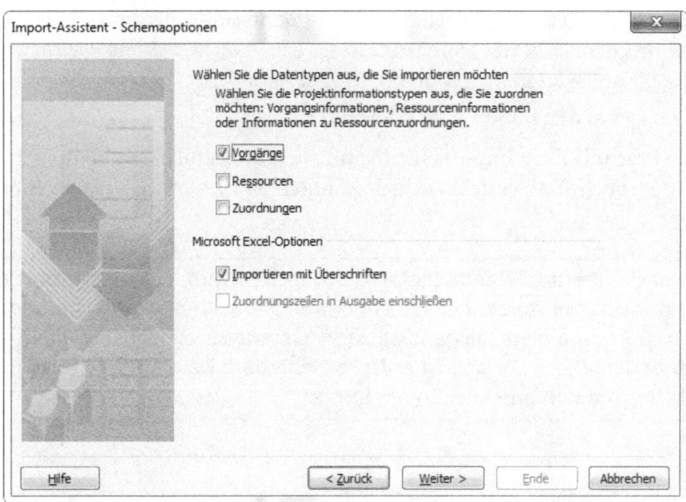

Project und die Office-Familie

6. Nun werden Sie Ihre Daten spezifizieren müssen, damit Project nachvollziehen kann, in welche Felder die vorliegenden Daten importiert werden sollen (Abbildung 21.10).
7. Wählen Sie im Listenfeld *Quelltabellenblattname* den Eintrag *Tabelle1* aus, die Ihre Daten beinhaltet.
8. Im mittleren Bereich des Dialogfelds bestimmen Sie die Verbindung zwischen den Feldern. Verknüpfen Sie wie in Abbildung 21.10 die Spalten miteinander.
9. Im unteren Bereich des Dialogfelds können Sie in einer Vorschau das Ergebnis Ihrer Verknüpfungen kontrollieren. Bestätigen Sie mit *Weiter.*

Abbildg. 21.10 Verknüpfungen der Felder

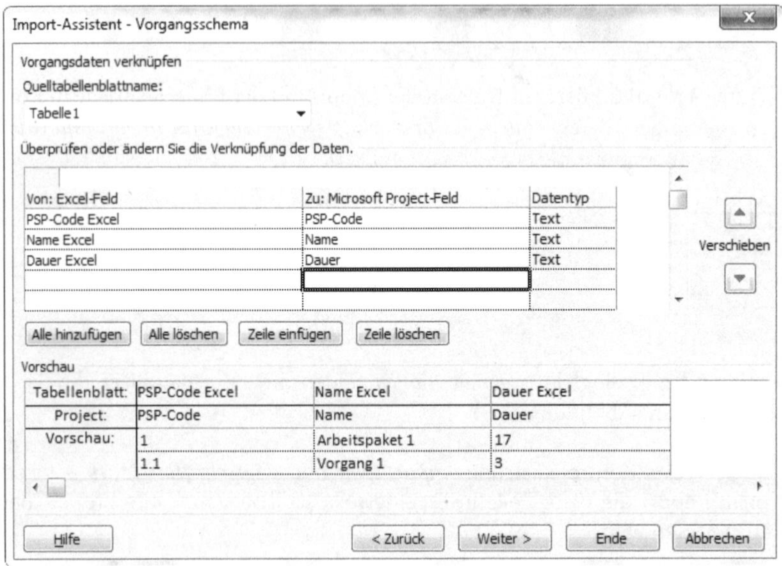

10. Nun können Sie das *Importschema* speichern. Dies ist dann sinnvoll, wenn Sie das Schema häufiger verwenden möchten. Klicken Sie dazu auf die Schaltfläche *Schema speichern*, weisen Sie dem Schema einen Namen zu und klicken Sie auf *Speichern.*
11. Klicken Sie auf *Ende*, um den Import abzuschließen.

Sie erhalten nun das Ergebnis Ihres Imports in einem neuen Projektplan (Abbildung 21.11). Dieser ist zwar noch nicht gänzlich fertiggestellt, jedoch können Sie dies mit normalen Project-Mitteln nachholen.

HINWEIS Je detaillierter die Datenquelle ist, desto dichter wird auch der Import im Ergebnis sein. Allerdings erhöht sich bei steigender Anzahl der Felder auch der Aufwand und die Fehlermöglichkeit beim Import. In einem solchen Fall ist es wesentlich einfacher, wenn Sie die Excel-Projektvorlage verwenden. Diese Vorlage ist entsprechend dem Datenmodell von Project vordefiniert und erleichtert somit den anschließenden Import.

Abbildg. 21.11 Ergebnis des Imports einer einfachen Excel-Liste

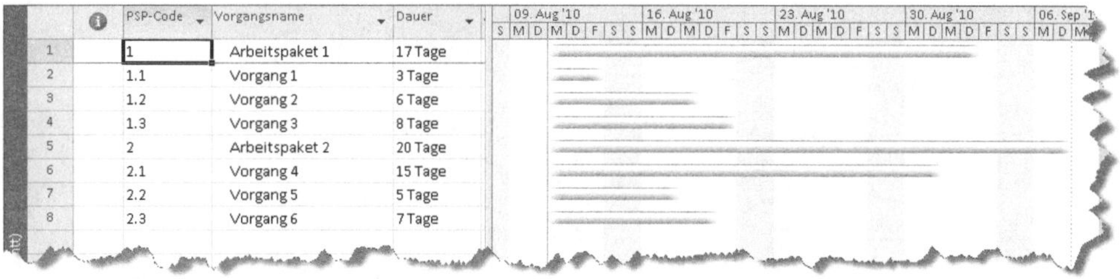

Excel-Projektvorlage

Noch einfacher funktioniert der Export oder Import mit der Project-Vorlage in Excel. Diese Vorlage erhalten Sie mit dem Befehl *Datei/Neu/Beispielvorlagen/Vorlage für Import und Export von Microsoft Project-Plänen* über die Backstage-Ansicht in Excel.

Abbildg. 21.12 Die Project-Vorlage in Excel

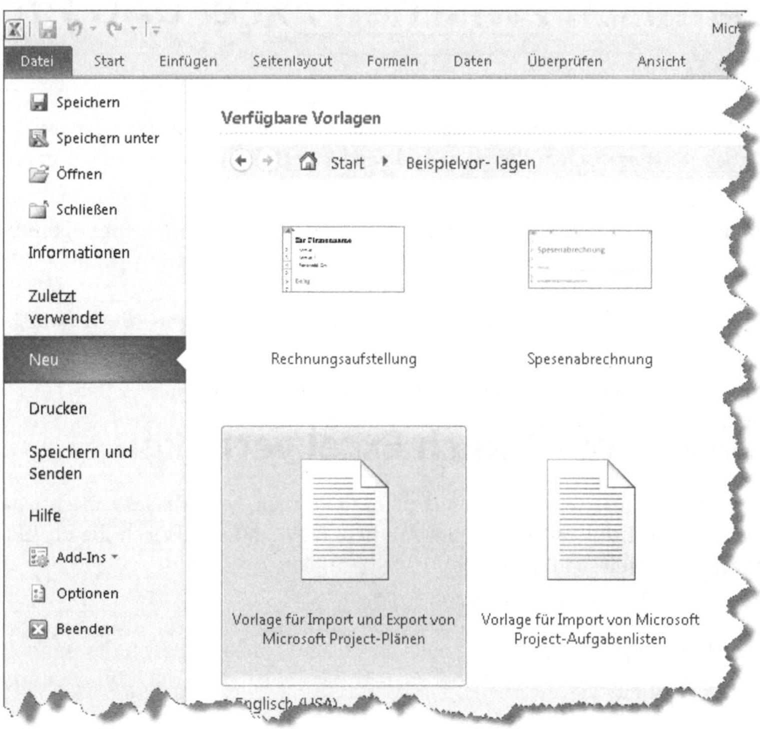

Die Tabellen in der Vorlage enthalten alle in Project relevanten Felder, die Sie für die Erfassung der Vorgänge, Ressourcen und Zuordnungen brauchen.

In Abbildung 21.12 können Sie die Struktur erkennen.

Abbildg. 21.13 Die Excel-Vorlage für Project

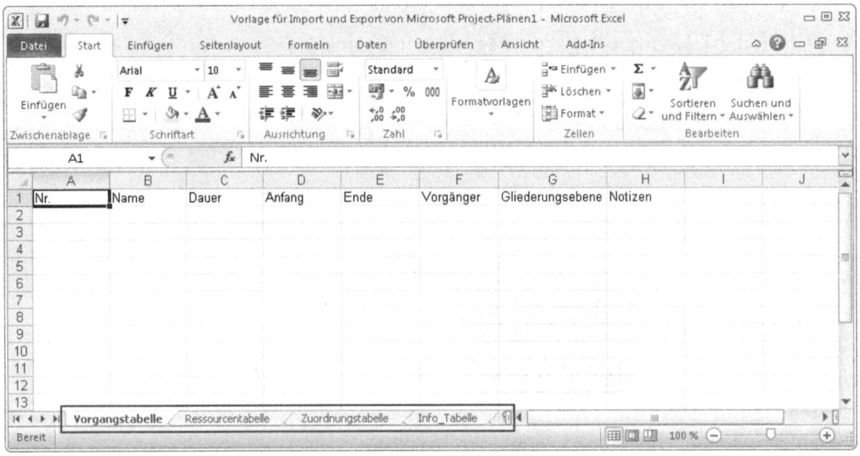

Daten dynamisch zwischen Excel und Project austauschen

In folgendem Beispiel zeigen wir Ihnen, wie Sie kumulierte Daten von Project dynamisch nach Excel verknüpfen, diese dort grafisch aufbereiten und wieder nach Project als Grafik dynamisch zurückverknüpfen können.

Nehmen wir an, die Kosten der Sammelvorgänge in Project sollten als Balkengrafik in Project angezeigt werden.

CD-ROM Im Beispiel wird die Datei *kap21_03.mpp* im Verzeichnis *\Buch\Kap21* verwendet, das Ergebnis ist in der Datei *kap21_04.mpp* zu finden.

Daten von Project nach Excel verlinken

Um die Project-Daten in Excel weiter verarbeiten zu können, müssen Sie zunächst dafür sorgen, dass die Daten auch in Excel verfügbar sind. Am besten dynamisch, da sich die Projektdaten ja im Laufe des Projektes verändern können.

1. Öffnen Sie das Beispielprojekt (Abbildung 21.14).

Abbildg. 21.14 Die Sammelvorgänge und deren Kosten

	i	Vorgan	Vorgangsname	Kosten	Daue
1			⊞ MEILENSTEINE	0,00 €	18
11	✓		⊞ VORPLANUNG	500,00 €	30
15	✓		⊞ FINANZIERUNG	250,00 €	20 T
17	✓		⊞ PLANUNG	6.000,00 €	25 T
27			⊞ ROHBAU	25.250,00 €	36 T
52			⊞ INNENAUSBAU	19.800,00 €	70 T
88			⊞ AUSSENANLAGEN	4.000,00 €	1

2. Neben dem Vorgangsnamen wurde das Feld *Kosten* eingeblendet. Markieren Sie nun den Vorgangsbereich *VORPLANUNG* bis Kosten *AUßENANLAGEN* mit der Maus und kopieren Sie den Inhalt in die Zwischenablage (die Meilensteine beinhalten keine Kosten, weshalb sie nicht in die Markierung mit einbezogen wurden).

Abbildg. 21.15 Kopieren von Projektinformationen

3. Starten Sie Excel 2010 und setzen den Mauszeiger auf die Zelle A1.
4. Wählen Sie im Kontextmenü den Eintrag *Inhalte einfügen*.
5. Markieren Sie im Dialogfeld *Inhalte einfügen* die Option *Verknüpfen*, wählen in der Liste den Eintrag *Text* aus (Abbildung 21.16) und bestätigen mit *OK*.

Abbildg. 21.16 Inhalte und verknüpfen

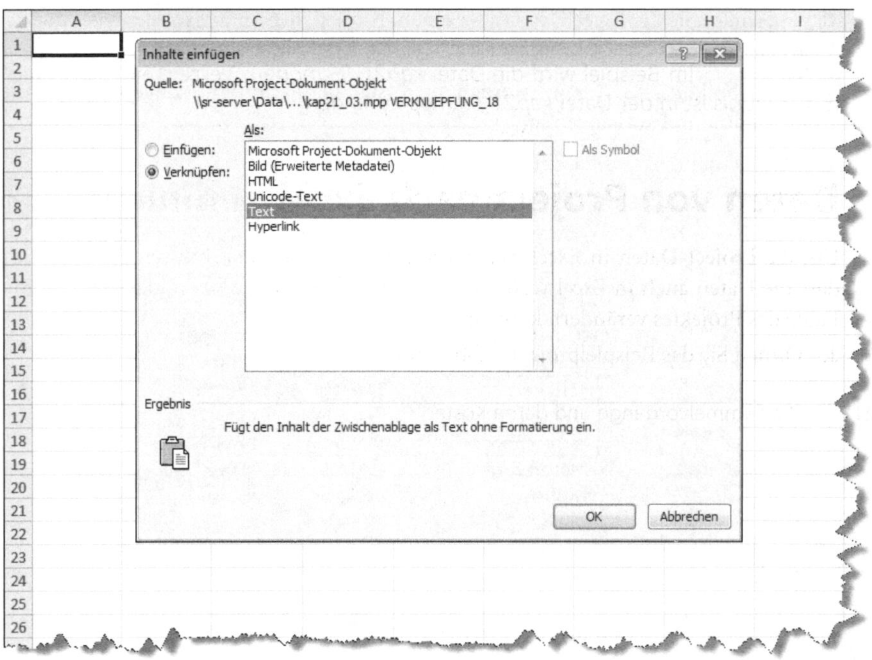

6. Markieren Sie den eingefügten Bereich, der die Daten enthält und erstellen Sie mit dem Befehl *Einfügen/Diagramme* eine Grafik Ihrer Wahl (Abbildung 21.17).
7. Formatieren Sie die Grafik und die Zahlen in der Tabelle, wie Sie es wünschen.

Abbildg. 21.17 Die formatierte Excel-Grafik

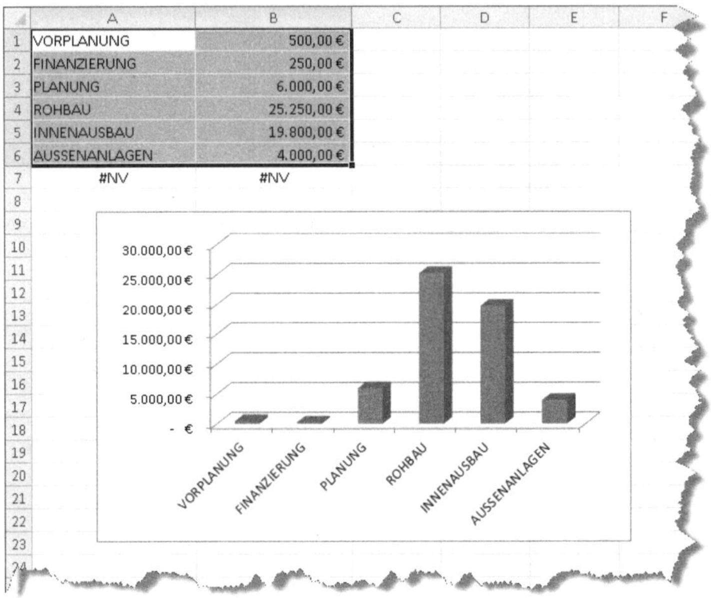

8. Speichern Sie die Excel-Datei unter einem Namen, der im Zusammenhang mit der Project-Datei steht.

Wie die Abbildung 21.17 zeigt, werden die Kosten der Sammelvorgänge aus der Project-Datei übernommen und in Excel angezeigt.

Um die Dynamik zu testen, gehen Sie wie folgt vor:

1. Ändern Sie in Project im Sammelvorgang *VORPLANUNG* die Kostenwerte für die Vorgänge 12 bis 14.

		Vorgan	Vorgangsname	Kosten	Dauer
1			⊞ **MEILENSTEINE**	**0,00 €**	**181 Tage**
11	✓		⊟ **VORPLANUNG**	**13.650,00 €**	**30 Tage**
12	✓		Architekturplanung	10.000,00 €	6 Wochen
13	✓		Erstbemusterung	3.000,00 €	1 Tag
14	✓		Kostenplanung	150,00 €	1 Woche
15	✓		⊞ **FINANZIERUNG**	**250,00 €**	**20 Tage**
17	✓		⊞ **PLANUNG**	**6.000,00 €**	**25 Tage**
27			⊞ **ROHBAU**	**25.250,00 €**	**36 Tage**
52			⊞ **INNENAUSBAU**	**19.800,00 €**	**70 Tage**
88			⊞ **AUSSENANLAGEN**	**4.000,00 €**	**19 Tage**

2. Schalten Sie zurück zur Excel-Tabelle und überprüfen Sie, ob sich die Werte der Kosten automatisch aktualisiert haben.

WICHTIG Beim Ändern der Daten in Project sollte die Excel-Tabelle geöffnet bleiben, um die Änderung der Zahlen direkt zu sehen.

Daten von Excel nach Project verlinken

Um die in Excel erstellte Grafik in Project anzuzeigen, sind wieder einige Schritte notwendig. Damit der Überblick der Kosten für die Sammelvorgänge auch Sinn macht, werden wir die Grafik dem Projektsammelvorgang zuordnen:

1. Klicken Sie in der geöffneten Excel-Datei auf den Rahmen der Grafik und kopieren Sie diese in die Zwischenablage.

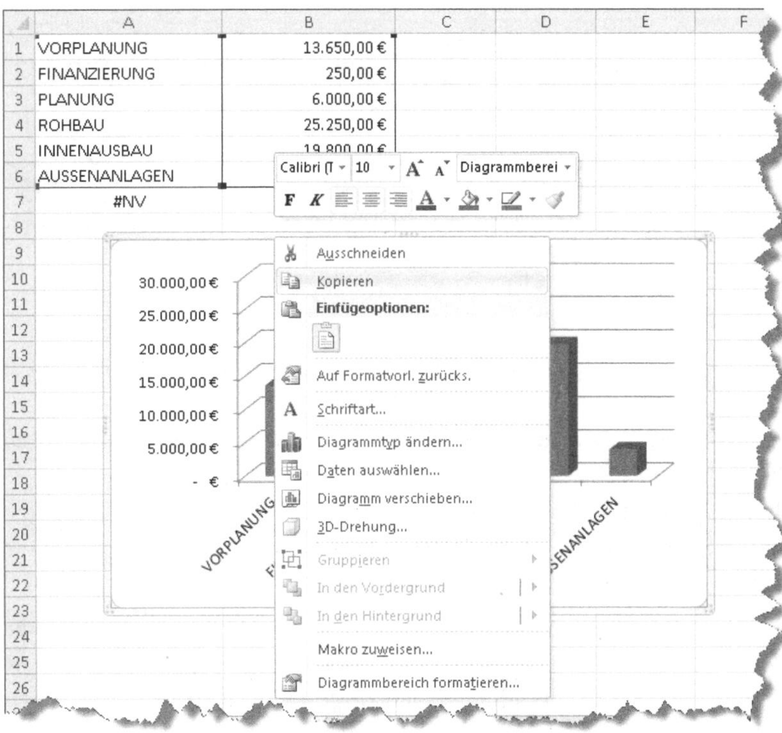

2. Schalten Sie zurück zum geöffneten Projekt. Aktivieren Sie das Häkchen für den Projektsammelvorgang mit dem Befehl *Format/Einblenden/Ausblenden/Projektsammelvorgang*.
3. Teilen Sie das Fenster mit dem Befehl *Ansicht/Elemente anzeigen/Details*.
4. Aktivieren Sie den Projektsammelvorgang.

Abbildg. 21.18 Das geteilte Detailfenster anzeigen

5. Wählen Sie über das Kontextmenü im unteren Fenster den Eintrag *Objekte.*
6. Wählen Sie die Auswahlliste des Befehls *Aufgabe/Zwischenablage/Einfügen* und verwenden Sie den Eintrag *Inhalte einfügen.*
7. Aktivieren Sie im Dialogfeld die Option *Verknüpfung einfügen*, wählen Sie den Eintrag *Grafik* und bestätigen Sie mit *OK.*

Abbildg. 21.19 Die verknüpfte Grafik des Projektsammelvorgangs

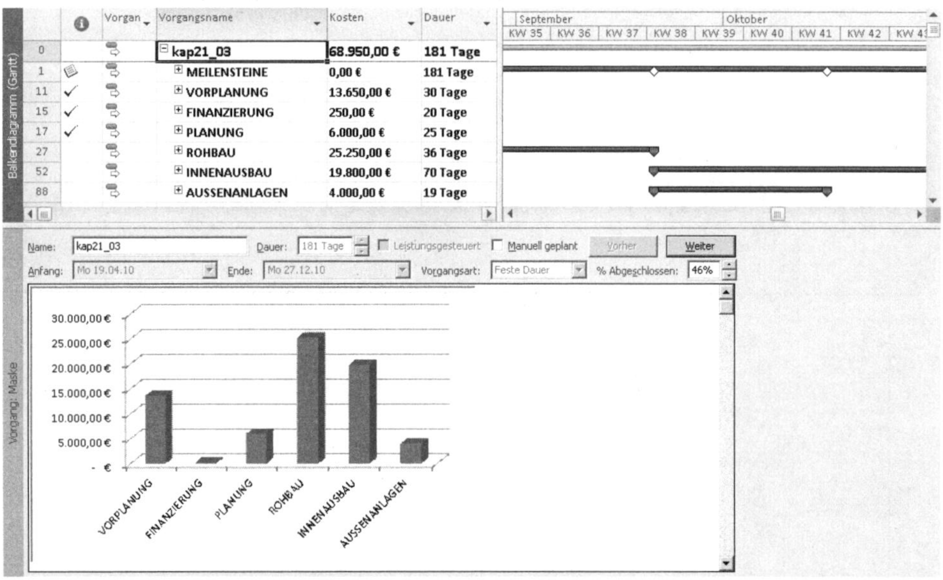

In Abbildung 21.19 sehen Sie, dass die in Excel erzeugte Grafik nun dynamisch in Project eingefügt wurde. Auch hier können Sie testen, ob beim Ändern eines Werts bei den Kosten der Rücklauf der Änderung von Project nach Excel und von Excel nach Project funktioniert.

Zusammenfassung

In diesem Kapitel haben Sie gesehen, wie Daten zwischen Project und Excel ausgetauscht werden können. Es wurde unterschieden zwischen dem Exportieren/Importieren und dem dynamischen Verknüpfen zwischen bestimmten Feldern von Project und Excel.

Kapitel 22

Microsoft Visio 2010

In diesem Kapitel:

In diesem Kapitel erfahren Sie, wie sich Daten von Project nach Visio exportieren lassen und umgekehrt oder wie das Importieren zwischen den beiden Anwendungen vonstatten geht.

Project und Visio

Zunächst soll jedoch der Unterschied zwischen Project und Visio geklärt werden, da sich die beiden Softwaresysteme stark voneinander unterscheiden und die Einsatzgebiete entsprechend abweichen.

Visio bietet Ihnen bei kleineren und überschaubaren Projekten sowohl die Möglichkeit der Erstellung und der dynamischen Bearbeitung von Gantt-Diagrammen als auch die des Zugriffs auf externe Datenquellen.

Sollte jedoch ein größeres Projekt mit vielen dynamischen Anpassungen aus einer Datenbasis automatisch erstellt werden, empfiehlt sich eine Projektplanungssoftware wie Project.

Mit Visio können Sie komplexe Gantt-Diagramme als Projektübersicht schnell erstellen, individuell gestalten und überarbeiten. Sie können Abhängigkeiten zwischen den einzelnen Vorgängen und Aktivitäten definieren und darstellen sowie Gantt-Diagramme aus externen Datenquellen (Project-Exchange-Datei, Textdatei oder Excel-Tabelle) generieren.

Wenn Sie für Ihre Tätigkeiten eher eine teilweise Integration der beiden Systeme in Form von Schnittstellen und Datenaustauschformaten anstreben, sind weitere Gesichtspunkte von Interesse – z.B. die Anforderungen an eine Schnittstelle:

- Speicherung der übermittelten Daten im jeweils anderen Dateiformat
- Darstellung der Datenmengen im jeweils anderen System in Form von Gantt-Diagrammen, Netzplänen oder Kalendern
- Übernahme von Datenmengen von der jeweils anderen Anwendung in beide Richtungen (Import und Export)

Für den Datenaustausch von Visio zu Project stehen folgende Dateiformate zur Verfügung:

- *.mpp* (Project-Projekt) für Project 2000/2002/2003/2007/2010
- *.mpx* (Project-Exchange) für Project 4.x und 98
- *.txt* (Textdatei)
- *.xlsx* (Microsoft Excel-Datei)

Für den Datenaustausch von Project zu Visio stehen zur Verfügung:

- *.mpp* (Project-Projekt) für Project 2000/2002/2003/2007/2010
- *.mpx* (Project-Exchange) bis Project 98
- *.txt* (Textdatei)
- *.xlsx* (Microsoft Excel-Datei)
- *.csv* (Comma-separated Values; kommagetrennte Werte)

Von Visio nach Project exportieren

Um die Kommunikation zwischen Visio und Project generell zu erläutern, verwenden wir eine einfache Projektplanung, die in Visio zur ersten Visualisierung erstellt wurde. Zur späteren Weiterverarbeitung wird das in Visio erstellte Gantt-Diagramm nach Project exportiert, dort weiter strukturiert und nach Abschluss der Planung zur Anzeige in Visio wieder importiert.

HINWEIS Auf die Erstellung eines Projektplans in Visio wird in diesem Buch nicht eingegangen.

Die Lösung der oben beschriebenen Aufgabe wird in vier Schritten erfolgen:

1. Exportieren eines in Visio erstellten Gantt-Diagramms als Project-Datei (*.mpp*)
2. Exportieren von zusätzlichen Felder und arbeitsfreien Zeiten
3. Weiterverarbeitung des Terminplans in Project
4. Importieren des fertiggestellten Terminplans (aus Project) in Visio

Gantt-Diagrammdaten exportieren

Beginnen Sie zunächst mit der Erstellung eines Gantt-Diagramms in Visio. Die Abbildung 22.1 zeigt das Projektbeispiel innerhalb der Beispieldateien zum Buch.

CD-ROM Das in Visio erstellte Gantt-Diagramm befindet sich innerhalb der Beispieldateien zum Buch im Ordner *\Buch\Kap22* und hat den Namen *Kap22_01.vsd.*

Abbildg. 22.1 Beispiel für ein Gantt-Diagramm in Visio

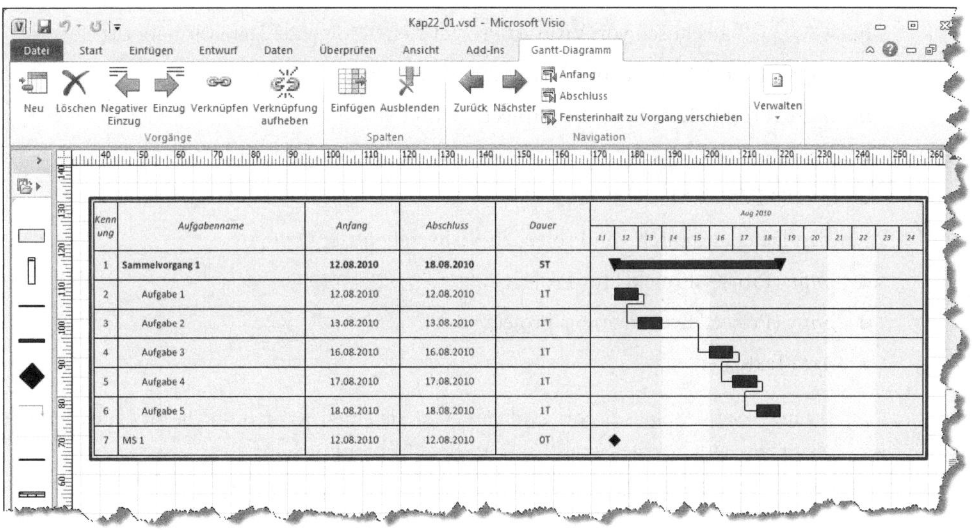

Nach der Erstellung des Gantt-Diagramms in Visio können Sie die Daten im Diagramm als Project-Datei (*.mpp*) exportieren.

WICHTIG Das Dateiformat »Project-Projekt« (*.mpp*) wird ab der Version Project 2000 unterstützt. In diesem Format gespeicherte Dateien haben die Dateinamenerweiterung *.mpp* und können von früheren Project-Versionen (4.x/98) nicht gelesen werden.

Sie können Felddaten von Visio in dieses Format exportieren, jedoch keine ganze Zeichnung. Project wiederum kann die Felddateninhalte aus diesem Dateiformat importieren.

Gantt-Diagramm exportieren

So exportieren Sie Felddaten von Visio zur Weiterverarbeitung in Project:

1. Wählen Sie in Visio im zu exportierenden Gantt-Diagramm den Befehl *Gantt-Diagramm/Verwalten/Daten exportieren.*

Abbildg. 22.2 Den Datenexport des Gantt-Diagramms starten

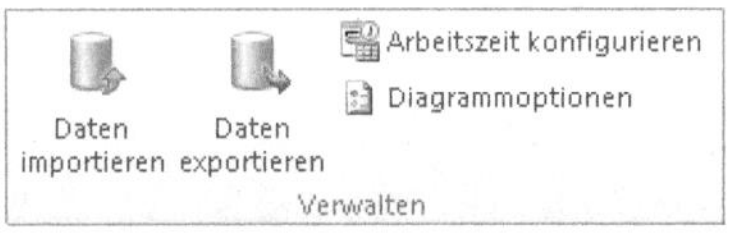

2. Wählen Sie das Format *Microsoft Project-Datei* aus, wenn Sie das exportierte Gantt-Diagramm in Project 2010 öffnen möchten. Klicken Sie anschließend die Schaltfläche *Weiter* (Abbildung 22.3).

Abbildg. 22.3 Assistent für den Export von Projektdaten

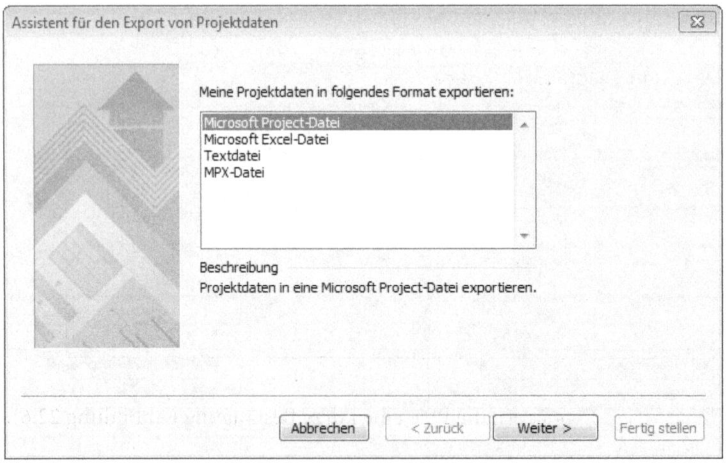

3. Wählen Sie den Speicherort und vergeben Sie einen Namen für die zu exportierende Datei. Klicken Sie dann auf die Schaltfläche *Weiter* (Abbildung 22.4).

Abbildg. 22.4 Speichern als Project-Datei

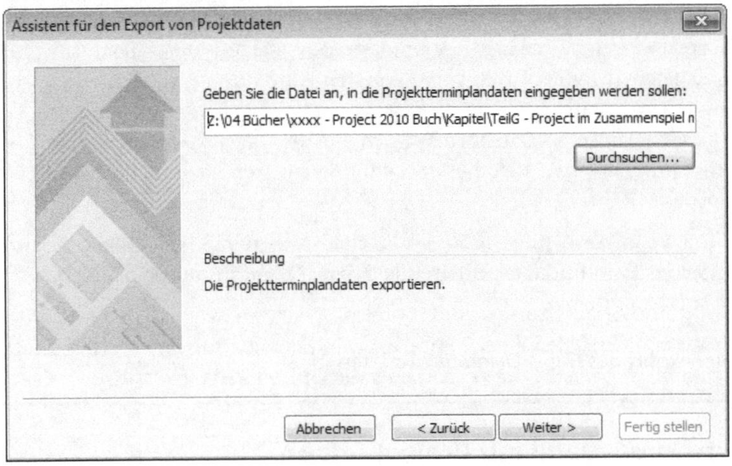

4. Klicken Sie auf die Schaltfläche *Fertig stellen* (Abbildung 22.5).

Abbildg. 22.5 Abschluss des Export-Assistenten

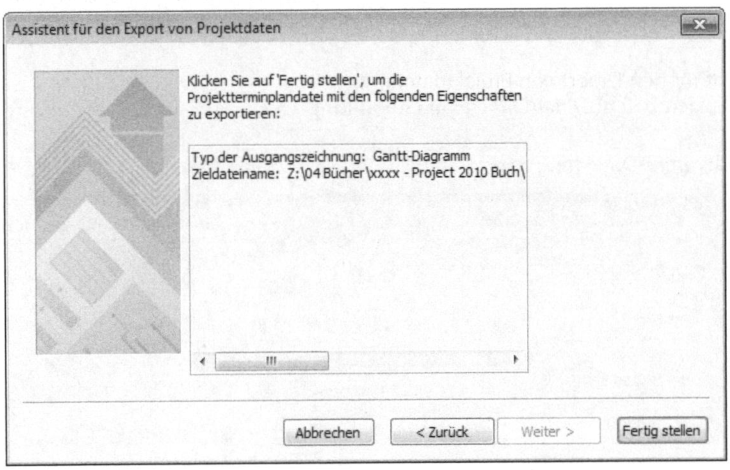

Nach dem fehlerfreien Export erhalten Sie eine kurze Bestätigung (Abbildung 22.6).

Abbildg. 22.6 Meldungsfeld nach dem erfolgreichen Export

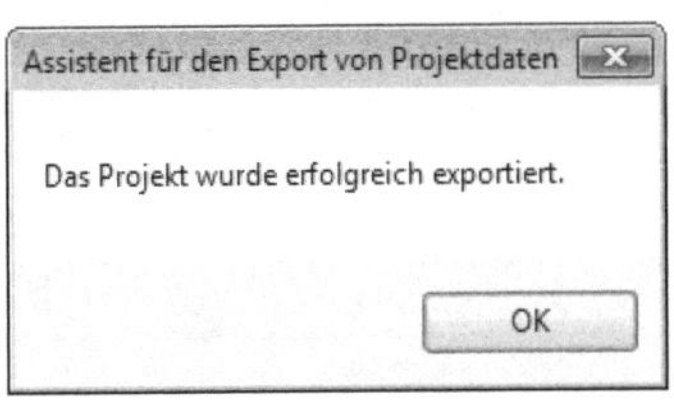

Project und die Office-Familie

MPX (Project Exchange)

Das Dateiformat »Project Exchange« ist ein datensatzbasiertes *ASCII*-Textformat, das zum Übertragen von Dateien zwischen Project und anderen Anwendungen, die dieses Format unterstützen, verwendet wird. Dateien, die in diesem Format gespeichert sind, haben die Dateinamenerweiterung *.mpx*. Das *.mpx*-Dateiformat wird bei der Projektverwaltung und verschiedenen anderen Programmen verwendet, die MPX 4.0 unterstützen. Project 4.0/4.1/98/2000 verwenden das Dateiformat MPX 4.0.

Felddaten von Visio können Sie in dieses Format exportieren, jedoch keine ganze Zeichnung. Project wiederum kann Felddateninhalte aus diesem Dateiformat importieren.

Um ein Visio-Gantt-Diagramm als *.mpx*-Datei zu speichern, wiederholen Sie die zuvor beschriebenen Schritte zum Erstellen einer *.mpp*-Datei und wählen im ersten Schritt nach dem Befehl *Gantt-Diagramm/Verwalten/Daten exportieren* die Option *MPX-Datei* aus.

Exportierte *.mpp*-Datei mit Project öffnen

Das von Visio exportierte *.mpp*-Dateiformat wird nur von Project erkannt. Das *.mpx*-Dateiformat (MPX 4.0) wird, wie schon erwähnt, von Project 4.0/4.1/98 verwendet und unterstützt. Sie können problemlos die von Visio exportierten Datenfelder mit einer der angegebenen Project-Versionen öffnen.

Um die von Visio exportierten Daten in Project zu öffnen, gehen Sie folgendermaßen vor:

1. Starten Sie Project.
2. Rufen Sie den Befehl *Datei/Öffnen* auf (Abbildung 22.7).

Abbildg. 22.7 Öffnen der *mpp*-Datei mit Project

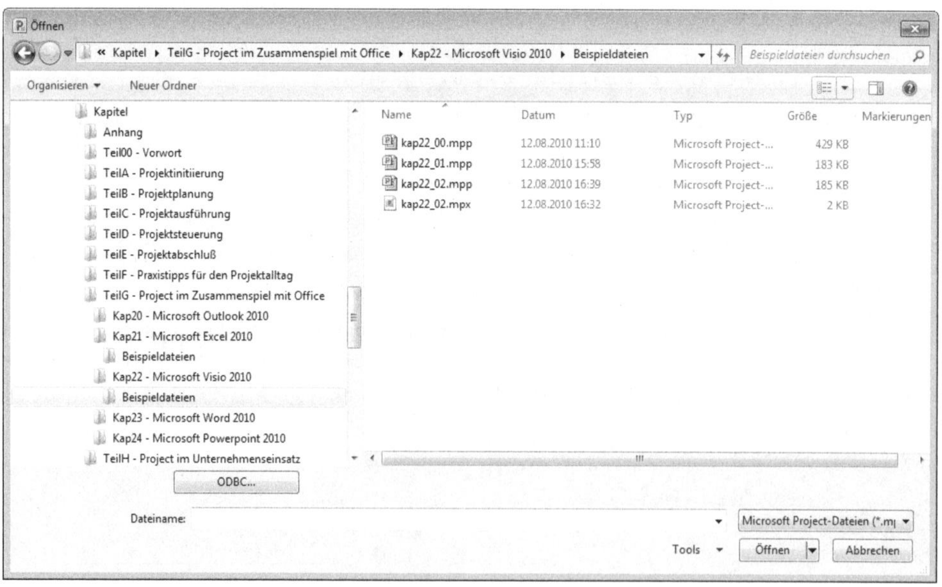

3. Wählen Sie die zu importierende Datei aus und bestätigen Sie per Klick auf die Schaltfläche *Öffnen.*

Sie erhalten in Project, in der Ansicht *Balkendiagramm (Gantt),* die importierten Datenfelder angezeigt (Abbildung 22.8).

Abbildg. 22.8 Von Visio exportierte Zeichnung, in Project geöffnet

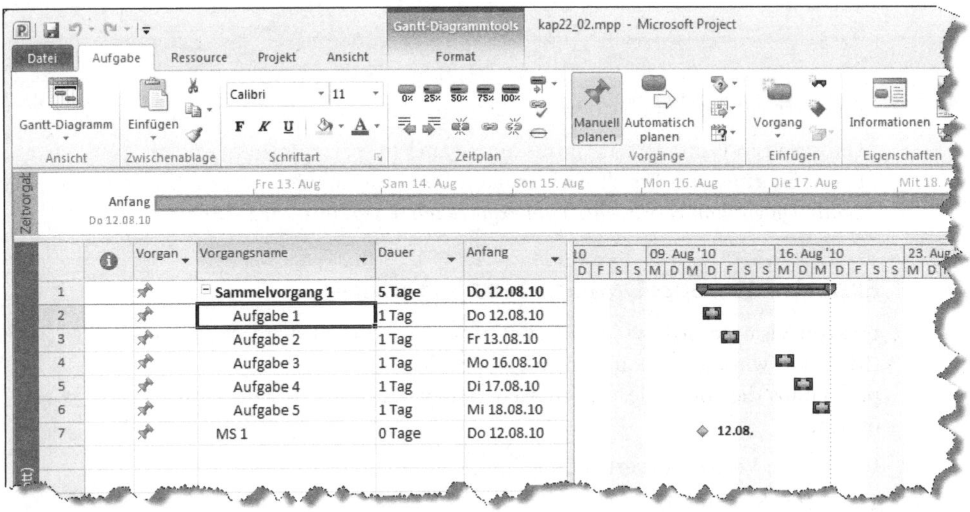

CD-ROM Das in Abbildung 22.8 dargestellt Projekt finden Sie auch innerhalb der Beispieldateien zum Buch im Ordner *\Buch\Kap22* in der Datei *Kap22_01.mpp.*

Zusätzliche Datenfelder exportieren

Visio exportiert sämtliche Datenspalten eines Gantt-Diagramms inklusive aller individuellen Datenspalten (z.B. *Ressourcennamen, Benutzerdef. Text 1, Prozentuale Fertigstellung* usw.) mit dem gewählten Dateiformat (*.mpp* oder *.mpx*).

Weitere Spalten mit Ressourcennamen und benutzerdefiniertem Text einzufügen:

1. Ziehen Sie aus der Schablone *Gantt-Diagramm-Shapes* das Shape *Spalte* auf das Zeichenblatt.
2. Es öffnet sich das Dialogfeld *Spalte einfügen* (Abbildung 22.9).
3. In der Liste *Spaltentyp* wählen Sie den Eintrag *Ressourcennamen* sowie nach Wiederholung der Schritte 1 und 2 den Eintrag *Benutzerdef. Text 1* aus. Bestätigen Sie Ihre Auswahl jeweils mit einem Klick auf die Schaltfläche *OK* (Abbildung 22.10).

Abbildg. 22.9 Spalte *Ressourcennamen* einfügen

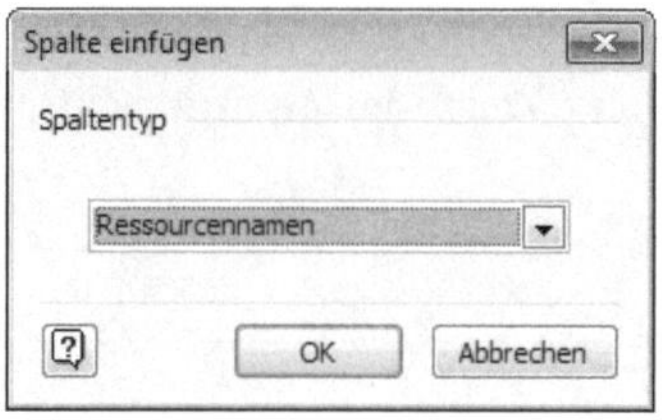

Abbildg. 22.10 Zusätzliche Spalten einfügen

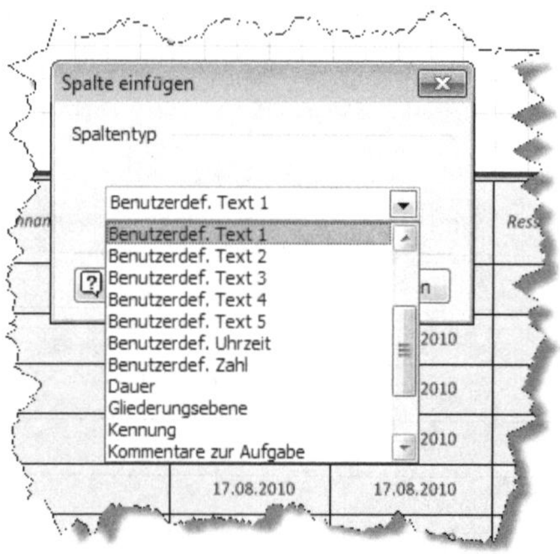

4. Ändern Sie mit einem Doppelklick auf den Spaltenkopf im *Gantt-Diagramm-Shape* den Feldnamen *Benutzerdef. Text 1* z.B. in *Freitext* und füllen Sie die Aufgaben mit Werten für *Ressourcennamen* und *Freitext* aus (Abbildung 22.11).

Abbildg. 22.11 Eingefügte zusätzliche Spalten

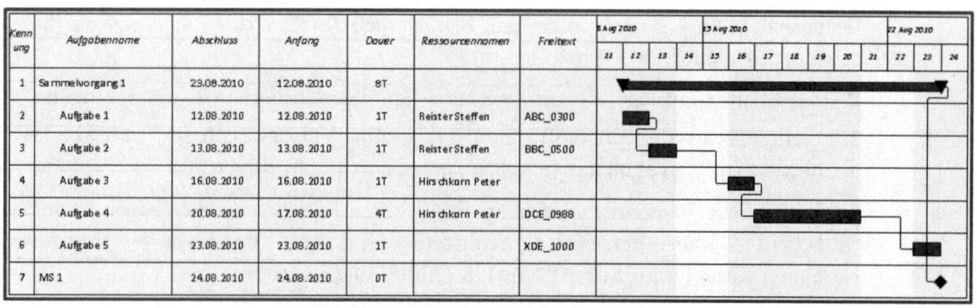

Kennung	Aufgabenname	Abschluss	Anfang	Dauer	Ressourcennamen	Freitext
1	Sammelvorgang 1	23.08.2010	12.08.2010	8T		
2	Aufgabe 1	12.08.2010	12.08.2010	1T	Reister Steffen	ABC_0300
3	Aufgabe 2	13.08.2010	13.08.2010	1T	Reister Steffen	BBC_0500
4	Aufgabe 3	16.08.2010	16.08.2010	1T	Hirschkorn Peter	
5	Aufgabe 4	20.08.2010	17.08.2010	4T	Hirschkorn Peter	DCE_0988
6	Aufgabe 5	23.08.2010	23.08.2010	1T		XDE_1000
7	MS 1	24.08.2010	24.08.2010	0T		

5. Exportieren Sie anschließend in Visio erneut das erstellte Gantt-Diagramm, wie zuvor beschrieben, in das *.mpp*- oder *.mpx*-Dateiformat und öffnen Sie dieses danach mit Project.
6. Um die zusätzlich exportierten Spalten in Project darzustellen, fügen Sie diese in die Tabelle ein. Klicken Sie dazu in Project mit der rechten Maustaste auf einen Feldnamen (Spalte) in der Ansicht *Balkendiagramm (Gantt)* und rufen über das Kontextmenü den Befehl *Spalte einfügen* auf (Abbildung 22.12).

Abbildg. 22.12 Auswahl des Felds *Text1*

Teamstatus steht noch aus
Teilprojekt schreibgeschützt
Teilprojektdatei
Text1
Text10
Text11
Text12
Text13
Text14
Text15
Text16
Text17
Text18
Text19

In Abbildung 22.13 erkennen Sie das aus Visio in Project eingefügte Gantt-Diagramm. Sie können alle individuellen Spalten von Visio über das *.mpp*- oder *.mpx*-Dateiformat nach Project exportieren.

Tabelle 22.1 Feldinhalte im Vergleich

Visio-Gantt-Diagramm	Project-Tabelle
% fertiggestellt	% Abgeschlossen
Abschluss	Ende
Anfang	Anfang
Aufgabenname	Name
Benutzerdef. Dauer	Dauer1
Benutzerdef. Dezimalstelle	Zahl2
Benutzerdef. Text 1	Text1
Benutzerdef. Text 2	Text2
Benutzerdef. Text 3	Text3
Benutzerdef. Text 4	Text4
Benutzerdef. Text 5	Text5
Benutzerdef. Uhrzeit	Anfang1
Benutzerdef. Zahl	Zahl1
Dauer	Dauer
Gliederungsebene	Gliederungsebene
Kennung	Nr.
Kommentare zur Aufgabe	Notizen
Ressourcennamen	Ressourcennamen
Tatsächl. Abschluss	Aktuelles Ende
Tatsächliche Dauer	Aktuelle Dauer
Tatsächlicher Anfang	Aktueller Anfang

Abbildg. 22.13 Importiertes Visio-Gantt-Diagramm mit zusätzlichen Spalten in Project

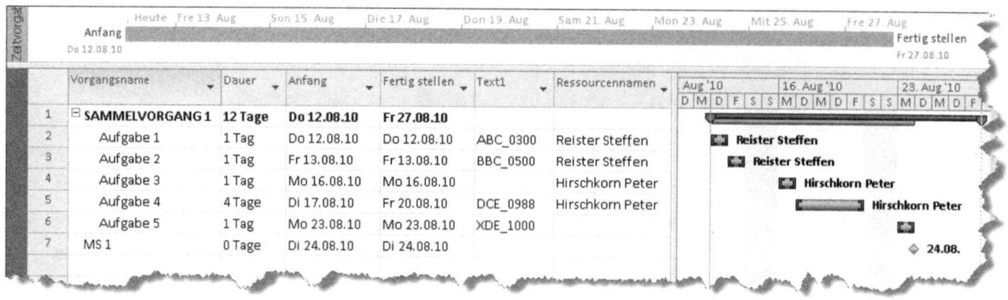

Arbeitsfreie Zeit exportieren

In Visio kann im Gantt-Diagramm individuell eingestellt werden, ob und an welchen Tagen arbeitsfrei ist. Standardmäßig sind in einem neuen Gantt-Diagramm der Samstag und Sonntag als arbeitsfrei eingestellt. Die arbeitsfreien Tage können Sie über den Befehl *Gantt-Diagramm/Verwalten/Arbeitszeit konfigurieren* ändern. Deaktivieren Sie dazu die Kontrollkästchen vor den Wochentagen, die arbeitsfrei sein sollen, und ändern Sie ggf. die Arbeitszeit (Abbildung 22.14).

Abbildg. 22.14 Arbeitszeiten in Visio

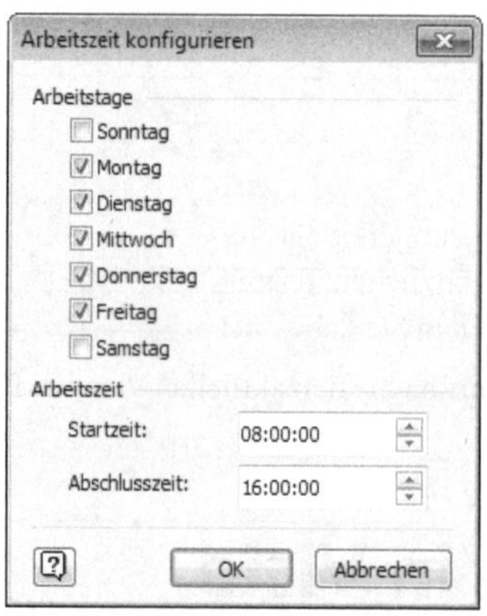

Für alle in der Spalte *Ressourcennamen* im Visio-Gantt-Diagramm angelegten Einträge als Ressource wird jeweils ein Ressourcenkalender in Project erzeugt. Alle Ressourcen werden in die Project-Ansicht *Ressource: Tabelle* übernommen.

WICHTIG In Visio ist die Arbeitszeit eines Tages mit 8 Stunden vorbelegt. Die Uhrzeiten sind von 8:00 bis 16:00 Uhr. Wenn das Visio-Projekt nach Project exportiert wird, werden die Uhrzeiten laut Standard in Project angepasst, und zwar von 8:00 bis 12:00 Uhr und von 13:00 bis 17:00 Uhr.

Abbildg. 22.15 Arbeitszeiten in Project ändern

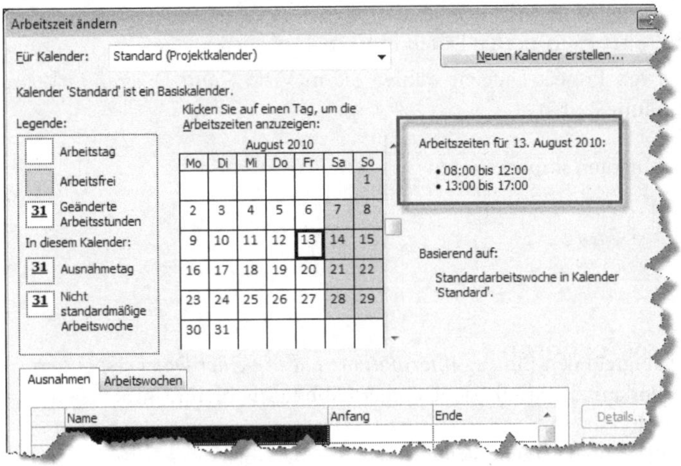

Der »Visio-Gantt-Diagramm-Kalender« wird in der in Project importierten Datei als Projektkalender gespeichert. Damit werden alle Terminplanberechnungen nur anhand dieses Kalenders durchgeführt. Falls Sie den »Visio-Gantt-Diagramm-Kalender« nicht in Project verwenden möchten, können Sie natürlich den Kalender anpassen oder aber einen anderen in Project verfügbaren Kalender verwenden.

Weiterverarbeitung in Project

Der Terminplan steht nun zur Weiterverarbeitung in Project bereit. Sie können nun eine detaillierte Strukturierung in Ihrem Projekt vornehmen und die zusätzlichen Termindaten kalkulieren. Fügen Sie weitere Vorgänge in der Project-Datei hinzu und erstellen Sie dabei mehrere Gliederungsebenen.

Nach der Fertigstellung der Terminplanung in Project können Sie den aktuellen Plan bei Bedarf wieder zurück nach Visio importieren.

Import von Project Dateien in Visio

Zunächst sollte die Frage geklärt werden, unter welchen Bedingungen sich ein Import von Project-Dateien in Visio lohnt. Der Import von Project-Dateien sollte in Abhängigkeit zur importierenden Datenmenge stehen. Umfasst der Project-Terminplan mehrere Dutzend bis Hunderte Vorgänge, sollte ein Import in ein grafisches Programm wohl überlegt werden. Visio hat beim Import von Project-Dateien kein Limit bezüglich der zu importierenden Datensätze. Es sollte jedoch darauf geachtet werden, dass das Gantt-Diagramm in Visio noch überschaubar ist.

Visio kann auch als Viewer für Project-Dateien verwendet werden. Bei kleineren Projekten (mit bis zu 50 Vorgängen) können die beteiligten Projektpersonen mit Hilfe von Visio die Project-Dateien importieren und sich damit einen Überblick des aktuellen Projektgeschehens verschaffen.

Project-Dateien importieren

Sie möchten die von Project exportierten Daten in Visio importieren:

1. Zum Importieren von Project-Dateien wählen Sie in Visio *Gantt-Diagramm/Verwalten/Daten importieren* (Abbildung 22.16).

Abbildg. 22.16 Den Gantt-Diagrammdaten-Import starten

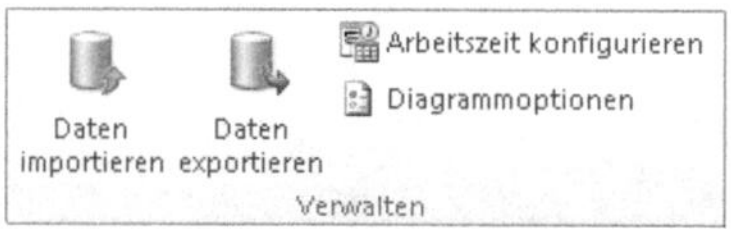

2. Wählen Sie im Dialogfeld den Eintrag *Informationen, die in einer Datei gespeichert sind* und klicken Sie anschließend auf die Schaltfläche *Weiter* (Abbildung 22.17).

Abbildg. 22.17 Optionen für die Auswahl der Datenquelle

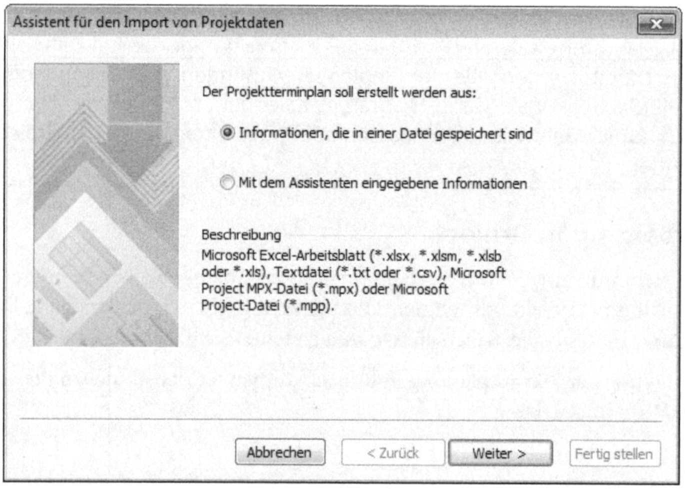

3. Wählen Sie das Format *Microsoft Project-Datei* aus und klicken Sie auf die Schaltfläche *Weiter* (Abbildung 22.18).
4. Wählen Sie den Pfad und den Dateinamen aus, den Sie zuvor beim Export zu Project verwendet haben. Bestätigen Sie per Klick auf die Schaltfläche *Öffnen*.

Abbildg. 22.18 Auswahl des Dateiformats

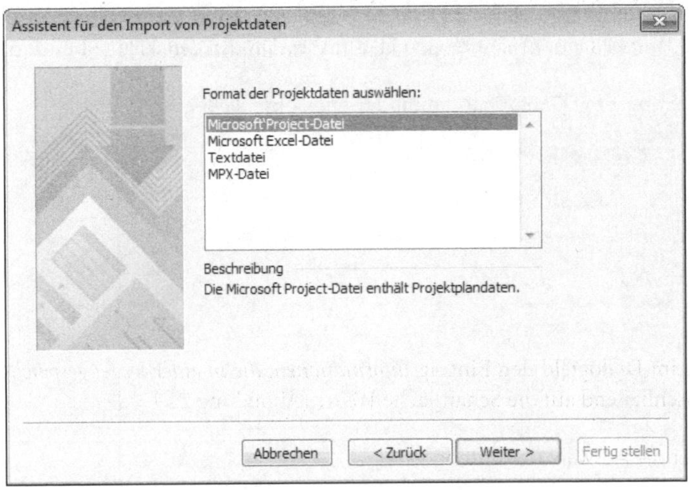

Abbildg. 22.19 Auswahl der Project-Datei

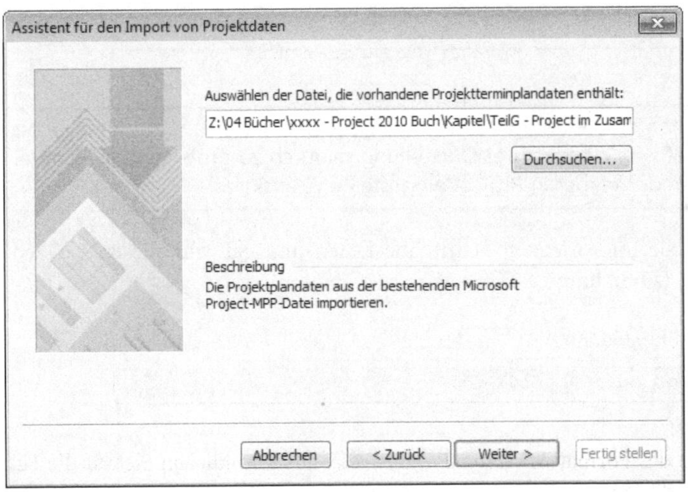

TIPP Sie können in Project ohne Weiteres Projektdateien auch als Textdateien (*.txt*) oder Excel-Dateien (*.xlsx* oder *.csv*) abspeichern, der Aufwand für den Import in Visio ist jedoch ungleich höher, da Sie zunächst von Project eine Exportabbildung mit Feldnamen erstellen müssen und diese in Visio in einer Importabbildung den Visio-Feldnamen zuweisen müssen. Die Fehleranfälligkeit ist bei diesen Dateitypen wesentlich höher.

5. Nachdem Sie den Pfad und den Dateinamen der *.mpp*-Datei ausgewählt haben, gehen Sie beim Projektdatenimport mit der Schaltfläche *Weiter* zum nächsten Schritt.

6. Hier können Sie in den Optionen des Gantt-Diagramms die Daueroptionen, die Zeiteinheiten für die obere und untere Zeitskala (größere und kleinere Einheiten) einstellen, ferner, über die Schaltfläche *Weitere Optionen*, auch den Datumsbereich der Zeitskala (Abbildung 22.20).

Abbildg. 22.20 Projektdatenimport mit Gantt-Diagramm-Optionen abschließen

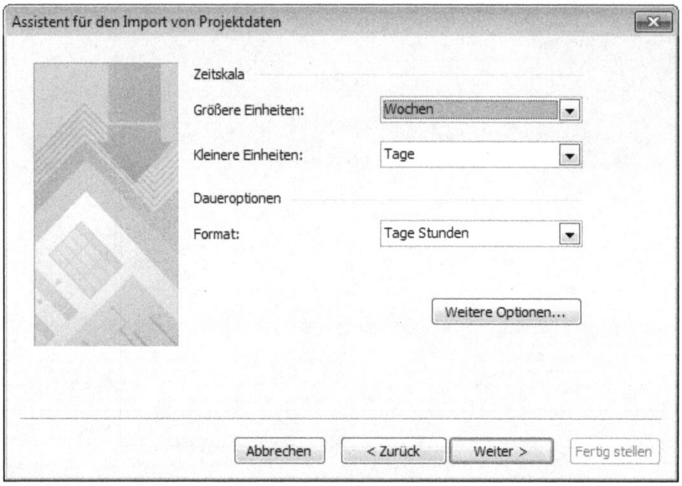

HINWEIS Achten Sie darauf, dass Sie die Zeiteinheiten nicht zu detailliert einstellen, da die importierte Grafik in Visio in ihrer Darstellung dadurch zu groß geraten könnte. Orientieren Sie sich vielmehr an der vorher in Project eingestellten Zeitskala.

7. Selektieren Sie im vorletzten Schritt die Daten, um ggf. nur die erste Gliederungsebene zu importieren (Abbildung 22.21).

Abbildg. 22.21 Auswahl von Projektdaten

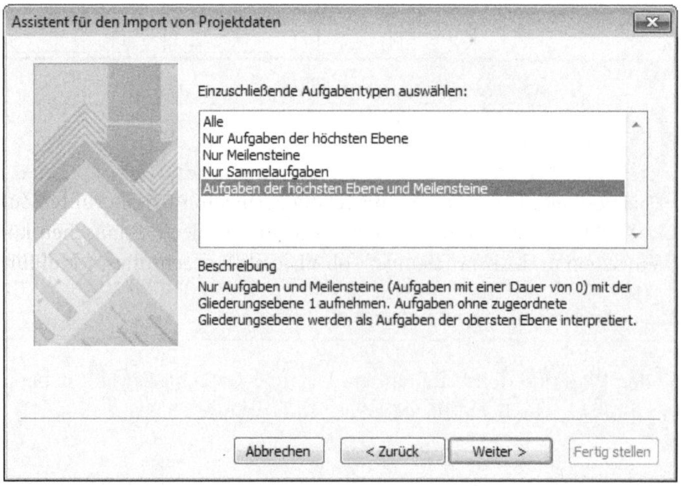

8. Klicken Sie auf die Schaltfläche *Weiter* und anschließend auf die Schaltfläche *Fertig stellen*, um den *Assistent für den Import von Projektdaten* zu beenden (Abbildung 22.22).

Abbildg. 22.22 Abschluss des Imports von Project

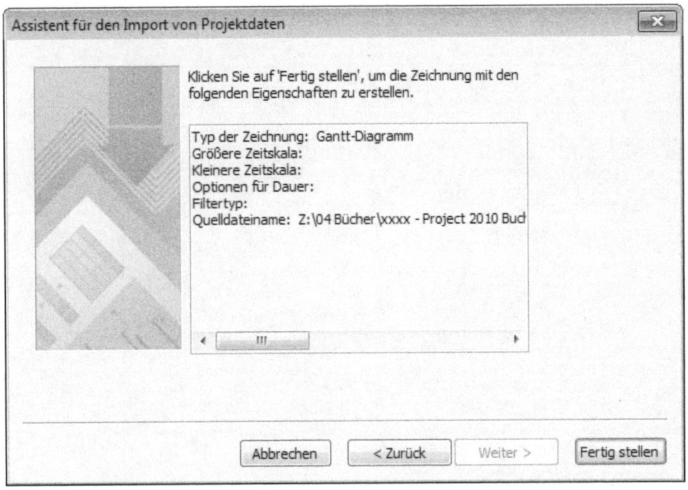

Das endgültig von Project importierte Gantt-Diagramm ist in Abbildung 22.1 dargestellt.

Wie im Assistenten (Abbildung 22.21) angegeben, wurden nur die Vorgänge der höchsten Ebene und die Meilensteine importiert.

Abbildg. 22.23 Von Project importiertes Gantt-Diagramm in Visio

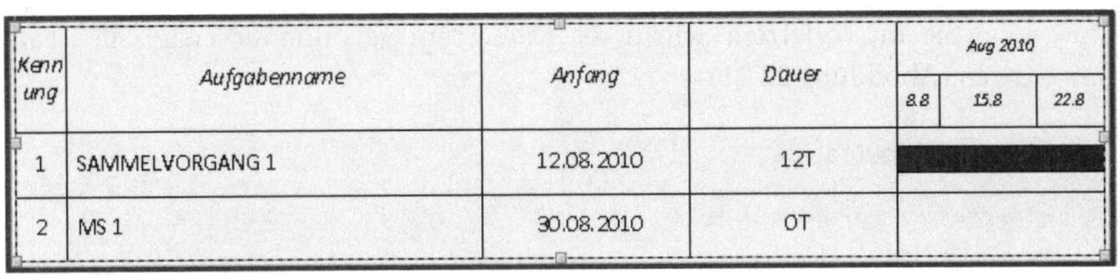

Kennung	Aufgabenname	Anfang	Dauer	Aug 2010		
				8.8	15.8	22.8
1	SAMMELVORGANG 1	12.08.2010	12T			
2	MS 1	30.08.2010	0T			

Zusammenfassung

In diesem Kapitel haben Sie gelernt, wie Sie mit relativ geringem Aufwand unter Zuhilfenahme der Import- und Export-Assistenten Daten zwischen Visio und Project austauschen können. Letztlich liegt es an Ihren Wünschen und Anforderungen, ob Visio als Betrachtungsmodul für Project infrage kommt oder nicht.

Kapitel 23

Microsoft Word 2010

In diesem Kapitel:

Bei der Arbeit mit Microsoft Project 2010 ist die Verfügbarkeit von Daten in anderen Office-Anwendungen häufig sehr wichtig. Der Anwender will bereits erfasste Informationen nicht noch einmal eingeben, sondern komfortabel in allen verfügbaren Anwendungen abrufen. Project bietet hier verschiedene Möglichkeiten, wie Sie diese Integration herstellen können. In diesem Kapitel erfahren Sie mehr über das Zusammenspiel von Project 2010 und Word 2010.

In Project sind einige vordefinierte Berichte enthalten, mit denen Sie den Status eines Projekts dokumentieren können. Was die Überarbeitung angeht, sind die Möglichkeiten aber doch eingeschränkt. Microsoft Word 2010 bietet hier deutlich mehr.

Sie haben eventuell bereits eine Word-Vorlage für Berichte vorliegen, die weitere Informationen aus verschiedenen Anwendungen zusammenfassen kann und darüber hinaus Ihrer Firmen-CI entspricht. Dann stehen Sie jetzt vor dem Problem: Wie kommen die Daten eines Projekts ohne viel Arbeit in das Word-Dokument? Auf den nachfolgenden Seiten wollen wir diese Frage beantworten.

CD-ROM Das Beispiel zu diesem Abschnitt finden Sie in der Datei *\Buch\Kap23\Kap23_01.mpp* innerhalb der Beispieldateien zu diesem Buch.

Vorgangstabelle nach Word übertragen

Ein erstes Beispiel zeigt, wie Sie die Vorgangstabelle über die Zwischenablage kopieren und als Tabelle in Word einfügen können.

Kopieren Sie in Project eine Vorgangstabelle und fügen Sie diese über die Zwischenablage in Word ein. Um diese Aufgabe zu lösen, gehen Sie folgendermaßen vor:

1. Starten Sie Project und öffnen Sie die Datei *Kap23_01.mpp*.
2. Markieren Sie die Zeilen in der Vorgangstabelle, die später im Bericht angezeigt werden sollen (Abbildung 23.1).

Abbildg. 23.1 Markieren der Zeilen in Project

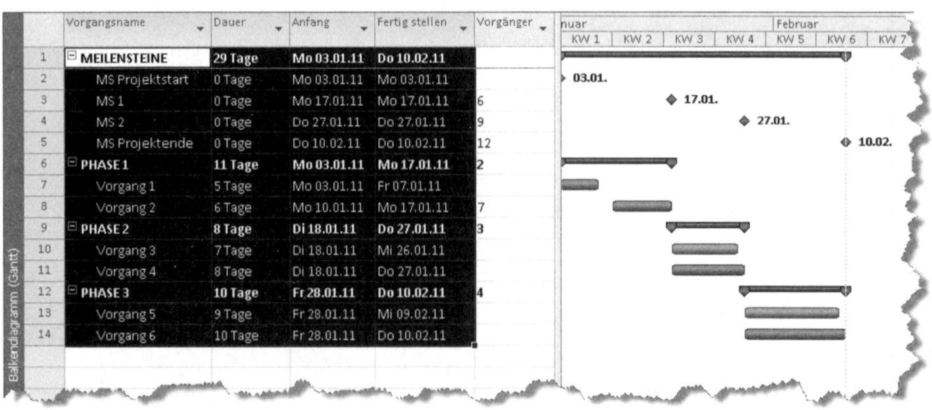

3. Kopieren Sie die Daten mit dem Befehl *Aufgabe/Zwischenablage/Kopieren* oder alternativ über die Tastenkombination Strg+C in die Zwischenablage.

Abbildg. 23.2 Kopieren der Tabelle in die Zwischenablage

Vorgangstabelle in Word einfügen

Um die Tabelle in Word einzufügen, gehen Sie folgendermaßen vor:

1. Wechseln Sie zu Word 2010 und positionieren Sie die Einfügemarke an der Stelle, an der die Daten der Vorgangstabelle eingefügt werden sollen.
2. Klicken Sie auf der Registerkarte *Start* in der Gruppe *Zwischenablage* auf die Schaltfläche *Einfügen* oder drücken Sie die Tastenkombination Strg+V. Die Vorgangstabelle wird dann als vollständig formatierte Tabelle eingefügt (Abbildung 23.3).

Abbildg. 23.3 Eingefügte Vorgangstabelle von Project in Word

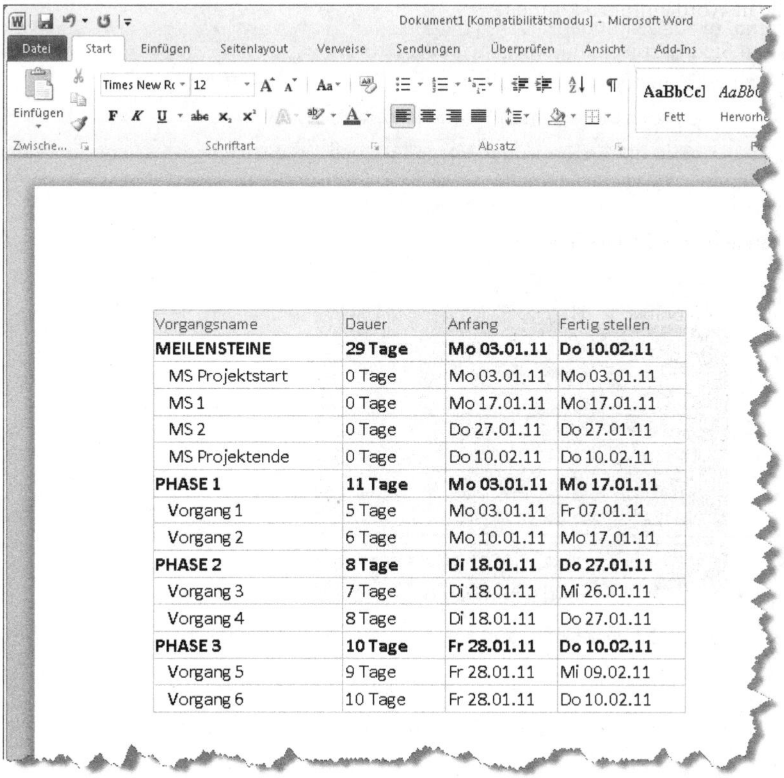

Vorgangsname	Dauer	Anfang	Fertig stellen
MEILENSTEINE	**29 Tage**	**Mo 03.01.11**	**Do 10.02.11**
MS Projektstart	0 Tage	Mo 03.01.11	Mo 03.01.11
MS 1	0 Tage	Mo 17.01.11	Mo 17.01.11
MS 2	0 Tage	Do 27.01.11	Do 27.01.11
MS Projektende	0 Tage	Do 10.02.11	Do 10.02.11
PHASE 1	**11 Tage**	**Mo 03.01.11**	**Mo 17.01.11**
Vorgang 1	5 Tage	Mo 03.01.11	Fr 07.01.11
Vorgang 2	6 Tage	Mo 10.01.11	Mo 17.01.11
PHASE 2	**8 Tage**	**Di 18.01.11**	**Do 27.01.11**
Vorgang 3	7 Tage	Di 18.01.11	Mi 26.01.11
Vorgang 4	8 Tage	Di 18.01.11	Do 27.01.11
PHASE 3	**10 Tage**	**Fr 28.01.11**	**Do 10.02.11**
Vorgang 5	9 Tage	Fr 28.01.11	Mi 09.02.11
Vorgang 6	10 Tage	Fr 28.01.11	Do 10.02.11

Die in Word eingefügte Tabelle kann nun als normale Word-Tabelle behandelt und entsprechend formatiert werden.

Zwischenablage in Word einfügen und verknüpfen

Wenn Sie wollen, dass sich Änderungen in der Project-Tabelle direkt in Word auswirken, müssen Sie die Project-Tabelle mit Word verknüpfen:

1. In Word wählen Sie den Befehl *Start/Zwischenablage/Einfügen/Inhalte einfügen* (Abbildung 23.4).

Abbildg. 23.4 Inhalte einfügen

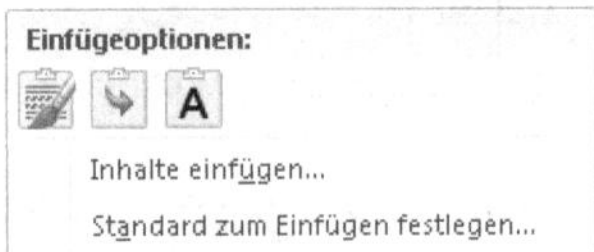

2. Im folgenden Dialogfeld wählen Sie den Eintrag *Verknüpfungen einfügen* als *Microsoft Project-Dokument-Objekt* (Abbildung 23.5).

Abbildg. 23.5 Verknüpfen und einfügen

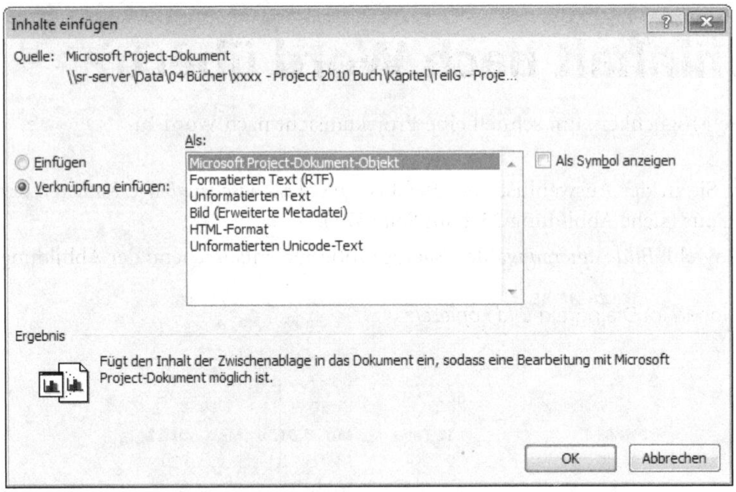

3. Klicken Sie auf die Schaltfläche *OK*.

Sollten Sie nun in Project Daten ändern, werden diese automatisch auch in der Word-Datei aktualisiert.

Abbildg. 23.6 Das Ergebnis in Word

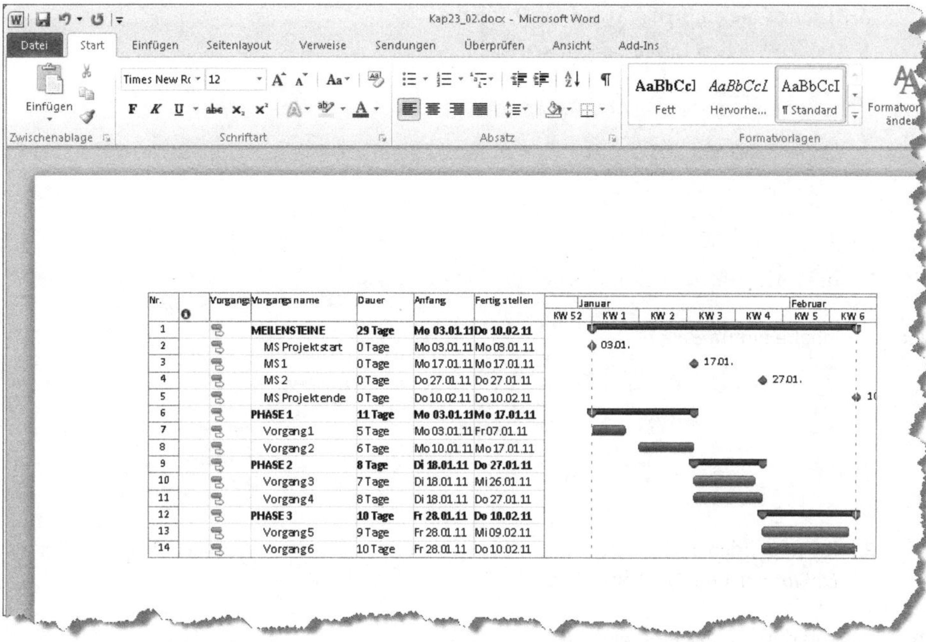

Bildschirminhalt nach Word übertragen

Eine weitere Möglichkeit, um schnell eine Projektansicht nach Word zu übertragen, ist, das Bild zu kopieren.

1. Wählen Sie in der Auswahlliste des Befehls *Aufgabe/Zwischenablage/Kopieren* den Eintrag *Bild kopieren* aus (siehe Abbildung 23.2 auf Seite 571).
2. Im Dialogfeld *Bild kopieren* wählen Sie die Optionen entsprechend der Abbildung 23.7 aus.

Abbildg. 23.7 Die Optionen im Dialogfeld *Bild kopieren*

3. Bestätigen Sie mit *OK*.
4. Öffnen Sie ein neues Word-Dokument.
5. Fügen Sie den Inhalt der Zwischenablage ein.

Abbildg. 23.8 Das Ergebnis der Aktion *Bild kopieren*

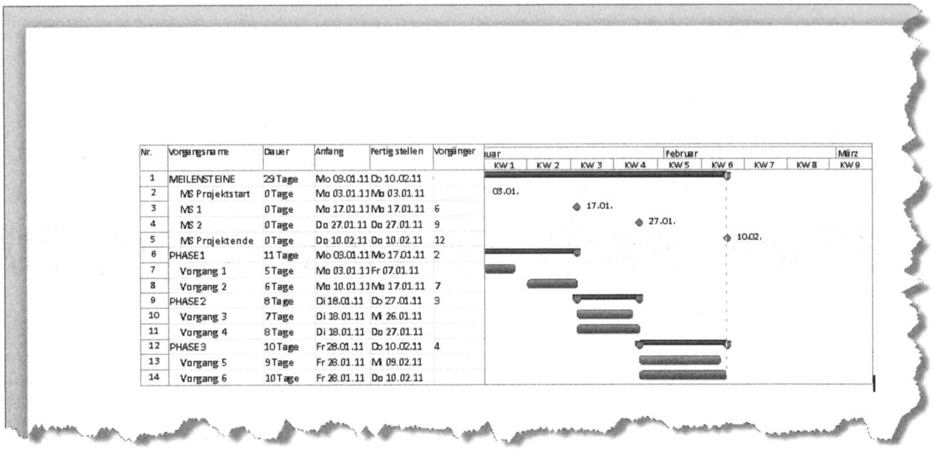

HINWEIS Mit dem Befehl *Bild kopieren* kann **keine** dynamische Verknüpfung zwischen der Project-Datei und Word aufgebaut werden.

WICHTIG Natürlich ist es möglich, sämtliche Ansichten aus Project nach Word zu transferieren. Hierzu müssen Sie lediglich die Ansicht aktivieren, die Sie in Word präsentieren wollen, und anschließend die eben beschriebenen Schritte durchführen.

Zusammenfassung

Dieses Kapitel hat Ihnen die Funktionalität des Datenaustauschs zwischen Word und Project gezeigt, entweder als reine Bildschirmkopie oder aber über eine Verknüpfung mit dynamischem Datenaustausch.

HINWEIS Der Bild zu Office-Assistent, den Sie möglicherweise aus früheren Project-Versionen kennen, steht in Project 2010 nicht mehr zur Verfügung. Durch die umfangreichen Möglichkeiten, vor allem beim Kopieren/Einfügen, ist dieser Assistent nicht mehr notwendig.

Kapitel 24

Microsoft PowerPoint 2010

In diesem Kapitel:

In diesem Abschnitt werden Sie kennenlernen, wie Sie Daten von Microsoft Project 2010 in eine PowerPoint 2010-Präsentation exportieren können.

CD-ROM Das Beispiel zu diesem Abschnitt finden Sie in der Datei *\Buch\Kap24\Kap24_01.mpp* innerhalb der Beispieldateien zu diesem Buch.

Vorgangstabelle nach PowerPoint übertragen

Ein erstes Beispiel zeigt, wie Sie die Vorgangstabelle über die Zwischenablage kopieren und als Tabelle in Microsoft PowerPoint 2010 einfügen können.

Kopieren Sie in Project eine Vorgangstabelle und fügen Sie diese über die Zwischenablage in PowerPoint ein. Um diese Aufgabe zu lösen, gehen Sie folgendermaßen vor:

1. Starten Sie Project und öffnen Sie die Datei *Kap24_01.mpp*.
2. Markieren Sie die Zeilen in der Vorgangstabelle, die später im Bericht angezeigt werden sollen (Abbildung 24.1).

Abbildg. 24.1 Markieren der Zeilen in Project

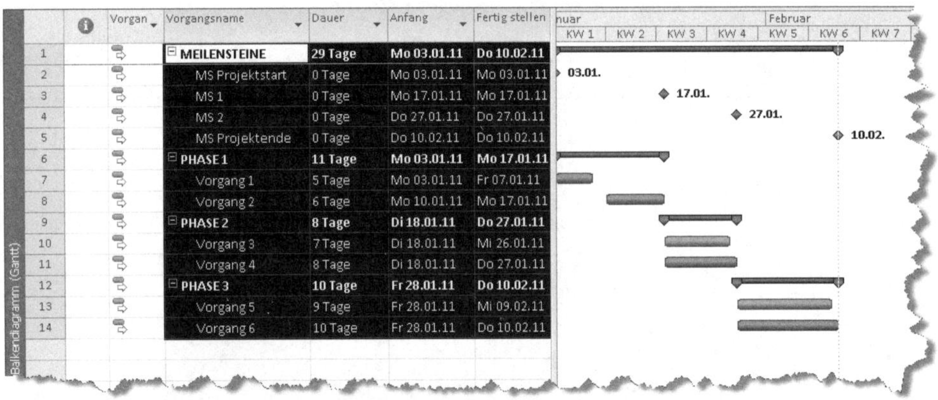

3. Kopieren Sie die Daten mit dem Befehl *Aufgabe/Kopieren/Kopieren* oder alternativ über die Tastenkombination [Strg]+[C] in die Zwischenablage.

Abbildg. 24.2 Kopieren der Tabelle in die Zwischenablage

Vorgangstabelle in PowerPoint einfügen

Folgendermaßen fügen Sie eine Vorgangstabelle in PowerPoint ein:

1. Wechseln Sie zu PowerPoint 2010 und erstellen Sie eine neue Präsentation.
2. Klicken Sie auf der Registerkarte *Start* in der Gruppe *Zwischenablage* auf die Schaltfläche *Einfügen* oder drücken Sie die Tastenkombination Strg+V. Die Vorgangstabelle wird dann als vollständig formatierte Tabelle eingefügt (Abbildung 24.3).

Abbildg. 24.3 Eingefügte Vorgangstabelle von Project in PowerPoint

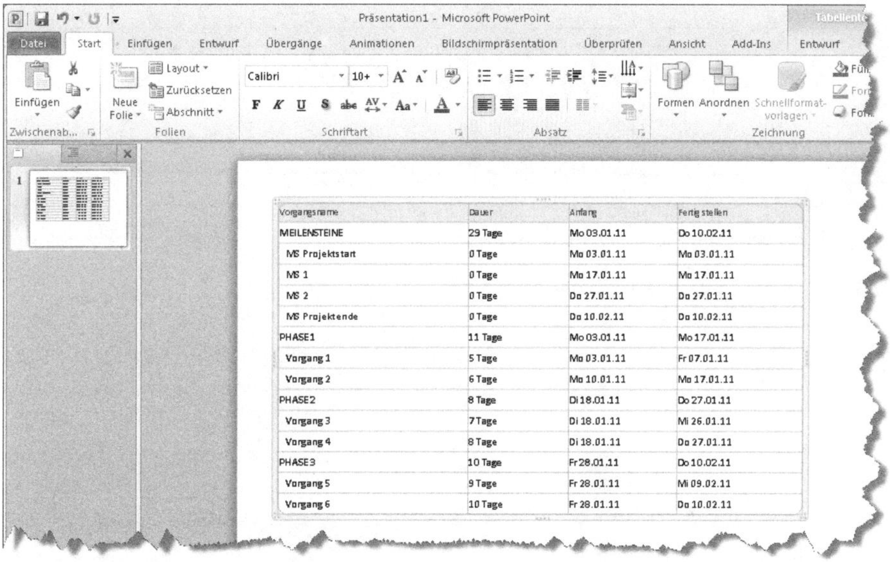

Die in PowerPoint eingefügte Tabelle kann nun als normale PowerPoint-Tabelle behandelt und entsprechend formatiert werden.

Zwischenablage in PowerPoint einfügen und verknüpfen

Wenn Sie wollen, dass sich Änderungen in der Project-Tabelle direkt in PowerPoint auswirken, müssen Sie die Project-Tabelle mit PowerPoint verknüpfen:

1. In PowerPoint wählen Sie den Befehl *Start/Zwischenablage/Einfügen/Inhalte einfügen* (Abbildung 24.4).

Abbildg. 24.4 Inhalte einfügen

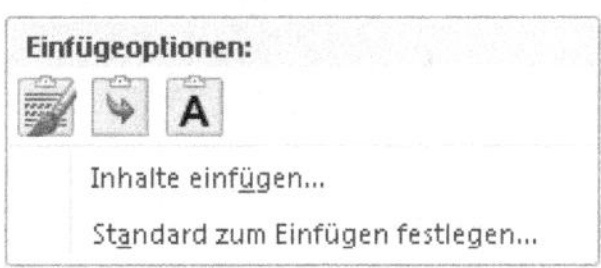

2. Im folgenden Dialogfeld wählen Sie die Option *Verknüpfung einfügen* und rechts daneben den Eintrag *Microsoft Project-Dokument-Objekt* aus (Abbildung 24.5).

Abbildg. 24.5 Verknüpfung einfügen

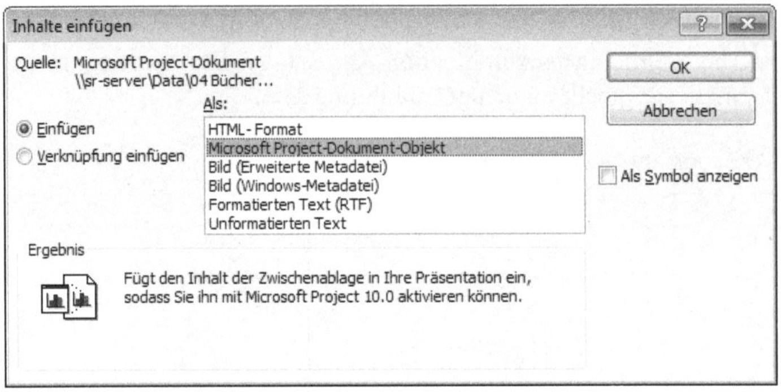

3. Klicken Sie auf die Schaltfläche *OK*.

Abbildg. 24.6 Das Ergebnis in PowerPoint 2010

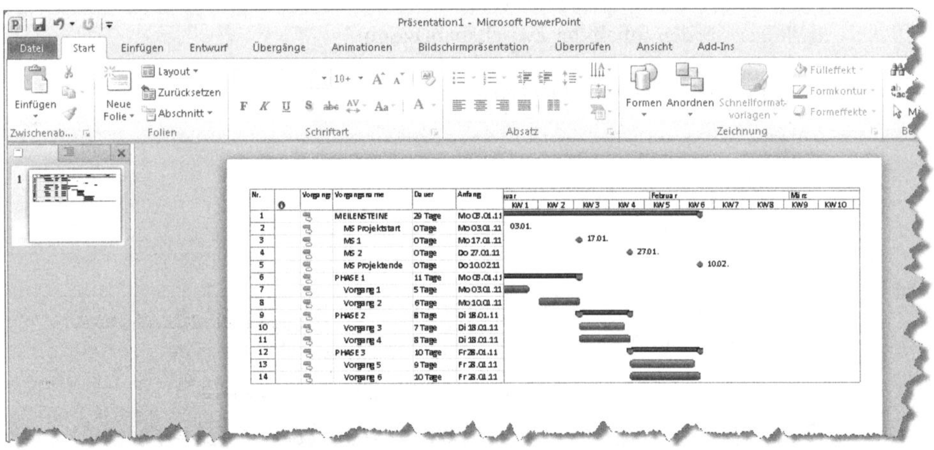

Sollten Sie nun in Project Daten ändern, werden diese automatisch auch in der PowerPoint-Datei aktualisiert.

Bildschirminhalt nach PowerPoint übertragen

Eine weitere Möglichkeit, um schnell eine Projektansicht nach PowerPoint zu übertragen, ist, das Bild zu kopieren.

1. Wählen Sie in der Auswahlliste zum Befehl *Aufgabe/Zwischenablage/Kopieren* den Eintrag *Bild kopieren* aus (Abbildung 24.2).

2. Im Dialogfeld *Bild kopieren* wählen Sie die Optionen entsprechend der Abbildung 24.7 aus.

Abbildg. 24.7 Die Optionen im Dialogfeld *Bild kopieren*

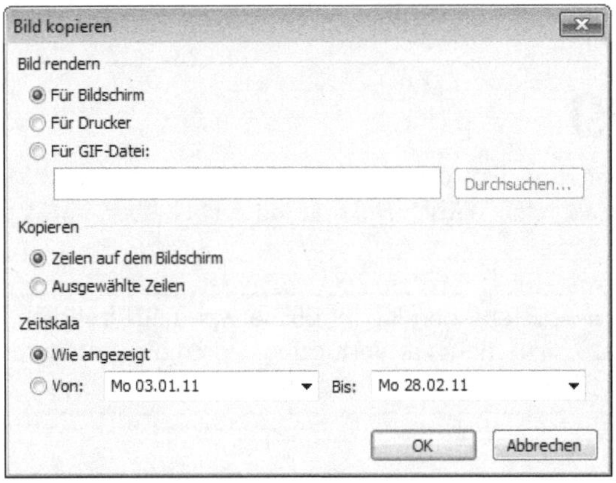

3. Bestätigen Sie mit *OK*.
4. Öffnen Sie eine neue PowerPoint-Folie.
5. Fügen Sie den Inhalt der Zwischenablage ein.

Abbildg. 24.8 Das Ergebnis der Aktion *Bild kopieren*

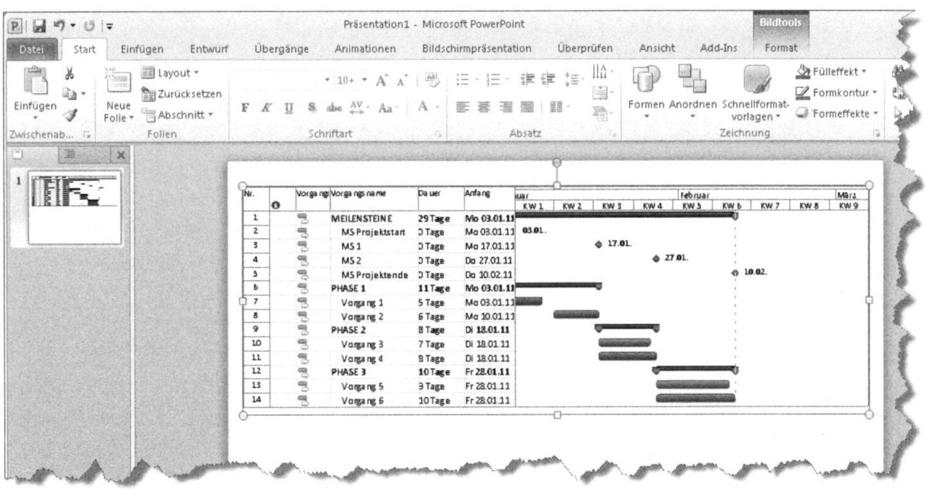

HINWEIS Mit dem Befehl *Bild kopieren* kann **keine** dynamische Verknüpfung zwischen der Project-Datei und PowerPoint aufgebaut werden.

WICHTIG Natürlich ist es möglich, sämtliche Ansichten aus Project nach PowerPoint zu transferieren. Hierzu aktivieren Sie einfach die Ansicht, die Sie in PowerPoint präsentieren wollen, und wählen die Schritte wie oben beschrieben.

Zusammenfassung

Dieses Kapitel hat Ihnen die Funktionalität des Datenaustauschs zwischen PowerPoint 2010 und Project 2010 gezeigt, entweder als reine Bildschirmkopie oder aber über eine Verknüpfung mit dynamischem Datenaustausch.

HINWEIS Der Bild zu Office-Assistent, den Sie möglicherweise aus früheren Project-Versionen kennen, steht in Project 2010 nicht mehr zur Verfügung. Durch die umfangreichen Möglichkeiten vor allem beim *Kopieren/Einfügen* ist dieser Assistent nicht mehr nötig.

Teil H

Anhang

Anhang A

Tastenkombinationen und Funktionstasten

In diesem Kapitel:

Eingabe

Tabelle A.1 Eingabe

Bearbeitungsleiste zum Bearbeiten von Text in einem Feld aktivieren	F2
Vorgang, Ressource oder Zuordnung löschen	Entf
Zellinhalte löschen	Strg + Entf
Neuen Vorgang, Ressource einfügen	Einfg

In Ansichten bewegen

Tabelle A.2 Bewegen in Ansichten

Zum Anfang eines Projekts gehen (Zeitachse)	Alt + Pos1
Zum Ende eines Projekts gehen (Zeitachse)	Alt + Ende
Zeitachse nach links verschieben	Alt + ←
Zeitachse nach rechts verschieben	Alt + →
Zeitachse eine Fensterbreite nach links verschieben	Alt + Bild ↓
Zeitachse eine Fensterbreite nach rechts verschieben	Alt + Bild ↑

Vorgänge gliedern

Tabelle A.3 Gliedern von Vorgängen

Teilvorgänge ausblenden	Alt + ⇧ + - (Bindestrich) oder
	Alt + ⇧ + - (Minuszeichen auf der Zehnertastatur)
Teilvorgänge einblenden	Alt + ⇧ + = (Gleichheitszeichen) oder
	Alt + ⇧ + + (Pluszeichen auf der Zehnertastatur)
Alle Vorgänge einblenden	Alt + ⇧ + * (Sternchen auf der Zehnertastatur)
Tiefer stufen	Alt + ⇧ + →
Höher stufen	Alt + ⇧ + ←

Vorgangsverknüpfungen

Tabelle A.4 Vorgangsverknüpfungen

Vorgänge verknüpfen	Strg + F2
Vorgangsverknüpfungen entfernen	Strg + ⇧ + F2

Berechnungsoptionen

Tabelle A.5 Berechnungsoptionen

Nur das aktive Projekt neu berechnen	⇧ + F9
Alle offenen Projekte neu berechnen	F9
Automatisches Berechnen ein-/ausschalten	Strg + F9

Weitere Tastenkombinationen

Tabelle A.6 Weitere Tastenkombinationen

Alle Vorgänge oder alle Ressourcen anzeigen	F3
Dialogfeld *Feldeinstellungen* aufrufen	Alt + F3
Auf Sortierung nach »Nr.« zurücksetzen	⇧ + F3
Informationen zum Vorgang, Ressource anzeigen	⇧ + F2
Dialogfeld *Ressourcen zuordnen* aufrufen	Alt + F10
Visual Basic-Editor	Alt + F11
Dialogfeld *Makros* aufrufen	Alt + F8

Anhang B

Referenz – Die Funktionen zum Berechnen von Feldern

Anhang

In diesem Kapitel:

Funktionen des Bereichs *Allgemeines*

Feld	Bedeutung	Syntax
`Choose`	Wählt einen Wert aus der Liste der Argumente aus und gibt diesen zurück	`Choose` (*Index, Ausdruck-1[, Ausdruck-2, ... [, Ausdruck-n]]*) Die Syntax der **`Choose`**-Funktion enthält nachfolgende Teile: *Index, erforderlich*: Numerischer Ausdruck oder Feld, dessen Ergebnis ein Wert zwischen 1 und der Anzahl der verfügbaren Ausdrücke ist *Ausdruck, erforderlich*: Ausdruck vom Typ *Variant*, der einen der möglichen Ausdrücke enthält
`IIf`	Gibt einen von zwei Teilen zurück, abhängig von der Auswertung eines Ausdrucks	`IIf` (*Ausdruck, True-Teil, False-Teil*) Die Syntax der **`IIf`**-Funktion enthält die nachfolgenden benannten Argumente: *Ausdruck, erforderlich*: Auszuwertender Ausdruck vom Typ *Variant*. *True-Teil, erforderlich*: Wert oder Ausdruck, der zurückgegeben werden soll, wenn der entsprechende Ausdruck *True* ergibt *False-Teil, erforderlich*; ein Wert oder Ausdruck, der zurückgegeben werden soll, wenn der entsprechende Ausdruck *False* ist
`IsNumeric`	Gibt einen Wert vom Typ *Boolean* zurück, der angibt, ob ein Ausdruck als Zahl ausgewertet werden kann	`IsNumeric` (*Ausdruck*) *Ausdruck, erforderlich*: *Variant* mit einem numerischen Ausdruck oder einem Zeichenfolgenausdruck
`IsNull`	Gibt einen Wert vom Typ *Boolean* zurück, der angibt, ob ein Ausdruck keine gültigen Daten (NULL) enthält	`IsNull` (*Ausdruck*) *Ausdruck, erforderlich*: *Variant* mit einem numerischen Ausdruck oder einem Zeichenfolgenausdruck
`Switch`	Wertet eine Liste mit Ausdrücken aus und gibt einen Wert vom Typ *Variant* oder einen Ausdruck zurück, der mit dem ersten Ausdruck in der Liste verknüpft ist, der *True* ergibt	`Switch` (*Ausdruck-1, Wert-1[, Ausdruck-2, Wert-2 ... [, Ausdruck-n,Wert-n]]*) *Ausdruck, erforderlich*: Auszuwertender Ausdruck

Funktionen des Bereichs *Datum/Zeit*

Feld	Bedeutung	Syntax
`CDate`	Erzwingt einen Ausdruck vom Datentyp *Date*	`CDate` (*Ausdruck*) *Ausdruck*: Ein gültiger Datumsausdruck
`Date`	Gibt einen Wert vom Typ *Variant* (*Date*) zurück, der das aktuelle Systemdatum enthält	`Date`

Feld	Bedeutung	Syntax
`DateAdd`	Gibt einen Wert vom Typ *Variant* (*Date*) zurück, der ein Datum enthält, zu dem ein bestimmtes Zeitintervall addiert wurde	**`DateAdd`** (*Intervall, Zahl, Datum*) *Intervall Integer, erforderlich:* Zeichenfolgenausdruck, der das zu addierende Zeitintervall darstellt *Zahl, erforderlich*: Numerischer Ausdruck, der die Anzahl der Intervalle darstellt, die Sie addieren möchten. Die Zahl kann positiv (für Datumsangaben in der Zukunft) oder negativ (für Datumsangaben in der Vergangenheit) sein.. *Datum, erforderlich*: *Variant* (*Date*) oder *Literal*, der/das das Datum angibt, zu dem das Intervall addiert wird
`DateDiff`	Gibt einen Wert vom Typ *Variant* (*Long*) zurück, der die Anzahl der Zeitintervalle zwischen zwei angegebenen Datumsangaben angibt	**`DateDiff`** (*Intervall, Datum1, Datum2[, ErsterTagDerWoche[, ErsteWocheDesJahres]]*) *Intervall, erforderlich*: Zeichenfolgenausdruck, der das Zeitintervall darstellt, das Sie zur Berechnung des Unterschiedes zwischen *Datum1* und *Datum2* verwenden *Datum1, Datum2 Variant (Date), erforderlich*: Zwei Datumsangaben, die Sie in der Berechnung verwenden möchten. *ErsterTagDerWoche, optional*: Eine Konstante, die den ersten Tag der Woche angibt. Wenn kein Tag angegeben ist, wird der Sonntag verwendet. *ErsteWocheDesJahres, optional:* Eine Konstante, die die erste Woche des Jahres angibt. Wenn keine Woche angegeben ist, wird die den 1. Januar enthaltende Woche als erste Woche verwendet.
`DatePart`	Gibt einen Wert vom Typ *Variant* (*Integer*) zurück, der den angegebenen Teil eines gegebenen Datums enthält	**`DatePart`** (*Intervall, Datum[,ErsterTagDerWoche[, ErsteWocheDesJahres]]*) *Intervall, erforderlich*: Zeichenfolgenausdruck, der das Zeitintervall angibt, das zurückgegeben werden soll. *Datum, erforderlich*: Wert vom Typ *Variant* (Date), der ausgewertet werden soll. *ErsterTagDerWoche, optional*: Eine Konstante, die den ersten Tag der Woche angibt. Wenn kein Tag angegeben ist, wird Sonntag verwendet. *ErsteWocheDesJahres, optional*: Eine Konstante, die die erste Woche des Jahres angibt. Wenn keine Woche angegeben ist, wird die Woche mit dem 1. Januar als erste Woche verwendet.
`DateSerial`	Gibt einen Wert vom Typ *Variant* (*Date*) für ein angegebenes Jahr, einen angegebenen Monat und einen angegebenen Tag zurück	**`DateSerial`** (*Jahr, Monat, Tag*) *Jahr Integer, erforderlich*: Zahl zwischen 100 und 9999 (einschließlich) oder ein numerischer Ausdruck. *Monat Integer, erforderlich*: Ein numerischer Ausdruck. *Tag Integer, erforderlich*: Ein numerischer Ausdruck
`DateValue`	Gibt einen Wert vom Typ *Variant* (*Date*) zurück	**`DateValue`** (*Datum*) *Datum, erforderlich*: In der Regel ein Zeichenfolgenausdruck, der ein Datum zwischen dem 1. Januar 100 und dem 31. Dezember 9999 darstellt. Datum kann jedoch auch jeder andere beliebige Ausdruck sein, der ein Datum, eine Zeit bzw. sowohl ein Datum als auch eine Zeit in diesem Bereich darstellen kann.

Feld	Bedeutung	Syntax
`Day`	Gibt einen Wert vom Typ *Variant* (*Integer*) zurück, der eine ganze Zahl zwischen 1 und 31 (je einschließlich) angibt und den Tag des Monats darstellt	`Day` (*Datum*) *Datum, erforderlich*: Ein Wert vom Typ *Variant*, ein numerischer Ausdruck, ein Zeichenfolgenausdruck oder eine beliebige Kombination, die ein Datum darstellen kann. Wenn *Datum* eine Null enthält, wird Null zurückgegeben.
`Hour`	Gibt einen Wert vom Typ *Variant* (*Integer*) zurück, der eine ganze Zahl zwischen 0 und 23 (je einschließlich) angibt und die Stunde des Tages darstellt	`Hour` (*Zeit*) *Zeit, erforderlich*: Ein Wert vom Typ *Variant*, ein numerischer Ausdruck, ein Zeichenfolgenausdruck oder eine beliebige Kombination, die eine Zeit darstellen kann. Wenn *Zeit* eine Null enthält, wird Null zurückgegeben.
`IsDate`	Gibt einen Wert vom Typ *Boolean* zurück, der anzeigt, ob ein Ausdruck in ein Datum konvertiert werden kann	`IsDate` (*Ausdruck*) *Ausdruck, erforderlich*: Ein Wert vom Typ *Variant*, der einen Datumsausdruck oder einen Zeichenfolgenausdruck enthält, der als Datum oder Zeit erkannt werden kann
`Minute`	Gibt einen Wert vom Typ *Variant* (*Integer*) zurück, der eine ganze Zahl zwischen 0 und 59 (je einschließlich) angibt und die Minute der Stunde darstellt	`Minute` (*Zeit*) *Zeit, erforderlich*: Ein Wert vom Typ *Variant*, ein numerischer Ausdruck, ein Zeichenfolgenausdruck oder eine beliebige Kombination, die eine Zeit darstellen kann. Wenn *Zeit* eine Null enthält, wird Null zurückgegeben.
`Month`	Gibt einen Wert vom Typ *Variant* (*Integer*) zurück, der eine ganze Zahl zwischen 1 und 12 (je einschließlich) angibt und den Monat des Jahres darstellt	`Month` (*Datum*) *Datum, erforderlich*: Ein Wert vom Typ *Variant*, ein numerischer Ausdruck, ein Zeichenfolgenausdruck oder eine beliebige Kombination, die eine Zeit darstellen kann. Wenn *Zeit* eine Null enthält, wird Null zurückgegeben.
`Now`	Gibt einen Wert vom Typ *Variant* (*Date*) zurück, der das aktuelle Datum und die aktuelle Uhrzeit entsprechend des Systemdatums und der Systemuhrzeit des Computers angibt	`Now`

Feld	Bedeutung	Syntax
`ProjDateAdd`	Addiert eine Dauer zu einem Datum, sodass ein neues Datum zurückgegeben wird	`ProjDateAdd` (*Datum, Dauer, Kalender*) *Datum Variant, erforderlich*: Das ursprüngliche Datum, zu dem Dauer addiert wird *Dauer Variant, erforderlich*: Die Dauer, die zu Datum addiert werden soll *Kalender String, optional*: Der Kalender, der zum Berechnen des neuen Datums verwendet wird. Falls *Kalender* nicht angegeben ist, wird standardmäßig der Ressourcenkalender für die aktuelle Ressource oder der Vorgangskalender bzw. der Standardkalender für den aktuellen Vorgang verwendet, wenn kein Vorgangskalender vorhanden ist.
`ProjDateDiff`	Gibt die Dauer zwischen zwei Datumsangaben in Minuten zurück	`ProjDateDiff` (*Datum1, Datum2, Kalender*) *Datum1 Variant, erforderlich*: Das Datum, das als Anfang für die Dauer verwendet wird *Datum2 Variant, erforderlich*: Das Datum, das als Ende für die Dauer verwendet wird *Kalender String, optional*: Der Kalender, der zum Berechnen der Dauer verwendet wird. Falls *Kalender* nicht angegeben ist, wird standardmäßig der Ressourcenkalender für die aktuelle Ressource oder der Vorgangskalender bzw. der Standardkalender für den aktuellen Vorgang verwendet, wenn kein Vorgangskalender verfügbar ist.
`ProjDateSub`	Gibt das Datum zurück, das um eine angegebene Dauer vor einem anderen Datum liegt	`ProjDateSub` (*Datum, Dauer, Kalender*) *Datum Variant, erforderlich*: Das ursprüngliche Datum, von dem die Dauer abgezogen wird. *Dauer Variant, erforderlich*: Die Dauer, die von Datum abgezogen werden soll. *Kalender String, optional*: Der Kalender, der zum Berechnen des Datumsunterschiedes verwendet wird. Falls *Kalender* nicht angegeben ist, wird standardmäßig der Ressourcenkalender für die aktuelle Ressource oder der Vorgangskalender bzw. der Standardkalender für den aktuellen Vorgang verwendet, wenn kein Vorgangskalender verfügbar ist.
`ProjDateValue`	Gibt den Datumswert eines Ausdrucks zurück	`ProjDateValue` (*Ausdruck*) *Ausdruck Variant, erforderlich*: Der Ausdruck, der als Datum dargestellt werden soll
`ProjDurValue`	Gibt die Anzahl von Minuten in einer Dauer zurück	`ProjDurValue` (*Dauer*) *Dauer Variant, erforderlich*: Die Dauer, die in Minuten ausgedrückt werden soll
`Second`	Gibt einen Wert vom Typ *Variant* (*Integer*) zurück, der eine ganze Zahl zwischen 0 und 59 (je einschließlich) angibt und die Sekunde der Minute darstellt	`Second` (*Zeit*) *Zeit, erforderlich*: Ein Wert vom Typ *Variant*, ein numerischer Ausdruck, ein Zeichenfolgenausdruck oder eine beliebige Kombination, die eine Zeit darstellen kann. Wenn *Zeit* eine Null enthält, wird Null zurückgegeben.

Anhang

Feld	Bedeutung	Syntax
`Time`	Gibt einen Wert vom Typ *Variant* (*Date*) zurück, der die aktuelle Systemzeit anzeigt	`Time`
`Timer`	Gibt einen Wert vom Typ *Single* zurück, der die Anzahl der Sekunden angibt, die seit Mitternacht verstrichen sind	`Timer`
`TimeSerial`	Gibt einen Wert vom Typ *Variant* (*Date*) mit der Zeit für eine bestimmte Stunde, Minute und Sekunde zurück	`TimeSerial` (*Stunde, Minute, Sekunde*) *Stunde Variant (Integer), erforderlich*: Zahl zwischen 0 (12:00 Uhr) und 23 (23:00 Uhr), je einschließlich, oder ein numerischer Ausdruck *Minute Variant (Integer), erforderlich*: Ein numerischer Ausdruck *Sekunde Variant (Integer), erforderlich*: Ein numerischer Ausdruck
`TimeValue`	Gibt einen Wert vom Typ *Variant* (*Date*) zurück, der die Zeit enthält	`TimeValue` (*Zeit*) Bei dem erforderlichen *Zeit*-Argument handelt es sich in der Regel um einen Zeichenfolgenausdruck, der eine Zeit zwischen 0:00:00 (12:00:00 Uhr) und 23:59:59 (23:59:59 Uhr), je einschließlich, darstellt. *Zeit* kann jedoch ein beliebiger Ausdruck sein, der eine Zeit in diesem Bereich darstellt. Wenn *Zeit* eine Null enthält, wird Null zurückgegeben.
`Weekday`	Gibt einen Wert vom Typ *Variant* (*Integer*) zurück, der eine ganze Zahl enthält, die den Tag der Woche darstellt	`Weekday` (*Datum, [ErsterTagDerWoche]*) *Datum, erforderlich:* Ein Wert vom Typ *Variant*, ein numerischer Ausdruck, ein Zeichenfolgenausdruck oder eine beliebige Kombination, die ein Datum darstellen kann. Wenn *Datum* eine Null enthält, wird Null zurückgegeben. *ErsterTagDerWoche, optional*: Eine Konstante, die den ersten Tag der Woche angibt. Wenn kein Tag angegeben ist, wird Sonntag verwendet.
`Year`	Gibt einen Wert vom Typ *Variant* (*Integer*) zurück, der eine ganze Zahl enthält, die das Jahr darstellt	`Year` (*Datum*) *Datum, erforderlich*: Ein Wert vom Typ *Variant*, ein numerischer Ausdruck, ein Zeichenfolgenausdruck oder eine beliebige Kombination, die ein Datum darstellen kann. Wenn *Datum* eine Null enthält, wird Null zurückgegeben.

Funktionen des Bereichs *Konvertierung*

Feld	Bedeutung	Syntax
`Asc`	Gibt einen Wert vom Typ *Integer* zurück, der den Zeichencode darstellt, der dem ersten Buchstaben in einer Zeichenfolge entspricht	`Asc` (*Zeichenfolge*) *Zeichenfolge*: Ein gültiger Zeichenfolgenausdruck
`CBool`	Erzwingt einen Ausdruck vom Datentyp *Boolean*	`CBool` (*Ausdruck*) *Ausdruck*: Eine gültige Zeichenfolge oder ein gültiger numerischer Ausdruck
`CByte`	Erzwingt einen Ausdruck vom Datentyp *Byte*	`CByte` (*Ausdruck*) *Ausdruck*: Ein Wert vom Typ *Integer* zwischen 0 und 255
`CCur`	Erzwingt einen Ausdruck vom Datentyp *Currency*	`CCur` (*Ausdruck*) *Ausdruck*: Ein numerischer Ausdruck zwischen –922.337.203.685.477,5808 und 922.337.203.685.477,5807
`CDate`	Erzwingt einen Ausdruck vom Datentyp *Date*	`CDate` (*Ausdruck*) *Ausdruck*: Ein gültiger Datumsausdruck
`CDbl`	Erzwingt einen Ausdruck vom Datentyp *Double*	`CDbl` (*Ausdruck*) *Ausdruck*: Ein numerischer Ausdruck zwischen –1,79769313486232E308 und –4,94065645841247E–324 für negative Werte; zwischen 4,94065645841247E–324 und 1,79769313486232E308 für positive Werte
`CDec`	Erzwingt einen Ausdruck vom Datentyp *Decimal*	`CDec` (*Ausdruck*) *Ausdruck*: Ein numerischer Ausdruck im Bereich von +/–79.228.162.514.264.337.593.543.950.335 für ganze Zahlen, d.h. Zahlen ohne Dezimalstellen. Für Zahlen mit 28 Dezimalstellen liegt der Bereich bei +/– 7,9228162514264337593543950335. Die kleinste Zahl mit Dezimalstellen lautet: 0,0000000000000000000000000001.
`Chr`	Gibt einen Wert vom Typ *String* mit dem Zeichen zurück, das mit dem angegebenen Zeichencode verbunden ist	`Chr` (*Zeichencode*) *Zeichencode*: Ein Wert vom Typ *Long*, der ein Zeichen kennzeichnet
`CInt`	Erzwingt einen Ausdruck vom Datentyp *Integer*	`CInt` (*Ausdruck*) *Ausdruck*: Ein numerischer Ausdruck zwischen –32.768 und 32.767; Brüche werden gerundet
`CLng`	Erzwingt einen Ausdruck vom Datentyp *Long*	`CLng` (*Ausdruck*) *Ausdruck*: Ein numerischer Ausdruck zwischen –2.147.483.648 und 2.147.483.647; Brüche werden gerundet

Anhang

Feld	Bedeutung	Syntax
`CSng`	Erzwingt einen Ausdruck vom Datentyp *Single*	**`CSng`** (*Ausdruck*) *Ausdruck*: Ein numerischer Ausdruck von –3,402823E38 bis –1,401298E–45 für negative Werte; zwischen 1,401298E–45 bis 3,402823E38 für positive Werte
`CStr`	Erzwingt einen Ausdruck vom Datentyp *String*	**`CStr`** (*Ausdruck*) *Ausdruck*: Eine gültige Zeichenfolge oder ein gültiger numerischer Ausdruck
`CVar`	Erzwingt einen Ausdruck vom Datentyp *Variant*	**`CVar`** (*Ausdruck*) *Ausdruck*: Derselbe Bereich wie bei *Double* für numerische Ausdrücke bzw. derselbe Bereich wie bei *String* für nicht numerische Ausdrücke
`DateSerial`	Gibt einen Wert vom Typ *Variant* (*Date*) für ein angegebenes Jahr, einen angegebenen Monat und einen angegebenen Tag zurück	**`DateSerial`** (*Jahr, Monat, Tag*) Die **`DateSerial`**-Funktionssyntax hat die nachfolgenden benannten Argumente. *Jahr Integer, erforderlich*: Zahl zwischen 100 und 9999 (je einschließlich) oder ein numerischer Ausdruck. *Monat Integer, erforderlich*: Ein numerischer Ausdruck. *Tag Integer, erforderlich*: Ein numerischer Ausdruck
`DateValue`	Gibt einen Wert vom Typ *Variant* (*Date*) zurück	**`DateValue`** (*Datum*) *Datum, erforderlich*: In der Regel ein Zeichenfolgenausdruck, der ein Datum zwischen dem 1. Januar 100 und dem 31. Dezember 9999 darstellt. Datum kann jedoch auch jeder andere beliebige Ausdruck sein, der ein Datum, eine Zeit bzw. sowohl ein Datum als auch eine Zeit in diesem Bereich darstellen kann.
`Day`	Gibt einen Wert vom Typ *Variant* (*Integer*) wieder, der eine ganze Zahl zwischen 1 und 31 (je einschließlich) angibt und den Tag des Monats darstellt	**`Day`** (*Datum*) *Datum, erforderlich*: Ein Wert vom Typ *Variant*, ein numerischer Ausdruck, ein Zeichenfolgenausdruck oder eine beliebige Kombination, die ein Datum darstellen kann. Wenn *Datum* eine Null enthält, wird Null zurückgegeben.
`Hex`	Gibt einen Wert vom Typ *String* zurück, der den hexadezimalen Wert einer Zahl darstellt	**`Hex`** (*Zahl*) *Zahl, erforderlich*: Ein gültiger numerischer Ausdruck oder ein gültiger Zeichenfolgenausdruck
`Hour`	Gibt einen Wert vom Typ *Variant* (*Integer*) zurück, der eine ganze Zahl zwischen 0 und 23 (je einschließlich) angibt und die Stunde des Tages darstellt	**`Hour`** (*Zeit*) *Zeit, erforderlich*: Ein Wert vom Typ *Variant*, ein numerischer Ausdruck, ein Zeichenfolgenausdruck oder eine beliebige Kombination, die eine Zeit darstellen kann. Wenn *Zeit* eine Null enthält, wird Null zurückgegeben.

Feld	Bedeutung	Syntax
`Minute`	Gibt einen Wert vom Typ *Variant* (*Integer*) zurück, der eine ganze Zahl zwischen 0 und 59 (je einschließlich) angibt und die Minute der Stunde darstellt	`Minute` (*Zeit*) *Zeit, erforderlich*: Ein Wert vom Typ Variant, ein numerischer Ausdruck, ein Zeichenfolgenausdruck oder eine beliebige Kombination, die eine Zeit darstellen kann. Wenn *Zeit* eine Null enthält, wird Null zurückgegeben.
`Month`	Gibt einen Wert vom Typ *Variant* (*Integer*) zurück, der eine ganze Zahl zwischen 1 und 12 (je einschließlich) angibt und den Monat des Jahres darstellt	`Month` (*Datum*) *Datum, erforderlich*: Ein Wert vom Typ *Variant*, ein numerischer Ausdruck, ein Zeichenfolgenausdruck oder eine beliebige Kombination, die eine Zeit darstellen kann. Wenn *Zeit* eine Null enthält, wird Null zurückgegeben.
`Oct`	Gibt einen Wert vom Typ *Variant* (*String*) zurück, der den Oktalwert einer Zahl darstellt	`Oct` (*Zahl*) *Zahl, erforderlich*: Ein gültiger numerischer Ausdruck oder ein gültiger Zeichenfolgenausdruck

Feld	Bedeutung	Syntax
`ProjDateConv`	Konvertiert einen Wert in ein Datum	`ProjDateConv` (*Ausdruck, Datumsformat*) *Ausdruck Variant, erforderlich*: Der Ausdruck, der in ein Datum konvertiert werden soll. *Datumsformat Long, optional*: Das Datumsformat. Der Standardwert ist *pjDateDefault*, Sie können jedoch eine der folgenden *pjDateFormat*-Konstanten ersetzen: Konstante-Datumsformat, am Beispiel des 30.09.2011 (12:33 Uhr) *pjDate_dd* –> 30. *pjDate_ddd_dd* –> Fr 30. *pjDate_ddd_hh_mmAM* –> Fr 12:33 *pjDate_ddd_mm_dd* –> Fr 30.09. *pjDate_ddd_mm_dd_yy* –> Fr 30.09.11 *pjDate_ddd_mm_dd_yy_hh_mmAM* –> Fr 30.09.11 12:33 *pjDate_ddd_mmm_dd* –> Fr 30. Sep *pjDate_ddd_mmm_dd_yyy* –> Fr 30. Sep '11 *pjDate_hh_mmAM* –> 12:33 *pjDate_mm_dd* –> 30.09 *pjDate_mm_dd_yy* –> 30.09.11 *pjDate_mm_dd_yy_hh_mmAM* –> 30.09.11 12:33 *pjDate_mm_dd_yyyy* –> 30.09.2011 *pjDate_mmm_dd* –> 30. Sep *pjDate_mmm_dd_hh_mmAM* –> 30. Sep 12:33 *pjDate_mmm_dd_yyy* –> 30. Sep '11 *pjDate_mmmm_dd* –> 30. September *pjDate_mmmm_dd_yyyy* –> 30. September 2011 *pjDate_mmmm_dd_yyyy_hh_mmAM* –> September 30, 2011 12:33 *pjDate_Www_dd* –> 2.KW40 *pjDate_Www_dd_yy_hh_mmAM* –> 2.KW40.11 12:33 *pjDateDefault* – Das Standardformat. Festgelegt auf der Registerkarte *Ansicht* im Dialogfeld *Optionen*.
`ProjDurConv`	Konvertiert einen Ausdruck in einen Dauerwert mit den angegebenen Einheiten	`ProjDurConv` (*Ausdruck, EinheitenDerDauer*) *Ausdruck Variant, erforderlich*: Der Ausdruck, der in eine Dauer konvertiert werden soll. *EinheitenDerDauer Long, optional*: Die für den Ausdruck der Dauer verwendeten Einheiten. Falls *EinheitenDerDauer* nicht angegeben ist, werden die Einheiten als Standardwert verwendet, die in der Option *Dauer wird eingegeben in* auf der Registerkarte *Terminplan* im Dialogfeld *Optionen* angegeben sind. *EinheitenDerDauer* kann eine der folgenden *pjFormatUnit*-Konstanten sein: *pjMinutes; pjElapsedMinutes; pjHours; pjElapsedHours; pjDays; pjElapsedDays; pjWeeks; pjElapsedWeeks; pjMonths; pjElapsedMonths; pjMinutesEstimated; pjElapsedMinutesEstimated; pjHoursEstimated; pjElapsedHoursEstimated; pjDaysEstimated; pjElapsedDaysEstimated; pjWeeksEstimated; pjElapsedWeeksEstimated; pjMonthsEstimated; pjElapsedMonthsEstimated*

Feld	Bedeutung	Syntax
`Second`	Gibt einen Wert vom Typ *Variant* (*Integer*) zurück, der eine ganze Zahl zwischen 0 und 59 (je einschließlich) angibt und die Sekunde der Minute darstellt	**`Second`** (*Zeit*) *Zeit, erforderlich*: Ein Wert vom Typ *Variant*, ein numerischer Ausdruck, ein Zeichenfolgenausdruck oder eine beliebige Kombination, die eine Zeit darstellen kann. Wenn *Zeit* eine Null enthält, wird Null zurückgegeben.
`Str`	Gibt einen Wert vom Typ *Variant* (*String*) zurück, der eine Zahl darstellt	**`Str`** (*Zahl*) *Zahl, erforderlich*: *Long* mit einem gültigen numerischen Ausdruck
`StrConv`	Gibt einen Wert vom Typ *Variant* (*String*) zurück, der wie angegeben konvertiert wird.	**`StrConv`** (*Zeichenfolge, Konvertierung, LCID*) *Zeichenfolge, erforderlich*: Zeichenfolgenausdruck, der konvertiert werden soll *Konvertierung Integer, erforderlich*: Die Summe der Werte, die die Art der durchzuführenden Konvertierung angeben *LCID, optional*: Die Gebietsschema-ID, falls sie von der Gebietsschema-ID des Systems abweicht. (Die Gebietsschema-ID des Systems ist die Standardeinstellung.)
`TimeSerial`	Gibt einen Wert vom Typ *Datum* zurück inkl. der Zeit für eine spezifische Stunde, Minute, Sekunde	**`TimeSerial`** (*Stunde, Minute, Sekunde*) *Stunde Variant (Integer), erforderlich*: Zahl zwischen 0 (12:00 Uhr) und 23 (23:00 Uhr), je einschließlich, oder ein numerischer Ausdruck *Minute Variant (Integer), erforderlich*: Ein numerischer Ausdruck. *Sekunde Variant (Integer), erforderlich*: Ein numerischer Ausdruck
`TimeValue`	Gibt einen Wert vom Typ *Variant* (*Date*) zurück, der die Zeit enthält	**`TimeValue`** (*Zeit*) *Zeit, erforderlich*: In der Regel ein Zeichenfolgenausdruck, der eine Zeit zwischen 0:00:00 (12:00:00 Uhr) und 23:59:59 (23:59:59 Uhr) – jeweils einschließlich – darstellt. *Zeit* kann jedoch auch ein beliebiger Ausdruck sein, der eine Zeit in diesem Bereich darstellt. Wenn *Zeit* eine Null enthält, wird Null zurückgegeben.
`Val`	Gibt die in einer Zeichenfolge enthaltenen Zahlen als numerischen Wert vom entsprechenden Typ zurück	**`Val`** (*Zeichenfolge*) *Zeichenfolge, erforderlich*: Ein gültiger Zeichenfolgenausdruck
`Weekday`	Gibt einen Wert vom Typ *Variant* (*Integer*) zurück, der eine ganze Zahl enthält, die den Tag der Woche darstellt	**`Weekday`** (*Datum, ErsterTagDerWoche*) *Datum, erforderlich*: Ein Wert vom Typ *Variant*, ein numerischer Ausdruck, ein Zeichenfolgenausdruck oder eine beliebige Kombination, die ein Datum darstellen kann. Wenn *Datum* eine Null enthält, wird Null zurückgegeben. *ErsterTagDerWoche, optional*: Eine Konstante, die den ersten Tag der Woche angibt. Falls kein Tag angegeben ist, wird Sonntag verwendet.
`Year`	Gibt einen Wert vom Typ *Variant* (*Integer*) zurück, der eine ganze Zahl enthält, die das Jahr darstellt	**`Year`** (*Datum*) *Datum, erforderlich*: Ein Wert vom Typ *Variant*, ein numerischer Ausdruck, ein Zeichenfolgenausdruck oder eine beliebige Kombination, die ein Datum darstellen kann. Wenn *Datum* eine Null enthält, wird Null zurückgegeben.

Funktionen des Bereichs *Mathematik*

Funktion	Bedeutung	Syntax
`Abs`	Gibt einen Wert desselben Typs zurück, der an die Funktion übergeben wurde. Dieser Wert gibt den absoluten Wert einer Zahl an.	`Abs` (*Zahl*) *Zahl, erforderlich*: Ein gültiger numerischer Ausdruck. Wenn *Zahl* eine Null enthält, wird Null zurückgegeben; wenn die Variable *Zahl* nicht initialisiert wurde, wird 0 zurückgegeben.
`Atn`	Gibt einen Wert vom Typ *Double* zurück, der den Arkustangens einer Zahl angibt	`Atn` (*Zahl*) *Zahl, erforderlich*: *Double* oder ein gültiger numerischer Ausdruck
`Cos`	Gibt einen Wert vom Typ *Double* zurück, der den Kosinus eines Winkels angibt	`Cos` (*Zahl*) *Zahl, erforderlich*: *Double* oder ein gültiger numerischer Ausdruck, der einen Winkel im Bogenmaß ausdrückt
`Exp`	Gibt einen Wert vom Typ *Double* zurück, der die Basis des natürlichen Logarithmus als potenzierte Zahl angibt	`Exp` (*Zahl*) *Zahl, erforderlich*: *Double* oder ein gültiger numerischer Ausdruck
`Fix`	Gibt den ganzzahligen Teil einer Zahl zurück. Wenn die Zahl negativ ist, wird die erste negative ganze Zahl größer oder gleich *Zahl* zurückgegeben.	`Fix` (*Zahl*) *Zahl, erforderlich: Double* oder ein gültiger numerischer Ausdruck. Wenn *Zahl* eine Null enthält, wird Null zurückgegeben.
`Int`	Gibt den ganzzahligen Teil einer Zahl zurück. Wenn die Zahl negativ ist, wird die erste negative ganze Zahl kleiner oder gleich *Zahl* zurückgegeben.	`Int` (*Zahl*) *Zahl, erforderlich: Double* oder ein gültiger numerischer Ausdruck. Wenn *Zahl* eine Null enthält, wird Null zurückgegeben.
`Log`	Gibt einen Wert vom Typ *Double* zurück, der den natürlichen Logarithmus einer Zahl angibt	`Log` (*Zahl*) *Zahl, erforderlich*: *Double* oder ein gültiger numerischer Ausdruck größer als 0
`Rnd`	Gibt einen Wert vom Typ *Single* zurück, der eine Zufallszahl enthält	`Rnd` (*Zahl)* *Zahl, erforderlich*: *Single* oder ein gültiger numerischer Ausdruck
`Sgn`	Gibt einen Wert vom Typ *Variant* (*Integer*) zurück, der das Vorzeichen einer Zahl angibt	`Sgn` (*Zahl*) *Zahl, erforderlich*: Ein gültiger numerischer Ausdruck. Rückgabewerte Wert von Zahl –> Rückgabewert von **Sgn** Größer als 0 –> 1 Gleich 0 –> 0 Kleiner als 0 –> –1

Funktion	Bedeutung	Syntax
`Sin`	Gibt einen Wert vom Typ *Double* zurück, der den Sinus eines Winkels angibt	`Sin` (*Zahl*) *Zahl, erforderlich*: *Double* oder ein gültiger numerischer Ausdruck, der einen Winkel im Bogenmaß ausdrückt
`Sqr`	Gibt einen Wert vom Typ *Double* zurück, der die Quadratwurzel einer Zahl angibt	`Sqr` (*Zahl*) *Zahl, erforderlich*: *Double* oder ein gültiger numerischer Ausdruck größer als oder gleich 0
`Tan`	Gibt einen Wert vom Typ *Double* zurück, der den Tangens eines Winkels angibt	`Tan` (*Zahl*) *Zahl, erforderlich*: *Double* oder ein gültiger numerischer Ausdruck, der einen Winkel im Bogenmaß ausdrückt

Funktionen des Bereichs *Microsoft Project*

Funktion	Bedeutung	Syntax
`ProjDateAdd`	Addiert eine Dauer zu einem Datum, sodass ein neues Datum zurückgegeben wird	`ProjDateAdd` (*Datum, Dauer, Kalender*) *Datum Variant, erforderlich*: Das ursprüngliche Datum, zu dem Dauer addiert wird *Dauer Variant, erforderlich*: Die Dauer, die zu Datum addiert werden soll *Kalender String, optional*: Der Kalender, der zum Berechnen des neuen Datums verwendet werden soll. Wenn *Kalender* nicht angegeben ist, wird standardmäßig der Ressourcenkalender für die aktuelle Ressource oder der Vorgangskalender bzw. der Standardkalender für den aktuellen Vorgang verwendet, wenn kein Vorgangskalender verfügbar ist.

Funktion	Bedeutung	Syntax
ProjDateConv	Konvertiert einen Wert in ein Datum	ProjDateConv (*Ausdruck, Datumsformat*) *Ausdruck Variant, erforderlich*: Der Ausdruck, der zu einem Datum konvertiert werden soll *Datumsformat Long, optional*: Das Datumsformat. Der Standardwert ist *pjDateDefault*, Sie können jedoch eine der folgenden *pjDateFormat*-Konstanten ersetzen: Konstante-Datumsformat, am Beispiel des 30.09.2004 (12:33 Uhr) *pjDate_dd* –> 30. *pjDate_ddd_dd* –> Do 30. *pjDate_ddd_hh_mmAM* –> Do 12:33 *pjDate_ddd_mm_dd* –> Do 30.09. *pjDate_ddd_mm_dd_yy* –> Do 30.09.04 *pjDate_ddd_mm_dd_yy_hh_mmAM* –> Do 30.09.04 12:33 *pjDate_ddd_mmm_dd* –> Do 30. Sep *pjDate_ddd_mmm_dd_yyy* –> Do 30. Sep '04 *pjDate_hh_mmAM* –> 12:33 *pjDate_mm_dd* –> 30.09 *pjDate_mm_dd_yy* –> 30.09.04 *pjDate_mm_dd_yy_hh_mmAM* –> 30.09.04 12:33 *pjDate_mm_dd_yyyy* –> 30.09.2004 *pjDate_mmm_dd* –> 30. Sep *pjDate_mmm_dd_hh_mmAM* –> 30. Sep 12:33 *pjDate_mmm_dd_yyy* –> 30. Sep '04 *pjDate_mmmm_dd* –> 30. September *pjDate_mmmm_dd_yyyy* –> 30. September 2004 *pjDate_mmmm_dd_yyyy_hh_mmAM* –> September 30, 2004 12:33 *pjDate_Www_dd* –> 2.KW40 *pjDate_Www_dd_yy_hh_mmAM* –> 2.KW40.04 12:33 *pjDateDefault* – Das Standardformat. Festgelegt auf der Registerkarte *Ansicht* im Dialogfeld *Optionen*.
ProjDateDiff	Gibt die Dauer zwischen zwei Datumsangaben in Minuten zurück	ProjDateDiff (*Datum1, Datum2, Kalender*) *Datum1 Variant, erforderlich*: Das Datum, das als Anfang für die Dauer verwendet wird *Datum2 Variant, erforderlich*: Das Datum, das als Ende für die Dauer verwendet wird *Kalender String, optional*: Der Kalender, der zum Berechnen der Dauer verwendet werden soll. Wenn *Kalender* nicht angegeben ist, wird standardmäßig der Ressourcenkalender für die aktuelle Ressource oder der Vorgangskalender bzw. der Standardkalender für den aktuellen Vorgang verwendet, wenn kein Vorgangskalender verfügbar ist.

Funktion	Bedeutung	Syntax
`ProjDateSub`	Gibt das Datum zurück, das um eine angegebene Dauer vor einem anderen Datum liegt	**`ProjDateSub`** (*Datum, Dauer, Kalender*) *Datum Variant, erforderlich*: Das ursprüngliche Datum, von dem Dauer abgezogen wird *Dauer Variant, erforderlich*: Die Dauer, die von Datum abgezogen werden soll *Kalender String, optional*: Der Kalender, der zum Berechnen des Datumsunterschieds verwendet werden soll. Wenn *Kalender* nicht angegeben ist, wird standardmäßig der Ressourcenkalender für die aktuelle Ressource oder der Vorgangskalender bzw. der Standardkalender für den aktuellen Vorgang verwendet, wenn kein Vorgangskalender verfügbar ist.
`ProjDateValue`	Gibt den Datumswert eines Ausdrucks zurück	**`ProjDateValue`** (*Ausdruck*) *Ausdruck Variant, erforderlich*: Der Ausdruck, der als Datum dargestellt werden soll
`ProjDurConv`	Konvertiert einen Ausdruck in einen Dauerwert in den angegebenen Einheiten	**`ProjDurConv`** (*Ausdruck, EinheitenDerDauer*) *Ausdruck Variant, erforderlich*: Der Ausdruck, der in eine Dauer konvertiert werden soll *EinheitenDerDauer Long, optional*: Die für das Ausdrücken der Dauer verwendeten Einheiten. Wenn *EinheitenDerDauer* nicht angegeben ist, werden die Einheiten als Standardwert verwendet, die in der Option *Dauer wird eingegeben in* auf der Registerkarte *Terminplan* im Dialogfeld *Optionen* angegeben sind. *EinheitenDerDauer* kann eine der folgenden *pjFormatUnit*-Konstanten sein: *PjMinutes*: *pjElapsedMinutes* *PjHours*: *pjElapsedHours* *PjDays*: *pjElapsedDays* *PjWeeks*: *pjElapsedWeeks* *PjMonths*: *pjElapsedMonths* *PjMinutesEstimated*: *pjElapsedMinutesEstimated* *PjHoursEstimated*: *pjElapsedHoursEstimated* *PjDaysEstimated*: *pjElapsedDaysEstimated* *PjWeeksEstimated*: *pjElapsedWeeksEstimated* *PjMonthsEstimated*: *pjElapsedMonthsEstimated*
`ProjDurValue`	Gibt die Anzahl von Minuten einer Dauer zurück	**`ProjDurValue`** (*Dauer*) *Dauer Variant, erforderlich*: Die Dauer, die in Minuten ausgedrückt werden soll

Funktionen des Bereichs *Text*

Funktion	Bedeutung	Syntax
`Asc`	Gibt einen Wert vom Typ *Integer* zurück, der den Zeichencode darstellt, der dem ersten Buchstaben in einer Zeichenfolge entspricht	**`Asc`** (*Zeichenfolge*) *Zeichenfolge*: Ein gültiger Zeichenfolgenausdruck
`Chr`	Gibt einen Wert vom Typ *String* mit dem Zeichen zurück, das mit dem angegebenen Zeichencode verknüpft ist	**`Chr`** (*Zeichencode*) *Zeichencode*: Ein Wert vom Typ *Long*, der ein Zeichen kennzeichnet
`Format`	Gibt einen Wert vom Typ *Variant* (*String*) zurück, der einen Ausdruck erhält, der gemäß den Anweisungen in einem Formatausdruck formatiert ist	**`Format`** (*Ausdruck[, Format[, ErsterTagDerWoche[, ErsteWocheDesJahres]]]*) *Ausdruck, erforderlich*: Ein gültiger Ausdruck *Format, optional*: Ein gültiger benannter oder benutzerdefinierter Formatausdruck *ErsterTagDerWoche, optional*: Eine Konstante, die den ersten Tag der Woche angibt *ErsteWocheDesJahres, optional*: Eine Konstante, die die erste Woche des Jahres angibt
`InStr`	Gibt einen Wert vom Typ *Variant* (*Long*) zurück, der die Position des ersten Auftretens einer Zeichenfolge in einer anderen angibt	**`InStr`** (*[Startwert,]Zeichenfolge1, Zeichenfolge2[, Zeichenvergleich]*) *Startwert, optional*: Numerischer Ausdruck, der die Startposition für jede Suche festlegt. Wenn kein Wert angegeben wird, beginnt die Suche an der Position des ersten Zeichens. Wenn *Startwert* den Wert NULL enthält, tritt ein Fehler auf. Das Startwert-Argument ist erforderlich, wenn *Zeichenvergleich* angegeben wird. *Zeichenfolge1, erforderlich*: Zeichenfolgenausdruck, nach dem gesucht wird *Zeichenfolge2, erforderlich*: Zeichenfolgenausdruck, der durchsucht wird *Zeichenvergleich, optional*: Gibt den Typ des Zeichenfolgenvergleichs an. Wenn *Zeichenvergleich* den Wert NULL hat, tritt ein Fehler auf. Wenn *Zeichenvergleich* nicht angegeben wird, bestimmt die Einstellung *Option Compare* die Vergleichsart.
`LCase`	Gibt einen Wert vom Typ *String* zurück, der in Kleinbuchstaben konvertiert wurde	**`LCase`** (*Zeichenfolge*) *Zeichenfolge, erforderlich*: Ein gültiger Zeichenfolgenausdruck. Wenn *Zeichenfolge* eine Null enthält, wird Null zurückgegeben.

Funktion	Bedeutung	Syntax
`Left`	Gibt einen Wert vom Typ *Variant* (*String*) zurück, der eine bestimmte Anzahl von Zeichen von der linken Seite einer Zeichenfolge enthält	`Left` (*Zeichenfolge, Länge*) *Zeichenfolge, erforderlich*: Zeichenfolgenausdruck, von dem die Zeichen der linken Seite zurückgegeben werden. Wenn *Zeichenfolge* eine Null enthält, wird Null zurückgegeben. *Länge Variant (Long), erforderlich*: Numerischer Ausdruck, der angibt, wie viele Zeichen zurückgegeben werden müssen. Wenn der Wert 0 ist, wird eine leere Zeichenfolge ("") zurückgegeben. Wenn der Wert größer oder gleich der Anzahl von Zeichen in *Zeichenfolge* ist, wird die gesamte Zeichenfolge zurückgegeben.
`Len`	Gibt einen Wert vom Typ *Long* zurück, der die Anzahl an Zeichen in einer Zeichenfolge oder die Anzahl an *Bytes* enthält, die zum Speichern einer Variablen erforderlich ist	`Len` (*Zeichenfolge* , *Variablenname*) *Zeichenfolge*: Ein gültiger Zeichenfolgenausdruck. Wenn *Zeichenfolge* eine Null enthält, wird Null zurückgegeben. *Variablenname*: Ein gültiger Variablenname. Wenn *Variablenname* eine Null enthält, wird Null zurückgegeben. Wenn *Variablenname* ein Wert vom Typ *Variant* ist, behandelt Len diesen Wert wie einen Wert vom Typ *String* und gibt immer die Anzahl der darin enthaltenen Zeichen zurück.
`LTrim`	Gibt einen Wert vom Typ *Variant* (*String*) zurück, der eine Kopie einer angegebenen Zeichenfolge ohne führende Leerzeichen enthält	`LTrim` (*Zeichenfolge*) *Zeichenfolge, erforderlich*: Ein gültiger Zeichenfolgenausdruck. Wenn *Zeichenfolge* eine Null enthält, wird Null zurückgegeben.
`Mid`	Gibt einen Wert vom Typ *Variant* (*String*) zurück, der eine angegebene Anzahl von Zeichen aus einer Zeichenfolge enthält	`Mid` (*Zeichenfolge, Startwert[, Länge]*) *Zeichenfolge, erforderlich*: Zeichenfolgenausdruck, aus dem Zeichen zurückgegeben werden. Wenn *Zeichenfolge* eine Null enthält, wird Null zurückgegeben. *Startwert Long, erforderlich*: Zeichenposition in Zeichenfolge, an der der herauszunehmende Teil beginnt. Wenn *Startwert* größer als die Anzahl der Zeichen in *Zeichenfolge* ist, gibt `Mid` eine leere Zeichenfolge ("") zurück. *Länge Variant (Long), optional*: Anzahl der zurückzugebenden Zeichen. Wenn kein Wert angegeben wird oder wenn weniger Zeichen als *Länge* in dem Text enthalten sind (einschließlich des Zeichens an Startwert), werden alle Zeichen von der Position Startwert bis zum Ende der Zeichenfolge zurückgegeben.
`Right`	Gibt einen Wert vom Typ *Variant* (*String*) zurück, der eine angegebene Anzahl von Zeichen von der rechten Seite einer Zeichenfolge enthält	`Right` (*Zeichenfolge, Länge*) *Zeichenfolge, erforderlich*: Zeichenfolgenausdruck, von dem die Zeichen der rechten Seite zurückgegeben werden. Wenn *Zeichenfolge* eine Null enthält, wird Null zurückgegeben. *Länge Variant (Long), erforderlich*: Numerischer Ausdruck der angibt, wie viele Zeichen zurückgegeben werden sollen. Wenn der Wert 0 ist, wird eine leere Zeichenfolge ("") zurückgegeben. Wenn der Wert größer oder gleich der Anzahl von Zeichen in *Zeichenfolge* ist, wird die gesamte Zeichenfolge zurückgegeben.

Funktion	Bedeutung	Syntax
`RTrim`	Gibt einen Wert vom Typ *Variant* (*String*) zurück, der eine Kopie einer angegebenen Zeichenfolge ohne nachstehende Leerzeichen enthält	`RTrim` (*Zeichenfolge*) *Zeichenfolge, erforderlich*: Ein gültiger Zeichenfolgenausdruck. Wenn *Zeichenfolge* eine Null enthält, wird Null zurückgegeben.
`Space`	Gibt einen Wert vom Typ *Variant* (*String*) zurück, der aus der angegebenen Anzahl von Leerzeichen besteht	`Space` (*Zahl*) *Zahl, erforderlich*: Anzahl der Leerzeichen, die in der Zeichenfolge enthalten sein sollen
`StrComp`	Gibt einen Wert vom Typ *Variant* (*Integer*) zurück, der das Ergebnis eines Zeichenfolgenvergleichs angibt	`StrComp` (*Zeichenfolge1, Zeichenfolge2[, Zeichenvergleich]*) *Zeichenfolge1, erforderlich*: Ein gültiger Zeichenfolgenausdruck *Zeichenfolge2, erforderlich*: Ein gültiger Zeichenfolgenausdruck *Zeichenvergleich, optional*: Gibt die Art des Zeichenfolgenvergleichs an. Wenn das Zeichenvergleich-Argument eine Null enthält, tritt ein Fehler auf.
`StrConv`	Gibt einen Wert vom Typ *Variant* (*String*) gemäß Angabe konvertiert zurück	`StrConv` (*Zeichenfolge, Konvertierung, LCID*) *Zeichenfolge, erforderlich*: Zu konvertierender Zeichenfolgenausdruck *Konvertierung Integer, erforderlich*: Die Summe der Werte, die die Art der durchzuführenden Konvertierung angeben *LCID, optional*: Die Gebietsschema-ID, falls von der Gebietsschema-ID des Systems abweichend. (Die Gebietsschema-ID des Systems ist der Standardwert.)
`String`	Gibt einen Wert vom Typ *Variant* (*String*) zurück, der eine sich wiederholende Zeichenfolge mit der angegebenen Länge enthält	`String` (*Zahl, Zeichen*) *Zahl Long, erforderlich*: Länge der zurückgegebenen Zeichenfolge. Wenn *Zahl* eine Null enthält, wird Null zurückgegeben. *Zeichen Variant, erforderlich*: Zeichencode, der das Zeichen oder den Zeichenfolgenausdruck angibt, dessen erstes Zeichen zum Erstellen der zurückzugebenden Zeichenfolge verwendet wird. Wenn *Zeichen* eine Null enthält, wird Null zurückgegeben.
`Trim`	Gibt einen Wert vom Typ *Variant* (*String*) zurück, der eine Kopie einer angegebenen Zeichenfolge ohne führende oder nachstehende Leerzeichen enthält	`Trim` (*Zeichenfolge*) *Zeichenfolge, erforderlich*: Ein gültiger Zeichenfolgenausdruck. Wenn *Zeichenfolge* eine Null enthält, wird Null zurückgegeben.
`UCase`	Gibt einen Wert vom Typ *Variant* (*String*) zurück, der die angegebene Zeichenfolge, in Großbuchstaben konvertiert, enthält	`UCase` (*Zeichenfolge*) *Zeichenfolge, erforderlich*: Ein gültiger Zeichenfolgenausdruck. Wenn *Zeichenfolge* eine Null enthält, wird Null zurückgegeben.

Anhang C

Glossar – Definitionen in Project

Auf den nächsten Seiten werden alle Definitionen zu projektrelevanten Themen beschrieben. Auf eine Beschreibung von Windows-Funktionalitäten und allgemeinem PC-Know-how wurde hier bewusst verzichtet. In erster Linie soll es in diesem Anhang um projektbezogenes Fachvokabular gehen.

A

Abgeblendet

Ein Programmelement, das nicht verfügbar ist, ist abgeblendet. Ein Element kann z.B. abgeblendet sein, weil es für die Aktion, die Sie gerade ausführen möchten, nicht zutrifft. Ein anderer Grund kann sein, dass das Programm so eingerichtet ist, dass die Ausführung des abgeblendeten Elements nicht vorgesehen ist.

Abweichung

Die Differenz zwischen geplanten und berechneten Vorgangs- oder Ressourceninformationen. Abweichungen treten meist dann auf, wenn Sie einen Basisplan speichern und danach aktuelle Daten in den Terminplan eingeben. Abweichungen bei Vorgangsdaten sind meistens Differenzen zwischen geplanten und berechneten Terminen. Abweichungen bei Ressourcendaten sind in der Regel Differenzen zwischen geplanten und berechneten Arbeitsmengen oder Kosten.

Abweichung nach Abschluss

Das Ertragswertfeld, in dem die Differenz zwischen den berechneten Kosten (BK) und den Plankosten (PK) angezeigt wird. In Project ist der BK-Wert das Feld *Gesamtkosten*, der PK-Wert ist das Feld *Geplante Kosten*, und die Abweichung nach Abschluss ist das Feld *Abweichung Kosten*.

Adresse

Im Feld *Adresse* wird in Project die *UNC* (Universal Naming Convention) oder der *URL* (Uniform Resource Locator) eines Hyperlinks gespeichert, den Sie mit einem Vorgang, einer Ressource oder einer Zuordnung verknüpft haben.

- Eine UNC kann z.B. so aussehen: *C:\Projekte\Projektdatei.mpp*
- URLs hingegen können so aussehen: *http://www.winex.de*

Aktuell

Informationen, die die tatsächlich eingetretene Situation wiedergeben. Der aktuelle Anfang eines Vorgangs beispielsweise ist der Tag, an dem der Vorgang tatsächlich begonnen wurde. Die aktuellen Kosten sind der Betrag, der bisher tatsächlich ausgegeben wurde.

Aktuelle Kostenabweichung (KA)

Die Differenz zwischen dem Betrag, den der aktuelle Stand der Arbeiten an einem Vorgang hätte kosten dürfen (SKAA), und dem tatsächlich bis zum Statusdatum oder aktuellen Datum angefallenen Betrag (IKAA). Ist der KA-Wert positiv, sind die bisherigen Kosten unter der geplanten Kostengrenze geblieben. Bei einem negativen KA-Wert wurde der Kostenrahmen für den betreffenden Vorgang überschritten.

Anordnungsbeziehungen

Die Art der Beziehungen zwischen verknüpften Vorgängen. Sie verknüpfen Vorgänge miteinander, indem Sie zwischen dem *Endtermin* und dem *Anfangstermin* eine Beziehung definieren.

Ansicht

Eine Kombination aus einer oder mehreren Ansichten, z.B. *Balkendiagramm (Gantt), Ressource: Tabelle* usw., und gegebenenfalls einer Tabelle und einem Filter. Mit Ansichten können Sie Daten in einer Vielzahl von Formaten eingeben, strukturieren und überprüfen.

Ansichtsarten

In Project gibt es drei Ansichtsarten:

- **Diagramme** Stellen Informationen grafisch dar. Beispiele hierfür sind die Ansichten *Balkendiagramm (Gantt), Netzplandiagramm (PERT), Ressource: Grafik* und *Kalender.*
- **Tabellen** Stellen Daten in Zeilen und Spalten dar. Jede Zeile enthält Informationen über einen bestimmten Vorgang oder eine bestimmte Ressource. Jede Spalte enthält ein Feld, in dem Sie besondere Informationen über Vorgänge und Ressourcen eingeben können.
- **Masken** Stellen Informationen in einem Format ähnlich einem Papierformular dar. Eine Maske enthält nur Informationen zu einem einzigen Vorgang bzw. zu einer einzigen Ressource.

Ansichtskombination

Eine Ansicht, die aus zwei unterschiedlichen Ansichten besteht. Die Ansicht im unteren Ausschnitt zeigt detaillierte Informationen zu den Vorgängen oder Ressourcen, die Sie in der Ansicht im oberen Ausschnitt ausgewählt haben. Sie können z.B. die Ansicht *Balkendiagramm (Gantt)* im oberen Ausschnitt mit der Ansicht *Vorgang: Maske* im unteren Ausschnitt kombinieren. Wenn Sie dann in der Ansicht *Balkendiagramm (Gantt)* einen Vorgang auswählen, werden Einzelheiten zu diesem Vorgang in der Ansicht *Vorgang: Maske* angezeigt.

Ansichtsleiste

Ein Bildschirmelement in Project, das entlang des linken Rands des Project-Fensters angezeigt wird. Die Ansichtsleiste bietet eine praktische Methode, Ansichten zu wechseln: Sie klicken einfach auf ein Symbol auf der Ansichtsleiste.

Arbeit

Bei Vorgängen: Der gesamte Arbeitsaufwand (in Minuten, Stunden, Tagen oder Wochen), der zum Abschluss eines Vorgangs erforderlich ist. Dabei werden die Arbeitszeiten aller beteiligten Ressourcen addiert.

- **Bei Zuordnungen** Die Arbeitsmenge, für die eine Ressource in einem bestimmten Vorgang vorgesehen ist
- **Bei Ressourcen** Die gesamte Arbeitsmenge, die einer Ressource in allen Vorgängen zugeordnet wurde

Arbeitsbereich

Eine Zusammenstellung von Dateien und Einstellungen, die Sie speichern und wieder öffnen können, indem Sie eine einzige Arbeitsbereichsdatei öffnen. Arbeitsbereichsdateien haben die Dateinamenerweiterung *.mpw*. Wenn Sie eine Arbeitsbereichsdatei erstellen, werden in Project Listen der aktuellen Einstellungen, geöffneten Projekte, Ansichten usw. erstellt. Beim Öffnen einer Arbeitsbereichsdatei wird der gespeicherte Arbeitsbereich in Project anhand dieser Listen wieder hergestellt, sodass Sie Ihre Arbeit an der Stelle fortsetzen können, an der Sie sie unterbrochen haben.

Arbeitsgruppe

Eine Gruppe von Personen, bestehend aus Arbeitsgruppenleitung und Arbeitsgruppenmitgliedern, die alle an dem gleichen Projekt arbeiten. Die Arbeitsgruppenleitung weist die Vorgänge den Arbeitsgruppenmitgliedern zu.

Arbeitsgruppen-Nachrichten

Nachrichten zu den Vorgängen in einem Projekt, die die Arbeitsgruppenleitung in Project an die Arbeitsgruppenmitglieder sendet. Es gibt drei verschiedene Arbeitsgruppen-Nachrichten, auf die die Arbeitsgruppenmitglieder jeweils antworten können.

Arbeitsgruppenleitung

Die Person in der Arbeitsgruppe, die den Projektterminplan erstellt und pflegt und den Arbeitsgruppenmitgliedern in Arbeitsgruppen-Nachrichten Vorgänge zuordnet. Mit Hilfe der Arbeitsgruppen-Funktionen aktualisiert die Arbeitsgruppenleitung Vorgänge in der Projektdatei, wenn die Arbeitsgruppenmitglieder die Antworten auf die Ressourcenanfragen gesendet haben.

Arbeitsgruppenmitglieder

Die Personen in einer Arbeitsgruppe, die Arbeitsgruppen-Nachrichten von der Arbeitsgruppenleitung empfangen. Arbeitsgruppenmitglieder können Nachrichten mit Hilfe eines *MAPI*-kompatiblen 32-Bit-E-Mail-Systems empfangen und beantworten, oder indem sie sich mit einem Webbrowser am Team-Posteingang anmelden. Bei Verwendung des Team-Posteingangs können Arbeitsgruppenmitglieder Nachrichten an die Arbeitsgruppenleitung senden, jedoch keine Arbeitsgruppen-Nachrichten an andere Arbeitsgruppenmitglieder.

Arbeitstage (Bericht)

Eine auf einer Seite untergebrachte Übersicht über Arbeitszeiten und arbeitsfreie Zeiten für ein Projekt oder für bestimmte Ressourcen. Der Bericht enthält auch Ausnahmen zu den Standardzeiten, falls vorhanden.

Arbeitszeit

Die in einem Ressourcen- oder Projektkalender gekennzeichneten Stunden, während denen gearbeitet wird.

Ausblenden

In einer Gliederung das Verbergen von Vorgängen, die Sammelvorgängen untergeordnet sind, sodass nur noch die Sammelvorgänge sichtbar sind. Dadurch können Sie sich auf die Hauptphasen des Projekts konzentrieren. In der Ansicht *Ressource Einsatz* lassen sich auch Ressourcen ausblenden und wieder einblenden.

Ausschnitt

Ein Fensterbereich, der eine Ansicht enthält. Eine Ansichtskombination besteht aus zwei Ausschnitten. Beispielsweise kann sich im oberen Ausschnitt die Ansicht *Balkendiagramm (Gantt)* und im unteren Ausschnitt die Ansicht *Vorgang: Maske* befinden.

AutoFilter

Ein Instrument zum Filtern von Daten in einer Spalte. AutoFilter sind standardmäßig deaktiviert, Sie können sie jedoch aktivieren, indem Sie auf sie klicken. Sind die AutoFilter eingeschaltet, wird in jeder Spaltenüberschrift in einer Tabellenansicht ein Menüpfeil für AutoFilter angezeigt. Wenn Sie auf einen solchen Menüpfeil klicken, wird eine Liste angezeigt, aus der Sie auswählen, welche Informationen in der betreffenden Spalte angezeigt werden sollen. Durch Auswählen eines Filters werden keine Daten aus dem Projekt gelöscht. Es werden vielmehr Daten herausgefiltert, die dann ausgeblendet werden.

B

Balkendiagramm (Gantt)

In der Ansicht *Balkendiagramm (Gantt)* werden die Vorgangsinformationen zum Projekt sowohl als Text in einer Tabelle (auf der linken Seite) als auch in Form eines grafischen Balkens (auf der rechten Seite) angezeigt. Die linke Tabellenseite enthält in der Regel Informationen über die Nummer, den Namen, die Dauer und die Ressourcen an einem Vorgang. Die rechte Seite stellt die zeitliche Verteilung der Vorgänge über eine Zeitachse und deren Abhängigkeiten untereinander dar.

Basiskalender

Ein Kalender, aus dem Arbeitszeiten und arbeitsfreie Zeiten für ein Projekt oder eine Reihe von Ressourcen hervorgehen. Ein Ressourcenkalender unterscheidet sich von einem Basiskalender darin, dass er nur Arbeitszeiten und arbeitsfreie Zeiten einer bestimmten Ressource angibt.

Basisplan

Der ursprüngliche Projektplan, anhand dessen Sie den Projektfortschritt beobachten können. Der Basisplan enthält Daten zu folgenden Elementen:

- Vorgängen (Anfangs- und Endterminen, Dauern, Arbeit, Kosten, Unterbrechungen, Arbeit nach Zeitphasen und Kosten nach Zeitphasen)
- Ressourcen (Arbeit, Kosten, Arbeit nach Zeitphasen und Kosten nach Zeitphasen)
- Zuordnungen (Anfangs- und Endterminen, Arbeit, Kosten, Arbeit nach Zeitphasen und Kosten nach Zeitphasen)

Berechnet

Die aktuellen Informationen zu einem Projekt sind die berechneten Daten. Hierzu gehören aktuelle und verbleibende Termine, Dauern und Kosten für Vorgänge, die bereits angefangen haben, sowie die neuesten berechneten Termine, Dauern und Kosten für Vorgänge, die noch nicht angefangen haben.

Berechnete Kosten (BK)

Das Ertragswertfeld, das die berechneten oder prognostizierten Gesamtkosten für einen Vorgang, eine Ressource oder eine Zuordnung anzeigt. Dieser Wert basiert auf den bereits angefallenen Kosten und den Kosten, die für die verbleibende Arbeit geplant sind. Der BK-Wert entspricht dem Wert im Feld *Kosten*.

Berechneter Filter

Ein Filter, der die Werte in zwei Feldern eines Vorgangs oder einer Ressource miteinander vergleicht. Bei Anwendung des Filters *Kostenrahmen überschritten* werden beispielsweise die geplanten Kosten mit den derzeit berechneten Kosten verglichen und nur die Vorgänge angezeigt oder hervorgehoben, deren berechnete Kosten die geplanten Kosten überschreiten.

Berechnetes Feld

Ein Feld, dessen Wert basierend auf den Daten in anderen Feldern berechnet wird. Je nach der von Ihnen gewählten Einstellung wird der Wert von Project entweder automatisch oder zum angegebenen Zeitpunkt neu berechnet.

Bericht

Ein auf die Anforderungen einer bestimmten Zielgruppe abgestimmtes Format zum Drucken von Informationen aus dem Terminplan. Sie können die in Project angebotenen Berichte verwenden oder benutzerdefinierte Berichte erstellen.

Berichtsart

Eine Kategorie von Project-Berichten, die ähnliche Daten enthalten. Es gibt fünf Berichtsarten: *Übersicht*, *Vorgangsstatus*, *Kosten*, *Zuordnungen* und *Arbeitsauslastung*.

Berichtszeitraum

Die Zeitspanne, während der Sie einen Vorgang überwachen und aktualisieren, den Ihnen die Arbeitsgruppenleitung zugeordnet hat. Sie können die Zeiteinheit auf Tage, Wochen oder auf eine einzige Zeiteinheit für den gesamten Vorgang ändern.

D

Dateiformate

Das Schema, nach dem Daten in einer Datei gespeichert werden. In unterschiedlichen Programmen werden unterschiedliche Dateiformate und Dateinamenerweiterungen verwendet, um das Format anzugeben. In Project können Sie Dateien in folgenden Formaten importieren und exportieren:

- Project (*.mpp* oder *.mpt*) für die Versionen 2010, 2007 und 2000-2003
- Excel (*.xls*, *.xlsx*, *.xls* für Excel 97 bis 2007 und *.xlsb*)
- Reine Textdateien oder ASCII-Dateien (*.txt*)
- Dateien mit Kommas als Trennzeichen (*.csv*)
- XPS Dateien (*.xps*)
- XML Dateien (*.xml*)

Dauer

Die reine Arbeitszeit, die zur Erledigung eines Vorgangs insgesamt benötigt wird. Diese ergibt sich in der Regel aus dem Anfang und dem Ende des Vorgangs, die im Projekt festgelegt sind, sowie dem Ressourcenkalender. Die fortlaufende Dauer ist die Zeit, die zur Erledigung eines Vorgangs noch benötigt wird, basierend auf einem 24-Stunden-Tag und einer 7-Tage-Woche, einschließlich der Feiertage und arbeitsfreien Tage.

Einem Wert für eine Dauer folgt stets eine Abkürzung für eine Zeiteinheit:

Tabelle C.1 Abkürzungen für die Zeiteinheit

Arbeitsdauer	Fortlaufende Dauer
min = Minute	Fm = fortlaufende Minuten
h = Stunde	Fh = fortlaufende Stunden
t = Tag	ft = fortlaufende Tage
W = Woche	fW = fortlaufende Wochen

DDE (Dynamic Data Exchange, dynamischer Datenaustausch)

Ein Protokoll für den aktiven Austausch von Daten, die zwischen Dokumenten kopiert werden. Wenn die Daten im Quelldokument geändert werden, werden sie in der Kopie automatisch aktualisiert. Nicht alle Programme unterstützen *DDE*. Informationen darüber, ob die Programme, die Sie verwenden, *DDE* unterstützen, finden Sie jeweils in der zugehörigen Dokumentation.

E

Einheiten

Die Anzahl der Einheiten bzw. der Anteil einer Ressource, die einem Vorgang zugeordnet ist. Angenommen, Sie haben einen Vorgang »Installation«. Sie können diesem Vorgang zwei Einheiten zuordnen, also zwei Installateure. Wenn Sie nur einen Installateur haben, können Sie dem Vorgang 50 % von einer Einheit zuordnen (die halbe Zeit eines Installateurs). Die maximalen Einheiten sind die maximale Anzahl der für die Ressource verfügbaren Einheiten. Wenn beispielsweise drei Installateure an einem Projekt arbeiten, sind die maximalen Einheiten 300 %, nämlich drei Vollzeit arbeitende Installateure.

Einmalige Nummer

Eine eindeutige Nummer, die in Project automatisch einem Vorgang, einer Ressource oder einer Zuordnung zugewiesen wird. Diese Nummer kennzeichnet den Vorgang, die Ressource oder die Zuordnung eindeutig und ändert sich nicht, wenn andere Vorgänge oder Ressourcen im Projekt hinzugefügt oder entfernt werden.

Einschränkung

Eine Angabe, die die möglichen Anfangs- oder Endtermine eines Vorgangs auf bestimmte Weise einschränkt. Sie können z.B. angeben, dass ein Vorgang an einem bestimmten Datum beginnen muss oder nicht später als zu einem bestimmten Termin beendet sein darf. Wenn Sie einem Projekt, das vom Anfangstermin aus berechnet wird, einen neuen Vorgang hinzufügen, wird diesem automatisch die Einschränkung *So früh wie möglich (SFWM)* zugewiesen. Umgekehrt wird einem neuen Vorgang, den Sie einem vom Endtermin aus berechneten Projekt hinzufügen, automatisch die Einschränkung *So spät wie möglich (SSWM)* zugewiesen.

Einzelansicht

Ein Fenster, in dem nur eine einzige Ansicht angezeigt wird, z.B. die Ansicht *Balkendiagramm (Gantt)* oder *Vorgang: Tabelle.*

Einzelheiten

Spalten in den Ansichten *Vorgang: Einsatz, Ressource: Einsatz, Ressource: Grafik* und in den Maskenansichten, in denen nützliche Zusatzinformationen zu Vorgängen, Ressourcen oder Zuordnungen angezeigt werden. Es gibt verschiedene Kategorien von Einzelheiten, sodass unterschiedliche Arten von Zusatzinformationen angezeigt werden können.

Enterprise-Felder

Neben den herkömmlichen Feldern für Text, Kosten und Gliederungscodes für Vorgänge stehen *Enterprise-Felder,* die für die gesamte Project Server-Datenbank und damit für das gesamte angeschlossene Unternehmen gelten, zur Verfügung. Neben Vorgangs- und Ressourcenfeldern für Datum, Text, Kosten, Zahl usw. verwendet Project 2010 Projektfelder für Enterprise-Projekt-Anfang, -Attribut, -Datum1, -Dauer, -Ende, -Kosten, -Text, -Zahl und Enterprise-Projekt-Gliederungscodes, die als Merkmal für das Projekt in die Gesamtdatenbank eingehen. Die Anzahl ist im Gegensatz zu früheren Versionen nicht begrenzt. Insbesondere die Projekt-Gliederungscodes sind wichtige Felder für die späteren Auswertungen mit OLAP Cubes im Portfolio-Analysierer, da diese als wichtige Kenngrößen für die Unternehmensmerkmale wie für Projekte einfließen.

Enterprise-Global

Spezielle unternehmensweite Projektvorlage, in der alle firmenspezifischen Merkmale für Projekte und Ressourcen gespeichert werden. Im Unterschied zur globalen Vorlagendatei *Global.MPT* handelt es sich bei der *Enterprise-Global* um eine spezielle Projektvorlage, die aus der Datenbank vom Project Server geöffnet wird. Die Projektvorlage *Enterprise-Global* stellt sicher, dass sich alle Projekte – im Unternehmen oder in einer Organisationseinheit –, die auf den Project Server zugreifen, an bestimmte Standards halten, wie z.B. die einheitliche Verwendung von Ansichten, Tabellen, Feldern, Filter, Kopf- und Fußzeilen. Nur Benutzer mit Administratorberechtigungen, z.B. ein Projektleiter mit Administratorenkenntnissen des Project Servers und den entsprechenden Berechtigungen dazu, kann die Enterprise-Global auschecken und Änderungen vornehmen.

Enterprise-Ressourcenpool

Mit Einsatz von Project Server 2010 werden alle Daten inklusive sämtlicher Projekte und Ressourcen auf einer Datenbank gespeichert. Der *Enterprise-Ressourcenpool* stellt dabei einen zentralen Ort auf der Project Server-Datenbank dar, an dem Ressourceninformationen sicher gespeichert und verwaltet werden, sodass der Benutzer immer aktuelle Informationen zu den Ressourcen erhält – einschließlich Zuordnung, Nutzung und Verfügbarkeit innerhalb der Organisation. In der Benutzeradministration kann festgelegt werden, welche Anwender Zugriff auf den Enterprise-Ressourcenpool erhalten und wer diesen modifizieren kann.

Technisch wird der Enterprise-Ressourcenpool mit der normalen Anwenderoberfläche von Project Professional 2010 geöffnet und in gewohnten Ressourcentabellen editiert. Gliederungscodes erlauben auch hier die Zuordnung zu Standorten, Abteilungen, Teams, Mitarbeiterqualifikationen (Skills), Projekterfahrungen usw.

Ertragswert

Ein Maßstab für die Kosten der Arbeit, die bis zum Statusdatum oder aktuellen Datum geleistet wurde. Beim Ertragswert wird, basierend auf den ursprünglichen Kostenschätzungen und dem bisherigen Arbeitsfortschritt, ermittelt, ob die tatsächlich angefallenen Kosten innerhalb des Kostenrahmens liegen.

Exportabbildung

Eine Menge von Anweisungen, die Project genau mitteilen, welche Arten von Daten Sie exportieren möchten. Project bietet eine Reihe von Standardexportabbildungen. Sie können Exportabbildungen auch selbst erstellen oder vorhandene an Ihre Anforderungen anpassen.

Exporttabelle

Die Project-Tabelle, die zum Exportieren von Daten im *mpx*-Dateiformat für den Gebrauch in einem anderen Programm verwendet wird.

Externer Vorgang

Vorgang aus einem anderen Projekt, der mit dem Vorgang im aktuellen Projekt verknüpft ist. Wenn Sie Vorgänge zwischen eigenständigen Projekten miteinander verknüpfen, werden in jedem dieser Projekte die externen Vorgänge angezeigt. Sie können also mühelos die Eigenschaften der verknüpften Vorgänge überprüfen, ohne zwischen den Projekten wechseln zu müssen. Sie können externe Vorgänge formatieren und die Vorgangsverknüpfungen bearbeiten. Es ist jedoch nicht möglich, den Inhalt eines externen Vorgangs zu bearbeiten. Einen externen Vorgang können Sie nur in seinem Quellprojekt bearbeiten.

F

Fälligkeitsverfahren

Bestimmt, wann die Kosten für eine Ressource anfallen und wann die aktuellen Kosten abgerechnet werden. Kosten können am Anfang oder am Ende eines Vorgangs anfallen oder über die Dauer des Vorgangs anteilig berechnet werden.

Tabelle C.2 Die Fälligkeitsverfahren für Kosten

Zweck	Fälligkeitsverfahren
Kosten fallen zu Anfang des Vorgangs an	Anfang
Kosten fallen bei Abschluss des Vorgangs an	Ende
Kosten fallen anteilig an, je nach Prozentwert, zu dem der Vorgang erledigt ist	Anteilig

Feste Einschränkung

Eine Einschränkung, die einen Vorgang an ein bestimmtes Datum bindet. Folgende feste Einschränkungen sind möglich:

- Ende nicht früher als (ENFA, für Projekte, die vom Endtermin aus berechnet werden)
- Ende nicht später als (ENSA, für Projekte, die vom Anfangstermin aus berechnet werden)
- Muss enden am (MEA, für alle Projekte)
- Muss anfangen am (MAA, für alle Projekte)
- Anfang nicht früher als (ANFA, für Projekte, die vom Endtermin aus berechnet werden)
- Anfang nicht später als (ANSA, für Projekte, die vom Anfangstermin aus berechnet werden)

Feste Kosten

Ein für den Vorgang angesetzter Fixbetrag, der stets konstant bleibt, ungeachtet der Vorgangsdauer oder der von einer Ressource geleisteten Arbeit.

Fester Termin

Ein Datum, an das ein Vorgang gebunden ist, entweder, weil das Datum im Feld *Aktueller Anfang* oder *Aktuelles Ende* eingegeben wurde, oder weil der Vorgang durch eine feste Einschränkung eingeschränkt wurde.

Filter

Gibt an, welche Vorgangs- oder Ressourcendaten in einer Ansicht angezeigt oder hervorgehoben werden sollen. Wenn Sie beispielsweise den Filter *Kritisch* anwenden, werden nur die kritischen Vorgänge angezeigt.

Flexible Einschränkung

Eine Einschränkung, die einen Vorgang nicht an ein bestimmtes Datum bindet.

Fortlaufende Dauer

Die Zeit, die zur Erledigung eines Vorgangs noch benötigt wird, basierend auf einem 24-Stunden-Tag und einer 7-Tage-Woche, einschließlich Feiertagen und arbeitsfreien Tagen:

- fm = fortlaufende Minuten
- fh = fortlaufende Stunden
- ft = fortlaufende Tage
- fW = fortlaufende Woche

Fortschrittsbalken

In der Ansicht *Balkendiagramm (Gantt)* ein Balken, der anzeigt, wie viel eines Vorgangs bereits erledigt wurde. Der Fortschrittsbalken wird bei allen Vorgängen, die in Bearbeitung oder abgeschlossen sind, von einer entsprechenden Linie überlagert.

Fortschrittslinie

Eine grafische Darstellung des Projektfortschritts in der Ansicht *Balkendiagramm (Gantt)*. Dabei wird in Project für ein gegebenes Fortschrittsdatum eine Fortschrittslinie gezeichnet, die in Arbeit befindliche Vorgänge miteinander verbindet. Auf diese Weise entsteht im Balkendiagramm ein Diagramm mit nach links zeigenden Spitzen für Arbeiten, die dem Terminplan gegenüber zurück, und nach rechts zeigenden Spitzen für Arbeiten, die dem Terminplan gegenüber voraus sind. Der Abstand einer solchen Spitze von der vertikalen Linie gibt an, wie weit der Vorgang zum gegebenen Fortschrittsdatum dem Terminplan gegenüber voraus oder zurück ist.

Freie Pufferzeit

Die Zeitspanne, um die sich ein Vorgang verzögern kann, ohne dass der Nachfolger verzögert wird. Bei einem Vorgang ohne Nachfolger ist die freie Pufferzeit die Zeit, um die der Vorgang verzögert werden kann, ohne dass der Endtermin des Projekts gefährdet ist.

G

Geplante Kosten

Die ursprünglichen Projektkosten, wie sie im Basisplan festgehalten sind. Die geplanten Kosten sind eine Art Momentaufnahme der Kosten zum Zeitpunkt der Speicherung des Basisplans. Die Überwachung der geplanten Kosten und der Vergleich der geplanten Kosten mit den aktuellen Kosten gibt Ihnen Aufschluss über die Kostenentwicklung und hilft Ihnen, Ertragswerte zu berechnen.

Gesamte Pufferzeit

Die Zeitspanne, um die ein Vorgang verzögert werden kann, ohne dass der Endtermin des Projekts dadurch gefährdet ist.

Gliederungsebene

Die Ebene von der obersten Gliederungsebene aus gesehen, auf der sich ein Vorgang innerhalb der Projektgliederung befindet. Vorgänge können in Project um bis zu 65.000 Ebenen eingerückt werden.

Gliederungsnummer

Eine Nummer, die die exakte Position eines Vorgangs in der Gliederung angibt. Die Gliederungsnummer 7.2 entspricht beispielsweise dem zweiten Teilvorgang des siebten Sammelvorgangs auf der höchsten Projektebene. Falls Gliederungsnummern angezeigt werden, sehen Sie in Vorgangsansichten links von jedem Vorgang eine solche Nummer.

Globaldatei

Eine Project-Datei *(Global.MPT)*, die Informationen enthält, die Sie für mehrere Projekte verwenden können, z.B. Ansichten, Kalender, Masken, Berichte, Tabellen, Filter, Symbolleisten, Menüleisten, Makros und Einstellungen für Optionen.

H

Hauptprojekt

Ein Projekt, das eines oder mehrere eingefügte Projekte enthält, die mit anderen eingefügten Projekten verknüpft sind.

Hervorhebungsfilter

Ein Filter, bei dem alle Vorgänge oder Ressourcen angezeigt werden und die Vorgänge oder Ressourcen, die die Filterkriterien erfüllen, hervorgehoben werden.

Höherstufen

Verschieben eines Vorgangs auf eine höhere Gliederungsebene in der Spalte *Vorgangsname*, d.h. Ausrücken des Vorgangs nach links.

HTML

Abkürzung für »Hypertext Markup Language«, eine Formatierungskonvention für die Darstellung von Text und Grafik im World Wide Web. Bei HTML, das auf SGML basiert, werden Marken verwendet, die im Text eingebettet werden.

Hyperlink

Ein farblich abgesetztes Textelement, das eine Verknüpfung zu einer anderen Datei oder einer anderen Stelle in einer Datei enthält. Wenn Sie auf einen Hyperlink klicken, sucht ein Webbrowser nach dem Dokument, das damit verknüpft ist, und zeigt es an. Bei den meisten Browsern wird ein Hyperlink, auf den Sie noch nicht geklickt haben, in einer Farbe angezeigt und ein Hyperlink, auf den Sie bereits geklickt haben, in einer anderen Farbe.

Hyperlinkadresse

Die Adresse der Zieldatei eines Hyperlinks – entweder eine *URL*-Adresse oder eine *UNC*-Adresse. Wenn Sie auf einen Hyperlink klicken, wird im Webbrowser oder im Programm die in der Hyperlinkadresse definierte Zieldatei geöffnet.

Hyperlinkdarstellung

Ein beschreibender Ausdruck, den Sie im Feld *Hyperlink* eingeben können, um das Hyperlinkziel genauer zu beschreiben. Wenn Sie auf eine Hyperlinkdarstellung klicken, wechseln Sie zu der Zieldatei, die im Feld *Hyperlink-Adresse* definiert ist.

Hyperlinkunteradresse

Ein Feld in der Hyperlinktabelle, in dem Sie eine bestimmte Stelle in der Zieldatei genau angeben können. Eine solche Stelle kann eine Project-Ansicht oder -Nummer sein, ein Lesezeichen (oder ein Ausdruck) in Word, eine Zellendefinition in Excel, eine PowerPoint-Folie oder ein internes Objekt in Access.

I

Indikator

Ein kleines Symbol, das im Feld *Indikatoren* angezeigt wird und Informationen über einen Vorgang oder eine Ressource gibt. Das Feld *Indikatoren* befindet sich rechts neben dem Feld *Nr.* und wird in einer Reihe von Tabellen angezeigt. Wenn Sie auf einen Indikator zeigen, werden Zusatzinformationen eingeblendet, die Sie an wichtige Details erinnern.

Indikatoren (Feld)

Ein Feld, das ein Symbol enthält, das Auskunft über den Status einer Zuordnung, einer Ressource oder eines Vorgangs gibt. Wenn neben einem Vorgang z.B. ein Häkchen als Indikator angezeigt wird, weist dies darauf hin, dass der Vorgang abgeschlossen ist.

Interaktiver Filter

Ein Filter, bei dessen Anwendung jedes Mal ein Dialogfeld angezeigt wird, in dem Sie Filterkriterien eingeben. Beispielsweise wird bei Auswahl des interaktiven Filters *Benutzte Ressource* ein Dialogfeld angezeigt, in dem Sie den Namen einer Ressource eingeben. Dann werden alle Vorgänge angezeigt, denen diese Ressource zugeordnet ist.

Internet

Ein weltweites Netzwerk, das aus tausenden von kleineren Computernetzwerken und Millionen von einzelnen Computern in Unternehmen, Bildungseinrichtungen, Regierungsbehörden und Privathaushalten besteht. Das Internet gleicht einer elektronischen Stadt mit virtuellen Bibliotheken, Geschäften, Büros, Galerien usw.

Intranet

Ein Netzwerk, das ähnliche Dienste bereitstellt wie das Internet, jedoch innerhalb eines Unternehmens. Das Intranet einer Firma kann mit dem Internet verbunden sein, muss aber nicht. Eine Firma kann z.B. einen oder mehrere Webserver in einem internen Netzwerk einrichten, in dem HTML-formatierte Informationen innerhalb des Unternehmens verteilt werden.

Istkosten bereits abgeschlossener Arbeit (IKAA)

Die aktuellen Kosten, die für die bereits erledigte Arbeit einer Ressource an einem Vorgang bis zum Projekt-Statusdatum oder bis zum aktuellen Datum angefallen sind.

K

Kalender (Ansicht)

Eine Project-Ansicht, in der die Vorgänge eines Projekts im Kalenderformat angezeigt werden.

Kapazitätsabgleich

Eine Methode zum Auflösen von Ressourcenkonflikten oder -überlastungen, bei der bestimmte Vorgänge verschoben oder unterbrochen werden. Beim Kapazitätsabgleich durch Project werden die gewählten Zuordnungen einer Ressource neu verteilt und unter Berücksichtigung der Arbeitskapazität der Ressource, der Zuordnungseinheiten und des Kalenders sowie der Vorgangsdauer und -beschränkungen in den Projektplan integriert.

Kosten pro Einsatz

Eine feste Gebühr für den Einsatz einer Ressource. Dieser Wert kann variable, also auf Stunden basierende, Ressourcenkosten ersetzen oder zu diesen hinzukommen. Kosten pro Einsatz fallen jedes Mal dann an, wenn die Ressource verwendet wird.

Kostensatzfeld

Ein Feld, dessen Inhalt einen Bezahlungssatz darstellt (z.B. 20,00 € pro Stunde). Hierzu gehören u.a. die Felder *Standardsatz* und *Überstundensatz.*

Kostensatztabelle

Eine Zusammenstellung an Informationen über die Kostensätze für eine Ressource, darunter *Standardsatz, Überstundensatz* und *Kosten pro Einsatz* sowie die Termine, zu denen die unterschiedlichen Sätze gültig werden. Sie können für jede Ressource bis zu fünf verschiedene Kostensatztabellen einrichten.

Kreuztabelle (Bericht)

Informationen über Vorgänge und Ressourcen über einen bestimmten Zeitraum. Sie können eine Kreuztabelle z.B. so gestalten, dass sich am linken Berichtrand eine Liste der Vorgänge mit den jeweils zugeordneten Ressourcen und am oberen Berichtrand eine Zeitskala befindet, und dass am Schnittpunkt zwischen einer Vorgangszeile und einer Zeitspalte jeweils Kostendaten für den betreffenden Vorgang in diesem Zeitraum angezeigt werden. Die gleichen Informationen, jedoch mit mehr Formatierungsmöglichkeiten, erhalten Sie in den Ansichten *Vorgang Einsatz* und *Ressource Einsatz*.

Kriterium

Bei einem Filter eine der Anweisungen dazu, welche Vorgänge oder Ressourcen bei Anwendung des Filters angezeigt werden sollen. Das Kriterium für den Filter *Abgeschlossene Vorgänge* ist beispielsweise *Alle Vorgänge, die zu 100 % abgeschlossen sind.*

Bei einem Suchlauf eine der Anweisungen, die die zu suchenden Vorgänge oder Ressourcen definieren.

Kritischer Vorgang

Ein Vorgang, der termingerecht abgeschlossen werden muss, damit das gesamte Projekt planmäßig abgeschlossen wird. Wird ein kritischer Vorgang verzögert, so ist auch der Projektendtermin gefährdet. Die Abfolge der kritischen Vorgänge in einem Projekt bildet den kritischen Weg des Projekts.

Kritischer Weg

Die Abfolge von Vorgängen, die termingerecht abgeschlossen werden müssen, damit das gesamte Projekt planmäßig abgeschlossen wird. Jeder Vorgang auf dem kritischen Weg ist ein kritischer Vorgang.

L

Leistungsgesteuerte Terminplanung

Die Standardmethode der Terminplanung in Project. Hierbei ändert sich die Dauer eines Vorgangs bei jedem Hinzufügen oder Entfernen von Ressourcen, während der Leistungsumfang, der für die Erledigung des Vorgangs erforderlich ist, stets gleich bleibt. Angenommen, ein Vorgang erfordert 32 Stunden Arbeit, ist aber mit einer Dauer von 2 Tagen geplant. Dies weist darauf hin, dass dem Vorgang mehrere Ressourcen zugeordnet werden müssen, nämlich 2. Wenn pro Tag 8 Stunden gearbeitet werden, würden zwei Personen den Vorgang in 2 Tagen schaffen. Wird eine Ressource von dem Vorgang entfernt, so erhöht sich die Dauer auf 4 Tage, während die erforderliche Leistung (32 Stunden) gleich bleibt.

Leistungsgesteuerte Terminplanung gilt nur für Ressourcen, die einem Vorgang hinzugefügt oder von diesem entfernt werden. Diese Berechnungsmethode kommt nicht zum Einsatz, wenn in Project Arbeit, Dauer und Einheiten für Ressourcen geändert werden, die bereits Vorgängen zugeordnet sind.

M

Mehrere kritische Wege

Ein Vorgang, der die Endtermine einer Reihe von Vorgängen innerhalb des Projektplans beeinflusst, hat mehrere kritische Wege. Das Kennzeichnen und Überwachen von mehreren kritischen Wegen erlaubt einen wirkungsvolleren Umgang mit Situationen, die den Endtermin des Projekts gefährden könnten. In einem Project-Projektplan wird standardmäßig nur ein kritischer Weg angezeigt. Sie können dies jedoch ändern, sodass mehrere kritische Wege angezeigt werden.

Meilenstein

Ein Orientierungspunkt in einem Projekt, der ein wichtiges Ereignis markiert und Ihnen hilft, den Projektfortschritt zu überwachen. Jeder Vorgang mit einer Dauer von null wird als Meilenstein angezeigt.

Methode des kritischen Weges

Eine Methode im Projektmanagement, bei der die Gesamtdauer eines Projekts basierend auf den einzelnen Vorgangsdauern und den Anordnungsbeziehungen der Vorgänge untereinander berechnet wird.

N

Nachfolger

Ein Vorgang, der erst nach dem Anfang oder Ende eines anderen Vorgangs anfangen oder enden kann.

Negativer Zeitabstand

Eine Überlappung zwischen zwei Vorgängen, zwischen denen eine Anordnungsbeziehung besteht. Angenommen, ein Vorgang kann beginnen, wenn sein Vorgänger zur Hälfte abgeschlossen ist. Legen Sie in diesem Fall für den Nachfolger eine Ende-Anfang-Beziehung und einen negativen Zeitabstand von 50 % fest. Der negative Zeitabstand wird stets als negative Zahl eingegeben.

Nicht zusammenhängende Mehrfachauswahl

Eine Auswahl mehrerer nicht nebeneinanderliegender Felder. Sie können z.B. aus einer Vorgangstabelle die Vorgänge 1 bis 4, 7 und 10 auswählen. Dazu halten Sie die Strg-Taste gedrückt und klicken dann auf die gewünschten Felder.

Notiz

Erklärender Text, den Sie einem Vorgang, einer Ressource oder einer Zuordnung hinzufügen können.

O

OLAP Cube

Online Analytical Processing (Daten aus großen Datenbeständen analysieren). OLAP konzentriert sich bei der Analyse hauptsächlich auf das Berichtswesen. Die Daten werden aus den Datenquellen in einem multidimensionalem Datenwürfel (OLAP Cube) zusammengefasst und dann in Berichten (Portfolio Analyzer) mit Tabellen und Grafiken angezeigt. Der Anwender kann sich die Dimensionen, die für ihn interessant sind, auswählen und die Daten dieser Dimensionen darstellen.

Organisieren

Das mit Registern ausgestattete Dialogfeld, in dem Sie Ansichten, Tabellen, Filter, Kalender, Berichte, Masken, Symbolleisten, Abbildungen und Module aus *Visual Basic for Applications* in andere Dokumente und für andere Personen kopieren können.

P

Periodischer Vorgang

Ein Vorgang, der im Laufe eines Projekts wiederholt vorkommt. Eine wöchentliche Statusbesprechung lässt sich z.B. als periodischer Vorgang definieren.

PERT-Analyse

Die PERT-Analyse (Program, Evaluation and Review Technique) ist ein Vorgang, bei dem Sie ein wahrscheinliches Ergebnis anhand von drei Szenarios auswerten: dem günstigsten Fall, dem realistischen Fall und dem ungünstigsten Fall. Das Ergebnis, das Sie untersuchen, kann z.B. die Dauer eines Vorgangs, der Anfangstermin oder der Endtermin eines Vorgangs sein.

PivotTable

Eine interaktive Tabelle, mit der Sie große Mengen an Daten rasch zusammenfassen, d.h. in Form einer Kreuztabelle darstellen können. Sie können die Zeilen und Spalten der PivotTable gegeneinander austauschen, um unterschiedliche Übersichten über die Quelldaten zu erstellen, die Daten filtern, indem Sie unterschiedliche Seiten anzeigen lassen, oder für die Bereiche, die für Sie von Interesse sind, die Einzelheiten einblenden.

Plan

Ein Terminplan mit Anfangs- und Endterminen für Vorgänge und Ressourcen- und Kosteninformationen. Ein Basisplan ist der ursprüngliche Projektplan, den Sie gespeichert haben, um den Projektfortschritt zu überwachen. Ein Zwischenplan ist eine während des Projekts gespeicherte Zusammenstellung von Terminen, mit der Sie den Basisplan, den aktuellen Plan und andere Zwischenpläne vergleichen können.

Planabweichung (PA)

Die Differenz zwischen dem Betrag, den der aktuelle Stand der Arbeiten an einem Vorgang hätte kosten dürfen (SKAA), und dem Betrag, der für den Vorgang bis zum Statusdatum oder aktuellen Datum (SKBA) im Basisplan vorgesehen war. Ist der PA-Wert positiv, sind die Projektkosten dem Plan voraus. Bei einem negativen PA-Wert sind die Projektkosten dem Plan gegenüber im Rückstand.

Positiver Zeitabstand

Eine Zeitspanne zwischen zwei Vorgängen, zwischen denen eine Anordnungsbeziehung besteht. Wenn Sie beispielsweise einen zweitägigen Zeitabstand zwischen dem Ende eines Vorgangs und dem Anfang des nächsten Vorgangs benötigen, können Sie eine Ende-Anfang-Beziehung und einen positiven Zeitabstand von zwei Tagen festlegen. Der positive Zeitabstand wird stets als positive Zahl eingegeben.

Priorität

Ein Maßstab für die Wichtigkeit eines Vorgangs. Die Priorität entscheidet darüber, ob bei einem Vorgang ein Kapazitätsabgleich durchgeführt werden darf (also ob Ressourcenkonflikte oder Überlastungen durch Verzögern oder Unterbrechen des Vorgangs gelöst werden können). Die Vorgänge mit der niedrigsten Priorität werden als Erstes verzögert oder unterbrochen. Sie können Vorgänge auch anhand der Priorität sortieren.

Profil

Die Form der grafischen Darstellung, wie die berechnete Arbeit für eine Zuordnung über den angegebenen Zeitraum verteilt ist. Mit einem Profil können Sie besser steuern, wie in Project die Arbeit einer Ressource an einem Vorgang geplant wird. Profile können unterschiedlich geformt sein, z.B. flach, endlastig, anfangslastig, glockenförmig, trapezförmig usw.

Projekt aktualisieren (Befehl)

Informiert Ressourcen über E-Mail, Intranet oder das World Wide Web über Änderungen, die sich auf Vorgänge auswirken, z.B. neue Anfangs- oder Endtermine oder neue Ressourcenzuordnungen.

Projekt-Netzplandiagramm

Ein Diagramm, aus dem die Anordnungsbeziehungen zwischen den Vorgängen eines Projekts hervorgehen. Die Vorgänge werden durch sogenannte Knoten dargestellt, die Anordnungsbeziehungen durch Verbindungslinien zwischen den Knoten. Die Ansicht *Netzplandiagramm (PERT)* in Project ist ein Projekt-Netzplandiagramm.

Projektkalender

Der Basiskalender, der in einem Projekt verwendet wird.

Projektstrukturplan (PSP)

Eine hierarchische Struktur, die zum Ordnen von Vorgängen für die Erstellung von Berichten und die Überwachung von Kosten dient. In Project können Sie den Projektstrukturplan anhand der Vorgangsnummern oder durch Zuweisen eines eigenen *PSP-Codes* zu jedem Vorgang erstellen.

Projektübergreifende Verknüpfung

Die Überwachung von Änderungen und Verknüpfungen zwischen getrennten, nicht zusammengeführten Projekten durch Einfügen externer »Stellvertretervorgänge«, die Anordnungsbeziehungen zu anderen Projektplänen darstellen.

Projektübersicht (Bericht)

Eine auf einer Seite untergebrachte Übersicht über die wichtigsten Projektinformationen, z.B. die Anzahl der Vorgänge und Ressourcen, den Status der Vorgänge und des Terminplans, Kosten, Anfangs- und Endtermine usw.

Puffer

Die Zeitspanne, um die ein Vorgang verzögert werden kann, ohne dass dies die Termine eines anderen Vorgangs oder den Projektendtermin beeinflusst. Freie Pufferzeit ist die Zeitspanne, um die ein Vorgang verzögert werden kann, ohne dass sich dadurch ein anderer Vorgang verzögert. Die gesamte Pufferzeit ist die Zeitspanne, um die ein Vorgang verzögert werden kann, ohne dass dies den Projektendtermin verzögert. Die gesamte Pufferzeit eines Vorgangs ist negativ, wenn der Vorgang zu lange dauert, als dass der Vorgänger an dem durch eine Einschränkung geforderten Datum beginnen könnte.

Q

QuickInfo

Das Wort oder der Ausdruck, der die Funktion einer Symbolleistenschaltfläche oder eines anderen Werkzeugs beschreibt. Die QuickInfo wird angezeigt, wenn Sie den Mauszeiger auf einer Schaltfläche oder einem Werkzeug positionieren, ohne zu klicken.

R

Ressourcen

Das Personal und die Sachmittel, die für die Erledigung der Vorgänge in einem Projekt eingesetzt werden.

Ressourcenansicht

Eine Ansicht, in der Ressourcendaten angezeigt werden. Hierzu gehören z.B. die Ansichten *Ressource: Tabelle*, *Ressource: Grafik* und *Ressource: Einsatz* sowie die Ressourcenmasken.

Ressourcenberichte

Gedruckte Informationen über die Ressourcen eines Projekts, z.B. über Kosten und Zuteilung.

Ressourcengesteuerte Terminplanung

Eine Planungsmethode, bei der die Dauer eines Vorgangs auf dem erforderlichen Arbeitsumfang und der Anzahl der dem Vorgang zugeordneten Ressourcen basiert. Ressourcengesteuerte Terminplanung ist in Project die Standard-Planungsmethode.

Ressourcengruppe

Eine Gruppe von Ressourcen, die mehrere Eigenschaften gemeinsam haben und unter einem Gruppennamen zusammengefasst sind. Sie können Ressourcen z.B. nach Arbeitsgebieten zusammenfassen und Gruppennamen wie »Installateure« oder »Redaktion« verwenden. Oder Sie fassen die Ressourcen nach Positionen zusammen und verwenden Gruppennamen wie »Subunternehmen« oder »Festangestellte«.

Ressourcenkalender

Ein Kalender, in dem die Arbeitszeiten und die arbeitsfreien Zeiten für eine bestimmte Ressource angegeben sind. Ein Basiskalender unterscheidet sich darin von einem Ressourcenkalender, dass er Arbeitszeiten und arbeitsfreie Zeiten für mehrere Ressourcen enthält. Anhand von Ressourcenkalendern können Sie einmalige Ausnahmen für einzelne Ressourcen festlegen, z.B. Urlaub, andere Arbeitstage, andere Schichten usw.

Ressourcenliste

Eine Liste der Ressourcen, die für die Zuordnung zu Projektvorgängen zur Verfügung stehen.

Ressourcenpool

Eine Gruppe von Ressourcen, die für die Zuordnung zu Projektvorgängen zur Verfügung stehen, wobei der Ressourcenpool ausschließlich für ein bestimmtes Projekt oder für mehrere Projekte bereitstehen kann.

Ressourcenzuteilung

Die Zuordnung von Ressourcen zu Vorgängen in einem Projekt.

Rollup

Wenn in der Ansicht *Balkendiagramm (Gantt)* die Daten von Teilvorgängen als Symbole auf dem zugehörigen Sammelvorgangsbalken aneinandergereiht werden, heißt dies, der *Rollup* der Teilvorgänge wird auf dem Sammelvorgangsbalken dargestellt. Sie können den *Rollup* von Teilvorgängen auf dem Sammelvorgangsbalken darstellen, um wichtige Termine sichtbar zu machen.

S

Sammelvorgang

Ein Vorgang, der aus Teilvorgängen besteht und diese zusammenfasst. Sammelvorgänge können Sie mithilfe der Gliederungsfunktion von Project erstellen. In Project werden Sammelvorgangsdaten (Dauer, Kosten usw.) automatisch aus den Daten für die Teilvorgänge ermittelt.

Skalieren

Ein Verfahren zum Vergrößern oder Verkleinern des angezeigten Bilds auf einer zu druckenden Seite. Wenn Sie den Maßstab verkleinern, werden mehr Daten einer Ansicht oder eines Berichts auf jeder Seite gedruckt. Wenn Sie den Maßstab vergrößern, werden weniger Daten einer Ansicht oder eines Berichts auf jeder Seite gedruckt.

Sollkosten bereits abgeschlossener Arbeit (SKAA)

Das Ertragswertfeld, das angibt, welcher Budgetanteil relativ zur bisher geleisteten Arbeit und zu den geplanten Kosten für den Vorgang, die Zuordnung oder die Ressource bereits ausgegeben sein darf. Der SKAA-Wert errechnet sich durch den kumulierten Wert des Zeitphasenfelds *% Abgeschlossen* für Vorgänge (oder *% Arbeit abgeschlossen* für Zuordnungen und Ressourcen), multipliziert mit den geplanten Kosten, die für den Vorgang, die Zuordnung oder die Ressource bis zum Statusdatum oder aktuellen Datum vorgesehen wurden. SKAA wird auch als »Ertragswert« bezeichnet.

Sollkosten der berechneten Arbeit (SKBA)

Das Ertragswertfeld, das angibt, welcher Budgetanteil relativ zu den geplanten Kosten für den Vorgang, die Zuordnung oder die Ressource bereits ausgegeben sein darf. Der SKBA-Wert errechnet sich durch die kumulierten geplanten Kosten nach Zeitphasen bis zum Statusdatum oder aktuellen Datum.

Statusdatum

Ein von Ihnen angegebenes Datum (nicht das aktuelle Datum), für das Sie basierend auf der bisherigen Projektentwicklung Kosten, Arbeit und andere Projektdaten auswerten und prognostizieren.

T

Tabelle (Ansicht)

Eine Ansicht mit einer Anordnung von Spalten, die spezielle Informationen über Vorgänge, Ressourcen und Zuordnungen enthält.

Teamposteingang

Eine Nachrichtenzentrale auf einem Webserver, in der die Arbeitsgruppenleitung Nachrichten (z.B. Ressourcen anfragen, Status abfragen und Projekt aktualisieren) an die Mitglieder der Arbeitsgruppe senden kann. Die Mitglieder der Arbeitsgruppe greifen mit einem Webbrowser auf den Team-Posteingang zu. Sie empfangen neue Vorgangszuordnungen, überwachen den Fortschritt ihrer Vorgänge, erhalten Aktualisierungsanforderungen von der Arbeitsgruppenleitung und senden Statusmeldungen über den Fortschritt ihrer Vorgänge an die Arbeitsgruppenleitung zurück. Über den Teamposteingang können Arbeitsgruppenmitglieder Nachrichten an die Arbeitsgruppenleitung senden, nicht jedoch an andere Arbeitsgruppenmitglieder.

Teilprojekt

Ein Projekt, das in ein anderes Projekt eingefügt wurde. Teilprojekte dienen zur Unterteilung komplexer Projekte in einfacher zu handhabende Einheiten. Ein Teilprojekt wird auch als eingefügtes Projekt bezeichnet.

Teilvorgang

Ein Vorgang, der Teil eines Sammelvorgangs ist. Die Teilvorgangsdaten werden im Sammelvorgang zusammengeführt. Teilvorgänge können Sie mithilfe der Gliederungsfunktion von Project erstellen.

Terminplan

Die zeitliche Abfolge der Vorgänge innerhalb eines Projekts. Ein Terminplan besteht in erster Linie aus Vorgängen, Anordnungsbeziehungen, Dauern, Einschränkungen und zeitbasierten Projektinformationen.

Terminplanung mit fester Dauer

Eine Planungsmethode, bei der die Dauer eines Vorgangs stets gleich bleibt, ungeachtet dessen, wie viele Ressourcen dem Vorgang zugeordnet werden.

Tieferstufen

Verschieben eines Vorgangs auf eine niedrigere Gliederungsebene im Feld *Vorgangsname*, also Einrücken des Vorgangs nach rechts. Durch Tieferstufen wird der Vorgang zum Untervorgang des nächstliegenden Vorgangs auf einer höheren Gliederungsebene.

U

Überlastung

Die Folge davon, dass einer Ressource mehr Vorgänge zugeordnet wurden, als sie in der zur Verfügung stehenden Zeit schaffen kann. In Project wird eine Ressourcenüberlastung basierend auf Arbeitsumfang und Dauer der zugeordneten Vorgänge, der maximal verfügbaren Anzahl von Einheiten der Ressource und dem von der Ressource benutzten Kalender ermittelt.

Überstunden

Die bei einer Zuordnung vorgesehene Arbeit, die über die normale Arbeitszeit der zugeordneten Ressource hinausgeht und für die zum Überstundensatz abgerechnet wird. Überstunden sind nicht als zusätzliche Arbeit anzusehen. Vielmehr wird damit der Anteil der für eine Zuordnung aufgewendeten Arbeit bezeichnet, der in Überstunden geleistet wurde. Wenn für eine Zuordnung z.B. 40

Stunden Arbeit mit 8 Überstunden geplant sind, beträgt die Arbeitszeit insgesamt 40 Stunden: 32 Stunden Regelarbeitszeit und 8 Überstunden.

Unterbrochener Vorgang

Ein Vorgang, dessen Ablauf unterbrochen wurde, damit Vorgänge höherer Priorität ausgeführt werden können. Ein Vorgang niedriger Priorität mit zwei Tagen Dauer kann beispielsweise unterbrochen werden, sodass der erste Teil des Vorgangs am Montag und der zweite Teil am Freitag bearbeitet wird.

URL

Abkürzung für »Uniform Resource Locator«. Ein Standard zum Bezeichnen und Suchen eines Objekts im Internet, z.B. einer Datei oder einer Newsgroup. URLs sind der am häufigsten verwendete Adresstyp im World Wide Web. In HTML-Dokumenten geben URLs das Ziel eines Hyperlinks an.

V

Verknüpfen

Bei einem Projekt das Einrichten einer Anordnungsbeziehung zwischen zwei Vorgängen. Wenn Sie Vorgänge miteinander verknüpfen, definieren Sie eine Beziehung zwischen ihren Anfangs- und Endterminen. Es gibt vier verschiedene Anordnungsbeziehungen: *Ende-Anfang* (EA), *Anfang-Anfang* (AA), *Ende-Ende* (EE) und *Anfang-Ende* (AE).

Verzögerung

Die Zeitspanne, um die ein Vorgang sich gegenüber dem ursprünglichen Basisplan verspätet. Die Verzögerung ist die Differenz zwischen berechnetem Anfangs- oder Endtermin und geplantem Anfangs- oder Endtermin. Zu einer Verzögerung kann es kommen, wenn ein Basisplan gespeichert ist und die aktuellen Termine, die danach für Vorgänge eingegeben werden, nach den Terminen im Basisplan liegen, oder wenn die aktuellen Dauern die im Basisplan angegebenen Dauern überschreiten.

Visual Basic for Applications

Die Entwicklungsumgebung und -sprache in *Visual Basic*, die in anderen Programmen verwendet werden kann. *Visual Basic for Applications* ermöglicht es Ihnen, *Visual Basic*-Programme zu entwickeln, die speziell auf die Anforderungen Ihrer Arbeitsumgebung abgestimmt sind und so die Funktionalität der verwendeten Programme erweitern.

Vorgang

Eine Aktivität mit einem Anfang und einem Ende. Projekte bestehen aus einzelnen Vorgängen. Der Abschluss der einzelnen Vorgänge spielt für die termingerechte Beendigung eines Projekts eine große Rolle.

Vorgang mit festen Einheiten

Ein Vorgang, dessen Anzahl der zugeordneten Einheiten (Ressourcen) ein feststehender Wert ist, auf dessen Einheitenzahl also eine Änderung des Arbeitsumfangs oder der Vorgangsdauer keinen Einfluss hat.

Vorgänger

Ein Vorgang, der vor dem Anfang oder Ende eines anderen Vorgangs beginnen oder enden muss.

Vorgangsart

Eine Vorgangskategorie, die dadurch gekennzeichnet ist, welcher Aspekt des Vorgangs feststehend ist und welcher variabel. Es gibt drei Vorgangsarten: Vorgänge mit festen Einheiten, Vorgänge mit fester Arbeit und Vorgänge mit fester Dauer. Die Standard-Vorgangsart für Vorgänge in Project ist *Feste Einheiten*. Dies bedeutet, dass die zugeordneten Ressourcen immer gleich bleiben, wenn der Arbeitsumfang eines Vorgangs steigt und sinkt. Um den veränderten Arbeitsumfang zu kompensieren, wird bei einem solchen Vorgang die Dauer verändert, da diese nicht feststehend ist.

Vorgangsbericht

Gedruckte Informationen über die Vorgänge oder Aktivitäten in einem Projekt. Vorgangsberichte enthalten in der Regel Informationen über Anfangstermine, bereits abgeschlossene Arbeit und die erwartete Dauer von Vorgängen.

Vorgangsnummer

Eine Nummer, die in Project einem Vorgang bei der Eingabe automatisch zugewiesen wird. Die Vorgangsnummer gibt die Position des Vorgangs in Bezug auf andere Vorgänge an.

Vorlage

Ein Project-Dateiformat, das es Ihnen ermöglicht, vorhandene Terminpläne als Ausgangsbasis für neue Terminpläne wieder zu verwenden. Vorgangs- und Ressourcendaten, Formatierung, Makros und projektspezifische Einstellungen können Bestandteil einer Vorlage sein.

W

Webposteingang

Eine Nachrichtenzentrale in Project, in der die Arbeitsgruppenleitung webbasierte Nachrichten von Arbeitsgruppenmitgliedern lesen kann, die den Team-Posteingang verwenden. Dabei geht es um Nachrichten, die die von der Arbeitsgruppenleitung über *Ressourcen anfragen*, *Status abfragen* oder *Projekt aktualisieren* gesendeten Nachrichten beantworten. Über den Webposteingang kann die Arbeitsgruppenleitung den Projektterminplan, basierend auf den Antworten der Arbeitsgruppenmitglieder, automatisch aktualisieren lassen.

Webserver

Ein Serverprogramm, das Anfragen von anderen Computern verarbeitet, die eine Website angezeigt bekommen möchten. Ein Webserver kann auch als Aufbewahrungsort für Websites dienen. Der Webserver muss auf einem Computer installiert sein, der die richtige Hardware und die richtigen Verbindungen zur Abwicklung der eingehenden Webanfragen aufweist.

Website

Jedes Dokument oder Objekt in einem Intranet oder im World Wide Web, das in HTML formatiert ist und mit einem Webbrowser geöffnet werden kann.

World Wide Web

Ein Bereich des Internets, in dem eine grafische Benutzeroberfläche verwendet wird und keine textbasierte. Die Seiten oder Websites, die Sie im World Wide Web angezeigt bekommen, werden im HTML-Format erstellt. Mithilfe von Webbrowsern können Sie in HTML formatierte Websites ansehen.

Z

Zeiteinheitsabkürzung

Eine Abkürzung, die für die Zeiteinheit bei der *Dauer* der Arbeit oder der fortlaufenden Dauer steht.

Zeitphasen

Nach Zeitphasen berechnete Vorgangs-, Ressourcen- oder Zuordnungsinformationen sind Informationen, die über einen bestimmten Zeitraum betrachtet werden. Zeitphasendaten, z.B. Arbeit oder Kosten, können Sie in den Feldern auf der rechten Seite der Ansicht *Vorgang Einsatz* und der Ansicht *Ressource Einsatz* sehen. Je nach ausgewählter Zeitskala werden Zeitphasendaten nach Stunden, Wochen, Monaten oder beliebigen anderen Intervallen aufgeschlüsselt.

Zeitskala

Die Leiste mit den Zeitintervallen, die am oberen Rand der verschiedenen Balkendiagramme sowie der Ansichten *Ressource: Grafik*, *Vorgang Einsatz* und *Ressource Einsatz* angezeigt wird. Die Zeitskala besteht aus der oberen, gröberen und der unteren, feineren Zeitskala. In beiden Bestandteilen können Minuten, Stunden, Tage, Wochen, Monatsdrittel, Monate, Quartale, Halbjahre und Jahre angezeigt werden. Beispielsweise kann die obere Zeitskala in Monate unterteilt sein, während in der unteren Zeitskala Wochen angezeigt werden.

Ziehpunkt

Ein kleines Quadrat, das an jeder Ecke und an den Kanten eines Auswahlrahmens für ein Zeichenobjekt angezeigt wird. Sie ziehen einen Ziehpunkt, um ein Objekt zu vergrößern oder zu verkleinern.

Zoomen (Vergrößern/Verkleinern)

Eine Methode zum Vergrößern oder Verkleinern der in einer Ansicht angezeigten Informationen. Sie können die Ansicht so vergrößern, dass Sie nur eine Woche betrachten, oder so verkleinern, dass Sie das gesamte Projekt sehen.

Zusammengeführte Datei

Eine Datei, die eine oder mehrere eingefügte Projektdateien enthält. Die eingefügten Projekte können Verknüpfungen zu ihren Quellprojekten aufweisen, sodass jegliche Änderungen an den eingefügten Projekten in der zusammengeführten Datei automatisch auch in der Quelldatei vorgenommen werden.

Zwischenplan

Eine während des Projekts gespeicherte Zusammenstellung von Anfangs- und Endterminen. Vergleichen Sie einen Zwischenplan mit dem Basisplan oder dem aktuellen Plan, um den Projektfortschritt oder eventuelle Verzögerungen zu beobachten. Es können bis zu zehn Zwischenpläne für ein Projekt gespeichert werden.

Praxisindex

Die Einträge in diesem Praxisindex verweisen auf Schritt-für-Schritt-Anleitungen zu spezifischen Arbeitsgängen.

A

B

C

D

E

F

G

I

K

M

N

O

P

R

S

T

V

W

Z

Stichwortverzeichnis

G

H

I

K

L

M

N

O

P

Q

R

S

T

U

V

W

X

Z

Die Autoren

Steffen Reister (*steffen@reister.biz*)ist seit mehr als zehn Jahren als Berater, Consultant und Trainer für Microsoft Project tätig. In den letzten Jahren hat er sich vollumfänglich dem Thema »Microsoft Project im unternehmensweiten Einsatz« gewidmet und diverse Unternehmen aus der Finanz-, Versicherungs-, Chemie-, Software-, Automotive-, Luft- und Raumfahrt- und Pharmabranche beim Aufbau von Multiprojektmanagement-Umgebungen auf Basis von Microsoft Project beraten. In diesem Zusammenhang ist die Anpassungsfähigkeit von Microsoft Project auf die jeweiligen firmen- und benutzerspezifischen Bedürfnisse ein Hauptfaktor für eine erfolgreiche Implementierung. Außerdem hat er diverse Schulungsunterlagen verfasst, deren Zielsetzung immer den Anwender und seine Anforderungen in den Mittelpunkt stellt.

Peter Hirschkorn (*peter@reister.biz*) ist ebenfalls seit über zehn Jahren im Umfeld von Project tätig. Sein erster Kontakt mit Project war 1990 mit der Version 1.0. Er hat sich dann etliche Jahre mit der Termin- und Ressourcenplanung im Sondermaschinenbau beschäftigt. Seit der Version 2002 hat er in verschiedenen Branchen (Pharma, Automotive, Luft- und Raumfahrt und Sondermaschinenbau) Microsoft Project eingesetzt, um ein unternehmensweites Projektmanagement zu realisieren. Ein besonderer Schwerpunkt hierbei waren VBA-Entwicklungen, um Project-Daten in anderen Anwendungen (Excel, SAP und Access) auswerten zu können.